# 현대대수학

제5판

임근빈 · 임동만 지음



KM 경문사

# 머 리 말

오늘날의 수학은 이공계의 각 분야뿐만 아니라 인문계열과 사회계열의 이론 및 실무 면에서도 없어서는 안 될 필요한 도구이다. 또한, 어떤 사실을 합리적, 과학적으로 생각하기 위해서는 수학적으로 사고하는 방법을 무시할 수 없는 것이다.

수학은 주로 구체적인 것으로부터 기본이 되는 성질들을 찾아내어, 이것을 공리화하여 추상화시킨 공리계 밑에서 여러 가지 성질들을 연구하고 이론화하여 발전되어 왔다. 특히, 대수학은 정수와 실수 같은 연산을 갖는 집합에서 몇 개의 공리를 추출하여 이것을 추상화한 학문으로서 수학뿐만 아니라 자연과학 또는 사회과학 등의 문제 해결에 널리 응용되고 있다.

현대대수학을 처음으로 공부하려는 독자에게는 추상적인 개념이 쉽게 이해되지 않을 수도 있겠지만 정수와 실수 같은 구체적인 것에서 그 모형들을 찾아 추상적인 개념들을 이해하려고 한다면 많은 도움이 되리라 생각된다. 현대대수학의 기초과정에서는 기본이 되는 정의를 확실히 이해하여야 하며, 이것을 바탕으로 정리의 증명이나 문제를 다룰 때에는 엄격한 논리로 증명하고 풀이하여야 한다. 더욱이 정리의 내용을 확실하게 이해하는 것은 그 정리를 증명하는 것만큼 중요하다는 것을 알아야 한다.

저자는 이 책을 될 수 있는 대로 독자의 편에 서서 누구든지 이해하기 쉽게 쓰도록 노력하였다. 특히, 일어날 수 있는 여러 가지 가능성을 두루 살펴 많은 보기를 들고, 또 귀찮은 증명을 요하는 정리의 증명도 가능한 한 상세하고 엄격하게 증명하려고 노력하였다. 또한, 각 장의 연습문제 풀이를 수록하였다. 물론 이 풀이과정은 한 가지 방법에 지나지 않고, 또 다른 좋은 방법의 풀이과정도 있을 수 있다. 독자는 처음부터 풀이과정을 보지 말고 문제를 풀어보는 것이 바람직하다고 생각한다.

이 책은 대학 3, 4학년 과정 또는 대학원의 기초과정의 교재 및 참고도서로 사용하도록 펴낸 것이다. 이 책을 교재로 사용할 경우에 정리의 증명들은 대체로 상세하므로 필요에 따라 증명을 생략하여 지도할 수도 있고, 지도하는 교수의 뜻에 따라 각 장의 일부를 생략할 수도 있다.

끝으로, 이 책을 출판하기까지 애써주신 경문사 여러분들에게 깊은 감사의 뜻을 표합니다.

2006 년 9 월
저 자 씀.

# 차 례

## 제 3 장 환 론



## 제 4 장 벡터공간, 가군



## 제 5 장 체 론

**1**

**CHAPTER**

# 기초사항

# 1 기초사항

## 1.1 집합과 함수

$A$, $B$를 두 집합이라 하자. $x \in B$이면 $x \in A$일 때, 즉 $B$의 모든 원소가 $A$의 원소일 때 $B$를 $A$의 **부분집합**(subset)이라 하고 $B \subset A$로 표시한다. $B \subset A$일 때 $A$는 $B$를 **포함한다**고도 한다. $A \subset B$이고 $B \subset A$일 때, 집합 $A$와 $B$는 **같다**고 하고 $A = B$로 표시한다. $B \subset A$이고 $B \neq A$일 때, $B$를 $A$의 **진부분집합**(proper subset)이라 하고 $B \subsetneq A$로 표시한다. 또한, $B$가 $A$의 부분집합이 아닐 때, $B \not\subset A$로 표시한다. 원소를 갖지 않는 집합을 **공집합**(empty set)이라 하고 $\varnothing$로 표시한다. 임의의 집합 $A$에 대하여 항상 $\varnothing \subset A$이다. 이것을 증명하려면

$$\text{“}x \in \varnothing\text{이면 } x \in A\text{이다”} \qquad \cdots\cdots(1.1.1)$$

를 증명하면 된다. 그러나 (1.1.1)의 증명은 (1.1.1)의 대우

$$\text{“}x \notin A\text{이면 } x \notin \varnothing\text{이다”} \qquad \cdots\cdots(1.1.2)$$

를 증명하면 충분하다. $x \notin A$라 가정할 때, $\varnothing$는 원소를 갖지 않으므로 $x \notin \varnothing$이다. 따라서 (1.1.2)는 성립한다.

집합 $A$의 모든 부분집합을 원소로 갖는 집합을 $A$의 **멱집합**(power set)이라 하고, $P(A)$로 표시한다.

$n$을 임의의 자연수라 할 때(자연수란 0, 1, 2, 3, …을 의미한다) $n$개의 원소를 갖는 집합을 **유한집합**(finite set)이라 하고, 유한집합이 아닌 집합을 **무한집합**(infinite set)이라 한다. 앞으로 $A$가 유한집합일 때 $A$에 속하는 원소의 개수를 $|A|$로 표시한다.

집합 $A$와 $B$ 중의 적어도 하나에 속하는 원소를 원소로 갖는 집합을 $A$와 $B$의 **합집합**(union)이라 하고, $A\cup B$로 표시한다. 즉

$$A\cup B=\{x\,|\,x\in A \text{ 또는 } x\in B\}.$$

$A$와 $B$에 공통으로 속하는 원소를 원소로 갖는 집합을 $A$와 $B$의 **교집합**(intersection)이라 하고, $A\cap B$로 표시한다. 즉

$$A\cap B=\{x\,|\,x\in A\text{이고 } x\in B\}.$$

$A$에 속하나 $B$에 속하지 않는 원소를 원소로 갖는 집합을 $A$와 $B$의 **차집합**(difference)이라 하고, $A-B$로 표시한다. 즉

$$A-B=\{x\,|\,x\in A\text{이고 } x\notin B\}.$$

$B\subset A$일 때 $A-B$를 $B^c$로 표시하고, $B$의 **여집합**(complement)이라 한다.

두 집합의 합집합과 교집합의 정의를 일반화하자. $I$를 공집합이 아닌 집합이라 할 때 각 원소 $i\in I$에 대하여 한 집합 $A_i$가 대응한다고 하자. 이 때, 집합 $\{A_i\,|\,i\in I\}$를 **집합족**(family of sets)이라 한다. 집합족 $\{A_i\,|\,i\in I\}$를 생각하자. $I$의 적어도 한 원소 $i$에 대하여 $x\in A_i$인 $x$를 원소로 갖는 집합을 집합족 $\{A_i\,|\,i\in I\}$의 **합집합**이라 하고, $\bigcup_{i\in I}A_i$로 표시한다. 즉

$$\bigcup_{i\in I}A_i=\{x\,|\,\text{적어도 한 원소 } i\in I\text{에 대하여 } x\in A_i\}.$$

$I$의 모든 원소 $i$에 대하여 $x\in A_i$인 $x$를 원소로 갖는 집합을 집합족 $\{A_i\,|\,i\in I\}$의 **교집합**이라 하고, $\bigcap_{i\in I}A_i$로 표시한다. 즉

$$\bigcap_{i\in I}A_i=\{x\,|\,\text{모든 원소 } i\in I\text{에 대하여 } x\in A_i\}.$$

**【정리 1.1.1】**

$\{A_i\,|\,i\in I\}$를 집합족이라 하자. 각 $k\in I$에 대하여 다음이 성립한다.

(1) $A_k\subset\bigcup_{i\in I}A_i$

(2) $\bigcap_{i\in I}A_i\subset A_k$

**증명** (1) $x \in A_k$라 하면 분명히 $x \in \bigcup_{i \in I} A_i$이므로 $A_k \subset \bigcup_{i \in I} A_i$이다.

(2) $x \in \bigcap_{i \in I} A_i$라 하면 모든 $i \in I$에 대하여 $x \in A_i$이므로 $x \in A_k$이다. 따라서 $\bigcap_{i \in I} A_i \subset A_k$이다. ■

$P$와 $Q$를 두 명제라 할 때, 기호

$$P \Longrightarrow Q$$

는 "$P$가 참이면 $Q$도 참이다"를 의미하고, 또 기호

$$P \Longleftrightarrow Q$$

는 "$P$가 참일 필요충분조건은 $Q$가 참인 것이다"를 의미한다.

$(a, b)$를 두 원소 $a$, $b$의 순서쌍(ordered pair)이라 한다. $a$를 $(a, b)$의 **첫째 좌표**(first coordinate), $b$를 $(a, b)$의 **둘째 좌표**(second coordinate)라 한다. 두 순서쌍 $(a, b)$, $(c, d)$에 대하여

$$(a, b) = (c, d) \Longleftrightarrow a = c \text{이고 } b = d \qquad \cdots\cdots(1.1.3)$$

이다.

**참고** 순서쌍의 엄격한 정의는 집합을 사용하여 $(a, b) = \{\{a\}, \{a, b\}\}$로 정의한다. 이 정의로부터 (1.1.3)을 증명할 수 있다([32]).

$A$, $B$를 두 집합이라 하자. $A$의 원소 $a$를 첫째 좌표, $B$의 원소 $b$를 둘째 좌표로 하는 모든 순서쌍 $(a, b)$를 원소로 갖는 집합을 $A$와 $B$의 **카테시안 곱**(Cartesian product)이라 하고, $A \times B$로 표시한다. 즉

$$A \times B = \{(a, b) \mid a \in A \text{이고 } b \in B\}.$$

**보기 1.1.2** $A = \{1, 2\}$, $B = \{a, b, c\}$라 하면

$$A \times B = \{(1, a), (1, b), (1, c), (2, a), (2, b), (2, c)\}$$

이다. ◀

순서쌍의 개념을 $n$개의 원소까지 확장하자. $(a_1, a_2, \cdots, a_n)$을 $n$개의 원소 $a_1, a_2, \cdots, a_n$의 **순서 $n$쌍**($n$-tuple)이라 하고 $a_1, a_2, \cdots, a_n$을 각각 $(a_1, a_2, \cdots, a_n)$의 **첫째 좌표, 둘째 좌표, $\cdots$, $n$번째 좌표**라 한다. 두 순서 $n$쌍 $(a_1, a_2, \cdots, a_n)$, $(b_1, b_2, \cdots, b_n)$에 대하여

$$(a_1, a_2, \cdots, a_n)=(b_1, b_2, \cdots, b_n) \iff a_i=b_i (i=1, 2, \cdots, n) \qquad \cdots\cdots(1.1.4)$$

이다. $n$개의 집합 $A_1, A_2, \cdots, A_n$의 카테시안 곱 $A_1 \times A_2 \times \cdots \times A_n$은 원소 $a_1 \in A_1$을 첫째 좌표, 원소 $a_2 \in A_2$를 둘째 좌표, $\cdots$, 원소 $a_n \in A_n$을 $n$번째 좌표로 하는 모든 순서 $n$쌍 $(a_1, a_2, \cdots, a_n)$을 원소로 갖는 집합이다. 즉

$$A_1 \times A_2 \times \cdots \times A_n = \{(a_1, a_2, \cdots, a_n) \mid a_i \in A_i \ (i=1, 2, \cdots, n)\}.$$

$A$와 $B$를 두 집합이라 하고 $f$를 $A \times B$의 부분집합이라 하자. $f$가 다음 두 조건

(1) 각 원소 $a \in A$에 대하여 $(a, b) \in f$를 만족하는 원소 $b \in B$가 적어도 하나 존재한다.

(2) $(a, b_1) \in f$이고 $(a, b_2) \in f$이면 $b_1 = b_2$이다.

를 만족할 때 $f$를 $A$로부터 $B$로의 **함수**(function) 또는 **사상**(mapping)이라 하고, $f : A \longrightarrow B$ 또는 $A \xrightarrow{f} B$로 표시한다. 이 때 $A$를 $f$의 **정의역**(domain), $B$를 $f$의 **공변역**(codomain)이라 한다. $(a, b) \in f$일 때 $b=f(a)$로 표시하고, $b$를 $f$에 의한 $a$의 **상**(image) 또는 **함수값**(value of function)이라 한다. 또, $b=f(a)$일 때 $f$는 $a$를 $b$로 사상한다 또는 $a$는 $f$에 의하여 $b$로 사상된다고 하고 $a \overset{f}{\longmapsto} b$(또는 의미가 분명할 때에는 $f$를 생략해서 $a \longmapsto b$)로 표시하기도 한다. 위의 함수의 조건에서 (1)은 "$A$의 각 원소는 $B$안에 적어도 하나의 상을 갖는다"를 의미하고, (2)는 "$A$의 각 원소는 $B$안에 꼭 한 개의 상을 갖는다"를 의미한다.

$f : A \longrightarrow B$와 $g : A \longrightarrow B$를 두 함수라 하자. $f=g$라 하면 모든 $a \in A$에 대하여

$$b=f(a) \iff (a, b) \in f = g \iff b=g(a)$$

이므로 $f(a)=g(a)$이다. 역으로, 모든 $a \in A$에 대하여 $f(a)=b=g(a)$라 하면

$$(a, b) \in f \iff f(a)=b=g(a) \iff (a, b) \in g$$

이므로 $f=g$이다. 따라서

$$f=g \iff \text{모든 } a\in A\text{에 대하여 } f(a)=g(a).$$

$f: A \longrightarrow B$를 함수라 하고 $S\subset A$, $T\subset B$라 하자. $B$의 부분집합

$$\begin{aligned} f(S) &= \{f(a) \mid a\in S\} \\ &= \{b\in B \mid \text{적어도 한 원소 } a\in S\text{에 대하여 } b=f(a)\} \end{aligned}$$

를 $\boldsymbol{f}$에 의한 $\boldsymbol{S}$의 상(image of $S$ under $f$)이라 한다. 특히 $f(A)$를 $\boldsymbol{f}$의 상(image of $f$)이라 하고, $\operatorname{Im} f$로 표시한다. $A$의 부분집합

$$f^{-1}(T)=\{a\in A \mid f(a)\in T\}$$

를 $\boldsymbol{f}$에 의한 $\boldsymbol{T}$의 역상(inverse image of $T$ under $f$)이라 한다. 특히 $T=\{b\}$일 때 $f^{-1}(T)$ 대신에 $f^{-1}(b)$로 표시한다.

$A$를 집합이라 할 때, $A\times A$의 부분집합 $i_A=\{(a, a) \mid a\in A\}$는 분명히 함수의 조건 (1), (2)를 만족한다. 따라서 $i_A$는 $A$로부터 $A$로의 함수이다. 즉 $i_A: A \longrightarrow A$. 각 원소 $a\in A$에 대하여 $(a, a)\in i_A$이므로 $a=i_A(a)$이다. 따라서 $i_A$는 $a$를 $a$ 자신으로 사상한다. 이 때 $i_A$를 $A$위의 **항등함수**(identity function)라 한다.

$B\subset A$일 때, 각 원소 $b\in B$에 대하여 $f(b)=b$로 정의하면 $f$는 $B$로부터 $A$로의 함수이다. 이 함수 $f: B \longrightarrow A$를 **포함함수**(inclusion function)라 한다.

$f: A \longrightarrow B$가 함수이고 $C\subset A$일 때, 각 원소 $c\in C$에 대하여 $g(c)=f(c)$로 정의하면 분명히 $g$는 $C$로부터 $B$로의 함수이다. 이 함수 $g: C \longrightarrow B$를 $C$에 대한 $f$의 **축소함수**(restriction of $f$ to $C$)라 하고, $g=f|C$로 표시한다.

$A$와 $B$를 집합이라 하고 $b$를 $B$의 한 원소라 할 때, 각 원소 $a\in A$에 대하여 $f(a)=b$로 정의하면 $f$는 $A$로부터 $B$로의 함수이다. 이 함수 $f: A \longrightarrow B$를 **상수함수**(constant function)라 한다.

$f: A \longrightarrow B$를 함수라 하자. $A$의 임의의 두 원소 $a_1$, $a_2$에 대하여 $f(a_1)=f(a_2)$이면 항상 $a_1=a_2$일 때, $f$를 **단사함수**(injective function) 또는 **1 대 1 함수**(1-1 function)라 하고, $B$의 각 원소 $b$에 대하여 $f(a)=b$를 만족하는 $A$의 원소 $a$가 적어도 하나 존재할 때, $f$를 **전사함수**(surjective function) 또는 **위로의 함수**(onto function)라 한다. 분명히 $f$가 전사함수이기 위한 필요충분조건은 $\operatorname{Im} f$

$=B$이다. $f$가 단사함수인 동시에 전사함수일 때, $f$를 전단사함수(bijective function) 또는 1 대 1 위로의 함수(1-1 onto function)라 한다.

두 집합 $A$, $B$에 대하여 $A$로부터 $B$로의 전단사함수가 존재할 때, $A$와 $B$는 1 대 1 대응(1-1 correspondence)한다고 한다.

**【정리 1.1.3】**

함수 $f: A \longrightarrow B$에 대하여 다음이 성립한다.

(1) $S \subset A$에 대하여 $f^{-1}(f(S)) \supset S$이다.

특히, $f$가 단사함수이면 $f^{-1}(f(S))=S$이다.

(2) $S \subset A$, $T \subset B$에 대하여

(i) $f(f^{-1}(T) \cap S)=T \cap f(S)$.

(ii) $f(f^{-1}(T))=T \cap \operatorname{Im} f$.

특히, $f$가 전사함수이면 $f(f^{-1}(T))=T$이다.

(iii) $f(f^{-1}(T)) \subset T$.

**증명** (1) $a \in S \Longrightarrow f(a) \in f(S) \Longrightarrow a \in f^{-1}(f(S))$이므로 $f^{-1}(f(S)) \supset S$이다. 다음, $f$를 단사함수라 하자. $a \in f^{-1}(f(S))$라 하면 $f(a) \in f(S)$이다. 따라서 $f(a)=f(a')$을 만족하는 원소 $a'$이 $S$에 존재한다. 그러나 $f$는 단사함수이므로 $a=a'$이다. 따라서 $a \in S$, 즉 $f^{-1}(f(S)) \subset S$이다. 따라서 $f^{-1}(f(S))=S$이다.

(2) (i) $b \in f(f^{-1}(T) \cap S)$

$\Longleftrightarrow$ 적어도 한 원소 $a \in f^{-1}(T) \cap S$에 대하여 $b=f(a)$

$\Longleftrightarrow$ 적어도 한 원소 $a \in S$에 대하여 $b=f(a) \in T$

$\Longleftrightarrow$ $b \in T \cap f(S)$

이므로 $f(f^{-1}(T) \cap S)=T \cap f(S)$이다.

(ii)는 (i)에서 $S=A$라 놓으면 된다. 특히, $f$가 전사함수이면 $\operatorname{Im} f=B$이므로 $f(f^{-1}(T))=T$이다.

(iii)은 (ii)에 의하여 분명히 성립한다. ■

$f: A \longrightarrow B$, $g: B \longrightarrow C$를 두 함수라 하자. 아래 그림에서와 같이 각 원소 $a \in A$에 대하여 꼭 한 개의 $C$의 원소 $g(f(a))$가 정해진다.

$$\begin{array}{ccccc} A & \xrightarrow{f} & B & \xrightarrow{g} & C \\ \Cup & & \Cup & & \Cup \\ a & \longmapsto & f(a) & \longmapsto & g(f(a)) \end{array}$$

$A \times C$의 부분집합

$$g \circ f = \{(a,\ c) \mid a \in A \text{이고 } c = g(f(a))\}$$

는 분명히 함수의 조건 (1), (2)를 만족한다. 따라서 $g \circ f$는 $A$로부터 $C$로의 함수 $g \circ f : A \longrightarrow C$이고 $g \circ f(a) = g(f(a))$이다. 함수 $g \circ f$를 $g$와 $f$의 합성함수(composite function) 또는 합성(composite)이라 한다. 앞으로 편리를 위하여 $g \circ f$ 대신에 $gf$로 쓰기로 한다.

$f : A \longrightarrow B$를 함수라 하면 임의의 $a \in A$에 대하여

$$fi_A(a) = f(i_A(a)) = f(a), \quad i_B f(a) = i_B(f(a)) = f(a)$$

이다. 따라서

$$fi_A = f, \quad i_B f = f$$

이다. $f : A \longrightarrow B$, $g : B \longrightarrow C$, $h : C \longrightarrow D$를 함수라 할 때, 임의의 $a \in A$에 대하여

$$h(gf)(a) = h(gf(a)) = h(g(f(a))) = hg(f(a)) = (hg)f(a)$$

이다. 따라서

$$h(gf) = (hg)f$$

이다. 즉 함수의 합성은 결합법칙이 성립한다.

**【정리 1.1.4】**

두 함수 $f : A \longrightarrow B$, $g : B \longrightarrow C$에 대하여 다음이 성립한다.

(1) $f$와 $g$가 단사함수이면 $gf$도 단사함수이다.

(2) $f$와 $g$가 전사함수이면 $gf$도 전사함수이다.

(3) $f$와 $g$가 전단사함수이면 $gf$도 전단사함수이다.

(4) $gf$가 단사함수이면 $f$도 단사함수이다.

(5) $gf$가 전사함수이면 $g$도 전사함수이다.

**증명** (1), (2), (3)은 쉽게 증명할 수 있다.

(4) $gf$가 단사함수라 하자. $A$의 임의의 원소 $a_1$, $a_2$에 대하여 $f(a_1)=f(a_2)$라 하면

$$gf(a_1)=g(f(a_1))=g(f(a_2))=gf(a_2)$$

이다. 이 때 $gf$가 단사함수이므로 $a_1=a_2$이다. 따라서 $f$는 단사함수이다.

(5) $gf$가 전사함수이면 $C$의 임의의 원소 $c$에 대하여 $gf(a)=c$를 만족하는 $A$의 원소 $a$가 적어도 하나 존재한다. 이 때, $f(a)\in B$이고 $g(f(a))=gf(a)=c$이므로 $g$는 전사함수이다. ■

**【정리 1.1.5】**

함수 $f: A \longrightarrow B$가 전단사함수가 되기 위한 필요충분조건은 $gf=i_A$, $fg=i_B$를 만족하는 함수 $g: B \longrightarrow A$가 존재하는 것이다.

**증명** $gf=i_A$, $fg=i_B$를 만족하는 함수 $g: B \longrightarrow A$가 존재한다고 하자. 항등함수는 분명히 전단사함수이므로 정리 1.1.4 (4)와 (5)에 의하여 $f$는 전단사함수이다. 역으로 $f$가 전단사함수라 하자. $b$를 $B$의 임의의 원소라 하면 $f(a)=b$를 만족하는 $A$의 원소 $a$가 꼭 하나 존재한다. 따라서 함수 $g: B \longrightarrow A$를 $g(b)=a$로 정의하면

$$fg(b)=f(g(b))=f(a)=b=i_B(b)$$

이다. 즉 $fg=i_B$. 다음, $a$를 $A$의 임의의 원소라 하고 $f(a)=b$라 하자. 그러면 $g(b)=a$이고

$$gf(a)=g(f(a))=g(b)=a=i_A(a)$$

이므로 $gf=i_A$이다. ■

$f: A \longrightarrow B$가 전단사함수라 하면 정리 1.1.5에 의하여 $gf=i_A$, $fg=i_B$를 만족하는 함수 $g: B \longrightarrow A$가 존재한다. 이 때, 이 함수 $g$는 유일하다. 왜냐하면 $g'f=i_A$, $fg'=i_B$를 만족하는 또 다른 함수 $g': B \longrightarrow A$가 존재한다고

하면

$$g=gi_B=g(fg')=(gf)g'=i_Ag'=g'$$

이다. 이 유일한 함수 $g$를 $f^{-1}$로 표시하고, $f$의 역함수(inverse function)라 한다. 따라서 $f^{-1}f=i_A$, $ff^{-1}=i_B$이다. 정리 1.1.5의 증명과정에서와 같이

$$f(a)=b \iff f^{-1}(b)=a$$

이다. 분명히, $f^{-1}$도 전단사함수이고 $(f^{-1})^{-1}=f$이다.

**참고** $B$를 집합이라 하자. $\varnothing=\varnothing\times B$이므로 $\varnothing$는 $\varnothing\times B$의 유일한 부분집합이다. 더욱이, $\varnothing$는 $\varnothing$로부터 $B$로의 함수이다($\varnothing$가 함수가 아니라는 주장은 거짓이다). 따라서 유일한 함수 $\varnothing:\varnothing\longrightarrow B$가 존재한다. $A$를 집합이라 하고 $A\neq\varnothing$라 하자. $\varnothing=A\times\varnothing$이므로 $\varnothing$는 $A\times\varnothing$의 유일한 부분집합이다. 그러나 $\varnothing$는 함수의 조건 (1)을 만족하지 않으므로 $\varnothing$는 함수가 아니다. 정리 1.1.5에서 $A=\varnothing$이고 $B\neq\varnothing$일 때, 오직 한 함수 $\varnothing:\varnothing\longrightarrow B$가 존재하고, 이 함수 $\varnothing$는 전사함수가 아니다. 따라서 이 함수 $\varnothing$는 전단사함수가 아니다. 한편, $B$로부터 $\varnothing$로의 어떤 종류의 함수도 존재하지 않는다. 따라서 이 경우도 정리 1.1.5는 성립한다. $A=\varnothing$이고 $B=\varnothing$인 경우도 분명히 정리 1.1.5는 성립한다.

카테시안 곱의 개념을 일반화하자. $\{A_i|i\in I\}$를 집합족이라 할 때, 집합

$$\prod_{i\in I}A_i=\{f\mid f:I\longrightarrow\bigcup_{i\in I}A_i\text{는 함수, 각 }i\in I\text{에 대하여 }f(i)\in A_i\}$$

를 집합족 $\{A_i|i\in I\}$의 카테시안 곱(Cartesian product)이라 한다.

$I=\{1, 2, \cdots, n\}$이라 하고 $\{A_i|i\in I\}=\{A_1, A_2, \cdots, A_n\}$을 집합족이라 하자. $f\in\prod_{i\in I}A_i$라 하면 $i=1, 2, \cdots, n$에 대하여 $f(i)\in A_i$이므로

$$(f(1), f(2), \cdots, f(n))\in A_1\times A_2\times\cdots\times A_n$$

이다. 따라서 함수 $\theta:\prod_{i\in I}A_i\longrightarrow A_1\times A_2\times\cdots\times A_n$을 $\theta(f)=(f(1), f(2), \cdots,$

$f(n)$)으로 정의할 수 있다. 임의의 $f,\ g\in\prod_{i\in I}A_i$에 대하여 $\theta(f)=\theta(g)$라 하면

$$(f(1),\ f(2),\ \cdots,\ f(n))=(g(1),\ g(2),\ \cdots,\ g(n))$$

이므로 (1.1.4)에 의하여 모든 $i(1\le i\le n)$에 대하여 $f(i)=g(i)$이다. 따라서 $f=g$이다. 즉 $\theta$는 단사함수이다. 또한, $(a_1,\ a_2,\ \cdots,\ a_n)\in A_1\times A_2\times\cdots\times A_n$이라 하면 $a_i\in A_i(i=1,\ 2,\ \cdots,\ n)$이므로 함수 $h: I\longrightarrow\bigcup_{i\in I}A_i$를 $h(i)=a_i$로 정의하면 $h\in\prod_{i\in I}A_i$이고 $\theta(h)=(h(1),\ h(2),\ \cdots,\ h(n))=(a_1,\ a_2,\ \cdots,\ a_n)$이므로 $\theta$는 전사함수이다. 따라서 $\theta$는 전단사함수이다. 즉 집합 $\prod_{i\in I}A_i$와 $A_1\times A_2\times\cdots\times A_n$은 1 대 1 대응한다. 그러므로 $f\in\prod_{i\in I}A_i$이고 $f(i)=a_i\in A_i$일 때, 함수 $f$와 순서 $n$쌍 $(a_1,\ a_2,\ \cdots,\ a_n)$을 같게 생각하면 $\prod_{i\in I}A_i$와 $A_1\times A_2\times\cdots\times A_n$은 일치한다.

## 1.2 관 계

$A$를 집합이라 하자. $R\subset A\times A$일 때, $R$을 **$A$위의 관계**(relation on $A$)라 한다. $(a,\ b)\in R$일 때, $aRb$로 표시하고 **$a$와 $b$는 관계가 있다**($a$ is related to $b$)고 한다.

$R$을 $A$위의 관계라 하자. $A$의 모든 원소 $a$에 대하여 $aRa$이면 $R$은 **반사적**(reflexive)이라 한다. $aRb$이면 $bRa$일 때, $R$은 **대칭적**(symmetric)이라 한다. $aRb$이고 $bRc$이면 $aRc$일 때, $R$은 **추이적**(transitive)이라 한다. 또한 $R$이 반사적, 대칭적, 추이적이면 $R$을 **동치관계**(equivalence relation)라 한다. $R$이 $A$위의 동치관계이고 $a\in A$일 때, $a$와 관계가 있는 $A$의 모든 원소들의 집합을 **동치관계 $R$에 의한 $a$의 동치류** 또는 **$a$의 동치류**(equivalence class)라 하고, $\bar{a}$로 표시한다. 즉

$$\bar{a}=\{b\in A\,|\,aRb\}$$

이다. 이 때, $a$를 $\bar{a}$의 **대표원**(representative)이라 한다.

**【정리 1.2.1】**

$A$를 공집합이 아닌 집합이라 하고 $R$을 $A$위의 동치관계라 하면 다음이 성립한다.

(1) $A$의 모든 원소 $a$에 대하여 $a \in \bar{a}$(따라서 $\bar{a} \neq \varnothing$)이다.

(2) $\bar{a} = \bar{b} \Longleftrightarrow aRb$

(3) 임의의 $a$, $b \in A$에 대하여 $\bar{a} \cap \bar{b} = \varnothing$이거나 $\bar{a} = \bar{b}$이다.

(4) $A = \bigcup_{a \in A} \bar{a}$

**증명** (1) $R$이 반사적이므로 $aRa$이다. 따라서 $a \in \bar{a}$이다.

(2) $\bar{a} = \bar{b}$라 가정하자. (1)에 의하여 $b \in \bar{b} = \bar{a}$이므로 $aRb$이다. 역으로, $aRb$라 가정하자. $c \in \bar{a}$라 하면 $aRc$이다. $R$이 대칭적이므로 $bRa$이고, $R$이 추이적이므로 $bRc$이다. 따라서 $c \in \bar{b}$. 즉 $\bar{a} \subset \bar{b}$이다. 같은 방법으로 $\bar{b} \subset \bar{a}$. 따라서 $\bar{a} = \bar{b}$이다.

(3) $\bar{a} \cap \bar{b} \neq \varnothing$라 하면 $c \in \bar{a} \cap \bar{b}$인 한 원소 $c$가 존재한다. 따라서 $c \in \bar{a}$이고 $c \in \bar{b}$이다. 즉, $aRc$이고 $bRc$이다. $R$은 대칭적이므로 $cRb$이고, 또 $R$이 추이적이므로 $aRb$이다. 따라서 (2)에 의하여 $\bar{a} = \bar{b}$이다.

(4) 분명히 $\bigcup_{a \in A} \bar{a} \subset A$. $a \in A$라 하면 (1)에 의하여 $a \in \bar{a}$이므로 $a \in \bigcup_{a \in A} \bar{a}$이다. 즉, $A \subset \bigcup_{a \in A} \bar{a}$. 따라서 $A = \bigcup_{a \in A} \bar{a}$이다. ■

$I$를 공집합이 아닌 집합이라 하자. $A$의 부분집합들의 한 집합족 $\{A_i \mid i \in I\}$가 다음 세 조건

(1) 각 $i \in I$에 대하여 $A_i \neq \varnothing$

(2) 임의의 $i$, $j \in I$에 대하여 $A_i \cap A_j = \varnothing$이거나 $A_i = A_j$

(3) $A = \bigcup_{i \in I} A_i$

을 만족할 때, 집합족 $\{A_i \mid i \in I\}$를 $A$의 분할(partition)이라 한다. $R$을 $A$위의 동치관계라 할 때, 정리 1.2.1에 의하여 집합족 $\{\bar{a} \mid a \in A\}$는 $A$의 분할이다.

$R$을 $A$위의 관계라 하자. $aRb$이고 $bRa$이면 항상 $a = b$일 때, $R$은 반대칭적

(antisymmetric)이라 한다.

$A$위의 관계 $R$대신에 기호 $\sim$, $\equiv$, $\leq$ 등을 사용할 때도 있다.

$A$위의 관계 $\leq$가 반사적, 반대칭적, 추이적이면 $\leq$를 **부분순서**(partial ordering)라 한다. $A$위에 부분순서 $\leq$가 주어질 때 $A$를 **부분순서집합**(partially ordered set)이라 한다. $\leq$가 $A$위의 부분순서이고 임의의 $a$, $b \in A$에 대하여 $a \leq b$ 또는 $b \leq a$일 때, $\leq$를 $A$위의 **전순서**(total ordering)라 한다. $A$위에 전순서 $\leq$가 주어질 때 $A$를 **전순서집합**(totally ordered set)이라 한다. $A$를 부분순서 $\leq$를 갖는 부분순서집합이라 하고 $a_0 \in A$라 하자. $a_0 \leq a$를 만족하는 $A$의 원소 $a$가 $a_0$뿐일 때($\leq$는 반사적이므로 $a_0 \leq a_0$이다), $a_0$를 $A$의 **극대원소**(maximal element)라 한다. 또, $a \leq a_0$를 만족하는 $A$의 원소 $a$가 $a_0$뿐일 때, $a_0$를 $A$의 **극소원소**(minimal element)라 한다. $\varnothing \neq B \subset A$이고 $b_0 \in B$일 때, 모든 원소 $b \in B$에 대하여 $b_0 \leq b$이면 $b_0$를 $B$의 **최소원소**(least element)라 하고, 모든 원소 $b \in B$에 대하여 $b \leq b_0$이면 $b_0$를 $B$의 **최대원소**(greatest element)라 한다. 또한, $\varnothing \neq B \subset A$이고 $a \in A$일 때, 모든 원소 $b \in B$에 대하여 $b \leq a$이면 $a$를 $B$의 **상계**(upper bound)라 하고 $a \leq b$이면 $a$를 $B$의 **하계**(lower bound)라 한다.

## 1.3 정 수

두 정수 $a$, $b(b \neq 0)$에 대하여 $a = bc$인 정수 $c$가 존재할 때, $a$를 $b$의 **배수**(multiple)라 하고 $b$를 $a$의 **약수**(divisor)라 한다. 이 때, "**$b$는 $a$를 나눈다**"하고 $b|a$로 표시한다. $b$가 $a$를 나누지 않으면 $b \nmid a$로 표시한다.

정수 전체의 집합을 $\mathbf{Z}$, 자연수 전체의 집합을 $\mathbf{N}$으로 표시하자.

**【정리 1.3.1】**

임의의 $a$, $b$, $c$, $c_1$, $c_2$, $\cdots$, $c_n \in \mathbf{Z}(a \neq 0)$에 대하여 다음이 성립한다.

(1) $a|0$, $a|a$.

(2) $a|b$이면 $a|bc$이다.
(3) $a|b$이고 $b|c\ (b\neq 0)$이면 $a|c$이다.
(4) $a|c_1$, $a|c_2$, $\cdots$, $a|c_n$이면 임의의 $x_1, x_2, \cdots, x_n \in \mathbf{Z}$에 대하여 $a|(c_1x_1+c_2x_2+\cdots+c_nx_n)$이다.
(5) $a|b$이고 $b|a(b\neq 0)$이면 $a=\pm b$이다.
(6) $c\neq 0$일 때, $a|b$일 필요충분조건은 $ac|bc$이다.

**증명** (1) $0=a\cdot 0$, $a=a\cdot 1$이므로 $a|0$, $a|a$이다.

(2) $a|b$라 하면 $b=ak$를 만족하는 $k\in\mathbf{Z}$가 존재한다. 따라서 $bc=a(kc)$, 즉 $a|bc$이다.

(3) $a|b$이고 $b|c$이면 $b=ak$, $c=bk'$을 만족하는 $k, k'\in\mathbf{Z}$가 존재한다. 따라서 $c=a(kk')$, 즉 $a|c$이다.

(4) $a|c_1$, $a|c_2$, $\cdots$, $a|c_n$이면 $c_1=ak_1$, $c_2=ak_2$, $\cdots$, $c_n=ak_n$을 만족하는 $k_1, k_2, \cdots, k_n\in\mathbf{Z}$가 존재한다. 따라서

$$c_1x_1+c_2x_2+\cdots+c_nx_n=a(k_1x_1+k_2x_2+\cdots+k_nx_n),\ \text{즉}$$
$$a|(c_1x_1+c_2x_2+\cdots+c_nx_n).$$

(5) $a|b$이고 $b|a$이면 $b=ak$, $a=bk'$을 만족하는 $k, k'\in\mathbf{Z}$가 존재한다. 따라서 $b=b(kk')$. 이 때, $b\neq 0$이므로 $kk'=1$이다. 그러나 $k, k'$이 정수이므로 $k'=\pm 1$이어야 한다. 즉 $a=\pm b$.

(6) $a|b$라 하면 $b=ak$를 만족하는 $k\in\mathbf{Z}$가 존재한다. 따라서 $bc=ack$, 즉 $ac|bc$이다. 역으로, $ac|bc$라 하면 $bc=ack$를 만족하는 $k\in\mathbf{Z}$가 존재한다. 이 때, $c\neq 0$이므로 $b=ak$이다. 즉 $a|b$. ■

정수의 중요한 성질 중의 하나인 정수의 정렬성 원리(well-ordering principle)는 Peano공리에 의하여 증명할 수 있으나 여기에서는 간단히 공리로 받아들이기로 하자.

**정렬성 원리** $S$를 공집합이 아닌 $\mathbf{N}$의 부분집합이라 할 때, $S$는 최소원소 $l$을 갖는다.

**【정리 1.3.2】 (나눗셈 정리(Division Algorithm))**

임의의 두 정수 $a$, $b(b\neq 0)$에 대하여

$$a=bq+r, \quad 0\leq r<|b|$$

를 만족하는 두 정수 $q$, $r$이 유일하게 존재한다.

**증명** $S=\{a-|b|k \mid k\in\mathbf{Z},\ a-|b|k\geq 0\}$이라 하자. $|b|\geq 1$이므로 $|b|(-|a|)\leq -|a|\leq a$이다. 따라서 $a-|b|(-|a|)\geq 0$이다. 따라서 $S\neq\varnothing$이고, 또한 $S\subset\mathbf{N}$이므로 정수의 정렬성 원리에 의하여 $S$는 최소원소 $r$을 갖는다. $r\in S$이므로 적당한 $k\in\mathbf{Z}$에 대하여 $r=a-|b|k$이다. 즉 $a=|b|k+r$이다. 이제 $r<|b|$임을 보이기 위하여 $r\geq|b|$라 가정하면 $a-|b|(k+1)=r-|b|\geq 0$이므로 $a-|b|(k+1)\in S$이다. 그러나 $a-|b|(k+1)<a-|b|k=r$이므로 $r$의 최소성에 모순이다. 따라서 $r<|b|$이어야 한다. 더욱이 $r\in S$이므로 $0\leq r$이다. 즉 $0\leq r<|b|$이다. 이 때, $b>0$인 경우에는 $q=k$로 놓고, 또한 $b<0$인 경우에는 $q=-k$로 놓으면

$$a=|b|k+r=bq+r, \quad 0\leq r<|b|$$

이다. 이제 $q$, $r$의 유일성을 보이기 위하여

$$a=bq+r=bq'+r'(q',\ r'\in\mathbf{Z}), \quad 0\leq r,\ r'<|b|$$

라 가정하면 $b(q-q')=r'-r$이므로 $|b||q-q'|=|r'-r|$이다. 따라서 $|r'-r|$은 $|b|$의 배수이고 $0\leq|r'-r|<|b|$이므로 $r'-r=0$이어야 한다. 그러므로 $q=q'$, $r=r'$이다. ■

**【정리 1.3.3】 (수학적 귀납법)**

$P(n)$을 자연수 $n$에 관한 명제라 하자. 그러면 다음이 성립한다.

(I) $P(n)$이 다음 두 조건

(1) $P(0)$는 참이다.

(2) $P(n)$이 참이면 $P(n+1)$도 참이다.

를 만족하면 $P(n)$은 모든 $n\in\mathbf{N}$에 대하여 참이다.

(II) $P(n)$이 다음 두 조건

(1) $P(0)$는 참이다.

(2) $0 \le m < n$인 모든 자연수 $m$에 대하여 $P(m)$이 참이면 $P(n)$도 참이다.

를 만족하면 $P(n)$은 모든 $n \in \mathbf{N}$에 대하여 참이다.

특히 위의 조건에서 0과 $\mathbf{N}$ 대신에 임의의 $c \in \mathbf{Z}$에 대하여 $c$와 $\mathbf{Z}_c = \{x \in \mathbf{Z} \mid x \ge c\}$로 바꾸어도 같은 결과가 얻어진다.

**증명** (I) 명제 $P(n)$이 주어진 두 조건을 만족한다고 가정하자. $P(n)$이 거짓이 되는 자연수 $n$들의 집합을 $S$라 하고 $S \ne \varnothing$이라 하면 정수의 정렬성 원리에 의하여 $S$는 최소원소 $a$를 갖는다. 따라서 $P(a)$는 거짓이다. $P(0)$는 참이므로 $a \ne 0$이다. 더욱이 $a$의 최소성에 의하여 $P(a-1)$은 참이다. 따라서 조건 (2)에 의하여 $P(a)$도 참이다. 이것은 모순이다. 따라서 $S = \varnothing$이다. 그러므로 $P(n)$은 모든 $n \in \mathbf{N}$에 대하여 참이다.

(II) 명제 $P(n)$이 주어진 두 조건을 만족한다고 가정하자. $P(n)$이 거짓이 되는 자연수 $n$들의 집합을 $S$라 하고 $S \ne \varnothing$이라 하면 정수의 정렬성 원리에 의하여 $S$는 최소원소 $a$를 갖는다. 따라서 $P(a)$는 거짓이다. $P(0)$가 참이므로 $a \ne 0$이다. 더욱이 $a$의 최소성에 의하여 $0 \le m < a$인 모든 $m$에 대하여 $P(m)$은 참이다. 따라서 조건 (2)에 의하여 $P(a)$도 참이다. 이것은 모순이다. 따라서 $S = \varnothing$이다. 그러므로 $P(n)$은 모든 $n$에 대하여 참이다. ■

$a_1, a_2, \cdots, a_n (n \ge 2)$을 모두는 0이 아닌 정수라 하고 $c$와 $d$를 0이 아닌 정수라 할 때, 다음 두 조건

(1) 모든 $i (1 \le i \le n)$에 대하여 $d \mid a_i$이다.

(2) 모든 $i (1 \le i \le n)$에 대하여 $c \mid a_i$이면 $c \mid d$이다.

를 생각하자. 조건 (1)만을 만족하는 $d$를 $a_1, a_2, \cdots, a_n$의 공약수(common divisor)라 하고, 조건 (1)과 (2)를 동시에 만족하는 양의 정수 $d$를 $a_1, a_2, \cdots, a_n$의 최대공약수(greatest common divisor)라 한다. 정리 1.3.1 (5)에 의하여 $a_1, a_2, \cdots, a_n$의 최대공약수 $d$는 유일하다. $a_1, a_2, \cdots, a_n$의 최대공약수 $d$를 $d = (a_1, a_2, \cdots, a_n)$으로 표시한다.

**【정리 1.3.4】**

$a_1, a_2, \cdots, a_n (n \geq 2)$가 모두는 0이 아닌 정수일 때, $a_1, a_2, \cdots, a_n$의 최대공약수 $d=(a_1, a_2, \cdots, a_n)$가 존재한다. 더욱이

$$d=a_1m_1+a_2m_2+\cdots+a_nm_n$$

을 만족하는 정수 $m_1, m_2, \cdots, m_n$이 존재한다.

**증명** $S=\{b \mid b=a_1x_1+a_2x_2+\cdots+a_nx_n(x_i \in \mathbf{Z}(i=1, 2, \cdots, n)), b>0\}$이라 하면 $0<a_1^2+a_2^2+\cdots+a_n^2 \in S$이므로 $\varnothing \neq S \subset \mathbf{N}$이다. 따라서 정수의 정렬성 원리에 의하여 $S$는 최소원소 $d$를 갖는다. 따라서 적당한 $m_i \in \mathbf{Z}(i=1, 2, \cdots, n)$에 대하여 $d=a_1m_1+a_2m_2+\cdots+a_nm_n$으로 표시된다. 이제 $d$가 $a_1, a_2, \cdots, a_n$의 최대공약수임을 보이자. 나눗셈 정리에 의하면 임의의 $x_i \in \mathbf{Z}(i=1, 2, \cdots, n)$에 대하여

$$a_1x_1+a_2x_2+\cdots+a_nx_n=dq+r, \ 0 \leq r<d$$

를 만족하는 $q, r \in \mathbf{Z}$가 유일하게 존재한다. 지금 $r \neq 0$라 하면

$$\begin{aligned} 0<r&=a_1x_1+a_2x_2+\cdots+a_nx_n-dq \\ &=a_1(x_1-m_1q)+a_2(x_2-m_2q)+\cdots+a_n(x_n-m_nq) \in S \end{aligned}$$

가 되고 $0<r<d$이므로 이것은 $d$의 최소성에 모순이다. 따라서 $r=0$이다. 즉, 임의의 $x_i \in \mathbf{Z}(i=1, 2, \cdots, n)$에 대하여 $d \mid (a_1x_1+a_2x_2+\cdots+a_nx_n)$이다. 특히 $d \mid a_i(i=1, 2, \cdots, n)$이다. 더욱이 $c$를 $c \mid a_i(i=1, 2, \cdots, n)$인 임의의 정수라 하면 정리 1.3.1 ⑷에 의하여 $c \mid (a_1m_1+a_2m_2+\cdots+a_nm_n)$, 즉 $c \mid d$이다. 따라서 $d=(a_1, a_2, \cdots, a_n)$이다. ■

**【정리 1.3.5】**

$a_1, a_2, \cdots, a_n (n>2)$가 모두 0이 아닌 정수일 때

$$(a_1, a_2, \cdots, a_n)=((a_1, a_2, \cdots, a_{n-1}), a_n).$$

**증명** $(a_1, a_2, \cdots, a_{n-1})=d_1$이라 하고 $(d_1, a_n)=d$라 하자. 그러면 $d_1|a_i(i=1, 2, \cdots, n-1)$, $d|d_1$, $d|a_n$이다. 따라서 정리 1.3.1 (3)에 의하여 $d|a_i(i=1, 2, \cdots, n-1)$이므로 모든 $i(1\leq i\leq n)$에 대하여 $d|a_i$이다. 한편 $c$를 모든 $i(1\leq i\leq n)$에 대하여 $c|a_i$인 임의의 정수라 하면 $(a_1, a_2, \cdots, a_{n-1})=d_1$이므로 $c|d_1$이다. 따라서 $c|a_n$이고 $(d_1, a_n)=d$이므로 $c|d$이다. 따라서 $d=(a_1, a_2, \cdots, a_n)$이다. ■

**【정리 1.3.6】**

모두는 0이 아닌 두 정수 $a$, $b$ 사이에 $a=bq+c(q, c\in\mathbf{Z})$인 관계가 성립한다고 하자. $a$와 $b$의 공약수 전체의 집합을 $A$라 하고 $b$와 $c$의 공약수 전체의 집합을 $B$라 하면 $A=B$이다. 특히 $(a, b)=(b, c)$이다.

**증명** $c=a+b(-q)$와 $a=bq+c$에 각각 정리 1.3.1 (4)를 적용하면

$$e|a,\ e|b \Longleftrightarrow e|b,\ e|c \qquad \cdots\cdots(1.3.1)$$

이므로 $A=B$이다. 특히, (1.3.1)에 의하여 $(a, b)|(b, c)$이고 $(b, c)|(a, b)$이므로 정리 1.3.1 (5)에 의하여 $(a, b)=(b, c)$이다. ■

정리 1.3.4에 의하여 두 정수 $a$, $b(b\neq 0)$가 주어질 때, $(a, b)=d$가 존재한다. 실제로 $d$를 다음과 같이 구할 수 있다.

정리 1.3.2를 반복 적용하면 유한번 이내에 다음 등식을 얻을 수 있다($r_2, r_3, \cdots$는 정수이고 $r_2>r_3>\cdots\geq 0$이므로 이 방법을 한없이 계속할 수 없다).

$$\begin{aligned}
a&=bq_1+r_2, && 0<r_2<|b|;\\
b&=r_2q_2+r_3, && 0<r_3<r_2;\\
r_2&=r_3q_3+r_4, && 0<r_4<r_3;\\
&\cdots\cdots\cdots\cdots\cdots\cdots\cdots\cdots;\\
r_{n-2}&=r_{n-1}q_{n-1}+r_n, && 0<r_n<r_{n-1};\\
r_{n-1}&=r_nq_n
\end{aligned}$$

그러면 정리 1.3.6에 의하여

$$(a,\ b)=(b,\ r_2)=(r_2,\ r_3)=(r_3,\ r_4)=\cdots=(r_{n-2},\ r_{n-1})=(r_{n-1},\ r_n)=r_n$$

이다. 즉 $(a,\ b)=r_n$. 이 방법을 유클리드의 호제법(Euclidean Algorithm)이라 한다.

$a_1,\ a_2,\ \cdots,\ a_n(n\geq 2)$을 모두 0이 아닌 정수라 하고 $l$을 정수라 할 때, 다음 두 조건

(1) 모든 $i(1\leq i\leq n)$에 대하여 $a_i|l$이다.

(2) $l\neq 0$이고 모든 $i(1\leq i\leq n)$에 대하여 $a_i|c(c\in\mathbf{Z})$이면 $l|c$이다.

를 생각하자. 조건 (1)만을 만족하는 $l$을 $a_1,\ a_2,\ \cdots,\ a_n$의 공배수(common multiple)라 하고, 조건 (1)과 (2)를 동시에 만족하는 양의 정수 $l$을 $a_1,\ a_2,\ \cdots,\ a_n$의 최소공배수(least common multiple)라 한다. 정리 1.3.1 (5)에 의하여 $a_1,\ a_2,\ \cdots,\ a_n$의 최소공배수 $l$은 유일하다. $a_1,\ a_2,\ \cdots,\ a_n$의 최소공배수 $l$을 $l=[a_1,\ a_2,\ \cdots,\ a_n]$으로 표시한다.

**【정리 1.3.7】**

$a$와 $b$를 모두 0이 아닌 두 정수라 하자. 그러면 $a$와 $b$의 최소공배수 $l=[a,\ b]$가 존재한다. 더욱이

$$(a,\ b)[a,\ b]=|ab|.$$

**증명** 정리 1.3.4에 의하여 $d=(a,\ b)$가 존재한다. 따라서 $a=dk,\ b=dk'$을 만족하는 $k,\ k'\in\mathbf{Z}$가 존재한다. $l=\dfrac{|ab|}{d}$ 라 하면 $l$은 양의 정수이고 적당한 $t,\ t'\in\mathbf{Z}$에 대하여 $l=at=bt'$이다. 따라서 $a|l$이고 $b|l$이다. 또 $c$를 $a|c$이고 $b|c$인 임의의 정수라 하면 $|ab||ca$이고 $|ab||cb$이다. 한편, 정리 1.3.4에 의하여 $d=am+bn$을 만족하는 $m,\ n\in\mathbf{Z}$이 존재하므로

$$\frac{c}{l}=\frac{cd}{|ab|}=\frac{c(am+bn)}{|ab|}=\left(\frac{ca}{|ab|}\right)m+\left(\frac{cb}{|ab|}\right)n\in\mathbf{Z}$$

이다. 즉 $l|c$. 따라서 $l=[a,\ b]$이다. 더욱이 $(a,\ b)[a,\ b]=|ab|$이다. ■

**【정리 1.3.8】**

$a_1, a_2, \cdots, a_n(n>2)$가 모두 0이 아닌 정수일 때, $a_1, a_2, \cdots, a_n$의 최소공배수 $[a_1, a_2, \cdots, a_n]$는 존재하고

$$[a_1, a_2, \cdots, a_n]=[[a_1, a_2, \cdots, a_{n-1}], a_n]$$

이다

**증명** $a_1, a_2, \cdots, a_n$의 개수 $n$에 대하여 수학적 귀납법으로 증명한다. 정리 1.3.7에 의하여 $[a_1, a_2]=l_1$과 $[l_1, a_3]=l_2$는 존재하므로 $a_1|l_1$, $a_2|l_1$, $l_1|l_2$, $a_3|l_2$이다. 따라서 정리 1.3.1 (3)에 의하여 $a_1|l_2$, $a_2|l_2$이므로 모든 $i(1 \leq i \leq 3)$에 대하여 $a_i|l_2$이다. 또 $c$를 모든 $i(1 \leq i \leq 3)$에 대하여 $a_i|c$인 임의의 정수라 하면 $[a_1, a_2]=l_1$이므로 $l_1|c$이다. 따라서 $a_3|c$이고 $[l_1, a_3]=l_2$이므로 $l_2|c$이다. 그러므로 $[a_1, a_2, a_3]=l_2=[[a_1, a_2], a_3]$이다. 즉 $n=3$인 경우는 정리가 성립한다.

다음 $n=k(k \geq 3)$일 때, 정리가 성립한다고 가정하자. 즉 $[a_1, a_2, \cdots, a_k]=l_3$가 존재하고 $[[a_1, a_2, \cdots, a_{k-1}], a_k]=[a_1, a_2, \cdots, a_k]=l_3$가 성립한다고 가정하자. 그러면 정리 1.3.7에 의하여 $[l_3, a_{k+1}]=l$이 존재한다. $[a_1, a_2, \cdots, a_k]=l_3$이므로 $a_i|l_3(i=1, 2, \cdots, k)$이고, 또한 $[l_3, a_{k+1}]=l$이므로 $l_3|l$, $a_{k+1}|l$이다. 따라서 정리 1.3.1 (3)에 의하여 $a_i|l\,(i=1, 2, \cdots, k)$이므로 모든 $i(1 \leq i \leq k+1)$에 대하여 $a_i|l$이다. 또한 $c$를 모든 $i(1 \leq i \leq k+1)$에 대하여 $a_i|c$인 임의의 정수라 하면 $[a_1, a_2, \cdots, a_k]=l_3$이므로 $l_3|c$이다. 따라서 $a_{k+1}|c$이고 $[l_3, a_{k+1}]=l$이므로 $l|c$이다. 그러므로

$$[a_1, a_2, \cdots, a_{k+1}]=l=[l_3, a_{k+1}]=[[a_1, a_2, \cdots, a_k], a_{k+1}]$$

이다. 즉, $n=k+1$인 경우도 정리가 성립한다. ■

$a_1, a_2, \cdots, a_n(n \geq 2)$을 정수라 하자. $(a_1, a_2, \cdots, a_n)=1$이면 $a_1, a_2, \cdots, a_n$은 서로 소(relatively prime)라 하고, 모든 $i, j(i \neq j(i, j=1, 2, \cdots, n))$에 대하여 $(a_i, a_j)=1$이면 $a_1, a_2, \cdots, a_n$은 쌍마다 서로 소(relatively prime in pair)라 한다.

**【정리 1.3.9】**

정수 $a_1, a_2, \cdots, a_n (n \geq 2)$에 대하여 다음이 성립한다.

(1) $(a_1, a_2, \cdots, a_n)=1$이 되기 위한 필요충분조건은

$$a_1m_1+a_2m_2+\cdots+a_nm_n=1$$

을 만족하는 정수 $m_1, m_2, \cdots, m_n$이 존재하는 것이다.

(2) $(a_1, a_2, \cdots, a_n)=d$이면 $\left(\frac{a_1}{d}, \frac{a_2}{d}, \cdots, \frac{a_n}{d}\right)=1$이다.

**증명** (1) $(a_1, a_2, \cdots, a_n)=1$이면 정리 1.3.4에 의하여 $1=a_1m_1+a_2m_2+\cdots+a_nm_n$을 만족하는 정수 $m_1, m_2, \cdots, m_n$이 존재한다. 역으로 $1=a_1m_1+a_2m_2+\cdots+a_nm_n$을 만족하는 정수 $m_1, m_2, \cdots, m_n$이 존재한다고 하자. $(a_1, a_2, \cdots, a_n)=d$라 하면 $d|a_1, d|a_2, \cdots, d|a_n$이다. 따라서 정리 1.3.1 (4)에 의하여

$$d|(a_1m_1+a_2m_2+\cdots+a_nm_n),$$

즉 $d|1$이다. 따라서 $d=1$이다.

(2) $(a_1, a_2, \cdots, a_n)=d$라 하면 정리 1.3.4에 의하여 $d=a_1m_1+a_2m_2+\cdots+a_nm_n$을 만족하는 정수 $m_1, m_2, \cdots, m_n$이 존재한다. 따라서 $a_1=c_1d, a_2=c_2d, \cdots, a_n=c_nd$라 하면

$$\begin{aligned} d&=a_1m_1+a_2m_2+\cdots+a_nm_n=(c_1d)m_1+(c_2d)m_2+\cdots+(c_nd)m_n \\ &=(c_1m_1+c_2m_2+\cdots+c_nm_n)d, \end{aligned}$$

즉 $1=c_1m_1+c_2m_2+\cdots+c_nm_n$이다. 따라서 (1)에 의하여

$$\left(\frac{a_1}{d}, \frac{a_2}{d}, \cdots, \frac{a_n}{d}\right)=(c_1, c_2, \cdots, c_n)=1.$$ ■

**【정리 1.3.10】**

$a, b, c \in \mathbf{Z}$일 때, $a|bc$이고 $(a, b)=1$이면 $a|c$이다.

**증명** $(a, b)=1$이라 하면 정리 1.3.9 (1)에 의하여 $am+bn=1$을 만족하는 $m$,

$n \in \mathbf{Z}$가 존재한다. 따라서 $c = c(am) + c(bn) = a(cm) + (bc)n$이다. 가정에서 $a|bc$이므로 정리 1.3.1 (1), (4)에 의하여 $a|c$이다. ■

**【정리 1.3.11】**

$a, b_1, b_2, \cdots, b_n \in \mathbf{Z}$일 때, $(a, b_1 b_2 \cdots b_n) = 1$이 되기 위한 필요충분조건은 모든 $i(1 \le i \le n)$에 대하여 $(a, b_i) = 1$인 것이다.

**증명** $(a, b_1 b_2 \cdots b_n) = 1$이라 하자. 그러면 정리 1.3.9 (1)에 의하여 $1 = ax + b_1 b_2 \cdots b_n y$를 만족하는 $x, y \in \mathbf{Z}$가 존재한다. 따라서

$$1 = ax + b_1(b_2 b_3 \cdots b_n y),$$
$$1 = ax + b_2(b_1 b_3 b_4 \cdots b_n y),$$
$$\cdots\cdots$$
$$1 = ax + b_n(b_1 b_2 \cdots b_{n-1} y)$$

이므로 다시 정리 1.3.9 (1)에 의하여

$$1 = (a, b_1) = (a, b_2) = \cdots = (a, b_n).$$

역으로 모든 $i(1 \le i \le n)$에 대하여 $(a, b_i) = 1$이라 하자. 그러면 정리 1.3.9 (1)에 의하여 모든 $i(1 \le i \le n)$에 대하여 $ax_i + b_i y_i = 1$을 만족하는 $x_i, y_i \in \mathbf{Z}$가 존재한다. 따라서

$$b_1 b_2 \cdots b_n y_1 y_2 \cdots y_n = (1 - ax_1)(1 - ax_2) \cdots (1 - ax_n)$$

이고, 이 등식의 우변은 $1 - az(z \in \mathbf{Z})$의 꼴로 표시되므로

$$1 = az + (b_1 b_2 \cdots b_n)(y_1 y_2 \cdots y_n)$$

이다. 따라서 정리 1.3.9 (1)에 의하여 $(a, b_1 b_2 \cdots b_n) = 1$이다. ■

**【정리 1.3.12】**

$a_1, a_2, \cdots, a_n, b(n \ge 2)$를 정수라 하자. 그러면 다음이 성립한다.

(1) $a_1, a_2, \cdots, a_n$이 쌍마다 서로 소이면 $[a_1, a_2, \cdots, a_n] = |a_1 a_2 \cdots a_n|$이다.

(2) $a_1, a_2, \cdots, a_n$이 쌍마다 서로 소이고 $a_i | b(i = 1, 2, \cdots, n)$이면 $a_1 a_2 \cdots a_n | b$이다.

**증명** (1) $a_1$, $a_2$, $\cdots$, $a_n$의 개수 $n$에 대하여 수학적 귀납법으로 증명한다. $a_1$, $a_2$, $\cdots$, $a_n$이 쌍마다 서로 소라 하면 정리 1.3.11에 의하여

$$1=(a_1,\ a_2)=(a_1a_2,\ a_3)=(a_1a_2a_3,\ a_4)=\cdots=(a_1a_2\cdots a_k,\ a_{k+1})=\cdots$$

이다. 정리 1.3.7에 의하여 $[a_1,\ a_2]=\dfrac{|a_1a_2|}{(a_1,\ a_2)}=|a_1a_2|$이므로 $n=2$인 경우는 정리가 성립한다.

다음 $n=k$일 때, 정리가 성립한다고 가정하자. 즉 $[a_1,\ a_2,\ \cdots;\ a_k]=|a_1a_2\cdots a_k|$라 가정하자. 그러면 정리 1.3.8과 정리 1.3.7에 의하여

$$\begin{aligned}[a_1,\ a_2,\ \cdots,\ a_k,\ a_{k+1}]&=[[a_1,\ a_2,\ \cdots,\ a_k],\ a_{k+1}]=[|a_1a_2\cdots a_k|,\ a_{k+1}]\\&=[a_1a_2\cdots a_k,\ a_{k+1}]=\frac{|a_1a_2\cdots a_ka_{k+1}|}{(a_1a_2\cdots a_k,\ a_{k+1})}\\&=|a_1a_2\cdots a_ka_{k+1}|\end{aligned}$$

이다. 따라서 $n=k+1$인 경우도 정리가 성립한다.

(2) $a_1$, $a_2$, $\cdots$, $a_n$이 쌍마다 서로 소이고 $a_i|b(i=1,\ 2,\ \cdots,\ n)$이면 (1)에 의하여 $[a_1,\ a_2,\ \cdots,\ a_n]=|a_1a_2\cdots a_n|$이므로 $|a_1a_2\cdots a_n||b$이다. 따라서 $a_1a_2\cdots a_n|b$이다. ■

정수 $p>1$의 약수가 $\pm1$, $\pm p$뿐이면 $p$를 소수(prime)라 하고, 소수가 아닌 정수 $n>1$을 합성수(composite)라 한다. 즉, $1<a<n$, $1<b<n$인 정수 $a$, $b$가 존재하여 $n=ab$일 때 $n$을 합성수라 한다.

**【정리 1.3.13】**

$a$를 임의의 정수라 하고 $p$를 소수라 하자. 그러면 $(a,\ p)=1$이거나 $(a,\ p)=p$이다. 더욱이 $p\nmid a \Longleftrightarrow (a,\ p)=1$이다.

**증명** $(a,\ p)=d$라 하면 $d|p$이다. $d>0$이고 $p$의 양의 약수는 1, $p$뿐이므로 $d=1$이거나 $d=p$이다. ■

**[정리 1.3.14]**

$a_1, a_2, \cdots, a_n \in \mathbf{Z}$이고 $p$가 소수일 때 $p | a_1 a_2 \cdots a_n$이라 하자. 그러면 적당한 $i(1 \le i \le n)$에 대하여 $p | a_i$이다.

**증명** 모든 $i(1 \le i \le n)$에 대하여 $p \nmid a_i$라 하면 정리 1.3.13에 의하여 $(p, a_i) = 1(i=1, 2, \cdots, n)$이다. 따라서 정리 1.3.11에 의하여 $(p, a_1 a_2 \cdots a_n) = 1$, 즉 $p \nmid a_1 a_2 \cdots a_n$가 되어 모순이다. 따라서 적당한 $i(1 \le i \le n)$에 대하여 $p | a_i$이다. ■

**[정리 1.3.15] (정수의 기본정리)**

$n(n>1)$을 정수라 할 때, $n$은 소수 $p_1, p_2, \cdots, p_r$($p_1, p_2, \cdots, p_r$은 서로 다를 필요는 없다)에 대하여

$$n = p_1 p_2 \cdots p_r \qquad \cdots\cdots(1.3.2)$$

의 꼴로 표시된다. 이 때, $p_1, p_2, \cdots, p_r$의 순서를 무시하면 (1.3.2)의 표시는 유일하다(따라서 (1.3.2)에서 $p_i(1 \le i \le r)$가 반복해서 $k_i$번 나타날 때, 이들을 $p_i^{k_i}$의 꼴로 바꾸어 쓰면 (1.3.2)는 서로 다른 소수 $p_1, p_2, \cdots, p_t$와 $k_i \in \mathbf{Z}(k_i > 0(i=1, 2, \cdots, t))$에 대하여

$$n = p_1^{k_1} p_2^{k_2} \cdots p_t^{k_t} \qquad \cdots\cdots(1.3.3)$$

의 꼴로 표시된다. 더욱이 $p_1^{k_1}, p_2^{k_2}, \cdots, p_t^{k_t}$의 순서를 무시하면 (1.3.3)의 표시는 유일하다. (1.3.3)을 $n$의 **표준분해**(standard decomposition)라 한다).

**증명** $n$이 소수이면 (1.3.2)는 분명히 성립한다. $n$이 합성수이면 $a|n$, $1<a<n$인 정수 $a$가 존재한다. 이러한 정수 중에서 가장 작은 정수를 $p_1$이라 하자(정수의 정렬성 원리에 의하여 $p_1$은 존재한다). 그러면 $p_1$은 $p_1 | n$, $1<p_1<n$을 만족하는 가장 작은 정수이다. 이제, $p_1$을 합성수라 하면 $b | p_1$, $1<b<p_1$인 정수 $b$가 존재하고, 따라서 $b|n$, $1<b<p_1<n$이 되어 $p_1$의 최소성에 모순이다. 따라서 $p_1$은 소수이다. 또한, $p_1 | n$이므로 $n = p_1 n_1$을 만족하는 $n_1(1<n_1<n)$이 존재한다. $n_1$이

소수이면 (1.3.2)는 성립한다. $n_1$이 합성수이면 위와 같은 방법으로 $n_1=p_2n_2$를 만족하는 소수 $p_2$와 정수 $1<n_2<n_1$이 존재함을 증명할 수 있다. 따라서

$$n=p_1n_1=p_1p_2n_2$$

이다. $n_2$가 소수이면 (1.3.2)는 성립한다. $n_2$가 합성수이면 다시 위의 방법을 계속한다. 그러나

$$n>n_1>n_2>\cdots>1$$

이므로 이 방법을 무한히 계속할 수는 없다. 따라서 위의 방법을 유한번 시행하여 소수 $p_1$, $p_2$, $\cdots$, $p_r$에 대하여

$$n=p_1p_2\cdots p_r$$

로 표시할 수 있다. 다음, $p_1$, $p_2$, $\cdots$, $p_r$의 순서를 무시할 때, (1.3.2)의 표시가 유일함을 보이자. $n$이 소수 $q_1$, $q_2$, $\cdots$, $q_s$에 대하여

$$n=q_1q_2\cdots q_s \qquad \cdots\cdots(1.3.4)$$

와 같이 (1.3.2)와 다르게 표시된다고 하자. (1.3.2)와 (1.3.4)에서

$$p_1\leq p_2\leq\cdots\leq p_r,\quad q_1\leq q_2\leq\cdots\leq q_s \qquad \cdots\cdots(1.3.5)$$

라 가정하자(실제로, (1.3.2)와 (1.3.4)에서 $p_1$, $p_2$, $\cdots$, $p_r$과 $q_1$, $q_2$, $\cdots$, $q_s$를 크기의 순으로 순서를 바꾸고 첨자를 고쳐 쓰면 (1.3.5)를 얻을 수 있으므로 이 가정은 일반성을 잃지 않는다). 그러면

$$p_1p_2\cdots p_r=q_1q_2\cdots q_s$$

이므로 정리 1.3.14에 의하여 적당한 $i(1\leq i\leq s)$에 대하여 $p_1|q_i$이고, 또한 적당한 $j(1\leq j\leq r)$에 대하여 $q_1|p_j$이다. 그러므로 $q_i=p_1$, $p_j=q_1$이고, 따라서 (1.3.5)에 의하여

$$q_1\leq q_i=p_1,\ p_1\leq p_j=q_1$$

이므로 $p_1=q_1$이다. 따라서

$$p_2p_3\cdots p_r=q_2q_3\cdots q_s$$

이다. 위와 같은 방법으로 $p_2=q_2$임을 증명할 수 있고, 따라서

$$p_3p_4\cdots p_r=q_3q_4\cdots q_s$$

이다. 이 방법을 계속한다. $r<s$라 하면 결국

$$1=q_{r+1}q_{r+2}\cdots q_s$$

가 되어 모순이고, $s<r$이라 하면

$$1=p_{s+1}p_{s+2}\cdots p_r$$

이 되어 모순이므로 $r=s$가 되어야 한다. 즉, $p_1, p_2, \cdots, p_r$의 순서를 무시하면 (1.3.2)의 표시는 유일하다. ■

$n$을 양의 정수라 할 때, 정수 0, 1, ⋯, $n-1$ 중에서 $n$과 서로 소인 것의 개수를 $\phi(n)$으로 표시하고 $\phi$를 Euler의 $\phi$-함수라 한다.

**보기 1.3.16** $\phi(1)=1$, $\phi(2)=1$, $\phi(3)=2$, $\phi(4)=2$, $\phi(12)=4$이다. ◀

다음 정리는 임의의 정수 $n(n>1)$에 대하여 $\phi(n)$을 구하는 공식과 $\phi$-함수의 성질에 대한 정리로서 증명없이 열거하기로 하자.

**【정리 1.3.17】**

$m$, $n$, $d$는 모두 양의 정수이고 $p_i(1\leq i\leq t)$는 소수라 할 때, 다음이 성립한다([2]).

(1) $n$의 표준분해가 $n=p_1^{k_1}p_2^{k_2}\cdots p_t^{k_t}$이면

$$\phi(n)=n\left(1-\frac{1}{p_1}\right)\left(1-\frac{1}{p_2}\right)\cdots\left(1-\frac{1}{p_t}\right)$$

이다. 특히, $p$가 소수이고 $k>0$인 정수이면 $\phi(p^k)=p^k-p^{k-1}$이다.

(2) $(m, n)=1$이면 $\phi(mn)=\phi(m)\phi(n)$이다.

(3) $\sum_{d|n}\phi(d)=n$

$m$을 양의 정수라 하자. $\mathbf{Z}$위의 관계

$$R=\{(a,\ b)\in\mathbf{Z}\times\mathbf{Z}\,|\,m\,|\,(a-b)\}$$

를 **법 $m$에 관한 합동관계**(congruence relation modulo $m$)라 하고, $R$ 대신에 기호 $\equiv$로 표시한다. 또 $aRb$ 대신에 $a\equiv b \pmod m$으로 표시하고, **$a$는 법 $m$에 관하여 $b$에 합동**($a$ is congruent to $b$ modulo $m$)이라 한다. 따라서

$$a\equiv b \pmod m \iff m\,|\,(a-b)$$

이다. $a$가 법 $m$에 관하여 $b$에 합동이 아닐 때, $a\not\equiv b \pmod m$으로 표시한다.

**【정리 1.3.18】**

$m$을 양의 정수라 하고 $a,\ b,\ c,\ d\in\mathbf{Z}$라 하면 다음이 성립한다.

(1) 법 $m$에 관한 합동관계 $\equiv$는 $\mathbf{Z}$위의 동치관계이다. 즉,

(i) 모든 $a\in\mathbf{Z}$에 대하여 $a\equiv a \pmod m$이다.

(ii) $a\equiv b \pmod m \Longrightarrow b\equiv a \pmod m$

(iii) $a\equiv b \pmod m,\ b\equiv c \pmod m \Longrightarrow a\equiv c \pmod m$

(2) $a\equiv b \pmod m,\ c\equiv d \pmod m \Longrightarrow a+c\equiv b+d \pmod m,\ ac\equiv bd \pmod m$

(3) $ab\equiv ac \pmod m$이고 $(a,\ m)=1$이면 $b\equiv c \pmod m$이다.

**증명** (1) (i) 임의의 $a\in\mathbf{Z}$에 대하여 $m\,|\,(a-a)$이므로 $a\equiv a \pmod m$이다.

(ii) $a\equiv b \pmod m$이라 하면 $m\,|\,(a-b)$이므로 $m\,|\,(b-a)$이다. 따라서 $b\equiv a \pmod m$이다.

(iii) $a\equiv b \pmod m,\ b\equiv c \pmod m$이라 하면 $m\,|\,(a-b),\ m\,|\,(b-c)$이므로 정리 1.3.1 (4)에 의하여 $m\,|\,(a-c)$이다. 따라서 $a\equiv c \pmod m$이다. 그러므로 $\equiv$는 $\mathbf{Z}$위의 동치관계이다.

(2) $a\equiv b \pmod m$이라 하고 $c\equiv d \pmod m$이라 하면 $m\,|\,(a-b),\ m\,|\,(c-d)$이다. $(a+c)-(b+d)=(a-b)+(c-d)$이고 $ac-bd=a(c-d)+(a-b)d$이므로 정리 1.3.1 (4)에 의하여 $m\,|\,((a+c)-(b+d)),\ m\,|\,(ac-bd)$이다. 따라서 $a+c\equiv b+d \pmod m,\ ac\equiv bd \pmod m$이다.

(3) $ab\equiv ac \pmod m$이면 $m\,|\,a(b-c)$이다. $(a,\ m)=1$이므로 정리 1.3.10

에 의하여 $m|(b-c)$이다. 따라서 $b \equiv c \pmod{m}$이다. ■

정리 1.3.18 (1)에 의하여 $\mathbf{Z}$위의 법 $m$에 관한 합동관계 $\equiv$는 $\mathbf{Z}$위의 동치관계이다. $a \in \mathbf{Z}$일 때, $\equiv$에 의한 $a$의 동치류

$$\bar{a} = \{x \in \mathbf{Z} \mid a \equiv x \pmod{m}\}$$

를 법 $m$에 관한 $a$의 잉여류(residue class)라 한다. 또한, 법 $m$에 관한 각 정수들의 잉여류 전체의 집합을 $\mathbf{Z}_m$으로 표시한다.

$m=1$이면 임의의 $a$, $b \in \mathbf{Z}$에 대하여 $1|(a-b)$이므로 $a \equiv b \pmod{1}$이다. 따라서 정리 1.2.1 (2)에 의하여 $\bar{a} = \bar{b}$이다. 그러므로

$$\bar{0} = \mathbf{Z}, \ \ \mathbf{Z}_1 = \{\bar{0}\} = \{\bar{a}\} = \{\bar{b}\} = \cdots.$$

$m \geq 2$이면 $0 \leq b < c < m$인 정수 $b$, $c$에 대하여 $b \not\equiv c \pmod{m}$이다. 따라서 $\equiv$는 동치관계이므로 정리 1.2.1 (2)에 의하여 $\bar{b} \neq \bar{c}$이다. 또한, $x$를 임의의 정수라 하면 정리 1.3.2에 의하여

$$x = mq + r, \ \ 0 \leq r < m$$

을 만족하는 정수 $q$, $r$이 존재하므로 $m|(x-r)$이다. 따라서 $x \equiv r \pmod{m}$이다. 그러므로 정리 1.2.1 (2)에 의하여 $\bar{x} = \bar{r}$이다. 한편 $0 \leq r < m$에 대하여

$$\begin{aligned} x \in \bar{r} &\iff r \equiv x \pmod{m} \iff x \equiv r \pmod{m} \iff m|(x-r) \\ &\iff \text{적당한 } q \in \mathbf{Z}\text{에 대하여 } x - r = qm \\ &\iff \text{적당한 } q \in \mathbf{Z}\text{에 대하여 } x = qm + r \qquad \cdots\cdots(1.3.6) \end{aligned}$$

이므로 잉여류 $\bar{r}$는 $m$으로 나눌 때 나머지가 $r$인 정수 전체의 집합이다. 그러므로

$$\bar{0} = \{\cdots, \ -2m, \ -m, \ 0, \ m, \ 2m, \ \cdots\} = \overline{m} = \overline{-m} = \overline{2m} = \overline{-2m} = \cdots,$$

$$\begin{aligned} \bar{1} &= \{\cdots, \ -2m+1, \ -m+1, \ 1, \ m+1, \ 2m+1, \ \cdots\} \\ &= \overline{m+1} = \overline{-m+1} = \overline{2m+1} = \overline{-2m+1} = \cdots, \end{aligned}$$

$$\begin{aligned} \bar{2} &= \{\cdots, \ -2m+2, \ -m+2, \ 2, \ m+2, \ 2m+2, \ \cdots\} \\ &= \overline{m+2} = \overline{-m+2} = \overline{2m+2} = \overline{-2m+2} = \cdots, \end{aligned}$$

$$\cdots\cdots\cdots\cdots\cdots$$

$$\begin{aligned}\overline{m-1}&=\{\cdots,\ -2m+(m-1),\ -m+(m-1),\ m-1,\ m+(m-1),\ 2m+(m-1),\ \cdots\}\\&=\overline{m+(m-1)}=\overline{-m+(m-1)}=\overline{2m+(m-1)}=\overline{-2m+(m-1)}=\cdots.\end{aligned}$$

즉, 임의의 $q_i\in\mathbf{Z}(0\le i\le m-1)$에 대하여

$$\bar{0}=\overline{q_0m},\quad \bar{1}=\overline{q_1m+1},\quad \bar{2}=\overline{q_2m+2},\ \cdots,\quad \overline{m-1}=\overline{q_{m-1}m+(m-1)}$$

이고

$$\begin{aligned}\mathbf{Z}_m&=\{\bar{0},\ \bar{1},\ \bar{2},\ \cdots,\ \overline{m-1}\}\\&=\{\overline{q_0m},\ \overline{q_1m+1},\ \overline{q_2m+2},\ \cdots,\ \overline{q_{m-1}m+(m-1)}\mid q_i\in\mathbf{Z},\ 0\le i\le m-1\}\end{aligned}$$

이다. 예를 들어, 법 $m=3$에 대하여

$$\begin{aligned}\bar{0}&=\{\cdots,\ -6,\ -3,\ 0,\ 3,\ 6,\ \cdots\}=\bar{3}=\overline{-3}=\bar{6}=\overline{-6}=\cdots,\\\bar{1}&=\{\cdots,\ -5,\ -2,\ 1,\ 4,\ 7,\ \cdots\}=\bar{4}=\overline{-2}=\bar{7}=\overline{-5}=\cdots,\\\bar{2}&=\{\cdots,\ -4,\ -1,\ 2,\ 5,\ 8,\ \cdots\}=\bar{5}=\overline{-1}=\bar{8}=\overline{-4}=\cdots\end{aligned}$$

이고

$$\mathbf{Z}_3=\{\bar{0},\ \bar{1},\ \bar{2}\}=\{\bar{3},\ \bar{4},\ \bar{5}\}=\{\bar{0},\ \overline{-2},\ \overline{-1}\}=\{\bar{6},\ \overline{-5},\ \bar{5}\}=\cdots$$

이다. 더욱이 정리 1.2.1에 의하여 $\mathbf{Z}_m$은 $\mathbf{Z}$의 분할이다.

한편 (1.3.6)에 의하여

$$x\equiv r\ (\text{mod}\ m)\iff \text{적당한 } q\in\mathbf{Z}\text{에 대하여 } x=qm+r$$

이므로 정리 1.3.6에 의하여

$$x\equiv r\ (\text{mod}\ m)\implies (x,\ m)=(r,\ m) \qquad\cdots\cdots(1.3.7)$$

이다.

CHAPTER 2

# 군 론

# 2 군 론

## 2.1 군

**【정의 2.1.1】**

$G$를 공집합이 아닌 집합이라 하자. 함수 $*: G\times G \longrightarrow G$를 $G$위의 이항연산(binary operation)이라 한다. $G\times G$의 임의의 원소 $(a, b)$의 $*$에 의한 함수값 $*((a, b))$를 $a*b$로 표시하고 $a$와 $b$의 곱(product)이라 한다. 따라서 $a*b\in G$이다.

이항연산(함수) $*$ 대신에 여러 가지 기호 $+$, $\cdot$, $\circ$ 등을 사용하기도 한다. 이 때 $a*b$는 $a+b$(이 경우 $a+b$를 $a$와 $b$의 합(sum)이라 한다), $a\cdot b$, $a\circ b$ 등으로 표시된다. 혼란이 없을 때 $a*b$를 간단히 $ab$로 표시한다.

앞으로 보기에서는 정수, 유리수, 실수, 복소수의 덧셈과 곱셈에 관하여 이미 알고 있는 기본적인 성질들은 인정하기로 하자. 또한 자연수, 정수, 유리수, 실수, 복소수 전체의 집합을 각각 $\mathbf{N}$, $\mathbf{Z}$, $\mathbf{Q}$, $\mathbf{R}$, $\mathbf{C}$로 표시하자.

**보기 2.1.2** $+: \mathbf{R}\times\mathbf{R} \longrightarrow \mathbf{R}$을 $+((a, b))=a+b$($a$와 $b$의 덧셈)로 정의하면 $+$는 $\mathbf{R}$위의 이항연산이다. 마찬가지로, 곱셈 $\cdot$도 $\mathbf{R}$위의 이항연산이다. ◀

**【정의 2.1.3】**

$G$를 공집합이 아닌 집합이라 하자. 다음 세 가지 조건을 만족하는 $G$위

의 이항연산 $*$가 정의될 때, $G$는 $*$에 대하여 군(group)을 이룬다, 또는 간단히 $G$를 군이라 한다.

(1) $G$의 임의의 원소 $a$, $b$, $c$에 대하여 $(a*b)*c=a*(b*c)$이다(이 때, 이항연산 $*$는 결합법칙(associative law)을 만족한다고 한다).

(2) $G$의 모든 원소 $a$에 대하여 $a*e=a=e*a$를 만족하는 원소 $e$가 $G$에 존재한다(이 때, $e$를 $G$의 단위원(identity element)이라 한다).

(3) $G$의 각 원소 $a$에 대하여 $a*a^{-1}=e=a^{-1}*a$를 만족하는 원소 $a^{-1}$가 $G$에 존재한다(이 때, $a^{-1}$를 $a$의 역원(inverse)이라 한다).

특히, 조건 (1)을 만족하는 $G$위의 이항연산 $*$가 정의될 때 $G$를 반군(semigroup)이라 한다. 또, 조건 (1), (2)를 만족하는 $G$위의 이항연산 $*$가 정의될 때 $G$를 모노이드(monoid)라 한다.

군(각각 반군, 모노이드) $G$가 다음 조건

(4) $G$의 임의의 원소 $a$, $b$에 대하여 $a*b=b*a$이다(이 때, 이항연산 $*$는 교환법칙(commutative law)을 만족한다고 한다).

를 만족할 때 $G$를 가환군(commutative group)(각각 가환반군, 가환모노이드) 또는 아벨군(Abelian group)이라 하고, $G$가 가환군(각각 가환반군, 가환모노이드)이 아닐 때 $G$를 비가환군(noncommutative group)(각각 비가환반군, 비가환모노이드)이라 한다.

군 $G$위의 이항연산 $*$ 대신에 덧셈기호 $+$로 쓸 때 $G$를 덧셈군(additive group)이라 한다. 이 때 $G$의 단위원은 0으로, $a$의 역원은 $-a$로 표시하고, $a+(-b)$를 $a-b$로 나타낸다. 특히 덧셈군 $G$가 위의 조건 (4)를 만족할 때 $G$를 덧셈아벨군(additive abelian group)이라 한다.

군 $G$의 원소의 개수가 유한개일 때 $G$를 유한군(finite group)이라 하고, $G$가 유한군이 아닐 때 $G$를 무한군(infinite group)이라 한다. 특히 $G$의 원소의 개수가 $n$일 때 $n$을 $G$의 위수(order)라 하고 $|G|=n$으로 표시한다.

---

**보기 2.1.4** 보기 2.1.2에 의하여 덧셈 $+$는 실수집합 $\mathbf{R}$위의 이항연산이다. 또한,

(1) 임의의 $a$, $b$, $c\in\mathbf{R}$에 대하여 $(a+b)+c=a+(b+c)$

(2) $0\in\mathbf{R}$이고, 모든 $a\in\mathbf{R}$에 대하여 $a+0=a=0+a$

(3) 각 $a\in\mathbf{R}$에 대하여 $-a\in\mathbf{R}$이고 $a+(-a)=0=(-a)+a$

이므로 **R**은 덧셈에 대하여 군이 된다. 더욱이

(4) 임의의 $a$, $b \in \mathbf{R}$에 대하여 $a+b=b+a$

이므로 **R**은 덧셈에 대하여 가환군이다. 한편, **R**은 곱셈에 대하여 단위원이 1인 가환모노이드이지만 군은 되지 않는다. 왜냐하면 0에 대한 역원이 존재하지 않기 때문이다. 마찬가지로 **Z**, **Q**, **C**도 덧셈에 대하여 단위원이 0인 가환군이지만, 곱셈에 대하여는 단위원이 1인 가환모노이드가 될 뿐 군은 되지 않는다. 그러나 $\mathbf{R}^*=\mathbf{R}-\{0\}$은 곱셈에 대하여 단위원이 1인 가환군이 된다. 마찬가지로 $\mathbf{Q}^*=\mathbf{Q}-\{0\}$, $\mathbf{C}^*=\mathbf{C}-\{0\}$도 곱셈에 대하여 단위원이 1인 가환군이 된다. ◀

**보기 2.1.5** 임의의 $a$, $b \in \mathbf{R}^*=\mathbf{R}-\{0\}$에 대하여 $a*b=|a|\cdot b$로 정의하면 $*$는 $\mathbf{R}^*$위의 이항연산이다. 또한 임의의 $a$, $b$, $c \in \mathbf{R}^*$에 대하여

$$\begin{aligned}(a*b)*c&=(|a|\cdot b)*c=||a|\cdot b|\cdot c=(|a|\cdot|b|)\cdot c=|a|\cdot(|b|\cdot c)\\&=a*(|b|\cdot c)=a*(b*c)\end{aligned}$$

이므로 $*$는 결합법칙을 만족한다. $e$를 $\mathbf{R}^*$의 단위원이라 가정하면 모든 $a \in \mathbf{R}^*$에 대하여 $a*e=a=e*a$가 성립하므로 $|e|\cdot e=e*e=e$이다. 따라서 $e=\pm1$이어야 한다. 그러나 $e=1$인 경우는 $a\in\mathbf{R}^*(a<0)$에 대하여

$$a*1=|a|\cdot 1=-a\cdot 1=-a$$

이고, $e=-1$인 경우는 $a\in\mathbf{R}^*(a>0)$에 대하여

$$a*(-1)=|a|\cdot(-1)=a\cdot(-1)=-a$$

이므로 $e=\pm1$은 단위원이 아니다. 그러므로 $\mathbf{R}^*$는 반군은 되나 모노이드도 군도 아니다. ◀

**보기 2.1.6** $G=\mathbf{R}-\{-1\}$이라 하고 임의의 $a$, $b\in G$에 대하여 $a*b=a+b+a\cdot b$로 정의하자. 그러면 $a*b\in G$이다. 왜냐하면 $a*b=-1$, 즉 $a+b+a\cdot b=-1$이라 하면 $(a+1)\cdot(b+1)=0$이어야 하는데 $a$, $b\in G$이므로 $a+1\neq 0$, $b+1\neq 0$이 되어 모순이 되기 때문이다. 따라서 $*$는 $G$위의 이항연산이다. 분명히 $*$는 결합법칙, 교환법칙을 만족한다. $e\in G$이고 모든 $a\in G$에 대하여 $a*e=a=e*a$라 하면 $a+e+a\cdot e=a$, 즉 $e\cdot(a+1)=0$이다.

이때 $a \in G$이므로 $a+1 \neq 0$이다. 따라서 $e=\dfrac{0}{a+1}=0$, 즉 0은 $G$의 단위원이다. 각 $a \in G$에 대하여 $a * a^{-1}=0=a^{-1} * a$라 하면 $a^{-1} \cdot (a+1)=-a$이다. 이때 $a \in G$이므로 $a+1 \neq 0$이다. 따라서 $a^{-1}=\dfrac{-a}{a+1} \in G$이다($\dfrac{-a}{a+1}=-1$이면 $1=0$이 되어 모순이다). 즉, $\dfrac{-a}{a+1}$은 $a$의 역원이다. 따라서 $G$는 가환군이다. ◀

**보기 2.1.7** $GL_2(\mathbf{C})$를 $\mathbf{C}$위의 $2 \times 2$ 정칙행렬(nonsingular matrix) 전체의 집합이라 하자. $* : GL_2(\mathbf{C}) \times GL_2(\mathbf{C}) \longrightarrow GL_2(\mathbf{C})$를 $*((A,\ B))=AB$(두 행렬 $A$와 $B$의 곱)로 정의하면, 두 정칙행렬의 곱은 정칙행렬이므로 $*$는 $GL_2(\mathbf{C})$위의 이항연산이다. 또한 행렬의 곱은 결합법칙을 만족한다. 분명히 $I_2=\begin{bmatrix}1 & 0\\ 0 & 1\end{bmatrix} \in GL_2(\mathbf{C})$이고, 임의의 $A \in GL_2(\mathbf{C})$에 대하여 $AI_2=A=I_2A$이므로 $I_2$는 $GL_2(\mathbf{C})$의 단위원이다. 더욱이 각 $A \in GL_2(\mathbf{C})$에 대하여 $A$의 역행렬 $A^{-1}$는 다시 정칙행렬이므로 $A^{-1} \in GL_2(\mathbf{C})$이고, $AA^{-1}=I_2=A^{-1}A$이므로 $A^{-1}$는 $A$의 역원이다. 따라서 $GL_2(\mathbf{C})$는 행렬의 곱에 대하여 군이 된다. 그러나 $A=\begin{bmatrix}0 & 1\\ -1 & 0\end{bmatrix}$, $B=\begin{bmatrix}1 & 0\\ 0 & -1\end{bmatrix} \in GL_2(\mathbf{C})$에 대하여 $AB=\begin{bmatrix}0 & -1\\ -1 & 0\end{bmatrix}$, $BA=\begin{bmatrix}0 & 1\\ 1 & 0\end{bmatrix}$이므로 $AB \neq BA$이다. 따라서 $GL_2(\mathbf{C})$는 비가환군이다. ◀

덧셈아벨군 $\mathbf{Z}$(보기 2.1.4를 참조)를 생각하자. $0 \neq n \in \mathbf{Z}$라 하자. 함수

$$* : \mathbf{Z} \times \mathbf{Z} \longrightarrow \mathbf{Z}$$

를 임의의 $(a,\ b) \in \mathbf{Z} \times \mathbf{Z}$에 대하여 $a * b=a+b-n$으로 정의하면 $*$는 $\mathbf{Z}$위의 이항연산이다(이 때 $*$는 $\mathbf{Z}$위의 이항연산 $+$와 다른 $\mathbf{Z}$위의 이항연산이다). 이제 $\mathbf{Z}$는 $*$에 대하여 가환군임을 보이자. 임의의 $a,\ b \in \mathbf{Z}$에 대하여

$$a * b=a+b-n=b+a-n=b * a$$

이다. 즉 $a * b=b * a$. 또 임의의 $a,\ b,\ c \in \mathbf{Z}$에 대하여

$$\begin{aligned}(a * b) * c &= (a+b-n) * c=(a+b-n)+c-n\\ &= a+(b+c-n)-n=a * (b+c-n)=a * (b * c)\end{aligned}$$

이다. 즉 $(a * b) * c=a * (b * c)$. 한편 임의의 $a \in \mathbf{Z}$에 대하여

$$a*n=a+n-n=a$$

이므로 $a*n=a=n*a$이다. 즉 $n\in\mathbf{Z}$는 $*$에 대한 $\mathbf{Z}$의 단위원이다. 또한 임의의 $a\in\mathbf{Z}$에 대하여 $2n-a\in\mathbf{Z}$이고

$$a*(2n-a)=a+2n-a-n=n$$

이므로 $a*(2n-a)=n=(2n-a)*a$이다. 즉 $2n-a$는 $*$에 대한 $a$의 역원이다. 따라서 $\mathbf{Z}$는 $*$에 대하여 가환군을 이룬다. 그러므로 $\mathbf{Z}$는 덧셈 $+$에 대하여 가환군을 이룰 뿐 아니라 $*$에 대하여도 가환군을 이룬다. 이와 같이 한 집합은 서로 다른 이항연산에 대하여 서로 다른 군이 될 수 있다.

**【정리 2.1.8】**

$G$를 군이라 하면 다음이 성립한다.

(1) $G$의 단위원 $e$는 유일하다($G$가 모노이드인 경우도 성립한다).

(2) 임의의 $a\in G$에 대하여 $aa=a$이면 $a=e$이다.

(3) 임의의 $a,\ b,\ c\in G$에 대하여

(i) $ab=ac \Longrightarrow b=c$ (좌 소거법칙(left cancellation law))

(ii) $ba=ca \Longrightarrow b=c$ (우 소거법칙(right cancellation law))

가 성립한다.

(4) 각 $a\in G$에 대하여 $a$의 역원 $a^{-1}$는 유일하다.

(5) 각 $a\in G$에 대하여 $(a^{-1})^{-1}=a$이다.

(6) 임의의 $a,\ b\in G$에 대하여 $(ab)^{-1}=b^{-1}a^{-1}$이다.

(7) 임의의 $a,\ b\in G$에 대하여

(i) 방정식 $ax=b$는 $G$에서 유일한 해 $x=a^{-1}b$를 갖는다.

(ii) 방정식 $xa=b$는 $G$에서 유일한 해 $x=ba^{-1}$를 갖는다.

**증명** (1) $e'$이 $G$의 또 다른 단위원이라 하면 $e=ee'=e'$이다.

(2) $aa=a$라 하면 $e=a^{-1}a=a^{-1}(aa)=(a^{-1}a)a=ea=a$이다.

(3) (i) $ab=ac$라 하면

$$b=eb=(a^{-1}a)b=a^{-1}(ab)=a^{-1}(ac)=(a^{-1}a)c=ec=c$$

이다. (ii)도 같은 방법으로 증명할 수 있다.

(4) $a$의 또 다른 역원 $(a^{-1})'$이 존재한다고 하면 $aa^{-1}=e=a(a^{-1})'$이므로 (3)의 (i)에 의하여 $a^{-1}=(a^{-1})'$이다.

(5) $a=ae=a(a^{-1}(a^{-1})^{-1})=(aa^{-1})(a^{-1})^{-1}=e(a^{-1})^{-1}=(a^{-1})^{-1}$

(6) $(ab)(b^{-1}a^{-1})=a(b(b^{-1}a^{-1}))=a((bb^{-1})a^{-1})=a(ea^{-1})=aa^{-1}=e$ $=(ab)(ab)^{-1}$, 즉 $(ab)(b^{-1}a^{-1})=(ab)(ab)^{-1}$이므로 (3)의 (i)에 의하여 $b^{-1}a^{-1}=(ab)^{-1}$이다.

(7) (i) $a(a^{-1}b)=(aa^{-1})b=eb=b$이므로 $x=a^{-1}b$는 방정식 $ax=b$의 해이고, (3)의 (i)에 의하여 이 해는 유일하다. (ii)도 같은 방법으로 증명할 수 있다. ■

**참고** 실수집합 **R**은 덧셈군(보기 2.1.4를 참조)이므로 실수의 다음 성질

① 임의의 $a \in \mathbf{R}$에 대하여 $a+a=a$이면 $a=0$이다.

② 임의의 $a$, $b$, $c \in \mathbf{R}$에 대하여

(i) $a+b=a+c$이면 $b=c$이다.

(ii) $b+a=c+a$이면 $b=c$이다.

③ 임의의 $a \in \mathbf{R}$에 대하여 $-(-a)=a$이다.

는 정리 2.1.8 (2), (3), (5)의 결과이고

④ 임의의 $a$, $b \in \mathbf{R}$에 대하여 $-(a+b)=-a-b$이다.

는 **R**이 아벨군이라는 사실과 정리 2.1.8 (6)의 결과이다. 마찬가지로 **Z**, **Q**, **C**의 경우도 위와 같은 결과를 얻는다.

또한 **R***는 곱셈에 대하여 군(보기 2.1.4 를 참조)이므로 실수의 다음 성질

⑤ 임의의 $a$, $b \in \mathbf{R}^*$에 대하여 방정식 $ax=b$는 **R***안에서 유일한 해 $x=a^{-1}b$를 갖는다.

⑥ 임의의 $a$, $b \in \mathbf{R}^*$에 대하여 방정식 $ya=b$는 **R***안에서 유일한 해 $y=ba^{-1}$를 갖는다.

는 정리 2.1.8 (7)의 결과이다. 마찬가지로 **Q***, **C***의 경우도 위와 같은 결과를 얻는다.

**【정리 2.1.9】**

$G$를 반군이라 할 때, 다음 네 주장은 서로 동치(equivalent)이다(즉, 네 주

장 중 어느 하나가 성립하면 나머지 세 주장도 성립한다).

(I) $G$는 군이다.

(II) $G$는 다음 조건을 만족한다.

(2′) 모든 $a\in G$에 대하여 $ae=a$를 만족하는 원소 $e$가 $G$에 존재한다 (이 때, $e$를 $G$의 우측 단위원(right identity)이라 한다).

(3′) 각 $a\in G$에 대하여 $aa^{-1}=e$를 만족하는 원소 $a^{-1}$가 $G$에 존재한다(이 때, $a^{-1}$를 $a$의 우측 역원(right inverse)이라 한다).

(Ⅲ) $G$는 다음 조건을 만족한다.

(2″) 모든 $a\in G$에 대하여 $ea=a$를 만족하는 원소 $e$가 $G$에 존재한다 (이 때, $e$를 $G$의 좌측 단위원(left identity)이라 한다).

(3″) 각 $a\in G$에 대하여 $a^{-1}a=e$를 만족하는 원소 $a^{-1}$가 $G$에 존재한다(이 때, $a^{-1}$를 $a$의 좌측 역원(left inverse)이라 한다).

(Ⅳ) $G$는 다음 조건을 만족한다.

(i) 임의의 $a,\ b\in G$에 대하여 방정식 $ax=b$는 $G$에서 해를 갖는다.

(ii) 임의의 $a,\ b\in G$에 대하여 방정식 $xa=b$는 $G$에서 해를 갖는다.

---

**증명** 정의 2.1.3에 의하여 분명히 (I) $\Longrightarrow$ (II), (Ⅲ)이다. 또 정리 2.1.8 (7)에 의하여 (I) $\Longrightarrow$ (Ⅳ)이다.

(II) $\Longrightarrow$ (I). (II)가 성립한다고 하자. 그러면 (3′)에 의하여 각 $a\in G$에 대하여 $aa^{-1}=e$를 만족하는 $a^{-1}$가 $G$에 존재한다. 다시 (3′)에 의하여 $a^{-1}(a^{-1})^{-1}=e$를 만족하는 $(a^{-1})^{-1}$가 $G$에 존재한다. 따라서

$$\begin{aligned} a^{-1}a &= (a^{-1}a)e = (a^{-1}a)(a^{-1}(a^{-1})^{-1}) = ((a^{-1}a)a^{-1})(a^{-1})^{-1} \\ &= (a^{-1}(aa^{-1}))(a^{-1})^{-1} = (a^{-1}e)(a^{-1})^{-1} = a^{-1}(a^{-1})^{-1} = e \end{aligned}$$

즉, 정의 2.1.3의 조건 (3)이 만족된다. 또한

$$ea = (aa^{-1})a = a(a^{-1}a) = ae = a$$

이므로 정의 2.1.3의 조건 (2)가 성립한다. 그러므로 $G$는 군이다. 같은 방법으로 (Ⅲ) $\Longrightarrow$ (I)도 증명된다.

(Ⅳ) $\Longrightarrow$ (II). (Ⅳ)가 성립한다고 하자. $G\neq\varnothing$이므로 $G$에 적어도 한 원소 $a_0$가 존재한다. 방정식 $a_0x=a_0$의 한 해를 $e$라 하자. 즉 $a_0e=a_0$. 또한 임의의 $a\in G$에 대하여 방정식 $ya_0=a$의 해를 $b\in G$라 하자. 즉

$ba_0=a$. 그러면

$$ae=(ba_0)e=b(a_0e)=ba_0=a$$

이므로 $e$는 $G$의 우측 단위원이다. 다음, 각 $a\in G$에 대하여 방정식 $ax=e$의 해를 $a^{-1}$라 하면 $aa^{-1}=e$이므로 $a^{-1}$는 $a$의 우측 역원이다. 그러므로 (II)가 성립한다. ■

정리 2.1.9의 (Ⅲ)을

(Ⅲ′) $G$는 다음 조건을 만족한다.

(2″) 모든 $a\in G$에 대하여 $ea=a$를 만족하는 원소 $e$가 $G$에 존재한다.

(3′) 각 $a\in G$에 대하여 $aa^{-1}=e$를 만족하는 원소 $a^{-1}$가 $G$에 존재한다.

로 바꾸면 $G$가 군이 되지 않는 경우가 있다. 예를 들면, 보기 2.1.5에서 모든 $a\in\mathbf{R}^*$에 대하여

$$1*a=|1|\cdot a=1\cdot a=a\text{이고 } a*\frac{1}{|a|}=|a|\cdot\frac{1}{|a|}=1$$

이지만, $\mathbf{R}^*$는 군이 아니다. 또 (Ⅱ)의 조건을 (2′)과 (3″)으로 바꾸어도 $G$는 군이 되지 않는 경우가 있다.

군(각각 반군, 모노이드) $M$에 대하여 $M$위의 임의의 동치관계 $R$이 정의될 때, $R$에 의한 $M$의 원소들의 동치류들로 이루어진 집합 $G$위에 적당한 이항연산 $*$를 정의하면 새로운 군(각각 반군, 모노이드) $G$를 얻을 수 있다.

**【정리 2.1.10】**

$M$을 군(각각 반군, 모노이드)이라 하자. $R$을 $M$위의 동치관계라 하고, $M$의 임의의 원소 $a_1$, $a_2$, $b_1$, $b_2$에 대하여 $a_1Ra_2$, $b_1Rb_2$이면 항상 $a_1b_1Ra_2b_2$라 하자. $G$를 $M$의 원소들의 서로 다른 동치류들의 집합이라 하자. 즉 $G=\{\bar{a}\,|\,a\in M\}$. 임의의 $\bar{a}$, $\bar{b}\in G$에 대하여 $\bar{a}*\bar{b}=\overline{ab}$($ab$는 $M$에서의 $a$와 $b$의 곱)로 정의하면 $*$는 $G$위의 이항연산이 되고, 이 이항연산 $*$에 대하여 $G$는 군(각각 반군, 모노이드)이 된다. 더욱이 $M$이 가환군(각각 가환반군, 가환모노이드)이면 $G$도 가환군(각각 가환반군, 가환모노이드)이다.

**증명** $\overline{a_1}=\overline{a_2}$, $\overline{b_1}=\overline{b_2}$라 하면 정리 1.2.1 (2)에 의하여 $a_1Ra_2$, $b_1Rb_2$이다. 가정에 의하여 $a_1b_1Ra_2b_2$이므로 다시 정리 1.2.1 (2)에 의하여 $\overline{a_1b_1}=\overline{a_2b_2}$이다. 따라서 $\overline{a_1}*\overline{b_1}=\overline{a_1b_1}=\overline{a_2b_2}=\overline{a_2}*\overline{b_2}$이다. 즉 $*$는 동치류의 대표원의 선택에 무관하게 정의된다. 따라서 $*$는 $G$위의 이항연산이다. 임의의 $\bar{a}$, $\bar{b}$, $\bar{c}\in G$에 대하여

$$(\bar{a}*\bar{b})*\bar{c}=(\overline{ab})*\bar{c}=\overline{(ab)c}=\overline{a(bc)}=\bar{a}*(\overline{bc})=\bar{a}*(\bar{b}*\bar{c})$$

이다. 다음, $e$를 $M$의 단위원이라 하면 $\bar{e}\in G$이고 임의의 $\bar{a}\in G$에 대하여 $\bar{a}*\bar{e}=\overline{ae}=\bar{a}=\overline{ea}=\bar{e}*\bar{a}$이므로 $\bar{e}$는 $G$의 단위원이다. 또한, 각 $\bar{a}\in G$에 대하여 $a^{-1}$를 $M$에서의 $a$의 역원이라 하면 $\overline{a^{-1}}\in G$이고 $\bar{a}*\overline{a^{-1}}=\overline{aa^{-1}}=\bar{e}=\overline{a^{-1}a}=\overline{a^{-1}}*\bar{a}$이므로 $\overline{a^{-1}}$는 $\bar{a}$의 역원이다. 그러므로 $G$는 $*$에 대하여 군이 된다. 더욱이 $M$이 가환군이면 임의의 $\bar{a}$, $\bar{b}\in G$에 대하여 $\bar{a}*\bar{b}=\overline{ab}=\overline{ba}=\bar{b}*\bar{a}$이므로 $G$는 가환군이다. ■

**보기 2.1.11** $m$을 양의 정수라 할 때, 법 $m$에 관한 잉여류 전체의 집합 $\mathbf{Z}_m=\{\bar{0}, \bar{1}, \bar{2}, \cdots, \overline{m-1}\}$을 생각하자(정리 1.3.18 아래의 설명을 참조). 보기 2.1.4에 의하여 $\mathbf{Z}$는 덧셈에 대하여 0을 단위원으로 갖는 가환군이고 곱셈에 대하여는 1을 단위원으로 갖는 가환모노이드이다. 따라서 임의의 $\bar{a}$, $\bar{b}\in\mathbf{Z}_m$에 대하여

$$\bar{a}\oplus\bar{b}=\overline{a+b},\quad \bar{a}\odot\bar{b}=\overline{ab}$$

로 정의하면 정리 1.3.18 (1), (2)와 정리 2.1.10에 의하여 $\mathbf{Z}_m$은 $\oplus$에 대하여 $\bar{0}$를 단위원으로 갖는 가환군이고 $|\mathbf{Z}_m|=m$이며, 또한 $\odot$에 대하여 $\bar{1}$를 단위원으로 갖는 가환모노이드이다. 다음, $m\geq 2$라 하고

$$\mathbf{Z}_m^*=\{\bar{s}\in\mathbf{Z}_m \mid (m,\ s)=1\}$$

라 하자. $\bar{1}\in\mathbf{Z}_m$이고 $(m,\ 1)=1$이므로 $\bar{1}\in\mathbf{Z}_m^*$이다. 따라서 $\mathbf{Z}_m^*\neq\varnothing$이다. $\bar{s}$, $\bar{t}\in\mathbf{Z}_m^*$라 하면 $(m,\ s)=1$, $(m,\ t)=1$이므로 정리 1.3.11에 의하여 $(m, st)=1$이다. 정리 1.3.2에 의하여

$$st = mq + r, \quad 0 \le r < m$$

을 만족하는 정수 $q$, $r$이 존재하므로 $st \equiv r \pmod{m}$이다. 따라서 (1.3.7)에 의하여 $(m, r) = (m, st) = 1$이고, 또한 정리 1.2.1 (2)에 의하여 $\overline{st} = \bar{r}$이다. 그러므로 임의의 $\bar{s}$, $\bar{t} \in \mathbf{Z}_m^*$에 대하여 $\mathbf{Z}_m^*$위의 이항연산 $\odot$를

$$\bar{s} \odot \bar{t} = \overline{st} = \bar{r}$$

로 정의할 수 있다. $\mathbf{Z}_m$이 $\odot$에 대하여 가환모노이드이므로 $\mathbf{Z}_m^*$위의 이항연산 $\odot$는 결합법칙과 교환법칙을 만족한다. 임의의 $\bar{s} \in \mathbf{Z}_m^*$에 대하여 $\bar{s} \odot \bar{1} = \overline{s1} = \bar{s}$이므로 $\bar{1}$는 $\mathbf{Z}_m^*$의 우측 단위원이다. 또한, $\bar{s} \in \mathbf{Z}_m^*$라 하면 $(m, s) = 1$이므로 정리 1.3.9 (1)에 의하여

$$sx + my = 1 \qquad \cdots\cdots(2.1.1)$$

을 만족하는 정수 $x$, $y$가 존재한다. 따라서

$$sx \equiv 1 \pmod{m}, \quad \text{즉} \quad \bar{s} \odot \bar{x} = \overline{sx} = \bar{1}$$

이고, 다시 (2.1.1)에 정리 1.3.9 (1)을 적용하면 $(m, x) = 1$이다. 한편, 정리 1.3.2에 의하여

$$x = mp + t, \ 0 \le t < m$$

을 만족하는 정수 $p$, $t$가 존재하므로

$$x \equiv t \pmod{m}, \quad \text{즉} \quad \bar{x} = \bar{t}$$

이고, (1.3.7)에 의하여 $(m, t) = (m, x) = 1$이다. 따라서 $\bar{t} \in \mathbf{Z}_m^*$이고 $\bar{s} \odot \bar{t} = \bar{s} \odot \bar{x} = \bar{1}$이다. 즉 $\bar{t}$는 $\bar{s}$의 우측 역원이다. 따라서 정리 2.1.9에 의하여 $\mathbf{Z}_m^*$는 $\odot$에 대하여 $\bar{1}$를 단위원으로 갖는 가환군이고, $|\mathbf{Z}_m^*| = \phi(m)$이다($\phi$는 Euler의 $\phi-$함수이다). 앞으로는 편리를 위하여 $\oplus$와 $\odot$을 각각 덧셈 기호 $+$와 곱셈기호 $\cdot$로 표시하기로 한다. ◀

$G$를 반군이라 하자. 임의의 $a_1$, $a_2$, $a_3 \in G$에 대하여 $(a_1a_2)a_3$, $a_1(a_2a_3)$를 각각 $\boldsymbol{a}_1$, $\boldsymbol{a}_2$, $\boldsymbol{a}_3$의 곱이라 한다. $G$위의 이항연산은 결합법칙을 만족하므로

$$(a_1a_2)a_3 = a_1(a_2a_3)$$

이다. 따라서 $a_1$, $a_2$, $a_3$의 두 곱은 같다. 또 임의의 $a_1$, $a_2$, $a_3$, $a_4 \in G$에 대하여 $((a_1a_2)a_3)a_4$, $(a_1a_2)(a_3a_4)$, $a_1(a_2(a_3a_4))$, $a_1((a_2a_3)a_4)$, $(a_1(a_2a_3))a_4$등을 각각 $\boldsymbol{a_1}$, $\boldsymbol{a_2}$, $\boldsymbol{a_3}$, $\boldsymbol{a_4}$**의 곱**이라 한다. 결합법칙을 반복 적용하면

$$((a_1a_2)a_3)a_4 = (a_1a_2)(a_3a_4) = a_1(a_2(a_3a_4)) = a_1((a_2a_3)a_4) = (a_1(a_2a_3))a_4$$

이므로 $a_1$, $a_2$, $a_3$, $a_4$의 순서를 바꾸지 않고 이항연산을 시행하여 얻은 $a_1$, $a_2$, $a_3$, $a_4$의 곱들은 괄호를 선택하는 방법에 관계없이 모두 같다. 일반적으로 임의의 $a_1, a_2, \cdots, a_n \in G$에 대하여 $a_1, a_2, \cdots, a_n$의 순서를 바꾸지 않고 이항연산을 반복시행하여 얻어진 $G$의 원소들을 $\boldsymbol{a_1}, \boldsymbol{a_2}, \cdots, \boldsymbol{a_n}$**의 곱**이라 한다. 이 때, 다음 정리가 성립한다.

**【정리 2.1.12】**

$G$를 반군이라 하자. 임의의 $a_1, a_2, \cdots, a_n \in G$에 대하여 $a_1, a_2, \cdots, a_n$의 순서를 바꾸지 않을 때, $a_1, a_2, \cdots, a_n$의 곱들은 괄호를 선택하는 방법에 관계없이 모두 같다.

**증명** $n$에 대하여 수학적 귀납법을 적용하여 증명한다.

$\prod_{i=1}^{1} a_i = a_1$, $\prod_{i=1}^{2} a_i = a_1a_2$, $\cdots$, $\prod_{i=1}^{n} a_i = \left(\prod_{i=1}^{n-1} a_i\right)a_n$으로 정의하자. 그러면 $\prod_{i=1}^{n} a_i$는 $a_1, a_2, \cdots, a_n$의 곱 중 특수한 곱이다. $a_1, a_2, \cdots, a_n$의 임의의 곱을 $(a_1a_2 \cdots a_n)$으로 표시하자. 이제 $(a_1a_2 \cdots a_n) = \prod_{i=1}^{n} a_i$임을 보이면 충분하다.

(1) $n = 1, 2, 3$일 때는 분명히 성립한다.

(2) $1 \le m < n (n > 3)$인 모든 $m$에 대하여 $(a_1a_2 \cdots a_m) = \prod_{i=1}^{m} a_i$라 가정하자. 그러면 적당한 $j(1 \le j < n)$에 대하여

$$(a_1a_2 \cdots a_n) = (a_1a_2 \cdots a_j)(a_{j+1}a_{j+2} \cdots a_n)$$

이다. 가정에 의하여

$$(a_1a_2\cdots a_j)=\prod_{i=1}^{j}a_i,\quad (a_{j+1}a_{j+2}\cdots a_n)=\prod_{k=j+1}^{n}a_k$$

이다. 따라서

$$\begin{aligned}(a_1a_2\cdots a_n)&=\left(\prod_{i=1}^{j}a_i\right)\left(\prod_{k=j+1}^{n}a_k\right)=\left(\prod_{i=1}^{j}a_i\right)\left(\left(\prod_{k=j+1}^{n-1}a_k\right)a_n\right)\\&=\left(\left(\prod_{i=1}^{j}a_i\right)\left(\prod_{k=j+1}^{n-1}a_k\right)\right)a_n=\left(\prod_{i=1}^{n-1}a_i\right)a_n=\prod_{i=1}^{n}a_i.\end{aligned}$$ ■

$G$를 반군이라 할 때 임의의 $a_1, a_2, \cdots, a_n\in G$에 대하여 $a_1, a_2, \cdots, a_n$의 곱들은 모두 같으므로 이것을 $a_1a_2\cdots a_n$으로 표시한다.

**【따름정리 2.1.13】**

$G$를 가환반군이라 하고 $\sigma:\{1, 2, \cdots, n\}\longrightarrow\{1, 2, \cdots, n\}$를 전단사함수라 하자. 그러면 임의의 $a_1, a_2, \cdots, a_n\in G$에 대하여

$$a_1a_2\cdots a_n=a_{\sigma(1)}a_{\sigma(2)}\cdots a_{\sigma(n)}.$$

**증명** $n$에 대하여 수학적 귀납법을 적용하여 증명하자. $G$가 가환반군이므로 $n=2$인 경우는 성립한다. $2\le m<n$인 모든 $m$에 대하여 정리가 성립한다고 가정하자. $\sigma$가 전단사함수이므로 $n=\sigma(t)$를 만족하는 $t(1\le t\le n)$가 오직 하나 존재한다. $A=\{1, 2, \cdots, n-1\}$이라 하고 함수 $\tau:A\longrightarrow A$를 $k\in A$에 대하여

$$\tau(k)=\begin{cases}\sigma(k)(1\le k<t)\\ \sigma(k+1)(t\le k\le n-1)\end{cases}$$

로 정의하면 $\sigma$가 전단사함수이므로 $\tau$도 전단사함수이다. 따라서

$$\begin{aligned}a_{\sigma(1)}a_{\sigma(2)}\cdots a_{\sigma(t)}\cdots a_{\sigma(n)}&=(a_{\sigma(1)}a_{\sigma(2)}\cdots a_{\sigma(t-1)})(a_{\sigma(t)}(a_{\sigma(t+1)}\cdots a_{\sigma(n)}))\\&=(a_{\sigma(1)}a_{\sigma(2)}\cdots a_{\sigma(t-1)})((a_{\sigma(t+1)}\cdots a_{\sigma(n)})a_{\sigma(t)})\\&=((a_{\sigma(1)}a_{\sigma(2)}\cdots a_{\sigma(t-1)})(a_{\sigma(t+1)}\cdots a_{\sigma(n)}))a_{\sigma(t)}\\&=(a_{\tau(1)}a_{\tau(2)}\cdots a_{\tau(t-1)}a_{\tau(t)}\cdots a_{\tau(n-1)})a_n\\&=(a_1a_2\cdots a_{n-1})a_n=a_1a_2\cdots a_{n-1}a_n.\end{aligned}$$ ■

**【따름정리 2.1.14】**

$G$를 군이라 하자. 임의의 $a_1, a_2, \cdots, a_n \in G$에 대하여

$$(a_1a_2\cdots a_n)^{-1} = a_n^{-1}\cdots a_2^{-1}a_1^{-1}.$$

**증명** $n$에 대하여 수학적 귀납법을 적용하여 증명한다. $n=2$일 때는 정리 2.1.8 (6)에 의하여 $(a_1a_2)^{-1}=a_2^{-1}a_1^{-1}$이다. $2\le m<n$인 모든 $m$에 대하여 $(a_1a_2\cdots a_m)^{-1}=a_m^{-1}\cdots a_2^{-1}a_1^{-1}$이 성립한다고 가정하자. 그러면

$$\begin{aligned}(a_1a_2\cdots a_n)^{-1} &= ((a_1a_2\cdots a_{n-1})a_n)^{-1} = a_n^{-1}(a_1a_2\cdots a_{n-1})^{-1} \\ &= a_n^{-1}(a_{n-1}{}^{-1}\cdots a_2^{-1}a_1^{-1}) = a_n^{-1}a_{n-1}{}^{-1}\cdots a_2^{-1}a_1^{-1}.\end{aligned}$$ ■

$G$를 군이라 하자. 임의의 $a\in G$에 대하여

$a^0=e$ ($e$는 $G$의 단위원이다),
$a^1=a,\ a^2=aa,\ a^3=a^2a,$
$\cdots\cdots\cdots\cdots,$
$a^n=a^{n-1}a\,(n>0)$ ($a^n$은 $n$개의 $a$의 곱이다),
$a^{-n}=(a^{-1})^n\,(n>0)$

으로 정의한다. 특히, $G$가 덧셈군일 때는 $a^0=e$ 대신에 $0a=0$(오른쪽의 0은 $G$의 단위원이다)로, $a^1=a$ 대신에 $1a=a$로, $a^n(n>0)$ 대신에 $na$로, $a^{-n}$ 대신에 $(-n)a$로 나타낸다.

**【정리 2.1.15】**

$G$를 군이라 하자. 임의의 $a, b\in G$와 임의의 $m, n\in \mathbf{Z}$에 대하여 다음 등식이 성립한다.

(1) $a^ma^n=a^{m+n}$ ($G$가 덧셈군일 때는 $ma+na=(m+n)a$)

(2) $(a^m)^n=a^{mn}$ ($G$가 덧셈군일 때는 $n(ma)=(mn)a$)

특히, $ab=ba$이면

(3) $(ab)^n=a^nb^n$ ($G$가 덧셈군이고 $a+b=b+a$이면 $n(a+b)=na+nb$)

**증명** 따름정리 2.1.14에 의하여 임의의 $n\in\mathbf{N}$에 대하여 $(a^n)^{-1}=(a^{-1})^n$이다. 따라서

$$a^{-n}=(a^{-1})^n=(a^n)^{-1}\ (n\geq 0).$$

(1) $m>0$, $n>0$인 경우는 정리 2.1.12에 의하여 $a^m a^n=a^{m+n}$이다. $m=0$이거나 $n=0$인 경우는 분명히 $a^m a^n=a^{m+n}$이다. $m<0$이고 $n<0$인 경우는 $m=-r(r>0)$, $n=-s(s>0)$이라 하자. 그러면

$$a^m a^n=a^{-r}a^{-s}=(a^{-1})^r(a^{-1})^s=(a^{-1})^{r+s}=a^{-(r+s)}=a^{m+n}$$

이다. $m>0$이고 $n<0$인 경우는 $n=-s(s>0)$이라 하자. 이 때, $m=s$인 경우는

$$\begin{aligned} a^m a^n &= a^m a^{-s}=a^m a^{-m}=a^m(a^m)^{-1}=e=a^0 \\ &= a^{m+(-m)}=a^{m+(-s)}=a^{m+n} \end{aligned}$$

$m<s$인 경우는

$$\begin{aligned} a^m a^n &= a^m a^{-s}=a^m(a^{-1})^s=a^m(a^{-1})^{m+(s-m)}=a^m(a^{-1})^m(a^{-1})^{s-m} \\ &= a^m(a^m)^{-1}(a^{-1})^{s-m}=(a^{-1})^{s-m}=a^{-(s-m)}=a^{m-s}=a^{m+n} \end{aligned}$$

$m>s$인 경우는

$$a^m a^n=a^m a^{-s}=a^{(m-s)+s}a^{-s}=a^{m-s}a^s(a^s)^{-1}=a^{m-s}=a^{m+n}$$

이다. $m<0$이고 $n>0$인 경우도 같은 방법으로 증명할 수 있다.

(2) 먼저 $n\geq 0$인 경우는 $n$에 대하여 수학적 귀납법을 적용하여 증명한다. $n=0$이면 $(a^m)^n=(a^m)^0=e=a^0=a^{mn}$, 즉 $(a^m)^n=a^{mn}$. $0\leq k<n$인 모든 $k\in\mathbf{N}$에 대하여 $(a^m)^k=a^{mk}$가 성립한다고 가정하자. 그러면

$$(a^m)^n=(a^m)^{(n-1)+1}=(a^m)^{n-1}(a^m)^1=a^{m(n-1)}a^m=a^{m(n-1)+m}=a^{mn}$$

이다. 따라서 모든 $n\geq 0$에 대하여 $(a^m)^n=a^{mn}$이 성립한다. 이제 $n<0$인 경우는 $n=-s(s>0)$이라 하자. 그러면

$$(a^m)^n=(a^m)^{-s}=((a^m)^s)^{-1}=(a^{ms})^{-1}=a^{-ms}=a^{mn}$$

이다. 따라서 임의의 $m, n\in\mathbf{Z}$에 대하여 (2)가 성립한다.

(3) $n\geq 0$인 경우는 정리 2.1.12와 따름정리 2.1.13에 의하여 성립한다. $n<0$인 경우는 $n=-s(s>0)$이라 하자. 그러면

$$(ab)^n=(ba)^n=(ba)^{-s}=((ba)^s)^{-1}=(b^sa^s)^{-1}$$
$$=(a^s)^{-1}(b^s)^{-1}=a^{-s}b^{-s}=a^nb^n$$

이다. 따라서 모든 $n\in\mathbf{Z}$에 대하여 (3)이 성립한다. ■

**【정의 2.1.16】**

$A$를 공집합이 아닌 집합이라 할 때, 전단사함수 $\sigma: A \longrightarrow A$를 $A$위의 치환(permutation)이라 한다.

**보기 2.1.17** $A$를 공집합이 아닌 집합이라 하고 $A$위의 치환 모두를 원소로 갖는 집합을 $S_A$로 표시하자. 함수

$$\circ : S_A \times S_A \longrightarrow S_A$$

를 $\circ((\sigma, \tau))=\sigma\tau$(함수 $\sigma$와 $\tau$의 합성)로 정의하면 정리 1.1.4 (3)에 의하여 두 치환의 합성은 다시 치환이므로 $\circ$는 $S_A$위의 이항연산이다(이 때, $\sigma\tau$를 $\sigma$와 $\tau$의 **곱**(product)이라 한다). 또한, 함수의 합성은 결합법칙이 성립하므로 $\circ$는 결합법칙을 만족한다. 분명히, $A$위의 항등함수 $i_A: A \longrightarrow A$는 전단사함수이므로 $i_A\in S_A$이고, 임의의 $\sigma\in S_A$에 대하여 $\sigma i_A=\sigma=i_A\sigma$이므로 $i_A$는 $S_A$의 단위원이다(이 때, $i_A$를 $A$위의 **항등치환**(identity permutation)이라 한다). 또 $\sigma\in S_A$라 하면 $\sigma$는 $\sigma: A \longrightarrow A$인 전단사함수이므로 역함수 $\sigma^{-1}: A \longrightarrow A$가 존재하여($\sigma^{-1}$도 전단사함수이므로 $\sigma^{-1}\in S_A$이다) $\sigma\sigma^{-1}=i_A=\sigma^{-1}\sigma$를 만족한다(이 때, $\sigma^{-1}$를 $\sigma$의 **역치환**(inverse permutation)이라 한다). 따라서 $S_A$는 함수의 합성에 대하여 군을 이룬다. 이 군 $S_A$를 $A$위의 **치환군**(group of permutations)이라 한다. 일반적으로, $A$가 세 개 이상의 원소를 가지면 $S_A$는 비가환군이다. 실제로, $A$의 원소 $a_1$, $a_2$, $a_3$에 대하여 $\sigma: A \longrightarrow A$를 $\sigma(a_1)=a_2$, $\sigma(a_2)=a_1$이고 $a\neq a_i(i=1,\ 2)$인 $a\in A$에 대하여 $\sigma(a)=a$로 정의하면 $\sigma\in S_A$이고, 또 $\tau: A \longrightarrow A$를 $\tau(a_2)=a_3$, $\tau(a_3)=a_2$이고 $a\neq a_i(i=2,\ 3)$인 $a\in A$에 대하여 $\tau(a)=a$로 정의하면 $\tau\in S_A$이다. 이 때, $\tau\sigma(a_1)=a_3\neq a_2=\sigma\tau(a_1)$이므로 $\tau\sigma\neq\sigma\tau$이다.

$A=\{1,\ 2,\ \cdots,\ n\}$일 때, $S_A$를 $S_n$으로 표시하고 $n$차 **대칭군**(symmetric group of degree $n$)이라 한다. 분명히 $|S_n|=n!$이다.

$A=\{1, 2, \cdots, n\}$이고 $\sigma$가 $A$위의 치환일 때, 원소 $i\in A$의 $\sigma$에 의한 함수값 $\sigma(i)$를 $i$의 바로 밑에 나열하여 $\sigma$를

$$\sigma=\begin{pmatrix} 1 & 2 & 3 & \cdots & i & \cdots & n \\ \sigma(1) & \sigma(2) & \sigma(3) & \cdots & \sigma(i) & \cdots & \sigma(n) \end{pmatrix}$$

으로 표시하면 매우 편리하다. 예를 들어, $A=\{1, 2, 3, 4\}$일 때 $\sigma=\begin{pmatrix} 1 & 2 & 3 & 4 \\ 3 & 1 & 4 & 2 \end{pmatrix}$는 $\sigma(1)=3$, $\sigma(2)=1$, $\sigma(3)=4$, $\sigma(4)=2$인 함수 $\sigma: A \longrightarrow A$를 나타낸다. 또 $\tau=\begin{pmatrix} 1 & 2 & 3 & 4 \\ 1 & 3 & 2 & 4 \end{pmatrix}$일 때, $S_4$에서의 $\sigma$와 $\tau$의 곱(합성) $\sigma\tau$는

$$\begin{array}{ccccc} 1 & \xmapsto{\tau} & 1 & \xmapsto{\sigma} & 3 \\ 2 & \xmapsto{\tau} & 3 & \xmapsto{\sigma} & 4 \\ 3 & \xmapsto{\tau} & 2 & \xmapsto{\sigma} & 1 \\ 4 & \xmapsto{\tau} & 4 & \xmapsto{\sigma} & 2 \end{array}$$

이므로

$$\sigma\tau=\begin{pmatrix} 1 & 2 & 3 & 4 \\ 3 & 1 & 4 & 2 \end{pmatrix}\begin{pmatrix} 1 & 2 & 3 & 4 \\ 1 & 3 & 2 & 4 \end{pmatrix}=\begin{pmatrix} 1 & 2 & 3 & 4 \\ 3 & 4 & 1 & 2 \end{pmatrix}$$

이다. ◀

$G=\{a_0, a_1, a_2, \cdots, a_n\}$을 유한군($a_0=e$는 $G$의 단위원이다)이라 할 때, 임의의 $a_i$, $a_j\in G$에 대하여 $a_i$와 $a_j$의 곱 $a_ia_j=a_k$를 다음 그림 2.1.1에서와 같이 $a_i$가 속한 행과 $a_j$가 속한 열이 만나는 곳에 나타내면 편리할 때가 많다. 특히 $e$가 속한 행과 열은 $a_ie=a_i=ea_i$이므로 그림 2.1.1과 같이 곱이 표시된다.

그림 2.1.1

| | $e$ | $a_1$ | $\cdots$ | $a_j$ | $\cdots$ | $a_n$ |
|---|---|---|---|---|---|---|
| $e$ | $e$ | $a_1$ | | $a_j$ | | $a_n$ |
| $a_1$ | $a_1$ | | | | | |
| $\vdots$ | | | | $\vdots$ | | |
| $a_i$ | $a_i$ | | $\cdots$ | $a_k$ | $\cdots$ | |
| $\vdots$ | | | | $\vdots$ | | |
| $a_n$ | $a_n$ | | | | | |

그림 2.1.2

| | $\cdots$ | $x=a_j$ | $\cdots$ |
|---|---|---|---|
| $\vdots$ | | $\vdots$ | |
| $a_i$ | $\cdots$ | $a_t$ | $\cdots$ |
| $\vdots$ | | $\vdots$ | |

정리 2.1.8 (7)에 의하여 각 원소 $a_t \in G(t=0, 1, 2, \cdots, n)$는 각 행과 각 열에 꼭 한 번씩 나타나야 한다. 가령, 임의의 $i$에 대하여 $a_i$가 속한 행을 생각할 때, $a_t \in G$에 대하여 방정식 $a_i x = a_t$를 만족하는 $G$의 원소 $x = a_j$는 꼭 한 개 존재한다. 이 때 위의 그림 2.1.2에서 보는 바와 같이 $a_t$는 $a_i$가 속한 행에 나타나고 $a_j$가 유일하게 정해지므로 $a_t$는 $a_j$가 속한 열에만 나타난다. 따라서 $a_t$는 $a_i$가 속한 행에 꼭 한번 나타난다. 열에 대해서도 같은 방법으로 설명된다.

**보기 2.1.18** 3차 대칭군 $S_3$의 원소들의 곱을 나타내는 표는 다음과 같다.

$$\sigma_0 = \begin{pmatrix} 1 & 2 & 3 \\ 1 & 2 & 3 \end{pmatrix}, \ \sigma_1 = \begin{pmatrix} 1 & 2 & 3 \\ 2 & 3 & 1 \end{pmatrix}, \ \sigma_2 = \begin{pmatrix} 1 & 2 & 3 \\ 3 & 1 & 2 \end{pmatrix}$$

$$\tau_1 = \begin{pmatrix} 1 & 2 & 3 \\ 1 & 3 & 2 \end{pmatrix}, \ \tau_2 = \begin{pmatrix} 1 & 2 & 3 \\ 3 & 2 & 1 \end{pmatrix}, \ \tau_3 = \begin{pmatrix} 1 & 2 & 3 \\ 2 & 1 & 3 \end{pmatrix}$$

그림 2.1.3

| | $\sigma_0$ | $\sigma_1$ | $\sigma_2$ | $\tau_1$ | $\tau_2$ | $\tau_3$ |
|---|---|---|---|---|---|---|
| $\sigma_0$ | $\sigma_0$ | $\sigma_1$ | $\sigma_2$ | $\tau_1$ | $\tau_2$ | $\tau_3$ |
| $\sigma_1$ | $\sigma_1$ | $\sigma_2$ | $\sigma_0$ | $\tau_3$ | $\tau_1$ | $\tau_2$ |
| $\sigma_2$ | $\sigma_2$ | $\sigma_0$ | $\sigma_1$ | $\tau_2$ | $\tau_3$ | $\tau_1$ |
| $\tau_1$ | $\tau_1$ | $\tau_2$ | $\tau_3$ | $\sigma_0$ | $\sigma_1$ | $\sigma_2$ |
| $\tau_2$ | $\tau_2$ | $\tau_3$ | $\tau_1$ | $\sigma_2$ | $\sigma_0$ | $\sigma_1$ |
| $\tau_3$ | $\tau_3$ | $\tau_1$ | $\tau_2$ | $\sigma_1$ | $\sigma_2$ | $\sigma_0$ |

◀

## 연습문제 2.1

**1.** 집합 $G$와 임의의 $a, b \in G$에 대하여 $a * b$를 다음과 같이 정의할 때, 이들 중에서 $G$위의 이항연산이 되는 것을 찾아라. 이항연산이 되는 경우에는 결합법칙과 교환법칙이 만족하는지 조사하여라.

(1) $G=\{1, -1\}$, $a * b = ab$

(2) $G=\{0, 1, -1\}$, $a * b = ab$

(3) $G=\{2n \mid n \in \mathbf{Z}\}$, $a*b=\dfrac{ab}{2}$

(4) $G=\left\{\dfrac{m}{2^n} \,\middle|\, n,\ m \in \mathbf{Z}\right\}$, $a*b=a+b$

(5) $G=\left\{\dfrac{m}{2^n} \,\middle|\, n,\ m \in \mathbf{Z}\right\}$, $a*b=ab$

(6) $G=\{r \in \mathbf{R} \mid -1<r<1\}$, $a*b=\dfrac{a+b}{1+ab}$

(7) $G=\mathbf{Z}$, $a*b=a+b+1$

(8) $G=\mathbf{Q}^*(=\mathbf{Q}-\{0\})$, $a*b=a+b$

(9) $G=\mathbf{R}$, $a*b=b$

(10) $G=\mathbf{C}$, $a*b=b-a$

**2.** 문제 1의 (1)~(10) 중에서 $*$가 $G$위의 이항연산인 경우에는 $G$가 $*$에 대하여 (가환)반군, (가환)모노이드, (가환)군이 되는지 조사하여라.

**3.** $\mathbf{C}$위의 $2\times2$ 행렬 $I_2=\begin{bmatrix}1 & 0\\0 & 1\end{bmatrix}$, $A=\begin{bmatrix}1 & 0\\0 & -1\end{bmatrix}$, $B=\begin{bmatrix}-1 & 0\\0 & 1\end{bmatrix}$, $C=\begin{bmatrix}-1 & 0\\0 & -1\end{bmatrix}$을 원소로 갖는 집합 $G=\{I_2,\ A,\ B,\ C\}$는 행렬의 곱에 대하여 가환군이 됨을 보여라. 또한, $A^2=B^2=C^2=I_2$임을 보여라(정리 2.4.10과 보기 2.4.11을 참조).

**4.** $S=\left\{\begin{bmatrix}a & b\\a & b\end{bmatrix} \,\middle|\, a,\ b \in \mathbf{R},\ a+b \neq 0\right\}$라 하자.

(1) $S$는 행렬의 곱에 대하여 반군이 됨을 보여라.

(2) 모든 $A \in S$에 대하여 $EA=A$를 만족하는 $E \in S$가 존재함을 보여라.

(3) 각 $A \in S$에 대하여 $AA'=E$를 만족하는 $A' \in S$가 존재함을 보여라.

(4) $S$는 행렬의 곱에 대하여 군이 되는지 조사하여라.

**5.** $\mathbf{R}^*=\mathbf{R}-\{0\}$일 때, $\mathbf{R}^*$와 $\mathbf{R}$의 카테시안 곱 $\mathbf{R}^*\times\mathbf{R}$을 생각하자. 임의의 $(a,\ b)$, $(c,\ d) \in \mathbf{R}^*\times\mathbf{R}$에 대하여 $(a,\ b)\circ(c,\ d)=(ac,\ bc+d)$로 정의하면 $\mathbf{R}^*\times\mathbf{R}$은 $\circ$에 대하여 군이 됨을 보여라.

**6.** $\mathbf{R}^*=\mathbf{R}-\{0\}$로부터 $\mathbf{R}^*$로의 함수들 $f_1$, $f_2$, $f_3$, $f_4$를 임의의 $x \in \mathbf{R}^*$에 대하

여 각각 다음과 같이 정의하자.

$$f_1(x)=x,\ f_2(x)=\frac{1}{x},\ f_3(x)=-x,\ f_4(x)=-\frac{1}{x}.$$

$G=\{f_1, f_2, f_3, f_4\}$라 하면 $G$는 함수의 합성에 대하여 가환군을 이룸을 보여라. 또한, $f_2^2=f_3^2=f_4^2=f_1$임을 보여라(정리 2.4.10과 보기 2.4.11을 참조).

**7.** $G$를 군이라 하고 $S$를 집합이라 하자. $f: G \longrightarrow S$를 전단사함수라 할 때, 임의의 $x, y \in S$에 대하여

$$x * y = f(f^{-1}(x) f^{-1}(y))$$

로 정의하면 $S$는 $*$에 대하여 군을 이룸을 보여라.

**8.** $G$를 군이라 하고 $g \in G$라 하자. 임의의 $a, b \in G$에 대하여 $a * b = agb$로 정의하면 $G$는 $*$에 대하여 또 다른 군이 됨을 보여라.

**9.** $G$를 군이라 하자. 그러면 다음 네 주장은 서로 동치임을 증명하여라.

(1) $G$는 가환군이다.

(2) 모든 $a, b \in G$에 대하여 $(ab)^{-1}=a^{-1}b^{-1}$이다.

(3) 모든 $a, b \in G$에 대하여 $(ab)^2=a^2b^2$이다.

(4) 모든 $a, b \in G$와 모든 $n \in \mathbf{Z}$에 대하여 $(ab)^n=a^nb^n$이다.

**10.** $G$를 군이라 하고 $e$를 $G$의 단위원이라 하자. 모든 $a \in G$에 대하여 $a^2=e$이면 $G$는 가환군임을 보여라.

**11.** $G$를 군이라 하자. $a, b \in G$가 다음 두 조건

$$a^{-1}ba=b^{-1},\quad b^{-1}ab=a^{-1}$$

를 만족하면 $a^4=e=b^4$이 됨을 보여라.

**12.** $G$를 반군이라 하자. 각 $a \in G$에 대하여 $aa'a = a$를 만족하는 $a' \in G$이 유일하게 존재하면 $G$는 군이 됨을 보여라.

**13.** 유한반군 $G$가 군이 되기 위한 필요충분조건은 $G$의 모든 원소에 대하여 좌 소거법칙과 우 소거법칙(정리 2.1.8 (3)의 (i), (ii)를 참조)이 성립할 때임을 보여라.

**14.** $G$를 군이라 하고 $a, b \in G$라 할 때, 임의의 정수 $n$에 대하여 $ba^n b^{-1} = (bab^{-1})^n$임을 보여라.

**15.** 두 치환 $\sigma = \begin{pmatrix} 1 & 2 & 3 & 4 & 5 & 6 \\ 2 & 1 & 3 & 5 & 4 & 6 \end{pmatrix}$, $\tau = \begin{pmatrix} 1 & 2 & 3 & 4 & 5 & 6 \\ 6 & 1 & 2 & 4 & 3 & 5 \end{pmatrix}$에 대하여 $\sigma^{-1}$, $\sigma\tau$, $\tau\sigma$, $\sigma^2\tau$, $\tau\sigma\tau^{-1}$를 각각 구하여라.

**16.** $G$를 반군이라 할 때, $a^2 = a$를 만족하는 $G$의 원소 $a$를 멱등원(idempotent)이라 한다.

(1) $G$가 유한반군이면 $G$에는 적어도 하나의 멱등원이 존재함을 보여라.

(2) 유한모노이드 $G$가 군이 되기 위한 필요충분조건은 $G$가 꼭 하나의 멱등원을 포함하는 것임을 보여라.

**17.** $G = \{e, a, b, c, d\}$라 하자. $G$가 군이 되도록 $G$의 원소들의 곱을 나타내는 표를 만들고자 한다. 빈 곳을 채워라.

| | $e$ | $a$ | $b$ | $c$ | $d$ |
|---|---|---|---|---|---|
| $e$ | $e$ | | | | |
| $a$ | | $b$ | | | $e$ |
| $b$ | | $c$ | $d$ | $e$ | |
| $c$ | | $d$ | | $a$ | $b$ |
| $d$ | | | | | |

## 2.2 부분군, 정규부분군, 준동형

보기 2.1.4에 의하여 $\mathbf{R}$은 덧셈 $+$에 대하여 군을 이룬다. $\mathbf{Z}$는 $\mathbf{R}$의 부분집합이다. $a, b\in\mathbf{Z}$일 때 $a, b$는 $\mathbf{R}$의 원소이고 $\mathbf{R}$에서의 $a$와 $b$의 합 $a+b$는 다시 정수이므로 $a+b\in\mathbf{Z}$이다. 따라서 함수

$$+' : \mathbf{Z}\times\mathbf{Z} \longrightarrow \mathbf{Z}$$

를 임의의 $(a, b)\in\mathbf{Z}\times\mathbf{Z}$에 대하여 $+'((a, b))=a+b$($\mathbf{R}$에서의 $a$와 $b$의 합)로 정의하면 $+'$은 $\mathbf{Z}$위의 이항연산이다(이 때 $a+'b=a+b$이다). 더욱이

(1) 임의의 $a, b, c\in\mathbf{Z}$에 대하여
$(a+'b)+'c=(a+b)+c=a+(b+c)=a+'(b+'c)$

(2) $0\in\mathbf{Z}$이고 임의의 $a\in\mathbf{Z}$에 대하여
$a+'0=a+0=a=0+a=0+'a$

(3) 각 $a\in\mathbf{Z}$에 대하여 $-a\in\mathbf{Z}$이고
$a+'(-a)=a+(-a)=0=-a+a=-a+'a$

이다. 따라서 $\mathbf{Z}$는 이항연산 $+'$에 대하여 군을 이룬다. 임의의 $a, b\in\mathbf{Z}$에 대하여 $a+'b=a+b$이므로 $\mathbf{Z}$위의 이항연산 $+'$ 대신에 $\mathbf{R}$위의 이항연산 $+$를 그대로 사용하면 $\mathbf{Z}$는 $+$에 대하여 군을 이룬다.

이제 우리의 관심은 $H$를 군 $G$의 부분집합이라 할 때, $H$가 $G$위의 이항연산에 대하여 군을 이루는 경우에 있다.

**【정의 2.2.1】**

$G$를 이항연산 $*$를 갖는 군이라 하자. $\varnothing\neq H\subset G$라 하고 임의의 $a, b\in H$에 대하여 항상 $a*b\in H$($a*b$는 $a, b$를 $G$의 원소로 생각해서 $G$에서의 $a$와 $b$의 곱이다)라 가정하자. 임의의 $(a, b)\in H\times H$에 대하여 $*'((a, b))=a*b$로 정의되는 $H$위의 이항연산(함수)

$$*' : H\times H \longrightarrow H$$

를 $*$에 의한 $H$위의 이항연산(induced binary operation on $H$ from $G$)이라

한다 (이 때, $a*'b=a*b$이다). $H$가 $*$에 의한 $H$위의 이항연산 $*'$에 대하여 군을 이룰 때, $H$를 $G$의 부분군(subgroup)이라 한다.

---

$G$가 가환군이면 $G$의 부분군 $H$도 분명히 가환군이다.

**【정리 2.2.2】**

$G$를 이항연산 $*$를 갖는 군이라 하고 $H$를 $G$의 부분집합이라 하자. 그러면 다음 네 주장은 동치이다.

(I) $H$는 $G$의 부분군이다.

(II) $H$는 다음 조건을 만족한다.

(1) $e\in H$ ($e$는 $G$의 단위원이다).

(2) $a, b\in H$이면 $a*b\in H$이다.

(3) $a\in H$이면 $a^{-1}\in H$($a^{-1}$는 $a$를 $G$의 원소로 생각해서 $G$에서의 $a$의 역원) 이다.

(III) $H$는 다음 조건을 만족한다.

(1) $H\neq\varnothing$

(2) $a, b\in H$이면 $a*b\in H$이다.

(3) $a\in H$이면 $a^{-1}\in H$이다.

(IV) $H$는 다음 조건을 만족한다.

(1) $H\neq\varnothing$

(2) $a, b\in H$이면 $a*b^{-1}\in H$이다.

---

**증명** (I)$\Longrightarrow$(II). $H$를 $G$의 부분군이라 하자. $e_H$를 $H$의 단위원이라 하고($e_H\in H\subset G$이다) $*'$을 $*$에 의한 $H$위의 이항연산이라 하면

$$e_H*e_H=e_H*'e_H=e_H$$

이다. 따라서 정리 2.1.8 (2)에 의하여 $e_H=e$이다. 즉 $e\in H$. 따라서 (II)의 조건 (1)이 성립한다. $a\in H$라 하면 $H$가 군이므로 $a*'a_H^{-1}=e=a_H^{-1}*'a$를 만족하는 원소 $a_H^{-1}$가 $H$에 존재한다. 따라서

$$a*a_H^{-1}=a*'a_H^{-1}=e=a*a^{-1},\ \text{즉}\ a*a_H^{-1}=a*a^{-1}.$$

따라서 정리 2.1.8 (3) (i)에 의하여 $a_H^{-1}=a^{-1}$이다. 즉 $a^{-1}\in H$. 따라서 (II)의 조건 (3)이 성립한다. (II)의 조건 (2)는 부분군의 정의에 의하여 분명하다.

(II)$\Longrightarrow$(I). $H$가 (II)의 조건을 만족한다고 하자. (II)의 조건 (2)에 의하여 $G$위의 이항연산 $*$에 의한 $H$위의 이항연산 $*'$이 정의된다. 임의의 $a$, $b$, $c\in H$에 대하여

$$(a*'b)*'c=(a*b)*c=a*(b*c)=a*'(b*'c)$$

이므로 $H$위의 이항연산 $*'$은 결합법칙을 만족한다. (II)의 조건 (1)에 의하여 $e\in H$이고 모든 $a\in H$에 대하여

$$a*'e=a*e=a=e*a=e*'a$$

이므로 $e$는 $H$의 단위원이다. 또한 (II)의 조건 (3)에 의하여, 각 $a\in H$에 대하여 $a^{-1}\in H$이고

$$a*'a^{-1}=a*a^{-1}=e=a^{-1}*a=a^{-1}*'a$$

이므로 $a^{-1}$는 $H$에서의 $a$의 역원이다. 따라서 $H$는 $*'$에 대하여 군이 된다. 즉 $H$는 $G$의 부분군이다.

(II)$\Longrightarrow$(III)은 분명하다.

(III)$\Longrightarrow$(IV). $H$가 (III)의 조건을 만족한다고 하자. $a$, $b\in H$라 하면 (III)의 조건 (3)에 의하여 $b^{-1}\in H$이므로 (III)의 조건 (2)에 의하여 $a*b^{-1}\in H$이다. 따라서 (IV)의 조건 (2)가 성립한다.

(IV)$\Longrightarrow$(II). $H$가 (IV)의 조건을 만족한다고 하자. 그러면 (IV)의 조건 (1)에 의하여 한 원소 $b$가 $H$에 존재한다. 따라서 (IV)의 조건 (2)에 의하여 $e=b*b^{-1}\in H$이다. 따라서 (II)의 조건 (1)이 성립한다. $a\in H$라 하면 $e\in H$이므로 (IV)의 조건 (2)에 의하여 $a^{-1}=e*a^{-1}\in H$이다. 따라서 (II)의 조건 (3)이 성립한다. $a$, $b\in H$라 하자. 그러면 $b^{-1}\in H$이므로 정리 2.1.8 (5)와 (IV)의 조건 (2)에 의하여 $a*b=a*(b^{-1})^{-1}\in H$이다. 따라서 (II)의 조건 (2)가 성립한다. ■

$G$를 이항연산 $*$에 대한 군이라 하고 $H$를 $G$의 부분군이라 할 때, 정의

2.2.1에서 임의의 $a$, $b\in H$에 대하여 $a*'b=a*b$이므로 앞으로 편리를 위하여 $*$에 의한 $H$위의 이항연산 $*'$ 대신에 $G$위의 이항연산 $*$를 그대로 사용한다. 따라서 임의의 $a$, $b\in H$에 대하여 $H$에서의 $a$와 $b$의 곱 $a*b$는 $a$와 $b$를 $G$의 원소로 생각해서 $G$에서의 $a$와 $b$의 곱이다. 더욱이 정리 2.2.2의 증명과정에서 아는 바와 같이 $G$의 단위원 $e$는 $H$의 단위원이고, $a\in H$일 때 $H$에서의 $a$의 역원은 $a^{-1}$이다. 분명히 $\{e\}$와 $G$자신은 $G$의 부분군이다. $G$의 부분군 $\{e\}$와 $G$를 $G$의 자명한 부분군(trivial subgroup)이라 한다. 또한, $H$가 자명한 부분군이 아닌 $G$의 부분군일 때, 즉 $H$가 $G$의 부분군이고 $H\neq\{e\}$, $H\neq G$일 때, $H$를 $G$의 진부분군(proper subgroup)이라 한다.

**【정리 2.2.3】**

$G$를 군이라 하고 $H(H\neq\varnothing)$를 $G$의 유한부분집합이라 하자. 그러면 $H$가 $G$의 부분군이 되기 위한 필요충분조건은 $a$, $b\in H$이면 $ab\in H$인 것이다.

**증명** $a$, $b\in H$이면 $ab\in H$라 가정하자. $H=\{a_1,\ a_2,\ \cdots,\ a_n\}$이라 하고, 임의의 $a_i\in H$에 대하여 $K=\{a_ia_1,\ a_ia_2,\ \cdots,\ a_ia_n\}$이라 하자. 그러면 가정에 의하여 $K\subset H$이다. 또 정리 2.1.8 (3) (i)에 의하여 $a_ia_j=a_ia_k$이면 $a_j=a_k$이므로 $j\neq k$이면 $a_ia_j\neq a_ia_k$이다. 즉, $K$의 원소의 개수는 $n$이므로 $K=H$. 따라서 $a_i=a_ia_k$를 만족하는 $a_k\in H$가 존재한다. 따라서 $a_ie=a_i=a_ia_k$($e$는 $G$의 단위원)이므로 $e=a_k\in H$이다. 또한 $e\in H=K$이므로 $e=a_ia_j$를 만족하는 $a_j\in H$가 존재한다. 따라서 $a_ia_i^{-1}=e=a_ia_j$이므로 $a_j=a_i^{-1}$이다. 즉 임의의 $a_i\in H$에 대하여 $a_i^{-1}\in H$이다. 따라서 정리 2.2.2에 의하여 $H$는 $G$의 부분군이다. 역은 분명하다. ■

$G$가 $*$에 대하여 군을 이룰 때, 이 군을 $(G,\ *)$로 표시할 때도 있다.

**보기 2.2.4** 보기 2.1.4의 곱셈군 $(\mathbf{C}^*,\ \cdot)$를 생각하자. $H=\{1,\ -1,\ i,\ -i\}(i=\sqrt{-1})$이라 하자. 그러면 $H\subset\mathbf{C}^*$이고, 임의의 $a$, $b\in H$에 대하여 $a\cdot b\in H$이므로 정리 2.2.3에 의하여 $H$는 $(\mathbf{C}^*,\ \cdot)$의 부분군이다. ◀

**보기 2.2.5** 보기 2.1.6에서의 군 $(G,\ *)$의 부분집합 $H=\mathbf{Q}-\{-1\}$을 생각하

자. 분명히 $0 \in H$(0은 $G$의 단위원)이다. 임의의 $a$, $b \in H$에 대하여 $a * b \in H$이고 $a^{-1} = \dfrac{-a}{a+1} \in H$이다. 따라서 정리 2.2.2에 의하여 $(H, *)$는 $(G, *)$의 부분군이다. ◀

**보기 2.2.6** 군 $GL_2(\mathbf{C})$(보기 2.1.7을 참조)의 부분집합

$$H = \left\{ A \;\middle|\; A = \begin{bmatrix} a & 0 \\ 0 & a \end{bmatrix} \in GL_2(\mathbf{C}) \right\}$$

를 생각하자. 분명히 $I_2 = \begin{bmatrix} 1 & 0 \\ 0 & 1 \end{bmatrix} \in H$($I_2$는 $GL_2(\mathbf{C})$의 단위원)이다. 또한, $H$의 임의의 원소 $A = \begin{bmatrix} a & 0 \\ 0 & a \end{bmatrix}$, $B = \begin{bmatrix} b & 0 \\ 0 & b \end{bmatrix}$에 대하여 $AB = \begin{bmatrix} ab & 0 \\ 0 & ab \end{bmatrix} \in H$이다. 또 임의의 $A = \begin{bmatrix} a & 0 \\ 0 & a \end{bmatrix} \in H$에 대하여 $A^{-1} = \begin{bmatrix} a^{-1} & 0 \\ 0 & a^{-1} \end{bmatrix} \in H$이다. 따라서 정리 2.2.2에 의하여 $H$는 $GL_2(\mathbf{C})$의 부분군이다. ◀

**보기 2.2.7** 덧셈아벨군 $\mathbf{Z_6} = \{\bar{0}, \bar{1}, \bar{2}, \bar{3}, \bar{4}, \bar{5}\}$(보기 2.1.11을 참조)의 부분집합 $H = \{\bar{0}, \bar{2}, \bar{4}\}$를 생각하자.

$$\bar{0}+\bar{0}=\bar{0}\in H,\ \bar{0}+\bar{2}=\bar{2}+\bar{0}=\bar{2}\in H,\ \bar{0}+\bar{4}=\bar{4}+\bar{0}=\bar{4}\in H,$$
$$\bar{2}+\bar{2}=\bar{4}\in H,\ \bar{2}+\bar{4}=\bar{4}+\bar{2}=\bar{0}\in H,\ \bar{4}+\bar{4}=\bar{2}\in H$$

이므로 정리 2.2.3에 의하여 $H$는 $\mathbf{Z}_6$의 부분군이다. ◀

**보기 2.2.8** 군 $(\mathbf{Z}, +)$, $(\mathbf{Q}, +)$, $(\mathbf{R}, +)$는 군 $(\mathbf{C}, +)$의 부분군이다. 또한, 군 $(\mathbf{Z}, +)$는 군 $(\mathbf{Q}, +)$, $(\mathbf{R}, +)$의 부분군이다. 그러나 군 $(\mathbf{Q}^*, \cdot)$는 군 $(\mathbf{R}^*, \cdot)$의 부분군이지만 군 $(\mathbf{R}, +)$의 부분군은 아니다. ◀

$H_1$과 $H_2$가 $G$의 부분군이고 $H_1 \subset H_2$이면 분명히 $H_1$은 $H_2$의 부분군이다.

**【정리 2.2.9】**

$G$를 군이라 하고 $\{H_i \mid i \in I\}$를 $G$의 부분군들의 집합족이라 하자. 그러면 $H = \bigcap_{i \in I} H_i$(각 $H_i$를 집합으로 생각해서)도 $G$의 부분군이다.

**증명** 분명히 $H$는 $G$의 부분집합이다. $e$를 $G$의 단위원이라 하자. 모든 $i\in I$에 대하여 $H_i$가 $G$의 부분군이므로 정리 2.2.2에 의하여 모든 $i\in I$에 대하여 $e\in H_i$이다. 따라서 $e\in H$, 즉 $H\neq\varnothing$이다. $a$, $b\in H$라 하면 모든 $i\in I$에 대하여 $a$, $b\in H_i$이다. 모든 $i\in I$에 대하여 $H_i$가 $G$의 부분군이므로 정리 2.2.2에 의하여 모든 $i\in I$에 대하여 $ab^{-1}\in H_i$이다. 따라서 $ab^{-1}\in H$이다. 그러므로 정리 2.2.2에 의하여 $H$는 $G$의 부분군이다. ■

**【정의 2.2.10】**

$G$를 군이라 하고 $X$를 $G$의 부분집합이라 하자. $G$는 $G$자신의 부분군이므로 $X$를 포함하는 $G$의 부분군은 적어도 하나 존재한다. 정리 2.2.9에 의하여 $X$를 포함하는 $G$의 모든 부분군들의 교집합은 $G$의 부분군이다. 이 부분군을 **$X$에 의하여 생성되는 $G$의 부분군**(subgroup of $G$ generated by $X$)이라 하고 $\langle X\rangle$로 표시한다. 이 때, $X$의 원소들을 $\langle X\rangle$의 **생성원**(generator)이라 한다. $X=\{a_1, a_2, \cdots, a_n\}$이면 $\langle X\rangle$를 $\langle a_1, a_2, \cdots, a_n\rangle$으로 표시하고 $a_1$, $a_2$, $\cdots$, $a_n$에 의하여 생성되는 $G$의 부분군이라 한다. 특히 $X=\{a\}$일 때 $\langle a\rangle$를 $a$에 의하여 생성되는 $G$의 **순회부분군**(cyclic subgroup)이라 한다. 또한 $G=\langle X\rangle$일 때 $G$는 $X$에 의하여 생성된다고 하고, 특히 $G=\langle a_1, a_2, \cdots, a_n\rangle$일 때 $G$는 $a_1$, $a_2$, $\cdots$, $a_n$에 의하여 생성된다고 한다.

$G$를 군이라 하고 $X$를 $G$의 부분집합이라 하자. 그러면 분명히 $\langle X\rangle$는 $X$를 포함하는 $G$의 부분군이다. $X$를 포함하는 $G$의 임의의 부분군을 $H$라 하면 정리 1.1.1 (2)에 의하여 $\langle X\rangle\subset H$이다($\langle X\rangle=\cdots\cap H\cap\cdots$). 즉 $\langle X\rangle$는 $X$를 포함하는 $G$의 부분군 중에서 가장 작은 부분군이다. 또 $e$를 $G$의 단위원이라 하자. $\{e\}$는 $\varnothing$를 포함하는 $G$의 부분군이고, 또한 정리 2.2.2에 의하여 $G$의 모든 부분군들은 $e$를 포함하므로 $\langle\varnothing\rangle=\{e\}$이다.

**【정리 2.2.11】**

$G$를 군이라 하고 $X$를 $G$의 공집합이 아닌 부분집합이라 하자. 그러면

$$\langle X\rangle=\{a_1^{n_1}a_2^{n_2}\cdots a_t^{n_t}\mid t\text{는 임의의 양의 정수}, a_i\in X, n_i\in\mathbf{Z}, 1\leq i\leq t\}$$

이다. 특히, 모든 $a\in G$에 대하여 $\langle a\rangle=\{a^n\mid n\in\mathbf{Z}\}$이다.

**증명** $S=\{a_1^{n_1}a_2^{n_2}\cdots a_t^{n_t} \mid t$는 임의의 양의 정수, $a_i\in X$, $n_i\in\mathbf{Z}$, $1\le i\le t\}$라 놓자. $X\neq\varnothing$이므로 분명히 $S\neq\varnothing$이다. $a_1^{n_1}a_2^{n_2}\cdots a_t^{n_t}$, $b_1^{m_1}b_2^{m_2}\cdots b_s^{m_s}$를 $S$의 임의의 원소라 하면 따름정리 2.1.14와 정리 2.1.15 (2)에 의하여

$$(a_1^{n_1}a_2^{n_2}\cdots a_t^{n_t})(b_1^{m_1}b_2^{m_2}\cdots b_s^{m_s})^{-1}=a_1^{n_1}a_2^{n_2}\cdots a_t^{n_t}b_s^{-m_s}\cdots b_2^{-m_2}b_1^{-m_1}\in S$$

이다. 따라서 정리 2.2.2에 의하여 $S$는 $G$의 부분군이다. $a\in X$라 하면 $a=a^1\in S$이므로 $X\subset S$이다. 따라서 $S$는 $X$를 포함하는 $G$의 부분군이다. 그러므로 정의 2.2.10 다음의 설명에 의하여 $\langle X\rangle\subset S$이다. 역으로 $a_1^{n_1}a_2^{n_2}\cdots a_t^{n_t}$를 $S$의 임의의 원소라 하면 $a_1, a_2, \cdots, a_t\in X\subset\langle X\rangle$이고 $\langle X\rangle$가 $G$의 부분군이므로 정리 2.2.2에 의하여 $a_1^{n_1}a_2^{n_2}\cdots a_t^{n_t}\in\langle X\rangle$이다. 따라서 $S\subset\langle X\rangle$, 즉 $\langle X\rangle=S$이다. ■

**보기 2.2.12** 곱셈군 $\mathbf{Z}_{24}^*=\{\bar{1}, \bar{5}, \bar{7}, \overline{11}, \overline{13}, \overline{17}, \overline{19}, \overline{23}\}$를 생각하자(보기 2.1.11을 참조). 분명히 $\bar{5}^2=\bar{1}$, $\bar{7}^2=\bar{1}$이다. 한편 $m$, $n$을 임의의 정수라 하면 정리 1.3.2에 의하여

$$m=2q+r,\ 0\le r<2;\quad n=2p+l,\ 0\le l<2$$

를 만족하는 정수 $q, r, p, l$이 존재한다. 따라서

$$\bar{5}^m=\bar{5}^{2q+r}=(\bar{5}^2)^q\bar{5}^r=\bar{5}^r,\quad \bar{7}^n=\bar{7}^{2p+l}=(\bar{7}^2)^p\bar{7}^l=\bar{7}^l$$

즉 $\bar{5}^m=\bar{5}^r(0\le r<2)$, $\bar{7}^n=\bar{7}^l(0\le l<2)$이다. 따라서 $\mathbf{Z}_{24}^*$가 가환군이라는 사실과 위의 결과를 적용하면 정리 2.2.11에 의하여

$$\langle\bar{5}, \bar{7}\rangle=\{\bar{5}^m\bar{7}^n \mid m, n\in\mathbf{Z}\}=\{\bar{5}^r\bar{7}^l \mid 0\le r<2,\ 0\le l<2\}=\{\bar{1}, \bar{5}, \bar{7}, \overline{11}\}$$

이다.

다음, 덧셈아벨군 $\mathbf{Z}$를 생각하자. $a_1, a_2, \cdots, a_n\in\mathbf{Z}(a_i\neq 0,\ i=1, 2, \cdots, n)$라 하면 정리 1.3.4에 의하여 $a_1, a_2, \cdots, a_n$의 최대공약수 $d$가 존재하고 적당한 $k_i\in\mathbf{Z}(1\le i\le n)$에 대하여

$$d=k_1a_1+k_2a_2+\cdots+k_na_n$$

으로 표시된다. 이제, $\langle d\rangle=\langle a_1, a_2, \cdots, a_n\rangle$임을 보이자. $\mathbf{Z}$가 덧셈아벨군이므로 정리 2.2.11에 의하여

$$\langle a_1, a_2, \cdots, a_n\rangle=\{x_1a_1+x_2a_2+\cdots+x_na_n \mid x_i\in\mathbf{Z}(1\leq i\leq n)\}$$

이고, 또한

$$\langle d\rangle=\{nd \mid n\in\mathbf{Z}\}$$

이다. 따라서 $y\in\langle a_1, a_2, \cdots, a_n\rangle$이라 하면 적당한 $l_i\in\mathbf{Z}(1\leq i\leq n)$에 대하여

$$y=l_1a_1+l_2a_2+\cdots+l_na_n$$

으로 표시된다. $d$가 $a_1, a_2, \cdots, a_n$의 최대공약수이므로 $a_i=dt_i(1\leq i\leq n)$을 만족하는 $t_i\in\mathbf{Z}$가 존재한다. 따라서

$$\begin{aligned}y&=l_1a_1+l_2a_2+\cdots+l_na_n=l_1dt_1+l_2dt_2+\cdots+l_ndt_n\\&=(l_1t_1+l_2t_2+\cdots+l_nt_n)d\end{aligned}$$

이고 $l_1t_1+l_2t_2+\cdots+l_nt_n\in\mathbf{Z}$이므로 $y\in\langle d\rangle$이다. 즉 $\langle a_1, a_2, \cdots, a_n\rangle\subset\langle d\rangle$이다. 역으로, $z\in\langle d\rangle$라 하면 적당한 $n\in\mathbf{Z}$에 대하여 $z=nd$로 표시된다. 따라서

$$z=nd=n(k_1a_1+k_2a_2+\cdots+k_na_n)=(nk_1)a_1+(nk_2)a_2+\cdots+(nk_n)a_n$$

이다. 따라서 $z\in\langle a_1, a_2, \cdots, a_n\rangle$이다. 즉 $\langle d\rangle\subset\langle a_1, a_2, \cdots, a_n\rangle$. 그러므로 $\langle d\rangle=\langle a_1, a_2, \cdots, a_n\rangle$이다.

예를 들어, $(2, 4)=(2, 6, 8)=2$이므로 $\langle 2, 4\rangle=\langle 2\rangle=\langle 2, 6, 8\rangle$이다. 즉, 군 $G$의 부분군이 $G$의 여러 개의 부분집합에 의하여 생성될 수 있다. ◀

**【정의 2.2.13】**

$G$를 군이라 하고, $H$와 $K$를 $G$의 부분군이라 하자. 임의의 $a\in G$에 대하여

$aH=\{ah \mid h\in H\}$ ($G$가 덧셈군이면 $a+H=\{a+h \mid h\in H\}$)
$Ha=\{ha \mid h\in H\}$ ($G$가 덧셈군이면 $H+a=\{h+a \mid h\in H\}$)
$aHa^{-1}=\{aha^{-1} \mid h\in H\}$
$HK=\{hk \mid h\in H, k\in K\}$ ($G$가 덧셈군이면 $H+K=\{h+k \mid h\in H, k\in K\}$)

로 정의한다.

**【정리 2.2.14】**

$G$를 군이라 하고 $N$을 $G$의 부분군이라 하자. 그러면 다음 세 주장은 동치이다.

(1) 모든 $a\in G$에 대하여 $aN=Na$이다.

(2) 모든 $a\in G$와 모든 $n\in N$에 대하여 $ana^{-1}\in N$이다.

(3) 모든 $a\in G$에 대하여 $aNa^{-1}=N$이다.

**증명** $e$를 $G$의 단위원이라 하자.

(1)$\Longrightarrow$(2). 모든 $a\in G$에 대하여 $aN=Na$라 가정하자. 그러면 모든 $a\in G$와 모든 $n\in N$에 대하여 $an\in aN=Na$이므로 $an=n'a$를 만족하는 $n'\in N$이 존재한다. 따라서

$$ana^{-1}=n'aa^{-1}=n'e=n'\in N,\ \text{즉}\ ana^{-1}\in N.$$

(2)$\Longrightarrow$(3). 모든 $a\in G$와 모든 $n\in N$에 대하여 $ana^{-1}\in N$이라 가정하자. 그러면 분명히 모든 $a\in G$에 대하여 $aNa^{-1}\subset N$이다. 또한 모든 $a\in G$에 대하여 $a^{-1}\in G$이므로 모든 $n\in N$에 대하여 $a^{-1}na=a^{-1}n(a^{-1})^{-1}\in N$이다. 따라서 $n=ene=(aa^{-1})n(aa^{-1})=a(a^{-1}na)a^{-1}\in aNa^{-1}$이다. 즉 $N\subset aNa^{-1}$. 따라서 $aNa^{-1}=N$.

(3)$\Longrightarrow$(1). 모든 $a\in G$에 대하여 $aNa^{-1}=N$이라 가정하자. $x\in aN$이라 하면 $x=an$을 만족하는 $n\in N$이 존재한다. $aNa^{-1}=N$이므로 $ana^{-1}=n'$을 만족하는 $n'\in N$이 존재한다. 따라서

$$x=an=ane=ana^{-1}a=n'a\in Na$$

이다. 즉, $aN\subset Na$이다. 역으로, $y\in Na$라 하면 $y=n_1a$를 만족하는 $n_1\in N$이 존재한다. $aNa^{-1}=N$이므로 $an_2a^{-1}=n_1$을 만족하는 $n_2\in N$가 존재한다. 따라서

$$y=n_1a=an_2a^{-1}a=an_2e=an_2\in aN$$

이다. 즉 $Na\subset aN$이다. 따라서 $aN=Na$이다. ■

**【정의 2.2.15】**

$G$를 군이라 하고 $N$을 $G$의 부분군이라 하자. $N$이 정리 2.2.14의 세 주장 (1), (2), (3) 중의 어느 하나를 만족하면 $N$을 $G$의 정규부분군(normal subgroup)이라 한다.

**보기 2.2.16** 군 $G$의 자명한 부분군 $\{e\}$와 $G$자신은 분명히 $G$의 정규부분군이다. $G$의 정규부분군 $\{e\}$와 $G$를 $G$의 자명한 정규부분군이라 한다. ◀

**보기 2.2.17** 군 $GL_2(\mathbf{C})$의 부분군

$$H=\left\{A \;\middle|\; A=\begin{bmatrix} a & 0 \\ 0 & a \end{bmatrix} \in GL_2(\mathbf{C})\right\}$$

를 생각하자(보기 2.2.6을 참조). 임의의 $B\in GL_2(\mathbf{C})$와 임의의 $A\in H$에 대하여 $BA=AB$이므로

$$BAB^{-1}=ABB^{-1}=AI_2=A\in H$$

이다. 따라서 $H$는 $GL_2(\mathbf{C})$의 정규부분군이다. ◀

**【정리 2.2.18】**

$G$를 가환군이라 하고 $N$을 $G$의 부분군이라 하자. 그러면 $N$은 $G$의 정규부분군이다.

**증명** $G$가 가환군이므로 임의의 $g\in G$와 임의의 $n\in N$에 대하여

$$gng^{-1}=ngg^{-1}=ne=n\in N$$

이다. 따라서 $N$은 $G$의 정규부분군이다. ■

**【정리 2.2.19】**

$G$를 군이라 하고 $\{N_i \mid i\in I\}$를 $G$의 정규부분군들의 집합족이라 하자. 그러면 $N=\bigcap_{i\in I} N_i$는 $G$의 정규부분군이다.

**증명** 정리 2.2.9에 의하여 $N$은 $G$의 부분군이다. $g\in G$이고 $n\in N$이라 하자. 그러면 모든 $i\in I$에 대하여 $n\in N_i$이다. 모든 $i\in I$에 대하여 $N_i$가 $G$의 정규부분군이므로 모든 $i\in I$에 대하여 $gng^{-1}\in N_i$이다. 따라서 $gng^{-1}\in N$이다. 그러므로 $N$은 $G$의 정규부분군이다. ■

**【정리 2.2.20】**

$G$를 군이라 하고 $H$, $K$, $N$을 $G$의 부분군이라 하자. 그러면 다음이 성립한다.

(1) $N$을 $G$의 정규부분군이라 하면 $N\cap H$는 $H$의 정규부분군이다.

(2) $N$, $H$를 $G$의 정규부분군이라 하고 $N\cap H=\{e\}$라 하자. 그러면 모든 $n\in N$과 모든 $h\in H$에 대하여 $nh=hn$이다.

(3) $HK$가 $G$의 부분군이 되기 위한 필요충분조건은 $HK=KH$이다.

(4) $N$을 $G$의 정규부분군이라 하면 $NH=\langle H\cup N\rangle=HN$이다. 더욱이 $N$은 $NH$의 정규부분군이다.

**증명** (1) 정리 2.2.9에 의하여 $N\cap H$는 $G$의 부분군이다. $H$가 $G$의 부분군이고 $N\cap H\subset H$이므로 $N\cap H$는 $H$의 부분군이다. $h\in H$, $n\in N\cap H$라 하자. 그러면 $h^{-1}\in H$, $n\in N$, $n\in H$이다. $H$가 $G$의 부분군이므로 $hnh^{-1}\in H$이고, 또 $N$이 $G$의 정규부분군이므로 $hnh^{-1}\in N(h\in H\subset G)$이다. 따라서 $hnh^{-1}\in N\cap H$, 즉 $N\cap H$는 $H$의 정규부분군이다.

(2) $n\in N$, $h\in H$라 하자. $N$이 $G$의 정규부분군이고 $n^{-1}\in N$이므로 $hn^{-1}h^{-1}\in N$이다. 따라서 $n(hn^{-1}h^{-1})\in N$이다. 또 $H$가 $G$의 정규부분군이므로 $nhn^{-1}\in H$이다. 그런데 $h^{-1}\in H$이므로 $(nhn^{-1})h^{-1}\in H$이다. 따라서

$$nhn^{-1}h^{-1}=n(hn^{-1}h^{-1})=(nhn^{-1})h^{-1}\in N\cap H=\{e\},$$

즉 $nhn^{-1}h^{-1}=e$이다. 그러므로

$$hn=ehn=(nhn^{-1}h^{-1})hn=nh(n^{-1}h^{-1}hn)=nhe=nh.$$

(3) $HK$를 $G$의 부분군이라 하자. $a\in HK$라 하면 $a^{-1}\in HK$이다. 따라서 $a^{-1}=hk$를 만족하는 $h\in H$와 $k\in K$가 존재한다. $h^{-1}\in H$이고 $k^{-1}$

$\in K$이므로

$$a=(a^{-1})^{-1}=(hk)^{-1}=k^{-1}h^{-1}\in KH$$

이다. 따라서 $HK\subset KH$이다. 또한, $b\in KH$라 하면 $b=kh$를 만족하는 $k\in K$와 $h\in H$가 존재한다. $h^{-1}\in H$이고 $k^{-1}\in K$이므로 $h^{-1}k^{-1}\in HK$이다. $HK$가 $G$의 부분군이므로

$$b=kh=((kh)^{-1})^{-1}=(h^{-1}k^{-1})^{-1}\in HK$$

이다. 따라서 $KH\subset HK$이다. 그러므로 $HK=KH$이다.

역으로 $HK=KH$라 하자. $e=ee\in HK$이므로 $HK$는 $G$의 공집합이 아닌 부분집합이다. $a$, $b\in HK$라 하자. 그러면 $a=h_1k_1$, $b=h_2k_2$를 만족하는 $h_1$, $h_2\in H$와 $k_1$, $k_2\in K$가 존재한다. $k_1k_2^{-1}\in K$이고 $h_2^{-1}\in H$이므로 $(k_1k_2^{-1})h_2^{-1}\in KH=HK$이다. 따라서 $(k_1k_2^{-1})h_2^{-1}=h_3k_3$를 만족하는 $h_3\in H$와 $k_3\in K$가 존재한다. 따라서 $ab^{-1}=(h_1k_1)(h_2k_2)^{-1}=(h_1k_1)(k_2^{-1}h_2^{-1})=h_1((k_1k_2^{-1})h_2^{-1})=h_1(h_3k_3)=(h_1h_3)k_3\in HK$이다. 그러므로 정리 2.2.2에 의하여 $HK$는 $G$의 부분군이다.

(4) $\langle H\cup N\rangle$는 $H\cup N$을 포함하는 $G$의 부분군이므로 $NH\subset\langle H\cup N\rangle$이다. $a\in\langle H\cup N\rangle$이라 하면 $N$과 $H$는 $G$의 부분군이므로 정리 2.2.11에 의하여 $a$는

$$a=n_1h_1n_2h_2\cdots n_th_t(n_i\in N,\ h_i\in H\,(i=1,\ 2,\ \cdots,\ t))$$

의 꼴로 표시된다. $N$이 $G$의 정규부분군이므로 모든 $h\in H$와 모든 $n\in N$에 대하여 $hnh^{-1}\in N$이다. 따라서 $hnh^{-1}=n'$, 즉 $hn=n'h$를 만족하는 $n'\in N$이 존재한다. 그러므로

$$h_1n_2=n_2'h_1,\ \ h_1h_2n_3=n_3'h_1h_2,\ \cdots,\ h_1h_2\cdots h_{t-1}n_t=n_t'h_1h_2\cdots h_{t-1}$$

을 만족하는 $n_2'$, $n_3'$, $\cdots$, $n_t'\in N$이 존재하고, 따라서

$$\begin{aligned}a&=n_1h_1n_2h_2n_3h_3\cdots n_th_t=n_1n_2'h_1h_2n_3h_3\cdots n_th_t\\&=n_1n_2'n_3'h_1h_2h_3n_4h_4\cdots n_th_t=\cdots\\&=(n_1n_2'n_3'\cdots n_t')(h_1h_2h_3\cdots h_t)\in NH\end{aligned}$$

이다. 따라서 $\langle H\cup N\rangle \subset NH$, 즉 $NH=\langle H\cup N\rangle$이다. 또한 $NH$가 $G$의 부분군이므로 (3)에 의하여 $NH=HN$이다. 더욱이 $N$이 $G$의 정규부분군이고 $N\subset NH\subset G$이므로 분명히 $N$은 $NH$의 정규부분군이다.

■

**【정의 2.2.21】**

$G$와 $G'$을 군이라 하고 $f: G \longrightarrow G'$을 함수라 하자. 임의의 $a, b\in G$에 대하여

$$f(ab)=f(a)f(b)$$

가 성립할 때, $f$를 $G$로부터 $G'$으로의 **준동형함수** 또는 **준동형**(homomorphism)이라 한다(이 때, $ab$는 $G$에서의 $a$와 $b$의 곱이고 $f(a)f(b)$는 $G'$에서의 $f(a)$와 $f(b)$의 곱이다).

$f$가 단사함수이고 준동형이면 $f$를 **단사준동형함수** 또는 **단사준동형**(monomorphism)이라 하고, $f$가 전사함수이고 준동형이면 $f$를 **전사준동형함수** 또는 **전사준동형**(epimorphism)이라 한다. 또, $f$가 전단사함수이고 준동형이면 $f$를 **동형함수** 또는 **동형**(isomorphism)이라 한다.

함수 $f: G \longrightarrow G$가 준동형이면 $f$를 $G$의 **자기준동형함수** 또는 **자기준동형**(endomorphism)이라 하고, 특히 $f: G \longrightarrow G$가 동형이면 $f$를 $G$의 **자기동형함수** 또는 **자기동형**(automorphism)이라 한다.

또한, $G$로부터 $G'$으로의 동형함수 $f: G \longrightarrow G'$이 존재할 때, $G$는 $G'$에 **동형적**(isomorphic)이라 하고 $G\cong G'$으로 표시한다.

**보기 2.2.22** $G$와 $G'$을 군이라 하고 $e'$을 $G'$의 단위원이라 하자. 함수 $f: G \longrightarrow G'$을 모든 $a\in G$에 대하여 $f(a)=e'$으로 정의하자. 그러면 임의의 $a, b\in G$에 대하여

$$f(ab)=e'=e'e'=f(a)f(b)$$

이므로 $f$는 준동형이다. 이 준동형 $f$를 **자명한 준동형**(trivial homomorphism)이라 한다. 또한, $H$를 $G$의 부분군이라 하고 $i: H \longrightarrow G$를 포함함수라 하면 임의의 $h_1, h_2\in H$에 대하여

$$i(h_1h_2)=h_1h_2=i(h_1)i(h_2)$$

이므로 $i$는 준동형이다. 이 준동형 $i$를 **포함준동형**(inclusion homomorphism)이라 한다. 또한, 항등함수 $i_G: G \longrightarrow G$는 전단사함수이고, 임의의 $a, b \in G$에 대하여

$$i_G(ab) = ab = i_G(a)i_G(b)$$

이므로 $i_G$는 $G$의 자기동형이다. 따라서 $G \cong G$이다. ◀

**보기 2.2.23** 덧셈아벨군 $\mathbf{Z}$를 생각하자. 함수 $f: \mathbf{Z} \longrightarrow \mathbf{Z}$를 모든 $a \in \mathbf{Z}$에 대하여 $f(a) = 2a$로 정의하자. 그러면 정리 2.1.15 (3)에 의하여 임의의 $a, b \in \mathbf{Z}$에 대하여

$$f(a+b) = 2(a+b) = 2a+2b = f(a)+f(b)$$

이다. 따라서 $f$는 $\mathbf{Z}$의 자기준동형이다. 더욱이 $f(a) = f(b)$라 하면 $2a = 2b$, 즉 $a = b$이다. 따라서 $f$는 단사함수이므로 $f$는 $\mathbf{Z}$의 단사자기준동형이다.

다음, 덧셈아벨군 $\mathbf{Z}_5$, $\mathbf{Z}_{10}$을 생각하자. $g: \mathbf{Z}_5 \longrightarrow \mathbf{Z}_{10}$을 임의의 $\bar{a} \in \mathbf{Z}_5$에 대하여 $g(\bar{a}) = \overline{2a}$로 정의하자. $\bar{a}, \bar{b} \in \mathbf{Z}_5$에 대하여 $\bar{a} = \bar{b}$라 하면 정리 1.2.1 (2)에 의하여 $a \equiv b \pmod 5$, 즉 $5 \mid (a-b)$이다. 따라서 적당한 $q \in \mathbf{Z}$에 대하여 $a-b = 5q$, 즉 $a = b+5q$이므로

$$g(\bar{a}) = g(\overline{b+5q}) = \overline{2(b+5q)} = \overline{2b+10q} = \overline{2b} + \overline{10q} = g(\bar{b}) + \bar{0} = g(\bar{b})$$

이다. 그러므로 $g$는 함수이다. 또한, 임의의 $\bar{a}, \bar{b} \in \mathbf{Z}_5$에 대하여

$$g(\bar{a}+\bar{b}) = g(\overline{a+b}) = \overline{2(a+b)} = \overline{2a+2b} = \overline{2a} + \overline{2b} = g(\bar{a}) + g(\bar{b})$$

이므로 $g$는 준동형이다. 그러나 $h: \mathbf{Z}_5 \longrightarrow \mathbf{Z}_{10}$을 임의의 $\bar{a} \in \mathbf{Z}_5$에 대하여 $h(\bar{a}) = \overline{5a}$로 정의하면 $h$는 함수가 아니다. 왜냐하면 $\mathbf{Z}_5$에서 $\bar{1} = \bar{6}$이지만 $\mathbf{Z}_{10}$에서

$$h(\bar{1}) = \overline{5 \cdot 1} = \bar{5} \neq \bar{0} = \overline{30} = \overline{5 \cdot 6} = h(\bar{6})$$

이기 때문이다. ◀

**보기 2.2.24** 이항연산 $a * b = a+b+a \cdot b$에 대한 군 $G = \mathbf{R} - \{-1\}$(보기 2.1.6

을 참조)와 곱셈에 대한 군 $\mathbf{R}^*=\mathbf{R}-\{0\}$(보기 2.1.4를 참조)를 생각하자.

함수 $f:\mathbf{R}^*\longrightarrow G$를 $f(a)=a-1$로 정의한다($a\neq 0$이므로 $a-1\neq -1$이 되어 $a-1\in G$이다). 그러면 임의의 $a,\ b\in\mathbf{R}^*$에 대하여

$$\begin{aligned}f(a)*f(b)&=(a-1)*(b-1)=a-1+b-1+(a-1)\cdot(b-1)\\&=a+b-2+a\cdot b-a-b+1=a\cdot b-1=f(a\cdot b),\end{aligned}$$

즉 $f(a\cdot b)=f(a)*f(b)$이므로 $f$는 준동형이다. 또한 임의의 $a,\ b\in\mathbf{R}^*$에 대하여 $f(a)=f(b)$라 하면 $a-1=b-1$, 즉 $a=b$이므로 $f$는 단사함수이다. 더욱이 임의의 $a\in G$에 대하여 $a+1\in\mathbf{R}^*$이고 $f(a+1)=(a+1)-1=a$이므로 $f$는 전사함수이다. 따라서 $f$는 전단사함수이다. 그러므로 $f$는 $\mathbf{R}^*$로부터 $G$로의 동형함수이다. 따라서 $\mathbf{R}^*$는 $G$에 동형적이다. 즉 $\mathbf{R}^*\cong G$이다. ◀

**【정리 2.2.25】**

$G$와 $G'$을 군이라 하고 $f:G\longrightarrow G'$을 준동형함수라 하자. 그러면 다음이 성립한다.

(1) $e$를 $G$의 단위원이라 하면 $f(e)$는 $G'$의 단위원이다.

(2) 임의의 $a\in G$에 대하여 $f(a^{-1})=(f(a))^{-1}$이다.

(3) 임의의 $n\in\mathbf{Z}$와 임의의 $a\in G$에 대하여 $f(a^n)=(f(a))^n$이다.

**증명** (1) $e'$을 $G'$의 단위원이라 하자. 그러면 $f(e)=f(ee)=f(e)f(e)$이므로 정리 2.1.8 (2)에 의하여 $f(e)=e'$이다.

(2) $f(a)f(a^{-1})=f(aa^{-1})=f(e)=e'=f(a)(f(a))^{-1}$이므로 정리 2.1.8 (3) (i)에 의하여 $f(a^{-1})=(f(a))^{-1}$이다.

(3) 먼저, $n\geq 0$인 경우는 $n$에 대하여 수학적 귀납법을 적용하여 증명한다. $n=0$이면 (1)에 의하여 (3)이 성립한다. $0\leq m<n$인 모든 $m$에 대하여 (3)이 성립한다고 가정하자. 그러면

$$f(a^n)=f(a^{n-1}a)=f(a^{n-1})f(a)=(f(a))^{n-1}f(a)=(f(a))^n$$

이므로 모든 $n\geq 0$에 대하여 (3)은 성립한다. 다음 $n<0$인 경우는 $n=-t\,(t>0)$라 가정하자. 그러면 (2)와 위의 결과에 의하여

$$f(a^n)=f(a^{-t})=f((a^t)^{-1})=(f(a^t))^{-1}=((f(a))^t)^{-1}=(f(a))^{-t}=(f(a))^n$$

이므로 모든 $n\in\mathbf{Z}$에 대하여 (3)은 성립한다. ■

**【정의 2.2.26】**

$G$와 $G'$을 군이라 하고 $f: G \longrightarrow G'$을 준동형함수라 하자. $e'$을 $G'$의 단위원이라 할 때, $G$의 부분집합 $\{a\in G \mid f(a)=e'\}$을 $f$의 핵(kernel)이라 하고 $\mathrm{Ker} f$로 표시한다. 즉

$$\mathrm{Ker} f=\{a\in G \mid f(a)=e'\}.$$

**【정리 2.2.27】**

$G$와 $G'$을 군이라 하고 $f: G \longrightarrow G'$을 준동형함수라 하자. $e$를 $G$의 단위원이라 하면 다음이 성립한다.

(1) $\mathrm{Ker} f$는 $G$의 정규부분군이다.

(2) $f$가 단사준동형이 되기 위한 필요충분조건은 $\mathrm{Ker} f=\{e\}$이다.

**증명** (1) 정리 2.2.25 (1)에 의하여 $e\in\mathrm{Ker} f$이므로 $\mathrm{Ker} f\neq\varnothing$이다. $a, b\in\mathrm{Ker} f$라 하고 $e'$을 $G'$의 단위원이라 하면 정리 2.2.25 (2)에 의하여

$$f(ab^{-1})=f(a)f(b^{-1})=f(a)(f(b))^{-1}=e'(e')^{-1}=e'$$

이므로 $ab^{-1}\in\mathrm{Ker} f$이다. 따라서 정리 2.2.2에 의하여 $\mathrm{Ker} f$는 $G$의 부분군이다. 더욱이 임의의 $c\in G$와 임의의 $b\in\mathrm{Ker} f$에 대하여

$$f(cbc^{-1})=f(c)f(b)f(c^{-1})=f(c)e'(f(c))^{-1}=f(c)(f(c))^{-1}=e'$$

이므로 $cbc^{-1}\in\mathrm{Ker} f$이다. 따라서 $\mathrm{Ker} f$는 $G$의 정규부분군이다.

(2) $f$를 단사준동형이라 하자. $a\in\mathrm{Ker} f$라 하면 정리 2.2.25 (1)에 의하여 $f(a)=e'=f(e)$이고 $f$가 단사함수이므로 $a=e$이다. 따라서 $\mathrm{Ker} f=\{e\}$이다. 역으로 $\mathrm{Ker} f=\{e\}$라 가정하자. 임의의 $a, b\in G$에 대하여 $f(a)=f(b)$라 하면

$$f(ab^{-1})=f(a)f(b^{-1})=f(a)(f(b))^{-1}=f(b)(f(b))^{-1}=e'$$

이므로 $ab^{-1}\in\mathrm{Ker} f=\{e\}$이다. 따라서 $ab^{-1}=e$, 즉 $a=b$이므로 $f$는 단사준동형이다. ■

**【정리 2.2.28】**

$G$, $G'$, $G''$을 군이라 하고 $f: G \longrightarrow G'$과 $g: G' \longrightarrow G''$을 준동형함수라 하자. 그러면 다음이 성립한다.

(1) $gf$ (함수 $g$와 $f$의 합성)는 준동형이다.

(2) $f$와 $g$가 단사준동형이면 $gf$ 도 단사준동형이다.

(3) $f$와 $g$가 전사준동형이면 $gf$ 도 전사준동형이다.

(4) $f$와 $g$가 동형이면 $gf$ 도 동형이다(따라서 $G \cong G'$이고 $G' \cong G''$이면 $G \cong G''$이다).

**증명** (1) $f$와 $g$가 준동형이므로 임의의 $a, b \in G$에 대하여

$$(gf)(ab) = g(f(ab)) = g(f(a)f(b)) = g(f(a))g(f(b)) = (gf)(a)(gf)(b)$$

이다. 따라서 $gf$ 는 준동형이다.

(2), (3), (4)는 (1)과 정리 1.1.4 (1), (2), (3)의 결과이다. ■

**【정리 2.2.29】**

$G$와 $G'$을 군이라 하고 $f: G \longrightarrow G'$을 동형함수라 하자. 그러면 $f^{-1}: G' \longrightarrow G$($f^{-1}$는 전단사함수 $f$의 역함수)도 동형함수이다(따라서 $G \cong G'$이면 $G' \cong G$이다).

**증명** $f$가 전단사함수이므로 정리 1.1.5와 그 다음의 설명에 의하여 $f$의 역함수 $f^{-1}: G' \longrightarrow G$가 존재하고 $f^{-1}$도 전단사함수이다. 또한 임의의 $a', b' \in G'$에 대하여 $f^{-1}(a') = a$, $f^{-1}(b') = b$라 하면 $f(a) = a'$, $f(b) = b'$이고 $f(ab) = f(a)f(b) = a'b'$이므로

$$f^{-1}(a'b') = ab = f^{-1}(a')f^{-1}(b')$$

이다. 따라서 $f^{-1}$는 동형함수이다. ■

**【따름정리 2.2.30】**

$G$와 $G'$을 군이라 하고 $f: G \longrightarrow G'$을 준동형함수라 하자. 그러면 $f$가 동형함수가 되기 위한 필요충분조건은 $gf = i_G$, $fg = i_{G'}$을 만족하는 준동형함수 $g: G' \longrightarrow G$가 존재하는 것이다.

**증명** $f$를 동형함수라 하면 정리 2.2.29에 의하여 $f^{-1}: G' \longrightarrow G$도 동형함수이다. 더욱이 $f^{-1}f = i_G$, $ff^{-1} = i_{G'}$이다.

역으로 $gf = i_G$, $fg = i_{G'}$을 만족하는 준동형함수 $g: G' \longrightarrow G$가 존재한다고 하면 정리 1.1.5에 의하여 $f$는 전단사함수이므로 $f$는 동형함수이다. ■

**【정리 2.2.31】**

$G$와 $G'$을 군이라 하고 $f: G \longrightarrow G'$을 준동형함수라 하자. 그러면 다음이 성립한다.

(1) (i) $H$가 $G$의 부분군이면 $f(H)$는 $G'$의 부분군이다. 특히 $\mathrm{Im} f$는 $G'$의 부분군이다.

(ii) $N$이 $G$의 정규부분군이면 $f(N)$은 $\mathrm{Im} f$의 정규부분군이다. 특히 $f$가 전사준동형이면 $f(N)$은 $G'$의 정규부분군이다.

(2) (i) $H'$이 $G'$의 부분군이면 $f^{-1}(H')$은 $G$의 부분군이다.

(ii) $N'$이 $G'$의 정규부분군이면 $f^{-1}(N')$은 $G$의 정규부분군이다.

(3) $f$가 단사준동형이면 $G \cong \mathrm{Im} f$이다.

(4) $f$가 전사준동형이고 $G$가 가환군이면 $G'$도 가환군이다.

**증명** $e$를 $G$의 단위원이라 하고 $e'$을 $G'$의 단위원이라 하자.

(1) (i) $H$를 $G$의 부분군이라 하자. 그러면 정리 2.2.2에 의하여 $e \in H$이므로 정리 2.2.25 (1)에 의하여 $e' = f(e) \in f(H)$, 즉 $\varnothing \neq f(H)$이다. $c, d \in f(H)$라 하면 $c = f(a)$, $d = f(b)$를 만족하는 $a, b \in H$가 존재하고 $H$가 $G$의 부분군이므로 정리 2.2.2에 의하여 $ab^{-1} \in H$이다. 따라서 정리 2.2.25 (2)에 의하여

$$cd^{-1} = f(a)(f(b))^{-1} = f(a)f(b^{-1}) = f(ab^{-1}) \in f(H)$$

이므로 정리 2.2.2에 의하여 $f(H)$는 $G'$의 부분군이다.

(ii) $N$을 $G$의 정규부분군이라 하자. 그러면 (i)에 의하여 $f(N)$과 $\mathrm{Im} f$는 $G'$의 부분군이고 $f(N) \subset \mathrm{Im} f$이므로 $f(N)$은 $\mathrm{Im} f$의 부분군이다. 한편, $c \in \mathrm{Im} f$, $d \in f(N)$이라 하면 $f(a) = c$, $f(b) = d$를 만족하는 $a \in G$, $b \in N$가 존재한다. 이 때 $N$이 $G$의 정규부분군

이므로 $aba^{-1} \in N$이다. 따라서

$$cdc^{-1} = f(a)f(b)(f(a))^{-1} = f(a)f(b)f(a^{-1}) = f(aba^{-1}) \in f(N)$$

이므로 $f(N)$은 $\mathrm{Im} f$의 정규부분군이다.

(2) (i) $H'$을 $G'$의 부분군이라 하자. 그러면 $f(e) = e' \in H'$이므로 $e \in f^{-1}(H')$, 즉 $f^{-1}(H') \neq \varnothing$이다. $a, b \in f^{-1}(H')$이라 하면 $f(a) \in H'$, $f(b) \in H'$이고 $H'$이 $G'$의 부분군이므로 정리 2.2.2에 의하여

$$f(ab^{-1}) = f(a)f(b^{-1}) = f(a)(f(b))^{-1} \in H'$$

이다. 따라서 $ab^{-1} \in f^{-1}(H')$이므로 $f^{-1}(H')$은 $G$의 부분군이다.

(ii) $N'$을 $G'$의 정규부분군이라 하면 (2) (i)에 의하여 $f^{-1}(N')$은 $G$의 부분군이다. $a \in G$, $b \in f^{-1}(N')$이라 하자. 그러면 $f(b) \in N'$이고 $N'$이 $G'$의 정규부분군이므로

$$f(aba^{-1}) = f(a)f(b)(f(a))^{-1} \in N'$$

이다. 따라서 $aba^{-1} \in f^{-1}(N')$이므로 $f^{-1}(N')$은 $G$의 정규부분군이다.

(3) (1) (i)에 의하여 $\mathrm{Im} f$는 $G'$의 부분군이다. 함수 $g : G \longrightarrow \mathrm{Im} f$를 임의의 $a \in G$에 대하여 $g(a) = f(a)$로 정의하자. 그러면 임의의 $a, b \in G$에 대하여

$$g(ab) = f(ab) = f(a)f(b) = g(a)g(b)$$

이므로 $g$는 준동형이다. 한편 임의의 $a, b \in G$에 대하여 $g(a) = g(b)$라 하면 $f(a) = f(b)$이고 $f$가 단사함수이므로 $a = b$이다. 즉 $g$는 단사함수이다. 또한 $b \in \mathrm{Im} f$라 하면 $f(a) = b$를 만족하는 $a \in G$가 존재한다. 따라서 $g(a) = f(a) = b$이다. 즉 $g$는 전사함수이다. 그러므로 $g$는 동형함수이고, 따라서 $G \cong \mathrm{Im} f$이다.

(4) $c, d \in G'$이라 하면 $f$가 전사준동형이므로 $c = f(a)$, $d = f(b)$를 만족하는 $a, b \in G$가 존재하고 $G$가 가환군이므로

$$cd = f(a)f(b) = f(ab) = f(ba) = f(b)f(a) = dc$$

이다. 따라서 $G'$은 가환군이다. ■

**보기 2.2.32** $G$를 군이라 하고 $a \in G$라 하자. 함수

$$I_a : G \longrightarrow G$$

를 임의의 $x \in G$에 대하여 $I_a(x) = axa^{-1}$로 정의하자. 그러면 임의의 $x, y \in G$에 대하여

$$I_a(xy) = a(xy)a^{-1} = axa^{-1}aya^{-1} = I_a(x)I_a(y)$$

이므로 $I_a$는 $G$의 자기준동형이다. 임의의 $x, y \in G$에 대하여 $I_a(x) = I_a(y)$라 하면 $axa^{-1} = aya^{-1}$, 즉 $x = y$이므로 $I_a$는 단사함수이다. 또한, 임의의 $x \in G$에 대하여 $a^{-1}xa \in G$이고

$$I_a(a^{-1}xa) = a(a^{-1}xa)a^{-1} = x$$

이므로 $I_a$는 전사함수이다. 따라서 $I_a$는 $G$의 자기동형이다.

또한, $H$를 $G$의 부분군이라 하면 정리 2.2.31 (1) (i)에 의하여

$$I_a(H) = \{I_a(h) \mid h \in H\} = \{aha^{-1} \mid h \in H\} = aHa^{-1}$$

는 $G$의 부분군이다. 한편 $I_a$가 단사준동형이므로 분명히 $H$에 대한 $I_a$의 축소함수

$$I_a|H : H \longrightarrow G$$

도 단사준동형이다. 따라서 정리 2.2.31 (3)에 의하여

$$H \cong \mathrm{Im}(I_a|H) = I_a(H) = aHa^{-1}$$

이다. 이 때, $I_a$를 $a$에 의한 $G$의 내부자기동형함수 또는 내부자기동형(inner automorphism)이라 한다. ◀

**【정리 2.2.33】**

$G$를 군이라 하자. $G$의 자기동형함수 전체의 집합을 $\mathrm{Aut}(G)$로 표시하고,

$G$의 내부자기동형함수 전체의 집합을 Inn($G$)로 표시하자. 그러면 다음이 성립한다.

(1) Aut($G$)는 $G$위의 치환군 $S_G$(보기 2.1.17을 참조)의 부분군이다.

(2) 함수 $f: G \longrightarrow \text{Aut}(G)$를 임의의 $a \in G$에 대하여 $f(a)=I_a$($I_a$는 $a$에 의한 $G$의 내부자기동형)로 정의하면 $f$는 준동형이고

$$\text{Ker} f = \{a \in G \mid \text{모든 } x \in G\text{에 대하여 } ax=xa\}$$

이다. 더욱이 Inn($G$)는 Aut($G$)의 정규부분군이다.

---

**증명** (1) 분명히 Aut($G$)$\subset S_G$이다. $i_G$는 $G$의 자기동형(보기 2.2.22를 참조)이므로 $i_G \in \text{Aut}(G)$이다. $\sigma, \tau \in \text{Aut}(G)$라 하면 정리 2.2.28 (4)에 의하여 $\sigma\tau \in \text{Aut}(G)$이다. 또한 $\sigma \in \text{Aut}(G)$라 하면 정리 2.2.29에 의하여 $\sigma^{-1} \in \text{Aut}(G)$이다. 따라서 정리 2.2.2에 의하여 Aut($G$)는 $S_G$의 부분군이다.

(2) $a, b \in G$라 하면 임의의 $x \in G$에 대하여

$$I_aI_b(x)=I_a(bxb^{-1})=a(bxb^{-1})a^{-1}=(ab)x(ab)^{-1}=I_{ab}(x)$$

이므로 $I_aI_b=I_{ab}$이다. 따라서

$$f(ab)=I_{ab}=I_aI_b=f(a)f(b)$$

이다. 그러므로 $f$는 준동형이다. 또한

$$\begin{aligned} a \in \text{Ker} f &\Longleftrightarrow I_a=f(a)=i_G \\ &\Longleftrightarrow \text{모든 } x \in G\text{에 대하여 } axa^{-1}=I_a(x)=i_G(x)=x \\ &\Longleftrightarrow \text{모든 } x \in G\text{에 대하여 } ax=xa \end{aligned}$$

이므로 $\text{Ker} f = \{a \in G \mid \text{모든 } x \in G\text{에 대하여 } ax=xa\}$이다.

더욱이 $\text{Im} f = \text{Inn}(G)$이므로 정리 2.2.31 (1) (i)에 의하여 Inn($G$)는 Aut($G$)의 부분군이다. 또한 $\tau \in \text{Aut}(G)$, $I_a \in \text{Inn}(G)$라 하면 임의의 $x \in G$에 대하여

$$\begin{aligned} (\tau I_a \tau^{-1})(x) &= \tau I_a(\tau^{-1}(x)) = \tau(a\tau^{-1}(x)a^{-1}) = \tau(a)\tau\tau^{-1}(x)\tau(a^{-1}) \\ &= \tau(a)x(\tau(a))^{-1} = I_{\tau(a)}(x) \end{aligned}$$

이므로 $\tau I_a \tau^{-1} = I_{\tau(a)} \in \mathrm{Inn}(G)$이다. 그러므로 Inn($G$)는 Aut($G$)의 정규부분군이다. ■

**【정의 2.2.34】**

정리 2.2.33에서의 군 Aut($G$)를 $G$의 자기동형군(group of automorphisms of $G$)이라 하고, 군 Inn($G$)를 $G$의 내부자기동형군(group of inner automorphisms of $G$)이라 한다. 또한 정리 2.2.33 (2)의

$$\mathrm{Ker} f = \{a \in G \mid \text{모든 } x \in G\text{에 대하여 } ax = xa\}$$

를 $G$의 중심(center)이라 하고 $C(G)$로 표시한다. 즉

$$C(G) = \{a \in G \mid \text{모든 } x \in G\text{에 대하여 } ax = xa\}.$$

정리 2.2.27 (1)에 의하여 군 $G$의 중심 $C(G)$는 $G$의 정규부분군이다. 분명히 $G$가 가환군이 되기 위한 필요충분조건은 $C(G) = G$이다.

**보기 2.2.35** $A = \{1, 2, \cdots, n\}(n \geq 3)$이라 할 때, $n$차 대칭군 $S_n$(보기 2.1.17 을 참조)의 중심 $C(S_n)$을 구해보자.

$i_A \neq \sigma \in C(S_n)$인 $\sigma$가 존재한다고 가정하자. 그러면 $i_A \neq \sigma$이므로 $\sigma(i) = j \neq i$인 $i, j \in A$가 존재한다. 이제 $k \neq i, j$인 $k \in A$를 하나 선택하자($n \geq 3$이므로 이러한 $k$의 선택은 가능하다). 함수 $\tau : A \longrightarrow A$를 $\tau(j) = k$, $\tau(k) = j$이고 $t \neq j, k$인 모든 $t \in A$에 대하여 $\tau(t) = t$로 정의하면 $\tau$는 전단사함수이므로 $\tau \in S_n$이다. 또한 $i \neq j, k$이므로

$$\sigma\tau(i) = \sigma(i) = j \neq k = \tau(j) = \tau\sigma(i)$$

이다. 따라서 $\sigma\tau \neq \tau\sigma$이므로 $\sigma \notin C(S_n)$이 되어 가정에 모순이다. 그러므로 $C(S_n) = \{i_A\}$이다. ◀

$A$, $X$, $Y$를 공집합이 아닌 집합이라 하고 $[X, Y]$를 $f : X \longrightarrow Y$인 함수 모두를 원소로 갖는 집합이라 하자. 이 때 함수

$$\phi : A \longrightarrow [X, Y]$$

를 정의하려면 각 $a \in A$에 대하여 $\phi$에 의한 $a$의 함수값 $\phi(a)$를 정의하면 된다. 그런데 $\phi(a) \in [X, Y]$이므로 $\phi(a)$는

$$\phi(a) : X \longrightarrow Y$$

인 함수이다. 따라서 $\phi(a)$가 정의되려면 각 $x \in X$에 대하여 $\phi(a)$에 의한 $x$의 함수값 $\phi(a)(x)$가 정의되어야 한다. 그러므로 함수 $\phi : A \longrightarrow [X, Y]$를 정의하려면 각 $a \in A$와 각 $x \in X$에 대하여 $\phi(a)(x)$를 정의하면 된다.

또한 임의의 $a$, $b \in A$에 대하여 $\phi(a)$, $\phi(b) \in [X, Y]$이므로 $\phi(a)$, $\phi(b)$는 $\phi(a) : X \longrightarrow Y$, $\phi(b) : X \longrightarrow Y$인 함수이다. 따라서 $\phi(a) = \phi(b)$가 되기 위한 필요충분조건은 모든 $x \in X$에 대하여 $\phi(a)(x) = \phi(b)(x)$인 것이다.

**【정리 2.2.36】 (Cayley)**

$G$를 군이라 하자. 그러면 $G$는 $G$위의 치환군 $S_G$($G$를 집합으로 생각해서)의 한 부분군에 동형적이다.

**증명** 우선 함수 $\phi : G \longrightarrow S_G$를 정의하기 위하여 다음과 같이 한다. $\phi$가 함수가 되려면 각 $g \in G$에 대하여 $\phi$에 의한 $g$의 함수값 $\phi(g)$가 정해져야 한다. 이 때 $\phi(g) \in S_G$이므로 $\phi(g)$는 $\phi(g) : G \longrightarrow G$인 전단사함수가 되어야 한다.

이제, 각 $g \in G$에 대하여 함수 $\phi(g) : G \longrightarrow G$를 임의의 $x \in G$에 대하여 $\phi(g)(x) = gx$ ($gx$는 군 $G$에서의 $g$와 $x$의 곱)로 정의하자. 그러면 $e$를 $G$의 단위원이라 할 때, 임의의 $x \in G$에 대하여

$$\phi(e)(x) = ex = x = i_G(x)$$

이므로 $\phi(e) = i_G$이다. 또한, 임의의 $g_1$, $g_2$, $x \in G$에 대하여

$$\begin{aligned}\phi(g_1 g_2)(x) &= (g_1 g_2)x = g_1(g_2 x) = \phi(g_1)(g_2 x) = \phi(g_1)(\phi(g_2)(x)) \\ &= (\phi(g_1)\phi(g_2))(x)\end{aligned}$$

이므로

$$\phi(g_1 g_2) = \phi(g_1)\phi(g_2) \qquad \cdots\cdots(2.2.1)$$

이다. 따라서 각 $g \in G$에 대하여

$$\phi(g)\phi(g^{-1})=\phi(gg^{-1})=\phi(e)=i_G,\ \phi(g^{-1})\phi(g)=\phi(g^{-1}g)=\phi(e)=i_G$$

이므로 정리 1.1.5에 의하여 $\phi(g)$는 전단사함수이다. 즉, $\phi(g)\in S_G$. 그러므로 $\phi: G \longrightarrow S_G$는 함수가 되고 (2.2.1)에 의하여 $\phi$는 준동형이다.

한편, $g\in\text{Ker}\,\phi$라 하면 $\phi(g)=i_G$이므로

$$e=i_G(e)=\phi(g)(e)=ge=g$$

이다. 즉 $\text{Ker}\,\phi=\{e\}$. 따라서 정리 2.2.27 (2)에 의하여 $\phi$는 단사준동형이다. 그러므로 정리 2.2.31 (3)에 의하여 $G\cong\text{Im}\,\phi$이다(물론 정리 2.2.31 (1) (i)에 의하여 $\text{Im}\,\phi$는 $S_G$의 부분군이다). ■

**【정리 2.2.37】**

군 $G$가 다음 세 조건

(1) $a^4=e$($e$는 $G$의 단위원)이고 $1\leq m<4$인 $m$에 대하여 $a^m\neq e$이다

(2) $a^2=b^2$

(3) $ba=a^3b$

을 만족하는 두 원소 $a$, $b$에 의하여 생성된다고 하자(이 군을 $a$, $b$에 의하여 생성되는 4원수군(quaternion group)이라 한다). 그러면

$$\begin{aligned} G=\langle a,\ b\rangle &=\{a^sb^t\,|\,s=0,\ 1,\ 2,\ 3\ ;\ t=0,\ 1\} \\ &=\{e,\ a,\ a^2,\ a^3,\ b,\ ab,\ a^2b,\ a^3b\} \end{aligned}$$

이다(따라서 $|G|=8$이다). 더욱이 $G$는 비가환군이다.

**증명** 분명히 (1)에 의하여 $a\neq e$이다. 또한, $b=e$라 하면 (2)에 의하여 $a^2=e$이므로 (1)에 모순이다. 따라서 $b\neq e$이다.

한편 (1)과 (2)에 의하여 $b^4=b^2b^2=a^2a^2=a^4=e$이다. 즉

(4) $b^4=e$.

$k\geq 1$일 때, (3)을 반복 적용하면

$$ba^k=baa^{k-1}=a^3ba^{k-1}=a^3baa^{k-2}=(a^3)^2ba^{k-2}=\cdots=(a^3)^kb=a^{3k}b$$

이다. 즉

(5) $ba^k=a^{3k}b(k \geq 1)$.

$m$, $n$을 임의의 정수라 하자. 그러면 정리 1.3.2에 의하여

$$m=4q+r,\ 0 \leq r<4;\ n=4p+l,\ 0 \leq l<4$$

를 만족하는 정수 $q$, $r$, $p$, $l$이 존재한다. 따라서 (1)과 (4)에 의하여

$$a^m=a^{4q+r}=(a^4)^q a^r=e^q a^r=ea^r=a^r$$
$$b^n=b^{4p+l}=(b^4)^p b^l=e^p b^l=eb^l=b^l$$

이다. 즉

(6) $a^m=a^r(0 \leq r<4)$,

(7) $b^n=b^l(0 \leq l<4)$.

따라서 (2), (5), (6), (7)에 의하여

$$b^n a^m=b^l a^r=\begin{cases} b^3a^r=bb^2a^r=ba^2a^r=ba^{r+2}=a^{3(r+2)}b=a^ib(0 \leq i<4) \\ b^2a^r=a^2a^r=a^{r+2}=a^{r+2}e=a^{r+2}b^0=a^ib^0\,(0 \leq i<4) \\ ba^r=a^{3r}b=a^ib(0 \leq i<4) \\ b^0a^r=ea^r=a^re=a^rb^0, \end{cases}$$

$$a^m b^n=a^r b^l=\begin{cases} a^rb^3=a^rb^2b=a^ra^2b=a^{r+2}b=a^ib(0 \leq i<4) \\ a^rb^2=a^ra^2=a^{r+2}=a^{r+2}e=a^{r+2}b^0=a^ib^0\,(0 \leq i<4) \\ a^rb \\ a^rb^0, \end{cases}$$

$$b^n=b^l=\begin{cases} b^3=b^2b=a^2b \\ b^2=a^2=a^2e=a^2b^0 \\ b=eb=a^0b \\ b^0=eb^0=a^0b^0 \end{cases}$$

이다. 즉

$$b^n a^m=a^ib^j\ (0 \leq i<4;\ j=0,\ 1),$$
$$a^m b^n=a^ib^j\ (0 \leq i<4;\ j=0,\ 1),$$
$$b^n=a^ib^j\ (0 \leq i<4;\ j=0,\ 1).$$

따라서 정리 2.2.11에 의하여

$$G=\langle a,\ b\rangle=\{a^sb^t\,|\,s=0,\ 1,\ 2,\ 3;\ t=0,\ 1\}$$

$$=\{e,\ a,\ a^2,\ a^3,\ b,\ ab,\ a^2b,\ a^3b\}$$

이다. 이제 위의 여덟 개의 원소가 모두 다르다는 것을 증명하자.

(i) $0 \le k < l < 4$인 $k$, $l$에 대하여 $a^l = a^k$라 하면 $0 < l-k < 4$이고 $a^{l-k} = e$가 되어 (1)에 모순이다. 따라서 $e=a^0$, $a$, $a^2$, $a^3$은 모두 다르다.

(ii) $0 \le k < l < 4$인 $k$, $l$에 대하여 $a^kb = a^lb$라 하면 $a^k = a^l$이 되어 (i)에 모순이다. 따라서 $b=a^0b$, $ab$, $a^2b$, $a^3b$는 모두 다르다.

(iii) $0 \le k < 4$인 $k$에 대하여 $b=a^k$라 하면 (3)에 의하여 $a^ka = ba = a^3b = a^3a^k$이므로 $a^2=e$가 되어 (1)에 모순이다. 따라서 $0 \le k < 4$인 $k$에 대하여 $a^k \ne b$이다.

(iv) $0 \le k$, $l < 4$인 $k$, $l$에 대하여 $a^k = a^lb$라 하면 $b = a^{k-l}$이다. 이 때, $0 \le k-l$이면 $k-l<4$이므로 (iii)에 모순이다. 또한, $k-l<0$이면 $b = a^{k-l} = a^{-(l-k)} = (a^{l-k})^{-1} = a^{4-(l-k)}$이고 $0 < 4-(l-k) < 4$이므로 다시 (iii)에 모순이다. 따라서 $0 \le k$, $l < 4$인 $k$, $l$에 대하여 $a^k \ne a^lb$이다.

그러므로 $G$의 여덟 개의 원소는 모두 다르다.

더욱이 $ab=ba$라 하면 (3)에 의하여 $ab=ba=a^3b$가 되어 (ii)에 모순이다. 따라서 $G$는 가환군이 아니다. ■

**보기 2.2.38** 실제로 4원수군이 존재함을 보이자. 보기 2.1.7의 군 $GL_2(\mathbf{C})$를 생각하자. $i=\sqrt{-1}$이라 하고

$$A=\begin{bmatrix} 0 & 1 \\ -1 & 0 \end{bmatrix},\quad B=\begin{bmatrix} 0 & i \\ i & 0 \end{bmatrix}$$

라 하자. 그러면

$$A^{-1}=\begin{bmatrix} 0 & -1 \\ 1 & 0 \end{bmatrix},\ B^{-1}=\begin{bmatrix} 0 & -i \\ -i & 0 \end{bmatrix}$$

이므로 $A$, $B \in GL_2(\mathbf{C})$이다. 이제 $A$, $B$에 의하여 생성되는 $GL_2(\mathbf{C})$의 부분군 $\langle A,\ B\rangle$를 생각하자.

$$A^2=\begin{bmatrix} -1 & 0 \\ 0 & -1 \end{bmatrix},\ A^3=\begin{bmatrix} 0 & -1 \\ 1 & 0 \end{bmatrix},\ A^4=\begin{bmatrix} 1 & 0 \\ 0 & 1 \end{bmatrix}=I_2,$$

$$B^2=\begin{bmatrix}-1 & 0\\ 0 & -1\end{bmatrix}=A^2,\ BA=\begin{bmatrix}-i & 0\\ 0 & i\end{bmatrix}=A^3B$$

이다. 즉

(1) $A^4=I_2$이고 $1\leq m<4$인 $m$에 대하여 $A^m\neq I_2$

(2) $A^2=B^2$

(3) $BA=A^3B$

이므로 $\langle A, B\rangle$는 4원수군이고 정리 2.2.37에 의하여

$$\begin{aligned}\langle A, B\rangle&=\{I_2, A, A^2, A^3, B, AB, A^2B, A^3B\}\\&=\left\{\pm\begin{bmatrix}1 & 0\\ 0 & 1\end{bmatrix}, \pm\begin{bmatrix}0 & 1\\ -1 & 0\end{bmatrix}, \pm\begin{bmatrix}i & 0\\ 0 & -i\end{bmatrix}, \pm\begin{bmatrix}0 & i\\ i & 0\end{bmatrix}\right\}\end{aligned}$$

이다. 이 군을 $Q_8$로 표시한다. ◀

**【정리 2.2.39】**

$G$를 $a$, $b$에 의하여 생성되는 4원수군이라 하고, $G'$을 $c$, $d$에 의하여 생성되는 4원수군이라 하자. 그러면 $G\cong G'$이다.

**증명** $G$가 $a$, $b$에 의하여 생성되는 4원수군이고 $G'$이 $c$, $d$에 의하여 생성되는 4원수군이므로 정리 2.2.37에 의하여

$$G=\{a^sb^t\,|\,s=0, 1, 2, 3\,;\, t=0, 1\}=\{e, a, a^2, a^3, b, ab, a^2b, a^3b\},$$
$$G'=\{c^sd^t\,|\,s=0, 1, 2, 3\,;\, t=0, 1\}=\{e', c, c^2, c^3, d, cd, c^2d, c^3d\}$$

이다. 함수 $f: G\longrightarrow G'$을 임의의 $a^sb^t\in G\,(0\leq s<4,\ t=0,\ 1)$에 대하여 $f(a^sb^t)=c^sd^t$로 정의하자. 그러면 $f$는 분명히 전단사함수이다.

다음 $f$가 준동형임을 보이자. $k$, $l$을 $0\leq k,\ l<4$인 임의의 정수라 하자. 정리 1.3.2에 의하여 $k+l=4q+r$, $0\leq r<4$를 만족하는 정수 $q$, $r$이 존재하므로 4원수군의 조건과 정리 2.2.37의 증명과정에 의하여

$$f(a^ka^l)=f(a^{k+l})=f(a^r)=c^r=c^{k+l}=c^kc^l=f(a^k)f(a^l),$$
$$\begin{aligned}f((a^kb)(a^lb))&=f(a^k(ba^l)b)=f(a^ka^{3l}b^2)=f(a^ka^{3l}a^2)\\&=f(a^{k+3l+2})=f(a^i)(k+3l+2=4u+i,\ 0\leq i<4)\end{aligned}$$

$$= c^i = c^{k+3l+2} = c^k c^{3l} c^2 = c^k c^{3l} d^2 = c^k d c^l d = f(a^k b) f(a^l b),$$

$$f(a^k(a^l b)) = f(a^{k+l} b) = f(a^r b) = c^r d = c^{k+l} d = c^k c^l d = f(a^k) f(a^l b),$$

$$f((a^k b) a^l) = f(a^k a^{3l} b) = f(a^{k+3l} b) = f(a^j b)(k+3l = 4v + j,\ 0 \le j < 4)$$

$$= c^j d = c^{k+3l} d = c^k c^{3l} d = c^k d c^l = f(a^k b) f(a^l)$$

이다. 따라서 $f$는 준동형이다. 그러므로 $f$는 동형함수이고 $G \cong G'$이다. ■

## 연습문제 2.2

**1.** 군 $G$와 $G$의 부분집합 $H$와 $K$가 각각 다음과 같이 주어질 때, $H$와 $K$가 $G$의 부분군이 되는지 조사하여라. $H$ 또는 $K$가 $G$의 부분군이 되는 경우에는 이들이 $G$의 정규부분군이 되는지, 또한 $G$의 순회부분군이 되는지 조사하여라.

(1) $G$=보기 2.1.4의 덧셈군 $\mathbf{Z}$

$H = \{2n \mid n \in \mathbf{Z}\}$, $K = \{2n+1 \mid n \in \mathbf{Z}\}$

(2) $G$=보기 2.1.4의 덧셈군 $\mathbf{R}$

$H = \{\log a \mid a \in \mathbf{Q},\ a > 0\}$, $K = \{\log n \mid n \in \mathbf{Z},\ n > 0\}$

(3) $G$=보기 2.1.4의 곱셈군 $\mathbf{R}^*$

$H = \{2^n \mid n \in \mathbf{Z}\}$, $K = \left\{\dfrac{1+2n}{1+2m} \mid n,\ m \in \mathbf{Z}\right\}$

(4) $G$=보기 2.1.7의 곱셈군 $GL_2(\mathbf{C})$

$H = \left\{\begin{bmatrix} 1 & n \\ 0 & 1 \end{bmatrix} \mid n \in \mathbf{Z}\right\}$, $K = \left\{\begin{bmatrix} \alpha & \beta \\ \gamma & \delta \end{bmatrix} \mid \alpha,\ \beta,\ \gamma,\ \delta \in \mathbf{C},\ \alpha\delta - \beta\gamma = 1\right\}$

(5) $G$=보기 2.1.11의 덧셈군 $\mathbf{Z}_{16} = \{\bar{0},\ \bar{1},\ \bar{2},\ \bar{3},\ \cdots,\ \overline{15}\}$

$H = \{\bar{1},\ \bar{3},\ \bar{5},\ \bar{7},\ \bar{9},\ \overline{11},\ \overline{13},\ \overline{15}\}$, $K = \{\bar{0},\ \bar{4},\ \bar{8},\ \overline{12}\}$

(6) $G$=보기 2.1.11의 곱셈군 $\mathbf{Z}_{16}^* = \{\bar{1},\ \bar{3},\ \bar{5},\ \bar{7},\ \bar{9},\ \overline{11},\ \overline{13},\ \overline{15}\}$

$H = \{\bar{1},\ \bar{3},\ \bar{9},\ \overline{11}\}$, $K = \{\bar{1},\ \bar{5},\ \bar{9},\ \overline{13}\}$

(7) $G$=보기 2.2.4의 곱셈군 $\{1,\ -1,\ i,\ -i\}$

$H = \{1,\ -1\}$, $K = \{1,\ i\}$

(8) $G$= 연습문제 2.1의 5의 곱셈군 $\mathbf{R}^* \times \mathbf{R}$
$H = \{(a,\ r(a-1)) \mid a \neq 0,\ r$는 고정된 실수$\}$, $K = \{(a,\ 0) \mid a > 0\}$

(9) $G$= 연습문제 2.1의 6의 군 $\{f_1,\ f_2,\ f_3,\ f_4\}$
$H = \{f_1,\ f_2\}$, $K = \{f_1,\ f_3\}$

**2.** **R**로부터 **R**로의 함수 전체의 집합을 $F(\mathbf{R})$로 표시하자. 즉

$$F(\mathbf{R}) = \{f \mid f : \mathbf{R} \longrightarrow \mathbf{R}\text{는 함수}\}.$$

두 함수 $f : \mathbf{R} \longrightarrow \mathbf{R}$와 $g : \mathbf{R} \longrightarrow \mathbf{R}$에 대하여 함수 $f+g : \mathbf{R} \longrightarrow \mathbf{R}$을 임의의 $x \in \mathbf{R}$에 대하여 $(f+g)(x) = f(x) + g(x)$로 정의하자. 이제, 함수

$$+ : F(\mathbf{R}) \times F(\mathbf{R}) \longrightarrow F(\mathbf{R})$$

을 임의의 $(f,\ g) \in F(\mathbf{R}) \times F(\mathbf{R})$에 대하여 $+((f,\ g)) = f+g$로 정의하면 $+$는 $F(\mathbf{R})$위의 이항연산이다.

(1) $F(\mathbf{R})$은 $+$에 대하여 아벨군을 이룸을 보여라. 이 때, $F(\mathbf{R})$의 단위원과 각 원소 $f \in F(\mathbf{R})$의 역원은 무엇인가?

(2) **R**로부터 **R**로의 연속함수 전체의 집합을 $C(\mathbf{R})$로 표시하고, 또한 **R**로부터 **R**로의 미분가능한 함수 전체의 집합을 $D(\mathbf{R})$로 표시하자. 그러면 $C(\mathbf{R})$과 $D(\mathbf{R})$은 $F(\mathbf{R})$의 정규부분군이고, 특히 $D(\mathbf{R})$은 $C(\mathbf{R})$의 정규부분군임을 보여라.

**3.** $G$를 가환군이라 하고 $e$를 $G$의 단위원이라 하자. 집합 $H$를

$$H = \{a \in G \mid \text{적당한 } k \in \mathbf{Z}\text{에 대하여 } a^k = e\}$$

로 정의하면 $H$는 $G$의 정규부분군이 됨을 보여라.

**4.** $G$를 군이라 하고 $H$와 $K$를 $G$의 두 부분군이라 할 때, 일반적으로 $H \cup K$는 $G$의 부분군이 아니다. 그 예를 들어라.

**5.** $G$를 군이라 하고 $H$와 $K$를 $G$의 두 부분군이라 하자. 그러면 $H \cup K$가 $G$의 부분군이기 위한 필요충분조건은 $H \subset K$ 또는 $K \subset H$임을 보여라.

**6.** 군 $G$가 다음 두 조건

(1) $G=\langle a, b\rangle$

(2) $a^3=b^2=e$ ($e$는 $G$의 단위원), $ba^2=ab$

를 만족할 때, $G$의 원소들의 곱을 나타내는 표를 만들어라.

**7.** $G$를 군이라 하고 $H$와 $K$를 $G$의 두 부분집합이라 하자. 그러면 다음이 성립함을 보여라.

(1) $H\subset K \Longrightarrow \langle H\rangle \subset \langle K\rangle$

(2) $\langle H\cup K\rangle=\langle\langle H\rangle\cup\langle K\rangle\rangle$

(3) $\langle H\cap K\rangle\subset\langle H\rangle\cap\langle K\rangle$

(4) $\langle\langle H\rangle\rangle=\langle H\rangle$

**8.** $a$, $b\in\mathbf{R}(a\neq 0)$라 할 때, 함수 $f_{a,b}:\mathbf{R}\longrightarrow\mathbf{R}$를 임의의 $x\in\mathbf{R}$에 대하여 $f_{a,b}(x)=ax+b$로 정의하자. $G=\{f_{a,b}\,|\,a,\ b\in\mathbf{R},\ a\neq 0\}$라 하자. 다음을 증명하여라.

(1) $G$는 함수의 합성에 대하여 군을 이룬다.

(2) $N=\{f_{1,b}\in G\,|\,b\in\mathbf{R}\}$는 $G$의 정규부분군이다.

**9.** $G$를 군이라 하고 $H$를 $G$의 부분군이라 하자. 임의의 $a\in G$에 대하여 $a^2\in H$이면 $H$는 $G$의 정규부분군임을 보여라.

**10.** $G$를 군이라 하고 $H$를 $G$의 부분군이라 할 때,

$$W=\bigcap_{a\in G} aHa^{-1}$$

는 $G$의 정규부분군임을 보여라.

**11.** $G$를 군이라 하고 $N$, $H$를 $G$의 정규부분군이라 하면 $NH$도 $G$의 정규부분군임을 보여라.

**12.** 덧셈아벨군 $\mathbf{Z}$를 생각하자. 두 양의 정수 $m$과 $n$에 대하여

$$d=(m,\ n),\ l=[m,\ n]$$

이라 할 때, 다음을 증명하여라.

$$\langle d\rangle=\langle m\rangle+\langle n\rangle,\ \langle l\rangle=\langle m\rangle\cap\langle n\rangle$$

**13.** $G$를 군이라 하고 $H$를 $G$의 순회부분군이라 하자. $H$가 $G$의 정규부분군이면 $H$의 모든 부분군은 $G$의 정규부분군임을 보여라.

**14.** $G$를 군이라 하고 $H$를 $G$의 정규부분군이라 하자. $|H|=2$이면 $H\subset C(G)$임을 보여라.

**15.** $G$를 군이라 하고, $a,\ b\in G$라 하자. $ab\in C(G)$이면 $ab=ba$임을 보여라.

**16.** 군 $G$와 $G'$이 각각 다음과 같이 주어질 때, 다음과 같이 정의되는 함수 $f: G\longrightarrow G'$이 준동형함수인지 조사하여라. 준동형함수인 경우에는 $\mathrm{Im} f$와 $\mathrm{Ker} f$를 구하여라.

(1) $G=(\mathbf{Z},\ +),\ G'=(\mathbf{Z}_5,\ +),\ f(n)=\bar{n}$

(2) $G=(\mathbf{Z}_{12},\ +)=G',\ f(\bar{n})=\overline{n+1}$

(3) $G=(\mathbf{Z}_8,\ +),\ G'=(\mathbf{Z}_2,\ +),\ f(\bar{n})=\bar{n}$

(4) $G=(\mathbf{Z},\ +),\ G'=(\{1,\ -1\},\ \cdot),\ f(n)=\begin{cases} 1\ (n\text{은 짝수}) \\ -1\ (n\text{은 홀수}) \end{cases}$

(5) $G=(\mathbf{R}^*,\ \cdot)=G',\ f(a)=|a|$

(6) $G=(\mathbf{Z},\ +),\ G'=(\{1,\ -1,\ i,\ -i\},\ \cdot)(i=\sqrt{-1}),\ f(n)=i^n$

(7) $G=(\mathbf{R},\ +),\ G'=(\mathbf{C}^*,\ \cdot),\ f(a)=\cos a+i\sin a$

(8) $G=(\mathbf{R},\ +),\ G'=(\mathbf{R}^*,\ \cdot),\ f(a)=e^a$

(9) $G=(\mathbf{C}^*,\ \cdot)=G',\ f(a)=-a$

(10) $G=(GL_2(\mathbf{C}),\ \cdot),\ G'=(\mathbf{C}^*,\ \cdot),\ f(A)=\det A$(행렬 $A$의 행렬식값)

**17.** 군 $G$가 가환군이 되기 위한 필요충분조건은 임의의 $a\in G$에 대하여 $f(a)=a^{-1}$로 정의되는 함수 $f: G\longrightarrow G$가 $G$의 자기동형일 때 임을 증명하여라.

**18.** $G$를 군이라 하자. $f: G \longrightarrow G$가 준동형함수이면

$$H = \{a \in G \mid f(a) = a\}$$

는 $G$의 부분군임을 보여라.

**19.** $G$와 $G'$을 군이라 하고 $f: G \longrightarrow G'$을 준동형함수라 하자. $G'$이 가환군이고 $N$이 $\mathrm{Ker} f$를 포함하는 $G$의 부분군이면 $N$은 $G$의 정규부분군임을 보여라.

**20.** $G$를 군이라 하고 $S \subset G$라 하자. $G = \langle S \rangle$이면 $G$의 임의의 전사준동형 $f: G \longrightarrow G$에 대하여 $G = \langle f(S) \rangle$임을 보여라.

# 2.3 순 회 군

**【정의 2.3.1】**

$G$를 군이라 하고 $a\in G$라 하자. $a$에 의하여 생성되는 $G$의 순회부분군이 $G$자신일 때, 즉 $G=\langle a\rangle$일 때 $G$를 순회군(cyclic group)이라 한다.

**보기 2.3.2** 덧셈군 $\mathbf{Z}$에 대하여 $\mathbf{Z}=\langle 1\rangle=\langle -1\rangle$이므로 $\mathbf{Z}$는 1 또는 $-1$을 생성원으로 갖는 순회군이다. 또한, 군

$$(\mathbf{Z}_m,\ +)=\{\bar{0},\ \bar{1},\ \bar{2},\ \cdots,\ \overline{m-1}\},\quad m\geq 2$$

에 대하여 $(\mathbf{Z}_m,\ +)=\langle\bar{1}\rangle$이므로 $(\mathbf{Z}_m,\ +)$는 $\bar{1}$를 생성원으로 갖는 순회군이다. ◀

**【정리 2.3.3】**

모든 순회군은 가환군이다.

**증명** $G=\langle a\rangle$라 하자. 그러면 정리 2.2.11에 의하여 $G=\{a^n \mid n\in\mathbf{Z}\}$이다. $x$, $y\in G$라 하면 적당한 $m$, $n\in\mathbf{Z}$에 대하여 $x=a^m$, $y=a^n$으로 표시되므로 정리 2.1.15 (1)에 의하여

$$xy=a^m a^n=a^{m+n}=a^{n+m}=a^n a^m=yx$$

이다. 따라서 $G$는 가환군이다. ■

**【정리 2.3.4】**

순회군의 모든 부분군은 순회군이다. 더욱이 $G=\langle a\rangle$일 때, $H$를 $G$의 부분군이라 하고 $m$을 $a^m\in H$가 되는 최소의 양의 정수라 하면 $H=\langle a^m\rangle$이다.

**증명** $G=\langle a\rangle$라 하자. 그러면 정리 2.2.11에 의하여 $G=\{a^n \mid n\in\mathbf{Z}\}$이다. $H$를 $G$의 부분군이라 하자. $H=\{e\}$이면 $H=\langle e\rangle$이므로 $H$는 순회군이

다. $H\neq\{e\}$라 하자. 그러면 $a^t\neq e$인 한 원소 $a^t\in H$가 존재한다. $H$가 $G$의 부분군이므로 정리 2.1.15 (2)에 의하여 $a^{-t}=(a^t)^{-1}\in H$이다. $t\neq 0$이므로 $t$와 $-t$ 중의 어느 하나는 양의 정수이다. 따라서 $a^s\in H$인 양의 정수 $s$가 적어도 하나 존재한다. $m$을 $a^m\in H$가 되는 최소의 양의 정수라 하자. $x\in H$라 하면 적당한 정수 $n$에 대하여 $x=a^n$이다. 정리 1.3.2에 의하여

$$n=mq+r,\ 0\leq r<m$$

을 만족하는 정수 $q$, $r$이 존재한다. 따라서 정리 2.1.15 (1), (2)에 의하여

$$x=a^n=a^{mq+r}=a^{mq}a^r=(a^m)^q a^r$$

이다. 이 때 $((a^m)^q)^{-1}\in H$이므로 $a^r=((a^m)^q)^{-1}x\in H$이다. 따라서 $m$의 최소성에 의하여 $r=0$이므로 $x=(a^m)^q\in\langle a^m\rangle$이다. 그러므로 $H\subset\langle a^m\rangle$이다. 또한 $a^m\in H$이므로 $\langle a^m\rangle\subset H$이다. 따라서 $H=\langle a^m\rangle$이다. ■

**보기 2.3.5** 곱셈군 ($\mathbf{C}^*$, $\cdot$)의 부분군 $G=\{1,\ -1,\ i,\ -i\}$(보기 2.2.4를 참조)를 생각하자. $G=\langle i\rangle$이므로 $G$는 순회군이다. 또한, $H=\{1,\ -1\}$은 분명히 $G$의 부분군이다. 이 때 $i^n\in H$를 만족하는 최소의 양의 정수는 $n=2$이므로 $H=\langle i^2\rangle=\langle -1\rangle$이다. 다음, 순회군 $\mathbf{Z}=\langle 1\rangle$(보기 2.3.2를 참조)의 부분군은 모두

$$\langle a\rangle=\{na\,|\,n\in\mathbf{Z}\},\ a\geq 0$$

의 꼴이다. 왜냐하면, $H$를 $\mathbf{Z}$의 부분군이라 할 때 $H=\{0\}$이면 $H=\langle 0\rangle$이고, 또한 $H\neq\{0\}$이면 $H$에는 적어도 한 양의 정수가 존재하므로 $a$를 $a1=a\in H$가 되는 최소의 양의 정수라 하면 정리 2.3.4에 의하여 $H=\langle a\rangle$이기 때문이다. ◀

**【정의 2.3.6】**

$G$를 군이라 하고 $a\in G$라 하자. $a$에 의하여 생성되는 $G$의 순회부분군 $\langle a\rangle$의 위수가 $n$일 때, 즉 $|\langle a\rangle|=n$일 때, $n$을 $a$의 위수(order)라 하고 $\mathrm{ord}(a)$로 표시한다. $\langle a\rangle$가 무한군이면 $a$의 위수는 무한이라고 한다.

**【정리 2.3.7】**

$G$를 군이라 하고 $a \in G$라 하면 다음이 성립한다.

(1) $a$의 위수가 무한이 되기 위한 필요충분조건은 $m, n \in \mathbf{Z}(m \neq n)$에 대하여 $a^m \neq a^n$인 것이다. 특히, $a$의 위수가 무한이면

$$a^n = e \iff n = 0.$$

(2) 다음 세 주장은 동치이다.

(i) $a$의 위수가 $n\,(n>0)$이다.

(ii) $n$은 $a^n = e$를 만족하는 최소의 양의 정수이다.

(iii) $\langle a \rangle = \{e, a, a^2, \cdots, a^{n-1}\}$.

**증명** (1) $m, n \in \mathbf{Z}(m \neq n)$에 대하여 $a^m \neq a^n$이면 $\langle a \rangle = \{a^n \mid n \in \mathbf{Z}\}$는 무한군이다. 따라서 $a$의 위수는 무한이다. 역으로 $a$의 위수가 무한이라 하자. $l, k \in \mathbf{Z}(l < k)$에 대하여 $a^l = a^k$라 가정하면

$$a^{k-l} = a^k a^{-l} = a^l a^{-l} = a^l (a^l)^{-1} = e$$

이다. 따라서 $a^t = e$를 만족하는 양의 정수 $t$가 존재한다. $n$을 $a^n = e$를 만족하는 최소의 양의 정수라 하자. $x \in \langle a \rangle$라 하면 적당한 정수 $m$에 대하여 $x = a^m$이다. 정리 1.3.2에 의하여

$$m = nq + r, \quad 0 \leq r < n$$

을 만족하는 정수 $q, r$이 존재하므로

$$a^m = a^{nq+r} = (a^n)^q a^r = ea^r = a^r$$

이다. $a^i = a^j (0 \leq i < j < n)$라 하면 $0 < j - i < n$인 정수 $j - i$에 대하여 $a^{j-i} = a^j a^{-i} = a^i a^{-i} = e$가 되어 $n$의 최소성에 모순이다. 따라서 $a^i \neq a^j$이다. 따라서 $\langle a \rangle = \{e, a, a^2, \cdots, a^{n-1}\}$이다. 이것은 $a$의 위수가 무한이라는 사실에 모순이다. 그러므로 $m, n \in \mathbf{Z}(m \neq n)$에 대하여 $a^m \neq a^n$이다.

(2) (ii) $\Longrightarrow$ (iii)은 (1)의 증명과정에 의하여 분명하다. 또한 (iii) $\Longrightarrow$ (i)도 분명하다.

(i) $\Longrightarrow$ (ii). $a$의 위수가 $n\,(n>0)$이라 하자. 그러면 $a^l=a^k$을 만족하는 $l,\ k\in\mathbf{Z}(l<k)$가 존재한다. 따라서

$$a^{k-l}=a^k a^{-l}=a^l a^{-l}=e$$

이다. 따라서 $a^t=e$를 만족하는 양의 정수 $t$가 존재한다. $m$을 $a^m=e$를 만족하는 최소의 양의 정수라 하자. 그러면 (1)의 증명과정에 의하여

$$\langle a\rangle=\{e,\ a,\ a^2,\ \cdots,\ a^{m-1}\}$$

이다. 따라서 $m=n$이다. ■

**보기 2.3.8** 덧셈군 $\mathbf{Z}_6=\{\bar{0},\ \bar{1},\ \bar{2},\ \bar{3},\ \bar{4},\ \bar{5}\}$의 원소 $\bar{2}$에 대하여

$$1\bar{2}=\bar{2},\ \ 2\bar{2}=\bar{2}+\bar{2}=\bar{4},\ \ 3\bar{2}=\bar{2}+\bar{2}+\bar{2}=\bar{0}$$

이므로 정리 2.3.7 (2)에 의하여 $\text{ord}(\bar{2})=3$이고 $\langle\bar{2}\rangle=\{\bar{0},\ \bar{2},\ \bar{4}\}$이다.

위와 같은 방법으로 $\mathbf{Z}_6$의 각 원소의 위수를 구하면 다음 표와 같다.

| 원소 $a$ | $\bar{0}$ | $\bar{1}$ | $\bar{2}$ | $\bar{3}$ | $\bar{4}$ | $\bar{5}$ |
|---|---|---|---|---|---|---|
| ord($a$) | 1 | 6 | 3 | 2 | 3 | 6 |

또한, 덧셈군 $\mathbf{Z}$의 원소 2에 대하여 $m\neq n$이면 $m2\neq n2$이므로 정리 2.3.7 (1)에 의하여 $\langle 2\rangle$는 무한군이다. 따라서 2의 위수는 무한이다. 일반적으로 임의의 $m\in\mathbf{Z}(m\neq 0)$에 대하여 $\langle m\rangle$는 무한군이다. 따라서 $m$의 위수는 무한이다. ◀

**보기 2.3.9** 보기 2.1.11의 곱셈군 $\mathbf{Z}_n^*$를 생각하자$(n\geq 2)$. $\mathbf{Z}_n^*$가 순회군이면 한 원소 $\bar{a}\in\mathbf{Z}_n^*$에 대하여 $\mathbf{Z}_n^*=\langle\bar{a}\rangle$이다. 따라서 $(a,\ n)=1$이다. 또한, $|\mathbf{Z}_n^*|=\phi(n)$($\phi$는 Euler의 $\phi-$함수이다)이므로 정리 2.3.7 (2)에 의하여 $\overline{a^{\phi(n)}}=\bar{a}^{\phi(n)}=\bar{1}$이고 $1\leq i<\phi(n)$인 모든 $i$에 대하여 $\overline{a^i}=\bar{a}^i\neq\bar{1}$이다. 따라서 정리 1.2.1 (2)에 의하여 $a^{\phi(n)}\equiv 1\ (\text{mod}\ n)$이고 $1\leq i<\phi(n)$인 모든 $i$에 대하여 $a^i\neq 1\ (\text{mod}\ n)$이다.

역으로, $(a,\ n)=1$, $a^{\phi(n)}\equiv 1 \pmod{n}$이고 $1\leq i<\phi(n)$인 모든 $i$에 대하여 $a^i\not\equiv 1 \pmod{n}$를 만족하는 $a\in\mathbf{Z}$가 존재한다고 하자. 그러면 정리 1.2.1 (2)에 의하여 $\bar{a}^{\phi(n)}=\overline{a^{\phi(n)}}=\bar{1}$, $\bar{a}^i=\overline{a^i}\neq\bar{1}$ $(1\leq i<\phi(n))$이다. 또한 $(a,\ n)=1$이므로 정리 1.3.2에 의하여 $a=nq+r$, $0<r<n$을 만족하는 $q,\ r\in\mathbf{Z}$가 존재한다. 따라서 (1.3.6)에 의하여 $a\equiv r \pmod{n}$, 즉 $\bar{a}=\bar{r}$이고, 또 (1.3.7)에 의하여 $(r,\ n)=(a,\ n)=1$이다. 따라서 $\bar{r}\in\mathbf{Z}_n^*$이고 $\bar{r}^{\phi(n)}=\bar{a}^{\phi(n)}=\bar{1}$, $\bar{r}^i=\bar{a}^i\neq\bar{1}(1\leq i<\phi(n))$이다. 따라서 정리 2.3.7 (2)에 의하여 $\mathrm{ord}(\bar{r})=\phi(n)$이다. 따라서 $\mathbf{Z}_n^*=\langle\bar{r}\rangle$, 즉 $\mathbf{Z}_n^*$는 순회군이다.

따라서 $\mathbf{Z}_n^*$가 순회군이 되기 위한 필요충분조건은 $(a,\ n)=1$, $a^{\phi(n)}\equiv 1 \pmod{n}$이고 $1\leq i<\phi(n)$인 모든 $i$에 대하여 $a^i\not\equiv 1 \pmod{n}$을 만족하는 $a\in\mathbf{Z}$가 존재하는 것이다(이 때, 정수 $a$를 **법 $n$에 관한 원시근**(primitive root modulo $n$)이라 한다. 실제로 $n(n\geq 2)$을 정수라 할 때, 법 $n$에 관한 원시근이 존재할 필요충분조건은 $p$를 홀수인 소수라 하고 $k$를 임의의 양의 정수라 할 때, $n$이 2, 4, $p^k$, $2p^k$ 중의 어느 하나가 되는 것이다([2]).

예를 들어, $n=10$이라 하면 $\phi(10)=4$이고 $(3,\ 10)=1$, $3^1\not\equiv 1 \pmod{10}$, $3^2\not\equiv 1 \pmod{10}$, $3^3\not\equiv 1 \pmod{10}$, $3^4\equiv 1 \pmod{10}$이므로 $\mathbf{Z}_{10}^*$는 순회군이다. 즉, $\mathbf{Z}_{10}^*=\{\bar{1},\ \bar{3},\ \bar{7},\ \bar{9}\}=\langle\bar{3}\rangle$이다. ◀

**[정리 2.3.10]**

$G$를 군이라 하고 $a\in G$라 하자. $\mathrm{ord}(a)=n$이면 다음이 성립한다.

(1) $a^m=e \Longleftrightarrow n\mid m$

(2) $a^l=a^k \Longleftrightarrow k\equiv l \pmod{n}$

(3) $(m,\ n)=d \Longleftrightarrow \mathrm{ord}(a^m)=\dfrac{n}{d}$

**증명** (1) $a^m=e$라 하자. 정리 1.3.2에 의하여 $m=nq+r$, $0\leq r<n$을 만족하는 정수 $q,\ r$이 존재하므로

$$e=a^m=a^{nq+r}=(a^n)^q a^r=ea^r=a^r$$

이다. 따라서 정리 2.3.7 (2)에 의하여 $r=0$이므로 $n\mid m$이다.

역으로 $n\mid m$이라 하면 $m=nq$를 만족하는 $q\in\mathbf{Z}$가 존재한다. 따

라서 정리 2.3.7 (2)에 의하여

$$a^m = a^{nq} = (a^n)^q = e^q = e.$$

(2) $a^l = a^k$라 하면

$$a^{k-l} = a^k a^{-l} = a^l a^{-l} = e$$

이므로 (1)에 의하여 $n|(k-l)$, 즉 $k \equiv l \pmod{n}$이다.

역으로, $k \equiv l \pmod{n}$이라 하면 $n|(k-l)$이므로 (1)에 의하여 $a^{k-l} = e$, 즉 $a^k = a^l$이다.

(3) $(m, n) = d$라 하자. $m = m_1 d$, $n = n_1 d$라 놓으면 정리 1.3.9 (2)에 의하여 $(m_1, n_1) = 1$이다. $l$을 임의의 정수라 하면

$$\begin{aligned} (a^m)^l = e &\Longleftrightarrow a^{ml} = e \text{ (정리 2.1.15 (2)에 의하여)} \\ &\Longleftrightarrow n|ml \text{ ((1)에 의하여)} \\ &\Longleftrightarrow n_1 d | m_1 dl \\ &\Longleftrightarrow n_1 | m_1 l \text{ (정리 1.3.1 (6)에 의하여)} \\ &\Longleftrightarrow n_1 | l \text{ (정리 1.3.10과 정리 1.3.1 (2)에 의하여)} \end{aligned}$$

이다. 따라서 $(a^m)^l = e$를 만족하는 최소의 양의 정수 $l$은 $n_1 = \frac{n}{d}$이다. 그러므로 정리 2.3.7 (2)에 의하여 $\text{ord}(a^m) = \frac{n}{d}$이다. ■

**보기 2.3.11** 순회군 $\mathbf{Z}_m = \langle \bar{1} \rangle = \{\bar{0}, \bar{1}, \bar{2}, \cdots, \overline{m-1}\}(m \geq 2)$를 생각하자. $H$를 $\mathbf{Z}_m$의 부분군이라 할 때, $H = \{\bar{0}\}$이면 $H = \langle \bar{0} \rangle$이다. $H \neq \{\bar{0}\}$이면 $b\bar{1} = \bar{b} \in H$를 만족하는 양의 정수 $b$가 존재한다. $a$를 $a\bar{1} = \bar{a} \in H$인 최소의 양의 정수라고 하면 정리 2.3.4에 의하여 $H = \langle a\bar{1} \rangle = \langle \bar{a} \rangle$이다. 이 때, $(a, m) = d$, $t = \frac{m}{d}$이라 하면 $\text{ord}(\bar{1}) = m$이므로 정리 2.3.10 (3)에 의하여 $\text{ord}(\bar{a}) = t$이다. 따라서 정리 2.3.7 (2)에 의하여

$$H = \langle \bar{a} \rangle = \{\bar{0}, \bar{a}, 2\bar{a}, \cdots, (t-1)\bar{a}\}, \left((a, m) = d,\ t = \frac{m}{d}\right)$$

이다. ◀

**【정리 2.3.12】**

$G=\langle a\rangle$를 순회군이라 하자.

(1) $G$의 위수가 $n$이면 $a^m$이 $G$의 생성원이 되기 위한 필요충분조건은 $(m, n)=1$이 되는 것이다. 더욱이 $G$의 생성원의 개수는 $\phi(n)$($\phi$는 Euler의 $\phi$-함수)이다.

(2) $G$가 무한군이면 $G$의 생성원은 $a$와 $a^{-1}$뿐이다.

**증명** (1) $(m, n)=1$이라 하면 정리 2.3.10 (3)에 의하여 $\mathrm{ord}(a^m)=n$이다. 따라서 $|\langle a^m\rangle|=n=|G|$이다. 따라서 $\langle a^m\rangle\subset G$이므로 $G=\langle a^m\rangle$이다.

역으로, $G=\langle a^m\rangle$라 하면 $\mathrm{ord}(a^m)=n$이다. $(m, n)=d$라 하면 정리 2.3.10 (3)에 의하여 $\mathrm{ord}(a^m)=\dfrac{n}{d}$이므로 $d=1$이어야 한다. 즉 $(m, n)=1$. 정리 2.3.7 (2)에 의하여 $G=\langle a\rangle=\{e=a^0, a, a^2, \cdots, a^{n-1}\}$이므로 위의 결과에 의하여 $G$의 생성원의 개수는 $\phi(n)$이다.

(2) $a$가 $G$의 생성원이므로 분명히 $a^{-1}$도 $G$의 생성원이다. 만일 원소 $a^t\in G$가 $G$의 생성원이라 하면 $(a^t)^l=a$를 만족하는 $l\in\mathbf{Z}$이 존재하여야 하고, 정리 2.3.7 (1)에 의하여 $tl=1$이어야 한다. 이 때, $t, l\in\mathbf{Z}$이므로 $t=\pm1$이다. 따라서 $G$의 생성원은 $a$와 $a^{-1}$뿐이다. ■

**보기 2.3.13** 덧셈군 $\mathbf{Z}_8=\langle\bar{1}\rangle=\{\bar{0}, \bar{1}, \bar{2}, \bar{3}, \bar{4}, \bar{5}, \bar{6}, \bar{7}\}$의 생성원을 모두 구해보자. $(1, 8)=(3, 8)=(5, 8)=(7, 8)=1$이므로 정리 2.3.12 (1)에 의하여 $\bar{1}$와 다른 생성원은 $\bar{3}=3\bar{1}$, $\bar{5}=5\bar{1}$, $\bar{7}=7\bar{1}$이다. 따라서

$$\mathbf{Z}_8=\langle\bar{1}\rangle=\langle\bar{3}\rangle=\langle\bar{5}\rangle=\langle\bar{7}\rangle.$$ ◀

**【정리 2.3.14】**

$G=\langle a\rangle$를 순회군이라 하고 $|G|=n$이라 하자. $t$를 $n$의 양의 약수라 하면 위수가 $t$인 $G$의 부분군이 꼭 하나 존재한다.

**증명** $t$를 $n$의 양의 약수라 하자. $t=1, n$인 경우는 분명하므로 $1<t<n$이라 하고 $n=dt$라 놓자. 그러면 $\mathrm{ord}(a)=n$이고 $(d, n)=d$이므로 정리

2.3.10 (3)에 의하여 $\mathrm{ord}(a^d)=\frac{n}{d}=t$이다. 따라서 위수가 $t$인 $G$의 부분군 $\langle a^d\rangle$를 얻는다. 이제, $H$를 위수가 $t$인 $G$의 임의의 부분군이라 하면 정리 2.3.4에 의하여 $a^m\in H$를 만족하는 최소의 양의 정수 $m$에 대하여($t>1$이므로 이러한 양의 정수는 존재한다) $H=\langle a^m\rangle$이다. 한편, $\mathrm{ord}(a^m)=|H|=t$이므로 $a^{mt}=(a^m)^t=e$이다. 그러나 $\mathrm{ord}(a)=n$이므로 정리 2.3.10 (1)에 의하여 $n|mt$이고, 또한 $n=dt$이므로 $d|m$이다. 따라서 $m=dk$라 놓으면 $a^m=(a^d)^k\in\langle a^d\rangle$이므로 $H=\langle a^m\rangle\subset\langle a^d\rangle$이다. 그런데 $|H|=t=|\langle a^d\rangle|$이므로 $H=\langle a^d\rangle$이다. ■

**【정리 2.3.15】**

$G$를 군이라 하고 $a, b\in G$라 하자. 또한 $ab=ba$라 하고 $\mathrm{ord}(a)=m$, $\mathrm{ord}(b)=n$이라 하자. 그러면 $\mathrm{ord}(ab)=mn$이 되기 위한 필요충분조건은 $(m, n)=1$이다.

**증명** $\mathrm{ord}(a)=m$, $\mathrm{ord}(b)=n$이므로 정리 2.3.7 (2)에 의하여 $a^m=e$, $b^n=e$이다. 또한, $ab=ba$이므로 정리 2.1.15 (3)에 의하여 임의의 $k\in\mathbf{Z}$에 대하여 $(ab)^k=a^kb^k$이다. 이제 $(m, n)=1$이라 하고 $\mathrm{ord}(ab)=t$라 하자. 그러면 정리 2.3.7 (2)에 의하여 $(ab)^t=e$이다. 또한, 정리 2.1.15 (2)에 의하여

$$(ab)^{mn}=a^{mn}b^{mn}=(a^m)^n(b^n)^m=e^ne^m=e$$

이다. 따라서 정리 2.3.10 (1)에 의하여 $t|mn$이다. 한편

$$e=e^m=((ab)^t)^m=(ab)^{tm}=a^{tm}b^{tm}=(a^m)^tb^{tm}=e^tb^{tm}=b^{tm}$$
$$e=e^n=((ab)^t)^n=(ab)^{tn}=a^{tn}b^{tn}=a^{tn}(b^n)^t=a^{tn}e^t=a^{tn}$$

이므로 정리 2.3.10 (1)에 의하여 $n|tm$, $m|tn$이다. 그런데 $(m, n)=1$이므로 정리 1.3.10에 의하여 $n|t$, $m|t$이다. 따라서 정리 1.3.12 (2)에 의하여 $mn|t$이다. $m, n, t$가 모두 양수이므로 정리 1.3.1 (5)에 의하여 $t=mn$이다. 즉, $\mathrm{ord}(ab)=mn$.

역으로, $\mathrm{ord}(ab)=mn$이라 하고 $(m, n)=d$라 하자. $m_1=\frac{m}{d}$, $n_1=\frac{n}{d}$이라 하자. 그러면 정리 1.3.9 (2)에 의하여 $(m_1, n_1)=1$이다. 한편

$$(ab)^{m_1n_1d}=a^{m_1n_1d}b^{m_1n_1d}=a^{mn_1}b^{nm_1}=(a^m)^{n_1}(b^n)^{m_1}=e^{n_1}e^{m_1}=e$$

이므로 정리 2.3.10 (1)에 의하여 $mn|m_1n_1d$이다. 즉 $mn|nm_1$. 따라서 $m|m_1$이다. 또한 $m_1|m$이므로 $m=m_1$이어야 한다. 따라서 $d=1$이다. 즉 $(m, n)=1$. ■

**【정리 2.3.16】**

$G=\langle a\rangle$와 $G'=\langle b\rangle$를 순회군이라 할 때, 다음이 성립한다.

(1) $G$와 $G'$이 유한군이고 $|G|=|G'|$이면 $G\cong G'$이다.

(2) $G$와 $G'$이 무한군이면 $G\cong G'$이다.

**증명** (1) $|\langle a\rangle|=|\langle b\rangle|=n$이라 하면 정리 2.3.7 (2)에 의하여

$$G=\{e=a^0, a, a^2, \cdots, a^{n-1}\}$$
$$G'=\{e'=b^0, b, b^2, \cdots, b^{n-1}\}$$

이다. 함수 $f: G\longrightarrow G'$을 임의의 $m\in\mathbf{Z}(0\le m<n)$에 대하여 $f(a^m)=b^m$으로 정의하면 분명히 $f$는 전단사함수이다. 정리 1.3.2에 의하여 임의의 $i, j\in\mathbf{Z}$ $(0\le i, j<n)$에 대하여 $i+j=nq+r$, $0\le r<n$을 만족하는 $q, r\in\mathbf{Z}$가 존재한다. 따라서

$$a^{i+j}=a^{nq+r}=(a^n)^q a^r=ea^r=a^r$$

이므로

$$f(a^ia^j)=f(a^{i+j})=f(a^r)=b^r=eb^r=(b^n)^qb^r=b^{nq+r}$$
$$=b^{i+j}=b^ib^j=f(a^i)f(a^j)$$

이다. 따라서 $f$는 동형함수이다. 즉 $G\cong G'$이다.

(2) $G=\langle a\rangle=\{a^m|m\in\mathbf{Z}\}$와 $G'=\langle b\rangle=\{b^m|m\in\mathbf{Z}\}$를 무한군이라 하면 정리 2.3.7 (1)에 의하여 임의의 $m, n\in\mathbf{Z}(m\ne n)$에 대하여 $a^m\ne a^n$, $b^m\ne b^n$이다. 따라서 함수 $f: G\longrightarrow G'$을 $f(a^m)=b^m$으로 정의하면 $f$는 전단사함수이다. 또한 임의의 $a^m$, $a^n\in G$에 대하여

$$f(a^ma^n)=f(a^{m+n})=b^{m+n}=b^mb^n=f(a^m)f(a^n)$$

이다. 따라서 $f$는 동형함수이다. 즉 $G \cong G'$. ■

**보기 2.3.17** $G$를 순회군이라 하자. 보기 2.3.2와 보기 2.3.8과 정리 2.3.16에 의하여 $G$가 위수 $n$인 유한군이면 $G \cong \mathbf{Z}_n$이고, $G$가 무한군이면 $G \cong \mathbf{Z}$, $G \cong \langle m \rangle (0 \neq m \in \mathbf{Z})$이다. 특히 $\mathbf{Z} \cong \langle m \rangle$이다. ◀

**【정리 2.3.18】**

$G = \langle a \rangle$를 순회군이라 하고 $G'$을 임의의 군이라 하자. $f : G \longrightarrow G'$을 준동형함수라 하면 $f$는 $f$에 의한 $a$의 함수값 $f(a)$에 의하여 완전히 결정된다. 더욱이 $\mathrm{Im} f$는 $G'$의 순회부분군이고 $\mathrm{Im} f = \langle f(a) \rangle$이다. 특히 $f$가 전사준동형이면 $G'$도 순회군이다(따라서 $G \cong G'$이면 $G'$도 순회군이다).

**증명** $b \in G$라 하면 $b = a^n$을 만족하는 $n \in \mathbf{Z}$이 존재한다. 정리 2.2.25 (3)에 의하여 $f(b) = f(a^n) = (f(a))^n$이므로 $f$는 함수값 $f(a)$에 의하여 완전히 결정된다. 정리 2.2.31 (1) (i)에 의하여 $\mathrm{Im} f$는 $G'$의 부분군이다. $b' \in \mathrm{Im} f$라 하면 $b' = f(a^n)$을 만족하는 원소 $a^n \in G$가 존재한다. $b' = f(a^n) = (f(a))^n$이므로 $b' \in \langle f(a) \rangle$이다. 즉 $\mathrm{Im} f \subset \langle f(a) \rangle$. 또한, $f(a) \in \mathrm{Im} f$이므로 $\langle f(a) \rangle \subset \mathrm{Im} f$이다. 따라서 $\mathrm{Im} f = \langle f(a) \rangle$. 특히 $f$가 전사준동형이면 $G' = \mathrm{Im} f = \langle f(a) \rangle$. 즉 $G'$은 순회군이다. ■

**【정리 2.3.19】**

$G$와 $G'$을 군이라 하고 $f : G \longrightarrow G'$을 단사준동형이라 하자. $a \in G$라 하면 다음이 성립한다.

(1) $\mathrm{ord}(a) = n$이 될 필요충분조건은 $\mathrm{ord}(f(a)) = n$이다.

(2) $a$의 위수가 무한일 필요충분조건은 $f(a)$의 위수가 무한인 것이다.

**증명** (1) $e$를 $G$의 단위원이라 하고 $e'$을 $G'$의 단위원이라 하자. 임의의 $n \in \mathbf{Z}$에 대하여

$$\begin{aligned} a^n = e &\Longleftrightarrow f(a^n) = f(e) \ (f\text{가 단사준동형이므로}) \\ &\Longleftrightarrow (f(a))^n = e' \ (\text{정리 2.2.25 (1), (3)에 의하여}), \end{aligned}$$

즉

$$a^n = e \Longleftrightarrow (f(a))^n = e' \qquad \cdots\cdots(2.3.1)$$

이다. $\text{ord}(a)=n$이라 하면 정리 2.3.7 (2)에 의하여 $a^n=e$이다. 따라서 (2.3.1)에 의하여 $(f(a))^n=e'$이다. 임의의 $m\in\mathbf{Z}$에 대하여 $(f(a))^m=e'$이라 하면 (2.3.1)에 의하여 $a^m=e$이다. 따라서 정리 2.3.10 (1)에 의하여 $n|m$이다. 따라서 $n$은 $(f(a))^n=e'$을 만족하는 최소의 양의 정수이다. 따라서 정리 2.3.7 (2)에 의하여 $\text{ord}(f(a))=n$이다. 역으로, $\text{ord}(f(a))=n$이라 하면 위와 같은 방법으로 $\text{ord}(a)=n$이 된다.

(2) $a$의 위수가 무한이다.

$\Longleftrightarrow$ 임의의 $m, n\in\mathbf{Z}(m\neq n)$에 대하여
$a^m \neq a^n$ (정리 2.3.7 (1)에 의하여)

$\Longleftrightarrow$ 임의의 $m, n\in\mathbf{Z}(m\neq n)$에 대하여
$f(a^m)\neq f(a^n)$ ($f$가 단사함수이므로)

$\Longleftrightarrow$ 임의의 $m, n\in\mathbf{Z}(m\neq n)$에 대하여
$(f(a))^m \neq (f(a))^n$(정리 2.2.25 (3)에 의하여)

$\Longleftrightarrow f(a)$의 위수가 무한이다(정리 2.3.7 (1)에 의하여). ■

## 연습문제 2.3

**1.** 다음 군 중에서 순회군을 찾아라. 순회군인 경우에는 그 군의 모든 생성원을 구하여라.

(1) 덧셈군 $\mathbf{Z}_4$
(2) 덧셈군 $\mathbf{Z}_7$
(3) 덧셈군 $\mathbf{Z}_{30}$
(4) 덧셈군 $\mathbf{Q}$
(5) 덧셈군 $\{5n|n\in\mathbf{Z}\}$
(6) 3차 대칭군 $S_3$
(7) 곱셈군 $GL_2(\mathbf{C})$
(8) 곱셈군 $\mathbf{Z}_8^*$
(9) 곱셈군 $\mathbf{Z}_9^*$
(10) 곱셈군 $\mathbf{Z}_{20}^*$

**2.** 다음 군 $G$의 각 원소의 위수를 구하여라.

(1) $G=$덧셈군 $\mathbf{Z}_8$　　　　(2) $G=$곱셈군 $\mathbf{Z}_{18}^*$

**3.** $G$를 군이라 하고 $a\in G$라 하자. $a$의 위수가 15일 때, 다음 원소의 위수를 각각 구하여라.

(1) $a^3$　　　(2) $a^8$　　　(3) $a^{10}$

**4.** 순회군 $G=\langle a\rangle$의 위수가 24일 때, 위수가 8인 $G$의 부분군의 모든 생성원을 구하여라.

**5.** 군 $G(\neq\{e\})$가 자명한 부분군 이외의 부분군을 갖지 않으면 $G$는 유한순회군이고 또한 $G$의 위수는 소수임을 보여라.

**6.** $G$를 군이라 하고 $a\in G(a\neq e)$라 하자. $a$의 위수가 2이기 위한 필요충분조건은 $a=a^{-1}$임을 보여라.

**7.** $G$를 군이라 하고 $a, b\in G$라 할 때, 다음이 성립함을 보여라.

(1) $\mathrm{ord}(a)=\mathrm{ord}(a^{-1})=\mathrm{ord}(bab^{-1})$

(2) $\mathrm{ord}(ab)=\mathrm{ord}(ba)$

**8.** 군 $G$가 위수가 $n(n>1)$인 원소 $a$를 꼭 하나 가지면 $a\in C(G)$이고 $n=2$임을 보여라.

**9.** 군 $G$의 두 원소 $a, b$가 $a^5=e$, $aba^{-1}=b^2$을 만족할 때, $\mathrm{ord}(b)$를 구하여라.

**10.** 군 $G$의 위수가 짝수이면 $G$에는 위수가 2인 원소가 존재함을 보여라.

**11.** $G$를 가환군이라 하고 $a$와 $b$를 위수가 2인 $G$의 서로 다른 두 원소라 할 때, $ab$의 위수는 2임을 보여라. 또한, $H=\{e, a, b, ab\}$는 $G$의 부분군이지만 순회부분군이 아님을 보여라.

**12.** $G$를 군이라 하고 $H$를 $G$의 부분군이라 하자. $a \in G$의 위수가 $n$일 때, $a^m \in H$이고 $(m, n)=1$이면 $a \in H$임을 보여라.

**13.** $G$를 군이라 하고 $a \in G$라 하자. $\operatorname{ord}(a)=n$일 때, 임의의 $r, s \in \mathbf{Z}$에 대하여 $\langle a^r \rangle \subset \langle a^s \rangle$이기 위한 필요충분조건을 구하여라.

**14.** $G$를 군이라 하고 $a \in G$라 하자. $\langle a \rangle$가 $G$의 정규부분군이 되기 위한 필요충분조건은 임의의 $x \in G$에 대하여 $xa=a^k x$가 되는 정수 $k$가 존재할 때임을 증명하여라.

**15.** $G$와 $G'$을 군이라 하고 $f: G \longrightarrow G'$을 준동형함수라 하자. $a \in G$라 할 때, $\operatorname{ord}(f(a))=n$이면 $a$의 위수는 무한이거나 $n \mid \operatorname{ord}(a)$임을 보여라.

**16.** 위수가 12인 순회군 $G=\langle a \rangle$와 순회군 $\mathbf{Z}_8=\langle \bar{1} \rangle$를 생각하자. $f: \mathbf{Z}_8 \longrightarrow G$를 $f(\bar{1})=a^3$이 되는 준동형함수라 할 때

(1) $\operatorname{Ker} f$와 $\operatorname{Im} f$를 구하고 이들이 각각 $\mathbf{Z}_8$과 $G$의 순회부분군이 됨을 확인하여라.

(2) $G$의 부분군 $H=\{e, a^6\}$에 대하여 $f^{-1}(H)$를 구하고 이것이 $\mathbf{Z}_8$의 순회부분군이 됨을 확인하여라.

**17.** 덧셈군 $(\mathbf{Z}, +)$는 곱셈군 $(\mathbf{Q}^*, \cdot)$에 동형적이 아님을 보여라.

**18.** $G$와 $G'$을 위수가 $n$인 순회군이라 할 때, $G$로부터 $G'$으로의 동형함수는 모두 몇 개 있는가 ?

# 2.4 잉여류, 상군, 동형정리

**【정리 2.4.1】**

$G$를 군이라 하고 $H$를 $G$의 부분군이라 하자. 그러면 다음이 성립한다.

(1) $R=\{(a,\ b)\in G\times G\,|\,a^{-1}b\in H\}$라 하면 $R$은 $G$위의 동치관계이고, 각 $a\in G$에 대하여 동치관계 $R$에 의한 $a$의 동치류 $\bar{a}$는 $aH=\{ah\,|\,h\in H\}$이다(이 때, $aH$를 $G$에서의 $H$의 좌측잉여류(left coset)라 하고, $a$를 $aH$의 대표원(representative)이라 한다).

또한, 임의의 $a,\ b\in G$에 대하여 다음이 성립한다.

(i) $a\in aH$

(ii) $aH=bH \Longleftrightarrow a^{-1}b\in H$

(iii) $aH\cap bH=\varnothing$이거나 $aH=bH$

(iv) $G=\bigcup_{a\in G} aH$

(v) $a\in H \Longleftrightarrow H=aH$

(2) $a\in G$라 할 때, 함수 $\phi : H \longrightarrow aH$를 임의의 $h\in H$에 대하여 $\phi(h)=ah$로 정의하면 $\phi$는 전단사함수이다.

**증명** (1) 임의의 $a,\ b\in G$에 대하여

$$aRb \Longleftrightarrow a^{-1}b\in H$$

이다. 모든 $a\in G$에 대하여 $a^{-1}a=e\in H$이므로 $aRa$이다. 또 $aRb$라 하면 $a^{-1}b\in H$이므로 $b^{-1}a=(a^{-1}b)^{-1}\in H$이다. 따라서 $bRa$이다. 마지막으로 $aRb$이고 $bRc$이면 $a^{-1}b\in H$이고 $b^{-1}c\in H$이므로

$$a^{-1}c=a^{-1}ec=a^{-1}(bb^{-1})c=(a^{-1}b)(b^{-1}c)\in H$$

이다. 따라서 $aRc$이다. 그러므로 $R$은 $G$위의 동치관계이다. 또한 임의의 $a\in G$에 대하여

$$x \in \bar{a} \iff aRx \iff a^{-1}x \in H \iff \text{적당한 } h \in H\text{에 대하여 } a^{-1}x = h$$
$$\iff \text{적당한 } h \in H\text{에 대하여 } x = ah \iff x \in aH$$

이다. 따라서 $\bar{a} = aH$이다. $R$이 $G$위의 동치관계이므로 (i), (ii), (iii), (iv)는 정리 1.2.1에 의하여 성립한다.

(v) (ii)에 의하여

$$a \in H \iff e^{-1}a = a \in H \iff eH = aH \iff H = aH.$$

(2) 임의의 $h,\ h' \in H$에 대하여 $\phi(h) = \phi(h')$이라 하면 $ah = ah'$이므로 $h = h'$이다. 따라서 $\phi$는 단사함수이다. 분명히 $\phi$는 전사함수이므로 $\phi$는 전단사함수이다. ■

같은 방법으로 다음 정리를 얻을 수 있다.

**【정리 2.4.2】**

$G$를 군이라 하고 $H$를 $G$의 부분군이라 하자. 그러면 다음이 성립한다.

(1) $R' = \{(a,\ b) \in G \times G \mid ab^{-1} \in H\}$라 하면 $R'$은 $G$위의 동치관계이고, 각 $a \in G$에 대하여 동치관계 $R'$에 의한 $a$의 동치류 $\bar{a}$는 $Ha = \{ha \mid h \in H\}$이다(이 때, $Ha$를 $G$에서의 $H$의 우측잉여류(right coset)라 하고, $a$를 $Ha$의 대표원이라 한다).

또한, 임의의 $a,\ b \in G$에 대하여 다음이 성립한다.

(i) $a \in Ha$

(ii) $Ha = Hb \iff ab^{-1} \in H$

(iii) $Ha \cap Hb = \varnothing$이거나 $Ha = Hb$

(iv) $G = \bigcup_{a \in G} Ha$

(v) $a \in H \iff H = Ha$

(2) $a \in G$라 할 때, 함수 $\psi : H \longrightarrow Ha$를 임의의 $h \in H$에 대하여 $\psi(h) = ha$로 정의하면 $\psi$는 전단사함수이다.

$G$를 군이라 하고 $H$를 $G$의 부분군이라 할 때, 모든 $a \in G$에 대하여 $G$에서의 $H$의 좌측잉여류 $aH$와 우측잉여류 $Ha$가 같으면 $H$는 $G$의 정규부분군이

다. 또한 정리 2.4.1과 정리 2.4.2에 의하여 집합 $\{aH \mid a \in G\}$와 $\{Ha \mid a \in G\}$는 $G$의 분할이다. 더욱이 $G$가 가환군이면 모든 $a \in G$에 대하여 $aH = Ha$이다. $G$가 덧셈군이면 좌측잉여류 $aH$는 $a + H = \{a + h \mid h \in H\}$이고, 우측잉여류 $Ha$는 $H + a = \{h + a \mid h \in H\}$이다. 특히 $G$가 덧셈아벨군이면

$$a + H = b + H \iff H + a = H + b \iff a - b \in H.$$

**【정리 2.4.3】**

$G$를 군이라 하고 $H$를 $G$의 부분군이라 할 때,

$$S_l = \{aH \mid a \in G\}, \ S_r = \{Ha \mid a \in G\}$$

라 하면 $S_l$과 $S_r$는 1 대 1 대응한다.

**증명** $aH = bH \iff a^{-1}b \in H \iff a^{-1}(b^{-1})^{-1} \in H \iff Ha^{-1} = Hb^{-1}$

이므로 함수 $\phi : S_l \longrightarrow S_r$을 임의의 $aH \in S_l$에 대하여 $\phi(aH) = Ha^{-1}$로 정의하면 $\phi$는 단사함수이다. 분명히 $\phi$는 전사함수이므로 $\phi$는 전단사함수이다. ■

정리 2.4.3에 의하여 다음 정의를 할 수 있다.

**【정의 2.4.4】**

$G$를 군이라 하고 $H$를 $G$의 부분군이라 하자.

$$S_l = \{aH \mid a \in G\}, \ S_r = \{Ha \mid a \in G\}$$

라 할 때, 집합 $S_l$(또는 $S_r$)의 원소의 개수가 $n$이면 $n$을 $[G : H]$로 표시하고, $G$에서의 $H$의 지수(index of $H$ in $G$)라 한다.

**보기 2.4.5** 보기 2.1.18에서의 3차 대칭군 $S_3$을 생각하자. $H = \{\sigma_0, \tau_1\}$는 $S_3$의 부분군이다. 이 때 $H$의 좌측잉여류와 우측잉여류는 다음과 같이 각각 세 개씩 있다.

| | |
|---|---|
| $\sigma_0 H = H = \{\sigma_0, \tau_1\} = \tau_1 H$ | $H\sigma_0 = H = \{\sigma_0, \tau_1\} = H\tau_1$ |
| $\sigma_1 H = \{\sigma_1, \tau_3\} = \tau_3 H$ | $H\sigma_1 = \{\sigma_1, \tau_2\} = H\tau_2$ |
| $\sigma_2 H = \{\sigma_2, \tau_2\} = \tau_2 H$ | $H\sigma_2 = \{\sigma_2, \tau_3\} = H\tau_3$ |

따라서 $[S_3 : H] = 3$이다. 더욱이 $\sigma_1 H \neq H\sigma_1$이므로 $H$는 $S_3$의 정규부분군이 아니다.

다음, 덧셈아벨군 $\mathbf{Z}_6$을 생각하자. $H = \{\bar{0}, \bar{2}, \bar{4}\}$는 $\mathbf{Z}_6$의 부분군이다(보기 2.2.7 참조). 이 때 $H$의 좌측잉여류와 우측잉여류는 일치하고, 다음과 같이 좌측잉여류는 두 개뿐이다.

$$\bar{0} + H = H = \{\bar{0}, \bar{2}, \bar{4}\} = \bar{2} + H = \bar{4} + H$$
$$\bar{1} + H = \{\bar{1}, \bar{3}, \bar{5}\} = \bar{3} + H = \bar{5} + H$$

따라서 $[\mathbf{Z}_6 : H] = 2$이다. ◀

**【정리 2.4.6】**

$G$를 군이라 하고 $H$를 $G$의 부분군이라 하자. $[G : H] = 2$이면 $H$는 $G$의 정규부분군이다.

**증명** $a$를 $G$의 임의의 원소라 하자. $a \in H$이면 정리 2.4.1 (1) (v)와 정리 2.4.2 (1) (v)에 의하여 $aH = H = Ha$이다. $a \notin H$이면 정리 2.4.1 (1) (v)에 의하여 $H \neq aH$이다. 따라서 정리 2.4.1 (1) (iii)에 의하여 $H \cap aH = \varnothing$이다. $[G : H] = 2$이므로 정리 2.4.1 (1) (iv)에 의하여 $G = H \cup aH$이다. 같은 방법으로 정리 2.4.2를 이용하면 $a \notin H$이면 $H \cap Ha = \varnothing$, $G = H \cup Ha$이다. 따라서 $a \notin H$이면 $aH = Ha$이다. 그러므로 모든 $a \in G$에 대하여 $aH = Ha$이다. 즉 $H$는 $G$의 정규부분군이다. ■

**【정리 2.4.7】 (Lagrange)**

$G$를 유한군이라 하고 $H$를 $G$의 부분군이라 하자. 그러면 $|G| = [G : H]|H|$이다(따라서 $H$의 위수는 $G$의 위수의 약수이다).

**증명** $G$가 유한군이므로 정리 2.4.1 (1)의 (iii), (iv)에 의하여

$$\{aH \mid a \in G\} = \{a_1H,\ a_2H,\ \cdots,\ a_mH\}\ \ (i \neq j \text{이면 } a_iH \cap a_jH = \varnothing)$$

로 쓸 수 있고

$$G = a_1H \cup a_2H \cup \cdots \cup a_mH$$

이다. 정리 2.4.1 (2)에 의하여 $|aH| = |H|$이므로

$$|G| = m|H| = [G : H]|H|$$

이다. ■

**【정리 2.4.8】**

$G$를 위수가 $n$인 유한군이라 하자. 그러면 다음이 성립한다.

(1) $G$의 각 원소 $a$의 위수는 $n$의 약수이다. 특히 $a^n = e$이다.

(2) $n$이 소수이면 단위원이 아닌 $G$의 각 원소 $a$의 위수는 $n$이고 $G$는 순회군이다.

**증명** (1) $a$를 $G$의 임의의 원소라 하자. 그러면 $\mathrm{ord}(a) = |\langle a \rangle|$이므로 Lagrange의 정리에 의하여 $a$의 위수는 $n$의 약수이다. 따라서 $\mathrm{ord}(a) = d$라 하면 $n = n_1d$를 만족하는 양의 정수 $n_1$이 존재한다. 그러므로 정리 2.3.7 (2)에 의하여

$$a^n = a^{n_1d} = (a^d)^{n_1} = e^{n_1} = e$$

이다.

(2) $n$을 소수라 하고 $a$를 단위원이 아닌 $G$의 임의의 원소라 하자($n \geq 2$이므로 $e \neq a \in G$인 $a$가 적어도 하나 존재한다). 그러면 $\mathrm{ord}(a) \geq 2$인데, (1)에 의하여 $\mathrm{ord}(a)$는 $n$의 약수이므로 $\mathrm{ord}(a) = n$이다. 따라서 정리 2.3.7 (2)에 의하여 $\langle a \rangle = \{e,\ a,\ a^2,\ \cdots,\ a^{n-1}\} \subset G$이고 $|\langle a \rangle| = n = |G|$이므로 $G = \langle a \rangle$이다. ■

**보기 2.4.9** 덧셈군 $\mathbf{Z}_{12} = \langle \bar{1} \rangle = \{\bar{0},\ \bar{1},\ \bar{2},\ \bar{3},\ \bar{4},\ \bar{5},\ \bar{6},\ \bar{7},\ \bar{8},\ \bar{9},\ \overline{10},\ \overline{11}\}$의 부분군을 모두 구해보자. $|\mathbf{Z}_{12}| = 12$이므로 Lagrange의 정리에 의하여 $\mathbf{Z}_{12}$의 진부분군이 존재하면 그 위수는 12의 약수 2, 3, 4, 6 중의 어느 하나이다.

그런데 정리 2.3.14에 의하여 위수가 각각 2, 3, 4, 6인 $\mathbf{Z}_{12}$의 부분군은 각각 꼭 한 개씩 존재한다. 실제로

$$\bar{6}=6\,\bar{1},\ \ \bar{4}=4\,\bar{1},\ \ \bar{3}=3\,\bar{1},\ \ \bar{2}=2\,\bar{1}\text{이고}$$
$$(6,\ 12)=6,\ (4,\ 12)=4,\ (3,\ 12)=3,\ (2,\ 12)=2$$

이므로 정리 2.3.10 (3)에 의하여

$$\mathrm{ord}(\bar{6})=12/6=2,\ \mathrm{ord}(\bar{4})=12/4=3,\ \mathrm{ord}(\bar{3})=12/3=4,\ \mathrm{ord}(\bar{2})=12/2=6$$

이다. 따라서 정리 2.3.7 (2)에 의하여

$$\langle\bar{6}\rangle=\{\bar{0},\ \bar{6}\},\ \langle\bar{4}\rangle=\{\bar{0},\ \bar{4},\ \bar{8}\},\ \langle\bar{3}\rangle=\{\bar{0},\ \bar{3},\ \bar{6},\ \bar{9}\},$$
$$\langle\bar{2}\rangle=\{\bar{0},\ \bar{2},\ \bar{4},\ \bar{6},\ \bar{8},\ \overline{10}\}$$

이다. 그러므로 $\mathbf{Z}_{12}$의 부분군은 $\langle\bar{0}\rangle$, $\langle\bar{6}\rangle$, $\langle\bar{4}\rangle$, $\langle\bar{3}\rangle$, $\langle\bar{2}\rangle$, $\langle\bar{1}\rangle=\mathbf{Z}_{12}$ 뿐이다.

다음, 보기 2.1.18에서의 3차 대칭군 $S_3$의 부분군을 모두 구해보자. $|S_3|=6$이므로 Lagrange의 정리에 의하여 $S_3$의 진부분군이 존재하면 그 위수는 6의 약수 2, 3 중의 어느 하나이다. 실제로 $S_3$의 부분군은

$$\{\sigma_0\},\ H=\{\sigma_0,\ \tau_1\},\ K=\{\sigma_0,\ \tau_2\},\ L=\{\sigma_0,\ \tau_3\},\ N=\{\sigma_0,\ \sigma_1,\ \sigma_2\},\ S_3$$

뿐이다. 더욱이 $[S_3 : N]=\dfrac{6}{3}=2$이므로 정리 2.4.6에 의하여 $N$은 $S_3$의 정규부분군이다. 또한 $\sigma_1 H\neq H\sigma_1$(보기 2.4.5를 참조), $\sigma_1 K\neq K\sigma_1$, $\sigma_1 L\neq L\sigma_1$이므로 $H$, $K$, $L$은 $S_3$의 정규부분군이 아니다. ◀

**【정리 2.4.10】**

군 $G=\{e,\ a,\ b,\ c\}$가 다음 조건

(1) $a^2=b^2=c^2=e$ ($e$는 $G$의 단위원)

을 만족한다고 하자(조건 (1)을 만족하는 위수가 4인 군 $G$를 **Klein**의 4원군(Klein's 4-group)이라 한다). 그러면

$$ab=c=ba,\ ac=b=ca,\ bc=a=cb$$

이다. 즉, $G$는 가환군이고 $G$의 곱셈표는 다음과 같다.

그림 2.4.1

| | $e$ | $a$ | $b$ | $c$ |
|---|---|---|---|---|
| $e$ | $e$ | $a$ | $b$ | $c$ |
| $a$ | $a$ | $e$ | $c$ | $b$ |
| $b$ | $b$ | $c$ | $e$ | $a$ |
| $c$ | $c$ | $b$ | $a$ | $e$ |

더욱이 $G$는 순회군이 아니다. 또한, $G'=\{e', x, y, z\}$를 Klein의 4원군이라 하면 $G\cong G'$이다.

**증명** $ab=e$라고 하면 $ab=e=aa$이므로 $b=a$가 되어 모순이다. 따라서 $ab\neq e$이다. $ab=a(=ae)$라 하면 $b=e$가 되어 모순이다. 따라서 $ab\neq a$이다. $ab=b$라 하면 $a=e$가 되어 모순이다. 따라서 $ab\neq b$이다. 그러므로 $ab=c$가 되어야 한다. 같은 방법으로, $ba=c$이다. 즉 $ab=c=ba$이다. 따라서

$$bc=b(ba)=b^2a=ea=a,\ \ cb=(ab)b=ab^2=ae=a,\ \text{즉}\ bc=a=cb$$

이다. 같은 방법으로, $ac=b=ca$이다. 따라서 $G$는 가환군이고, $G$의 곱셈표는 그림 2.4.1과 같다. 더욱이 $|G|=4$이므로 조건 (1)에 의하여 $G$는 순회군이 아니다.

다음, $G\cong G'$임을 보이기 위하여 함수 $f: G\longrightarrow G'$을 $f(e)=e'$, $f(a)=x$, $f(b)=y$, $f(c)=z$로 정의하자. 분명히 $f$는 전단사함수이다. 또한

$$f(ab)=f(c)=z=xy=f(a)f(b)$$

이다. 같은 방법으로, $f$가 준동형이라는 것은 쉽게 증명된다. 따라서 $f$는 동형함수이므로 $G\cong G'$이다. ■

**보기 2.4.11** 연습문제 2.1의 3과 6은 실제로 Klein의 4원군이 존재함을 보인다. 이제, 또 다른 Klein의 4원군의 예를 들어보자. $A=\{1, 2, 3, 4\}$라 하자. 4차 대칭군 $S_4$(보기 2.1.17을 참조)에 속하는 원소

$$i_A=\begin{pmatrix}1&2&3&4\\1&2&3&4\end{pmatrix},\ \sigma=\begin{pmatrix}1&2&3&4\\3&4&1&2\end{pmatrix},\ \tau=\begin{pmatrix}1&2&3&4\\2&1&4&3\end{pmatrix},\ \rho=\begin{pmatrix}1&2&3&4\\4&3&2&1\end{pmatrix}$$

에 대하여 $K_4=\{i_A, \sigma, \tau, \rho\}$라 하면

$$i_A\sigma=\sigma i_A=\sigma,\ i_A\tau=\tau i_A=\tau,\ i_A\rho=\rho i_A=\rho$$

$$\sigma^2=\tau^2=\rho^2=i_A$$

$$\sigma\tau=\tau\sigma=\rho,\ \sigma\rho=\rho\sigma=\tau,\ \tau\rho=\rho\tau=\sigma$$

이므로 정리 2.2.3에 의하여 $K_4$는 $S_4$의 부분군이다. 더욱이 $\sigma^2=\tau^2=\rho^2=i_A$이므로 $K_4$는 Klein의 4원군이다.

군 $K_4$를 다음과 같이 기하학적으로 표현할 수 있다.

다음 직사각형(정사각형이 아닌)을 공간도형으로 생각하고, 각 꼭지점을 1, 2, 3, 4로 표시하자. 그리고 $l$과 $m$은 마주보는 두 변의 중점을 잇는 직선을 표시한다.

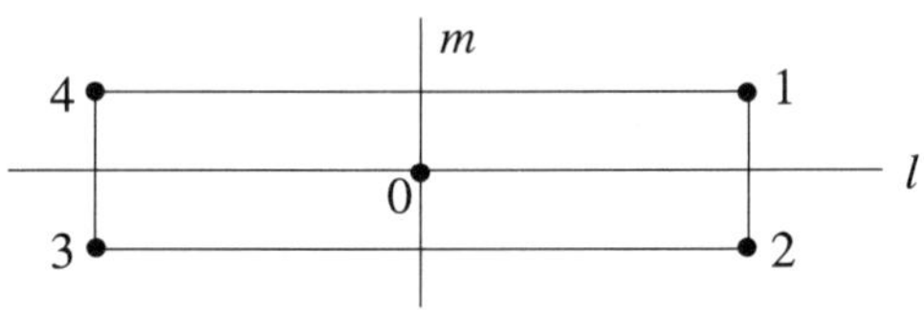


$\sigma$는 주어진 직사각형의 중심 0을 중심으로 하여 시계와 같은 방향으로의 180°회전으로 생각한다.

$\tau$는 직선 $l$을 축으로 하는 180°회전으로 생각한다.

$\rho$는 직선 $m$을 축으로 하는 180°회전으로 생각한다.

$i_A$는 주어진 사각형의 중심 0을 중심으로 하는 0°회전으로 생각한다.

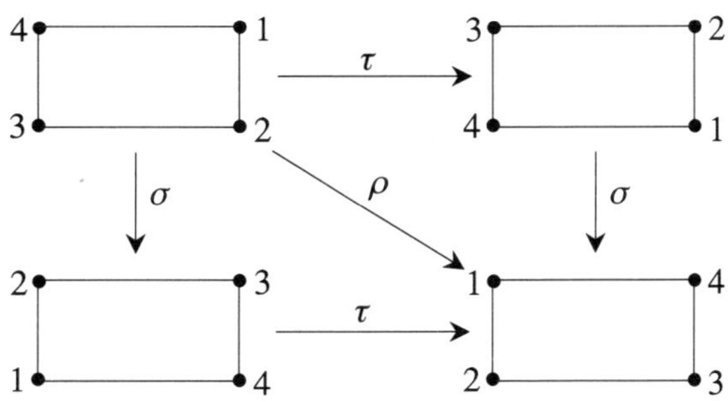


사실, 위의 네 개의 회전에 의하여 얻어지는 새로운 직사각형은 원래 주어진 직사각형에 포개진다. 이 네 개의 회전은 회전의 합성에 대하여 군을 이룬다. ◀

**【정리 2.4.12】**

$G$를 군이라 하고 $|G|=4$라 하자. 그러면 $G$는 순회군이든가 Klein의 4원군이다. 더욱이 위수가 4인 순회군은 Klein의 4원군에 동형적이 아니다.

**증명** $G$가 위수가 4인 원소 $a$를 포함하면 $G=\langle a\rangle$이므로 $G$는 순회군이다. $G$가 위수가 4인 원소를 포함하지 않으면 정리 2.4.8 (1)에 의하여 단위원이 아닌 $G$의 원소의 위수는 2이다. 즉 $G=\{e, a, b, c\}$라 하면 $a^2=b^2=c^2=e$이다. 따라서 $G$는 Klein의 4원군이다. 더욱이 Klein의 4원군은 순회군이 아니므로 정리 2.3.18에 의하여 위수가 4인 순회군은 Klein의 4원군에 동형적이 아니다. ■

**【정리 2.4.13】**

$G$를 군이라 하고 $|G|<6$이라 하자. 그러면 $G$는 가환군이다.

**증명** $|G|=1$이면 분명히 $G$는 가환군이다. $|G|=2, 3, 5$이면 정리 2.4.8 (2)에 의하여 $G$는 순회군이다. 따라서 정리 2.3.3에 의하여 $G$는 가환군이다. 다음 $|G|=4$이면 정리 2.4.12에 의하여 $G$는 순회군이든가 Klein의 4원군이다. 따라서 정리 2.3.3과 정리 2.4.10에 의하여 $G$는 가환군이다. ■

**보기 2.4.14** 위수가 4인 순회군 $G=\langle a\rangle=\{e, a, a^2, a^3\}$과 보기 2.4.11에서의 Klein의 4원군

$$K_4=\left\{i_A=\begin{pmatrix}1&2&3&4\\1&2&3&4\end{pmatrix},\ \sigma=\begin{pmatrix}1&2&3&4\\3&4&1&2\end{pmatrix},\ \tau=\begin{pmatrix}1&2&3&4\\2&1&4&3\end{pmatrix},\ \rho=\begin{pmatrix}1&2&3&4\\4&3&2&1\end{pmatrix}\right\}$$

의 부분군을 모두 구해보자.

$|G|=4$이므로 Lagrange의 정리에 의하여 $G$의 진부분군이 존재하면 그 위수는 2이고, 또한 정리 2.3.14에 의하여 위수가 2인 $G$의 부분군은 꼭 하나 존재한다. 실제로, $(2, 4)=2$이므로 정리 2.3.10 (3)에 의하여 $\text{ord}(a^2)=\frac{4}{2}=2$이고, 따라서 정리 2.3.7 (2)에 의하여 $\langle a^2\rangle=\{e, a^2\}$이다. 즉 $G$의 진부분군은 $\langle a^2\rangle$뿐이다. 더욱이 $G$가 가환군이므로 $\langle a^2\rangle$은 $G$의 정규부분군이다.

다음, $|K_4|=4$이므로 Lagrange의 정리에 의하여 $K_4$의 진부분군이 존재하면 이 부분군의 위수는 2이어야 한다. 실제로 $K_4$의 진부분군은

$$\{i_A, \sigma\}=\langle\sigma\rangle, \ \{i_A, \tau\}=\langle\tau\rangle, \ \{i_A, \rho\}=\langle\rho\rangle$$

뿐이다. 더욱이 $K_4$가 가환군이므로 $\langle\sigma\rangle$, $\langle\tau\rangle$, $\langle\rho\rangle$는 $K_4$의 정규부분군이다.

다음, $f: K_4 \longrightarrow G$를 동형함수라 하면 정리 2.2.31 (1) (ii)에 의하여 $f(\langle\sigma\rangle)$, $f(\langle\tau\rangle)$, $f(\langle\rho\rangle)$는 서로 다른 $G$의 정규부분군이 되어 모순이다. 따라서 $K_4$는 $G$에 동형적이 아니다. ◀

**【정리 2.4.15】**

$G$를 군이라 하고 $H$와 $K$를 $G$의 유한부분군이라 하자. 그러면 $|HK|=\dfrac{|H||K|}{|H\cap K|}$이다.

**증명** $B=H\cap K$라 하자. 그러면 정리 2.2.9에 의하여 $B$는 $G$의 부분군이다. 또한 $B\subset H$이므로 $B$는 $H$의 부분군이다. $H$가 유한군이므로 정리 2.4.1 (1) (iii), (iv)에 의하여

$$\{hB \mid h\in H\}=\{h_1B, \ h_2B, \ \cdots, \ h_nB\} \ (i\neq j\text{이면 } h_iB\cap h_jB=\varnothing)$$

로 쓸 수 있고

$$H=h_1B\cup h_2B\cup\cdots\cup h_nB$$

이다. 따라서 Lagrange의 정리에 의하여

$$n=[H:B]=\frac{|H|}{|B|}$$

이다. 분명히 $HK\supset h_1K\cup h_2K\cup\cdots\cup h_nK$이다. 한편 $x\in HK$라 하면 $x=hk$를 만족하는 $h\in H$, $k\in K$가 존재한다. 또한 $h\in H$이므로 적당한 $h_iB(1\leq i\leq n)$에 대하여 $h\in h_iB$이다. 따라서 $h=h_ib$를 만족하는 $b\in B=H\cap K$가 존재한다. 따라서 $b\in K$이므로

$$x=hk=(h_ib)k=h_i(bk)\in h_iK\subset h_1K\cup\cdots\cup h_iK\cup\cdots\cup h_nK,$$

즉 $HK \subset h_1K \cup h_2K \cup \cdots \cup h_nK$이다. 그러므로 $HK = h_1K \cup h_2K \cup \cdots \cup h_nK$이다. 이 때, $i \neq j$에 대하여 $h_iK \cap h_jK \neq \varnothing$라 하면 정리 2.4.1 (1) (iii)에 의하여 $h_iK = h_jK$이므로 정리 2.4.1 (1) (ii)에 의하여 $h_i^{-1}h_j \in K$이다. 그런데 $h_i^{-1}h_j \in H$이므로 $h_i^{-1}h_j \in H \cap K = B$이다. 따라서 $h_iB = h_jB$이다. 이것은 모순이다. 그러므로 $i \neq j$이면 $h_iK \cap h_jK = \varnothing$이다. 따라서 정리 2.4.1 (2)에 의하여 $|h_iK| = |K|$이므로

$$|HK| = n \cdot |K| = \frac{|H|}{|B|} \cdot |K| = \frac{|H|\,|K|}{|H \cap K|}$$

이다. ■

**【정리 2.4.16】**

$G = \langle a \rangle$를 순회군이라 하자. 그러면 다음이 성립한다.

(1) $|G| = n$이면 $\mathrm{Aut}(G) \cong \mathbf{Z}_n^*$(보기 2.1.11을 참조)이고 $|\mathrm{Aut}(G)| = \phi(n)$이다 ($\phi$는 Euler의 $\phi-$함수). 더욱이 $\mathrm{Aut}(G)$가 순회군이 되기 위한 필요충분조건은 $(k, n) = 1$, $k^{\phi(n)} \equiv 1 \pmod{n}$이고 $1 \leq i < \phi(n)$인 모든 $i$에 대하여 $k^i \not\equiv 1 \pmod{n}$을 만족하는 $k \in \mathbf{Z}$(즉, $k$는 법 $n$에 관한 원시근)가 존재하는 것이다.

(2) $G$가 무한군이면 $\mathrm{Aut}(G)$는 순회군이고 $|\mathrm{Aut}(G)| = 2$이다. 특히, $\mathrm{Aut}(G) \cong \mathbf{Z}_2$이다.

**증명** (1) $|G| = n$이라 하고 $G$의 생성원 모두를 원소로 갖는 집합을 $S$라 하자. $\sigma \in \mathrm{Aut}(G)$라고 하면 정리 2.3.18에 의하여 $\sigma$는 함수값 $\sigma(a)$에 의하여 완전히 결정되고 $\sigma(a)$는 $G$의 생성원이다. 따라서 함수 $f : \mathrm{Aut}(G) \longrightarrow S$를 임의의 $\sigma \in \mathrm{Aut}(G)$에 대하여 $f(\sigma) = \sigma(a)$로 정의하면 $f$는 단사함수이다. $a^t \in S$라 하자. 함수 $\alpha : G \longrightarrow G$를 임의의 $a^i \in G$에 대하여 $\alpha(a^i) = (a^t)^i$으로 정의하면 임의의 $a^i$, $a^j \in G$에 대하여 $\alpha(a^i a^j) = \alpha(a^{i+j}) = (a^t)^{i+j} = (a^t)^i (a^t)^j = \alpha(a^i)\alpha(a^j)$이므로 $\alpha$는 $\alpha(a) = a^t$을 만족하는 자기준동형이다. $a^t$이 $G$의 생성원이므로 임의의 $a^j \in G$에 대하여 $(a^t)^i = a^j$을 만족하는 $i \in \mathbf{Z}$가 존재한다.

이 때 $a^i \in G$이고 $\alpha(a^i)=(a^t)^i=a^j$이므로 $\alpha$는 전사함수이다. 한편, 임의의 $a^i$, $a^j \in G$에 대하여 $\alpha(a^i)=\alpha(a^j)$이라 하면 $(a^t)^i=(a^t)^j$, 즉 $a^{t(i-j)}=e$이므로 정리 2.3.10 (1)에 의하여 $n|t(i-j)$이다. 그런데 $a^t$이 $G$의 생성원이므로 정리 2.3.12 (1)에 의하여 $(t, n)=1$이다. 따라서 정리 1.3.10에 의하여 $n|(i-j)$이다. 그러므로 정리 2.3.10 (1)에 의하여 $a^{i-j}=e$, 즉 $a^i=a^j$이다. 따라서 $\alpha$는 단사함수이다. 따라서 $\alpha \in \mathrm{Aut}(G)$이다. 더욱이 $f(\alpha)=\alpha(a)=a^t$이므로 $f$는 전사함수이다. 그러므로 $f$는 전단사함수이다. 한편 정리 2.3.12 (1)에 의하여 임의의 $a^l \in S$에 대하여 $g(a^l)=\bar{l}$로 정의하면 $g: S \longrightarrow \mathbf{Z}_n^*$는 전사함수이다. 또한, 임의의 $a^l$, $a^r \in S$에 대하여 $g(a^l)=g(a^r)$이라 하면 $\bar{l}=\bar{r}$, 즉 $l \equiv r \pmod n$이므로 정리 2.3.10 (2)에 의하여 $a^l=a^r$이다. 따라서 $g$는 단사함수이다. 그러므로 $g$는 전단사함수이다. 이제 $\psi=gf$ 라 하면 정리 1.1.4 (3)에 의하여 $\psi$: $\mathrm{Aut}(G) \longrightarrow \mathbf{Z}_n^*$는 전단사함수이다. 또한 임의의 $\tau$, $\sigma \in \mathrm{Aut}(G)$에 대하여 $\tau(a)=a^t$, $\sigma(a)=a^s$이라 하면 $(t, n)=(s, n)=1$이므로 정리 1.3.11에 의하여 $(ts, n)=1$이고, 따라서 정리 2.3.12 (1)에 의하여

$$\tau\sigma(a)=\tau(a^s)=(\tau(a))^s=(a^t)^s=a^{ts} \in S$$

이므로

$$\begin{aligned}\psi(\tau\sigma)&=gf(\tau\sigma)=g(\tau\sigma(a))=g(a^{ts})=\overline{ts}=\bar{t}\,\bar{s}=g(a^t)g(a^s)\\&=g(\tau(a))g(\sigma(a))=gf(\tau)gf(\sigma)=\psi(\tau)\psi(\sigma)\end{aligned}$$

이다. 그러므로 $\psi$는 동형함수이다. 즉 $\mathrm{Aut}(G) \cong \mathbf{Z}_n^*$. 한편, $|\mathbf{Z}_n^*|=\phi(n)$이므로 $|\mathrm{Aut}(G)|=\phi(n)$이다. 또한 정리 2.3.18과 정리 2.2.29에 의하여 $\mathrm{Aut}(G)$가 순회군이 되기 위한 필요충분조건은 $\mathbf{Z}_n^*$가 순회군이 되는 것이다. 그러므로 나머지 결과는 보기 2.3.9에 의하여 얻어진다.

(2) $G$를 무한군이라 하면 정리 2.3.12 (2)에 의하여 $G$의 생성원은 $a$와 $a^{-1}$뿐이다. $\sigma \in \mathrm{Aut}(G)$라 하면 정리 2.3.18에 의하여 $\sigma$는 $\sigma(a)$에 의하여 완전히 결정되고 $\sigma(a)$는 $G$의 생성원이므로 $|\mathrm{Aut}(G)|=2$

이다. 2는 소수이므로 정리 2.4.8 (2)에 의하여 Aut($G$)는 순회군이다. 또한 $\mathbf{Z}_2$는 위수가 2인 순회군이므로 정리 2.3.16 (1)에 의하여 Aut($G$)$\cong\mathbf{Z}_2$이다. ■

**【따름정리 2.4.17】**

$n(n\geq 2)$을 정수라 하자. 그러면 Aut($\mathbf{Z}_n$)$\cong\mathbf{Z}_{\phi(n)}$이 되기 위한 필요충분조건은 $(k, n)=1$, $k^{\phi(n)}\equiv 1 \pmod{n}$이고 $1\leq i<\phi(n)$인 모든 $i\in\mathbf{Z}$에 대하여 $k^i\not\equiv 1 \pmod{n}$을 만족하는 정수 $k$(즉, $k$는 법 $n$에 관한 원시근)가 존재하는 것이다.

**증명** $\mathbf{Z}_n$은 위수가 $n$인 순회군이고 $\mathbf{Z}_{\phi(n)}$은 위수가 $\phi(n)$인 순회군이므로 정리 2.4.16 (1)과 정리 2.3.16 (1)과 정리 2.2.29와 정리 2.3.18에 의하여 위의 결과를 얻는다. ■

**보기 2.4.18** 보기 2.3.9와 따름정리 2.4.17과 정리 2.3.16 (1)에 의하여 Aut($\mathbf{Z}_{10}$) $\cong\mathbf{Z}_4\cong\mathbf{Z}_{10}^*$이다. 또한 $\mathbf{Z}$는 무한순회군이므로 정리 2.4.16 (2)에 의하여 Aut($\mathbf{Z}$) $\cong\mathbf{Z}_2$이다. ◀

**【정리 2.4.19】**

$G$를 군이라 하고 $N$을 $G$의 정규부분군이라 하자. 집합 $\{aN|a\in G\}$를 $G/N$으로 표시하자. 즉 $G/N=\{aN|a\in G\}$. 임의의 $aN, bN\in G/N$에 대하여 $(aN)*(bN)=(ab)N$(이 때, $ab$는 $G$에서의 $a$와 $b$의 곱)으로 정의하면 $*$는 $G/N$위의 이항연산이고 $G/N$은 $*$에 대하여 군을 이룬다(이 군 $G/N$을 $N$에 의한 $G$의 상군(quotient group of $G$ by $N$)이라 한다). 이 때, $e$를 $G$의 단위원이라 하면 $eN=N$은 $G/N$의 단위원이고 $(aN)^{-1}=a^{-1}N$이다. 또한 $G$가 유한군이면 $|G/N|=[G:N]$이다. 더욱이 $G$가 가환군이면 $G/N$도 가환군이다. 특히, $G=\langle a\rangle$가 순회군이면 $G/N$도 순회군이고 $G/N=\langle aN\rangle$이다.

**증명** $aN=cN$, $bN=dN$이라 하면 정리 2.4.1 (1) (ii)에 의하여 $a^{-1}c\in N$, $b^{-1}d\in N$이다. 또한 $N$이 $G$의 정규부분군이므로 $dN=Nd$이다. 따라서 $(a^{-1}c)d\in Nd=dN$이므로 $(a^{-1}c)d=dn$을 만족하는 $n\in N$이 존재한다.

그러므로 $(ab)^{-1}(cd)=b^{-1}a^{-1}cd=(b^{-1}d)n\in N$이다. 따라서 정리 2.4.1 ⑴ (ii)에 의하여 $(ab)N=(cd)N$이므로

$$(aN)*(bN)=(ab)N=(cd)N=(cN)*(dN)$$

이다. 즉, 대표원의 선택에 관계없이 $*$는 잘 정의된다. 그러므로 $*$는 $G/N$위의 이항연산이다. 임의의 $aN$, $bN$, $cN\in G/N$에 대하여

$$\begin{aligned}((aN)*(bN))*(cN)&=((ab)N)*(cN)=((ab)c)N\\&=(a(bc))N=(aN)*((bc)N)=(aN)*((bN)*(cN))\end{aligned}$$

이므로 $*$는 결합법칙을 만족한다. 또, $e$를 $G$의 단위원이라 하면 임의의 $aN\in G/N$에 대하여

$$(aN)*(eN)=(ae)N=aN=(ea)N=(eN)*(aN)$$

이므로 $eN=N$은 $G/N$의 단위원이다. 또한, 각 $aN\in G/N$에 대하여

$$(aN)*(a^{-1}N)=(aa^{-1})N=eN=(a^{-1}a)N=(a^{-1}N)*(aN)$$

이므로 $aN$의 역원은 $a^{-1}N$이다. 즉 $(aN)^{-1}=a^{-1}N$. 따라서 $G/N$은 $*$에 대하여 군을 이룬다. 한편 $G$가 유한군이면 $G$에서의 $N$의 지수의 정의에 의하여 $|G/N|=[G:N]$이다. 더욱이 $G$가 가환군이면 임의의 $aN$, $bN\in G/N$에 대하여

$$(aN)*(bN)=(ab)N=(ba)N=(bN)*(aN)$$

이므로 $G/N$도 가환군이다. 마지막으로, $G=\langle a\rangle$를 순회군이라 하면 임의의 $bN\in G/N$에 대하여 $b=a^n$을 만족하는 $n\in\mathbf{Z}$가 존재하므로 $bN=a^nN=(aN)^n$이다. 따라서 $G/N=\langle aN\rangle$이다. ■

앞에서와 마찬가지로 혼란이 없을 때는 정리 2.4.19에서의 $(aN)*(bN)$을 $(aN)(bN)$으로 쓴다. 즉 $(aN)(bN)=(ab)N$. 한편, $G$가 덧셈군일 때는 $*$ 대신에 덧셈 기호 $+$를 사용한다. 즉,

$$(a+N)+(b+N)=(a+b)+N.$$

또한, 집합 $\{Na\mid a\in G\}$도 $G/N$으로 표시하고 $(Na)*(Nb)=N(ab)$로 정의하

면 위와 같은 방법으로 $*$는 $G/N$위의 이항연산이 되고 $G/N$은 $*$에 대하여 군을 이룬다. 앞으로 특별한 언급이 없을 때, $N$에 의한 $G$의 상군이라 할 때는 군 $G/N=\{aN|a\in G\}$를 의미하는 것으로 하고, 기호 $G/N$는 $N$에 의한 $G$의 상군 $G/N=\{aN|a\in G\}$를 나타내는 것으로 한다.

**보기 2.4.20** 보기 2.1.18에서의 3차 대칭군 $S_3$를 생각하자. 보기 2.4.9에 의하여 $N=\{\sigma_o, \sigma_1, \sigma_2\}$는 $S_3$의 정규부분군이다. 실제로

$$\sigma_0 N=N=\{\sigma_0, \sigma_1, \sigma_2\}=\sigma_1 N=\sigma_2 N,\ \ \tau_1 N=\{\tau_1, \tau_2, \tau_3\}=\tau_2 N=\tau_3 N$$

이므로 $S_3/N=\{N, \tau_1 N\}$이다.

한편, $H$가 군 $G$의 부분군이지만 정규부분군이 아니면 일반적으로 정리 2.4.19에서와 같이 정의되는 $*$는 집합 $\{aH|a\in G\}$위의 이항연산이 되지 않는다. 예를 들면, 보기 2.4.9에 의하여 $H=\{\sigma_0, \tau_1\}$는 $S_3$의 부분군이지만 $S_3$의 정규부분군은 아니다. 이 경우 $\sigma_1 H=\{\sigma_1, \tau_3\}=\tau_3 H$이고 $\sigma_2 H=\{\sigma_2, \tau_2\}=\tau_2 H$이지만

$$\begin{aligned}(\sigma_1 H)*(\sigma_2 H)&=(\sigma_1\sigma_2)H=\sigma_0 H=H=\{\sigma_0, \tau_1\}\neq\{\sigma_2, \tau_2\}\\&=\sigma_2 H=(\tau_3\tau_2)H=(\tau_3 H)*(\tau_2 H)\end{aligned}$$

이다.

다음, 보기 2.3.5에 의하면 덧셈군 $\mathbf{Z}$의 부분군은 모두 $\langle m\rangle(m\geq 0)$의 꼴이고, 또한 $\mathbf{Z}$는 덧셈아벨군이므로 정리 2.2.18에 의하여 $\langle m\rangle$는 $\mathbf{Z}$의 정규부분군이다. 또한,

$$\begin{aligned}&0+\langle m\rangle=\langle m\rangle=(\pm m)+\langle m\rangle=(\pm 2m)+\langle m\rangle=\cdots,\\&1+\langle m\rangle=(1\pm m)+\langle m\rangle=(1\pm 2m)+\langle m\rangle=\cdots,\\&\qquad\qquad\cdots\cdots\cdots\cdots\cdots\cdots\\&(m-1)+\langle m\rangle=((m-1)\pm m)+\langle m\rangle=((m-1)\pm 2m)+\langle m\rangle=\cdots\end{aligned}$$

이므로

$$\mathbf{Z}/\langle m\rangle=\{\langle m\rangle,\ 1+\langle m\rangle,\ 2+\langle m\rangle,\ \cdots,\ (m-1)+\langle m\rangle\}$$

이다. 더욱이 $\mathbf{Z}=\langle 1\rangle$이 순회군이므로 정리 2.4.19에 의하여 $\mathbf{Z}/\langle m\rangle$도 순회

군이고 $\mathbf{Z}/\langle m\rangle=\langle 1+\langle m\rangle\rangle$이다. 또한, $\mathbf{Z}_m=\langle\bar{1}\rangle$이고 $|\mathbf{Z}/\langle m\rangle|=|\mathbf{Z}_m|$이므로 함수 $f:\mathbf{Z}/\langle m\rangle\longrightarrow\mathbf{Z}_m$을

$$\begin{aligned}\langle m\rangle &\longmapsto \bar{0}\\ 1+\langle m\rangle &\longmapsto \bar{1}\\ 2+\langle m\rangle &\longmapsto \bar{2}\\ &\cdots\cdots\cdots\cdots\cdots\\ (m-1)+\langle m\rangle &\longmapsto \overline{m-1}\end{aligned}$$

로 정의하면 정리 2.3.16 (1)의 증명과정에 의하여 $f$는 동형이고 $\mathbf{Z}/\langle m\rangle\cong\mathbf{Z}_m$이다. ◀

**【정리 2.4.21】**

$G$를 군이라 하고 $N$을 $G$의 정규부분군이라 하자. 함수 $\pi:G\longrightarrow G/N$을 임의의 $a\in G$에 대하여 $\pi(a)=aN$으로 정의하면 $\pi$는 전사준동형이고 $\operatorname{Ker}\pi=N$이다(이 때, $\pi$를 표준전사준동형(canonical epimorphism) 또는 자연전사준동형(natural epimorphism)이라 한다).

**증명** 분명히 $\pi$는 전사함수이다. 또, 임의의 $a,\ b\in G$에 대하여

$$\pi(ab)=(ab)N=(aN)(bN)=\pi(a)\pi(b)$$

이므로 $\pi$는 준동형이다. 따라서 $\pi$는 전사준동형이다. 또한 정리 2.4.1 (1) (v)에 의하여 $a\in N\Longleftrightarrow N=aN$이므로

$$\operatorname{Ker}\pi=\{a\in G\,|\,\pi(a)=N\}=\{a\in G\,|\,aN=N\}=\{a\in G\,|\,a\in N\}=N$$

이다. ■

**【정리 2.4.22】 (준동형의 기본정리)**

$G$와 $G'$을 군이라 하고 $f:G\longrightarrow G'$을 준동형함수라 하자. $N$을 $N\subset\operatorname{Ker}f$인 $G$의 정규부분군이라 하면 임의의 $aN\in G/N$에 대하여 $\bar{f}(aN)=f(a)$로 정의되는 준동형함수 $\bar{f}:G/N\longrightarrow G'$이 존재한다.

이 때, $\bar{f}$는 표준전사준동형 $\pi:G\longrightarrow G/N$에 대하여 $f=\bar{f}\pi$를 만족하

는 유일한 준동형이다. 또한, $\operatorname{Im}\bar{f}=\operatorname{Im}f$ 이고 $\operatorname{Ker}\bar{f}=(\operatorname{Ker}f)/N$이다. 더욱이, $\bar{f}$가 동형일 필요충분조건은 $f$가 전사준동형이고 $\operatorname{Ker}f=N$인 것이다.

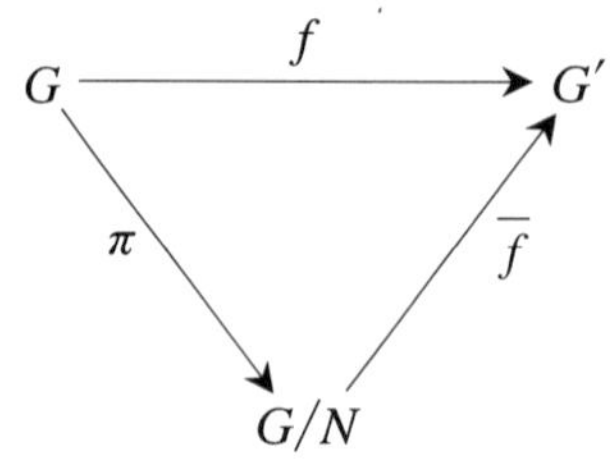


**증명** 임의의 $aN\in G/N$에 대하여 $\bar{f}(aN)=f(a)$로 정의하자. $aN=bN$이라 하면 정리 2.4.1 (1) (ii)에 의하여 $a^{-1}b\in N\subset\operatorname{Ker}f$이다. 따라서 $e'$을 $G'$의 단위원이라 하면

$$e'=f(a^{-1}b)=f(a^{-1})f(b)=(f(a))^{-1}f(b),\ \text{즉}\ f(a)=f(b)$$

이다. 따라서 $\bar{f}(aN)=f(a)=f(b)=\bar{f}(bN)$이므로 $\bar{f}:G/N\longrightarrow G'$은 잘 정의되는 함수이다. 임의의 $aN,\ bN\in G/N$에 대하여

$$\bar{f}((aN)(bN))=\bar{f}((ab)N)=f(ab)=f(a)f(b)=\bar{f}(aN)\bar{f}(bN)$$

이므로 $\bar{f}$는 준동형이다. 또 임의의 $a\in G$에 대하여 $\bar{f}\pi(a)=\bar{f}(aN)=f(a)$이므로 $f=\bar{f}\pi$이다. $g:G/N\longrightarrow G'$을 $f=g\pi$를 만족하는 임의의 준동형함수라 하면 임의의 $aN\in G/N$에 대하여

$$g(aN)=g\pi(a)=f(a)=\bar{f}(aN)$$

이다. 따라서 $\bar{f}=g$, 즉 $\bar{f}$는 $f=\bar{f}\pi$를 만족하는 유일한 준동형이다. 한편

$$\begin{aligned} y\in\operatorname{Im}\bar{f} &\Longleftrightarrow y=\bar{f}(aN)\text{을 만족하는 } aN\in G/N\text{이 존재한다.}\\ &\Longleftrightarrow y=f(a)\text{를 만족하는 } a\in G\text{가 존재한다} \Longleftrightarrow y\in\operatorname{Im}f \end{aligned}$$

이므로 $\operatorname{Im}\bar{f}=\operatorname{Im}f$이다. 또한, $N$가 $G$의 정규부분군이고 $N\subset\operatorname{Ker}f$이므로 $N$은 $\operatorname{Ker}f$의 정규부분군이다. 따라서 $(\operatorname{Ker}f)/N$을 생각할 수 있고,

$$aN \in \operatorname{Ker} \bar{f} \Longleftrightarrow e' = \bar{f}(aN) = f(a) \Longleftrightarrow a \in \operatorname{Ker} f$$
$$\Longleftrightarrow aN \in (\operatorname{Ker} f)/N = \{aN \mid a \in \operatorname{Ker} f\}$$

이므로 $\operatorname{Ker} \bar{f} = (\operatorname{Ker} f)/N$이다.

$\bar{f}$를 동형이라 하자. 그러면 $G' = \operatorname{Im} \bar{f} = \operatorname{Im} f$이므로 $f$는 전사준동형이다. 또, 정리 2.2.27 (2)에 의하여 $\{N\} = \operatorname{Ker} \bar{f} = (\operatorname{Ker} f)/N$이다. 따라서 $a \in \operatorname{Ker} f$라 하면 $aN = N$이므로 정리 2.4.1 (1) (v)에 의하여 $a \in N$이다. 즉 $\operatorname{Ker} f \subset N$. 따라서 $\operatorname{Ker} f = N$이다. 역으로 $f$가 전사준동형이고 $\operatorname{Ker} f = N$이라 하자. 그러면 $\operatorname{Im} \bar{f} = \operatorname{Im} f = G'$이므로 $\bar{f}$는 전사준동형이다. 또 $\{N\} = (\operatorname{Ker} f)/N = \operatorname{Ker} \bar{f}$이므로 $\bar{f}$는 단사준동형이다. 따라서 $\bar{f}$는 동형이다. ■

**【정리 2.4.23】 (제1동형정리)**

$G$와 $G'$을 군이라 하고 $f : G \longrightarrow G'$을 준동형함수라 하자. 그러면

$$G/\operatorname{Ker} f \cong \operatorname{Im} f$$

이다. 특히, $f$가 전사준동형이면

$$G/\operatorname{Ker} f \cong G'.$$

**증명** 정리 2.2.31 (1) (i)에 의하여 $\operatorname{Im} f$는 $G'$의 부분군이다. 함수 $g : G \longrightarrow \operatorname{Im} f$를 임의의 $a \in G$에 대하여 $g(a) = f(a)$로 정의하면 분명히 $g$는 전사준동형이고 $\operatorname{Ker} g = \operatorname{Ker} f$이다. $N = \operatorname{Ker} g$라 하면 정리 2.2.27 (1)에 의하여 $N$은 $G$의 정규부분군이다. 따라서 정리 2.4.22에 의하여 임의의 $aN \in G/N$에 대하여 $\bar{g}(aN) = g(a)$로 정의하면 $\bar{g} : G/N \longrightarrow \operatorname{Im} f$는 동형함수이다. 따라서 $G/\operatorname{Ker} f \cong \operatorname{Im} f$이다. ■

**보기 2.4.24** 덧셈군 $\mathbf{Z}$와 $\mathbf{Z}_m (m \geq 1)$을 생각하자. 함수 $f : \mathbf{Z} \longrightarrow \mathbf{Z}_m$을 임의의 $a \in \mathbf{Z}$에 대하여 $f(a) = \bar{a}$로 정의하자. 그러면 $f$는 분명히 전사함수이고, 또 임의의 $a$, $b \in \mathbf{Z}$에 대하여

$$f(a+b) = \overline{a+b} = \bar{a} + \bar{b} = f(a) + f(b)$$

이므로 $f$는 전사준동형이다. 또한

$$a\in \mathrm{Ker} f \iff \bar{a}=f(a)=\bar{0} \iff a\equiv 0 \pmod{m} \iff a\in\langle m\rangle$$

이므로 $\mathrm{Ker} f=\langle m\rangle$이다. 따라서 제1동형정리에 의하여

$$\mathbf{Z}/\langle m\rangle \cong \mathbf{Z}_m$$

이다(보기 2.4.20을 참조). 더욱이 항등함수 $i_Z:\mathbf{Z}\longrightarrow\mathbf{Z}$는 $\mathbf{Z}$의 자기동형이므로 $\mathrm{Ker}\ i_Z=\{0\}$이고, 따라서 제1동형정리에 의하여

$$\mathbf{Z}/\{0\}\cong\mathbf{Z}$$

이다. ◀

**【정리 2.4.25】 (제2동형정리)**

$G$를 군이라 하자. $H$를 $G$의 부분군이라 하고 $N$을 $G$의 정규부분군이라 하자. 그러면

$$H/(N\cap H)\cong NH/N.$$

**증명** 정리 2.2.20 (1)과 (4)에 의하여 $N\cap H$는 $H$의 정규부분군이고, $N$은 $G$의 부분군 $NH$의 정규부분군이므로 $H/(N\cap H)$와 $NH/N$을 생각할 수 있다. $H\subset NH$이므로 $H$는 $NH$의 부분군이다. 따라서 포함준동형 $i:H\longrightarrow NH$(보기 2.2.22를 참조)와 표준전사준동형 $\pi:NH\longrightarrow NH/N$에 대하여 $f=\pi i$라 하면 정리 2.2.28 (1)에 의하여 $f$는 준동형이다. $y\in NH/N$이라 하면 $y=aN$을 만족하는 $a\in NH$가 존재한다. 한편 정리 2.2.20 (4)에 의하여 $NH=HN$이므로 $a=hn$을 만족하는 $h\in H$, $n\in N$가 존재한다. 따라서 $h^{-1}a=n\in N$이므로 $hN=aN$이다. 그러므로

$$f(h)=\pi i(h)=\pi(h)=hN=aN=y,$$

즉 $f$는 전사준동형이다. 또한 임의의 $h\in H$에 대하여

$$\begin{aligned} h\in\mathrm{Ker} f=\mathrm{Ker}\ \pi i &\iff N=\pi i(h)=\pi(h)=hN,\ h\in H \\ &\iff h\in N,\ h\in H \iff h\in N\cap H \end{aligned}$$

이므로 $\mathrm{Ker} f=N\cap H$이다. 따라서 제1동형정리에 의하여

$$H/(N\cap H)\cong NH/N.$$

■

**【정리 2.4.26】**

$G$와 $G'$을 군이라 하고 $N$을 $G$의 정규부분군, $H$를 $G'$의 정규부분군이라 하자. $f: G \longrightarrow G'$을 준동형함수라 하고 $f(N) \subset H$라 하자. 임의의 $aN \in G/N$에 대하여 $F(aN) = f(a)H$로 정의하면 $F: G/N \longrightarrow G'/H$는 준동형함수이다. 또한 $F$가 동형이 될 필요충분조건은 $G' = \langle \mathrm{Im} f \cup H \rangle$이고 $f^{-1}(H) \subset N$이다. 더욱이 $f$가 전사준동형이고 $f(N) = H$, $\mathrm{Ker} f \subset N$이면 $F$는 동형이다.

**증명** 표준전사준동형 $\pi: G' \longrightarrow G'/H$에 대하여 $\pi f: G \longrightarrow G'/H$는 준동형함수이다. 또한

$$a \in \mathrm{Ker}\, \pi f \Longleftrightarrow H = \pi f(a) = f(a)H \Longleftrightarrow f(a) \in H \Longleftrightarrow a \in f^{-1}(H)$$

이므로 $\mathrm{Ker}\, \pi f = f^{-1}(H)$이다. 한편, $f(N) \subset H$이므로 $N \subset f^{-1}(H) = \mathrm{Ker}\, \pi f$이다. 따라서 준동형의 기본정리에 의하여 임의의 $aN \in G/N$에 대하여 $F(aN) = \pi f(a) = f(a)H$로 정의하면 $F: G/N \longrightarrow G'/H$는 준동형함수이고, 또 $F$가 동형일 필요충분조건은 $\pi f$가 전사준동형이고 $N = \mathrm{Ker}\, \pi f$인 것이다. 이제, $\pi f$가 전사준동형이고 $N = \mathrm{Ker}\, \pi f$일 필요충분조건은 $G' = \langle \mathrm{Im} f \cup H \rangle$이고 $f^{-1}(H) \subset N$임을 보이자. $\pi f$를 전사준동형이라 하면 임의의 $b \in G'$에 대하여 $bH = \pi f(a) = f(a)H$를 만족하는 $a \in G$가 존재한다. 또한, $b \in bH$이므로 $b = f(a)h$를 만족하는 $h \in H$가 존재한다. 따라서 $b \in \langle \mathrm{Im} f \cup H \rangle$, 즉 $G' \subset \langle \mathrm{Im} f \cup H \rangle$이다. 분명히 $\langle \mathrm{Im} f \cup H \rangle \subset G'$이므로 $\langle \mathrm{Im} f \cup H \rangle = G'$이다. 역으로 $\langle \mathrm{Im} f \cup H \rangle = G'$이라 하면 $\mathrm{Im} f$가 $G'$의 부분군이고 $H$가 $G'$의 정규부분군이므로 정리 2.2.20 (4)에 의하여 임의의 $b \in G'$에 대하여 $b = ch$를 만족하는 $c \in \mathrm{Im} f$, $h \in H$가 존재한다. 따라서 $c = f(a)$를 만족하는 $a \in G$가 존재한다. 더욱이 $b = ch \in cH$이므로 $\pi f(a) = f(a)H = cH = bH$이다. 따라서 $\pi f$는 전사준동형이다. 또한 $N \subset f^{-1}(H) = \mathrm{Ker}\, \pi f$이므로 $N = \mathrm{Ker}\, \pi f$가 될 필요충분조건은 $f^{-1}(H) \subset N$이다. 마지막으로 $f$가 전사준동형이고 $f(N) = H$, $\mathrm{Ker} f \subset N$이라 하자. 그러면 $\mathrm{Im} f = G'$이므로 $\langle \mathrm{Im} f \cup H \rangle = G'$이고, 또한 $a \in f^{-1}(H)$라 하면 $f(a) \in H = f(N)$이므로 $f(a) = f(n)$을 만족하는 $n \in N$이 존재한다. 따라서

$$e = f(a)(f(n))^{-1} = f(an^{-1}), \text{ 즉 } an^{-1} \in \mathrm{Ker} f \subset N$$

이다. 따라서 $a=(an^{-1})n\in N$이므로 $f^{-1}(H)\subset N$이다. 그러므로 위의 결과에 의하여 $F$는 동형이다. ■

**【정리 2.4.27】 (제3동형정리)**

$G$를 군이라 하고 $N$과 $H$를 $G$의 정규부분군이라 하자. $N\subset H$라 하면 $H/N$은 $G/N$의 정규부분군이고

$$(G/N)/(H/N)\cong G/H$$

이다.

**증명** $N\subset H$이고 $N$이 $G$의 정규부분군이므로 $N$은 $H$의 정규부분군이다. 따라서 $H/N$을 생각할 수 있다. 항등함수 $i_G: G\longrightarrow G$는 $G$의 자기동형이고 $i_G(N)=N\subset H$이므로 임의의 $aN\in G/N$에 대하여 $F(aN)=i_G(a)H=aH$로 정의하면 정리 2.4.26에 의하여 $F: G/N\longrightarrow G/H$는 준동형함수이고, 또한 분명히 $F$는 전사준동형이다. 한편

$$aN\in \operatorname{Ker} F \iff H=F(aN)=aH \iff a\in H$$

이므로 $\operatorname{Ker} F=H/N$이다. 따라서 제1동형정리에 의하여

$$(G/N)/(H/N)\cong G/H.$$ ■

**【정리 2.4.28】**

$G$와 $G'$을 군이라 하고 $f: G\longrightarrow G'$을 준동형함수라 하자. $N=\operatorname{Ker} f$라 하고 $H$를 $G$의 부분군이라 하면 다음이 성립한다.

(1) $f^{-1}(f(H))=HN$

(2) $f^{-1}(f(H))=H$일 필요충분조건은 $N\subset H$인 것이다(정리 1.1.3 (1)을 참조).

**증명** (1) $a\in f^{-1}(f(H))$라 하면 $f(a)\in f(H)$이다. 따라서 $f(a)=f(b)$를 만족하는 $b\in H$가 존재한다. 따라서

$$f(b^{-1}a)=(f(b))^{-1}f(a)=(f(b))^{-1}f(b)=e' \ (e'\text{은 } G'\text{의 단위원})$$

이므로 $b^{-1}a\in N$이다. 그러므로 $a=(bb^{-1})a=b(b^{-1}a)\in HN$이고, 따

라서 $f^{-1}(f(H)) \subset HN$이다. 역으로 $x \in HN$이라 하면 $x = hn$을 만족하는 $h \in H$, $n \in N$이 존재한다. 따라서

$$f(x) = f(hn) = f(h)f(n) = f(h)e' = f(h) \in f(H)$$

이므로 $x \in f^{-1}(f(H))$, 즉 $HN \subset f^{-1}(f(H))$이다. 그러므로 $f^{-1}(f(H)) = HN$.

(2) $N \subset H$라 하면 $HN = H$이므로 (1)에 의하여 $f^{-1}(f(H)) = H$이다. 역으로 $f^{-1}(f(H)) = H$라 하자. 정리 2.2.31 (1) (i)에 의하여 $f(H)$는 $G'$의 부분군이므로 $e' \in f(H)$이다. 따라서 $n \in N$이라 하면 $f(n) = e' \in f(H)$이므로 $n \in f^{-1}(f(H)) = H$, 즉 $N \subset H$이다. ■

**【정리 2.4.29】**

$G$와 $G'$을 군이라 하고 $f : G \longrightarrow G'$을 전사준동형함수라 하자. $A$를 $\mathrm{Ker}f$를 포함하는 $G$의 부분군 전체의 집합이라 하고 $B$를 $G'$의 부분군 전체의 집합이라 하자. 임의의 $H \in A$에 대하여 $\phi(H) = f(H)$로 정의하면 $\phi : A \longrightarrow B$는 전단사함수이다. 즉 $A$와 $B$는 1 대 1 대응한다. 더욱이 $\mathrm{Ker}f$를 포함하는 $G$의 정규부분군 전체의 집합을 $A'$이라 하고 $G'$의 정규부분군 전체의 집합을 $B'$이라 할 때, 임의의 $H \in A'$에 대하여 $\psi(H) = f(H)$로 정의하면 $\psi : A' \longrightarrow B'$은 전단사함수이다. 즉 $A'$과 $B'$은 1 대 1 대응한다.

**증명** $H$를 $G$의 부분군이라 하면 정리 2.2.31 (1) (i)에 의하여 $f(H)$는 $G'$의 부분군이므로 $\phi$는 함수이다. $K \in B$라 하면 정리 2.2.31 (2) (i)에 의하여 $f^{-1}(K)$는 $G$의 부분군이다. 또한 $a \in \mathrm{Ker}f$라 하면 $f(a) = e' \in K$($e'$은 $G'$의 단위원)이므로 $a \in f^{-1}(K)$, 즉 $\mathrm{Ker}f \subset f^{-1}(K)$이다. 따라서 $f^{-1}(K) \in A$. 한편 $f$가 전사함수이므로 정리 1.1.3 (2) (ii)에 의하여 $\phi(f^{-1}(K)) = f(f^{-1}(K)) = K$이다. 즉 $\phi$는 전사함수이다. 또 임의의 $H_1$, $H_2 \in A$에 대하여 $\phi(H_1) = \phi(H_2)$라 하면 $f(H_1) = f(H_2)$이므로 정리 2.4.28 (2)에 의하여 $H_1 = f^{-1}(f(H_1)) = f^{-1}(f(H_2)) = H_2$이다. 따라서 $\phi$는 단사함수이다. 그러므로 $\phi$는 전단사함수이다. 나머지 결과는 정리 2.2.31의 (1) (ii)와 (2) (ii)를 이용하면 위와 같은 방법으로 쉽게 얻어진다. ■

**【정리 2.4.30】**

$G$를 군이라 하고 $N$을 $G$의 정규부분군이라 하자. 그러면 $G/N$의 모든 부분군은 $N \subset H$인 $G$의 부분군 $H$에 대하여 $H/N$의 꼴로 표시된다. 더욱이 $H/N$이 $G/N$의 정규부분군이 되기 위한 필요충분조건은 $H$가 $G$의 정규부분군인 것이다.

**증명** $\pi: G \longrightarrow G/N$을 표준전사준동형이라 하자. 그러면 $\operatorname{Ker} \pi = N$이다. $N$을 포함하는 $G$의 부분군 전체의 집합을 $A$라 하고, $G/N$의 부분군 전체의 집합을 $B$라 하자. 임의의 $H \in A$에 대하여 $\phi(H) = \pi(H)$로 정의하면 정리 2.4.29에 의하여 $\phi: A \longrightarrow B$는 전단사함수이다. 따라서 $Q$를 $G/N$의 부분군이라 하면 $Q = \phi(H) = \pi(H)$, $N \subset H$를 만족하는 $G$의 부분군 $H$가 존재한다. 이 때 $N$이 $G$의 정규부분군이므로 $N$은 $H$의 정규부분군이다. 따라서 $H/N$을 생각할 수 있다. 그런데

$$\pi(H) = \{\pi(a) \mid a \in H\} = \{aN \mid a \in H\} = H/N$$

이므로 $Q = H/N$이다. 이 때, 다시 정리 2.4.29에 의하면 $H$가 $G$의 정규부분군이 될 필요충분조건은 $Q = H/N$이 $G/N$의 정규부분군이 되는 것이다. ■

## 연습문제 2.4

**1.** 군 $G$와 $G$의 부분군 $H$가 각각 다음과 같이 주어질 때, $G$에서의 $H$의 좌측잉여류와 우측잉여류를 모두 구하여라.

(1) $G =$ 덧셈군 $\mathbf{Z}$, $H = \{3n \mid n \in \mathbf{Z}\}$

(2) $G =$ 덧셈군 $\mathbf{Z}_{12}$, $H = \{\bar{0}, \bar{4}, \bar{8}\}$

(3) $G =$ 곱셈군 $\mathbf{Z}_{16}^{*}$, $H = \langle \bar{5} \rangle$

(4) $G =$ 보기 2.2.4의 곱셈군 $\{1, -1, i, -i\}$, $H = \{1, -1\}$

**2.** $G$를 군이라 하고 $H$를 $G$의 부분군이라 하자. 임의의 $a, b, c \in G$에 대하여

$$(ca)H=(cb)H \Longleftrightarrow aH=bH$$

임을 보여라.

**3.** $G$를 군이라 하고 $H$와 $K$를 $G$의 부분군이라 하자. $G$에서의 $H$의 한 좌측잉여류가 $K$의 한 좌측잉여류와 같으면 $H=K$임을 증명하여라.

**4.** $G$를 군이라 하고 $H$를 $G$의 부분군이라 하자. $G$에서의 $H$의 모든 좌측잉여류가 적당한 $H$의 우측잉여류와 같으면 $H$는 $G$의 정규부분군임을 증명하여라.

**5.** $G$와 $G'$을 군이라 하고 $f: G \longrightarrow G'$을 준동형함수라 하자. $K=\text{Ker}f$라 할 때, 다음을 증명하여라.

(1) $aK=bK \Longleftrightarrow f(a)=f(b)$

(2) $a\in G,\ f(a)=b \Longrightarrow f^{-1}(b)=aK$

**6.** 곱셈군 $\mathbf{R}^*$와 $\mathbf{C}^*$를 생각하자. 함수 $f: \mathbf{C}^* \longrightarrow \mathbf{R}^*$를 임의의 $z\in\mathbf{C}^*$에 대하여 $f(z)=|z|$로 정의할 때, $f$는 준동형함수임을 보이고, 또한 $\text{Ker}f=N$이라 할 때, $N$의 좌측잉여류 $zN\,(z\in\mathbf{C}^*)$는 복소수평면에서 어떤 도형을 나타내는지 조사하여라.

**7.** 군 $G$가 각각 다음과 같이 주어질 때, $G$의 모든 부분군을 구하여라.

(1) $G=$덧셈군 $\mathbf{Z}_{13}$

(2) $G=$덧셈군 $\mathbf{Z}_{18}$

(3) $G=$곱셈군 $\mathbf{Z}_{12}^*$

(4) $G=$위수가 20인 순회군 $\langle a\rangle$

**8.** 순회군 $G=\langle a\rangle$의 위수가 15일 때, $\langle a^5\rangle$의 좌측잉여류를 구하여라.

**9.** $G$를 유한군이라 하고 $H$와 $K$를 $G$의 부분군이라 하자. $H\subset K$라 할 때, $[G:H]=[G:K][K:H]$임을 증명하여라.

**10.** $G$를 군이라 하고 $n$을 양의 정수라 할 때, 임의의 $x,\ y\in G$에 대하여 $(xy)^n=x^ny^n$이 성립한다고 하자. $G^n$과 $G_n$을 각각

$$G^n = \{x^n \mid x \in G\},\ \ G_n = \{x \in G \mid x^n = e\}$$

이라 할 때, $G^n$은 $G$의 부분군이고 $G_n$은 $G$의 정규부분군임을 증명하고, 또한 $G/G_n \cong G^n$임을 증명하여라.

**11.** $G$와 $G'$을 군이라 하고 $G$를 유한군이라 하자. $f : G \longrightarrow G'$을 준동형함수라 하면 $|G| = |\mathrm{Ker} f\,|\,|\mathrm{Im} f\,|$임을 증명하여라.

**12.** 덧셈군 $\mathbf{Z}_{12}$로부터 덧셈군 $\mathbf{Z}_{30}$으로의 준동형함수를 모두 구하여라.

**13.** 다음 중에서 맞는 것을 골라라.

(1) $\mathrm{Aut}\,(\mathbf{Z}_3) \cong \mathbf{Z}_2$　　(2) $\mathrm{Aut}\,(\mathbf{Z}_4) \cong \mathbf{Z}_2$

(3) $\mathrm{Aut}\,(\mathbf{Z}_6) \cong \mathbf{Z}_6^*$　　(4) $\mathrm{Aut}\,(\mathbf{Z}_5) \cong \mathbf{Z}_5^*$

(5) $\mathrm{Aut}\,(\mathbf{Z}_{10}^*) \cong \mathbf{Z}_2$　　(6) $\mathrm{Aut}\,(\mathbf{Z}_{12}^*) \cong \mathbf{Z}_4$

**14.** $G$와 $G'$을 위수가 서로 소인 유한군이라 할 때, $G$로부터 $G'$으로의 준동형함수는 자명한 준동형뿐임을 보여라.

**15.** 연습문제 2.2의 8의 군 $G = \{f_{a,b} \mid a,\ b \in \mathbf{R},\ a \neq 0\}$와 $G$의 정규부분군 $N = \{f_{1,b} \in G \mid b \in \mathbf{R}\}$을 생각하자. $G/N \cong \mathbf{R}^*$임을 보여라.

**16.** 다음을 증명하여라.

(1) $\mathbf{Z}_2 \cong \mathbf{Z}_6/\langle \bar{2} \rangle$　　(2) $\mathbf{Z}_5 \cong \mathbf{Z}_{20}/\langle \bar{5} \rangle$

**17.** $G$를 군이라 하고 $N$을 $G$의 중심 $C(G)$에 포함되는 $G$의 부분군이라 하자. $G/N$가 순회군이면 $G$는 가환군임을 증명하여라.

**18.** $G$를 군이라 하고 $N$을 $G$의 정규부분군이라 하자. 그러면 $G/N$가 가환군이 될 필요충분조건은 모든 $a,\ b \in G$에 대하여 $b^{-1}a^{-1}ba \in N$인 것임을 증명하여라.

**19.** $G$를 군이라 하고 $A$, $B$, $C$를 $G$의 부분군이라 할 때, 다음을 증명하여라.

(1) $B$가 $A$의 정규부분군이면
$(A \cap C)/(B \cap C) \cong B(A \cap C)/B$.

(2) $B$가 $A$의 정규부분군이고 $C$가 $G$의 정규부분군이면
$AC/BC \cong A/(B(A \cap C))$.

**20.** $G$가 위수 $n$인 가환군이고 $(m, n)=1$일 때, 임의의 $a \in G$에 대하여 $f(a)=a^m$으로 정의되는 함수 $f: G \longrightarrow G$는 $G$의 자기동형임을 보여라.

**21.** $G$와 $G'$을 군이라 하고 $f: G \longrightarrow G'$을 준동형함수라 하자. 또 $a \in G$라 하고 $|\mathrm{Im} f|=m$이라 하자. $\mathrm{ord}(a)=n$이고 $(m, n)=1$이면 $a \in \mathrm{Ker} f$임을 보여라.

# 2.5 직 적

**【정리 2.5.1】**

$G_1, G_2, \cdots, G_n$을 군이라 할 때, $G_1, G_2, \cdots, G_n$의 카테시안 곱($G_1, G_2, \cdots, G_n$을 집합으로 생각하여) $G_1 \times G_2 \times \cdots \times G_n$을 생각하자.

임의의 $(a_1, a_2, \cdots, a_n)$, $(b_1, b_2, \cdots, b_n) \in G_1 \times G_2 \times \cdots \times G_n$에 대하여

$$(a_1, a_2, \cdots, a_n) \square (b_1, b_2, \cdots, b_n) = (a_1b_1, a_2b_2, \cdots, a_nb_n)$$

(이 때, $a_ib_i(i=1, 2, \cdots, n)$는 군 $G_i$에서의 $a_i$와 $b_i$의 곱이다)

으로 정의하면 □는 $G_1 \times G_2 \times \cdots \times G_n$위의 이항연산이고 $G_1 \times G_2 \times \cdots \times G_n$은 이항연산 □에 대하여 군을 이룬다.

이 때, $e_i \in G_i(i=1, 2, \cdots, n)$를 $G_i$의 단위원이라 하면 $(e_1, e_2, \cdots, e_n)$은 $G_1 \times G_2 \times \cdots \times G_n$의 단위원이다. 또 임의의 $(a_1, a_2, \cdots, a_n) \in G_1 \times G_2 \times \cdots \times G_n$에 대하여 $(a_1, a_2, \cdots, a_n)^{-1} = (a_1^{-1}, a_2^{-1}, \cdots, a_n^{-1})$이다.

더욱이 $G_1, G_2, \cdots, G_n$이 가환군이면 $G_1 \times G_2 \times \cdots \times G_n$도 가환군이다.

(군 $G_1 \times G_2 \times \cdots \times G_n$을 $G_1, G_2, \cdots, G_n$의 직적(direct product)이라 한다).

**증명** 분명히 □는 $G_1 \times G_2 \times \cdots \times G_n$위의 이항연산이다. 또한, 임의의 $(a_1, a_2, \cdots, a_n)$, $(b_1, b_2, \cdots, b_n)$, $(c_1, c_2, \cdots, c_n) \in G_1 \times G_2 \times \cdots \times G_n$에 대하여

$$\begin{aligned}
&((a_1, a_2, \cdots, a_n) \square (b_1, b_2, \cdots, b_n)) \square (c_1, c_2, \cdots, c_n) \\
&= (a_1b_1, a_2b_2, \cdots, a_nb_n) \square (c_1, c_2, \cdots, c_n) \\
&= ((a_1b_1)c_1, (a_2b_2)c_2, \cdots, (a_nb_n)c_n) = (a_1(b_1c_1), a_2(b_2c_2), \cdots, a_n(b_nc_n)) \\
&= (a_1, a_2, \cdots, a_n) \square (b_1c_1, b_2c_2, \cdots, b_nc_n) \\
&= (a_1, a_2, \cdots, a_n) \square ((b_1, b_2, \cdots, b_n) \square (c_1, c_2, \cdots, c_n))
\end{aligned}$$

이다. 또, $e_i(i=1, 2, \cdots, n)$를 $G_i$의 단위원이라 하면 $(e_1, e_2, \cdots, e_n) \in G_1 \times G_2 \times \cdots \times G_n$이고, 임의의 $(a_1, a_2, \cdots, a_n) \in G_1 \times G_2 \times \cdots \times G_n$에 대하여

$$(a_1, a_2, \cdots, a_n) \square (e_1, e_2, \cdots, e_n) = (a_1e_1, a_2e_2, \cdots, a_ne_n) = (a_1, a_2, \cdots, a_n)$$

이다. 또, $(a_1, a_2, \cdots, a_n) \in G_1 \times G_2 \times \cdots \times G_n$이면 $a_i \in G_i (i=1, 2, \cdots, n)$ 이고, $G_i$가 군이므로 $a_i^{-1} \in G_i$이다. 따라서 $(a_1^{-1}, a_2^{-1}, \cdots, a_n^{-1}) \in G_1 \times G_2 \times \cdots \times G_n$이고,

$$\begin{aligned}(a_1, a_2, \cdots, a_n) \square (a_1^{-1}, a_2^{-1}, \cdots, a_n^{-1}) &= (a_1a_1^{-1}, a_2a_2^{-1}, \cdots, a_na_n^{-1}) \\ &= (e_1, e_2, \cdots, e_n)\end{aligned}$$

이다. 그러므로 정리 2.1.9에 의하여 $G_1 \times G_2 \times \cdots \times G_n$은 이항연산 $\square$에 대하여 군을 이룬다.

다음, $G_1, G_2, \cdots, G_n$을 가환군이라 하자. 그러면 임의의 $(a_1, a_2, \cdots, a_n), (b_1, b_2, \cdots, b_n) \in G_1 \times G_2 \times \cdots \times G_n$에 대하여

$$\begin{aligned}(a_1, a_2, \cdots, a_n) \square (b_1, b_2, \cdots, b_n) &= (a_1b_1, a_2b_2, \cdots, a_nb_n) \\ &= (b_1a_1, b_2a_2, \cdots, b_na_n) \\ &\quad (\text{군 } G_i(i=1, 2, \cdots, n)\text{가 가환군이므로 } a_ib_i = b_ia_i\text{이다}) \\ &= (b_1, b_2, \cdots, b_n) \square (a_1, a_2, \cdots, a_n)\end{aligned}$$

이다. 따라서 $G_1 \times G_2 \times \cdots \times G_n$은 가환군이다. ■

앞으로 혼란이 없을 때는 편리를 위하여 $(a_1, a_2, \cdots, a_n) \square (b_1, b_2, \cdots, b_n)$에서 $\square$를 생략하여 $(a_1, a_2, \cdots, a_n)(b_1, b_2, \cdots, b_n)$으로 쓴다. 즉,

$$(a_1, a_2, \cdots, a_n)(b_1, b_2, \cdots, b_n) = (a_1b_1, a_2b_2, \cdots, a_nb_n).$$

특히 $G_1, G_2, \cdots, G_n$이 모두 덧셈군일 때는 $\square$ 대신에 $+$로 쓴다. 즉,

$$(a_1, a_2, \cdots, a_n) + (b_1, b_2, \cdots, b_n) = (a_1+b_1, a_2+b_2, \cdots, a_n+b_n).$$

또한 $(0, 0, \cdots, 0)$가 $G_1 \times G_2 \times \cdots \times G_n$의 단위원이고, 임의의 $(a_1, a_2, \cdots, a_n) \in G_1 \times G_2 \times \cdots \times G_n$에 대하여 $-(a_1, a_2, \cdots, a_n) = (-a_1, -a_2, \cdots, -a_n)$이다.

이 때, 군 $G_1 \times G_2 \times \cdots \times G_n$을 $G_1, G_2, \cdots, G_n$의 직합(direct sum)이라 하고 $G_1 \oplus G_2 \oplus \cdots \oplus G_n$으로 표시한다.

$G_1$, $G_2$, $\cdots$, $G_n$이 모두 유한군이면 분명히 $|G_1 \times G_2 \times \cdots \times G_n| = |G_1||G_2|\cdots|G_n|$이다.

**보기 2.5.2** 곱셈군 $\mathbf{R}^*$와 $\mathbf{C}^*$를 생각하자(보기 2.1.4를 참조). $\mathbf{R}^*$와 $\mathbf{C}^*$의 직적

$$\mathbf{R}^* \times \mathbf{C}^* = \{(x_1, x_2) \mid x_1 \in \mathbf{R}^*, \ x_2 \in \mathbf{C}^*\}$$

에 속하는 두 원소 $(a_1, a_2)$, $(b_1, b_2)$에 대하여

$$(a_1, a_2)(b_1, b_2) = (a_1 b_1, a_2 b_2)$$

이고, 직적 $\mathbf{R}^* \times \mathbf{C}^*$의 단위원은 $(1, 1)$이다. 또한 $(a_1, a_2)^{-1} = (a_1^{-1}, a_2^{-1})$이다. 예를 들어

$$(2, 3+2i)(3, 2+i) = (2 \cdot 3, (3+2i)(2+i)) = (6, 4+7i),$$
$$(2, 3+2i)(1, 1) = (2 \cdot 1, (3+2i) \cdot 1) = (2, 3+2i),$$
$$(2, i)^{-1} = (2^{-1}, i^{-1}) = (1/2, -i).$$

다음, 덧셈군 $\mathbf{Z}$와 $\mathbf{Z}_6$을 생각하자. $\mathbf{Z}$와 $\mathbf{Z}_6$의 직합

$$\mathbf{Z} \oplus \mathbf{Z}_6 = \{(x_1, \bar{x}_2) \mid x_1 \in \mathbf{Z}, \ \bar{x}_2 \in \mathbf{Z}_6\}$$

에 속하는 두 원소 $(a_1, \bar{a}_2)$, $(b_1, \bar{b}_2)$에 대하여

$$(a_1, \bar{a}_2) + (b_1, \bar{b}_2) = (a_1 + b_1, \bar{a}_2 + \bar{b}_2)$$

이고, 직합 $\mathbf{Z} \oplus \mathbf{Z}_6$의 단위원은 $(0, \bar{0})$이다. 또한 $-(a_1, \bar{a}_2) = (-a_1, -\bar{a}_2)$이다. 예를 들어

$$(2, \bar{3}) + (5, \bar{4}) = (2+5, \bar{3}+\bar{4}) = (7, \bar{1}),$$
$$(2, \bar{3}) + (0, \bar{0}) = (2+0, \bar{3}+\bar{0}) = (2, \bar{3}),$$
$$-(3, \bar{4}) = (-3, -\bar{4}) = (-3, \bar{2}).$$

다음, 덧셈군 $\mathbf{Z}$와 곱셈군 $\mathbf{R}^*$를 생각하자. $\mathbf{Z}$와 $\mathbf{R}^*$의 직적

$$\mathbf{Z}\times\mathbf{R}^*=\{(x_1,\ x_2)\mid x_1\in\mathbf{Z},\ x_2\in\mathbf{R}^*\}$$

에 속하는 두 원소 $(a_1,\ a_2)$, $(b_1,\ b_2)$에 대하여

$$(a_1,\ a_2)\,\square\,(b_1,\ b_2)=(a_1+b_1,\ a_2b_2)$$

이고, 직적 $\mathbf{Z}\times\mathbf{R}^*$의 단위원은 $(0,\ 1)$이다. 또한, $(a_1,\ a_2)^{-1}=(-a_1,\ a_2^{-1})$이다. 예를 들어

$$(4,\ 3)\,\square\,(5,\ 2)=(4+5,\ 3\cdot 2)=(9,\ 6),$$
$$(4,\ 3)\,\square\,(0,\ 1)=(4+0,\ 3\cdot 1)=(4,\ 3),$$
$$(4,\ 3)^{-1}=(-4,\ 3^{-1})=(-4,\ 1/3),$$
$$(4,\ 3)\,\square\,(-4,\ 1/3)=(4+(-4),\ 3\cdot(1/3))=(0,\ 1).$$
◀

**【정리 2.5.3】**

$G_1,\ G_2,\ \cdots,\ G_n$을 군이라 하자. $(a_1,\ a_2,\ \cdots,\ a_n)\in G_1\times G_2\times\cdots\times G_n$이라 하고 $\mathrm{ord}(a_i)=k_i(1\le i\le n)$이라 하자. 그러면 $\mathrm{ord}((a_1,\ a_2,\ \cdots,\ a_n))=[k_1,\ k_2,\ \cdots,\ k_n]$이다.

**증명** $e_i(1\le i\le n)$를 $G_i$의 단위원이라 하고 $l=[k_1,\ k_2,\ \cdots,\ k_n]$이라 하자. 그러면 $l=k_is_i(1\le i\le n)$인 정수 $s_i$가 존재한다. 따라서

$$\begin{aligned}(a_1,\ a_2,\ \cdots,\ a_n)^l&=(a_1^{\,l},\ a_2^{\,l},\ \cdots,\ a_n^{\,l})=((a_1^{\,k_1})^{s_1},\ (a_2^{\,k_2})^{s_2},\ \cdots,\ (a_n^{\,k_n})^{s_n})\\&=(e_1^{\,s_1},\ e_2^{\,s_2},\ \cdots,\ e_n^{\,s_n})=(e_1,\ e_2,\ \cdots,\ e_n)\end{aligned}$$

이다. 그러므로 $\mathrm{ord}((a_1,\ a_2,\ \cdots,\ a_n))=t$라 하면 정리 2.3.10 (1)에 의하여 $t\mid l$이다. 한편 $(a_1^{\,t},\ a_2^{\,t},\ \cdots,\ a_n^{\,t})=(a_1,\ a_2,\ \cdots,\ a_n)^t=(e_1,\ e_2,\ \cdots,\ e_n)$이므로 $a_i^{\,t}=e_i(1\le i\le n)$이다. 그런데 $\mathrm{ord}(a_i)=k_i(1\le i\le n)$이므로 $k_i\mid t$이다. 따라서 $l\mid t$이다. 그러므로 $t=l$이다. ■

**보기 2.5.4** 덧셈군 $\mathbf{Z}_2$, $\mathbf{Z}_3$, $\mathbf{Z}_8$의 직합 $\mathbf{Z}_2\oplus\mathbf{Z}_3\oplus\mathbf{Z}_8$에 속하는 원소 $(\bar{1},\ \bar{1},\ \bar{2})$를 생각하자. $\bar{1}$를 $\mathbf{Z}_2$에 속하는 원소로 볼 때 $\mathrm{ord}(\bar{1})=2$이고, $\bar{1}$를 $\mathbf{Z}_3$에 속하는 원소로 볼 때 $\mathrm{ord}(\bar{1})=3$이고, $\bar{2}$를 $\mathbf{Z}_8$에 속하는 원소로 볼 때 $\mathrm{ord}(\bar{2})=4$

이다. 이 때 $[2, 3, 4]=12$이므로 $\text{ord}((\bar{1}, \bar{1}, \bar{2}))=12$이다. 실제로

$$1(\bar{1}, \bar{1}, \bar{2})=(\bar{1}, \bar{1}, \bar{2}),\ 2(\bar{1}, \bar{1}, \bar{2})=(\bar{0}, \bar{2}, \bar{4}),\ 3(\bar{1}, \bar{1}, \bar{2})=(\bar{1}, \bar{0}, \bar{6}),$$
$$4(\bar{1}, \bar{1}, \bar{2})=(\bar{0}, \bar{1}, \bar{0}),\ 5(\bar{1}, \bar{1}, \bar{2})=(\bar{1}, \bar{2}, \bar{2}),\ 6(\bar{1}, \bar{1}, \bar{2})=(\bar{0}, \bar{0}, \bar{4}),$$
$$7(\bar{1}, \bar{1}, \bar{2})=(\bar{1}, \bar{1}, \bar{6}),\ 8(\bar{1}, \bar{1}, \bar{2})=(\bar{0}, \bar{2}, \bar{0}),\ 9(\bar{1}, \bar{1}, \bar{2})=(\bar{1}, \bar{0}, \bar{2}),$$
$$10(\bar{1}, \bar{1}, \bar{2})=(\bar{0}, \bar{1}, \bar{4}),\ 11(\bar{1}, \bar{1}, \bar{2})=(\bar{1}, \bar{2}, \bar{6}),\ 12(\bar{1}, \bar{1}, \bar{2})=(\bar{0}, \bar{0}, \bar{0}).$$ ◀

**【정리 2.5.5】**

$G_i(i=1, 2, \cdots, n)$를 위수가 $k_i$인 순회군이라 하자. 그러면 $G_1, G_2, \cdots, G_n$의 직적 $G_1\times G_2\times\cdots\times G_n$이 순회군이 되기 위한 필요충분조건은 $k_1, k_2, \cdots, k_n$이 쌍마다 서로 소가 되는 것이다.

특히, $G_1=\langle a_1\rangle$, $G_2=\langle a_2\rangle$, $\cdots$, $G_n=\langle a_n\rangle$이고 $k_1, k_2, \cdots, k_n$이 쌍마다 서로 소이면 $G_1\times G_2\times\cdots\times G_n=\langle(a_1, a_2, \cdots, a_n)\rangle$이다.

**증명** $k_1, k_2, \cdots, k_n$이 쌍마다 서로 소라 하자. $G_i=\langle a_i\rangle(i=1, 2, \cdots, n)$이라 하면 $\text{ord}(a_i)=k_i$이므로 정리 2.5.3과 정리 1.3.12 (1)에 의하여

$$\text{ord}((a_1, a_2, \cdots, a_n))=[k_1, k_2, \cdots, k_n]=k_1k_2\cdots k_n$$

이다. 그런데 $|G_1\times G_2\times\cdots\times G_n|=|G_1||G_2|\cdots|G_n|=k_1k_2\cdots k_n$이므로

$$\text{ord}((a_1, a_2, \cdots, a_n))=|G_1\times G_2\times\cdots\times G_n|$$

이다. 따라서 $G_1\times G_2\times\cdots\times G_n=\langle(a_1, a_2, \cdots, a_n)\rangle$이다. 역으로, $G_1\times G_2\times\cdots\times G_n$이 순회군이고 $G_1\times G_2\times\cdots\times G_n=\langle(b_1, b_2, \cdots, b_n)\rangle$이라 하자. 그러면 $b_i\in G_i(i=1, 2, \cdots, n)$이고 $|G_i|=k_i$이므로 정리 2.4.8 (1)에 의하여 $b_i^{k_i}=e_i$이다. 만일 $k_1, k_2, \cdots, k_n$이 쌍마다 서로 소가 아니라고 가정하면 $(k_i, k_j)=d>1$인 $k_i, k_j(1\le i<j\le n)$가 존재한다. 이 때 $l=k_1k_2\cdots k_{i-1}k_{i+1}\cdots k_{j-1}k_{j+1}\cdots k_n\dfrac{k_ik_j}{d}$라 하고 $l=k_it_i(i=1, 2, \cdots, n)$라 하면

$$\begin{aligned}(b_1, b_2, \cdots, b_n)^l&=(b_1^l, b_2^l, \cdots, b_n^l)=((b_1^{k_1})^{t_1}, (b_2^{k_2})^{t_2}, \cdots, (b_n^{k_n})^{t_n})\\&=(e_1^{t_1}, e_2^{t_2}, \cdots, e_n^{t_n})=(e_1, e_2, \cdots, e_n)\end{aligned}$$

이다. 한편, $\mathrm{ord}((b_1, b_2, \cdots, b_n)) = |G_1 \times G_2 \times \cdots \times G_n| = k_1 k_2 \cdots k_n$이다. 따라서 정리 2.3.10 (1)에 의하여 $k_1 k_2 \cdots k_n | l$이다. 그런데 $0 < l < k_1 k_2 \cdots k_n$이므로 이것은 모순이다. 그러므로 $k_1, k_2, \cdots, k_n$은 쌍마다 서로 소이다. ■

**【따름정리 2.5.6】**

$k_1, k_2, \cdots, k_n$을 양의 정수라 하자. 그러면 $k_1, k_2, \cdots, k_n$이 쌍마다 서로 소가 될 필요충분조건은

$$\mathbf{Z}_{k_1} \oplus \mathbf{Z}_{k_2} \oplus \cdots \oplus \mathbf{Z}_{k_n} \cong \mathbf{Z}_{k_1 k_2 \cdots k_n}$$

인 것이다.

**증명** $\mathbf{Z}_{k_1}, \mathbf{Z}_{k_2}, \cdots, \mathbf{Z}_{k_n}$은 위수가 각각 $k_1, k_2, \cdots, k_n$인 순회군이므로 정리 2.5.5에 의하여 $k_1, k_2, \cdots, k_n$이 쌍마다 서로 소가 될 필요충분조건은 $\mathbf{Z}_{k_1} \oplus \mathbf{Z}_{k_2} \oplus \cdots \oplus \mathbf{Z}_{k_n}$이 순회군이 되는 것이다. 따라서 $\mathbf{Z}_{k_1} \oplus \mathbf{Z}_{k_2} \oplus \cdots \oplus \mathbf{Z}_{k_n}$이 순회군이 되기 위한 필요충분조건은 $\mathbf{Z}_{k_1} \oplus \mathbf{Z}_{k_2} \oplus \cdots \oplus \mathbf{Z}_{k_n} \cong \mathbf{Z}_{k_1 k_2 \cdots k_n}$인 것을 증명하면 충분하다. $\mathbf{Z}_{k_1} \oplus \mathbf{Z}_{k_2} \oplus \cdots \oplus \mathbf{Z}_{k_n}$이 순회군이라 하자. 그러면

$$|\mathbf{Z}_{k_1} \oplus \mathbf{Z}_{k_2} \oplus \cdots \oplus \mathbf{Z}_{k_n}| = |\mathbf{Z}_{k_1}||\mathbf{Z}_{k_2}| \cdots |\mathbf{Z}_{k_n}| = k_1 k_2 \cdots k_n = |\mathbf{Z}_{k_1 k_2 \cdots k_n}|$$

이고 $\mathbf{Z}_{k_1 k_2 \cdots k_n}$이 순회군이므로 정리 2.3.16 (1)에 의하여

$$\mathbf{Z}_{k_1} \oplus \mathbf{Z}_{k_2} \oplus \cdots \oplus \mathbf{Z}_{k_n} \cong \mathbf{Z}_{k_1 k_2 \cdots k_n}$$

이다. 역으로, $\mathbf{Z}_{k_1} \oplus \mathbf{Z}_{k_2} \oplus \cdots \oplus \mathbf{Z}_{k_n} \cong \mathbf{Z}_{k_1 k_2 \cdots k_n}$이라 하면 정리 2.2.29에 의하여 $\mathbf{Z}_{k_1 k_2 \cdots k_n} \cong \mathbf{Z}_{k_1} \oplus \mathbf{Z}_{k_2} \oplus \cdots \oplus \mathbf{Z}_{k_n}$이다. 따라서 정리 2.3.18에 의하여 $\mathbf{Z}_{k_1} \oplus \mathbf{Z}_{k_2} \oplus \cdots \oplus \mathbf{Z}_{k_n}$은 순회군이다. ■

**보기 2.5.7** 덧셈군 $\mathbf{Z}_2$와 $\mathbf{Z}_3$의 직합

$$\mathbf{Z}_2 \oplus \mathbf{Z}_3 = \{(\bar{0}, \bar{0}), (\bar{0}, \bar{1}), (\bar{0}, \bar{2}), (\bar{1}, \bar{0}), (\bar{1}, \bar{1}), (\bar{1}, \bar{2})\}$$

를 생각하자. $\mathbf{Z}_2=\langle\bar{1}\rangle$, $\mathbf{Z}_3=\langle\bar{1}\rangle$, $|\mathbf{Z}_2|=2$, $|\mathbf{Z}_3|=3$이고 $(2, 3)=1$이므로 정리 2.5.5에 의하여 $\mathbf{Z}_2\oplus\mathbf{Z}_3=\langle(\bar{1}, \bar{1})\rangle$이다. 실제로

$$1(\bar{1}, \bar{1})=(\bar{1}, \bar{1}),\ 2(\bar{1}, \bar{1})=(\bar{0}, \bar{2}),\ 3(\bar{1}, \bar{1})=(\bar{1}, \bar{0})$$
$$4(\bar{1}, \bar{1})=(\bar{0}, \bar{1}),\ 5(\bar{1}, \bar{1})=(\bar{1}, \bar{2}),\ 6(\bar{1}, \bar{1})=(\bar{0}, \bar{0})$$

이다. 또한, 따름정리 2.5.6에 의하여

$$\mathbf{Z}_2\oplus\mathbf{Z}_3\cong\mathbf{Z}_6.$$

다음, 덧셈군 $\mathbf{Z}_2$, $\mathbf{Z}_3$, $\mathbf{Z}_5$의 직합 $\mathbf{Z}_2\oplus\mathbf{Z}_3\oplus\mathbf{Z}_5$를 생각하자. $(2, 3)=(3, 5)=(2, 5)=1$이므로 2, 3, 5는 쌍마다 서로 소이다. 따라서 따름정리 2.5.6에 의하여

$$\mathbf{Z}_2\oplus\mathbf{Z}_3\oplus\mathbf{Z}_5\cong\mathbf{Z}_{30}.$$

다음, 덧셈군 $\mathbf{Z}_2$와 $\mathbf{Z}_2$의 집합

$$\mathbf{Z}_2\oplus\mathbf{Z}_2=\{(\bar{0}, \bar{0}), (\bar{0}, \bar{1}), (\bar{1}, \bar{0}), (\bar{1}, \bar{1})\}$$

를 생각하자. $\mathbf{Z}_2=\langle\bar{1}\rangle$, $|\mathbf{Z}_2|=2$이고 $(2, 2)=2\neq1$이므로 정리 2.5.5에 의하여 $\mathbf{Z}_2\oplus\mathbf{Z}_2$는 순회군이 아니다. 따라서 정리 2.4.12에 의하여 $\mathbf{Z}_2\oplus\mathbf{Z}_2$는 Klein의 4원군이다. 실제로,

$$2(\bar{0}, \bar{1})=2(\bar{1}, \bar{0})=2(\bar{1}, \bar{1})=(\bar{0}, \bar{0})\text{(정리 2.4.10을 참조)}$$

이고, 또한 따름정리 2.5.6에 의하여

$$\mathbf{Z}_2\oplus\mathbf{Z}_2\ncong\mathbf{Z}_4$$

임을 알 수 있다. ◀

**【정리 2.5.8】**

군 $G_1, G_2, \cdots, G_n$의 직적 $G_1\times G_2\times\cdots\times G_n$을 생각하자.

(1) 각 $k(k=1, 2, \cdots, n)$에 대하여 함수 $\pi_k: G_1\times G_2\times\cdots\times G_n\longrightarrow G_k$를 임의의 $(a_1, \cdots, a_k, \cdots, a_n)\in G_1\times G_2\times\cdots\times G_n$에 대하여 $\pi_k((a_1, \cdots, a_k, \cdots, a_n))=a_k$로 정의하면 $\pi_k$는 전사준동형이다.

(2) 각 $k(k=1, 2, \cdots, n)$에 대하여 함수 $\alpha_k : G_k \longrightarrow G_1 \times G_2 \times \cdots \times G_n$을 임의의 $a_k \in G_k$에 대하여 $\alpha_k(a_k)=(e_1, \cdots, e_{k-1}, a_k, e_{k+1}, \cdots, e_n)$으로 정의하면 $\alpha_k$는 단사준동형이다.

더욱이 $\mathrm{Im}\,\alpha_k=\{(e_1, \cdots, e_{k-1}, a_k, e_{k+1}, \cdots, e_n) \mid a_k \in G_k\}$는 $G_1 \times G_2 \times \cdots \times G_n$의 정규부분군이고 $G_k \cong \mathrm{Im}\,\alpha_k$이다.

---

**증명** (1) 임의의 $(a_1, \cdots, a_k, \cdots, a_n)$, $(b_1, \cdots, b_k, \cdots, b_n) \in G_1 \times G_2 \times \cdots \times G_n$에 대하여

$$\begin{aligned}\pi_k((a_1, \cdots, a_k, \cdots, a_n)(b_1, \cdots, b_k, \cdots, b_n)) &= \pi_k((a_1b_1, \cdots, a_kb_k, \cdots, a_nb_n)) \\ &= a_kb_k = \pi_k((a_1, \cdots, a_k, \cdots, a_n))\pi_k((b_1, \cdots, b_k, \cdots, b_n))\end{aligned}$$

이므로 $\pi_k$는 준동형이다. 또한 임의의 $a_k \in G_k$에 대하여

$$(e_1, \cdots, e_{k-1}, a_k, e_{k+1}, \cdots, e_n) \in G_1 \times G_2 \times \cdots \times G_n,$$
$$\pi_k((e_1, \cdots, e_{k-1}, a_k, e_{k+1}, \cdots, e_n))=a_k$$

이므로 $\pi_k$는 전사준동형이다.

(2) 임의의 $a_k, b_k \in G_k$에 대하여

$$\begin{aligned}\alpha_k(a_kb_k) &= (e_1, \cdots, e_{k-1}, a_kb_k, e_{k+1}, \cdots, e_n) \\ &= (e_1e_1, \cdots, e_{k-1}e_{k-1}, a_kb_k, e_{k+1}e_{k+1}, \cdots, e_ne_n) \\ &= (e_1, \cdots, e_{k-1}, a_k, e_{k+1}, \cdots, e_n)(e_1, \cdots, e_{k-1}, b_k, e_{k+1}, \cdots, e_n) \\ &= \alpha_k(a_k)\alpha_k(b_k)\end{aligned}$$

이므로 $\alpha_k$는 준동형이다. 또한, $a_k \in \mathrm{Ker}\,\alpha_k$라 하면

$$(e_1, \cdots, e_k, \cdots, e_n)=\alpha_k(a_k)=(e_1, \cdots, e_{k-1}, a_k, e_{k+1}, \cdots, e_n)$$

이므로 $a_k=e_k$이다. 즉 $\mathrm{Ker}\,\alpha_k=\{e_k\}$. 따라서 정리 2.2.27 (2)에 의하여 $\alpha_k$는 단사준동형이다.

한편, 정리 2.2.31 (1)에 의하여 $\mathrm{Im}\,\alpha_k$는 $G_1 \times G_2 \times \cdots \times G_n$의 부분군이다. 더욱이 임의의 $(b_1, \cdots, b_k, \cdots, b_n) \in G_1 \times G_2 \times \cdots \times G_n$과 임의의 $(e_1, \cdots, e_{k-1}, a_k, e_{k+1}, \cdots, e_n) \in \mathrm{Im}\,\alpha_k$에 대하여

$$(b_1, \cdots, b_{k-1}, b_k, b_{k+1}, \cdots, b_n)(e_1, \cdots, e_{k-1}, a_k, e_{k+1}, \cdots, e_n)(b_1, \cdots b_{k-1}, b_k, b_{k+1}, \cdots, b_n)^{-1}$$
$$=(b_1, \cdots, b_{k-1}, b_k, b_{k+1}, \cdots, b_n)(e_1, \cdots, e_{k-1}, a_k, e_{k+1}, \cdots, e_n)(b_1^{-1}, \cdots, b_{k-1}^{-1}, b_k^{-1}, b_{k+1}^{-1}, \cdots, b_n^{-1})$$
$$=(b_1e_1b_1^{-1}, \cdots, b_{k-1}e_{k-1}b_{k-1}^{-1}, b_ka_kb_k^{-1}, b_{k+1}e_{k+1}b_{k+1}^{-1}, \cdots, b_ne_nb_n^{-1})$$
$$=(e_1, \cdots, e_{k-1}, b_ka_kb_k^{-1}, e_{k+1}, \cdots, e_n)\in \mathrm{Im}\,\alpha_k$$

이므로 $\mathrm{Im}\,\alpha_k$는 $G_1\times G_2\times\cdots\times G_n$의 정규부분군이다. 또한 $\alpha_k$가 단사준동형이므로 정리 2.2.31 (3)에 의하여 $G_k\cong \mathrm{Im}\,\alpha_k$이다. ■

**【정의 2.5.9】**

$G$를 군이라 하고 $H_i(i=1, 2, \cdots, n)$를 $G$의 부분군이라 할 때,

$$H_1H_2\cdots H_n=\{h_1h_2\cdots h_n \mid h_i\in H_i(i=1, 2, \cdots, n)\}$$

으로 정의한다(정의 2.2.13을 참조).

특히, $G$가 덧셈군일 때는

$$H_1+H_2+\cdots+H_n=\{h_1+h_2+\cdots+h_n \mid h_i\in H_i(i=1, 2, \cdots, n)\}$$

으로 정의한다.

**【정리 2.5.10】**

$G$를 군이라 하고 $N_i(i=1, 2, \cdots, n)$를 $G$의 정규부분군이라 하자. 또, $e$를 $G$의 단위원이라 하자. 이 때, 다음 두 조건

(1) $G=N_1N_2\cdots N_n$

(2) 각 $i\,(1\le i\le n)$에 대하여 $N_i\cap(N_1N_2\cdots N_{i-1}N_{i+1}\cdots N_n)=\{e\}$

를 만족하면 $G\cong N_1\times N_2\times\cdots\times N_n$이다.

**증명** 함수 $f: N_1\times N_2\times\cdots\times N_n \longrightarrow G$를 임의의 $(a_1, a_2, \cdots, a_n)\in N_1\times N_2\times\cdots\times N_n$에 대하여 $f((a_1, a_2, \cdots, a_n))=a_1a_2\cdots a_n$으로 정의하자. $i\neq j$라 하면 조건 (2)에 의하여

$$\{e\} \subset N_i \cap N_j \subset N_i \cap (N_1 N_2 \cdots N_{i-1} N_{i+1} \cdots N_n) = \{e\}$$

이므로 $N_i \cap N_j = \{e\}$이다. 따라서 정리 2.2.20 (2)에 의하여 모든 $n_i \in N_i$와 모든 $n_j \in N_j$에 대하여 $n_i n_j = n_j n_i$이다. 따라서 임의의 $(a_1, a_2, \cdots, a_n)$, $(b_1, b_2, \cdots, b_n) \in N_1 \times N_2 \times \cdots \times N_n$에 대하여

$$\begin{aligned} f((a_1, a_2, \cdots, a_n)(b_1, b_2, \cdots, b_n)) &= f((a_1 b_1, a_2 b_2, \cdots, a_n b_n)) \\ &= a_1 b_1 a_2 b_2 \cdots a_n b_n = a_1 a_2 \cdots a_n b_1 b_2 \cdots b_n \\ &= f((a_1, a_2, \cdots, a_n)) f((b_1, b_2, \cdots, b_n)) \end{aligned}$$

이므로 $f$는 준동형이다. 한편 $(a_1, a_2, \cdots, a_n) \in \mathrm{Ker} f$라 하면 $e = f((a_1, a_2, \cdots, a_n)) = a_1 a_2 \cdots a_n$이다. 따라서 모든 $i\,(1 \le i \le n)$에 대하여

$$a_i^{-1} = a_1 a_2 \cdots a_{i-1} a_{i+1} \cdots a_n \in N_1 N_2 \cdots N_{i-1} N_{i+1} \cdots N_n$$

이고, 또한 $a_i^{-1} \in N_i$이므로 조건 (2)에 의하여

$$a_i^{-1} \in N_i \cap (N_1 N_2 \cdots N_{i-1} N_{i+1} \cdots N_n) = \{e\}$$

이다. 그러므로 $a_i^{-1} = e$, 즉 $a_i = e(i = 1, 2, \cdots, n)$이다. 따라서 $\mathrm{Ker} f = \{(e, e, \cdots, e)\}$이므로 정리 2.2.27 (2)에 의하여 $f$는 단사함수이다. 또한 $a \in G$라 하면 조건 (1)에 의하여 $a = a_1 a_2 \cdots a_n$을 만족하는 $a_i \in N_i\,(i = 1, 2, \cdots, n)$가 존재한다. 따라서 $(a_1, a_2, \cdots, a_n) \in N_1 \times N_2 \times \cdots \times N_n$이고 $f((a_1, a_2, \cdots, a_n)) = a_1 a_2 \cdots a_n = a$이므로 $f$는 전사함수이다. 그러므로 $f$는 동형함수이고, 따라서 $N_1 \times N_2 \times \cdots \times N_n \cong G$이다. 그러므로 $G \cong N_1 \times N_2 \times \cdots \times N_n$이다. ■

$G$가 덧셈군이고 $N_i\,(i = 1, 2, \cdots, n)$가 $G$의 정규부분군일 때, 정리 2.5.10에서의 두 조건 (1), (2)는

(1′) $G = N_1 + N_2 + \cdots + N_n$

(2′) 각 $i\,(1 \le i \le n)$에 대하여 $N_i \cap (N_1 + N_2 + \cdots + N_{i-1} + N_{i+1} + \cdots + N_n) = \{0\}$

으로 표시된다. 또, 정리 2.5.10의 증명에서 동형함수 $f$는

$$f((a_1,\ a_2,\ \cdots,\ a_n)) = a_1 + a_2 + \cdots + a_n$$

으로 정의된다.

**【정의 2.5.11】**

$G$를 군이라 하고 $N_i (i=1,\ 2,\ \cdots,\ n)$를 $G$의 정규부분군이라 하자. $N_1$, $N_2$, $\cdots$, $N_n$가 정리 2.5.10의 조건 (1), (2)를 만족하면 $G$를 $G$의 정규부분군 $N_1$, $N_2$, $\cdots$, $N_n$의 내직적(internal direct product)이라 한다.

군 $G$가 $G$의 정규부분군 $N_1$, $N_2$, $\cdots$, $N_n$의 내직적이면 정리 2.5.10에 의하여 $G \cong N_1 \times N_2 \times \cdots \times N_n$이다. 앞으로 $G$가 $G$의 정규부분군 $N_1$, $N_2$, $\cdots$, $N_n$의 내직적이라는 것을 나타내기 위하여

$$G = N_1 \times N_2 \times \cdots \times N_n$$

으로 표시한다.

특히, $G$가 덧셈군일 때 $G$의 정규부분군 $N_1$, $N_2$, $\cdots$, $N_n$의 내직적을 내직합(internal direct sum)이라 하고, $G$가 $G$의 정규부분군 $N_1$, $N_2$, $\cdots$, $N_n$의 내직합이라는 것을 나타내기 위하여

$$G = N_1 \oplus N_2 \oplus \cdots \oplus N_n$$

으로 표시한다.

**보기 2.5.12** 보기 2.4.14에서의 Klein의 4원군 $K_4 = \{i_A,\ \sigma,\ \tau,\ \rho\}$를 생각할 때, $\langle\sigma\rangle = \{i_A,\ \sigma\}$, $\langle\tau\rangle = \{i_A,\ \tau\}$는 $K_4$의 정규부분군이다. 분명히 $\langle\sigma\rangle \cap \langle\tau\rangle = \{i_A\}$이고 $K_4 = \langle\sigma\rangle\langle\tau\rangle$이다. 따라서 $K_4$는 정규부분군 $\langle\sigma\rangle$와 $\langle\tau\rangle$의 내직적이다. 즉 $K_4 = \langle\sigma\rangle \times \langle\tau\rangle$. 마찬가지로, $K_4 = \langle\sigma\rangle \times \langle\rho\rangle = \langle\tau\rangle \times \langle\rho\rangle$이다.

다음, 덧셈군 $\mathbf{Z}_{12}$를 생각하자(보기 2.4.9를 참조). $\langle\bar{3}\rangle = \{\bar{0},\ \bar{3},\ \bar{6},\ \bar{9}\}$와 $\langle\bar{4}\rangle = \{\bar{0},\ \bar{4},\ \bar{8}\}$는 $\mathbf{Z}_{12}$의 정규부분군이고, 분명히 $\langle\bar{3}\rangle \cap \langle\bar{4}\rangle = \{\bar{0}\}$이다. 또한 $\mathbf{Z}_{12} = \langle\bar{3}\rangle + \langle\bar{4}\rangle$이므로 $\mathbf{Z}_{12}$는 정규부분군 $\langle\bar{3}\rangle$와 $\langle\bar{4}\rangle$의 내직합이다. 즉 $\mathbf{Z}_{12} = \langle\bar{3}\rangle \oplus \langle\bar{4}\rangle$. ◀

**【정리 2.5.13】**

$G_1, G_2, \cdots, G_n$을 군이라 하고, 모든 $i\,(1\le i\le n)$에 대하여

$$\overline{G}_i=\{(e_1,\ e_2,\ \cdots,\ e_{i-1},\ a_i,\ e_{i+1},\ \cdots,\ e_n)\,|\,a_i\in G_i\}$$

라 하자. 그러면 모든 $i\,(1\le i\le n)$에 대하여 $\overline{G}_i$는 $G_1\times G_2\times\cdots\times G_n$의 정규부분군이고 $G_1\times G_2\times\cdots\times G_n$은 $\overline{G}_1, \overline{G}_2, \cdots, \overline{G}_n$의 내직적이다.

**증명** 정리 2.5.8 (2)에 의하여 $\overline{G}_i$는 $G_1\times G_2\times\cdots\times G_n$의 정규부분군이다. $(a_1,\ a_2,\ \cdots,\ a_n)\in G_1\times G_2\times\cdots\times G_n$이라 하면

$$\begin{aligned}(a_1,\ a_2,\ \cdots,\ a_n)&=(a_1,\ e_2,\ \cdots,\ e_n)(e_1,\ a_2,\ e_3,\ \cdots,\ e_n)\cdots(e_1,\ e_2,\ \cdots,\ e_{n-1},\ a_n)\\&\in\overline{G}_1\overline{G}_2\cdots\overline{G}_n\end{aligned}$$

이므로 $G_1\times G_2\times\cdots\times G_n\subset\overline{G}_1\overline{G}_2\cdots\overline{G}_n$이다. 또한 분명히 $\overline{G}_1\overline{G}_2\cdots\overline{G}_n\subset G_1\times G_2\times\cdots\times G_n$이므로 $G_1\times G_2\times\cdots\times G_n=\overline{G}_1\overline{G}_2\cdots\overline{G}_n$이다.

한편, 각 $i\,(1\le i\le n)$에 대하여 $x\in\overline{G}_i\cap\overline{G}_1\overline{G}_2\cdots\overline{G}_{i-1}\overline{G}_{i+1}\cdots\overline{G}_n$라 하면 $x\in\overline{G}_i$이고 $x\in\overline{G}_1\overline{G}_2\cdots\overline{G}_{i-1}\overline{G}_{i+1}\cdots\overline{G}_n$이므로 적당한 $a_j\in G_j(j=1,$ $2,\ \cdots,\ n)$에 대하여 $x=(e_1,\ e_2,\ \cdots,\ e_{i-1},\ a_i,\ e_{i+1},\ \cdots,\ e_n)$이고

$$\begin{aligned}x&=(a_1,\ e_2,\ \cdots,\ e_n)\cdots(e_1,\ \cdots,\ e_{i-2},\ a_{i-1},\ e_i,\ \cdots,\ e_n)(e_1,\ \cdots,\ e_i,\ a_{i+1},\\&\quad e_{i+2},\ \cdots,\ e_n)\cdots(e_1,\ \cdots,\ e_{n-1},\ a_n)\\&=(a_1,\ a_2,\ \cdots,\ a_{i-1},\ e_i,\ a_{i+1},\ \cdots,\ a_n)\end{aligned}$$

이다. 따라서 $x=(e_1,\ e_2,\ \cdots,\ e_n)$이다. 즉, 각 $i\,(1\le i\le n)$에 대하여

$$\overline{G}_i\cap(\overline{G}_1\overline{G}_2\cdots\overline{G}_{i-1}\overline{G}_{i+1}\cdots\overline{G}_n)=\{(e_1,\ e_2,\ \cdots,\ e_n)\}$$

이다. 그러므로 $\overline{G}_1, \overline{G}_2, \cdots, \overline{G}_n$는 정리 2.5.10의 조건 (1), (2)를 만족한다. 즉 $G_1\times G_2\times\cdots\times G_n$는 $\overline{G}_1, \overline{G}_2, \cdots, \overline{G}_n$의 내직적이다. ■

**【정리 2.5.14】**

$G$를 군이라 하고 $N_i(i=1, 2, \cdots, n)$를 $G$의 정규부분군이라 하자. 그러면 $G$가 $N_1, N_2, \cdots, N_n$의 내직적이 될 필요충분조건은 모든 $a \in G$가 $a=a_1a_2 \cdots a_n(a_i \in N_i(1 \leq i \leq n))$의 꼴로 유일하게 표시되는 것이다.

**증명** $G$를 $N_1, N_2, \cdots, N_n$의 내직적이라 하자. 함수 $f: N_1 \times N_2 \times \cdots \times N_n \longrightarrow G$를 임의의 $(a_1, a_2, \cdots, a_n) \in N_1 \times N_2 \times \cdots \times N_n$에 대하여 $f((a_1, a_2, \cdots, a_n))=a_1a_2 \cdots a_n$으로 정의하면 정리 2.5.10의 증명과정에 의하여 $f$는 동형함수이다. 따라서 $a \in G$라 하면 $f$는 전사함수이므로 $a=f((a_1, a_2, \cdots, a_n))$을 만족하는 $(a_1, a_2, \cdots, a_n) \in N_1 \times N_2 \times \cdots \times N_n$이 존재한다. 따라서 $a=a_1a_2 \cdots a_n(a_i \in N_i(1 \leq i \leq n))$으로 표시할 수 있다. 또한,

$$a=a_1a_2 \cdots a_n=b_1b_2 \cdots b_n(a_i,\ b_i \in N_i(1 \leq i \leq n))$$

이라 하면

$$f((a_1, a_2, \cdots, a_n))=a_1a_2 \cdots a_n=b_1b_2 \cdots b_n=f((b_1, b_2, \cdots, b_n))$$

이고 $f$가 단사함수이므로 $(a_1, a_2, \cdots, a_n)=(b_1, b_2, \cdots, b_n)$이다. 따라서 $a_i=b_i(1 \leq i \leq n)$, 즉 $a$는 $a=a_1a_2 \cdots a_n(a_i \in N_i(1 \leq i \leq n))$의 꼴로 유일하게 표시된다.

역으로, 모든 $a \in G$가 $a=a_1a_2 \cdots a_n(a_i \in N_i(1 \leq i \leq n))$의 꼴로 유일하게 표시된다고 하자. 그러면 분명히 $G \subset N_1N_2 \cdots N_n$이다. 또한 $N_1N_2 \cdots N_n \subset G$이므로 $G=N_1N_2 \cdots N_n$이다. 다음, 각 $i\,(1 \leq i \leq n)$에 대하여

$$a \in N_i \cap (N_1N_2 \cdots N_{i-1}N_{i+1} \cdots N_n)$$

이라 하면 $a \in N_i$이고 $a \in N_1N_2 \cdots N_{i-1}N_{i+1} \cdots N_n$이다. 따라서

$$a=a_1a_2 \cdots a_{i-1}a_{i+1} \cdots a_n(a_j \in N_j(j \neq i(1 \leq j \leq n)))$$

으로 표시되므로

$$ee \cdots eae \cdots e=a=a_1a_2 \cdots a_{i-1}a_{i+1} \cdots a_n=a_1a_2 \cdots a_{i-1}ea_{i+1} \cdots a_n$$

이다. 그런데 $a$의 이와 같은 표현은 유일해야 하고, 특히 $a \in N_i$이므로 $a=e$이어야 한다. 즉, 각 $i\,(1 \le i \le n)$에 대하여

$$N_i \cap (N_1 N_2 \cdots N_{i-1} N_{i+1} \cdots N_n) = \{e\}$$

이다. 그러므로 $G$는 $N_1, N_2, \cdots, N_n$의 내직적이다. ■

**【정리 2.5.15】**

각 $i\,(1 \le i \le n)$에 대하여 $G_i$와 $G_i'$을 군이라 하고 $f_i : G_i \longrightarrow G_i'$을 준동형함수라 하자. 함수

$$\phi : G_1 \times G_2 \times \cdots \times G_n \longrightarrow G_1' \times G_2' \times \cdots \times G_n'$$

을 임의의 $(a_1, a_2, \cdots, a_n) \in G_1 \times G_2 \times \cdots \times G_n$에 대하여

$$\phi((a_1, a_2, \cdots, a_n)) = (f_1(a_1),\ f_2(a_2),\ \cdots,\ f_n(a_n))$$

으로 정의하면 $\phi$는 준동형함수이다. 더욱이 $\mathrm{Ker}\,\phi = \mathrm{Ker}\,f_1 \times \mathrm{Ker}\,f_2 \times \cdots \times \mathrm{Ker}\,f_n$이고 $\mathrm{Im}\,\phi = \mathrm{Im}\,f_1 \times \mathrm{Im}\,f_2 \times \cdots \times \mathrm{Im}\,f_n$이다.

또한, $\phi$가 단사준동형이 되기 위한 필요충분조건은 각 $f_i(1 \le i \le n)$가 단사준동형이 되는 것이고, $\phi$가 전사준동형이 되기 위한 필요충분조건은 각 $f_i(1 \le i \le n)$가 전사준동형이 되는 것이다(따라서 $\phi$가 동형이 되기 위한 필요충분조건은 각 $f_i(1 \le i \le n)$가 동형이 되는 것이다. 특히, 각 $i\,(1 \le i \le n)$에 대하여 $G_i \cong G_i'$이면 $G_1 \times G_2 \times \cdots \times G_n \cong G_1' \times G_2' \times \cdots \times G_n'$이다).

**증명** 임의의 $(a_1, a_2, \cdots, a_n)$, $(b_1, b_2, \cdots, b_n) \in G_1 \times G_2 \times \cdots \times G_n$에 대하여

$$\begin{aligned}
\phi((a_1, a_2, \cdots, a_n)(b_1, b_2, \cdots, b_n)) &= \phi((a_1b_1,\ a_2b_2,\ \cdots,\ a_nb_n)) \\
&= (f_1(a_1b_1),\ f_2(a_2b_2),\ \cdots,\ f_n(a_nb_n)) \\
&= (f_1(a_1)f_1(b_1),\ f_2(a_2)f_2(b_2),\ \cdots,\ f_n(a_n)f_n(b_n)) \\
&= (f_1(a_1),\ f_2(a_2),\ \cdots,\ f_n(a_n))(f_1(b_1),\ f_2(b_2),\ \cdots,\ f_n(b_n)) \\
&= \phi((a_1, a_2, \cdots, a_n))\phi((b_1, b_2, \cdots, b_n))
\end{aligned}$$

이므로 $\phi$는 준동형이다. $e_i'$(각각 $e_i$)을 $G_i'$(각각 $G_i$)의 단위원이라 하자.

$(a_1, a_2, \cdots, a_n) \in \mathrm{Ker}\,\phi$

$\Longleftrightarrow (e_1', e_2', \cdots, e_n') = \phi((a_1, a_2, \cdots, a_n)) = (f_1(a_1), f_2(a_2), \cdots, f_n(a_n))$

$\Longleftrightarrow$ 모든 $i\,(1 \le i \le n)$에 대하여 $e_i' = f_i(a_i)$

$\Longleftrightarrow$ 모든 $i\,(1 \le i \le n)$에 대하여 $a_i \in \mathrm{Ker}\,f_i$

$\Longleftrightarrow (a_1, a_2, \cdots, a_n) \in \mathrm{Ker}\,f_1 \times \mathrm{Ker}\,f_2 \times \cdots \times \mathrm{Ker}\,f_n$

이므로 $\mathrm{Ker}\,\phi = \mathrm{Ker}\,f_1 \times \mathrm{Ker}\,f_2 \times \cdots \times \mathrm{Ker}\,f_n$이다. 따라서

$\phi$가 단사준동형 $\Longleftrightarrow \{(e_1, e_2, \cdots, e_n)\} = \mathrm{Ker}\,\phi = \mathrm{Ker}\,f_1 \times \mathrm{Ker}\,f_2 \times \cdots \times \mathrm{Ker}\,f_n$

$\Longleftrightarrow$ 모든 $i\,(1 \le i \le n)$에 대하여 $\{e_i\} = \mathrm{Ker}\,f_i$

$\Longleftrightarrow$ 모든 $i\,(1 \le i \le n)$에 대하여 $f_i$가 단사준동형

이다. 또한

$(a_1', a_2', \cdots, a_n') \in \mathrm{Im}\,\phi$

$\Longleftrightarrow (a_1', a_2', \cdots, a_n') = \phi((a_1, a_2, \cdots, a_n)) = (f_1(a_1), f_2(a_2), \cdots, f_n(a_n))$
을 만족하는 $(a_1, a_2, \cdots, a_n) \in G_1 \times G_2 \times \cdots \times G_n$이 존재한다.

$\Longleftrightarrow$ 모든 $i\,(1 \le i \le n)$에 대하여 $a_i' = f_i(a_i)$를 만족하는 $a_i \in G_i$가 존재한다.

$\Longleftrightarrow$ 모든 $i\,(1 \le i \le n)$에 대하여 $a_i' \in \mathrm{Im}\,f_i$

$\Longleftrightarrow (a_1', a_2', \cdots, a_n') \in \mathrm{Im}\,f_1 \times \mathrm{Im}\,f_2 \times \cdots \times \mathrm{Im}\,f_n$

이므로 $\mathrm{Im}\,\phi = \mathrm{Im}\,f_1 \times \mathrm{Im}\,f_2 \times \cdots \times \mathrm{Im}\,f_n$이다. 따라서

$\phi$가 전사준동형 $\Longleftrightarrow G_1' \times G_2' \times \cdots \times G_n' = \mathrm{Im}\,\phi = \mathrm{Im}\,f_1 \times \mathrm{Im}\,f_2 \times \cdots \times \mathrm{Im}\,f_n$

$\Longleftrightarrow$ 모든 $i\,(1 \le i \le n)$에 대하여 $G_i' = \mathrm{Im}\,f_i$

$\Longleftrightarrow$ 모든 $i\,(1 \le i \le n)$에 대하여 $f_i$가 전사준동형

이다. ■

**【정리 2.5.16】**

각 $i\,(1 \le i \le n)$에 대하여 $G_i$를 군이라 하고, $N_i$를 $G_i$의 정규부분군이라 하자. 그러면 $N_1 \times N_2 \times \cdots \times N_n$은 $G_1 \times G_2 \times \cdots \times G_n$의 정규부분군이고

$$(G_1 \times G_2 \times \cdots \times G_n)/(N_1 \times N_2 \times \cdots \times N_n) \cong (G_1/N_1) \times (G_2/N_2) \times \cdots \times (G_n/N_n)$$

이다.

**증명** 각 $i\,(1 \leq i \leq n)$에 대하여 표준전사준동형 $\pi_i : G_i \longrightarrow G_i/N_i$를 생각하자 (정리 2.4.21을 참조). 이 때 $\operatorname{Ker} \pi_i = N_i$이다. 함수

$$\phi : G_1 \times G_2 \times \cdots \times G_n \longrightarrow (G_1/N_1) \times (G_2/N_2) \times \cdots \times (G_n/N_n)$$

를 임의의 $(a_1, a_2, \cdots, a_n) \in G_1 \times G_2 \times \cdots \times G_n$에 대하여

$$\begin{aligned}\phi((a_1, a_2, \cdots, a_n)) &= (\pi_1(a_1),\ \pi_2(a_2),\ \cdots,\ \pi_n(a_n)) \\ &= (a_1N_1,\ a_2N_2,\ \cdots,\ a_nN_n)\end{aligned}$$

으로 정의하면 정리 2.5.15에 의하여 $\phi$는 전사준동형이고

$$\operatorname{Ker} \phi = \operatorname{Ker} \pi_1 \times \operatorname{Ker} \pi_2 \times \cdots \times \operatorname{Ker} \pi_n = N_1 \times N_2 \times \cdots \times N_n$$

이다. 따라서 정리 2.2.27 (1)에 의하여 $N_1 \times N_2 \times \cdots \times N_n$은 $G_1 \times G_2 \times \cdots \times G_n$의 정규부분군이고, 제1동형정리에 의하여

$$(G_1 \times G_2 \times \cdots \times G_n)/(N_1 \times N_2 \times \cdots \times N_n) \cong (G_1/N_1) \times (G_2/N_2) \times \cdots \times (G_n/N_n)$$

이다. ■

직적의 개념을 일반화하자. $I$를 공집합이 아닌 집합이라 하고, 각 $i \in I$에 대하여 $G_i$를 군이라 하자. 군들의 집합족 $\{G_i \mid i \in I\}$의 카테시안 곱

$$\prod_{i \in I} G_i = \{f \mid f : I \longrightarrow \bigcup_{i \in I} G_i \text{는 함수, 각 } i \in I \text{에 대하여 } f(i) \in G_i\}$$

를 생각하자. $f,\ g \in \prod_{i \in I} G_i$이면 $f$와 $g$는 $f : I \longrightarrow \bigcup_{i \in I} G_i$, $g : I \longrightarrow \bigcup_{i \in I} G_i$인 함수이고, 각 $i \in I$에 대하여 $f(i) \in G_i$, $g(i) \in G_i$이고, $G_i$가 군이므로 $f(i)g(i) \in G_i$이다. 따라서 함수 $f \triangle g : I \longrightarrow \bigcup_{i \in I} G_i$를 각 $i \in I$에 대하여 $(f \triangle g)(i) = f(i)g(i)$로 정의하면 $f \triangle g \in \prod_{i \in I} G_i$이다. 그러므로 함수

$$\triangle : \prod_{i\in I} G_i \times \prod_{i\in I} G_i \longrightarrow \prod_{i\in I} G_i$$

를 임의의 $(f, g)\in \prod_{i\in I} G_i \times \prod_{i\in I} G_i$에 대하여 $\triangle((f, g))=f\triangle g$로 정의할 수 있다. 따라서 $\triangle$는 $\prod_{i\in I} G_i$위의 이항연산이다.

**【정리 2.5.17】**

$I$를 공집합이 아닌 집합이라 하고, 각 $i\in I$에 대하여 $G_i$를 군이라 하자. 그러면 군들의 집합족 $\{G_i | i\in I\}$의 카테시안 곱 $\prod_{i\in I} G_i$는 $\prod_{i\in I} G_i$위의 이항연산 $\triangle$에 대하여 군을 이룬다. 특히 각 $i\in I$에 대하여 $G_i$가 가환군이면 $\prod_{i\in I} G_i$도 가환군이다(이 때, 군 $\prod_{i\in I} G_i$를 군들의 집합족 $\{G_i | i\in I\}$의 **직적**(direct product)이라 한다).

**증명** $f, g, h\in \prod_{i\in I} G_i$라 하면 각 $i\in I$에 대하여

$$\begin{aligned}((f\triangle g)\triangle h)(i) &= (f\triangle g)(i)h(i) = (f(i)g(i))h(i) \\ &= f(i)(g(i)h(i))(\text{군 } G_i\text{에서의 결합법칙에 의하여}) \\ &= f(i)(g\triangle h)(i) = (f\triangle(g\triangle h))(i)\end{aligned}$$

이므로 $(f\triangle g)\triangle h = f\triangle(g\triangle h)$이다. 각 $i\in I$에 대하여 $e_i$를 군 $G_i$의 단위원이라 할 때 함수 $e : I \longrightarrow \bigcup_{i\in I} G_i$를 $e(i)=e_i$로 정의하면 $e\in \prod_{i\in I} G_i$이고 임의의 $f\in \prod_{i\in I} G_i$에 대하여

$$(f\triangle e)(i) = f(i)e(i) = f(i)e_i = f(i)\,(f(i)\in G_i\text{이므로})$$

이므로 $f\triangle e=f$이다. 또한, $f\in \prod_{i\in I} G_i$라 하면 각 $i\in I$에 대하여 $f(i)\in G_i$이므로 $(f(i))^{-1}\in G_i$이다. 따라서 함수 $f^{-1} : I \longrightarrow \bigcup_{i\in I} G_i$를 각 $i\in I$에 대하여 $f^{-1}(i)=(f(i))^{-1}$로 정의하면 $f^{-1}\in \prod_{i\in I} G_i$이고($f^{-1}$는 $f$의 역함수가 아님에 주의하여라)

$$(f\triangle f^{-1})(i) = f(i)f^{-1}(i) = f(i)(f(i))^{-1} = e_i = e(i)$$

이므로 $f \triangle f^{-1} = e$이다. 그러므로 정리 2.1.9에 의하여 $\prod_{i \in I} G_i$는 △에 대하여 군을 이룬다. 더욱이, 각 $i \in I$에 대하여 $G_i$가 가환군이면 임의의 $f$, $g \in \prod_{i \in I} G_i$에 대하여

$$\begin{aligned}(f \triangle g)(i) &= f(i)g(i) = g(i)f(i) (\text{군 } G_i\text{에서의 교환법칙에 의하여}) \\ &= (g \triangle f)(i)\end{aligned}$$

이므로 $f \triangle g = g \triangle f$이다. 따라서 $\prod_{i \in I} G_i$는 가환군이다. ■

정리 2.5.17에서 각 $i \in I$에 대하여 $G_i$가 덧셈군일 때는 $f \triangle g$ 대신에 $f+g$로 표시한다. 이 때는

$$(f+g)(i) = f(i) + g(i)$$

로 표시되고, $e$ 대신에 0으로 표시한다. 또한, $f^{-1}$ 대신에 $-f$로 표시한다. 즉 $(-f)(i) = -f(i)$.

**【정리 2.5.18】**

$I = \{1, 2, \cdots, n\}$일 때, 군들의 집합족 $\{G_i \mid i \in I\}$의 직적 $\prod_{i \in I} G_i$는 군 $G_1$, $G_2$, $\cdots$, $G_n$의 직적 $G_1 \times G_2 \times \cdots \times G_n$에 동형적이다. 즉,

$$\prod_{i \in I} G_i \cong G_1 \times G_2 \times \cdots \times G_n.$$

**증명** $f \in \prod_{i \in I} G_i$라 하면 $f$는 임의의 $i \in I$에 대하여 $f(i) \in G_i$를 만족하는 $f : I \longrightarrow \bigcup_{i \in I} G_i$인 함수이다. 따라서 함수

$$\theta : \prod_{i \in I} G_i \longrightarrow G_1 \times G_2 \times \cdots \times G_n$$

을 임의의 $f \in \prod_{i \in I} G_i$에 대하여 $\theta(f) = (f(1), f(2), \cdots, f(n))$으로 정의하면 1.1절의 끝 부분에서 설명한 바와 같이 $\theta$는 전단사함수이다. 또한, 임의의 $f$, $g \in \prod_{i \in I} G_i$에 대하여

$$\begin{aligned}\theta(f\triangle g)&=((f\triangle g)(1),\ (f\triangle g)(2),\ \cdots,\ (f\triangle g)(n))\\&=(f(1)g(1),\ f(2)g(2),\ \cdots,\ f(n)g(n))\\&=(f(1),\ f(2),\ \cdots,\ f(n))\,\square\,(g(1),\ g(2),\ \cdots,\ g(n))\\&=\theta(f)\,\square\,\theta(g)\end{aligned}$$

이므로 $\theta$는 준동형이다. 따라서 $\theta$는 동형함수이다. 즉,

$$\prod_{i\in I}G_i\cong G_1\times G_2\times\cdots\times G_n. \qquad \blacksquare$$

**【정리 2.5.19】**

$I=\{1,\ 2,\ \cdots,\ n\}$이라 하고 $G_1,\ G_2,\ \cdots,\ G_n$을 군이라 하자. $\sigma$를 $I$위의 치환이라 하면

$$G_1\times G_2\times\cdots\times G_n\cong G_{\sigma(1)}\times G_{\sigma(2)}\times\cdots\times G_{\sigma(n)}.$$

**증명** $\sigma: I\longrightarrow I$가 전단사함수이므로 $\sigma(1),\ \sigma(2),\ \cdots,\ \sigma(n)$은 모두 다르다. 따라서 함수 $\theta:\prod_{i\in I}G_i\longrightarrow G_{\sigma(1)}\times G_{\sigma(2)}\times\cdots\times G_{\sigma(n)}$을 임의의 $f\in\prod_{i\in I}G_i$에 대하여 $\theta(f)=(f(\sigma(1)),\ f(\sigma(2)),\ \cdots,\ f(\sigma(n)))$으로 정의하면 정리 2.5.18의 증명과정에 의하여

$$\prod_{i\in I}G_i\cong G_{\sigma(1)}\times G_{\sigma(2)}\times\cdots\times G_{\sigma(n)}$$

이다. 그러므로 정리 2.5.18과 정리 2.2.29와 정리 2.2.28 (4)에 의하여

$$G_1\times G_2\times\cdots\times G_n\cong G_{\sigma(1)}\times G_{\sigma(2)}\times\cdots\times G_{\sigma(n)}. \qquad \blacksquare$$

**【보조정리 2.5.20】**

$G_1,\ G_2,\ \cdots,\ G_n(n\geq 3)$을 군이라 할 때, 다음이 성립한다.

(1) $G_1\times G_2\times G_3\cong(G_1\times G_2)\times G_3\cong G_1\times(G_2\times G_3)$

(2) 각 $k(3\leq k<n)$에 대하여

$G_1\times\cdots\times G_k\times G_{k+1}\times\cdots\times G_n\cong(G_1\times G_2\times\cdots\times G_k)\times(G_{k+1}\times G_{k+2}\times\cdots\times G_n)$.

**증명** (1) 함수 $\theta: G_1\times G_2\times G_3\longrightarrow(G_1\times G_2)\times G_3$를 임의의 $(a_1,\ a_2,\ a_3)\in$

$G_1 \times G_2 \times G_3$에 대하여 $\theta((a_1, a_2, a_3)) = ((a_1, a_2), a_3)$로 정의하자. 그러면 분명히 $\theta$는 전단사함수이다. 또한 임의의 $(a_1, a_2, a_3)$, $(b_1, b_2, b_3) \in G_1 \times G_2 \times G_3$에 대하여

$$\begin{aligned}\theta((a_1, a_2, a_3)(b_1, b_2, b_3)) &= \theta((a_1b_1, a_2b_2, a_3b_3)) \\ &= ((a_1b_1, a_2b_2), a_3b_3) = ((a_1, a_2)(b_1, b_2), a_3b_3) \\ &= ((a_1, a_2), a_3)((b_1, b_2), b_3) = \theta((a_1, a_2, a_3))\theta((b_1, b_2, b_3))\end{aligned}$$

이므로 $\theta$는 준동형이다. 따라서 $\theta$는 동형함수이다. 즉

$$G_1 \times G_2 \times G_3 \cong (G_1 \times G_2) \times G_3.$$

같은 방법으로, $G_1 \times G_2 \times G_3 \cong G_1 \times (G_2 \times G_3)$임을 쉽게 증명할 수 있다. 그러므로

$$G_1 \times G_2 \times G_3 \cong (G_1 \times G_2) \times G_3 \cong G_1 \times (G_2 \times G_3).$$

(2) 각 $k(3 \leq k < n)$에 대하여 함수

$$\theta : G_1 \times \cdots \times G_k \times G_{k+1} \times \cdots \times G_n \longrightarrow (G_1 \times G_2 \times \cdots \times G_k) \times (G_{k+1} \times G_{k+2} \times \cdots \times G_n)$$

을 임의의 $(a_1, \cdots, a_k, a_{k+1}, \cdots, a_n) \in G_1 \times \cdots \times G_k \times G_{k+1} \times \cdots \times G_n$에 대하여

$$\theta((a_1, \cdots, a_k, a_{k+1}, \cdots, a_n)) = ((a_1, a_2, \cdots, a_k), (a_{k+1}, a_{k+2}, \cdots, a_n))$$

으로 정의하면 (1)의 증명과정에서와 같이 $\theta$가 동형함수라는 것을 쉽게 증명할 수 있다. 즉,

$$\begin{aligned}&G_1 \times \cdots \times G_k \times G_{k+1} \times \cdots \times G_n \\ &\quad \cong (G_1 \times G_2 \times \cdots \times G_k) \times (G_{k+1} \times G_{k+2} \times \cdots \times G_n).\end{aligned}$$ ■

$G_1$, $G_2$, $G_3$, $G_4$를 군이라 하면 보조정리 2.5.20에 의하여

$$\begin{aligned}G_1 \times G_2 \times G_3 \times G_4 &\cong (G_1 \times G_2 \times G_3) \times G_4 \cong ((G_1 \times G_2) \times G_3) \times G_4 \\ &\cong (G_1 \times G_2) \times (G_3 \times G_4) \cong G_1 \times (G_2 \times (G_3 \times G_4)) \cong \cdots\end{aligned}$$

이다. 즉, 직적 $G_1 \times G_2 \times G_3 \times G_4$에 $G_1$, $G_2$, $G_3$, $G_4$의 순서를 바꾸지 않고 괄호를 어떻게 삽입하여도 이들은 모두 동형적임을 알 수 있다. 이 사실은 다음과 같이 일반화된다.

**【정리 2.5.21】**

$G_1, G_2, \cdots, G_n$을 군이라 하자. 그러면 직적 $G_1 \times G_2 \times \cdots \times G_n$에 $G_1$, $G_2$, $\cdots$, $G_n$의 순서를 바꾸지 않고 괄호를 어떻게 삽입하든지 그 삽입하는 방법에 관계없이 이들은 모두 동형적이다.

**증명** 정리를 증명하기 위하여 직적 $G_1 \times G_2 \times \cdots \times G_n$에 괄호를 적당히 삽입하여 얻어지는 군을 $G$라 할 때, 항상 $G \cong G_1 \times G_2 \times \cdots \times G_n$임을 증명하면 충분하다. 이제 $G \cong G_1 \times G_2 \times \cdots \times G_n$임을 증명하기 위하여 군의 개수 $n$에 대한 수학적 귀납법을 사용하자.

$n=3$인 경우, 보조정리 2.5.20 (1)에 의하여 성립한다. 다음 $m<n$ $(m \geq 3)$인 모든 $m$에 대하여 정리가 성립한다고 가정하자. $G_1 \times G_2 \times \cdots \times G_n$에 괄호를 적당히 삽입하여 $G$가 얻어질 때, $G_n$을 포함하는 괄호 중에서 제일 밖의 괄호가 $n-k\,(1 \leq k < n)$개의 $G_i(k+1 \leq i \leq n)$를 포함한다고 하면

$$\begin{aligned} G &\cong (G_1 \times G_2 \times \cdots \times G_k) \times (G_{k+1} \times G_{k+2} \times \cdots \times G_n) \text{(귀납법 가정과 정리 2.5.15에 의하여)} \\ &\cong G_1 \times G_2 \times \cdots \times G_n \text{(보조정리 2.5.20 (2)에 의하여)} \end{aligned}$$

이다. 따라서 정리는 성립한다. ■

다음 정리 2.5.22와 정리 2.5.23은 각각 정리 2.5.8 (1), (2)의 일반화이다.

**【정리 2.5.22】**

군들의 집합족 $\{G_i \mid i \in I\}$의 직적 $\prod_{i \in I} G_i$를 생각하자. 각 $k \in I$에 대하여 함수 $\pi_k : \prod_{i \in I} G_i \longrightarrow G_k$를 임의의 $f \in \prod_{i \in I} G_i$에 대하여 $\pi_k(f)=f(k)$로 정의하면($f(k) \in G_k$이므로 이 함수를 정의할 수 있다) $\pi_k$는 전사준동형이다.

**증명** 임의의 $f, g \in \prod_{i \in I} G_i$에 대하여

$$\pi_k(f \triangle g) = (f \triangle g)(k) = f(k)g(k) = \pi_k(f)\pi_k(g)$$

이므로 $\pi_k$는 준동형이다. 또한, 임의의 $a_k \in G_k$에 대하여 함수 $f : I \longrightarrow \bigcup_{i \in I} G_i$를

$$f(i) = \begin{cases} a_k \ (i = k\text{인 경우}) \\ e_i \ (i \neq k\text{인 경우}(e_i\text{는 } G_i\text{의 단위원})) \end{cases}$$

로 정의하면 $f \in \prod_{i \in I} G_i$이고 $\pi_k(f) = f(k) = a_k$이므로 $\pi_k$는 전사함수이다. 따라서 $\pi_k$는 전사준동형이다. ■

**【정리 2.5.23】**

군들의 집합족 $\{G_i \mid i \in I\}$의 직적 $\prod_{i \in I} G_i$를 생각하자. 각 $i \in I$에 대하여 $e_i$를 $G_i$의 단위원이라 할 때, 다음이 성립한다.

(1) $\prod_{i \in I} G_i$의 부분집합

$$\prod_{i \in I}{}^w G_i = \{f \in \prod_{i \in I} G_i \mid \text{유한개를 제외한 모든 } i \in I\text{에 대하여 } f(i) = e_i\}$$

는 $\prod_{i \in I} G_i$의 정규부분군이다(군 $\prod_{i \in I}{}^w G_i$를 군들의 집합족 $\{G_i \mid i \in I\}$의 약직적(weak direct product)이라 한다).

(2) 각 $k \in I$에 대하여 함수 $\alpha_k : G_k \longrightarrow \prod_{i \in I}{}^w G_i$를 다음과 같이 정의한다 : $\alpha_k$가 함수가 되려면 각 $a_k \in G_k$에 대하여 $\alpha_k$에 의한 $a_k$의 함수값 $\alpha_k(a_k)$가 정해져야 한다. 이때 $\alpha_k(a_k) \in \prod_{i \in I}{}^w G_i$이어야 하므로 $\alpha_k(a_k)$는 $\alpha_k(a_k) : I \longrightarrow \bigcup_{i \in I} G_i$인 함수이고, 각 $i \in I$에 대하여 $\alpha_k(a_k)(i) \in G_i$이고, 유한개를 제외한 모든 $i \in I$에 대하여 $\alpha_k(a_k)(i) = e_i$이어야 한다. 이제, 함수 $\alpha_k(a_k) : I \longrightarrow \bigcup_{i \in I} G_i$를 임의의 $i \in I$에 대하여

$$\alpha_k(a_k)(i) = \begin{cases} a_k \ (i = k\text{인 경우}) \\ e_i \ (i \neq k\text{인 경우}) \end{cases}$$

로 정의하자. 그러면, 분명히 $\alpha_k(a_k) \in \prod_{i\in I}{}^w G_i$이고, 따라서 $\alpha_k$는 함수이다.

이 때, $\alpha_k$는 단사준동형이다. 더욱이, $\text{Im}\,\alpha_k$는 $\prod_{i\in I} G_i$의 정규부분군이고 $G_k \cong \text{Im}\,\alpha_k$이다.

---

**증명** (1) $e$를 $\prod_{i\in I} G_i$의 단위원이라 하면(정리 2.5.17의 증명과정을 참조) 분명히 $e \in \prod_{i\in I}{}^w G_i$이다. 즉 $\prod_{i\in I}{}^w G_i \neq \varnothing$. 또한 $f$, $g \in \prod_{i\in I}{}^w G_i$라 하면 유한개를 제외한 모든 $i\in I$에 대하여 $f(i)=e_i$, $g(i)=e_i$이므로 유한개를 제외한 모든 $i\in I$에 대하여

$$(f\triangle g^{-1})(i)=f(i)g^{-1}(i)=f(i)(g(i))^{-1}=e_ie_i=e_i$$

이다. 즉 $f\triangle g^{-1} \in \prod_{i\in I}{}^w G_i$. 따라서 $\prod_{i\in I}{}^w G_i$는 $\prod_{i\in I} G_i$의 부분군이다. 더욱이 $h \in \prod_{i\in I} G_i$, $f \in \prod_{i\in I}{}^w G_i$라 하면 유한개를 제외한 모든 $i\in I$에 대하여 $f(i)=e_i$이므로 유한개를 제외한 모든 $i\in I$에 대하여

$$(h\triangle f\triangle h^{-1})(i)=h(i)f(i)(h(i))^{-1}=h(i)e_i(h(i))^{-1}=h(i)(h(i))^{-1}=e_i$$

이다. 즉 $h\triangle f\triangle h^{-1} \in \prod_{i\in I}{}^w G_i$. 그러므로 $\prod_{i\in I}{}^w G_i$는 $\prod_{i\in I} G_i$의 정규부분군이다.

(2) 임의의 $a_k$, $b_k \in G_k$와 임의의 $i\in I$에 대하여

$$\alpha_k(a_kb_k)(i)=\begin{cases} a_kb_k=(\alpha_k(a_k)(i))(\alpha_k(b_k)(i))=(\alpha_k(a_k)\triangle\alpha_k(b_k))(i) \ (i=k\text{인 경우}) \\ e_i=e_ie_i=(\alpha_k(a_k)(i))(\alpha_k(b_k)(i))=(\alpha_k(a_k)\triangle\alpha_k(b_k))(i) \ (i\neq k\text{인 경우}) \end{cases}$$

이다. 즉, $\alpha_k(a_kb_k)=\alpha_k(a_k)\triangle\alpha_k(b_k)$. 따라서 $\alpha_k$는 준동형함수이다. 또한, $a_k \in \text{Ker}\,\alpha_k$라 하면 $\alpha_k(a_k)=e$이다($e$는 $\prod_{i\in I} G_i$의 단위원이다). 따라서 모든 $i\in I$에 대하여

$$e_i=e(i)=\alpha_k(a_k)(i)=\begin{cases} a_k \ (i=k\text{인 경우}) \\ e_i \ (i\neq k\text{인 경우}) \end{cases}$$

이므로 $a_k = e_k$이다. 즉 $\text{Ker}\,\alpha_k = \{e_k\}$. 따라서 $\alpha_k$는 단사준동형이다.

한편, $\text{Im}\,\alpha_k$는 $\prod_{i\in I}{}^w G_i$의 부분군이고, 또한 $\prod_{i\in I}{}^w G_i$는 $\prod_{i\in I} G_i$의 부분군이므로 $\text{Im}\,\alpha_k$는 $\prod_{i\in I} G_i$의 부분군이다. 더욱이 $g\in\prod_{i\in I} G_i$, $f\in\text{Im}\,\alpha_k$라 하면 $f=\alpha_k(a_k)$를 만족하는 $a_k\in G_k$가 존재하고, 특히 $g\triangle f\triangle g^{-1}\in\prod_{i\in I} G_i$이므로 $(g\triangle f\triangle g^{-1})(k)\in G_k$이다. 따라서 $(g\triangle f\triangle g^{-1})(k)=b_k$로 놓으면

$$(g\triangle f\triangle g^{-1})(k)=b_k=\alpha_k(b_k)(k)$$

이고, $i\neq k$인 모든 $i\in I$에 대하여

$$\begin{aligned}(g\triangle f\triangle g^{-1})(i) &= g(i)f(i)g^{-1}(i)=g(i)(\alpha_k(a_k)(i))(g(i))^{-1}\\ &= g(i)e_i(g(i))^{-1}=e_i=\alpha_k(b_k)(i)\end{aligned}$$

이다. 즉 모든 $i\in I$에 대하여 $(g\triangle f\triangle g^{-1})(i)=\alpha_k(b_k)(i)$이므로

$$g\triangle f\triangle g^{-1}=\alpha_k(b_k)\in\text{Im}\,\alpha_k$$

이다. 따라서 $\text{Im}\,\alpha_k$는 $\prod_{i\in I} G_i$의 정규부분군이다. 또한 $\alpha_k$가 단사준동형이므로 정리 2.2.31 (3)에 의하여 $G_k\cong\text{Im}\,\alpha_k$이다. ■

정리 2.5.23 (1)에서 모든 $i\in I$에 대하여 $G_i$가 덧셈군일 때, $\{G_i\,|\,i\in I\}$의 약직적 $\prod_{i\in I}{}^w G_i$를 직합(direct sum)이라 하고 $\sum_{i\in I} G_i$로 표시한다.

$I$가 유한집합일 때는 군들의 집합족 $\{G_i\,|\,i\in I\}$의 직적 $\prod_{i\in I} G_i$와 약직적 $\prod_{i\in I}{}^w G_i$는 분명히 일치한다.

다음 정리 2.5.24는 정리 2.5.10의 일반화이다.

**【정리 2.5.24】**

$G$를 군이라 하고 $e$를 $G$의 단위원이라 하자. $G$의 정규부분군들의 집합족 $\{N_i\,|\,i\in I\}$가 다음 두 조건

(1) $G=\langle \bigcup_{i\in I} N_i \rangle$.

(2) 각 $k\in I$와 $K=\{i \mid i\in I(i\neq k)\}$에 대하여 $N_k \cap \langle \bigcup_{i\in K} N_i \rangle = \{e\}$이다.

를 만족한다고 하자. 그러면

$$G \cong \prod_{i\in I}{}^{w} N_i.$$

---

**증명** 각 $k\in I$와 $K=\{i \mid i\in I(i\neq k)\}$에 대하여 $i\in K$이면 $N_i \subset \langle \bigcup_{i\in K} N_i \rangle$이므로 조건 (2)에 의하여 모든 $i,\ k\in I(i\neq k)$에 대하여 $N_i \cap N_k=\{e\}$이다. 따라서 정리 2.2.20 (2)에 의하여

$$\text{모든 } n_i\in N_i \text{와 모든 } n_k\in N_k \text{에 대하여 } n_i n_k = n_k n_i \qquad \cdots\cdots(2.5.1)$$

이다. $\bar{e}$를 $\prod_{i\in I}{}^{w} N_i$의 단위원이라 하자. $\bar{e}\neq f\in \prod_{i\in I}{}^{w} N_i$이면 유한개의 $i\in I$에 대하여 $f(i)\neq e$이므로 $f(i)\neq e$인 $f(i)$들의 $G$에서의 곱($f(i)\in N_i\subset G$이다)이 정의되고, 또한 (2.5.1)에 의하여 이 곱은 곱하는 순서에 관계없이 일정하므로 이 곱을 $\prod_{i\in I} f(i)$로 표시한다. $f=\bar{e}$일 때는 $\prod_{i\in I}\bar{e}(i)=e$로 정의한다. 이제, 함수

$$\phi : \prod_{i\in I}{}^{w} N_i \longrightarrow G$$

를 임의의 $f\in \prod_{i\in I}{}^{w} N_i$에 대하여 $\phi(f)=\prod_{i\in I} f(i)$로 정의하자. 그러면 임의의 $f,\ g\in \prod_{i\in I}{}^{w} N_i$에 대하여

$$\begin{aligned}\phi(f\triangle g) &= \prod_{i\in I}(f\triangle g)(i) = \prod_{i\in I} f(i)g(i)\\ &= \prod_{i\in I} f(i) \prod_{i\in I} g(i) \quad ((2.5.1)\text{에 의하여}) = \phi(f)\phi(g)\end{aligned}$$

이므로 $\phi$는 준동형함수이다.

$f\in \operatorname{Ker}\phi$라 하자. $f\neq\bar{e}$라 가정하면 유한개의 $i_1,\ i_2,\ \cdots,\ i_n\in I$에 대하여 $f(i_k)\neq e\ (k=1,\ 2,\ \cdots,\ n)$이고, $i_k\neq i\ (k=1,\ 2,\ \cdots,\ n)$인 모든 $i\in I$에 대하여 $f(i)=e$이다. 따라서

$$e=\phi(f)=\prod_{i\in I} f(i)=f(i_1)f(i_2)\cdots f(i_n)$$

이다. 따라서 각 $i_k(k=1, 2, \cdots, n)$에 대하여 $K=\{i \mid i\in I(i\neq i_k)\}$라 하면

$$(f(i_k))^{-1}=f(i_1)f(i_2)\cdots f(i_{k-1})f(i_{k+1})\cdots f(i_n)\in\langle\bigcup_{i\in K} N_i\rangle$$

이고, 또 $(f(i_k))^{-1}\in N_{i_k}$이므로

$$(f(i_k))^{-1}\in N_{i_k}\cap\langle\bigcup_{i\in K} N_i\rangle=\{e\}$$

이다. 따라서 각 $k(1\le k\le n)$에 대하여 $(f(i_k))^{-1}=e$, 즉 $f(i_k)=e$이다. 이것은 모순이다. 따라서 $f=\bar{e}$, 즉 $\operatorname{Ker}\phi=\{\bar{e}\}$이다. 그러므로 $\phi$는 단사준동형이다.

다음, $a\in G$라 하면 조건 (1)과 정리 2.2.11에 의하여

$$a=n_{i_1}n_{i_2}\cdots n_{i_t}(n_{i_k}\in N_{i_k}(k=1, 2, \cdots, t))$$

로 쓸 수 있다. 함수 $f: I\longrightarrow\bigcup_{i\in I} N_i$를 $f(i_k)=n_{i_k}(1\le k\le t)$이고 $i_k\neq i$ $(k=1, 2, \cdots, t)$인 모든 $i\in I$에 대하여 $f(i)=e$로 정의하면 $f\in\prod_{i\in I}{}^{w}N_i$이고

$$\phi(f)=\prod_{i\in I} f(i)=f(i_1)f(i_2)\cdots f(i_t)=n_{i_1}n_{i_2}\cdots n_{i_t}=a$$

이므로 $\phi$는 전사준동형이다. 따라서 $\phi$는 동형함수이다. 즉 $\prod_{i\in I}{}^{w}N_i\cong G$. 그러므로 $G\cong\prod_{i\in I}{}^{w}N_i$이다. ■

**【정의 2.5.25】**

$G$를 군이라 하자. $G$의 정규부분군들의 집합족 $\{N_i \mid i\in I\}$가 정리 2.5.24의 조건 (1), (2)를 만족하면 $G$를 $G$의 정규부분군들의 집합족 $\{N_i \mid i\in I\}$의 내약직적(internal weak direct product)이라 한다.

군 $G$가 $G$의 정규부분군들의 집합족 $\{N_i \mid i\in I\}$의 내약직적이면 정리

2.5.24에 의하여 $G \cong \prod_{i\in I}{}^w N_i$이다. 앞으로, $G$가 $G$의 정규부분군들의 집합족 $\{N_i \mid i\in I\}$의 내약직적이라는 것을 나타내기 위하여

$$G = \prod_{i\in I}{}^w N_i$$

로 표시한다.

특히, $G$가 덧셈군일 때는 $G$의 정규부분군들의 집합족 $\{N_i \mid i\in I\}$의 내약직적을 내직합(internal direct sum)이라 하고, $G$가 $G$의 정규부분군들의 집합족 $\{N_i \mid i\in I\}$의 내직합이라는 것을 나타내기 위하여

$$G = \sum_{i\in I} N_i$$

로 표시한다.

다음 정리 2.5.26은 정리 2.5.15의 일반화이다.

**【정리 2.5.26】**

각 $i\in I$에 대하여 $G_i$, $G_i'$을 군이라 하고 $f_i : G_i \longrightarrow G_i'$을 준동형함수라 하자. 함수

$$\phi : \prod_{i\in I} G_i \longrightarrow \prod_{i\in I} G_i'$$

을 다음과 같이 정의하자: $\phi$가 함수가 되려면 각 $g\in \prod_{i\in I} G_i$에 대하여 $\phi$에 의한 $g$의 함수값 $\phi(g)$가 정해져야 한다. 이 때, $\phi(g) \in \prod_{i\in I} G_i'$이어야 하므로 $\phi(g)$는 $\phi(g) : I \longrightarrow \bigcup_{i\in I} G_i'$인 함수이고, 모든 $i\in I$에 대하여 $\phi(g)(i) \in G_i'$이어야 한다. 또한, $g\in \prod_{i\in I} G_i$이므로 모든 $i\in I$에 대하여 $g(i)\in G_i$이다. 한편, 각 $i\in I$에 대하여 $f_i : G_i \longrightarrow G_i'$은 준동형이므로 $f_i(g(i)) \in G_i'$이다. 그러므로 함수 $\phi(g) : I \longrightarrow \bigcup_{i\in I} G_i'$을 임의의 $i\in I$에 대하여 $\phi(g)(i) = f_i(g(i))$로 정의하면 분명히 $\phi(g) \in \prod_{i\in I} G_i'$이고, 따라서 $\phi$는 함수이다.

이 때, $\phi$는 준동형이고 $\phi(\prod_{i\in I}{}^w G_i) \subset \prod_{i\in I}{}^w G_i'$, $\operatorname{Ker}\phi = \prod_{i\in I} \operatorname{Ker} f_i$, $\operatorname{Im}\phi =$

$\prod_{i\in I}\operatorname{Im} f_i$이다. 더욱이 $\phi$가 단사준동형이 되기 위한 필요충분조건은 각 $i\in I$에 대하여 $f_i$가 단사준동형이 되는 것이고, $\phi$가 전사준동형이 되기 위한 필요충분조건은 각 $i\in I$에 대하여 $f_i$가 전사준동형이 되는 것이다 (따라서 $\phi$가 동형이 되기 위한 필요충분조건은 각 $i\in I$에 대하여 $f_i$가 동형이 되는 것이다).

특히, 각 $i\in I$에 대하여 $f_i$가 동형이면 $\prod_{i\in I}{}^w G_i\cong\prod_{i\in I}{}^w G_i'$이다.

---

**증명** $g,\ h\in\prod_{i\in I}G_i$라 하면 임의의 $i\in I$에 대하여

$$\begin{aligned}\phi(g\triangle h)(i)&=f_i((g\triangle h)(i))=f_i(g(i)h(i))=f_i(g(i))f_i(h(i))\\&=(\phi(g)(i))(\phi(h)(i))=(\phi(g)\triangle'\phi(h))(i)\\&\qquad(\triangle'\text{은 직적 }\textstyle\prod_{i\in I}G_i'\text{ 위의 이항연산이다})\end{aligned}$$

이므로 $\phi(g\triangle h)=\phi(g)\triangle'\phi(h)$이다. 따라서 $\phi$는 준동형함수이다. 또한, $g\in\prod_{i\in I}{}^w G_i$라 하면 유한개를 제외한 모든 $i\in I$에 대하여 $g(i)=e_i$($e_i$는 $G_i$의 단위원)이다. 따라서 $f_i$가 준동형이므로 유한개를 제외한 모든 $i\in I$에 대하여

$$\phi(g)(i)=f_i(g(i))=f_i(e_i)=e_i'\ (e_i'\text{은 }G_i'\text{의 단위원})$$

이다. 그러므로 $\phi(g)\in\prod_{i\in I}{}^w G_i'$이다. 즉, $\phi(\prod_{i\in I}{}^w G_i)\subset\prod_{i\in I}{}^w G_i'$. 한편

$$\begin{aligned}g\in\operatorname{Ker}\phi&\Longleftrightarrow\phi(g)=e'\ \ (e'\text{은 }\textstyle\prod_{i\in I}G_i'\text{의 단위원})\\&\Longleftrightarrow\text{모든 }i\in I\text{에 대하여 }f_i(g(i))=\phi(g)(i)=e'(i)=e_i'\\&\Longleftrightarrow\text{모든 }i\in I\text{에 대하여 }g(i)\in\operatorname{Ker}f_i\Longleftrightarrow g\in\textstyle\prod_{i\in I}\operatorname{Ker}f_i\end{aligned}$$

이므로 $\operatorname{Ker}\phi=\prod_{i\in I}\operatorname{Ker}f_i$이고, 분명히 $\phi$가 단사준동형이 되기 위한 필요충분조건은 각 $i\in I$에 대하여 $f_i$가 단사준동형이 되는 것이다.

다음, $g'\in\operatorname{Im}\phi$라 하면 $g'=\phi(g)$를 만족하는 $g\in\prod_{i\in I}G_i$가 존재한다. 따라서 모든 $i\in I$에 대하여

$$g'(i)=\phi(g)(i)=f_i(g(i)),\ \text{즉}\ g'(i)\in \operatorname{Im} f_i$$

이므로 $g'\in\prod_{i\in I}\operatorname{Im} f_i$이다. 따라서 $\operatorname{Im}\phi\subset\prod_{i\in I}\operatorname{Im} f_i$이다. 역으로 $g'\in\prod_{i\in I}\operatorname{Im} f_i$라 하면 모든 $i\in I$에 대하여 $g'(i)\in\operatorname{Im} f_i$이므로 모든 $i\in I$에 대하여 $g'(i)=f_i(a_i)$를 만족하는 $a_i\in G_i$가 존재한다. 함수

$$g: I\longrightarrow \bigcup_{i\in I} G_i$$

를 임의의 $i\in I$에 대하여 $g(i)=a_i$로 정의하면 $g(i)=a_i\in G_i$이므로 $g\in\prod_{i\in I}G_i$이다. 따라서 모든 $i\in I$에 대하여

$$\phi(g)(i)=f_i(g(i))=f_i(a_i)=g'(i)$$

이다. 즉 $\phi(g)=g'$이므로 $g'\in\operatorname{Im}\phi$이다. 따라서 $\prod_{i\in I}\operatorname{Im} f_i\subset\operatorname{Im}\phi$이다. 그러므로 $\operatorname{Im}\phi=\prod_{i\in I}\operatorname{Im} f_i$이고, 따라서 $\phi$가 전사준동형이 되기 위한 필요충분조건은 각 $i\in I$에 대하여 $f_i$가 전사준동형이 되는 것이다. 그러므로 $\phi$가 동형이 되기 위한 필요충분조건은 각 $i\in I$에 대하여 $f_i$가 동형이 되는 것이다.

마지막으로, 각 $i\in I$에 대하여 $f_i$가 동형이라 하면 $\phi$는 동형이고 $\phi(\prod_{i\in I}{}^{w}G_i)\subset\prod_{i\in I}{}^{w}G_i'$이므로 함수

$$\psi: \prod_{i\in I}{}^{w}G_i\longrightarrow\prod_{i\in I}{}^{w}G_i'$$

을 임의의 $h\in\prod_{i\in I}{}^{w}G_i$에 대하여 $\psi(h)=\phi(h)$로 정의할 수 있다. 이 때, $\phi$가 단사준동형이므로 분명히 $\psi$도 단사준동형이다. 또한 $e'\neq h'\in\prod_{i\in I}{}^{w}G_i'$이라 하면 $i_k\in I\,(k=1,\ 2,\ \cdots,\ n)$에 대하여 $h'(i_k)=a_{i_k}'\neq e_{i_k}'$이고 $i_k\neq i\,(k=1,\ 2,\ \cdots,\ n)$인 모든 $i\in I$에 대하여 $h'(i)=e_i'$이다. 따라서 각 $i\in I$에 대하여 $f_i$가 전사함수이므로 $f_{i_k}(a_{i_k})=a_{i_k}'$을 만족하는 $a_{i_k}\in G_{i_k}$ $(k=1,\ 2,\ \cdots,\ n)$가 존재한다. 함수

$$h : I \longrightarrow \bigcup_{i\in I} G_i$$

를 $i_k \in I\,(k=1,\ 2,\ \cdots,\ n)$에 대하여 $h(i_k)=a_{i_k}$이고 $i_k \neq i\,(k=1,\ 2,\ \cdots,\ n)$인 모든 $i\in I$에 대하여 $h(i)=e_i$로 정의하자. 그러면 $h\in \prod_{i\in I}{}^w G_i$이고, 모든 $i\in I$에 대하여

$$\psi(h)(i)=\phi(h)(i)=f_i(h(i))=\begin{cases} f_{i_k}(a_{i_k})=a_{i_k}{}'=h'(i_k)\ (i=i_k(k=1,\ 2,\ \cdots,\ n) \text{인 경우}) \\ f_i(e_i)=e_i'=h'(i)\ (i\neq i_k(k=1,\ 2,\ \cdots,\ n)\text{인 경우}) \end{cases}$$

이므로 $\psi(h)=h'$이다. 분명히 $\psi(e)=\phi(e)=e'$이다. 따라서 $\psi$는 전사함수이다. 그러므로 $\psi$는 동형함수이다. 즉 $\prod_{i\in I}{}^w G_i \cong \prod_{i\in I}{}^w G_i'$. ■

다음 정리 2.5.27은 정리 2.5.16의 일반화이다.

**【정리 2.5.27】**

각 $i\in I$에 대하여 $G_i$를 군이라 하고 $N_i$를 $G_i$의 정규부분군이라 하자. 그러면 다음이 성립한다.

(1) $\prod_{i\in I} N_i$는 $\prod_{i\in I} G_i$의 정규부분군이고 $\prod_{i\in I} G_i / \prod_{i\in I} N_i \cong \prod_{i\in I}(G_i/N_i)$이다.

(2) $\prod_{i\in I}{}^w N_i$는 $\prod_{i\in I}{}^w G_i$의 정규부분군이고 $\prod_{i\in I}{}^w G_i / \prod_{i\in I}{}^w N_i \cong \prod_{i\in I}{}^w (G_i/N_i)$이다.

**증명** (1) 각 $i\in I$에 대하여 표준전사준동형 $\pi_i : G_i \longrightarrow G_i/N_i$를 생각하자. 함수

$$\phi : \prod_{i\in I} G_i \longrightarrow \prod_{i\in I}(G_i/N_i)$$

를 임의의 $g\in \prod_{i\in I} G_i$와 임의의 $i\in I$에 대하여 $\phi(g)(i)=\pi_i(g(i))$로 정의하면 각 $i\in I$에 대하여 $\pi_i$가 전사준동형이므로 정리 2.5.26에 의하여 $\phi$는 전사준동형이고 $\mathrm{Ker}\,\phi=\prod_{i\in I}\mathrm{Ker}\,\pi_i$이다. 그런데 정리 2.4.21에 의하여 $\mathrm{Ker}\,\pi_i=N_i$이므로 $\mathrm{Ker}\,\phi=\prod_{i\in I} N_i$이다. 따라서 $\prod_{i\in I} N_i$

는 $\prod_{i\in I}G_i$의 정규부분군이고, 제1동형정리에 의하여 $\prod_{i\in I}G_i/\prod_{i\in I}N_i\cong\prod_{i\in I}(G_i/N_i)$이다.

(2) 함수 $\psi:\prod_{i\in I}{}^wG_i\longrightarrow\prod_{i\in I}{}^w(G_i/N_i)$를 임의의 $g\in\prod_{i\in I}{}^wG_i$에 대하여 $\psi(g)=\phi(g)$($\phi$는 (1)의 증명과정에서의 전사준동형이다)로 정의하면 정리 2.5.26의 증명과정에서와 같이 $\psi$는 전사준동형이다. 또한,

$g\in\operatorname{Ker}\psi\Longleftrightarrow e=\psi(g)=\phi(g)$($e$는 $\prod_{i\in I}{}^w(G_i/N_i)$의 단위원)이고, 유한개를 제외한 모든 $i\in I$에 대하여 $g(i)=e_i$($e_i$는 $G_i$의 단위원)이다.

$\Longleftrightarrow$모든 $i\in I$에 대하여 $N_i=e(i)=\phi(g)(i)=\pi_i(g(i))$이고, 유한개를 제외한 모든 $i\in I$에 대하여 $g(i)=e_i$이다.

$\Longleftrightarrow$모든 $i\in I$에 대하여 $g(i)\in\operatorname{Ker}\pi_i=N_i$이고, 유한개를 제외한 모든 $i\in I$에 대하여 $g(i)=e_i$이다.

$\Longleftrightarrow g\in\prod_{i\in I}{}^wN_i$

이므로 $\operatorname{Ker}\psi=\prod_{i\in I}{}^wN_i$이다. 따라서 $\prod_{i\in I}{}^wN_i$는 $\prod_{i\in I}{}^wG_i$의 정규부분군이고, 제1동형정리에 의하여 $\prod_{i\in I}{}^wG_i/\prod_{i\in I}{}^wN_i\cong\prod_{i\in I}{}^w(G_i/N_i)$이다. ■

## 연습문제 2.5

**1.** 다음 직적(또는 직합)의 각 원소를 나열하고 이들 각 원소의 위수를 구하여라.

(1) $\mathbf{Z}_2\oplus\mathbf{Z}_4$　　(2) $\mathbf{Z}_8^*\times\mathbf{Z}_3^*$　　(3) $\mathbf{Z}_2\times\mathbf{Z}_4^*$

**2.** 문제 1의 각 직적(또는 직합)의 부분군을 모두 구하라. 이 때 이들은 각각 순회부분군인지 조사하여라.

**3.** 직합 $\mathbf{R}\times\mathbf{R}$의 부분집합 $H$와 $K$가 다음과 같이 주어질 때, 이들이 직합 $\mathbf{R}\times\mathbf{R}$의 부분군이 되는지 조사하여라.

$$H=\{(x,\ y)\,|\,y=2x\},\quad K=\{(x,\ y)\,|\,x^2+y^2>0\}$$

**4.** 다음 각 상군의 원소를 나열하여라.

(1) $\mathbf{Z}\oplus\mathbf{Z}/\langle(1,\ 0)\rangle$

(2) $\mathbf{Z}_5\oplus\mathbf{Z}_4/\langle(\bar{2},\ \bar{2})\rangle$

(3) $\mathbf{Z}_2\oplus\mathbf{Z}_3\oplus\mathbf{Z}_4/\langle(\bar{1},\ \bar{2},\ \bar{3})\rangle$

(4) $\mathbf{Z}_3^*\times\mathbf{Z}_8^*/\langle(\bar{1},\ \bar{3})\rangle$

(5) $\mathbf{Z}_2\times\mathbf{Z}_4^*/\langle(\bar{0},\ \bar{1})\rangle$

(6) $\mathbf{Z}_2^*\times\{\bar{0}\}\times\mathbf{Z}_4^*/\langle(\bar{1},\ \bar{0},\ \bar{3})\rangle$

**5.** 다음 중에서 맞는 것을 골라라.

(1) $\mathbf{Z}_2\oplus\mathbf{Z}_4\cong\mathbf{Z}_8$

(2) $\mathbf{Z}_2\oplus\mathbf{Z}_3\oplus\mathbf{Z}_4\cong\mathbf{Z}_{24}$

(3) $\mathbf{Z}_3\oplus\mathbf{Z}_5\cong\mathbf{Z}_{15}$

(4) $\mathbf{Z}_3\oplus\mathbf{Z}_5\oplus\mathbf{Z}_7\cong\mathbf{Z}_{105}$

(5) $\mathbf{Z}_2\times\mathbf{Z}_4^*\cong\mathbf{Z}_4$

(6) $\mathbf{Z}_3\times\mathbf{Z}_{10}^*\cong\mathbf{Z}_{12}$

(7) $\mathrm{Aut}\,(\mathbf{Z}_2\oplus\mathbf{Z}_3)\cong\mathbf{Z}_6^*$

(8) $\mathrm{Aut}\,(\mathbf{Z}_2\oplus\mathbf{Z}_5)\cong\mathbf{Z}_4$

(9) $\mathrm{Aut}\,(\mathbf{Z}_5)\cong\mathbf{Z}_2\oplus\mathbf{Z}_2$

(10) $\mathrm{Aut}\,(\mathbf{Z}_{10})\cong\mathbf{Z}_2\oplus\mathbf{Z}_2$

**6.** 다음과 같이 정의되는 $f$가 준동형함수인지 조사하여라. 준동형함수인 경우에는 $\mathrm{Im}f$와 $\mathrm{Ker}f$를 구하고 동형함수가 되는지 조사하여라.

(1) $f:\mathbf{Z}\longrightarrow\mathbf{Z}_2\oplus\mathbf{Z}_4$, 임의의 $a\in\mathbf{Z}$에 대하여 $f(a)=(\bar{a},\ \bar{a})$.

(2) $f:\mathbf{Z}_2\oplus\mathbf{Z}_3\longrightarrow\mathbf{Z}_4$, 임의의 $(\bar{a},\ \bar{b})\in\mathbf{Z}_2\oplus\mathbf{Z}_3$에 대하여 $f((\bar{a},\ \bar{b}))=\overline{ab}$.

**7.** $\mathbf{Z}_{21}^*\cong\mathbf{Z}_2\oplus\mathbf{Z}_6$임을 증명하여라.

**8.** 덧셈군 $\mathbf{Z}_{10}$은 $\mathbf{Z}_{10}$의 부분군 $\langle\bar{2}\rangle$와 $\langle\bar{5}\rangle$의 내직합임을 보여라.

**9.** $G$를 군이라 하고 $H$와 $K$를 $G$의 정규부분군이라 하자. $G=HK$이고 $H\cap K=N$이면 $G/N=H/N\times K/N$임을 증명하여라.

**10.** $G$와 $G'$을 군이라 하고 $f:G\longrightarrow G'$을 준동형함수라 하자. $N$을 $G$의 정규

부분군이라 할 때, $N$에 대한 $f$의 축소함수 $f|N : N \longrightarrow G'$이 동형함수이면 $G=N\times\text{Ker}f$ 임을 증명하여라.

**11.** $G$를 위수가 $mn$인 순회군이라 하고 $H$와 $K$를 각각 위수가 $m$, $n$인 $G$의 부분군이라 하자. $(m, n)=1$이면 $G=H\times K$임을 증명하여라.

**12.** $G$를 군이라 하고 $H$와 $K$를 $G$의 정규부분군이라 하자. $G=H\times K$이면 $H$와 $K$의 모든 정규부분군들은 $G$의 정규부분군임을 보여라.

**13.** $G$, $M$, $N$을 군이라 하고 $f : G \longrightarrow M$와 $g : G \longrightarrow N$을 준동형함수라 하자. 함수 $\phi : G \longrightarrow M\times N$을 임의의 $a\in G$에 대하여 $\phi(a)=(f(a), g(a))$로 정의할 때, 다음을 증명하여라.

(1) $\phi$는 준동형이다.

(2) $\text{Ker}\,\phi=\text{Ker}f\cap\text{Ker}\,g$이다.

(3) $f$와 $g$가 전사준동형일 때, $\phi$가 전사준동형이 아닌 예를 찾아 보아라.

**14.** $G$를 군이라 하고 $N$과 $H$를 $G$의 정규부분군이라 하자. $G$가 $N$과 $H$의 내직적이고 $K$가 $N\subset K$인 $G$의 부분군이면 $K$는 $N$과 $H\cap K$의 내직적임을 보여라.

## 2.6 $n$차 대칭군 $S_n$의 성질

이 절에서는 $n$차 대칭군 $S_n$(보기 2.1.17을 참조)의 성질을 연구한다.

**【정의 2.6.1】**

$A=\{1, 2, 3, \cdots, n\}$이라 하고 $i_1, i_2, \cdots, i_r$을 $A$에 속하는 서로 다른 원소라 하자. $\sigma \in S_n$에 대하여 $\sigma(i_1)=i_2$, $\sigma(i_2)=i_3$, $\cdots$, $\sigma(i_{r-1})=i_r$, $\sigma(i_r)=i_1$이고 $t \in A-\{i_1, i_2, \cdots, i_r\}$인 $t$에 대하여 $\sigma(t)=t$일 때, $\sigma$를 $\boldsymbol{r}$**-순회치환**($r$-cycle), 또는 간단히 **순회치환**이라 하고 $(i_1\ i_2 \cdots i_r)$로 표시한다. 이 때 $i_1$, $i_2$, $\cdots$, $i_r$은 순회치환 $(i_1\ i_2 \cdots i_r)$에 **속한다**고 하고, $j \in A-\{i_1, i_2, \cdots, i_r\}$일 때 $j$는 순회치환 $(i_1\ i_2 \cdots i_r)$에 **속하지 않는다**고 한다. 또 $r$을 $r$-순회치환 $(i_1\ i_2 \cdots i_r)$의 길이(length)라 한다. 특히, 2-순회치환을 **호환**(transposition)이라 한다.

$\sigma=(i_1\ i_2 \cdots i_r) \in S_n$일 때, $\sigma$는 함수이므로

$$(i_1\ i_2 \cdots i_r)=(i_2\ i_3 \cdots i_r\ i_1)=(i_3\ i_4 \cdots i_r\ i_1\ i_2)=\cdots$$

이다. 즉, 순회치환의 표시는 유일하지 않다.

**보기 2.6.2** $S_6$에 속하는 원소 $\sigma=\begin{pmatrix}1 & 2 & 3 & 4 & 5 & 6\\ 1 & 3 & 6 & 4 & 2 & 5\end{pmatrix}$에 대하여 $\sigma(2)=3$, $\sigma(3)=6$, $\sigma(6)=5$, $\sigma(5)=2$이고 $\sigma(1)=1$, $\sigma(4)=4$이므로

$$\sigma=(2\ 3\ 6\ 5)=(3\ 6\ 5\ 2)=(6\ 5\ 2\ 3)=(5\ 2\ 3\ 6)$$

이다. 즉 $\sigma$는 4-순회치환이고, 2, 3, 6, 5 는 $\sigma$에 속하고 1, 4 는 $\sigma$에 속하지 않는다. ◀

**【정의 2.6.3】**

$A=\{1, 2, \cdots, n\}$이라 하고 $\sigma, \tau \in S_n$이라 하자. 임의의 $i \in A$에 대하여 $\sigma(i) \neq i$이면 $\tau(i)=i$이고 $\tau(i) \neq i$이면 $\sigma(i)=i$일 때, $\sigma$와 $\tau$는 서로 소(disjoint)라 한다. $\sigma_1, \sigma_2, \cdots, \sigma_r$가 $S_n$에 속하는 치환이고, 임의의 $s, t\,(s \neq t\,;\ s=1, 2, \cdots, r\,;\ t=1, 2, \cdots, r)$에 대하여 $\sigma_s$와 $\sigma_t$가 서로 소일 때, $\sigma_1, \sigma_2, \cdots, \sigma_r$은 서로 소라 한다.

**【정리 2.6.4】**

$A=\{1, 2, \cdots, n\}$이라 하고 $\sigma, \tau \in S_n$이라 하자. $\sigma$와 $\tau$가 서로 소이면 $\sigma\tau=\tau\sigma$이다.

**증명** $\sigma$와 $\tau$를 서로 소라 하고 $i \in A$라 하자. $\sigma(i) \neq i$이면 $\sigma$와 $\tau$가 서로 소이므로 $\tau(i)=i$이다. 또 $\sigma$가 단사함수이므로 $\sigma(\sigma(i)) \neq \sigma(i)$이다. 따라서 $\tau(\sigma(i))=\sigma(i)$이다. 그러므로 $\sigma\tau(i)=\sigma(i)=\tau\sigma(i)$이다. 다음, $\tau(i) \neq i$이면 같은 방법으로 $\tau\sigma(i)=\tau(i)=\sigma\tau(i)$이다. 마지막으로, $\sigma(i)=i$이고 $\tau(i)=i$이면 $\sigma\tau(i)=i=\tau\sigma(i)$이다. 따라서 $\sigma\tau=\tau\sigma$이다. ■

**보기 2.6.5** $S_6$에 속하는 치환

$$\sigma=\begin{pmatrix}1 & 2 & 3 & 4 & 5 & 6\\ 1 & 3 & 2 & 4 & 5 & 6\end{pmatrix}=(2\ 3)\text{과 } \tau=\begin{pmatrix}1 & 2 & 3 & 4 & 5 & 6\\ 5 & 2 & 3 & 1 & 4 & 6\end{pmatrix}=(1\ 5\ 4)$$

를 생각하자.

$$\left.\begin{matrix} 2 \xmapsto{\sigma} 3,\ 2 \xmapsto{\tau} 2 \\ \\ 3 \xmapsto{\sigma} 2,\ 3 \xmapsto{\tau} 3 \end{matrix}\right\}\text{이고}\quad \left.\begin{matrix} 1 \xmapsto{\tau} 5,\ 1 \xmapsto{\sigma} 1 \\ 4 \xmapsto{\tau} 1,\ 4 \xmapsto{\sigma} 4 \\ 5 \xmapsto{\tau} 4,\ 5 \xmapsto{\sigma} 5 \end{matrix}\right\}$$

이므로 $\sigma$와 $\tau$는 서로 소이다. 더욱이

$$\sigma\tau=(2\ 3)(1\ 5\ 4)=\begin{pmatrix}1 & 2 & 3 & 4 & 5 & 6\\ 5 & 3 & 2 & 1 & 4 & 6\end{pmatrix}=(1\ 5\ 4)(2\ 3)=\tau\sigma$$

이다. ◀

**【정리 2.6.6】**

$A=\{1, 2, \cdots, n\}$이라 하고 $\sigma=(i_1\ i_2\ \cdots\ i_m)$와 $\tau=(j_1\ j_2\ \cdots\ j_s)$를 $S_n$에 속하는 순회치환이라 하자. 그러면 $\sigma$와 $\tau$가 서로 소가 될 필요충분조건은 $\{i_1, i_2, \cdots, i_m\}\cap\{j_1, j_2, \cdots, j_s\}=\varnothing$인 것이다.

**증명** $\sigma$와 $\tau$가 서로 소라 하자. $i\in\{i_1, i_2, \cdots, i_m\}\cap\{j_1, j_2, \cdots, j_s\}$라 하면 $i\in\{i_1, i_2, \cdots, i_m\}$, $i\in\{j_1, j_2, \cdots, j_s\}$이므로 $1\le k\le m$, $1\le t\le s$인 정수 $k$와 $t$에 대하여 $i=i_k$, $i=j_t$이다. 따라서

$$\sigma(i)=\sigma(i_k)=\begin{cases} i_{k+1}\,(1\le k<m) \\ i_1\,(k=m)\end{cases} \text{이고 } \tau(i)=\tau(j_t)=\begin{cases} j_{t+1}\,(1\le t<s) \\ j_1\,(t=s)\end{cases}$$

이므로 $\sigma(i)\neq i$이고 $\tau(i)\neq i$가 되어 $\sigma$와 $\tau$가 서로 소라는 사실에 모순이다. 따라서

$$\{i_1, i_2, \cdots, i_m\}\cap\{j_1, j_2, \cdots, j_s\}=\varnothing.$$

이다. 역으로, $\{i_1, i_2, \cdots, i_m\}\cap\{j_1, j_2, \cdots, j_s\}=\varnothing$라 하자. 임의의 $i\in A$에 대하여 $\sigma(i)\neq i$라 하면 $i\in\{i_1, i_2, \cdots, i_m\}$이므로 $i\notin\{j_1, j_2, \cdots, j_s\}$이다. 따라서 $\tau(i)=i$이다. 같은 방법으로, 임의의 $i\in A$에 대하여 $\tau(i)\neq i$이면 $\sigma(i)=i$이다. 따라서 $\sigma$와 $\tau$는 서로 소이다. ■

$A=\{1, 2, \cdots, n\}$이라 하고 $\sigma\in S_n$이라 하면 임의의 양의 정수 $m$에 대하여 $\sigma^m\in S_n$이므로 $\sigma^m$은 $\sigma^m: A\longrightarrow A$인 전단사함수이다. 따라서 $i\in A$에 대하여 $\sigma^m(i)=j$라 하면 $\sigma^{-m}(j)=(\sigma^m)^{-1}(j)=i$이다. 특히, $\sigma^m(i)=i$이면 임의의 정수 $q$에 대하여 $(\sigma^m)^q(i)=i$이다.

**【보조정리 2.6.7】**

$A=\{1, 2, \cdots, n\}$이라 하고 $i_A\neq\sigma\in S_n$($i_A$는 $A$위의 항등치환)이라 하자. $i\in A$에 대하여 $\sigma(i)\neq i$라 하면 $i$, $\sigma(i)$, $\sigma^2(i)$, $\cdots$, $\sigma^{m-1}(i)$가 모두 다르고 $\sigma^m(i)=i$를 만족하는 양의 정수 $m$이 존재한다(따라서 순회치환 $\sigma_1=(i\ \sigma(i)\ \sigma^2(i)\ \cdots\ \sigma^{m-1}(i))$를 얻을 수 있다). 또한, $j(j\in A)$가 순회치환 $\sigma_1$에

속하지 않고 $\sigma(j) \neq j$라 하면 임의의 정수 $k$에 대하여 $\sigma^k(j)$도 $\sigma_1$에 속하지 않는다.

**증명** $\sigma(i) \neq i$라 하자. $|S_n| = n!$이므로 정리 2.4.8 (1)에 의하여 $\mathrm{ord}(\sigma)$는 $n!$의 약수이다. $\mathrm{ord}(\sigma) = d$라 하면 $\sigma^d = i_A$이므로 $\sigma^d(i) = i_A(i) = i$이다. 즉 $d$는 $\sigma^d(i) = i$를 만족하는 하나의 양의 정수이다. $m$을 $\sigma^m(i) = i$를 만족하는 최소의 양의 정수라 하면

$$i = i_A(i) = \sigma^0(i),\ \sigma(i),\ \sigma^2(i),\ \cdots,\ \sigma^{m-1}(i)$$

는 모두 다르다. 왜냐하면 $0 \leq k < l < m$인 정수 $k$, $l$에 대하여 $\sigma^k(i) = \sigma^l(i)$라 하면 $0 < l - k < m$이고 $\sigma^{l-k}(i) = i$가 되어 $m$의 최소성에 모순이 되기 때문이다. 따라서 순회치환

$$\sigma_1 = (i\ \ \sigma(i)\ \ \sigma^2(i)\ \ \cdots\ \ \sigma^{m-1}(i))$$

를 얻을 수 있다. 다음, 임의의 정수 $k$에 대하여 $\sigma^k(j)$가 순회치환 $\sigma_1$에 속한다고 가정하면 $\sigma^k(j) = \sigma^l(i)$를 만족하는 $l\,(0 \leq l < m)$이 존재한다. 그런데 정리 1.3.2에 의하여 $l - k = mq + r$, $0 \leq r < m$을 만족하는 정수 $q$, $r$이 존재하므로

$$j = \sigma^{l-k}(i) = \sigma^{mq+r}(i) = \sigma^r(\sigma^m)^q(i) = \sigma^r(i)$$

이다. 따라서 $j$가 $\sigma_1$에 속하게 되어 모순이다. 그러므로 임의의 정수 $k$에 대하여 $\sigma^k(j)$는 $\sigma_1$에 속하지 않는다. ■

**【정리 2.6.8】**

$A = \{1,\ 2,\ \cdots,\ n\}(n \geq 2)$라 하고 $\sigma \in S_n$이라 하자. $\sigma$가 항등치환이 아니면 $\sigma$는 서로 소인 순회치환들의 곱으로 표시된다. 이 때, 곱의 순서를 무시하면 이와 같은 곱의 표시는 유일하다.

**증명** $\sigma$가 항등치환이 아니므로 $\sigma(i) \neq i$인 $i \in A$가 적어도 하나 존재한다. 따라서 보조정리 2.6.7에 의하여 순회치환 $\sigma_1 = (i\ \sigma(i)\ \sigma^2(i)\ \cdots\ \sigma^{m-1}(i))$가 존재한다. $\sigma_1$에 속하지 않는 $j(j \in A)$가 존재하여 $\sigma(j) \neq j$이면 다

시 보조정리 2.6.7에 의하여 순회치환 $\sigma_2=(j\ \sigma(j)\ \sigma^2(j)\ \cdots\ \sigma^{s-1}(j))$를 얻을 수 있고, 더욱이

$$\{j,\ \sigma(j),\ \sigma^2(j),\ \cdots,\ \sigma^{s-1}(j)\}\cap\{i,\ \sigma(i),\ \sigma^2(i),\ \cdots,\ \sigma^{m-1}(i)\}=\varnothing$$

이다. 따라서 정리 2.6.6에 의하여 $\sigma_1$과 $\sigma_2$는 서로 소이다. $\sigma_1$에도 $\sigma_2$에도 속하지 않는 $a\,(a\in A)$가 존재하여 $\sigma(a)\neq a$라 하면 다시 보조정리 2.6.7에 의하여 순회치환 $\sigma_3=(a\ \sigma(a)\ \sigma^2(a)\ \cdots\ \sigma^{t-1}(a))$가 존재하고, 더욱이

$$\{a,\ \sigma(a),\ \sigma^2(a)\cdots,\ \sigma^{t-1}(a)\}\cap\{i,\ \sigma(i),\ \sigma^2(i),\ \cdots,\ \sigma^{m-1}(i)\}=\varnothing,$$
$$\{a,\ \sigma(a),\ \sigma^2(a)\cdots,\ \sigma^{t-1}(a)\}\cap\{j,\ \sigma(j),\ \sigma^2(j),\ \cdots,\ \sigma^{s-1}(j)\}=\varnothing$$

이다. 따라서 정리 2.6.6에 의하여 $\sigma_1$과 $\sigma_3$ 그리고 $\sigma_2$와 $\sigma_3$는 서로 소이다. 즉 $\sigma_1$, $\sigma_2$, $\sigma_3$는 서로 소이다. $A$가 유한집합이므로 이 방법은 한없이 계속될 수 없다. 따라서 이 방법을 유한번 계속하여 마지막으로 순회치환 $\sigma_u=(b\ \sigma(b)\ \sigma^2(b)\ \cdots\ \sigma^{d-1}(b))(b\in A)$를 얻어서 $\sigma_1$, $\sigma_2$, $\cdots$, $\sigma_u$가 서로 소이고 $\sigma_1$, $\sigma_2$, $\cdots$, $\sigma_u$에 속하지 않는 $c\,(c\in A)$에 대하여 항상 $\sigma(c)=c$라 하자. 그러면 $\sigma=\sigma_u\cdots\sigma_2\sigma_1$이 성립함을 증명하자. $c$가 $\sigma_1$, $\sigma_2$, $\cdots$, $\sigma_u$에 속하지 않으면 분명히 $\sigma(c)=c=\sigma_u\cdots\sigma_2\sigma_1(c)$이다. 또한 $c$가 $\sigma_k(k=1,\ 2,\ \cdots,\ u)$에 속하면 $\sigma_k=(x\ \sigma(x)\ \sigma^2(x)\ \cdots\ \sigma^{\alpha-1}(x))$ $(x\in A)$라 할 때 $c=\sigma^r(x)$를 만족하는 정수 $r(0\leq r<\alpha)$이 존재한다. 이때 $\sigma_1$, $\sigma_2$, $\cdots$, $\sigma_u$가 서로 소인 순회치환이므로

$$\sigma_u\cdots\sigma_k\cdots\sigma_2\sigma_1(c)=\sigma_k(c)=\sigma_k(\sigma^r(x))=\sigma^{r+1}(x)=\sigma(\sigma^r(x))=\sigma(c)$$

이다. 따라서 $\sigma=\sigma_u\cdots\sigma_2\sigma_1$이다. 이제, 이와 같은 곱의 표시는 곱의 순서를 무시할 때 유일함을 보이자. 서로 소인 순회치환 $\tau_1$, $\tau_2$, $\cdots$, $\tau_v$에 대하여 $\sigma=\tau_v\cdots\tau_2\tau_1$이라 하면 $\sigma(i)\neq i$이므로 유일한 $q(1\leq q\leq v)$에 대하여 $\tau_q(i)\neq i$이어야 한다. 더욱이

$$\tau_q(i)=\tau_v\cdots\tau_q\cdots\tau_2\tau_1(i)=\sigma(i)$$

이다. $\tau_q=(e_1\ e_2\ \cdots\ e_p)$라 하자. 그러면 $\tau_q(i)\neq i$이므로 적당한 $\omega\,(1\leq\omega$

$\leq p$)에 대하여 $i=e_\omega$이다. 따라서

$$\begin{aligned}\tau_q&=(e_1\ e_2\ \cdots\ e_{\omega-1}\ e_\omega\ e_{\omega+1}\ \cdots\ e_p)=(e_\omega\ e_{\omega+1}\ \cdots\ e_p\ e_1\ e_2\ \cdots\ e_{\omega-1})\\&=(i\ e_{\omega+1}\ \cdots\ e_p\ e_1\ e_2\ \cdots\ e_{\omega-1})=(i\ \tau_q(i)\ \tau_q^{\ 2}(i)\ \cdots\ \tau_q^{\ p-1}(i))\end{aligned}$$

이다. 한편 $\tau_1, \tau_2, \cdots, \tau_v$가 서로 소이므로 정리 2.6.4에 의하여

$$\begin{aligned}\sigma\tau_q&=\tau_v\cdots\tau_q\cdots\tau_2\tau_1\tau_q=\tau_q\tau_v\cdots\tau_{q+1}\tau_{q-1}\cdots\tau_2\tau_1\tau_q\\&=\tau_q\tau_v\cdots\tau_{q+1}\tau_q\tau_{q-1}\cdots\tau_2\tau_1=\tau_q\sigma,\end{aligned}$$

즉 $\sigma\tau_q=\tau_q\sigma$이다. 따라서 $\tau_q(i)=\sigma(i)$이므로

$$\begin{aligned}&\tau_q^2(i)=\tau_q\sigma(i)=\sigma\tau_q(i)=\sigma^2(i),\\&\tau_q^3(i)=\tau_q\sigma^2(i)=\sigma^2\tau_q(i)=\sigma^3(i),\\&\qquad\cdots\cdots\cdots\cdots\cdots\cdots\\&\tau_q^{\ p-1}(i)=\tau_q\sigma^{p-2}(i)=\sigma^{p-2}\tau_q(i)=\sigma^{p-1}(i)\end{aligned}$$

이다. 즉, $\tau_q=(i\ \sigma(i)\ \sigma^2(i)\ \cdots\ \sigma^{p-1}(i))$. 따라서 $i=\tau_q(\sigma^{p-1}(i))=\sigma^{p-1}\tau_q(i)=\sigma^p(i)$이므로 $m$의 최소성에 의하여 $m=p$이어야 한다. 따라서 $\tau_q=\sigma_1$이다. 또 $\sigma(j)\neq j, \cdots, \sigma(b)\neq b$이므로 위와 같은 방법으로 $\sigma_2=\tau_k, \cdots, \sigma_u=\tau_l$을 얻는다. $\tau_1, \tau_2, \cdots, \tau_v$가 서로 소이므로 정리 2.6.4에 의하여

$$\sigma=\tau_v\cdots\tau_2\tau_1=\tau_v{}'\cdots\tau_{u+1}{}'\sigma_u\cdots\sigma_2\sigma_1$$

이다(이 때 $\tau_v{}', \cdots, \tau_{u+1}{}'$은 $\tau_1, \tau_2, \cdots, \tau_v$ 중에서 $\tau_q, \tau_k, \cdots, \tau_l$을 제외한 나머지이다). $u<v$라 하면 $\tau_v{}'=(h_1\ h_2\ \cdots\ h_g)$라 가정할 때, $h_1$은 $\sigma_1, \sigma_2, \cdots, \sigma_u, \tau_{u+1}{}', \cdots, \tau_{v-1}{}'$에 속하지 않으므로

$$h_1=\sigma_u\cdots\sigma_2\sigma_1(h_1)=\sigma(h_1)=\tau_v{}'\cdots\tau_{u+1}{}'\sigma_u\cdots\sigma_2\sigma_1(h_1)=\tau_v{}'(h_1)\neq h_1$$

이 되어 모순이다. 따라서 $u=v$가 되고 $\sigma=\tau_v\cdots\tau_2\tau_1$은 $\sigma=\sigma_u\cdots\sigma_2\sigma_1$의 곱의 순서를 바꾼 것에 지나지 않는다. ■

위의 정리는 항등치환 $i_A$에 대하여는 성립하지 않는다. 즉 $i_A$는 서로 소인 순회치환의 곱으로 표시할 수 없다. 왜냐하면 $i_A$가 서로 소인 순회치환 $\sigma_1$, $\sigma_2$, $\cdots$, $\sigma_u$에 대하여 $i_A=\sigma_u\cdots\sigma_2\sigma_1$으로 표시되고 $\sigma_u=(i_1\ i_2\ \cdots i_r)$이라 하면 $i_1=i_A(i_1)=\sigma_u\cdots\sigma_2\sigma_1(i_1)=\sigma_u(i_1)=i_2$가 되어 모순이 되기 때문이다.

**보기 2.6.9** $S_9\ni\sigma=\begin{pmatrix}1&2&3&4&5&6&7&8&9\\1&5&2&6&3&4&7&9&8\end{pmatrix}$라 하자. $\sigma(2)=5\neq2$이고 $\sigma(2)=5$, $\sigma^2(2)=\sigma(5)=3$, $\sigma^3(2)=\sigma(3)=2$이므로 순회치환 $\sigma_1=(2\ \sigma(2)\ \sigma^2(2))=(2\ 5\ 3)$을 얻는다. 4는 $\sigma_1$에 속하지 않고 $\sigma(4)=6\neq4$이다. $\sigma(4)=6$, $\sigma^2(4)=\sigma(6)=4$이므로 순회치환 $\sigma_2=(4\ \sigma(4))=(4\ 6)$을 얻는다. 8은 $\sigma_1$에도 $\sigma_2$에도 속하지 않고 $\sigma(8)=9\neq8$이다. $\sigma(8)=9$, $\sigma^2(8)=\sigma(9)=8$이므로 순회치환 $\sigma_3=(8\ \sigma(8))=(8\ 9)$를 얻는다. 1과 7은 $\sigma_1$, $\sigma_2$, $\sigma_3$에 속하지 않고 $\sigma(1)=1$, $\sigma(7)=7$이다. 따라서 $\sigma_1$, $\sigma_2$, $\sigma_3$는 서로 소이고 $\sigma=\sigma_3\sigma_2\sigma_1$이다. ◀

**[정리 2.6.10]**

$A=\{1,\ 2,\ \cdots,\ n\}(n\geq2)$이라 하고 $\sigma\in S_n$이라 하면 $\sigma$는 호환들의 곱으로 표시된다(이와 같은 곱의 표시는 유일하지 않다). 특히 $(i_1\ \ i_2\ \ \cdots\ \ i_r)=(i_1\ \ i_r)(i_1\ \ i_{r-1})\cdots(i_1\ \ i_4)(i_1\ \ i_3)(i_1\ \ i_2)$이다.

**증명** 분명히 $i_A=(1\ 2)(1\ 2)$이다. $i_A\neq\sigma$인 경우는 정리 2.6.8에 의하여 $\sigma$는 순회치환들의 곱으로 표시된다. 따라서 임의의 순회치환 $\tau=(i_1\ \ i_2\ \cdots\ i_r)$이 호환들의 곱으로 표시됨을 증명하면 충분하다. 따라서 $k=2,\ 3,\ \cdots,\ r$에 대하여 $\tau_k=(i_1\ \ i_k)$라 할 때

$$\tau=(i_1\ i_2\ \cdots i_r)=(i_1\ \ i_r)(i_1\ \ i_{r-1})\cdots(i_1\ \ i_4)(i_1\ \ i_3)(i_1\ \ i_2)=\tau_r\tau_{r-1}\cdots\tau_4\tau_3\tau_2$$

임을 보이면 충분하다. $j\,(j\in A)$가 $\tau_2$, $\tau_3$, $\cdots$, $\tau_r$에 속하지 않는 경우는 $\tau(j)=j=\tau_r\cdots\tau_3\tau_2(j)$이다. $j$가 $\tau_k(2\leq k\leq r)$에 속하면 $j=i_1$이거나 $j=i_k$이다.

$j=i_1$인 경우는

$$\tau_r \cdots \tau_3\tau_2(j)=\tau_r \cdots \tau_3\tau_2(i_1)=\tau_r\tau_{r-1} \cdots \tau_4\tau_3(i_2)=i_2=\tau(i_1)=\tau(j)$$

$j=i_k$인 경우는 $2\leq k<r$이면

$$\begin{aligned}\tau_r\cdots\tau_3\tau_2(j)&=\tau_r \cdots \tau_{k+1}\tau_k\tau_{k-1} \cdots \tau_3\tau_2(i_k)=\tau_r \cdots \tau_{k+1}\tau_k(i_k)\\&=\tau_r \cdots \tau_{k+2}\tau_{k+1}(i_1)=\tau_r \cdots \tau_{k+3}\tau_{k+2}(i_{k+1})\\&=i_{k+1}=\tau(i_k)=\tau(j)\end{aligned}$$

이고, $k=r$이면

$$\tau_r \cdots \tau_3\tau_2(j)=\tau_r\tau_{r-1} \cdots \tau_3\tau_2(i_r)=\tau_r(i_r)=i_1=\tau(i_r)=\tau(j)$$

이다. 따라서 $\tau=\tau_r \cdots \tau_3\tau_2$이다. ■

**보기 2.6.11** $S_6\ni\sigma=(3\ 5\ 1\ 6)$일 때

$$\sigma=(3\ 5\ 1\ 6)=(3\ 6)(3\ 1)(3\ 5)$$

또는

$$\begin{aligned}\sigma&=(3\ 6)(3\ 1)(3\ 5)(2\ 4)(2\ 4)\\&=(3\ 6)(1\ 2)(1\ 2)(3\ 1)(3\ 5)(3\ 4)(3\ 4)=\cdots\end{aligned}$$

이다. 이와 같이 호환들의 곱의 표시는 유일하지 않다. ◀

**【정리 2.6.12】**

$A=\{1,\ 2,\ \cdots,\ n\}$이라 하고 $S_n\ni\sigma=(i_1\ i_2\ \cdots\ i_r)$이라 하자. 그러면 $\sigma^{-1}$는 순회치환이고 $\sigma^{-1}=(i_r\ i_{r-1}\ \cdots\ i_2\ i_1)$이다. 특히 $\sigma=(i\ j)$이면 $\sigma^{-1}=\sigma$이다.

**증명** $k=1,\ 2,\ \cdots,\ r-1$에 대하여 $\sigma(i_k)=i_{k+1}$이므로 $\sigma^{-1}(i_{k+1})=i_k$이다. 또 $\sigma(i_r)=i_1$이므로 $\sigma^{-1}(i_1)=i_r$이다. 한편 $i\in A-\{i_1,\ i_2,\ \cdots,\ i_r\}$이면 $\sigma(i)=i$이므로 $\sigma^{-1}(i)=i$이다. 따라서 $\sigma^{-1}=(i_r\ i_{r-1}\ \cdots\ i_2\ i_1)$이다. ■

**【정리 2.6.13】**

$A=\{1,\ 2,\ \cdots,\ n\}(n\geq 2)$이라 하고 $\sigma\in S_n$이라 하자. $S_n$에 속하는 임의의 호

환 $\sigma_1, \sigma_2, \cdots, \sigma_r, \tau_1, \tau_2, \cdots, \tau_s$에 대하여

$$\sigma=\sigma_r \cdots \sigma_2\sigma_1=\tau_s \cdots \tau_2\tau_1$$

이면 $r$과 $s$는 동시에 짝수이거나 동시에 홀수이다. 즉 $\sigma$는 짝수 개수의 호환들의 곱으로만 표시되거나 홀수 개수의 호환들의 곱으로만 표시된다.

**증명** $i_A$가 홀수 개의 호환 $\sigma_1, \sigma_2, \cdots, \sigma_r$에 대하여

$$i_A=\sigma_r \cdots \sigma_2\sigma_1 \qquad \cdots\cdots(2.6.1)$$

으로 표시된다고 가정하자. $i \in A$가 호환 $\sigma_r, \cdots, \sigma_2, \sigma_1$ 중에서 적어도 한 호환에 속한다고 하자. $i$가 속하는 최초의($\sigma_r, \cdots, \sigma_2, \sigma_1$의 순서로 순서를 줄 때 오른쪽으로부터) 호환을 $\sigma_k(k=1, 2, \cdots, r)$라 하고 $\sigma_k=(i\ j)$라 하자($(i\ j)=(j\ i)$임을 상기하여라). 이 때 $k=r$이라 하면 $i$가 $\sigma_{k-1}, \cdots, \sigma_2, \sigma_1$에 속하지 않으므로

$$i=i_A(i)=\sigma_k\sigma_{k-1}\cdots\sigma_2\sigma_1(i)=\sigma_k(i)=j$$

가 되어 모순이다. 따라서 $k<r$이어야 한다. 그러므로 호환 $\sigma_{k+1}$을 생각할 수 있고 $\sigma_{k+1}$은 다음 네 가지 형태 중의 어느 하나이다.

(1) $i, j$가 모두 $\sigma_{k+1}$에 속하지 않는 경우, 즉 $\sigma_{k+1}=(a\ b)(a, b \in A, a \neq i, j;\ b \neq i, j)$

(2) $i, j$ 중에서 $i$만이 $\sigma_{k+1}$에 속하는 경우, 즉 $\sigma_{k+1}=(i\ c)(c \in A, c \neq j)$

(3) $i, j$ 중에서 $j$만이 $\sigma_{k+1}$에 속하는 경우, 즉 $\sigma_{k+1}=(d\ j)(d \in A, d \neq i)$

(4) $i, j$가 모두 $\sigma_{k+1}$에 속하는 경우, 즉 $\sigma_{k+1}=(i\ j)$

(1)의 경우는 정리 2.6.6에 의하여 $\sigma_{k+1}$과 $\sigma_k$는 서로 소이므로 정리 2.6.4에 의하여 $(a\ b)(i\ j)=\sigma_{k+1}\sigma_k=\sigma_k\sigma_{k+1}=(i\ j)(a\ b)$이다. 따라서 (1)의 경우는 (2.6.1)에서 $\sigma_{k+1}\sigma_k$ 대신에 $\sigma_k\sigma_{k+1}$로 바꾸어 놓음으로써 $i$가 최초로(오른쪽으로부터) 속한 호환을 왼쪽으로 한 번 옮겨 놓을 수 있다. (2)의 경우는 $\tau=(j\ c)$라 할 때

$$\sigma_{k+1}\sigma_k(i)=j=\sigma_k\tau(i),\ \sigma_{k+1}\sigma_k(j)=c=\sigma_k\tau(j),\ \sigma_{k+1}\sigma_k(c)=i=\sigma_k\tau(c)$$

이고, 또한 모든 $t \in A(t \neq i,\ t \neq j,\ t \neq c)$에 대하여

$$\sigma_{k+1}\sigma_k(t) = t = \sigma_k \tau(t)$$

이므로 $(i\ c)(i\ j) = \sigma_{k+1}\sigma_k = \sigma_k \tau = (i\ j)(j\ c)$이다. 따라서 (2)의 경우도 (2.6.1)에서 $\sigma_{k+1}\sigma_k$대신에 $\sigma_k \tau$로 바꾸어 놓음으로써 $i$가 최초로 속한 호환을 왼쪽으로 한 번 옮겨 놓을 수 있다. 또한 (3)의 경우는 위와 같은 방법으로 $\sigma_{k+1}\sigma_k = (d\ j)(i\ j) = (d\ i)(d\ j)$임을 증명할 수 있고, 따라서 (3)의 경우도 (2.6.1)에서 $\sigma_{k+1}\sigma_k$ 대신에 $(d\ i)(d\ j)$로 바꾸어 놓아 $i$가 최초로 속한 호환을 왼쪽으로 한 번 옮겨 놓을 수 있다. 따라서 (1), (2), (3)의 경우는 $i$가 최초로 속한 호환을 한 번씩 왼쪽으로 옮길 수 있다. 이 방법을 반복하면 결국 (4)의 경우가 일어나야 한다. 왜냐하면 (4)의 경우가 일어나지 않으면 (1), (2), (3)의 경우를 반복함으로써 결국 $\sigma_r$가 $i$를 포함하게 되고 이것은 앞의 설명에 의하여 모순이 되기 때문이다. 그런데 (4)의 경우는

$$\sigma_{k+1}\sigma_k = (i\ j)(i\ j) = i_A$$

이므로 (2.6.1)에서 두 개의 호환을 생략할 수 있다. 다시 이 방법을 $i$ 또는 다른 $l \in A$에 대하여 반복하여 (2.6.1)에서 호환을 두 개씩 생략하면 결국 $i_A = (u\ v)$의 꼴이 되어 모순이다. 따라서 $i_A$는 홀수 개의 호환의 곱으로 표시할 수 없다. 이제, 정리 2.6.12에 의하여 $\sigma = (i\ j)$이면 $\sigma^{-1} = \sigma$이므로 $\sigma = \sigma_r \cdots \sigma_2\sigma_1 = \tau_s \cdots \tau_2\tau_1$에서

$$\begin{aligned} i_A = \sigma\sigma^{-1} &= \sigma_r \cdots \sigma_2\sigma_1(\tau_s \cdots \tau_2\tau_1)^{-1} = \sigma_r \cdots \sigma_2\sigma_1\tau_1^{-1}\tau_2^{-1} \cdots \tau_s^{-1} \\ &= \sigma_r \cdots \sigma_2\sigma_1\tau_1\tau_2 \cdots \tau_s \end{aligned}$$

이다. 따라서 위에 의하여 $r+s$는 짝수이어야 한다. 그러므로 $r$과 $s$는 동시에 짝수이거나 동시에 홀수이어야 한다. ■

정리 2.6.13에 의하여 다음 정의를 할 수 있다.

**【정의 2.6.14】**

$\sigma \in S_n (n \geq 2)$일 때, $\sigma$가 짝수 개의 호환의 곱으로 표시되면 $\sigma$를 우치환

(even permutation)이라 하고, $\sigma$가 홀수 개의 호환의 곱으로 표시되면 $\sigma$를 기치환(odd permutation)이라 한다. $S_n$에 속하는 우치환 모두를 원소로 갖는 집합을 $A_n$으로 표시한다.

정리 2.6.13의 증명과정에서 아는 바와 같이 항등치환은 우치환이다.

**【정리 2.6.15】**

$S_n(n \geq 2)$에 속하는 우치환과 기치환의 개수는 각각 $\frac{n!}{2}$이다.

**증명** $B_n$을 $S_n$에 속하는 기치환 모두를 원소로 갖는 집합이라 하고, 임의의 $\sigma \in B_n$에 대하여 $T(\sigma)=\sigma(1\ 2)$로 정의하면 분명히 $T: B_n \longrightarrow A_n$은 함수이다. 임의의 $\tau \in A_n$에 대하여 $\tau(1\ 2) \in B_n$이고 $T(\tau(1\ 2))=\tau(1\ 2)(1\ 2)=\tau$이므로 $T$는 전사함수이다. 또한, 임의의 $\sigma_1, \sigma_2 \in B_n$에 대하여 $T(\sigma_1)=T(\sigma_2)$라 하면 $\sigma_1(1\ 2)=\sigma_2(1\ 2)$이므로 $\sigma_1=\sigma_1(1\ 2)(1\ 2)=\sigma_2(1\ 2)(1\ 2)=\sigma_2$이다. 즉 $T$는 단사함수이다. 따라서 $T$는 전단사함수이다. 그런데 $S_n$의 원소의 개수는 $n!$이므로 $A_n$과 $B_n$의 원소의 개수는 각각 $\frac{n!}{2}$이다. ■

**【정리 2.6.16】**

$n \geq 2$ 일 때, $A_n$은 $S_n$의 정규부분군이고 $[S_n : A_n]=2$이다($A_n$을 **$n$차 교대군**(alternating group of degree $n$)이라 한다).

**증명** 항등치환은 우치환이므로 $A_n \neq \varnothing$이다. $\sigma, \tau \in A_n$이라 하면 $\sigma$와 $\tau$는 각각 짝수 개의 호환의 곱으로 표시되므로 $\sigma\tau$도 짝수 개의 호환의 곱으로 표시된다. 따라서 $\sigma\tau \in A_n$이다. 그러므로 정리 2.2.3에 의하여 $A_n$은 $S_n$의 부분군이다. 한편 $|S_n|=n!$이고 정리 2.6.15에 의하여 $|A_n|=\frac{n!}{2}$이므로 Lagrange의 정리에 의하여 $[S_n : A_n]=\frac{|S_n|}{|A_n|}=2$이다. 따라서 정리 2.4.6에 의하여 $A_n$은 $S_n$의 정규부분군이다. ■

**보기 2.6.17** $S_3$의 모든 원소는 다음과 같다(보기 2.1.18을 참조).

$$\sigma_0 = \begin{pmatrix} 1 & 2 & 3 \\ 1 & 2 & 3 \end{pmatrix} = \text{항등치환},\ \sigma_1 = \begin{pmatrix} 1 & 2 & 3 \\ 2 & 3 & 1 \end{pmatrix} = (1\ 2\ 3) = (1\ 3)(1\ 2),$$

$$\sigma_2 = \begin{pmatrix} 1 & 2 & 3 \\ 3 & 1 & 2 \end{pmatrix} = (1\ 3\ 2) = (1\ 2)(1\ 3),\ \tau_1 = \begin{pmatrix} 1 & 2 & 3 \\ 1 & 3 & 2 \end{pmatrix} = (2\ 3),$$

$$\tau_2 = \begin{pmatrix} 1 & 2 & 3 \\ 3 & 2 & 1 \end{pmatrix} = (1\ 3),\ \tau_3 = \begin{pmatrix} 1 & 2 & 3 \\ 2 & 1 & 3 \end{pmatrix} = (1\ 2)$$

따라서 $\sigma_0$, $\sigma_1$, $\sigma_2$는 우치환이고 $\tau_1$, $\tau_2$, $\tau_3$는 기치환이다. 그러므로 $A_3 = \{\sigma_0,\ \sigma_1,\ \sigma_2\}$는 $S_3$의 정규부분군이고 $[S_3 : A_3] = 2$이다(보기 2.4.9를 참조). ◀

**【정의 2.6.18】**

$G$를 군이라 하자. $G$가 자명한 정규부분군이외의 정규부분군을 갖지 않을 때 $G$를 단순군(simple group)이라 한다.

**보기 2.6.19** $p$를 소수라 할 때, 덧셈군 $\mathbf{Z}_p$는 아벨군이므로 정리 2.2.18에 의하여 $\mathbf{Z}_p$의 모든 부분군은 $\mathbf{Z}_p$의 정규부분군이다. 그러나 $|\mathbf{Z}_p| = p$이므로 Lagrange의 정리에 의하여 $\mathbf{Z}_p$의 부분군은 자명한 부분군뿐이다. 따라서 $\mathbf{Z}_p$는 단순군이다.

일반적으로 위수가 소수인 군은 단순군이다. ◀

**보기 2.6.20** $A = \{1,\ 2,\ 3,\ 4\}$라 하고

$$\sigma = (1\ 3)(2\ 4),\ \tau = (1\ 2)(3\ 4),\ \rho = (1\ 4)(2\ 3),$$
$$\alpha = (1\ 2\ 3),\ \beta = (1\ 3\ 4),\ \gamma = (1\ 4\ 2),\ \delta = (2\ 4\ 3),$$
$$u = (1\ 3\ 2),\ v = (1\ 4\ 3),\ w = (1\ 2\ 4),\ \theta = (2\ 3\ 4)$$

라 하면

$$A_4 = \{i_A,\ \sigma,\ \tau,\ \rho,\ \alpha,\ \beta,\ \gamma,\ \delta,\ u,\ v,\ w,\ \theta\}$$

이다. $N = \{i_A,\ \sigma,\ \tau,\ \rho\}$라 하면 보기 2.4.11에 의하여 $N$은 $A_4$의 부분군이다. 더욱이 정리 2.4.1 (1) (v)와 정리 2.4.2 (1) (v)에 의하여 모든 $x \in N$에 대하여 $xN = N = Nx$이다. 또한,

$$\alpha N=\{\alpha, \beta, \gamma, \delta\}=N\alpha,$$
$$uN=\{u, v, w, \theta\}=Nu$$

이므로 정리 2.4.1 (1) (i), (iii)과 정리 2.4.2 (1) (i), (iii)에 의하여

$$\beta N=\gamma N=\delta N=\alpha N=N\alpha=N\delta=N\gamma=N\beta,$$
$$vN=wN=\theta N=uN=Nu=N\theta=Nw=Nv$$

이다. 따라서 모든 $x\in A_4$에 대하여 $xN=Nx$이므로 $N$은 $A_4$의 정규부분군이다. 따라서 $A_4$는 단순군이 아니다. 다음, 보기 2.4.14에 의하여 위수가 2인 $N$의 정규부분군은

$$K_1=\{i_A, \sigma\},\ K_2=\{i_A, \tau\},\ K_3=\{i_A, \rho\}$$

뿐이다. 그러나 $K_i\subset N\subset A_4(i=1, 2, 3)$이고, $K_i$는 $N$의 정규부분군이며 $N$은 $A_4$의 정규부분군이지만

$$\theta K_1=\{\theta, v\}\neq\{\theta, u\}=K_1\theta,\ \theta K_2=\{\theta, u\}\neq\{\theta, w\}=K_2\theta,$$
$$\theta K_3=\{\theta, w\}\neq\{\theta, v\}=K_3\theta$$

이므로 $K_i$는 $A_4$의 정규부분군이 아니다. 다음, $K$를 $A_4$의 정규부분군이라 하고 $\alpha, \beta, \gamma, \delta, u, v, w, \theta$ 중에서 적어도 하나를 포함한다고 할 때 $x\in K$이면 $x^2\in K$이고, 또한

$$\alpha^2=u,\ \beta^2=v,\ \gamma^2=w,\ \delta^2=\theta,$$
$$u^2=\alpha,\ v^2=\beta,\ w^2=\gamma,\ \theta^2=\delta$$

이고

$$\beta=\sigma\alpha\sigma^{-1},\ \gamma=\tau\alpha\tau^{-1},\ \delta=\rho\alpha\rho^{-1};\ v=\sigma u\sigma^{-1},\ w=\tau u\tau^{-1},\ \theta=\rho u\rho^{-1}$$
$$\alpha=\sigma\beta\sigma^{-1},\ \gamma=\rho\beta\rho^{-1},\ \delta=\tau\beta\tau^{-1};\ u=\sigma v\sigma^{-1},\ w=\rho v\rho^{-1},\ \theta=\tau v\tau^{-1}$$
$$\alpha=\tau\gamma\tau^{-1},\ \beta=\rho\gamma\rho^{-1},\ \delta=\sigma\gamma\sigma^{-1};\ u=\tau w\tau^{-1},\ v=\rho w\rho^{-1},\ \theta=\sigma w\sigma^{-1}$$
$$\alpha=\rho\delta\rho^{-1},\ \beta=\tau\delta\tau^{-1},\ \gamma=\sigma\delta\sigma^{-1};\ u=\rho\theta\rho^{-1},\ v=\tau\theta\tau^{-1},\ w=\sigma\theta\sigma^{-1}$$

이므로 $K$는 $\alpha, \beta, \gamma, \delta, u, v, w, \theta$를 모두 포함해야 한다. 따라서 $|K|>8$

이다. 그러므로 Lagrange의 정리에 의하여 $K=A_4$이다. 이제 위수가 6인 $A_4$의 부분군이 존재하지 않음을 보이자. $H$를 $|H|=6$인 $A_4$의 부분군이라 하면 Lagrange의 정리에 의하여

$$[A_4 : H]=\frac{|A_4|}{|H|}=\frac{12}{6}=2$$

이므로 정리 2.4.6에 의하여 $H$는 $A_4$의 정규부분군이다. $|H|=6$이므로 $H$는 $\alpha$, $\beta$, $\gamma$, $\delta$, $u$, $v$, $w$, $\theta$ 중에서 적어도 한 개 이상을 포함해야 한다. 따라서 위의 설명에 의하여 $H=A_4$가 되어 모순이다. 따라서 $A_4$는 위수가 6인 부분군을 포함하지 않는다. 그러므로 Lagrange의 정리의 역은 성립하지 않는다.

다음, $M$을 $A_4$의 정규부분군이라 하면 Lagrange의 정리에 의하여 $M$의 위수는 1, 2, 3, 4, 6, 12 중의 어느 하나이다. 위의 설명에 의하여 위수가 6인 $A_4$의 정규부분군은 존재하지 않고, 또한 위수가 1, 2, 3, 4 인 $A_4$의 정규부분군은 $i_A$, $\sigma$, $\tau$, $\rho$ 중에서 원소를 가져야 한다. 따라서 위수가 4인 $A_4$의 정규부분군은 $N$뿐이고, 위수가 3인 $A_4$의 정규부분군이 존재한다고 하면 이들은

$$H_1=\{i_A, \sigma, \tau\},\ H_2=\{i_A, \sigma, \rho\},\ H_3=\{i_A, \tau, \rho\}$$

중의 어느 하나이어야 하는데 $\rho=\sigma\tau\in H_1$, $\tau=\sigma\rho\in H_2$, $\sigma=\tau\rho\in H_3$이므로 $H_1=H_2=H_3=N$이 되어 모순이다. 따라서 위수가 3인 $A_4$의 정규부분군은 존재하지 않는다. 또한 위수가 2인 $A_4$의 정규부분군은 분명히 $N$의 정규부분군이므로 위의 설명에 의하여 위수가 2인 $A_4$의 정규부분군은 존재하지 않는다. 따라서 $A_4$의 정규부분군은 $\{i_A\}$, $N$, $A_4$뿐이다. ◀

**【보조정리 2.6.21】**

$A=\{1, 2, \cdots, n\}(n\geq 3)$이라 하자. 그러면 모든 3-순회치환은 $A_n$에 속하고, $A_n$의 모든 원소는 3-순회치환들의 곱으로 표시된다.

**증명** 임의의 $i$, $j$, $k\in A$에 대하여 $(i\ j\ k)=(i\ k)(i\ j)$이므로 모든 3-순회치환은 $A_n$에 속한다. 다음, $A_n$의 모든 원소는 3-순회치환들의 곱으로 표시됨

을 보이자. $i_A=(1\ 2\ 3)(3\ 2\ 1)$이므로 $i_A \neq \sigma \in A_n$인 $\sigma$에 대하여 증명하면 충분하다. 그런데 $\sigma$는 짝수 개의 호환의 곱으로 표시되므로 임의의 두 호환 $(i\ j)$와 $(k\ l)(i, j, k, l \in A)$의 곱 $(i\ j)(k\ l)$이 3-순회치환으로 표시됨을 보이면 된다. 다음과 같이 세 가지 경우로 나누어 증명하자.

(1) $\{i, j\}=\{k, l\}$이면 $(i\ j)=(k\ l)$이므로 $(i\ j)(k\ l)=i_A=(1\ 2\ 3)(3\ 2\ 1)$이다.

(2) $\{i, j\}$와 $\{k, l\}$이 공통인 원소를 하나만 포함할 때, 가령 $i=k$라 하면 $(i\ j)(k\ l)=(i\ j)(i\ l)=(i\ l\ j)$이다.

(3) $\{i, j\}\cap\{k, l\}=\varnothing$이면(이 경우는 $n\geq 4$),

$$(i\ j)(k\ l)=(i\ j)(i\ k)(k\ i)(k\ l)=(i\ k\ j)(k\ l\ i)$$

이다. 따라서 어느 경우이든지 $(i\ j)(k\ l)$은 3-순회치환의 곱으로 표시된다. ■

**【보조정리 2.6.22】**

$A=\{1, 2, \cdots, n\}$이라 하고 $\sigma\in S_n$, $(i_1\ i_2 \cdots i_r)\in S_n$이라 하자. 그러면 $\sigma(i_1\ i_2\ \cdots\ i_r)\sigma^{-1}=(\sigma(i_1)\ \sigma(i_2)\ \cdots\ \sigma(i_r))$이다.

**증명** $\tau=(i_1\ i_2 \cdots i_r)$이라 하고 $\alpha=(\sigma(i_1)\ \sigma(i_2)\ \cdots\ \sigma(i_r))$이라 하자. $j\in A$라 할 때, $j\in\{\sigma(i_1), \sigma(i_2), \cdots, \sigma(i_r)\}$이면 $1\leq k\leq r$인 $k$에 대하여 $j=\sigma(i_k)$이다. 따라서

$$\begin{aligned}\sigma\tau\sigma^{-1}(j)&=\sigma\tau\sigma^{-1}(\sigma(i_k))=\sigma\tau(i_k)\\&=\begin{cases}\sigma(i_{k+1})=\alpha(\sigma(i_k))=\alpha(j) & (1\leq k<r\text{인 경우})\\ \sigma(i_1)=\alpha(\sigma(i_r))=\alpha(j) & (k=r\text{인 경우})\end{cases}\end{aligned}$$

이다. $j\notin\{\sigma(i_1), \sigma(i_2), \cdots, \sigma(i_r)\}$이면 $\sigma^{-1}(j)\notin\{i_1, i_2, \cdots, i_r\}$이다($\sigma^{-1}(j)=i_k(1\leq k\leq r)$이라 하면 $j=\sigma(i_k)\in\{\sigma(i_1), \sigma(i_2), \cdots, \sigma(i_r)\}$이 되어 모순이다). 따라서 $\sigma\tau\sigma^{-1}(j)=\sigma\sigma^{-1}(j)=j=\alpha(j)$이다. 그러므로 $\sigma\tau\sigma^{-1}=\alpha$이다. ■

**【정리 2.6.23】**

$A=\{1, 2, \cdots, n\}$이라 할 때, $n\neq 4(n\geq 2)$이면 $A_n$은 단순군이다.

**증명** $n=2$인 경우는 $A_2=\{i_A\}$이므로 분명히 성립한다. $n=3$인 경우는 $|A_3|=3$이므로 Lagrange의 정리에 의하여 $A_3$의 부분군은 자명한 부분군뿐이다. 따라서 $n=3$인 경우도 성립한다. 이제 $n\geq 5$인 경우는 다음과 같이 여러 가지 단계로 나누어 증명한다.

(I) $N$을 $A_n$의 정규부분군이라 할 때, $N$이 3-순회치환을 적어도 하나 포함하면 $N=A_n$이다.

(I)의 증명 $(i\ j\ k)\in N$이라 하자. 보조정리 2.6.21에 의하여 $A_n$의 모든 원소는 3-순회치환의 곱으로 표시되므로 모든 3-순회치환이 $N$에 속한다는 것을 증명하면 $A_n\subset N$이 되어 위의 결과가 얻어진다. $(a\ b\ c)$를 임의의 3-순회치환이라 하자. $\sigma(i)=a$, $\sigma(j)=b$, $\sigma(k)=c$를 만족하는 $\sigma\in S_n$을 하나 선택하자. $\sigma\in A_n$이면 $N$이 $A_n$의 정규부분군이므로 $\sigma(i\ j\ k)\sigma^{-1}\in N$이고, 또 보조정리 2.6.22에 의하여

$$\sigma(i\ j\ k)\sigma^{-1}=(\sigma(i)\ \sigma(j)\ \sigma(k))=(a\ b\ c)$$

이므로 $(a\ b\ c)\in N$이다. 또한, $\sigma\notin A_n$이면(따라서 $\sigma$는 기치환이다) $s, t\in A$이고 $s, t\notin\{i, j, k\}$인 $s, t$를 선택한다. 그러면 $(i\ j\ k)$와 $(s\ t)$는 서로 소이므로 정리 2.6.4에 의하여

$$(s\ t)(i\ j\ k)(s\ t)=(i\ j\ k)(s\ t)(s\ t)=(i\ j\ k)$$

이다. 또한 $\sigma(s\ t)\in A_n$이므로

$$\begin{aligned}N\ni\sigma(s\ t)(i\ j\ k)(\sigma(s\ t))^{-1}&=\sigma(s\ t)(i\ j\ k)(s\ t)^{-1}\sigma^{-1}\\&=\sigma(s\ t)(i\ j\ k)(s\ t)\sigma^{-1}=\sigma(i\ j\ k)\sigma^{-1}=(a\ b\ c)\end{aligned}$$

이다. 즉, $(a\ b\ c)\in N$이다.

(II) $N$을 $A_n$의 정규부분군이라 하자. $N$이 서로 소인 두 호환의 곱을 포함하면 $N=A_n$이다.

(II)의 증명 $(a\ b)$와 $(c\ d)$가 서로 소인 호환이고 $\tau=(a\ b)(c\ d)\in N$이라 하자. $e\in A-\{a, b, c, d\}$라 하고 $\sigma=(a\ b\ e)$라 하면 $\sigma\in A_n$이다. 따

라서 $N$이 $A_n$의 정규부분군이므로 $\sigma\tau\sigma^{-1}\in N$이다. 그러므로 보조정리 2.6.22에 의하여

$$\begin{aligned} N\ni\sigma\tau\sigma^{-1} &= \sigma(a\ \ b)(c\ \ d)\sigma^{-1} = \sigma(a\ \ b)\sigma^{-1}\sigma(c\ \ d)\sigma^{-1} \\ &= (\sigma(a)\ \ \sigma(b))(\sigma(c)\ \ \sigma(d)) = (b\ \ e)(c\ \ d) \end{aligned}$$

이다. 따라서 $\tau^{-1}\in N$이므로

$$\begin{aligned} N\ni\sigma\tau\sigma^{-1}\tau^{-1} &= (b\ \ e)(c\ \ d)((a\ \ b)(c\ \ d))^{-1} = (b\ \ e)(c\ \ d)(c\ \ d)(a\ \ b) \\ &= (b\ \ e)(a\ \ b) = (b\ \ e)(b\ \ a) = (b\ \ a\ \ e) \end{aligned}$$

이다. 즉 $N$은 3-순회치환을 포함하므로 (I)에 의하여 $N=A_n$이다.

이제 정리 2.6.23을 증명하려면 $N$이 $A_n$의 정규부분군이고 $N\neq\{i_A\}$이라 할 때, $N=A_n$임을 보이면 충분하다. $i_A\neq\sigma\in N$이라 하자. 그러면 정리 2.6.8에 의하여 $\sigma$는 서로 소인 순회치환 $\sigma_1, \sigma_2, \cdots, \sigma_u$에 대하여 $\sigma=\sigma_u\cdots\sigma_2\sigma_1$으로 표시된다(이 때, $\sigma_1, \sigma_2, \cdots, \sigma_u$가 서로 소이므로 정리 2.6.4에 의하여 $\sigma_k\sigma_l=\sigma_l\sigma_k\,(k\neq l)$이다. 따라서 $k=1, 2, \cdots, u-1$에 대하여 ($\sigma_{k+1}$의 길이)≤($\sigma_k$의 길이)라 가정해도 일반성을 잃지 않는다). 다음 네 가지 경우가 일어나므로 각 경우에 대하여 증명한다.

(1) $\sigma_1$의 길이가 3보다 큰 경우

(2) $\sigma_1$과 $\sigma_2$의 길이가 3인 경우

(3) $\sigma_1$의 길이가 3이고 $\sigma_2, \sigma_3, \cdots, \sigma_u$가 모두 호환인 경우

(4) $\sigma_1, \sigma_2, \cdots, \sigma_u$가 모두 호환인 경우

(1)의 경우는 $\sigma_1=(i_1\ i_2\cdots i_r)$이라 하고 $r>3$이라 하자. $\tau=(i_1\ \ i_2\ \ i_3)$라 하면 $\tau\in A_n$이고, 또한 $N$이 $A_n$의 정규부분군이므로 $\tau\sigma\tau^{-1}\in N$이다. 따라서 $\alpha=\tau\sigma\tau^{-1}\sigma^{-1}$라 하면 $\sigma^{-1}\in N$이므로 $\alpha\in N$이다. $\sigma_1, \sigma_2, \cdots, \sigma_u$가 서로 소이므로 정리 2.6.6에 의하여 $i_1, i_2, \cdots, i_r$은 $\sigma_2, \sigma_3, \cdots, \sigma_u$의 어디에도 속하지 않는다. 따라서 다시 정리 2.6.6에 의하여 $\tau, \sigma_2, \sigma_3, \cdots, \sigma_u$는 서로 소이고, 또한 $(i_2\ i_3\ i_1\ i_4\ i_5\cdots i_r)$, $\sigma_2, \sigma_3, \cdots, \sigma_u$는 서로 소이다. 그러므로 정리 2.6.4와 보조정리 2.6.22에 의하여

$$\tau\sigma\tau^{-1}=\tau\sigma_u\cdots\sigma_2\sigma_1\tau^{-1}=\sigma_u\cdots\sigma_3\sigma_2\tau\sigma_1\tau^{-1}=\sigma_u\cdots\sigma_3\sigma_2\tau(i_1\ i_2\ \cdots\ i_r)\tau^{-1}$$
$$=\sigma_u\cdots\sigma_3\sigma_2(\tau(i_1)\ \tau(i_2)\ \cdots\tau(i_r))=\sigma_u\cdots\sigma_3\sigma_2(i_2\ i_3\ i_1\ i_4\ i_5\cdots i_r)$$
$$=(i_2\ i_3\ i_1\ i_4\ i_5\cdots i_r)\sigma_u\cdots\sigma_3\sigma_2$$

이다. 또한, 정리 2.6.12에 의하여 $\sigma_1^{-1}=(i_r\ \cdots\ i_2\ i_1)$이므로 정리 2.6.6에 의하여 $\sigma_1^{-1}$, $\sigma_2$, $\sigma_3$, $\cdots$, $\sigma_u$는 서로 소이다. 따라서 따름정리 2.1.14와 정리 2.6.4에 의하여

$$N\ni\alpha=\tau\sigma\tau^{-1}\sigma^{-1}=\tau\sigma\tau^{-1}(\sigma_u\cdots\sigma_2\sigma_1)^{-1}$$
$$=(i_2\ i_3\ i_1\ i_4\ i_5\ \cdots\ i_r)\sigma_u\cdots\sigma_3\sigma_2\sigma_1^{-1}\sigma_2^{-1}\cdots\sigma_u^{-1}$$
$$=(i_2\ i_3\ i_1\ i_4\ i_5\ \cdots\ i_r)\sigma_1^{-1}\sigma_u\cdots\sigma_3\sigma_2\sigma_2^{-1}\sigma_3^{-1}\cdots\sigma_u^{-1}$$
$$=(i_2\ i_3\ i_1\ i_4\ i_5\ \cdots\ i_r)(i_r\ \cdots\ i_2\ i_1)=(i_1\ i_2\ i_4)$$

이다. 즉 $N$은 3-순회치환 $(i_1\ i_2\ i_4)$를 포함하므로 (I)에 의하여 $N=A_n$이다.

(2)의 경우는 $\sigma_1=(i_1\ i_2\ i_3)$라 하고 $\sigma_2=(j_1\ j_2\ j_3)$이라 하자. $\tau=(i_2\ \ i_3\ \ j_1)$이라 하면 $\tau\in A_n$이므로 $\tau\sigma\tau^{-1}\in N$이다. 또한, 정리 2.6.6에 의하여 $\tau$, $\sigma_3$, $\sigma_4$, $\cdots$, $\sigma_u$는 서로 소이므로 정리 2.6.4와 보조정리 2.6.22에 의하여

$$\tau\sigma\tau^{-1}=\tau\sigma_u\cdots\sigma_2\sigma_1\tau^{-1}=\sigma_u\sigma_{u-1}\cdots\sigma_3\tau\sigma_2\sigma_1\tau^{-1}$$
$$=\sigma_u\sigma_{u-1}\cdots\sigma_3(\tau\sigma_2\tau^{-1})(\tau\sigma_1\tau^{-1})$$
$$=\sigma_u\sigma_{u-1}\cdots\sigma_3(\tau(j_1)\ \tau(j_2)\ \tau(j_3))(\tau(i_1)\ \tau(i_2)\ \tau(i_3))$$
$$=\sigma_u\sigma_{u-1}\cdots\sigma_3(i_2\ j_2\ j_3)(i_1\ i_3\ j_1)$$

이다. 따라서 따름정리 2.1.14와 정리 2.6.12와 정리 2.6.6과 정리 2.6.4에 의하여

$$N\ni\tau\sigma\tau^{-1}\sigma^{-1}=\sigma_u\cdots\sigma_4\sigma_3(i_2\ j_2\ j_3)(i_1\ i_3\ j_1)(\sigma_u\cdots\sigma_2\sigma_1)^{-1}$$
$$=\sigma_u\cdots\sigma_4\sigma_3(i_2\ j_2\ j_3)(i_1\ i_3\ j_1)(\sigma_1^{-1}\sigma_2^{-1}\cdots\sigma_u^{-1})$$
$$=\sigma_u\cdots\sigma_4\sigma_3\sigma_3^{-1}\sigma_4^{-1}\cdots\sigma_u^{-1}(i_2\ j_2\ j_3)(i_1\ i_3\ j_1)\sigma_1^{-1}\sigma_2^{-1}$$

$$=(i_2\ j_2\ j_3)(i_1\ i_3\ j_1)(i_3\ i_2\ i_1)(j_3\ j_2\ j_1)=(i_1\ j_1\ i_2\ i_3\ j_2)$$

이다. 즉, $N$은 5-순회치환을 포함하므로 (1)의 경우로 되어 증명된다.

(3)의 경우는 $\sigma_1=(i_1\ i_2\ i_3)$라 하고 $\sigma_2, \sigma_3, \cdots, \sigma_u$를 모두 호환이라 하자. 그러면 $\sigma_1, \sigma_2, \cdots, \sigma_u$가 서로 소이고 $\sigma_k^2=i_A(k=2,\ 3,\ \cdots,\ u)$이므로 정리 2.6.4에 의하여

$$\begin{aligned} N\ni\sigma^2&=\sigma_u\cdots\sigma_2\sigma_1\sigma_u\cdots\sigma_2\sigma_1=\sigma_u\cdots\sigma_3\sigma_2\sigma_u\cdots\sigma_2\sigma_1^2\\ &=\sigma_u\cdots\sigma_4\sigma_3\sigma_u\cdots\sigma_4\sigma_3\sigma_2^2\sigma_1^2=\cdots=\sigma_u^2\cdots\sigma_2^2\sigma_1^2\\ &=\sigma_1^2=(i_1\ i_2\ i_3)(i_1\ i_2\ i_3)=(i_1\ i_3\ i_2) \end{aligned}$$

이다. 즉 $N$은 3-순회치환을 포함하므로 (I)에 의하여 $N=A_n$이다.

(4)의 경우는 $\sigma_1, \sigma_2, \cdots, \sigma_u$가 모두 호환이라 하고 $\sigma_1=(i_1\ \ i_2)$, $\sigma_2=(j_1\ \ j_2)$라 하자. $\tau=(i_2\ j_1\ j_2)$라 하면 $\tau\in A_n$이고 $\tau\sigma\tau^{-1}\in N$이다. $\tau, \sigma_3, \sigma_4, \cdots, \sigma_u$는 서로 소이므로 정리 2.6.4와 정리 2.6.12에 의하여

$$\begin{aligned} \tau\sigma\tau^{-1}&=\tau\sigma_u\cdots\sigma_2\sigma_1\tau^{-1}=\sigma_u\cdots\sigma_4\sigma_3\tau\sigma_2\sigma_1\tau^{-1}\\ &=\sigma_u\cdots\sigma_4\sigma_3(i_2\ j_1\ j_2)(j_1\ j_2)(i_1\ i_2)(j_2\ j_1\ i_2)\\ &=\sigma_u\cdots\sigma_4\sigma_3(i_1\ j_1)(i_2\ j_2) \end{aligned}$$

이다. $\sigma^{-1}\in N$이므로 정리 2.6.12와 정리 2.6.6과 정리 2.6.4에 의하여

$$\begin{aligned} N\ni\tau\sigma\tau^{-1}\sigma^{-1}&=\sigma_u\cdots\sigma_4\sigma_3(i_1\ j_1)(i_2\ j_2)(\sigma_u\cdots\sigma_2\sigma_1)^{-1}\\ &=\sigma_u\cdots\sigma_4\sigma_3(i_1\ j_1)(i_2\ j_2)(\sigma_1^{-1}\sigma_2^{-1}\cdots\sigma_u^{-1})\\ &=\sigma_u\cdots\sigma_4\sigma_3(i_1\ j_1)(i_2\ j_2)\sigma_1\sigma_2\cdots\sigma_u\\ &=(i_1\ j_1)(i_2\ j_2)\sigma_1\sigma_2\sigma_u\cdots\sigma_4\sigma_3\sigma_3\sigma_4\cdots\sigma_u\\ &=(i_1\ j_1)(i_2\ j_2)(i_1\ i_2)(j_1\ j_2)=(i_1\ j_2)(i_2\ j_1) \end{aligned}$$

이다. 즉 $N$은 서로 소인 두 호환의 곱을 포함하므로 (II)에 의하여 $N=A_n$이다. ■

**【정리 2.6.24】**

$A=\{1, 2, \cdots, n\}(n\geq 3,\ n\neq 4)$라 할 때, $S_n$의 정규부분군은 $\{i_A\}$, $A_n$, $S_n$뿐이다(연습문제 2.6의 11을 참조).

**증명** $n=3$인 경우는 보기 2.4.9에 의하여 결과가 얻어진다. $n\geq 5$라 하자. $N$을 $\{i_A\}\subsetneq N$인 $S_n$의 정규부분군이라 하면 정리 2.2.20 (1)에 의하여 $N\cap A_n$은 $A_n$의 정규부분군이고, 또한 정리 2.6.23에 의하여 $A_n$은 단순군이므로 $N\cap A_n=\{i_A\}$ 또는 $N\cap A_n=A_n$이다. $N\cap A_n=\{i_A\}$라 하면 정리 2.4.15와 정리 2.6.15에 의하여

$$n!=|S_n|\geq |NA_n|=|N|\,|A_n|=|N|\frac{n!}{2}$$

이므로 $|N|\leq 2$이다. 그런데 $\{i_A\}\subsetneq N$이므로 $|N|=2$이다. 그러므로 적당한 $\sigma\in S_n(\sigma\neq i_A)$에 대하여 $N=\{i_A, \sigma\}$이다. 따라서 모든 $\tau\in S_n$에 대하여 $\tau\sigma\tau^{-1}\in N$이므로 $\tau\sigma\tau^{-1}=i_A$이든가 $\tau\sigma\tau^{-1}=\sigma$인데 $\tau\sigma\tau^{-1}=i_A$라 하면 $\sigma=i_A$가 되어 모순이다. 따라서 모든 $\tau\in S_n$에 대하여 $\tau\sigma\tau^{-1}=\sigma$, 즉 $\tau\sigma=\sigma\tau$이므로 $\sigma\in C(S_n)$이다. 그러나 보기 2.2.35에 의하여 이것은 모순이다. 따라서 $N\cap A_n\neq\{i_A\}$, 즉 $N\cap A_n=A_n$이다. $A_n=N\cap A_n\subset N$이므로 정리 2.4.19와 정리 2.6.16에 의하여

$$1\leq |N/A_n|\leq |S_n/A_n|=[S_n : A_n]=2$$

이다. 따라서 정리 2.4.1 (1)의 (iii), (iv)와 (2)에 의하여 $N=A_n$ 또는 $N=S_n$이다. ■

**【정리 2.6.25】**

$n\geq 3$이라 할 때, 군 $G$가 다음 세 조건

(1) $a^n=e$($e$는 $G$의 단위원)이고 $1\leq m<n$인 $m$에 대하여 $a^m\neq e$이다.

(2) $b^2=e(b\neq e)$

(3) $ba=a^{n-1}b$

을 만족하는 두 원소 $a$, $b$에 의하여 생성된다고 하자(이 군을 $a$, $b$에 의

하여 생성되는 위수 $2n$의 정이면체군(dihedral group)이라 한다). 그러면

$$G=\langle a,\ b\rangle=\{a^s b^t \mid 0\leq s<n\ ;\ t=0,\ 1\}$$
$$=\{e,\ a,\ a^2,\ \cdots,\ a^{n-1},\ b,\ ab,\ a^2b,\ \cdots,\ a^{n-1}b\}$$

이다(따라서 $|G|=2n$이다). 더욱이 $G$는 비가환군이다.

---

**증명** $k\geq 1$일 때, 조건 (3)을 반복 적용하면

$$ba^k=baa^{k-1}=a^{n-1}ba^{k-1}=a^{n-1}baa^{k-2}=(a^{n-1})^2ba^{k-2}=\cdots$$
$$=(a^{n-1})^k b=a^{k(n-1)}b,$$

즉

(4) $ba^k=a^{k(n-1)}b\ (k\geq 1)$

이다. $m,\ l$을 임의의 정수라 하면 정리 1.3.2에 의하여

$$m=nq+r,\ 0\leq r<n;\ l=2p+j,\ 0\leq j<2$$

를 만족하는 정수 $q,\ r,\ p,\ j$가 존재하므로 (1)과 (2)에 의하여

$$a^m=a^{nq+r}=(a^n)^q a^r=e^q a^r=a^r,$$
$$b^l=b^{2p+j}=(b^2)^p b^j=e^p b^j=b^j,$$

즉

(5) $a^m=a^r\ (0\leq r<n)$,

(6) $b^l=b^j\ (0\leq j<2)$

이다. 따라서 (4), (5), (6)에 의하여

$$b^l a^m=b^j a^r=\begin{cases} ba^r=a^{r(n-1)}b=a^i b\ \ (0\leq i<n) \\ b^0 a^r=a^r=a^r b^0 \end{cases}$$
$$a^m b^l=a^r b^j\ (0\leq r<n;\ 0\leq j<2)$$

이므로 정리 2.2.11에 의하여

$$G=\langle a,\ b\rangle=\{a^s b^t \mid 0\leq s<n\ ;\ t=0,\ 1\}$$
$$=\{e,\ a,\ a^2,\ \cdots,\ a^{n-1},\ b,\ ab,\ a^2b,\ \cdots,\ a^{n-1}b\}$$

이다. 이제, 위의 $2n$개의 원소가 모두 다르다는 것을 증명하자.

(1)과 정리 2.3.7 (2)에 의하여 $H=\langle a\rangle=\{e, a, a^2, \cdots, a^{n-1}\}$이다. 따라서 $e, a, a^2, \cdots, a^{n-1}$은 모두 다르다. 한편 $b=a^k(0\le k<n)$이라 하면 (1)에 의하여 $a^{-1}=a^{n-1}$이므로 (3)에 의하여

$$a^{k+1}=a^ka=ba=a^{n-1}b=a^{n-1}a^k=a^{-1}a^k=a^{k-1},$$

즉 $a^2=e$가 되어 (1)에 모순이다. 따라서 $b\ne a^k(0\le k<n)$, 즉 $b\not\in H$이다. 그러므로 정리 2.4.2 (1) (v), (iii)에 의하여 $H\cap Hb=\varnothing$이다. 또, 정리 2.4.2 (2)에 의하여 $|Hb|=|H|$이므로 $Hb=\{b, ab, a^2b, \cdots, a^{n-1}b\}$의 원소의 개수도 $n$이다. 따라서 $b, ab, a^2b, \cdots, a^{n-1}b$는 모두 다르다. 한편 $H\cap Hb=\varnothing$이므로 $e, a, a^2, \cdots, a^{n-1}, b, ab, a^2b, \cdots, a^{n-1}b$는 모두 다르다.

더욱이 $ab=ba$라 하면 (3)에 의하여 $ab=ba=a^{n-1}b$, 즉 $a^{n-2}=e$가 되어 모순이다. 따라서 $G$는 가환군이 아니다. ■

**보기 2.6.26** 실제로 위수 $2n$의 정이면체군이 존재함을 보이자.

$A=\{1, 2, \cdots, n\}(n\ge 3)$이라 하고 $\sigma=(1\ 2\ 3\ \cdots\ n)\in S_n$이라 하자. $\tau$를 $\tau(1)=1$이고 $2\le i\le n$인 $i$에 대하여 $\tau(i)=n+2-i$를 만족하는 $S_n$의 원소라 하자(2 $\le i\le n$이면 $2\le n+2-i\le n$이므로 $\tau$는 $\tau: A\longrightarrow A$인 함수이고, 분명히 단사함수이다. 또 $2\le j\le n$이면 $2\le n+2-j\le n$이고 $\tau(n+2-j)=n+2-(n+2-j)=j$이므로 $\tau$는 전사함수이다. 따라서 $\tau\in S_n$이다). 그러면 분명히 $\sigma^n=i_A$이고 $1\le m<n$인 $m$에 대하여 $\sigma^m\ne i_A$이다. 분명히 $\tau\ne i_A$이고, 또한

$$\tau^2(1)=\tau\tau(1)=\tau(1)=1=i_A(1)$$

이고 $2\le i\le n$인 $i$에 대하여

$$\tau^2(i)=\tau\tau(i)=\tau(n+2-i)=n+2-(n+2-i)=i=i_A(i)$$

이므로 $\tau^2=i_A$이다. 또한, 정리 2.6.12에 의하여 $\sigma^{-1}=(n\ n-1\ \cdots\ 3\ 2\ 1)$이므로

$$\tau\sigma(1)=\tau(2)=n+2-2=n=\sigma^{-1}(1)=\sigma^{-1}(\tau(1))=\sigma^{-1}\tau(1)$$

이고 $2 \leq i < n$인 $i$에 대하여

$$\tau\sigma(i)=\tau(i+1)=n+2-(i+1)=(n+2-i)-1=\sigma^{-1}(n+2-i)=\sigma^{-1}\tau(i)$$

이며

$$\tau\sigma(n)=\tau(1)=1=\sigma^{-1}(2)=\sigma^{-1}(n+2-n)=\sigma^{-1}\tau(n)$$

이다. 따라서 $\tau\sigma=\sigma^{-1}\tau=\sigma^{n-1}\tau$이다. 즉

(1) $\sigma^n=i_A$이고, $1 \leq m < n$인 $m$에 대하여 $\sigma^m \neq i_A$이다.

(2) $\tau^2=i_A(\tau \neq i_A)$

(3) $\tau\sigma=\sigma^{n-1}\tau$

이다. 따라서 $S_n$의 부분군 $\langle\sigma, \tau\rangle$는 위수 $2n$의 정이면체군이다. 이 군을 $D_n$으로 표시한다. 즉 $D_n=\langle\sigma, \tau\rangle$. 정리 2.6.25에 의하여

$$D_n=\{i_A, \sigma, \sigma^2, \cdots, \sigma^{n-1}, \tau, \sigma\tau, \sigma^2\tau, \cdots, \sigma^{n-1}\tau\}$$

이다. 특히, $n=3$인 경우는 $D_3 \subset S_3$이고 $|D_3|=|S_3|=6$이므로 $D_3=S_3$이다. ◀

위수 $2n$의 정이면체군 $D_n$을 기하학적으로 표현할 수 있다.

$D_3$를 생각하자. $A=\{1, 2, 3\}$이라 하면 보기 2.6.26에 의하여

$$\sigma=(1\ 2\ 3),\ \ \tau=\begin{pmatrix} 1 & 2 & 3 \\ 1 & 3+2-2 & 3+2-3 \end{pmatrix}=\begin{pmatrix} 1 & 2 & 3 \\ 1 & 3 & 2 \end{pmatrix}=(2\ 3)$$

이고 $D_3=\{i_A=\sigma^0=\tau^0, \sigma, \sigma^2, \tau, \sigma\tau, \sigma^2\tau\}$이다.

다음 정삼각형을 공간도형으로 생각하고, 각 꼭지점을 1, 2, 3으로 표시하자. 그리고 $l_i\,(i=1, 2, 3)$는 꼭지점 $i$와 마주 보는 변의 중점을 잇는 직선을 표시한다.

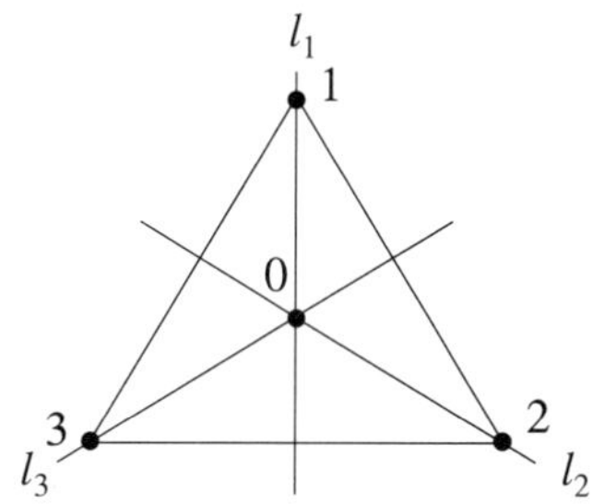

$\sigma=(1\ \ 2\ \ 3)$은

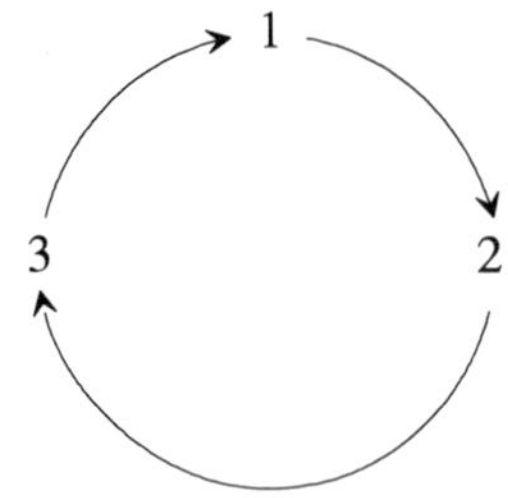

이므로 $\sigma$를 주어진 정삼각형의 중심 0를 중심으로 하여 시계와 같은 방향으로의 120°회전으로 생각한다.

또, $\tau=(2\ \ 3)$은 $l_1$을 축으로 하는 180°회전으로 생각한다.

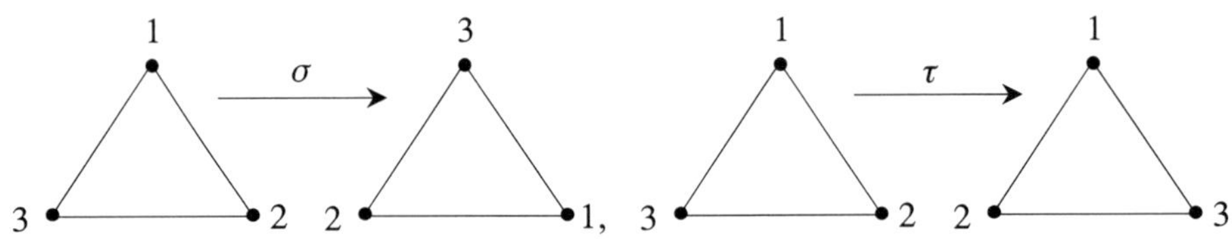

이제, $D_3$에서의 치환의 곱을 이러한 회전 $\sigma$와 $\tau$의 합성으로 생각한다. 그러면 $\sigma^2=\sigma\cdot\sigma=(1\ \ 3\ \ 2)$와 $\sigma^3=\sigma^0=i_A$는 각각 주어진 정삼각형의 중심 0를 중심으로 하여 시계와 같은 방향으로의 240°, 360°(또는 0°)의 회전이다.

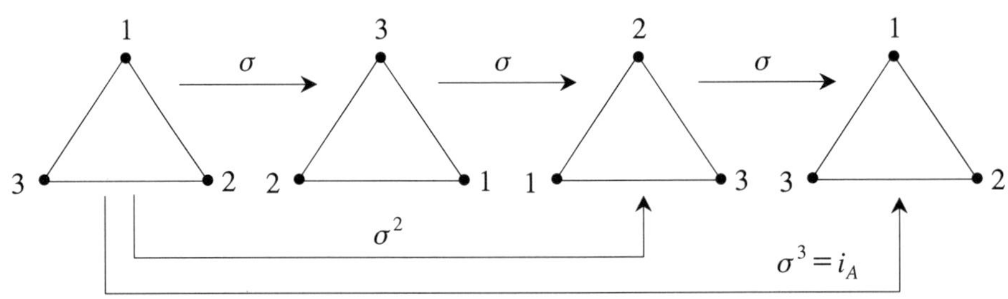

더욱이 $\tau^2=i_A$이다.

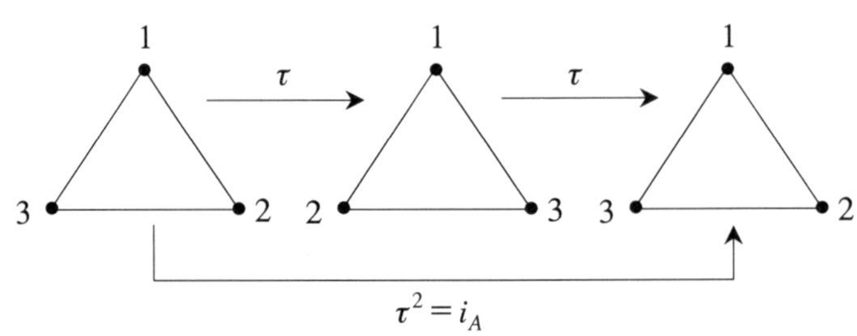

또한

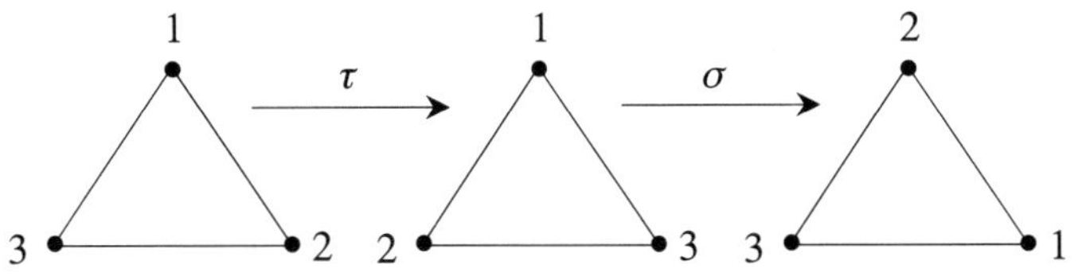

이므로 $\sigma\tau=(1\ 2)$는 주어진 정삼각형을 직선 $l_3$을 축으로 하는 180°회전이고

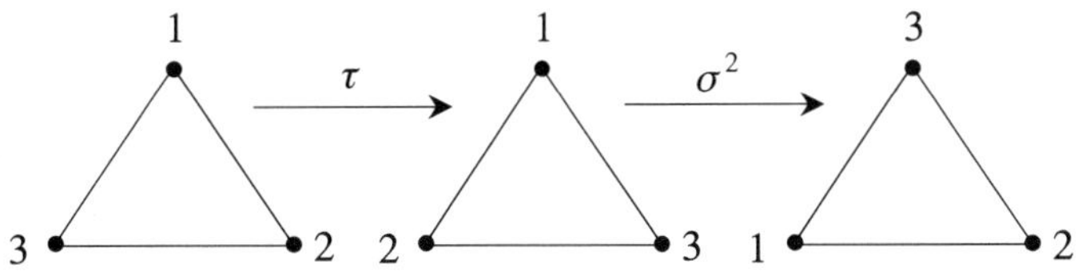

이므로 $\sigma^2\tau=(1\ 3)$은 주어진 정삼각형을 직선 $l_2$를 축으로 하는 180°회전이다.

사실, 위의 여섯 개의 회전으로 얻어지는 새로운 삼각형은 원래 주어진 정삼각형에 포개진다. 이 여섯 개의 회전은 회전의 합성에 대하여 군을 이룬다.

$D_4$의 경우는 $A=\{1,\ 2,\ 3,\ 4\}$라 할 때

$$\sigma=(1\ 2\ 3\ 4),\ \tau=\begin{pmatrix}1 & 2 & 3 & 4\\ 1 & 4+2-2 & 4+2-3 & 4+2-4\end{pmatrix}=\begin{pmatrix}1 & 2 & 3 & 4\\ 1 & 4 & 3 & 2\end{pmatrix}=(2\ 4)$$

이고 $D_4=\{i_A=\sigma^0=\tau^0,\ \sigma,\ \sigma^2,\ \sigma^3,\ \tau,\ \sigma\tau,\ \sigma^2\tau,\ \sigma^3\tau\}$이다.

다음 정사각형을 공간도형으로 생각하고, 각 꼭지점을 1, 2, 3, 4로 표시하자. 그리고 아래 그림에서 마주 보는 두 꼭지점을 잇는 직선을 $a$와 $c$로, 또 마주 보는 두 변의 중점을 잇는 직선을 $b$와 $d$로 표시한다.

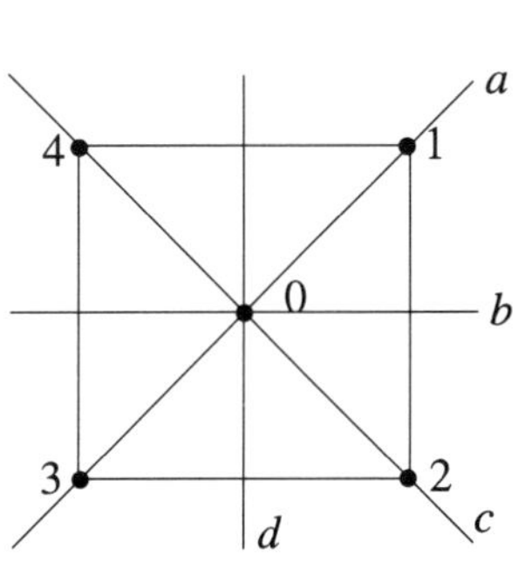


이제, $\sigma=(1\ 2\ 3\ 4)$는 주어진 정사각형의 중심 0을 중심으로 시계와 같은 방향으로의 90°회전으로 생각한다. 또 $\tau=(2\ 4)$는 $a$를 축으로 하는 180°회전

으로 생각한다.

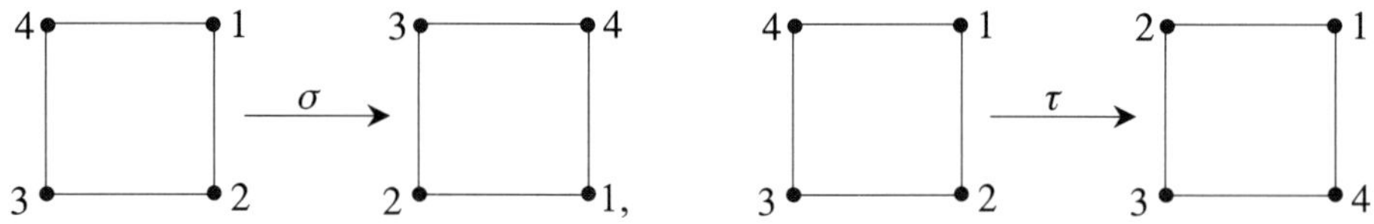


$D_4$에서의 치환의 곱을 이러한 회전 $\sigma$와 $\tau$의 합성으로 생각한다. 그러면 $\sigma^2=(1\ 3)(2\ 4)$, $\sigma^3=(1\ 4\ 3\ 2)$, $\sigma^4=\sigma^0=i_A$는 각각 주어진 정사각형의 중심 0을 중심으로 하여 시계와 같은 방향으로의 180°, 270°, 360°(또는 0°)의 회전이다. 더욱이 $\tau^2=i_A$이다. 또한 $\sigma\tau=(1\ 2)(3\ 4)$, $\sigma^2\tau=(1\ 3)$, $\sigma^3\tau=(1\ 4)(2\ 3)$은 각각 주어진 정사각형을 직선 $b$, $c$, $d$를 축으로 하는 180°회전이다. 사실, 위의 여덟 개의 회전으로 얻어지는 새로운 사각형은 원래 주어진 정사각형에 포개진다. 이 여덟 개의 회전은 회전의 합성에 대하여 군을 이룬다.

일반적으로 위수 $2n$의 정이면체군 $D_n$을 생각하자. 정 $n$각형$(n\geq 3)$을 공간도형으로 생각하고, 이 정 $n$각형의 중심을 0으로, 각 꼭지점을 1, 2, ⋯, $n$으로 표시한다. 그리고 $l$을 $n$이 홀수인 경우는 꼭지점 1과 마주 보는 변의 중점을 잇는 직선을 표시하고, $n$이 짝수인 경우는 꼭지점 1과 마주 보는 꼭지점을 잇는 직선을 표시한다.

이제, $\sigma=(1\ 2\ \cdots\ n)$은 주어진 정 $n$각형의 중심 0을 중심으로 하여 시계와 같은 방향으로 $\dfrac{2\pi}{n}$만큼의 회전으로 생각한다. 또한, $\tau$는 $l$을 축으로 하는 180°회전으로 생각한다. 그러면 $\sigma$, $\sigma^2$, ⋯, $\sigma^{n-1}$, $\sigma^n=\sigma^0=i_A$는 각각 주어진 정 $n$각형의 중심 0을 중심으로 시계와 같은 방향으로

$$\frac{\pi}{n},\ \frac{2\pi}{n},\ \cdots,\ \frac{2(n-1)\pi}{n},\ 2\pi(\text{또는 } 0°)$$

만큼의 회전이다. 더욱이 $\tau^2=i_A$이다.

한편 $n$이 홀수인 경우, $\sigma^s\tau(0\leq s<n)$는 각 꼭지점과 마주 보는 변의 중점을 잇는 $n$개의 직선을 각각 축으로 하는 180°회전이다.

$n$이 짝수인 경우, $\sigma^s\tau(0\leq s<n)$는 마주 보는 꼭지점을 잇는 $\dfrac{n}{2}$개의 직선

과 마주 보는 두 변의 중점을 잇는 $\frac{n}{2}$개의 직선을 각각 축으로 하는 180°회전이다.

위의 $2n$개의 회전으로 얻어지는 새로운 정 $n$각형은 원래 주어진 정 $n$각형에 포개진다. 이 $2n$개의 회전은 회전의 합성에 대하여 군을 이룬다.

**【정리 2.6.27】**

$G$를 $a$, $b$에 의하여 생성되는 위수 $2n$의 정이면체군이라 하고, $G'$을 $c$, $d$에 의하여 생성되는 위수 $2n$의 정이면체군이라 하면 $G \cong G'$이다.

**증명** $G$가 $a$, $b$에 의하여 생성되는 위수 $2n$의 정이면체군이고 $G'$이 $c$, $d$에 의하여 생성되는 위수 $2n$의 정이면체군이므로 정리 2.6.25에 의하여

$$\begin{aligned} G &= \{a^s b^t \mid 0 \le s < n;\ t=0,\ 1\} \\ &= \{e,\ a,\ a^2,\ \cdots,\ a^{n-1},\ b,\ ab,\ a^2b,\ \cdots,\ a^{n-1}b\} \\ G' &= \{c^s d^t \mid 0 \le s < n;\ t=0,\ 1\} \\ &= \{e,\ c,\ c^2,\ \cdots,\ c^{n-1},\ d,\ cd,\ c^2d,\ \cdots,\ c^{n-1}d\} \end{aligned}$$

이다. 함수 $f: G \longrightarrow G'$을 임의의 $a^s b^t \in G(0 \le s < n,\ t=0,\ 1)$에 대하여 $f(a^s b^t) = c^s d^t$로 정의하면 $f$는 분명히 전단사함수이다.

다음, $f$가 준동형임을 보이자. $k$, $l$을 $0 \le k$, $l < n$인 임의의 정수라 하자. 정리 1.3.2에 의하여 $k+l = nq+r$, $0 \le r < n$를 만족하는 정수 $q$, $r$이 존재하므로 정이면체군의 조건과 정리 2.6.25의 증명과정에 의하여

$$f(a^k a^l) = f(a^{k+l}) = f(a^r) = c^r = c^{k+l} = c^k c^l = f(a^k) f(a^l),$$

$$\begin{aligned} f((a^k b)(a^l b)) &= f(a^k(ba^l)b) = f(a^k a^{l(n-1)} b^2) = f(a^k a^{l(n-1)} e) = f(a^k a^{l(n-1)}) \\ &= f(a^{k+l(n-1)}) = f(a^i)(k+l(n-1) = nu+i,\ 0 \le i < n) \\ &= c^i = c^{k+l(n-1)} = c^k c^{l(n-1)} e = c^k c^{l(n-1)} d^2 = c^k d c^l d \\ &= f(a^k b) f(a^l b), \end{aligned}$$

$$f(a^k(a^l b)) = f(a^{k+l} b) = f(a^r b) = c^r d = c^{k+l} d = c^k c^l d = f(a^k) f(a^l b),$$

$$\begin{aligned} f((a^k b) a^l) &= f(a^k a^{l(n-1)} b) = f(a^{k+l(n-1)} b) \\ &= f(a^j b)\ \ (k+l(n-1) = nv+j,\ 0 \le j < n) \end{aligned}$$

$$=c^jd=c^{k+l(n-1)}d=c^kc^{l(n-1)}d=c^kdc^l=f(a^kb)f(a^l)$$

이다. 따라서 $f$는 준동형이다. 즉 $f$는 동형함수이므로 $G\cong G'$이다. ■

**보기 2.6.28** $G$를 $|G|=8$인 비가환군이라 하자. 정리 2.4.8 (1)에 의하여 단위원이 아닌 $G$의 각 원소의 위수는 2 또는 4 또는 8이다. $G$가 위수 8인 원소 $c$를 포함하면 $G=\langle c\rangle$이므로 정리 2.3.3에 의하여 $G$가 가환군이 되어 모순이다. 따라서 $G$는 위수가 8인 원소를 포함하지 않는다. 단위원이 아닌 $G$의 모든 원소의 위수가 2이면 연습문제 2.1의 10에 의하여 $G$가 가환군이 되어 모순이므로 $G$는 위수가 4인 원소 $a$를 적어도 하나 포함한다. 따라서 $[G:\langle a\rangle]=2$이므로 정리 2.4.6에 의하여 $\langle a\rangle$는 $G$의 정규부분군이다. $b\not\in\langle a\rangle$인 $G$의 원소 $b$를 선택하자. 그러면 $b\neq e$($e$는 $G$의 단위원)이므로 $b$의 위수는 2 또는 4이다. 또한, 정리 2.4.1 (1) (v), (iii)에 의하여 $\langle a\rangle\cap b\langle a\rangle=\varnothing$이므로

$$G=\langle a\rangle\cup b\langle a\rangle=\{e,\ a,\ a^2,\ a^3,\ b,\ ba,\ ba^2,\ ba^3\}=\langle a,\ b\rangle$$

이다. 더욱이 $\langle a\rangle$가 $G$의 정규부분군이므로 $bab^{-1}\in\langle a\rangle$이다. 이 때, $bab^{-1}=e$라 하면 $ba=b$, 즉 $a=e$가 되어 모순이고, $bab^{-1}=a$라 하면 $ba=ab$가 되어 $G$가 가환군이 되므로 모순이다. 또한, $bab^{-1}=a^2$이라 하면

$$e=a^4=a^2a^2=bab^{-1}bab^{-1}=ba^2b^{-1},$$

즉 $b=ba^2$이므로 $a^2=e$가 되어 모순이다. 따라서 $bab^{-1}=a^3$, 즉 $ba=a^3b$가 되어야 한다. 그러므로 $b$의 위수가 2인 경우에 $G$는 위수 8의 정이면체군이고, 따라서 정리 2.6.27에 의하여 $G\cong D_4$이다. 다음, $b$의 위수가 4인 경우를 생각하자. 그러면 $b^2$의 위수는 2이다. $b^2\in b\langle a\rangle$라 하면 적당한 정수 $i$ $(0\leq i\leq 3)$에 대하여 $b^2=ba^i$, 즉 $b=a^i\in\langle a\rangle$가 되어 모순이다. 따라서 $b^2\not\in b\langle a\rangle$이다. 즉, $b^2\in\langle a\rangle=\{e,\ a,\ a^2,\ a^3\}$이다. 그런데 $b^2$의 위수는 2이고 $a^2$은 위수가 2인 $\langle a\rangle$의 유일한 원소이므로 $b^2=a^2$이어야 한다. 그러므로 $G$는 4원수군이고, 따라서 정리 2.2.39에 의하여 $G\cong Q_8$이다(보기 2.2.38을 참조). ◀

## 연습문제 2.6

**1.** 다음 치환을 순회치환들의 곱으로 표시하고 다시 호환의 곱으로 표시하여라.

(1) $\begin{pmatrix} 1 & 2 & 3 & 4 \\ 2 & 1 & 4 & 3 \end{pmatrix}$  (2) $\begin{pmatrix} 1 & 2 & 3 & 4 \\ 3 & 4 & 2 & 1 \end{pmatrix}$

(3) $\begin{pmatrix} 1 & 2 & 3 & 4 & 5 \\ 2 & 1 & 5 & 3 & 4 \end{pmatrix}$  (4) $\begin{pmatrix} 1 & 2 & 3 & 4 & 5 & 6 \\ 3 & 4 & 2 & 5 & 1 & 6 \end{pmatrix}$

**2.** 다음 치환을 서로 소인 순회치환들의 곱으로 표시하여라.

(1) $(1\ 2\ 3)(4\ 5)(1\ 3\ 4\ 5)$  (2) $(1\ 2)(5\ 4)(3\ 2)(1\ 7)(2\ 8)$

(3) $(4\ 5)(1\ 2\ 3)(3\ 2\ 1)(5\ 4)(2\ 6)(1\ 4)$  (4) $(1\ 2\ 3)^{-1}(4\ 5)^{-1}(1\ 3\ 4\ 5)^{-1}$

**3.** (1) $\sigma=\begin{pmatrix} 1 & 2 & 3 & 4 & 5 \\ 3 & 4 & 1 & 5 & 2 \end{pmatrix}$, $\tau=\begin{pmatrix} 1 & 2 & 3 & 4 & 5 \\ 2 & 5 & 4 & 1 & 3 \end{pmatrix}$일 때, $\tau^{-1}\sigma\tau$를 구하고 이것이 우치환인지 기치환인지 조사하여라.

(2) $\sigma=(1\ 2\ 3)$, $\tau=(1\ 4\ 5)$일 때, $\sigma^{-1}\tau^{-1}\sigma\tau$를 구하고 이것이 우치환인지 기치환인지 조사하여라.

**4.** 대칭군 $S_8$의 다음 각 원소의 위수를 구하여라.

(1) $(1\ 2\ 5)(3\ 5\ 7)$  (2) $(1\ 5\ 7)(3\ 5\ 7\ 8)$

**5.** $\sigma$, $\tau\in S_n$일 때, $\sigma$가 우치환(각각 기치환)이면 $\tau\sigma\tau^{-1}$도 우치환(각각 기치환)임을 보여라.

**6.** $r$-순회치환 $\sigma$가 우치환일 필요충분조건은 $r$가 홀수일 때임을 증명하여라.

**7.** $S_n$에서 서로 다른 $r$-순회치환($r\leq n$)의 개수는 $\dfrac{1}{r}\dfrac{n!}{(n-r)!}$임을 보여라.

**8.** $\sigma\in S_n$이라 하자. $\sigma$가 서로 소인 순회치환들의 곱으로 $\sigma=\tau_1\tau_2\cdots\tau_k$와 같이 표시될 때, $\mathrm{ord}(\sigma)$는 $\tau_1$, $\tau_2$, $\cdots$, $\tau_k$의 길이의 최소공배수임을 보여라.

**9.** $A=\{1, 2, \cdots, n\}(n\geq 2)$라 하고 $H$를 $S_n$의 부분군이라 할 때, $[S_n : H]=2$ 이면 $H=A_n$임을 보여라.

**10.** $G$를 군이라 할 때, 다음이 성립함을 증명하여라.

(1) $n\neq 4$일 때, $f: A_n \longrightarrow G$를 준동형함수라 하면 $f$는 자명한 준동형이든가 단사준동형이다.

(2) $n=4$일 때, 군 $G$를 적당히 선택하여 자명한 준동형도 아니고 단사준동형도 아닌 준동형함수 $f: A_4 \longrightarrow G$를 찾아보아라.

(3) $f: S_n \longrightarrow S_n$을 준동형함수라 하면 $f(A_n)\subset A_n$이다.

**11.** (1) $S_4$의 부분집합 $N=\{i_A, (1\ 2)(3\ 4), (1\ 3)(2\ 4), (1\ 4)(2\ 3)\}$($i_A$는 항등치환)은 $S_4$의 정규부분군임을 보이고, 또한 $S_4/N\cong S_3$임을 보여라.

(2) $S_4$의 정규부분군은 $\{i_A\}$, $N$, $A_4$, $S_4$뿐임을 보여라.

**12.** $\text{Aut}(\mathbf{Z}_2\oplus\mathbf{Z}_2)\cong S_3$임을 보여라.

**13.** 위수 $2n$인 정이면체군 $G=\langle a, b\rangle=\{a^s b^t \mid 0\leq s<n, t=0, 1\}$을 생각하자. $\langle a\rangle$는 $G$의 정규부분군이고 $G/\langle a\rangle\cong\mathbf{Z}_2$임을 보여라.

**14.** $G$를 $S_n$의 부분군이라 할 때, $G$가 기치환을 포함하면 $G$는 위수가 2인 순회군이거나 또는 단순군이 아님을 증명하여라.

**15.** $H$를 $S_5$의 부분군이라 할 때, $H$가 $\text{ord}(\sigma)=5$인 원소 $\sigma$와 호환 $\tau$를 포함하면 $H=S_n$임을 보여라.

# 2.7 군의 작용, Sylow의 정리

**【정의 2.7.1】**

$G$를 군이라 하고 $S(S\neq\varnothing)$를 집합이라 하자. 함수

$$\cdot : G\times S \longrightarrow S$$

가 존재하여(임의의 $(a, x)\in G\times S$에 대하여 함수값 $\cdot((a, x))$를 간단히 $a\cdot x$로 표시한다) 다음 두 조건

(1) 임의의 $x\in S$에 대하여

$$e\cdot x=x\ (e\text{는 } G\text{의 단위원이다})$$

(2) 임의의 $a,\ b\in G$와 임의의 $x\in S$에 대하여

$$(ab)\cdot x=a\cdot(b\cdot x)\ (ab\text{는 군 } G\text{에서의 } a\text{와 } b\text{의 곱이다})$$

를 만족할 때, $G$는 $\cdot$에 의하여 $S$**위에 작용한다**($G$ acts on $S$ by $\cdot$) 또는 간단히 ***G*는 *S*위에 작용한다**고 하고, 함수 $\cdot$를 ***S*위의 *G*의 작용**(action of $G$ on $S$)이라 한다.

**【정리 2.7.2】**

군 $G$가 집합 $S$위에 작용한다고 하자. 그러면 다음이 성립한다.

(1) $R=\{(x,\ y)\mid x,\ y\in S\text{이고, 적당한 } a\in G\text{에 대하여 } a\cdot x=y\}$
라 하면 $R$은 $S$위의 동치관계이다($x\in S$라 할 때, 이 동치관계 $R$에 의한 $x$의 동치류

$$\bar{x}=\{y\in S\mid xRy\}=\{y\in S\mid \text{적당한 } a\in G\text{에 대하여 } a\cdot x=y\}=\{a\cdot x\mid a\in G\}$$

를 ***G*에 의한 *S*안의 *x*의 궤도**(orbit of $x$ in $S$ under $G$) 또는 간단히 $x$의 궤도라 한다. 정리 1.2.1에 의하여 $G$에 의한 $S$안의 모든 궤도들의 집합족$\{\bar{x}\mid x\in S\}$는 $S$의 분할이다).

(2) 각 $x\in S$에 대하여

$$G_x = \{a \in G \mid a \cdot x = x\}$$

는 $G$의 부분군이다(이 때, $G_x$를 $x$의 고정부분군(subgroup fixing $x$), $x$의 안정화부분군(stabilizer) 또는 $x$의 등질부분군(isotropy subgroup)이라 한다).

(3) $x \in S$라 하고 $L$을 $G$에서의 $G_x$의 좌측잉여류 모두를 원소로 갖는 집합이라 할 때, 함수

$$f : L \longrightarrow \bar{x}$$

를 임의의 $aG_x \in L$에 대하여 $f(aG_x) = a \cdot x$로 정의하면 $f$는 전단사함수이다(따라서 $S$가 유한집합일 때는 각 $x \in S$에 대하여

$$|\bar{x}| = |L| = [G : G_x]$$

이고, $\bar{x}_1$, $\bar{x}_2$, $\cdots$, $\bar{x}_n(x_i \in S(i=1,\ 2,\ \cdots,\ n))$를 서로 다른 $G$에 의한 $S$안의 모든 궤도라 하면 (1)에 의하여

$$|S| = |\bar{x}_1 \cup \bar{x}_2 \cup \cdots \cup \bar{x}_n| = |\bar{x}_1| + |\bar{x}_2| + \cdots + |\bar{x}_n| = \sum_{i=1}^{n} [G : G_{x_i}]$$

이다).

(4) $p$를 소수라 하고 $|G| = p^n (n \geq 0)$이라 하자. $S$를 유한집합이라 하고

$$S_0 = \{x \in S \mid \text{모든 } a \in G\text{에 대하여 } a \cdot x = x\}$$

라 하면

$$|S| \equiv |S_0| \pmod{p}$$

이다.

---

**증명** (1) 모든 $x \in S$에 대하여 $e \cdot x = x$이므로 $xRx$이다. 다음, $xRy$라 하면 적당한 $a \in G$에 대하여 $a \cdot x = y$이므로

$$a^{-1} \cdot y = a^{-1} \cdot (a \cdot x) = (a^{-1}a) \cdot x = e \cdot x = x,$$

즉 $yRx$이다. 또한, $xRy$, $yRz$라 하면 적당한 $a$, $b \in G$에 대하여 $a \cdot x$

$=y$, $b \cdot y=z$이므로

$$(ba) \cdot x=b \cdot (a \cdot x)=b \cdot y=z,$$

즉 $xRz$이다. 따라서 $R$은 $S$위의 동치관계이다.

(2) $e \cdot x=x$이므로 $e \in G_x$, 즉 $G_x \neq \varnothing$이다. 또한, $a$, $b \in G_x$라 하면 $a \cdot x=x$, $b \cdot x=x$이므로

$$\begin{aligned}(ab^{-1}) \cdot x &= (ab^{-1}) \cdot (b \cdot x) = ((ab^{-1})b) \cdot x \\ &= (a(b^{-1}b)) \cdot x = (ae) \cdot x = a \cdot x = x,\end{aligned}$$

즉 $ab^{-1} \in G_x$이다. 따라서 $G_x$는 $G$의 부분군이다.

(3) 임의의 $aG_x$, $bG_x \in L$에 대하여 $aG_x=bG_x$라 하면 정리 2.4.1 (1) (ii)에 의하여 $a^{-1}b \in G_x$이므로 $x=(a^{-1}b) \cdot x$이고, 따라서

$$a \cdot x=a \cdot ((a^{-1}b) \cdot x)=(a(a^{-1}b)) \cdot x=((aa^{-1})b) \cdot x=(eb) \cdot x=b \cdot x$$

이다. 그러므로 $f$는 함수이다. 분명히 $f$는 전사함수이다. 또한 임의의 $aG_x$, $bG_x \in L$에 대하여 $f(aG_x)=f(bG_x)$라 하면 $a \cdot x=b \cdot x$이므로

$$(a^{-1}b) \cdot x=a^{-1} \cdot (b \cdot x)=a^{-1} \cdot (a \cdot x)=(a^{-1}a) \cdot x=e \cdot x=x$$

이다. 따라서 $a^{-1}b \in G_x$, 즉 $aG_x=bG_x$이므로 $f$는 단사함수이다. 그러므로 $f$는 전단사함수이다.

(4) $x\,(x \in S)$의 궤도 $\bar{x}=\{a \cdot x \mid a \in G\}$에 대하여 $x \in \bar{x}$이므로 $x \in S_0$일 필요충분조건은 $|\bar{x}|=1$이다. 따라서 $\bar{x}_1$, $\bar{x}_2$, $\cdots$, $\bar{x}_n$를 서로 다른 $G$에 의한 $S$안의 모든 궤도라 할 때 $|\bar{x}_i|>1(i=1,\ 2,\ \cdots,\ m(m<n))$, $|\bar{x}_{m+1}|=|\bar{x}_{m+2}|=\cdots=|\bar{x}_n|=1$이라 하면 (3)에 의하여

$$|S|=\sum_{i=1}^{n}|\bar{x}_i|=\sum_{i=1}^{m}|\bar{x}_i|+|S_0|=\sum_{i=1}^{m}[G : G_{x_i}]+|S_0|$$

이다. 이 때, 임의의 $i\,(1 \le i \le m)$에 대하여 $[G : G_{x_i}]=|\bar{x}_i|>1$이고 $|G|=p^n$이므로 Lagrange의 정리에 의하여

$$[G : G_{x_i}] = p^t (1 \leq t \leq n)$$

이다. 따라서 $p \left| \sum_{i=1}^{m} [G : G_{x_i}] \right.$이다. 그러므로

$$|S| \equiv |S_0| \pmod{p}.$$

■

**보기 2.7.3** $G$를 군이라 하자. 함수

$$\cdot : G \times G \longrightarrow G$$

를 임의의 $(a, x) \in G \times G$에 대하여 $\cdot((a, x)) = axa^{-1}$로 정의하고, $\cdot((a, x)) = a \cdot x$로 표시하자. 즉 $a \cdot x = axa^{-1}$. 그러면 임의의 $x \in G$에 대하여

$$e \cdot x = exe^{-1} = x$$

이다. 또 임의의 $a, b, x \in G$에 대하여

$$(ab) \cdot x = (ab)x(ab)^{-1} = a(bxb^{-1})a^{-1} = a \cdot (bxb^{-1}) = a \cdot (b \cdot x)$$

이다. 따라서 $G$는 $\cdot$에 의하여 $G$위에 작용한다. 이 때, 각 $x \in G$에 대하여 $G$에 의한 $G$안의 $x$의 궤도

$$\begin{aligned} \bar{x} &= \{y \in G \mid \text{적당한 } a \in G\text{에 대하여 } y = a \cdot x\} \\ &= \{y \in G \mid \text{적당한 } a \in G\text{에 대하여 } y = axa^{-1}\} = \{axa^{-1} \mid a \in G\} \end{aligned}$$

를 $x$의 공액류(conjugate class)라 한다. 또한 $x$의 고정부분군

$$G_x = \{a \in G \mid a \cdot x = x\} = \{a \in G \mid axa^{-1} = x\}$$

를 $x$의 중심화부분군(centralizer)이라 하고 $C_G(x)$로 표시한다. 즉

$$C_G(x) = \{a \in G \mid axa^{-1} = x\}.$$

분명히 $C(G) \subset C_G(x)$이다. ◀

**보기 2.7.4** $G$를 군이라 하고 $H$를 $G$의 부분군이라 하자. 그러면 보기 2.2.32에 의하여 임의의 $a \in G$에 대하여 $aHa^{-1}$는 $G$의 부분군이고 $H \cong aHa^{-1}$이

다. 부분군 $aHa^{-1}$를 $H$의 **공액부분군**(conjugate subgroup)이라 한다.

$S$를 $G$의 부분군 모두를 원소로 갖는 집합이라 할 때, 임의의 $a\in G$와 임의의 $H\in S$에 대하여 $a\cdot H=aHa^{-1}$로 정의하자. 그러면 임의의 $H\in S$에 대하여

$$e\cdot H=eHe^{-1}=H$$

이다. 또, 임의의 $a,\ b\in G$와 임의의 $H\in S$에 대하여

$$\begin{aligned} x\in(ab)H(b^{-1}a^{-1}) &\Longleftrightarrow \text{적당한 } h\in H\text{에 대하여} \\ &\qquad x=(ab)h(b^{-1}a^{-1})=a(bhb^{-1})a^{-1} \\ &\Longleftrightarrow x\in a(bHb^{-1})a^{-1} \end{aligned}$$

이므로 $(ab)H(b^{-1}a^{-1})=a(bHb^{-1})a^{-1}$이고, 따라서

$$\begin{aligned} (ab)\cdot H &= (ab)H(ab)^{-1}=(ab)H(b^{-1}a^{-1}) \\ &= a(bHb^{-1})a^{-1}=a\cdot(bHb^{-1})=a\cdot(b\cdot H) \end{aligned}$$

이다. 그러므로 $G$는 $\cdot$에 의하여 $S$위에 작용한다. 이 때, 각 $H\in S$에 대하여 $H$의 고정부분군

$$G_H=\{a\in G\,|\,a\cdot H=H\}=\{a\in G\,|\,aHa^{-1}=H\}$$

를 $H$의 **정규화부분군**(normalizer)이라 하고 $N_G(H)$로 표시한다. 즉

$$N_G(H)=\{a\in G\,|\,aHa^{-1}=H\}.$$

한편, 임의의 $h\in H$에 대하여 $hHh^{-1}=H$이므로 $H\subset N_G(H)$이다. 분명히 $H$는 $N_G(H)$의 정규부분군이고, 또한 $H$가 $G$의 정규부분군이 되기 위한 필요충분조건은 $N_G(H)=G$인 것이다. ◀

**보기 2.7.5** $G$를 군이라 하고 $H$를 $G$의 부분군이라 하자. 임의의 $h\in H$와 임의의 $x\in G$에 대하여 $h\cdot x=hx$로 정의하자. 그러면 임의의 $x\in G$에 대하여

$$e\cdot x=ex=x\ \ (e\in H)$$

이다. 또 임의의 $a,\ b\in H$와 임의의 $x\in G$에 대하여

$$(ab)\cdot x=(ab)x=a(bx)=a\cdot(bx)=a\cdot(b\cdot x)$$

이다. 따라서 $H$는 $\cdot$에 의하여 $G$위에 작용한다. ◀

**보기 2.7.6** $G$를 군이라 하고 $H$, $Q$를 $G$의 부분군이라 하자. $S$를 $G$에서의 $Q$의 좌측잉여류 모두를 원소로 갖는 집합이라 할 때, 임의의 $a\in H$와 임의의 $xQ\in S$에 대하여 $a\cdot xQ=(ax)Q$로 정의하자($xQ=yQ$이면 $(ax)^{-1}(ay)=x^{-1}y\in Q$이므로 $a\cdot(xQ)=(ax)Q=(ay)Q=a\cdot(yQ)$이다. 따라서 대표원의 선택에 관계없이 $\cdot$는 잘 정의된다). 그러면 임의의 $a_1$, $a_2\in H$와 임의의 $xQ\in S$에 대하여

$$e\cdot xQ=(ex)Q=xQ,$$

$$(a_1a_2)\cdot xQ=((a_1a_2)x)Q=(a_1(a_2x))Q=a_1\cdot(a_2x)Q=a_1\cdot(a_2\cdot xQ)$$

이다. 따라서 $H$는 $\cdot$에 의하여 $S$위에 작용한다. ◀

**【정리 2.7.7】**

$G$를 유한군이라 하고 $H$를 $G$의 부분군이라 하자. 또한 $x\in G$라 하고 $\bar{x}$를 $x$의 공액류라 하자. 그러면 다음이 성립한다.

(1) $|\bar{x}|=[G:C_G(x)]$이다(따라서 Lagrange의 정리에 의하여 $|\bar{x}|\,|\,|G|$이다).

(2) $\bar{x}_1$, $\bar{x}_2$, $\cdots$, $\bar{x}_n$를 $G$안의 서로 다른 모든 공액류라 할 때

$$|\bar{x}_i|>1(i=1,\ 2,\ \cdots,\ m(m<n)),\ |\bar{x}_{m+1}|=\cdots=|\bar{x}_n|=1$$

이라 하면 $i=1,\ 2,\ \cdots,\ m$에 대하여 $[G:C_G(x_i)]>1$, $x_i\in G-C(G)$이고

$|G|=|C(G)|+\sum_{i=1}^{m}[G:C_G(x_i)]$이다.

(3) $H$의 공액부분군 모두를 원소로 갖는 집합을 $T$라 하면

$$|T|=[G:N_G(H)]$$

이다(따라서 Lagrange의 정리에 의하여 $|T|\,|\,|G|$이다).

**증명** (1) 보기 2.7.3과 정리 2.7.2 (3)의 결과이다.

(2) $\bar{x}_1$, $\bar{x}_2$, $\cdots$, $\bar{x}_n$가 $G$안의 서로 다른 모든 공액류이므로 $x_1$, $x_2$, $\cdots$,

$x_n$은 서로 다른 $G$의 원소이고, 보기 2.7.3과 정리 2.7.2 (3)에 의하여

$$|\bar{x}_i|=[G : C_G(x_i)](i=1,\ 2,\ \cdots,\ n)\text{이고 } |G|=\sum_{i=1}^{n}[G : C_G(x_i)]$$

이다. 한편 $x\in C(G)$라 하면 모든 $a\in G$에 대하여 $xa=ax$이다. 따라서

$$\bar{x}=\{axa^{-1}|a\in G\}=\{xaa^{-1}|a\in G\}=\{x\}$$

이다. 즉, $|\bar{x}|=1$. 역으로, $|\bar{x}|=1$이라 가정하자. 그러면 $\bar{x}=\{axa^{-1}|a\in G\}$이고 $x\in\bar{x}$이므로 모든 $a\in G$에 대하여 $axa^{-1}=x$, 즉 $ax=xa$이다. 따라서 $x\in C(G)$. 그러므로 (1)에 의하여

$$x\in C(G)\Longleftrightarrow|\bar{x}|=[G : C_G(x)]=1$$

이다. 따라서 $i=1,\ 2,\ \cdots,\ m$에 대하여 $[G : C_G(x_i)]>1$, $x_i\in G-C(G)$이고 $|G|=|C(G)|+\sum_{i=1}^{m}[G : C_G(x_i)]$이다.

(3) 보기 2.7.4와 정리 2.7.2 (3)의 결과이다. ■

**【정리 2.7.8】**

$G$를 군이라 하고 $A$를 공집합이 아닌 집합이라 하자. $A$위의 치환군 $S_A$ (보기 2.1.17을 참조)를 생각하자. 그러면 다음 두 주장은 동치이다.

(1) $G$는 $A$위에 작용한다.

(2) 준동형함수 $\phi : G\longrightarrow S_A$가 존재한다.

**증명** (1)$\Longrightarrow$(2). $G$가 $\cdot$에 의하여 $A$위에 작용한다고 가정하고, 함수 $\phi : G\longrightarrow S_A$를 다음과 같이 정의하자.

$\phi$가 함수가 되려면 각 $g\in G$에 대하여 $\phi$에 의한 $g$의 함수값 $\phi(g)$가 정해져야 한다. 이 때 $\phi(g)\in S_A$이어야 하므로 $\phi(g)$는 $\phi(g) : A\longrightarrow A$인 전단사함수가 되어야 한다.

이제, 각 $g\in G$에 대하여 함수 $\phi(g) : A\longrightarrow A$를 임의의 $x\in A$에 대하여 $\phi(g)(x)=g\cdot x$로 정의하자. 그러면 임의의 $x\in A$에 대하여

$$\phi(e)(x)=e\cdot x=x=i_A(x)$$

이므로 $\phi(e)=i_A$이다. 또, 임의의 $g_1, g_2 \in G$와 임의의 $x \in A$에 대하여

$$\begin{aligned}\phi(g_1g_2)(x)&=(g_1g_2)\cdot x=g_1\cdot(g_2\cdot x)=\phi(g_1)(g_2\cdot x)=\phi(g_1)(\phi(g_2)(x))\\&=(\phi(g_1)\phi(g_2))(x)\end{aligned}$$

이므로

$$\phi(g_1g_2)=\phi(g_1)\phi(g_2) \qquad \cdots\cdots(2.7.1)$$

이다. 따라서 각 $g \in G$에 대하여

$$\phi(g)\phi(g^{-1})=\phi(gg^{-1})=\phi(e)=i_A,\ \ \phi(g^{-1})\phi(g)=\phi(g^{-1}g)=\phi(e)=i_A$$

이므로 정리 1.1.5에 의하여 $\phi(g)$는 전단사함수이다. 즉 $\phi(g)\in S_A$. 그러므로 $\phi: G \longrightarrow S_A$는 함수가 되고, (2.7.1)에 의하여 $\phi$는 준동형이다.

(2) $\Longrightarrow$ (1). 준동형함수 $\phi: G \longrightarrow S_A$가 존재한다고 가정하자. 그러면 각 $g \in G$에 대하여 $\phi(g)(\phi(g)\in S_A)$는 $\phi(g): A \longrightarrow A$인 전단사함수이다.

이제, 임의의 $g \in G$와 임의의 $x \in A$에 대하여 $g\cdot x=\phi(g)(x)$로 정의하자. 그러면 임의의 $g_1, g_2 \in G$와 임의의 $x \in A$에 대하여

$$\begin{aligned}e\cdot x&=\phi(e)(x)=i_A(x)=x,\\(g_1g_2)\cdot x&=\phi(g_1g_2)(x)=(\phi(g_1)\phi(g_2))(x)=\phi(g_1)(\phi(g_2)(x))\\&=g_1\cdot(\phi(g_2)(x))=g_1\cdot(g_2\cdot x)\end{aligned}$$

이다. 따라서 $G$는 $\cdot$에 의하여 $A$위에 작용한다. ■

사실, $G$를 군이라 할 때 정리 2.7.8에서 $A=G$로 생각하고 보기 2.7.5에서와 같이 $g\cdot x=gx$로 정의되는 $G$위의 $G$의 작용을 생각하면 Cayley의 정리(정리 2.2.36)는 정리 2.7.8에서 얻어진다(이 경우에는 $\phi$가 단사준동형이다).

**【정리 2.7.9】 (Cauchy)**

$p$를 소수라 하자. $G$를 유한군이라 하고 $p \mid |G|$라 하자. 그러면 $G$는 위수가 $p$인 원소를 적어도 하나 포함한다.

**증명** $|G|=n$이라 하고

$$S=\{(a_1, a_2, \cdots, a_p) \mid a_i \in G(1 \le i \le p),\ a_1 a_2 \cdots a_p = e\}$$

라 하자. 임의의 $a, b \in G$에 대하여 $ab=e$라 하면

$$ba=e(ba)=(a^{-1}a)(ba)=a^{-1}(ab)a=a^{-1}ea=a^{-1}a=e, \text{ 즉 } ab=ba$$

이다. 따라서 $(a_1, a_2, \cdots, a_p) \in S$라 하면 $a_1 a_2 \cdots a_p = e$이므로 각 $k(0 \le k \le p-1)$에 대하여

$$\begin{aligned} e=a_1 a_2 \cdots a_p &= (a_1 a_2 \cdots a_k)(a_{k+1} a_{k+2} \cdots a_p) = (a_{k+1} a_{k+2} \cdots a_p)(a_1 a_2 \cdots a_k) \\ &= a_{k+1} a_{k+2} \cdots a_p a_1 a_2 \cdots a_k, \end{aligned}$$

즉 $(a_{k+1}, a_{k+2}, \cdots, a_p, a_1, a_2, \cdots, a_k) \in S$이다.

덧셈군 $\mathbf{Z}_p$를 생각하자. 임의의 $\bar{k} \in \mathbf{Z}_p$와 임의의 $(a_1, a_2, \cdots, a_p) \in S$에 대하여

$$\bar{k} \cdot (a_1, a_2, \cdots, a_k, a_{k+1}, \cdots, a_p) = (a_{k+1}, a_{k+2}, \cdots, a_p, a_1, a_2, \cdots, a_k)$$

로 정의하면

$$\bar{0} \cdot (a_1, a_2, \cdots, a_p) = (a_1, a_2, \cdots, a_p)$$

이다. 또 임의의 $\bar{k}, \bar{l} \in \mathbf{Z}_p (0 \le k < p,\ 0 \le l < p)$와 임의의 $(a_1, a_2, \cdots, a_p) \in S$에 대하여 다음이 성립한다.

(1) $0 \le k+l < p$인 경우는

$$\begin{aligned} \bar{k} \cdot (\bar{l} \cdot (a_1, a_2, \cdots, a_p)) &= \bar{k} \cdot (a_{l+1}, a_{l+2}, \cdots, a_{l+k}, a_{l+k+1}, a_{l+k+2}, \\ &\qquad \cdots, a_p, a_1, a_2, \cdots, a_l) \\ &= (a_{l+k+1}, a_{l+k+2}, \cdots, a_p, a_1, a_2, \cdots, a_l, a_{l+1}, a_{l+2}, \cdots, a_{l+k}) \\ &= (\overline{k+l}) \cdot (a_1, a_2, \cdots, a_p) = (\bar{k}+\bar{l}) \cdot (a_1, a_2, \cdots, a_p), \end{aligned}$$

(2) $k+l=p$인 경우는

$$\bar{k}\cdot(\bar{l}\cdot(a_1, a_2, \cdots, a_p))=\bar{k}\cdot(\underbrace{a_{l+1}, a_{l+2}, \cdots, a_p}_{k=p-l\text{개}}, a_1, a_2, \cdots, a_l)$$

$$=(a_1, a_2, \cdots, a_l, a_{l+1}, a_{l+2}, \cdots, a_p)=\bar{0}\cdot(a_1, a_2, \cdots, a_p)$$
$$=(\overline{k+l})\cdot(a_1, a_2, \cdots, a_p)=(\bar{k}+\bar{l})\cdot(a_1, a_2, \cdots, a_p),$$

(3) $p<k+l<2p$인 경우는

$$k+l=p+r,\ 1\le r<p$$

를 만족하는 정수 $r$이 존재하므로 $k=(p-l)+r$이고, 따라서

$$\bar{k}\cdot(\bar{l}\cdot(a_1, a_2, \cdots, a_p))=\bar{k}\cdot(\overbrace{\underbrace{a_{l+1}, a_{l+2}, \cdots, a_p}_{p-l\text{개}}, a_1, a_2, \cdots, a_r}^{k\text{개}}, a_{r+1}, a_{r+2}, \cdots, a_l)$$

(where $a_1, a_2, \cdots, a_r, a_{r+1}, a_{r+2}, \cdots, a_l$ is $l$개)

$$=(a_{r+1}, a_{r+2}, \cdots, a_l, a_{l+1}, a_{l+2}, \cdots, a_p, a_1, a_2, \cdots, a_r)$$
$$=\bar{r}\cdot(a_1, a_2, \cdots, a_r, a_{r+1}, a_{r+2}, \cdots, a_p)$$
$$=(\overline{k+l})\cdot(a_1, a_2, \cdots, a_p)=(\bar{k}+\bar{l})\cdot(a_1, a_2, \cdots, a_p)$$

이다. 그러므로 $\mathbf{Z}_p$는 $\cdot$에 의하여 $S$위에 작용한다.

$$S_0=\{(a_1, a_2, \cdots, a_p)\in S \mid \text{모든 } \bar{k}\in\mathbf{Z}_p\text{에 대하여 } \bar{k}\cdot(a_1, \cdots, a_p)=(a_1, \cdots, a_p)\}$$

라 하자. 그러면

$$(a_1, a_2, \cdots, a_p)\in S_0 \Longleftrightarrow a_1=a_2=\cdots=a_p,\ a_1a_2\cdots a_p=e$$

이다. 특히 $(e, e, \cdots, e)\in S_0$이므로 $|S_0|>0$이다. 또, $(a_1, a_2, \cdots, a_p)\in S$라 하면 $a_p=(a_1a_2\cdots a_{p-1})^{-1}$이고 $|G|=n$이므로 $|S|=n^{p-1}$이다. 그런데, $p|n$이므로 $|S|\equiv 0\ (\mathrm{mod}\ p)$이다. 또한 $|\mathbf{Z}_p|=p$이고 $|S|=n^{p-1}$이므로 정리 2.7.2 (4)에 의하여 $|S|\equiv|S_0|\ (\mathrm{mod}\ p)$이다. 따라서

$$|S_0|\equiv 0\ (\mathrm{mod}\ p)$$

이다. 그런데 $|S_0|>0$이므로 $S_0$는 적어도 $p$개의 원소를 포함한다. 그러므로 $(a, a, \cdots, a)\in S_0$이고 $a\neq e$인 $a\in G$가 존재한다. 따라서 $a^p=e$이다. $\text{ord}(a)=d$라 하면 정리 2.3.10 (1)에 의하여 $d|p$이어야 한다. 그런데 $p$가 소수이므로 $p=d$, 즉 $\text{ord}(a)=p$이다. ■

**【정의 2.7.10】**

$p$를 소수라 하자. $H$가 군 $G$의 부분군이고 $H$의 각 원소의 위수가 적당한 정수 $n(n\geq 0)$에 대하여 $p^n$일 때, $H$를 $G$의 **$p$-부분군**($p$-subgroup)이라 한다. 특히 $G$의 각 원소의 위수가 적당한 정수 $n(n\geq 0)$에 대하여 $p^n$일 때, $G$를 **$p$-군**($p$-group)이라 한다.

$G=\{e\}$를 군이라 하면 임의의 소수 $p$에 대하여 $|G|=1=p^0$, 즉 $\text{ord}(e)=p^0$이므로 $G$는 $p$-군이다. 따라서 각 소수 $p$에 대하여 $p$-군은 적어도 하나 존재한다.

**【정리 2.7.11】**

$G$를 유한군이라 하자. 그러면 $G$가 $p$-군이 되기 위한 필요충분조건은 $|G|=p^m(m\geq 0)$인 것이다.

**증명** $G$를 $p$-군이라 하자. $|G|=1$이면 $|G|=1=p^0$이다. 다음 $|G|>1$이라 하고 임의의 소수 $q$에 대하여 $q\,\big|\,|G|$라 하면 Cauchy의 정리에 의하여 $G$는 위수가 $q$인 원소를 적어도 하나 포함한다. 그런데 $G$가 $p$-군이고 $q$가 소수이므로 $q=p$이어야 한다. 따라서 정리 1.3.15에 의하여 $|G|=p^m(m>0)$이다.

역으로, $|G|=p^m(m\geq 0)$이라 하면 정리 2.4.8 (1)에 의하여 $G$의 각 원소의 위수는 $p^k(0\leq k\leq m)$이므로 $G$는 $p$-군이다. ■

**【정리 2.7.12】**

$G$를 유한군이라 하고 $H$를 $G$의 $p$-부분군이라 하자. 그러면 다음이 성립한다.

(1) $[G : H] \equiv [N_G(H) : H] \pmod{p}$

(2) $p \mid [G : H]$이면 $[N_G(H) : H] \geq p$ (따라서 $N_G(H) \neq H$이다).

**증명** (1) $S$를 $G$에서의 $H$의 좌측잉여류 모두를 원소로 갖는 집합이라 하면 $|S| = [G : H]$이다. 또한 임의의 $a \in H$와 임의의 $xH \in S$에 대하여 $a \cdot xH = (ax)H$로 정의하면 $H$는 $\cdot$에 의하여 $S$위에 작용한다(보기 2.7.6을 참조). 이제

$$S_0 = \{xH \in S \mid \text{모든 } a \in H\text{에 대하여 } a \cdot xH = xH\}$$

로 정의하면

$xH \in S_0 \Longleftrightarrow$ 모든 $a \in H$에 대하여 $xH = a \cdot xH = (ax)H$

$\Longleftrightarrow$ 모든 $a \in H$에 대하여 $x^{-1}ax \in H$(정리 2.4.1 (1) (ii)에 의하여)

$\Longleftrightarrow H = x^{-1}Hx = x^{-1}H(x^{-1})^{-1}$($\Longrightarrow$는 $H$가 유한군이고 $x^{-1}H(x^{-1})^{-1} = x^{-1}Hx \subset H$이므로 보기 2.2.32에 의하여 $x^{-1}Hx = H$이다)

$\Longleftrightarrow x^{-1} \in N_G(H) \Longleftrightarrow x \in N_G(H)$

이므로 $|S_0| = [N_G(H) : H]$이다. 따라서 정리 2.7.11과 정리 2.7.2 (4)에 의하여

$$[G : H] = |S| \equiv |S_0| = [N_G(H) : H] \pmod{p}.$$

(2) $p \mid [G : H]$이면 $[G : H] \equiv 0 \pmod{p}$이다. 따라서 (1)과 정리 1.3.18 (1)에 의하여

$$[N_G(H) : H] \equiv 0 \pmod{p}$$

이다. 그런데 $[N_G(H) : H] \geq 1$이므로 $[N_G(H) : H] \geq p$이어야 한다.■

**【정리 2.7.13】 (제1 Sylow의 정리)**

$p$를 소수라 하자. $G$를 유한군이라 하고 $|G| = p^n m$ ($n \geq 0$, $(p, m) = 1$)이라 하자. 그러면 $G$는 각 $i$ $(0 \leq i \leq n)$에 대하여 위수가 $p^i$인 부분군을 적어도

하나 포함한다. 또, 위수가 $p^i(0\leq i<n)$인 $G$의 모든 부분군은 위수가 $p^{i+1}$인 $G$의 한 부분군의 정규부분군이다.

**증명** $i\,(0\leq i\leq n)$에 대하여 귀납법으로 증명하자. 분명히 $G$는 위수가 $p^0=1$인 자명한 부부군 $\{e\}$를 포함한다. 이제, $1\leq i\leq n$인 경우를 생각하자. $p\,\big|\,|G|$이므로 Cauchy의 정리에 의하여 $\text{ord}(a)=p$인 원소 $a\in G$가 존재한다. 따라서 $G$는 위수가 $p$인 부분군 $\langle a\rangle$를 포함한다. 분명히 $\{e\}$는 $\langle a\rangle$의 정규부분군이다. 다음, $H$를 위수가 $p^i(1\leq i<n)$인 $G$의 부분군이라 가정하자. 그러면 정리 2.7.11에 의하여 $H$는 $G$의 $p$-부분군이다. 따라서 정리 2.7.12 (1)에 의하여 $[G:H]\equiv[N_G(H):H]\,(\text{mod}\,p)$이다. 또한, Lagrange의 정리에 의하여 $p^nm=p^i[G:H]$이므로 $p^{n-i}m=[G:H]$이다. 그런데 $n-i>0$ 이므로 $p\,\big|\,[G:H]$이다. 따라서 $[G:H]\equiv 0\,(\text{mod}\,p)$이다. 한편, $H$는 $N_G(H)$의 정규부분군이므로(보기 2.7.4를 참조) $N_G(H)/H$를 생각할 수 있다. 따라서 정리 1.3.18 (1)에 의하여

$$|N_G(H)/H|=[N_G(H):H]\equiv 0\,(\text{mod}\,p),$$

즉 $p\,\big|\,|N_G(H)/H|$이다. 따라서 Cauchy의 정리에 의하여 위수가 $p$인 원소 $xH\in N_G(H)/H$가 존재한다. 따라서 $\langle xH\rangle$는 위수가 $p$인 $N_G(H)/H$의 부분군이다. 그러므로 정리 2.4.30에 의하여 $\langle xH\rangle=K/H$의 꼴로 표시할 수 있는 $N_G(H)$의 부분군 $K(H\subset K)$가 존재한다. 또,

$$|K|=|H|[K:H]=|H|\,|K/H|=p^ip=p^{i+1}$$

이다. 즉 $G$는 위수가 $p^{i+1}$인 부분군 $K$를 포함한다. 더욱이 $H$가 $N_G(H)$의 정규부분군이므로 $H$는 $K$의 정규부분군이다. ■

**【정의 2.7.14】**

$p$를 소수라 하고 $H$를 군 $G$의 $p$-부분군이라 하자. $K$가 $H\subset K\subset G$인 $G$의 $p$-부분군이면 항상 $K=H$일 때, $H$를 $G$의 **Sylow $p$-부분군**(Sylow $p$-subgroup)이라 한다.

**【정리 2.7.15】**

$p$를 소수라 하고 $G$를 $|G|=p^n m\,(n\geq 0,\ (p,\ m)=1)$인 군이라 하자. $H$를 $G$의 부분군이라 하면 다음이 성립한다.

(1) $H$가 $G$의 Sylow $p$-부분군이 되기 위한 필요충분조건은 $|H|=p^n$인 것이다.

(2) $H$가 $G$의 Sylow $p$-부분군이면 $H$의 모든 공액부분군도 $G$의 Sylow $p$-부분군이다.

**증명** (1) $H$를 $G$의 Sylow $p$-부분군이라 하면 $H$가 $G$의 $p$-부분군이므로 정리 2.7.11과 Lagrange의 정리에 의하여 $|H|=p^k(0\leq k\leq n)$이다. 이때 $0\leq k<n$이라 하면 정리 2.7.13에 의하여 $H\subset K$이고 $|K|=p^{k+1}$인 $G$의 부분군 $K$가 존재한다. 따라서 정리 2.7.11에 의하여 $K$가 $G$의 $p$-부분군이므로 $H$가 $G$의 Sylow $p$-부분군이라는 사실에 모순이다. 따라서 $|H|=p^n$이다.

역으로 $|H|=p^n$이라 하자. 그러면 정리 2.7.11에 의하여 $H$는 $G$의 $p$-부분군이다. 또한 $H\subset K\subset G$인 $G$의 $p$-부분군 $K$가 존재한다고 하면 정리 2.7.11과 Lagrange의 정리에 의하여 $|K|=p^n$이다. 따라서 $H=K$이므로 $H$는 $G$의 Sylow $p$-부분군이다.

(2) $H$를 $G$의 Sylow $p$-부분군이라 하면 (1)에 의하여 $|H|=p^n$이다. 또 보기 2.2.32에 의하여 임의의 $a\in G$에 대하여 $aHa^{-1}$는 $G$의 부분군이고 $|aHa^{-1}|=|H|=p^n$이므로 다시 (1)에 의하여 $aHa^{-1}$는 $G$의 Sylow $p$-부분군이다. ■

$G$를 유한군이라 하고 $|G|=p^n m\,(n\geq 0,\ (p,\ m)=1)$이라 하자. 그러면 제1 Sylow의 정리에 의하여 위수가 $p^n$인 $G$의 부분군 $H$가 존재한다. 더욱이 정리 2.7.15 (1)에 의하여 $H$는 $G$의 Sylow $p$-부분군이다. 따라서 $G$의 Sylow $p$-부분군은 적어도 하나 존재한다.

**【정리 2.7.16】 (제 2 Sylow의 정리)**

$G$를 유한군이라 하고 $Q$를 $G$의 임의의 $p$-부분군이라 하자. $H$를 $G$의 임의의 Sylow $p$-부분군이라 하면 $Q\subset xHx^{-1}$를 만족하는 $x\in G$가 적어도

하나 존재한다. 특히, $G$의 모든 Sylow $p$-부분군은 $H$의 공액부분군이다.

**증명** $|G|=p^n m\,(n\geq 0,\ (p,\ m)=1)$이라 하고 $S$를 $G$에서의 $H$의 좌측잉여류 모두를 원소로 갖는 집합이라 하자. 임의의 $a\in Q$와 임의의 $xH\in S$에 대하여 $a\cdot xH=(ax)H$로 정의하면 $Q$는 $\cdot$에 의하여 $S$위에 작용한다(보기 2.7.6을 참조). $Q$가 $G$의 $p$-부분군이므로 정리 2.7.11과 Lagrange의 정리에 의하여 $|Q|=p^k(0\leq k\leq n)$이다. 따라서

$$S_0=\{xH\in S\,|\,\text{모든 } a\in Q\text{에 대하여 } a\cdot xH=xH\}$$

로 정의하면 정리 2.7.2 (4)에 의하여

$$[G:H]=|S|\equiv|S_0|\ (\operatorname{mod} p)$$

이다. 또한 $H$가 $G$의 Sylow $p$-부분군이므로 정리 2.7.15 (1)에 의하여 $|H|=p^n$이다. 따라서 Lagrange의 정리에 의하여

$$p^n m=|G|=|H|[G:H]=p^n[G:H]$$

이므로 $m=[G:H]$이다. 따라서 $p\nmid[G:H]$이다. 그러므로 $|S_0|\neq 0$, 즉 $S_0$에는 적어도 한 원소 $xH$가 존재한다. 따라서 모든 $a\in Q$에 대하여 $xH=a\cdot xH=(ax)H$이다. 따라서 정리 2.4.1 (1) (ii)에 의하여 모든 $a\in Q$에 대하여 $x^{-1}ax\in H$이므로 $x^{-1}ax=h$인 $h\in H$가 존재한다. 그러므로 $a=xhx^{-1}\in xHx^{-1}$, 즉 $Q\subset xHx^{-1}$이다.

다음, $Q$를 $G$의 Sylow $p$-부분군이라 하면 정리 2.7.15에 의하여 $|Q|=p^n$이고 $|xHx^{-1}|=p^n$이다. 따라서 $Q=xHx^{-1}$, 즉 $Q$는 $H$의 공액부분군이다. ■

**【정리 2.7.17】**

$p$를 소수라 하고 $G$를 $|G|=p^n m\,(n\geq 0,\ (p,\ m)=1)$인 군이라 하자. $H$를 $G$의 Sylow $p$-부분군이라 할 때, $H$가 $G$의 유일한 Sylow $p$-부분군이 되기 위한 필요충분조건은 $H$가 $G$의 정규부분군이 되는 것이다.

**증명** $H$가 $G$의 유일한 Sylow $p$-부분군이면 정리 2.7.15 (2)에 의하여 모든

$a \in G$에 대하여 $aHa^{-1}$도 $G$의 Sylow $p$-부분군이므로 $aHa^{-1}=H$이다. 따라서 $H$는 $G$의 정규부분군이다.

역으로 $H$가 $G$의 정규부분군이면 모든 $a \in G$에 대하여 $aHa^{-1}=H$이다. $Q$를 $G$의 임의의 Sylow $p$-부분군이라 하면 제 2 Sylow의 정리에 의하여 적당한 $a \in G$에 대하여 $Q=aHa^{-1}$이다. 따라서 $Q=H$이다. ■

**【정리 2.7.18】 (제 3 Sylow의 정리)**

$p$를 소수라 하고 $G$를 $|G|=p^n m (n \geq 0,\ (p,\ m)=1)$인 군이라 하자. $n_p$를 $G$의 Sylow $p$-부분군들의 개수라 하면 $n_p \,\big|\, |G|$이고, 또한 $n_p=pk+1$ ($k$는 $k \geq 0$인 정수)의 꼴로 표시된다.

**증명** $H$를 $G$의 임의의 Sylow $p$-부분군이라 하자. 그러면 제 2 Sylow의 정리에 의하여 $G$의 모든 Sylow $p$-부분군은 $H$의 공액부분군이고, 또한 정리 2.7.15 (2)에 의하여 $H$의 모든 공액부분군은 $G$의 Sylow $p$-부분군이므로 정리 2.7.7 (3)에 의하여 $n_p \,\big|\, |G|$이다. $S$를 $G$의 모든 Sylow $p$-부분군을 원소로 갖는 집합이라 하자. 임의의 $a \in H$와 임의의 $K \in S$에 대하여 $a \cdot K = aKa^{-1}$로 정의하자. 그러면 정리 2.7.15 (2)에 의하여 $a \cdot K \in S$이고, 또한 임의의 $a,\ b \in H$에 대하여

$$e \cdot K = K$$
$$(ab) \cdot K = a \cdot (b \cdot K)$$

이므로(보기 2.7.4를 참조), $H$는 $\cdot$에 의하여 $S$위에 작용한다. 따라서

$$S_0 = \{K \in S \mid \text{모든 } a \in H\text{에 대하여 } a \cdot K = K\}$$

로 정의하면

$$\begin{aligned} K \in S_0 &\Longleftrightarrow \text{모든 } a \in H\text{에 대하여 } K = a \cdot K = aKa^{-1} \\ &\Longleftrightarrow H \subset N_G(K) \end{aligned}$$

이다. 이제 $H \subset N_G(K) \Longleftrightarrow H=K$임을 증명하자. $H \subset N_G(K)$라 가정하자. 분명히 $K$는 $N_G(K)$의 정규부분군이다. 또한 $H$, $K$가 $G$의 Sylow $p$-부분군이므로 정리 2.7.15 (1)에 의하여 $|H|=|K|=p^n$이다. 따라서

$K \subset N_G(K) \subset G$이므로 Lagrange의 정리에 의하여

$$|N_G(K)| = p^n h \ (h\text{는 } m\text{의 약수이고 } (h, p)=1)$$

이다. 따라서 다시 정리 2.7.15 (1)에 의하여 $H$, $K$는 $N_G(K)$의 Sylow $p$-부분군이다. 그런데 $K$가 $N_G(K)$의 정규부분군이므로 정리 2.7.17에 의하여 $K=H$이다. 역은 분명하다. 따라서 $K \in S_0 \Longleftrightarrow H=K$이다. 그러므로 정리 2.7.2 (4)에 의하여

$$n_p = |S| \equiv |S_0| = 1 \pmod p$$

이다. 즉, $n_p = pk+1$ ($k$는 $k \geq 0$인 정수)의 꼴이다. ■

**보기 2.7.19** 보기 2.1.18에서의 3차 대칭군 $S_3$를 생각하자.

$|S_3| = 6 = 2 \cdot 3$, $(2, 3)=1$이므로 $S_3$의 Sylow 2-부분군과 Sylow 3-부분군은 적어도 하나 존재한다. 제 3 Sylow의 정리에 의하여 $S_3$의 Sylow 2-부분군의 개수와 Sylow 3-부분군의 개수를 각각 $n_2$, $n_3$라 하면 $n_2 = 2k+1 (k \geq 0)$, $n_3 = 3k'+1 (k' \geq 0)$의 꼴이고 $n_2 | 6$, $n_3 | 6$이어야 한다. 따라서 $n_2 = 1$이거나 $n_2 = 3$이어야 하고, 또한 $n_3 = 1$이어야 한다. 보기 2.4.9에 의하여

$$\{\sigma_0, \tau_1\}, \ \{\sigma_0, \tau_2\}, \ \{\sigma_0, \tau_3\}$$

는 위수가 2인 $S_3$의 부분군이므로 정리 2.7.15 (1)에 의하여 이들은 $S_3$의 Sylow 2-부분군이다. 이 때

$$\sigma_1 \{\sigma_0, \tau_1\} \sigma_1^{-1} = \{\sigma_0, \tau_2\}, \ \sigma_2 \{\sigma_0, \tau_1\} \sigma_2^{-1} = \{\sigma_0, \tau_3\}$$

이므로 $\{\sigma_0, \tau_2\}$와 $\{\sigma_0, \tau_3\}$은 $\{\sigma_0, \tau_1\}$의 공액부분군이다(제2 Sylow의 정리를 참조).

한편, 보기 2.6.17에 의하여 $A_3 = \{\sigma_0, \sigma_1, \sigma_2\}$는 위수가 3인 $S_3$의 정규부분군이고 정리 2.7.15 (1)에 의하여 $A_3$는 $S_3$의 Sylow 3-부분군이다. 더욱이 정리 2.7.17에 의하여 $A_3$는 $S_3$의 유일한 Sylow 3-부분군이다. ◀

**보기 2.7.20** $G$를 위수가 60인 군이라 하면 위수가 5인 $G$의 부분군의 개수는

한 개 또는 여섯 개임을 보이자.

$|G|=60=5\cdot 12$, $(5,\ 12)=1$이므로 $G$의 Sylow 5-부분군은 적어도 하나 존재한다. 제 3 Sylow의 정리에 의하여 $G$의 Sylow 5-부분군의 개수 $n_5$는 $n_5=5k+1(k\geq 0)$의 꼴이고 $n_5 \mid |G|$이어야 하므로 $k=0$ 또는 $k=1$이다. 즉 $n_5=1$ 또는 $n_5=6$이다. 따라서 정리 2.7.15 (1)에 의하여 위수가 5인 $G$의 부분군의 개수는 한 개 또는 여섯 개이다. ◀

**보기 2.7.21** 위수가 56인 군 $G$는 단순군이 아님을 보이자.

$|G|=56=7\cdot 8$, $(7,\ 8)=1$이므로 $G$의 Sylow 7-부분군은 적어도 하나 존재한다. 제 3 Sylow의 정리에 의하여 $G$의 Sylow 7-부분군의 개수를 $n_7$이라 하면 $n_7=7k+1(k\geq 0)$의 꼴이고 $n_7 \mid 56$이어야 하므로 $k=0$ 또는 $k=1$이다. 즉 $n_7=1$ 또는 $n_7=8$이다.

$n_7=1$인 경우는 $H$를 $G$의 유일한 Sylow 7-부분군이라 하면 정리 2.7.17에 의하여 $H$는 $G$의 정규부분군이다. 따라서 $G$는 단순군이 아니다.

$n_7=8$인 경우는 $G$의 여덟 개의 Sylow 7-부분군을 $H_1,\ H_2,\ \cdots,\ H_8$이라 하면 $|H_i|=7(i=1,\ 2,\ \cdots,\ 8)$이다. 이 때, $e\neq a\in H_i\cap H_j\ (i\neq j(i,\ j=1,\ 2,\ \cdots,\ 8))$이라 하면 $a\in H_i$, $a\in H_j$이고 $\mathrm{ord}(a)=7$이므로 정리 2.3.7 (2)에 의하여 $H_i=\langle a\rangle=H_j$가 되어 모순이다. 따라서

$$H_i\cap H_j=\{e\}(i\neq j(i,\ j=1,\ 2,\ \cdots,\ 8))$$

이다. 또한, 각 $H_i(i=1,\ 2,\ \cdots,\ 8)$는 위수가 7인 원소를 여섯 개씩 포함하므로 $Q=\bigcup_{i=1}^{8}H_i-\{e\}$라 하면 $Q$는 위수가 7인 $G$의 원소를 48개 포함한다. 따라서 $B=G-Q$라 하면 $B$는 단위원을 포함하여 $G$의 원소를 여덟 개 포함한다. 한편 $|G|=56=2^3\cdot 7$, $(2,\ 7)=1$이므로 위수가 8인 $G$의 Sylow 2-부분군은 적어도 하나 존재한다. 따라서 $K$를 $G$의 임의의 Sylow 2-부분군이라 하면 임의의 $b\in K$에 대하여 $\mathrm{ord}(b)=2^i\ (0\leq i\leq 3)$이므로 $K\subset B$이고, 또한 $|K|=8=|B|$이므로 $K=B$이어야 한다. 즉, $B$는 $G$의 유일한 Sylow 2-부분군이므로 정리 2.7.17에 의하여 $B$는 $G$의 정규부분군이다. 그러므로 이 경우에도 $G$는 단순군이 아니다. ◀

**【정리 2.7.22】**

$p$를 소수라 하고 $G$를 $|G|=p^n(n\geq 1)$인 군이라 하면 다음이 성립한다.

(1) $p \mid |C(G)|$이다.

(2) $H$를 $|H|=p^{n-1}$인 $G$의 부분군이라 하면 $H$는 $G$의 정규부분군이다.

**증명** (1) $\bar{x}_1, \bar{x}_2, \cdots, \bar{x}_r$를 $G$안의 서로 다른 모든 공액류라 할 때,

$$|\bar{x}_i|>1(i=1,\ 2,\ \cdots,\ m\ ;\ m<r)\text{이고 } |\bar{x}_{m+1}|=\cdots=|\bar{x}_r|=1$$

이라 하면 정리 2.7.7 (2)에 의하여 $i=1,\ 2,\ \cdots,\ m$에 대하여

$$[G:C_G(x_i)]>1\text{이고 } |G|=|C(G)|+\sum_{i=1}^{m}[G:C_G(x_i)]$$

이다. 그런데 $|G|=p^n(n\geq 1)$이고 $i=1,\ 2,\ \cdots,\ m$에 대하여 $[G:C_G(x_i)]>1$이므로 Lagrange의 정리에 의하여 $i=1,\ 2,\ \cdots,\ m$에 대하여 $p \mid [G:C_G(x_i)]$이다. 따라서 $p \mid |C(G)|$이다.

(2)는 제 1 Sylow의 정리에서 $m=1$인 경우이다. ■

**【정리 2.7.23】**

$p$를 소수라 하고 $G$를 $|G|=p^2$인 군이라 하면 $G$는 가환군이다.

**증명** $|G|=p^2$이므로 정리 2.7.22 (1)에 의하여 $p \mid |C(G)|$이다. $G$를 비가환군이라 하면 $C(G)\neq G$이므로 Lagrange의 정리에 의하여 $|C(G)|=p$이다. 따라서 $x\notin C(G)$인 원소 $x\in G$가 존재한다. 보기 2.7.3에 의하여 $C(G)\subset C_G(x)$이고 $x\in C_G(x)$이므로 $C(G)\neq C_G(x)$이다. 따라서 Lagrange의 정리에 의하여 $|C_G(x)|=p^2$이다. 그러므로 $G=C_G(x)$이고, 따라서 $x\in C(G)$가 되어 모순이다. 따라서 $G$는 가환군이다. ■

**보기 2.7.24** 위수가 108인 군은 단순군이 아님을 보이자.

$|G|=108=3^3\cdot 4$, $(3,\ 4)=1$이므로 $G$의 Sylow 3-부분군은 적어도 하나 존재한다. 제 3 Sylow의 정리에 의하여 $G$의 Sylow 3-부분군의 개수를 $n_3$라

하면 $n_3=3k+1(k\geq 0)$의 꼴이고 $n_3|108$이어야 하므로 $k=0$ 또는 $k=1$ 이다. 즉 $n_3=1$ 또는 $n_3=4$이다.

$n_3=1$인 경우는 $B$를 $G$의 유일한 Sylow 3-부분군이라 하면 $B$는 $G$의 정규부분군이므로 $G$는 단순군이 아니다.

$n_3=4$인 경우는 네 개의 $G$의 Sylow 3-부분군 중 임의의 두 개를 $H$, $K$라 하자. 그러면 $|H|=|K|=3^3$이다. 또한, $H\cap K$는 $H$의 부분군이고 $H\cap K\neq H$이므로 Lagrange의 정리에 의하여 $|H\cap K|=1$ 또는 3 또는 $3^2$이다. 이 때 $|H\cap K|=1$ 또는 3이라 하면 정리 2.4.15에 의하여

$$|HK|=\frac{|H|\,|K|}{|H\cap K|}>108=|G|$$

이다. 그런데 $HK\subset G$이므로 이것은 모순이다. 따라서 $|H\cap K|=3^2$이다. 더욱이 $H\cap K$는 $H$와 $K$의 부분군이고 $|H|=|K|=3^3$이므로 정리 2.7.22 (2)에 의하여 $H\cap K$는 $H$와 $K$의 정규부분군이다. 따라서 모든 $h\in H$와 모든 $k\in K$에 대하여 $h(H\cap K)h^{-1}=H\cap K$, $k(H\cap K)k^{-1}=H\cap K$이다. 따라서 $H\subset N_G(H\cap K)$, $K\subset N_G(H\cap K)$이다. 따라서 $HK\subset N_G(H\cap K)$이고 정리 2.4.15에 의하여

$$|N_G(H\cap K)|\geq|HK|=\frac{|H|\,|K|}{|H\cap K|}=\frac{27\cdot 27}{9}=81$$

이다. 이 때, $N_G(H\cap K)$는 $G$의 부분군이므로 Lagrange의 정리에 의하여 $|N_G(H\cap K)|\,\big|\,|G|$이어야 한다. 그러므로 $N_G(H\cap K)=108$, 즉 $G=N_G(H\cap K)$이다. 따라서 보기 2.7.4에 의하여 $H\cap K$는 $G$의 정규부분군이다. 그러므로 이 경우에도 $G$는 단순군이 아니다. ◀

**【정리 2.7.25】**

$p$, $q$를 소수라 하고 $p<q$라 하자. $G$를 유한군이라 하고 $|G|=pq$라 하면 다음이 성립한다.

(1) $p\nmid(q-1)$이면 $G\cong\mathbf{Z}_{pq}$이다.

(2) $p|(q-1)$이면 $G$는 다음 두 가지 경우 중 어느 하나이다.

(i) $G\cong\mathbf{Z}_{pq}$

(ii) $G$는 다음 조건

$$\mathrm{ord}(a)=q,\ \mathrm{ord}(b)=p,\ bab^{-1}=a^r,\ r^p\equiv 1\ (\mathrm{mod}\ q)(1<r<q)$$

를 만족하는 $G$의 원소 $a$, $b$에 의하여 생성된다. 즉 $G=\langle a, b\rangle$. 이 때 $G$는 비가환군이다.

---

**증명** $|G|=pq$, $(p, q)=1$이므로 제 3 Sylow의 정리에 의하여 Sylow $p$-부분군의 개수와 Sylow $q$-부분군의 개수를 각각 $n_p$, $n_q$라 하면 $n_p=pk+1$ $(k\geq 0)$, $n_q=qk'+1(k'\geq 0)$의 꼴이고 $n_p|pq$, $n_q|pq$이어야 한다. 그런데 $(pk+1, p)=1$, $(qk'+1, q)=1$이므로 정리 1.3.10에 의하여 $(pk+1)|q$, $(qk'+1)|p$이어야 한다. 이 때 $p$, $q$는 소수이고 $p<q$이므로 $pk+1=1$ 또는 $pk+1=q$이어야 하고, 또한 $k'=0$이어야 한다. 즉 $G$의 Sylow $q$-부분군 $H$는 유일하게 존재하고, $n_p=1$이거나 $n_p=q$이어야 한다. 한편 정리 2.7.17에 의하여 $H$는 $G$의 정규부분군이고, 또한 정리 2.7.15 (1)에 의하여 $|H|=q$이므로 정리 2.4.8 (2)에 의하여 $H=\langle a\rangle$, $\mathrm{ord}(a)=q$이다.

(1) $p\nmid(q-1)$이라 하자. $n_p=q$라 하면 $pk=q-1$이 되어 모순이다. 따라서 $n_p=1$이어야 한다. 즉 $G$의 Sylow $p$-부분군 $K$는 유일하게 존재하고, $K$는 $G$의 정규부분군이다. 더욱이 $|K|=p$이므로 $K=\langle c\rangle$, $\mathrm{ord}(c)=p$이다. 한편 $e\neq x\in\langle a\rangle\cap\langle c\rangle$라 하면 $x\in\langle a\rangle$, $x\in\langle c\rangle$이므로 정리 2.4.8 (2)에 의하여 $q=|\langle a\rangle|=\mathrm{ord}(x)=|\langle c\rangle|=p$가 되어 모순이다. 따라서 $\langle a\rangle\cap\langle c\rangle=\{e\}$이다. 그러므로 정리 2.2.20 (2)에 의하여 $ac=ca$이다. 따라서 정리 2.3.15에 의하여 $\mathrm{ord}(ac)=pq$이고, $d=ac$라 하면 $|\langle d\rangle|=pq=|G|$이므로 $G=\langle d\rangle$이다. 그러므로 보기 2.3.17에 의하여 $G\cong\mathbf{Z}_{pq}$이다.

(2) $p|(q-1)$이라 하자. $n_p=1$인 경우는 (1)의 증명과정에서와 같이 $G\cong\mathbf{Z}_{pq}$이다. $n_p=q$인 경우는($p|(q-1)$이므로 이 경우는 일어날 수 있다) $q$개의 $G$의 Sylow $p$-부분군 중의 하나를 $Q$라 하자. 정리 2.7.17에 의하여 $Q$는 $G$의 정규부분군이 아니다. $G$를 가환군이라 하면 정리 2.2.18에 의하여 $Q$가 $G$의 정규부분군이 되어 모순이다. 따라서 $G$는 비가환군이다. 한편 $|Q|=p$이므로 $Q=\langle b\rangle$, $\mathrm{ord}(b)$

$=p$이다. $|H|=q$이고 $|Q|=p$이므로 (1)의 증명 과정에서와 같이 $H\cap Q=\{e\}$이다. 따라서 정리 2.4.15에 의하여 $|HQ|=pq$이다. 따라서 $HQ\subset G$이므로 $G=HQ$이다. 또한 $H$가 $G$의 정규부분군이므로 정리 2.2.20 (4)에 의하여 $HQ=\langle H\cup Q\rangle=\langle\langle a\rangle\cup\langle b\rangle\rangle$이다. 분명히 $HQ\subset\langle a,\ b\rangle$이고 $\langle a,\ b\rangle\subset\langle\langle a\rangle\cup\langle b\rangle\rangle=HQ$이므로 $G=HQ=\langle a,\ b\rangle$이다. 더욱이 $H=\langle a\rangle$가 $G$의 정규부분군이므로 $bab^{-1}\in\langle a\rangle$이다. $bab^{-1}=e$라 하면 $ba=b$, 즉 $a=e$가 되어 모순이다. 다음 $bab^{-1}=a$라 하면 $ba=ab$가 되고, 따라서 $G=\langle a,\ b\rangle$가 가환군이 되어 모순이다. 따라서 $1<r<q$인 적당한 정수 $r$에 대하여 $bab^{-1}=a^r$이다. 그러므로

$$ba^2b^{-1}=(bab^{-1})(bab^{-1})=a^ra^r=a^{2r},$$
$$ba^3b^{-1}=(ba^2b^{-1})(bab^{-1})=a^{2r}a^r=a^{3r},$$
$$\cdots\cdots\cdots$$
$$ba^rb^{-1}=(ba^{r-1}b^{-1})(bab^{-1})=a^{(r-1)r}a^r=a^{r^2},$$

즉 $ba^rb^{-1}=a^{r^2}$이다. 따라서

$$b^2ab^{-2}=b(bab^{-1})b^{-1}=ba^rb^{-1}=a^{r^2},$$
$$b^3ab^{-3}=b(b^2ab^{-2})b^{-1}=ba^{r^2}b^{-1}=ba^r\underbrace{a^r\cdots a^r}_{r\text{개}}b^{-1}$$
$$=\underbrace{(ba^rb^{-1})(ba^rb^{-1})(ba^rb^{-1})\cdots(ba^rb^{-1})}_{r\text{개}}=\underbrace{a^{r^2}a^{r^2}\cdots a^{r^2}}_{r\text{개}}=a^{r^3},$$
$$\cdots\cdots\cdots$$
$$b^pab^{-p}=a^{r^p}$$

이다. 그런데 $b^p=e$이므로 $a=a^{r^p}$이다. 즉 $a^{r^p-1}=e$. 따라서 $\mathrm{ord}(a)=q$이므로 정리 2.3.10 (1)에 의하여 $q|(r^p-1)$이다. 따라서 $r^p\equiv 1\pmod q$이다. ■

**【정리 2.7.26】**

$p$를 홀수인 소수라 하고 $G$를 위수가 $2p$인 군이라 하면 $G\cong\mathbf{Z}_{2p}$이든가 $G$

$\cong D_p$이다(이 때 $D_p$는 보기 2.6.26에서의 위수 $2p$인 정이면체군이다).

**증명** $2<p$이고 $2|(p-1)$이므로 정리 2.7.25 (2)에 의하여

(1) $G\cong \mathbf{Z}_{2p}$이든가

(2) $\mathrm{ord}(a)=p$, $\mathrm{ord}(b)=2$, $bab^{-1}=a^r$, $r^2\equiv 1 \pmod p$$(1<r<p)$를 만족하는 $a$, $b\in G$에 대하여 $G=\langle a, b\rangle$이다.

(2)의 경우는

$$a^p=e,\ b^2=e,\ ba=a^r b$$

이다. 더욱이 $p|(r^2-1)$, 즉 $p|(r+1)(r-1)$이다. 이 때 $1\leq r-1<p$이므로 $p\nmid(r-1)$이고, 따라서 정리 1.3.14에 의하여 $p|(r+1)$이다. 즉 $r\equiv -1 \pmod p$이다. 따라서 정리 2.3.10 (2)에 의하여 $a^r=a^{-1}=a^{p-1}$이므로 $ba=a^{p-1}b$이다. 따라서 $G$는 $a$, $b$에 의하여 생성된 위수 $2p$의 정이면체군이다. 그러므로 정리 2.6.27에 의하여 $G\cong D_p$이다. ■

**보기 2.7.27** $G$를 위수가 $6(=2\times 3)$인 군이라 하면 정리 2.7.26에 의하여 $G\cong \mathbf{Z}_6$이든가 $G\cong D_3=S_3$(보기 2.6.26을 참조)이다. ◀

## 연습문제 2.7

**1.** $G$와 $H$를 군이라 하고 $f: G\longrightarrow H$를 준동형함수라 하자. 군 $H$가 $\cdot$에 의하여 집합 $S$위에 작용할 때, 함수 $*: G\times S\longrightarrow S$를 임의의 $(g, x)\in G\times S$에 대하여 $*((g, x))=g*x=f(g)\cdot x$로 정의하면 $G$는 $*$에 의하여 $S$ 위에 작용함을 증명하여라.

**2.** $C$를 군 $G$의 한 원소의 공액류라 할 때, $\sigma\in \mathrm{Aut}(G)$이면 $\sigma(C)$도 $G$의 한 원소의 공액류임을 증명하여라.

**3.** 군 $GL_2(\mathbf{C})$에서 $A=\begin{bmatrix}1 & 0\\ 1 & 1\end{bmatrix}$의 중심화부분군을 구하여라.

**4.** $G$를 군이라 하고 $H$를 $G$의 부분군이라 하자. $H$가 $G$의 정규부분군이기 위한 필요충분조건은 $H$가 $H$의 원소들의 공액류들의 합집합일 때임을 증명하여라.

**5.** $G$를 군이라 하고 $H$를 $G$의 부분군이라 할 때, 임의의 $a \in G$에 대하여 $N_G(aHa^{-1}) = aN_G(H)a^{-1}$임을 증명하여라.

**6.** $G$를 군이라 하고 $H$를 $G$의 부분군이라 하자. $[G : H] = n$이면 $\text{Ker}\,\phi = \bigcap_{x \in G} xHx^{-1}$인 준동형함수 $\phi : G \longrightarrow S_n$이 존재함을 증명하여라.

**7.** 대칭군 $S_3$, $S_4$와 교대군 $A_3$, $A_4$안의 공액류를 모두 구하여라. 또한, 이 공액류들을 이용하여 정리 2.7.7 (2)의 결과를 확인하여라.

**8.** $p$를 홀수인 소수라 하고 $G$를 $|G| = 2p$인 임의의 군이라 하자. 그러면 $G$는 위수가 $p$인 정규부분군을 가짐을 보여라.

**9.** $G$를 유한 $p$-군이라 할 때, 다음을 증명하여라.

(1) $G'$이 군이고 $f : G \longrightarrow G'$이 준동형함수이면 $f(G)$도 $p$-군이다.

(2) $G(G \neq \{e\})$는 위수가 $p$인 정규부분군 $H$를 갖는다. 이 때 $H \subset C(G)$이다.

**10.** 덧셈군 $\mathbf{Z}_{24}$의 모든 Sylow $p$-부분군을 구하여라.

**11.** 위수가 35인 모든 군은 순회군임을 보여라.

**12.** 위수가 42인 군 $G$의 Sylow 7-부분군은 $G$의 정규부분군임을 보여라.

**13.** $G$를 위수가 200인 군이라 하면 $G$는 위수가 25인 정규부분군을 가짐을 보여라.

**14.** 위수가 각각 20, 30, 40, 48인 군은 모두 단순군이 아님을 보여라.

**15.** $G$를 유한군이라 하고 $P$를 $G$의 Sylow $p$-부분군이라 하자. $H$를 $N_G(P) \subset H$인 $G$의 임의의 부분군이라 하면 $N_G(H) = H$임을 보여라. 또, $N_G(N_G(P)) = N_G(P)$임을 보여라.

**16.** $G$를 유한군이라 하고 $H$를 $G$의 정규부분군이라 하자. $P$가 $H$의 Sylow $p$-부분군이면 $G = HN_G(P)$임을 증명하여라.

**17.** $G$를 유한군이라 하고 $N$을 $G$의 정규부분군이라 하자. $P$를 $G$의 Sylow $p$-부분군이라 할 때, 다음을 증명하여라.

(1) $N \cap P$는 $N$의 Sylow $p$-부분군이다.

(2) $NP/N$은 $G/N$의 Sylow $p$-부분군이다.

**18.** 유한군 $G$의 각 Sylow $p$-부분군이 정규부분군이면 $G$는 이들 각 Sylow $p$-부분군들의 내직적임을 증명하여라.

# 2.8 자유덧셈아벨군

**【정의 2.8.1】**

$F$를 덧셈아벨군이라 하고 $X$를 $F$의 부분집합이라 하자. $X$가 다음 두 조건

(1) $F=\langle X\rangle$

(2) 임의의 서로 다른 $x_1, x_2, \cdots, x_r \in X$ ($r$은 임의의 양의 정수)와 $k_i \in \mathbf{Z}$ ($i=1, 2, \cdots, r$)에 대하여

$$k_1x_1+k_2x_2+\cdots+k_rx_r=0 \Longrightarrow k_1=k_2=\cdots=k_r=0$$

을 만족할 때, $X$를 $F$의 기저(basis)라 한다.

$F$를 덧셈아벨군이라 하고 $X$를 $F$의 기저라 하면 $0\notin X$이다. 왜냐하면 $0\in X$라 하면

$$2\cdot 0=0+0=0$$

이지만 $2\neq 0$이므로 정의 2.8.1의 조건 (2)에 모순이 되기 때문이다.

**【정리 2.8.2】**

$F$를 덧셈아벨군이라 하고 $X=\{x_1, x_2, \cdots, x_n\}$을 $F$의 부분집합이라 하자. $X$가 다음 두 조건

(1) $F=\langle X\rangle$

(2) 임의의 $k_i\in\mathbf{Z}$($i=1, 2, \cdots, n$)에 대하여

$$k_1x_1+k_2x_2+\cdots+k_nx_n=0 \Longrightarrow k_1=k_2=\cdots=k_n=0$$

을 만족하면 $X$는 $F$의 기저이다.

**증명** $1\leq r<n$이라 할 때, 임의의 $x_{i_1}, x_{i_2}, \cdots, x_{i_r}\in X$와 $k_{i_s}\in\mathbf{Z}$($s=1, 2, \cdots, r$)에 대하여

$$k_{i_1}x_{i_1}+k_{i_2}x_{i_2}+\cdots+k_{i_r}x_{i_r}=0$$

이라 하자.

$$\{t_1,\ t_2,\ \cdots,\ t_{n-r}\}=\{1,\ 2,\ \cdots,\ n\}-\{i_1,\ i_2,\ \cdots,\ i_r\}$$

이라 하면

$$\begin{aligned}0&=k_{i_1}x_{i_1}+k_{i_2}x_{i_2}+\cdots+k_{i_r}x_{i_r}\\&=k_{i_1}x_{i_1}+k_{i_2}x_{i_2}+\cdots+k_{i_r}x_{i_r}+0x_{t_1}+0x_{t_2}+0x_{t_{n-r}}\\&=d_1x_1+d_2x_2+\cdots+d_nx_n\end{aligned}$$

($F$가 덧셈아벨군이므로 $x_1,\ x_2,\ \cdots,\ x_n$의 순서로 쓸 수 있다. 이 때, $j=1,\ 2,\ \cdots,\ n$에 대하여 $d_j=k_{i_s}(1\leq s\leq r)$ 또는 $d_j=0$이다.)

이므로 $d_1=d_2=\cdots=d_n=0$, 즉 $k_{i_1}=k_{i_2}=\cdots=k_{i_r}=0$이다. 따라서 정의 2.8.1의 조건 (2)가 성립한다. 그러므로 $X$는 $F$의 기저이다. ■

$F$를 덧셈아벨군이라 하고 $X(X\neq\varnothing)$를 $F$의 부분집합이라 하자. 그러면 정리 2.2.11에 의하여

$$\langle X\rangle=\{n_1x_1+n_2x_2+\cdots+n_tx_t\mid t\text{는 임의의 양의 정수},\ x_i\in X,\ n_i\in\mathbf{Z}(1\leq i\leq t)\}$$

이다.

**보기 2.8.3** 덧셈아벨군 $\mathbf{Z}$들의 직합 $G=\mathbf{Z}\oplus\mathbf{Z}\oplus\cdots\oplus\mathbf{Z}$($n$번)을 생각하자.

$$\begin{aligned}&x_1=(1,\ 0,\ \cdots,\ 0),\\&x_2=(0,\ 1,\ 0,\ \cdots,\ 0),\\&\cdots\cdots\cdots\cdots\cdots\cdots\\&x_n=(0,\ 0,\ \cdots,\ 0,\ 1)\end{aligned}$$

이라 하고 $X=\{x_1,\ x_2,\ \cdots,\ x_n\}$이라 하면 $\langle X\rangle\subset G$이다. 또한, 임의의 $(a_1,\ a_2,\ \cdots,\ a_n)\in G$에 대하여

$$\begin{aligned}(a_1,\ a_2,\ \cdots,\ a_n)&=a_1(1,\ 0,\ \cdots,\ 0)+a_2(0,\ 1,\ \cdots,\ 0)+\cdots+a_n(0,\ 0,\ \cdots,\ 1)\\&=a_1x_1+a_2x_2+\cdots+a_nx_n\in\langle X\rangle\end{aligned}$$

이므로 $G \subset \langle X \rangle$이다. 따라서 $G = \langle X \rangle$이다. 한편, 임의의 $k_1, k_2, \cdots, k_n \in \mathbf{Z}$에 대하여

$$k_1x_1 + k_2x_2 + \cdots + k_nx_n = 0$$

이라 하면

$$\begin{aligned}(k_1, k_2, \cdots, k_n) &= k_1(1, 0, \cdots, 0) + k_2(0, 1, \cdots, 0) + \cdots + k_n(0, 0, \cdots, 1)\\ &= k_1x_1 + k_2x_2 + \cdots + k_nx_n = 0 = (0, 0, \cdots, 0)\end{aligned}$$

이므로 $k_1 = k_2 = \cdots = k_n = 0$ 이다. 따라서 정리 2.8.2에 의하여 $X$는 $G$의 기저이다(이 때, $X$를 $G$의 표준기저(standard basis)라 한다).

다음, $y_1 = (1, 1)$, $y_2 = (1, 0)$이라 하고 $Y = \{y_1, y_2\}$라 하면 위와 같은 방법으로 $Y$가 $\mathbf{Z} \oplus \mathbf{Z}$의 기저임을 증명할 수 있다. 또한, 위에 의하여 $\{(1, 0), (0, 1)\}$도 $\mathbf{Z} \oplus \mathbf{Z}$의 기저이다.

다음, 덧셈아벨군 $\mathbf{Z}_m = \{\bar{0}, \bar{1}, \bar{2}, \cdots, \overline{m-1}\}(m \geq 2)$를 생각하자. $\varnothing \neq X \subset \mathbf{Z}_m$이라 하면 $\bar{x} \in X$에 대하여 $m\bar{x} = \bar{0}$이지만 $m \neq 0$이므로 $X$는 $\mathbf{Z}_m$의 기저가 아니다. 더욱이 $\langle \varnothing \rangle = \{\bar{0}\} \neq \mathbf{Z}_m$이므로 $\varnothing$는 $\mathbf{Z}_m$의 기저가 아니다. 따라서 $\mathbf{Z}_m$은 기저를 갖지 않는 덧셈아벨군이다. ◀

**【정리 2.8.4】**

$F$와 $F'$을 덧셈아벨군이라 하고 $f : F \longrightarrow F'$을 동형함수라 하자. $X$를 $F$의 기저라 하면 $f(X)$는 $F'$의 기저이다.

**증명** $y \in F'$이라 하면 $f$가 전사함수이므로 $y = f(x)$를 만족하는 $x \in F$가 존재한다. $X$가 $F$의 기저이므로 $F = \langle X \rangle$이고, 따라서 적당한 $x_1, x_2, \cdots, x_t \in X$와 $n_i \in \mathbf{Z}(i = 1, 2, \cdots, t)$에 대하여

$$x = n_1x_1 + n_2x_2 + \cdots + n_tx_t$$

의 꼴로 쓸 수 있다. 따라서 $f(x_i) \in f(X)(i = 1, 2, \cdots, t)$이고, 또한 정리 2.2.25 (3)에 의하여

$$y = f(x) = f(n_1x_1 + n_2x_2 + \cdots + n_tx_t)$$

$$=n_1f(x_1)+n_2f(x_2)+\cdots+n_tf(x_t)\in\langle f(X)\rangle$$

이므로 $F'\subset\langle f(X)\rangle$이다. 분명히 $\langle f(X)\rangle\subset F'$이므로 $F'=\langle f(X)\rangle$이다. 임의의 서로 다른 $y_1, y_2, \cdots, y_r\in f(X)$($r$은 임의의 양의 정수)와 $n_i\in\mathbf{Z}$ ($i=1, 2, \cdots, r$)에 대하여

$$n_1y_1+n_2y_2+\cdots+n_ry_r=0$$

이라 가정하자. 그러면 $f(x_i)=y_i(i=1, 2, \cdots, r)$를 만족하는 서로 다른 $x_1, x_2, \cdots, x_r\in X$가 존재하므로

$$\begin{aligned}0&=n_1y_1+n_2y_2+\cdots+n_ry_r=n_1f(x_1)+n_2f(x_2)+\cdots+n_rf(x_r)\\&=f(n_1x_1+n_2x_2+\cdots+n_rx_r)\end{aligned}$$

이다. 그런데 $f$가 단사준동형이므로 정리 2.2.27 (2)에 의하여

$$n_1x_1+n_2x_2+\cdots+n_rx_r=0$$

이다. 따라서 $X$가 $F$의 기저이므로 $n_1=n_2=\cdots=n_r=0$이다. 따라서 $f(X)$는 $F'$의 기저이다. ■

**【정리 2.8.5】**

$F$를 덧셈아벨군이라 하자. 그러면 다음 네 주장은 서로 동치이다.

(1) $F$는 기저(공집합이 아닌)를 갖는다.

(2) $F$의 부분집합 $X(X\neq\varnothing)$가 존재하여 각 $x\in X$에 대하여 $\langle x\rangle$는 $F$의 무한순회부분군이고 $F=\sum_{x\in X}\langle x\rangle$이다($F$가 덧셈아벨군이므로 $\langle x\rangle$는 $F$의 정규부분군이다).

(3) 집합 $X(X\neq\varnothing)$가 존재하여 $F\cong\sum_{x\in X}\mathbf{Z}\ (\mathbf{Z}=\mathbf{Z}_x)$이다.

(4) 집합 $X(X\neq\varnothing)$와 함수 $\theta: X\longrightarrow F$가 존재하여 다음 성질을 만족한다 :
임의의 덧셈아벨군 $F'$과 임의의 함수 $f: X\longrightarrow F'$이 주어지면 언제나 $f=\bar{f}\theta$를 만족하는 준동형함수 $\bar{f}: F\longrightarrow F'$이 유일하게 존재한다.

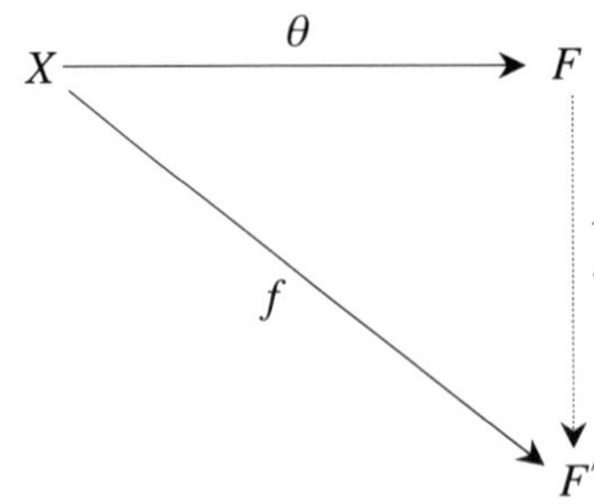

**증명** (1) $\Longrightarrow$ (2). $X(X \neq \varnothing)$를 $F$의 기저라 하고 $x \in X$라 하자. $m$, $n \in \mathbf{Z}$에 대하여 $mx = nx$라 하면 $(m-n)x = 0$이다. 그런데 $X$가 $F$의 기저이므로 $m-n=0$, 즉 $m=n$이다. 따라서 $m \neq n$이면 $mx \neq nx$이다. 그러므로 정리 2.3.7 (1)에 의하여 $\langle x \rangle = \{nx \mid n \in \mathbf{Z}\}$는 $F$의 무한순회부분군이다. 한편 $F = \langle X \rangle$이므로 분명히 $F = \langle \bigcup_{x \in X} \langle x \rangle \rangle$이다. 각 $y \in X$와 $Y = \{x \mid x \in X(y \neq x)\}$에 대하여 $z \in \langle y \rangle \cap \langle \bigcup_{x \in Y} \langle x \rangle \rangle$라 하면 $z \in \langle y \rangle$, $z \in \langle \bigcup_{x \in Y} \langle x \rangle \rangle$이다. 따라서 $m \in \mathbf{Z}$에 대하여 $z = my$로 표시되고, 또한 $F$가 덧셈아벨군이므로 서로 다른 $x_1, x_2, \cdots, x_t \in Y$와 $n_i \in \mathbf{Z}(i = 1, 2, \cdots, t)$에 대하여

$$z = n_1x_1 + n_2x_2 + \cdots + n_tx_t$$

로 표시된다. 따라서

$$my = x_1n_1 + x_2n_2 + \cdots + x_tn_t, \text{ 즉}$$
$$(-m)y + n_1x_1 + n_2x_2 + \cdots + n_tx_t = 0$$

이다. 그런데 $X$가 $F$의 기저이고 $y$, $x_1, x_2, \cdots, x_t$는 서로 다른 $X$의 원소이므로 $-m = n_1 = n_2 = \cdots = n_t = 0$이다. 따라서 $z = 0$, 즉

$$\langle y \rangle \cap \langle \bigcup_{x \in Y} \langle x \rangle \rangle = \{0\}$$

이다. 그러므로 $F$는 $\{\langle x \rangle \mid x \in X\}$의 내직합이다. 즉

$$F = \sum_{x \in X} \langle x \rangle.$$

(2) $\Longrightarrow$ (3). $F$의 부분집합 $X(X \neq \varnothing)$가 존재하여 각 $x \in X$에 대하여

$\langle x\rangle$는 $F$의 무한순회부분군이고 $F=\sum_{x\in X}\langle x\rangle$라 하자. 보기 2.3.17에 의하여 각 $x\in X$에 대하여 $\langle x\rangle\cong\mathbf{Z}$이므로 정리 2.5.26에 의하여

$$\sum_{x\in X}\langle x\rangle\cong\sum_{x\in X}\mathbf{Z}\ (\mathbf{Z}=\mathbf{Z}_x)$$

이다. 따라서 $F\cong\sum_{x\in X}\mathbf{Z}\ (\mathbf{Z}=\mathbf{Z}_x)$이다.

(3) $\Longrightarrow$ (1). 집합 $X(X\neq\varnothing)$가 존재하여 $F\cong\sum_{x\in X}\mathbf{Z}\ (\mathbf{Z}=\mathbf{Z}_x)$라 하자. 각 $x\in X$에 대하여 함수 $\bar{x}:X\longrightarrow\sum_{x\in X}\mathbf{Z}\ (\mathbf{Z}=\mathbf{Z}_x)$를 임의의 $y\in X$에 대하여

$$\bar{x}(y)=\begin{cases}1\in\mathbf{Z}=\mathbf{Z}_y\ (y=x)\\0\in\mathbf{Z}=\mathbf{Z}_y\ (y\neq x)\end{cases}$$

로 정의하면 분명히 $\bar{x}\in\sum_{x\in X}\mathbf{Z}$이다. $Y=\{\bar{x}\mid x\in X\}$라 하자. 그러면 $Y\subset\sum_{x\in X}\mathbf{Z}$이고, 따라서 $\langle Y\rangle\subset\sum_{x\in X}\mathbf{Z}$이다. $0\neq f\in\sum_{x\in X}\mathbf{Z}$라 하면 유한개의 $x_1$, $x_2,\cdots,\ x_k\in X$에 대하여 $0\neq n_i=f(x_i)\in\mathbf{Z}=\mathbf{Z}_{x_i}(1\leq i\leq k)$이고 $x_i\neq x(1\leq i\leq k)$인 모든 $x\in X$에 대하여 $f(x)=0\in\mathbf{Z}=\mathbf{Z}_x$이다. 한편 $x_i\in X\,(1\leq i\leq k)$에 대하여

$$\begin{aligned}(n_1\bar{x}_1&+n_2\bar{x}_2+\cdots+n_i\bar{x}_i+\cdots+n_k\bar{x}_k)(x_i)\\&=n_1\bar{x}_1(x_i)+n_2\bar{x}_2(x_i)+\cdots+n_i\bar{x}_i(x_i)+\cdots+n_k\bar{x}_k(x_i)\\&=0+0+\cdots+0+n_i+0+\cdots+0=n_i\end{aligned}$$

이고, $x_i\neq x\in X\,(1\leq i\leq k)$인 모든 $x$에 대하여

$$\begin{aligned}(n_1\bar{x}_1&+n_2\bar{x}_2+\cdots+n_k\bar{x}_k)(x)\\&=n_1\bar{x}_1(x)+n_2\bar{x}_2(x)+\cdots+n_k\bar{x}_k(x)=0+0+\cdots+0=0\end{aligned}$$

이므로

$$f=n_1\bar{x}_1+n_2\bar{x}_2+\cdots+n_k\bar{x}_k\in\langle Y\rangle$$

이다. 또한 $0\in\sum_{x\in X}\mathbf{Z}$에 대하여 $0\in\langle Y\rangle$이다. 따라서 $\sum_{x\in X}\mathbf{Z}\subset\langle Y\rangle$이다.

따라서 $\sum_{x\in X}\mathbf{Z}=\langle Y\rangle$이다. 다음, 임의의 서로 다른 $\bar{x}_1$, $\bar{x}_2$, $\cdots$, $\bar{x}_r\in Y$ ($r$은 임의의 양의 정수)와 $n_i\in\mathbf{Z}\,(1\leq i\leq r)$에 대하여

$$n_1\bar{x}_1+n_2\bar{x}_2+\cdots+n_r\bar{x}_r=0$$

이라 하자. 그러면 각 $x_i\in X\,(i=1,\ 2,\ \cdots,\ r)$에 대하여

$$\begin{aligned}0=0(x_i)&=(n_1\bar{x}_1+n_2\bar{x}_2+\cdots+n_i\bar{x}_i+\cdots+n_r\bar{x}_r)(x_i)\\&=n_1\bar{x}_1(x_i)+n_2\bar{x}_2(x_i)+\cdots+n_i\bar{x}_i(x_i)+\cdots+n_r\bar{x}_r(x_i)\\&=0+0+\cdots+0+n_i+0+\cdots+0=n_i\end{aligned}$$

이다. 따라서 $Y$는 덧셈아벨군 $\sum_{x\in X}\mathbf{Z}$의 기저이다. 가정에 의하여 $F\cong\sum_{x\in X}\mathbf{Z}$이므로 $\sum_{x\in X}\mathbf{Z}\cong F$이다. 따라서 동형함수 $\phi:\sum_{x\in X}\mathbf{Z}\longrightarrow F$가 존재한다. 그러므로 정리 2.8.4에 의하여 $\phi(Y)$는 $F$의 기저이다.

(1)$\Longrightarrow$(4). $X(X\neq\varnothing)$를 $F$의 기저라 하고 $\theta: X\longrightarrow F$를 포함함수라 하자. $F'$을 임의의 덧셈아벨군이라 하고 $f: X\longrightarrow F'$을 임의의 함수라 하자. $X$가 $F$의 기저이므로 $F=\langle X\rangle$이고, 따라서 $a\in F$라 하면 $F$가 덧셈아벨군이므로 서로 다른 $x_1$, $x_2$, $\cdots$, $x_n\in X$와 $k_i\in\mathbf{Z}(i=1,\ 2,\ \cdots,\ n)$에 대하여

$$a=k_1x_1+k_2x_2+\cdots+k_nx_n$$

으로 표시된다. $a$의 이와 같은 표시는 유일하다. 왜냐하면

$$a=d_1x_1+d_2x_2+\cdots+d_nx_n\ (d_i\in\mathbf{Z}\ ;\ i=1,\ 2,\ \cdots,\ n)$$

이라 하면

$$(k_1-d_1)x_1+(k_2-d_2)x_2+\cdots+(k_n-d_n)x_n=0$$

이고, $X$가 $F$의 기저이므로 $k_1-d_1=k_2-d_2=\cdots=k_n-d_n=0$, 즉 $k_1=d_1$, $k_2=d_2$, $\cdots$, $k_n=d_n$이기 때문이다. 따라서 함수 $\bar{f}: F\longrightarrow F'$을 $a\in F$에 대하여

$$\bar{f}(a)=\bar{f}(k_1x_1+k_2x_2+\cdots+k_nx_n)=k_1f(x_1)+k_2f(x_2)+\cdots+k_nf(x_n)$$

으로 정의할 수 있다. 또한 $x, y \in F$라 하고 $x_1, x_2, \cdots, x_m \in X$에 대하여

$$x = k_1x_1 + k_2x_2 + \cdots + k_mx_m (k_i \in \mathbf{Z}(i=1, 2, \cdots, m))$$
$$y = l_1x_1 + l_2x_2 + \cdots + l_mx_m (l_i \in \mathbf{Z}(i=1, 2, \cdots, m))$$

이라 하면

$$\begin{aligned}
\overline{f}(x+y) &= \overline{f}((k_1x_1 + k_2x_2 + \cdots + k_mx_m) + (l_1x_1 + l_2x_2 + \cdots + l_mx_m)) \\
&= \overline{f}((k_1 + l_1)x_1 + (k_2 + l_2)x_2 + \cdots + (k_m + l_m)x_m) \\
&= (k_1 + l_1)f(x_1) + (k_2 + l_2)f(x_2) + \cdots + (k_m + l_m)f(x_m) \\
&= (k_1f(x_1) + k_2f(x_2) + \cdots + k_mf(x_m)) + (l_1f(x_1) + l_2f(x_2) + \cdots + l_mf(x_m)) \\
&= \overline{f}(k_1x_1 + k_2x_2 + \cdots + k_mx_m) + \overline{f}(l_1x_1 + l_2x_2 + \cdots + l_mx_m) \\
&= \overline{f}(x) + \overline{f}(y)
\end{aligned}$$

이므로 $\overline{f}$는 준동형이다. 또 임의의 $x \in X$에 대하여

$$\overline{f}\theta(x) = \overline{f}(x) = \overline{f}(1x) = 1f(x) = f(x)$$

이므로 $\overline{f}\theta = f$이다. 이제 $g : F \longrightarrow F'$을 $g\theta = f$를 만족하는 임의의 준동형함수라 하자. 그러면 $a \in F$라 하고

$$a = k_1x_1 + k_2x_2 + \cdots + k_nx_n (x_i \in X, \ k_i \in \mathbf{Z}(i=1, 2, \cdots, n))$$

이라 할 때

$$\begin{aligned}
g(a) &= g(k_1x_1 + k_2x_2 + \cdots + k_nx_n) = k_1g(x_1) + k_2g(x_2) + \cdots + k_ng(x_n) \\
&= k_1g\theta(x_1) + k_2g\theta(x_2) + \cdots + k_ng\theta(x_n) \\
&= k_1f(x_1) + k_2f(x_2) + \cdots + k_nf(x_n) \\
&= \overline{f}(k_1x_1 + k_2x_2 + \cdots + k_nx_n) = \overline{f}(a)
\end{aligned}$$

이므로 $g = \overline{f}$이다. 따라서 $\overline{f}$는 $f = \overline{f}\theta$를 만족하는 유일한 준동형이다.

(4) $\Longrightarrow$ (3). (4)의 성질을 만족하는 집합 $X(X \neq \varnothing)$와 함수 $\theta : X \longrightarrow F$가 존재한다고 하자. 직합 $\sum_{x \in X} \mathbf{Z}(\mathbf{Z} = \mathbf{Z}_x)$를 생각하자(이 때, $\sum_{x \in X} \mathbf{Z}$는 덧셈아벨군이다). 그러면 (3) $\Longrightarrow$ (1)의 증명과정에 의하여 $Y = \{\overline{x} | x \in$

$X\}$는 $\sum_{x\in X}\mathbf{Z}$의 기저이다. 포함함수 $\theta' : Y \longrightarrow \sum_{x\in X}\mathbf{Z}$를 생각하자. 함수 $j : X \longrightarrow Y$를 임의의 $x\in X$에 대하여 $j(x)=\bar{x}$로 정의하면 분명히 $j$는 전사함수이다. 또 임의의 $x_1, x_2\in X$에 대하여 $j(x_1)=j(x_2)$라 하면 $\bar{x}_1=\bar{x}_2$이다. 따라서 $\bar{x}_2(x_1)=\bar{x}_1(x_1)=1$이므로 $x_2=x_1$이어야 한다. 즉 $j$는 단사함수이다. 따라서 $j$는 전단사함수이다. 한편, 가정에 의하여 $\theta' j=\alpha\theta$를 만족하는 준동형함수 $\alpha : F \longrightarrow \sum_{x\in X}\mathbf{Z}$가 유일하게 존재한다. 또한 (1)$\Longrightarrow$(4)의 증명과정에 의하여 집합 $Y$와 함수 $\theta'$은 (4)의 성질을 만족한다. 따라서 $\theta j^{-1}=\beta\theta'$을 만족하는 준동형함수 $\beta : \sum_{x\in X}\mathbf{Z} \longrightarrow F$가 유일하게 존재한다.

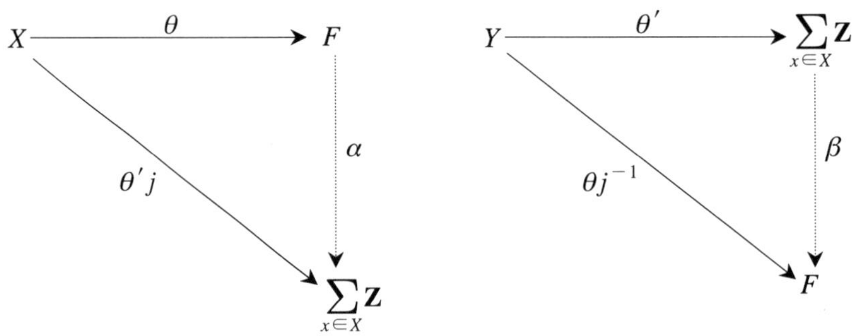

따라서

$$\begin{cases}\theta j^{-1}j=\beta\theta' j=(\beta\alpha)\theta \\ \theta j^{-1}j=\theta=i_F\theta\end{cases}, \qquad \begin{cases}\theta' jj^{-1}=\alpha\theta j^{-1}=(\alpha\beta)\theta' \\ \theta' jj^{-1}=\theta'=i_A\theta' \text{(이 때 } A=\sum_{x\in X}\mathbf{Z}\text{이다)}\end{cases}$$

이므로 $\beta\alpha=i_F$, $\alpha\beta=i_A$이다.

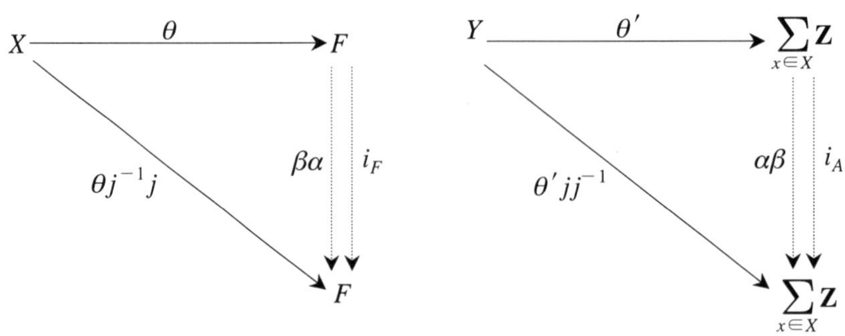

따라서 따름정리 2.2.30에 의하여 $\alpha$는 동형이다. 즉

$$F \cong \sum_{x\in X} \mathbf{Z}. \qquad \blacksquare$$

**【정의 2.8.6】**

$F\,(F\neq\{0\})$를 덧셈아벨군이라 하자. $F$가 정리 2.8.5의 주장 (1), (2), (3), (4) 중의 어느 하나를 만족하면 $F$를 **자유덧셈아벨군**(free additive abelian group)이라 한다. $F=\{0\}$도 자유덧셈아벨군으로 정의한다(이 때 $F=\{0\}=\langle\varnothing\rangle$이다).

집합 $X(X\neq\varnothing)$가 주어질 때, $X$를 기저로 갖는 자유덧셈아벨군 $F$를 다음과 같이 만들 수 있다. 먼저 직합 $\sum_{x\in X}\mathbf{Z}(\mathbf{Z}=\mathbf{Z}_x)$를 만든다($\sum_{x\in X}\mathbf{Z}$는 덧셈아벨군이다). $F=\sum_{x\in X}\mathbf{Z}$라 하자. 그러면 정리 2.8.5의 (3)$\Longrightarrow$(1)의 증명과정에 의하여 $Y=\{\bar{x}\,|\,x\in X\}$는 $F$의 기저이다. 함수 $j:X\longrightarrow Y$를 임의의 $x\in X$에 대하여 $j(x)=\bar{x}$로 정의하면 $j$는 전단사함수이다. 따라서 $x$와 $\bar{x}$를 같게 생각할 수 있다. 즉 $x=\bar{x}$. 따라서 $X=Y$이므로 $F$는 $X$를 기저로 갖는 자유덧셈아벨군이다. 더욱이 $F=\langle Y\rangle=\langle X\rangle$이므로 $a\in F$라 하면 $x_1, x_2, \cdots, x_n\in X$와 $k_i\in\mathbf{Z}(i=1, 2, \cdots, n)$에 대하여

$$\begin{aligned} a &= k_1\bar{x}_1+k_2\bar{x}_2+\cdots+k_n\bar{x}_n \\ &= k_1x_1+k_2x_2+\cdots+k_nx_n \end{aligned}$$

이다. 한편 $\theta:Y\longrightarrow\sum_{x\in X}\mathbf{Z}$를 포함함수라 하면 정리 2.8.5의 (1)$\Longrightarrow$(4)의 증명과정에 의하여 집합 $Y$와 함수 $\theta$는 정리 2.8.5의 (4)의 성질을 만족한다. $F'$을 임의의 덧셈아벨군이라 하고 $f:X\longrightarrow F'$을 임의의 함수라 하자. 그러면 $fj^{-1}=\alpha\theta$를 만족하는 준동형함수 $\alpha:F\longrightarrow F'$이 유일하게 존재한다. 또한

$$f=fi_X=fj^{-1}j=\alpha(\theta j)$$

이다.

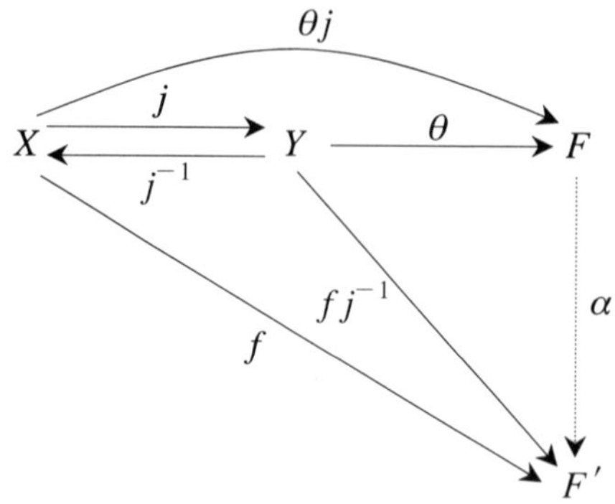


$\beta : F \longrightarrow F'$을 $f=\beta(\theta j)$를 만족하는 임의의 준동형함수라 하자. 그러면

$$fj^{-1}=\beta\theta jj^{-1}=\beta\theta$$

이다. 따라서 $\alpha$의 유일성에 의하여 $\alpha=\beta$이다. 즉 $\alpha$는 $f=\alpha(\theta j)$를 만족하는 유일한 준동형이다. 따라서 집합 $X$와 함수 $\theta j : X \longrightarrow F$는 정리 2.8.5의 (4)의 성질을 만족한다. 다음, $F$를 자유덧셈아벨군이라 하고 $X$를 $F$의 기저라 하면 정리 2.8.5의 (1) ⟹ (2)와 (2) ⟹ (3)의 증명과정에 의하여

$$F \cong \sum_{x\in X}\mathbf{Z}\ (\mathbf{Z}=\mathbf{Z}_x)$$

이다. 특히 $X=\{x_1,\ x_2,\ \cdots,\ x_n\}$이라 하면 정리 2.5.18과 정리 2.2.28 (4)에 의하여

$$F \cong \underbrace{\mathbf{Z}\oplus\mathbf{Z}\oplus\cdots\oplus\mathbf{Z}}_{n\text{번}}$$

이다.

**보기 2.8.7** $x_1=(1,\ 0,\ \cdots,\ 0)$, $x_2=(0,\ 1,\ 0,\ \cdots,\ 0)$, $\cdots$, $x_n=(0,\ 0,\ \cdots,\ 0,\ 1)$이라 하고 $X=\{x_1,\ x_2,\ \cdots,\ x_n\}$이라 할 때, 보기 2.8.3에 의하여 덧셈아벨군 $\mathbf{Z}\oplus\mathbf{Z}\oplus\cdots\oplus\mathbf{Z}$ ($n$번)는 $X$를 기저로 갖는 자유덧셈아벨군이다. ◀

**【보조정리 2.8.8】**

$G$를 덧셈아벨군이라 하고 $n\in\mathbf{Z}$에 대하여 $nG=\{na\mid a\in G\}$라 하자. 그러면 $nG$는 $G$의 정규부분군이다.

**증명** 분명히 $nG \neq \varnothing$이다. $x,\ y \in nG$라 하면 $x = na,\ y = nb$를 만족하는 $a,\ b \in G$가 존재한다. 따라서

$$x - y = na - nb = n(a-b) \in nG$$

이므로 정리 2.2.2에 의하여 $nG$는 $G$의 부분군이다. 더욱이 $G$가 덧셈아벨군이므로 $nG$는 $G$의 정규부분군이다. ■

**[정리 2.8.9]**

$F\,(F \neq \{0\})$를 자유덧셈아벨군이라 하고 $X = \{x_1,\ x_2,\ \cdots,\ x_n\}$을 $F$의 기저라 하자. 그러면 $F$의 모든 기저는 유한집합이고 $n$개의 원소만을 포함한다(이 때, $n$을 $F$의 계수(rank)라 한다).

**증명** $Y$를 $F$의 임의의 기저라 하자. 그러면 보기 2.8.7 앞의 설명에 의하여

$$F \cong \sum_{y \in Y} \mathbf{Z}\ (\mathbf{Z} = \mathbf{Z}_y)$$

이다. 따라서 동형함수 $\phi : F \longrightarrow \sum_{y \in Y} \mathbf{Z}$가 존재한다. 보조정리 2.8.8에 의하여 $2F = \{2a \mid a \in F\}$는 $F$의 정규부분군이고, 또한 $\langle 2 \rangle = \{2n \mid n \in \mathbf{Z}\}$는 덧셈아벨군 $\mathbf{Z}$의 정규부분군이다. 따라서 정리 2.5.27 (2)에 의하여 $\sum_{y \in Y} \langle 2 \rangle (\langle 2 \rangle = \langle 2 \rangle_y)$는 $\sum_{y \in Y} \mathbf{Z}$의 정규부분군이고

$$\sum_{y \in Y} \mathbf{Z} / \sum_{y \in Y} \langle 2 \rangle \cong \sum_{y \in Y} (\mathbf{Z}/\langle 2 \rangle)$$

이다. 이제 $\phi(2F) = \sum_{y \in Y} \langle 2 \rangle$임을 보이자. 임의의 $2a \in 2F\,(a \in F)$와 임의의 $y \in Y$에 대하여 $\phi(a)(y) \in \mathbf{Z} = \mathbf{Z}_y$이므로

$$\phi(2a)(y) = (\phi(a) + \phi(a))(y) = \phi(a)(y) + \phi(a)(y) = 2\phi(a)(y) \in \langle 2 \rangle = \langle 2 \rangle_y$$

이다. 따라서

$$\phi(2a) \in \sum_{y \in Y} \langle 2 \rangle \subset \sum_{y \in Y} \mathbf{Z}$$

이다. 따라서 $\phi(2F) \subset \sum_{y \in Y} \langle 2 \rangle$이다. $0 \neq g \in \sum_{y \in Y} \langle 2 \rangle$라 하자. 그러면 유

한개의 $y_1, y_2, \cdots, y_k \in Y$에 대하여 $0 \neq g(y_i) = 2n_i \in \langle 2 \rangle = \langle 2 \rangle_{y_i} (1 \leq i \leq k,$ $n_i \in \mathbf{Z})$이고 $y \neq y_i (1 \leq i \leq k)$인 모든 $y \in Y$에 대하여 $g(y) = 0 \in \langle 2 \rangle = \langle 2 \rangle_y$이다. 함수 $f : Y \longrightarrow \bigcup_{y \in Y} \mathbf{Z}\,(\mathbf{Z} = \mathbf{Z}_y)$를

$$f(y) = \begin{cases} n_i \in \mathbf{Z} = \mathbf{Z}_{y_i}\,(y = y_i\,(1 \leq i \leq k)) \\ 0 \in \mathbf{Z} = \mathbf{Z}_y\,(y \neq y_i\,(1 \leq i \leq k)) \end{cases}$$

로 정의하면 분명히 $f \in \sum_{y \in Y} \mathbf{Z}$이다. $\phi$가 전사함수이므로 $f = \phi(a)$를 만족하는 $a \in F$가 존재한다. 따라서 $2a \in 2F$이다. 또 임의의 $y \in Y$에 대하여

$$\begin{aligned} \phi(2a)(y) &= (\phi(a) + \phi(a))(y) = \phi(a)(y) + \phi(a)(y) = 2\phi(a)(y) \\ &= 2f(y) = \begin{cases} 2n_i\,(y = y_i\,(1 \leq i \leq k)) \\ 0\,(y \neq y_i\,(1 \leq i \leq k)) \end{cases} \end{aligned}$$

이므로 $g = \phi(2a) \in \phi(2F)$이다. 또한 $0 \in 2F$에 대하여 $0 = \phi(0) \in \phi(2F)$이다. 따라서 $\sum_{y \in Y} \langle 2 \rangle \subset \phi(2F)$이다. 그러므로 $\phi(2F) = \sum_{y \in Y} \langle 2 \rangle$이다. 한편 $\phi$가 동형이므로 $\operatorname{Ker} \phi = \{0\} \subset 2F$이고, 따라서 정리 2.4.26에 의하여

$$F/2F \cong \sum_{y \in Y} \mathbf{Z} \Big/ \sum_{y \in Y} \langle 2 \rangle$$

이다. 따라서

$$\begin{aligned} F/2F &\cong \sum_{y \in Y} (\mathbf{Z}/\langle 2 \rangle) \\ &\cong \sum_{y \in Y} \mathbf{Z}_2 \ (\text{보기 2.4.24와 정리 2.5.26에 의하여}) \end{aligned}$$

이다. 즉

$$F/2F \cong \sum_{y \in Y} \mathbf{Z}_2 \qquad \cdots\cdots(2.8.1)$$

이다. 특히, $Y = X$인 경우는

$$F/2F \cong \sum_{x_i \in X} \mathbf{Z}_2$$

$$\cong \mathbf{Z}_2 \oplus \mathbf{Z}_2 \oplus \cdots \oplus \mathbf{Z}_2 \text{ (정리 2.5.18에 의하여)}$$

이다. 따라서 $|\mathbf{Z}_2|=2$이므로

$$|F/2F|=2^n \qquad \cdots\cdots(2.8.2)$$

이다. $Y$가 $n$개보다 많은 원소를 포함한다고 하면 $\sum_{y\in Y}\mathbf{Z}_2$는 임의의 $y\in Y$에 대하여 $f(y)\in \mathbf{Z}_2=(\mathbf{Z}_2)_y$인 함수 $f: Y \longrightarrow \bigcup_{y\in Y}\mathbf{Z}_2(\mathbf{Z}_2=(\mathbf{Z}_2)_y)$들 모두를 원소로 갖는 집합이고 $|\mathbf{Z}_2|=2$이므로 $\sum_{y\in Y}\mathbf{Z}_2$는 $2^n$개보다 많은 원소를 포함하여야 한다. 그런데, (2.8.2)와 (2.8.1)에 의하여 이것은 모순이다. 따라서 $Y$는 $n$개보다 많은 원소를 포함할 수 없다. 따라서 $Y=\{y_1, y_2, \cdots, y_r\}(r\leq n)$이고, 위에 의하여 $|F/2F|=2^r$이다. 즉 $2^r=2^n$이다. 그러므로 $n=r$이다. ■

정리 2.8.9에서 $F$의 한 기저 $Y$가 무한집합이면 $F$의 다른 기저 $X$도 무한집합이다. 왜냐하면 $X$가 유한집합이면 정리 2.8.9에 의하여 $Y$도 유한집합이 되어야 하므로 모순이 되기 때문이다. 더욱이 $Y$와 $X$는 1대 1 대응한다(이때, $Y$와 $X$는 같은 **농도**(cardinality)를 갖는다고 한다). 그러나 이 경우의 증명은 이 책에서 다루지 않겠다.

**【정리 2.8.10】**

$F$를 자유덧셈아벨군이라 하고 $X=\{x_1, x_2, \cdots, x_n\}$을 $F$의 기저라 하자. $t\in\mathbf{Z}$라 하면 각 $j\,(1\leq j\leq n)$와 $i\neq j\,(1\leq i\leq n)$인 $i$에 대하여

$$X_j=\{x_1, x_2, \cdots, x_{j-1}, x_j+tx_i, x_{j+1}, \cdots, x_n\}$$

도 $F$의 기저이다.

**증명** $y\in F$라 하자. 그러면 $F=\langle X\rangle$이므로 $k_s\in\mathbf{Z}(s=1, 2, \cdots, n)$에 대하여

$$y=k_1x_1+k_2x_2+\cdots+k_ix_i+\cdots+k_jx_j+\cdots+k_nx_n$$
$$(\text{또는 } y=k_1x_1+k_2x_2+\cdots+k_jx_j+\cdots+k_ix_i+\cdots+k_nx_n)$$

으로 쓸 수 있다. $x_j=-tx_i+(x_j+tx_i)$이므로

$$\begin{aligned} y &= k_1x_1+\cdots+k_ix_i+\cdots+k_jx_j+\cdots+k_nx_n \\ &= k_1x_1+\cdots+k_ix_i+\cdots+k_{j-1}x_{j-1}+k_j(-tx_i+(x_j+tx_i)) \\ &\quad +k_{j+1}x_{j+1}+\cdots+k_nx_n \\ &= k_1x_1+\cdots+(k_i-k_jt)x_i+\cdots+k_{j-1}x_{j-1}+k_j(x_j+tx_i) \\ &\quad +k_{j+1}x_{j+1}+\cdots+k_nx_n \end{aligned}$$

이다. 따라서 $F=\langle X_j\rangle$이다. 다음, $k_s\in\mathbf{Z}(s=1,\ 2,\ \cdots,\ n)$에 대하여

$$k_1x_1+\cdots+k_ix_i+\cdots+k_{j-1}x_{j-1}+k_j(x_j+tx_i)+k_{j+1}x_{j+1}+\cdots+k_nx_n=0$$

이라 하자. 그러면

$$k_1x_1+\cdots+(k_i+k_jt)x_i+\cdots+k_{j-1}x_{j-1}+k_jx_j+k_{j+1}x_{j+1}+\cdots+k_nx_n=0$$

이다. 그런데 $X$가 $F$의 기저이므로

$$k_1=\cdots=k_i+k_jt=\cdots=k_{j-1}=k_j=k_{j+1}=\cdots=k_n=0,$$

즉 $k_1=\cdots=k_i=\cdots=k_{j-1}=k_j=k_{j+1}=\cdots=k_n=0$이다. 그러므로 $X_j$는 $F$의 기저이다. ■

**【정리 2.8.11】**

$F$를 자유덧셈아벨군이라 하고 $F$의 계수를 $n$이라 하자. $H(H\neq\{0\})$를 $F$의 부분군이라 하면 $F$의 기저 $X=\{x_1,\ x_2,\ \cdots,\ x_n\}$과 정수 $r\ (1\leq r\leq n)$과 $d_i|d_{i+1}(i=1,\ 2,\ \cdots,\ r-1)$인 양의 정수 $d_1,\ d_2,\ \cdots,\ d_r$이 존재하여 $\{d_1x_1,\ d_2x_2,\ \cdots,\ d_rx_r\}$은 $H$의 기저이다(따라서 $H$는 자유덧셈아벨군이다).

**증명** $n$에 대하여 수학적귀납법으로 증명한다. $n=1$이라 하고 $X=\{x_1\}$을 $F$의 기저라 하자. 그러면 $F=\langle x_1\rangle$이므로 $d$를 $dx_1\in H$인 최소의 양의 정수라 하면 정리 2.3.4에 의하여 $H=\langle dx_1\rangle$이다. 또 $m\in\mathbf{Z}$에 대하여 $m(dx_1)=0$이라 하면 $(md)x_1=0$이고 $X$가 $F$의 기저이므로 $md=0$이다. 그런데 $d\neq 0$이므로 $m=0$이다. 따라서 $\{dx_1\}$은 $H$의 기저이다. 즉

$n=1$인 경우에 정리는 성립한다. 다음 $n \geq 2$라 하고 계수가 $n$보다 작은 모든 자유덧셈아벨군에 대하여 정리가 성립한다고 가정하자. $F$의 기저 $\{z_1, z_2, \cdots, z_n\}$과 $H$의 원소 $h$가 존재하여

$$h = tz_1 + k_2z_2 + k_3z_3 + \cdots + k_nz_n (t,\ k_i \in \mathbf{Z}(i=2,\ 3,\ \cdots,\ n))$$

의 꼴로 쓸 수 있는 $t$들 전체의 집합을 $S$라 하자. 이제

$$Y = \{y_1,\ y_2,\ \cdots,\ y_n\}$$

을 $F$의 기저라 하자. $H \neq \{0\}$이므로 $0 \neq a \in H$인 $a$가 존재한다. $F = \langle Y \rangle$이므로 $k_i \in \mathbf{Z}(i=1,\ 2,\ \cdots,\ n)$에 대하여

$$a = k_1y_1 + k_2y_2 + \cdots + k_ny_n$$

으로 쓸 수 있다. 이 때 $a \neq 0$이므로 $k_1, k_2, \cdots, k_n$ 중에는 0이 아닌 것이 적어도 하나 존재한다. 가령 $k_i \neq 0 (1 \leq i \leq n)$이라 하자. 분명히

$$\{y_i,\ y_1,\ y_2,\ \cdots,\ y_{i-1},\ y_{i+1},\ \cdots,\ y_n\}$$

도 $F$의 기저이고

$$a = k_iy_i + k_1y_1 + k_2y_2 + \cdots + k_{i-1}y_{i-1} + k_{i+1}y_{i+1} + \cdots + k_ny_n$$

이므로 $k_i \in S$이다. 또한 $-a \in H$이고

$$\begin{aligned} -a = (-k_i)y_i + (-k_1)y_1 + (-k_2)y_2 + \cdots \\ + (-k_{i-1})y_{i-1} + (-k_{i+1})y_{i+1} + \cdots + (-k_n)y_n \end{aligned}$$

이므로 $-k_i \in S$이다. $k_i$, $-k_i$ 중 어느 하나는 양의 정수이므로 $S$는 양의 정수를 적어도 하나 포함한다. 따라서 $S$에 속하는 최소의 양의 정수를 $d_1$이라 하면 $F$의 기저 $U = \{u_1,\ u_2,\ \cdots,\ u_n\}$과

$$b = d_1u_1 + k_2u_2 + k_3u_3 + \cdots + k_nu_n (k_i \in \mathbf{Z}(i=2,\ 3,\ \cdots,\ n))$$

으로 쓸 수 있는 $H$의 원소 $b$가 존재한다. 정리 1.3.2에 의하여

$$k_i = d_1q_i + r_i,\ 0 \leq r_i < d_1 (i=2,\ 3,\ \cdots,\ n)$$

을 만족하는 정수 $q_i$, $r_i$가 존재한다. 따라서

$$\begin{aligned} b &= d_1u_1 + k_2u_2 + k_3u_3 + \cdots + k_nu_n \\ &= d_1u_1 + (d_1q_2 + r_2)u_2 + (d_1q_3 + r_3)u_3 + \cdots + (d_1q_n + r_n)u_n \\ &= d_1(u_1 + q_2u_2 + q_3u_3 + \cdots + q_nu_n) + r_2u_2 + r_3u_3 + \cdots + r_nu_n \end{aligned}$$

이다. 이 때, $x_1 = u_1 + q_2u_2 + q_3u_3 + \cdots + q_nu_n$이라 하면

$$b = d_1x_1 + r_2u_2 + r_3u_3 + \cdots + r_nu_n$$

이다. 더욱이 정리 2.8.10을 반복 적용하면

$$U' = \{x_1,\ u_2,\ u_3,\ \cdots,\ u_n\}$$

도 $F$의 기저이다. 또한, 각 $i\,(i=2,\ 3,\ \cdots,\ n)$에 대하여

$$\{u_i,\ x_1,\ u_2,\ u_3,\ \cdots,\ u_{i-1},\ u_{i+1},\ \cdots,\ u_n\}$$

도 분명히 $F$의 기저이고

$$H \ni b = r_iu_i + d_1x_1 + r_2u_2 + r_3u_3 + \cdots + r_{i-1}u_{i-1} + r_{i+1}u_{i+1} + \cdots + r_nu_n$$

이므로 $r_i \in S$이다. 따라서 각 $i\,(i=2,\ 3,\ \cdots,\ n)$에 대하여 $0 \le r_i < d_1$이므로 $d_1$의 최소성에 의하여 $r_i=0$이다. 그러므로 $d_1x_1 = b \in H$이다. 이제 $K=\langle u_2,\ u_3,\ \cdots,\ u_n\rangle$이라 하자. $k_i \in \mathbf{Z}(i=2,\ 3,\ \cdots,\ n)$에 대하여

$$k_2u_2 + k_3u_3 + \cdots + k_nu_n = 0$$

이라 하면 $U$가 $F$의 기저이므로 $k_2 = k_3 = \cdots = k_n = 0$이다. 따라서 $\{u_2,\ u_3,\ \cdots,\ u_n\}$은 $K$의 기저이다. 즉 $K$는 계수가 $n-1$인 자유덧셈아벨군이다. 또한 $c \in \langle x_1\rangle \cap K$라 하면 $c \in \langle x_1\rangle$, $c \in K$이므로 $k_i \in \mathbf{Z}(i=1,\ 2,\ \cdots,\ n)$에 대하여

$$c = k_1x_1 = k_2u_2 + k_3u_3 + \cdots + k_nu_n$$

으로 쓸 수 있다. 따라서

$$-k_1x_1 + k_2u_2 + k_3u_3 + \cdots + k_nu_n = 0$$

이고 $U'$이 $F$의 기저이므로 $-k_1=k_2=k_3=\cdots=k_n=0$이다. 그러므로 $c=0$, 즉 $\langle x_1\rangle\cap K=\{0\}$이다.

한편, $\langle d_1x_1\rangle=\{m(d_1x_1)|m\in\mathbf{Z}\}\subset\{mx_1|m\in\mathbf{Z}\}=\langle x_1\rangle$이고 $\langle x_1\rangle\cap K=\{0\}$이므로

$$\{0\}\subset\langle d_1x_1\rangle\cap(H\cap K)\subset\langle x_1\rangle\cap K=\{0\}$$

이다. 따라서 $\langle d_1x_1\rangle\cap(H\cap K)=\{0\}$이다. $x\in H$라 하면 $H\subset F$이고 $F=\langle U'\rangle$이므로 $k_i\in\mathbf{Z}(i=1, 2, \cdots, n)$에 대하여

$$x=k_1x_1+k_2u_2+k_3u_3+\cdots+k_nu_n$$

으로 쓸 수 있다. 이 때, $k_1=d_1q+r_1$, $0\le r_1<d_1$을 만족하는 정수 $q$, $r_1$이 존재하므로

$$x=(d_1q+r_1)x_1+k_2u_2+k_3u_3+\cdots+k_nu_n$$

이다. 따라서 $x$, $d_1x_1\in H$이므로

$$H\ni x-q(d_1x_1)=r_1x_1+k_2u_2+k_3u_3+\cdots+k_nu_n$$

이다. 그러므로 $r_1\in S$이다. 그런데 $0\le r_1<d_1$이므로 $d_1$의 최소성에 의하여 $r_1=0$이다. 따라서

$$H\ni x-q(d_1x_1)=k_2u_2+k_3u_3+\cdots+k_nu_n$$

이다. 이 때, $k_2u_2+k_3u_3+\cdots+k_nu_n\in K$이므로 $x-q(d_1x_1)\in H\cap K$이다. 따라서 $q(d_1x_1)\in\langle d_1x_1\rangle$이고 $x=q(d_1x_1)+(x-q(d_1x_1))$이므로

$$H\subset\langle d_1x_1\rangle+(H\cap K)$$

이다. 분명히 $\langle d_1x_1\rangle+(H\cap K)\subset H$이므로

$$H=\langle d_1x_1\rangle+(H\cap K)$$

이다. 이제, 다음 두 가지 경우로 나누어 생각하자.

$H\cap K=\{0\}$이면 $H=\langle d_1x_1\rangle$이다. 또, $k\in\mathbf{Z}$에 대하여 $k(d_1x_1)=0$이라

하면 $(kd_1)x_1=0$이고 $U'$이 $F$의 기저이므로 $kd_1=0$이다. 그런데 $d_1 \neq 0$이므로 $k=0$이다. 따라서 $\{d_1x_1\}$은 $H$의 기저이다. 즉 $H \cap K=\{0\}$이면 정리는 성립한다.

다음, $H \cap K \neq \{0\}$이라 하자. $K$가 계수 $n-1$인 자유덧셈아벨군이고 $H \cap K$가 $K$의 부분군이므로 가정에 의하여 $K$의 기저 $X'=\{x_2, x_3, \cdots, x_n\}$과 정수 $r(2 \leq r \leq n)$과 $d_i | d_{i+1}(2 \leq i \leq r-1)$인 양의 정수 $d_2, d_3, \cdots, d_r$이 존재하여

$$\{d_2x_2, d_3x_3, \cdots, d_rx_r\}$$

이 $H \cap K$의 기저이다(따라서 $d_ix_i \in H \cap K \subset H(2 \leq i \leq r)$). 정리 2.8.2의 앞의 설명에 의하여 $x_i \neq 0(i=1, 2, \cdots, n)$이고, 또한

$$\langle x_1 \rangle \cap K=\{0\}, \ x_1 \in \langle x_1 \rangle, \ x_i \in K(i=2, 3, \cdots, n)$$

이므로 $x_1 \neq x_i(i=2, 3, \cdots, n)$이다.

$$X=\{x_1, x_2, \cdots, x_n\}$$

이라 하자. $U'$이 $F$의 기저이므로 분명히 $F=\langle x_1 \rangle+K$이다. 따라서 $y \in F$라 하면 적당한 $k_1 \in \mathbf{Z}$와 $u \in K$에 대하여 $y=k_1x_1+u$로 쓸 수 있다. 또, $\{x_2, x_3, \cdots, x_n\}$이 $K$의 기저이므로 적당한 $k_i \in \mathbf{Z}(i=2, 3, \cdots, n)$에 대하여 $u=k_2x_2+k_3x_3+\cdots+k_nx_n$으로 쓸 수 있다. 따라서

$$y=k_1x_1+u=k_1x_1+k_2x_2+k_3x_3+\cdots+k_nx_n$$

으로 쓸 수 있다. 즉 $F=\langle X \rangle$이다. $k_i \in \mathbf{Z}(i=1, 2, \cdots, n)$에 대하여

$$k_1x_1+k_2x_2+\cdots+k_nx_n=0$$

이라 하자. 그러면 $-k_1x_1 \in \langle x_1 \rangle$, $k_2x_2+k_3x_3+\cdots+k_nx_n \in K$이고 $\langle x_1 \rangle \cap K=\{0\}$이므로

$$-k_1x_1=k_2x_2+k_3x_3+\cdots+k_nx_n=0$$

이다. 이 때, $U'$이 $F$의 기저이고 $X'$이 $K$의 기저이므로 $-k_1=k_2=$

$k_3=\cdots=k_n=0$, 즉 $k_1=k_2=k_3=\cdots=k_n=0$이다. 따라서 $X$는 $F$의 기저이다.

$z\in H$라 하면 $H=\langle d_1x_1\rangle+(H\cap K)$이므로 $k_1\in\mathbf{Z}$와 $h\in H\cap K$에 대하여 $z=k_1(d_1x_1)+h$이다. 또한 $\{d_2x_2,\ d_3x_3,\ \cdots,\ d_rx_r\}$가 $H\cap K$의 기저이므로 $k_i\in\mathbf{Z}(i=2,\ 3,\ \cdots,\ r)$에 대하여

$$h=k_2(d_2x_2)+k_3(d_3x_3)+\cdots+k_r(d_rx_r)$$

으로 쓸 수 있고, 따라서

$$z=k_1(d_1x_1)+k_2(d_2x_2)+k_3(d_3x_3)+\cdots+k_r(d_rx_r)$$

이다. 즉 $H=\langle d_1x_1,\ d_2x_2,\ \cdots,\ d_rx_r\rangle$. 다음, $k_i\in\mathbf{Z}(i=1,\ 2,\ \cdots,\ r)$에 대하여

$$k_1(d_1x_1)+k_2(d_2x_2)+k_3(d_3x_3)+\cdots+k_r(d_rx_r)=0$$

이라 하자. 그러면 $-k_1(d_1x_1)\in\langle d_1x_1\rangle$, $k_2(d_2x_2)+k_3(d_3x_3)+\cdots+k_r(d_rx_r)\in H\cap K$, $\langle d_1x_1\rangle\cap(H\cap K)=\{0\}$이므로

$$-k_1(d_1x_1)=k_2(d_2x_2)+k_3(d_3x_3)+\cdots+k_r(d_rx_r)=0$$

이다. 이 때, $U'$이 $F$의 기저이고 $\{d_2x_2,\ d_3x_3,\ \cdots,\ d_rx_r\}$이 $H\cap K$의 기저이므로 $-k_1d_1=k_2=k_3=\cdots=k_r=0$이다. 그런데 $d_1\neq 0$이므로 $k_1=0$이다. 따라서

$$\{d_1x_1,\ d_2x_2,\ \cdots,\ d_rx_r\}$$

은 $H$의 기저이다. 이제 $d_1|d_2$임을 보이자. 정리 1.3.2에 의하여

$$d_2=d_1q+r_1,\quad 0\leq r_1<d_1$$

을 만족하는 정수 $q$, $r_1$이 존재한다. $\{x_1,\ x_2,\ \cdots,\ x_n\}$이 $F$의 기저이므로 $\{x_2,\ x_1,\ x_3,\ \cdots,\ x_n\}$도 $F$의 기저이고, 따라서 정리 2.8.10에 의하여 $\{x_2,\ x_1+qx_2,\ x_3,\ \cdots,\ x_n\}$도 $F$의 기저이다. 또한

$$H\ni d_1x_1+d_2x_2=d_1x_1+(d_1q+r_1)x_2=r_1x_2+d_1(x_1+qx_2)$$

$$= r_1x_2 + d_1(x_1 + q_2x_2) + 0x_3 + \cdots + 0x_n$$

이므로 $r_1 \in S$이다. 그런데 $0 \le r_1 < d_1$이므로 $d_1$의 최소성에 의하여 $r_1 = 0$이다. 따라서 $d_2 = d_1q$, 즉 $d_1 | d_2$이다. 그러므로 계수가 $n$인 자유덧셈아벨군에 대하여도 정리는 성립한다. ■

## 연습문제 2.8

**1.** 자유덧셈아벨군 $\mathbf{Z} \oplus \mathbf{Z} \oplus \mathbf{Z}$의 기저 $\{(a_1, a_2, a_3), (b_1, b_2, b_3), (c_1, c_2, c_3)\}$ $(a_i \neq 0, b_i \neq 0, c_n \neq 0(i = 1, 2, 3))$을 하나 구하여라.

**2.** $\{(a, b), (c, d)\}$가 자유덧셈아벨군 $\mathbf{Z} \oplus \mathbf{Z}$의 기저가 되기 위한 $a, b, c, d$에 관한 조건을 구하여라.

**3.** 자유덧셈아벨군에서 유한 위수를 갖는 원소는 0뿐임을 보여라.

**4.** $F$와 $F'$이 자유덧셈아벨군이면 $F \oplus F'$도 자유덧셈아벨군임을 증명하여라.

**5.** $\mathbf{Q}$는 자유덧셈아벨군이 아님을 보여라.

# 2.9 유한생성 덧셈아벨군

**【정의 2.9.1】**

$G$를 덧셈아벨군이라 하자. $G$가 $G$의 유한부분집합에 의하여 생성될 때, $G$를 유한생성 덧셈아벨군(finitely generated additive abelian group)이라 한다.

**【보조정리 2.9.2】**

$G_1, G_2, \cdots, G_n$을 군이라 하고 적당한 $i\,(1 \leq i \leq n)$에 대하여 $G_i = \{e\}$라 하자. 그러면

$$G_1 \times \cdots \times G_{i-1} \times G_i \times G_{i+1} \times \cdots \times G_n \cong G_1 \times \cdots \times G_{i-1} \times G_{i+1} \times \cdots \times G_n$$

이다.

**증명** 함수 $f: G_1 \times \cdots \times G_{i-1} \times G_i \times G_{i+1} \times \cdots \times G_n \longrightarrow G_1 \times \cdots \times G_{i-1} \times G_{i+1} \times \cdots \times G_n$을 임의의 $(a_1, \cdots, a_{i-1}, e, a_{i+1}, \cdots, a_n) \in G_1 \times \cdots \times G_{i-1} \times G_i \times G_{i+1} \times \cdots \times G_n$에 대하여 $f(a_1, \cdots, a_{i-1}, e, a_{i+1}, \cdots, a_n) = (a_1, \cdots, a_{i-1}, a_{i+1}, \cdots, a_n)$으로 정의하면 $f$는 동형임을 쉽게 증명할 수 있다. ■

**【정리 2.9.3】**

$G\,(G \neq \{0\})$를 유한생성 덧셈아벨군이라 하자. 그러면 양의 정수 $m_1, m_2, \cdots, m_t\,(m_1 > 1,\ m_i \mid m_{i+1}\,(i = 1, 2, \cdots, t-1))$에 대하여

(1) $G \cong \mathbf{Z}_{m_1} \oplus \mathbf{Z}_{m_2} \oplus \cdots \oplus \mathbf{Z}_{m_t} \oplus \mathbf{Z} \oplus \mathbf{Z} \oplus \cdots \oplus \mathbf{Z}$ ……(2.9.1)

이든가, 또는 소수 $p_1, p_2, \cdots, p_s$(이 때, $p_1, p_2, \cdots, p_s$는 서로 다를 필요는 없다)와 $0 < k_i \in \mathbf{Z}\,(i = 1, 2, \cdots, s)$에 대하여

(2) $G \cong \mathbf{Z}_{p_1 k_1} \oplus \mathbf{Z}_{p_2 k_2} \oplus \cdots \oplus \mathbf{Z}_{p_s k_s} \oplus \mathbf{Z} \oplus \mathbf{Z} \oplus \cdots \oplus \mathbf{Z}$ ……(2.9.2)

이다.

**증명** (1) $G$가 $G$의 부분집합

$$X=\{x_1,\ x_2,\ \cdots,\ x_n\}$$

에 의하여 생성된다고 하자. 자유덧셈아벨군 $\sum_{x_i\in X}\mathbf{Z}(\mathbf{Z}=\mathbf{Z}_{x_i})$를 생각하자. 보기 2.8.7 앞의 설명에서와 같이 $Y=\{\bar{x}_i \mid x_i\in X\}$라 하고, 함수 $j: X\longrightarrow Y$를 임의의 $x_i\in X$에 대하여 $j(x_i)=\bar{x}_i$로 정의하고 $\theta: Y\longrightarrow \sum_{x_i\in X}\mathbf{Z}$를 포함함수라 하면 집합 $X$와 함수 $\theta j: X\longrightarrow \sum_{x_i\in X}\mathbf{Z}$는 정리 2.8.5 (4)의 성질을 만족한다. 따라서 $f: X\longrightarrow G$를 포함함수라 하면 $f=g\theta j$를 만족하는 준동형함수 $g: \sum_{x_i\in X}\mathbf{Z}\longrightarrow G$가 유일하게 존재한다. $a\in G$라 하면 $G=\langle X\rangle$이므로 $k_i\in\mathbf{Z}(i=1,\ 2,\ \cdots,\ n)$에 대하여

$$a=k_1x_1+k_2x_2+\cdots+k_nx_n$$

으로 쓸 수 있다. 이 때, $k_1\bar{x}_1+k_2\bar{x}_2+\cdots+k_n\bar{x}_n\in\sum_{x_i\in X}\mathbf{Z}$이고

$$\begin{aligned}
&g(k_1\bar{x}_1+k_2\bar{x}_2+\cdots+k_n\bar{x}_n)\\
&\quad=k_1g(\bar{x}_1)+k_2g(\bar{x}_2)+\cdots+k_ng(\bar{x}_n)\\
&\quad=k_1g\theta j(x_1)+k_2g\theta j(x_2)+\cdots+k_ng\theta j(x_n)\\
&\quad=k_1f(x_1)+k_2f(x_2)+\cdots+k_nf(x_n)=k_1x_1+k_2x_2+\cdots+k_nx_n=a
\end{aligned}$$

이므로 $g$는 전사준동형이다. $g$가 동형이면 정리 2.2.29와 정리 2.5.18과 정리 2.2.28 (4)에 의하여

$$G\cong\underbrace{\mathbf{Z}\oplus\mathbf{Z}\oplus\cdots\oplus\mathbf{Z}}_{n\text{번}}$$

이다. 다음, $g$가 동형이 아니면 $g$가 전사준동형이므로 $g$가 단사준동형이 아니다. 따라서 정리 2.2.27 (2)에 의하여 $\mathrm{Ker}\,g\neq\{0\}$(0은 $\sum_{x_i\in X}\mathbf{Z}$의 단위원이다)이고, 또한 제1동형정리에 의하여 $\sum_{x_i\in X}\mathbf{Z}/\mathrm{Ker}\,g\cong G$이다. 한편, 보기 2.8.7 앞의 설명에 의하여 $\sum_{x_i\in X}\mathbf{Z}$의 계수는 $n$

이다. 따라서 Ker $g$가 $\sum_{x_i \in X} \mathbf{Z}$의 부분군이므로 정리 2.8.11에 의하여 $\sum_{x_i \in X} \mathbf{Z}$의 기저

$$\{f_1, f_2, \cdots, f_n\}$$

과 정수 $r(1 \leq r \leq n)$과 $d_i | d_{i+1}(i=1, 2, \cdots, r-1)$인 양의 정수 $d_1$, $d_2$, $\cdots$, $d_r$이 존재하여

$$B=\{d_1 f_1, d_2 f_2, \cdots, d_r f_r\}$$

은 Ker $g$의 기저이다. 그러므로

$$I=\{1, 2, \cdots, n\}, J=\{1, 2, \cdots, r\}$$

이라 할 때, 정리 2.8.5의 (1)$\Longrightarrow$(2)의 증명과정에 의하여 $\sum_{x_i \in X} \mathbf{Z}$는 $\{\langle f_i \rangle | i \in I\}$의 내직합이고(이 때, $\langle f_i \rangle (i \in I)$는 $\sum_{x_i \in X} \mathbf{Z}$의 무한순회부분군이다) Ker $g$는 $\{\langle d_j f_j \rangle | j \in J\}$의 내직합이다(이 때, $\langle d_j f_j \rangle$ $(j \in J)$는 Ker $g$의 무한순회부분군이다). 또한 $d_{r+k}=0 \in \mathbf{Z}(k=1, 2, \cdots, n-r)$이라 하면 분명히 $\langle d_{r+k} f_{r+k} \rangle = \{0\}$이다. 따라서 Ker $g$는 $\{\langle d_i f_i \rangle | i \in I\}$의 내직합이다. 또, 각 $i \in I$에 대하여 $\langle d_i f_i \rangle$는 $\langle f_i \rangle$의 정규부분군이므로 정리 2.5.27 (2)에 의하여 $\sum_{i \in I} \langle d_i f_i \rangle$는 $\sum_{i \in I} \langle f_i \rangle$의 정규부분군이다. 이제, 함수

$$\phi : \sum_{i \in I} \langle f_i \rangle \longrightarrow \sum_{x_i \in X} \mathbf{Z}$$

를 임의의 $h \in \sum_{i \in I} \langle f_i \rangle$에 대하여 $\phi(h) = \sum_{i \in I} h(i)$로 정의하자. 그러면 정리 2.5.24의 증명과정에 의하여 $\phi$는 동형함수이다. 더욱이

$$\sum_{i \in I} \langle d_i f_i \rangle \subset \sum_{i \in I} \langle f_i \rangle, \text{ Ker } g \subset \sum_{x_i \in X} \mathbf{Z}$$

이고 Ker $g$가 $\{\langle d_i f_i \rangle | i \in I\}$의 내직합이므로 다시 정리 2.5.24의 증명과정에 의하여 $\phi(\sum_{i \in I} \langle d_i f_i \rangle) = \text{Ker } g$이다. 따라서 정리 2.4.26에 의하여

$$\sum_{i\in I}\langle f_i\rangle/\sum_{i\in I}\langle d_if_i\rangle\cong\sum_{x_i\in X}\mathbf{Z}/\mathrm{Ker}\, g$$

이다. 그러므로

$$\begin{aligned}G &\cong\sum_{x_i\in X}\mathbf{Z}/\mathrm{Ker}\, g(\text{정리 2.2.29에 의하여})\\ &\cong\sum_{i\in I}\langle f_i\rangle/\sum_{i\in I}\langle d_if_i\rangle(\text{정리 2.2.29에 의하여})\\ &\cong\sum_{i\in I}(\langle f_i\rangle/\langle d_if_i\rangle)(\text{정리 2.5.27 (2)에 의하여})\end{aligned}$$

이다. 한편, 각 $i\in I$에 대하여 함수 $\psi_i:\langle f_i\rangle\longrightarrow\mathbf{Z}=\langle 1\rangle$을 임의의 $mf_i\in\langle f_i\rangle$에 대하여 $\psi_i(mf_i)=m\cdot 1=m$으로 정의하면 $\langle f_i\rangle$와 $\mathbf{Z}$가 무한순회군이므로 정리 2.3.16 (2)의 증명과정에 의하여 $\psi_i$는 동형이다. 더욱이 각 $i\in I$에 대하여 $\psi_i(\langle d_if_i\rangle)=\langle d_i\rangle$이다. 그러므로 정리 2.4.26에 의하여 각 $i\in I$에 대하여

$$\langle f_i\rangle/\langle d_if_i\rangle\cong\mathbf{Z}/\langle d_i\rangle$$

이다. 또, 보기 2.4.24에 의하여 각 $i\in I$에 대하여

$$\mathbf{Z}/\langle d_i\rangle\cong\mathbf{Z}_{d_i}\ (\mathbf{Z}_0=\mathbf{Z}\text{로 생각한다})$$

이다. 따라서 정리 2.5.26에 의하여

$$\sum_{i\in I}(\langle f_i\rangle/\langle d_if_i\rangle)\cong\sum_{i\in I}(\mathbf{Z}/\langle d_i\rangle)\cong\sum_{i\in I}\mathbf{Z}_{d_i}$$

이다. 이 때, $I$가 유한집합이므로 $\sum_{i\in I}\mathbf{Z}_{d_i}=\prod_{i\in I}\mathbf{Z}_{d_i}$이다. 따라서 정리 2.5.18에 의하여

$$\sum_{i\in I}\mathbf{Z}_{d_i}\cong\mathbf{Z}_{d_1}\oplus\mathbf{Z}_{d_2}\oplus\cdots\oplus\mathbf{Z}_{d_r}\oplus\underbrace{\mathbf{Z}\oplus\mathbf{Z}\oplus\cdots\oplus\mathbf{Z}}_{n-r\text{번}}$$

이다. 그러므로 정리 2.2.28 (4)에 의하여

$$G\cong\mathbf{Z}_{d_1}\oplus\mathbf{Z}_{d_2}\oplus\cdots\oplus\mathbf{Z}_{d_i}\oplus\cdots\oplus\mathbf{Z}_{d_r}\oplus\underbrace{\mathbf{Z}\oplus\mathbf{Z}\oplus\cdots\oplus\mathbf{Z}}_{n-r\text{번}}\qquad\cdots\cdots(2.9.3)$$

이다. 이 때, $d_i=1(1\leq i\leq r)$인 경우는 $\mathbf{Z}_{d_i}=\{\bar{0}\}$이므로 보조정리 2.9.2에 의하여 (2.9.3)에서 $\mathbf{Z}_{d_i}$를 생략해도 된다. 따라서 (2.9.3)에서 $d_i=1$인 경우를 모두 생략하면 (2.9.3)은 $m_1>1$, $m_i\,|\,m_{i+1}(i=1,\ 2,\ \cdots,\ t-1)$인 양의 정수 $m_1,\ m_2,\ \cdots,\ m_t(1\leq t\leq r,\ m_i=d_j(1\leq j\leq r)$이다)에 대하여

$$G\cong\mathbf{Z}_{m_1}\oplus\mathbf{Z}_{m_2}\oplus\cdots\oplus\mathbf{Z}_{m_t}\oplus\underbrace{\mathbf{Z}\oplus\mathbf{Z}\oplus\cdots\oplus\mathbf{Z}}_{n-r\text{번}}$$

의 꼴이 된다. 즉, (2.9.1)의 꼴이다.

(2) (2.9.1)에서 $m_i>1(i=1,\ 2,\ \cdots,\ t)$이므로 정리 1.3.15에 의하여 서로 다른 소수 $q_1,\ q_2,\ \cdots,\ q_u$와 $0<l_j\in\mathbf{Z}(1\leq j\leq u)$에 대하여

$$m_i=q_1^{l_1}q_2^{l_2}\cdots q_u^{l_u}$$

의 꼴로 표시된다. 한편, $i,\ j(i\neq j)$에 대하여 $(q_i,\ q_j)=1$이므로 정리 1.3.11에 의하여 $(q_i^{l_i},\ q_j^{l_j})=1$이다. 따라서 따름정리 2.5.6에 의하여

$$\mathbf{Z}_{m_i}=\mathbf{Z}_{q_1^{l_1}q_2^{l_2}\cdots q_u^{l_u}}\cong\mathbf{Z}_{q_1^{l_1}}\oplus\mathbf{Z}_{q_2^{l_2}}\oplus\cdots\oplus\mathbf{Z}_{q_u^{l_u}}$$

이다. 그러므로 보기 2.2.22($\mathbf{Z}\cong\mathbf{Z}$)와 정리 2.5.15와 정리 2.5.21에 의하여 (2.9.1)로부터 (2.9.2)가 얻어진다. ■

**【정리 2.9.4】**

$G$와 $H$를 덧셈아벨군이라 하자. 그러면 다음이 성립한다.

(1) $$G_t=\{a\in G\,|\,a\text{의 위수는 유한이다}\}$$

라 하면 $G_t$는 $G$의 부분군이다(이 때, $G_t$를 $G$의 비꼬임 부분군(torsion subgroup of $G$)이라 한다. 특히, $G=G_t$일 때 $G$를 비꼬임 군(torsion group)이라 하고, $G_t=\{0\}$일 때 $G$를 비꼬임이 없는 군(torsion free group)이라 한다).

(2) $G/G_t$는 비꼬임이 없는 군이다(정리 2.2.18을 참조).

(3) $p$를 소수라 하고

$$G(p)=\{a\in G \mid \text{적당한 } n\in \mathbf{Z}\ (n\geq 0)\text{에 대하여 } \mathrm{ord}(a)=p^n\}$$

이라 하면 $G(p)$는 $G$의 부분군이다(따라서 $G(p)$는 $G$의 $p$-부분군이다). 특히, $G$가 $p$-군이면 $G(p)=G$이고 $G$가 $q$-군($q$는 $q\neq p$인 소수이다)이면 $G(p)=\{0\}$이다.

(4) $m\in \mathbf{Z}$에 대하여

$$G[m]=\{a\in G \mid ma=0\}$$

이라 하면 $G[m]$은 $G$의 부분군이다.

(5) 소수 $p$와 $n\in \mathbf{Z}(n\geq 1)$에 대하여 $\mathbf{Z}_{p^n}[p]\cong \mathbf{Z}_p$이다.

(6) $m$, $n\in \mathbf{Z}$라 할 때, $0\leq m<n$이면 $p^m\mathbf{Z}_{p^n}\cong \mathbf{Z}_{p^{n-m}}$이고, 또한 $0<m\leq n$이면 $p^n\mathbf{Z}_{p^m}=\{\bar{0}\}$이다(보조정리 2.8.8을 참조).

(7) $f: G\longrightarrow H$를 동형함수라 할 때, $f|G_t$는 $f|G_t: G_t\longrightarrow H_t$인 동형함수이고 $f|G(p)$는 $f|G(p): G(p)\longrightarrow H(p)$인 동형함수이다.

(8) $G_1$, $G_2$, $\cdots$, $G_n$을 덧셈아벨군이라 하고 $f: G\longrightarrow G_1\oplus G_2\oplus\cdots\oplus G_n$을 동형함수라 하자. 그러면 $m\in \mathbf{Z}$에 대하여 $f|G[m]$은

$$f|G[m]: G[m]\longrightarrow G_1[m]\oplus G_2[m]\oplus\cdots\oplus G_n[m]$$

인 동형함수이고 $f|mG$(보조정리 2.8.8을 참조)는

$$f|mG: mG\longrightarrow mG_1\oplus mG_2\oplus\cdots\oplus mG_n$$

인 동형함수이다. 또한, 소수 $p$에 대하여 $f|G(p)$는

$$f|G(p): G(p)\longrightarrow G_1(p)\oplus G_2(p)\oplus\cdots\oplus G_n(p)$$

인 동형함수이다.

---

**증명** (1) 분명히 $0\in G_t$이다. $a$, $b\in G_t$라 하면 적당한 $m$, $n\in \mathbf{Z}(m>0,\ n>0)$에 대하여 $\mathrm{ord}(a)=m$, $\mathrm{ord}(b)=n$이므로

$$mn(a-b)=mna-mnb=n(ma)-m(nb)=n0-m0=0$$

이다. 따라서 $\mathrm{ord}(a-b)\leq mn$이므로 $a-b\in G_t$이다. 그러므로 $G_t$는 $G$의 부분군이다.

(2) $\alpha \in G/G_t$라 하고 $\text{ord}(\alpha)=n$이라 하자. 그러면 적당한 $a \in G$에 대하여 $\alpha = a + G_t$로 표시되고, 또한

$$G_t = n\alpha = n(a+G_t) = na + G_t$$

이므로 $na \in G_t$이다. 따라서 적당한 $m \in \mathbf{Z}(m>0)$에 대하여 $\text{ord}(na) = m$이다. 따라서 $0 = m(na) = mna(mn>0)$이므로 $\text{ord}(a) \leq mn$이다. 즉, $a \in G_t$이다. 그러므로 $\alpha = a + G_t = G_t$이고, 따라서 $(G/G_t)_t = \{G_t\}$이므로 $G/G_t$는 비꼬임이 없는 군이다.

(3) $\text{ord}(0) = 1 = p^0$이므로 $0 \in G(p)$이다. $a$, $b \in G(p)$라 하면 적당한 $m$, $n \in \mathbf{Z}(m,\ n \geq 0)$에 대하여 $\text{ord}(a) = p^m$, $\text{ord}(b) = p^n$이므로

$$\begin{aligned} p^{m+n}(a-b) &= p^{m+n}a - p^{m+n}b = p^n(p^m a) - p^m(p^n b) \\ &= p^n 0 - p^m 0 = 0 - 0 = 0 \end{aligned}$$

이다. 따라서 정리 2.3.10 (1)에 의하여 $\text{ord}(a-b) = p^k (0 \leq k \leq m+n)$이므로 $a-b \in G(p)$이다. 그러므로 $G(p)$는 $G$의 부분군이다. 분명히 $G$가 $p$-군이면 $G(p) = G$이다. 다음, $G$를 $q$-군이라 하자. $x \in G(p)$라 하면 적당한 $n \in \mathbf{Z}(n \geq 0)$에 대하여 $\text{ord}(x) = p^n$이고, 또한 적당한 $m \in \mathbf{Z}(m \geq 0)$에 대하여 $\text{ord}(x) = q^m$이므로 $p^n = q^m$이다. 따라서 정리 1.3.15에 의하여 $n = m = 0$이다. 즉,

$$0 = p^0 x = 1x = x$$

이다. 그러므로 $G(p) = \{0\}$이다.

(4) 분명히 $0 \in G[m]$이다. $a$, $b \in G[m]$이라 하면 $ma = 0$, $mb = 0$이므로

$$m(a-b) = ma - mb = 0 - 0 = 0$$

이다. 따라서 $a - b \in G[m]$이므로 $G[m]$은 $G$의 부분군이다.

(5) $\bar{1} \in \mathbf{Z}_{p^n}$에 대하여 $\text{ord}(\bar{1}) = p^n$이고, 또한 $(p^{n-1},\ p^n) = p^{n-1}$이므로 정리 2.3.10 (3)에 의하여

$$\text{ord}(\overline{p^{n-1}}) = \text{ord}(p^{n-1}\bar{1}) = \frac{p^n}{p^{n-1}} = p$$

이다. 따라서 정리 2.3.16 (1)에 의하여 $\langle\overline{p^{n-1}}\rangle\cong\mathbf{Z}_p$이다. 한편, $\bar{a}\in\langle\overline{p^{n-1}}\rangle$라 하면 $|\langle\overline{p^{n-1}}\rangle|=p$이므로 정리 2.4.8 (1)에 의하여 $p\bar{a}=\bar{0}$이다. 따라서 $\bar{a}\in\mathbf{Z}_{p^n}[p]$이므로 $\langle\overline{p^{n-1}}\rangle\subset\mathbf{Z}_{p^n}[p]$이다. 역으로 $\bar{b}\in\mathbf{Z}_{p^n}[p]$라 하면 $\bar{0}=p\bar{b}=\overline{pb}$이므로 $p^n|pb$이다. 따라서 $p^{n-1}|b$이므로 $b=cp^{n-1}(c\in\mathbf{Z})$로 표시된다. 따라서

$$\bar{b}=\overline{cp^{n-1}}=c\overline{p^{n-1}}\in\langle\overline{p^{n-1}}\rangle$$

이므로 $\mathbf{Z}_{p^n}[p]\subset\langle\overline{p^{n-1}}\rangle$이다. 그러므로 $\mathbf{Z}_{p^n}[p]=\langle\overline{p^{n-1}}\rangle$이고, 따라서 $\mathbf{Z}_{p^n}[p]\cong\mathbf{Z}_p$이다.

(6) $0\leq m<n$이라 하자. $\bar{1}\in\mathbf{Z}_{p^n}$에 대하여 $\text{ord}(\bar{1})=p^n$이고, 또한 $(p^m, p^n)=p^m$이므로 정리 2.3.10 (3)에 의하여

$$\text{ord}(\overline{p^m})=\text{ord}(p^m\bar{1})=\frac{p^n}{p^m}=p^{n-m}$$

이다. 따라서 정리 2.3.16 (1)에 의하여 $\langle\overline{p^m}\rangle\cong\mathbf{Z}_{p^{n-m}}$이다. 한편, $\bar{x}\in p^m\mathbf{Z}_{p^n}$이라 하면 적당한 $\bar{a}\in\mathbf{Z}_{p^n}$에 대하여 $\bar{x}=p^m\bar{a}$로 표시된다. 따라서

$$\bar{x}=p^m\bar{a}=\overline{p^m a}=a\overline{p^m}\in\langle\overline{p^m}\rangle$$

이므로 $p^m\mathbf{Z}_{p^n}\subset\langle\overline{p^m}\rangle$이다. 역으로 $\bar{y}\in\langle\overline{p^m}\rangle$라 하면 적당한 $k\in\mathbf{Z}$에 대하여 $\bar{y}=k\overline{p^m}$로 표시되고, 또한

$$k=p^nq+r,\quad 0\leq r<p^n$$

으로 표시되는 $q$, $r\in\mathbf{Z}$가 존재하므로

$$\bar{y}=k\overline{p^m}=\overline{p^m k}=p^m\bar{k}=p^m\bar{r}\in p^m\mathbf{Z}_{p^n}$$

이다. 따라서 $\langle\overline{p^m}\rangle\subset p^m\mathbf{Z}_{p^n}$이다. 그러므로 $p^m\mathbf{Z}_{p^n}=\langle\overline{p^m}\rangle$이고, 따라서 $p^m\mathbf{Z}_{p^n}\cong\mathbf{Z}_{p^{n-m}}$이다. 다음, $0<m\leq n$이라 하자. 정리 2.4.8 (1)에 의

하여 모든 $\bar{b}\in\mathbf{Z}_{p^m}$에 대하여 $p^m\bar{b}=\bar{0}$이므로 $p^n\bar{b}=p^{n-m}p^m\bar{b}=p^{n-m}\bar{0}=\bar{0}$이다. 따라서 $p^n\mathbf{Z}_{p^m}=\{\bar{0}\}$이다.

(7) $a\in G_t$라 하면 적당한 $n\in\mathbf{Z}(n>0)$에 대하여 $\mathrm{ord}(a)=n$이므로 정리 2.3.19 (1)에 의하여 $\mathrm{ord}(f(a))=n$이다. 따라서 $f(a)\in H_t$이므로 $g=f\,|\,G_t : G_t \longrightarrow H_t$는 함수이고, 분명히 $g$는 준동형이다. 정리 2.2.29에 의하여 $f^{-1} : H \longrightarrow G$도 동형함수이므로 위와 같은 방법으로 $h=f^{-1}\,|\,H_t : H_t \longrightarrow G_t$가 준동형함수임을 증명할 수 있다. 따라서 임의의 $a\in G_t$와 임의의 $b\in H_t$에 대하여

$$hg(a)=h(g(a))=h(f(a))=f^{-1}(f(a))=a=i_{G_t}(a),$$
$$gh(b)=g(h(b))=g(f^{-1}(b))=f(f^{-1}(b))=b=i_{H_t}(b)$$

이므로 $hg=i_{G_t}$, $gh=i_{H_t}$이다. 그러므로 따름정리 2.2.30에 의하여 $g=f\,|\,G_t$는 동형이다. 다음, $a\in G(p)$라 하면 적당한 $n\in\mathbf{Z}(n\geq 0)$에 대하여 $\mathrm{ord}(a)=p^n$이므로 $\mathrm{ord}(f(a))=p^n$이다. 따라서 $f(a)\in H(p)$이므로 위와 같은 방법으로 $f\,|\,G(p) : G(p) \longrightarrow H(p)$가 동형함수임을 증명할 수 있다.

(8) $a\in G[m]$이라 하고 $f(a)=(a_1, a_2, \cdots, a_n)(a_i\in G_i(i=1, 2, \cdots, n))$이라 하면 $ma=0$이므로

$$\begin{aligned}(0, 0, \cdots, 0)=0=f(0)&=f(ma)=mf(a)\\ &=m(a_1, a_2, \cdots, a_n)=(ma_1, ma_2, \cdots, ma_n)\end{aligned}$$

이다. 즉, $ma_1=ma_2=\cdots=ma_n=0$이다. 따라서 $a_i\in G_i[m](i=1, 2, \cdots, n)$이므로

$$f(a)=(a_1, a_2, \cdots, a_n)\in G_1[m]\oplus G_2[m]\oplus\cdots\oplus G_n[m]$$

이다. 그러므로 함수

$$g=f\,|\,G[m] : G[m] \longrightarrow G_1[m]\oplus G_2[m]\oplus\cdots\oplus G_n[m]$$

을 생각할 수 있고, 분명히 $g$는 단사준동형이다. 더욱이

$$(b_1,\ b_2,\ \cdots,\ b_n) \in G_1[m] \oplus G_2[m] \oplus \cdots \oplus G_n[m]$$

이라 하면 $f(b)=(b_1,\ b_2,\ \cdots,\ b_n)$을 만족하는 $b \in G$가 존재하고, 또한 $b_i \in G_i[m]\ (i=1,\ 2,\ \cdots,\ n)$이므로 $mb_i=0(i=1,\ 2,\ \cdots,\ n)$이다. 따라서

$$\begin{aligned} 0=(0,\ 0,\ \cdots,\ 0)&=(mb_1,\ mb_2,\ \cdots,\ mb_n)=m(b_1,\ b_2,\ \cdots,\ b_n) \\ &=mf(b)=f(mb) \end{aligned}$$

이다. 그런데 $f$가 단사준동형이므로 $mb=0$이다. 즉, $b \in G[m]$이다. 따라서 $g(b)=f(b)=(b_1,\ b_2,\ \cdots,\ b_n)$이므로 $g$는 동형함수이다.

다음, $c \in mG$라 하면 적당한 $x \in G$에 대하여 $c=mx$로 표시되고, $f(x)=(x_1,\ x_2,\ \cdots,\ x_n)\ (x_i \in G_i(i=1,\ 2,\ \cdots,\ n))$이라 하면 $mx_i \in mG_i$이므로

$$\begin{aligned} f(c)&=f(mx)=mf(x)=m(x_1,\ x_2,\ \cdots,\ x_n) \\ &=(mx_1,\ mx_2,\ \cdots,\ mx_n) \in mG_1 \oplus mG_2 \oplus \cdots \oplus mG_n \end{aligned}$$

이다. 따라서 함수

$$h=f\,|\,mG : mG \longrightarrow mG_1 \oplus mG_2 \oplus \cdots \oplus mG_n$$

을 생각할 수 있고, 분명히 $h$는 단사준동형이다. 더욱이

$$(v_1,\ v_2,\ \cdots,\ v_n) \in mG_1 \oplus mG_2 \oplus \cdots \oplus mG_n$$

이라 하면 $v_i \in mG_i(i=1,\ 2,\ \cdots,\ n)$이므로 적당한 $u_i \in G_i$에 대하여 $v_i=mu_i$로 표시되고, 이 때 $(u_1,\ u_2,\ \cdots,\ u_n) \in G_1 \oplus G_2 \oplus \cdots \oplus G_n$이므로 $(u_1,\ u_2,\ \cdots,\ u_n)=f(u)$를 만족하는 $u \in G$가 존재한다. 따라서 $mu \in mG$이고

$$\begin{aligned} h(mu)&=f(mu)=mf(u)=m(u_1,\ u_2,\ \cdots,\ u_n) \\ &=(mu_1,\ mu_2,\ \cdots,\ mu_n)=(v_1,\ v_2,\ \cdots,\ v_n) \end{aligned}$$

이므로 $h$는 동형함수이다.

다음, $\alpha \in G(p)$라 하면 $\mathrm{ord}(\alpha)=p^d(d \in \mathbf{Z},\ d \geq 0)$이므로 $p^d\alpha=0$이

다. 따라서 $f(\alpha)=(\alpha_1, \alpha_2, \cdots, \alpha_n)(\alpha_i \in G_i(i=1, 2, \cdots, n))$이라 하면

$$\begin{aligned}(0, 0, \cdots, 0)=0=f(0)=f(p^d\alpha)=p^d f(\alpha)=p^d(\alpha_1, \alpha_2, \cdots, \alpha_n)\\ =(p^d\alpha_1, p^d\alpha_2, \cdots, p^d\alpha_n)\end{aligned}$$

이므로 $p^d\alpha_i=0$, 즉 $\mathrm{ord}(\alpha_i)=p^{t_i}(t_i \in \mathbf{Z}, 0 \le t_i \le d\,(i=1, 2, \cdots, n))$이다. 따라서 $\alpha_i \in G_i(p)(i=1, 2, \cdots, n)$이므로 함수

$$k=f\,|\,G(p) : G(p) \longrightarrow G_1(p) \oplus G_2(p) \oplus \cdots \oplus G_n(p)$$

를 생각할 수 있고, 분명히 $k$는 단사준동형이다. 한편,

$$0 \ne (\beta_1, \beta_2, \cdots, \beta_n) \in G_1(p) \oplus G_2(p) \oplus \cdots \oplus G_n(p)$$

라 하면 $(\beta_1, \beta_2, \cdots, \beta_n)=f(\beta)$를 만족하는 $\beta \in G$가 존재하고, 또한 $\beta_i \in G_i(p)(i=1, 2, \cdots, n)$이므로 적당한 $l_i \in \mathbf{Z}(l_i \ge 0)$에 대하여 $\mathrm{ord}(\beta_i)=p^{l_i}$이다. $l_1, l_2, \cdots, l_n$ 중에서 0이 아닌 것들의 최소공배수를 $l$이라 하자. 그러면 $l_i \ne 0$인 경우는 $l_i | l$이므로 정리 2.3.10 (1)에 의하여 $p^l\beta_i=0$이고, 또한 $l_i=0$인 경우는 $\beta_i=0$이므로 $p^l\beta_i=0$이다. 따라서

$$\begin{aligned}0=(0, 0, \cdots, 0)=(p^l\beta_1, p^l\beta_2, \cdots, p^l\beta_n)=p^l(\beta_1, \beta_2, \cdots, \beta_n)\\ =p^l f(\beta)=f(p^l\beta)\end{aligned}$$

이다. 이 때, $f$가 단사준동형이므로 $p^l\beta=0$이다. 따라서 $\mathrm{ord}(\beta)=p^t(0<t\le l)$이므로 $\beta \in G(p)$이다. 즉, $k(\beta)=(\beta_1, \beta_2, \cdots, \beta_n)$. 분명히 $0 \in G(p)$이고 $0=f(0)=k(0)$이다. 따라서 $k$는 전사함수이다. 그러므로 $k$는 동형함수이다. ■

**보기 2.9.5** 덧셈아벨군

$$H=\mathbf{Z}_{m_1} \oplus \mathbf{Z}_{m_2} \oplus \cdots \oplus \mathbf{Z}_{m_t}$$

를 생각하자. $|H|=m_1m_2\cdots m_t$이므로 정리 2.4.8 (1)에 의하여 $H$는 비꼬임군이다. 다음, 덧셈아벨군

$$F = \underbrace{\mathbf{Z} \oplus \mathbf{Z} \oplus \cdots \oplus \mathbf{Z}}_{n\text{번}}$$

를 생각하자. $a=(a_1, a_2, \cdots, a_n) \in F$라 하고 $k \in \mathbf{Z}(k>0)$에 대하여 $ka=0$이라 하면 $a_i \in \mathbf{Z}(i=1, 2, \cdots, n)$이고

$$(0, 0, \cdots, 0)=0=ka=k(a_1, a_2, \cdots, a_n)=(ka_1, ka_2, \cdots, ka_n)$$

이다. 따라서 $ka_i=0(i=1, 2, \cdots, n)$이고, 또한 $\mathbf{Z}$의 영이 아닌 원소의 위수는 무한이므로 $a_i=0$이다. 즉 $a=0$이다. 그러므로 $F$는 비꼬임이 없는 군이다. ◀

**【정리 2.9.6】**

$G, H, K, F, F'$을 덧셈아벨군이라 하자. $H$와 $K$를 비꼬임 군이라 하고 $F$와 $F'$을 비꼬임이 없는 군이라 하자. 그러면 다음이 성립한다.

(1) $G \cong H \oplus F$이면 $G_t \cong (H \oplus F)_t = H \oplus \{0\} \cong H$이다.

(2) $G \cong H \oplus F$, $G \cong K \oplus F'$이면 $H \cong K$, $F \cong F'$이다.

**증명** (1), (2) $G \cong H \oplus F$라 하자. $x \in (H \oplus F)_t$라 하면 적당한 $n \in \mathbf{Z}(n>0)$에 대하여 $\mathrm{ord}(x)=n$이고, 또한 $a \in H$, $b \in F$에 대하여 $x=(a, b)$로 표시되므로

$$(0, 0)=0=nx=n(a, b)=(na, nb)$$

이다. 따라서 $nb=0$이고, 또한 $b \neq 0$인 $b$의 위수는 무한이므로 $b=0$이어야 한다. 즉, $x=(a, 0) \in H \oplus \{0\}$이다. 따라서 $(H \oplus F)_t \subset H \oplus \{0\}$이다. 분명히 $H \oplus \{0\} \subset (H \oplus F)_t$이므로 $(H \oplus F)_t = H \oplus \{0\}$이다. 또한, 보조정리 2.9.2에 의하여 $H \oplus \{0\} \cong H$이다. 다음, $G \cong H \oplus F$이므로 동형함수 $f : G \longrightarrow H \oplus F$가 존재한다. 따라서 정리 2.9.4 (7)에 의하여

$$g = f \mid G_t : G_t \longrightarrow (H \oplus F)_t = H \oplus \{0\}$$

는 동형함수이다. 따라서

$$G_t \cong (H \oplus F)_t = H \oplus \{0\} \cong H$$

이다. 한편, $G_t$는 $G$의 정규부분군이고 $H \oplus \{0\}$는 $H \oplus F$의 정규부분군

이다. 또한, $f(G_t)=H\oplus\{0\}$이고 $\text{Ker}f=\{0\}\subset G_t$이므로 정리 2.4.26에 의하여

$$G/G_t \cong (H\oplus F)/(H\oplus\{0\})$$

이다. 다음, 함수 $\pi: H\oplus F \longrightarrow F$를 임의의 $(a, b)\in H\oplus F$에 대하여 $\pi((a, b))=b$로 정의하면 정리 2.5.8 (1)에 의하여 $\pi$는 전사준동형이고, 또한 $\text{Ker}\,\pi=H\oplus\{0\}$이므로 제1동형정리에 의하여

$$(H\oplus F)/(H\oplus\{0\})\cong F$$

이다. 따라서 $G/G_t\cong F$이다. 다음, $G\cong K\oplus F'$이라 하면 위와 같은 방법으로 $G_t\cong K$, $G/G_t\cong F'$임을 증명할 수 있다. 따라서 $H\cong K$, $F\cong F'$이다. ■

**【보조정리 2.9.7】**

$G$를 유한덧셈아벨군이라 하자. $G$를 $p$-군이라 할 때, $n_i$, $k_j\in\mathbf{Z}(i=1, 2, \cdots, s;\ j=1, 2, \cdots, t)$에 대하여

$$G\cong \mathbf{Z}_{p^{n_1}}\oplus\mathbf{Z}_{p^{n_2}}\oplus\cdots\oplus\mathbf{Z}_{p^{n_s}}(1\le n_1\le n_2\le\cdots\le n_s) \quad \cdots\cdots(2.9.4)$$

$$G\cong \mathbf{Z}_{p^{k_1}}\oplus\mathbf{Z}_{p^{k_2}}\oplus\cdots\oplus\mathbf{Z}_{p^{k_t}}(1\le k_1\le k_2\le\cdots\le k_t) \quad \cdots\cdots(2.9.5)$$

이면 $s=t$이고 $n_i=k_i(i=1, 2, \cdots, s)$이다.

**증명** $G[p]\cong\mathbf{Z}_{p^{n_1}}[p]\oplus\mathbf{Z}_{p^{n_2}}[p]\oplus\cdots\oplus\mathbf{Z}_{p^{n_s}}[p]$((2.9.4)와 정리 2.9.4 (8)에 의하여)

$$\cong\underbrace{\mathbf{Z}_p\oplus\mathbf{Z}_p\oplus\cdots\oplus\mathbf{Z}_p}_{s\text{번}}\text{(정리 2.9.4 (5)와 정리 2.5.15에 의하여)}$$

이므로 $|G[p]|=p^s$이다. (2.9.5)에 대하여 같은 방법으로 생각하면 $|G[p]|=p^t$임을 증명할 수 있다. 따라서 $p^s=p^t$, 즉 $s=t$이다. 이제, $n_i\neq k_i$인 정수 $i\,(1\le i\le s)$가 존재한다고 가정하자. $j$를 $n_i=k_i(i=1, 2, \cdots, j-1)$이고 $n_j\neq k_j$인 정수라 하자. 먼저, $n_j<k_j$인 경우를 생각하자. 그러면 $1\le k_i=n_i\le n_j(i=1, 2, \cdots, j-1)$이고 $1\le n_j<k_j\le k_{j+u}(u=1, 2, \cdots, s-j)$이므로

$$\begin{aligned} p^{n_j}G &\cong p^{n_j}\mathbf{Z}_{p^{k_1}} \oplus \cdots \oplus p^{n_j}\mathbf{Z}_{p^{k_{j-1}}} \oplus p^{n_j}\mathbf{Z}_{p^{k_j}} \oplus p^{n_j}\mathbf{Z}_{p^{k_{j+1}}} \oplus \cdots \oplus p^{n_j}\mathbf{Z}_{p^{k_s}} \\ &\quad \text{((2.9.5)와 정리 2.9.4 (8)에 의하여)} \\ &\cong \{\bar{0}\} \oplus \cdots \oplus \{\bar{0}\} \oplus \mathbf{Z}_{p^{k_j - n_j}} \oplus \mathbf{Z}_{p^{k_{j+1} - n_j}} \oplus \cdots \oplus \mathbf{Z}_{p^{k_s - n_j}} \\ &\quad \text{(정리 2.9.4 (6)과 정리 2.5.15에 의하여)} \\ &\cong \mathbf{Z}_{p^{k_j - n_j}} \oplus \mathbf{Z}_{p^{k_{j+1} - n_j}} \oplus \cdots \oplus \mathbf{Z}_{p^{k_s - n_j}} \\ &\quad \text{(보조정리 2.9.2에 의하여)} \end{aligned}$$

이다. 즉, $1 \leq k_j - n_j \leq k_{j+1} - n_j \leq \cdots \leq k_s - n_j$에 대하여

$$p^{n_j}G \cong \mathbf{Z}_{p^{k_j - n_j}} \oplus \mathbf{Z}_{p^{k_{j+1} - n_j}} \oplus \cdots \oplus \mathbf{Z}_{p^{k_s - n_j}} \qquad \cdots\cdots(2.9.6)$$

이다. 같은 방법으로 (2.9.4)에 대하여 생각하면 $1 \leq n_1 \leq n_2 \leq \cdots \leq n_j$이므로

$$\begin{aligned} p^{n_j}G &\cong p^{n_j}\mathbf{Z}_{p^{n_1}} \oplus \cdots \oplus p^{n_j}\mathbf{Z}_{p^{n_j}} \oplus p^{n_j}\mathbf{Z}_{p^{n_{j+1}}} \oplus p^{n_j}\mathbf{Z}_{p^{n_{j+2}}} \oplus \cdots \oplus p^{n_j}\mathbf{Z}_{p^{n_s}} \\ &\cong \{\bar{0}\} \oplus \cdots \oplus \{\bar{0}\} \oplus p^{n_j}\mathbf{Z}_{p^{n_{j+1}}} \oplus p^{n_j}\mathbf{Z}_{p^{n_{j+2}}} \oplus \cdots \oplus p^{n_j}\mathbf{Z}_{p^{n_s}} \\ &\cong p^{n_j}\mathbf{Z}_{p^{n_{j+1}}} \oplus p^{n_j}\mathbf{Z}_{p^{n_{j+2}}} \oplus \cdots \oplus p^{n_j}\mathbf{Z}_{p^{n_s}} (n_j \leq n_{j+1} \leq n_{j+2} \leq \cdots \leq n_s) \end{aligned}$$

이다. 이제 $n_j = n_{j+1} = n_{j+2} = \cdots = n_s$인 경우는 $p^{n_j}\mathbf{Z}_{p^{n_{j+i}}} = \{\bar{0}\} (i = 1,\ 2,\ \cdots,\ s-j)$이므로 $|p^{n_j}G| = 1$이다. 그런데 (2.9.6)에 의하여 $|p^{n_j}G| > 1$이므로 이것은 모순이다. 또한, 적당한 $d \in \mathbf{Z}(0 \leq d < s-j)$에 대하여 $n_j = n_{j+1} = n_{j+2} = \cdots = n_{j+d} < n_{j+d+1} \leq n_{j+d+2} \leq \cdots \leq n_s$인 경우는 $p^{n_j}\mathbf{Z}_{p^{n_{j+i}}} = \{\bar{0}\} (i = 1,\ 2,\ \cdots,\ d)$이므로

$$p^{n_j}G \cong p^{n_j}\mathbf{Z}_{p^{n_{j+d+1}}} \oplus p^{n_j}\mathbf{Z}_{p^{n_{j+d+2}}} \oplus \cdots \oplus p^{n_j}\mathbf{Z}_{p^{n_s}}$$

이다. 즉,

$$p^{n_j}G \cong \mathbf{Z}_{p^{n_{j+d+1} - n_j}} \oplus \mathbf{Z}_{p^{n_{j+d+2} - n_j}} \oplus \cdots \oplus \mathbf{Z}_{p^{n_s - n_j}} \qquad \cdots\cdots(2.9.7)$$

이다. 그런데 $p^{n_j}G$는 $p$-군 $G$의 부분군이므로 $p^{n_j}G$도 $p$-군이다. 따라서 위에서 이미 증명한 결과를 (2.9.6)과 (2.9.7)에 적용하면 $s-j+$

$1=s-j-d\,(0\leq d<s-j)$이므로 모순이 된다. 그러므로 $n_i=k_i(i=1,\ 2,\ \cdots,\ s)$이다. 같은 방법으로 $k_j<n_j$인 경우에도 $n_i=k_i(i=1,\ 2,\ \cdots,\ s)$임을 증명할 수 있다. ■

**【정리 2.9.8】**

$G$를 유한덧셈아벨군이라 하자(따라서 $G$는 유한생성 덧셈아벨군이다). 그러면 다음이 성립한다.

(1) $G$가 소수 $p_1,\ p_2,\ \cdots,\ p_s(p_1,\ p_2,\ \cdots,\ p_s$는 서로 다를 필요는 없다)와 $n_i\in \mathbf{Z}(1\leq n_i(i=1,\ 2,\ \cdots\ s))$에 대하여

$$G\cong \mathbf{Z}_{p_1^{n_1}}\oplus \mathbf{Z}_{p_2^{n_2}}\oplus\cdots\oplus \mathbf{Z}_{p_s^{n_s}} \qquad \cdots\cdots(2.9.8)$$

의 꼴로 표시될 때(정리 2.9.3 (2)에 의하여 (2.9.8)의 표시는 존재한다), $\mathbf{Z}_{p_1^{n_1}},\ \mathbf{Z}_{p_2^{n_2}},\ \cdots,\ \mathbf{Z}_{p_s^{n_s}}$의 순서를 무시하면 $p_1^{n_1},\ p_2^{n_2},\ \cdots,\ p_s^{n_s}$은 유일하다(이 때, $p_1^{n_1},\ p_2^{n_2},\ \cdots,\ p_s^{n_s}$를 $G$의 단인자(elementary divisors of $G$)라 한다).

(2) $G$가 양의 정수 $m_1,\ m_2,\ \cdots,\ m_t(1<m_1,\ m_i\,|\,m_{i+1}(i=1,\ 2,\ \cdots,\ t-1))$에 대하여

$$G\cong \mathbf{Z}_{m_1}\oplus \mathbf{Z}_{m_2}\oplus\cdots\oplus \mathbf{Z}_{m_t} \qquad \cdots\cdots(2.9.9)$$

의 꼴로 표시될 때(정리 2.9.3 (1)에 의하여 (2.9.9)의 표시는 존재한다), $m_1,\ m_2,\ \cdots,\ m_t$는 유일하다(이 때, $m_1,\ m_2,\ \cdots,\ m_t$를 $G$의 불변인자(invariant factor))라 한다.

**증명** (1) $G$가 소수 $q_1,\ q_2,\ \cdots,\ q_u(q_1,\ q_2,\ \cdots,\ q_u$는 서로 다를 필요는 없다)와 $k_i\in\mathbf{Z}(1\leq k_i(i=1,\ 2,\ \cdots,\ u))$에 대하여

$$G\cong \mathbf{Z}_{q_1^{k_1}}\oplus \mathbf{Z}_{q_2^{k_2}}\oplus\cdots\oplus \mathbf{Z}_{q_u^{k_u}} \qquad \cdots\cdots(2.9.10)$$

과 같이 (2.9.8)과 다르게 표시된다고 하자. 그러면 (2.9.8)과 (2.9.10)에 의하여

$$p_1^{n_1}p_2^{n_2}\cdots p_s^{n_s}=q_1^{k_1}q_2^{k_2}\cdots q_u^{k_u}$$

이므로 정리 1.3.14에 의하여 각 $q_t(1\leq t\leq u)$는 적당한 $p_i(1\leq i\leq s)$에 대하여 $q_t=p_i$이고, 또한 각 $p_j(1\leq j\leq s)$는 적당한 $q_h(1\leq h\leq u)$에 대하여 $p_j=q_h$이다. 이제, (2.9.8)과 정리 2.9.4 (8)에 의하여 각 $p_i$ $(1\leq i\leq s)$에 대하여

$$G(p_i)\cong\mathbf{Z}_{p_1^{n_1}}(p_i)\oplus\mathbf{Z}_{p_2^{n_2}}(p_i)\oplus\cdots\oplus\mathbf{Z}_{p_s^{n_s}}(p_i) \qquad \cdots\cdots(2.9.11)$$

이고, 또한 (2.9.10)과 정리 2.9.4 (8)에 의하여 각 $p_i(1\leq i\leq s)$에 대하여

$$G(p_i)\cong\mathbf{Z}_{q_1^{k_1}}(p_i)\oplus\mathbf{Z}_{q_2^{k_2}}(p_i)\oplus\cdots\oplus\mathbf{Z}_{q_u^{k_u}}(p_i) \qquad \cdots\cdots(2.9.12)$$

이다. 한편, $|\mathbf{Z}_{p_j^{n_j}}|=p_j^{n_j}(1\leq j\leq s)$이므로 정리 2.7.11에 의하면 $\mathbf{Z}_{p_j^{n_j}}$은 $p_j$-군이다. 따라서 정리 2.9.4 (3)에 의하여 $p_j=p_i(1\leq j\leq s)$이면 $\mathbf{Z}_{p_j^{n_j}}(p_i)=\mathbf{Z}_{p_j^{n_j}}=\mathbf{Z}_{p_i^{n_j}}$이고, 또한 $p_j\neq p_i$이면 $\mathbf{Z}_{p_j^{n_j}}(p_i)=\{\bar{0}\}$이다. 따라서 각 $i\,(i=1,\ 2,\ \cdots,\ s)$에 대하여 (2.9.11)에서 $p_1=p_2=\cdots=p_r=p_i$ $(1\leq r\leq s)$라 하면(정리 2.5.19에 의하여 이와 같은 가정은 일반성을 잃지 않는다) 보조정리 2.9.2에 의하여 (2.9.11)은

$$G(p_i)\cong\mathbf{Z}_{p_i^{n_1}}\oplus\mathbf{Z}_{p_i^{n_2}}\oplus\cdots\oplus\mathbf{Z}_{p_i^{n_r}} \qquad \cdots\cdots(2.9.13)$$

로 표시되고, 같은 방법으로 (2.9.12)에서 $q_1=q_2=\cdots=q_c=p_i(1\leq c\leq u)$라 하면 (2.9.12)는

$$G(p_i)\cong\mathbf{Z}_{p_i^{k_1}}\oplus\mathbf{Z}_{p_i^{k_2}}\oplus\cdots\oplus\mathbf{Z}_{p_i^{k_c}} \qquad \cdots\cdots(2.9.14)$$

로 표시된다. 이제, (2.9.13)과 (2.9.14)에서

$$1\leq n_1\leq n_2\leq\cdots\leq n_r,\ 1\leq k_1\leq k_2\leq\cdots\leq k_c$$

라 하자(정리 2.5.19에 의하여 이와 같은 가정은 일반성을 잃지 않는다). 그러면 정리 2.9.4 (3)에 의하여 $G(p_i)$는 $p_i$-군이므로 보

조정리 2.9.7에 의하여 (2.9.13)과 (2.9.14)에서 $r=c$이고, 또한 $n_i=k_i\,(i=1,\ 2,\ \cdots,\ r)$이다. 따라서 (2.9.8)의 표시에서 $\mathbf{Z}_{p_1^{n_1}}$, $\mathbf{Z}_{p_2^{n_2}}$, $\cdots$, $\mathbf{Z}_{p_s^{n_s}}$의 순서를 무시하면 $p_1^{n_1}$, $p_2^{n_2}$, $\cdots$, $p_s^{n_s}$은 유일하다.

(2) $G$가 양의 정수 $l_1,\ l_2,\ \cdots,\ l_s(1<l_1,\ l_i\,|\,l_{i+1}(i=1,\ 2,\ \cdots,\ s-1))$에 대하여

$$G\cong\mathbf{Z}_{l_1}\oplus\mathbf{Z}_{l_2}\oplus\cdots\oplus\mathbf{Z}_{l_s} \qquad \cdots\cdots(2.9.15)$$

와 같이 (2.9.9)와 다르게 표시된다고 하자. 이제, 각 $m_i\,(i=1,\ 2,\ \cdots,\ t)$와 각 $l_j(j=1,\ 2,\ \cdots,\ s)$의 표준분해에 적당한 소수 $p$에 대하여 $p^0=1$의 꼴을 끼워넣으면 각 $m_i$와 각 $l_j$는 서로 다른 소수 $p_1$, $p_2$, $\cdots$, $p_r$과 $n_{ij}\in\mathbf{Z}(n_{ij}\geq 0,\ 1\leq i\leq t,\ 1\leq j\leq r)$와 $k_{ij}(k_{ij}\geq 0,\ 1\leq i\leq s,\ 1\leq j\leq r)$에 대하여

$$\begin{array}{ll}
m_1=p_1^{n_{11}}p_2^{n_{12}}\cdots p_r^{n_{1r}} & l_1=p_1^{k_{11}}p_2^{k_{12}}\cdots p_r^{k_{1r}}\\
m_2=p_1^{n_{21}}p_2^{n_{22}}\cdots p_r^{n_{2r}} & l_2=p_1^{k_{21}}p_2^{k_{22}}\cdots p_r^{k_{2r}}\\
\cdots\cdots\cdots\cdots\cdots\cdots & \cdots\cdots\cdots\cdots\cdots\cdots\\
m_t=p_1^{n_{t1}}p_2^{n_{t2}}\cdots p_r^{n_{tr}} & l_s=p_1^{k_{s1}}p_2^{k_{s2}}\cdots p_r^{k_{sr}}
\end{array}$$

의 꼴로 표시된다. 이 때, $m_i\,|\,m_{i+1}(i=1,\ 2,\ \cdots,\ t-1)$이므로 각 $j$ $(1\leq j\leq r)$에 대하여

$$0\leq n_{1j}\leq n_{2j}\leq\cdots\leq n_{tj}$$

이고, 또한 $l_i\,|\,l_{i+1}(i=1,\ 2,\ \cdots,\ s-1)$이므로 각 $j\,(1\leq j\leq r)$에 대하여

$$0\leq k_{1j}\leq k_{2j}\leq\cdots\leq k_{sj}$$

이다. 정리 1.3.11에 의하여 각 $i\,(1\leq i\leq t)$에 대하여 $p_1^{n_{i1}}$, $p_2^{n_{i2}}$, $\cdots$, $p_r^{n_{ir}}$은 쌍마다 서로 소이므로 따름정리 2.5.6에 의하여

$$\mathbf{Z}_{m_i}\cong\mathbf{Z}_{p_1^{n_{i1}}}\oplus\mathbf{Z}_{p_2^{n_{i2}}}\oplus\cdots\oplus\mathbf{Z}_{p_r^{n_{ir}}}$$

이다. 따라서 (2.9.9)와 정리 2.5.15와 정리 2.5.21에 의하여

$$
\begin{aligned}
G \cong\ & \mathbf{Z}_{p_1^{n_{11}}} \oplus \mathbf{Z}_{p_2^{n_{12}}} \oplus \cdots \oplus \mathbf{Z}_{p_j^{n_{1j}}} \oplus \cdots \oplus \mathbf{Z}_{p_r^{n_{1r}}} \\
& \oplus \mathbf{Z}_{p_1^{n_{21}}} \oplus \mathbf{Z}_{p_2^{n_{22}}} \oplus \cdots \oplus \mathbf{Z}_{p_j^{n_{2j}}} \oplus \cdots \oplus \mathbf{Z}_{p_r^{n_{2r}}} \\
& \oplus \cdots \\
& \oplus \mathbf{Z}_{p_1^{n_{t1}}} \oplus \mathbf{Z}_{p_2^{n_{t2}}} \oplus \cdots \oplus \mathbf{Z}_{p_j^{n_{tj}}} \oplus \cdots \oplus \mathbf{Z}_{p_r^{n_{tr}}}
\end{aligned}
$$

이다. 정리 2.7.11에 의하여 $j=1, 2, \cdots, r$에 대하여 $\mathbf{Z}_{p_j^{n_{ij}}}(i=1, 2, \cdots, t)$는 $p_j$-군이므로 정리 2.9.4 (3)에 의하여

$$\mathbf{Z}_{p_j^{n_{ij}}}(p_j)=\mathbf{Z}_{p_j^{n_{ij}}}, \quad \mathbf{Z}_{p_u^{n_{iu}}}(p_j)=\{\bar{0}\}(u \neq j,\ u=1, 2, \cdots, r)$$

이다. 따라서 정리 2.9.4 (8)과 보조정리 2.9.2에 의하여 $j=1, 2, \cdots, r$에 대하여

$$G(p_j) \cong \mathbf{Z}_{p_j^{n_{1j}}} \oplus \mathbf{Z}_{p_j^{n_{2j}}} \oplus \cdots \oplus \mathbf{Z}_{p_j^{n_{tj}}} \qquad \cdots\cdots(2.9.16)$$

이다. 또한, (2.9.15)에 대하여 위와 같은 방법으로 생각하면 $j=1, 2, \cdots, r$에 대하여

$$G(p_j) \cong \mathbf{Z}_{p_j^{k_{1j}}} \oplus \mathbf{Z}_{p_j^{k_{2j}}} \oplus \cdots \oplus \mathbf{Z}_{p_j^{k_{sj}}} \qquad \cdots\cdots(2.9.17)$$

임을 증명할 수 있다. 그런데 $m_1>1$이므로 적당한 $j\,(1\le j\le r)$에 대하여 $n_{1j}\ge 1$이어야 하고, 따라서 $1\le n_{1j}\le n_{2j}\le\cdots\le n_{tj}$이므로 (2.9.16)과 보조정리 2.9.2와 (1)에 의하여 (2.9.17)에서 $\mathbf{Z}_{p_j^{k_{ij}}}\neq\{\bar{0}\}$ $(i=1, 2, \cdots, s)$인 $\mathbf{Z}_{p_j^{k_{ij}}}$의 개수는 $t$이어야 한다. 따라서 $t\le s$이어야 한다. 또한, $l_1>1$이므로 적당한 $j\,(1\le j\le r)$에 대하여 $k_{1j}\ge 1$이어야 하고, 따라서 $1\le k_{1j}\le k_{2j}\le\cdots\le k_{sj}$이므로 위와 같은 방법으로 생각하면 $s\le t$임을 증명할 수 있다. 따라서 $t=s$이다. 그러므로 (2.9.16)과 (2.9.17)과 보조정리 2.9.2와 (1)에 의하여 모든 $i, j\,(i=1, 2, \cdots, t\,;\ j=1, 2, \cdots, r)$에 대하여 $n_{ij}=k_{ij}$이어야 한다. 즉, $m_i=l_i$ $(i=1, 2, \cdots, t)$이다. ■

**【정리 2.9.9】**

$G$를 유한생성 덧셈아벨군이라 하자. 그러면 다음이 성립한다.

(1) $G$가 양의 정수 $m_1, m_2, \cdots, m_t(1<m_1,\ m_i|m_{i+1}(i=1,\ 2,\ \cdots,\ t-1))$에 대하여

$$G \cong \mathbf{Z}_{m_1} \oplus \mathbf{Z}_{m_2} \oplus \cdots \oplus \mathbf{Z}_{m_t} \oplus \underbrace{\mathbf{Z} \oplus \mathbf{Z} \oplus \cdots \oplus \mathbf{Z}}_{n\text{번}} \qquad \cdots\cdots(2.9.18)$$

의 꼴로 표시될 때, $m_1, m_2, \cdots, m_t$와 $\mathbf{Z}$의 개수 $n$은 유일하다(이 때, $m_1,\ m_2,\ \cdots,\ m_t$를 $G$의 불변인자라 하고 $n$을 $G$의 **Betti** 수(Betti number of $G$)라 한다).

(2) $G$가 소수 $p_1, p_2, \cdots, p_s(p_1, p_2, \cdots, p_s$는 서로 다를 필요는 없다)와 $n_i \in \mathbf{Z}$ $(1 \le n_i(i=1,\ 2,\ \cdots,\ s))$에 대하여

$$G \cong \mathbf{Z}_{p_1^{n_1}} \oplus \mathbf{Z}_{p_2^{n_2}} \oplus \cdots \oplus \mathbf{Z}_{p_s^{n_s}} \oplus \underbrace{\mathbf{Z} \oplus \mathbf{Z} \oplus \cdots \oplus \mathbf{Z}}_{n\text{번}} \qquad \cdots\cdots(2.9.19)$$

의 꼴로 표시될 때, $\mathbf{Z}_{p_1^{n_1}},\ \mathbf{Z}_{p_2^{n_2}},\ \cdots,\ \mathbf{Z}_{p_s^{n_s}}$의 순서를 무시하면 $p_1^{n_1},\ p_2^{n_2},\ \cdots,$ $p_s^{n_s}$과 $\mathbf{Z}$의 개수 $n$은 유일하다(이 때, $p_1^{n_1},\ p_2^{n_2},\ \cdots,\ p_s^{n_s}$을 $G$의 단인자라 하고 $n$을 $G$의 **Betti** 수라 한다).

**증명** (1) $G$가 양의 정수 $l_1, l_2, \cdots, l_s(1<l_1,\ l_i|l_{i+1}(i=1,\ 2,\ \cdots,\ s-1))$에 대하여

$$G \cong \mathbf{Z}_{l_1} \oplus \mathbf{Z}_{l_2} \oplus \cdots \oplus \mathbf{Z}_{l_s} \oplus \underbrace{\mathbf{Z} \oplus \mathbf{Z} \oplus \cdots \oplus \mathbf{Z}}_{m\text{번}} \qquad \cdots\cdots(2.9.20)$$

와 같이 (2.9.18)과 다르게 표시된다고 하자.

$$H = \mathbf{Z}_{m_1} \oplus \mathbf{Z}_{m_2} \oplus \cdots \oplus \mathbf{Z}_{m_t}, \quad F = \underbrace{\mathbf{Z} \oplus \mathbf{Z} \oplus \cdots \oplus \mathbf{Z}}_{n\text{번}}$$

라 하면 (2.9.18)과 정리 2.5.21에 의하여 $G \cong H \oplus F$이고, 같은 방법으로 (2.9.20)에서

$$K=\mathbf{Z}_{l_1}\oplus\mathbf{Z}_{l_2}\oplus\cdots\oplus\mathbf{Z}_{l_s},\quad F'=\underbrace{\mathbf{Z}\oplus\mathbf{Z}\oplus\cdots\oplus\mathbf{Z}}_{m\text{번}}$$

라 하면 $G\cong K\oplus F'$이다. 따라서 보기 2.9.5에 의하여 $H$와 $K$는 비꼬임 군이고 $F$와 $F'$은 비꼬임이 없는 군이므로 정리 2.9.6 (2)에 의하여 $H\cong K$, $F\cong F'$이다. 그러므로 정리 2.9.8 (2)에 의하여 $s=t$, $m_i=l_i\,(i=1,\ 2,\ \cdots,\ t)$이고, 또한 동형함수 $f:F\longrightarrow F'$이 존재한다. 따라서 $X$를 $F$의 표준기저라 하면 정리 2.8.4에 의하여 $f(X)$는 $F'$의 기저이다. 그러므로 $X'$을 $F'$의 표준기저라 하면 정리 2.8.9에 의하여

$$n=|X|=|f(X)|=|X'|=m$$

이다. 즉, (2.9.18)과 (2.9.20)에서의 $\mathbf{Z}$의 개수는 일정하다.

(2) $G$가 소수 $q_1,\ q_2,\ \cdots,\ q_u$($q_1,\ q_2,\ \cdots,\ q_u$는 서로 다를 필요는 없다)와 $k_i\in\mathbf{Z}(1\le k_i(i=1,\ 2,\ \cdots,\ u))$에 대하여

$$G\cong\mathbf{Z}_{q_1^{k_1}}\oplus\mathbf{Z}_{q_2^{k_2}}\oplus\cdots\oplus\mathbf{Z}_{q_u^{k_u}}\oplus\underbrace{\mathbf{Z}\oplus\mathbf{Z}\oplus\cdots\oplus\mathbf{Z}}_{m\text{번}}\qquad\cdots\cdots(2.9.21)$$

와 같이 (2.9.19)와 다르게 표시된다고 하자.

$$H=\mathbf{Z}_{p_1^{n_1}}\oplus\mathbf{Z}_{p_2^{n_2}}\oplus\cdots\oplus\mathbf{Z}_{p_s^{n_s}},\quad K=\mathbf{Z}_{q_1^{k_1}}\oplus\mathbf{Z}_{q_2^{k_2}}\oplus\cdots\oplus\mathbf{Z}_{q_u^{k_u}},$$
$$F=\underbrace{\mathbf{Z}\oplus\mathbf{Z}\oplus\cdots\oplus\mathbf{Z}}_{n\text{번}},\qquad F'=\underbrace{\mathbf{Z}\oplus\mathbf{Z}\oplus\cdots\oplus\mathbf{Z}}_{m\text{번}}$$

라 하면 (1)에서와 같은 방법으로 $H\cong K$, $F\cong F'$임을 증명할 수 있다. 그러므로 정리 2.9.8 (1)에 의하여 $s=u$이고 각 $q_j^{k_j}\,(j=1,\ 2,\ \cdots,\ s)$는 적당한 $p_i^{n_i}\,(i=1,\ 2,\ \cdots,\ s)$에 대하여 $q_j^{k_j}=p_i^{n_i}$이며, 또한 (1)에서와 같은 방법으로 $m=n$임을 알 수 있다. ■

**보기 2.9.10** $G$를 $|G|=36$인 덧셈아벨군이라 하자. 그러면 $36=2\cdot2\cdot3\cdot3=2\cdot2\cdot3^2=2^2\cdot3\cdot3=2^2\cdot3^2$이므로 $G$는

(1) $G\cong\mathbf{Z}_2\oplus\mathbf{Z}_2\oplus\mathbf{Z}_3\oplus\mathbf{Z}_3\cong\mathbf{Z}_6\oplus\mathbf{Z}_6$

(2) $G \cong \mathbf{Z}_2 \oplus \mathbf{Z}_2 \oplus \mathbf{Z}_9 \cong \mathbf{Z}_2 \oplus \mathbf{Z}_{18}$

(3) $G \cong \mathbf{Z}_4 \oplus \mathbf{Z}_3 \oplus \mathbf{Z}_3 \cong \mathbf{Z}_3 \oplus \mathbf{Z}_{12}$

(4) $G \cong \mathbf{Z}_4 \oplus \mathbf{Z}_9 \cong \mathbf{Z}_{36}$

중의 어느 하나이고 이들은 서로 동형적이 아니다. (1)에서 2, 2, 3, 3은 $G$의 단인자이고 6, 6은 $G$의 불변인자이다. (2)에서 2, 2, $9=3^2$은 $G$의 단인자이고 2, 18은 $G$의 불변인자이다. (3)에서 $4=2^2$, 3, 3은 $G$의 단인자이고 3, 12는 $G$의 불변인자이다. (4)에서 $4=2^2$, $9=3^2$은 $G$의 단인자이고 36은 $G$의 불변인자이다. ◀

**보기 2.9.11** $p$를 소수라 할 때, 정리 2.7.23에 의하여 $|G|=p^2$인 군 $G$는 가환군이다. 따라서 $G$를 덧셈아벨군으로 생각할 수 있으므로 $G \cong \mathbf{Z}_{p^2}$이든가 $G \cong \mathbf{Z}_p \oplus \mathbf{Z}_p$이고 이들은 서로 동형적이 아니다.

다음, $G$를 $|G|=8$인 군이라 하자. $G$가 가환군이면 위와 같은 방법으로

(1) $G \cong \mathbf{Z}_2 \oplus \mathbf{Z}_2 \oplus \mathbf{Z}_2$

(2) $G \cong \mathbf{Z}_2 \oplus \mathbf{Z}_4$

(3) $G \cong \mathbf{Z}_8$

중의 어느 하나이고, $G$가 비가환군이면 보기 2.6.28에 의하여

(4) $G \cong D_4$

(5) $G \cong Q_8$

중의 어느 하나이므로 $|G|=8$인 군은 서로 동형적이 아닌 다섯 가지 형태 중의 어느 하나와 동형적이다. ◀

# 2.10 교환자부분군, 가해군

**【정의 2.10.1】**

$G$를 군이라 하자. $x,\ y\in G$일 때, $xyx^{-1}y^{-1}$를 교환자(commutator)라 한다. $X=\{xyx^{-1}y^{-1}\,|\,x,\ y\in G\}$라 할 때 $X$에 의하여 생성되는 $G$의 부분군을 $G$의 교환자부분군(commutator subgroup) 또는 유도부분군(derived subgroup)이라 하고 $G'$으로 표시한다. 즉 $G'=\langle X\rangle$.

**【정리 2.10.2】**

$G$를 군이라 하자. 그러면 다음이 성립한다.

(1) $G$가 가환군일 필요충분조건은 $G'=\{e\}$인 것이다($e$는 $G$의 단위원).

(2) $G'$은 $G$의 정규부분군이다.

(3) $G/G'$은 가환군이다.

(4) $N$이 $G$의 정규부분군일 때, $G/N$이 가환군일 필요충분조건은 $G'\subset N$인 것이다.

**증명** $X=\{xyx^{-1}y^{-1}\,|\,x,\ y\in G\}$라 하자.

(1) 임의의 $x,\ y\in G$에 대하여

$$xyx^{-1}y^{-1}=e \iff xy=yx$$

이므로 (1)은 분명히 성립한다.

(2) $a$를 $G$의 임의의 원소라 하자. 보기 2.2.32에 의하여 $a$에 의한 $G$의 내부자기동형함수 $I_a:G\longrightarrow G$에 대하여 $I_a(G')=aGa^{-1}$이다. $b\in X$라 하면 적당한 $x,\ y\in G$에 대하여 $b=xyx^{-1}y^{-1}$이므로 정리 2.2.25 (2)에 의하여

$$I_a(b)=I_a(xyx^{-1}y^{-1})=I_a(x)I_a(y)(I_a(x))^{-1}(I_a(y))^{-1}\in X\subset G'$$

이다. 또한 $\alpha\in G'$이라 하면 정리 2.2.11에 의하여

$$\alpha = b_1^{n_1} b_2^{n_2} \cdots b_k^{n_k} (b_i \in X,\ n_i \in \mathbf{Z}\,(1 \leq i \leq k))$$

으로 표시되므로 정리 2.2.25 (3)에 의하여

$$I_a(\alpha) = I_a(b_1^{n_1} b_2^{n_2} \cdots b_k^{n_k}) = (I_a(b_1))^{n_1} (I_a(b_2))^{n_2} \cdots (I_a(b_k))^{n_k} \in G'$$

이다. 따라서 $aG'a^{-1} = I_a(G') \subset G'$이다. 그러므로 $G'$은 $G$의 정규부분군이다.

(3) $x,\ y \in G$라 하면

$$(xy)^{-1}(yx) = y^{-1}x^{-1}yx = y^{-1}x^{-1}(y^{-1})^{-1}(x^{-1})^{-1} \in X \subset G'$$

이므로 정리 2.4.1 (1) (ii)에 의하여 $(xy)G' = (yx)G'$, 즉 $(xG')(yG') = (yG')(xG')$이다. 따라서 $G/G'$은 가환군이다.

(4) $G/N$을 가환군이라 하자. 그러면 $x,\ y \in G$에 대하여

$$\begin{aligned}(xyx^{-1}y^{-1})N &= (xN)(yN)(x^{-1}N)(y^{-1}N) = (xN)(yN)(xN)^{-1}(yN)^{-1} \\ &= (xN)(xN)^{-1}(yN)(yN)^{-1} = N\end{aligned}$$

이므로 정리 2.4.1 (1) (v)에 의하여 $xyx^{-1}y^{-1} \in N$이다. 따라서 정리 2.2.11에 의하여 $G' \subset N$이다. 역으로 $G' \subset N$이라 하자. $x,\ y \in G$라 하면

$$(xy)^{-1}(yx) = y^{-1}x^{-1}yx = y^{-1}x^{-1}(y^{-1})^{-1}(x^{-1})^{-1} \in G' \subset N$$

이므로 정리 2.4.1 (1) (ii)에 의하여 $(xy)N = (yx)N$, 즉 $(xN)(yN) = (yN)(xN)$이다. 따라서 $G/N$은 가환군이다. ■

**보기 2.10.3** 3차 대칭군 $S_3$의 교환자부분군 $S_3'$을 구하여 보자. 3차 교대군 $A_3$는

$$A_3 = \{i_A,\ (1\ 2\ 3),\ (1\ 3\ 2)\}(i_A\text{는 항등치환})$$

이고, 또한

$$\begin{aligned}(1\ 2\ 3) = (1\ 2)(1\ 3)(1\ 2)(1\ 3) = (1\ 2)(1\ 3)(1\ 2)^{-1}(1\ 3)^{-1} \in S_3', \\ (1\ 3\ 2) = (1\ 2\ 3)^2 \in S_3'\end{aligned}$$

이므로 $A_3 \subset S_3'$이다. 한편, 정리 2.6.16에 의하여 $A_3$는 $S_3$의 정규부분군이고, $|S_3/A_3| = [S_3 : A_3] = 2$이므로 정리 2.4.13에 의하여 $S_3/A_3$는 가환군이다. 따라서 정리 2.10.2 (4)에 의하여 $S_3' \subset A_3$이다. 즉 $S_3' = A_3$이다. ◀

**【정의 2.10.4】**

$G$를 군이라 할 때,

$$G^{(0)} = G,\ G^{(1)} = G',\ G^{(2)} = (G^{(1)})',\ G^{(3)} = (G^{(2)})',\ \cdots,\ G^{(n)} = (G^{(n-1)})',\ \cdots$$

으로 정의한다(즉, $G^{(n)}$은 $G^{(n-1)} (n=1, 2, 3, \cdots)$의 교환자부분군이다). 이 때, $G^{(n)}$을 $G$의 ***n*차 교환자부분군**($n$-th commutator subgroup) 또는 $G$의 ***n*차 유도부분군**($n$-th derived subgroup)이라 한다.

**【정리 2.10.5】**

$G$를 군이라 하자. $H$, $K$를 $G$의 부분군이라 하고 $H \subset K$라 하면 모든 양의 정수 $n$에 대하여 $H^{(n)} \subset K^{(n)}$이다.

**증명** $n$에 대하여 수학적 귀납법으로 증명한다. $H \subset K$이므로

$$X = \{xyx^{-1}y^{-1} \mid x,\ y \in H\} \subset \{xyx^{-1}y^{-1} \mid x,\ y \in K\} = Y$$

이다. 따라서

$$H^{(1)} = H' = \langle X \rangle \subset \langle Y \rangle = K' = K^{(1)}$$

이므로 $n=1$인 경우는 정리가 성립한다. 다음, $n=i\,(1 \le i)$에 대하여 $H^{(i)} \subset K^{(i)}$라 가정하자. 그러면

$$H^{(i+1)} = (H^{(i)})' \subset (K^{(i)})' = K^{(i+1)}$$

이다. 따라서 모든 양의 정수 $n$에 대하여 $H^{(n)} \subset K^{(n)}$이다. ■

**【정리 2.10.6】**

$G$를 군이라 하자. 그러면 다음 두 주장은 서로 동치이다.

(I) 적당한 양의 정수 $n$에 대하여 $G^{(n)} = \{e\}$이다.

(II) 적당한 양의 정수 $n$에 대하여 다음 세 조건을 만족하는 $G$의 부분군 $G=G_0, G_1, G_2, \cdots, G_n$이 존재한다.

(1) $G=G_0 \supset G_1 \supset G_2 \supset G_3 \supset \cdots \supset G_n=\{e\}$

(2) $i=0, 1, 2, \cdots, n-1$에 대하여 $G_{i+1}$은 $G_i$의 정규부분군이다.

(3) 각 $i(0\le i\le n-1)$에 대하여 $G_i/G_{i+1}$은 가환군이다.

**증명** (I)$\Longrightarrow$(II). 적당한 $n$에 대하여 $G^{(n)}=\{e\}$라 하면 정의 2.10.4와 정리 2.10.2 (2), (3)에 의하여 $G$의 부분군 $G=G^{(0)}, G^{(1)}, G^{(2)}, \cdots, G^{(n)}$은 (II)의 조건 (1), (2), (3)을 만족한다.

(II)$\Longrightarrow$(I). $G$의 부분군 $G=G_0, G_1, G_2, \cdots, G_n$이 존재하여 (II)의 조건 (1), (2), (3)을 만족한다고 가정하자. 그러면 (II)의 조건 (3)에 의하여 $G/G_1$이 가환군이므로 정리 2.10.2 (4)에 의하여 $G^{(1)}=G'\subset G_1$이다. 이제, 모든 $i\,(i=1, 2, \cdots, n)$에 대하여 $G^{(i)}\subset G_i$가 성립함을 보이기 위하여 $1\le i<n$인 $i$에 대하여 $G^{(i)}\subset G_i$라 가정하자. 그러면 정리 2.10.5에 의하여 $(G^{(i)})'\subset(G_i)'$이고, 또한 (II)의 조건 (3)에 의하여 $G_i/G_{i+1}$이 가환군이므로 정리 2.10.2 (4)에 의하여 $(G_i)'\subset G_{i+1}$이다. 따라서

$$G^{(i+1)}=(G^{(i)})'\subset(G_i)'\subset G_{i+1}$$

이다. 그러므로 모든 $i\,(i=1, 2, \cdots, n)$에 대하여 $G^{(i)}\subset G_i$이다. 따라서 $G^{(n)}\subset G_n=\{e\}$이므로 $G^{(n)}=\{e\}$이다. ■

**【정의 2.10.7】**

$G$를 군이라 하자. $G$가 정리 2.10.6의 주장 (I), (II) 중 어느 하나를 만족할 때 $G$를 가해군(solvable group)이라 한다.

**보기 2.10.8** $G$를 가환군이라 하면 정리 2.10.2 (1)에 의하여 $G^{(1)}=G'=\{e\}$이므로 $G$는 가해군이다. ◀

**【정리 2.10.9】**

$G$와 $K$를 군이라 하자. 그러면 다음이 성립한다.

(1) $G$가 가해군이고 $H$가 $G$의 부분군이면 $H$도 가해군이다.

(2) $G$가 가해군이고 $f: G \longrightarrow K$가 전사준동형함수이면 $K$도 가해군이다.

(3) $G$가 가해군이고 $N$이 $G$의 정규부분군이면 $G/N$도 가해군이다.

(4) $N$이 $G$의 정규부분군이고 $N$과 $G/N$이 가해군이면 $G$도 가해군이다.

**증명** (1) $G$가 가해군이므로 적당한 $n$에 대하여 $G^{(n)}=\{e\}$이다. 또한, 정리 2.10.5에 의하여 $H^{(n)} \subset G^{(n)}$이므로 $H^{(n)}=\{e\}$이다. 따라서 $H$는 가해군이다.

(2) 먼저 $n$에 대하여 수학적귀납법을 사용하여 $f(G^{(n)})=K^{(n)}$임을 증명하자. $X=\{xyx^{-1}y^{-1} \mid x, y \in G\}$, $Y=\{aba^{-1}b^{-1} \mid a, b \in K\}$라 하자. 임의의 $x, y \in G$에 대하여 $f(xyx^{-1}y^{-1})=f(x)f(y)(f(x))^{-1}(f(y))^{-1}$이고 $f$는 전사준동형이므로 분명히 $f(X)=Y$이다. $\beta \in f(G')$이라 하면 $\beta=f(\alpha)$를 만족하는 $\alpha \in G'$이 존재한다. $G'=\langle X \rangle$이므로 정리 2.2.11에 의하여

$$\alpha=\alpha_1^{n_1}\alpha_2^{n_2}\cdots\alpha_k^{n_k}(\alpha_i \in X,\ n_i \in \mathbf{Z}\ ;\ i=1,\ 2,\ \cdots,\ k)$$

으로 표시되고 $f(\alpha_i) \in Y$이므로

$$\beta=f(\alpha)=f(\alpha_1^{n_1}\alpha_2^{n_2}\cdots\alpha_k^{n_k})=(f(\alpha_1))^{n_1}(f(\alpha_2))^{n_2}\cdots(f(\alpha_k))^{n_k} \in \langle Y \rangle = K'$$

이다. 따라서 $f(G') \subset K'$이다. 역으로 $\beta \in K'$이라 하면

$$\beta=\beta_1^{n_1}\beta_2^{n_2}\cdots\beta_k^{n_k}\ (\beta_i \in Y,\ n_i \in \mathbf{Z}\ ;\ i=1,\ 2,\ \cdots,\ k)$$

으로 표시된다. $Y=f(X)$이므로 $\beta_i=f(\alpha_i)(i=1,\ 2,\ \cdots,\ k)$를 만족하는 $\alpha_i \in X$가 존재한다. 따라서 $\alpha_1^{n_1}\alpha_2^{n_2}\cdots\alpha_k^{n_k} \in \langle X \rangle = G'$이고

$$f(\alpha_1^{n_1}\alpha_2^{n_2}\cdots\alpha_k^{n_k})=f(\alpha_1)^{n_1}f(\alpha_2)^{n_2}\cdots f(\alpha_k)^{n_k}=\beta_1^{n_1}\beta_2^{n_2}\cdots\beta_k^{n_k}=\beta$$

이므로 $\beta \in f(G')$이다. 따라서 $K' \subset f(G')$이다. 그러므로 $f(G')=K'$이다. 즉, $f(G^{(1)})=f(G')=K'=K^{(1)}$이므로 $n=1$인 경우는 성립한

다. $n=i\,(1\leq i)$일 때 $f(G^{(i)})=K^{(i)}$라 가정하자. 함수 $g: G^{(i)} \longrightarrow K^{(i)}$를 임의의 $x\in G^{(i)}$에 대하여 $g(x)=f(x)$로 정의하면 분명히 $g$는 전사준동형이므로 위와 같은 방법으로

$$g((G^{(i)})')=(K^{(i)})'$$

임을 증명할 수 있다. 따라서

$$f(G^{(i+1)})=f((G^{(i)})')=g((G^{(i)})')=(K^{(i)})'=K^{(i+1)}$$

이다. 그러므로 모든 $n$에 대하여 $f(G^{(n)})=K^{(n)}$이다.

한편, $G$가 가해군이므로 적당한 $n$에 대하여 $G^{(n)}=\{e\}$이고, 또한 $f(e)=e'$($e'$은 $K$의 단위원)이므로

$$K^{(n)}=f(G^{(n)})=f(\{e\})=\{e'\}$$

이다. 따라서 $K$는 가해군이다.

(3) $\pi: G \longrightarrow G/N$을 표준전사준동형(정리 2.4.21을 참조)이라 하자. 그러면 $G$가 가해군이고 $\pi$가 전사준동형이므로 (2)에 의하여 $G/N$도 가해군이다.

(4) $\pi: G \longrightarrow G/N$을 표준전사준동형이라 하자. 그러면 (2)의 증명과정에 의하여 모든 $n$에 대하여 $\pi(G^{(n)})=(G/N)^{(n)}$이다. $G/N$이 가해군이므로 적당한 $n$에 대하여 $(G/N)^{(n)}=\{N\}$, 즉 $\pi(G^{(n)})=\{N\}$이다. 따라서 $G^{(n)}\subset \mathrm{Ker}\,\pi$이다. 정리 2.4.21에 의하여 $\mathrm{Ker}\,\pi=N$이므로 $G^{(n)}\subset N$이다. 따라서 $N$이 가해군이므로 (1)에 의하여 $G^{(n)}$도 가해군이다. 따라서 적당한 $m$에 대하여 $(G^{(n)})^{(m)}=\{e\}$, 즉 $G^{(n+m)}=\{e\}$이므로 $G$는 가해군이다. ■

**보기 2.10.10** $n\geq 5$일 때 $n$차 대칭군 $S_n$은 가해군이 아님을 보이자. $S_n$을 가해군이라 하면 정리 2.10.9 (1)에 의하여 $n$차 교대군 $A_n$은 가해군이다. 그런데 $(1\ 2\ 3)$, $(3\ 4\ 5)\in A_n$이고 $(1\ 2\ 3)(3\ 4\ 5)\neq(3\ 4\ 5)(1\ 2\ 3)$이므로 $A_n$은 가환군이 아니다. 따라서 정리 2.10.2 (1)에 의하여 $A_n'\neq\{e\}$($e$는 $S_n$의 단위원)이다. 한편, 정리 2.10.2 (2)에 의하여 $A_n'$은 $A_n$의 정규부분군이고, 또한

정리 2.6.23에 의하여 $A_n$은 단순군이므로 $A_n'=A_n$이다. 따라서 모든 $i\geq 1$에 대하여 $A_n^{(i)}=A_n\neq\{e\}$이다. 즉 $A_n$은 가해군이 아니다. 이것은 모순이다. 그러므로 $S_n$은 가해군이 아니다.

다음, 4차 대칭군 $S_4$를 생각하자. 4차 교대군 $A_4$는 $S_4$의 정규부분군이고, 또한 보기 2.6.20에 의하여

$$N=\{i_A,\ (1\ 3)(2\ 4),\ (1\ 2)(3\ 4),\ (1\ 4)(2\ 3)\}(i_A\text{는 항등치환})$$

은 $A_4$의 정규부분군이다. 분명히 $\langle i_A\rangle$는 $N$의 정규부분군이고 $S_4\supset A_4\supset N\supset\langle i_A\rangle$이다. 또한,

$$|S_4/A_4|=2,\ \ |A_4/N|=3,\ \ |N/\langle i_A\rangle|=4$$

이므로 정리 2.4.13에 의하여 $S_4/A_4$, $A_4/N$, $N/\langle i_A\rangle$는 가환군이다. 따라서 $S_4$는 가해군이다. 또한, 같은 방법으로 $S_3$와 $S_2$도 가해군임을 쉽게 증명할 수 있다. ◀

**【정의 2.10.11】**

$G$를 군이라 하고 $M$을 $G$의 정규부분군이라 하자. $M$이 다음 두 조건

(1) $M\neq G$

(2) $N$이 $M\subset N\subset G$를 만족하는 $G$의 정규부분군이면 $N=M$ 또는 $N=G$이다

를 만족할 때, $M$을 $G$의 **극대정규부분군**(maximal normal subgroup of $G$)이라 한다.

**【정리 2.10.12】**

$G\,(G\neq\{e\})$를 유한군이라 할 때, 다음 두 주장은 서로 동치이다.

(1) $G$는 위수가 소수인 순회군이다.

(2) $G$는 가환군인 동시에 단순군이다.

**증명** (1)$\Longrightarrow$(2). $G$를 위수가 소수인 순회군이라 하면 정리 2.3.3에 의하여 $G$는 가환군이고, 또한 보기 2.6.19에 의하여 $G$는 단순군이다.

(2)$\Longrightarrow$(1). $G$를 가환군인 동시에 단순군이라 하면 정리 2.2.18에 의

하여 $G$의 부분군은 $G$와 $\{e\}$뿐이다. 따라서 $a\in G(a\neq e)$에 대하여 $G=\langle a\rangle$이다. $|G|=n$이라 하고 $d|n(1<d\in\mathbf{Z})$라 하면 정리 2.3.14에 의하여 $|H|=d$인 $G$의 부분군 $H$가 꼭 하나 존재하므로 $G=H$이어야 한다. 따라서 $d=n$이므로 $n$은 소수이다. 따라서 $G$는 위수가 소수인 순회군이다. ■

**【정리 2.10.13】**

$G(G\neq\{e\})$를 유한군이라 할 때, 다음 두 주장은 서로 동치이다.

(I) $G$는 가해군이다.

(II) 적당한 양의 정수 $n$에 대하여 다음 세 조건을 만족하는 $G$의 부분군 $G=G_0, G_1, G_2, \cdots, G_n$이 존재한다.

(1) $G=G_0\supset G_1\supset G_2\supset\cdots\supset G_n=\{e\}$

(2) $i=0, 1, 2, \cdots, n-1$에 대하여 $G_{i+1}$은 $G_i$의 극대정규부분군이다.

(3) 각 $i\,(0\leq i\leq n-1)$에 대하여 $G_i/G_{i+1}$은 위수가 소수인 순회군이다.

**증명** (I)$\Longrightarrow$(II). $G$를 가해군이라 하면 적당한 양의 정수 $m$에 대하여 다음 세 조건

(1)′ $G=G_0\supset G_1\supset G_2\supset\cdots\supset G_i\supset G_{i+1}\supset\cdots\supset G_m=\{e\}$

(2)′ $i=0, 1, 2, \cdots, m-1$에 대하여 $G_{i+1}$은 $G_i$의 정규부분군이다.

(3)′ 각 $i\,(0\leq i\leq m-1)$에 대하여 $G_i/G_{i+1}$은 가환군이다.

를 만족하는 $G$의 부분군 $G=G_0, G_1, G_2, \cdots, G_m$이 존재한다. $G_i$가 유한군이므로 $G_{i+1}$이 $G_i$의 극대정규부분군이 아니면 $G_i\supset G_{j1}\supset G_{i+1}$인 $G_i$의 극대정규부분군 $G_{j1}$이 존재하고, $G_{i+1}$이 $G_{j1}$의 극대정규부분군이 아니면 $G_{j1}\supset G_{j2}\supset G_{i+1}$인 $G_{j1}$의 극대정규부분군 $G_{j2}$가 존재하고, 이 방법을 유한번 계속하면

$$G_i=G_{j0}\supset G_{j1}\supset G_{j2}\supset\cdots\supset G_{jt-1}\supset G_{jt}=G_{i+1} \qquad \cdots\cdots(2.10.1)$$

이고 $k=0, 1, 2, \cdots, t-1$에 대하여 $G_{jk+1}$이 $G_{jk}$의 극대정규부분군인 $G_i$의 부분군 $G_{j1}, G_{j2}, \cdots, G_{jt}$가 존재한다. 따라서 정리 2.4.30에 의하여 $G_{jk}/G_{jk+1}(0\leq k\leq t-1)$은 단순군이다. 또한 $G_{i+1}$은 $G_i$의 정규부분군이므로 $G_{i+1}$은 $G_{jk}(k=0, 1, 2, \cdots, t-1)$의 정규부분군이다. 따라서

정리 2.4.27에 의하여

$$(G_{jk}/G_{i+1})/(G_{jk+1}/G_{i+1}) \cong G_{jk}/G_{jk+1} (0 \leq k \leq t-1)$$

이다. 정리 2.4.30에 의하여 $G_{jk}/G_{i+1}$은 가환군 $G_i/G_{i+1}$의 부분군이므로 $G_{jk}/G_{i+1}$은 가환군이다. 따라서 정리 2.4.19와 정리 2.2.31 (4)에 의하여 $G_{jk}/G_{jk+1}$은 가환군이다. 그러므로 정리 2.10.12에 의하여 $G_{jk}/G_{jk+1}(0 \leq k \leq t-1)$은 위수가 소수인 순회군이다. 이제, 각 $i\,(0 \leq i \leq m-1)$에 대하여 $G_i$와 $G_{i+1}$ 사이에 (2.10.1)을 삽입하고 첨자를 고쳐 쓰면 조건 (II)를 만족하는 $G$의 부분군 $G_0$, $G_1$, $G_2$, $\cdots$, $G_n$을 얻을 수 있다.

(II) $\Longrightarrow$ (I)은 정리 2.3.3에 의하여 분명하다. ■

## 연습문제 2.10

**1.** $G$를 군이라 하고 $H$를 $G$의 부분군이라 할 때, 다음을 증명하여라.

(1) $H'$은 $G'$의 부분군이다.

(2) $H$가 $G$의 정규부분군이면 $H'$도 $G$의 정규부분군이다.

**2.** $G$를 군이라 하고 $N$을 $G$의 정규부분군이라 하자. $N \cap G' = \{e\}$이면 $N \subset C(G)$임을 증명하여라.

**3.** $G$를 군이라 하자. 그러면 모든 음이 아닌 정수 $n$에 대하여 $G$의 $n$차 교환자부분군 $G^{(n)}$은 $G$의 정규부분군임을 증명하여라.

**4.** $G$와 $K$를 군이라 하고 $f: G \longrightarrow K$를 준동형함수라 하자. $H$를 $G$의 부분군이라 하고 $N$을 $G$의 정규부분군이라 할 때, 다음을 증명하여라.

(1) $f(H') = (f(H))'$

(2) $(HN/N)' = H'N/N$

(3) 모든 $n \in \mathbf{Z}(n \geq 0)$에 대하여 $(G/N)^{(n)} = G^{(n)}N/N$이다.

**5.** $G$를 군이라 하고 $H$를 가환군이라 하자. $f : G \longrightarrow H$를 준동형함수라 하면 $\mathrm{Ker} f \supset G'$임을 증명하여라.

**6.** 위수 $2n$의 정이면체군 $G$는 가해군임을 보여라.

**7.** $G$와 $H$를 가해군이라 할 때, $G$와 $H$의 직적 $G \times H$도 가해군임을 증명하여라.

**8.** $G$를 군이라 하고 $N$, $M$을 $G$의 정규부분군이라 하자. $N$, $M$이 가해군이면 $NM$도 가해군임을 보여라.

**9.** 위수가 100인 모든 군은 가해군임을 보여라.

**10.** 임의의 유한 $p$-군은 가해군임을 보여라.

**11.** $p$와 $q$를 소수라 할 때, 위수가 $pq$인 모든 군은 가해군임을 보여라.

3

CHAPTER

# 환 론

# 3 환 론

## 3.1 환

**【정의 3.1.1】**

$R$을 공집합이 아닌 집합이라 하자. $R$위의 덧셈이라 부르고 $+$로 표시되는 이항연산과 곱셈이라 부르고 $\cdot$로 표시되는 이항연산이 정의되어 다음 조건

(1) $R$은 덧셈 $+$에 대하여 아벨군을 이룬다(이 때, 아벨군 $R$의 단위원을 0으로 표시하고 $R$의 영원(zero element)이라 한다).

(2) R은 곱셈 $\cdot$에 대하여 반군을 이룬다. 즉, 임의의 $a$, $b$, $c \in R$에 대하여($a \cdot b$ 대신에 $ab$로 쓴다)

$$(ab)c = a(bc).$$

(3) 임의의 $a$, $b$, $c \in R$에 대하여

$$a(b+c) = ab+ac, \quad (a+b)c = ac+bc.$$

을 만족할 때, $R$을 환(ring)이라 한다.

다음, $R$을 환이라 하자. 임의의 $a$, $b \in R$에 대하여

$$ab = ba$$

일 때, $R$을 가환환(commutative ring)이라 한다. $R$이 가환환이 아닐 때, $R$을 비가환환(noncommutative ring)이라 한다. 또한, 모든 $a \in R$에 대하여

$$a1_R = a = 1_R a$$

를 만족하는 원소 $1_R \in R$이 존재할 때, $1_R$을 $R$의 **단위원**이라 한다($1_R$을 간단히 1로 쓸 때도 있다). $R$이 단위원 $1_R$을 포함하면 $R$을 **단위원 $\mathbf{1}_R$을 갖는 환** 또는 간단히 **단위원을 갖는 환**이라 한다.

$R$이 환일 때, $R$위의 곱셈 $\cdot$를 무시하면 환 $R$을 $R$위의 덧셈 $+$에 대한 덧셈아벨군으로만 생각할 수 있다. 이 경우 군 $(R, +)$를 환 $\boldsymbol{R}$의 **덧셈아벨군**이라 한다.

**보기 3.1.2** $\mathbf{Z}$는 덧셈 $+$와 곱셈 $\cdot$에 대하여 단위원 1을 갖는 가환환이다. 마찬가지로 $\mathbf{Q}$, $\mathbf{R}$, $\mathbf{C}$도 덧셈 $+$와 곱셈 $\cdot$에 대하여 단위원 1을 갖는 가환환이다. 또한 $E$를 짝수 전체의 집합이라 할 때, $E$는 덧셈 $+$와 곱셈 $\cdot$에 대하여 단위원을 갖지 않는 가환환이다. ◀

**보기 3.1.3** $M_2(\mathbf{C})$를 $\mathbf{C}$위의 $2\times 2$ 행렬 모두를 원소로 갖는 집합이라 하자. 그러면 $M_2(\mathbf{C})$는 행렬의 덧셈과 곱셈에 대하여 단위행렬

$$I_2 = \begin{bmatrix} 1 & 0 \\ 0 & 1 \end{bmatrix}$$

를 단위원으로 갖는 환이다(이 때, $M_2(\mathbf{C})$의 영원은

$$O = \begin{bmatrix} 0 & 0 \\ 0 & 0 \end{bmatrix}$$

이다). 또

$$\begin{bmatrix} 1 & 0 \\ 0 & 0 \end{bmatrix}\begin{bmatrix} 1 & 1 \\ 0 & 0 \end{bmatrix} = \begin{bmatrix} 1 & 1 \\ 0 & 0 \end{bmatrix} \neq \begin{bmatrix} 1 & 0 \\ 0 & 0 \end{bmatrix} = \begin{bmatrix} 1 & 1 \\ 0 & 0 \end{bmatrix}\begin{bmatrix} 1 & 0 \\ 0 & 0 \end{bmatrix}$$

이므로 $M_2(\mathbf{C})$는 비가환환이다. ◀

**보기 3.1.4** $\mathbf{Z}_m = \{\bar{0}, \bar{1}, \bar{2}, \cdots, \overline{m-1}\}(m \geq 2)$를 생각하자. 임의의 $\bar{a}, \bar{b} \in \mathbf{Z}_m$에 대하여

$$\bar{a} \oplus \bar{b} = \overline{a+b}, \quad \bar{a} \odot \bar{b} = \overline{ab}$$

로 정의하면 보기 2.1.11에 의하여 $\mathbf{Z}_m$은 ⊕에 대하여 아벨군이고 ⊙에 대하여 $\bar{1}$를 단위원으로 갖는 가환모노이드이다. 더욱이 임의의 $\bar{a}, \bar{b}, \bar{c} \in \mathbf{Z}_m$에 대하여

$$\bar{a} \odot (\bar{b} \oplus \bar{c}) = \bar{a} \odot (\overline{b+c}) = \overline{a(b+c)} = \overline{ab+ac} = \overline{ab} \oplus \overline{ac} = (\bar{a} \odot \bar{b}) \oplus (\bar{a} \odot \bar{c}),$$
$$(\bar{a} \oplus \bar{b}) \odot \bar{c} = (\overline{a+b}) \odot \bar{c} = \overline{(a+b)c} = \overline{ac+bc} = \overline{ac} \oplus \overline{bc} = (\bar{a} \odot \bar{c}) \oplus (\bar{b} \odot \bar{c})$$

이다. 따라서 $\mathbf{Z}_m$은 $\bar{1}$를 단위원으로 갖는 가환환이다(앞으로, 편리를 위하여 ⊕, ⊙ 대신에 +, ·로 쓴다). ◀

**보기 3.1.5** $A$, $B$를 덧셈아벨군이라 하고 $A$에서 $B$로의 준동형함수 전체의 집합을 Hom$(A, B)$로 표시하자. 즉

$$\text{Hom}(A, B) = \{f \mid f : A \longrightarrow B\text{는 준동형함수}\}$$

이라 하자. $f, g \in \text{Hom}(A, B)$라 하면 임의의 $a \in A$에 대하여 $f(a) \in B$, $g(a) \in B$이다. 함수 $f+g : A \longrightarrow B$를 임의의 $a \in A$에 대하여

$$(f+g)(a) = f(a) + g(a)$$
(이 때, $f(a)+g(a)$는 $B$에서의 $f(a)$와 $g(a)$의 합이다)

로 정의하자. 그러면 임의의 $a, a' \in A$에 대하여

$$\begin{aligned}(f+g)(a+a') &= f(a+a') + g(a+a') = (f(a)+f(a')) + (g(a)+g(a')) \\ &= (f(a)+g(a)) + (f(a')+g(a')) = (f+g)(a) + (f+g)(a')\end{aligned}$$

이므로 $f+g : A \longrightarrow B$는 준동형이다. 따라서 $f+g \in \text{Hom}(A, B)$이다.

이제, 함수

$$+ : \text{Hom}(A, B) \times \text{Hom}(A, B) \longrightarrow \text{Hom}(A, B)$$

를 임의의 $(f, g) \in \text{Hom}(A, B) \times \text{Hom}(A, B)$에 대하여 $+((f, g)) = f+g$로 정의하면 +는 Hom$(A, B)$위의 이항연산이다.

임의의 $f, g, h \in \text{Hom}(A, B)$와 임의의 $a \in A$에 대하여

$$((f+g)+h)(a) = (f+g)(a) + h(a) = (f(a)+g(a)) + h(a)$$

$$= f(a)+(g(a)+h(a))(B\text{에서의 결합법칙에 의하여})$$
$$= f(a)+(g+h)(a)=(f+(g+h))(a)$$

이므로 $(f+g)+h=f+(g+h)$이다. 또, $\mathbf{0}: A \longrightarrow B$를 자명한 준동형(보기 2.2.22를 참조)이라 하면 $\mathbf{0} \in \mathrm{Hom}(A, B)$이고, 또한 임의의 $f \in \mathrm{Hom}(A, B)$와 임의의 $a \in A$에 대하여

$$(f+\mathbf{0})(a)=f(a)+\mathbf{0}(a)=f(a)+0=f(a)$$

이므로 $f+\mathbf{0}=f$이다.

한편, 임의의 $f \in \mathrm{Hom}(A, B)$와 임의의 $a \in A$에 대하여 $f(a) \in B$이므로 정리 2.1.8 (4)에 의하여

$$f(a)+(-f(a))=0=-f(a)+f(a)$$

를 만족하는 $-f(a)$가 유일하게 존재한다. 따라서 함수 $-f: A \longrightarrow B$를 임의의 $a \in A$에 대하여 $(-f)(a)=-f(a)$로 정의할 때, 임의의 $a, a' \in A$에 대하여

$$(-f)(a+a')=-f(a+a')=-(f(a)+f(a'))$$
$$=-f(a)+(-f(a'))$$
$$(B\text{가 덧셈아벨군이므로 정리 2.1.8 (6)에 의하여})$$
$$=(-f)(a)+(-f)(a')$$

이므로 $-f: A \longrightarrow B$는 준동형이다. 따라서 $-f \in \mathrm{Hom}(A, B)$이고, 또한 임의의 $a \in A$에 대하여

$$(f+(-f))(a)=f(a)+(-f)(a)=f(a)+(-f(a))=0=\mathbf{0}(a)$$

이므로 $f+(-f)=\mathbf{0}$이다.

그러므로 정리 2.1.9에 의하여 $\mathrm{Hom}(A, B)$는 $+$에 대하여 군을 이룬다. 더욱이 임의의 $f, g \in \mathrm{Hom}(A, B)$와 임의의 $a \in A$에 대하여

$$(f+g)(a)=f(a)+g(a)=g(a)+f(a)(B\text{가 덧셈아벨군이므로})$$
$$=(g+f)(a)$$

이므로 $f+g=g+f$이고, 따라서 $\mathrm{Hom}(A, B)$는 덧셈아벨군이다.

특히, $A=B$인 경우는 $\mathrm{Hom}(A, A)$를 $\mathrm{End}(A)$로 표시한다. 즉

$$\mathrm{End}(A)=\{f \mid f: A \longrightarrow A\text{는 자기준동형함수}\}.$$

이제, 덧셈아벨군 End$(A)$를 환으로 만들자.

$$\cdot : \mathrm{End}(A)\times\mathrm{End}(A) \longrightarrow \mathrm{End}(A)$$

를 임의의 $(g,\ f)\in\mathrm{End}(A)\times\mathrm{End}(A)$에 대하여 $\cdot((g,\ f))=gf$($g$와 $f$의 합성)로 정의하면 정리 2.2.28 (1)에 의하여 $gf\in\mathrm{End}(A)$이므로 $\cdot$는 End$(A)$위의 이항연산이다.

함수의 합성은 결합법칙이 성립하므로 $\cdot$는 결합법칙을 만족한다. 또한, 임의의 $f,\ g,\ h\in\mathrm{End}(A)$와 임의의 $a\in A$에 대하여

$$\begin{aligned}(h(f+g))(a) &= h((f+g)(a))=h(f(a)+g(a))=h(f(a))+h(g(a))\\ &= hf(a)+hg(a)=(hf+hg)(a),\\ ((f+g)h)(a) &= (f+g)(h(a))=f(h(a))+g(h(a))=fh(a)+gh(a)\\ &= (fh+gh)(a)\end{aligned}$$

이므로 $h(f+g)=hf+hg,\ (f+g)h=fh+gh$이다.

따라서 End$(A)$는 환이다. 더욱이 보기 2.2.22에 의하여 $i_A\in\mathrm{End}(A)$이고, 임의의 $f\in\mathrm{End}(A)$에 대하여 $fi_A=f=i_Af$이므로 End$(A)$는 단위원 $i_A$를 갖는 환이다. 이 환 End$(A)$를 **$A$의 자기준동형환**(ring of endomorphisms of $A$)이라 한다.

일반적으로 환 End$(A)$는 가환환이 아니다. 예를 들면 $A=\mathbf{Z}\oplus\mathbf{Z}$일 때, 함수 $f:\mathbf{Z}\oplus\mathbf{Z}\longrightarrow\mathbf{Z}\oplus\mathbf{Z}$를 임의의 $(a,\ b)\in\mathbf{Z}\oplus\mathbf{Z}$에 대하여 $f((a,\ b))=(b,\ a)$로 정의하면 임의의 $(a,\ b),\ (a',\ b')\in\mathbf{Z}\oplus\mathbf{Z}$에 대하여

$$\begin{aligned}f((a,\ b)+(a',\ b')) &= f((a+a',\ b+b'))=(b+b',\ a+a')\\ &= (b,\ a)+(b',\ a')=f((a,\ b))+f((a',\ b'))\end{aligned}$$

이므로 $f$는 자기준동형이다. 즉 $f\in\mathrm{End}(\mathbf{Z}\oplus\mathbf{Z})$. 또, 함수 $g:\mathbf{Z}\oplus\mathbf{Z}\longrightarrow\mathbf{Z}\oplus\mathbf{Z}$를 임의의 $(a,\ b)\in\mathbf{Z}\oplus\mathbf{Z}$에 대하여 $g((a,\ b))=(a,\ 0)$으로 정의하면 임의의 $(a,\ b),\ (a',\ b')\in\mathbf{Z}\oplus\mathbf{Z}$에 대하여

$$\begin{aligned}g((a,\ b)+(a',\ b')) &= g((a+a',\ b+b'))=(a+a',\ 0)\\ &= (a,\ 0)+(a',\ 0)=g((a,\ b))+g((a',\ b'))\end{aligned}$$

이므로 $g$는 자기준동형이다. 즉 $g\in\mathrm{End}(\mathbf{Z}\oplus\mathbf{Z})$.

그러나 $(a,\ b)\in\mathbf{Z}\oplus\mathbf{Z}(a\neq 0,\ b\neq 0)$에 대하여

$$gf((a,\ b))=g((b,\ a))=(b,\ 0)\neq(0,\ a)=f((a,\ 0))=fg((a,\ b))$$

이므로 $gf\neq fg$이다. 따라서 End($\mathbf{Z}\oplus\mathbf{Z}$)는 비가환환이다. ◀

**【정리 3.1.6】**

$R$을 환이라 하고 $a$, $b$를 $R$의 임의의 원소라 하자. 그러면 다음이 성립한다.

(1) $R$이 단위원 $1_R$을 포함하면 $1_R$은 $R$의 유일한 단위원이다.

(2) $a0=0=0a$

(3) $a(-b)=-(ab)=(-a)b$

(4) $(-a)(-b)=ab$

**증명** (1) $1_R'$을 $R$의 또 다른 단위원이라 하면 $1_R=1_R1_R'=1_R'$이다.

(2)
$$a0+0=a0=a(0+0)=a0+a0,$$
$$0a+0=0a=(0+0)a=0a+0a$$

이므로 정리 2.1.8 (3) (i)에 의하여 $a0=0=0a$이다.

(3) (2)에 의하여

$$ab+a(-b)=a(b+(-b))=a0=0=ab+(-(ab)),$$
$$ab+(-a)b=(a+(-a))b=0b=0=ab+(-(ab))$$

이다. 따라서 정리 2.1.8 (3) (i)에 의하여 $a(-b)=-(ab)=(-a)b$.

(4) (3)과 정리 2.1.8 (5)에 의하여

$$(-a)(-b)=-(a(-b))=-(-(ab))=ab.$$ ■

**【정리 3.1.7】**

$R$을 환이라 하자. 그러면 임의의 $a$, $b$, $a_i$, $b_j\in R(i=1,\ 2,\ \cdots,\ n\ ;\ j=1,\ 2,\ \cdots,\ m)$에 대하여 다음이 성립한다.

(1) $a(a_1+a_2+\cdots+a_n)=aa_1+aa_2+\cdots+aa_n$

(2) $(a_1+a_2+\cdots+a_n)a=a_1a+a_2a+\cdots+a_na$

(3) 모든 $n\in\mathbf{Z}$에 대하여

$$a(nb)=n(ab)=(na)b$$

(4) $\left(\sum_{i=1}^{n} a_i\right)\left(\sum_{j=1}^{m} b_j\right)=\sum_{i=1}^{n}\sum_{j=1}^{m} a_i b_j$

**증명** (1) $n$에 대하여 수학적 귀납법을 적용하여 증명한다. $n=1$인 경우는 분명하고, $n=2$인 경우는 환의 정의에 의하여 성립한다. $n=k(k\geq 2)$인 경우에 (1)이 성립한다고 가정하자. 즉,

$$a(a_1+a_2+\cdots+a_k)=aa_1+aa_2+\cdots+aa_k$$

가 성립한다고 가정하자. 그러면

$$\begin{aligned}a(a_1+a_2+\cdots+a_k+a_{k+1})&=a((a_1+a_2+\cdots+a_k)+a_{k+1})\\&=a(a_1+a_2+\cdots+a_k)+aa_{k+1}=(aa_1+aa_2+\cdots+aa_k)+aa_{k+1}\\&=aa_1+aa_2+\cdots+aa_k+aa_{k+1}\end{aligned}$$

이다. 따라서 모든 $n(n\geq 1)$에 대하여 (1)은 성립한다.

(2) (1)과 같은 방법으로 증명하면 된다.

(3) $n=0$이면 정리 3.1.6 (2)에 의하여 성립한다. $n\geq 1$인 경우는 (1)과 (2)의 특별한 경우이다. 즉, 모든 $n\geq 0$에 대하여

$$a(nb)=n(ab)=(na)b \qquad \cdots\cdots(3.1.1)$$

가 성립한다. 다음 $n<0$인 경우는 $n=-m$이라 하면 $m>0$이고 임의의 $r\in R$에 대하여 $(-m)r=-(mr)$이므로 (3.1.1)과 정리 3.1.6 (3)에 의하여

$$\begin{aligned}a(nb)&=a((-m)b)=a(-(mb))=-(a(mb))=-(m(ab))\\&=(-m)(ab)=n(ab)\end{aligned}$$

이다. 같은 방법으로 $(na)b=n(ab)$임을 증명할 수 있다. 따라서 모든 $n\in\mathbf{Z}$에 대하여 $a(nb)=n(ab)=(na)b$가 성립한다.

(4) $r=\sum_{i=1}^{n} a_i$라 하면 (1)과 (2)에 의하여

$$\left(\sum_{i=1}^{n} a_i\right)\left(\sum_{j=1}^{m} b_j\right)=r\left(\sum_{j=1}^{m} b_j\right)=\sum_{j=1}^{m} rb_j=\sum_{j=1}^{m}\left(\sum_{i=1}^{n} a_i\right)b_j=\sum_{j=1}^{m}\left(\sum_{i=1}^{n} a_i b_j\right)$$

$$= \sum_{i=1}^{n}\sum_{j=1}^{m} a_i b_j. \qquad \blacksquare$$

$R$을 단위원 $1_R$을 갖는 환이라 하자. 임의의 $a \in R$에 대하여

$$a^0 = 1_R,$$
$$a^1 = a,$$
$$a^2 = aa,$$
$$a^3 = a^2 a,$$
$$\cdots\cdots,$$
$$a^n = a^{n-1}a \, (n > 0)$$

으로 정의한다. 그러면 정리 2.1.12에 의하여 임의의 $m, n \in \mathbf{Z}(m \geq 0, n \geq 0)$에 대하여 $a^m a^n = a^{m+n}$이 성립하고, 또한 정리 2.1.15 (2)의 증명과정과 같은 방법으로 $(a^m)^n = a^{mn}$이 성립함을 증명할 수 있다.

$R$이 단위원 $1_R$을 갖는 환이고 $1_R = 0$이면 정리 3.1.6 (2)에 의하여 모든 $a \in R$에 대하여 $0 = a0 = a1_R = a$이므로 $R = \{0\}$이다. 앞으로 단위원 $1_R$을 갖는 환 $R$을 다룰 때는 언제나 $1_R \neq 0$이라 가정한다.

**【정의 3.1.8】**

$R$을 단위원 $1_R$을 갖는 환이라 하고 $a \in R$이라 하자.

$$aa' = 1_R = a'a$$

를 만족하는 원소 $a' \in R$이 존재할 때, $a$를 $R$의 **단원**(unit)이라 한다. 또, $a'$을 $a$의 **곱셈역원**(multiplicative inverse)이라 하고 $a^{-1}$로 표시하기도 한다. 또한 $R$의 단원 모두를 원소로 갖는 집합을 $\mathrm{U}(R)$로 표시한다. 즉

$$\mathrm{U}(R) = \{a \in R \mid a\text{는 } R\text{의 단원}\}.$$

**【정의 3.1.9】**

$R$을 환이라 하고 $\varnothing \neq H \subset R$이라 하자. 임의의 $a, b \in H$에 대하여 항상 $a \cdot b \in H$($\cdot$는 $R$위의 곱셈)라 가정하자. 임의의 $(a, b) \in H \times H$에 대하여

$\cdot_H((a, b)) = a \cdot b$로 정의되는 $H$위의 이항연산(함수)

$$\cdot_H : H \times H \longrightarrow H$$

를 $R$위의 곱셈 $\cdot$에 의한 $H$위의 곱셈이라 한다(이 때, $a \cdot_H b = a \cdot b$). 앞으로, 편리를 위하여 $R$위의 곱셈 $\cdot$에 의한 $H$위의 곱셈 $\cdot_H$대신에 $R$위의 곱셈 $\cdot$를 그대로 사용한다.

**【정리 3.1.10】**

$R$을 단위원 $1_R$을 갖는 환이라 할 때, U($R$)은 $R$위의 곱셈 $\cdot$에 의한 U($R$)위의 곱셈에 대하여 군을 이룬다(이 때, U($R$)을 $R$의 단원군(group of units)이라 한다).

특히 $R$가 단위원 $1_R$을 갖는 가환환이면 U($R$)은 가환군이다.

**증명** $1_R 1_R = 1_R$이므로 $1_R$은 $R$의 단원이다. 즉 $1_R \in$ U($R$). $a$, $b \in$ U($R$)이라 하면

$$aa^{-1} = 1_R = a^{-1}a, \quad bb^{-1} = 1_R = b^{-1}b$$

를 만족하는 $a^{-1}$, $b^{-1} \in R$이 존재한다. 따라서

$$(ab)(b^{-1}a^{-1}) = a(bb^{-1})a^{-1} = a1_R a^{-1} = aa^{-1} = 1_R,$$
$$(b^{-1}a^{-1})(ab) = b^{-1}(a^{-1}a)b = b^{-1}1_R b = b^{-1}b = 1_R$$

이므로 $ab \in$ U($R$)이다. 또 $a \in$ U($R$)이라 하면 $aa^{-1} = 1_R = a^{-1}a$를 만족하는 $a^{-1} \in R$이 존재하므로 $a^{-1}$도 $R$의 단원이다. 즉 $a^{-1} \in$ U($R$). 더욱이 U($R$)$\subset R$이므로 임의의 $a$, $b$, $c \in$ U($R$)에 대하여 분명히

$$(ab)c = a(bc), \quad a1_R = a = 1_R a$$

이다. 따라서 U($R$)은 군이다. ■

$R$을 단위원 $1_R$을 갖는 환이라 할 때, $a$를 $R$의 단원이라 하면

$$aa^{-1} = 1_R = a^{-1}a$$

를 만족하는 $a^{-1}\in R$이 존재한다. 이 때, $a$, $a^{-1}\in \mathrm{U}(R)$이고 $a^{-1}$가 군 $\mathrm{U}(R)$에서 $a$의 역원이므로 정리 2.1.8 (4)에 의하여 $a^{-1}$는 유일하다.

**보기 3.1.11** $\mathrm{U}(\mathbf{Z})=\{-1, 1\}$, $\mathrm{U}(\mathbf{Q})=\mathbf{Q}^*$, $\mathrm{U}(\mathbf{R})=\mathbf{R}^*$, $\mathrm{U}(\mathbf{C})=\mathbf{C}^*$

$$\mathrm{U}(\mathrm{End}(A))=\mathrm{Aut}(A).$$ ◀

**보기 3.1.12** 단위원 $\bar{1}$를 갖는 가환환 $\mathbf{Z}_m=\{\bar{0}, \bar{1}, \bar{2}, \cdots, \overline{m-1}\}(m\geq 2)$를 생각하자(보기 3.1.4를 참조). $\bar{a}\in \mathrm{U}(\mathbf{Z}_m)$이라 하면 $\bar{a}\cdot\bar{x}=\bar{1}$를 만족하는 $\bar{x}\in \mathbf{Z}_m$이 존재한다. 따라서 $\overline{ax}=\bar{1}$이므로

$$ax\equiv 1 \pmod{m}$$

이다. 따라서 (1.3.7)에 의하여 $(ax, m)=(1, m)=1$이므로 정리 1.3.11에 의하여 $(a, m)=1$이어야 한다. 즉 $\bar{a}\in \mathbf{Z}_m^*$이다(보기 2.1.11을 참조). 따라서 $\mathrm{U}(\mathbf{Z}_m)\subset \mathbf{Z}_m^*$이다. 한편, $\mathbf{Z}_m^*$는 곱셈에 대하여 군이므로 분명히 $\mathbf{Z}_m^*\subset \mathrm{U}(\mathbf{Z}_m)$이다. 그러므로 $\mathrm{U}(\mathbf{Z}_m)=\mathbf{Z}_m^*$이다. ◀

**보기 3.1.13** 단위원 $I_2$를 갖는 환 $M_2(\mathbf{C})$를 생각하자(보기 3.1.3을 참조). $A\in \mathrm{U}(M_2(\mathbf{C}))$라 하면 $AA^{-1}=I_2=A^{-1}A$를 만족하는 $A^{-1}\in M_2(\mathbf{C})$가 존재하므로 $A$는 정칙행렬이다. 따라서 $\mathrm{U}(M_2(\mathbf{C}))=GL_2(\mathbf{C})$이다(보기 2.1.7을 참조). ◀

**【정의 3.1.14】**

$R$을 환이라 하고 $0\neq a\in R$이라 하자. $ab=0$이고 $b\neq 0$인 $b\in R$가 존재하면 $a$를 좌측영인자(left zero divisor)라 하고, $ca=0$이고 $c\neq 0$인 $c\in R$가 존재하면 $a$를 우측영인자(right zero divisor)라 한다. $a$가 좌측영인자인 동시에 우측영인자일 때 $a$를 영인자(zero divisor)라 한다.

**보기 3.1.15** 환 $\mathbf{Z}_m=\{\bar{0}, \bar{1}, \bar{2}, \cdots, \overline{m-1}\}$의 영인자를 모두 구해보자. $\bar{0}\neq\bar{a}\in \mathbf{Z}_m$이라 하자.

먼저, $(a, m)=d>1$이라 하자. $a=a_1d$, $m=m_1d$라 하면 $am_1=a_1dm_1=a_1m$

이므로 $am_1 \equiv 0 \pmod{m}$이다. 따라서 $\bar{0} = \overline{am_1} = \bar{a}\,\overline{m_1}$이고, $\mathbf{Z}_m$이 가환환이므로

$$\bar{a}\,\overline{m_1} = \bar{0} = \overline{m_1}\,\bar{a}$$

이다. 한편 $0 < m_1 < m$이므로 $\bar{0} \neq \overline{m_1} \in \mathbf{Z}_m$이다. 따라서 $\bar{a}$는 영인자이다.

다음, $(a, m) = 1$이라 하자. $\bar{s} \in \mathbf{Z}_m$인 $\bar{s}$에 대하여 $\bar{a}\,\bar{s} = \bar{0}$라 하면 $\overline{as} = \bar{a}\,\bar{s} = \bar{0}$이므로 $as \equiv 0 \pmod{m}$이다. 따라서 $m \mid as$. 따라서 $(a, m) = 1$이므로 정리 1.3.10에 의하여 $m \mid s$이다. 따라서 $\bar{s} = \bar{0}$이므로 $\bar{a}$는 영인자가 아니다. 그러므로 $\bar{0} \neq \bar{a} \in \mathbf{Z}_m$이고 $(a, m) = d > 1$인 $\bar{a}$만이 영인자이다. 예를 들면

$$\mathbf{Z}_8 = \{\bar{0}, \bar{1}, \bar{2}, \bar{3}, \bar{4}, \bar{5}, \bar{6}, \bar{7}\}$$

에서 $(1, 8) = (3, 8) = (5, 8) = (7, 8) = 1$, $(2, 8) = (6, 8) = 2$, $(4, 8) = 4$이므로 $\bar{2}$, $\bar{4}$, $\bar{6}$만이 영인자이다. 실제로

$$\bar{2} \cdot \bar{4} = \bar{0} = \bar{4} \cdot \bar{2}, \quad \bar{4} \cdot \bar{6} = \bar{0} = \bar{6} \cdot \bar{4}$$

이다. ◀

**보기 3.1.16** 보기 3.1.3의 환 $M_2(\mathbf{C})$를 생각하자.

$$\begin{bmatrix} 1 & 0 \\ 0 & 0 \end{bmatrix}\begin{bmatrix} 0 & 0 \\ 2 & 0 \end{bmatrix} = \begin{bmatrix} 0 & 0 \\ 0 & 0 \end{bmatrix} = \begin{bmatrix} 0 & 1 \\ 0 & 1 \end{bmatrix}\begin{bmatrix} 1 & 0 \\ 0 & 0 \end{bmatrix}$$

이므로

$$\begin{bmatrix} 1 & 0 \\ 0 & 0 \end{bmatrix}$$

은 영인자이다. ◀

**보기 3.1.17** $\mathbf{Z}_2 = \{\bar{0}, \bar{1}\}$를 생각하자.

$$R = \left\{ \begin{bmatrix} a & \bar{0} \\ b & \bar{0} \end{bmatrix} \,\middle|\, a, b \in \mathbf{Z}_2 \right\} = \left\{ \begin{bmatrix} \bar{0} & \bar{0} \\ \bar{0} & \bar{0} \end{bmatrix}, \begin{bmatrix} \bar{1} & \bar{0} \\ \bar{0} & \bar{0} \end{bmatrix}, \begin{bmatrix} \bar{0} & \bar{0} \\ \bar{1} & \bar{0} \end{bmatrix}, \begin{bmatrix} \bar{1} & \bar{0} \\ \bar{1} & \bar{0} \end{bmatrix} \right\}$$

라 하면 $R$은 행렬의 덧셈과 곱셈에 대하여

$$O=\begin{bmatrix}\bar{0} & \bar{0}\\ \bar{0} & \bar{0}\end{bmatrix}$$

을 영원으로 갖는 환이다. 이 때

$$\begin{bmatrix}\bar{1} & \bar{0}\\ \bar{0} & \bar{0}\end{bmatrix}\begin{bmatrix}\bar{0} & \bar{0}\\ \bar{1} & \bar{0}\end{bmatrix}=\begin{bmatrix}\bar{0} & \bar{0}\\ \bar{0} & \bar{0}\end{bmatrix}=O$$

이지만

$$\begin{bmatrix}\bar{1} & \bar{0}\\ \bar{0} & \bar{0}\end{bmatrix}\begin{bmatrix}\bar{1} & \bar{0}\\ \bar{0} & \bar{0}\end{bmatrix}=\begin{bmatrix}\bar{1} & \bar{0}\\ \bar{0} & \bar{0}\end{bmatrix}\neq O,\quad \begin{bmatrix}\bar{0} & \bar{0}\\ \bar{1} & \bar{0}\end{bmatrix}\begin{bmatrix}\bar{1} & \bar{0}\\ \bar{0} & \bar{0}\end{bmatrix}=\begin{bmatrix}\bar{0} & \bar{0}\\ \bar{1} & \bar{0}\end{bmatrix}\neq O,$$

$$\begin{bmatrix}\bar{1} & \bar{0}\\ \bar{1} & \bar{0}\end{bmatrix}\begin{bmatrix}\bar{1} & \bar{0}\\ \bar{0} & \bar{0}\end{bmatrix}=\begin{bmatrix}\bar{1} & \bar{0}\\ \bar{1} & \bar{0}\end{bmatrix}\neq O$$

이므로

$$\begin{bmatrix}\bar{1} & \bar{0}\\ \bar{0} & \bar{0}\end{bmatrix}$$

는 좌측영인자이나 우측영인자는 아니다. 즉, 영인자가 아니다. ◀

**【정의 3.1.18】**

$R$을 환이라 하자. 임의의 $a$, $b$, $c\in R(a\neq 0)$에 대하여 다음 두 조건

(1) $ab=ac \Longrightarrow b=c$

(2) $ba=ca \Longrightarrow b=c$

를 만족할 때, $R$은 소거법칙(cancellation law)이 성립한다고 한다.

**【정리 3.1.19】**

$R$을 환이라 하자. 그러면 다음 세 주장은 서로 동치이다.

(1) $R$은 영인자를 포함하지 않는다.

(2) $R$은 소거법칙이 성립한다.

(3) 임의의 $a$, $b\in R$에 대하여

$ab=0 \Longrightarrow a=0$ 또는 $b=0$(즉 $a\neq 0$, $b\neq 0 \Longrightarrow ab\neq 0$).

**증명** (1)$\Longrightarrow$(2). $R$이 영인자를 포함하지 않는다고 하자. 임의의 $a$, $b$, $c\in$

$R(a \neq 0)$에 대하여 $ab=ac$, $ba=ca$라 하자. 그러면 정리 3.1.6 (3)에 의하여

$$a(b-c)=a(b+(-c))=ab+a(-c)=ac+(-(ac))=0,$$
$$(b-c)a=(b+(-c))a=ba+(-c)a=ca+(-(ca))=0$$

이다. 즉, $a(b-c)=0$, $(b-c)a=0$. 그런데 $a \neq 0$이고 $R$은 영인자를 포함하지 않으므로 $b-c=0$이다. 즉, $b=c$. 따라서 $R$은 소거법칙이 성립한다.

(2) $\Longrightarrow$ (3). $R$은 소거법칙이 성립한다고 하자. 임의의 $a, b \in R$에 대하여 $ab=0$이라 하면 정리 3.1.6 (2)에 의하여 $ab=0=a0$이다. 따라서 $a=0$ 또는 $a \neq 0$인데, $a \neq 0$이면 $b=0$이다.

(3) $\Longrightarrow$ (1)은 분명하다. ■

**【정의 3.1.20】**

$R$을 단위원을 갖는 가환환이라 하자. $R$이 정리 3.1.19의 주장 (1), (2), (3) 중의 어느 하나를 만족할 때, $R$을 정역(integral domain)이라 한다.

**보기 3.1.21** 환 $\mathbf{Z}$, $\mathbf{Q}$, $\mathbf{R}$, $\mathbf{C}$(보기 3.1.2를 참조)는 모두 정역이다. 또한 보기 3.1.4와 보기 3.1.15에 의하여 환 $\mathbf{Z}_m(m \geq 2)$은 $m$이 소수일 때는 정역이지만, $m$이 소수가 아니면 정역이 아니다. ◀

**【정의 3.1.22】**

$R$이 단위원 $1_R$을 갖는 환이고 $\mathrm{U}(R)=R-\{0\}$일 때, $R$을 나눗셈환(division ring)이라 한다. 특히 가환환인 나눗셈환을 체(field)라 하고, 비가환환인 나눗셈환을 비틀린 체(skew field)라 한다.

**보기 3.1.23** 보기 3.1.2와 보기 3.1.11에 의하여 $\mathbf{Q}$, $\mathbf{R}$, $\mathbf{C}$는 체이다. 그러나 $\mathbf{Z}$는 체가 아니다. ◀

**보기 3.1.24** $\alpha \in \mathbf{C}$일 때 $\alpha$의 공액복소수를 $\bar{\alpha}$로 표시한다. 즉 $\alpha=a+bi$ ($a, b \in \mathbf{R}$ , $i=\sqrt{-1}$)이라 할 때 $\bar{\alpha}=a-bi$이다.

$$R=\left\{\begin{bmatrix}\alpha & \beta \\ -\overline{\beta} & \overline{\alpha}\end{bmatrix} \middle| \alpha,\ \beta\in\mathbf{C}\right\}$$

라 하자. 임의의 $\alpha,\ \beta\in\mathbf{C}$에 대하여 복소수의 다음 성질

$$\overline{\overline{\alpha}}=\alpha,\ \ \overline{\alpha+\beta}=\overline{\alpha}+\overline{\beta},\ \ \overline{\alpha-\beta}=\overline{\alpha}-\overline{\beta},\ \ \overline{-\alpha}=-\overline{\alpha},\ \ \overline{\alpha\beta}=\overline{\alpha}\overline{\beta}$$

를 이용하면 $R$은 행렬의 덧셈과 곱셈에 대하여

$$I_2=\begin{bmatrix}1 & 0 \\ 0 & 1\end{bmatrix}$$

을 단위원으로 갖는 환이 됨을 알 수 있다. 이 때

$$A=\begin{bmatrix}0 & 1 \\ -1 & 0\end{bmatrix},\quad B=\begin{bmatrix}i & 0 \\ 0 & -i\end{bmatrix}$$

라 하면 $A,\ B\in R$이다. 더욱이

$$AB=\begin{bmatrix}0 & 1 \\ -1 & 0\end{bmatrix}\begin{bmatrix}i & 0 \\ 0 & -i\end{bmatrix}=\begin{bmatrix}0 & -i \\ -i & 0\end{bmatrix},\quad BA=\begin{bmatrix}i & 0 \\ 0 & -i\end{bmatrix}\begin{bmatrix}0 & 1 \\ -1 & 0\end{bmatrix}=\begin{bmatrix}0 & i \\ i & 0\end{bmatrix}$$

이므로 $AB\neq BA$이다. 따라서 $R$은 비가환환이다.

$$O\neq A=\begin{bmatrix}\alpha & \beta \\ -\overline{\beta} & \overline{\alpha}\end{bmatrix}\in R$$

이라 하고 $\alpha=a+bi,\ \beta=c+di\ (a,\ b,\ c,\ d\in\mathbf{R})$이라 하면 $A\neq O$이므로 $a,\ b,\ c,\ d$ 중에 적어도 하나는 0이 아니다. 따라서 $n=a^2+b^2+c^2+d^2$이라 하면 $n>0$이다. 이제

$$A'=\begin{bmatrix}\frac{1}{n}\overline{\alpha} & -\frac{1}{n}\beta \\ \frac{1}{n}\overline{\beta} & \frac{1}{n}\alpha\end{bmatrix}$$

라 하면 임의의 $h\in\mathbf{R}$와 임의의 $w\in\mathbf{C}$에 대하여 $\overline{hw}=h\overline{w}$이므로 $A'\in R$이다. 또한 $\alpha\overline{\alpha}=a^2+b^2,\ \beta\overline{\beta}=c^2+d^2$이므로

$$AA'=I_2=A'A$$

이다. 즉 $A$는 $R$의 단원이다. 따라서 $\mathrm{U}(R)=R-\{0\}$이다. 그러므로 $R$은 비틀

린 체이다. ◀

**【정리 3.1.25】**

$R$이 체이면 $R$은 정역이다.

**증명** $R$을 체라 하자. 정리 3.1.10에 의하여 $\mathrm{U}(R)$이 군이므로 임의의 $a, b \in \mathrm{U}(R)$에 대하여 $ab \in \mathrm{U}(R)$이다. 따라서 $\mathrm{U}(R) = R - \{0\}$이므로 임의의 $a, b \in R$에 대하여 $a \neq 0$, $b \neq 0$이면 $ab \neq 0$이다. 그러므로 $R$은 정역이다.■

$R$을 환(각각 체)이라 할 때, $R$의 원소의 개수가 유한개이면 $R$을 유한환(finite ring)(각각 유한체(finite field))이라 하고, $R$이 유한환(각각 유한체)이 아니면 $R$을 무한환(infinite ring)(각각 무한체(infinite field))이라 한다.

**【정리 3.1.26】**

$R$이 유한정역이면 $R$은 체이다.

**증명** $R$을 유한정역이라 하고

$$R = \{0,\ 1_R,\ a_1,\ a_2,\ \cdots,\ a_n\}$$

이라 하자. 임의의 $a \in R(a \neq 0)$에 대하여 집합

$$S = \{a1_R,\ aa_1,\ aa_2,\ \cdots,\ aa_n\}$$

을 생각하자. $a_0 = 1_R$이라 하자. $aa_i = aa_j (i, j = 0, 1, 2, \cdots, n)$이라 하면 $R$은 소거법칙이 성립하므로 $a_i = a_j$이다. 따라서 $S$의 원소는 모두 다르다. 또한 $aa_i = 0 (i = 0, 1, 2, \cdots, n)$이라 하면 $R$이 정역이고 $a \neq 0$이므로 $a_i = 0$이 되어 모순이다. 따라서 $aa_i \neq 0 (i = 0, 1, 2, \cdots, n)$이다. 그러므로

$$S = \{1_R,\ a_1,\ a_2,\ \cdots,\ a_n\}$$

이고, 따라서 $1_R = a1_R$이거나 적당한 $i (i = 1, 2, \cdots, n)$에 대하여 $1_R = aa_i$이다. $1_R = a1_R$인 경우는 $a = 1_R$이 되어 $a$는 단원이다. $1_R = aa_i$인 경우는 $R$이 가환환이므로 $aa_i = 1_R = a_i a$이다. 따라서 $a$는 단원이다.

따라서 어느 경우이든 $a$는 단원이다. 즉, $a \in U(R)$. 그러므로 $U(R)=R-\{0\}$이고, 따라서 $R$은 체이다. ■

**보기 3.1.27** $p$를 소수라 할 때, $\mathbf{Z}_p$는 유한정역이므로 $\mathbf{Z}_p$는 체이다. ◀

**【정의 3.1.28】**

$R$을 환이라 하자. 모든 $a \in R$에 대하여 $na=0$을 만족하는 최소의 양의 정수 $n$을 $R$의 표수(characteristic)라 한다. 이와 같은 양의 정수 $n$이 존재하지 않으면 $R$의 표수는 0이라 한다.

**보기 3.1.29** 환 $\mathbf{Z}$의 덧셈아벨군은 무한순회군 $\mathbf{Z}=\langle 1\rangle$이므로 정리 2.3.7 (1)에 의하여 환 $\mathbf{Z}$의 표수는 0이다. 또 환 $\mathbf{Z}_m$의 덧셈아벨군은 위수가 $m$인 순회군 $\mathbf{Z}_m=\langle \bar{1}\rangle$이므로 정리 2.3.7 (2)와 정리 2.4.8 (1)에 의하여 환 $\mathbf{Z}_m$의 표수는 $m$이다. ◀

$R$이 단위원 $1_R$을 갖는 환이고 $R$의 표수가 $n(n>0)$이면 $n>1$이다. 왜냐하면, $n=1$이라 하면 $1_R=11_R=0$이 되어 모순이 되기 때문이다(정의 3.1.8 앞의 설명을 참조).

**【정리 3.1.30】**

$R$을 단위원 $1_R$을 갖는 환이라 하자. 그러면 다음이 성립한다.

(1) $R$의 표수가 $n(n>1)$이 되기 위한 필요충분조건은 $n$이 $n1_R=0$을 만족하는 최소의 양의 정수인 것이다.

(2) $R$이 영인자를 포함하지 않고 $R$의 표수가 $n(n>1)$이면 $n$은 소수이다(따라서 정역(또는 체) $R$의 표수가 $n$이면 $n$은 소수이다).

(3) $n(n>1)$을 $R$의 표수라 할 때, $m1_R=0(m\in\mathbf{Z})$일 필요충분조건은 $n \mid m$인 것이다.

**증명** (1) $n$이 $n1_R=0$을 만족하는 최소의 양의 정수라 하자. 그러면 정리 3.1.7 (3)과 정리 3.1.6 (2)에 의하여 모든 $a\in R$에 대하여

$$na = n(a1_R) = a(n1_R) = a \cdot 0 = 0$$

이다. 따라서 $n$은 모든 $a \in R$에 대하여 $na=0$을 만족하는 최소의 양의 정수이다. 즉 $n$은 $R$의 표수이다.

역으로, $R$의 표수가 $n$이라 하자. 그러면 모든 $a \in R$에 대하여 $na=0$이므로 $n1_R=0$이다. 만일 $0<m<n$인 정수 $m$에 대하여 $m1_R=0$이라 하면 위의 증명과정에 의하여 모든 $a \in R$에 대하여 $ma=0$이다. 이것은 $n$의 최소성에 모순이다. 따라서 $n$은 $n1_R=0$을 만족하는 최소의 양의 정수이다.

(2) $R$이 영인자를 포함하지 않고 $R$의 표수가 $n$이라 하자. $n$이 소수가 아니라 하면

$$n = ms, \quad 1<m<n, \quad 1<s<n$$

인 정수 $m$, $s$가 존재한다. 따라서 정리 2.1.15 (2)와 정리 3.1.7 (3)에 의하여

$$0 = n1_R = (ms)1_R = m(s1_R) = m((s1_R)1_R) = (s1_R)(m1_R)$$

이다. 그런데 $R$이 영인자를 포함하지 않으므로 정리 3.1.19에 의하여 $s1_R=0$ 또는 $m1_R=0$이다. 이것은 (1)에 모순이다. 따라서 $n$은 소수이다.

(3) $n \mid m$이라 하면 $m=nd$를 만족하는 $d \in \mathbf{Z}$가 존재한다. 따라서 정리 2.1.15 (2)에 의하여

$$m1_R = (nd)1_R = d(n1_R) = d0 = 0$$

이다. 역으로, $m1_R=0$이라 하자. 정리 1.3.2에 의하여

$$m = nq + r, \quad 0 \le r < n$$

을 만족하는 $q$, $r \in \mathbf{Z}$가 유일하게 존재한다. 따라서 정리 2.1.15 (1), (2)에 의하여

$$\begin{aligned} 0 = m1_R &= (nq+r)1_R = (nq)1_R + r1_R \\ &= q(n1_R) + r1_R = q0 + r1_R = 0 + r1_R = r1_R \end{aligned}$$

이다. 따라서 (1)에 의하여 $n$은 $n1_R=0$을 만족하는 최소의 양의 정수이므로 $r=0$이어야 한다. 따라서 $n|m$이다. ■

**【정리 3.1.31】**

$R_1$, $R_2$, $\cdots$, $R_n$을 환이라 할 때, $R_1$, $R_2$, $\cdots$, $R_n$의 카테시안 곱($R_1$, $R_2$, $\cdots$, $R_n$을 집합으로 생각하여) $R_1 \times R_2 \times \cdots \times R_n$을 생각하자.

임의의 $(a_1,\ a_2,\ \cdots,\ a_n)$, $(b_1,\ b_2,\ \cdots,\ b_n) \in R_1 \times R_2 \times \cdots \times R_n$에 대하여

$$(a_1,\ a_2,\ \cdots,\ a_n)+(b_1,\ b_2,\ \cdots,\ b_n)=(a_1+b_1,\ a_2+b_2,\ \cdots,\ a_n+b_n),$$
$$(a_1,\ a_2,\ \cdots,\ a_n)\cdot(b_1,\ b_2,\ \cdots,\ b_n)=(a_1b_1,\ a_2b_2,\ \cdots,\ a_nb_n)$$

으로 정의하면 $+$와 $\cdot$는 $R_1 \times R_2 \times \cdots \times R_n$위의 이항연산이고 $R_1 \times R_2 \times \cdots \times R_n$은 덧셈 $+$와 곱셈 $\cdot$에 대하여 환을 이룬다.

이 때, $R_i(i=1,\ 2,\ \cdots,\ n)$가 $1_{R_i}$를 단위원으로 갖는 환이면 $R_1 \times R_2 \times \cdots \times R_n$은 $(1_{R_1},\ 1_{R_2},\ \cdots,\ 1_{R_n})$을 단위원으로 갖는 환이다. 또한, $R_i(i=1,\ 2,\ \cdots,\ n)$가 가환환이면 $R_1 \times R_2 \times \cdots \times R_n$도 가환환이다.

환 $R_1 \times R_2 \times \cdots \times R_n$을 $R_1$, $R_2$, $\cdots$, $R_n$의 직합(direct sum)이라 하고 $R_1 \oplus R_2 \oplus \cdots \oplus R_n$으로 표시한다. 앞으로, 편리를 위하여 기호 $\cdot$를 생략하여 쓰기로 한다. 즉

$$(a_1,\ a_2,\ \cdots,\ a_n)(b_1,\ b_2,\ \cdots,\ b_n)=(a_1b_1,\ a_2b_2,\ \cdots,\ a_nb_n).$$

**증명** $R_i(i=1,\ 2,\ \cdots,\ n)$가 환 $R_i$위의 덧셈 $+$에 대하여 덧셈아벨군이므로 정리 2.5.1에 의하여 $R_1 \times R_2 \times \cdots \times R_n$은 $R_1 \times R_2 \times \cdots \times R_n$위의 덧셈 $+$에 대하여 덧셈아벨군이다. 또한, 임의의 $(a_1,\ a_2,\ \cdots,\ a_n)$, $(b_1,\ b_2,\ \cdots,\ b_n)$, $(c_1,\ c_2,\ \cdots,\ c_n) \in R_1 \times R_2 \times \cdots \times R_n$에 대하여

$$\begin{aligned}
&((a_1,\ a_2,\ \cdots,\ a_n)(b_1,\ b_2,\ \cdots,\ b_n))(c_1,\ c_2,\ \cdots,\ c_n)\\
&=(a_1b_1,\ a_2b_2,\ \cdots,\ a_nb_n)(c_1,\ c_2,\ \cdots,\ c_n)\\
&=((a_1b_1)c_1,\ (a_2b_2)c_2,\ \cdots,\ (a_nb_n)c_n)\\
&=(a_1(b_1c_1),\ a_2(b_2c_2),\ \cdots,\ a_n(b_nc_n))
\end{aligned}$$

$$=(a_1, a_2, \cdots, a_n)(b_1c_1, b_2c_2, \cdots, b_nc_n)$$
$$=(a_1, a_2, \cdots, a_n)((b_1, b_2, \cdots, b_n)(c_1, c_2, \cdots, c_n))$$

이고

$$\begin{aligned}(a_1, a_2, \cdots, a_n)&((b_1, b_2, \cdots, b_n)+(c_1, c_2, \cdots, c_n))\\ &=(a_1, a_2, \cdots, a_n)(b_1+c_1, b_2+c_2, \cdots, b_n+c_n)\\ &=(a_1(b_1+c_1), a_2(b_2+c_2), \cdots, a_n(b_n+c_n))\\ &=(a_1b_1+a_1c_1, a_2b_2+a_2c_2, \cdots, a_nb_n+a_nc_n)\\ &=(a_1b_1, a_2b_2, \cdots, a_nb_n)+(a_1c_1, a_2c_2, \cdots, a_nc_n)\\ &=(a_1, a_2, \cdots, a_n)(b_1, b_2, \cdots, b_n)+(a_1, a_2, \cdots, a_n)(c_1, c_2, \cdots, c_n)\end{aligned}$$

이다. 같은 방법으로

$$\begin{aligned}((a_1, a_2, \cdots, a_n)&+(b_1, b_2, \cdots, b_n))(c_1, c_2, \cdots, c_n)\\ &=(a_1, a_2, \cdots, a_n)(c_1, c_2, \cdots, c_n)+(b_1, b_2, \cdots, b_n)(c_1, c_2, \cdots, c_n)\end{aligned}$$

이다. 따라서 $R_1\times R_2\times\cdots\times R_n$은 덧셈 $+$와 곱셈 $\cdot$에 대하여 환을 이룬다. 나머지 결과는 정리 2.5.1의 증명과정과 같은 방법으로 쉽게 증명된다. ■

## 연습문제 3.1

**1.** 카테시안 곱 $\mathbf{R}\times\mathbf{R}=\{(a, b)\mid a, b\in\mathbf{R}\}$위에 덧셈 $+$와 곱셈 $\cdot$를 임의의 $(a, b), (c, d)\in\mathbf{R}\times\mathbf{R}$에 대하여 각각 다음과 같이 정의할 때, $\mathbf{R}\times\mathbf{R}$이 주어진 덧셈과 곱셈에 대하여 환이 되는지 조사하여라. 환이 되는 경우에는 가환환인지, 단위원을 갖는지, 정역이 되는지, 체가 되는지 조사하여라.

(1) $(a, b)+(c, d)=(ac, bc+d)$, $(a, b)\cdot(c, d)=(ac, bd)$

(2) $(a, b)+(c, d)=(a+c, b+d)$, $(a, b)\cdot(c, d)=(ac-bd, ad+bc)$

(3) $(a, b)+(c, d)=(a, b)$, $(a, b)\cdot(c, d)=(0, 0)$

(4) $(a, b)+(c, d)=(ad+bd, bd)$, $(a, b)(c, d)=(ac, bd)$

(5) $(a,\ b)+(c,\ d)=(a+c,\ b+d)$, $(a,\ b)\cdot(c,\ d)=(ac,\ ad+bc)$

**2.** $\mathbf{Q}$위에 덧셈 $\oplus$와 곱셈 $\odot$를 임의의 $a,\ b\in\mathbf{Q}$에 대하여

$$a\oplus b=a+b+1,\quad a\odot b=ab+a+b$$

로 정의하면 $\mathbf{Q}$는 덧셈 $\oplus$와 곱셈 $\odot$에 대하여 체가 됨을 보여라.

**3.** $p$를 소수라 할 때,

$$\mathbf{Z}[\sqrt{p}]=\{a+b\sqrt{p}\mid a,\ b\in\mathbf{Z}\}$$

는 일반적인 실수의 덧셈과 곱셈에 대하여 정역이 됨을 보여라.

**4.** $p$를 소수라 할 때,

$$\mathbf{Q}[\sqrt{p}]=\{a+b\sqrt{p}\mid a,\ b\in\mathbf{Q}\}$$

는 일반적인 실수의 덧셈과 곱셈에 대하여 체가 됨을 보여라.

**5.** $H=\{a_0+a_1i+a_2j+a_3k\mid a_0,\ a_1,\ a_2,\ a_3\in\mathbf{R}\}$라 하고 $H$위의 상등관계, 덧셈, 곱셈을 다음과 같이 정의하자.

임의의 $a_0+a_1i+a_2j+a_3k,\ b_0+b_1i+b_2j+b_3k\in H$에 대하여

$$a_0+a_1i+a_2j+a_3k=b_0+b_1i+b_2j+b_3k \iff a_0=b_0,\ a_1=b_1,\ a_2=b_2,\ a_3=b_3,$$

$$\begin{aligned}&(a_0+a_1i+a_2j+a_3k)+(b_0+b_1i+b_2j+b_3k)\\&\qquad=(a_0+b_0)+(a_1+b_1)i+(a_2+b_2)j+(a_3+b_3)k,\\&(a_0+a_1i+a_2j+a_3k)\cdot(b_0+b_1i+b_2j+b_3k)\\&\qquad=(a_0b_0-a_1b_1-a_2b_2-a_3b_3)+(a_0b_1+a_1b_0+a_2b_3-a_3b_2)i\\&\qquad\quad+(a_0b_2+a_2b_0+a_3b_1-a_1b_3)j+(a_0b_3+a_3b_0+a_1b_2-a_2b_1)k.\end{aligned}$$

그러면 $H$는 위에서 정의된 덧셈과 곱셈에 대하여 비틀린 체임을 보여라.

**6.** 환 $\mathbf{Z}$위에 새로운 덧셈 $\oplus$와 곱셈 $\odot$를 임의의 $a,\ b\in\mathbf{Z}$에 대하여

$$a\oplus b=a+b-1,\quad a\odot b=ab-(a+b)+2$$

로 정의하면 $\mathbf{Z}$는 덧셈 $\oplus$와 곱셈 $\odot$에 대하여 정역임을 보여라.

**7.** $R$을 두 개 이상의 원소를 갖는 환이라 하고 $R$의 각 원소 $a\,(a\neq 0)$에 대하여 $aba=a$를 만족하는 $b\in R$가 유일하게 존재한다고 할 때, 다음을 증명하여라.

(1) $R$은 영인자를 갖지 않는다.

(2) $bab=b$이다.

(3) $R$은 단위원을 갖는다.

(4) $R$은 나눗셈환이다.

**8.** $R$을 단위원 $1_R$을 갖는 환이라 하자. 각 $a\in R(a\neq 0)$에 대하여 $ab=1_R$를 만족하는 $b\in R$가 유일하게 존재하면 $R$은 나눗셈환임을 보여라.

**9.** $R$을 환이라 하고 $a\in R$이라 하자. $ab=a$를 만족하는 $b\in R$가 유일하게 존재하면 $ba=a$임을 보여라. 특히, 모든 $x\in R$에 대하여 $xu=x$를 만족하는 $u\in R$가 유일하게 존재하면 $u$는 $R$의 단위원, 즉 $u=1_R$임을 보여라.

**10.** $R$을 환이라 하자. 모든 $a,\ b\in R$에 대하여 $a^2-b^2=(a+b)(a-b)$가 성립하기 위한 필요충분조건은 $R$이 가환환일 때임을 보여라.

**11.** $R$을 단위원을 갖는 가환환이라 하고 $a,\ b\in R$이라 하자. 임의의 $n\in\mathbf{N}$에 대하여

$$(a+b)^n=\sum_{k=0}^{n}\binom{n}{k}a^{n-k}b^k$$

가 성립함을 증명하여라. 이 때, $\binom{n}{k}=\dfrac{n!}{(n-k)!k!}$이다.

**12.** 다음 각 환의 단원군을 구하여라.

(1) $\mathbf{Z}\oplus\mathbf{Z}$

(2) $\mathbf{Z}\oplus\mathbf{Q}$

(3) $\mathbf{Z}_2\oplus\mathbf{Z}_4$

(4) $\mathbf{Z}\oplus\mathbf{Z}_3$

(5) 연습문제 3.1의 3의 환 $\mathbf{Z}[\sqrt{p}\,]=\{a+b\sqrt{p}\mid a,\ b\in\mathbf{Z}\}$

**13.** 다음 각 환의 영인자를 모두 구하여라.

(1) $\mathbf{Z}\oplus\mathbf{Z}$ (2) $\mathbf{Z}_4\oplus\mathbf{Z}_4$

(3) $\mathbf{Z}\oplus\mathbf{Z}_3$ (4) $\mathbf{Z}_3\oplus\mathbf{Z}_4$

**14.** 정역이 아니고 영인자를 갖지 않는 가환환의 예를 들어라.

**15.** $R$을 단위원을 갖는 환이라 할 때, $R$의 어떠한 영인자도 $R$의 단원이 아님을 보여라.

**16.** $R$을 단위원을 갖는 가환환이라 하고 $a$, $b\in R$이라 하자. $a$가 단원이고 $b^2=0$이면 $a+b$도 단원임을 보여라.

**17.** 다음 각 환의 표수를 구하여라.

(1) $\mathbf{Q}$ (2) $\mathbf{Z}\oplus\mathbf{Z}$

(3) $\mathbf{Z}\oplus\mathbf{Z}_3$ (4) $\mathbf{Z}_3\oplus\mathbf{Z}_4$

**18.** $R$을 단위원을 갖는 가환환이라 하고 $R$의 표수를 $p$($p$는 소수)라 할 때, 모든 양의 정수 $n$과 모든 $a$, $b\in R$에 대하여

$$(a+b)^{p^n}=a^{p^n}+b^{p^n}$$

이 성립함을 보여라.

**19.** $R$을 환이라 하자. 모든 $a\in R$에 대하여 $a^2=a$이면 $R$을 Boole환(Boolean ring)이라 한다. Boole환은 가환환임을 보여라. 특히 $R\neq\{0\}$인 Boole환 $R$의 표수는 2임을 보여라.

**20.** 집합 $S(S\neq\varnothing)$의 멱집합 $P(S)=\{A\,|\,A\subset S\}$를 생각하자. $P(S)$위에 덧셈 $+$와 곱셈 $\cdot$를 임의의 $A$, $B\in P(S)$에 대하여

$$A+B=(A-B)\cup(B-A),\quad A\cdot B=A\cap B$$

로 정의하면 $P(S)$는 주어진 덧셈과 곱셈에 대하여 단위원을 갖는 Boole

환임을 보여라.

**21.** $R$을 환이라 하고 $a \in R$이라 하자. $a$가 $a^2 = a$를 만족하면 $a$를 **멱등원** (idempotent)이라 한다.

(1) 환 $\mathbf{Z}_{20}$의 멱등원을 모두 구하여라.

(2) 보기 3.1.3의 환 $M_2(\mathbf{C})$에서 $O = \begin{bmatrix} 0 & 0 \\ 0 & 0 \end{bmatrix}$과 $I_2 = \begin{bmatrix} 1 & 0 \\ 0 & 1 \end{bmatrix}$가 아닌 멱등원을 찾아라. 또한, $A \in M_2(\mathbf{C})$가 멱등원인 동시에 단원이면 $A = I$임을 보여라.

(3) 나눗셈환은 단지 두 개의 멱등원을 가짐을 보여라.

**22.** $R$을 환이라 하고 $a \in R$이라 하자. 적당한 양의 정수 $n$에 대하여 $a^n = 0$이면 $a$를 **멱영원**(nilpotent)이라 한다.

(1) 환 $\mathbf{Z}_m (m > 2)$가 $\bar{0}$가 아닌 멱영원을 포함하기 위한 필요충분조건은 적당한 소수 $p$에 대하여 $p^2 | m$일 때임을 증명하고, $\mathbf{Z}_{20}$의 멱영원을 모두 구하여라.

(2) 보기 3.1.3의 환 $M_2(\mathbf{C})$에서 $O = \begin{bmatrix} 0 & 0 \\ 0 & 0 \end{bmatrix}$이 아닌 멱영원을 찾아라. 또한, $A \in M_2(\mathbf{C})$가 단원이면 $A$는 멱영원이 아님을 보여라.

(3) $R$을 단위원 $1_R$을 갖는 환이라 하고 $a \in R$를 멱영원이라 하면 $1_R - a$는 단원임을 보여라.

**23.** $R$을 0이외의 멱영원을 갖지 않는 환이라 하고 $a \in R$를 멱등원이라 하자. 임의의 $x \in R$에 대하여 $ax = xa$가 성립함을 보여라.

**24.** 폐구간 $[0, 1]$로부터 $\mathbf{R}$로의 연속함수 전체의 집합을 $C[0, 1]$로 표시하자. $C[0, 1]$위에 덧셈 $+$와 곱셈 $\cdot$를 임의의 $f, g \in C[0, 1]$과 임의의 $x \in [0, 1]$에 대하여

$$(f+g)(x) = f(x) + g(x), \ (f \cdot g)(x) = f(x)g(x)$$

로 정의할 때, 다음을 증명하여라.

(1) $C[0, 1]$은 단위원을 갖는 가환환이다.

(2) $C[0, 1]$은 정역이 아니다.

(3) $C[0,\ 1]$은 영원과 단위원 이외의 멱등원을 갖지 않는다.

**25.** $R$을 공집합이 아닌 집합이라 하자. $R$위의 덧셈 $+$와 곱셈 $\cdot$가 정의되어 다음 조건

(i) $R$은 $+$에 대하여 군을 이룬다.

(ii) 임의의 $a,\ b,\ c \in R$에 대하여 $(ab)c = a(bc)$.

(iii) 임의의 $a,\ b,\ c \in R$에 대하여 $a(b+c) = ab+ac$, $(a+b)c = ac+bc$.

를 만족한다고 하자.

(1) $R$이 다음 조건

(iv) 모든 $a \in R$에 대하여 $ac = a$를 만족하는 $c \in R$가 존재한다.

를 만족하면 $R$이 환이 됨을 보여라.

(2) $R$이 (1)의 조건 (iv) 대신에 다음 조건

(v) 모든 $a,\ b \in R$에 대하여

$$ac = bc \Longrightarrow a = b$$

를 만족하는 $c \in R$가 존재한다.

로 바꾸어도 $R$이 환이 됨을 보여라.

## 3.2 부분환, 이데알, 준동형

**【정의 3.2.1】**

$R$을 환(각각 체)이라 하고 $S$를 $R$의 공집합이 아닌 부분집합이라 하자. 임의의 $a$, $b \in S$에 대하여 $a+b \in S$, $a \cdot b \in S$라 가정하자. $R$위의 덧셈 $+$에 의한 $S$위의 덧셈과 $R$위의 곱셈 $\cdot$에 의한 $S$위의 곱셈에 대하여 $S$가 환(각각 체)를 이룰 때, $S$를 $R$의 부분환(subring)(각각 부분체(subfield))이라 한다.

**【정리 3.2.2】**

$R$을 환이라 하고 $S$를 $R$의 부분집합이라 하자. 그러면 다음 네 주장은 동치이다.

(I) $S$는 $R$의 부분환이다.

(II) $S$는 다음 조건을 만족한다.

(1) $S$는 $R$의 덧셈아벨군의 부분군이다.

(2) $a$, $b \in S \Longrightarrow a \cdot b \in S$

(III) $S$는 다음 조건을 만족한다.

(1) $0 \in S$

(2) $a$, $b \in S \Longrightarrow a-b \in S$

(3) $a$, $b \in S \Longrightarrow a \cdot b \in S$

(IV) $S$는 다음 조건을 만족한다.

(1) $S \neq \varnothing$

(2) $a$, $b \in S \Longrightarrow a-b \in S$

(3) $a$, $b \in S \Longrightarrow a \cdot b \in S$

**증명** (I) $\Longrightarrow$ (II), (III) $\Longrightarrow$ (IV)는 분명하다.

(II) $\Longrightarrow$ (III). $S$가 (II)의 조건을 만족한다고 하자. 그러면 (II)의 조건 (1)과 정리 2.2.2에 의하여 (III)의 조건 (1), (2)는 성립한다.

(IV) $\Longrightarrow$ (I). $S$가 (IV)의 조건을 만족한다고 하자. 그러면 (IV)의 조

건 (1), (2)와 정리 2.2.2에 의하여 $S$는 $R$의 덧셈아벨군의 부분군이다. 또한 (IV)의 조건 (3)에 의하여 $R$위의 곱셈 $\cdot$에 의한 $S$위의 곱셈이 정의된다. 더욱이 $S$가 환이 되기 위한 나머지 조건들은 분명히 성립한다. 따라서 $S$는 $R$의 부분환이다. ■

**보기 3.2.3** 보기 3.1.2에서의 환 $E$는 가환환 $\mathbf{Z}$의 부분환이다. 이 때, $\mathbf{Z}$는 단위원 1을 가지나 $\mathbf{Z}$의 부분환 $E$는 단위원을 갖지 않는다. 또한, 환 $\mathbf{Z}$, $\mathbf{Q}$, $\mathbf{R}$은 환 $\mathbf{C}$의 부분환이다. 이 때 $\mathbf{Z}$, $\mathbf{Q}$, $\mathbf{R}$, $\mathbf{C}$는 같은 단위원을 갖는다. 한편, $\mathbf{Q}$, $\mathbf{R}$, $\mathbf{C}$는 체이므로 $\mathbf{Q}$, $\mathbf{R}$은 $\mathbf{C}$의 부분체이고 $\mathbf{Q}$는 $\mathbf{R}$의 부분체이다.

다음, 환 $\mathbf{C}$의 부분집합

$$\mathbf{Z}[i]=\{a+bi \mid a,\ b\in\mathbf{Z},\ i=\sqrt{-1}\}$$

을 생각하자. 분명히 $\mathbf{Z}[i]\neq\varnothing$이고, 임의의 $a+bi$, $c+di\in\mathbf{Z}[i]$에 대하여

$$(a+bi)-(c+di)=(a-c)+(b-d)i\in\mathbf{Z}[i]$$
$$(a+bi)\cdot(c+di)=(ac-bd)+(ad+bc)i\in\mathbf{Z}[i]$$

이므로 $\mathbf{Z}[i]$는 $\mathbf{C}$의 부분환이다(이 때, 환 $\mathbf{Z}[i]$의 각 원소를 Gauss 정수(Gaussian integer)라 하고 $\mathbf{Z}[i]$를 Gauss 정수환이라 한다).
분명히 $1=1+0i$는 환 $\mathbf{Z}[i]$의 단위원이다. $\mathbf{C}$가 가환환이므로 $\mathbf{Z}[i]$도 가환환이다. 또한 $\mathbf{C}$가 체이므로 정리 3.1.25에 의하여 $\mathbf{C}$는 정역이다. 따라서 분명히 $\mathbf{Z}[i]$도 정역이다.

이제 $\mathbf{Z}[i]$의 단원군 $\mathrm{U}(\mathbf{Z}[i])$를 구해보자. $\alpha=a+bi\in\mathrm{U}(\mathbf{Z}[i])$라 하고 $\alpha^{-1}=\beta=c+di$라 하면 $\alpha\beta=1$이다. 따라서($\bar{x}$는 $x$의 공액복소수를 나타낸다)

$$1=1\cdot 1=1\cdot\bar{1}=\alpha\beta\overline{\alpha\beta}=\alpha\beta\bar{\alpha}\bar{\beta}=\alpha\bar{\alpha}\beta\bar{\beta}=(a^2+b^2)(c^2+d^2)$$

이다. 이 때, $a$, $b$, $c$, $d$는 정수이고 $a^2+b^2>0$, $c^2+d^2>0$이므로 $a^2+b^2=1$이어야 한다. 따라서 다음 네 가지 경우가 일어난다.

(1) $b=0$, $a=1$인 경우, 즉 $\alpha=1$

(2) $b=0$, $a=-1$인 경우, 즉 $\alpha=-1$

(3) $a=0$, $b=1$인 경우, 즉 $\alpha=i$

(4) $a=0$, $b=-1$인 경우, 즉 $\alpha=-i$

그러므로 $U(\mathbf{Z}[i])=\{1, -1, i, -i\}$이다. ◀

**보기 3.2.4** 환 $R_1$과 $R_2$의 직합 $R_1 \oplus R_2$를 생각하자(정리 3.1.31을 참조). $R_1 \oplus R_2$의 부분집합

$$S=\{(a, 0) \mid a \in R_1\}$$

은 환 $R_1 \oplus R_2$의 부분환이다. $R_1$과 $R_2$가 각각 단위원 $1_{R_1}$, $1_{R_2}$를 갖는 환이라 하면 $(1_{R_1}, 1_{R_2})$는 환 $R_1 \oplus R_2$의 단위원이고 $(1_{R_1}, 0)$은 환 $R_1 \oplus R_2$의 부분환 $S$의 단위원이다. 즉, 환 $R_1 \oplus R_2$와 $R_1 \oplus R_2$의 부분환 $S$는 모두 단위원을 가지나 이들은 서로 다르다.

또한, $R_1$이 단위원 $1_{R_1}$을 갖는 환이고 $R_2$가 단위원을 갖지 않는 환일 때, 환 $R_1 \oplus R_2$는 단위원을 갖지 않는 환이지만 환 $R_1 \oplus R_2$의 부분환 $S$는 $(1_{R_1}, 0)$을 단위원으로 갖는다. ◀

$R$을 단위원 $1_R$을 갖는 정역이라 하고 $D$를 단위원 $1_D$를 갖는 $R$의 부분환이라 하면 $1_D=1_R$이다(보기 3.2.4를 참조). 왜냐하면 $1_D \neq 1_R$이라 하면 $1_R-1_D \neq 0$이고

$$1_D(1_R-1_D)=1_D1_R-1_D1_D=1_D-1_D=0$$

이다. 이 때 $R$이 정역이므로 $1_D=0$이다. 이것은 모순이다. 따라서 $1_D=1_R$이다. 그러므로 $F$를 체라 하고(따라서 정리 3.1.25에 의하여 $F$는 정역이다) $K$를 $F$의 부분체라 하면 $1_K=1_F$이다(이 사실은 $U(K)$가 $U(F)$의 부분군이므로 정리 2.2.2로부터도 얻어진다).

**보기 3.2.5** $R$을 환이라 하자. $R$의 부분집합

$$C(R)=\{a \in R \mid \text{모든 } r \in R\text{에 대하여 } ar=ra\}$$

가 $R$의 부분환임을 보이자. 정리 3.1.6 (2)에 의하여 모든 $r \in R$에 대하여 $0r=0=r0$이므로 $0 \in C(R)$이다. 또 $a, b \in C(R)$이라 하면 모든 $r \in R$에 대하여

$$(a-b)r=ar-br=ra-rb=r(a-b),$$

$$(ab)r=a(br)=a(rb)=(ar)b=(ra)b=r(ab)$$

이므로 $a-b\in C(R)$, $ab\in C(R)$이다. 따라서 정리 3.2.2에 의하여 $C(R)$은 $R$의 부분환이다. 이 환 $C(R)$을 환 $R$의 중심(center)이라 한다. ◀

**【정의 3.2.6】**

$R$을 환이라 하고 $I$를 $R$의 공집합이 아닌 부분집합이라 하자. $I$가 다음 두 조건

(1) $a,\ b\in I \Longrightarrow a-b\in I$

(2) $a\in I,\ r\in R \Longrightarrow ra\in I$ (각각 $ar\in I$)

를 만족할 때, $I$를 환 $R$의 좌측이데알(left ideal)(각각 우측이데알(right ideal))이라 한다. $I$가 환 $R$의 좌측이데알인 동시에 우측이데알일 때, $I$를 $R$의 이데알(ideal)이라 한다.

**【정리 3.2.7】**

$R$을 환이라 하고 $I$를 $R$의 부분집합이라 하자. 그러면 다음 세 주장은 동치이다.

(I) $I$는 $R$의 이데알이다.

(II) $I$는 다음 조건을 만족한다.

(1) $I$는 $R$의 덧셈아벨군의 부분군이다.

(2) $a\in I,\ r\in R \Longrightarrow ra\in I,\ ar\in I.$

(III) $I$는 다음 조건을 만족한다.

(1) $I$는 $R$의 부분환이다.

(2) $a\in I,\ r\in R \Longrightarrow ra\in I,\ ar\in I.$

**증명** (I) $\Longrightarrow$ (II). 정리 2.2.2에 의하여 분명하다.

(II) $\Longrightarrow$ (III). $I$가 (II)의 조건을 만족한다고 하자. 그러면 $I\subset R$이므로 (II)의 조건 (2)에 의하여 $a,\ b\in I$이면 $ab\in I$이다. 따라서 $I$는 정리 3.2.2의 (II)의 조건 (1), (2)를 모두 만족하므로 $I$는 $R$의 부분환이다. 따라서 (III)의 조건 (1), (2)가 성립한다.

(III) $\Longrightarrow$ (I). 정리 3.2.2에 의하여 분명하다. ■

**보기 3.2.8** $R$을 환이라 할 때 $\{0\}$, $R$은 분명히 $R$의 이데알이다. 이 이데알 $\{0\}$과 $R$을 $R$의 자명한 이데알(trivial ideal)이라 한다. ◀

**보기 3.2.9** 보기 3.1.3에서의 환 $M_2(\mathbf{C})$의 부분집합

$$J=\left\{\begin{bmatrix} a & 0 \\ b & 0 \end{bmatrix}\middle| a,\ b\in\mathbf{C}\right\}$$

를 생각하자. 분명히 $J\neq\varnothing$이다. 또한

임의의 $A=\begin{bmatrix} a & 0 \\ b & 0 \end{bmatrix}$, $B=\begin{bmatrix} c & 0 \\ d & 0 \end{bmatrix}\in J$와 임의의 $D=\begin{bmatrix} \alpha & \beta \\ \gamma & \delta \end{bmatrix}\in M_2(\mathbf{C})$에 대하여

$$A-B=\begin{bmatrix} a-c & 0 \\ b-d & 0 \end{bmatrix}\in J,\ \ DA=\begin{bmatrix} \alpha a+\beta b & 0 \\ \gamma a+\delta b & 0 \end{bmatrix}\in J$$

이므로 $J$는 $M_2(\mathbf{C})$의 좌측이데알이다. 그러나

$$\begin{bmatrix} 1 & 0 \\ 1 & 0 \end{bmatrix}\in J,\ \ \begin{bmatrix} 0 & 1 \\ 0 & 1 \end{bmatrix}\in M_2(\mathbf{C})$$

이지만

$$\begin{bmatrix} 1 & 0 \\ 1 & 0 \end{bmatrix}\begin{bmatrix} 0 & 1 \\ 0 & 1 \end{bmatrix}=\begin{bmatrix} 0 & 1 \\ 0 & 1 \end{bmatrix}\notin J$$

이므로 $J$는 $M_2(\mathbf{C})$의 우측이데알은 아니다. ◀

**보기 3.2.10** 보기 3.2.3에서의 가환환 $\mathbf{Z}$의 부분환 $E$를 생각하자. $a\in E$, $r\in\mathbf{Z}$라 하면 적당한 $n\in\mathbf{Z}$에 대하여 $a=2n$이므로

$$ar=ra=r(2n)=2(rn)\in E$$

이다. 따라서 $E$는 $\mathbf{Z}$의 이데알이다. ◀

**【정리 3.2.11】**

(1) $R$을 환이라 하고 $\{J_i|i\in I\}$를 $R$의 부분환들의 집합족이라 하면 $J=\bigcap_{i\in I}J_i$(각 $J_i$를 집합으로 생각해서)는 $R$의 부분환이다.

(2) $R$을 체라 하고 $\{J_i|i\in I\}$를 $R$의 부분체들의 집합족이라 하면 $J=\bigcap_{i\in I}J_i$는 $R$의 부분체이다.

(3) $R$을 환이라 하고 $\{J_i | i \in I\}$를 $R$의 이데알들의 집합족이라 하면 $J = \bigcap_{i \in I} J_i$는 $R$의 이데알이다.

**증명** (1) 모든 $i \in I$에 대하여 $R$의 부분환 $J_i$는 $R$의 덧셈아벨군의 부분군이므로 정리 2.2.9에 의하여 $J$는 $R$의 덧셈아벨군의 부분군이다. 이제 $a, b \in J$라 하면 모든 $i \in I$에 대하여 $a, b \in J_i$이고, 또한 $J_i$가 $R$의 부분환이므로 $ab \in J_i$이다. 따라서 $ab \in J$이다. 그러므로 정리 3.2.2에 의하여 $J$는 $R$의 부분환이다.

(2) 모든 $i \in I$에 대하여 $J_i$가 체 $R$의 부분체이므로 (1)에 의하여 $J$는 $R$의 부분환이고, 또한 보기 3.2.4 다음의 설명에 의하여 $1_R \in J_i$이므로 $1_R \in J$이다. $0 \neq a \in J$라 하면 모든 $i \in I$에 대하여 $a \in J_i$이므로 $a^{-1} \in J_i$이고, 따라서 $a^{-1} \in J$이다. 즉 $a$는 $J$의 단원이다. 분명히 $J$는 가환환이다. 그러므로 $J$는 $R$의 부분체이다.

(3) 정리 3.2.7에 의하여 모든 $i \in I$에 대하여 $R$의 이데알 $J_i$는 $R$의 부분환이므로 (1)에 의하여 $J$는 $R$의 부분환이다. 이제, $a \in J$, $r \in R$이라 하면 모든 $i \in I$에 대하여 $a \in J_i$이고, 또한 $J_i$가 $R$의 이데알이므로 $ra \in J_i$, $ar \in J_i$이다. 따라서 $ra \in J$, $ar \in J$이다. 그러므로 정리 3.2.7에 의하여 $J$는 $R$의 이데알이다. ■

**【정의 3.2.12】**

$R$을 환이라 하고 $X$를 $R$의 부분집합이라 하자. $R$은 $R$자신의 이데알이므로 $X$를 포함하는 $R$의 이데알은 적어도 하나 존재한다. 정리 3.2.11 (3)에 의하여 $X$를 포함하는 $R$의 모든 이데알들의 교집합은 $R$의 이데알이다. 이 이데알을 $X$에 의하여 생성되는 $R$의 이데알(ideal of $R$ generated by $X$)이라 하고 $(X)$로 표시한다. 이 때 $X$의 원소들을 $(X)$의 생성원(generator)이라 한다. 특히, $X = \{a\}$일 때, $(X)$를 $(a)$로 표시하고 ($a$에 의하여 생성되는) $R$의 주이데알(principal ideal)이라 한다. $R$의 모든 이데알이 주이데알이면 $R$을 주이데알환(principal ideal ring)이라 한다. 또한, $R$이 정역이고 주이데알환이면 $R$을 주이데알정역(principal ideal domain) 또는 간단히 PID라 한다.

$R$을 환이라 하고 $X$를 $R$의 부분집합이라 할 때, 분명히 $(X)$는 $X$를 포함하는 $R$의 이데알이다. $X$를 포함하는 $R$의 임의의 이데알을 $J$라 하면 정리 1.1.1 (2)에 의하여 $(X)\subset J$이다($(X)=\cdots\cap J\cap\cdots$). 즉 $(X)$는 $X$를 포함하는 $R$의 이데알 중에서 가장 작은 이데알이다.

**【정리 3.2.13】**

$R$을 가환환이라 하고, $a\in R$이라 하자. 그러면

$$(a)=\{ra+na \mid r\in R,\ n\in \mathbf{Z}\}$$

이다. 특히, $R$이 단위원 $1_R$을 갖는 가환환이면

$$(a)=\{ra \mid r\in R\}.$$

**증명** $I=\{ra+na \mid r\in R,\ n\in\mathbf{Z}\}$라 하자. 그러면 분명히 $I\neq\varnothing$이다. 또한, $x, y\in I$라 하면 $x=ra+na$, $y=sa+ma$를 만족하는 $r, s\in R$, $n, m\in\mathbf{Z}$가 존재한다. 따라서

$$\begin{aligned} x-y&=(ra+na)-(sa+ma)=(ra-sa)+(na-ma)\\ &=(r-s)a+(n-m)a\in I \end{aligned}$$

이고, 또한 $t\in R$에 대하여

$$\begin{aligned} tx&=t(ra+na)=t(ra)+t(na)\\ &=(tr)a+(nt)a\ (\text{정리 3.1.7 (3)에 의하여})\\ &=(tr+nt)a+0a\in I \end{aligned}$$

이다. 더욱이 $R$이 가환환이므로 $xt=tx\in I$이다. 따라서 $I$는 $R$의 이데알이다. 이제 $(a)=I$임을 보이자. $a=0a+1a\in I$이므로 $I$는 $a$를 포함하는 $R$의 이데알이다. 따라서 $(a)\subset I$이다. 한편 $a\in(a)$이고 $(a)$가 $R$의 이데알이므로 정리 3.2.7에 의하여 임의의 $r\in R$과 임의의 $n\in\mathbf{Z}$에 대하여 $ra+na\in(a)$이다. 따라서 $I\subset(a)$. 그러므로 $(a)=I$이다.

다음, $R$을 단위원 $1_R$를 갖는 가환환이라 하면 정리 3.1.7 (3)에 의하여 임의의 $r\in R$과 임의의 $n\in\mathbf{Z}$에 대하여 $na=n(1_Ra)=(n1_R)a$이므로

$$ra+na=ra+(n1_R)a=(r+n1_R)a\in\{ra \mid r\in R\}$$

이다. 따라서 $(a)\subset\{ra\mid r\in R\}$. 한편 $ra=ra+0a\in(a)$이므로 $\{ra\mid r\in R\}\subset(a)$이다. 그러므로 $(a)=\{ra\mid r\in R\}$이다. ■

**보기 3.2.14** 정역 $\mathbf{Z}$를 생각하자. $\mathbf{Z}$의 이데알은 $\mathbf{Z}$의 덧셈아벨군의 부분군이므로 보기 2.3.5와 정리 3.2.13에 의하여 $\mathbf{Z}$의 이데알은 모두

$$\langle a\rangle=\{na\mid n\in\mathbf{Z}\}=(a),\ a\in\mathbf{Z}(a\geq 0)$$

의 꼴이다. 따라서 $\mathbf{Z}$는 주이데알정역이다.

다음, 환 $\mathbf{Z}_m=\{\bar{0},\ \bar{1},\ \bar{2},\ \cdots,\ \overline{m-1}\}(m\geq 2)$를 생각하자. $I$를 $\mathbf{Z}_m$의 이데알이라 하면 $I$는 $\mathbf{Z}_m=\langle\bar{1}\rangle$의 부분군이므로 보기 2.3.11에 의하여 $I$는

$$I=\langle\bar{a}\rangle=\{\bar{0},\ \bar{a},\ 2\bar{a},\ \cdots,\ (t-1)\bar{a}\}((a,\ m)=d,\ t=\frac{m}{d})$$

의 꼴로 쓸 수 있다. $I=\langle\bar{a}\rangle$가 $\bar{a}$를 포함하는 $\mathbf{Z}_m$의 이데알이므로 $(\bar{a})$의 최소성에 의하여 $(\bar{a})\subset\langle\bar{a}\rangle$이다. 또한 $(\bar{a})$는 $\mathbf{Z}_m$의 부분환이고 $\bar{a}\in(\bar{a})$이므로 $0\leq s\leq t-1$인 정수 $s$에 대하여 $s\bar{a}\in(\bar{a})$이다. 즉 $\langle\bar{a}\rangle\subset(\bar{a})$이다. 따라서 $I=\langle\bar{a}\rangle=(\bar{a})$이므로 환 $\mathbf{Z}_m$은 주이데알환이다. 더욱이 보기 3.1.21에 의하여 $m$이 소수이면 $\mathbf{Z}_m$은 주이데알정역이다. ◀

**【정의 3.2.15】**

$R$을 환이라 하고 $I_1,\ I_2,\ \cdots,\ I_n$을 $R$의 이데알이라 할 때,

$$I_1+I_2+\cdots+I_n=\{a_1+a_2+\cdots+a_n\mid a_i\in I_i(i=1,\ 2,\ \cdots,\ n)\}$$

으로 정의하고

$$I_1I_2\cdots I_n=\left\{\sum_{i=1}^{t}a_{i1}a_{i2}\cdots a_{in}\ \middle|\ t\text{는 임의의 양의 정수},\ a_{ij}\in I_j(1\leq i\leq t,\ 1\leq j\leq n)\right\}$$

으로 정의한다.

**【정리 3.2.16】**

$R$을 환이라 하고 $I_1,\ I_2,\ \cdots,\ I_n$을 $R$의 이데알이라 할 때, 다음이 성립한다.

(1) $I_1+I_2+\cdots+I_n$은 $R$의 이데알이다.

(2) $I_1I_2\cdots I_n$은 $R$의 이데알이다.

---

**증명** (1) 각 $I_i(i=1, 2, \cdots, n)$가 이데알이므로 정리 3.2.7과 정리 3.2.2에 의하여 $0\in I_i$이다. 따라서 $0=0+0+\cdots+0\in I_1+I_2+\cdots+I_n$이므로 $I_1+I_2+\cdots+I_n\neq\varnothing$이다. 이제, $a$, $b\in I_1+I_2+\cdots+I_n$이라 하고 $r\in R$이라 하자. 그러면 적당한 $a_i$, $b_i\in I_i(i=1, 2, \cdots, n)$에 대하여

$$a=a_1+a_2+\cdots+a_n,\quad b=b_1+b_2+\cdots+b_n$$

으로 표시된다. 각 $i\,(i=1, 2, \cdots, n)$에 대하여 $I_i$가 이데알이므로

$$a_i-b_i\in I_i,\quad ra_i\in I_i,\quad a_ir\in I_i$$

이다. 따라서

$$\begin{aligned} a-b&=(a_1+a_2+\cdots+a_n)-(b_1+b_2+\cdots+b_n)\\ &=(a_1-b_1)+(a_2-b_2)+\cdots+(a_n-b_n)\in I_1+I_2+\cdots+I_n,\\ ra&=r(a_1+a_2+\cdots+a_n)=ra_1+ra_2+\cdots+ra_n\in I_1+I_2+\cdots+I_n,\\ ar&=(a_1+a_2+\cdots+a_n)r=a_1r+a_2r+\cdots+a_nr\in I_1+I_2+\cdots+I_n \end{aligned}$$

이다. 그러므로 $I_1+I_2+\cdots+I_n$은 $R$의 이데알이다.

(2) $0=00\cdots0\in I_1I_2\cdots I_n$이므로 $I_1I_2\cdots I_n\neq\varnothing$이다. 이제 $a$, $b\in I_1I_2\cdots I_n$이라 하고 $r\in R$이라 하자. 그러면 적당한 $a_{ij}\in I_j(1\leq i\leq t,\ 1\leq j\leq n)$, $b_{kj}\in I_j(1\leq k\leq s,\ 1\leq j\leq n)$에 대하여

$$a=\sum_{i=1}^{t}a_{i1}a_{i2}\cdots a_{in},\quad b=\sum_{k=1}^{s}b_{k1}b_{k2}\cdots b_{kn}$$

으로 표시된다. 따라서 $-b_{k1}\in I_1\,(k=1, 2, \cdots, s)$이므로 정리 3.1.6 (3)에 의하여

$$\begin{aligned} a-b&=\sum_{i=1}^{t}a_{i1}a_{i2}\cdots a_{in}-\sum_{k=1}^{s}b_{k1}b_{k2}\cdots b_{kn}\\ &=\sum_{i=1}^{t}a_{i1}a_{i2}\cdots a_{in}+\sum_{k=1}^{s}(-b_{k1})b_{k2}\cdots b_{kn}\in I_1I_2\cdots I_n \end{aligned}$$

이다. 또한 $ra_{i1} \in I_1$, $a_{in}r \in I_n (i=1,\ 2,\ \cdots,\ t)$이므로

$$ra = r\sum_{i=1}^{t} a_{i1}a_{i2}\cdots a_{in} = \sum_{i=1}^{t}(ra_{i1})a_{i2}\cdots a_{in} \in I_1 I_2 \cdots I_n,$$

$$ar = \left(\sum_{i=1}^{t} a_{i1}a_{i2}\cdots a_{in}\right)r = \sum_{i=1}^{t} a_{i1}a_{i2}\cdots(a_{in}r) \in I_1 I_2 \cdots I_n$$

이다. 그러므로 $I_1 I_2 \cdots I_n$은 $R$의 이데알이다. ■

**【정의 3.2.17】**

$R$과 $R'$을 환이라 하고 $f: R \longrightarrow R'$을 함수라 하자. 임의의 $a$, $b \in R$에 대하여

(1) $f(a+b) = f(a) + f(b)$

(2) $f(ab) = f(a)f(b)$

가 성립할 때, $f$를 $R$로부터 $R'$으로의 **준동형함수** 또는 **준동형**(homomorphism)이라 한다.

$f$가 단사함수이고 준동형이면 $f$를 **단사준동형함수** 또는 **단사준동형**(monomorphism)이라 하고, $f$가 전사함수이고 준동형이면 $f$를 **전사준동형함수** 또는 **전사준동형**(epimorphism)이라 한다. 또 $f$가 전단사함수이고 준동형이면 $f$를 **동형함수** 또는 **동형**(isomorphism)이라 한다.

함수 $f: R \longrightarrow R$가 준동형이면 $f$를 $R$의 **자기준동형함수** 또는 **자기준동형**(endomorphism)이라 하고, 특히 $f: R \longrightarrow R$가 동형이면 $f$를 $R$의 **자기동형함수** 또는 **자기동형**(automorphism)이라 한다.

또한, $R$로부터 $R'$으로의 동형함수 $f: R \longrightarrow R'$가 존재할 때 $R$는 $R'$에 **동형적**(isomorphic)이라 하고 $R \cong R'$으로 표시한다.

$f: R \longrightarrow R'$이 준동형함수일 때, 정의 3.2.17의 조건 (1)에 의하여 $f$를 $R$의 덧셈아벨군으로부터 $R'$의 덧셈아벨군으로의 준동형함수로 생각할 수 있으므로 군에서의 준동형함수의 성질은 환에서의 준동형함수에 그대로 옮겨진다.

**보기 3.2.18** $R$과 $R'$을 환이라 하자. 함수 $f: R \longrightarrow R'$을 모든 $a \in R$에 대하여 $f(a) = 0'$($0'$은 $R'$의 영원)으로 정의하자. 그러면 보기 2.2.22에 의하여 $f$는

$R$의 덧셈아벨군으로부터 $R'$의 덧셈아벨군으로의 준동형이다. 즉 임의의 $a, b \in R$에 대하여

$$f(a+b)=f(a)+f(b)$$

이다. 또한, 임의의 $a, b \in R$에 대하여

$$f(ab)=0'=0'0'=f(a)f(b)$$

이므로 $f$는 준동형이다. 이 준동형 $f$를 **자명한 준동형**(trivial homomorphism)이라 한다.

특히, 단위원 1을 갖는 가환환 $\mathbf{Z}$를 생각할 때, 자명한 준동형 $f: \mathbf{Z} \longrightarrow \mathbf{Z}$에 대하여

$$f(1)=0 \neq 1$$

이다. 따라서 $R$을 단위원 $1_R$을 갖는 환이라 하고 $S$를 단위원 $1_S$를 갖는 환이라 하고 $f: R \longrightarrow S$를 준동형함수라 할 때, 일반적으로 $f(1_R)=1_S$가 성립하지 않는다(정리 2.2.25 (1)과 비교하여라).

다음, 보기 2.2.22에 의하여 항등함수 $i_R: R \longrightarrow R$은 $R$의 덧셈아벨군의 자기동형이다. 즉 $i_R$은 전단사함수이고, 임의의 $a, b \in R$에 대하여 $i_R(a+b)=i_R(a)+i_R(b)$이다. 또한 임의의 $a, b \in R$에 대하여

$$i_R(ab)=ab=i_R(a)i_R(b)$$

이므로 $i_R$은 환 $R$의 자기동형이다. 즉 $R \cong R$. ◀

**보기 3.2.19** 보기 3.1.3의 환 $M_2(\mathbf{C})$를 생각하자. 함수 $f: \mathbf{C} \longrightarrow M_2(\mathbf{C})$를 임의의 $\alpha=a+bi \in \mathbf{C}(a, b \in \mathbf{R}, i=\sqrt{-1})$에 대하여

$$f(\alpha)=\begin{bmatrix} a & b \\ -b & a \end{bmatrix}$$

로 정의하자. 그러면 임의의 $\alpha=a+bi, \beta=c+di \in \mathbf{C}$에 대하여

$$\begin{aligned} f(\alpha+\beta) &= f((a+c)+(b+d)i) \\ &= \begin{bmatrix} a+c & b+d \\ -(b+d) & a+c \end{bmatrix} = \begin{bmatrix} a & b \\ -b & a \end{bmatrix} + \begin{bmatrix} c & d \\ -d & c \end{bmatrix} = f(\alpha)+f(\beta), \end{aligned}$$

$$f(\alpha\beta)=f((ac-bd)+(ad+bc)i)$$
$$=\begin{bmatrix} ac-bd & ad+bc \\ -(ad+bc) & ac-bd \end{bmatrix}=\begin{bmatrix} a & b \\ -b & a \end{bmatrix}\begin{bmatrix} c & d \\ -d & c \end{bmatrix}=f(\alpha)f(\beta)$$

이므로 $f$는 준동형이다. 또한 임의의 $\alpha=a+bi$, $\beta=c+di\in\mathbf{C}$에 대하여 $f(\alpha)=f(\beta)$라 하면

$$\begin{bmatrix} a & b \\ -b & a \end{bmatrix}=\begin{bmatrix} c & d \\ -d & c \end{bmatrix}$$

이므로 $a=c$, $b=d$이어야 한다. 즉 $\alpha=\beta$. 따라서 $f$는 단사준동형이다. ◀

**보기 3.2.20** $R_1$과 $R_2$를 각각 단위원 $1_{R_1}$, $1_{R_2}$를 갖는 환이라 하면 보기 3.2.4에 의하여 직합 $R_1\oplus R_2$는 단위원 $(1_{R_1}, 1_{R_2})$를 갖고, 또한 $R_1\oplus R_2$의 부분환 $S=\{(a, 0)\,|\,a\in R_1\}$은 단위원 $(1_{R_1}, 0)$을 갖는다.

이제, 함수 $f: S\longrightarrow R_1\oplus R_2$를 임의의 $(a, 0)\in S$에 대하여 $f((a, 0))=(a, 0)$으로 정의하자. 그러면 임의의 $(a, 0)$, $(b, 0)\in S$에 대하여

$$f((a, 0)+(b, 0))=f((a+b, 0))=(a+b, 0)$$
$$=(a, 0)+(b, 0)=f((a, 0))+f((b, 0)),$$
$$f((a, 0)(b, 0))=f((ab, 0))=(ab, 0)$$
$$=(a, 0)(b, 0)=f((a, 0))f((b, 0))$$

이므로 $f$는 준동형이다. 분명히 $f$는 단사함수이므로 $f$는 단사준동형이다. 그러나 $f((1_{R_1}, 0))=(1_{R_1}, 0)\neq(1_{R_1}, 1_{R_2})$임에 유의하여라. ◀

**【정리 3.2.21】**

$R$과 $R'$을 환이라 하고 $f: R\longrightarrow R'$을 준동형함수라 하자. 그러면 다음이 성립한다.

(1) $f(0)=0'$($0$은 $R$의 영원이고 $0'$은 $R'$의 영원이다)

(2) 임의의 $a\in R$에 대하여 $f(-a)=-f(a)$

(3) 임의의 $n\in\mathbf{Z}$와 임의의 $a\in R$에 대하여 $f(na)=nf(a)$

**증명** $f$는 $R$의 덧셈아벨군으로부터 $R'$의 덧셈아벨군으로의 준동형이므로

정리 2.2.25에 의하여 분명하다. ■

**【정의 3.2.22】**

$R$과 $R'$을 환이라 하고 $f: R \longrightarrow R'$을 준동형함수라 하자. $0'$을 $R'$의 영원이라 하자. $R$의 부분집합 $\{a \in R \mid f(a)=0'\}$을 $f$의 핵(kernel)이라 하고 $\mathrm{Ker}f$로 표시한다. 즉

$$\mathrm{Ker}f = \{a \in R \mid f(a)=0'\}.$$

실제로 $\mathrm{Ker}f$는 $R$의 덧셈아벨군으로부터 $R'$의 덧셈아벨군으로의 준동형함수 $f$의 핵과 일치한다.

**【정리 3.2.23】**

$R$과 $R'$을 환이라 하고 $f: R \longrightarrow R'$을 준동형함수라 하자. 0을 $R$의 영원이라 하자. 그러면 다음이 성립한다.

(1) $\mathrm{Ker}f$는 $R$의 이데알이다.

(2) $f$가 단사준동형이 되기 위한 필요충분조건은 $\mathrm{Ker}f=\{0\}$이다.

**증명** (1) 정리 2.2.27 (1)에 의하여 $\mathrm{Ker}f$는 $R$의 덧셈아벨군의 부분군이다. 또한, $a \in \mathrm{Ker}f$, $r \in R$이라 하고 $0'$을 $R'$의 영원이라 하면

$$f(ra)=f(r)f(a)=f(r)0'=0', \quad f(ar)=f(a)f(r)=0'f(r)=0'$$

이므로 $ra, ar \in \mathrm{Ker}f$이다. 따라서 $\mathrm{Ker}f$는 $R$의 이데알이다.

(2) 정리 2.2.27 (2)에 의하여 분명하다. ■

**【정리 3.2.24】**

$R$, $R'$, $R''$을 환이라 하고 $f: R \longrightarrow R'$, $g: R' \longrightarrow R''$을 준동형함수라 하자. 그러면 다음이 성립한다.

(1) $gf$(함수 $g$와 $f$의 합성)는 준동형이다.

(2) $f$와 $g$가 단사준동형이면 $gf$도 단사준동형이다.

(3) $f$와 $g$가 전사준동형이면 $gf$도 전사준동형이다.

(4) $f$와 $g$가 동형이면 $gf$도 동형이다(따라서 $R \cong R'$이고 $R' \cong R''$이면 $R \cong R''$이다).

**증명** (1) 정리 2.2.28 (1)에 의하여 $gf$는 $R$의 덧셈아벨군으로부터 $R''$의 덧셈아벨군으로의 준동형이다. 즉 임의의 $a$, $b \in R$에 대하여

$$(gf)(a+b)=gf(a)+gf(b).$$

또한, 임의의 $a$, $b \in R$에 대하여

$$(gf)(ab)=g(f(ab))=g(f(a)f(b))=g(f(a))g(f(b))=(gf)(a)(gf)(b)$$

이므로 $gf$는 준동형이다.

(2), (3), (4)는 (1)과 정리 1.1.4 (1), (2), (3)의 결과이다. ■

**【정리 3.2.25】**

$R$과 $R'$을 환이라 하고 $f: R \longrightarrow R'$을 동형함수라 하자. 그러면 $f^{-1}: R' \longrightarrow R$($f^{-1}$는 전단사함수 $f$의 역함수)도 동형함수이다 (따라서 $R \cong R'$이면 $R' \cong R$이다).

**증명** 정리 2.2.29에 의하여 $f^{-1}$는 $R'$의 덧셈아벨군으로부터 $R$의 덧셈아벨군으로의 동형함수이다. 임의의 $a'$, $b' \in R'$에 대하여 $f^{-1}(a')=a$, $f^{-1}(b')=b$라 하면 $f(a)=a'$, $f(b)=b'$이므로 $a'b'=f(a)f(b)=f(ab)$이다. 따라서

$$f^{-1}(a'b')=ab=f^{-1}(a')f^{-1}(b')$$

이므로 $f^{-1}$는 동형함수이다. ■

**【따름정리 3.2.26】**

$R$과 $R'$을 환이라 하고 $f: R \longrightarrow R'$을 준동형함수라 하자. 그러면 $f$가 동형이 되기 위한 필요충분조건은 $gf=i_R$, $fg=i_{R'}$을 만족하는 준동형함수 $g: R' \longrightarrow R$가 존재하는 것이다.

**증명** 정리 3.2.25를 이용하여 따름정리 2.2.30의 증명과 같은 방법으로 증명된다. ■

**【정리 3.2.27】**

$R$과 $R'$을 환이라 하고 $f: R \longrightarrow R'$을 준동형함수라 하자. $0'$을 $R'$의 영원이라 하자. 그러면 다음이 성립한다.

(1) (i) $S$가 $R$의 부분환이면 $f(S)$는 $R'$의 부분환이다. 특히 $\mathrm{Im}f$는 $R'$의 부분환이다. 더욱이 $R$이 단위원 $1_R$을 갖는 환이면 $f(1_R)$은 $\mathrm{Im}f$의 단위원이다. 또 $f(1_R)=0'$이면 $\mathrm{Im}f=\{0'\}$이다. 특히, $\mathrm{Im}f \neq \{0'\}$이고 $R'$이 영인자를 포함하지 않으면 $f(1_R)$은 $R'$의 단위원이다.

(ii) $I$가 $R$의 이데알이면 $f(I)$는 $\mathrm{Im}f$의 이데알이다. 특히, $f$가 전사준동형이면 $f(I)$는 $R'$의 이데알이다.

(2) (i) $S'$이 $R'$의 부분환이면 $f^{-1}(S')$은 $R$의 부분환이다.

(ii) $I'$이 $R'$의 이데알이면 $f^{-1}(I')$은 $R$의 이데알이다.

(3) $f$가 단사준동형이면 $R \cong \mathrm{Im}f$이다.

**증명** $f$는 $R$의 덧셈아벨군으로부터 $R'$의 덧셈아벨군으로의 준동형함수이다.

(1) (i) $S$는 $R$의 덧셈아벨군의 부분군이므로 정리 2.2.31 (1) (i)에 의하여 $f(S)$는 $R'$의 덧셈아벨군의 부분군이다. $a', b' \in f(S)$라 하면 $a' = f(a)$, $b' = f(b)$를 만족하는 $a, b \in S$가 존재한다. $S$가 $R$의 부분환이므로 $ab \in S$이다. 따라서

$$a'b' = f(a)f(b) = f(ab) \in f(S)$$

이므로 정리 3.2.2에 의하여 $f(S)$는 $R'$의 부분환이다. 특히, $\mathrm{Im}f$는 $R'$의 부분환이다. 이제, $R$을 단위원 $1_R$을 갖는 환이라 하자. $a' \in \mathrm{Im}f$라 하면 $a' = f(a)$를 만족하는 $a \in R$이 존재하고

$$a'f(1_R) = f(a)f(1_R) = f(a1_R) = f(a) = a',$$
$$a' = f(a) = f(1_R a) = f(1_R)f(a) = f(1_R)a'$$

이므로 $f(1_R)$는 $\mathrm{Im}f$의 단위원이다. 다음, $f(1_R)=0'$이라 하자. $a' \in \mathrm{Im}f$라 하면 $a' = f(a)$를 만족하는 $a \in R$가 존재한다. 이 때

$$0' = a'0' = f(a)f(1_R) = f(a1_R) = f(a) = a'$$

이므로 $\mathrm{Im}f = \{0'\}$이다. 다음, $\mathrm{Im}f \neq \{0'\}$이라 하고 $R'$이 영인자를

포함하지 않는다고 하자. 그러면 위에 의하여 $f(1_R)\neq 0'$이다. 따라서 $f(1_R)=a$라 하면 $a\neq 0'$이고

$$aa=f(1_R)f(1_R)=f(1_R1_R)=f(1_R)=a$$

이므로 임의의 $b\in R'$에 대하여

$$ab=aab,\ ba=baa$$

이다. 따라서 $R'$이 영인자를 포함하지 않으므로 정리 3.1.19에 의하여

$$ab=b=ba$$

이다. 즉 $a=f(1_R)$은 $R'$의 단위원이다.

(ii) (i)에 의하여 $f(I)$와 $\text{Im}f$는 $R'$의 부분환이고 $f(I)\subset\text{Im}f$이므로 $f(I)$는 $\text{Im}f$의 부분환이다. 이제, $a'\in f(I)$, $r'\in\text{Im}f$라 하면 $a'=f(a)$, $r'=f(r)$을 만족하는 $a\in I$, $r\in R$이 존재한다. $I$는 $R$의 이데알이므로 $ra\in I$, $ar\in I$이고, 따라서

$$r'a'=f(r)f(a)=f(ra)\in f(I),\quad a'r'=f(a)f(r)=f(ar)\in f(I)$$

이다. 그러므로 $f(I)$는 $\text{Im}f$의 이데알이다.

(2) (i) $S'$이 $R'$의 덧셈아벨군의 부분군이므로 정리 2.2.31 (2) (i)에 의하여 $f^{-1}(S')$은 $R$의 덧셈아벨군의 부분군이다. $a,\ b\in f^{-1}(S')$이라 하면 $f(a),\ f(b)\in S'$이므로 $f(ab)=f(a)f(b)\in S'$이다. 따라서 $ab\in f^{-1}(S')$이므로 $f^{-1}(S')$은 $R$의 부분환이다.

(ii) (i)에 의하여 $f^{-1}(I')$은 $R$의 부분환이다. $a\in f^{-1}(I')$, $r\in R$이라 하면 $f(a)\in I'$, $f(r)\in R'$이고 $I'$이 $R'$의 이데알이므로

$$f(ra)=f(r)f(a)\in I',\quad f(ar)=f(a)f(r)\in I'$$

이다. 따라서 $ra\in f^{-1}(I')$, $ar\in f^{-1}(I')$이므로 $f^{-1}(I')$는 $R$의 이데알이다.

(3) (1) (i)에 의하여 $\text{Im}f$는 $R'$의 부분환이다. 함수 $g:R\longrightarrow\text{Im}f$를 임의의 $a\in R$에 대하여 $g(a)=f(a)$로 정의하면 정리 2.2.31 (3)의 증명과정에 의하여 $g$는 $R$의 덧셈아벨군으로부터 $\text{Im}f$의 덧셈아벨군

으로의 동형함수이다. 또한, 임의의 $a$, $b \in R$에 대하여

$$g(ab) = f(ab) = f(a)f(b) = g(a)g(b)$$

이므로 $g$는 환 $R$로부터 환 $\mathrm{Im} f$로의 동형함수이다. 따라서 $R \cong \mathrm{Im} f$이다. ■

**【정리 3.2.28】**

환 $R_1$, $R_2$, $\cdots$, $R_n$의 직합 $R_1 \oplus R_2 \oplus \cdots \oplus R_n$을 생각하자.

(1) 각 $k(k=1, 2, \cdots, n)$에 대하여 함수 $\pi_k : R_1 \oplus R_2 \oplus \cdots \oplus R_n \longrightarrow R_k$를 임의의 $(a_1, a_2, \cdots, a_k, \cdots, a_n) \in R_1 \oplus R_2 \oplus \cdots \oplus R_n$에 대하여 $\pi_k((a_1, a_2, \cdots, a_k, \cdots, a_n)) = a_k$로 정의하면 $\pi_k$는 전사준동형이다.

(2) 각 $k(k=1, 2, \cdots, n)$에 대하여 함수 $\alpha_k : R_k \longrightarrow R_1 \oplus R_2 \oplus \cdots \oplus R_n$을 임의의 $a_k \in R_k$에 대하여 $\alpha_k(a_k) = (0, 0, \cdots, 0, a_k, 0, \cdots, 0)$으로 정의하면 $\alpha_k$는 단사준동형이다.

더욱이 $R_k \cong \mathrm{Im}\, \alpha_k = \{(0, 0, \cdots, 0, a_k, 0, \cdots, 0) \mid a_k \in R_k\}$이고 $\mathrm{Im}\, \alpha_k$는 $R_1 \oplus R_2 \oplus \cdots \oplus R_n$의 이데알이다.

**증명** (1) $R_i(i=1, 2, \cdots, n)$가 덧셈아벨군이므로 정리 2.5.8 (1)에 의하여 $\pi_k$는 환 $R_1 \oplus R_2 \oplus \cdots \oplus R_n$의 덧셈아벨군으로부터 환 $R_k$의 덧셈아벨군으로의 전사준동형이다. 또한, 임의의 $(a_1, a_2, \cdots, a_k, \cdots, a_n)$, $(b_1, b_2, \cdots, b_k, \cdots, b_n) \in R_1 \oplus R_2 \oplus \cdots \oplus R_n$에 대하여

$$\begin{aligned}
&\pi_k((a_1, a_2, \cdots, a_k, \cdots, a_n)(b_1, b_2, \cdots, b_k, \cdots, b_n)) \\
&= \pi_k((a_1b_1, a_2b_2, \cdots, a_kb_k, \cdots, a_nb_n)) \\
&= a_kb_k \\
&= \pi_k((a_1, a_2, \cdots, a_k, \cdots, a_n))\pi_k((b_1, b_2, \cdots, b_k, \cdots, b_n))
\end{aligned}$$

이므로 $\pi_k$는 환 $R_1 \oplus R_2 \oplus \cdots \oplus R_n$으로부터 환 $R_k$로의 전사준동형이다.

(2) 정리 2.5.8 (2)에 의하여 $\alpha_k$는 환 $R_k$의 덧셈아벨군으로부터 환 $R_1 \oplus R_2 \oplus \cdots \oplus R_n$의 덧셈아벨군으로의 단사준동형이다. 또한 임의의 $a_k$, $b_k \in R_k$에 대하여

$$\begin{aligned}\alpha_k(a_kb_k)&=(0,\ 0,\ \cdots,\ 0,\ a_kb_k,\ 0,\ \cdots,\ 0)\\&=(0,\ 0,\ \cdots,\ 0,\ a_k,\ 0,\ \cdots,\ 0)(0,\ 0,\ \cdots,\ 0,\ b_k,\ 0,\ \cdots,\ 0)\\&=\alpha_k(a_k)\alpha_k(b_k)\end{aligned}$$

이므로 $\alpha_k$는 환 $R_k$로부터 환 $R_1\oplus R_2\oplus\cdots\oplus R_n$으로의 단사준동형이다. 따라서 정리 3.2.27 (3)에 의하여 $R_k\cong\text{Im}\,\alpha_k$이다. 더욱이 정리 3.2.27 (1) (i)에 의하여 $\text{Im}\,\alpha_k$는 $R_1\oplus R_2\oplus\cdots\oplus R_n$의 부분환이다. 또한 $(0,\ 0,\ \cdots,\ a_k,\ 0,\ \cdots,\ 0)\in\text{Im}\,\alpha_k$, $(r_1,\ r_2,\ \cdots,\ r_k,\ \cdots,\ r_n)\in R_1\oplus R_2\oplus\cdots\oplus R_n$이라 하면

$$\begin{aligned}&(r_1,\ r_2,\ \cdots,\ r_k,\ \cdots,\ r_n)(0,\ 0,\ \cdots,\ 0,\ a_k,\ 0,\ \cdots,\ 0)\\&\quad=(0,\ 0,\ \cdots,\ 0,\ r_ka_k,\ 0,\ \cdots,\ 0)\in\text{Im}\,\alpha_k,\\&(0,\ 0,\ \cdots,\ 0,\ a_k,\ 0,\ \cdots,\ 0)(r_1,\ r_2,\ \cdots,\ r_k,\ \cdots,\ r_n)\\&\quad=(0,\ 0,\ \cdots,\ 0,\ a_kr_k,\ 0,\ \cdots,\ 0)\in\text{Im}\,\alpha_k\end{aligned}$$

이므로 $\text{Im}\,\alpha_k$는 $R_1\oplus R_2\oplus\cdots\oplus R_n$의 이데알이다. ■

**【정리 3.2.29】**

$R$을 환이라 하고 $I_1,\ I_2,\ \cdots,\ I_n$을 $R$의 이데알이라 할 때, 다음 두 조건

(1) $R=I_1+I_2+\cdots+I_n$

(2) 각 $i(1\le i\le n)$에 대하여 $I_i\cap(I_1+I_2+\cdots+I_{i-1}+I_{i+1}+\cdots+I_n)=\{0\}$

을 만족하면 $R\cong I_1\oplus I_2\oplus\cdots\oplus I_n$이다.

**증명** 각 $i(1\le i\le n)$에 대하여 $I_i$는 환 $R$의 덧셈아벨군의 정규부분군이다(정리 2.2.18을 참조). 따라서 정리 2.5.10과 그 증명과정에 의하여 함수 $f: I_1\oplus I_2\oplus\cdots\oplus I_n\longrightarrow R$을 임의의 $(a_1,\ a_2,\ \cdots,\ a_n)\in I_1\oplus I_2\oplus\cdots\oplus I_n$에 대하여 $f((a_1,\ a_2,\ \cdots,\ a_n))=a_1+a_2+\cdots+a_n$으로 정의하면 $f$는 $I_1\oplus I_2\oplus\cdots\oplus I_n$의 덧셈아벨군으로부터 $R$의 덧셈아벨군으로의 동형함수이다.

한편, $a_i\in I_i$, $b_j\in I_j(1\le i,\ j\le n)$라 하면 $a_ib_j\in I_i$, $a_ib_j\in I_j$이므로 $a_ib_j\in I_i\cap I_j$이다. 또한, $i\ne j$라 하면 조건 (2)에 의하여

$$\{0\} \subset I_i \cap I_j \subset I_i \cap (I_1 + I_2 + \cdots + I_{i-1} + I_{i+1} + \cdots + I_n) = \{0\}$$

이므로 $I_i \cap I_j = \{0\}$이다. 따라서 $i \neq j$이고 $a_i \in I_i$, $b_j \in I_j$이면 $a_i b_j \in I_i \cap I_j = \{0\}$, 즉 $a_i b_j = 0$이다. 따라서 $(a_1, a_2, \cdots, a_n)$, $(b_1, b_2, \cdots, b_n) \in I_1 \oplus I_2 \oplus \cdots \oplus I_n$이라 하면 $a_i$, $b_i \in I_i (i=1, 2, \cdots, n)$이므로

$$\begin{aligned} & f((a_1, a_2, \cdots, a_n)) f((b_1, b_2, \cdots, b_n)) \\ & = (a_1 + a_2 + \cdots + a_n)(b_1 + b_2 + \cdots + b_n) \\ & = \left(\sum_{i=1}^{n} a_i\right)\left(\sum_{j=1}^{n} b_j\right) = \sum_{i=1}^{n}\sum_{j=1}^{n} a_i b_j (\text{정리 3.1.7 (4)에 의하여}) \\ & = a_1 b_1 + a_2 b_2 + \cdots + a_n b_n = f((a_1 b_1, a_2 b_2, \cdots, a_n b_n)) \\ & = f((a_1, a_2, \cdots, a_n)(b_1, b_2, \cdots, b_n)) \end{aligned}$$

이다. 즉 $f$는 환 $I_1 \oplus I_2 \oplus \cdots \oplus I_n$으로부터 환 $R$로의 동형함수이므로 $I_1 \oplus I_2 \oplus \cdots \oplus I_n \cong R$이다. 그러므로 정리 3.2.25에 의하여 $R \cong I_1 \oplus I_2 \oplus \cdots \oplus I_n$이다. ■

**【정의 3.2.30】**

$R$을 환이라 하고 $I_1$, $I_2$, $\cdots$, $I_n$을 $R$의 이데알이라 하자. $I_1$, $I_2$, $\cdots$, $I_n$이 정리 3.2.29의 조건 (1), (2)를 만족하면 $R$을 $R$의 이데알 $I_1$, $I_2$, $\cdots$, $I_n$의 내직합(internal direct sum)이라 한다.

환 $R$이 $R$의 이데알 $I_1$, $I_2$, $\cdots$, $I_n$의 내직합이면 정리 3.2.29에 의하여 $R \cong I_1 \oplus I_2 \oplus \cdots \oplus I_n$이다. 앞으로, $R$이 $R$의 이데알 $I_1$, $I_2$, $\cdots$, $I_n$의 내직합이라는 것을 나타내기 위하여

$$R = I_1 \oplus I_2 \oplus \cdots \oplus I_n$$

으로 표시한다.

**【정리 3.2.31】**

$R_1$, $R_2$, $\cdots$, $R_n$을 환이라 하고, 모든 $i\,(1 \leq i \leq n)$에 대하여

$$\overline{R_i}=\{(0, \cdots, 0, a_i, 0, \cdots, 0)\,|\,a_i\in R_i\}$$

라 하자. 그러면 모든 $i\,(1\le i\le n)$에 대하여 $\overline{R_i}$는 $R_1\oplus R_2\oplus\cdots\oplus R_n$의 이데알이고 $R_1\oplus R_2\oplus\cdots\oplus R_n$은 $\overline{R_1}, \overline{R_2}, \cdots, \overline{R_n}$의 내직합이다.

**증명** 정리 3.2.28 (2)에 의하여 $\overline{R_i}$는 환 $R_1\oplus R_2\oplus\cdots\oplus R_n$의 이데알이고, 또한 $R_i$가 덧셈아벨군이므로 정리 2.5.13에 의하여 정리 3.2.29의 조건 (1), (2)를 만족한다. 따라서 $R_1\oplus R_2\oplus\cdots\oplus R_n$은 $\overline{R_1}, \overline{R_2}, \cdots, \overline{R_n}$의 내직합이다. ■

## 연습문제 3.2

**1.** 환 $R$과 $R$의 부분집합 $H$와 $K$가 각각 다음과 같이 주어질 때, $H$와 $K$가 $R$의 부분환이 되는지 조사하여라. $H$ 또는 $K$가 $R$의 부분환이 되는 경우에는 이들이 $R$의 이데알이 되는지 조사하여라.

(1) $R=\mathbf{Q}$, $H=\mathbf{Z}$, $K=\mathbf{N}$

(2) $R=\mathbf{R}$, $H=\mathbf{Q}$, $K=\{2^b a\,|\,a, b\in\mathbf{Z}\}$

(3) $R=\mathbf{Z}\oplus\mathbf{Z}$,

$H=\{(a, b)\,|\,a, b\in\mathbf{Z}, a+b$는 짝수$\}$, $K=\{(2a, 3b)\,|\,a, b\in\mathbf{Z}\}$

(4) $R=M_2(\mathbf{C})$,

$$H=\left\{\begin{bmatrix}0 & 0\\ 0 & a\end{bmatrix}\middle|\,a\in\mathbf{R}\right\},\ K=\left\{\begin{bmatrix}a & 0\\ 0 & b\end{bmatrix}\middle|\,a, b\in\mathbf{Z}\right\}$$

(5) $R=\mathbf{Z}_{12}$,

$H=\{\overline{1}, \overline{5}, \overline{7}, \overline{11}\}$, $K=\{\overline{0}, \overline{2}, \overline{4}, \overline{6}, \overline{8}, \overline{10}\}$

**2.** 환 $\mathbf{Z}_6$의 부분집합 $S=\{\overline{0}, \overline{2}, \overline{4}\}$는 $\mathbf{Z}_6$의 단위원 $\overline{1}$와는 다른 단위원을 갖는 $\mathbf{Z}_6$의 부분환임을 보여라.

**3.** 환 $\mathbf{Z}_2\oplus\mathbf{Z}_2$의 이데알을 모두 구하여라.

**4.** $R$을 환이라 하고 $a\in R$이라 하자. $J=\{x\in R \mid xa=0\}$이라 할 때, $J$는 $R$의 좌측이데알임을 보여라.

$R$을 환이라 하고 $B$를 $R$의 부분집합이라 할 때, $a\in R$에 대하여

$$aB=\{ax \mid x\in B\},\ Ba=\{xa \mid x\in B\}$$

로 정의한다.

**5.** $R$을 환이라 할 때, 각 $a\in R$에 대하여 $Ra$는 $R$의 좌측이데알이고 $aR$은 $R$의 우측이데알임을 보여라.

**6.** $R$을 환이라 할 때, $I$를 $R$의 우측이데알이라 하고 $J$를 $R$의 좌측이데알이라 하자. $I\cap J=\{0\}$이면 모든 $a\in I$와 모든 $b\in J$에 대하여 $ab=0$임을 보여라.

**7.** $R$을 환이라 하고 $I$를 $R$의 좌측이데알이라 하자. $M=\{x\in R \mid xI=\{0\}\}$이라 할 때, $M$은 $R$의 이데알임을 보여라.

**8.** $R$을 가환환이라 하고 $a,\ b\in R$이라 하자. $S=\{x\in R \mid ax\in bR\}$은 $R$의 이데알임을 보여라.

**9.** $R$을 환이라 하고 $I$를 $R$의 좌측이데알이라 할 때,

$$S=\{r\in R \mid \text{모든 } x\in R\text{에 대하여 } rx\in I\}$$

는 $R$의 이데알임을 보여라.

**10.** $R$을 환이라 하고 $a\in R$이라 하자.

(1) $N(a)=\{r\in R \mid ar=ra\}$는 $R$의 부분환임을 보여라.

(2) $R$의 중심 $C(R)$(보기 3.2.5를 참조)은 $N(a)$의 부분환임을 보여라.

**11.** 환 $\mathbf{Z}$에서 다음 조건을 만족하는 양의 정수 $a$를 각각 구하여라.

(1) $(a)=(2)+(3)$

(2) $(a)=(3)+(6)$

(3) $(a)=(m)+(n),\ m,\ n\in\mathbf{Z}$

(4) $(a)=(3)(4)$

(5) $(a)=(6)(8)$

(6) $(a)=(m)(n),\ m,\ n\in\mathbf{Z}$

**12.** $R$을 환이라 하고 $A$와 $B$를 $R$의 이데알이라 하자.

(1) $A+A=A$, $AA\subset A$임을 보여라.

(2) $AB\subset A\cap B$임을 보여라.

(3) $AB\neq A\cap B$가 되는 환 $R$과 이데알 $A$, $B$의 예를 들어라.

(4) $R$이 단위원을 갖는 가환환이고 $A+B=R$이면 $AB=A\cap B$임을 보여라.

**13.** (1) 환 $\mathbf{Z}$의 두 이데알 (2)와 (3)의 합집합 $(2)\cup(3)$은 $\mathbf{Z}$의 이데알이 아님을 설명하여라.

(2) $R$을 환이라 하고 $A$와 $B$를 $R$의 이데알이라 할 때, $A\cup B$가 $R$의 이데알이기 위한 필요충분조건은 $A\subset B$ 또는 $B\subset A$일 때임을 증명하여라.

**14.** 연습문제 2.2의 2의 $\mathbf{R}$로부터 $\mathbf{R}$로의 함수 전체로 이루어진 아벨군 $F(\mathbf{R})$을 생각하자. $F(\mathbf{R})$위의 곱셈 $\cdot$를 임의의 $f,\ g\in F(\mathbf{R})$와 임의의 $x\in\mathbf{R}$에 대하여 $(f\cdot g)(x)=f(x)g(x)$로 정의하자.

(1) $F(\mathbf{R})$은 주어진 곱셈에 대하여 단위원을 갖는 가환환임을 보여라.

(2) $\mathbf{R}$로부터 $\mathbf{R}$로의 연속함수 전체의 집합 $C(\mathbf{R})$은 $F(\mathbf{R})$의 부분환임을 보여라.

(3) $\mathbf{R}$로부터 $\mathbf{R}$로의 미분가능한 함수 전체의 집합 $D(\mathbf{R})$은 $F(\mathbf{R})$의 부분환임을 보여라.

(4) $A=\{f\in C(\mathbf{R})\mid f(0)$는 짝수$\}$라 할 때, $A$는 $C(\mathbf{R})$의 부분환이지만 $C(\mathbf{R})$의 이데알이 아님을 보여라.

**15.** 환 $R$로부터 환 $R'$으로의 함수 $\phi: R\longrightarrow R'$을 각각 다음과 같이 정의할 때 $\phi$가 준동형함수인지 조사하여라. 준동형함수인 경우에는 $\operatorname{Im}\phi$와 $\operatorname{Ker}\phi$를 구하고 동형함수가 되는지 조사하여라.

(1) $\phi:\mathbf{Z}\longrightarrow\mathbf{Z}_5$, 임의의 $a\in\mathbf{Z}$에 대하여 $\phi(a)=\bar{a}$

(2) $\phi : \mathbf{Z}_{12} \longrightarrow \mathbf{Z}_{12}$, 임의의 $\bar{a} \in \mathbf{Z}_{12}$에 대하여 $\phi(\bar{a}) = \overline{a+1}$

(3) $\phi : \mathbf{Z}_4 \longrightarrow \mathbf{Z}_{10}$, 임의의 $\bar{a} \in \mathbf{Z}_4$에 대하여 $\phi(\bar{a}) = 5\bar{a}$

(4) $\phi : \mathbf{R} \oplus \mathbf{R} \longrightarrow \mathbf{R}$, 임의의 $(a, b) \in \mathbf{R} \oplus \mathbf{R}$에 대하여 $\phi((a, b)) = a + 2b$

(5) $\phi : \mathbf{R} \oplus \mathbf{R} \oplus \mathbf{R} \longrightarrow \mathbf{R} \oplus \mathbf{R}$, 임의의 $(a, b, c) \in \mathbf{R} \oplus \mathbf{R} \oplus \mathbf{R}$에 대하여

$$\phi((a, b, c)) = (a, b)$$

(6) $\phi : \mathbf{Z}[\sqrt{2}] \longrightarrow \mathbf{Z}[\sqrt{2}]$, 임의의 $a + b\sqrt{2} \in \mathbf{Z}[\sqrt{2}]$에 대하여 $\phi(a + b\sqrt{2}) = a - b\sqrt{2}$ (연습문제 3.1의 3을 참조)

(7) $\phi : \mathbf{Z}_6 \longrightarrow \mathbf{Z}_3$, $\phi(\bar{0}) = \phi(\bar{3}) = \bar{0}$, $\phi(\bar{1}) = \phi(\bar{4}) = \bar{1}$, $\phi(\bar{2}) = \phi(\bar{5}) = \bar{2}$

(8) $\phi : F(\mathbf{R}) \longrightarrow \mathbf{R}$, 임의의 $f \in F(\mathbf{R})$에 대하여 $\phi(f) = f(0)$(연습문제 3.2의 14를 참조)

(9) $\phi : \mathbf{C} \oplus \mathbf{C} \longrightarrow M_2(\mathbf{C})$, 임의의 $(a, b) \in \mathbf{C} \oplus \mathbf{C}$에 대하여 $\phi((a, b)) = \begin{bmatrix} a & 0 \\ 0 & b \end{bmatrix}$ (보기 3.1.3을 참조)

(10) $\phi : \mathbf{C} \oplus \mathbf{C} \longrightarrow M_2(\mathbf{C})$, 임의의 $(a, b) \in \mathbf{C} \oplus \mathbf{C}$에 대하여 $\phi((a, b)) = \begin{bmatrix} a & 0 \\ b & 0 \end{bmatrix}$

**16.** 환 $\mathbf{Z}$의 부분환 $E = \{2n \mid n \in \mathbf{Z}\}$를 생각하자. $E$위에 새로운 곱 $\odot$를 임의의 $m, n \in E$에 대하여 $m \odot n = \dfrac{mn}{2}$으로 정의하면 $E$는 덧셈 $+$와 곱셈 $\odot$에 대하여 단위원을 갖는 가환환임을 보이고, 이 때 임의의 $n \in \mathbf{Z}$에 대하여 $f(n) = 2n$으로 정의되는 함수 $f : \mathbf{Z} \longrightarrow E$는 준동형함수임을 보여라.

**17.** 환 $\mathbf{Z}$와 임의의 환 $R$을 생각할 때, 다음을 증명하여라.

(1) $f : \mathbf{Z} \longrightarrow R$인 전사준동형은 기껏해야 하나 존재한다.

(2) $f : \mathbf{Z} \longrightarrow \mathbf{Z}$인 준동형은 자명한 준동형과 $i_{\mathbf{Z}}$뿐이다.

**18.** $R$을 환이라 하고 $f : R \longrightarrow R$을 준동형함수라 하자. $S = \{a \in R \mid f(a) = a\}$라 하면 $S$는 $R$의 부분환임을 보여라.

**19.** $R$을 단위원을 갖는 가환환이라 하자. $R$의 표수를 $p$라 하고 $p$를 소수라 하자. $n$을 임의의 양의 정수라 하자. 함수 $f : R \longrightarrow R$을 임의의 $a \in R$에 대하여 $f(a) = a^{p^n}$으로 정의하자. 그러면 $f$는 자기준동형임을 증명하여라.

특히, $R$이 유한체이면 $f$는 자기동형임을 증명하여라.

**20.** $R$을 단위원을 갖는 가환환이라 하고 $I$를 $R$의 이데알이라 하자. $a\in R$이라 하고 $a\notin I$라 하자. 집합 $I\cup\{a\}$에 의하여 생성되는 $R$의 이데알을 $(I, a)$라 할 때, $(I, a)=\{x+ra\,|\,x\in I,\ r\in R\}$임을 증명하여라.

**21.** $R$을 단위원 $1_R$을 갖는 가환환이라 하고 $a\in R$를 $R$의 멱등원이라 할 때, $R$은 $R$의 두 이데알 $aR$과 $(1_R-a)R$의 내직합, 즉 $R=aR\oplus(1_R-a)R$임을 증명하여라.

**22.** $R$을 환이라 하고 $I$를 $R$의 이데알이라 하자. $a,\ b\in R$이라 할 때, $a-b\in I$이면 $a$는 법 $I$에 관하여 $b$에 합동($a$ is congruent to $b$ modulo $I$)이라 하고 $a\equiv b\ (\text{mod}\ I)$로 표시한다. $a,\ b,\ c,\ d\in R$이라 할 때, 다음을 증명하여라.

(1) (i) 모든 $a\in R$에 대하여 $a\equiv a\ (\text{mod}\ I)$이다.

(ii) $a\equiv b\ (\text{mod}\ I) \Longrightarrow b\equiv a\ (\text{mod}\ I)$.

(iii) $a\equiv b\ (\text{mod}\ I),\ b\equiv c\ (\text{mod}\ I) \Longrightarrow a\equiv c\ (\text{mod}\ I)$.

(2) $a\equiv b\ (\text{mod}\ I),\ c\equiv d\ (\text{mod}\ I) \Longrightarrow a+c\equiv b+d\ (\text{mod}\ I),\ ac\equiv bd\ (\text{mod}\ I)$.

(3) $a\equiv b\ (\text{mod}\ I) \Longleftrightarrow a+I=b+I$.

(4) $J$를 $R$의 이데알이라 하고 $R=I+J$라 할 때,

$$\begin{cases} x\equiv a\ (\text{mod}\ I) \\ x\equiv b\ (\text{mod}\ J) \end{cases} \qquad \cdots\cdots(3.2.1)$$

를 만족하는 $x\in R$가 존재한다. 또한, $x_1,\ x_2\in R$가 (3.2.1)을 만족하면

$$x_1\equiv x_2\ (\text{mod}\ I\cap J)$$

이다(중국인의 나머지 정리(Chinese remainder theorem)).

# 3.3 상환, 동형정리

$R$을 환이라 하고 $I$를 $R$의 이데알이라 하자. 그러면 $I$는 $R$의 덧셈아벨군의 정규부분군이므로 $I$에 의한 $R$의 상군 $R/I=\{a+I \mid a\in R\}$을 생각할 수 있다. 이 때 $R/I$는 임의의 $a+I$, $b+I\in R/I$에 대하여

$$(a+I)+(b+I)=(a+b)+I$$

로 정의되는 $R/I$위의 덧셈 $+$에 대하여 아벨군을 이룬다.

이제 $R/I$를 다음과 같이 환으로 만들자.

**【정리 3.3.1】**

$R$을 환이라 하고 $I$를 $R$의 이데알이라 할 때, 덧셈아벨군 $R/I=\{a+I \mid a\in R\}$을 생각하자. 그러면 임의의 $a+I$, $b+I\in R/I$에 대하여

$$(a+I)\cdot(b+I)=ab+I \text{ (}ab\text{는 환 }R\text{에서의 }a\text{와 }b\text{의 곱이다)}$$

로 정의되는 $R/I$위의 곱셈 $\cdot$에 대하여 $R/I$는 환을 이룬다 (이 환 $R/I$를 $I$에 의한 $R$의 상환(quotient ring of $R$ by $I$)이라 한다).

더욱이, $R$이 단위원 $1_R$을 갖는 환이면 $R/I$는 단위원 $1_R+I$를 갖는 환이다. 또한 $R$이 가환환이면 $R/I$도 가환환이다.

**증명** $a+I=c+I$, $b+I=d+I$라 하면 정리 2.4.2 다음의 설명에 의하여 $a-c\in I$, $b-d\in I$이고 $I$가 이데알이므로 $a(b-d)\in I$, $(a-c)d\in I$이다. 따라서

$$ab-cd=a(b-d)+(a-c)d\in I,$$

즉 $ab+I=cd+I$이므로

$$(a+I)\cdot(b+I)=ab+I=cd+I=(c+I)\cdot(d+I)$$

이다. 그러므로 곱셈 $\cdot$는 $R/I$위의 이항연산이다. 이제 편리를 위하여 $\cdot$를 생략하여 쓰기로 한다. 즉 $(a+I)(b+I)=ab+I$.

임의의 $a+I$, $b+I$, $c+I\in R/I$에 대하여

$$\begin{aligned}((a+I)(b+I))(c+I)&=(ab+I)(c+I)=(ab)c+I=a(bc)+I\\&=(a+I)(bc+I)=(a+I)((b+I)(c+I)),\\(a+I)((b+I)+(c+I))&=(a+I)((b+c)+I)=a(b+c)+I\\&=(ab+ac)+I=(ab+I)+(ac+I)\\&=(a+I)(b+I)+(a+I)(c+I),\\((a+I)+(b+I))(c+I)&=((a+b)+I)(c+I)=(a+b)c+I\\&=(ac+bc)+I=(ac+I)+(bc+I)\\&=(a+I)(c+I)+(b+I)(c+I)\end{aligned}$$

이다. 따라서 $R/I$는 환이다.

더욱이 $1_R$을 $R$의 단위원이라 하면 $1_R+I\in R/I$이고, 임의의 $a+I\in R/I$에 대하여

$$(a+I)(1_R+I)=a1_R+I=a+I=1_Ra+I=(1_R+I)(a+I)$$

이므로 $1_R+I$는 $R/I$의 단위원이다. 또한 $R$이 가환환이면 임의의 $a+I,\ b+I\in R/I$에 대하여

$$(a+I)(b+I)=ab+I=ba+I=(b+I)(a+I)$$

이므로 $R/I$도 가환환이다. ■

**【정리 3.3.2】**

$R$을 환이라 하고 $I$를 $R$의 이데알이라 하자. 함수 $\pi: R\longrightarrow R/I$를 임의의 $a\in R$에 대하여 $\pi(a)=a+I$로 정의하면 $\pi$는 전사준동형이고 $\operatorname{Ker}\pi=I$이다 (이 때, $\pi$를 표준전사준동형(canonical epimorphism) 또는 자연전사준동형(natural epimorphism)이라 한다).

**증명** $I$는 환 $R$의 덧셈아벨군의 정규부분군이므로 정리 2.4.21에 의하여 $\pi$는 환 $R$의 덧셈아벨군으로부터 환 $R/I$의 덧셈아벨군으로의 전사준동형이고 $\operatorname{Ker}\pi=I$이다. 또한 임의의 $a,\ b\in R$에 대하여

$$\pi(ab)=ab+I=(a+I)(b+I)=\pi(a)\pi(b)$$

이므로 $\pi$는 환 $R$로부터 환 $R/I$로의 전사준동형이다. ■

**【정리 3.3.3】 (준동형의 기본정리)**

$R$과 $R'$을 환이라 하고 $f: R \longrightarrow R'$을 준동형함수라 하자. $I$를 $I \subset \mathrm{Ker} f$인 $R$의 이데알이라 하면 임의의 $a+I \in R/I$에 대하여 $\bar{f}(a+I)=f(a)$로 정의되는 준동형함수 $\bar{f}: R/I \longrightarrow R'$이 존재한다. 이 때, $\bar{f}$는 표준전사준동형 $\pi: R \longrightarrow R/I$에 대하여 $f=\bar{f}\pi$를 만족하는 유일한 준동형이다.

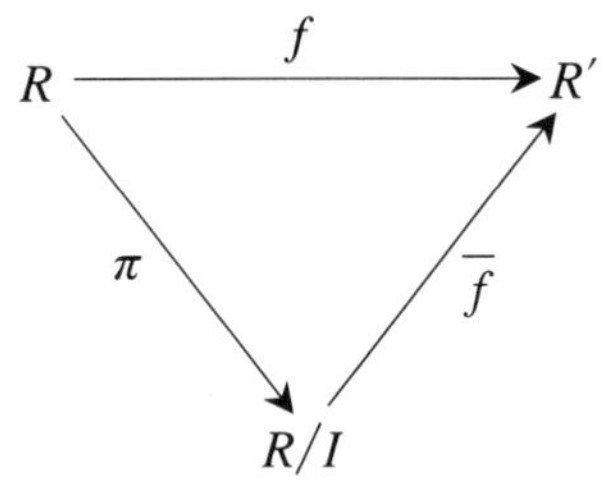

또한, $\mathrm{Im}\,\bar{f}=\mathrm{Im} f$이고 $\mathrm{Ker}\,\bar{f}=(\mathrm{Ker} f)/I$이다. 더욱이, $\bar{f}$가 동형일 필요충분조건은 $f$가 전사준동형이고 $\mathrm{Ker}\, f=I$인 것이다.

**증명** $I$가 환 $R$의 덧셈아벨군의 정규부분군이고 $I \subset \mathrm{Ker} f$이므로 정리 2.4.22에 의하여 $\bar{f}$는 환 $R/I$의 덧셈아벨군으로부터 환 $R'$의 덧셈아벨군으로의 준동형이다. 또한 임의의 $a+I,\ b+I \in R/I$에 대하여

$$\bar{f}((a+I)(b+I))=\bar{f}(ab+I)=f(ab)=f(a)f(b)=\bar{f}(a+I)\bar{f}(b+I)$$

이므로 $\bar{f}$는 환 $R/I$로부터 환 $R'$으로의 준동형이다. 나머지 결과는 정리 2.4.22에 의하여 얻어진다. ■

**【정리 3.3.4】 (제1동형정리)**

$R$과 $R'$을 환이라 하고 $f: R \longrightarrow R'$을 준동형함수라 하자. 그러면,

$$R/\mathrm{Ker} f \cong \mathrm{Im} f$$

이다. 특히, $f$가 전사준동형이면

$$R/\mathrm{Ker} f \cong R'.$$

**증명** 정리 3.2.27 (1) (i)에 의하여 $\mathrm{Im} f$는 $R'$의 부분환이다. 함수 $g: R \longrightarrow \mathrm{Im} f$를 임의의 $a \in R$에 대하여 $g(a)=f(a)$로 정의하면 분명히 $g$는 전

사준동형이고 $\mathrm{Ker}\, g = \mathrm{Ker} f$이다. 이제 $I = \mathrm{Ker}\, g$라 하면 정리 3.2.23 (1)에 의하여 $I$는 $R$의 이데알이다. 따라서 정리 3.3.3에 의하여 임의의 $a+I \in R/I$에 대하여 $\bar{g}(a+I) = g(a)$로 정의하면 $\bar{g} : R/I \longrightarrow \mathrm{Im} f$는 동형함수이다. 따라서 $R/\mathrm{Ker} f \cong \mathrm{Im} f$이다. ■

**보기 3.3.5** 환 $\mathbf{Z}$와 환 $\mathbf{Z}_m (m \geq 1)$을 생각하자. 함수 $f : \mathbf{Z} \longrightarrow \mathbf{Z}_m$을 임의의 $a \in \mathbf{Z}$에 대하여 $f(a) = \bar{a}$로 정의하면 보기 2.4.24에 의하여 $f$는 환 $\mathbf{Z}$의 덧셈아벨군으로부터 환 $\mathbf{Z}_m$의 덧셈아벨군으로의 전사준동형이고 $\mathrm{Ker} f = \langle m \rangle$이다. 또한, 임의의 $a, b \in \mathbf{Z}$에 대하여

$$f(ab) = \overline{ab} = \bar{a}\,\bar{b} = f(a)f(b)$$

이므로 $f$는 환 $\mathbf{Z}$로부터 환 $\mathbf{Z}_m$으로의 전사준동형이다. 그런데 정리 3.2.13에 의하여 $(m) = \{nm \mid n \in \mathbf{Z}\} = \langle m \rangle = \mathrm{Ker} f$이므로 정리 3.3.4에 의하여

$$\mathbf{Z}/(m) \cong \mathbf{Z}_m$$

이다. ◀

**【정리 3.3.6】**

$R$을 단위원 $1_R$을 갖는 환이라 하고 $S = \{n1_R \mid n \in \mathbf{Z}\}$라 하자. 그러면 다음이 성립한다.

(1) 함수 $f : \mathbf{Z} \longrightarrow R$을 임의의 $n \in \mathbf{Z}$에 대하여 $f(n) = n1_R$로 정의하면 $f$는 준동형이다. 또한 $S$는 $R$의 부분환이다.

(2) $R$의 표수가 $n(n > 1)$이면 $S \cong \mathbf{Z}_n$이다(따라서 $R$은 $\mathbf{Z}_n$에 동형적인 부분환을 포함한다). 또한, $R$의 표수가 0이면 $S \cong \mathbf{Z}$이다(따라서 $R$은 $\mathbf{Z}$에 동형적인 부분환을 포함한다).

**증명** (1) 임의의 $m, n \in \mathbf{Z}$에 대하여

$$f(m+n) = (m+n)1_R$$
$$= m1_R + n1_R$$ ($R$이 덧셈아벨군이므로 정리 2.1.15 (1)에 의하여)

$$=f(m)+f(n),$$

$$f(mn)=(mn)1_R$$

$=m(n1_R)$ ($R$이 덧셈아벨군이므로 정리 2.1.15 (2)에 의하여)

$=m(1_R(n1_R))$

$=(m1_R)(n1_R)$ (정리 3.1.7 (3)에 의하여)

$=f(m)f(n)$

이므로 $f$는 준동형이다. 따라서 $S=\text{Im}f$이므로 정리 3.2.27 (1) (i)에 의하여 $S$는 $R$의 부분환이다.

(2) (1)에서의 준동형 $f:\mathbf{Z}\longrightarrow R$을 생각하자. 정리 3.2.23 (1)에 의하여 $\text{Ker}f$는 $\mathbf{Z}$의 이데알이다. 또한

$$m\in\text{Ker}f \iff f(m)=0 \iff m1_R=0 \qquad \cdots\cdots(3.3.1)$$

이다. 따라서 $R$의 표수를 $n(n>1)$이라 하면 정리 3.1.30 (1)에 의하여 $n$은 $\text{Ker}f$에 속하는 최소의 양의 정수이다. 따라서 보기 3.2.14에 의하여 $\text{Ker}f=(n)$이므로 정리 3.3.4에 의하여

$$\mathbf{Z}/(n)\cong\text{Im}f=S$$

이다. 그러므로 정리 3.2.25에 의하여 $S\cong\mathbf{Z}/(n)$이다. 또한, 보기 3.3.5에 의하여 $\mathbf{Z}/(n)\cong\mathbf{Z}_n$이므로 정리 3.2.24 (4)에 의하여 $S\cong\mathbf{Z}_n$이다.
한편, $R$의 표수가 0이면 정리 3.1.30 (1)에 의하여 $m1_R=0$을 만족하는 $m$은 0뿐이므로 (3.3.1)에 의하여 $\text{Ker}f=\{0\}$이다. 따라서 정리 3.2.23 (2)에 의하여 $f$는 단사준동형이다. 따라서 정리 3.2.27 (3)에 의하여 $\mathbf{Z}\cong\text{Im}f=S$이다. 따라서 $S\cong\mathbf{Z}$이다. ■

**【정리 3.3.7】**

$R$을 환이라 하자. $I$를 $R$의 부분환이라 하고 $J$를 $R$의 이데알이라 하자. 그러면 다음이 성립한다.

(1) $I\cap J$는 $I$의 이데알이다.

(2) $I+J=\{a+b\,|\,a\in I,\ b\in J\}$는 $R$의 부분환이고 $J$는 $I+J$의 이데알이다.

**증명** (1) $I$와 $J$는 $R$의 부분환이므로 정리 3.2.11 (1)에 의하여 $I\cap J$는 $R$의 부

분환이다. 더욱이 $I\cap J\subset I$이므로 $I\cap J$는 $I$의 부분환이다. 또한

$$\begin{aligned} a\in I\cap J,\ r\in I &\Longrightarrow a\in I,\ a\in J,\ r\in I \\ &\Longrightarrow \begin{cases} ra\in I,\ ar\in I\,(I\text{가 } R\text{의 부분환이므로}) \\ ra\in J,\ ar\in J\,(J\text{가 } R\text{의 이데알이므로}) \end{cases} \\ &\Longrightarrow ra\in I\cap J,\ ar\in I\cap J \end{aligned}$$

이므로 $I\cap J$는 $I$의 이데알이다.

(2) 분명히 $0=0+0\in I+J$이다. $x,\ y\in I+J$라 하면 $x=a+b,\ y=a'+b'$을 만족하는 $a,\ a'\in I,\ b,\ b'\in J$가 존재한다. 따라서 $a-a'\in I,\ b-b'\in J$이므로

$$x-y=(a+b)-(a'+b')=(a-a')+(b-b')\in I+J$$

이고, 또한 $aa'\in I,\ ab'+ba'+bb'\in J$이므로

$$xy=(a+b)(a'+b')=aa'+(ab'+ba'+bb')\in I+J$$

이다. 그러므로 $I+J$는 $R$의 부분환이다. 더욱이 $J\subset I+J$이고 $J$가 $R$의 이데알이므로 분명히 $J$는 $I+J$의 이데알이다. ■

**【정리 3.3.8】 (제2동형정리)**

$R$을 환이라 하자. $I$를 $R$의 부분환이라 하고 $J$를 $R$의 이데알이라 하자. 그러면

$$I/(I\cap J)\cong(I+J)/J.$$

**증명** 정리 3.3.7에 의하여 $I\cap J$는 $I$의 이데알이고 $J$는 $I+J$의 이데알이므로 $I/(I\cap J)$와 $(I+J)/J$를 생각할 수 있다. 포함함수 $i: I\longrightarrow I+J$는 분명히 준동형이다. 이제 표준전사준동형 $\pi: I+J\longrightarrow(I+J)/J$에 대하여 $f=\pi i$라 하면 정리 3.2.24 (1)에 의하여 $f$는 준동형이다. $I$와 $J$는 $R$의 덧셈아벨군의 정규부분군이므로 정리 2.4.25의 증명과정에 의하여 $f$는 전사준동형이고 $\operatorname{Ker} f=I\cap J$이다. 따라서 정리 3.3.4에 의하여

$$I/(I\cap J)\cong(I+J)/J.$$ ■

**【정리 3.3.9】**

$R$과 $R'$을 환이라 하고 $I$를 $R$의 이데알, $J$를 $R'$의 이데알이라 하자. $f: R \longrightarrow R'$을 준동형함수라 하고 $f(I) \subset J$라 하자. 임의의 $a+I \in R/I$에 대하여 $F(a+I)=f(a)+J$로 정의하면 $F: R/I \longrightarrow R'/J$는 준동형함수이다. 또한 $F$가 동형이 될 필요충분조건은 $\text{Im} f+J=R'$이고 $f^{-1}(J) \subset I$이다. 더욱이 $f$가 전사준동형이고 $f(I)=J$, $\text{Ker } f \subset I$이면 $F$는 동형이다.

**증명** $I$는 $R$의 덧셈아벨군의 정규부분군이고 $J$는 $R'$의 덧셈아벨군의 정규부분군이고 $f$는 $R$의 덧셈아벨군으로부터 $R'$의 덧셈아벨군으로의 준동형함수이므로 정리 2.4.26에 의하여 $F$는 $R/I$의 덧셈아벨군으로부터 $R'/J$의 덧셈아벨군으로의 준동형함수이다. 더욱이 임의의 $a+I$, $b+I \in R/I$에 대하여

$$\begin{aligned} F((a+I)(b+I)) &= F(ab+I)=f(ab)+J=f(a)f(b)+J \\ &=(f(a)+J)(f(b)+J)=F(a+I)F(b+I) \end{aligned}$$

이므로 $F$는 환 $R/I$로부터 환 $R'/J$로의 준동형이다. 한편, $\text{Im} f$와 $J$는 $R'$의 덧셈아벨군의 정규부분군이므로 정리 2.2.20 (4)에 의하여 $\langle \text{Im} f \cup J \rangle = \text{Im} f+J$이다. 따라서 나머지 결과는 정리 2.4.26에 의하여 얻어진다. ■

**【정리 3.3.10】 (제3동형정리)**

$R$을 환이라 하고 $I$와 $J$를 $R$의 이데알이라 하자. $I \subset J$라 하면 $J/I$는 $R/I$의 이데알이고

$$(R/I)/(J/I) \cong R/J$$

이다.

**증명** $I \subset J$이고 $I$가 $R$의 이데알이므로 $I$는 $J$의 이데알이다. 따라서 $J/I$를 생각할 수 있다. 항등함수 $i_R: R \longrightarrow R$은 분명히 $R$의 자기동형이고 $i_R(I) = I \subset J$이므로 임의의 $a+I \in R/I$에 대하여 $F(a+I)=i_R(a)+J=a+J$로 정의하면 정리 3.3.9에 의하여 $F: R/I \longrightarrow R/J$는 준동형함수이고, 또한 분명히 $F$는 전사준동형이다. 한편

$$a+I \in \text{Ker}\, F \iff J=F(a+I)=a+J \iff a \in J$$

이므로 $\text{Ker}\, F=J/I$이다. 따라서 정리 3.3.4에 의하여

$$(R/I)/(J/I) \cong R/J.$$ ■

**【정리 3.3.11】**

$R$과 $R'$을 환이라 하고 $f: R \longrightarrow R'$을 전사준동형함수라 하자. $A$를 $\text{Ker} f$를 포함하는 $R$의 부분환 전체의 집합이라 하고 $B$를 $R'$의 부분환 전체의 집합이라 하자. 임의의 $S \in A$에 대하여 $\phi(S)=f(S)$로 정의하면 $\phi: A \longrightarrow B$는 전단사함수이다. 즉 $A$와 $B$는 1 대 1 대응한다. 더욱이 $\text{Ker} f$를 포함하는 $R$의 이데알 전체의 집합을 $A'$이라 하고 $R'$의 이데알 전체의 집합을 $B'$이라 할 때, 임의의 $I \in A'$에 대하여 $\psi(I)=f(I)$로 정의하면 $\psi: A' \longrightarrow B'$은 전단사함수이다. 즉 $A'$과 $B'$은 1 대 1 대응한다.

**증명** $S$를 $R$의 부분환이라 하면 정리 3.2.27 (1) (i)에 의하여 $f(S)$는 $R'$의 부분환이므로 $\phi$는 함수이다. $T \in B$라 하면 정리 3.2.27 (2) (i)에 의하여 $f^{-1}(T)$는 $R$의 부분환이다. 또한, $a \in \text{Ker} f$라 하면 $f(a)=0 \in T$이므로 $a \in f^{-1}(T)$, 즉 $\text{Ker} f \subset f^{-1}(T)$이다. 따라서 $f^{-1}(T) \in A$. 한편, $f$가 전사함수이므로 정리 1.1.3 (2) (ii)에 의하여 $\phi(f^{-1}(T))=f(f^{-1}(T))=T$이다. 즉 $\phi$는 전사함수이다. 또한 $S_1, S_2 \in A$에 대하여 $\phi(S_1)=\phi(S_2)$라 하면 $f(S_1)=f(S_2)$이다. 이 때, $S_1$과 $S_2$는 $R$의 덧셈아벨군의 부분군이고 $\text{Ker} f \subset S_1$, $\text{Ker}\, f \subset S_2$이며, 또한 $f$는 $R$의 덧셈아벨군으로부터 $R'$의 덧셈아벨군으로의 준동형이므로 정리 2.4.28 (2)에 의하여

$$S_1=f^{-1}(f(S_1))=f^{-1}(f(S_2))=S_2$$

이다. 따라서 $\phi$는 단사함수이다. 그러므로 $\phi$는 전단사함수이다. 나머지 결과는 정리 3.2.27의 (1) (ii)와 (2) (ii)를 이용하면 위와 같은 방법으로 쉽게 얻어진다. ■

**【정리 3.3.12】**

$R$을 환이라 하고 $I$를 $R$의 이데알이라 하자. 그러면 $R/I$의 모든 부분환은

$I \subset J$인 $R$의 부분환 $J$에 대하여 $J/I$의 꼴로 표시된다. 더욱이 $J/I$가 $R/I$의 이데알이 되기 위한 필요충분조건은 $J$가 $R$의 이데알인 것이다.

**증명** $\pi : R \longrightarrow R/I$를 표준전사준동형이라 하자. 그러면 $\text{Ker}\,\pi = I$이다. $I$를 포함하는 $R$의 부분환 전체의 집합을 $A$라 하고 $R/I$의 부분환 전체의 집합을 $B$라 하자. 임의의 $J \in A$에 대하여 $\phi(J) = \pi(J)$로 정의하면 정리 3.3.11에 의하여 $\phi : A \longrightarrow B$는 전단사함수이다. 따라서 $Q$를 $R/I$의 부분환이라 하면 $Q = \phi(J) = \pi(J)$, $I \subset J$를 만족하는 $R$의 부분환 $J$가 존재한다. 이 때 $I$가 $R$의 이데알이므로 $I$는 $J$의 이데알이다. 따라서 $J/I$를 생각할 수 있다. 그런데

$$\pi(J) = \{\pi(a) \mid a \in J\} = \{a + I \mid a \in J\} = J/I$$

이므로 $Q = J/I$이다. 이 때, 다시 정리 3.3.11에 의하여 $J$가 $R$의 이데알이 되기 위한 필요충분조건은 $J/I$가 $R/I$의 이데알이 되는 것이다. ■

## 연습문제 3.3

**1.** $R = \left\{ \begin{bmatrix} a & b \\ 0 & c \end{bmatrix} \middle| \, a, b, c \in \mathbf{R} \right\}$이라 할 때, 다음을 증명하여라.

(1) $R$은 환 $M_2(\mathbf{C})$(보기 3.1.3을 참조)의 부분환이다.

(2) 임의의 $\begin{bmatrix} a & b \\ 0 & c \end{bmatrix} \in R$에 대하여 $f\left(\begin{bmatrix} a & b \\ 0 & c \end{bmatrix}\right) = a$로 정의되는 함수 $f : R \longrightarrow \mathbf{R}$은 $\text{Ker}\, f = \left\{ \begin{bmatrix} 0 & b \\ 0 & c \end{bmatrix} \middle| \, b, c \in \mathbf{R} \right\}$인 전사준동형이고 $R/\text{Ker}\, f \cong \mathbf{R}$이다.

(3) 임의의 $\begin{bmatrix} a & b \\ 0 & c \end{bmatrix} \in R$에 대하여 $g\left(\begin{bmatrix} a & b \\ 0 & c \end{bmatrix}\right) = (a, c)$로 정의되는 함수 $g : R \longrightarrow \mathbf{R} \oplus \mathbf{R}$은 $\text{Ker}\, g = \left\{ \begin{bmatrix} 0 & b \\ 0 & 0 \end{bmatrix} \middle| \, b \in \mathbf{R} \right\}$인 전사준동형이고 $R/\text{Ker}\, g \cong \mathbf{R} \oplus \mathbf{R}$이다.

**2.** 환 $\mathbf{Z}_m$과 $\mathbf{Z}_n(m \mid n,\ m > 1)$을 생각하자. $\bar{a} \in \mathbf{Z}_n$이라 하고

$$a = mq + r,\ 0 \leq r < m$$

이라 할 때, 함수 $f: \mathbf{Z}_n \longrightarrow \mathbf{Z}_m$을 $f(\bar{a})=\bar{r}$로 정의하면 $f$는 $\operatorname{Ker} f=(\bar{m})$인 전사준동형이고 $\mathbf{Z}_n/(\bar{m}) \cong \mathbf{Z}_m$임을 보여라.

**3.** $\mathbf{Q}$로부터 $\mathbf{Q}$로의 준동형함수 $f: \mathbf{Q} \longrightarrow \mathbf{Q}$는 자명한 준동형이거나 항등함수 $i_{\mathbf{Q}}$뿐임을 보여라.

**4.** $R$을 환이라 하고 $I$를 $R$의 이데알이라 할 때, 다음을 증명하여라.

(1) $R/I$가 가환환일 필요충분조건은 모든 $a$, $b \in R$에 대하여 $ab-ba \in I$인 것이다.

(2) $R/I$가 단위원을 가지기 위한 필요충분조건은 모든 $a \in R$에 대하여 $au-a \in I$와 $ua-a \in I$를 만족하는 $u \in R$가 존재하는 것이다.

**5.** $R$을 환이라 하고 $S$를 $R$의 부분환, $I$를 $R$의 이데알이라 하자. $S \cap I=\{0\}$이면 $S$는 환 $R/I$의 한 부분환에 동형적임을 증명하여라.

**6.** $R$을 단위원을 갖는 가환환이라 하고 $N$을 $R$의 멱영원 전체의 집합이라 할 때, 다음을 증명하여라.

(1) $N$은 $R$의 이데알이다.

(2) $R/N$은 0이 아닌 멱영원을 포함하지 않는다.

**7.** 각 $i\,(1 \leq i \leq n)$에 대하여 $R_i$와 $R_i'$을 환이라 하고 $f_i: R_i \longrightarrow R_i'$을 준동형함수라 하자. 함수

$$\phi: R_1 \oplus R_2 \oplus \cdots \oplus R_n \longrightarrow R_1' \oplus R_2' \oplus \cdots \oplus R_n'$$

을 임의의 $(x_1, x_2, \cdots, x_n) \in R_1 \oplus R_2 \oplus \cdots \oplus R_n$에 대하여

$$\phi((x_1, x_2, \cdots, x_n))=(f_1(x_1),\ f_2(x_2),\ \cdots,\ f_n(x_n))$$

으로 정의할 때, 다음을 증명하여라.

(1) $\phi$는

$$\operatorname{Ker} \phi=\operatorname{Ker} f_1 \oplus \operatorname{Ker} f_2 \oplus \cdots \oplus \operatorname{Ker} f_n,$$

$$\text{Im}\,\phi = \text{Im}\,f_1 \oplus \text{Im}\,f_2 \oplus \cdots \oplus \text{Im}\,f_n$$

인 준동형함수이다.

(2) $\phi$가 단사준동형(각각 전사준동형, 동형)일 필요충분조건은 각 $i\,(1 \le i \le n)$에 대하여 $f_i$가 단사준동형(각각 전사준동형, 동형)인 것이다.

**8.** $R$을 환이라 하고 $I$와 $J$를 $R$의 이데알이라 할 때,

$$\begin{aligned}(I+J)/(I\cap J) &\cong ((I+J)/I) \oplus ((I+J)/J)\\ &\cong (J/(I\cap J)) \oplus (I/(I\cap J))\end{aligned}$$

임을 증명하여라.

**9.** $R$을 환이라 하고 $I$와 $J$를 $R$의 이데알이라 하자. $R = I \oplus J$이면 $R/I \cong J$이고 $R/J \cong I$임을 보여라.

**10.** 환 $R_1, R_2, \cdots, R_n$의 직합 $R = R_1 \oplus R_2 \oplus \cdots \oplus R_n$을 생각하자. 각 $i = 1, 2, \cdots, n$에 대하여 $I_i$를 환 $R_i$의 이데알이라 하고 $I = I_1 \oplus I_2 \oplus \cdots \oplus I_n$이라 할 때,

$$R/I \cong (R_1/I_1) \oplus (R_2/I_2) \oplus \cdots \oplus (R_n/I_n)$$

임을 증명하여라.

**11.** $m$과 $n$을 양의 정수라 할 때, $(m, n) = 1$이면 $\mathbf{Z}_{mn} \cong \mathbf{Z}_m \oplus \mathbf{Z}_n$임을 보여라.

# 3.4 소이데알, 극대이데알

**【정의 3.4.1】**

$R(R\neq\{0\})$을 환이라 하자. $R$이 자명한 이데알 이외의 이데알을 갖지 않을 때, 즉 $R$의 이데알이 $\{0\}$과 $R$자신뿐일 때 $R$을 단순환(simple ring)이라 한다.

**【정리 3.4.2】**

$R$을 단위원 $1_R$을 갖는 환이라 하자. 그러면 다음이 성립한다.

(1) $I$를 $R$의 이데알이라 하자. 그러면 다음 세 주장은 동치이다.

(i) $1_R\in I$이다.

(ii) $I$가 $R$의 단원을 하나 포함한다.

(iii) $I=R$이다.

(2) $R$을 가환환이라 하고 $u\in R$이라 하자. 그러면 $u$가 $R$의 단원이기 위한 필요충분조건은 $(u)=R$인 것이다.

(3) $R$이 나눗셈환이면 $R$은 단순환이다(따라서 $R$이 체이면 $R$은 단순환이다). 더욱이 $R$이 가환단순환이면 $R$은 체이다.

**증명** (1) (i)$\Longrightarrow$(iii). $1_R\in I$라 하면 $I$가 $R$의 이데알이므로 임의의 $r\in R$에 대하여 $r=r1_R\in I$이다. 즉 $R\subset I$. 따라서 $I=R$이다.

(iii)$\Longrightarrow$(ii). $I=R$이라 하면 $1_R\in I$이고 $1_R$은 $R$의 단원이므로 (ii)가 성립한다.

(ii)$\Longrightarrow$(i). $I$가 $R$의 단원 $u$를 포함한다고 하자. 그러면 $uv=1_R=vu$를 만족하는 $v\in R$가 존재한다. 따라서 $I$가 $R$의 이데알이므로 $1_R=vu\in I$이다.

(2) $u$가 $R$의 단원이면 $u\in(u)$이므로 (1)에 의하여 $(u)=R$이다. 역으로 $(u)=R$이라 하면 정리 3.2.13에 의하여 $(u)=\{ru\mid r\in R\}$이므로 $1_R=ru$를 만족하는 $r\in R$이 존재한다. 따라서 $u$는 $R$의 단원이다.

(3) $R$을 나눗셈환이라 하고 $I$를 $I \neq \{0\}$인 $R$의 이데알이라 하면 $a \neq 0$인 $a \in I$가 존재한다. 이 때 $a$는 $R$의 단원이므로 (1)에 의하여 $I=R$이다. 따라서 $R$은 단순환이다. 다음, $R$을 가환단순환이라 하자. 그러면 $a \in R(a \neq 0)$에 대하여 $(a) \neq \{0\}$이므로 $(a)=R$이다. 따라서 (2)에 의하여 $a$는 $R$의 단원이다. 즉, $R$은 체이다. ■

**【정의 3.4.3】**

$R$을 가환환이라 하고 $P$를 $R$의 이데알이라 하자. $P$가 다음 두 조건

(1) $P \neq R$

(2) 임의의 $a$, $b \in R$에 대하여 $ab \in P \Longrightarrow a \in P$ 또는 $b \in P$

를 만족할 때, $P$를 $R$의 소이데알(prime ideal)이라 한다.

**보기 3.4.4** $R$이 정역일 때, $R$의 이데알 $\{0\}$을 생각하자. 분명히 $\{0\} \neq R$이다. 또한, 임의의 $a$, $b \in R$에 대하여 $ab \in \{0\}$, 즉 $ab=0$이면 $a=0$ 또는 $b=0$이므로 $a \in \{0\}$ 또는 $b \in \{0\}$이다. 그러므로 $\{0\}$은 $R$의 소이데알이다.

다음, 정역 $\mathbf{Z}$를 생각하자. 보기 3.2.14에 의하여 $\mathbf{Z}$의 이데알은 모두 $(m)=\{mk \mid k \in \mathbf{Z}\}$, $m \in \mathbf{Z}(m \geq 0)$의 꼴이다. $p$를 소수라 하면 분명히 $1 \notin (p)$이므로 $(p) \neq \mathbf{Z}$이다. 또한, 임의의 $a$, $b \in \mathbf{Z}$에 대하여

$$
\begin{aligned}
ab \in (p) &\Longrightarrow p \mid ab \\
&\Longrightarrow p \mid a \text{ 또는 } p \mid b \text{ (정리 1.3.14에 의하여)} \\
&\Longrightarrow a \in (p) \text{ 또는 } b \in (p)
\end{aligned}
$$

이므로 $(p)$는 $\mathbf{Z}$의 소이데알이다. 그러나 $m$을 합성수라 하면, 즉 $m=ab(1<a<m,\ 1<b<m)$이라 하면 $ab=m \in (m)$이지만 $a \notin (m)$, $b \notin (m)$이므로 $(m)$은 $\mathbf{Z}$의 소이데알이 아니다. ◀

**【정리 3.4.5】**

$R$을 단위원 $1_R$을 갖는 가환환이라 하고 $P$를 $R$의 이데알이라 하자. 그러면 $P$가 소이데알이기 위한 필요충분조건은 $R/P$가 정역인 것이다.

**증명** 정리 3.3.1에 의하여 $R/P$는 단위원 $1_R+P$를 갖는 가환환이고 $R/P$의 영원은 $0+P=P$이다. $P$를 $R$의 소이데알이라 하자. 그러면 $P \neq R$이므

로 정리 3.4.2 (1)에 의하여 $1_R \notin P$이다. 따라서 정리 2.4.1 (1) (v)에 의하여 $1_R+P \neq P$이다. 또한, 임의의 $a+P$, $b+P \in R/P$에 대하여

$$\begin{aligned}(a+P)(b+P)=P &\Longrightarrow ab+P=P \Longrightarrow ab \in P \Longrightarrow a \in P \text{ 또는 } b \in P \\ &\Longrightarrow a+P=P \text{ 또는 } b+P=P\end{aligned}$$

이므로 $R/P$는 정역이다. 역으로, $R/P$가 정역이라 하면 $1_R+P \neq P$이므로 $1_R \notin P$이다. 따라서 $P \neq R$이다. 또한, 임의의 $a$, $b \in R$에 대하여

$$\begin{aligned}ab \in P &\Longrightarrow P=ab+P=(a+P)(b+P) \\ &\Longrightarrow a+P=P \text{ 또는 } b+P=P\,(R/P\text{가 정역이므로}) \\ &\Longrightarrow a \in P \text{ 또는 } b \in P\end{aligned}$$

이므로 $P$는 $R$의 소이데알이다. ■

**【정의 3.4.6】**

$R$을 환이라 하고 $M$을 $R$의 이데알이라 하자. $M$이 다음 두 조건

(1) $M \neq R$

(2) $I$가 $M \subset I \subset R$을 만족하는 $R$의 이데알이면 $I=M$ 또는 $I=R$이다

를 만족할 때, $M$을 $R$의 극대이데알(maximal ideal)이라 한다.

**보기 3.4.7** $R$이 나눗셈환이면 정리 3.4.2 (3)에 의하여 $R$의 이데알 $\{0\}$은 극대이데알이다.

다음, 정역 $\mathbf{Z}$를 생각하자. $p$를 소수라 하면 보기 3.4.4에 의하여 $(p) \neq \mathbf{Z}$이다. $J$를 $(p) \subset J \subset \mathbf{Z}$인 $\mathbf{Z}$의 이데알이라 하면 보기 3.2.14에 의하여

$$J=(m)=\{mk \mid k \in \mathbf{Z}\},\ m \in \mathbf{Z}(m>0)$$

의 꼴로 표시되고, 또한 $p \in (p) \subset J$이므로 $m \mid p$이다. 따라서 $m=p$ 또는 $m=1$이므로 $J=(p)$ 또는 $J=\mathbf{Z}$이다. 그러므로 $(p)$는 $\mathbf{Z}$의 극대이데알이다. 더욱이, 보기 3.4.4에 의하여 $(p)$는 $\mathbf{Z}$의 소이데알이다. 그러나 보기 3.4.4에 의하여 $\{0\}$은 $\mathbf{Z}$의 소이데알이지만 $\{0\} \subsetneq (2) \subsetneq \mathbf{Z}$이므로 $\{0\}$은 $\mathbf{Z}$의 극대이데알이 아니다. 또한 $m$을 합성수라 하면, 즉 $m=ab(1<a<m,\ 1<b<m)$이라 하면 $(m) \subsetneq (a) \subsetneq \mathbf{Z}$이므로 $(m)$은 $\mathbf{Z}$의 극대이데알이 아니다. 더욱이, 보기 3.4.4에 의하여 $(m)$은 $\mathbf{Z}$의 소이데알도 아니다. ◀

**【정리 3.4.8】**

$R$을 단위원 $1_R$을 갖는 환이라 하고 $M$을 $R$의 이데알이라 하자. 그러면 다음이 성립한다.

(1) $R$이 가환환이고 $M$이 $R$의 극대이데알이면 $R/M$은 체이고 $M$은 $R$의 소이데알이다.

(2) $R/M$이 나눗셈환이면 $M$은 $R$의 극대이데알이다.

**증명** (1) 정리 3.3.1에 의하여 $R/M$은 단위원 $1_R+M$을 갖는 가환환이고 $R/M$의 영원은 $0+M=M$이다. $M$이 $R$의 극대이데알이므로 $M\neq R$이고, 따라서 정리 3.4.2 (1)에 의하여 $1_R\notin M$이다. 그러므로 $1_R+M\neq M$이다. 이제, $a+M\in R/M$, $a+M\neq M$이라 하자. 그러면 $a\notin M$이다. 또한 정리 3.2.16 (1)에 의하여 $M+(a)$는 $R$의 이데알이고 $M\subset M+(a)\subset R$이다. 이 때, $a=0+a\in M+(a)$이므로 $M\neq M+(a)$이다. 따라서 $M$이 $R$의 극대이데알이므로 $M+(a)=R$이다. 정리 3.2.13에 의하여 $(a)=\{ra\,|\,r\in R\}$이므로 적당한 $m\in M$과 적당한 $r\in R$에 대하여 $1_R=m+ra$이다. 따라서

$$\begin{aligned}1_R+M&=(m+ra)+M=(m+M)+(ra+M)=M+(ra+M)\\&=ra+M=(r+M)(a+M)\end{aligned}$$

이다. 즉 $(r+M)(a+M)=1_R+M=(a+M)(r+M)$. 따라서 $a+M$은 $R/M$의 단원이다. 그러므로 $R/M$은 체이다. 더욱이 정리 3.1.25에 의하여 $R/M$은 정역이므로 정리 3.4.5에 의하여 $M$은 소이데알이다.

(2) $R/M$을 나눗셈환이라 하면 $1_R+M\neq M$이므로 $1_R\notin M$, 즉 $M\neq R$이다. $I$를 $M\subset I\subset R$을 만족하는 $R$의 이데알이라 하자. 그러면 $M=I$이든지 $M\neq I$인데, $M\neq I$라 하면 $a\in I$, $a\notin M$인 $a$가 존재한다. 따라서 $a+M\neq M$이다. 그러므로

$$(a+M)(b+M)=1_R+M=(b+M)(a+M)$$

을 만족하는 $b+M\in R/M$이 존재한다. 따라서 $ab+M=1_R+M$이므로 $ab-1_R\in M$이다. $ab-1_R=m\in M$이라 하면 $ab-m=1_R$이다. 이 때 $a\in I$, $b\in R$이고 $I$가 $R$의 이데알이므로 $ab\in I$이고, 또한 $m\in M$

$\subset I$이므로 $1_R = ab - m \in I$이다. 따라서 정리 3.4.2 (1)에 의하여 $I = R$이다. 그러므로 $M$은 $R$의 극대이데알이다. ■

**【정리 3.4.9】**

$R$과 $R'$을 환이라 하고 $R \cong R'$이라 하자. 그러면 $R$이 체(각각 가환환, 단위원을 갖는 환, 정역)이면 $R'$도 체 (각각 가환환, 단위원을 갖는 환, 정역)이다. 역으로, $R'$이 체 (각각 가환환, 단위원을 갖는 환, 정역)이면 $R$도 체(각각 가환환, 단위원을 갖는 환, 정역)이다.

**증명** $R \cong R'$이므로 동형함수 $f: R \longrightarrow R'$이 존재한다. $f$는 전사함수이므로 $\mathrm{Im} f = R'$이다. $R$을 가환환이라 하면 임의의 $c, d \in R'$에 대하여 $c = f(a)$, $d = f(b)$를 만족하는 $a, b \in R$가 존재하므로

$$cd = f(a)f(b) = f(ab) = f(ba) = f(b)f(a) = dc$$

이다. 따라서 $R'$도 가환환이다. 또 $R$이 단위원 $1_R$을 갖는 환이라 하면 $\mathrm{Im} f = R'$이므로 정리 3.2.27 (1) (i)에 의하여 $f(1_R)$은 $R'$의 단위원이다. 즉, $f(1_R) = 1_{R'}$. 다음, $R$을 정역이라 하자. 임의의 $c, d \in R'$에 대하여 $cd = 0'$이라 하면 $c = f(a)$, $d = f(b)$를 만족하는 $a, b \in R$가 존재하므로

$$f(0) = 0' = cd = f(a)f(b) = f(ab)$$

이다. $f$는 단사함수이므로 $ab = 0$이다. 따라서 $R$이 정역이므로 $a = 0$ 또는 $b = 0$이다. 그러므로 $c = f(a) = f(0) = 0'$ 또는 $d = f(b) = f(0) = 0'$이다. 따라서 $R'$도 정역이다. 마지막으로 $R$을 체라 하자. $0' \neq c \in R'$이라 하면 $c = f(a)$, $a \neq 0$인 $a \in R$($f(0) = 0'$이므로)가 존재한다. $R$이 체이므로 $ab = 1_R = ba$를 만족하는 $b \in R$가 존재한다. 따라서 $f(b) = d$라 하면 $d \in R'$이고

$$cd = f(a)f(b) = f(ab) = f(1_R) = 1_{R'} = f(1_R) = f(ba) = f(b)f(a) = dc$$

이므로 $c$는 $R'$의 단원이다. 그러므로 $R'$은 체이다.

역은 정리 3.2.25 에 의하여 $R' \cong R$이므로 위의 결과에 의하여 얻어진다. ■

## 연습문제 3.4

**1.** 다음 환의 모든 소이데알과 극대이데알을 구하여라.

(1) $\mathbf{Z}_6$ (2) $\mathbf{Z}_7$ (3) $\mathbf{Z}_{24}$

(4) $\mathbf{Q}$ (5) $\mathbf{Z}_2 \oplus \mathbf{Z}_4$

**2.** 환 $E=\{2n \mid n \in \mathbf{Z}\}$를 생각하자. ⟨4⟩는 $E$의 극대이데알이지만 $E$의 소이데알이 아님을 보여라.

**3.** 연습문제 3.3의 1의 환 $R=\left\{\begin{bmatrix} a & b \\ 0 & c \end{bmatrix} \middle| a,\ b,\ c \in \mathbf{R}\right\}$을 생각하자.

$M=\left\{\begin{bmatrix} 0 & b \\ 0 & c \end{bmatrix} \middle| b,\ c \in \mathbf{R}\right\}$은 환 $R$의 극대이데알임을 보여라.

**4.** 연습문제 3.2의 14의 $\mathbf{R}$로부터 $\mathbf{R}$로의 연속함수 전체로 이루어진 환 $C(\mathbf{R})$을 생각하자. $a \in \mathbf{R}$이라 할 때, $M=\{f \in C(\mathbf{R}) \mid f(a)=0\}$은 $C(\mathbf{R})$의 극대이데알임을 보여라.

**5.** 환 $\mathbf{Z} \oplus \mathbf{Z}$에서 극대이데알이 아닌 소이데알을 구하여라.

**6.** (1) $p$가 소수일 때, $\mathbf{Z}_p$는 단순환임을 보여라.

(2) $M_2(\mathbf{R})=\left\{\begin{bmatrix} a & b \\ c & d \end{bmatrix} \middle| a,\ b,\ c,\ d \in \mathbf{R}\right\}$은 단순환임을 보여라.

**7.** $R$을 환이라 하고 $M$을 $R$의 이데알이라 하자. $M$이 $R$의 극대이데알이기 위한 필요충분조건은 $R/M$이 단순환일 때임을 증명하여라.

**8.** $R$을 가환환이라 하고 $P(P \neq R)$를 $R$의 이데알이라 하자. $P$가 $R$의 소이데알이기 위한 필요충분조건은 $R$의 임의의 이데알 $I,\ J$에 대하여 $IJ \subset P$이면 $I \subset P$이거나 $J \subset P$가 성립할 때임을 증명하여라.

**9.** $R$을 가환환이라 하고 $I$와 $J$를 $R$의 이데알이라 하자. $I\not\subset J$이고 $J\not\subset I$이면 $I\cap J$는 $R$의 소이데알이 될 수 없음을 보여라.

**10.** $R$과 $R'$을 단위원을 갖는 가환환이라 하고 $f:R\longrightarrow R'$을 전사준동형함수라 하자. $R'$이 체일 필요충분조건은 $\mathrm{Ker}f$가 $R$의 극대이데알임을 증명하여라.

**11.** $R$을 단위원을 갖는 유한가환환이라 하고 $P$를 $R$의 이데알이라 할 때, $P$가 $R$의 소이데알일 필요충분조건은 $P$가 $R$의 극대이데알임을 보여라.

**12.** $R$과 $R'$을 환이라 하고 $f:R\longrightarrow R'$을 전사준동형함수라 할 때, 다음을 증명하여라.

(1) $M$이 $R$의 극대이데알이고 $M\supset\mathrm{Ker}f$이면 $f(M)$은 $R'$의 극대이데알이다.

(2) $M'$이 $R'$의 극대이데알이면 $f^{-1}(M')$은 $R$의 극대이데알이다.

**13.** $R$과 $R'$을 가환환이라 하고 $f:R\longrightarrow R'$을 전사준동형함수라 할 때, 다음을 증명하여라.

(1) $P$가 $R$의 소이데알이고 $P\supset\mathrm{Ker}f$이면 $f(P)$는 $R'$의 소이데알이다.

(2) $P'$이 $R'$의 소이데알이면 $f^{-1}(P')$은 $R$의 소이데알이다.

## 3.5 분수체, 매장

**【정의 3.5.1】**

$R$과 $R'$을 환이라 하자. 단사준동형함수 $f: R \longrightarrow R'$이 존재할 때, $R$은 $R'$에 매장된다($R$ can be embedded in $R'$)고 한다(이 때, 정리 3.2.27 (3)에 의하여 $R \cong \operatorname{Im} f$이다).

**【정리 3.5.2】**

$R$을 환이라 하자. $R$과 $\mathbf{Z}$의 카테시안곱 $R \times \mathbf{Z}$를 생각하자. 그러면 임의의 $(a,\ m),\ (b,\ n) \in R \times \mathbf{Z}$에 대하여

$$(a,\ m)+(b,\ n)=(a+b,\ m+n),$$
$$(a,\ m)\cdot(b,\ n)=(ab+mb+na,\ mn)$$

으로 정의되는 $R \times \mathbf{Z}$위의 덧셈 $+$와 곱셈 $\cdot$에 대하여 $R \times \mathbf{Z}$는 단위원 $(0,\ 1)$을 갖는 환을 이룬다. 더욱이, $R$은 $R \times \mathbf{Z}$에 매장된다(따라서 모든 환 $R$은 단위원을 갖는 한 환에 매장된다).

**증명** 정리 2.5.1에 의하여 $R \times \mathbf{Z}$는 $+$에 대하여 덧셈아벨군을 이룬다. 또, 임의의 $(a,\ m),\ (b,\ n),\ (c,\ s) \in R \times \mathbf{Z}$에 대하여

$$\begin{aligned}((a,\ m)\cdot(b,\ n))\cdot(c,\ s) &= (ab+mb+na,\ mn)\cdot(c,\ s)\\ &= ((ab+mb+na)c+(mn)c+s(ab+mb+na),\ (mn)s)\\ &= (a(bc+nc+sb)+m(bc+nc+sb)+(ns)a,\ m(ns))\\ &= (a,\ m)\cdot(bc+nc+sb,\ ns)=(a,\ m)\cdot((b,\ n)\cdot(c,\ s)),\end{aligned}$$

$$\begin{aligned}(a,\ m)\cdot((b,\ n)+(c,\ s)) &= (a,\ m)\cdot(b+c,\ n+s)\\ &= (a(b+c)+m(b+c)+(n+s)a,\ m(n+s))\\ &= ((ab+mb+na)+(ac+mc+sa),\ mn+ms)\\ &= (ab+mb+na,\ mn)+(ac+mc+sa,\ ms)\\ &= (a,\ m)\cdot(b,\ n)+(a,\ m)\cdot(c,\ s)\end{aligned}$$

이고, 같은 방법으로

$$((a,\ m)+(b,\ n))\cdot(c,\ s)=(a,\ m)\cdot(c,\ s)+(b,\ n)\cdot(c,\ s)$$

이다. 따라서 $R\times\mathbf{Z}$는 환이다. 또한, $(0,\ 1)\in R\times\mathbf{Z}$이고 임의의 $(a,\ m)\in R\times\mathbf{Z}$에 대하여

$$\begin{aligned}(a,\ m)\cdot(0,\ 1)&=(a0+m0+1a,\ m1)=(a,\ m)\\&=(0a+1a+m0,\ 1m)=(0,\ 1)\cdot(a,\ m)\end{aligned}$$

이므로 $(0,\ 1)$은 $R\times\mathbf{Z}$의 단위원이다. 다음, 함수 $f:R\longrightarrow R\times\mathbf{Z}$를 임의의 $a\in R$에 대하여 $f(a)=(a,\ 0)$으로 정의하자. 그러면 임의의 $a,\ b\in R$에 대하여

$$f(a+b)=(a+b,\ 0)=(a+b,\ 0+0)=(a,\ 0)+(b,\ 0)=f(a)+f(b),$$
$$f(ab)=(ab,\ 0)=(ab+0b+0a,\ 00)=(a,\ 0)\cdot(b,\ 0)=f(a)\cdot f(b)$$

이므로 $f$는 준동형이다. 또한, 임의의 $a,\ b\in R$에 대하여 $f(a)=f(b)$라 하면 $(a,\ 0)=(b,\ 0)$이므로 $a=b$이다. 따라서 $f$는 단사함수이다. 즉 $f$는 단사준동형이고, 따라서 $R\cong\mathrm{Im}f$이다. 그러므로 $R$은 단위원 $(0,\ 1)$을 갖는 환 $R\times\mathbf{Z}$에 매장된다. ■

**【정리 3.5.3】**

$D$를 정역이라 하고

$$D_0=\{(a,\ b)\in D\times D\mid b\neq 0\}$$

이라 하자. 그러면 다음이 성립한다.

(1) $R=\{((a,\ b),\ (c,\ d))\in D_0\times D_0\mid ad=bc\}$라 하면 $R$은 $D_0$위의 동치관계이다.

(2) 임의의 $(a,\ b)\in D_0$에 대하여 $R$에 의한 $(a,\ b)$의 동치류를 $\dfrac{a}{b}$로 표시하고 $R$에 의한 $D_0$의 원소들의 동치류 모두를 원소로 갖는 집합을 $Q$라 하자. 즉

$$Q=\left\{\frac{a}{b}\,\middle|\,(a,\ b)\in D_0\right\}.$$

그러면 $Q$는 임의의 $\frac{a}{b}, \frac{c}{d} \in Q$에 대하여

$$\frac{a}{b}+\frac{c}{d}=\frac{ad+bc}{bd}, \quad \frac{a}{b}\cdot\frac{c}{d}=\frac{ac}{bd}$$

로 정의되는 $Q$위의 덧셈 $+$와 곱셈 $\cdot$에 대하여 체를 이룬다(이 체 $Q$를 $D$의 분수체(field of quotients 또는 field of fractions)라 한다). 더욱이 $D$는 $Q$에 매장된다.

---

**증명** (1) 모든 $(a, b) \in D_0$에 대하여 $ab=ba$이므로 $(a, b)R(a, b)$이다. 또한

$$(a, b)R(c, d) \Longrightarrow ad=bc \Longrightarrow cb=da \Longrightarrow (c, d)R(a, b),$$

$$\begin{aligned}(a, b)R(c, d), (c, d)R(h, k) &\Longrightarrow ad=bc,\ ck=dh,\ d\neq 0\\ &\Longrightarrow adk=bck,\ ck=dh,\ d\neq 0\\ &\Longrightarrow adk=bdh,\ d\neq 0\\ &\Longrightarrow dak=dbh,\ d\neq 0\\ &\Longrightarrow ak=bh(D\text{가 정역이므로})\\ &\Longrightarrow (a, b)R(h, k)\end{aligned}$$

이다. 따라서 $R$은 $D_0$위의 동치관계이다.

(2) $\frac{a}{b}, \frac{c}{d} \in Q$라 하면 $0\neq b\in D$, $0\neq d\in D$이고, $D$가 정역이므로 $0\neq bd \in D$이다. 따라서

$$\frac{a}{b}+\frac{c}{d}=\frac{ad+bc}{bd}\in Q, \quad \frac{a}{b}\cdot\frac{c}{d}=\frac{ac}{bd}\in Q$$

이다. $\frac{a}{b}$는 $(a, b)$의 동치류이고 $\frac{c}{d}$는 $(c, d)$의 동치류인데, 동치류는 다른 대표원으로 표시할 수 있으므로 $+$와 $\cdot$가 $Q$위의 이항연산임을 보이기 위하여 $\frac{a}{b}+\frac{c}{d}$와 $\frac{a}{b}\cdot\frac{c}{d}$는 각각 대표원의 선택에 관계없이 일정함을 보여야 한다. 즉

$$\frac{a}{b}=\frac{a'}{b'}, \frac{c}{d}=\frac{c'}{d'} \Longrightarrow \frac{a}{b}+\frac{c}{d}=\frac{a'}{b'}+\frac{c'}{d'}, \frac{a}{b}\cdot\frac{c}{d}=\frac{a'}{b'}\cdot\frac{c'}{d'}$$

임을 보여야 한다.

임의의 $\frac{\alpha}{\beta}$, $\frac{\gamma}{\delta}\in Q$에 대하여

$$\frac{\alpha}{\beta}=\frac{\gamma}{\delta}\Longleftrightarrow(\alpha,\ \beta)R(\gamma,\ \delta)\Longleftrightarrow\alpha\delta=\beta\gamma \qquad \cdots\cdots(3.5.1)$$

가 성립한다. 따라서

$$\begin{aligned}\frac{a}{b}=\frac{a'}{b'},\ \frac{c}{d}=\frac{c'}{d'}&\Longrightarrow ab'=ba',\ cd'=dc'\\&\Longrightarrow ab'dd'=ba'dd',\ bb'cd'=bb'dc'\\&\Longrightarrow ab'dd'+bb'cd'=ba'dd'+bb'dc'\\&\Longrightarrow (ad+bc)b'd'=bd(a'd'+b'c')\\&\Longrightarrow \frac{a}{b}+\frac{c}{d}=\frac{ad+bc}{bd}=\frac{a'd'+b'c'}{b'd'}=\frac{a'}{b'}+\frac{c'}{d'}\end{aligned}$$

이므로 +는 $Q$위의 이항연산이고, 또한

$$\begin{aligned}\frac{a}{b}=\frac{a'}{b'},\ \frac{c}{d}=\frac{c'}{d'}&\Longrightarrow ab'=ba',\ cd'=dc'\\&\Longrightarrow ab'cd'=ba'dc'\\&\Longrightarrow (ac)(b'd')=(bd)(a'c')\\&\Longrightarrow \frac{a}{b}\cdot\frac{c}{d}=\frac{ac}{bd}=\frac{a'c'}{b'd'}=\frac{a'}{b'}\cdot\frac{c'}{d'}\end{aligned}$$

이므로 ·도 $Q$위의 이항연산이다.

이제, $Q$가 $Q$위의 덧셈 +와 곱셈 ·에 대하여 체를 이룸을 보이자. 임의의 $\frac{a}{b}$, $\frac{c}{d}$, $\frac{h}{k}\in Q$에 대하여

$$\begin{aligned}\left(\frac{a}{b}+\frac{c}{d}\right)+\frac{h}{k}&=\frac{ad+bc}{bd}+\frac{h}{k}=\frac{(ad+bc)k+(bd)h}{(bd)k}\\&=\frac{a(dk)+b(ck+dh)}{b(dk)}=\frac{a}{b}+\frac{ck+dh}{dk}=\frac{a}{b}+\left(\frac{c}{d}+\frac{h}{k}\right)\end{aligned}$$

이므로 +는 결합법칙을 만족한다. 또한, 임의의 $\frac{a}{b}$, $\frac{c}{d}\in Q$에 대하여

$$\frac{a}{b}+\frac{c}{d}=\frac{ad+bc}{bd}=\frac{cb+da}{db}=\frac{c}{d}+\frac{a}{b}$$

이므로 $+$는 교환법칙을 만족한다. 다음, $D$의 단위원을 1이라 하자. 그러면 $0\neq 1$이므로 $\frac{0}{1}\in Q$이고, 임의의 $\frac{a}{b}\in Q$에 대하여

$$\frac{a}{b}+\frac{0}{1}=\frac{a1+b0}{b1}=\frac{a}{b}$$

이므로 $\frac{0}{1}$은 $Q$의 영원이다. 더욱이 임의의 $b\in D(b\neq 0)$에 대하여 $0\cdot 1=b0$이므로 (3.5.1)에 의하여

$$\frac{0}{b}=\frac{0}{1} \qquad \cdots\cdots(3.5.2)$$

이다. 또 $\frac{a}{b}\in Q$라 하면 $b\neq 0$이므로 $\frac{-a}{b}\in Q$이고

$$\frac{a}{b}+\frac{-a}{b}=\frac{ab+b(-a)}{b^2}=\frac{ba+(-ba)}{b^2}=\frac{0}{b^2}=\frac{0}{1}$$

이므로 $-\left(\frac{a}{b}\right)=\frac{-a}{b}$이다. 그러므로 $Q$는 덧셈아벨군이다.

또한, 임의의 $\frac{a}{b}$, $\frac{c}{d}$, $\frac{h}{k}\in Q$에 대하여

$$\left(\frac{a}{b}\cdot\frac{c}{d}\right)\cdot\frac{h}{k}=\frac{ac}{bd}\cdot\frac{h}{k}=\frac{(ac)h}{(bd)k}=\frac{a(ch)}{b(dk)}=\frac{a}{b}\cdot\frac{ch}{dk}=\frac{a}{b}\cdot\left(\frac{c}{d}\cdot\frac{h}{k}\right)$$

이다. 한편, 임의의 $\frac{a}{b}\in Q$와 임의의 $c\in D(c\neq 0)$에 대하여 $bc\neq 0$이므로 $\frac{ac}{bc}\in Q$이고, 또 $a(bc)=b(ac)$이므로 $\frac{a}{b}=\frac{ac}{bc}$이다. 따라서 임의의 $\frac{a}{b}$, $\frac{c}{d}$, $\frac{h}{k}\in Q$에 대하여

$$\begin{aligned}\frac{a}{b}\cdot\left(\frac{c}{d}+\frac{h}{k}\right)&=\frac{a}{b}\cdot\frac{ck+dh}{dk}=\frac{a(ck+dh)}{b(dk)}=\frac{a(ck+dh)b}{bdkb}\\&=\frac{(ac)(bk)+(bd)(ah)}{(bd)(bk)}=\frac{ac}{bd}+\frac{ah}{bk}=\frac{a}{b}\cdot\frac{c}{d}+\frac{a}{b}\cdot\frac{h}{k},\end{aligned}$$

$$\left(\frac{a}{b}+\frac{c}{d}\right)\cdot\frac{h}{k}=\frac{ad+bc}{bd}\cdot\frac{h}{k}=\frac{(ad+bc)h}{(bd)k}=\frac{k(ad+bc)h}{kbdk}$$

$$=\frac{(ah)(dk)+(bk)(ch)}{(bk)(dk)}=\frac{ah}{bk}+\frac{ch}{dk}=\frac{a}{b}\cdot\frac{h}{k}+\frac{c}{d}\cdot\frac{h}{k}$$

이다. 따라서 $Q$는 덧셈 $+$와 곱셈 $\cdot$에 대하여 환을 이룬다. 더욱이 임의의 $\frac{a}{b}$, $\frac{c}{d}\in Q$에 대하여

$$\frac{a}{b}\cdot\frac{c}{d}=\frac{ac}{bd}=\frac{ca}{db}=\frac{c}{d}\cdot\frac{a}{b}$$

이므로 $Q$는 가환환이다. 한편 $0\neq 1\in D$이므로 $\frac{1}{1}\in Q$이고 $0\cdot 1=0\neq 1=1\cdot 1$이므로 $\frac{0}{1}\neq\frac{1}{1}$이고, 또한 임의의 $\frac{a}{b}\in Q$에 대하여

$$\frac{a}{b}\cdot\frac{1}{1}=\frac{a1}{b1}=\frac{a}{b}$$

이므로 $\frac{1}{1}$은 $Q$의 단위원이다. 더욱이 임의의 $b\in D(b\neq 0)$에 대하여 $1b=1b$이므로

$$\frac{1}{1}=\frac{b}{b} \qquad \cdots\cdots(3.5.3)$$

이다. 또한 $\frac{0}{1}\neq\frac{a}{b}\in Q$라 하면 $a\neq 0$ ($a=0$이라 하면 (3.5.2)에 의하여 $\frac{0}{1}=\frac{a}{b}$가 되어 모순이다)이므로 $\frac{b}{a}\in Q$이고, (3.5.3)에 의하여

$$\frac{a}{b}\cdot\frac{b}{a}=\frac{ab}{ba}=\frac{ab}{ab}=\frac{1}{1}$$

이므로 $\frac{b}{a}$는 $Q$의 단원이다. 그러므로 $Q$는 체이다.

마지막으로, $D$가 $Q$에 매장됨을 보이기 위하여 함수 $f: D\longrightarrow Q$를 임의의 $a\in D$에 대하여 $f(a)=\frac{a}{1}$로 정의하자. 그러면 임의의 $a$, $b\in D$에 대하여

$$f(a+b)=\frac{a+b}{1}=\frac{a1+1b}{1\cdot 1}=\frac{a}{1}+\frac{b}{1}=f(a)+f(b),$$

$$f(ab) = \frac{ab}{1} = \frac{ab}{1\cdot 1} = \frac{a}{1}\cdot\frac{b}{1} = f(a)\cdot f(b)$$

이므로 $f$는 준동형이다. 또한, 임의의 $a$, $b\in D$에 대하여 $f(a)=f(b)$라 하면 $\frac{a}{1}=\frac{b}{1}$이므로 $a1=1b$, 즉 $a=b$이다. 따라서 $f$는 단사함수이다. 즉 $f$는 단사준동형이므로 $D$는 $Q$에 매장된다. 이 때, $D\cong \mathrm{Im} f$이다(실제로 $a=\frac{a}{1}$로 생각하면 $D\subset Q$이다). ■

$D$를 정역이라 하고 $Q$를 $D$의 분수체라 하자. 정리 3.5.3의 증명 과정에 의하여 $a\in D$일 때(이 때, $\frac{a}{1}\in Q(1=1_D\in D)$이다), $a=\frac{a}{1}$로 생각하면 $D$를 $Q$의 부분환으로 생각할 수 있다. 따라서 $a$, $b$, $c\in D(b\neq 0)$일 때

$$a\cdot\frac{c}{b} = \frac{a}{1}\cdot\frac{c}{b} = \frac{ac}{1b} = \frac{ac}{b}, \quad \frac{c}{b}\cdot a = \frac{c}{b}\cdot\frac{a}{1} = \frac{ca}{b1} = \frac{ca}{b}$$

이다. 즉, $a\cdot\frac{c}{b}=\frac{ac}{b}$, $\frac{c}{b}\cdot a=\frac{ca}{b}$이다. 또한, 정리 3.5.3의 증명 과정에 의하여 $c\in D(c\neq 0)$일 때

$$\frac{ac}{bc}=\frac{a}{b}, \quad \frac{ca}{cb}=\frac{a}{b}, \quad \frac{b}{b}=\frac{1}{1}=1$$

이다. 또 $d\in D$일 때

$$d+\frac{a}{b}=\frac{d}{1}+\frac{a}{b}=\frac{db+1a}{1b}=\frac{db+a}{b}$$

이다. 같은 방법으로, $\frac{a}{b}+d=\frac{a+bd}{b}$이다. 또한 $b\in D(b\neq 0)$에 대하여 $\frac{0}{b}=0$이다.

**보기 3.5.4** 유리수체 $\mathbf{Q}$는 정역 $\mathbf{Z}$의 분수체이다. ◀

**【정리 3.5.5】**

$D$와 $D'$을 정역이라 하고 $f: D\longrightarrow D'$을 동형함수라 하자. $Q$를 $D$의 분수체라 하고 $Q'$을 $D'$의 분수체라 할 때, 임의의 $\frac{a}{b}\in Q$에 대하여 $\bar{f}\left(\frac{a}{b}\right)=$

$\dfrac{f(a)}{f(b)}$로 정의하면 $\bar{f}: Q \longrightarrow Q'$은 동형함수이다(따라서 $D \cong D' \Longrightarrow Q \cong Q'$이다).

**증명** $f$가 단사준동형이므로 정리 3.2.23 (2)에 의하여 $0 \neq b \in D$이면 $0' \neq f(b) \in D'$이다. 따라서 $\dfrac{a}{b} \in Q$이면 $\dfrac{f(a)}{f(b)} \in Q'$이다. 또한 임의의 $\dfrac{a}{b}$, $\dfrac{c}{d} \in Q$에 대하여

$$\frac{a}{b} = \frac{c}{d} \Longleftrightarrow ad = bc \Longleftrightarrow f(a)f(d) = f(ad) = f(bc) = f(b)f(c)$$
$$\Longleftrightarrow \frac{f(a)}{f(b)} = \frac{f(c)}{f(d)} \Longleftrightarrow \bar{f}\left(\frac{a}{b}\right) = \bar{f}\left(\frac{c}{d}\right)$$

이므로 $\bar{f}$는 단사함수이다. 한편 $\dfrac{a'}{b'} \in Q'$이라 하면 $f$가 동형함수이므로 $a' = f(a)$, $b' = f(b)$를 만족하는 $a$, $b \in D(b \neq 0)$가 존재한다. 따라서 $\dfrac{a}{b} \in Q$이고 $\bar{f}\left(\dfrac{a}{b}\right) = \dfrac{f(a)}{f(b)} = \dfrac{a'}{b'}$이다. 그러므로 $\bar{f}$는 전사함수이다. 또한 임의의 $\dfrac{a}{b}$, $\dfrac{c}{d} \in Q$에 대하여

$$\bar{f}\left(\frac{a}{b} + \frac{c}{d}\right) = \bar{f}\left(\frac{ad+bc}{bd}\right) = \frac{f(ad+bc)}{f(bd)} = \frac{f(a)f(d) + f(b)f(c)}{f(b)f(d)}$$
$$= \frac{f(a)}{f(b)} + \frac{f(c)}{f(d)} = \bar{f}\left(\frac{a}{b}\right) + \bar{f}\left(\frac{c}{d}\right),$$
$$\bar{f}\left(\frac{a}{b} \cdot \frac{c}{d}\right) = \bar{f}\left(\frac{ac}{bd}\right) = \frac{f(ac)}{f(bd)} = \frac{f(a)f(c)}{f(b)f(d)} = \frac{f(a)}{f(b)} \cdot \frac{f(c)}{f(d)}$$
$$= \bar{f}\left(\frac{a}{b}\right) \cdot \bar{f}\left(\frac{c}{d}\right)$$

이므로 $\bar{f}$는 준동형이다. 그러므로 $\bar{f}$는 동형이다. ■

**【정리 3.5.6】**

$D$를 정역이라 하자. $F$를 $D$를 포함하는 체라 하고(즉, $D$는 체 $F$의 부분정역이다) $Q$를 $D$의 분수체라 할 때, 함수 $f: Q \longrightarrow F$를 임의의 $\dfrac{a}{b} \in Q$에 대하여 $f\left(\dfrac{a}{b}\right) = ab^{-1}$로 정의하자($0 \neq b \in D \subset F$이고 $F$는 체이므로 $b^{-1} \in F$가 유일하게 존재한다). 그러면 $f$는 단사준동형이다. 특히 $\mathrm{Im} f$는 $Q$에

동형적이고 $D$를 포함하는 $F$의 부분체이다. 더욱이 $F'$을 $D$를 포함하는 $F$의 임의의 부분체라 하면 $\mathrm{Im}f \subset F'$이다. 즉 $\mathrm{Im}f$는 $D$를 포함하는 $F$의 부분체 중에서 가장 작은 부분체이다.

**증명** 임의의 $\frac{a}{b}, \frac{c}{d} \in Q$에 대하여

$$\frac{a}{b}=\frac{c}{d} \Longleftrightarrow ad=bc\,((3.5.1)\text{에 의하여})$$

$$\Longleftrightarrow ab^{-1}=cd^{-1}(b\neq 0,\ d\neq 0\text{이고 } b,\ d\in D\subset F\text{이므로 } b^{-1},\ d^{-1}\in F\text{가 존재한다})$$

$$\Longleftrightarrow f\left(\frac{a}{b}\right)=f\left(\frac{c}{d}\right)$$

이므로 $f$는 단사함수이다. 또한 $\frac{a}{b}, \frac{c}{d} \in Q$라 하면 $b\neq 0$, $d\neq 0$이고 $b$, $d\in D\subset F$이므로 $0\neq bd\in D\subset F$이고 $(bd)^{-1}=d^{-1}b^{-1}$이다. 따라서 임의의 $\frac{a}{b}, \frac{c}{d} \in Q$에 대하여

$$\begin{aligned} f\left(\frac{a}{b}+\frac{c}{d}\right) &= f\left(\frac{ad+bc}{bd}\right)=(ad+bc)(bd)^{-1}=(ad+bc)d^{-1}b^{-1} \\ &= ab^{-1}+cd^{-1}=f\left(\frac{a}{b}\right)+f\left(\frac{c}{d}\right), \end{aligned}$$

$$\begin{aligned} f\left(\frac{a}{b}\cdot\frac{c}{d}\right) &= f\left(\frac{ac}{bd}\right)=(ac)(bd)^{-1}=acd^{-1}b^{-1}=(ab^{-1})(cd^{-1}) \\ &= f\left(\frac{a}{b}\right)f\left(\frac{c}{d}\right) \end{aligned}$$

이므로 $f$는 준동형이다. 즉 $f$는 단사준동형이므로 정리 3.2.27 (3)에 의하여 $Q\cong \mathrm{Im}f$이다. 따라서 정리 3.4.9에 의하여 $\mathrm{Im}f$는 체이다. 즉, $\mathrm{Im}f$는 $F$의 부분체이다. 또한 보기 3.2.4 다음의 설명에 의하여 $1=1_D=1_F$이고, 임의의 $a\in D$에 대하여 $\frac{a}{1}\in Q$이므로

$$a=a1=a1^{-1}=f\left(\frac{a}{1}\right)\in \mathrm{Im}f$$

이다. 따라서 $D \subset \mathrm{Im} f$이다. 더욱이 $y \in \mathrm{Im} f$라 하면 $y = f\left(\frac{a}{b}\right)$를 만족하는 $\frac{a}{b} \in Q$가 존재한다. 이 때, $a, b \in D \subset F'$, $b \neq 0$이므로 $ab^{-1} \in F'$이다. 즉 $y \in F'$이므로 $\mathrm{Im} f \subset F'$이다. ■

정리 3.5.6에서 $F = Q$로 생각하면 임의의 $\frac{a}{b} \in Q$에 대하여

$$i_Q\left(\frac{a}{b}\right) = \frac{a}{b} = \frac{a}{1}\,\frac{1}{b} = a\left(\frac{b}{1}\right)^{-1} = ab^{-1} = f\left(\frac{a}{b}\right)$$

이므로 $i_Q = f$이다. 즉, $\mathrm{Im} f = Q$이다. 따라서 $D$의 분수체 $Q$는 $D$를 포함하는 체($D$를 부분정역으로 갖는 체) 중에서 가장 작은 체이다.

**【정리 3.5.7】**

$F$를 체라 하자. $F$의 표수가 $p$ (정리 3.1.30 (2)에 의하여 $p$는 소수이다)이면

$$S = \{n1_F \mid n \in \mathbf{Z}\}$$

는 $S \cong \mathbf{Z}_p$인 $F$의 부분체이고, 또한 $S$는 $F$의 부분체 중에서 가장 작은 부분체이다. 다음, $F$의 표수가 0이면

$$K = \{(n1_F)(m1_F)^{-1} \mid n, m \in \mathbf{Z}(m \neq 0)\}$$

(이 때, 정리 3.1.30 (1)에 의하여 $0 \neq m1_F \in F$이다)는 $K \cong \mathbf{Q}$인 $F$의 부분체이고, 또한 $K$는 $F$의 부분체 중에서 가장 작은 부분체이다. 특히, $F$가 유한체이면 $F$의 표수는 적당한 소수 $p$이다.

**증명** $F$의 표수가 $p$($p$는 소수)이면 정리 3.3.6에 의하여 $S$는 $S \cong \mathbf{Z}_p$인 $F$의 부분환이다. 보기 3.1.27에 의하여 $\mathbf{Z}_p$는 체이므로 정리 3.4.9에 의하여 $S$도 체이다. 즉, $S$는 $S \cong \mathbf{Z}_p$인 $F$의 부분체이다. $T$를 $F$의 임의의 부분체라 하면 보기 3.2.4 다음의 설명에 의하여 $1_F = 1_T \in T$이다. $x \in S$라 하면 적당한 $n \in \mathbf{Z}$에 대하여 $x = n1_F$로 표시되므로 $x \in T$이다. 따라서 $S \subset T$이다. 따라서 $S$는 $F$의 부분체중에서 가장 작은 부분체이다. 다음, $F$의 표수를 0이라 하자. 함수 $f : \mathbf{Z} \longrightarrow F$를 임의의 $n \in \mathbf{Z}$에 대하

여 $f(n)=n1_F$로 정의하면 정리 3.3.6과 그 증명 과정에 의하여 $f$는 단사준동형이고, 또한

$$\operatorname{Im} f=\{n1_F \mid n\in\mathbf{Z}\}=S$$

는 $F$의 부분환이다. 따라서 $f$를 $f:\mathbf{Z}\longrightarrow S(S\subset F)$인 함수로 생각하면 분명히 $f$는 동형함수이다. 따라서 $\mathbf{Z}$가 정역이므로 정리 3.4.9에 의하여 $S$도 정역이다. 따라서 $S$는 $F$의 부분정역이다. $Q$를 $S$의 분수체라 하자. $\mathbf{Q}$는 $\mathbf{Z}$의 분수체이므로 함수 $\bar{f}:\mathbf{Q}\longrightarrow Q$를 임의의 $\frac{n}{m}\in\mathbf{Q}$에 대하여 $\bar{f}\left(\frac{n}{m}\right)=\frac{f(n)}{f(m)}$으로 정의하면 정리 3.5.5에 의하여 $\bar{f}$는 동형함수이다. 또한 함수 $g:Q\longrightarrow F$를 임의의 $\frac{n1_F}{m1_F}\in Q$에 대하여 $g\left(\frac{n1_F}{m1_F}\right)=(n1_F)(m1_F)^{-1}$로 정의하면 정리 3.5.6에 의하여 $g$는 단사준동형이다. 따라서 $\phi=g\bar{f}$라 하면 정리 3.2.24 (2)에 의하여 $\phi:\mathbf{Q}\longrightarrow F$는 단사준동형이다. 더욱이, 임의의 $\frac{n}{m}\in\mathbf{Q}$에 대하여

$$\begin{aligned}\phi\left(\frac{n}{m}\right)&=g\bar{f}\left(\frac{n}{m}\right)=g\left(\frac{f(n)}{f(m)}\right)\\&=g\left(\frac{n1_F}{m1_F}\right)=(n1_F)(m1_F)^{-1}\end{aligned}$$

이다. 그러므로

$$\operatorname{Im}\phi=\{(n1_F)(m1_F)^{-1} \mid n,\ m\in\mathbf{Z}(m\neq 0)\}=K$$

이고, 따라서 정리 3.2.27 (1)에 의하여 $\operatorname{Im}\phi=K$는 $F$의 부분환이다. 이제, $\phi$를 $\phi:\mathbf{Q}\longrightarrow\operatorname{Im}\phi=K(K\subset F)$인 함수로 생각하면 분명히 $\phi$는 동형함수이다. 따라서 정리 3.4.9에 의하여 $K$는 체이다. 즉, $K$는 $\mathbf{Q}\cong K$인 $F$의 부분체이다. 따라서 정리 3.2.25에 의하여 $K$는 $K\cong\mathbf{Q}$인 $F$의 부분체이다. $L$을 $F$의 임의의 부분체라 하면 $1_F=1_L\in L$이므로 모든 $n\in\mathbf{Z}$에 대하여 $n1_F\in L$이다($F$의 표수가 0이므로 모든 $m\in\mathbf{Z}(m\neq 0)$에 대하여 $0\neq m1_F\in L$이다). 따라서 $y\in K$라 하면 $n,\ m\in\mathbf{Z}(m\neq 0)$에 대하여 $y=(n1_F)(m1_F)^{-1}$로 표시되므로 $y\in L$이다. 따라서 $K\subset L$이다. 따라

서 $K$는 $F$의 부분체 중에서 가장 작은 부분체이다. 다음, $F$를 유한체라 하자. $F$의 표수를 0이라 하면 위의 결과에 의하여 $F$는 $\mathbf{Q}$에 동형적인 부분체를 포함하므로 $F$는 무한체가 되어 모순이다. 그러므로 $F$의 표수는 적당한 정수 $p(p>1)$이어야하고, 따라서 정리 3.1.30 ⑵에 의하여 $p$는 소수이다. ■

$F$를 체라 할 때, $F$의 표수가 $p$(각각 $F$의 표수가 0)이면 정리 3.5.7에 의하여

$$S=\{n1_F \mid n\in\mathbf{Z}\}$$

$$(\text{각각 } K=\{(n1_F)(m1_F)^{-1} \mid n,\ m\in\mathbf{Z}(m\neq 0)\})$$

는 $S\cong\mathbf{Z}_p$(각각 $K\cong\mathbf{Q}$)인 $F$의 부분체이고, 또한 $S$(각각 $K$)는 $F$의 부분체 중에서 가장 작은 부분체이다. 이 때, $S$(각각 $K$)를 $F$의 **소부분체**(prime subfield)라 한다. $F$의 모든 부분체들의 교집합을 $P$라 하면 정리 3.2.11 ⑵에 의하여 $P$는 $F$의 부분체이다. 따라서 $F$의 모든 부분체는 $S$(각각 $K$)를 포함하므로

$$S\subset P(\text{각각 } K\subset P)$$

이다. 또한, 정리 1.1.1 ⑵에 의하여

$$P\subset S(\text{각각 } P\subset K)$$

이므로 $S=P$(각각 $K=P$)이다. 따라서 $S$(각각 $K$)는 $F$의 모든 부분체들의 교집합이다.

**【정리 3.5.8】**

$R$을 단위원 $1_R$을 갖는 환이라 하자. 그러면 $R$은 $R$의 덧셈아벨군 $(R,\ +)$의 자기준동형환 End$((R,\ +))$에 매장된다.

**증명** 함수 $\phi: R\longrightarrow \text{End}((R,\ +))$를 다음과 같이 정의한다. $\phi$가 함수가 되려면 각 $r\in R$에 대하여 $\phi$에 의한 $r$의 함수값 $\phi(r)$가 정해져야 한다. 이때, $\phi(r)\in\text{End}((R,\ +))$이어야 하므로 $\phi(r)$은 $\phi(r):(R,\ +)\longrightarrow(R,\ +)$인 준동형함수가 되어야 한다. 이제, 각 $r\in R$에 대하여 함수

$$\phi(r) : (R,\ +) \longrightarrow (R,\ +)$$

를 임의의 $a \in R$에 대하여 $\phi(r)(a) = ra$로 정의하자. 그러면 임의의 $a$, $b \in R$에 대하여

$$\phi(r)(a+b) = r(a+b) = ra + rb = \phi(r)(a) + \phi(r)(b)$$

이므로 $\phi(r)$은 $(R,\ +)$의 자기준동형이다. 즉, $\phi(r) \in \text{End}((R,\ +))$. 한편, 임의의 $r$, $s$, $a \in R$에 대하여

$$\phi(r+s)(a) = (r+s)a = ra + sa = \phi(r)(a) + \phi(s)(a) = (\phi(r) + \phi(s))(a),$$
$$\phi(rs)(a) = (rs)a = r(sa) = \phi(r)(sa) = \phi(r)(\phi(s)(a)) = (\phi(r)\phi(s))(a)$$

이므로 $\phi(r+s) = \phi(r) + \phi(s)$, $\phi(rs) = \phi(r)\phi(s)$이다. 따라서 $\phi$는 준동형이다. 더욱이, 임의의 $r$, $s \in R$에 대하여 $\phi(r) = \phi(s)$라 하면

$$r = r1_R = \phi(r)(1_R) = \phi(s)(1_R) = s1_R = s$$

이므로 $\phi$는 단사함수이다. 즉, $\phi$는 단사준동형이다. 따라서 $R$은 End$((R,\ +))$에 매장된다. ■

**【정리 3.5.9】**

$R$을 환이라 하면 $R$은 적당한 덧셈아벨군의 자기준동형환에 매장된다.

**증명** $R$을 환이라 하면 정리 3.5.2에 의하여 $R$은 단위원을 갖는 한 환 $R'$에 매장되고, 또한 정리 3.5.8에 의하여 $R'$은 $R'$의 덧셈아벨군의 자기준동형환 End$((R',\ +))$에 매장된다. 따라서 정리 3.2.24 (2)에 의하여 결과는 얻어진다. ■

## 연습문제 3.5

**1.** (1) $R$을 단위원 $1_R$을 갖는 가환환이라고 하자. 그러면 $R$이 $R$의 덧셈아벨군 $(R,\ +)$의 자기준동형환 End$((R,\ +))$와 동형적이기 위한 필요충분조건은 End$((R,\ +))$가 가환환임을 증명하여라.

(2) $\mathbf{Z} \cong \mathrm{End}((\mathbf{Z},\ +))$임을 보여라.

(3) $\mathbf{Z}_n \cong \mathrm{End}((\mathbf{Z}_n,\ +))$임을 보여라.

**2.** $D$를 정역이라 하고 $Q$를 $D$의 분수체라 하자. $R$을 $D \subset R \subset Q$인 정역이라 하면 $R$의 분수체는 $Q$와 동형적임을 보여라.

# 3.6 유일인수분해정역, Euclid 정역

**【정의 3.6.1】**

$R$을 가환환이라 하고 $a$, $b \in R(b \neq 0)$이라 하자. $a=bc$를 만족하는 $c \in R$가 존재하면 $b$를 $a$의 약수(divisor) 또는 인수(factor)라 하고 $a$를 $b$의 배수(multiple)라 한다. 이 때, $b$는 $a$를 나눈다고 하고 $b \mid a$로 표시한다. 또 $b$가 $a$를 나누지 않으면 $b \nmid a$로 표시한다.

**【정리 3.6.2】**

$R$을 가환환이라 하자. 그러면 임의의 $a$, $b$, $c$, $c_1$, $c_2$, $\cdots$, $c_n \in R(a \neq 0)$에 대하여 다음이 성립한다.

(1) $a \mid 0$이고, 또한 $R$이 단위원을 갖는 가환환이면 $a \mid a$이다.

(2) $a \mid b$이면 $a \mid bc$이다.

(3) $a \mid b$이고 $b \mid c(b \neq 0)$이면 $a \mid c$이다.

(4) $a \mid c_1$, $a \mid c_2$, $\cdots$, $a \mid c_n$이면 임의의 $r_1$, $r_2$, $\cdots$, $r_n \in R$에 대하여

$$a \mid (c_1 r_1 + c_2 r_2 + \cdots + c_n r_n)$$

이다.

**증명** 정리 1.3.1의 증명과정과 같은 방법으로 쉽게 증명된다. ■

**【정의 3.6.3】**

$R$을 단위원을 갖는 가환환이라 하고 $a$, $b \in R$이라 할 때, $a=bu$를 만족하는 $R$의 단원 $u$가 존재하면 $a$를 $b$의 동반원(associate)이라 한다.

**보기 3.6.4** 정역 $\mathbf{Z}$를 생각하자. 1과 $-1$은 $\mathbf{Z}$의 단원이고 임의의 $n \in \mathbf{Z}$에 대하여 $n=n1=(-n)(-1)$이므로 $n$은 $n$과 $-n$의 동반원이다.

다음, 단위원 $\overline{1}$를 갖는 가환환 $\mathbf{Z}_8$을 생각하자. $(3, 8)=1$이므로 보기 3.1.12에 의하여 $\overline{3}$는 $\mathbf{Z}_8$의 단원이고 $\overline{6}=\overline{2} \cdot \overline{3}$이므로 $\overline{6}$는 $\overline{2}$의 동반원이다.

또한, $\bar{6}=\bar{6}\cdot\bar{1}$이고 $\bar{1}$는 $\mathbf{Z}_8$의 단원이므로 $\bar{6}$는 $\bar{6}$의 동반원이다. ◀

**보기 3.6.5** 정역 $\mathbf{Z}[i]$(보기 3.2.3을 참조)를 생각하자. 1, $-1$, $i$, $-i$는 $\mathbf{Z}[i]$의 단원이고

$$3+2i=(3+2i)1=(-3-2i)(-1)=(2-3i)i=(-2+3i)(-i)$$

이므로 $3+2i$는 $3+2i$, $-3-2i$, $2-3i$, $-2+3i$의 동반원이다. ◀

**【정리 3.6.6】**

$R$을 단위원 $1_R$을 갖는 가환환이라 하자. 그러면 $a$, $b$, $c$, $u\in R$에 대하여 다음이 성립한다.

(1) (i) 모든 $a\in R$에 대하여 $a$는 $a$의 동반원이다.

(ii) $a$가 $b$의 동반원이면 $b$는 $a$의 동반원이다.

(iii) $a$가 $b$의 동반원이고 $b$가 $c$의 동반원이면 $a$는 $c$의 동반원이다.

(2) $b\neq 0$이라 할 때, $b|a$일 필요충분조건은 $(a)\subset(b)$이다(따라서 $a\neq 0$일 때, $a|b$이고 $b|a$일 필요충분조건은 $(a)=(b)$이다).

(3) $u$가 $R$의 단원이고 $d|u(0\neq d\in R)$이면 $d$도 $R$의 단원이다.

(4) $u$가 $R$의 단원일 필요충분조건은 모든 $r\in R$에 대하여 $u|r$인 것이다.

(5) $a\neq 0$, $b\neq 0$일 때, $a$가 $b$의 동반원이면 $a|b$이고 $b|a$이다.

(6) $b\neq 0$이고 $u$가 $R$의 단원이면 다음 세 주장은 동치이다.

(i) $b|a$

(ii) $b|au$

(iii) $bu|a$

**증명** (1) (i) 모든 $a$에 대하여 $a=a1_R$이고 $1_R$은 $R$의 단원이므로 $a$는 $a$의 동반원이다.

(ii) $a$가 $b$의 동반원이면 $a=bu$를 만족하는 $R$의 단원 $u$가 존재한다. 따라서 $1_R=uv$를 만족하는 $v\in R$가 존재한다. 따라서 $v$도 $R$의 단원이고 $b=b1_R=buv=av$이므로 $b$는 $a$의 동반원이다.

(iii) $a$가 $b$의 동반원이고 $b$가 $c$의 동반원이면 $a=bu$, $b=cv$를 만족하는 $R$의 단원 $u$, $v$가 존재한다. 한편, 정리 3.1.10에 의하여 $vu$도 $R$의 단원이고, 또한 $a=bu=cvu$이므로 $a$는 $c$의 동반원이다.

(2) $b|a$라 하자. 그러면 $a=bc$를 만족하는 $c\in R$가 존재한다. 한편, 정리 3.2.13에 의하여

$$(a)=\{ra \mid r\in R\}, \quad (b)=\{rb \mid r\in R\}$$

이므로 $x\in(a)$라 하면 적당한 $r\in R$에 대하여 $x=ra$로 표시된다. 따라서 $x=ra=rbc=(rc)b\in(b)$이므로 $(a)\subset(b)$이다. 역으로 $(a)\subset(b)$라 하면 $a\in(a)$이므로 $a\in(b)$이고, 따라서 적당한 $r\in R$에 대하여 $a=rb=br$로 표시되므로 $b|a$이다.

(3) $d|u$이므로 (2)에 의하여 $(u)\subset(d)$이고, 또한 $u$가 $R$의 단원이므로 정리 3.4.2 (2)에 의하여 $(u)=R$이다. 따라서 $(d)=R$이다. 그러므로 정리 3.4.2 (2)에 의하여 $d$는 $R$의 단원이다.

(4) $u$가 $R$의 단원 $\Longleftrightarrow R=(u)=\{su \mid s\in R\}$

$\Longleftrightarrow$ 모든 $r\in R$에 대하여 $u|r$이다.

(5) $a$가 $b$의 동반원이므로 (1) (ii)에 의하여 $b$도 $a$의 동반원이다. 따라서 $a=bu$, $b=av$를 만족하는 $R$의 단원 $u$, $v$가 존재하므로 $b|a$이고 $a|b$이다.

(6) $u$가 $R$의 단원이므로 $uv=1_R$을 만족하는 $v\in R$이 존재한다. 이 때, $bu=0$라 하면 $b=b1_R=buv=0v=0$이 되어 모순이므로 $bu\neq 0$이다.

(i) $\Longrightarrow$ (ii). 정리 3.6.2 (2)의 결과이다.

(ii) $\Longrightarrow$ (iii). $b|au$라 하면 $au=bd$를 만족하는 $d\in R$가 존재하므로

$$a=a1_R1_R=auvuv=bdvuv=budvv,$$

즉 $bu|a$이다.

(iii) $\Longrightarrow$ (i). $bu|a$라 하면 $a=buw$를 만족하는 $w\in R$가 존재하므로 $b|a$이다. ■

**【정리 3.6.7】**

$R$을 정역이라 하고 $a, b\in R(a\neq 0,\ b\neq 0)$이라 하자. 그러면 다음 세 주장은 동치이다.

(1) $a$는 $b$의 동반원이다.

(2) $a|b$이고 $b|a$이다.

(3) $(a)=(b)$

**증명** (2) $\Longrightarrow$ (1). $a|b$이고 $b|a$라 하자. 그러면 $b=av$, $a=bu$를 만족하는 $u$, $v\in R$가 존재하므로

$$b1_R=b=av=buv$$

이다. 이 때, $R$가 정역이고 $b\neq 0$이므로 $1_R=uv$이다. 즉 $u$는 $R$의 단원이다. 따라서 $a$는 $b$의 동반원이다.
(1) $\Longrightarrow$ (2)는 정리 3.6.6 (5)의 결과이고, 또한 (2) $\Longleftrightarrow$ (3)은 정리 3.6.6 (2)의 결과이다. ■

**【정의 3.6.8】**

$R$을 단위원을 갖는 가환환이라 하고 $c\in R(c\neq 0)$이라 하자. $c$가 다음 두 조건

(1) $c$는 $R$의 단원이 아니다.

(2) $a$, $b\in R$에 대하여 $c=ab$이면 $a$가 $R$의 단원이든가 $b$가 $R$의 단원이다.

를 만족할 때, $c$를 기약원(irreducible element)이라 한다.

**보기 3.6.9** 정역 $\mathbf{Z}$를 생각하자. $\mathbf{Z}$의 단원은 1과 $-1$뿐이다. $p\in\mathbf{Z}$를 소수라 하자. 그러면 $p>1$이므로 $p$는 $\mathbf{Z}$의 단원이 아니다. 또한 $a$, $b\in\mathbf{Z}$에 대하여 $p=ab$라 하면 $a=\pm 1$, $b=\pm p$ 또는 $a=\pm p$, $b=\pm 1$이므로 $a$ 또는 $b$가 $\mathbf{Z}$의 단원이다. 따라서 $p$는 기약원이다. 그러나 $n$을 합성수라 하면 적당한 $a$, $b\in\mathbf{Z}(1<a<n,\ 1<b<n)$에 대하여 $n=ab$이지만 $a$도 $b$도 $\mathbf{Z}$의 단원이 아니므로 $n$은 기약원이 아니다.

다음, 보기 3.2.3의 정역 $\mathbf{Z}[i]$를 생각하자. $\mathrm{U}(\mathbf{Z}[i])=\{1,\ -1,\ i,\ -i\}$이다. $\alpha=1+i\in\mathbf{Z}[i]$라 하자. $\alpha\neq 0$이고 $\alpha$는 $\mathbf{Z}[i]$의 단원이 아니다. 또한 $\beta=a+bi$, $\gamma=c+di\in\mathbf{Z}[i]$에 대하여 $\alpha=\beta\gamma$라 가정하면 $\alpha$의 공액복소수를 $\bar{\alpha}$로 나타낼 때

$$2=(1+i)(1-i)=\alpha\bar{\alpha}=\beta\gamma\overline{\beta\gamma}=\beta\gamma\bar{\beta}\bar{\gamma}=\beta\bar{\beta}\gamma\bar{\gamma}=(a^2+b^2)(c^2+d^2)$$

이다. 이 때 $a$, $b$, $c$, $d$가 정수이고 $a^2+b^2\geq 0$, $c^2+d^2\geq 0$이므로 $a^2+b^2=1$ 또는 2이어야 한다.

$a^2+b^2=1$인 경우는

$$1=a^2+b^2=(a+bi)(a-bi)$$

이므로 $\beta=a+bi$가 $\mathbf{Z}[i]$의 단원이다(실제로, $\beta=a+bi$는 1, $-1$, $i$, $-i$ 중의 어느 하나이다).

$a^2+b^2=2$인 경우는 $c^2+d^2=1$이어야 한다. 따라서

$$1=c^2+d^2=(c+di)(c-di)$$

이므로 $\gamma=c+di$는 $\mathbf{Z}[i]$의 단원이다(실제로, $\gamma=c+di$는 1, $-1$, $i$, $-i$ 중의 어느 하나이다).

그러므로 $\alpha=1+i$는 기약원이다. ◀

**【정의 3.6.10】**

$R$을 단위원을 갖는 가환환이라 하고 $p\in R(p\neq 0)$이라 하자. $p$가 다음 두 조건

(1) $p$는 $R$의 단원이 아니다.

(2) $a$, $b\in R$에 대하여 $p|ab$이면 $p|a$ 또는 $p|b$이다.

를 만족할 때, $p$를 소원(prime element)이라 한다.

**보기 3.6.11** 정역 $\mathbf{Z}$를 생각하자. $p$를 소수라 하자. 분명히 $p\neq 0$이고 $p$는 단원이 아니다. 또한, $a$, $b\in\mathbf{Z}$에 대하여 $p|ab$라 하면 정리 1.3.14에 의하여 $p|a$ 또는 $p|b$이다. 따라서 $p$는 소원이다.

다음, 환 $\mathbf{Z}_6$을 생각하자. 보기 3.1.12에 의하여 $\mathrm{U}(\mathbf{Z}_6)=\mathbf{Z}_6^*=\{\bar{1}, \bar{5}\}$이므로 $\bar{2}$와 $\bar{4}$는 $\mathbf{Z}_6$의 단원이 아니다. 더욱이 $\bar{2}=\bar{2}\cdot\bar{4}$이다. 따라서 $\bar{2}$는 기약원이 아니다. 그러나 $\bar{a}$, $\bar{b}\in\mathbf{Z}_6$에 대하여

$\bar{2}|\bar{a}\cdot\bar{b} \Longrightarrow \bar{2}|\overline{ab}$

$\Longrightarrow \overline{ab}=\bar{2}\cdot\bar{c}=\overline{2c}$를 만족하는 $\bar{c}\in\mathbf{Z}_6$가 존재

$\Longrightarrow ab\equiv 2c \pmod 6$ (정리 1.2.1 (2)에 의하여)

$\Longrightarrow$ 적당한 $k\in\mathbf{Z}$에 대하여 $ab-2c=6k$, 즉 $ab=2(c+3k)$

$\Longrightarrow 2|ab$

$\Longrightarrow 2|a$ 또는 $2|b$ (2가 소수이므로 정리 1.3.14에 의하여)

$\Longrightarrow$ 적당한 $m$, $n\in\mathbf{Z}$에 대하여 $a=2m$ 또는 $b=2n$

$\Longrightarrow \bar{a}=\overline{2m}=\bar{2}\cdot\bar{m}$ 또는 $\bar{b}=\overline{2n}=\bar{2}\cdot\bar{n}$

$$\Longrightarrow \bar{2}\,|\,\bar{a} \text{ 또는 } \bar{2}\,|\,\bar{b}$$

이므로 $\bar{2}$는 소원이다.

다음, 체 $F$를 생각하자. $F$의 0이 아닌 모든 원소는 단원이므로 $F$에는 소원도 없고 기약원도 없다. ◀

**【정리 3.6.12】**

$R$을 정역이라 하고 $p$, $c$, $d \in R(p \neq 0,\ c \neq 0)$이라 하자. 그러면 다음이 성립한다.

(1) $p$가 소원일 필요충분조건은 $(p)$가 소이데알인 것이다.

(2) $c$가 기약원일 필요충분조건은

(i) $(c) \neq R$

(ii) $(c) \subset (d) \Longrightarrow (c) = (d)$ 또는 $(d) = R$

인 것이다.

(3) $p$가 소원이면 $p$는 기약원이다. 즉, $R$의 모든 소원은 기약원이다.

(4) $c$를 기약원이라 하고 $d$를 $c$의 동반원이라 하면 $d$도 기약원이다.

(5) $p$를 소원이라 하고 $d$를 $p$의 동반원이라 하면 $d$도 소원이다.

(6) $c$를 기약원이라 하고 $d\,|\,c$라 하면 $d$는 $c$의 동반원이든가 $R$의 단원이다.

**증명** $a \in R$이라 하면 정리 3.2.13에 의하여 $(a) = \{ra \mid r \in R\}$이다.

(1) $p$를 소원이라 하자. 그러면 $p$는 $R$의 단원이 아니므로 정리 3.4.2 (2)에 의하여 $(p) \neq R$이다. 임의의 $a$, $b \in R$에 대하여 $ab \in (p)$라 하자. 그러면 $ab = rp$를 만족하는 $r \in R$이 존재하므로 $p\,|\,ab$이다. 이때, $p$가 소원이므로 $p\,|\,a$ 또는 $p\,|\,b$이다. 따라서 정리 3.6.6 (2)에 의하여 $a \in (a) \subset (p)$ 또는 $b \in (b) \subset (p)$이므로 $(p)$는 $R$의 소이데알이다.

역으로, $(p)$를 $R$의 소이데알이라 하자. 그러면 $(p) \neq R$이므로 정리 3.4.2 (2)에 의하여 $p$는 $R$의 단원이 아니다. $a$, $b \in R$에 대하여 $p\,|\,ab$라 하자. 그러면 정리 3.6.6 (2)에 의하여 $ab \in (ab) \subset (p)$이고 $(p)$가 소이데알이므로 $a \in (p)$ 또는 $b \in (p)$이다. 따라서 적당한 $r \in R$에 대하여 $a = pr$ 또는 $b = pr$이다. 즉 $p\,|\,a$ 또는 $p\,|\,b$이다. 그러므로 $p$는 소원이다.

(2) $c$를 기약원이라 하자. 그러면 $c$가 $R$의 단원이 아니므로 정리 3.4.2 (2)에 의하여 $(c)\neq R$이다. $(c)\subset(d)$라 하면 $c\in(c)\subset(d)$이므로 $c=du$를 만족하는 $u\in R$가 존재한다. 이 때, $c$가 기약원이므로 $d$가 $R$의 단원이든가 $u$가 $R$의 단원이다. $d$가 $R$의 단원이면 $(d)=R$이다. 또한, $u$가 $R$의 단원이면 $c$는 $d$의 동반원이고 $c\neq 0$, $d\neq 0$이므로 정리 3.6.7에 의하여 $(c)=(d)$이다.

역으로, 주어진 조건 (i), (ii)가 만족된다고 하자. 그러면 $(c)\neq R$이므로 정리 3.4.2 (2)에 의하여 $c$는 $R$의 단원이 아니다. $a$, $b\in R$에 대하여 $c=ab$라 가정하자. 그러면 $a|c$($c\neq 0$이므로 $a\neq 0$이다)이므로 정리 3.6.6 (2)에 의하여 $(c)\subset(a)$이다. 따라서 조건 (ii)에 의하여 $(c)=(a)$ 또는 $(a)=R$이다. $(c)=(a)$인 경우는 정리 3.6.7에 의하여 $c$는 $a$의 동반원이고, 따라서 $c=au$를 만족하는 $R$의 단원 $u$가 존재한다. 따라서 $ab=c=au$이다. 이 때, $R$이 정역이고 $a\neq 0$이므로 $b=u$이다. 즉 $b$는 $R$의 단원이다. 한편 $(a)=R$인 경우에는 정리 3.4.2 (2)에 의하여 $a$는 $R$의 단원이다. 그러므로 $c$는 기약원이다.

(3) $p$를 소원이라 하면 $p$는 $R$의 단원이 아니다. $a$, $b\in R$에 대하여 $p=ab$라 하자. 그러면 $p|a$ 또는 $p|b$이다. $p|a$인 경우에는 $a=pr$을 만족하는 $r\in R$이 존재한다. 따라서

$$p1_R=p=ab=prb$$

이다. 이 때, $R$가 정역이고 $p\neq 0$이므로 $1_R=rb$이다. 즉 $b$는 $R$의 단원이다. $p|b$인 경우도 같은 방법으로 $a$가 $R$의 단원이다. 그러므로 $p$는 기약원이다.

(4) $c$를 기약원이라 하면 $c$는 $R$의 단원이 아니다. 또한, 정리 3.6.6 (1) (ii)에 의하여 $c$는 $d$의 동반원이므로 $c=du$를 만족하는 $R$의 단원 $u$가 존재한다. 그러므로 $d$는 $R$의 단원이 아니다(왜냐하면 $d$를 $R$의 단원이라 하면 $u$가 $R$의 단원이므로 $c=du$가 $R$의 단원이 되어 모순이다). 또한 $d\neq 0$이다(왜냐하면 $d=0$이라 하면 $c=du=0$이 되어 모순이다). $a$, $b\in R$에 대하여 $d=ab$라 하자. 그러면 $c=du=abu$이고 $c$가 기약원이므로 $a$가 $R$의 단원이든가 $bu$가 $R$의 단원이다. $bu$가 $R$의 단원이면 정리 3.6.6 (3)에 의하여 $b$는 $R$의 단원이다. 그러므로 $d$는 기약원이다.

(5) $p$를 소원이라 하면 $p$는 $R$의 단원이 아니다. 또한 $d$가 $p$의 동반원이므로 $d=pu$를 만족하는 $R$의 단원 $u$가 존재한다. 한편 정리 3.6.6 (1) (ii)에 의하여 $p$는 $d$의 동반원이므로 $p=dv$를 만족하는 $R$의 단원 $v$가 존재한다. 따라서 $d$는 $R$의 단원이 아니고 또한 $d\neq 0$이다((4)의 증명과정을 참조). $a,\ b\in R$에 대하여 $d|ab$라 하자. 그러면 $ab=dr$을 만족하는 $r\in R$이 존재하므로 $ab=dr=pur$이다. 따라서 $p|ab$이고, $p$가 소원이므로 $p|a$ 또는 $p|b$이다. 한편 $p=dv$이므로 $d|p$이다. 따라서 정리 3.6.2 (3)에 의하여 $d|a$ 또는 $d|b$이다. 그러므로 $d$는 소원이다.

(6) $d|c$이므로 정리 3.6.6 (2)에 의하여 $(c)\subset(d)$이다. 따라서 (2)에 의하여 $(c)=(d)$ 또는 $(d)=R$이다. $(c)=(d)$인 경우에는 정리 3.6.7에 의하여 $d$는 $c$의 동반원이다. $(d)=R$인 경우에는 정리 3.4.2 (2)에 의하여 $d$는 $R$의 단원이다. ■

**【정리 3.6.13】**

$R$을 주이데알정역이라 하고 $c\in R(c\neq 0)$이라 하자. 그러면 다음이 성립한다.

(1) $c$가 소원일 필요충분조건은 $c$가 기약원인 것이다.

(2) $c$가 기약원(또는 소원)일 필요충분조건은 $(c)$가 $R$의 극대이데알인 것이다.

**증명** (1) $c$를 기약원이라 하고 $I$를 $(c)\subset I\subset R$인 $R$의 이데알이라 하자. $R$이 주이데알정역이므로 적당한 $d\in R$에 대하여 $I=(d)$이고, 따라서 정리 3.6.12 (2)에 의하여 $(c)\neq R$이고

$$(c)=(d) \text{ 또는 } (d)=R$$

이다. 그러므로 $(c)$는 $R$의 극대이데알이다. 따라서 정리 3.4.8 (1)에 의하여 $(c)$는 $R$의 소이데알이므로 정리 3.6.12 (1)에 의하여 $c$는 소원이다. 역은 정리 3.6.12 (3)의 결과이다.

(2) $c$를 기약원이라 하자. 그러면 (1)의 증명과정에 의하여 $(c)$는 $R$의 극대이데알이다. 역으로, $(c)$를 $R$의 극대이데알이라 하자. 그러면 $(c)\neq R$이고, 또한 $d\in R$에 대하여

$$(c)\subset(d) \Longrightarrow (c)=(d) \text{ 또는 } (d)=R$$

이다. 따라서 정리 3.6.12 (2)에 의하여 $c$는 기약원이다. 다음, $c$가 소원인 경우는 (1)과 위에 의하여 결과가 얻어진다. ■

**【정리 3.6.14】**

$R$을 주이데알환이라 하고 $a_i \in R(i=1, 2, \cdots, n, \cdots)$이라 하자. $R$의 이데알 $(a_i)$가 모든 $i$에 대하여 $(a_i) \subset (a_{i+1})$, 즉

$$(a_1) \subset (a_2) \subset (a_3) \subset \cdots$$

를 만족하면 적당한 양의 정수 $n$이 존재하여 모든 $n<i$에 대하여 $(a_n)=(a_i)$이다.

**증명** $I=\{1, 2, \cdots, n, \cdots\}$이라 하고 $R$의 이데알들의 집합족 $\{(a_i) \mid i \in I\}$의 합집합 $A=\bigcup_{i \in I}(a_i)$를 생각하자. 분명히 $\varnothing \neq A \subset R$이다. 먼저 $A$가 $R$의 이데알임을 보이자. $a, b \in A$라 하고 $r \in R$이라 하자. 그러면 적당한 $i, j \in I$에 대하여 $a \in (a_i)$, $b \in (a_j)$이다. 이 때, $i \leq j$ 또는 $j \leq i$이다. 가령, $i \leq j$라 하면 $(a_i) \subset (a_j)$이므로 $a, b \in (a_j)$이다. 따라서 $(a_j)$가 $R$의 이데알이므로

$$a-b \in (a_j) \subset A (j \leq i\text{인 경우도 같은 방법으로 설명된다})$$
$$ra \in (a_i) \subset A, \quad ar \in (a_i) \subset A$$

이다. 따라서 $A$는 $R$의 이데알이다.

한편, $R$이 주이데알환이므로 적당한 $c \in R$에 대하여 $A=(c)$이다. 따라서

$$c \in (c)=A=\bigcup_{i \in I}(a_i)$$

이므로 적당한 $n \in I$에 대하여 $c \in (a_n)$이다. 따라서 정의 3.2.12와 정리 1.1.1 (2)에 의하여 $(c) \subset (a_n)$이다$((c)=\cdots \cap (a_n) \cap \cdots)$. 그러므로 모든 $n<i$에 대하여

$$(c) \subset (a_n) \subset (a_i) \subset A=(c)$$

이다. 즉, 모든 $n<i$에 대하여 $(a_n)=(a_i)$이다. ■

**【정리 3.6.15】**

$R$을 주이데알정역이라 할 때, $a\in R(a\neq 0)$가 $R$의 단원이 아니면(따라서 $R$은 체가 아니다) $c|a$인 기약원 $c\in R$가 존재한다.

**증명** $R$이 주이데알정역이므로 $R$의 모든 이데알은 $(b)(b\in R)$의 꼴이고 $a\neq 0$이므로 $(a)\neq\{0\}$이다. $a$가 $R$의 단원이 아니라 하자. 그러면 정리 3.4.2 (2)에 의하여 $(a)\neq R$이다. $(a)$가 $R$의 극대이데알이면 정리 3.6.13 (2)에 의하여 $a$는 기약원이다. 또한, 정리 3.6.2 (1)에 의하여 $a|a$이다. 따라서 정리는 성립한다. 다음, $(a)$가 $R$의 극대이데알이 아니면

$$(a)\subsetneqq(a_1)\subsetneqq R$$

을 만족하는 $R$의 이데알 $(a_1)$이 존재한다. 이 때, $(a_1)$이 $R$의 극대이데알이 아니면

$$(a_1)\subsetneqq(a_2)\subsetneqq R$$

을 만족하는 $R$의 이데알 $(a_2)$가 존재한다. $(a_2)$가 또한 $R$의 극대이데알이 아니면

$$(a_2)\subsetneqq(a_3)\subsetneqq R$$

을 만족하는 $R$의 이데알 $(a_3)$가 존재한다. 그러나 이와 같은 과정은 한없이 계속될 수 없다. 왜냐하면 모든 $i\,(i=1,\ 2,\ \cdots,\ n,\ \cdots)$에 대하여

$$(a_i)\subsetneqq(a_{i+1})\subsetneqq R$$

을 만족하는 $R$의 이데알 $(a_i)$가 존재한다고 하면

$$(a_1)\subset(a_2)\subset(a_3)\subset\cdots$$

이므로 정리 3.6.14에 의하여 적당한 양의 정수 $n$이 존재하여 $n<i$인 모든 $i$에 대하여 $(a_n)=(a_i)$가 되어 모순이 되기 때문이다. 따라서 적당한 양의 정수 $n$에 대하여 $(a_n)$은 $R$의 극대이데알이다. 그러므로 정

리 3.6.13 (2)에 의하여 $a_n$은 기약원이다. 더욱이 $(a)\subset(a_n)$이므로 정리 3.6.6 (2)에 의하여 $a_n|a$이다. 따라서 정리는 성립한다. ■

**【정리 3.6.16】**

$R$을 단위원을 갖는 가환환이라 하고 $p$, $c_1$, $c_2$, $\cdots$, $c_n\in R(p\neq 0)$이라 하자. $p$가 소원이고 $p|c_1c_2\cdots c_n$이면 적당한 $i\,(1\leq i\leq n)$에 대하여 $p|c_i$이다.

**증명** $p$를 소원이라 하고 $p|c_1c_2\cdots c_n$이라 하자. 그러면 $p$가 소원이므로 $p|c_1$ 또는 $p|c_2c_3\cdots c_n$이다. 만일 $p|c_2c_3\cdots c_n$이면 $p|c_2$ 또는 $p|c_3c_4\cdots c_n$이다. 이와 같이 반복하면 결국 적당한 $i\,(1\leq i\leq n)$에 대하여 $p|c_i$이다. ■

**【정의 3.6.17】**

$R$을 정역이라 하자. $R$의 모든 원소 $a(a\neq 0)$에 대하여 $a$가 $R$의 단원이든가, $a$가 $R$의 단원이 아니면 다음 두 조건

(1) 적당한 기약원 $c_1$, $c_2$, $\cdots$, $c_n\in R$에 대하여 $a=c_1c_2\cdots c_n$으로 표시된다.

(2) 기약원 $c_i$, $d_j\in R(i=1,\ 2,\ \cdots,\ n\,;\, j=1,\ 2,\ \cdots,\ m)$에 대하여

$$a=c_1c_2\cdots c_n=d_1d_2\cdots d_m$$

으로 표시되면 $n=m$이고 각 $d_j(1\leq j\leq n)$는 적당한 $c_i(1\leq i\leq n)$의 동반원이다.

를 만족할 때, $R$을 유일인수분해정역(unique factorization domain) 또는 간단히 UFD라 한다.

**【정리 3.6.18】**

$R$이 주이데알정역이면 $R$은 유일인수분해정역이다.

**증명** $R$이 체이면 모든 $a\in R(a\neq 0)$는 $R$의 단원이므로 $R$은 유일인수분해정역이다. $R$이 체가 아니라 하자. $a\in R(a\neq 0)$이라 하고 $a$는 $R$의 단원이 아니라 하자. 먼저 $a$가 적당한 기약원 $c_1$, $c_2$, $\cdots$, $c_n\in R$에 대하여

$$a=c_1c_2\cdots c_n$$

의 꼴로 표시할 수 있음을 보이자. 정리 3.6.15에 의하여 $c_1|a$인 기약원 $c_1 \in R$이 존재한다. 따라서 적당한 $a_1 \in R(a_1 \neq 0)$에 대하여 $a = c_1 a_1$이다. $a_1$이 $R$의 단원이면 정리 3.6.12 (4)에 의하여 $a$는 기약원이므로 증명되었다. 따라서 $a_1$이 $R$의 단원이 아니라 가정하자. 그러면 정리 3.6.15에 의하여 적당한 기약원 $c_2 \in R$와 적당한 $a_2 \in R(a_2 \neq 0)$에 대하여 $a_1 = c_2 a_2$로 표시되고, 또 $a_2$가 $R$의 단원이 아니면 적당한 기약원 $c_3 \in R$와 적당한 $a_3 \in R(a_3 \neq 0)$에 대하여 $a_2 = c_3 a_3$로 표시된다. $a_3$가 $R$의 단원이 아니면 다시 이 과정을 계속한다. 그러나 이와 같은 과정은 한없이 계속될 수 없다. 왜냐하면 이러한 과정이 한없이 계속된다고 하면, 즉 모든 $i(i=1,\ 2,\ \cdots,\ n,\ \cdots)$에 대하여

$$a_i = c_{i+1} a_{i+1}$$

(이 때, $c_{i+1}$은 기약원이고 $a_{i+1}(a_{i+1} \neq 0)$은 $R$의 단원이 아니다)

로 표시된다고 하면 $a_2|a_1,\ a_3|a_2,\ a_4|a_3,\ \cdots$이므로 정리 3.6.6 (2)에 의하여

$$(a_1) \subset (a_2) \subset (a_3) \subset \cdots$$

이다. 따라서 $R$이 주이데알정역이므로 정리 3.6.14에 의하여 적당한 양의 정수 $m$이 존재하여 $m<i$인 모든 $i$에 대하여 $(a_m)=(a_i)$이다. 특히 $(a_m)=(a_{m+1})$이다. 따라서 정리 3.6.7에 의하여 $a_m$은 $a_{m+1}$의 동반원이므로 $a_m = a_{m+1}u$를 만족하는 $R$의 단원 $u$가 존재한다. 더욱이 $a_m = c_{m+1}a_{m+1}$(이 때 $c_{m+1}$은 기약원)이다. 따라서 $a_{m+1}u = a_m = a_{m+1}c_{m+1}$이다. 이 때 $a_{m+1} \neq 0$이고 $R$이 정역이므로 $u = c_{m+1}$이다. 즉, $c_{m+1}$은 $R$의 단원이므로 이것은 모순이다. 따라서 적당한 $m$에 대하여

$a_m = c_{m+1}a_{m+1}$(이 때 $c_{m+1}$은 기약원이고 $a_{m+1}$은 $R$의 단원이다)

로 표시된다. 따라서 정리 3.6.12 (4)에 의하여 $a_m$은 기약원이다. 그러므로 $n=m+1$이라 하고 $a_m = c_n$이라 놓으면 기약원 $c_1,\ c_2,\ \cdots,\ c_n \in R$에 대하여

$$a = c_1a_1 = c_1c_2a_2 = c_1c_2c_3a_3 = \cdots = c_1c_2c_3 \cdots c_{m-1}c_ma_m$$
$$= c_1c_2c_3 \cdots c_{n-1}c_n$$

으로 표시할 수 있다.

다음, 기약원 $c_1, c_2, \cdots, c_n, d_1, d_2, \cdots, d_m \in R$에 대하여

$$a = c_1c_2 \cdots c_n = d_1d_2 \cdots d_m$$

이라 가정하자. 그러면 $d_1 | c_1c_2 \cdots c_n$이다. 그런데 $R$이 주이데알정역이고 $d_1$이 기약원이므로 정리 3.6.13 (1)에 의하여 $d_1$은 소원이다. 따라서 정리 3.6.16에 의하여 적당한 $i\,(1 \leq i \leq n)$에 대하여 $d_1 | c_i$이다. 이 때, $c_i$는 기약원이고 $d_1$은 $R$의 단원이 아니므로 정리 3.6.12 (6)에 의하여 $d_1$은 $c_i$의 동반원이다. 또한 정리 3.6.6 (1) (ii)에 의하여 $c_i$는 $d_1$의 동반원이다. 따라서 $c_i = d_1u_1$을 만족하는 $R$의 단원 $u_1$이 존재한다. 그러므로

$$d_1u_1c_1c_2 \cdots c_{i-1}c_{i+1} \cdots c_n = d_1d_2 \cdots d_m$$

이다. 이 때, $d_1 \neq 0$이고 $R$이 정역이므로

$$u_1c_1c_2 \cdots c_{i-1}c_{i+1} \cdots c_n = d_2d_3 \cdots d_m \qquad \cdots\cdots(3.6.1)$$

이다. 편리를 위하여 첨자를 고쳐서

$$c_1c_2 \cdots c_{i-1}c_{i+1} \cdots c_n = c_1c_2 \cdots c_{n-1}$$

(이 때, $c_{i+1}$를 $c_i$로, $c_{i+2}$를 $c_{i+1}$로, $\cdots$, $c_n$을 $c_{n-1}$로 고쳐 쓴다)

로 놓으면 (3.6.1)은

$$u_1c_1c_2 \cdots c_{n-1} = d_2d_3 \cdots d_m \qquad \cdots\cdots(3.6.2)$$

이 되고, 따라서 $d_2 | u_1c_1c_2 \cdots c_{n-1}$이다. 이 때, $R$이 주이데알정역이므로 기약원 $d_2$는 소원이고, 따라서 $d_2 | u_1$ 또는 $d_2 | c_1c_2 \cdots c_{n-1}$이다. 그러나 $u_1$이 $R$의 단원이므로 정리 3.6.6 (3)에 의하여 $d_2 | u_1$이면 $d_2$가 $R$의 단원이 되어 모순이다. 그러므로 $d_2 | c_1c_2 \cdots c_{n-1}$이고, 따라서 $d_2 | c_j$

$(1 \leq j \leq n-1)$이다. 따라서 $d_2$는 $c_j$의 동반원이고 또한 $c_j$는 $d_2$의 동반원이다. 그러므로 $c_j = d_2 u_2$를 만족하는 $R$의 단원 $u_2$가 존재한다. 따라서 (3.6.2)로부터

$$d_2 u_1 u_2 c_1 c_2 \cdots c_{j-1} c_{j+1} \cdots c_{n-1} = d_2 d_3 \cdots d_m, \text{ 즉}$$
$$u_1 u_2 c_1 c_2 \cdots c_{j-1} c_{j+1} \cdots c_{n-1} = d_3 d_4 \cdots d_m \qquad \cdots\cdots(3.6.3)$$

이 되고, 다시 첨자를 고쳐서

$$c_1 c_2 \cdots c_{j-1} c_{j+1} \cdots c_{n-1} = c_1 c_2 \cdots c_{n-2}$$

로 놓으면 (3.6.3)은

$$u_1 u_2 c_1 c_2 \cdots c_{n-2} = d_3 d_4 \cdots d_m \qquad \cdots\cdots(3.6.4)$$

이 된다. 따라서 $d_3 | u_1 u_2 c_1 c_2 \cdots c_{n-2}$인데, $u_1 u_2$가 $R$의 단원이므로 위의 증명과정과 같이 하면 $d_3$는 $c_k(1 \leq k \leq n-2)$의 동반원이 되고 (3.6.4)는

$$u_1 u_2 u_3 c_1 c_2 \cdots c_{n-3} = d_4 d_5 \cdots d_m (\text{이 때, } u_1,\ u_2,\ u_3\text{는 } R\text{의 단원})$$

이 된다. 이와 같은 방법을 되풀이하여 $n < m$이면

$$u_1 u_2 \cdots u_n = d_{n+1} d_{n+2} \cdots d_m \qquad \cdots\cdots(3.6.5)$$
$$(\text{이 때, } u_1,\ u_2,\ \cdots,\ u_n\text{은 } R\text{의 단원})$$

이 되고, $n > m$이면

$$u_1 u_2 \cdots u_m c_1 c_2 \cdots c_{n-m} = 1_R \qquad \cdots\cdots(3.6.6)$$
$$(\text{이 때, } u_1,\ u_2,\ \cdots,\ u_m\text{은 } R\text{의 단원})$$

이 된다. 그러나 $n < m$이면 (3.6.5)에서 $u_1 u_2 \cdots u_n$이 $R$의 단원이고 $d_{n+1} | u_1 u_2 \cdots u_m$이므로 정리 3.6.6 (3)에 의하여 $d_{n+1}$이 $R$의 단원이 되어 모순이다. 또한 $n > m$이면 (3.6.6)에서 $c_1$이 $R$의 단원이므로 모순이다. 따라서 $m = n$이고 각 $d_j(1 \leq j \leq n)$는 적당한 $c_i(1 \leq i \leq n)$의 동반원이다. 그러므로 $R$이 주이데알정역이면 $R$은 유일인수분해정역이다. ■

보기 3.2.14에 의하여 **Z**는 주이데알정역이므로 정리 3.6.18에 의하여 **Z**는

유일인수분해정역이다. 실제로 보기 3.4.4에 의하여 $\{0\}$을 제외한 $\mathbf{Z}$의 소이데알은 $(p)$(이 때, $p$는 소수)뿐이다. 분명히 $(p)=(-p)$이다. 정리 3.6.12 ⑴에 의하여 $\mathbf{Z}$의 소원은 소수 $p$와 $-p$뿐이고, 정리 3.6.13 ⑴에 의하여 $\mathbf{Z}$에서의 소원과 기약원은 같으므로 정리 1.3.15는 정리 3.6.18의 결과이다. 예를 들어,

$$60=2^2\cdot 3\cdot 5=3\cdot 2^2\cdot 5=5\cdot 3\cdot 2^2=2^2\cdot(-3)\cdot(-5)=\cdots$$

이지만 정리 1.3.15에서는 단지 $60=2^2\cdot(-3)\cdot(-5)$등은 제외하였음에 주의하여라.

**【정의 3.6.19】**

$R$을 정역이라 하고 $R^*=R-\{0\}$이라 하자. 함수 $\theta : R^* \longrightarrow \mathbf{N}$이 존재하여 다음 두 조건

⑴ 임의의 $a$, $b\in R^*$에 대하여 $\theta(a)\leq\theta(ab)$이다($R$이 정역이므로 $ab\in R^*$이다).

⑵ 임의의 $a\in R$과 임의의 $b\in R^*$에 대하여

$$a=bq+r,\ r=0 \text{ 또는 } r\neq 0 \text{인 경우에 } \theta(r)<\theta(b)$$

를 만족하는 $q$, $r\in R$이 존재한다.

를 만족할 때, $R$을 **Euclid 정역**(Euclidean domain) 또는 간단히 ED라 한다.

**보기 3.6.20** 정역 $\mathbf{Z}$를 생각하자. $\mathbf{Z}^*=\mathbf{Z}-\{0\}$이라 하고 함수 $\theta : \mathbf{Z}^* \longrightarrow \mathbf{N}$을 임의의 $a\in\mathbf{Z}^*$에 대하여 $\theta(a)=|a|$로 정의하자. 그러면 임의의 $a$, $b\in\mathbf{Z}^*$에 대하여

$$\theta(a)=|a|\leq|ab|=\theta(ab)$$

이다. 또한 정리 1.3.2에 의하여 임의의 $a\in\mathbf{Z}$와 $b\in\mathbf{Z}^*$에 대하여

$$a=bq+r,\ 0\leq r<|b|$$

를 만족하는 $q$, $r\in\mathbf{Z}$가 존재한다. 이 때 $r\neq 0$이면

$$\theta(r)=|r|=r<|b|=\theta(b)$$

이다. 그러므로 $\mathbf{Z}$는 Euclid 정역이다.

다음, $F$를 체라 하자. 그러면 정리 3.1.25에 의하여 $F$는 정역이다. $F^*=F-\{0\}$이라 하고 함수 $\theta: F^* \longrightarrow \mathbf{N}$을 임의의 $a\in F^*$에 대하여 $\theta(a)=1$로 정의하자. 그러면 임의의 $a$, $b\in F^*$에 대하여 $\theta(a)=1=\theta(ab)$이고, 또한 임의의 $a\in F$와 $b\in F^*$에 대하여

$$a=b(b^{-1}a)+0(b^{-1}a,\ 0\in F)$$

이므로 $F$는 Euclid 정역이다. ◀

**보기 3.6.21** Gauss 정수환 $\mathbf{Z}[i]$를 생각하자. 보기 3.2.3에 의하여 $\mathbf{Z}[i]$는 정역이다. $\mathbf{Z}[i]^*=\mathbf{Z}[i]-\{0\}$이라 하고, 함수 $\theta: \mathbf{Z}[i]^* \longrightarrow \mathbf{N}$을 임의의 $\alpha=a+bi\in\mathbf{Z}[i]^*$에 대하여 $\theta(\alpha)=\theta(a+bi)=a^2+b^2$으로 정의하자. 그러면 임의의 $\alpha=a+bi$, $\beta=c+di\in\mathbf{Z}[i]^*$에 대하여 $a^2+b^2\geq 1$, $c^2+d^2\geq 1$이므로

$$\begin{aligned}\theta(\alpha\beta)&=\theta((a+bi)(c+di))=\theta((ac-bd)+(ad+bc)i)\\&=(ac-bd)^2+(ad+bc)^2=(a^2+b^2)(c^2+d^2)\geq a^2+b^2=\theta(\alpha)\end{aligned}$$

이다. 한편, 임의의 $\alpha=a+bi\in\mathbf{Z}[i]$와 임의의 $\beta=c+di\in\mathbf{Z}[i]^*$에 대하여

$$\alpha\beta^{-1}=\frac{a+bi}{c+di}=\frac{(a+bi)(c-di)}{(c+di)(c-di)}=\frac{(ac+bd)}{c^2+d^2}+\frac{(bc-ad)}{c^2+d^2}i$$

이다. $p=\dfrac{ac+bd}{c^2+d^2}$, $q=\dfrac{bc-ad}{c^2+d^2}$라 하면 $p$, $q\in\mathbf{Q}$이고 $\alpha\beta^{-1}=p+qi$이다.

다음 그림을 참고하면

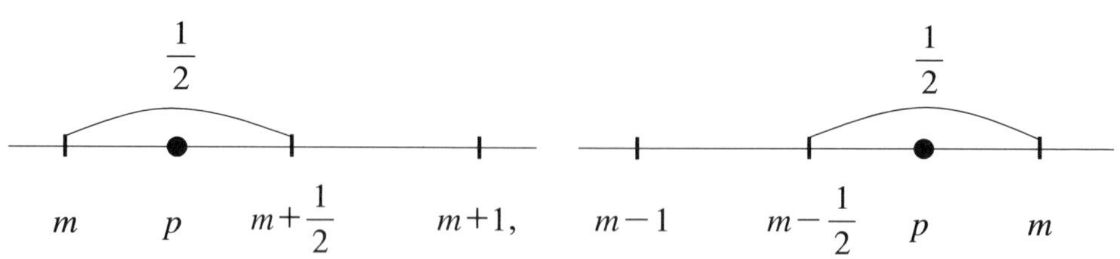


$|p-m|\leq\dfrac{1}{2}$을 만족하는 $m\in\mathbf{Z}$가 존재함을 알 수 있다. 또한, $|q-n|\leq\dfrac{1}{2}$을 만족하는 $n\in\mathbf{Z}$가 존재한다. $p-m=\alpha_0$, $q-n=\beta_0$라 하면 $|\alpha_0|\leq\dfrac{1}{2}$, $|\beta_0|\leq\dfrac{1}{2}$이다. 또한

$$\alpha=\beta(\alpha\beta^{-1})=(c+di)(p+qi)=(c+di)((m+\alpha_0)+(n+\beta_0)i)$$
$$=(c+di)((m+ni)+(\alpha_0+\beta_0 i))=(c+di)(m+ni)+(c+di)(\alpha_0+\beta_0 i)$$

이다. 따라서 $q_0=m+ni$, $r=(c+di)(\alpha_0+\beta_0 i)$라 하면

$$\alpha=\beta q_0+r$$

이고 $q_0\in\mathbf{Z}[i]$이다. 더욱이 $r=\alpha-\beta q_0\in\mathbf{Z}[i]$이다. $r\neq 0$이라 하면

$$\theta(r)=\theta((c+di)(\alpha_0+\beta_0 i))=\theta((c\alpha_0-d\beta_0)+(c\beta_0+d\alpha_0)i)$$
$$=(c\alpha_0-d\beta_0)^2+(c\beta_0+d\alpha_0)^2=(c^2+d^2)(\alpha_0^2+\beta_0^2)$$
$$\leq(c^2+d^2)\left(\left(\frac{1}{2}\right)^2+\left(\frac{1}{2}\right)^2\right)=\frac{1}{2}(c^2+d^2)<c^2+d^2=\theta(\beta),$$

즉 $\theta(r)<\theta(\beta)$이다. 그러므로 $\mathbf{Z}[i]$는 Euclid 정역이다. ◀

**【정리 3.6.22】**

$R$을 Euclid 정역이라 하자. 그러면 $R$은 주이데알정역이다. 더욱이 $R$은 유일인수분해정역이다.

**증명** $I$를 $R$의 이데알이라 하자. $I=\{0\}$이면 $I=(0)$이다. $I\neq\{0\}$이라 하자. 그러면 $I$의 원소 $a(a\neq 0)$가 존재한다. 한편 $R$이 Euclid 정역이므로 정의 3.6.19의 조건 (1), (2)를 만족하는 함수 $\theta: R^*\longrightarrow\mathbf{N}$이 존재한다. 따라서

$$M=\{\theta(x)\mid x\in I,\ x\neq 0\}$$

이라 하면 분명히 $\theta(a)\in M$이므로 $M\neq\varnothing$이다. 또한 $M\subset\mathbf{N}$이므로 정수의 정렬성 원리에 의하여 $M$은 최소원소 $m$을 갖는다. 따라서 $m=\theta(b)$를 만족하는 $b\in I(b\neq 0)$가 존재한다. 이제 $I=(b)$임을 보이자. 분명히 $(b)\subset I$이다. $c\in I$라 하자. 그러면 정의 3.6.19의 조건 (2)에 의하여

$$c=bq+r,\ r=0 \text{ 또는 } r\neq 0\text{인 경우에 } \theta(r)<\theta(b)$$

를 만족하는 $q$, $r\in R$이 존재한다. 이 때 $I$가 $R$의 이데알이고 $b$, $c\in I$이므로 $r=c-bq\in I$이다. 따라서 $r\neq 0$이라 하면 $\theta(r)\in M$이고, $m=\theta(b)$의

최소성에 의하여 $\theta(b) \leq \theta(r)$이다. 이것은 $\theta(r) < \theta(b)$라는 사실에 모순이다. 따라서 $r=0$이어야 한다. 즉, $c=bq \in (b)$이므로 $I \subset (b)$이다. 따라서 $I=(b)$이다. 그러므로 $R$은 주이데알정역이다. 더욱이 정리 3.6.18에 의하여 $R$은 유일인수분해정역이다. ■

**【정의 3.6.23】**

$R$을 가환환이라 하고 $a_1, a_2, \cdots, a_n (n \geq 2)$을 모두는 0이 아닌 $R$의 원소라 하자. $d \in R(d \neq 0)$가 다음 두 조건

(1) 모든 $i\,(1 \leq i \leq n)$에 대하여 $d \mid a_i$이다.

(2) 모든 $i\,(1 \leq i \leq n)$에 대하여 $c \mid a_i (0 \neq c \in R)$이면 $c \mid d$이다.

를 만족할 때, $d$를 $a_1, a_2, \cdots, a_n$의 최대공약수(greatest common divisor)라 한다.

**【정리 3.6.24】**

$R$을 정역이라 하고 $a_1, a_2, \cdots, a_n (n \geq 2)$을 모두는 0이 아닌 $R$의 원소라 하자. $d$와 $d'$을 $a_1, a_2, \cdots, a_n$의 최대공약수라 하면 $d'$은 $d$의 동반원이다. 더욱이 $u$를 $R$의 단원이라 할 때, $d$가 $a_1, a_2, \cdots, a_n$의 최대공약수가 될 필요충분조건은 $du$가 $a_1, a_2, \cdots, a_n$의 최대공약수인 것이다.

**증명** 정의 3.6.23과 정리 3.6.7과 정리 3.6.6 (6)에 의하여 결과가 얻어진다. ■

**보기 3.6.25** 정역 $\mathbf{Z}$를 생각하자. $4 \mid 8$, $4 \mid 12$이다. $c \in \mathbf{Z}$에 대하여 $c \mid 8$, $c \mid 12$라 하면 $8=ck$, $12=cl$을 만족하는 $k, l \in \mathbf{Z}$가 존재하므로

$$4=12-8=cl-ck=c(l-k),$$

즉 $c \mid 4$이다. 따라서 4는 8과 12의 최대공약수이다. 또한 $-4 \mid 8$, $-4 \mid 12$이다. $c \in \mathbf{Z}$에 대하여 $c \mid 8$, $c \mid 12$라 하면 위에 의하여

$$-4=8-12=ck-cl=c(k-l)$$

이므로 $c \mid -4$이다. 따라서 $-4$도 8과 12의 최대공약수이다. 한편 $-4=4\cdot$

$(-1)$이고 $-1$은 $\mathbf{Z}$의 단원이므로 $-4$는 4의 동반원이다. 1.3절에서는 편리를 위하여 4만을 8과 12의 최대공약수로 제한하였다.

다음, 가환환 $\mathbf{Z}_{12}$를 생각하자. $\bar{6}=\bar{3}\cdot\bar{2}$, $\bar{8}=\bar{4}\cdot\bar{2}$이므로 $\bar{2}|\bar{6}$, $\bar{2}|\bar{8}$이다. 한편, $\bar{c}\in\mathbf{Z}_{12}(\bar{c}\neq\bar{0})$에 대하여 $\bar{c}|\bar{6}$, $\bar{c}|\bar{8}$라 하면 $\bar{6}=\bar{c}\cdot\bar{a}=\overline{ca}$, $\bar{8}=\bar{c}\cdot\bar{b}=\overline{cb}$를 만족하는 $\bar{a}$, $\bar{b}\in\mathbf{Z}_{12}$가 존재한다. 따라서

$$6\equiv ca \pmod{12},\ \ 8\equiv cb \pmod{12}$$

이다. 즉, 적당한 $k$, $l\in\mathbf{Z}$에 대하여 $6=ca+12k$, $8=cb+12l$이다. 따라서

$$2=8-6=(cb+12l)-(ca+12k)=c(b-a)+12(l-k)$$

이므로 $2\equiv c(b-a) \pmod{12}$이다. 즉 $\bar{2}=\overline{c(b-a)}=\bar{c}(\overline{b-a})$이다. 따라서 $\bar{c}|\bar{2}$이다. 그러므로 $\bar{2}$는 $\bar{6}$와 $\bar{8}$의 최대공약수이다. ◀

**【정리 3.6.26】**

$R$을 주이데알정역이라 하고 $a_1, a_2, \cdots, a_n(n\geq 2)$을 모두는 0이 아닌 $R$의 원소라 하자. 그러면 $a_1, a_2, \cdots, a_n$의 최대공약수 $d$가 존재한다. 더욱이

$$d=r_1a_1+r_2a_2+\cdots+r_na_n$$

을 만족하는 $r_i\in R\ (i=1,\ 2,\ \cdots,\ n)$이 존재한다.

**증명** $I=(a_1)+(a_2)+\cdots+(a_n)$이라 하자. 그러면 정리 3.2.16 (1)에 의하여 $I$는 $R$의 이데알이다. $R$이 주이데알정역이므로 적당한 $d\in R$에 대하여 $I=(d)$이다. 즉

$$(d)=(a_1)+(a_2)+\cdots+(a_n)$$

이다. 따라서 분명히 모든 $i\,(1\leq i\leq n)$에 대하여 $(a_i)\subset(d)$이므로 정리 3.6.6 (2)에 의하여 모든 $i\,(1\leq i\leq n)$에 대하여 $d|a_i$이다. 또한 모든 $i\,(1\leq i\leq n)$에 대하여 $c|a_i(0\neq c\in R)$이라 하면 정리 3.6.6 (2)에 의하여 모든 $i\,(1\leq i\leq n)$에 대하여 $(a_i)\subset(c)$이다. 따라서

$$(d)=(a_1)+(a_2)+\cdots+(a_n)\subset(c)$$

이므로 $c|d$이다. 그러므로 $d$는 $a_1, a_2, \cdots, a_n$의 최대공약수이다.

다음, $d\in(d)$이므로 적당한 $x_i\in(a_i)(i=1, 2, \cdots, n)$에 대하여

$$d=x_1+x_2+\cdots+x_n$$

으로 쓸 수 있다. 또한, 정리 3.2.13에 의하여 $(a_i)=\{ra_i|r\in R\}$이므로 모든 $i\,(1\leq i\leq n)$에 대하여 $x_i=r_ia_i$를 만족하는 $r_i\in R$가 존재한다. 따라서

$$d=r_1a_1+r_2a_2+\cdots+r_na_n$$

이다. ■

보기 3.2.14에 의하여 **Z**는 주이데알정역이므로 정리 1.3.4는 정리 3.6.26의 결과이다.

**【정의 3.6.27】**

$R$을 단위원을 갖는 가환환이라 하자. $a_1, a_2, \cdots, a_n$을 모두는 0이 아닌 $R$의 원소라 하고 $d$를 $a_1, a_2, \cdots, a_n$의 최대공약수라 할 때, $d$가 $R$의 단원이면 $a_1, a_2, \cdots, a_n$을 서로 소(relatively prime)라 한다.

**【정리 3.6.28】**

$R$을 주이데알정역이라 하고 $a_1, a_2, \cdots, a_n$을 모두는 0이 아닌 $R$의 원소라 하자. 그러면 $a_1, a_2, \cdots, a_n$이 서로 소일 필요충분조건은

$$1_R=a_1x_1+a_2x_2+\cdots+a_nx_n$$

을 만족하는 $x_i\in R(i=1, 2, \cdots, n)$이 존재하는 것이다.

**증명** $R$이 주이데알정역이므로 정리 3.6.26에 의하여 $a_1, a_2, \cdots, a_n$의 최대공약수 $d$가 존재한다. 더욱이, 적당한 $r_i\in R(i=1, 2, \cdots, n)$에 대하여

$$d=a_1r_1+a_2r_2+\cdots+a_nr_n$$

이다. $a_1, a_2, \cdots, a_n$이 서로 소이면 $d$는 $R$의 단원이다. 따라서 정리

3.6.6 (4)에 의하여 $d|1_R$이므로 $1_R=dr$을 만족하는 $r\in R$이 존재한다. 그러므로

$$\begin{aligned}1_R&=dr=(a_1r_1+a_2r_2+\cdots+a_nr_n)r\\&=a_1(r_1r)+a_2(r_2r)+\cdots+a_n(r_nr)\,(r_ir\in R(i=1,\ 2,\ \cdots,\ n))\end{aligned}$$

이다. 역으로 $1_R=a_1x_1+a_2x_2+\cdots+a_nx_n$을 만족하는 $x_i\in R(i=1,\ 2,\ \cdots,\ n)$이 존재한다고 하자. $d$가 $a_1,\ a_2,\ \cdots,\ a_n$의 최대공약수이므로 $d|a_i$ $(i=1,\ 2,\ \cdots,\ n)$이다. 따라서 정리 3.6.2 (4)에 의하여

$$d|(a_1x_1+a_2x_2+\cdots+a_nx_n)$$

즉 $d|1_R$이다. 따라서 $1_R$이 $R$의 단원이므로 정리 3.6.6 (3)에 의하여 $d$도 $R$의 단원이다. 그러므로 $a_1,\ a_2,\ \cdots,\ a_n$은 서로 소이다. ■

보기 3.2.14에 의하여 **Z**는 주이데알정역이므로 정리 1.3.9 (1)은 정리 3.6.28의 결과이다.

**【정의 3.6.29】**

$R$을 가환환이라 하고 $0\neq a_i\in R(i=1,\ 2,\ \cdots,\ n)$이라 하자. $l\in R(l\neq 0)$이 다음 두 조건

(1) 모든 $i\,(1\leq i\leq n)$에 대하여 $a_i|l$이다.

(2) 모든 $i\,(1\leq i\leq n)$에 대하여 $a_i|c(0\neq c\in R)$이면 $l|c$이다.

를 만족할 때, $l$을 $a_1,\ a_2,\ \cdots,\ a_n$의 최소공배수(least common multiple)라 한다.

**【정리 3.6.30】**

$R$을 정역이라 하고 $0\neq a_i\in R(i=1,\ 2,\ \cdots,\ n)$이라 하자. $l$과 $l'$을 $a_1,\ a_2,\ \cdots,\ a_n$의 최소공배수라 하면 $l'$은 $l$의 동반원이다. 더욱이 $u$를 $R$의 단원이라 할 때, $l$이 $a_1,\ a_2,\ \cdots,\ a_n$의 최소공배수가 될 필요충분조건은 $lu$가 $a_1,\ a_2,\ \cdots,\ a_n$의 최소공배수인 것이다.

**증명** 정의 3.6.29와 정리 3.6.7과 정리 3.6.6 (6)에 의하여 결과가 얻어진다. ■

**【정리 3.6.31】**

$R$을 주이데알정역이라 하고 $0 \neq a_i \in R(i=1, 2, \cdots, n)$이라 하자. 그러면 $a_1, a_2, \cdots, a_n$의 최소공배수 $l$이 존재한다.

**증명** $I=\{1, 2, \cdots, n\}$이라 하고 $R$의 이데알들의 집합족 $\{(a_i) | i \in I\}$를 생각하자. 정리 3.2.11 (3)에 의하여 $A=\bigcap_{i \in I}(a_i)$는 $R$의 이데알이다. 또한 $R$이 주이데알정역이므로 적당한 $l \in R$에 대하여 $A=(l)=\bigcap_{i \in I}(a_i)$이다. 정리 1.1.1 (2)에 의하여 모든 $i \in I$에 대하여 $\bigcap_{i \in I}(a_i) \subset (a_i)$이다. 즉 $(l) \subset (a_i)$이다. 따라서 정리 3.6.6 (2)에 의하여 모든 $i \in I$에 대하여 $a_i | l$이다. 한편, 모든 $i \in I$에 대하여 $a_i | c(0 \neq c \in R)$라 하면 정리 3.6.6 (2)에 의하여 모든 $i \in I$에 대하여 $(c) \subset (a_i)$이다. 따라서 $(c) \subset \bigcap_{i \in I}(a_i)=(l)$이다. 즉 $l | c$이다. 그러므로 $l$은 $a_1, a_2, \cdots, a_n$의 최소공배수이다. ■

$k_i \in \mathbf{N}(i=1, 2, \cdots, n)$일 때, 기호 $\min\{k_1, k_2, \cdots, k_n\}$은 $k_1, k_2, \cdots, k_n$ 중에서 가장 작은 수를 의미하고, 기호 $\max\{k_1, k_2, \cdots, k_n\}$은 $k_1, k_2, \cdots, k_n$ 중에서 가장 큰 수를 의미한다.

**【정리 3.6.32】**

$R$을 유일인수분해정역이라 하고 $0 \neq a_i \in R(i=1, 2, \cdots, n)$이라 하자. 그러면 $a_1, a_2, \cdots, a_n$의 최대공약수와 최소공배수가 존재한다. 더욱이 $d$를 $a_1, a_2, \cdots, a_n$의 최대공약수라 하고 $a_i=db_i(1 \leq i \leq n)$라 하면 $b_1, b_2, \cdots, b_n$은 서로 소이다.

**증명** (1) $a_1, a_2, \cdots, a_n$이 모두 $R$의 단원인 경우를 생각하자. 분명히 모든 $i\,(1 \leq i \leq n)$에 대하여 $1_R | a_i$이다. 모든 $i\,(1 \leq i \leq n)$에 대하여 $c | a_i(0 \neq c \in R)$이라 하면 $a_1$이 $R$의 단원이므로 정리 3.6.6 (3)에 의하여 $c$는

$R$의 단원이다. 따라서 $c \mid 1_R$이다. 즉, $1_R$은 $a_1, a_2, \cdots, a_n$의 최대공약수이다. 더욱이 $u$를 $R$의 단원이라 하면 $u=1_R u$이므로 정리 3.6.24에 의하여 $u$는 $a_1, a_2, \cdots, a_n$의 최대공약수이다.

다음, 모든 $i\,(\leq i \leq n)$에 대하여 $a_i$가 $R$의 단원이므로 $a_i \mid 1_R$이다. 또한, 모든 $i\,(1 \leq i \leq n)$에 대하여 $a_i \mid b(b \in R)$이라 하면 분명히 $1_R \mid b$이므로 $1_R$은 $a_1, a_2, \cdots, a_n$의 최소공배수이다. 더욱이 $u$를 $R$의 단원이라 하면 $u=1_R u$이므로 정리 3.6.30에 의하여 $u$는 $a_1, a_2, \cdots, a_n$의 최소공배수이다.

(2) $a_1, a_2, \cdots, a_n$이 모두 $R$의 단원이 아닌 경우를 생각하자. $a \in R(a \neq 0)$이고 $a$가 $R$의 단원이 아니면 $R$이 유일인수분해정역이므로 기약원 $c_1, c_2, \cdots, c_n$에 대하여

$$a=c_1 c_2 \cdots c_n \qquad \cdots\cdots(3.6.7)$$

의 꼴로 표시된다(이 때, $c_1, c_2, \cdots, c_n$을 $a$의 기약인수(irreducible factor)라 하고, 또 $a$를 (3.6.7)의 꼴로 표시하는 것을 $a$의 인수분해(factorization)라 한다). $a$의 인수분해 (3.6.7)에서 $c_1, c_2, \cdots, c_n$ 중에 중복되는 것이 있으면, 가령 $c_i=c_j=c_k$이면 $R$이 가환환이므로

$$a=\cdots c_i \cdots c_j \cdots c_k \cdots = \cdots c_i c_j c_k \cdots = \cdots c_i^3 \cdots$$

으로 쓸 수 있다. 따라서 $a$를 서로 다른 기약원 $c_1, c_2, \cdots, c_r$과 $t_i \in \mathbf{N}(1 \leq t_i,\ i=1,\ 2,\ \cdots,\ r)$에 대하여

$$a=c_1^{t_1} c_2^{t_2} \cdots c_r^{t_r} \qquad \cdots\cdots(3.6.8)$$

으로 고쳐 쓸 수 있다(이 때, $a$를 (3.6.8)의 꼴로 표시하는 것을 $a$의 표준인수분해라 한다). $a_1, a_2, \cdots, a_n$을 표준인수분해할 때 나타나는 기약인수들 중에는 같은 것도 있고 다른 것도 있다. 그러나 $c^0=1_R$을 고려하면 $a_1, a_2, \cdots, a_n$을 서로 다른 기약원 $c_1, c_2, \cdots, c_m$과 $k_i, l_i, \cdots, s_i \leq \mathbf{N}(0 \leq k_i,\ 0 \leq l_i,\ \cdots,\ 0 \leq s_i\,(i=1,\ 2,\ \cdots,\ m))$에 대하여

$$\begin{cases} a_1 = c_1^{k_1} c_2^{k_2} \cdots c_m^{k_m} \\ a_2 = c_1^{l_1} c_2^{l_2} \cdots c_m^{l_m} \\ \cdots\cdots\cdots\cdots\cdots\cdots \\ a_n = c_1^{s_1} c_2^{s_2} \cdots c_m^{s_m} \end{cases}$$

으로 표시할 수 있다. 이제

$$\alpha_i = \min\{k_i,\ l_i,\ \cdots,\ s_i\}(i=1,\ 2,\ \cdots,\ m)$$

이라 하고

$$d = c_1^{\alpha_1} c_2^{\alpha_2} \cdots c_m^{\alpha_m}$$

이라 하자. 그러면 분명히 모든 $i\,(1 \le i \le n)$에 대하여 $d \mid a_i$이다. 또 모든 $i\,(1 \le i \le n)$에 대하여 $c \mid a_i (0 \ne c \in R)$이라 하자. $c$가 $R$의 단원이면 정리 3.6.6 (4)에 의하여 $c \mid d$이다. $c$가 $R$의 단원이 아니라 하자. $c \mid a_i (1 \le i \le n)$이므로 적당한 $b_i \in R (1 \le i \le n)$에 대하여 $a_i = cb_i$이다. 따라서 $c$가 $R$의 단원이 아니므로 $c$의 표준인수분해는

$$c = c_1^{\beta_1} c_2^{\beta_2} \cdots c_m^{\beta_m} (\beta_i \in \mathbf{N},\ 0 \le \beta_i \le \alpha_i (1 \le i \le m))$$

의 꼴로 표시되어야 한다. 따라서 분명히

$$(c_1^{\beta_1} c_2^{\beta_2} \cdots c_m^{\beta_m}) \mid d,$$

즉 $c \mid d$이다. 따라서 $d$는 $a_1,\ a_2,\ \cdots,\ a_n$의 최대공약수이다. 같은 방법으로

$$\delta_i = \max\{k_i,\ l_i,\ \cdots,\ s_i\}(i=1,\ 2,\ \cdots,\ m)$$

이라 하고

$$l = c_1^{\delta_1} c_2^{\delta_2} \cdots c_m^{\delta_m}$$

이라 하면 $l$이 $a_1,\ a_2,\ \cdots,\ a_n$의 최소공배수임을 쉽게 증명할 수 있다.

(3) $a_1,\ a_2,\ \cdots,\ a_m (1 \le m < n)$은 $R$의 단원이고 $a_{m+1},\ a_{m+2},\ \cdots,\ a_n$은 $R$

의 단원이 아닌 경우를 생각하자($a$와 $b$의 최대공약수(각각 최소공배수)와 $b$와 $a$의 최대공약수(각각 최소공배수)는 같으므로 이 가정은 일반성을 잃지 않는다). (1)과 같은 방법으로 $1_R$은 $a_1$, $a_2$, $\cdots$, $a_n$의 최대공약수이고, 더욱이 $u$를 $R$의 단원이라 하면 $u$는 $a_1, a_2, \cdots, a_n$의 최대공약수이다.

다음, (2)에 의하여 $a_{m+1}$, $a_{m+2}$, $\cdots$, $a_n$의 최소공배수 $l$이 존재한다. $a_i(1 \leq i \leq m)$이 $R$의 단원이므로 정리 3.6.6(4)에 의하여 $a_i | l$ $(1 \leq i \leq m)$이다. 따라서 모든 $i(1 \leq i \leq n)$에 대하여 $a_i | l$이다. 또한, 모든 $i(1 \leq i \leq n)$에 대하여 $a_i | b(b \in R)$이라 하면 $l$이 $a_{m+1}$, $a_{m+2}$, $\cdots$, $a_n$의 최소공배수이므로 $l | b$이다. 그러므로 $l$은 $a_1, a_2, \cdots, a_n$의 최소공배수이다.

(4) $d$를 $a_1, a_2, \cdots, a_n$의 최대공약수라 하자. 그러면 적당한 $b_i \in R(b_i \neq 0(1 \leq i \leq n))$에 대하여 $a_i = db_i$이다. $b_1, b_2, \cdots, b_n$의 최대공약수를 $d'$이라 하자. 그러면 적당한 $r_i \in R(r_i \neq 0(1 \leq i \leq n))$에 대하여 $b_i = d'r_i$이므로 $i(1 \leq i \leq n)$에 대하여

$$a_i = db_i = dd'r_i, \quad \text{즉 } dd' | a_i$$

이다. $d$가 $a_1, a_2, \cdots, a_n$의 최대공약수이므로 $dd' | d$이다. 따라서 적당한 $r \in R$에 대하여 $d = dd'r$이다. 그러므로 $d1_R = d = dd'r$이다. 이 때, $R$이 정역이고 $d \neq 0$이므로 $1_R = d'r$이다. 즉 $d'$은 $R$의 단원이다. 따라서 $b_1, b_2, \cdots, b_n$은 서로 소이다. ■

정리 3.6.32에서 $a_1, a_2, \cdots, a_n$ 중 일부가 0인 경우, 가령

$$a_i \neq 0\ (1 \leq i \leq m < n), \quad a_i = 0\ (m+1 \leq i \leq n)$$

이라 할 때, $d \in R(d \neq 0)$에 대하여 $d$가 $a_1, a_2, \cdots, a_n$의 최대공약수일 필요충분조건은 $d$가 $a_1, a_2, \cdots, a_m$의 최대공약수인 것이다. 왜냐하면 $d$가 $a_1, a_2, \cdots, a_n$의 최대공약수라 하면 분명히 $d | a_i(1 \leq i \leq m)$이다. 또 $c | a_i(0 \neq c \in R,\ 1 \leq i \leq m)$라 하자. 그러면 $a_i = 0\ (m+1 \leq i \leq n)$이므로 정리 3.6.2(1)에 의하여 $c | a_i(m+1 \leq i \leq n)$이다. 즉 모든 $i(1 \leq i \leq n)$에 대하여 $c | a_i$이다. 따라서 $d$가 $a_1, a_2, \cdots, a_n$

의 최대공약수이므로 $c|d$이다. 그러므로 $d$는 $a_1, a_2, \cdots, a_m$의 최대공약수이다. 역으로, $d$가 $a_1, a_2, \cdots, a_m$의 최대공약수라 하자. $a_i=0\,(m+1\leq i\leq n)$이므로 $d|a_i(m+1\leq i\leq n)$이다. 따라서 모든 $i\,(1\leq i\leq n)$에 대하여 $d|a_i$이다. 모든 $i(1\leq i\leq n)$에 대하여 $c|a_i$라 하면 분명히 $c|a_i(1\leq i\leq m)$이고 또한 $d$가 $a_1, a_2, \cdots, a_m$의 최대공약수이므로 $c|d$이다. 따라서 $d$는 $a_1, a_2, \cdots, a_n$의 최대공약수이다. 이제, $d$가 $a_1, a_2, \cdots, a_n$의 최대공약수라 하면 적당한 $b_i\in R$에 대하여 $a_i=db_i$ $(1\leq i\leq n)$이다. 그런데 $a_i\neq 0\,(1\leq i\leq m)$이므로 $b_i\neq 0\,(1\leq i\leq m)$이고, 또한 $a_i=0(m+1\leq i\leq n)$이고 $R$이 정역이므로 $b_i=0\,(m+1\leq i\leq n)$이다. 따라서 위에 의하여 $b_1, b_2, \cdots, b_n$이 서로 소일 필요충분조건은 $b_1, b_2, \cdots, b_m$이 서로 소인 것이다. 그러므로 정리 3.6.32는 최대공약수인 경우에 $a_1, a_2, \cdots, a_n$중의 일부가 0일 때에도 성립한다.

**【정리 3.6.33】**

$R$을 유일인수분해정역이라 하고 $a, b, c, p, a_i\in R(a\neq 0,\ p\neq 0,\ i=1, 2, \cdots, n)$이라 하자. 그러면 다음이 성립한다.

(1) $p$가 기약원이면 $p$는 소원이다.

(2) $a|bc$이고 $a$와 $b$가 서로 소이면 $a|c$이다.

(3) 각 $a_i(1\leq i\leq n)$와 $b$가 서로 소이면 $a_1a_2\cdots a_n$과 $b$는 서로 소이나.

(4) $a_1, a_2, \cdots, a_n$의 최대공약수를 $d$라 하면 $aa_1, aa_2, \cdots, aa_n$의 최대공약수는 $ad$이다.

**증명** (1) $p$를 기약원이라 하면 $p$는 $R$의 단원이 아니다. $p|bc$라 하자. $b$ 또는 $c$가 $R$의 단원이면 정리 3.6.6 (6)에 의하여 $p|c$ 또는 $p|b$이다. $b$도 $c$도 $R$의 단원이 아니라 하자. 그러면 $bc$도 $R$의 단원이 아니다($bc$가 $R$의 단원이라 하면 정리 3.6.6 (3)에 의하여 $p$가 $R$의 단원이 되어 모순이다). $p|bc$이므로 적당한 $r\in R$에 대하여 $bc=pr$이다. $p\nmid b$라 하자. 그러면 $p$는 기약원이므로 $p$는 $b$를 인수분해할 때 $b$의 기약인수로 나타날 수 없다. 따라서 $bc$를 인수분해할 때 $p$는 $c$의 기약인수로 나타나야 한다. 즉

$$pr=bc=b(\cdots p\cdots).$$

따라서 $p|c$이다. 그러므로 $p|b$이든가 $p \nmid b$인데, $p \nmid b$이면 $p|c$이다. 즉, $p$는 소원이다.

(2) $a|bc$라 하고 $a$와 $b$가 서로 소라 하자. $a$가 $R$의 단원이면 정리 3.6.6 (4)에 의하여 $a|c$이다. $a$가 $R$의 단원이 아니라 하자. $b$가 $R$의 단원이면 정리 3.6.6 (6)에 의하여 $a|c$이다. $b$가 $R$의 단원이 아니라 하자. $a|bc$이므로 적당한 $r \in R$에 대하여 $bc=ar$이다. $a$와 $b$의 최대공약수를 $u$라 하면 $u$는 $R$의 단원이므로 정리 3.6.32의 증명과정 (2)에 의하여 $a$를 인수분해할 때 나타나는 $a$의 기약인수들과 $b$를 인수분해할 때 나타나는 $b$의 기약인수들은 서로 다르다. 따라서 $c$는 $R$의 단원이 아니고 $a$의 기약인수들은 $c$의 기약인수이다. 즉, $a|c$이다.

(3) $a_1a_2 \cdots a_n$ 또는 $b$가 $R$의 단원이면 정리 3.6.32의 증명과정 (1), (3)에 의하여 $a_1a_2 \cdots a_n$과 $b$는 서로 소이다. $a_1a_2 \cdots a_n$과 $b$가 $R$의 단원이 아니면 각 $a_i(1 \le i \le n)$와 $b$가 서로 소이므로 정리 3.6.32의 증명과정 (2)에 의하여 $a_1a_2 \cdots a_n$과 $b$는 서로 소이다.

(4) $a_1, a_2, \cdots, a_n$의 최대공약수를 $d$라 하면 적당한 $b_i \in R(1 \le i \le n)$에 대하여 $a_i = db_i$이므로 $aa_i = adb_i$이다. 따라서 모든 $i(1 \le i \le n)$에 대하여 $ad|aa_i$이다. 또한, $b_1, b_2, \cdots, b_n$의 최대공약수를 $d'$이라 하면 정리 3.6.32에 의하여 $d'$은 $R$의 단원이다. 모든 $i(1 \le i \le n)$에 대하여 $c|aa_i(c \neq 0)$라 하면 적당한 $r_i \in R$에 대하여 $aa_i = cr_i$이다. 따라서 $adb_i = cr_i$이다.

(i) $c$가 $R$의 단원이면 정리 3.6.6 (4)에 의하여 $c|ad$이다.

(ii) $c$가 $R$의 단원이 아니면 기약원 $c_1, c_2, \cdots, c_m$에 대하여 $c = c_1c_2 \cdots c_m$의 꼴로 표시된다. 따라서 모든 $i(1 \le i \le n)$에 대하여

$$adb_i = c_1c_2 \cdots c_m r_i$$

이다. 모든 $i(1 \le i \le n)$에 대하여 $c_1 | b_i$라 하면 $d'$이 $b_1, b_2, \cdots, b_n$의 최대공약수이므로 $c_1 | d'$이고, 따라서 $d'$이 $R$의 단원이므로 정리 3.6.6 (3)에 의하여 $c_1$도 $R$의 단원이 되어 모순이다. 따라서 적당한 $i(1 \le i \le n)$에 대하여 $c_1 \nmid b_i$이다. $c_1$이 기약원이므로 (1)에 의하

여 $c_1$은 소원이다. 따라서 $c_1|(ad)b_i$이므로 $c_1|ad$이다. 그러므로 $ad$는 $R$의 단원이 아니고 $c_1$은 $ad$의 기약인수이다. 같은 방법으로 $c_2$, $c_3$, $\cdots$, $c_m$도 $ad$의 기약인수이다. 따라서 $c|ad$이다. 즉 어느 경우이든 $c|ad$이다. 그러므로 $ad$는 $aa_1$, $aa_2$, $\cdots$, $aa_n$의 최대공약수이다. ■

## 연습문제 3.6

**1.** 정역 $\mathbf{Z}[\sqrt{2}]=\{a+b\sqrt{2}\,|a,\ b\in\mathbf{Z}\}$(연습문제 3.1의 3을 참조)의 원소 $2+3\sqrt{2}$의 동반원을 네 개만 구하여라.

**2.** $R$을 단위원을 갖는 가환환이라 하자. $a$, $b\in R$이라 하고 $b$를 멱등원이라 할 때, 다음을 증명하여라.

(1) $(a)=(b)$이면 $a$는 $b$의 동반원이다.

(2) 적당한 양의 정수 $m$에 대하여 $a^m$이 $b$의 동반원이면 모든 정수 $n(n\geq m)$에 대하여 $a^n$은 $b$의 동반원이다.

**3.** 단위원을 갖는 가환환 $R$과 $R$의 두 원소 $a$, $b$가 각각 다음과 같이 주어질 때, $a$, $b$가 기약원인지 또는 소원인지 조사하여라.

(1) $R=\mathbf{Z}$, $a=-2$, $b=6$

(2) $R=\mathbf{Z}_5$, $a=\bar{2}$, $b=\bar{3}$

(3) $R=\mathbf{Z}_8$, $a=\bar{2}$, $b=\bar{3}$

(4) $R=\mathbf{Z}[i]$, $a=2$, $b=1+2i$

**4.** (1) $\mathbf{Z}[\sqrt{-5}]=\{a+b\sqrt{-5}\,|a,\ b\in\mathbf{Z}\}$는 복소수체 $\mathbf{C}$의 부분환(따라서 $\mathbf{Z}[\sqrt{-5}]$는 정역)임을 보여라.

(2) $\mathrm{U}(\mathbf{Z}[\sqrt{-5}])=\{1,\ -1\}$임을 보여라.

(3) $\sqrt{-5}$는 $\mathbf{Z}[\sqrt{-5}]$의 소원임을 보여라.

(4) 3은 $\mathbf{Z}[\sqrt{-5}]$의 기약원이지만 소원이 아님을 보여라.

(5) $\mathbf{Z}[\sqrt{-5}]$는 유일인수분해정역이 아님을 보여라(정의 3.6.17의 조건 (2)

가 만족하지 않음을 보여라).

**5.** $R$을 주이데알정역이라 하고 $a$, $b$, $c$를 $R$의 영원이 아닌 원소라 하자. $a|c$, $b|c$이고 $a$와 $b$가 서로 소이면 $ab|c$임을 보여라.

**6.** $R$을 유일인수분해정역이라 하고 $a(a \neq 0)$를 $R$의 단원이 아닌 원소라 하자. $P$를 $P=(a)$인 $R$의 소이데알이라 하면 $\{0\} \subsetneq Q \subsetneq P$를 만족하는 $R$의 소이데알 $Q$가 존재하지 않음을 보여라.

**7.** $\mathbf{Z}[\sqrt{2}]$가 Euclid 정역임을 보여라.

**8.** $R$을 정의 3.6.19의 조건 (1), (2)를 만족하는 함수 $\theta : R^* \longrightarrow \mathbf{N}$를 갖는 Euclid 정역이라 하고 $a$, $b \in R^*$라 할 때, 다음을 증명하여라.

(1) $a$가 $b$의 동반원이면 $\theta(a)=\theta(b)$이다.

(2) $a|b$이고 $\theta(a)=\theta(b)$이면 $a$는 $b$의 동반원이다.

(3) $\theta(ab)>\theta(b)$일 필요충분조건은 $a$가 $R$의 단원이 아닌 것이다.

(4) $\theta(a)=\theta(b)$이지만 $a$는 $b$의 동반원이 아닌 두 원소 $a$와 $b$의 예를 들어라.

**9.** $R$을 주이데알정역이라 하고 $a$, $b$를 $R$의 영원이 아닌 원소라 하자. $a$와 $b$의 최대공약수를 $d$라 하고 $a$와 $b$의 최소공배수를 $l$이라 할 때, $R$의 적당한 단원 $u \in R$에 대하여 $ld=abu$가 성립함을 증명하여라.

# 3.7 다항식환

**【정의 3.7.1】**

$R$을 환이라 하자. $f:\mathbf{N}\longrightarrow R$인 함수들 중에서 유한개를 제외한 모든 $i\in\mathbf{N}$에 대하여 $f(i)=0$($0$은 $R$의 영원이다)인 함수 전체의 집합을 $R[x]$로 표시한다.

함수 $\mathbf{0}:\mathbf{N}\longrightarrow R$을 모든 $i\in\mathbf{N}$에 대하여 $\mathbf{0}(i)=0$으로 정의하자. 그러면 분명히 $\mathbf{0}\in R[x]$이다.

$f,\ g\in R[x]$라 하자. 그러면 모든 $i\in\mathbf{N}$에 대하여 $f(i)\in R$, $g(i)\in R$이고 유한개를 제외한 모든 $i\in\mathbf{N}$에 대하여 $f(i)=0$, $g(i)=0$이다. 이제, 함수 $f+g:\mathbf{N}\longrightarrow R$을 임의의 $i\in\mathbf{N}$에 대하여

$$(f+g)(i)=f(i)+g(i)\ (f(i)+g(i)\text{는 } R\text{에서의 } f(i)\text{와 } g(i)\text{의 합})$$

으로 정의하면 분명히 $f+g\in R[x]$이다. 또한, 함수 $f\cdot g:\mathbf{N}\longrightarrow R$을 임의의 $i\in\mathbf{N}$에 대하여

$$(f\cdot g)(i)=\sum_{j+k=i}f(j)g(k)\ (f(j)g(k)\text{는 } R\text{에서의 } f(j)\text{와 } g(k)\text{의 곱})$$

으로 정의하자. $f\neq\mathbf{0}$, $g\neq\mathbf{0}$이라 하자. 그러면 $f(j)\neq0$인 $j\in\mathbf{N}$가 적어도 하나 존재하고 유한개를 제외한 모든 $i\in\mathbf{N}$에 대하여 $f(i)=0$이므로 $f(m)\neq0$이고 $m<i$인 모든 $i\in\mathbf{N}$에 대하여 $f(i)=0$을 만족하는 $m\in\mathbf{N}$이 존재한다. 마찬가지로, $g(n)\neq0$이고 $n<i$인 모든 $i\in\mathbf{N}$에 대하여 $g(i)=0$을 만족하는 $n\in\mathbf{N}$이 존재한다. 따라서 $m+n<i$인 모든 $i\in\mathbf{N}$에 대하여

$$\begin{aligned}(f\cdot g)(i)&=\sum_{j+k=i}f(j)g(k)\\&=0\left(\begin{array}{l}0\le j\le m\text{인 모든 } j\text{에 대하여 } n<i-m\le i-j=k\text{이므로 } g(k)=\\0\text{이고, } m<j\le i\text{인 모든 } j\text{에 대하여 } f(j)=0\text{이므로}\end{array}\right)\end{aligned}$$

이다. 또한, $f=\mathbf{0}$ 또는 $g=\mathbf{0}$이면 분명히 모든 $i\in\mathbf{N}$에 대하여 $(f\cdot g)(i)=0$

이다. 따라서 어느 경우이든지 $f \cdot g \in R[x]$이다. 그러므로 $+$와 $\cdot$는 $R[x]$위의 이항연산이다. 이제 $R[x]$가 $+$와 $\cdot$에 대하여 환을 이룸을 보이자.

**【정리 3.7.2】**

$R$을 환이라 하자. 그러면 $R[x]$는 위에서 정의한 $+$와 $\cdot$에 대하여 환을 이룬다 (이 때, 환 $R[x]$를 $R$위의 다항식환(ring of polynomials over $R$)이라 하고 $R[x]$의 원소를 다항식(polynomial)이라 한다).

**증명** 임의의 $f,\ g,\ h \in R[x]$와 임의의 $i \in \mathbf{N}$에 대하여

$$\begin{aligned}((f+g)+h)(i) &= (f+g)(i)+h(i) = (f(i)+g(i))+h(i)\\ &= f(i)+(g(i)+h(i)) = f(i)+(g+h)(i) = (f+(g+h))(i),\\ (f+g)(i) &= f(i)+g(i) = g(i)+f(i) = (g+f)(i)\end{aligned}$$

이므로 $(f+g)+h = f+(g+h)$, $f+g = g+f$이다. 또한 임의의 $f \in R[x]$와 임의의 $i \in \mathbf{N}$에 대하여

$$(f+\mathbf{0})(i) = f(i)+\mathbf{0}(i) = f(i)+0 = f(i)$$

이므로 $f+\mathbf{0} = f$이다. 또, $f \in R[x]$라 하면 각 $i \in \mathbf{N}$에 대하여 $f(i) \in R$이므로 $f(i)+(-f(i)) = 0$을 만족하는 $-f(i) \in R$이 유일하게 존재한다. 더욱이 유한개를 제외한 모든 $i \in \mathbf{N}$에 대하여 $f(i) = 0$이므로 유한개를 제외한 모든 $i \in \mathbf{N}$에 대하여 $-f(i) = 0$이다. 따라서 함수 $-f : \mathbf{N} \longrightarrow R$을 임의의 $i \in \mathbf{N}$에 대하여 $(-f)(i) = -f(i)$로 정의하면 $-f \in R[x]$이고 임의의 $i \in \mathbf{N}$에 대하여

$$(f+(-f))(i) = f(i)+(-f)(i) = f(i)+(-f(i)) = 0 = \mathbf{0}(i)$$

이므로 $f+(-f) = \mathbf{0}$이다. 따라서 $R[x]$는 덧셈아벨군이다.

다음, 임의의 $f,\ g,\ h \in R[x]$와 임의의 $i \in \mathbf{N}$에 대하여

$$\begin{aligned}((f \cdot g) \cdot h)(i) &= \sum_{j+k=i} (f \cdot g)(j)h(k) = \sum_{j+k=i} \Big( \sum_{s+m=j} f(s)g(m)\Big)h(k)\\ &= \sum_{j+k=i} \sum_{s+m=j} (f(s)g(m))h(k) = \sum_{(s+m)+k=i} (f(s)g(m))h(k)\\ &= \sum_{s+(m+k)=i} f(s)(g(m)h(k)) = \sum_{s+t=i} \sum_{m+k=t} f(s)(g(m)h(k))\end{aligned}$$

$$= \sum_{s+t=i} f(s) \sum_{m+k=t} g(m)h(k) = \sum_{s+t=i} f(s)(g\cdot h)(t)$$
$$= (f\cdot(g\cdot h))(i)$$

이므로 $(f\cdot g)\cdot h = f\cdot(g\cdot h)$이고, 또한

$$(f\cdot(g+h))(i) = \sum_{j+k=i} f(j)(g+h)(k) = \sum_{j+k=i} f(j)(g(k)+h(k))$$
$$= \sum_{j+k=i} (f(j)g(k)+f(j)h(k)) = \sum_{j+k=i} f(j)g(k) + \sum_{j+k=i} f(j)h(k)$$
$$= (f\cdot g)(i) + (f\cdot h)(i) = (f\cdot g + f\cdot h)(i),$$
$$((f+g)\cdot h)(i) = \sum_{j+k=i} (f+g)(j)h(k) = \sum_{j+k=i} (f(j)+g(j))h(k)$$
$$= \sum_{j+k=i} (f(j)h(k)+g(j)h(k)) = \sum_{j+k=i} f(j)h(k) + \sum_{j+k=i} g(j)h(k)$$
$$= (f\cdot h)(i) + (g\cdot h)(i) = (f\cdot h + g\cdot h)(i)$$

이므로 $f\cdot(g+h) = f\cdot g + f\cdot h$, $(f+g)\cdot h = f\cdot h + g\cdot h$이다. 그러므로 $R[x]$는 환이다. ■

**【정의 3.7.3】**

각 $a \in R$에 대하여 함수 $\bar{a} : \mathbf{N} \longrightarrow R$을 임의의 $i \in \mathbf{N}$에 대하여

$$\bar{a}(i) = \begin{cases} a\,(i=0) \\ 0\,(i \neq 0) \end{cases}$$

으로 정의한다(이 때, 분명히 $\bar{a} \in R[x]$이고, 특히 $\bar{0} = \mathbf{0}$이다).

**【정리 3.7.4】**

$R$을 환이라 하자. 그러면 다음이 성립한다.

(1) $R$이 가환환이면 $R[x]$도 가환환이다.

(2) $R$이 단위원 $1_R$을 갖는 환이면 $R[x]$는 단위원 $\overline{1_R}$를 갖는 환이다. 즉 $1_{R[x]} = \overline{1_R}$.

(3) $R$이 영인자를 포함하지 않으면 $R[x]$도 영인자를 포함하지 않는다.

(4) $R$이 정역이면 $R[x]$도 정역이다.

**증명** (1) $R$이 가환환이면 임의의 $f,\ g\in R[x]$와 임의의 $i\in\mathbf{N}$에 대하여

$$(f\cdot g)(i)=\sum_{j+k=i} f(j)g(k)=\sum_{k+j=i} g(k)f(j)=(g\cdot f)(i)$$

이므로 $f\cdot g=g\cdot f$이다. 따라서 $R[x]$도 가환환이다.

(2) $R$을 단위원 $1_R$을 갖는 환이라 하자. 그러면 $\overline{1_R}\in R[x]$이고 임의의 $f\in R[x]$와 임의의 $i\in\mathbf{N}$에 대하여

$$\begin{aligned}(f\cdot\overline{1_R})(i)&=\sum_{j+k=i} f(j)\overline{1_R}(k)\\&=f(i)\overline{1_R}(0)\ (0<k\text{인 모든 }k\text{에 대하여 }\overline{1_R}(k)=0\text{이므로})\\&=f(i)1_R=f(i)\end{aligned}$$

이므로 $f\cdot\overline{1_R}=f$이고, 또한

$$\begin{aligned}(\overline{1_R}\cdot f)(i)&=\sum_{j+k=i}\overline{1_R}(j)f(k)\\&=\overline{1_R}(0)f(i)\ (0<j\text{인 모든 }j\text{에 대하여 }\overline{1_R}(j)=0\text{이므로})\\&=\overline{1_R}f(i)=f(i)\end{aligned}$$

이므로 $\overline{1_R}\cdot f=f$이다. 따라서 $\overline{1_R}$는 $R[x]$의 단위원이다. 즉 $\overline{1_R}=1_{R[x]}$.

(3) $R$이 영인자를 포함하지 않는다고 하고 $\mathbf{0}\neq f\in R[x]$, $\mathbf{0}\neq g\in R[x]$라 하자. 그러면 $0\le j<m$인 모든 $j\in\mathbf{N}$에 대하여 $f(j)=0$이고 $f(m)\neq0$인 $m\in\mathbf{N}$이 존재하고, 또한 $0\le k<n$인 모든 $k\in\mathbf{N}$에 대하여 $g(k)=0$이고 $g(n)\neq0$인 $n\in\mathbf{N}$이 존재한다. 따라서

$$\begin{aligned}(f\cdot g)(m+n)&=\sum_{j+k=m+n} f(j)g(k)\\&=f(m)g(n)\\&\quad\left(\begin{array}{l}0\le j<m\text{인 모든 }j\text{에 대하여 }f(j)=0\text{이고 }m<j\le m+n\text{인}\\ \text{모든 }j\text{에 대하여 }0\le k=(m+n)-j<n\text{이므로 }g(k)=0\text{이다}\end{array}\right)\\&\neq0\ (f(m)\neq0,\ g(n)\neq0\text{이고 }R\text{이 영인자를 포함하지 않으므로})\\&=\mathbf{0}(m+n)\end{aligned}$$

이므로 $f\cdot g\neq\mathbf{0}$이다. 따라서 정리 3.1.19에 의하여 $R[x]$도 영인자를 포함하지 않는다.

(4)는 (1), (2), (3)의 결과이다. ■

**【정리 3.7.5】**

$R$을 환이라 하자. 그러면 다음이 성립한다.

(1) 임의의 $a$, $b\in R$에 대하여 $\overline{a+b}=\overline{a}+\overline{b}$, $\overline{ab}=\overline{a}\cdot\overline{b}$이다.

(2) 함수 $\phi: R\longrightarrow R[x]$를 임의의 $a\in R$에 대하여 $\phi(a)=\overline{a}$로 정의하면 $\phi$는 단사준동형이다. 즉, $R$은 $R[x]$에 매장된다(따라서 $a=\overline{a}$로 생각하면 $R\subset R[x]$이다).

**증명** (1) $a$, $b\in R$이라 하자.

$$\overline{a+b}(0)=a+b=\overline{a}(0)+\overline{b}(0)=(\overline{a}+\overline{b})(0)$$

이고 $0\neq i\in\mathbf{N}$에 대하여

$$\overline{a+b}(i)=0=0+0=\overline{a}(i)+\overline{b}(i)=(\overline{a}+\overline{b})(i)$$

이므로 $\overline{a+b}=\overline{a}+\overline{b}$이다. 또한,

$$\overline{ab}(0)=ab=\overline{a}(0)\overline{b}(0)=\sum_{j+k=0}\overline{a}(j)\overline{b}(k)=(\overline{a}\cdot\overline{b})(0)$$

이고 $0\neq i\in\mathbf{N}$에 대하여

$$\begin{aligned}\overline{ab}(i)&=0=a0\\&=\overline{a}(0)\overline{b}(i)(i\neq0\text{이므로 }\overline{b}(i)=0\text{이다})\\&=\sum_{j+k=i}\overline{a}(j)\overline{b}(k)(0<j\text{인 }j\text{에 대하여 }\overline{a}(j)=0\text{이므로})\\&=(\overline{a}\cdot\overline{b})(i)\end{aligned}$$

이므로 $\overline{ab}=\overline{a}\cdot\overline{b}$이다.

(2) (1)에 의하여 임의의 $a$, $b\in R$에 대하여

$$\phi(a+b)=\overline{a+b}=\overline{a}+\overline{b}=\phi(a)+\phi(b),$$

$$\phi(ab)=\overline{ab}=\overline{a}\cdot\overline{b}=\phi(a)\cdot\phi(b)$$

이므로 $\phi$는 준동형이다. 또한, 임의의 $a$, $b\in R$에 대하여 $\phi(a)=\phi(b)$라 하면 $\overline{a}=\overline{b}$이므로

$$a=\overline{a}(0)=\overline{b}(0)=b$$

이다. 따라서 $\phi$는 단사함수이다. 즉 $\phi$는 단사준동형이다. 그러므로 $R$은 $R[x]$에 매장된다. ■

이제 $R$을 단위원 $1_R$을 갖는 환이라 할 때, $R$위의 다항식환 $R[x]$에서 $x$의 의미를 분명히 하자.

**【정의 3.7.6】**

$R$을 단위원 $1_R$을 갖는 환이라 하고 $R$위의 다항식 환 $R[x]$를 생각하자. 함수 $x:\mathbf{N}\longrightarrow R$을 임의의 $i\in\mathbf{N}$에 대하여

$$x(i)=\begin{cases}1_R\,(i=1)\\0\,(i\neq 1)\end{cases}$$

으로 정의한다(이 때, 분명히 $x\in R[x]$이다). 또한

$$x^0=1_{R[x]}=\overline{1_R},\quad x^1=x$$

로 정의하고, $1<n\,(n\in\mathbf{N})$인 $n$에 대하여

$$x^n=\underbrace{x\cdot x\cdot\cdots\cdot x}_{n\text{번}}$$

로 정의한다.

**【정리 3.7.7】**

$R$을 단위원 $1_R$을 갖는 환이라 하자. 그러면 다음이 성립한다.

(1) $n\in\mathbf{N}$이라 할 때, 임의의 $i\in\mathbf{N}$에 대하여

$$x^n(i)=\begin{cases}1_R\,(i=n)\\0\,(i\neq n)\end{cases}$$

이다.

(2) $a\in R$, $n\in\mathbf{N}$이라 할 때, 임의의 $i\in\mathbf{N}$에 대하여

$$(\bar{a}\cdot x^n)(i)=\begin{cases}a\,(i=n)\\0\,(i\neq n)\end{cases}$$

이다. 더욱이 $\bar{a}\cdot x^n=x^n\cdot\bar{a}$이고, 특히 $\bar{a}\cdot x^0=\bar{a}=x^0\cdot\bar{a}$이다.

---

**증명** (1) $n$에 대하여 수학적귀납법으로 증명한다. $n=0$, 1인 경우는 정의 3.7.6에 의하여 분명하다. $n=t\,(t\geq 1)$일 때

$$x^t(i)=\begin{cases}1_R\,(i=t)\\0\,(i\neq t)\end{cases}$$

라 가정하자. 그러면 $i\in\mathbf{N}$이라 할 때,

$i\neq t+1$인 경우는

$$\begin{aligned}x^{t+1}(i)&=(x^t\cdot x)(i)=\sum_{j+k=i}x^t(j)x(k)\\&=x^t(i-1)x(1)(k\neq 1\text{인 모든 }k\text{에 대하여 }x(k)=0\text{이므로})\\&=0(i-1\neq t\text{이므로 가정에 의하여 }x^t(i-1)=0),\end{aligned}$$

$i=t+1$인 경우는

$$\begin{aligned}x^{t+1}(t+1)&=(x^t\cdot x)(t+1)=\sum_{j+k=t+1}x^t(j)x(k)\\&=x^t(t)x(1)(k\neq 1\text{인 모든 }k\text{에 대하여 }x(k)=0\text{이므로})\\&=1_R1_R(\text{가정에 의하여})\\&=1_R\end{aligned}$$

이다. 즉

$$x^{t+1}(i)=\begin{cases}1_R\,(i=t+1)\\0\,(i\neq t+1).\end{cases}$$

따라서 모든 $n\in\mathbf{N}$에 대하여 (1)이 성립한다.

(2) $i \neq n$인 경우는

$$(\bar{a} \cdot x^n)(i) = \sum_{j+k=i} \bar{a}(j) x^n(k)$$
$$= \bar{a}(0) x^n(i) (0 < j\text{인 모든 } j\text{에 대하여 } \bar{a}(j) = 0\text{이므로})$$
$$= 0 (i \neq n\text{이므로 (1)에 의하여 } x^n(i) = 0),$$

$i = n$인 경우는

$$(\bar{a} \cdot x^n)(n) = \sum_{j+k=n} \bar{a}(j) x^n(k)$$
$$= \bar{a}(0) x^n(n) (0 < j\text{인 모든 } j\text{에 대하여 } \bar{a}(j) = 0\text{이므로})$$
$$= a 1_R ((1)\text{에 의하여})$$
$$= a$$

이다. 즉

$$(\bar{a} \cdot x^n)(i) = \begin{cases} a\,(i = n) \\ 0\,(i \neq n) \end{cases}$$

이다. 같은 방법으로

$$(x^n \cdot \bar{a})(i) = \begin{cases} a\,(i = n) \\ 0\,(i \neq n) \end{cases}$$

임을 증명할 수 있다. 따라서 $\bar{a} \cdot x^n = x^n \cdot \bar{a}$이다. ■

**【정리 3.7.8】**

$R$을 단위원을 갖는 환이라 하자. 그러면 다음이 성립한다.

(1) $a_k \in R (k = 0, 1, 2, \cdots, n)$에 대하여 $f = \sum_{k=0}^{n} \overline{a_k} \cdot x^k$이라 하자. 그러면 $i \in \mathbf{N}$에 대하여

$$f(i) = \left( \sum_{k=0}^{n} \overline{a_k} \cdot x^k \right)(i) = \begin{cases} a_i\,(0 \leq i \leq n) \\ 0\,(n < i) \end{cases}$$

이다(따라서 $f = \mathbf{0}$일 필요충분조건은 모든 $k\,(0 \leq k \leq n)$에 대하여 $a_k = 0$인 것이다).

(2) 모든 $f \in R[x]$ $(f \neq \mathbf{0})$에 대하여 $f=\sum_{k=0}^{n} \overline{a_k} \cdot x^k$을 만족하는 $a_0$, $a_1$, $a_2$, …, $a_n \in R$가 유일하게 존재한다(이 때, $a_n \neq 0$이고 $i=0$, 1, 2, …, $n-1$에 대하여 $a_i \neq 0$ 또는 $a_i = 0$이다). 또한

$$\mathbf{0}=\overline{0}\cdot x^0=\overline{0}\cdot x^0+\overline{0}\cdot x^1=\overline{0}\cdot x^0+\overline{0}\cdot x^1+\overline{0}\cdot x^2=\cdots$$
$$=\overline{0}\cdot x^0+\overline{0}\cdot x^1+\overline{0}\cdot x^2+\cdots+\overline{0}\cdot x^n=\cdots$$

이다.

(3) $\mathbf{0} \neq f \in R[x]$, $\mathbf{0} \neq g \in R[x]$라 하고

$$f=\sum_{k=0}^{n} \overline{a_k} \cdot x^k, \ g=\sum_{k=0}^{n} \overline{b_k} \cdot x^k$$

이라 하자(이 때, $k=0$, 1, 2, …, $n$에 대하여 $\overline{a_k}=0$ 또는 $\overline{b_k}=0$일 때도 있다). 그러면

$$f+g=\sum_{k=0}^{n} \overline{a_k+b_k} \cdot x^k$$

이다.

(4) $f=\sum_{j=0}^{m} \overline{a_j} \cdot x^j$, $g=\sum_{t=0}^{n} \overline{b_t} \cdot x^t$이라 하자. 그러면

$$f \cdot g=\left(\sum_{j=0}^{m} \overline{a_j} \cdot x^j\right) \cdot \left(\sum_{t=0}^{n} \overline{b_t} \cdot x^t\right)=\sum_{k=0}^{m+n} \left(\overline{\sum_{j+t=k} a_j b_t}\right) \cdot x^k$$

이다.

---

**증명** (1) 정리 3.7.7 (2)에 의하여 $i \in \mathbf{N}$에 대하여

$$f(i)=\left(\sum_{k=0}^{n} \overline{a_k} \cdot x^k\right)(i)=\sum_{k=0}^{n} (\overline{a_k} \cdot x^k)(i)$$
$$=$$
$$(\overline{a_0} \cdot x^0)(i)+(\overline{a_1} \cdot x^1)(i)+(\overline{a_2} \cdot x^2)(i)+\cdots+(\overline{a_i} \cdot x^i)(i)+\cdots+(\overline{a_n} \cdot x^n)(i)$$
$$=\begin{cases} a_i (0 \leq i \leq n) \\ 0 (n < i). \end{cases}$$

(2) $\mathbf{0} \neq f \in R[x]$라 하자. 그러면 $n < i$인 모든 $i \in \mathbf{N}$에 대하여 $f(i) = 0$이고 $f(n) \neq 0$인 $n \in \mathbf{N}$가 존재한다. $i = 0, 1, 2, \cdots, n$에 대하여 $f(i) = a_i \in R$이라 하자(이 때, $a_n \neq 0$이고 $0 \leq i < n$인 $i$에 대하여 $a_i \neq 0$ 또는 $a_i = 0$이다). 그러면 (1)에 의하여 임의의 $i \in \mathbf{N}$에 대하여

$$\left(\sum_{k=0}^{n} \overline{a_k} \cdot x^k\right)(i) = \begin{cases} a_i (0 \leq i \leq n) \\ 0 (n < i) \end{cases}$$

이고, 또한

$$f(i) = \begin{cases} a_i (0 \leq i \leq n) \\ 0 (n < i) \end{cases}$$

이므로

$$f = \sum_{k=0}^{n} \overline{a_k} \cdot x^k$$

이다. 이제, $f$의 이러한 표현이 유일함을 보이자. $b_i \in R(0 \leq i \leq m)$, $b_m \neq 0$에 대하여

$$f = \sum_{k=0}^{m} \overline{b_k} \cdot x^k$$

이라 하자. $m < n$이라 하면 (1)에 의하여

$$0 \neq a_n = \left(\sum_{k=0}^{n} \overline{a_k} \cdot x^k\right)(n) = f(n) = \left(\sum_{k=0}^{m} \overline{b_k} \cdot x^k\right)(n) = 0$$

이 되어 모순이고, 또한 $n < m$이라 하면

$$0 \neq b_m = \left(\sum_{k=0}^{m} \overline{b_k} \cdot x^k\right)(m) = f(m) = \left(\sum_{k=0}^{n} \overline{a_k} \cdot x^k\right)(m) = 0$$

이 되어 모순이다. 따라서 $m = n$이고, 또한 $0 \leq i \leq n$인 모든 $i$에 대하여

$$a_i = \left(\sum_{k=0}^{n} \overline{a_k} \cdot x^k\right)(i) = f(i) = \left(\sum_{k=0}^{n} \overline{b_k} \cdot x^k\right)(i) = b_i,$$

즉 $a_i = b_i$이다. 또한 (1)에 의하여

$$\mathbf{0} = \overline{0}\cdot x^0 = \overline{0}\cdot x^0 + \overline{0}\cdot x^1 = \overline{0}\cdot x^0 + \overline{0}\cdot x^1 + \overline{0}\cdot x^2$$
$$= \cdots = \overline{0}\cdot x^0 + \overline{0}\cdot x^1 + \overline{0}\cdot x^2 + \cdots + \overline{0}\cdot x^n = \cdots .$$

(3) 정리 3.7.5 (1)에 의하여

$$f+g = \sum_{k=0}^{n} \overline{a_k}\cdot x^k + \sum_{k=0}^{n} \overline{b_k}\cdot x^k = \sum_{k=0}^{n} (\overline{a_k}\cdot x^k + \overline{b_k}\cdot x^k)$$
$$= \sum_{k=0}^{n} (\overline{a_k} + \overline{b_k})\cdot x^k = \sum_{k=0}^{n} \overline{a_k + b_k}\cdot x^k .$$

(4) $m+n<i$일 때는

$$(f\cdot g)(i) = \sum_{j+t=i} f(j)g(t)$$
$$= 0 \begin{pmatrix} 0 \le j \le m\text{인 경우는 } n \le m+n-j < i-j = t \text{ 이므로} \\ g(t)=0\text{이고, } m<j\text{인 경우는 } f(j)=0\text{이다.} \end{pmatrix}$$
$$= \left(\sum_{k=0}^{m+n} \left(\overline{\sum_{j+t=k} a_j b_t}\right)\cdot x^k\right)(i) \text{((1)에 의하여)}$$

이고, 또한 $0 \le i \le m+n$일 때는

$$(f\cdot g)(i) = \sum_{j+t=i} f(j)g(t)$$
$$= \sum_{\substack{j+t=i \\ 0\le j\le m \\ 0\le t\le n}} f(j)g(t) \begin{pmatrix} m<j\text{인 모든 } j\text{에 대하여 } f(j)=0\text{이고,} \\ n<t\text{인 모든 } t\text{에 대하여 } g(t)=0\text{이므로} \end{pmatrix}$$
$$= \sum_{j+t=i} \overline{a_j b_t}$$
$$= \left(\sum_{k=0}^{m+n} \left(\overline{\sum_{j+t=k} a_j b_t}\right)\cdot x^k\right)(i) \text{ ((1)에 의하여)}$$

이다. 따라서

$$f\cdot g = \sum_{k=0}^{m+n} \left(\overline{\sum_{j+t=k} a_j b_t}\right)\cdot x^k$$

이다. ■

$R$이 단위원을 갖지 않는 환일 때는 정리 3.5.2에 의하여 $R$은 단위원 $1_{R'}$을 갖는 환 $R'$에 매장된다. 즉 $\phi : R \longrightarrow R'$인 단사준동형이 존재한다. 이 때 $R \cong \mathrm{Im}\,\phi \subset R'$이므로 각 $a \in R$를 $\phi(a) \in \mathrm{Im}\,\phi \subset R'$과 같게 생각하면, 즉 $a = \phi(a)$로 생각하면 $R = \mathrm{Im}\,\phi \subset R'$, 즉 $R$을 $R'$의 부분환으로 생각할 수 있다. 또한, $f \in R[x]$라 하면 $f$는 $f : \mathbf{N} \longrightarrow R$인 함수이므로 $f$를 $f : \mathbf{N} \longrightarrow R \subset R'$인 함수로 바꾸어 생각하면 $R[x] \subset R'[x]$이다. 이 때, $x : \mathbf{N} \longrightarrow R'$은 임의의 $i \in \mathbf{N}$에 대하여

$$x(i) = \begin{cases} 1_{R'} \,(i=1) \\ 0 \,(i \neq 1) \end{cases}$$

인 함수이고 $x \in R'[x]$이다. $1_{R'} \in \mathrm{Im}\,\phi$라 하면 $R \cong \mathrm{Im}\,\phi$이므로 정리 3.4.9에 의하여 $R$이 단위원을 갖는 환이 되어 모순이다. 따라서 $1_{R'} \notin \mathrm{Im}\,\phi$, 즉 $1_{R'} \notin \mathrm{Im}\,\phi = R$이다. 따라서 $x \notin R\,[x]$이다($R$이 단위원을 갖는 환일 때는 $x \in R[x]$이다). 이제 $\mathbf{0} \neq f \in R[x] \subset R'[x]$인 $f$를 생각하면 $n < i$인 모든 $i \in \mathbf{N}$에 대하여 $f(i) = 0$이고 $f(n) \neq 0$인 $n \in \mathbf{N}$이 존재한다. 따라서 $f(i) = a_i (i = 0,\ 1,\ 2,\ \cdots,\ n)$이라 하면 $a_i \in R \subset R'$이므로 정리 3.7.8 (2)의 증명과정에 의하여 $a_0,\ a_1,\ a_2,\ \cdots,\ a_n$은

$$f = \overline{a_0} + \overline{a_1} \cdot x + \overline{a_2} \cdot x^2 + \cdots + \overline{a_n} \cdot x^n$$

을 만족하는 $R$의 유일한 원소이다. 그러므로 $R$이 단위원을 갖지 않는 경우에도 언제나 $\mathbf{0} \neq f \in R[x]$인 $f$를

$$f = \overline{a_0} + \overline{a_1} \cdot x + \overline{a_2} \cdot x^2 + \cdots + \overline{a_n} \cdot x^n \qquad \cdots\cdots(3.7.1)$$

의 꼴로 쓸 수 있는 유일한 $a_0,\ a_1,\ a_2,\ \cdots,\ a_n \in R(a_n \neq 0$이고 $i = 0,\ 1,\ 2,\ \cdots,\ n-1$에 대하여 $a_i \neq 0$ 또는 $a_i = 0)$이 존재한다. 같은 방법으로 생각하면 $\mathbf{0} \in R[x] \subset R'[x]$도

$$\begin{aligned} \mathbf{0} &= \overline{0} \cdot x^0 = \overline{0} \cdot x^0 + \overline{0} \cdot x^1 = \overline{0} \cdot x^0 + \overline{0} \cdot x^1 + \overline{0} \cdot x^2 = \cdots \\ &= \overline{0} \cdot x^0 + \overline{0} \cdot x^1 + \overline{0} \cdot x^2 + \cdots + \overline{0} \cdot x^n = \cdots \end{aligned}$$

으로 표시된다.

$R$을 환이라 하고 $f,\ g \in R[x]$라 하자. 앞으로, 편리를 위하여 다항식 $f$를 $f(x)$로 표시하고 $f+g$와 $f \cdot g$를 각각 $f(x)+g(x)$와 $f(x)g(x)$로 표시한다. 또한 다

항식 **0**를 0으로 표시하고 $a\in R$에 대하여 다항식 $\bar{a}$를 $a$로 표시한다. 그러면 (3.7.1)은

$$f(x)=a_0+a_1x+a_2x^2+\cdots+a_nx^n=\sum_{k=0}^{n}a_kx^k$$

으로 표시된다(특히, $1x^n$을 간단히 $x^n$으로 표시한다. 즉 $1x^n=x^n$). 또한, 정리 3.7.8 (2)에 의하여

$$0=0x^0=0x^0+0x^1=0x^0+0x^1+0x^2=\cdots$$

등으로 표시할 수 있다.

이제, $0\neq f(x)\in R[x]$, $0\neq g(x)\in R[x]$라 하고

$$f(x)=\sum_{k=0}^{n}a_kx^k,\ g(x)=\sum_{k=0}^{n}b_kx^k$$

이라 하면 정리 3.7.8 (3)에 의하여

$$f(x)+g(x)=\sum_{k=0}^{n}a_kx^k+\sum_{k=0}^{n}b_kx^k=\sum_{k=0}^{n}(a_k+b_k)x^k$$

이고, 또한

$$f(x)=\sum_{k=0}^{m}a_kx^k,\ g(x)=\sum_{k=0}^{n}b_kx^k$$

이라 하면 정리 3.7.8 (4)에 의하여

$$f(x)g(x)=\left(\sum_{k=0}^{m}a_kx^k\right)\left(\sum_{k=0}^{n}b_kx^k\right)=\sum_{k=0}^{m+n}\left(\sum_{j+t=k}a_jb_t\right)x^k$$

이다.

$R$이 단위원 $1_R$을 갖는 환일 때, $R$위의 다항식환 $R[x]$에서 기호 $x$를 기호 $y$로 바꾸어 $R[x]$를 $R[y]$로 써도 좋다. 이 때 $y$는 임의의 $i\in\mathbf{N}$에 대하여

$$y(i)=\begin{cases}1_R\ (i=1)\\ 0\ (i\neq 1)\end{cases}$$

로 정의되는 함수이다. 또한 $f \in R[y]$인 $f$를 $f(y)$로 쓰고, 이 때 $f(y)$는

$$f(y)=a_0+a_1y+a_2y^2+\cdots+a_ny^n\,(a_i \in R(i=0,\ 1,\ 2,\ \cdots,\ n),\ a_n \neq 0)$$

의 꼴로 표시된다. 한편 $R'$이 단위원 $1_{R'}$을 갖는 환일 때, $R'$위의 다항식환 $R'[x]$에서의 $x$와 $R[x]$에서의 $x$는 실제로 다른 원소이나 편리를 위하여(혼란이 없을 때) 같은 기호 $x$를 사용한다. 혼란이 생기면 $R'[x]$를 $R'[y]$로 표시하여 구별하여도 좋다.

$R$을 환이라 할 때, 환($R$위의 다항식환) $R[x]$위의 다항식환 $R[x][y]$를 $R[x,\ y]$로 표시한다. 일반적으로,

$$R[x_1,\ x_2,\ \cdots,\ x_n]=R[x_1,\ x_2,\ \cdots,\ x_{n-1}][x_n]\,(n \geq 2)$$

으로 정의한다.

$K$를 단위원 $1_K$를 갖는 환이라 하고 $R$을 $K$의 부분환이라 할 때, 임의의 $c \in K$와 임의의 $f(x)=\sum_{k=0}^{n} a_kx^k \in R[x]$에 대하여 $f(c)=\sum_{k=0}^{n} a_kc^k$으로 정의한다.

**【정리 3.7.9】**

$K$를 단위원 $1_K$를 갖는 환이라 하고 $R$을 $K$의 부분환이라 하자. 그러면 임의의 $c \in K$에 대하여 다음이 성립한다.

(1) $f(x),\ g(x),\ h(x) \in R[x]$이고 $h(x)=f(x)+g(x)$이면 $h(c)=f(c)+g(c)$이다.

(2) $K$가 가환환이면 $a_k,\ b_k \in K$에 대하여

$$\left(\sum_{k=0}^{m} a_kc^k\right)\left(\sum_{k=0}^{n} b_kc^k\right)=\sum_{k=0}^{m+n}\left(\sum_{j+t=k} a_jb_t\right)c^k \qquad \cdots\cdots(3.7.2)$$

이다. 더욱이 $f(x),\ g(x),\ h(x) \in R[x]$이고 $h(x)=f(x)g(x)$이면 $h(c)=f(c)g(c)$이다.

**증명** (1) $f(x)=\sum_{k=0}^{n} a_kx^k,\ g(x)=\sum_{k=0}^{n} b_kx^k(k=0,\ 1,\ 2,\ \cdots,\ n$에 대하여 $a_k=0$

또는 $b_k=0$인 경우가 있다)이라 하면 $h(x)=\sum_{k=0}^{n}(a_k+b_k)x^k$이므로

$$h(c)=\sum_{k=0}^{n}(a_k+b_k)c^k=\sum_{k=0}^{n}(a_kc^k+b_kc^k)=\sum_{k=0}^{n}a_kc^k+\sum_{k=0}^{n}b_kc^k$$
$$=f(c)+g(c)$$

이다.

(2) $m=0$인 경우는 정리 3.1.7 (1)에 의하여

$$\left(\sum_{k=0}^{0}a_kc^k\right)\left(\sum_{k=0}^{n}b_kc^k\right)=a_0\left(\sum_{k=0}^{n}b_kc^k\right)=\sum_{k=0}^{n}(a_0b_k)c^k=\sum_{k=0}^{0+n}\Big(\sum_{j+t=k}a_jb_t\Big)c^k$$

이므로 (3.7.2)는 성립한다. $m\geq 1$이라 하자. $n$에 대하여 수학적귀납법으로 증명한다. $n=0$인 경우는 정리 3.1.7 (2)에 의하여

$$\left(\sum_{k=0}^{m}a_kc^k\right)\left(\sum_{k=0}^{0}b_kc^k\right)=\left(\sum_{k=0}^{m}a_kc^k\right)b_0=\sum_{k=0}^{m}(a_kc^k)b_0$$
$$=\sum_{k=0}^{m}(a_kb_0)c^k=\sum_{k=0}^{m+0}\Big(\sum_{j+t=k}a_jb_t\Big)c^k$$

이다. 따라서 $n=0$인 경우에 (3.7.2)는 성립한다. $n(n\geq 0)$에 대하여 (3.7.2)가 성립한다고 가정하자. 그러면

$$\left(\sum_{k=0}^{m}a_kc^k\right)\left(\sum_{k=0}^{n+1}b_kc^k\right)=\left(\sum_{k=0}^{m}a_kc^k\right)\left(\sum_{k=0}^{n}b_kc^k+b_{n+1}c^{n+1}\right)$$
$$=\left(\sum_{k=0}^{m}a_kc^k\right)\left(\sum_{k=0}^{n}b_kc^k\right)+\left(\sum_{k=0}^{m}a_kc^k\right)b_{n+1}c^{n+1}$$
$$=\sum_{k=0}^{m+n}\left(\sum_{\substack{j+t=k\\ t\leq n}}a_jb_t\right)c^k+\sum_{k=0}^{m}(a_kb_{n+1})c^{k+n+1}$$

(가정과 정리 3.1.7 (2)에 의하여)

$$=\sum_{k=0}^{n}\left(\sum_{j+t=k}a_jb_t\right)c^k+\sum_{k=n+1}^{m+n}\left(\sum_{\substack{j+t=k\\ t\leq n}}a_jb_t\right)c^k$$
$$+\sum_{k=n+1}^{m+n}a_{k-(n+1)}b_{n+1}c^k+a_mb_{n+1}c^{m+n+1}$$

$$=\sum_{k=0}^{n}\Big(\sum_{j+t=k}a_jb_t\Big)c^k+\sum_{k=n+1}^{m+n}\Big(\sum_{\substack{j+t=k\\ t\le n}}a_jb_t+a_{k-(n+1)}b_{n+1}\Big)c^k+a_mb_{n+1}c^{m+n+1}$$

$$=\sum_{k=0}^{n}\Big(\sum_{j+t=k}a_jb_t\Big)c^k+\sum_{k=n+1}^{m+n}\Big(\sum_{j+t=k}a_jb_t\Big)c^k+\sum_{k=m+n+1}^{m+n+1}\Big(\sum_{j+t=k}a_jb_t\Big)c^k$$

$$=\sum_{k=0}^{m+(n+1)}\Big(\sum_{j+t=k}a_jb_t\Big)c^k$$

이다. 따라서 $n+1$인 경우도 (3.7.2)는 성립한다. 그러므로 모든 $n$에 대하여 (3.7.2)는 성립한다.

다음, $f(x)=\sum_{k=0}^{m}a_kx^k$, $g(x)=\sum_{k=0}^{n}b_kx^k$이라 하면

$$h(x)=f(x)g(x)=\sum_{k=0}^{m+n}\Big(\sum_{j+t=k}a_jb_t\Big)x^k$$

이므로 (3.7.2)에 의하여

$$f(c)g(c)=\Big(\sum_{k=0}^{m}a_kc^k\Big)\Big(\sum_{k=0}^{n}b_kc^k\Big)=\sum_{k=0}^{m+n}\Big(\sum_{j+t=k}a_jb_t\Big)c^k=h(c)$$

이다. 즉 $h(c)=f(c)g(c)$이다. ■

**【정리 3.7.10】**

$R$을 단위원 $1_R$을 갖는 가환환이라 하고 $K$를 단위원 $1_K$를 갖는 가환환이라 하자. $c\in K$라 하고 $\theta: R\longrightarrow K$를 $\theta(1_R)=1_K$를 만족하는 준동형함수라 하면 $\bar{\theta}(x)=c$, $\bar{\theta}(a)=\theta(a)(a\in R)$를 만족하는 준동형함수 $\bar{\theta}: R[x]\longrightarrow K$가 유일하게 존재한다.

**증명** 함수 $\bar{\theta}: R[x]\longrightarrow K$를 임의의 $f(x)=\sum_{k=0}^{n}a_kx^k\in R[x]$에 대하여 $\bar{\theta}(f(x))=\sum_{k=0}^{n}\theta(a_k)c^k$으로 정의하자. $f(x)$, $g(x)\in R[x]$라 하고 $f(x)=\sum_{k=0}^{n}a_kx^k$, $g(x)=\sum_{k=0}^{n}b_kx^k$이라 하면 $\theta$가 준동형이므로

$$\bar{\theta}(f(x)+g(x)) = \bar{\theta}\left(\sum_{k=0}^{n}(a_k+b_k)x^k\right) = \sum_{k=0}^{n}\theta(a_k+b_k)c^k$$
$$= \sum_{k=0}^{n}(\theta(a_k)+\theta(b_k))c^k = \sum_{k=0}^{n}(\theta(a_k)c^k+\theta(b_k)c^k)$$
$$= \sum_{k=0}^{n}\theta(a_k)c^k + \sum_{k=0}^{n}\theta(b_k)c^k = \bar{\theta}(f(x))+\bar{\theta}(g(x))$$

이다. 또한 $f(x)$, $g(x)\in R[x]$라 하고 $f(x)=\sum_{k=0}^{m}a_kx^k$, $g(x)=\sum_{k=0}^{n}b_kx^k$이라 하면

$$\bar{\theta}(f(x)g(x)) = \bar{\theta}\left(\sum_{k=0}^{m+n}\left(\sum_{j+t=k}a_jb_t\right)x^k\right) = \sum_{k=0}^{m+n}\theta\left(\sum_{j+t=k}a_jb_t\right)c^k$$
$$= \sum_{k=0}^{m+n}\left(\sum_{j+t=k}\theta(a_jb_t)\right)c^k = \sum_{k=0}^{m+n}\left(\sum_{j+t=k}\theta(a_j)\theta(b_t)\right)c^k$$
$$= \left(\sum_{k=0}^{m}\theta(a_k)c^k\right)\left(\sum_{k=0}^{n}\theta(b_k)c^k\right)$$ ($K$가 단위원을 갖는 가환환 이므로 (3.7.2)에 의하여)
$$= \bar{\theta}(f(x))\bar{\theta}(g(x))$$

이다. 따라서 $\bar{\theta}$는 준동형함수이다. 또

$$\bar{\theta}(x) = \bar{\theta}(0x^0+1_Rx^1) = \theta(0)c^0+\theta(1_R)c^1 = 01_K+1_Kc = c,$$

즉 $\bar{\theta}(x)=c$이다. 또한 $a\in R$에 대하여

$$\bar{\theta}(a) = \bar{\theta}(ax^0) = \theta(a)c^0 = \theta(a)1_K = \theta(a),$$

즉 $\bar{\theta}(a)=\theta(a)$이다. 마지막으로 $\bar{\theta}$의 유일성을 보이자. $\alpha: R[x]\longrightarrow K$를 $\alpha(x)=c$, $\alpha(a)=\theta(a)(a\in R)$를 만족하는 임의의 준동형이라 하면 임의의 $f(x)=\sum_{k=0}^{n}a_kx^k\in R[x]$에 대하여

$$\alpha(f(x)) = \alpha\left(\sum_{k=0}^{n}a_kx^k\right) = \sum_{k=0}^{n}\alpha(a_kx^k) = \sum_{k=0}^{n}\alpha(a_k)(\alpha(x))^k$$

$$=\sum_{k=0}^{n}\theta(a_k)c^k=\overline{\theta}(f(x))$$

이므로 $\alpha=\overline{\theta}$이다. ■

$R$을 단위원 $1_R$을 갖는 가환환이라 하고 $K$를 단위원 $1_K$를 갖는 가환환이라 하자. $c\in K$라 하고 $\theta : R \longrightarrow K$를 $\theta(1_R)=1_K$를 만족하는 준동형함수라 할 때, 임의의 $f(x)=\sum_{k=0}^{n} a_k x^k \in R[x]$에 대하여 $\overline{\theta}(f(x)) = \sum_{k=0}^{n}\theta(a_k)c^k$으로 정의하면 정리 3.7.10의 증명과정에 의하여

$$\overline{\theta} : R[x] \longrightarrow K$$

는 $\overline{\theta}(x)=c$, $\overline{\theta}(a)=\theta(a)(a\in R)$를 만족하는 유일한 준동형함수이다. 이 준동형 $\overline{\theta}$를 대입준동형(substitution homomorphism, evaluation homomorphism)이라 한다. 특히 $R=K$이고 $\theta=i_K : K \longrightarrow K$일 때, 또는 $R$이 $K$의 부분환이고 $1_R=1_K$이며 $\theta=i$ ($i$는 포함함수이다. 분명히 $i$는 준동형이다)일 때의 대입준동형 $\overline{\theta}$를 $\theta_c$로 표시하고 $c$에 의한 대입준동형이라 한다. 이 때는

$$\theta_c : K[x] \longrightarrow K(\text{각각 } \theta_c : R[x] \longrightarrow K)$$

이고 임의의 $f(x)=\sum_{k=0}^{n} a_k x^k \in K[x]$(각각 $R[x]$)에 대하여 $\theta_c(f(x))=\sum_{k=0}^{n} a_k c^k=f(c)$이고, 또한 $\theta_c(x)=c$, $\theta_c(a)=a(a\in K$(각각 $a\in R$))이다.

**【정리 3.7.11】**

$R$을 단위원 $1_R$을 갖는 가환환이라 하고 $K$를 단위원 $1_K$를 갖는 가환환이라 할 때, $u$, $v\in K$라 하고 $\theta: R \longrightarrow K$를 $\theta(1_R)=1_K$를 만족하는 준동형함수라 하면 $\alpha(x)=u$, $\alpha(y)=v$, $\alpha(a)=\theta(a)(a\in R)$를 만족하는 준동형함수 $\alpha : R[x][y] \longrightarrow K$가 유일하게 존재한다.

**증명** 정리 3.7.10에 의하여 $\overline{\theta}(x)=u$, $\overline{\theta}(a)=\theta(a)(a\in R)$를 만족하는 준동형함수 $\overline{\theta} : R[x] \longrightarrow K$가 유일하게 존재한다. 또 정리 3.7.4 (1), (2)에 의하

여 $R[x]$는 단위원 $1_{R[x]}=\overline{1_R}=1_R$을 갖는 가환환이다. 더욱이

$$\bar{\theta}(1_{R[x]})=\bar{\theta}(1_R)=\theta(1_R)=1_K$$

이다. 따라서 다시 정리 3.7.10에 의하여

$$\alpha(y)=v,\ \alpha(f(x))=\bar{\theta}(f(x))\,(f(x)\in R[x])$$

를 만족하는 준동형 $\alpha: R[x][y]\longrightarrow K$가 유일하게 존재한다. 따라서 $\alpha(x)=\bar{\theta}(x)=u$이고 $a\in R\subset R[x]$에 대하여 $\alpha(a)=\bar{\theta}(a)=\theta(a)$이다. 즉, $\alpha: R[x][y]\longrightarrow K$는 $\alpha(x)=u$, $\alpha(y)=v$, $\alpha(a)=\theta(a)(a\in R)$를 만족하는 준동형이다. 이제 $\alpha': R[x][y]\longrightarrow K$를 $\alpha'(x)=u$, $\alpha'(y)=v$, $\alpha'(a)=\theta(a)$ $(a\in R)$를 만족하는 임의의 준동형함수라 하자. $R[x]\subset R[x][y]$이므로 $\phi=\alpha'|R[x]$($R[x]$에 의한 $\alpha'$의 축소함수)라 하면 분명히 $\phi: R[x]\longrightarrow K$는 준동형이다. 더욱이

$$\phi(x)=(\alpha'|R[x])(x)=\alpha'(x)=u$$

이고, 또한 임의의 $a\in R\subset R[x]$에 대하여

$$\phi(a)=(\alpha'|R[x])(a)=\alpha'(a)=\theta(a)$$

이다. 즉 $\phi: R[x]\longrightarrow K$는 $\phi(x)=u$, $\phi(a)=\theta(a)(a\in R)$를 만족하는 준동형이다. 따라서 $\bar{\theta}$의 유일성에 의하여 $\phi=\bar{\theta}$이다. 한편, $f(x)=\sum_{k=0}^{n}a_kx^k\in R[x]$라 하면 $\alpha'$과 $\bar{\theta}$가 준동형이므로

$$\begin{aligned}\alpha'(f(x))&=\alpha'\left(\sum_{k=0}^{n}a_kx^k\right)=\sum_{k=0}^{n}\alpha'(a_kx^k)=\sum_{k=0}^{n}\alpha'(a_k)\alpha'(x^k)\\&=\sum_{k=0}^{n}\phi(a_k)\phi(x^k)=\sum_{k=0}^{n}\bar{\theta}(a_k)\bar{\theta}(x^k)\\&=\sum_{k=0}^{n}\bar{\theta}(a_kx^k)=\bar{\theta}\left(\sum_{k=0}^{n}a_kx^k\right)=\bar{\theta}(f(x))\end{aligned}$$

이다. 즉, $\alpha'$은 $\alpha'(y)=v$, $\alpha'(f(x))=\bar{\theta}(f(x))\,(f(x)\in R[x])$를 만족하는 준동형이다. 그러므로 $\alpha$의 유일성에 의하여 $\alpha'=\alpha$이다. ■

**【정리 3.7.12】**

$R$을 단위원 $1_R$을 갖는 가환환이라 하자. 그러면

$$R[x][y] \cong R[y][x].$$

**증명** $R$이 단위원 $1_R$을 갖는 가환환이므로 정리 3.7.4 (1), (2)에 의하여 $R[x][y]$와 $R[y][x]$는 단위원 $1_R$을 갖는 가환환이다. 함수 $i : R \longrightarrow R[y][x]$를 임의의 $a \in R$에 의하여 $i(a)=a$로 정의하면 분명히 $i$는 준동형이다(정리 3.7.5 (2)를 참조). 더욱이 $i(1_R)=1_R=1_{R[y][x]}$이다. $x$, $y \in R[y][x]$이므로 정리 3.7.11에 의하여 $\alpha(x)=x$, $\alpha(y)=y$, $\alpha(a)=i(a)=a(a \in R)$를 만족하는 준동형함수 $\alpha : R[x][y] \longrightarrow R[y][x]$가 유일하게 존재한다. 또한, 함수 $j : R \longrightarrow R[x][y]$를 임의의 $a \in R$에 대하여 $j(a)=a$로 정의하면 분명히 $j$는 준동형이고 $j(1_R)=1_R=1_{R[x][y]}$이다. 따라서 $x$, $y \in R[x][y]$이므로 다시 정리 3.7.11에 의하여 $\beta(x)=x$, $\beta(y)=y$, $\beta(a)=j(a)=a(a \in R)$를 만족하는 준동형함수 $\beta : R[y][x] \longrightarrow R[x][y]$가 유일하게 존재한다. 따라서 정리 3.2.24 (1)에 의하여 $\beta\alpha : R[x][y] \longrightarrow R[x][y]$는 준동형함수이다. 더욱이

$$\beta\alpha(x)=x,\ \beta\alpha(y)=y,\ \beta\alpha(a)=a=j(a)(a \in R)$$
$$i_{R[x][y]}(x)=x,\ i_{R[x][y]}(y)=y,\ i_{R[x][y]}(a)=a=j(a)(a \in R)$$

이므로 정리 3.7.11에 의하여 $\beta\alpha=i_{R[x][y]}$이다.

같은 방법으로, $\alpha\beta=i_{R[y][x]}$임을 증명할 수 있다. 그러므로 따름정리 3.2.26에 의하여 $\alpha$는 동형이다. 즉

$$R[x][y] \cong R[y][x].$$ ■

## 연습문제 3.7

**1.** $f(x)=\bar{1}+\bar{3}x+\bar{2}x^2$과 $g(x)=x+\bar{5}x^2+x^3$을 각각 $\mathbf{Z}_6[x]$, $\mathbf{Z}_7[x]$에서의 다항식으로 생각하고 이들 각 다항식환에서 $f(x)+g(x)$, $f(x)-g(x)$와 $f(x)g(x)$를

구하여라.

**2.** $R$을 환이라 하자.

(1) $S$가 $R$의 부분환이면 $S[x]$는 $R[x]$의 부분환임을 보여라.

(2) $S$가 $R$의 이데알이면 $S[x]$는 $R[x]$의 이데알임을 보여라.

**3.** 다항식환 $R[x]$를 생각하자.

(1) $S_1=\left\{f(x)=\sum_{k=0}^{n}a_kx^k\in R[x] \mid \text{홀수 } k\text{에 대하여 } a_k=0\right\}$

이라 할 때, $S_1$은 $R[x]$의 부분환임을 보여라.

(2) $R(R\neq\{0\})$이 영인자를 갖지 않는다고 하자.

$$S_2=\left\{f(x)=\sum_{k=0}^{n}a_kx^k\in R[x] \mid \text{짝수 } k\text{에 대하여 } a_k=0\right\}$$

이라 할 때, $S_2$는 $R[x]$의 부분환이 아니다. 그 이유를 밝혀라.

(3) $R$을 정역이라 하자.

$$S_3=\left\{f(x)=\sum_{k=0}^{n}a_kx^k\in R[x] \mid a_0+a_1+a_2+\cdots+a_n=0\right\}$$

이라 할 때, $S_3$는 $R[x]$의 소이데알임을 보여라.

**4.** $R$을 정역이라 하고 $c\in R$이라 할 때, 함수 $\phi: R[x]\longrightarrow R[x]$를 임의의 $f(x)\in R[x]$에 대하여 $\phi(f(x))=f(cx)$, 즉

$$\phi(a_0+a_1x+a_2x^2+\cdots+a_nx^n)=a_0+a_1cx+a_2c^2x^2+\cdots+a_nc^nx^n$$

으로 정의하자.

(1) $\phi$가 준동형임을 보이고 $\operatorname{Ker}\phi$를 구하여라.

(2) $\phi$가 동형이기 위한 필요충분조건은 $c$가 $R$의 단원임을 보여라.

**5.** (1) $\mathbf{Z}[x]$의 주이데알 $(x)$는 $\mathbf{Z}[x]$의 소이데알이지만 극대이데알이 아님을 보여라.

(2) $\mathbf{Q}[x]$의 주이데알 $(x)$는 $\mathbf{Q}[x]$의 소이데알인 동시에 극대이데알임을 보여라.

# 3.8 다항식환의 성질

**【정의 3.8.1】**

$R$을 단위원 $1_R$을 갖는 환이라 하자. $R[x]\ni f(x)=\sum_{k=0}^{n}a_kx^k$일 때, $a_k(k=0, 1, 2, \cdots, n)$를 $f(x)$의 계수(coefficient)라 한다. 특히, $a_0$를 $f(x)$의 상수항(constant term)이라 한다. $a\in R$일 때, 다항식 $a$(실제로는 $\bar{a}$)를 상수다항식(constant polynomial)이라 한다. $f(x)=\sum_{k=0}^{n}a_kx^k\,(a_n\neq 0)$일 때, $n$을 $f(x)$의 차수(degree)라 하고 $\deg f(x)=n$으로 표시한다(저자에 따라서는 다항식 0의 차수를 $-\infty$로 정의하나 우리는 다항식 0의 차수를 정의하지 않는다). 또한 $a_n$을 $f(x)$의 최고차 계수(leading coefficient)라 하고, 특히 $a_n=1_R$일 때, $f(x)$를 모닉다항식(monic polynomial)이라 한다.

**【정리 3.8.2】**

$R$을 단위원 $1_R$을 갖는 환이라 하고 $f(x)$, $g(x)\in R[x](f(x)\neq 0,\ g(x)\neq 0)$이라 하자. 그러면 다음이 성립한다.

(1) $\deg(-f(x))=\deg f(x)$.

(2) $f(x)\pm g(x)\neq 0$이면 $\deg(f(x)\pm g(x))\leq\max\{\deg f(x),\ \deg g(x)\}$이다.

(3) $f(x)g(x)\neq 0$이면 $\deg(f(x)g(x))\leq\deg f(x)+\deg g(x)$이다.

(4) $R$이 영인자를 포함하지 않으면(특히 $R$이 정역 또는 체이면) $f(x)g(x)\neq 0$이고 $\deg(f(x)g(x))=\deg f(x)+\deg g(x)$이다.

(5) $f(x)$ 또는 $g(x)$의 최고차 계수가 $R$의 단원이면 $f(x)g(x)\neq 0$이고 $\deg(f(x)g(x))=\deg f(x)+\deg g(x)$이다.

**증명** $f(x)=\sum_{k=0}^{m}a_kx^k\,(a_m\neq 0)$, $g(x)=\sum_{k=0}^{n}b_kx^k\,(b_n\neq 0)$이라 하자. 그러면 $\deg f(x)=m$, $\deg g(x)=n$이다.

(1) $-f(x)=\sum_{k=0}^{m}(-a_k)x^k\,(-a_m\neq 0)$이므로 $\deg(-f(x))=m=\deg f(x)$이다.

(2) $m<n$인 경우는

$$f(x)+g(x)=(a_0+b_0)+(a_1+b_1)x+(a_2+b_2)x^2+\cdots+(a_m+b_m)x^m$$
$$+b_{m+1}x^{m+1}+\cdots+b_nx^n$$

이므로

$$\deg(f(x)+g(x))=n=\max\{\deg f(x),\ \deg g(x)\}$$

이다. $n<m$인 경우도 같은 방법으로

$$\deg(f(x)+g(x))=m=\max\{\deg f(x),\ \deg g(x)\}$$

이다. $m=n$인 경우는

$$f(x)+g(x)=(a_0+b_0)+(a_1+b_1)x+(a_2+b_2)x^2+\cdots+(a_n+b_n)x^n$$

이고 $a_n+b_n\neq 0$ 또는 $a_n+b_n=0$이므로

$$\deg(f(x)+g(x))\leq m=n=\max\{\deg f(x),\ \deg g(x)\}$$

이다. 다음, $f(x)-g(x)=f(x)+(-g(x))$이므로 위의 결과와 (1)에 의하여

$$\deg(f(x)-g(x))\leq\max\{\deg f(x),\ \deg g(x)\}$$

이다.

(3) $$f(x)g(x)=a_0b_0+(a_0b_1+a_1b_0)x+(a_0b_2+a_1b_1+a_2b_0)x^2$$
$$+\cdots+(a_{m-1}b_n+a_mb_{n-1})x^{m+n-1}+a_mb_nx^{m+n} \qquad \cdots\cdots(3.8.1)$$

이므로($a_m$ 또는 $b_n$이 영인자이면 $a_mb_n=0$인 경우가 있다)

$$\deg(f(x)g(x))\leq\deg f(x)+\deg g(x)$$

이다.

(4) $R$이 영인자를 포함하지 않으면 (3.8.1)에서 $a_mb_n\neq 0$이므로 $f(x)g(x)$

$\neq 0$이고

$$\deg(f(x)g(x)) = m+n = \deg f(x) + \deg g(x)$$

이다.

(5) $a_m$이 $R$의 단원이면 $a_m u = 1_R = u a_m$을 만족하는 $u \in R$가 존재한다. 따라서 $a_m b_n = 0$이라 하면

$$b_n = 1_R b_n = u a_m b_n = u0 = 0$$

이 되어 모순이므로 $a_m b_n \neq 0$이다. 따라서 (3.8.1)에 의하여 $f(x)g(x) \neq 0$이고

$$\deg(f(x)g(x)) = m+n = \deg f(x) + \deg g(x)$$

이다. $b_n$이 $R$의 단원인 경우도 같은 방법으로 증명된다. ■

**보기 3.8.3** 단위원 $\bar{1}$를 갖는 가환환 $\mathbf{Z}_8$을 생각하자. $\mathbf{Z}_8$위의 다항식환 $\mathbf{Z}_8[x]$에서

$$f(x) = \bar{3} + \bar{4}x + \bar{6}x^2, \quad g(x) = \bar{5} + \bar{4}x + \bar{2}x^2$$

이라 하면 $f(x) + g(x) = \bar{0}$이다. 또,

$$f(x) = \bar{2} + \bar{4}x, \quad g(x) = \bar{4} + \bar{4}x + \bar{4}x^2$$

이라 하면 $f(x)g(x) = \bar{0}$이다. 또한,

$$f(x) = \bar{3} + \bar{2}x, \quad g(x) = \bar{1} + \bar{3}x + \bar{4}x^2$$

이라 하면 $f(x)g(x) = \bar{3} + \bar{3}x + \bar{2}x^2$이므로

$$\deg(f(x)g(x)) = 2 < 3 = \deg f(x) + \deg g(x)$$

이다($f(x)$의 최고차 계수 $\bar{2}$와 $g(x)$의 최고차 계수 $\bar{4}$는 영인자이다).

마지막으로,

$$f(x) = \bar{3} + \bar{2}x, \quad g(x) = \bar{1} + \bar{3}x + \bar{5}x^2$$

이라 하면 $f(x)g(x)=\bar{3}+\bar{3}x+\bar{5}x^2+\bar{2}x^3$이므로($g(x)$의 최고차 계수 $\bar{5}$는 $\mathbf{Z}_8$의 단원이다(보기 3.1.12를 참조))

$$\deg(f(x)g(x))=3=\deg f(x)+\deg g(x)$$

이다. ◀

**【정의 3.8.4】**

$R$을 단위원을 갖는 가환환이라 하자(따라서 정리 3.7.4 (1), (2)에 의하여 $R[x]$도 단위원을 갖는 가환환이다). $f(x)$가 $R[x]$에서 기약원일 때, $f(x)$를 $R[x]$에서의 기약다항식(irreducible polynomial in $R[x]$) 또는 혼란이 없을 때 간단히 기약다항식이라 하고, $f(x)(f(x)\neq 0)$가 $R[x]$에서 기약원이 아닐 때, $f(x)$를 $R[x]$에서의 가약다항식(reducible polynomial in $R[x]$) 또는 혼란이 없을 때 간단히 가약다항식이라 한다.

**【정리 3.8.5】**

$R$을 정역이라 하자(따라서 정리 3.7.4 (4)에 의하여 $R[x]$도 정역이다). 그러면 다음이 성립한다.

(1) $f(x)\in R[x](f(x)\neq 0)$가 $R[x]$의 단원이 될 필요충분조건은 $f(x)$가 상수다항식, 즉 $f(x)=a(0\neq a\in R)$이고 $a$가 $R$의 단원인 것이다. 더욱이 $R$이 체이면 $f(x)\in R[x](f(x)\neq 0)$가 $R[x]$의 단원이 될 필요충분조건은 $f(x)$가 상수다항식인 것이다(따라서 $R[x]$는 정역이지만 체는 아니다).

(2) $0\neq c\in R$이라 하자. $c$가 $R$에서의 기약원일 필요충분조건은 $c$(상수다항식)가 $R[x]$에서의 기약다항식인 것이다.

(3) $f(x)\in R[x]$라 하고 $f(x)=a_0+a_1x$($a_1$은 $R$의 단원)라 하자. 그러면 $f(x)$는 $R[x]$에서의 기약다항식이다(따라서 $R$이 체이면 차수가 1인 모든 다항식 $f(x)\in R[x]$는 기약다항식이다).

(4) $f(x)\in R[x]$라 하고 $\deg f(x)>0$이라 하자. $f(x)$가 기약다항식이면 $f(x)$는 $\deg g(x)<\deg f(x)$, $\deg h(x)<\deg f(x)$인 두 다항식 $g(x)$, $h(x)\in R[x]$에 대하여 $f(x)=g(x)h(x)$의 꼴로 표시할 수 없다.

(5) $R$을 체라 하자. $f(x)\in R[x]$라 하고 $\deg f(x)>0$라 하자. 그러면 $f(x)$가 기약다항식일 필요충분조건은 $f(x)$가 $\deg g(x)<\deg f(x)$, $\deg h(x)$

$<\deg f(x)$인 두 다항식 $g(x)$, $h(x)\in R[x]$에 대하여 $f(x)=g(x)h(x)$의 꼴로 표시할 수 없는 것이다.

---

**증명** (1) $f(x)\in R[x](f(x)\neq 0)$를 $R[x]$의 단원이라 하면 $1_R=f(x)g(x)$를 만족하는 $g(x)\in R[x](g(x)\neq 0)$가 존재한다. 따라서 정리 3.8.2 (4)에 의하여

$$0=\deg 1_R=\deg(f(x)g(x))=\deg f(x)+\deg g(x)$$

이다. 이 때, $\deg f(x)\geq 0$, $\deg g(x)\geq 0$이므로 $\deg f(x)=0$, $\deg g(x)=0$이어야 한다. 따라서 $f(x)=ax^0=a(0\neq a\in R)$, $g(x)=bx^0=b(0\neq b\in R)$이고, 또한 $1_R=ab$이므로 $a$는 $R$의 단원이다. 역은 분명하다. 더욱이 $R$이 체이면 모든 $a\in R(a\neq 0)$가 $R$의 단원이므로 위에 의하여 결과가 얻어진다.

(2) $c$를 $R$에서의 기약원이라 하자. 그러면 $c$는 $R$의 단원이 아니므로 (1)에 의하여 $c$는 $R[x]$의 단원이 아니다. $c=f(x)g(x)$라 하자. $c\neq 0$이므로 $f(x)\neq 0$, $g(x)\neq 0$이다. 따라서 정리 3.8.2 (4)에 의하여

$$0=\deg c=\deg(f(x)g(x))=\deg f(x)+\deg g(x)$$

이므로 $\deg f(x)=0$, $\deg g(x)=0$이다. 따라서 $f(x)=a(0\neq a\in R)$, $g(x)=b(0\neq b\in R)$이다. 그러므로 $c=ab$이다. 그러나 $c$가 $R$에서의 기약원이므로 $a$가 $R$의 단원이든가 $b$가 $R$의 단원이다. 따라서 (1)에 의하여 $a$가 $R[x]$의 단원이든가 $b$가 $R[x]$의 단원이다. 즉 $c$는 $R[x]$에서의 기약다항식이다.

역으로, $c$(상수다항식)를 $R[x]$에서의 기약다항식이라 하자. 그러면 $c$는 $R[x]$의 단원이 아니므로 (1)에 의하여 $c$는 $R$의 단원이 아니다. $c=ab(a,\ b\in R,\ a\neq 0,\ b\neq 0)$라 하자. $a$, $b\in R[x]$로 생각할 때, $c$가 $R[x]$에서의 기약다항식이므로 $a$ 또는 $b$가 $R[x]$의 단원이다. 따라서 (1)에 의하여 $a$ 또는 $b$가 $R$의 단원이므로 $c$는 $R$에서의 기약원이다.

(3) (1)에 의하여 $f(x)$는 $R[x]$의 단원이 아니다. $f(x)=g(x)h(x)$라 하자. 그러면 $f(x)\neq 0$이므로 $g(x)\neq 0$, $h(x)\neq 0$이다. 따라서 정리 3.8.2 (4)에 의하여

$$1=\deg f(x)=\deg(g(x)h(x))=\deg g(x)+\deg h(x)$$

이므로 $\deg g(x)=0$이고 $\deg h(x)=1$이든가, 또는 $\deg g(x)=1$이고 $\deg h(x)=0$이다. $\deg g(x)=0$이고 $\deg h(x)=1$인 경우는 $g(x)=a(0\neq a\in R)$이고 $h(x)=b_0+b_1x(0\neq b_1)$이다. 따라서

$$a_0+a_1x=f(x)=g(x)h(x)=a(b_0+b_1x)=ab_0+(ab_1)x$$

이므로 $a_1=ab_1$이다. 한편 $a_1$이 $R$의 단원이므로 $a_1u=1_R$을 만족하는 $u\in R$가 존재한다. 따라서

$$1_R=a_1u=ab_1u$$

이다. 즉 $a$가 $R$의 단원이다. 그러므로 (1)에 의하여 $g(x)=a$가 $R[x]$의 단원이다. 같은 방법으로 $\deg g(x)=1$이고 $\deg h(x)=0$인 경우는 $h(x)$가 $R[x]$의 단원이다. 따라서 $f(x)$는 $R[x]$에서의 기약다항식이다.

(4) $f(x)$를 기약다항식이라 하자. $g(x)$, $h(x)\in R[x]$에 대하여 $f(x)=g(x)h(x)$라 하면($f(x)\neq 0$이므로 $g(x)\neq 0$, $h(x)\neq 0$이다) $g(x)$가 $R[x]$의 단원이든가 $h(x)$가 $R[x]$의 단원이다. $g(x)$가 $R[x]$의 단원이면 (1)에 의하여 $g(x)=a(0\neq a\in R)$이다. 따라서 정리 3.8.2 (4)에 의하여

$$\deg f(x)=\deg(g(x)h(x))=\deg g(x)+\deg h(x)=\deg h(x),$$

즉 $\deg f(x)=\deg h(x)$이다. 또한 $h(x)$가 $R[x]$의 단원이면 위와 같은 방법으로 $\deg f(x)=\deg g(x)$임을 증명할 수 있다. 따라서 $\deg g(x)=\deg f(x)$ 또는 $\deg h(x)=\deg f(x)$이다.

(5) $f(x)$가 $\deg g(x)<\deg f(x)$, $\deg h(x)<\deg f(x)$인 $g(x)$, $h(x)\in R[x]$에 대하여 $f(x)=g(x)h(x)$의 꼴로 표시할 수 없다고 하자. $\deg f(x)>0$이므로 (1)에 의하여 $f(x)$는 $R[x]$의 단원이 아니다. $k(x)$, $l(x)\in R[x]$에 대하여 $f(x)=k(x)l(x)$라 하면($f(x)\neq 0$이므로 $k(x)\neq 0$, $l(x)\neq 0$이다) 정리 3.8.2 (4)에 의하여

$$\deg f(x)=\deg(k(x)l(x))=\deg k(x)+\deg l(x)$$

이므로 $\deg k(x)\leq\deg f(x)$, $\deg l(x)\leq\deg f(x)$이다. 따라서 가정에 의하여 $\deg k(x)=\deg f(x)$ 또는 $\deg l(x)=\deg f(x)$이다. $\deg k(x)=\deg f(x)$이면 $\deg l(x)=0$이므로 $l(x)=a(0\neq a\in R)$이다. 이 때, $R$이 체이므로 $a$는 $R$의 단원이고, 따라서 (1)에 의하여 $l(x)$는 $R[x]$의

단원이다. $\deg l(x)=\deg f(x)$이면 위와 같은 방법으로 $k(x)$가 $R[x]$의 단원임을 증명할 수 있다. 그러므로 $f(x)$는 $R[x]$에서의 기약다항식이다. 역은 (4)의 결과이다. ■

**보기 3.8.6** $f(x)=6+4x\in\mathbf{Z}[x]\subset\mathbf{Q}[x]$를 생각하자. $f(x)\in\mathbf{Q}[x]$로 생각할 때는 $\mathbf{Q}$가 체이므로 정리 3.8.5 (3)에 의하여 $f(x)$는 $\mathbf{Q}[x]$에서의 기약다항식이다. 그러나 $f(x)\in\mathbf{Z}[x]$로 생각할 때는 정리 3.8.5 (1)에 의하여 $f(x)$는 $\mathbf{Z}[x]$의 단원이 아니다. 또한,

$$f(x)=6+4x=2(3+2x)$$

이지만 정리 3.8.5 (1)에 의하여 2도 $3+2x$도 $\mathbf{Z}[x]$의 단원이 아니다. 따라서 $f(x)$는 $\mathbf{Z}[x]$에서는 기약다항식이 아니다. 더욱이 $f(x)$는 $\deg g(x)<\deg f(x)$, $\deg h(x)<\deg f(x)$인 $g(x)$, $h(x)\in\mathbf{Z}[x]$에 대하여 $f(x)=g(x)h(x)$의 꼴로 표시할 수 없다. 그러므로 정리 3.8.5 (4)의 역은($R$가 체가 아닌 정역에 대하여) 성립하지 않는다.

다음, 단위원 $\bar{1}$를 갖는 가환환 $\mathbf{Z}_8$을 생각하자(보기 3.1.21에 의하여 $\mathbf{Z}_8$은 정역이 아니다). $\mathbf{Z}_8[x]$는 단위원 $\bar{1}$를 갖는 가환환이다. $h(x)=\bar{1}+\bar{4}x\in\mathbf{Z}_8[x]$라 하면

$$\bar{1}=(\bar{1}+\bar{4}x)(\bar{1}+\bar{4}x)$$

이므로 $h(x)$는 $\mathbf{Z}_8[x]$의 단원이다. 그러나 $h(x)$는 상수다항식이 아니다. 따라서 정리 3.8.5 (1)은 $R$이 정역이 아니면 성립하지 않는다. ◀

**【정리 3.8.7】**

$R$을 단위원 $1_R$을 갖는 환이라 하자. $f(x)=\sum_{k=0}^{m}a_kx^k\in R[x]$($a_m$은 $R$의 단원)라 하자. 그러면 임의의 $g(x)\in R[x]$에 대하여

$$g(x)=f(x)q(x)+r(x),\quad r(x)=0 \text{ 또는 } \deg r(x)<\deg f(x) \qquad \cdots\cdots(3.8.2)$$

를 만족하는 $q(x)$, $r(x)\in R[x]$가 유일하게 존재한다.

**증명** 먼저, 모든 $g(x)\in R[x]$가 (3.8.2)의 꼴로 표시됨을 보이자. $g(x)=0$일 때

는 $q(x)=0$, $r(x)=0$이라 하면

$$g(x)=f(x)q(x)+r(x),\ r(x)=0$$

이다. 이제, $g(x)\neq 0$ 이라 하자.

(1) $\deg f(x)=0$인 경우는 $f(x)=a_0x^0=a_0$이고 $a_0$는 $R$의 단원이다. 따라서 $a_0u=1_R=ua_0$를 만족하는 $u\in R$가 존재하므로 $q(x)=ug(x)$, $r(x)=0$이라 하면

$$g(x)=1_Rg(x)=a_0ug(x)=a_0q(x)+0=f(x)q(x)+r(x),$$

즉

$$g(x)=f(x)q(x)+r(x),\ r(x)=0$$

이다.

(2) $\deg f(x)>0$인 경우는 $\deg g(x)=n$에 대하여 수학적 귀납법으로 증명한다.

(i) $0\leq n<\deg f(x)$인 경우에는 $q(x)=0$, $r(x)=g(x)$라 하면

$$g(x)=f(x)q(x)+r(x),\ \deg r(x)<\deg f(x)$$

이다. 즉 $0\leq \deg g(x)<\deg f(x)$인 모든 다항식 $g(x)$는 (3.8.2)의 꼴로 표시된다.

(ii) $\deg f(x)\leq n$이라 하고 차수가 $n$보다 작은 모든 다항식이 (3.8.2)의 꼴로 표시된다고 가정하자.

$$g(x)=\sum_{k=0}^{n}b_kx^k\ (b_n\neq 0)$$

이라 하자. $a_m$이 $R$의 단원이므로 $a_mc=1_R=ca_m$을 만족하는 $c\in R$가 존재한다.

$$h(x)=g(x)-f(x)(cb_nx^{n-m})$$

이라 하면 $a_mc=1_R$이므로

$h(x)=g(x)-f(x)(cb_nx^{n-m})$

$$= b_0 + b_1 x + b_2 x^2 + \cdots + b_n x^n - (a_0 + a_1 x + a_2 x^2 + \cdots + a_m x^m)(cb_n x^{n-m})$$
$$= b_0 + b_1 x + b_2 x^2 + \cdots + b_{n-m} x^{n-m} + \cdots + b_{n-1} x^{n-1} + b_n x^n - a_0 cb_n x^{n-m}$$
$$- a_1 cb_n x^{n-m+1} - a_2 cb_n x^{n-m+2} - \cdots - a_{m-1} cb_n x^{n-1} - b_n x^n$$
$$= b_0 + b_1 x + b_2 x^2 + \cdots + (b_{n-m} - a_0 cb_n) x^{n-m} + \cdots$$
$$+ (b_{n-1} - a_{m-1} cb_n) x^{n-1}$$

이다. 따라서 $h(x)=0$ 이든가, $h(x)\neq 0$이면 $\deg h(x) \leq n-1$이다. 따라서 $h(x)=0$인 경우는 위의 설명에 의하여, 또 $h(x)\neq 0$인 경우는 가정에 의하여

$$h(x)=f(x)q'(x)+r(x),\quad r(x)=0 \text{ 또는 } \deg r(x)<\deg f(x)$$

를 만족하는 $q'(x)$, $r(x)\in R[x]$가 존재한다. 따라서

$$q(x)=q'(x)+cb_n x^{n-m}$$

이라 하면 $q(x)\in R[x]$이고

$$g(x)=h(x)+f(x)(cb_n x^{n-m})=f(x)q'(x)+r(x)+f(x)(cb_n x^{n-m})$$
$$=f(x)(q'(x)+cb_n x^{n-m})+r(x)=f(x)q(x)+r(x)$$

이다. 즉

$$g(x)=f(x)q(x)+r(x),\quad r(x)=0 \text{ 또는 } \deg r(x)<\deg f(x)$$

이다. 따라서 $g(x)$가 (3.8.2)의 꼴로 표시된다.

다음, (3.8.2)의 표시가 유일함을 보이자. $q_1(x)$, $q_2(x)$, $r_1(x)$, $r_2(x)$ $\in R[x]$에 대하여

$$g(x)=f(x)q_1(x)+r_1(x),\quad r_1(x)=0 \text{ 또는 } \deg r_1(x)<\deg f(x),$$
$$g(x)=f(x)q_2(x)+r_2(x),\quad r_2(x)=0 \text{ 또는 } \deg r_2(x)<\deg f(x)$$

로 표시된다고 하면

$$f(x)(q_1(x)-q_2(x))=r_2(x)-r_1(x)$$

이다. $q_1(x)-q_2(x)\neq 0$이라 하면 $f(x)$의 최고차 계수 $a_m$이 $R$의 단원이므로 정리 3.8.2 (5)에 의하여 $f(x)(q_1(x)-q_2(x))\neq 0$이고(따라서 $r_2(x)-r_1(x)\neq 0$이다),

$$\begin{aligned}\deg(r_2(x)-r_1(x))&=\deg(f(x)(q_1(x)-q_2(x)))\\&=\deg f(x)+\deg(q_1(x)-q_2(x))\geq\deg f(x)\end{aligned}$$

이다. 즉

$$\deg f(x)\leq\deg(r_2(x)-r_1(x))$$

이다. 따라서 $r_1(x)=0$, $r_2(x)\neq 0$이라 하면 $\deg f(x)\leq\deg r_2(x)$가 되어 모순이고, $r_1(x)\neq 0$, $r_2(x)=0$이라 하면 정리 3.8.2 (1)에 의하여 $\deg f(x)\leq\deg(-r_1(x))=\deg r_1(x)$가 되어 모순이다. 또한 $r_1(x)\neq 0$, $r_2(x)\neq 0$이라 하면 정리 3.8.2 (2)에 의하여

$$\deg f(x)\leq\max\{\deg r_2(x),\ \deg r_1(x)\}$$

가 되어 모순이다. 그러므로 $q_1(x)-q_2(x)=0$이어야 한다. 따라서 $r_2(x)-r_1(x)=0$이다. 즉 $q_1(x)=q_2(x)$, $r_1(x)=r_2(x)$이다. ■

**【정리 3.8.8】**

$F$를 체라 하면 $F[x]$는 Euclid 정역이다(따라서 정리 3.6.22에 의하여 $F[x]$는 주이데알정역이고 유일인수분해정역이다).

**증명** $F$가 정역이므로 정리 3.7.4 (4)에 의하여 $F[x]$는 정역이다. $F[x]^*=F[x]-\{0\}$이라 하고 함수 $\phi: F[x]^*\longrightarrow\mathbf{N}$을 임의의 $f(x)\in F[x]^*$에 대하여 $\phi(f(x))=\deg f(x)$로 정의하자. $f(x)$, $g(x)\in F[x]^*$라 하면 정리 3.8.2 (4)에 의하여

$$\phi(f(x))=\deg f(x)\leq\deg f(x)+\deg g(x)=\deg(f(x)g(x))=\phi(f(x)g(x))$$

이다. 또한 정리 3.8.7에 의하여 임의의 $g(x)\in F[x]$와 임의의 $f(x)\in F[x]^*$(따라서 $F$가 체이므로 $f(x)$의 최고차 계수가 $F$의 단원이다)에 대하여

$$g(x)=f(x)q(x)+r(x),\ \ r(x)=0 \text{ 또는}$$
$$\phi(r(x))=\deg r(x)<\deg f(x)=\phi(f(x))$$

를 만족하는 $q(x)$, $r(x)\in F[x]$가 존재한다. 따라서 $F[x]$는 Euclid 정역이다. ■

**【정리 3.8.9】**

$R$을 단위원 $1_R$을 갖는 가환환이라 하고 $c\in R$이라 하자. $f(x)\in R[x]$라 하면

$$f(x)=(c-x)q(x)+f(c)$$

를 만족하는 $q(x)\in R[x]$가 유일하게 존재한다.

**증명** 정리 3.1.6 (3)에 의하여

$$c-x=c+(-x)=c+(-(1_R x))=c+(-1_R)x$$

이므로 $c-x$의 최고차 계수는 $-1_R$이고, 더욱이 $-1_R$은 $R$의 단원이다. 따라서 정리 3.8.7에 의하여

$$f(x)=(c-x)q(x)+r(x),\ \ r(x)=0 \text{ 또는 } \deg r(x)<\deg(c-x)=1$$

을 만족하는 유일한 $q(x)$, $r(x)\in R[x]$가 존재한다. 따라서 정리 3.7.9 (1), (2)에 의하여

$$f(c)=(c-c)q(c)+r(c)=r(c)$$

이다. 그러나 $r(x)=0$ 또는 $\deg r(x)=0$인데, $r(x)=0$이면 $f(c)=r(c)=0=r(x)$이고 $\deg r(x)=0$이면 $r(x)=a(0\neq a\in R)$이므로 $f(c)=r(c)=a=r(x)$이다. 즉 어느 경우이든 $f(c)=r(x)$이다. 그러므로 $f(x)=(c-x)q(x)+f(c)$이다. ■

**【정의 3.8.10】**

$K$를 단위원을 갖는 가환환이라 하고 $R$을 $K$의 부분환이라 하자. $f(x)\in R[x]$라 하고 $c\in K$라 할 때, $f(c)=0$이면 $c$를 $K$에서의 $f(x)$의 근(root) 또는 방정식 $f(x)=0$의 근이라 한다.

**보기 3.8.11** 실수체 $\mathbf{R}$의 부분환 $\mathbf{Z}$를 생각하자.

$$f(x)=-1+3x-2x^2\in\mathbf{Z}[x]$$

라 할 때, $f(1)=0$, $f\left(\frac{1}{2}\right)=0$이므로 1과 $\frac{1}{2}$은 $\mathbf{R}$에서의 $f(x)$의 근이다.

다음, $\mathbf{Z}_5[x]\ni g(x)=\bar{1}+\bar{3}x+\bar{2}x^2$을 생각할 때

$$g(\bar{0})=\bar{1},\ g(\bar{1})=\bar{1},\ g(\bar{2})=\bar{0},\ g(\bar{3})=\bar{3},\ g(\bar{4})=\bar{0}$$

이므로 $\mathbf{Z}_5$에서의 $g(x)$의 근은 $\bar{2}$와 $\bar{4}$이다.

또한, $\mathbf{Z}_5[x]\ni h(x)=\bar{1}+\bar{3}x+\bar{2}x^3$을 생각할 때

$$h(\bar{0})=\bar{1},\ h(\bar{1})=\bar{1},\ h(\bar{2})=\bar{3},\ h(\bar{3})=\bar{4},\ h(\bar{4})=\bar{1}$$

이므로 $\mathbf{Z}_5$에서의 $h(x)$의 근은 존재하지 않는다. ◀

**【정리 3.8.12】**

$R$을 단위원 $1_R$을 갖는 가환환이라 하고 $c\in R$이라 하자. $f(x)\in R[x]$라 할 때, $c$가 $f(x)$의 근이 되기 위한 필요충분조건은 $(c-x)\mid f(x)$인 것이다(즉, $f(x)=(c-x)q(x)$를 만족하는 $q(x)\in R[x]$가 존재하는 것이다).

**증명** $(c-x)\mid f(x)$라 하면 $f(x)=(c-x)g(x)$를 만족하는 $g(x)\in R[x]$가 존재한다. 따라서 정리 3.7.9 (2)에 의하여 $f(c)=(c-c)g(c)=0$이므로 $c$는 $f(x)$의 근이다. 역으로 $c$가 $f(x)$의 근, 즉 $f(c)=0$이라 하자. 정리 3.8.9에 의하여

$$f(x)=(c-x)q(x)+f(c)$$

를 만족하는 $q(x)\in R[x]$가 유일하게 존재한다. 따라서 $f(c)=0$이므로 $f(x)=(c-x)q(x)$, 즉 $(c-x)\mid f(x)$이다. ■

**【정리 3.8.13】**

$D$를 정역이라 하고 $R$을 $D$의 부분환이라 하자. $f(x)\in R[x]$라 하고 $\deg f(x)=n>0$이라 하면 $D$에서의 $f(x)$의 서로 다른 근의 개수는 $n$을 넘을 수 없다(즉, 기껏해야 $n$개의 근이 존재한다).

**증명** $D$에서의 $f(x)$의 서로 다른 근의 개수가 $n$보다 많다고 가정하자. 가령 $c_1, c_2, \cdots, c_n, c_{n+1}$이 $D$에서의 $f(x)$의 서로 다른 근이라 하자. $f(x)\in D[x]$이므로 정리 3.8.12에 의하여 $f(x)=(c_1-x)q_1(x)$를 만족하는 $q_1(x)\in D[x]$가 존재한다($f(x)\neq 0$이므로 $q_1(x)\neq 0$이다). 따라서 정리 3.7.9 (2)에 의하여

$$0=f(c_2)=(c_1-c_2)q_1(c_2)$$

이다. $D$가 정역이고 $c_1-c_2\neq 0$이므로 $q_1(c_2)=0$이다. 따라서 다시 정리 3.8.12에 의하여 $q_1(x)=(c_2-x)q_2(x)$를 만족하는 $q_2(x)\in D[x]$가 존재한다. 그러므로 $f(x)=(c_1-x)(c_2-x)q_2(x)$이고, 따라서 정리 3.7.9 (2)에 의하여

$$0=f(c_3)=(c_1-c_3)(c_2-c_3)q_2(c_3)$$

이므로 $q_2(c_3)=0$이다. 그러므로 $q_2(x)=(c_3-x)q_3(x)$를 만족하는 $q_3(x)\in D[x]$가 존재한다. 이 과정을 계속하면

$$f(x)=(c_1-x)(c_2-x)(c_3-x)\cdots(c_n-x)(c_{n+1}-x)q_{n+1}(x)$$

를 만족하는 $q_{n+1}(x)\in D[x](q_{n+1}(x)\neq 0)$가 존재한다. 따라서 정리 3.8.2 (4)에 의하여

$$\begin{aligned} n=\deg f(x) &= \sum_{i=1}^{n+1}\deg(c_i-x)+\deg q_{n+1}(x) \\ &= n+1+\deg q_{n+1}(x) \end{aligned}$$

이다. 즉, $0=1+\deg q_{n+1}(x)$이다. 그런데 $\deg q_{n+1}(x)\geq 0$이므로 이것은 모순이다. 그러므로 $D$에서의 $f(x)$의 근의 개수는 $n$을 넘을 수 없다. ■

**보기 3.8.14** 정리 3.8.13은 $D$가 정역이 아닌 경우에는 성립하지 않는다. 예를 들어, 보기 3.1.21에 의하여 $\mathbf{Z}_6$은 정역이 아니다. 이 때,

$$f(x)=\overline{2}+\overline{3}x+x^2\in\mathbf{Z}_6[x]$$

를 생각하면 $\deg f(x)=2$이지만

$$f(\bar{1})=f(\bar{2})=f(\bar{4})=f(\bar{5})=\bar{0}$$

이므로 $\mathbf{Z}_6$에서의 $f(x)$의 근은 4개이다. 즉 $\mathbf{Z}_6$에서의 $f(x)$의 근의 개수는 $f(x)$의 차수 2보다 많다. ◀

**【정리 3.8.15】**

$D$를 정역이라 하고 $f(x)\in D[x]$라 하자. 그러면 다음이 성립한다.

(1) $\deg f(x)\geq 2$일 때, $D$에서의 $f(x)$의 근이 존재하면 $f(x)$는 $D[x]$에서의 가약다항식이다.

(2) $D$를 체라 하고 $\deg f(x)=2$ 또는 3이라 하자. 그러면 $D$에서의 $f(x)$의 근이 존재할 필요충분조건은 $f(x)$가 $D[x]$에서의 가약다항식인 것이다.

**증명** (1) $D$에서의 $f(x)$의 근 $c$가 존재한다고 하자. $\deg f(x)\geq 2$이므로 정리 3.8.5 (1)에 의하여 $f(x)$는 $D[x]$의 단원이 아니다. $c$가 $D$에서의 $f(x)$의 근이므로 정리 3.8.12에 의하여 $f(x)=(c-x)q(x)$를 만족하는 $q(x)\in D[x]$가 존재한다. 이 때, 정리 3.8.5 (1)에 의하여 $c-x$는 $D[x]$의 단원이 아니다. 또한 정리 3.8.2 (4)에 의하여

$$2\leq \deg f(x)=\deg((c-x)q(x))=\deg(c-x)+\deg q(x)=1+\deg q(x)$$

이므로 $\deg q(x)\geq 1$이다. 따라서 정리 3.8.5 (1)에 의하여 $q(x)$도 $D[x]$의 단원이 아니다. 그러므로 $f(x)$는 $D[x]$에서의 가약다항식이다.

(2) $f(x)$가 $D[x]$에서의 가약다항식이라 하자. 그러면 정리 3.8.5 (5)에 의하여 $\deg g(x)<\deg f(x)$, $\deg h(x)<\deg f(x)$인 두 다항식 $g(x)$, $h(x)\in D[x]$에 대하여 $f(x)=g(x)h(x)$의 꼴로 표시된다. 따라서 정리 3.8.2 (4)에 의하여

$$\deg f(x)=\deg(g(x)h(x))=\deg g(x)+\deg h(x)$$

이다. 이때, $\deg g(x)=0$라 하면 $\deg h(x)=\deg f(x)$가 되어 모순이므로 $0<\deg g(x)<\deg f(x)$이다. 같은 방법으로 생각하면 $0<\deg h(x)$

$<\deg f(x)$이다. 따라서 $\deg f(x)=2$인 경우는 $g(x)=a_0+a_1x(a_1\neq 0)$이다. 따라서 $-a_1^{-1}a_0\in D$이고 $g(-a_1^{-1}a_0)=0$이므로 정리 3.7.9 (2)에 의하여

$$f(-a_1^{-1}a_0)=g(-a_1^{-1}a_0)h(-a_1^{-1}a_0)=0$$

이다. 즉 $-a_1^{-1}a_0$는 $D$에서의 $f(x)$의 근이다. 한편, $\deg f(x)=3$인 경우는 $\deg g(x)=1$ 또는 $\deg h(x)=1$이므로 위와 같은 방법으로 $D$에서의 $f(x)$의 근이 존재함을 증명할 수 있다. 역은 (1)의 결과이다. ■

**보기 3.8.16** $f(x)=3-x^2\in\mathbf{Q}[x]\subset\mathbf{R}[x]$를 생각하자. $f(x)\in\mathbf{Q}[x]$로 생각할 때는 $\mathbf{Q}$에서의 $f(x)$의 근이 존재하지 않으므로 정리 3.8.15 (2)에 의하여 $f(x)$는 $\mathbf{Q}[x]$에서의 기약다항식이다. 그러나 $f(x)\in\mathbf{R}[x]$로 생각할 때는 $\pm\sqrt{3}\in\mathbf{R}$이고 $f(\pm\sqrt{3})=0$이므로 정리 3.8.15 (2)에 의하여 $f(x)$는 $\mathbf{R}[x]$에서는 가약다항식이다.

정리 3.8.15 (2)에서 $\deg f(x)=2$ 또는 3이라는 가정은 꼭 필요하다.

$$f(x)=1+x^2+x^4=(1+x+x^2)(1-x+x^2)\in\mathbf{Q}[x]$$

를 생각할 때, 정리 3.8.5 (5)에 의하여 $f(x)$는 가약다항식이다. 그러나 $\mathbf{Q}$에서의 $f(x)$의 근은 존재하지 않는다. 또한,

$$f(x)=1+2x\in\mathbf{Q}[x]$$

라 하면 정리 3.8.5 (3)에 의하여 $f(x)$는 $\mathbf{Q}[x]$에서의 기약다항식이지만 $\mathbf{Q}$에서의 $f(x)$의 근 $-\dfrac{1}{2}$을 갖는다.

다음,

$$f(x)=1+5x+6x^2=(1+2x)(1+3x)\in\mathbf{Z}[x]$$

를 생각하자. 정리 3.8.5 (4)에 의하여 $f(x)$는 $\mathbf{Z}[x]$에서의 가약다항식이다. 그러나 $\mathbf{Z}$에서의 $f(x)$의 근은 존재하지 않는다. 따라서 체가 아닌 정역에서는 정리 3.8.15 (1)의 역은 성립하지 않는다. ◀

**【정리 3.8.17】**

$D$를 유일인수분해정역이라 하고 $Q$를 $D$의 분수체라 하자. $f(x)=\sum_{k=0}^{n} a_k x^k \in D[x](a_n \neq 0)$라 하고 $z=\frac{c}{b}\in Q$($b$와 $c$는 서로 소)라 할 때, $z$가 $Q$에서의 $f(x)$의 근이면 $c|a_0$, $b|a_n$이다.

**증명** $0=b^n 0 = b^n f\left(\frac{c}{b}\right)$

$$= b^n\left(a_0 + a_1\frac{c}{b} + a_2\left(\frac{c}{b}\right)^2 + \cdots + a_{n-1}\left(\frac{c}{b}\right)^{n-1} + a_n\left(\frac{c}{b}\right)^n\right)$$

이므로

$$\begin{aligned} a_0 b^n &= (-a_1)b^{n-1}c + (-a_2)b^{n-2}c^2 + \cdots + (-a_{n-1})bc^{n-1} + (-a_n)c^n \\ &= ((-a_1)b^{n-1} + (-a_2)b^{n-2}c + \cdots + (-a_{n-1})bc^{n-2} + (-a_n)c^{n-1})c \end{aligned}$$

이고, 또한

$$\begin{aligned} a_n c^n &= (-a_0)b^n + (-a_1)cb^{n-1} + (-a_2)c^2b^{n-2} + \cdots + (-a_{n-1})c^{n-1}b \\ &= ((-a_0)b^{n-1} + (-a_1)cb^{n-2} + (-a_2)c^2b^{n-3} + \cdots + (-a_{n-1})c^{n-1})b \end{aligned}$$

이다. 따라서 $c|a_0b^n$이고 $b|a_nc^n$이다. 이 때, $b$와 $c$는 서로 소이므로 정리 3.6.33 (3)에 의하여 $c$와 $b^n$ 그리고 $b$와 $c^n$이 서로 소이다. 그러므로 정리 3.6.33 (2)에 의하여 $c|a_0$이고 $b|a_n$이다. ■

$D$를 유일인수분해정역이라 하고 $a_i \in D(i=1, 2, \cdots, n)$이라 하자. $a_1$, $a_2$, $\cdots$, $a_n$이 모두는 0이 아닐 때, 정리 3.6.32와 그 다음의 설명에 의하여 $a_1$, $a_2$, $\cdots$, $a_n$의 최대공약수가 존재하므로 다음 정의를 할 수 있다.

**【정의 3.8.18】**

$D$를 유일인수분해정역이라 하고 $f(x)=\sum_{k=0}^{n} a_k x^k \in D[x]\ (a_n \neq 0)$라 하자. $f(x)$의 계수 $a_0$, $a_1$, $a_2$, $\cdots$, $a_n$의 최대공약수를 $C(f(x))$로 표시하고($a_0$, $a_1$, $a_2$,

$\cdots$, $a_n$의 최대공약수는 유일하지 않으므로 $C(f(x))$는 이들 중 어느 하나를 나타낸다(정리 3.6.24를 참조)), $C(f(x))$가 $D$의 단원일 때 $f(x)$를 원시다항식(primitive polynomial)이라 한다.

**보기 3.8.19** 유일인수분해정역 $\mathbf{Z}$를 생각하자.

$$f(x)=4+6x+2x^2 \in \mathbf{Z}[x]$$

일 때, $f(x)$의 계수 4, 6, 2의 최대공약수는 2이므로 $C(f(x))=2$이다. 또 2는 $\mathbf{Z}$의 단원이 아니므로(보기 3.1.11을 참조) $f(x)$는 원시다항식이 아니다(실제로 $-2$도 $f(x)$의 계수 4, 6, 2의 최대공약수이므로 $C(f(x))=-2$로 써도 된다. 물론, $-2$도 $\mathbf{Z}$의 단원이 아니다). 다음,

$$g(x)=2+4x+5x^2 \in \mathbf{Z}[x]$$

를 생각할 때, $g(x)$의 계수 2, 4, 5의 최대공약수는 1이므로 $C(g(x))=1$이고 1은 $\mathbf{Z}$의 단원이므로 $g(x)$는 원시다항식이다(실제로 $-1$도 $g(x)$의 계수 2, 4, 5의 최대공약수이므로 $C(g(x))=-1$이고 $-1$도 $\mathbf{Z}$의 단원이다). ◀

**【정리 3.8.20】**

$D$를 유일인수분해정역이라 하고 $f(x) \in D[x]$ ($f(x) \neq 0$)라 하자. 그러면 다음이 성립한다.

(1) $f(x)=C(f(x))f_1(x)$, $\deg f(x)=\deg f_1(x)$를 만족하는 원시다항식 $f_1(x) \in D[x]$가 존재한다.

(2) $d \in D (d \neq 0)$와 원시다항식 $f_2(x) \in D[x]$에 대하여 $f(x)=df_2(x)$이면 $d=C(f(x))$이다.

(3) $a$, $b \in D(a \neq 0,\ b \neq 0)$라 하고 $g(x)$, $h(x) \in D[x]$라 하자. $g(x)$와 $h(x)$가 원시다항식이고 $ag(x)=bh(x)$이면 적당한 $D$의 단원 $u$에 대하여 $a=ub$, $h(x)=ug(x)$로 표시된다. 즉 $a$는 $b$의 동반원이고 $h(x)$는 $g(x)$의 동반원이다.

(4) $\deg f(x) \geq 1$이라 할 때, $f(x)$가 기약다항식이면 $f(x)$는 원시다항식이다.

**증명** $f(x)=\sum_{k=0}^{n}a_kx^k(a_n\neq 0)$이라 하자.

(1) $d=C(f(x))$라 하고 $a_k=db_k(b_k\in D(0\leq k\leq n))$라 하자($a_n\neq 0$이므로 $b_n\neq 0$이다). $f_1(x)=\sum_{k=0}^{n}b_kx^k$이라 하자. 그러면 $\deg f_1(x)=n=\deg f(x)$이다. $d=C(f(x))$이므로 $d$는 $f(x)$의 계수 $a_0, a_1, a_2, \cdots, a_n$의 최대공약수이다. 또한 $a_k=db_k(0\leq k\leq n)$이므로 정리 3.6.32와 그 다음의 설명에 의하여 $f_1(x)$의 계수 $b_0, b_1, b_2, \cdots, b_n$의 최대공약수는 $D$의 단원이다. 따라서 $f_1(x)$는 원시다항식이고

$$C(f(x))f_1(x)=df_1(x)=d\sum_{k=0}^{n}b_kx^k=\sum_{k=0}^{n}db_kx^k=\sum_{k=0}^{n}a_kx^k=f(x),$$

즉 $f(x)=C(f(x))f_1(x)$이다.

(2) $d\in D(d\neq 0)$와 원시다항식 $f_2(x)\in D[x]$에 대하여 $f(x)=df_2(x)$라 하면 $\deg f(x)=\deg f_2(x)$이다. 따라서 $f_2(x)=\sum_{k=0}^{n}c_kx^k(c_n\neq 0)$의 꼴로 쓸 수 있다. 따라서

$$\sum_{k=0}^{n}a_kx^k=f(x)=df_2(x)=d\sum_{k=0}^{n}c_kx^k=\sum_{k=0}^{n}dc_kx^k$$

이므로 $a_k=dc_k(0\leq k\leq n)$이다. 한편 $f_2(x)$가 원시다항식이므로 $f_2(x)$의 계수 $c_0, c_1, c_2, \cdots, c_n$의 최대공약수를 $u$라 하면 $u$는 $D$의 단원이고 정리 3.6.33 (4)에 의하여 $dc_0, dc_1, dc_2, \cdots, dc_n$의 최대공약수는 $du$이다. 따라서 $a_k=dc_k(0\leq k\leq n)$이므로 $du$는 $a_0, a_1, a_2, \cdots, a_n$의 최대공약수이고, 이 때 $u$가 $D$의 단원이므로 정리 3.6.24에 의하여 $d$는 $a_0, a_1, a_2, \cdots, a_n$의 최대공약수이다. 즉 $d=C(f(x))$이다.

(3) $g(x)$와 $h(x)$를 원시다항식이라 하고 $ag(x)=bh(x)$라 하자. $k(x)=ag(x)=bh(x)$라 하면 (2)에 의하여 $a$와 $b$는 $k(x)$의 계수들의 최대공약수이다. 따라서 정리 3.6.24에 의하여 $a$는 $b$의 동반원이므로 적당한 $D$의 단원 $u$에 대하여 $a=bu$이다. 따라서

$$bh(x) = k(x) = ag(x) = bug(x)$$

이다. 이 때 $D[x]$가 정역이고 $b \neq 0$이므로 $h(x) = ug(x)$이다. 또한 $u$가 $D$의 단원이므로 정리 3.8.5 (1)에 의하여 $u$는 $D[x]$의 단원이다. 그러므로 $h(x)$는 $g(x)$의 동반원이다.

(4) (1)에 의하여

$$f(x) = C(f(x))f_1(x), \ \deg f(x) = \deg f_1(x)$$

를 만족하는 원시 다항식 $f_1(x) \in D[x]$가 존재한다. $f(x)$가 기약다항식이므로 $C(f(x))$가 $D[x]$의 단원이든가 $f_1(x)$가 $D[x]$의 단원이다. 그런데 $\deg f_1(x) \geq 1$이므로 정리 3.8.5 (1)에 의하여 $f_1(x)$는 $D[x]$의 단원이 아니다. 따라서 $C(f(x))$가 $D$의 단원이다. 그러므로 $f(x)$는 원시다항식이다. ■

**보기 3.8.21** 유일인수분해정역 $\mathbf{Z}$를 생각하자.

$$f(x) = 1 + 5x + 6x^2 = (1+2x)(1+3x) \in \mathbf{Z}[x]$$

를 생각할 때, $f(x)$는 원시다항식이지만 기약다항식이 아니다(보기 3.8.16을 참조). 따라서 정리 3.8.20 (4)의 역은 성립하지 않는다. ◀

**【정리 3.8.22】 (Gauss)**

$D$를 유일인수분해정역이라 하고 $f(x), g(x), f_i(x) \in D[x] (f(x) \neq 0, g(x) \neq 0, f_i(x) \neq 0 (1 \leq i \leq n))$이라 하자. 그러면 다음이 성립한다.

(1) $f(x)$와 $g(x)$가 원시다항식이면 $f(x)g(x)$도 원시다항식이다. 더욱이 모든 $i (1 \leq i \leq n)$에 대하여 $f_i(x)$가 원시다항식이면 $f_1(x)f_2(x) \cdots f_n(x)$도 원시다항식이다.

(2) $C(f(x)g(x))$는 $C(f(x))C(g(x))$의 동반원이다. 즉, 적당한 $D$의 단원 $u$에 대하여 $C(f(x)g(x)) = uC(f(x))C(g(x))$이다. 특히 $a \in D (a \neq 0)$일 때, 적당한 $D$의 단원 $u$에 대하여 $C(ag(x)) = uaC(g(x))$이다.

**증명** (1) $f(x)$와 $g(x)$를 원시다항식이라 하고 $f(x) = \sum_{k=0}^{m} a_k x^k (a_m \neq 0)$, $g(x) =$

$\sum_{k=0}^{n} b_k x^k (b_n \neq 0)$이라 하자. $0 \le k \le m+n$인 $k$에 대하여 $c_k = \sum_{i+j=k} a_i b_j$라 하면 $D$가 정역이므로 $c_{m+n} = a_m b_n \neq 0$이고, 따라서

$$f(x)g(x) = \sum_{k=0}^{m+n} (\sum_{i+j=k} a_i b_j) x^k = \sum_{k=0}^{m+n} c_k x^k, \quad f(x)g(x) \neq 0$$

이다. 이제 $f(x)g(x)$가 원시다항식이 아니라 가정하자. 그러면 $f(x)g(x)$의 계수 $c_0, c_1, c_2, \cdots, c_{m+n}$의 최대공약수를 $d$라 할 때 $d$는 $D$의 단원이 아니다. 따라서 $p|d$인 기약원 $p \in D$가 존재한다. 모든 $k(0 \le k \le m+n)$에 대하여 $d | c_k$이므로 정리 3.6.2 (3)에 의하여 모든 $k(0 \le k \le m+n)$에 대하여 $p | c_k$이다. 한편 $f(x)$가 원시다항식이므로 $f(x)$의 계수 $a_0, a_1, a_2, \cdots, a_m$의 최대공약수 $u$는 $D$의 단원이다. 모든 $k(0 \le k \le m)$에 대하여 $p | a_k$라 하면 $p | u$이므로 정리 3.6.6 (3)에 의하여 $p$가 $D$의 단원이 되어 모순이다. 따라서 $p \nmid a_k$를 만족하는 $k(0 \le k \le m)$가 적어도 하나 존재한다. 같은 방법으로 $g(x)$도 원시다항식이므로 $p \nmid b_k$를 만족하는 $k(0 \le k \le n)$가 적어도 하나 존재한다. $s(0 \le s \le m)$와 $t(0 \le t \le n)$를 각각 $p \nmid a_s$, $p \nmid b_t$를 만족하는 가장 작은 첨자라 하고 $f(x)g(x)$의 계수 $c_{s+t}$를 생각하자. 그러면 $p | a_k$ $(0 \le k < s)$, $p | b_k (0 \le k < t)$이고

$$\begin{aligned} c_{s+t} = \sum_{i+j=s+t} a_i b_j &= (a_0 b_{s+t} + a_1 b_{s+t-1} + \cdots + a_{s-1} b_{t+1}) + a_s b_t \\ &\quad + (a_{s+1} b_{t-1} + a_{s+2} b_{t-2} + \cdots + a_{s+t-1} b_1 + a_{s+t} b_0) \end{aligned}$$

이다. 이 때, 정리 3.6.2 (4)에 의하여

$$p | (a_0 b_{s+t} + a_1 b_{s+t-1} + \cdots + a_{s-1} b_{t+1}),$$
$$p | (a_{s+1} b_{t-1} + a_{s+2} b_{t-2} + \cdots + a_{s+t-1} b_1 + a_{s+t} b_0)$$

이다. 또한 모든 $k(0 \le k \le m+n)$에 대하여 $p | c_k$이고

$$\begin{aligned} a_s b_t = c_{s+t} &- (a_0 b_{s+t} + a_1 b_{s+t-1} + \cdots + a_{s-1} b_{t+1}) \\ &- (a_{s+1} b_{t-1} + a_{s+2} b_{t-2} + \cdots + a_{s+t-1} b_1 + a_{s+t} b_0) \end{aligned}$$

이므로 다시 정리 3.6.2 (4)에 의하여 $p | a_s b_t$이다. $p$가 기약원이므로 정리 3.6.33 (1)에 의하여 $p$는 소원이다. 따라서 $p | a_s$ 또는 $p | b_t$이다. 이것은 $s$와 $t$의 선택에 모순이다. 따라서 $f(x)g(x)$는 원시다항식이다. 다음, 모든 $i\,(1 \le i \le n)$에 대하여 $f_i(x)$가 원시다항식이면 위의 결과로부터 $f_1(x)f_2(x)\cdots f_n(x)$가 원시다항식임을 수학적귀납법을 사용하여 증명할 수 있다.

(2) $h(x)=f(x)g(x)$라 하자($D[x]$가 정역이고 $f(x)\neq 0$, $g(x)\neq 0$이므로 $h(x)=f(x)g(x)\neq 0$이다). 정리 3.8.20 (1)에 의하여

$$f(x)=C(f(x))f_1(x),\ \ g(x)=C(g(x))g_1(x),\ \ h(x)=C(h(x))h_1(x)$$

를 만족하는 원시다항식 $f_1(x)$, $g_1(x)$, $h_1(x)\in D[x]$가 존재한다. 따라서

$$\begin{aligned} C(f(x)g(x))h_1(x) &= C(h(x))h_1(x) = h(x) = f(x)g(x) \\ &= C(f(x))C(g(x))f_1(x)g_1(x) \end{aligned}$$

이다. $f_1(x)$, $g_1(x)$가 원시다항식이므로 (1)에 의하여 $f_1(x)g_1(x)$도 원시다항식이다. 따라서 정리 3.8.20 (3)에 의하여 적당한 $D$의 단원 $u$에 대하여

$$C(f(x)g(x))=uC(f(x))C(g(x))$$

이다. 특히 $f(x)=a(0\neq a\in D)$이면 분명히 $C(f(x))=a$이므로

$$C(ag(x))=uaC(g(x))$$

이다. ■

**【정리 3.8.23】**

$D$를 유일인수분해정역이라 하고 $Q$를 $D$의 분수체라 하자(따라서 $D[x]\subset Q[x]$이다). $f(x)\in Q[x]$ $(\deg f(x)\ge 1)$라 하면

$$f(x)=\frac{a}{b}f_1(x)\ (a,\ b\in D,\ a\neq 0,\ b\neq 0),\ \deg f(x)=\deg f_1(x)$$

를 만족하는 원시다항식 $f_1(x)\in D[x]$가 존재한다.

**증명** $f(x)=\sum_{k=0}^{n}\frac{a_k}{b_k}x^k (a_k,\ \ b_k \in D,\ \ b_k \neq 0 (0 \leq k \leq n),\ \ a_n \neq 0)$이라 하자. $b=b_0b_1b_2\cdots b_n$이라 하자. $D$가 정역이고 $b_k \neq 0 (0 \leq k \leq n)$, $a_n \neq 0$이므로 $b \neq 0 (b \in D)$이고 $a_n(b_0b_1b_2\cdots b_{n-1}) \neq 0$이다.

$$g(x) = \sum_{k=0}^{n} a_k(b_0b_1b_2\cdots b_{k-1}b_{k+1}\cdots b_n)x^k$$

이라 하자. 그러면 $\deg f(x)=n=\deg g(x)$, $g(x)\in D[x]$이다. $a=C(g(x))$라 하면(이 때, $0\neq a\in D$이다) 정리 3.8.20 (1)에 의하여 $g(x)=af_1(x)$, $\deg g(x)=\deg f_1(x)$를 만족하는 원시다항식 $f_1(x)\in D[x]$가 존재한다. 따라서 $\deg f(x)=\deg f_1(x)$이고

$$\begin{aligned}
\frac{a}{b}f_1(x) = \frac{1}{b}af_1(x) = \frac{1}{b}g(x) &= \frac{1}{b}\sum_{k=0}^{n}a_k(b_0b_1b_2\cdots b_{k-1}b_{k+1}\cdots b_n)x^k \\
&= \sum_{k=0}^{n}\frac{a_kb_0b_1b_2\cdots b_{k-1}b_{k+1}\cdots b_n}{b}x^k \\
&= \sum_{k=0}^{n}\frac{a_kb_0b_1b_2\cdots b_{k-1}b_{k+1}\cdots b_n}{b_0b_1b_2\cdots b_{k-1}b_kb_{k+1}\cdots b_n}x^k \\
&= \sum_{k=0}^{n}\frac{a_k}{b_k}x^k = f(x),
\end{aligned}$$

즉 $f(x)=\frac{a}{b}f_1(x)$이다. ■

**【정리 3.8.24】**

$D$를 유일인수분해정역이라 하고 $Q$를 $D$의 분수체라 하자. $f(x)$, $g(x)\in D[x]$ 라 하자. 그러면 다음이 성립한다.

(1) $f(x)$와 $g(x)$를 원시다항식이라 할 때, $D[x]$에서 $g(x)$가 $f(x)$의 동반원이 될 필요충분조건은 $Q[x]$에서 $g(x)$가 $f(x)$의 동반원인 것이다.

(2) $\deg f(x)\geq 1$이라 할 때, $f(x)$가 $D[x]$에서의 기약다항식이면 $f(x)$는 $Q[x]$에서의 기약다항식이다.

(3) $\deg f(x)\geq 1$이라 하고 $f(x)$를 원시다항식이라 할 때, $f(x)$가 $Q[x]$에서

의 기약다항식이면 $f(x)$는 $D[x]$에서의 기약다항식이다.

(4) $\deg f(x)=n\geq 1$이라 하고 $p,\ q\in\mathbf{N}(p<n,\ q<n)$이라 할 때, $\deg k(x)=p$, $\deg l(x)=q$인 $k(x),\ l(x)\in Q[x]$에 대하여 $f(x)=k(x)l(x)$일 필요충분조건은 $\deg r(x)=p$, $\deg s(x)=q$인 $r(x),\ s(x)\in D[x]$에 대하여 $f(x)=r(x)s(x)$인 것이다.

---

**증명** $D[x]$, $Q[x]$는 정역이고 $D[x]\subset Q[x]$이다.

(1) $Q[x]$에서 $g(x)$가 $f(x)$의 동반원이라 하자. 그러면 $g(x)=h(x)f(x)$를 만족하는 $Q[x]$의 단원 $h(x)$가 존재하므로 정리 3.8.5 (1)에 의하여 $h(x)=u\in Q(u\neq 0)$이다. 따라서 $u=\dfrac{a}{b}(a,\ b\in D,\ a\neq 0,\ b\neq 0)$의 꼴로 표시되므로 $g(x)=\dfrac{a}{b}f(x)$, 즉 $af(x)=bg(x)$이다. 이 때, $f(x)$, $g(x)$가 원시다항식이므로 정리 3.8.20 (3)에 의하여 $D[x]$에서 $g(x)$는 $f(x)$의 동반원이다. 역은 분명하다.

(2) $f(x)$를 $D[x]$에서의 기약다항식이라 하자. $f(x)$를 $Q[x]$에서의 기약다항식이 아니라 하면 정리 3.8.5 (5)에 의하여 $\deg k(x)<\deg f(x)$, $\deg l(x)<\deg f(x)$인 두 다항식 $k(x),\ l(x)\in Q[x]$에 대하여 $f(x)=k(x)l(x)\,(f(x)\neq 0$이므로 $k(x)\neq 0,\ l(x)\neq 0$이다)의 꼴로 표시된다. 정리 3.8.2 (4)에 의하여

$$\deg f(x)=\deg(k(x)l(x))=\deg k(x)+\deg l(x)$$

이므로 $\deg k(x)=0$이라 하면 $\deg f(x)=\deg l(x)$가 되어 모순이다. 따라서 $\deg k(x)\geq 1$이다. 또한 $\deg l(x)=0$이라 하면 $\deg f(x)=\deg k(x)$가 되어 모순이다. 따라서 $\deg l(x)\geq 1$이다. 그러므로 정리 3.8.23에 의하여

$$k(x)=\frac{a}{b}k_1(x)\,(a,\ b\in D,\ a\neq 0,\ b\neq 0),\ \deg k(x)=\deg k_1(x),$$

$$l(x)=\frac{c}{d}l_1(x)(c,\ d\in D,\ c\neq 0,\ d\neq 0),\ \deg l(x)=\deg l_1(x)$$

를 만족하는 원시다항식 $k_1(x),\ l_1(x)\in D[x]$가 존재한다. 또한 정리 3.8.20 (1)에 의하여 $f(x)=C(f(x))f_1(x)$, $\deg f(x)=\deg f_1(x)$를 만족하는 원시다항식 $f_1(x)\in D[x]$가 존재한다. $r=C(f(x))$라 하면 $0\neq r\in$

$D$이고

$$rf_1(x)=f(x)=k(x)l(x)=\frac{a}{b}\frac{c}{d}k_1(x)l_1(x),$$
$$\text{즉 } ack_1(x)l_1(x)=bdrf_1(x)$$

이다. $k_1(x)$와 $l_1(x)$가 원시다항식이므로 정리 3.8.22 (1)에 의하여 $k_1(x)l_1(x)$는 원시다항식이다. 따라서 정리 3.8.20 (3)에 의하여($D$가 정역이므로 $ac\neq 0$, $bdr\neq 0$이다) 적당한 $D$의 단원 $u$에 대하여

$$f_1(x)=uk_1(x)l_1(x)$$

이다. 따라서

$$f(x)=rf_1(x)=ruk_1(x)l_1(x)$$

이다. $k_2(x)=ruk_1(x)$($D$가 정역이므로 $ru\neq 0$이다)라 하면 $k_2(x)\in D[x]$이고 정리 3.8.2 (4)에 의하여 $\deg k_2(x)=\deg k_1(x)$이다. 그러므로

$$\deg k_2(x)=\deg k_1(x)=\deg k(x)<\deg f(x),$$
$$\deg l_1(x)=\deg l(x)<\deg f(x)$$

이고 $f(x)=k_2(x)l_1(x)$이다. 따라서 정리 3.8.5 (4)에 의하여 $f(x)$는 $D[x]$에서의 기약다항식이 아니다. 이것은 모순이다. 그러므로 $f(x)$는 $Q[x]$에서의 기약다항식이다.

(3) $f(x)$를 $Q[x]$에서의 기약다항식이라 하자. $\deg f(x)\geq 1$이므로 정리 3.8.5 (1)에 의하여 $f(x)$는 $D[x]$의 단원이 아니다. $k(x)$, $l(x)\in D[x]$에 대하여 $f(x)=k(x)l(x)$라 하면 정리 3.8.2 (4)에 의하여

$$\deg f(x)=\deg(k(x)l(x))=\deg k(x)+\deg l(x)$$

이므로 $\deg k(x)\leq \deg f(x)$, $\deg l(x)\leq \deg f(x)$이다. 이때, $k(x)$, $l(x)\in Q[x]$이므로 정리 3.8.5 (5)에 의하여 $\deg k(x)=\deg f(x)$ 또는 $\deg l(x)=\deg f(x)$이다. $\deg k(x)=\deg f(x)$이면 $\deg l(x)=0$이다. 따라서 $l(x)=a(0\neq a\in D)$이다. 즉 $f(x)=ak(x)$이다. 따라서 정리 3.8.22 (2)에 의하여 적당한 $D$의 단원 $u$에 대하여

$$C(f(x))=C(ak(x))=uaC(k(x))$$

이다. $f(x)$가 원시다항식이므로 $C(f(x))$는 $D$의 단원이고, 따라서 $vC(f(x))=1_D$를 만족하는 $v\in D$가 존재한다. 그러므로

$$1_D=vC(f(x))=vuaC(k(x))=a(vuC(k(x))),\ vuC(k(x))\in D$$

이다. 따라서 $a$는 $D$의 단원이다. 따라서 정리 3.8.5 (1)에 의하여 $l(x)=a$는 $D[x]$의 단원이다. $\deg l(x)=\deg f(x)$인 경우도 위와 같은 방법으로 $k(x)$가 $D[x]$의 단원임을 증명할 수 있다. 그러므로 $f(x)$는 $D[x]$에서의 기약다항식이다.

(4) $\deg k(x)=p$, $\deg l(x)=q$인 $k(x)$, $l(x)\in Q[x]$에 대하여 $f(x)=k(x)l(x)$라 하면 (2)의 증명과정에 의하여 $\deg k_2(x)=p$, $\deg l_1(x)=q$인 $k_2(x)$, $l_1(x)\in D[x]$에 대하여 $f(x)=k_2(x)l_1(x)$이다. 따라서 $r(x)=k_2(x)$, $s(x)=l_1(x)$로 생각하면 $\deg r(x)=p$, $\deg s(x)=q$인 $r(x)$, $s(x)\in D[x]$에 대하여 $f(x)=r(x)s(x)$이다. $D[x]\subset Q[x]$이므로 역은 분명하다. ■

**보기 3.8.25** 다항식 $f(x)=1-10x^2+x^4$이 $\mathbf{Q}[x]$에서의 기약다항식임을 보이자. $f(x)$가 $\mathbf{Q}[x]$에서의 가약다항식이라 하면 $\deg f(x)=4$이므로 정리 3.8.5 (5)에 의하여 $\deg g(x)<4$, $\deg h(x)<4$인 두 다항식 $g(x)$, $h(x)\in\mathbf{Q}[x]$에 대하여 $f(x)=g(x)h(x)$의 꼴로 표시된다. 따라서 정리 3.8.24 (4)에 의하여 $\deg r(x)=\deg g(x)$, $\deg s(x)=\deg h(x)$인 $r(x)$, $s(x)\in\mathbf{Z}[x]$에 대하여 $f(x)=r(x)s(x)$의 꼴로 표시된다. 한편, 정리 3.8.2 (4)에 의하여

$$4=\deg f(x)=\deg(r(x)s(x))=\deg r(x)+\deg s(x)$$

이므로 $0<\deg r(x)<4$, $0<\deg s(x)<4$이어야 한다. 그러므로 $f(x)$는 다음 두 가지 경우, 즉

(1) $f(x)=(a_0+x)(b_0+b_1x+b_2x^2+x^3)(a_0,\ b_0,\ b_1,\ b_2\in\mathbf{Z})$

(2) $f(x)=(c_0+c_1x+x^2)(d_0+d_1x+x^2)(c_0,\ c_1,\ d_0,\ d_1\in\mathbf{Z})$

의 꼴로 표시되어야 한다. $f(x)$가 (1)의 꼴로 표시된다면 정리 3.8.12에 의하여 $-a_0(\in\mathbf{Z})$가 $f(x)$의 근이어야 한다. 따라서 정리 3.8.17에 의하여 $-a_0|1$, 즉 $a_0=\pm1$이어야 한다. 그러나 $f(\pm1)=-8\neq0$이므로 이 경우는 일어나지

않는다. 다음, $f(x)$가 (2)의 꼴로 표시된다고 하면

$$1-10x^2+x^4=c_0d_0+(c_1d_0+c_0d_1)x+(c_0+c_1d_1+d_0)x^2+(c_1+d_1)x^3+x^4$$

이므로

$$c_0d_0=1,\ c_1d_0+c_0d_1=0,\ c_0+c_1d_1+d_0=-10,\ c_1+d_1=0$$

을 얻는다. 이 때, $c_0d_0=1$이므로 $c_0=d_0=-1$ 또는 $c_0=d_0=1$이어야 한다. 따라서 $c_0+c_1d_1+d_0=-10$이므로 $c_1d_1=-8$ 또는 $c_1d_1=-12$이어야 한다. 그러나 $c_1+d_1=0$, 즉 $c_1=-d_1$이어야 하므로 $c_1d_1=-8$ 또는 $c_1d_1=-12$를 만족하는 $c_1, d_1 \in \mathbf{Z}$는 존재하지 않음을 알 수 있다. 따라서 (2)의 경우도 일어나지 않는다. 그러므로 $f(x)$는 $\mathbf{Q}[x]$에서의 기약다항식이다. ◀

**【정리 3.8.26】**

$D$가 유일인수분해정역이면 $D[x]$도 유일인수분해정역이다.

**증명** $D$를 유일인수분해정역이라 하자. 그러면 $D$가 정역이므로 $D[x]$도 정역이다. $f(x)\in D[x](f(x)\neq 0)$라 하고 $f(x)$를 $D[x]$의 단원이 아니라 하자. 먼저, $f(x)$가 기약다항식 $f_1(x)$, $f_2(x)$, $\cdots$, $f_n(x)$에 대하여

$$f(x)=f_1(x)f_2(x)\cdots f_n(x) \qquad \cdots\cdots(3.8.3)$$

의 꼴로 표시됨을 보이자.

(1) $\deg f(x)=0$, 즉 $f(x)=a(0\neq a\in D)$인 경우는 $f(x)$가 $D[x]$의 단원이 아니므로 정리 3.8.5 (1)에 의하여 $a$는 $D$의 단원이 아니다. 따라서 $D$가 유일인수분해정역이므로 $D$에서의 기약원 $c_1$, $c_2$, $\cdots$, $c_n$에 대하여

$$a=c_1c_2\cdots c_n$$

의 꼴로 표시된다. 더욱이 정리 3.8.5 (2)에 의하여 $c_1$, $c_2$, $\cdots$, $c_n$은 $D[x]$에서의 기약다항식이다. 그러므로 $f(x)=a$는 $D[x]$에서의 기약다항식 $f_1(x)=c_1$, $f_2(x)=c_2$, $\cdots$, $f_n(x)=c_n$에 대하여 (3.8.3)의 꼴로 표시된다.

(2) $\deg f(x) \geq 1$이라 하자. 그러면 정리 3.8.20 (1)에 의하여

$$f(x) = C(f(x))f_1(x), \ \deg f(x) = \deg f_1(x)$$

를 만족하는 원시다항식 $f_1(x) \in D[x]$가 존재한다. $Q$를 $D$의 분수체라 하자. $D[x] \subset Q[x]$이므로 $f_1(x) \in Q[x]$이다. $\deg f_1(x) \geq 1$이므로 정리 3.8.5 (1)에 의하여 $f_1(x)$는 $Q[x]$의 단원이 아니다. 정리 3.8.8에 의하여 $Q[x]$는 유일인수분해정역이므로 $Q[x]$에서의 기약다항식 $g_1(x), \ g_2(x), \ \cdots, \ g_m(x)$에 대하여

$$f_1(x) = g_1(x)g_2(x) \cdots g_m(x)$$

의 꼴로 표시된다. 정리 3.8.23에 의하여 각 $i\,(1 \leq i \leq m)$에 대하여

$$g_i(x) = \frac{a_i}{b_i} h_i(x)(a_i, \ b_i \in D, \ a_i \neq 0, \ b_i \neq 0), \ \deg g_i(x) = \deg h_i(x)$$

를 만족하는 원시다항식 $h_i(x) \in D[x]$(따라서 $h_i(x) \in Q[x]$이다)가 존재한다. $0 \neq \dfrac{b_i}{a_i} \in Q$이므로 $\dfrac{b_i}{a_i}$는 $Q$의 단원이고, $h_i(x) = \dfrac{b_i}{a_i} g_i(x)$이므로 $Q[x]$에서 $h_i(x)$는 $g_i(x)$의 동반원이다. 따라서 각 $i\,(1 \leq i \leq m)$에 대하여 $g_i(x)$가 $Q[x]$에서의 기약다항식이므로 정리 3.6.12 (4)에 의하여 $h_i(x)$도 $Q[x]$에서의 기약다항식이다. 또한 $g_i(x)(g_i(x) \neq 0)$가 $Q[x]$의 단원이 아니므로 정리 3.8.5 (1)에 의하여 $\deg g_i(x) \geq 1$이고, 따라서 $\deg h_i(x) \geq 1$이다. 그러므로 정리 3.8.24 (3)에 의하여 각 $i\,(1 \leq i \leq m)$에 대하여 $h_i(x)$는 $D[x]$에서의 기약다항식이다. $a = a_1 a_2 \cdots a_m$, $b = b_1 b_2 \cdots b_m$이라 하자. 그러면 $D$가 정역이고 $a_i \neq 0(1 \leq i \leq m)$, $b_i \neq 0(1 \leq i \leq m)$이므로 $a \neq 0$, $b \neq 0$이다. 따라서

$$\begin{aligned} f_1(x) &= g_1(x)g_2(x) \cdots g_m(x) = \frac{a_1}{b_1}\frac{a_2}{b_2} \cdots \frac{a_m}{b_m} h_1(x)h_2(x) \cdots h_m(x) \\ &= \frac{a}{b} h_1(x)h_2(x) \cdots h_m(x), \end{aligned}$$

즉 $ah_1(x)h_2(x) \cdots h_m(x) = bf_1(x)$이다. 각 $i\,(1 \leq i \leq m)$에 대하여 $h_i(x)$

가 원시다항식이므로 정리 3.8.22 (1)에 의하여 $h_1(x)h_2(x)\cdots h_m(x)$는 원시다항식이다. 따라서 $f_1(x)$가 원시다항식이므로 정리 3.8.20 (3)에 의하여 적당한 $D$의 단원 $u$에 대하여

$$f_1(x)=uh_1(x)h_2(x)\cdots h_m(x)$$

이다. $d=C(f(x))$라 하자.

(i) $d$가 $D$의 단원인 경우는 $du$가 $D$의 단원이다. 따라서 정리 3.8.5 (1)에 의하여 $du$는 $D[x]$의 단원이고 $h_1(x)$가 $D[x]$에서의 기약다항식이므로 정리 3.6.12 (4)에 의하여 $duh_1(x)$도 $D[x]$에서의 기약다항식이다. 그러므로 $D[x]$에서의 기약다항식 $duh_1(x)$, $h_2(x)$, $\cdots$, $h_m(x)$에 대하여

$$f(x)=C(f(x))f_1(x)=(duh_1(x))h_2(x)\cdots h_m(x)$$

이다. 즉 $f(x)$는 (3.8.3)의 꼴로 표시된다.

(ii) $d$가 단원이 아닌 경우는 $D$가 유일인수분해정역이므로 $D$에서의 기약원 $c_1$, $c_2$, $\cdots$, $c_p$에 대하여

$$d=c_1c_2\cdots c_p$$

의 꼴로 표시된다. 정리 3.8.5 (2)에 의하여 $c_1$, $c_2$, $\cdots$, $c_p$는 $D[x]$에서의 기약다항식이고, 또한 정리 3.8.5 (1)에 의하여 $u$는 $D[x]$의 단원이다. 따라서 $h_1(x)$가 $D[x]$에서의 기약다항식이므로 정리 3.6.12 (4)에 의하여 $uh_1(x)$도 $D[x]$에서의 기약다항식이다. 따라서 $D[x]$에서의 기약다항식 $c_1$, $c_2$, $\cdots$, $c_p$, $uh_1(x)$, $h_2(x)$, $\cdots$, $h_m(x)$에 대하여

$$f(x)=C(f(x))f_1(x)=df_1(x)=c_1c_2\cdots c_p(uh_1(x))h_2(x)\cdots h_m(x)$$

이다. 즉, 이 경우도 $f(x)$는 (3.8.3)의 꼴로 표시된다.

다음, $D[x]$가 유일인수분해정역의 조건 (2)를 만족함을 보이기 위하여 $D[x]$에서의 기약다항식 $k_1(x)$, $k_2(x)$, $\cdots$, $k_n(x)$, $l_1(x)$, $l_2(x)$, $\cdots$, $l_m(x)$에 대하여

$$f(x)=k_1(x)k_2(x)\cdots k_n(x)=l_1(x)l_2(x)\cdots l_m(x) \qquad \cdots\cdots(3.8.4)$$

로 표시된다고 가정하자.

(1′) $\deg k_i(x)\geq 1(1\leq i\leq n)$, $\deg l_j(x)\geq 1(1\leq j\leq m)$인 경우는 정리 3.8.24 (2)에 의하여 $k_i(x)$와 $l_j(x)$는 $Q[x]$에서의 기약다항식이다. 정리 3.8.8에 의하여 $Q[x]$는 유일인수분해정역이고 $f(x)\in Q[x]$이므로 $n=m$이고 $Q[x]$에서 각 $l_j(x)(1\leq j\leq n)$는 적당한 $k_i(x)(1\leq i\leq n)$의 동반원이다. 또한 정리 3.8.20 (4)에 의하여 $k_i(x)$와 $l_j(x)$는 원시다항식이다. 따라서 정리 3.8.24 (1)에 의하여 $D[x]$에서 각 $l_j(x)$는 적당한 $k_i(x)$의 동반원이다.

(2′) $\deg k_i(x)=0(1\leq i\leq n)$, $\deg l_j(x)=0(1\leq j\leq m)$인 경우는 $k_i(x)=r_i(0\neq r_i\in D)$, $l_j(x)=d_j(0\neq d_j\in D)$라 하면 (3.8.4)는

$$r_1r_2\cdots r_n=d_1d_2\cdots d_m$$

으로 된다. 이 때, 정리 3.8.5 (2)에 의하여 $r_1, r_2, \cdots, r_n, d_1, d_2, \cdots, d_m$은 $D$에서의 기약원이고 $D$가 유일인수분해정역이므로 $n=m$이고 $D$에서 각 $d_j(1\leq j\leq n)$는 적당한 $r_i(1\leq i\leq n)$의 동반원이다. 그러므로 정리 3.8.5 (1)에 의하여 $D[x]$에서 각 $d_j$는 적당한 $r_i$의 동반원이다.

(3′) $\deg k_i(x)=0(1\leq i\leq s<n)$, $\deg k_i(x)\geq 1(s+1\leq i\leq n)$이고 $\deg l_j(x)=0(1\leq j\leq t<m)$, $\deg l_j(x)\geq 1(t+1\leq j\leq m)$인 경우는($D[x]$가 가환환이므로 이 가정은 일반성을 잃지 않는다) 정리 3.8.20 (4)에 의하여 $k_i(x)$ $(s+1\leq i\leq n)$, $l_j(x)(t+1\leq j\leq m)$는 원시다항식이다. 따라서 정리 3.8.22 (1)에 의하여 $k_{s+1}(x)k_{s+2}(x)\cdots k_n(x)$와 $l_{t+1}(x)l_{t+2}(x)\cdots l_m(x)$는 원시다항식이다.

$$k_i(x)=p_i(0\neq p_i\in D(1\leq i\leq s)),\ l_j(x)=q_j(0\neq q_j\in D(1\leq j\leq t))$$

라 하면 (3.8.4)는

$$p_1p_2\cdots p_sk_{s+1}(x)k_{s+2}(x)\cdots k_n(x)=q_1q_2\cdots q_tl_{t+1}(x)l_{t+2}(x)\cdots l_m(x)$$

로 된다. 따라서 정리 3.8.20 (3)에 의하여($D$가 정역이므로 $p_1p_2\cdots p_s$

$\neq 0$, $q_1q_2\cdots q_t\neq 0$이다) 적당한 $D$의 단원 $u$에 대하여

$$p_1p_2\cdots p_s = uq_1q_2\cdots q_t,$$
$$l_{t+1}(x)l_{t+2}(x)\cdots l_m(x) = uk_{s+1}(x)k_{s+2}(x)\cdots k_n(x)$$

로 표시된다. 또한 $u$가 $D$의 단원이므로 $wu=1_D$를 만족하는 $w\in D$가 존재한다. 따라서

$$k_{s+1}(x)k_{s+2}(x)\cdots k_n(x) = wl_{t+1}(x)l_{t+2}(x)\cdots l_m(x)$$

이다. 한편 $u$와 $w$가 $D$의 단원이므로 정리 3.8.5 (1)에 의하여 $u$와 $w$는 $D[x]$의 단원이다. 따라서 $q_1{}'=uq_1$, $l_{t+1}{}'(x)=wl_{t+1}(x)$라 하면 정리 3.6.12 (4)에 의하여 $q_1{}'$과 $l_{t+1}{}'(x)$는 $D[x]$에서의 기약다항식이고

$$p_1p_2\cdots p_s = q_1{}'q_2q_3\cdots q_t,$$
$$k_{s+1}(x)k_{s+2}(x)\cdots k_n(x) = l_{t+1}{}'(x)l_{t+2}(x)l_{t+3}(x)\cdots l_m(x)$$

이다. 그러므로 (1′)과 (2′)의 증명과정과 같은 방법으로 생각하여 $s=t$, $n=m$이고, 또한 $D[x]$에서 $q_1{}'$, $q_j(2\leq j\leq s)$는 적당한 $p_i(1\leq i\leq s)$의 동반원이고 $D[x]$에서 $l_{s+1}{}'(x)$, $l_j(x)(s+2\leq j\leq n)$는 적당한 $k_i(x)(s+1\leq i\leq n)$의 동반원임을 증명할 수 있다. 특히, $D[x]$에서 $l_{s+1}{}'(x)$가 적당한 $k_i(x)(s+1\leq i\leq n)$의 동반원이므로 $D[x]$의 적당한 단원 $v(0\neq v\in D)$(정리 3.8.5 (1)에 의하여 $D[x]$의 단원은 $D$의 단원이므로)에 대하여 $l_{s+1}{}'(x)=vk_i(x)$이다. 따라서

$$l_{s+1}(x) = 1_Dl_{s+1}(x) = wul_{s+1}(x) = uwl_{s+1}(x) = ul_{s+1}{}'(x) = uvk_i(x)$$

이다. 이 때, $uv$가 $D$의 단원이므로 $uv$는 $D[x]$의 단원이다. 따라서 $D[x]$에서 $l_{s+1}(x)$는 $k_i(x)$의 동반원이다. 같은 방법으로 $D[x]$에서 $q_1{}'$은 적당한 $p_i(1\leq i\leq s)$의 동반원이므로 $D[x]$에서 $q_1$은 $p_i$의 동반원임을 증명할 수 있다.

(4′) $\deg k_i(x)=0(1\leq i\leq s<n)$, $\deg k_i(x)\geq 1(s+1\leq i\leq n)$이고 $\deg l_i(x)\geq 1(1\leq i\leq m)$인 경우는 $k_i(x)=t_i(0\neq t_i\in D(1\leq i\leq s))$라 하면 (3.8.4)는

$$t_1t_2\cdots t_sk_{s+1}(x)k_{s+2}(x)\cdots k_n(x)=l_1(x)l_2(x)\cdots l_m(x)$$
$$=1_Dl_1(x)l_2(x)\cdots l_m(x)$$

로 된다. 따라서 $k_{s+1}(x)k_{s+2}(x)\cdots k_n(x)$와 $l_1(x)l_2(x)\cdots l_m(x)$는 원시다항식이므로 정리 3.8.20 (3)에 의하여 적당한 $D$의 단원 $u$에 대하여

$$t_1t_2\cdots t_s=u1_D=u$$

이다. 따라서 $t_1|u$이다. 그러나 $u$가 $D$의 단원이므로 정리 3.6.6 (3)에 의하여 $t_1$이 $D$의 단원이 되어 이것은 모순이다. 그러므로 이 경우는 일어나지 않는다. 마찬가지로 $\deg k_i(x)\geq 1(1\leq i\leq n)$이고 $\deg l_i(x)=0(1\leq i\leq t<m)$, $\deg l_i(x)\geq 1(t+1\leq i\leq m)$인 경우도 일어나지 않는다.

그러므로 $D[x]$는 유일인수분해정역이다. ■

**보기 3.8.27** $\mathbf{Z}$가 유일인수분해정역이므로 $\mathbf{Z}[x]$도 유일인수분해정역이다. 그러나 $\mathbf{Z}[x]$는 주이데알정역이 아님을 보이자.

$\mathbf{Z}[x]$의 이데알 $(2)$와 $(x)$를 생각하자. $I=(2)+(x)$라 하면 정리 3.2.16 (1)에 의하여 $I$는 $\mathbf{Z}[x]$의 이데알이다. 분명히 $2,\ x\in I$이므로 $I\neq\{0\}$이다. $I$를 $\mathbf{Z}[x]$의 주이데알이라 하면 적당한 $f(x)\in\mathbf{Z}[x](f(x)\neq 0)$에 대하여 $I=(f(x))$이다. 즉

$$(f(x))=(2)+(x)$$

이다. 따라서 $2\in(f(x))$이므로 $2=f(x)g(x)$를 만족하는 $g(x)\in\mathbf{Z}[x](g(x)\neq 0)$가 존재한다. 따라서 정리 3.8.2 (4)에 의하여

$$0=\deg 2=\deg f(x)+\deg g(x)$$

이므로 $\deg f(x)=0$이어야 한다. 즉 $f(x)=a(0\neq a\in\mathbf{Z})$이다. 또한 $x\in(f(x))=(a)$이므로 $x=ah(x)$를 만족하는 $h(x)\in\mathbf{Z}[x](h(x)\neq 0)$가 존재한다. 따라서

$$1=\deg x=\deg(ah(x))=\deg a+\deg h(x)=\deg h(x)$$

이다. 즉 $\deg h(x)=1$. 따라서 $c_0,\ c_1\in\mathbf{Z}(c_1\neq 0)$에 대하여 $h(x)=c_0+c_1x$이다. 그러므로

$$x = ah(x) = a(c_0 + c_1 x) = ac_0 + ac_1 x$$

이다. 따라서 $ac_1 = 1$이므로

$$1 = ac_1 \in (a) = (2) + (x)$$

이다. 따라서 $1 = 2t(x) + xs(x)$를 만족하는 $t(x)$, $s(x) \in \mathbf{Z}[x]$가 존재한다. $t(x) = \sum_{k=0}^{m} a_k x^k$, $s(x) = \sum_{k=0}^{n} b_k x^k$이라 하면

$$\begin{aligned} 1 &= 2\sum_{k=0}^{m} a_k x^k + x\sum_{k=0}^{n} b_k x^k = \sum_{k=0}^{m} (2a_k) x^k + \sum_{k=0}^{n} b_k x^{k+1} \\ &= 2a_0 + (2a_1 + b_0)x + (2a_2 + b_1)x^2 + \cdots \end{aligned}$$

이므로 $2a_0 = 1$이다. 그러나 $a_0 \in \mathbf{Z}$이므로 이것은 모순이다. 따라서 $I$는 $\mathbf{Z}[x]$의 주이데알이 아니다. 그러므로 $\mathbf{Z}[x]$는 주이데알정역이 아니다(따라서 정리 3.6.18의 역은 성립하지 않는다). 더욱이 정리 3.6.22에 의하여 $\mathbf{Z}[x]$는 Euclid 정역도 아니다. ◀

**【정리 3.8.28】 (Eisenstein)**

$D$를 유일인수분해정역이라 하고 $Q$를 $D$의 분수체라 하자.

$$f(x) = \sum_{k=0}^{n} a_k x^k \in D[x], \ \deg f(x) = n \geq 1$$

이라 하고(따라서 $D[x] \subset Q[x]$이므로 $f(x) \in Q[x]$이다) $p$를 $D$에서의 기약원이라 하자. 이 때

$$p^2 \nmid a_0, \ p \mid a_k (0 \leq k \leq n-1), \ p \nmid a_n$$

이면 $f(x)$는 $Q[x]$에서의 기약다항식이다.

**증명** $\deg f(x) = 1$인 경우는 정리 3.8.5 (3)에 의하여 $f(x)$는 $Q[x]$에서의 기약다항식이다. $\deg f(x) \geq 2$라 하자. 정리 3.8.20 (1)에 의하여

$$f(x) = C(f(x)) f_1(x), \ \deg f(x) = \deg f_1(x)$$

를 만족하는 원시다항식 $f_1(x) \in D[x]$가 존재한다. $C(f(x)) = d(d \in D)$라 하고 $f_1(x) = \sum_{k=0}^{n} b_k x^k$이라 하자($\deg f_1(x) = n$이므로 $b_n \neq 0$이다). 그러면

$$\sum_{k=0}^{n} a_k x^k = f(x) = df_1(x) = d\sum_{k=0}^{n} b_k x^k = \sum_{k=0}^{n} db_k x^k$$

이므로 $a_k = db_k (0 \le k \le n)$이다. 따라서 $p^2 | b_0$, $p | b_n$이라 하면 정리 3.6.2 (2)에 의하여 $p^2 | db_0$, $p | db_n$, 즉 $p^2 | a_0$, $p | a_n$이 되어 가정에 모순이므로 $p^2 \nmid b_0$, $p \nmid b_n$이다. 또한, 가정에 의하여 모든 $k(0 \le k \le n-1)$에 대하여 $p | a_k$, 즉 $p | db_k$이고 정리 3.6.33 (1)에 의하여 $p$가 소원이므로 $p | d$ 또는 $p | b_k$이다. $p | d$라 하면 $d | a_n$($d$는 $f(x)$의 계수 $a_0, a_1, a_2, \cdots, a_n$의 최대공약수이다)이므로 정리 3.6.2 (3)에 의하여 $p | a_n$이 되어 가정에 모순이다. 따라서 모든 $k(0 \le k \le n-1)$에 대하여 $p | b_k$이다. 그러므로 $f(x)$의 계수들에 대한 조건은 $f_1(x)$의 계수들에 대하여도 만족된다. 이제 $f_1(x)$가 $Q[x]$에서의 기약다항식임을 증명하면 정리 3.8.5 (1)에 의하여 $d(0 \neq d \in Q)$는 $Q[x]$의 단원이므로 정리 3.6.12(4)에 의하여 $f(x) = df_1(x)$도 $Q[x]$에서의 기약다항식이 되어 정리는 증명된다. 따라서 $f_1(x)$가 $Q[x]$에서의 기약다항식임을 증명하자. 이것을 증명하려면 정리 3.8.5 (5)에 의하여 $\deg k(x) < \deg f_1(x)$, $\deg l(x) < \deg f_1(x)$인 $k(x)$, $l(x) \in Q[x]$에 대하여 $f_1(x) = k(x)l(x)$로 표시될 수 없음을 보이면 충분하다. 따라서 정리 3.8.24 (4)에 의하여 $\deg r(x) < \deg f_1(x)$, $\deg s(x) < \deg f_1(x)$인 $r(x)$, $s(x) \in D[x]$에 대하여 $f_1(x) = r(x)s(x)$로 표시할 수 없음을 보이면 된다.

이제, $\deg r(x) < \deg f_1(x)$, $\deg s(x) < \deg f_1(x)$인 $r(x)$, $s(x) \in D[x]$에 대하여 $f_1(x) = r(x)s(x)$로 표시된다고 하자. 그러면 정리 3.8.2 (4)에 의하여 $\deg r(x) \ge 1$, $\deg s(x) \ge 1$이다.

$$r(x) = \sum_{k=0}^{m} c_k x^k (c_m \neq 0), \quad s(x) = \sum_{k=0}^{l} d_k x^k (d_l \neq 0)$$

이라 하자. 그러면

$$\sum_{k=0}^{n} b_k x^k = f_1(x) = r(x)s(x) = \left(\sum_{k=0}^{m} c_k x^k\right)\left(\sum_{k=0}^{l} d_k x^k\right) = \sum_{k=0}^{m+l}\left(\sum_{j+t=k} c_j d_t\right)x^k$$

이다. 따라서 $b_k = \sum_{j+t=k} c_j d_t$이다. 특히 $b_0 = c_0 d_0$, $b_n = c_m d_l$이다. 따라서 $p \mid b_0$, 즉 $p \mid c_0 d_0$이고 $p$가 소원이므로 $p \mid c_0$ 또는 $p \mid d_0$이다. 이 때, $p^2 \nmid b_0$, 즉 $p^2 \nmid c_0 d_0$이므로 $p \mid c_0$이고 동시에 $p \mid d_0$일 수는 없다(왜냐하면 $p \mid c_0$이고 $p \mid d_0$라 하면 $c_0 = pr$, $d_0 = pr'$을 만족하는 $r$, $r' \in D$가 존재하므로

$$b_0 = c_0 d_0 = prpr' = p^2 rr', \text{ 즉 } p^2 \mid b_0$$

가 되어 모순이 되기 때문이다).

$p \mid c_0$, $p \nmid d_0$인 경우를 생각하자. $b_n = c_m d_l$이고 $p \nmid b_n$이므로 $p \nmid c_m$이다. $s(0 \le s \le m)$를 $p \nmid c_s$를 만족하는 가장 작은 첨자라 하자. 그러면 $p \mid c_0$이므로 $1 \le s$이다. 분명히 $1 \le s \le m < n$이고 $p \mid c_k (0 \le k < s)$이다. 또한

$$b_s = c_0 d_s + c_1 d_{s-1} + \cdots + c_{s-1} d_1 + c_s d_0$$

이므로

$$c_s d_0 = b_s + c_0(-d_s) + c_1(-d_{s-1}) + \cdots + c_{s-1}(-d_1)$$

이다. 이 때, $s < n$이므로 $p \mid b_s$이고, 따라서 정리 3.6.2 (4)에 의하여 $p \mid c_s d_0$이다. 그러나 $p \nmid d_0$이므로 $p \mid c_s$이다. 이것은 모순이다. 또한 $p \nmid c_0$, $p \mid d_0$인 경우도 위와 같은 방법으로 생각하여 모순임을 알 수 있다. 그러므로 $f_1(x)$는 $\deg r(x) < \deg f_1(x)$, $\deg s(x) < \deg f_1(x)$인 $r(x)$, $s(x) \in D[x]$에 대하여 $f_1(x) = r(x)s(x)$의 꼴로 표시할 수 없다. ■

**보기 3.8.29** $f(x) = 12 + 9x + 6x^2 + 2x^4 \in \mathbf{Z}[x]$를 생각하자. 3은 $\mathbf{Z}$에서의 기약원이고

$$3^2 \nmid 12,\ 3 \mid 12,\ 3 \mid 9,\ 3 \mid 6,\ 3 \nmid 2$$

이므로 정리 3.8.28에 의하여 $f(x)$는 $\mathbf{Q}[x]$에서의 기약다항식이다. 더욱이 $C(f(x)) = 1$이므로 $f(x)$는 원시다항식이다. 따라서 정리 3.8.24 (3)에 의하여

$f(x)$는 또한 $\mathbf{Z}[x]$에서의 기약다항식이다. ◀

## 연습문제 3.8

**1.** 다항식환 $R[x]$와 $f(x)$, $g(x) \in R[x]$가 각각 다음과 같이 주어질 때,

$$g(x)=f(x)q(x)+r(x),\ r(x)=0 \text{ 또는 } \deg r(x)<\deg f(x) \quad \cdots\cdots(3.8.5)$$

를 만족하는 $q(x)$, $r(x) \in R[x]$를 구하여라.

(1) $R[x]=\mathbf{Z}[x]$, $f(x)=2+3x+x^2$, $g(x)=1+x+x^2+x^3$

(2) $R[x]=\mathbf{Q}[x]$, $f(x)=2+3x+2x^2$, $g(x)=1+x+x^2+x^3$

(3) $R[x]=\mathbf{Z}_4[x]$, $f(x)=\bar{2}+\bar{3}x+\bar{3}x^2$, $g(x)=\bar{1}+x+x^2+x^3$

(4) $R[x]=\mathbf{Z}_5[x]$, $f(x)=\bar{2}+\bar{3}x+\bar{2}x^2$, $g(x)=\bar{1}+x+x^2+x^3$

**2.** $R$을 단위원을 갖는 환이라 하자. $f(x)=\sum_{k=0}^{m} a_k x^k \in R[x]$이고 $a_m$은 $R$의 단원이 아닐 때, $g(x) \in R[x]$에 대하여 (3.8.5)를 만족하는 $q(x)$, $r(x) \in R[x]$가 존재하지 않는 예를 하나 들어라.

**3.** $\mathbf{Q}[x]$에서 $f(x)$, $g(x) \in \mathbf{Q}[x]$가 각각 다음과 같이 주어질 때 $f(x)$와 $g(x)$의 최대공약수 $d(x)$를 구하고, 또한 $d(x)=f(x)h(x)+g(x)p(x)$를 만족하는 $h(x)$, $p(x) \in \mathbf{Q}[x]$를 구하여라.

(1) $f(x)=-2+3x-3x^2+x^3$, $g(x)=6-5x+x^2$

(2) $f(x)=2+3x^2+x^4$, $g(x)=-x+x^5$

**4.** 다항식환 $R[x]$와 $f(x)$, $g(x) \in R[x]$가 각각 다음과 같이 주어질 때, $f(x)$와 $g(x)$의 최대공약수를 구하여라.

(1) $R[x]=\mathbf{Z}[x]$, $f(x)=6x+3x^2$, $g(x)=12x^2$

(2) $R[x]=\mathbf{Q}[x]$, $f(x)=6x+3x^2$, $g(x)=12x^2$

(3) $R[x]=\mathbf{Z}_3[x]$, $f(x)=\bar{1}+x+x^2+x^3$, $g(x)=\bar{2}x+\bar{2}x^2+x^3+x^4$

**5.** 다음 각 다항식의 동반원 중에서 모닉다항식을 구하여라.

(1) $1-x+2x^3\in\mathbf{Q}[x]$

(2) $1+x-ix^2\in\mathbf{C}[x]$

(3) $\overline{1}-\overline{3}x^2+\overline{2}x^5\in\mathbf{Z}_7[x]$

**6.** 다항식 $f(x)=x-x^2$은 $\mathbf{Z}_{10}$과 $\mathbf{Z}_{11}$에서 각각 몇 개의 근을 갖는가?

**7.** 정리 3.8.17을 이용하여 $f(x)=3+7x+5x^2+7x^3+2x^4\in\mathbf{Z}[x]$의 유리근($\mathbf{Q}$에서의 $f(x)$의 근)을 모두 구하여라. 또한, $g(x)=2-x^2$과 $h(x)=1+8x-2x^2+x^4$이 $\mathbf{Q}[x]$에서의 기약다항식임을 증명하여라.

**8.** $\mathbf{Z}_5[x]$에서의 다음 다항식의 모든 근을 구하고 인수분해하여라.

(1) $\overline{1}+x+x^2+x^3$

(2) $\overline{1}+x^2+\overline{3}x^4$

(3) $\overline{1}+x^5$

(4) $\overline{4}+x^4$

**9.** 다항식 $f(x)=4-x^4$을 각각 $\mathbf{Q}[x]$, $\mathbf{R}[x]$, $\mathbf{C}[x]$에서의 기약다항식의 곱으로 표시하여라.

**10.** $D$를 유일인수분해정역이라 하고 $f(x)\in D[x]$, $a\in D$라 하자. $f(x)$가 $D[x]$에서의 기약다항식일 필요충분조건은 $f(a+x)$가 $D[x]$에서의 기약다항식임을 증명하여라(따라서 다항식 $f(x)\in\mathbf{Z}[x]$에 정리 3.8.28을 적용할 수 없을 때에는 $f(x)$에서 $x$ 대신에 $n+x$(보통 $n=\pm1$, $\pm2$를 대입한다)로 바꾼 다항식 $f(n+x)$에 정리 3.8.28을 적용하여 $f(x)$가 $\mathbf{Q}[x]$에서의 기약다항식인지 아닌지를 판정한다).

**11.** 문제 10을 이용하여 $p$가 소수일 때 다항식

$$f(x)=\frac{1-x^p}{1-x}=1+x+x^2+\cdots+x^{p-1}$$

이 $\mathbf{Q}[x]$에서의 기약다항식임을 보여라.

**12.** 다음 각 다항식 중에서 $\mathbf{Q}[x]$에서의 기약다항식을 찾아라.

(1) $6-4x+6x^2-8x^3+3x^4$

(2) $\frac{1}{2}-2x^2+\frac{1}{2}x^4+\frac{2}{3}x^5$

(3) $1-22x^2+x^4$

(4) $6-8x-3x^2+4x^3$

**13.** 다음 각 다항식 중에서 $\mathbf{Z}[x]$에서의 기약다항식을 찾아라.

(1) $p+x^n$ ($p$는 소수)

(2) $6+81x+3x^2+x^3$

(3) $3+16x+12x^2+4x^3+2x^4$

(4) $7+5x+x^2$

**14.** (1) $\mathbf{Z}_2[x]$에서 차수가 3인 기약다항식을 모두 구하여라.

(2) $\mathbf{Z}_3[x]$에서 차수가 2 이하인 기약다항식을 모두 구하여라.

(3) $\mathbf{Z}_p[x]$($p$는 소수)에서 차수가 2인 모닉다항식은 $p^2$개 있으며, 이 중에서 기약다항식과 가약다항식의 개수는 각각 $\frac{p(p-1)}{2}$, $\frac{p(p+1)}{2}$개 있음을 증명하여라.

**15.** (1) $\bar{4}+\bar{6}x\in\mathbf{Z}_7[x]$는 $\mathbf{Z}_7[x]$에서의 기약다항식임을 보여라.

(2) $\bar{4}+\bar{3}x+\bar{3}x^2+x^3\in\mathbf{Z}_5[x]$를 $\mathbf{Z}_5[x]$에서의 기약다항식들의 곱으로 표시하여라.

**16.** (1) $1+ax+bx^2+x^3\in\mathbf{Z}[x]$가 $\mathbf{Z}[x]$에서의 가약다항식이기 위한 필요충분조건은 $a=b$이거나 $a+b=-2$임을 보여라.

(2) 다항식 $x+x^2y+y^4$이 $\mathbf{Q}[x, y]$에서의 기약다항식임을 보여라.

**17.** $\mathbf{Z}_6[x]$에서의 다항식 $x$, $\bar{2}+x$, $\bar{3}+x$를 각각 차수가 1인 두 다항식의 곱으

로 표시하여라. 이와 같은 현상은 왜 일어나는가?

**18.** 다항식 $\bar{1}+x^2$이 $\mathbf{Z}_p[x]$($p$는 소수)에서의 가약다항식이기 위한 필요충분조건은 $a+b\equiv 0 \pmod p$이고 $ab\equiv 1 \pmod p$를 만족하는 정수 $a$, $b$가 존재할 때임을 보여라.

**19.** $R$을 단위원을 갖는 가환환이라 할 때, 다항식 $1+ax$가 $R[x]$의 단원이기 위한 필요충분조건은 $a$가 멱영원임을 증명하여라.

4

CHAPTER

# 벡터공간, 가군

# 4 벡터공간, 가군

## 4.1 벡터공간

**【정의 4.1.1】**

$F$를 체라 하고 $V$를 덧셈아벨군이라 하자. 함수 $\mu: F\times V \longrightarrow V$가 정의되어(이 때, 함수 $\mu$를 $V$위의 스칼라 곱(scalar product)이라 한다. 또, 편리를 위하여 $\mu$에 의한 $(c, \alpha)\in F\times V$의 함수값 $\mu((c, \alpha))$를 $c\alpha$로 표시한다. 즉, $\mu((c, \alpha))=c\alpha$) 다음 조건을 만족할 때, $V$를 체 $F$위의 벡터공간(vector space over a field $F$)이라 한다.

임의의 $\alpha, \beta\in V$와 임의의 $c, c_1, c_2\in F$에 대하여

(1) $c(\alpha+\beta)=c\alpha+c\beta$

(2) $(c_1+c_2)\alpha=c_1\alpha+c_2\alpha$

(3) $(c_1c_2)\alpha=c_1(c_2\alpha)$

(4) $1\alpha=\alpha$

$V$가 체 $F$위의 벡터공간일 때, $V$의 각 원소를 벡터(vector)라 하고 $F$의 각 원소를 스칼라(scalar)라 한다. 특히, $V$의 단위원 0($V$가 덧셈아벨군이므로 $V$의 단위원 0이 존재한다)을 영벡터(zero vector)라 한다. 앞으로 혼란이 없을 때, $V$는 체 $F$위의 벡터공간이라는 표현 대신에 간단히 $V$는 "벡터공간"이라고 할 때도 있다.

**보기 4.1.2** $E$를 체라 하고 $F$를 $E$의 부분체라 할 때, $E$는 덧셈아벨군이므로 $E$위의 스칼라 곱을 임의의 $\alpha \in E$와 임의의 $c \in F$(따라서 $c \in E$)에 대하여

$$c\alpha \ (E\text{에서의 } c\text{와 } \alpha\text{의 곱})$$

으로 생각하면 $E$는 체 $F$위의 벡터공간이다. 따라서 임의의 체 $F$는 $F$위의 벡터공간이다. ◀

**보기 4.1.3** $M_{m\times n}(F)$를 체 $F$위의 $m\times n$행렬 전체의 집합이라 하자. 그러면 $M_{m\times n}(F)$는 행렬의 덧셈에 대하여 덧셈아벨군을 이루고, 또한 임의의 $A=[a_{ij}]\in M_{m\times n}(F)$와 임의의 $c\in F$에 대하여 $cA=[ca_{ij}]$로 정의되는 일반적인 스칼라 곱에 대하여 정의 4.1.1의 조건 (1)~(4)를 모두 만족한다. 따라서 $M_{m\times n}(F)$는 $F$위의 벡터공간이다. ◀

**보기 4.1.4** 체 $F$위의 다항식환 $F[x]$를 생각하자. 그러면 $F[x]$는 덧셈아벨군이므로 $F[x]$위의 스칼라 곱을 임의의 $f(x)\in F[x]$와 임의의 $c\in F$(따라서 $c\in F[x]$)에 대하여

$$cf(x) \ (F[x]\text{에서의 } c\text{와 } f(x)\text{의 곱})$$

으로 생각하면 $F[x]$는 체 $F$위의 벡터공간이다. ◀

**보기 4.1.5** $V_1, V_2, \cdots, V_n$을 체 $F$위의 벡터공간이라 할 때, $V_1, V_2, \cdots, V_n$의 카테시안 곱 $V_1\times V_2\times\cdots\times V_n$을 생각하자. $V_1\times V_2\times\cdots\times V_n$위의 덧셈(이항연산)과 스칼라 곱을 임의의 $(\alpha_1, \alpha_2, \cdots, \alpha_n)$, $(\beta_1, \beta_2, \cdots, \beta_n)\in V_1\times V_2\times\cdots\times V_n$와 임의의 $c\in F$에 대하여

$$(\alpha_1, \alpha_2, \cdots, \alpha_n)+(\beta_1, \beta_2, \cdots, \beta_n)=(\alpha_1+\beta_1, \alpha_2+\beta_2, \cdots, \alpha_n+\beta_n),$$
$$c(\alpha_1, \alpha_2, \cdots, \alpha_n)=(c\alpha_1, c\alpha_2, \cdots, c\alpha_n)$$

으로 정의하자. 그러면 $V_i(i=1, 2, \cdots, n)$가 덧셈아벨군이므로 정리 2.5.1과 그 다음의 설명에 의하여 $V_1\times V_2\times\cdots\times V_n$은 덧셈아벨군이고, 이 때

$$0=(0, 0, \cdots, 0),$$
$$-(\alpha_1, \alpha_2, \cdots, \alpha_n)=(-\alpha_1, -\alpha_2, \cdots, -\alpha_n)$$

이다. 또한, 임의의 $(\alpha_1, \alpha_2, \cdots, \alpha_n)$, $(\beta_1, \beta_2, \cdots, \beta_n) \in V_1 \times V_2 \times \cdots \times V_n$와 임의의 $c \in F$에 대하여

$$\begin{aligned} c((\alpha_1, \alpha_2, \cdots, \alpha_n)+(\beta_1, \beta_2, \cdots, \beta_n)) &= c(\alpha_1+\beta_1, \alpha_2+\beta_2, \cdots, \alpha_n+\beta_n) \\ &= (c(\alpha_1+\beta_1), c(\alpha_2+\beta_2), \cdots, c(\alpha_n+\beta_n)) \\ &= (c\alpha_1+c\beta_1, c\alpha_2+c\beta_2, \cdots, c\alpha_n+c\beta_n) \\ &= (c\alpha_1, c\alpha_2, \cdots, c\alpha_n)+(c\beta_1, c\beta_2, \cdots, c\beta_n) \\ &= c(\alpha_1, \alpha_2, \cdots, \alpha_n)+c(\beta_1, \beta_2, \cdots, \beta_n) \end{aligned}$$

이다. 따라서 정의 4.1.1의 조건 (1)이 만족된다. 정의 4.1.1의 나머지 조건 (2), (3), (4)가 만족됨을 같은 방법으로($V_i (i=1, 2, \cdots, n)$가 벡터공간이라는 사실을 이용하여) 쉽게 증명할 수 있다. 따라서 $V_1 \times V_2 \times \cdots \times V_n$은 체 $F$위의 벡터공간이다(이때, 체 $F$위의 벡터공간 $V_1 \times V_2 \times \cdots \times V_n$을 $V_1, V_2, \cdots, V_n$의 직합(direct sum)이라 하고 $V_1 \oplus V_2 \oplus \cdots \oplus V_n$으로 표시한다).

특히, 보기 4.1.2에 의하여 체 $F$는 $F$위의 벡터공간이므로 $V_i = F (i=1, 2, \cdots, n)$로 생각하면

$$F^n = F \oplus F \oplus \cdots \oplus F = \{(x_1, x_2, \cdots, x_n) \mid x_i \in F (i=1, 2, \cdots, n)\}$$

은 임의의 $(x_1, x_2, \cdots, x_n)$, $(y_1, y_2, \cdots, y_n) \in F^n$과 임의의 $c \in F$에 대하여

$$\begin{aligned} &(x_1, x_2, \cdots, x_n)+(y_1, y_2, \cdots, y_n)=(x_1+y_1, x_2+y_2, \cdots, x_n+y_n), \\ &c(x_1, x_2, \cdots, x_n)=(cx_1, cx_2, \cdots, cx_n) \end{aligned}$$

으로 정의되는 $F^n$위의 덧셈과 스칼라 곱에 대하여 $F$위의 벡터공간이다.

◀

**【정리 4.1.6】**

$V$를 체 $F$위의 벡터공간이라 하자. 그러면 다음이 성립한다.

(1) 모든 $\alpha \in V$에 대하여 $0\alpha = 0$이다.

(2) 모든 $c \in F$에 대하여 $c0 = 0$이다.

(3) 모든 $c \in F$와 모든 $\alpha \in V$에 대하여

$$(-c)\alpha = -(c\alpha) = c(-\alpha)$$

이다. 특히, $(-1)\alpha = -\alpha$이다.

(4) 임의의 $c \in F$와 임의의 $\alpha \in V$에 대하여 다음이 성립한다.

$$c\alpha = 0 \Longrightarrow c = 0 \text{ 또는 } \alpha = 0$$

**증명** (1) $0\alpha + 0 = 0\alpha = (0+0)\alpha = 0\alpha + 0\alpha$이므로 $0\alpha = 0$이다.

(2) $c0 + 0 = c0 = c(0+0) = c0 + c0$이므로 $c0 = 0$이다.

(3) $c\alpha + c(-\alpha) = c(\alpha + (-\alpha)) = c0 = 0$((2)에 의하여)
$= c\alpha + (-(c\alpha))$

이므로 $c(-\alpha) = -(c\alpha)$이다. 또한

$$c\alpha + (-c)\alpha = (c + (-c))\alpha = 0\alpha = 0 \text{((1)에 의하여)}$$

이므로 $(-c)\alpha = -(c\alpha)$이다. 특히, $c=1$이면 $(-1)\alpha = -(1\alpha) = -\alpha$이다.

(4) $c\alpha = 0$이라 하자. 그러면 $c=0$이든가 $c \neq 0$인데, $c \neq 0$이면 $cc^{-1} = 1 = c^{-1}c$를 만족하는 $c^{-1} \in F$가 존재하므로

$$\alpha = 1\alpha = (c^{-1}c)\alpha = c^{-1}(c\alpha) = c^{-1}0 = 0 \text{((2)에 의하여)}$$

이다. 즉, $c=0$이든가 $\alpha=0$이다. ■

**【정의 4.1.7】**

$V$를 체 $F$위의 벡터공간이라 하고 $W$를 $V$의 부분집합이라 하자. $W$가 다음 두 조건

(1) $W$는 덧셈아벨군 $(V, +)$의 부분군이다.

(2) $c \in F,\ \alpha \in W \Longrightarrow c\alpha \in W$

를 만족하면 $W$를 $V$의 부분공간(subspace)이라 한다.

$V$를 체 $F$위의 벡터공간이라 하고 $W$를 $V$의 부분공간이라 하자.

$$\mu : F \times V \longrightarrow V$$

를 $V$위의 스칼라 곱이라 할 때, 임의의 $c \in F$와 임의의 $\alpha \in W$에 대하여 $\mu'((c, \alpha)) = \mu((c, \alpha)) = c\alpha$로 정의하면 $W$위의 스칼라 곱

$$\mu' : F \times W \longrightarrow W$$

가 얻어진다. 분명히 $W$는 $W$위의 이 스칼라 곱 $\mu'$에 대하여 체 $F$위의 벡터공간이다.

**【정리 4.1.8】**

$V$를 체 $F$위의 벡터공간이라 하고 $W$를 $V$의 부분집합이라 하자. 그러면 다음 다섯 주장은 서로 동치이다.

(1) $W$는 $V$의 부분공간이다.

(2) $W$는 다음 조건을 만족한다.

(i) $W \neq \varnothing$

(ii) $\alpha,\ \beta \in W \Longrightarrow \alpha + \beta \in W$

(iii) $c \in F,\ \alpha \in W \Longrightarrow c\alpha \in W$

(3) $W$는 다음 조건을 만족한다.

(i) $0 \in W$ (0은 $V$의 영벡터이다)

(ii) $\alpha,\ \beta \in W \Longrightarrow \alpha + \beta \in W$

(iii) $c \in F,\ \alpha \in W \Longrightarrow c\alpha \in W$

(4) $W$는 다음 조건을 만족한다.

(i) $W \neq \varnothing$

(ii) $c \in F,\ \alpha,\ \beta \in W \Longrightarrow c\alpha + \beta \in W$

(5) $W$는 다음 조건을 만족한다.

(i) $W \neq \varnothing$

(ii) $c_1,\ c_2 \in F,\ \alpha_1,\ \alpha_2 \in W \Longrightarrow c_1\alpha_1 + c_2\alpha_2 \in W$

**증명** (1) $\Longrightarrow$ (5)는 분명하다.

(5) $\Longrightarrow$ (4). $W$가 (5)의 조건을 만족한다고 하자. 그러면 $c \in F$이고 $\alpha$, $\beta \in V$일 때, (5)의 조건 (ii)에 의하여

$$c\alpha + \beta = c\alpha + 1\beta \in W$$

이므로 (4)의 조건 (ii)가 만족된다.

(4) $\Longrightarrow$ (3). $W$가 (4)의 조건을 만족한다고 하자. 그러면 (4)의 조건 (i)에 의하여 적어도 한 벡터 $\alpha \in W$가 존재한다. 따라서 정리 4.1.6 (3)과 (4)의 조건 (ii)에 의하여

$$0 = -\alpha + \alpha = (-1)\alpha + \alpha \in W$$

이므로 (3)의 조건 (i)이 만족된다. 또, $\alpha$, $\beta \in W$이면 (4)의 조건 (ii)에 의하여

$$\alpha+\beta=1\alpha+\beta \in W$$

이므로 (3)의 조건 (ii)가 만족된다. 또한, $c \in F$이고 $\alpha \in W$이면 $0 \in W$이므로 (4)의 조건 (ii)에 의하여

$$c\alpha=c\alpha+0 \in W$$

이다. 따라서 (3)의 조건 (iii)이 만족된다.

(3) $\Longrightarrow$ (2)는 분명하다.

(2) $\Longrightarrow$ (1). $W$가 (2)의 조건을 만족한다고 하자. $\alpha \in W$라 하면 정리 4.1.6 (3)과 (2)의 조건 (iii)에 의하여

$$-\alpha=(-1)\alpha \in W$$

이므로 정리 2.2.2에 의하여 $(W, +)$는 덧셈아벨군 $(V, +)$의 부분군이다. 따라서 $W$는 $V$의 부분공간이다. ■

**보기 4.1.9** $V$를 벡터공간이라 할 때, $\{0\}$과 $V$자신은 분명히 $V$의 부분공간이다. ◀

**보기 4.1.10** 체 $F$위의 벡터공간 $F^2$의 부분집합

$$W=\{(x_1, 0) \mid x_1, 0 \in F\}$$

를 생각하자. 분명히 $(1, 0) \in W$이므로 $W \neq \varnothing$이다. 또한, $c \in F$이고 $(x_1, 0)$, $(y_1, 0) \in W$이면

$$\begin{aligned} c(x_1, 0)+(y_1, 0) &= (cx_1, 0)+(y_1, 0) \\ &= (cx_1+y_1, 0) \in W \ (cx_1+y_1 \in F\text{이므로}) \end{aligned}$$

이다. 따라서 $W$는 $F^2$의 부분공간이다. ◀

**보기 4.1.11** 체 $F$위의 벡터공간 $F[x]$(보기 4.1.4를 참조)를 생각하자. $F_n[x]$를 영다항식 0과 차수가 $n(n \geq 0)$이하인 $F[x]$의 다항식 전체의 집합이라

하자. 즉

$$F_n[x]=\{f(x)\in F[x] \mid f(x)=0 \text{ 또는 } \deg f(x)\le n\}.$$

분명히 $F_n[x]$는 공집합이 아닌 $F[x]$의 부분집합이다. 이제, $f(x), g(x)\in F_n[x]$라 하고 $c\in F$라 하자. 그러면 $f(x)=0$ 또는 $\deg f(x)\le n$이고, $g(x)=0$ 또는 $\deg g(x)\le n$이다. 따라서 $f(x)=0$, $g(x)=0$인 경우는 $f(x)+g(x)=0+0=0$, $cf(x)=c0=0$이고 $f(x)=-g(x)$인 경우는 $f(x)+g(x)=0$이고 그 외의 경우는

$$\deg(f(x)+g(x))\le n,\ \deg(cf(x))\le n\,(c=0\text{이면 } cf(x)=0f(x)=0)$$

이다. 즉 $f(x)+g(x)\in F_n[x]$, $cf(x)\in F_n[x]$이다. 그러므로 $F_n[x]$는 $F[x]$의 부분공간이다. ◀

**【정리 4.1.12】**

$V$를 체 $F$위의 벡터공간이라 하고 $I$를 공집합이 아닌 집합이라 하자. 각 원소 $i\in I$에 대하여 $V$의 부분공간 $W_i$가 대응한다고 할 때, $V$의 부분공간들의 집합족 $\{W_i \mid i\in I\}$의 교집합 $W=\bigcap_{i\in I} W_i$는 $V$의 부분공간이다.

**증명** 모든 $i\in I$에 대하여 $(W_i, +)$가 덧셈아벨군 $(V, +)$의 부분군이므로 정리 2.2.9에 의하여 $(W, +)$는 덧셈아벨군 $(V, +)$의 부분군이다. 이제, $c\in F$, $\alpha\in W$라 하자. 그러면 모든 $i\in I$에 대하여 $\alpha\in W_i$이고 $W_i$는 $V$의 부분공간이므로 모든 $i\in I$에 대하여 $c\alpha\in W_i$이다. 따라서 $c\alpha\in W$이다. 그러므로 $W$는 $V$의 부분공간이다. ■

**【정의 4.1.13】**

$V$를 벡터공간이라 하고 $S$를 $V$의 부분집합이라 하자. $V$는 $V$자신의 부분공간이므로 $S$를 포함하는 $V$의 부분공간은 적어도 하나 존재한다. 정리 4.1.12에 의하여 $S$를 포함하는 $V$의 모든 부분공간들의 교집합은 $V$의 부분공간이다. 이 부분공간을 $S$에 의하여 생성되는 $V$의 부분공간(subspace of $V$ spanned or generated by $S$)이라 하고 $[S]$로 표시한다. 특히, $V=[S]$일 때, $S$는 $V$를 생성한다 또는 $V$는 $S$에 의하여 생성된다고 한다.

$V$를 벡터공간이라 하고 $S$를 $V$의 부분집합이라 하자. 그러면, 분명히 $[S]$는 $S$를 포함하는 $V$의 부분공간이고, 또한 $S$를 포함하는 $V$의 임의의 부분공간을 $W$라 하면 정리 1.1.1 (2)에 의하여 $[S] \subset W$이다($[S] = \cdots \cap W \cap \cdots$). 즉, $[S]$는 $S$를 포함하는 $V$의 부분공간 중에서 가장 작은 부분공간이다. $S=\varnothing$이면 분명히 $[S]=\{0\}$이다.

**【정의 4.1.14】**

$V$를 체 $F$위의 벡터공간이라 하자. $\alpha_1, \alpha_2, \cdots, \alpha_n$을 $V$에 속하는 벡터라 할 때($\alpha_1, \alpha_2, \cdots, \alpha_n$은 서로 다를 필요는 없다), $c_i \in F (i=1, 2, \cdots, n)$에 대하여

$$c_1\alpha_1 + c_2\alpha_2 + \cdots + c_n\alpha_n$$

의 꼴로 표시되는 벡터를 $\alpha_1, \alpha_2, \cdots, \alpha_n$의 **1차결합**(linear combination)이라 한다. 특히, $\alpha \in V$라 할 때

$$\alpha = c_1\alpha_1 + c_2\alpha_2 + \cdots + c_n\alpha_n$$

으로 표시되면 $\alpha$는 $\alpha_1, \alpha_2, \cdots, \alpha_n$의 1차결합이라 한다.

---

$V$를 체 $F$위의 벡터공간이라 하자. $c \in F$, $\alpha_i \in V (i=1, 2, \cdots, n)$이라 할 때, 정의 4.1.1의 조건 (1)은 수학적귀납법을 사용하면 다음과 같이 일반화된다.

$$c(\alpha_1 + \alpha_2 + \cdots + \alpha_n) = c\alpha_1 + c\alpha_2 + \cdots + c\alpha_n \qquad \cdots\cdots(4.1.1)$$

또한, $\alpha \in V$, $c_i \in F (i=1, 2, \cdots, n)$라 할 때, 정의 4.1.1의 조건 (2)는 수학적귀납법을 사용하면 다음과 같이 일반화된다.

$$(c_1 + c_2 + \cdots + c_n)\alpha = c_1\alpha + c_2\alpha + \cdots + c_n\alpha \qquad \cdots\cdots(4.1.2)$$

**【정리 4.1.15】**

$V$를 체 $F$위의 벡터공간이라 하고 $S$를 $V$의 공집합이 아닌 부분집합이라 하자. 그러면 $[S]$는 $S$에 속하는 벡터들의 1차결합 모두로 구성된다. 즉,

$$[S] = \{c_1\alpha_1 + c_2\alpha_2 + \cdots + c_r\alpha_r \mid r \text{은 임의의 양의 정수}, \; c_i \in F,\ \alpha_i \in S\ (1 \le i \le r)\}.$$

---

**증명** $W=\{c_1\alpha_1+\cdots+c_r\alpha_r \mid r$은 임의의 양의 정수, $c_i \in F$, $\alpha_i \in S(1 \le i \le r)\}$이라 놓자. $S \neq \varnothing$이므로 분명히 $W \neq \varnothing$이다. 이제, $c \in F$라 하고

$$c_1\alpha_1+c_2\alpha_2+\cdots+c_r\alpha_r, \quad d_1\beta_1+d_2\beta_2+\cdots+d_t\beta_t$$

를 $W$의 원소라 하면 (4.1.1)에 의하여

$$\begin{aligned} &c(c_1\alpha_1+c_2\alpha_2+\cdots+c_r\alpha_r)+(d_1\beta_1+d_2\beta_2+\cdots+d_t\beta_t) \\ &\quad =(cc_1)\alpha_1+(cc_2)\alpha_2+\cdots+(cc_r)\alpha_r+d_1\beta_1+d_2\beta_2+\cdots+d_t\beta_t \in W \end{aligned}$$

이다. 따라서 정리 4.1.8에 의하여 $W$는 $V$의 부분공간이다. 한편, $\alpha \in S$라 하면 $\alpha=1\alpha \in W$이므로 $S \subset W$이다. 따라서 $W$는 $S$를 포함하는 $V$의 부분공간이므로 정의 4.1.14 앞의 설명에 의하여 $[S] \subset W$이다. 역으로 $c_1\alpha_1+c_2\alpha_2+\cdots+c_r\alpha_r$을 $W$의 임의의 원소라 하면 $\alpha_1, \alpha_2, \cdots, \alpha_r \in S \subset [S]$이고 $[S]$가 $V$의 부분공간이므로 정리 4.1.8에 의하여 $c_1\alpha_1+c_2\alpha_2+\cdots+c_r\alpha_r \in [S]$이다. 따라서 $W \subset [S]$이다. 그러므로 $[S]=W$이다. ■

**【정리 4.1.16】**

$V$를 체 $F$위의 벡터공간이라 하고 $S=\{\alpha_1, \alpha_2, \cdots, \alpha_n\}$을 $V$의 부분집합이라 하자. 그러면

$$[S]=\{c_1\alpha_1+c_2\alpha_2+\cdots+c_n\alpha_n \mid c_i \in F(i=1, 2, \cdots, n)\}$$

이다.

**증명** $W=\{c_1\alpha_1+c_2\alpha_2+\cdots+c_n\alpha_n \mid c_i \in F(i=1, 2, \cdots, n)\}$라 하자. 그러면 분명히 $W \subset [S]$이다. 역으로, $\alpha \in [S]$라 하고 $r$을 임의의 양의 정수라 할 때, $\alpha$가 $S$에 속하는 $r$개의 벡터 $\alpha_{j_1}, \alpha_{j_2}, \cdots, \alpha_{j_r}$과 $b_{j_k} \in F(k=1, 2, \cdots, r)$에 대하여

$$\alpha=b_{j_1}\alpha_{j_1}+b_{j_2}\alpha_{j_2}+\cdots+b_{j_r}\alpha_{j_r}$$

로 표시된다고 하자. $\alpha_{j_1}, \alpha_{j_2}, \cdots, \alpha_{j_r}$ 중에서 서로 같은 것이 있는 경우에는 벡터공간의 조건들을 이용하면 $\alpha$는 $S$에 속하는 서로 다른 $m(1 \le m \le n)$개의 벡터 $\alpha_{i_1}, \alpha_{i_2}, \cdots, \alpha_{i_m}$과 $c_{i_k} \in F(k=1, 2, \cdots, m)$에 대하여

$$\alpha = c_{i_1}\alpha_{i_1} + c_{i_2}\alpha_{i_2} + \cdots + c_{i_m}\alpha_{i_m}$$

의 꼴로 표시된다(예를 들면, $\alpha = b_1\alpha_1 + b_2\alpha_3 + b_3\alpha_5 + b_4\alpha_3$는 $\alpha = b_1\alpha_1 + (b_2 + b_4)\alpha_3 + b_3\alpha_5$로 표시된다). 이 때, $S$에 속하는 벡터 중에서 $\alpha_{i_1}$, $\alpha_{i_2}$, $\cdots$, $\alpha_{i_m}$을 제외한 나머지 벡터를 $\alpha_{i_{m+1}}$, $\alpha_{i_{m+2}}$, $\cdots$, $\alpha_{i_{n-m}}$이라 하면

$$\begin{aligned}\alpha &= c_{i_1}\alpha_{i_1} + c_{i_2}\alpha_{i_2} + \cdots + c_{i_m}\alpha_{i_m} \\ &= c_{i_1}\alpha_{i_1} + c_{i_2}\alpha_{i_2} + \cdots + c_{i_m}\alpha_{i_m} + 0\alpha_{i_{m+1}} + 0\alpha_{i_{m+2}} + \cdots + 0\alpha_{i_{n-m}}\end{aligned}$$

이므로 첨자를 조정하여 $\alpha_1$, $\alpha_2$, $\cdots$, $\alpha_n$의 순으로 더하는 순서를 바꾸면 $\alpha$는

$$\alpha = d_1\alpha_1 + d_2\alpha_2 + \cdots + d_n\alpha_n,\ d_i \in F(i = 1,\ 2,\ \cdots,\ n)$$

의 꼴로 표시된다. 따라서 $\alpha \in W$이다. 즉 $[S] \subset W$. 그러므로 $[S] = W$이다. ■

**보기 4.1.17** 체 $F$위의 벡터공간 $F^2$를 생각하자. $\varepsilon_1 = (1,\ 0)$, $\varepsilon_2 = (0,\ 1) \in F^2$라 하고 $S = \{\varepsilon_1,\ \varepsilon_2\}$라 하자. 분명히 $S \subset F^2$이고, 임의의 벡터 $(x_1,\ x_2) \in F^2$는

$$(x_1,\ x_2) = x_1(1,\ 0) + x_2(0,\ 1) = x_1\varepsilon_1 + x_2\varepsilon_2(x_1,\ x_2 \in F)$$

의 꼴로 표시되므로 $[S] = F^2$이다. 즉, $S$는 $F^2$를 생성한다.

다음, 체 $F$위의 벡터공간 $F^n$을 생각하자.

$$\varepsilon_1 = (1,\ 0,\ \cdots,\ 0),\ \varepsilon_2 = (0,\ 1,\ 0,\ \cdots,\ 0),\ \cdots,\ \varepsilon_n = (0,\ \cdots,\ 0,\ 1) \in F^n$$

이라 하고 $S = \{\varepsilon_1,\ \varepsilon_2,\ \cdots,\ \varepsilon_n\}$이라 하자. 그러면 $S \subset F^n$이고, 임의의 벡터 $(x_1,\ x_2,\ \cdots,\ x_n) \in F^n$은

$$(x_1,\ x_2,\ \cdots,\ x_n) = x_1\varepsilon_1 + x_2\varepsilon_2 + \cdots + x_n\varepsilon_n,\ x_i \in F(i = 1,\ 2,\ \cdots,\ n)$$

의 꼴로 표시되므로 $[S] = F^n$이다. 즉, $S$는 $F^n$을 생성한다. ◀

**【정리 4.1.18】**

$V$를 체 $F$위의 벡터공간이라 하고 $W_i(i=1, 2, \cdots, r)$를 $V$의 부분공간이라 하자. 그러면

$$W_1+W_2+\cdots+W_r=\{\alpha_1+\alpha_2+\cdots+\alpha_r \mid \alpha_i \in W_i(i=1, 2, \cdots, r)\}$$

(정의 2.5.9를 참조)은 $V$의 부분공간이다.

**증명** 정리 4.1.8에 의하여 $0 \in W_i(i=1, 2, \cdots, r)$이므로

$$0=0+0+\cdots+0 \in W_1+W_2+\cdots+W_r, \text{ 즉 } W_1+W_2+\cdots+W_r \neq \varnothing$$

이다. 또한 $c \in F$, $\alpha$, $\beta \in W_1+W_2+\cdots+W_r$이라 하면 적당한 $\alpha_i$, $\beta_i \in W_i(i=1, 2, \cdots, r)$에 대하여

$$\alpha=\alpha_1+\alpha_2+\cdots+\alpha_r, \quad \beta=\beta_1+\beta_2+\cdots+\beta_r$$

의 꼴로 표시된다. 따라서 정리 4.1.8에 의하여 $c\alpha_i+\beta_i \in W_i(i=1, 2, \cdots, r)$이므로

$$\begin{aligned} c\alpha+\beta &= c(\alpha_1+\alpha_2+\cdots+\alpha_r)+(\beta_1+\beta_2+\cdots+\beta_r) \\ &= (c\alpha_1+\beta_1)+(c\alpha_2+\beta_2)+\cdots+(c\alpha_r+\beta_r) \in W_1+W_2+\cdots+W_r \end{aligned}$$

이다. 따라서 정리 4.1.8에 의하여 $W_1+W_2+\cdots+W_r$은 $V$의 부분공간이다. ■

$V$를 체 $F$위의 벡터공간이라 하고 $W$를 $V$의 부분공간이라 하자. 그러면 $W$는 덧셈아벨군 $(V, +)$의 정규부분군이므로 $W$에 의한 $V$의 상군

$$V/W=\{\alpha+W \mid \alpha \in V\}$$

를 생각할 수 있다. 이 때, $V/W$는 임의의 $\alpha+W$, $\beta+W \in V/W$에 대하여

$$(\alpha+W)+(\beta+W)=(\alpha+\beta)+W$$

로 정의되는 $V/W$위의 덧셈(이항연산)에 대하여 덧셈아벨군을 이룬다. 이제 $V/W$를 다음과 같이 체 $F$위의 벡터공간으로 만들자.

**【정리 4.1.19】**

$V$를 체 $F$위의 벡터공간이라 하고 $W$를 $V$의 부분공간이라 하자. 덧셈아벨군 $V/W=\{\alpha+W \mid \alpha\in V\}$를 생각하자. $V/W$위의 스칼라 곱을 임의의 $c\in F$와 임의의 $\alpha+W\in V/W$에 대하여

$$c(\alpha+W)=c\alpha+W$$

로 정의하면 $V/W$는 체 $F$위의 벡터공간이다(이 벡터공간 $V/W$를 $W$에 의한 $V$의 상공간(quotient space)이라 한다.

**증명** $\alpha+W$, $\beta+W\in V/W$에 대하여 $\alpha+W=\beta+W$라 하면 정리 2.4.3 앞의 설명에 의하여 $a-b\in W$이므로

$$c\alpha-c\beta=c(\alpha-\beta)\in W$$

이다. 따라서 다시 정리 2.4.3 앞의 설명에 의하여 $c\alpha+W=c\beta+W$이다. 따라서 $V/W$위의 스칼라 곱은 잘 정의된다. 다음, 임의의 $c$, $c_1$, $c_2\in F$와 임의의 $\alpha+W$, $\beta+W\in V/W$에 대하여

$$\begin{aligned}
&c((\alpha+W)+(\beta+W))=c((\alpha+\beta)+W)=c(\alpha+\beta)+W\\
&\quad=(c\alpha+c\beta)+W=(c\alpha+W)+(c\beta+W)=c(\alpha+W)+c(\beta+W),\\
&(c_1+c_2)(\alpha+W)=(c_1+c_2)\alpha+W=(c_1\alpha+c_2\alpha)+W\\
&\qquad\qquad=(c_1\alpha+W)+(c_2\alpha+W)=c_1(\alpha+W)+c_2(\alpha+W),\\
&(c_1c_2)(\alpha+W)=(c_1c_2)\alpha+\mathrm{W}=c_1(c_2\alpha)+W\\
&\qquad\qquad=c_1(c_2\alpha+W)=c_1(c_2(\alpha+W)),\\
&1(\alpha+W)=1\alpha+W=\alpha+W
\end{aligned}$$

이므로 $V/W$는 체 $F$위의 벡터공간이다. ■

# 4.2 벡터공간의 기저와 차원

$V$를 체 $F$위의 벡터공간이라 하자. $\alpha_1, \alpha_2, \cdots, \alpha_n$을 $V$에 속하는 서로 다른 벡터라 하고 $c_1, c_2, \cdots, c_n \in F$라 하자. 이제, $\alpha_1, \alpha_2, \cdots, \alpha_n$의 1차결합이 영벡터가 되는 경우, 즉

$$c_1\alpha_1 + c_2\alpha_2 + \cdots + c_n\alpha_n = 0 \qquad \cdots\cdots(4.2.1)$$

인 경우를 생각하자. 정리 4.1.6 (1)에 의하여 $c_1 = c_2 = \cdots = c_n = 0$이면 언제나 (4.2.1)이 만족된다. 그러나 $c_1, c_2, \cdots, c_n$이 모두는 0이 아닌 경우에도 (4.2.1)이 만족될 때가 있다.

예를 들어, 체 $F$위의 벡터공간 $F^2$에 속하는 벡터 $\varepsilon_1 = (1, 0)$, $\varepsilon_2 = (0, 1)$에 대하여

$$c_1\varepsilon_1 + c_2\varepsilon_2 = 0 \qquad \cdots\cdots(4.2.2)$$

을 만족하는 $c_1, c_2 \in F$를 모두 구하여 보자. $c_1\varepsilon_1 + c_2\varepsilon_2 = 0$이면

$$(0, 0) = 0 = c_1\varepsilon_1 + c_2\varepsilon_2 = c_1(1, 0) + c_2(0, 1) = (c_1, 0) + (0, c_2) = (c_1, c_2)$$

이므로 $c_1 = c_2 = 0$이다. 따라서 (4.2.2)를 만족하는 $c_1, c_2 \in F$는 $c_1 = c_2 = 0$인 경우뿐이다. 그러나 실수체 $\mathbf{R}$위의 벡터공간 $\mathbf{R}^2$에 속하는 벡터 $\alpha_1 = (1, 2)$, $\alpha_2 = (3, 7)$, $\alpha_3 = (2, 4)$에 대하여

$$-2(1, 2) + 0(3, 7) + 1(2, 4) = (0, 0)$$

이다. 따라서

$$c_1\alpha_1 + c_2\alpha_2 + c_3\alpha_3 = 0$$

을 만족하는 $c_1, c_2, c_3 \in \mathbf{R}$은 $c_1 = c_2 = c_3 = 0$인 경우뿐만 아니라 $c_1, c_2, c_3$가 모두는 0이 아닌 경우도 있다.

**【정의 4.2.1】**

$V$를 체 $F$위의 벡터공간이라 하자. $\alpha_1, \alpha_2, \cdots, \alpha_n$을 $V$에 속하는 벡터라 하자($\alpha_1, \alpha_2, \cdots, \alpha_n$은 서로 다를 필요는 없다). 모두는 0이 아닌 $c_1, c_2, \cdots, c_n \in F$이 존재하여(즉, $c_1, c_2, \cdots, c_n$ 중에서 적어도 하나는 0이 아니다),

$$c_1\alpha_1 + c_2\alpha_2 + \cdots + c_n\alpha_n = 0$$

으로 될 때, $\alpha_1, \alpha_2, \cdots, \alpha_n$은 **1차종속**(linearly dependent)이라 한다.

또, $\alpha_1, \alpha_2, \cdots, \alpha_n$이 1차종속이 아닐 때, 즉 $c_i \in F(i=1, 2, \cdots, n)$에 대하여

$$c_1\alpha_1 + c_2\alpha_2 + \cdots + c_n\alpha_n = 0 \Longrightarrow c_1 = c_2 = \cdots = c_n = 0$$

일 때, $\alpha_1, \alpha_2, \cdots, \alpha_n$은 **1차독립**(linearly independent)이라 한다.

다음, $S$를 $V$의 부분집합이라 하자. $S$에 속하는 유한 개의 서로 다른 벡터 $\alpha_1, \alpha_2, \cdots, \alpha_n$과 모두는 0이 아닌 $c_1, c_2, \cdots, c_n \in F$이 존재하여

$$c_1\alpha_1 + c_2\alpha_2 + \cdots + c_n\alpha_n = 0$$

을 만족할 때, $S$를 $V$의 **1차종속인 부분집합**(linearly dependent subset), 또는 간단히 $S$는 1차종속이라 한다. 또, $S$가 $V$의 1차종속인 부분집합이 아닐 때, 즉 $S$에 속하는 임의의 서로 다른 유한 개의 벡터 $\alpha_1, \alpha_2, \cdots, \alpha_r$과 $c_1, c_2, \cdots, c_r \in F$에 대하여

$$c_1\alpha_1 + c_2\alpha_2 + \cdots + c_r\alpha_r = 0 \Longrightarrow c_1 = c_2 = \cdots = c_r = 0$$

일 때, $S$를 $V$의 **1차독립인 부분집합**(lineary independent subset), 또는 간단히 $S$는 1차독립이라 한다.

---

**보기 4.2.2** $V$를 체 $F$위의 벡터공간이라 하고 $0 \neq \alpha \in V$라 하자. $c \in F$에 대하여 $c\alpha = 0$이라 하면 정리 4.1.6 (4)에 의하여 $c = 0$이다. 따라서 $V$의 영벡터가 아닌 한 벡터 $\alpha$는 1차독립이고, 또한 $\{\alpha\}$는 $V$의 1차독립인 부분집합이다. 더욱이 공집합 $\varnothing$는 $V$의 1차독립인 부분집합이다. ◀

**【정리 4.2.3】**

$V$를 체 $F$위의 벡터공간이라 하고 $\alpha_1, \alpha_2, \cdots, \alpha_n$을 $V$에 속하는 벡터라 하자. $\alpha_1, \alpha_2, \cdots, \alpha_n$ 중에서 한 벡터가 영벡터이거나, 또는 서로 같은 두 벡터가 있으면 $\alpha_1, \alpha_2, \cdots, \alpha_n$은 1차종속이다.

**증명** 적당한 $i(1 \leq i \leq n)$에 대하여 $\alpha_i = 0$이라 하면 정리 4.1.6 (1), (2)에 의하여

$$0\alpha_1 + \cdots + 0\alpha_{i-1} + 1\alpha_i + 0\alpha_{i+1} + \cdots + 0\alpha_n = 0$$

이므로 $\alpha_1, \alpha_2, \cdots, \alpha_n$은 1차종속이다. 또한, $i < j(i=1, 2, \cdots, n-1;$ $j=2, 3, \cdots, n)$에 대하여 $\alpha_i = \alpha_j$라 하면 정리 4.1.6 (1), (3)에 의하여

$$\begin{aligned} 0\alpha_1 + \cdots + 0\alpha_{i-1} + 1\alpha_i + 0\alpha_{i+1} + \cdots + 0\alpha_{j-1} + (-1)\alpha_j + 0\alpha_{j+1} + \cdots + 0\alpha_n \\ = \alpha_i + (-\alpha_j) = 0 \end{aligned}$$

이므로 $\alpha_1, \alpha_2, \cdots, \alpha_n$은 1차종속이다. ■

**【정리 4.2.4】**

$V$를 체 $F$위의 벡터공간이라 하고 $\alpha_1, \alpha_2, \cdots, \alpha_n$을 $V$에 속하는 벡터라 하자. $\alpha_1, \alpha_2, \cdots, \alpha_n$이 1차독립이면 $\alpha_i \neq 0(i=1, 2, \cdots, n)$이고 $\alpha_1, \alpha_2, \cdots, \alpha_n$은 모두 다르며, 또한 $S=\{\alpha_1, \alpha_2, \cdots, \alpha_n\}$은 $V$의 1차독립인 부분집합이다.

**증명** $\alpha_1, \alpha_2, \cdots, \alpha_n$을 1차독립이라 하면 정리 4.2.3에 의하여 $\alpha_i \neq 0(i=1, 2,$ $\cdots, n)$이고 $\alpha_1, \alpha_2, \cdots, \alpha_n$은 서로 다르다. 이제, $S=\{\alpha_1, \alpha_2, \cdots, \alpha_n\}$이라 하자. $n=1$인 경우는 분명히 $S=\{\alpha_1\}$은 $V$의 1차독립인 부분집합이다. 다음, $1<n$인 경우를 생각하자. 양의 정수 $r(1 \leq r < n)$과 $S$에 속하는 서로 다른 벡터 $\alpha_{i_1}, \alpha_{i_2}, \cdots, \alpha_{i_r}$과 $F$에 속하는 스칼라 $c_{i_1}, c_{i_2}, \cdots, c_{i_r}$에 대하여

$$c_{i_1}\alpha_{i_1} + c_{i_2}\alpha_{i_2} + \cdots + c_{i_r}\alpha_{i_r} = 0$$

이라 하자. $\alpha_1, \alpha_2, \cdots, \alpha_n$ 중에서 $\alpha_{i_1}, \alpha_{i_2}, \cdots, \alpha_{i_r}$을 제외한 나머지 벡터

를 $\alpha_{j_1}, \alpha_{j_2}, \cdots, \alpha_{j_{n-r}}$이라 하면

$$\begin{aligned}0&=c_{i_1}\alpha_{i_1}+c_{i_2}\alpha_{i_2}+\cdots+c_{i_r}\alpha_{i_r}\\&=c_{i_1}\alpha_{i_1}+c_{i_2}\alpha_{i_2}+\cdots+c_{i_r}\alpha_{i_r}+0\alpha_{j_1}+0\alpha_{j_2}+\cdots+0\alpha_{j_{n-r}}\end{aligned}$$

이므로 첨자를 조정하여 $\alpha_1, \alpha_2, \cdots, \alpha_n$의 순으로 더하는 순서를 바꾸면 0은 결국

$$0=c_1\alpha_1+c_2\alpha_2+\cdots+c_n\alpha_n$$

의 꼴($c_i(i=1, 2, \cdots, n)$는 0이거나 또는 $c_{i_k}(k=1, 2, \cdots, r)$ 중의 어느 하나이다)로 표시된다. 이 때, $\alpha_1, \alpha_2, \cdots, \alpha_n$이 1차독립이므로

$$c_1=c_2=\cdots=c_n=0,\ \text{즉}\ c_{i_1}=c_{i_2}=\cdots=c_{i_r}=0$$

이다. 따라서 $S$는 $V$의 1차독립인 부분집합이다. ■

**보기 4.2.5** 체 $F$위의 벡터공간 $F^2$를 생각하자. $\varepsilon_1=(1, 0)$, $\varepsilon_2=(0, 1)\in F^2$라 하고 $S=\{\varepsilon_1, \varepsilon_2\}\subset F^2$라 하면 정의 4.2.1의 앞의 설명에 의하여

$$c_1\varepsilon_1+c_2\varepsilon_2=0 \Longrightarrow c_1=c_2=0$$

이므로 $\varepsilon_1, \varepsilon_2$는 1차독립이다. 따라서 $S$는 $F^2$의 1차독립인 부분집합이다.

다음, 체 $F$위의 벡터공간 $F^n$을 생각하자.

$$\varepsilon_1=(1, 0, \cdots, 0),\ \varepsilon_2=(0, 1, 0, \cdots, 0),\ \cdots,\ \varepsilon_n=(0, \cdots, 0, 1)\in F^n$$

이라 하고 $S_1=\{\varepsilon_1, \varepsilon_2, \cdots, \varepsilon_n\}\subset F^n$이라 하자.

$c_i\in F(i=1, 2, \cdots, n)$에 대하여

$$c_1\varepsilon_1+c_2\varepsilon_2+\cdots+c_n\varepsilon_n=0$$

이라 하면

$$\begin{aligned}(0, 0, \cdots, 0)=0&=c_1\varepsilon_1+c_2\varepsilon_2+\cdots+c_n\varepsilon_n\\&=c_1(1, 0, \cdots, 0)+c_2(0, 1, 0, \cdots, 0)+\cdots+c_n(0, \cdots, 0, 1)\end{aligned}$$

$$=(c_1,\ 0,\ \cdots,\ 0)+(0,\ c_2,\ 0,\ \cdots,\ 0)+\cdots+(0,\ \cdots,\ 0,\ c_n)$$
$$=(c_1,\ c_2,\ \cdots,\ c_n)$$

이므로 $c_1=c_2=\cdots=c_n=0$이다. 따라서 $\varepsilon_1, \varepsilon_2, \cdots, \varepsilon_n$은 1차독립이고 $S_1$은 $F^n$의 1차독립인 부분집합이다.

다음, 실수체 **R**위의 벡터공간 $\mathbf{R}^2$의 부분집합

$$S_2=\{\alpha_1=(1,\ 2),\ \alpha_2=(3,\ 7),\ \alpha_3=(2,\ 4)\}$$

를 생각하자. 정의 4.2.1 앞의 설명에서와 같이

$$-2(1,\ 2)+0(3,\ 7)+1(2,\ 4)=0$$

이므로 $\alpha_1, \alpha_2, \alpha_3$는 1차종속이고 또한 $S_2$는 $\mathbf{R}^2$의 1차종속인 부분집합이다. ◀

**【정리 4.2.6】**

$V$를 체 $F$위의 벡터공간이라 하자. $S_1$과 $S_2$를 $V$의 부분집합이라 하고 $S_1 \subset S_2$라 하자. 그러면 다음이 성립한다.

(1) $S_1$이 1차종속이면 $S_2$도 1차종속이다.

(2) $S_2$가 1차독립이면 $S_1$도 1차독립이다.

**증명** (1) $S_1$이 1차종속이므로 $S_1$에 속하는 유한 개의 서로 다른 벡터 $\alpha_1, \alpha_2, \cdots, \alpha_n$과 모두는 0이 아닌 스칼라 $c_1, c_2, \cdots, c_n \in F$이 존재하여

$$c_1\alpha_1+c_2\alpha_2+\cdots+c_n\alpha_n=0$$

이다. 이 때, $S_1 \subset S_2$이므로 $\alpha_i \in S_2\,(i=1,\ 2,\ \cdots,\ n)$이고, 따라서 $S_2$는 1차종속이다.

(2) $S_1$에 속하는 임의의 서로 다른 유한 개의 벡터 $\alpha_1, \alpha_2, \cdots, \alpha_r$과 $c_1, c_2, \cdots, c_r \in F$에 대하여

$$c_1\alpha_1+c_2\alpha_2+\cdots+c_r\alpha_r=0$$

이라 하자. 그러면 $S_1 \subset S_2$이므로 $\alpha_i \in S_2 (i=1, 2, \cdots, r)$이고, 이 때 $S_2$는 1차독립이므로 $c_1=c_2=\cdots=c_r=0$이다. 따라서 $S_1$은 1차독립이다. ■

**【정의 4.2.7】**

$V$를 체 $F$위의 벡터공간이라 하고 $S$를 $V$의 부분집합이라 하자. $S$가 다음 두 조건

(1) $S$는 $V$를 생성한다. 즉, $V=[S]$이다.
(2) $S$는 $V$의 1차독립인 부분집합이다.

를 만족할 때, $S$를 $V$의 기저(basis)라 한다.

**보기 4.2.8** 체 $F$위의 벡터공간 $F^2$의 두 부분집합을

$$S=\{\varepsilon_1=(1, 0), \varepsilon_2=(0, 1)\}, \ S_1=\{(1, 1), (1, 0)\}$$

이라 할 때, 이들이 각각 $F^2$의 기저가 됨을 보이자. 먼저, $S$는 보기 4.1.17과 보기 4.2.5에 의하여 분명히 $F^2$의 기저이다. 다음, 임의의 벡터 $(c_1, c_2) \in F^2$는 $c_2, c_1-c_2 \in F$에 대하여

$$(c_1, c_2)=c_2(1, 1)+(c_1-c_2)(1, 0)$$

의 꼴로 표시되므로 $S_1$은 $F^2$를 생성한다. 또한, $c_1, c_2 \in F$에 대하여

$$c_1(1, 1)+c_2(1, 0)=0$$

이라 하면 $(c_1+c_2, c_1)=(0, 0)$이므로 $c_1+c_2=0, c_1=0$이다. 따라서 $c_1=c_2=0$이므로 $S_1$은 $F^2$의 1차독립인 부분집합이다. 그러므로 $S_1$도 $F^2$의 기저이다.

다음, 체 $F$위의 벡터공간 $F^n$을 생각하자.

$$\varepsilon_1=(1, 0, \cdots, 0), \varepsilon_2=(0, 1, 0, \cdots, 0), \cdots, \varepsilon_n=(0, \cdots, 0, 1) \in F^n$$

이라 하고 $S_2=\{\varepsilon_1, \varepsilon_2, \cdots, \varepsilon_n\}$이라 하면 보기 4.1.17과 보기 4.2.5에 의하여 $S_2$는 $F^n$의 기저이다. 이 기저 $S_2=\{\varepsilon_1, \varepsilon_2, \cdots, \varepsilon_n\}$을 $F^n$의 표준기저(standard basis)라 한다. ◀

**【정리 4.2.9】**

$V$를 체 $F$위의 벡터공간이라 하고

$$S=\{\alpha_1,\ \alpha_2,\ \cdots,\ \alpha_n\}\ (n\geq 2)$$

을 $V$의 부분집합이라 하자. $S$에 속하는 한 벡터 $\alpha_i(1\leq i\leq n)$가 $\alpha_i$를 제외한 나머지 벡터 $\alpha_1,\ \alpha_2,\ \cdots,\ \alpha_{i-1},\ \alpha_{i+1},\ \cdots,\ \alpha_n\in S$의 1차결합, 즉 $c_k\in F$ $(1\leq k\leq n,\ k\neq i)$에 대하여

$$\alpha_i=c_1\alpha_1+c_2\alpha_2+\cdots+c_{i-1}\alpha_{i-1}+c_{i+1}\alpha_{i+1}+\cdots+c_n\alpha_n \qquad \cdots\cdots(4.2.3)$$

으로 표시될 때,

$$S_1=S-\{\alpha_i\}=\{\alpha_1,\ \alpha_2,\ \cdots,\ \alpha_{i-1},\ \alpha_{i+1},\ \cdots,\ \alpha_n\}$$

이라 하면 $[S_1]=[S]$이다(따라서, $[S]=V$이면 $[S_1]=V$이다).

**증명** $\alpha\in[S]$라 하자. 그러면 정리 4.1.16에 의하여 적당한 $d_i\in F(i=1,\ 2,\ \cdots,\ n)$에 대하여

$$\alpha=d_1\alpha_1+d_2\alpha_2+\cdots+d_{i-1}\alpha_{i-1}+d_i\alpha_i+d_{i+1}\alpha_{i+1}+\cdots+d_n\alpha_n$$

으로 표시된다. 따라서 (4.2.3)에 의하여

$$\begin{aligned}\alpha&=d_1\alpha_1+d_2\alpha_2+\cdots+d_{i-1}\alpha_{i-1}\\&\quad+d_i(c_1\alpha_1+c_2\alpha_2+\cdots+c_{i-1}\alpha_{i-1}+c_{i+1}\alpha_{i+1}+\cdots+c_n\alpha_n)\\&\quad+d_{i+1}\alpha_{i+1}+\cdots+d_n\alpha_n\\&=(d_1+d_ic_1)\alpha_1+(d_2+d_ic_2)\alpha_2+\cdots+(d_{i-1}+d_ic_{i-1})\alpha_{i-1}\\&\quad+(d_{i+1}+d_ic_{i+1})\alpha_{i+1}+\cdots+(d_n+d_ic_n)\alpha_n\end{aligned}$$

이므로 $\alpha\in[S_1]$이다. 즉 $[S]\subset[S_1]$. 분명히 $[S_1]\subset[S]$이다. 따라서 $[S_1]=[S]$이다. ■

**【정리 4.2.10】**

$V$를 체 $F$위의 벡터공간이라 할 때, $S=\{\alpha_1,\ \alpha_2,\ \cdots,\ \alpha_n\}$을 $[S]=V$인 $V$의 부분집합이라 하고 $T=\{\beta_1,\ \beta_2,\ \cdots,\ \beta_m\}$을 $V$의 1차독립인 부분집합이라 하

자. 그러면 $m \le n$이다.

**증명** $m > n$이라 가정하자. 먼저 $\beta_1 \notin S$인 경우를 생각하자.

$$T_1 = \{\beta_1, \alpha_1, \alpha_2, \cdots, \alpha_n\}$$

이라 하면 분명히 $V = [T_1]$이다. 한편, $V = [S]$이므로 정리 4.1.16에 의하여 적당한 $c_i \in F(i=1, 2, \cdots, n)$에 대하여

$$\beta_1 = c_1\alpha_1 + c_2\alpha_2 + \cdots + c_n\alpha_n$$

으로 표시된다. 이 때, 정리 4.2.4에 의하여 $\beta_1 \ne 0$이므로 적어도 한 $c_i$는 0이 아니다. 따라서

$$\alpha_i = c_i^{-1}\beta_1 + (-c_i^{-1}c_1)\alpha_1 + \cdots + (-c_i^{-1}c_{i-1})\alpha_{i-1} \\ + (-c_i^{-1}c_{i+1})\alpha_{i+1} + \cdots + (-c_i^{-1}c_n)\alpha_n$$

이다. 그러므로

$$T_2 = T_1 - \{\alpha_i\} = \{\beta_1, \alpha_1, \cdots, \alpha_{i-1}, \alpha_{i+1}, \cdots, \alpha_n\}$$

이라 하면 정리 4.2.9에 의하여 $V = [T_2]$이다. 다음, $\beta_1 \in S$인 경우는 적당한 $j(1 \le j \le n)$에 대하여 $\beta_1 = \alpha_j$이므로

$$T_3 = \{\beta_1, \alpha_1, \alpha_2, \cdots, \alpha_{j-1}, \alpha_{j+1}, \cdots, \alpha_n\}$$

이라 하면 분명히 $V = [T_3]$이다. 이제 편리를 위하여 $T_2$ 또는 $T_3$에서 첨자를 조정하여

$$S_1 = \{\beta_1, \alpha_1, \alpha_2, \cdots, \alpha_{n-1}\} (S_1 = T_2 \text{ 또는 } S_1 = T_3\text{이다})$$

이라 하면 $V = [S_1]$이다. $\beta_2 \notin S_1$인 경우는

$$T_4 = \{\beta_1, \beta_2, \alpha_1, \alpha_2, \cdots, \alpha_{n-1}\}$$

이라 하면 분명히 $V = [T_4]$이다. 한편, $V = [S_1]$이므로 정리 4.1.16에 의하여 적당한 $d_i \in F(i=0, 1, 2, \cdots, n-1)$에 대하여

$$\beta_2 = d_0\beta_1 + d_1\alpha_1 + d_2\alpha_2 + \cdots + d_{n-1}\alpha_{n-1}$$

으로 표시된다. 이 때, $d_i=0(i=1, 2, \cdots, n-1)$이라 하면 $\beta_2=d_0\beta_1$, 즉

$$d_0\beta_1 + (-1)\beta_2 = 0$$

이 되어 $T$가 1차독립이라는 가정에 모순이므로 적어도 한 $d_r(1\leq r\leq n-1)$은 0이 아니다. 따라서

$$\alpha_r = (-d_r^{-1}d_0)\beta_1 + d_r^{-1}\beta_2 + (-d_r^{-1}d_1)\alpha_1 + \cdots + (-d_r^{-1}d_{r-1})\alpha_{r-1}$$
$$+ (-d_r^{-1}d_{r+1})\alpha_{r+1} + \cdots + (-d_r^{-1}d_{n-1})\alpha_{n-1}$$

이다. 그러므로

$$T_5 = T_4 - \{\alpha_r\} = \{\beta_1, \beta_2, \alpha_1, \cdots, \alpha_{r-1}, \alpha_{r+1}, \cdots, \alpha_{n-1}\}$$

이라 하면 정리 4.2.9에 의하여 $V=[T_5]$이다. 또, $\beta_2 \in S_1$인 경우는 적당한 $k(1\leq k\leq n-1)$에 대하여 $\beta_2=\alpha_k$이므로

$$T_6 = \{\beta_1, \beta_2, \alpha_1, \alpha_2, \cdots, \alpha_{k-1}, \alpha_{k+1}, \cdots, \alpha_{n-1}\}$$

이라 하면 분명히 $V=[T_6]$이다. 다시 편리를 위하여 $T_5$ 또는 $T_6$에서 첨자를 재조정하여

$$S_2 = \{\beta_1, \beta_2, \alpha_1, \alpha_2, \cdots, \alpha_{n-2}\}(S_2 = T_5 \text{ 또는 } S_2 = T_6\text{이다})$$

라 하면 분명히 $V=[S_2]$이다. 이러한 방법을 반복하여 $V=[S_n]$인 집합

$$S_n = \{\beta_1, \beta_2, \cdots, \beta_n\}$$

을 얻을 수 있다. 그런데 가정에 의하여 $m>n$이므로 $\beta_{n+1}\in T$이고, 또한 $\beta_{n+1}\in V=[S_n]$이므로 정리 4.1.16에 의하여 적당한 $b_i\in F(i=1, 2, \cdots, n)$에 대하여

$$\beta_{n+1} = b_1\beta_1 + b_2\beta_2 + \cdots + b_n\beta_n, \text{ 즉}$$
$$b_1\beta_1 + b_2\beta_2 + \cdots + b_n\beta_n + (-1)\beta_{n+1} = 0$$

으로 표시된다. 따라서 $T$가 1차종속이 되어 모순이다. 그러므로

$m \leq n$이어야 한다. ■

**【정리 4.2.11】**

$V$를 체 $F$위의 벡터공간이라 하고 $S=\{\alpha_1, \alpha_2, \cdots, \alpha_n\}$을 $V$의 기저라 하자. $T$를 $V$의 임의의 1차독립인 부분집합이라 하면 $T$는 유한집합이고, 이 때 $T=\{\beta_1, \beta_2, \cdots, \beta_m\}$이라 하면 $m \leq n$이다.

특히, $R$을 $S$와 다른 $V$의 기저라 하면 $R$은 유한집합이고, 이 때 $R=\{\gamma_1, \gamma_2, \cdots, \gamma_m\}$이라 하면 $m=n$이다.

**증명** $T$를 무한집합이라 가정하자. 그러면 $s>n$인 양의 정수 $s$에 대하여 $T$의 부분집합 $T_1=\{\beta_1, \beta_2, \cdots, \beta_s\}$를 선택할 수 있다. 이 때, $T$는 1차독립이므로 정리 4.2.6 (2)에 의하여 $T_1$도 1차독립이다. 따라서 정리 4.2.10에 의하여 $s \leq n$이다. 이것은 모순이다. 따라서 $T$는 유한집합이다. 이제, $T=\{\beta_1, \beta_2, \cdots, \beta_m\}$이라 하면 정리 4.2.10에 의하여 $m \leq n$이다.

다음, $R$을 $S$와 다른 $V$의 기저라 하면 $R$은 $V$의 1차독립인 부분집합이므로 위에 의하여 $R$은 유한집합이다. 이제, $R=\{\gamma_1, \gamma_2, \cdots, \gamma_m\}$이라 하자. 그러면 $S$가 $V$의 기저이고 $R$이 1차독립이므로 정리 4.2.10에 의하여 $m \leq n$이고, 또한 $R$이 $V$의 기저이고 $S$가 1차독립이므로 다시 정리 4.2.10에 의하여 $n \leq m$이다. 따라서 $m=n$이다. ■

한 벡터공간은 많은 기저를 가질 수 있다. 그러나 정리 4.2.11은 벡터공간 $V$의 한 기저 $S$가 포함하는 벡터들의 개수가 $n$이면 $V$의 임의의 다른 기저 $R$가 포함하는 벡터들의 개수도 $n$임을 의미한다. 즉 $|S|=|R|=n$. 따라서 다음 정의를 할 수 있다.

**【정의 4.2.12】**

$V$를 체 $F$위의 벡터공간이라 하고 $S$를 $V$의 기저라 하자. $S$가 포함하는 벡터들의 개수가 $n(n>0)$이면 $n$을 $V$의 차원(dimension)이라 하고 $n=\dim V$로 표시한다. $V=\{0\}$이면 $V$의 차원을 0으로 정의하고 $\dim V=0$으로 표시한다. 또한 $\dim V=n(n \geq 0)$이면 $V$를 체 $F$위의 $n$차원 벡터공간($n$-dimensional vector space)이라 한다. 일반적으로 $S$가 유한집합일 때 $V$를 체

$F$위의 유한차원 벡터공간(finite dimensional vector space)이라 하고, $S$가 무한집합일 때 $V$를 체 $F$위의 무한차원 벡터공간(infinite dimensional vector space)이라 한다.

---

**참고** 두 집합 $S$와 $T$가 1 대 1 대응하면 $S$와 $T$는 같은 기수(cardinal number)를 갖는다, 또는 같은 **농도**(cardinality)를 갖는다고 말한다. 정리 4.2.11은 벡터공간 $V$의 한 기저 $S$가 무한집합이면 $V$의 다른 기저 $T$도 무한집합이라는 것을 의미한다. 이 경우 $S$와 $T$는 같은 기수를 갖는다는 것을 증명할 수 있다. 따라서 기수를 이용하여 일반적인 경우의 $V$의 차원을 정의할 수 있다. 그러나 그것은 생략한다.

**보기 4.2.13** 보기 4.2.8에 의하여 체 $F$위의 벡터공간 $F^n$은 $n$차원 벡터공간이다.

다음, 체 $F$위의 벡터공간 $M_{m\times n}(F)$(보기 4.1.3을 참조)을 생각하자. $E_{ij}(i=1, 2, \cdots, m\,;\, j=1, 2, \cdots, n)$을 $(i, j)$성분이 $1(1\in F)$이고 그 밖의 성분이 모두 $0(0\in F)$인 $F$위의 $m\times n$행렬이라 하고

$$S=\{E_{ij} \mid i=1, 2, \cdots, m\,;\, j=1, 2, \cdots, n\}$$

이라 하자. 그러면 임의의 $A=[a_{ij}]\in M_{m\times n}(F)$는

$$A=\begin{bmatrix} a_{11} & a_{12} \cdots a_{1n} \\ a_{21} & a_{22} \cdots a_{2n} \\ \cdots\cdots & \cdots\cdots \\ a_{m1} & a_{m2} \cdots a_{mn} \end{bmatrix} \begin{array}{l} =a_{11}E_{11}+a_{12}E_{12}+\cdots+a_{1n}E_{1n}+a_{21}E_{21}+a_{22}E_{22}+ \\ \cdots+a_{2n}E_{2n}+\cdots+a_{m1}E_{m1}+a_{m2}E_{m2}+\cdots+a_{mn}E_{mn} \end{array}$$

으로 표시되므로 $S$는 $M_{m\times n}(F)$를 생성한다. 또한 $c_{ij}\in F(i=1, 2, \cdots, m\,;\, j=1, 2, \cdots, n)$에 대하여

$$\begin{aligned} & c_{11}E_{11}+c_{12}E_{12}+\cdots+c_{1n}E_{1n}+c_{21}E_{21}+c_{22}E_{22}+\cdots+c_{2n}E_{2n} \\ & +\cdots+c_{m1}E_{m1}+c_{m2}E_{m2}+\cdots+c_{mn}E_{mn}=O \end{aligned}$$

이라 하면

$$\begin{bmatrix} c_{11} & c_{12} & \cdots & c_{1n} \\ c_{21} & c_{22} & \cdots & c_{2n} \\ \cdots & \cdots & \cdots & \cdots \\ c_{m1} & c_{m2} & \cdots & c_{mn} \end{bmatrix} = O = \begin{bmatrix} 0 & 0 & \cdots & 0 \\ 0 & 0 & \cdots & 0 \\ \cdots & \cdots & \cdots & \cdots \\ 0 & 0 & \cdots & 0 \end{bmatrix}$$

이므로 $c_{ij}=0(i=1, 2, \cdots, m;\ j=1, 2, \cdots, n)$이다. 따라서 $S$는 $M_{m\times n}(F)$의 1차독립인 부분집합이다. 그러므로 $S$는 $M_{m\times n}(F)$의 기저이고(이 기저 $S$를 $M_{m\times n}(F)$의 표준기저라 한다), 따라서 $M_{m\times n}(F)$는 $mn$차원 벡터공간이다. ◀

**보기 4.2.14** 체 $F$위의 벡터공간 $F[x]$(보기 4.1.4를 참조)의 부분집합

$$S=\{1,\ x,\ x^2,\ \cdots,\ x^n,\ \cdots\}$$

을 생각하자. 분명히 $F[x]=[S]$이다. 또한, $S$에 속하는 임의의 서로 다른 유한개의 벡터 $x^{n_1}, x^{n_2}, \cdots, x^{n_r}(0\leq n_1<n_2<\cdots<n_r)$과 $a_i\in F(i=1,\ 2,\ \cdots,\ r)$에 대하여

$$a_1x^{n_1}+a_2x^{n_2}+\cdots+a_rx^{n_r}=0 \Longrightarrow a_1=a_2=\cdots=a_r=0$$

이므로 $S$는 $F[x]$의 1차독립인 부분집합이다. 그러므로 $S$는 $F[x]$의 기저이고, 따라서 $F[x]$는 무한차원 벡터공간이다.

다음, $n$을 양의 정수라 할 때 $F[x]$의 부분공간 $F_n[x]$(보기 4.1.11을 참조)와 $F_n[x]$의 부분집합

$$S_1=\{1,\ x,\ x^2,\ \cdots,\ x^n\}$$

을 생각하자. 분명히 $F_n[x]=[S_1]$이다. 또한 $a_i\in F(i=0,\ 1,\ 2,\ \cdots,\ n)$에 대하여

$$a_01+a_1x+a_2x^2+\cdots+a_nx^n=0 \Longrightarrow a_0=a_1=a_2=\cdots=a_n=0$$

이므로 $S_1$은 $F_n[x]$의 1차독립인 부분집합이다. 그러므로 $S_1$은 $F_n[x]$의 기저이고, 따라서 $F_n[x]$는 $n+1$차원 벡터공간이다. ◀

**【정리 4.2.15】**

$V$를 체 $F$위의 벡터공간이라 하고 $S=\{\alpha_1, \alpha_2, \cdots, \alpha_n\}(n\geq 2)$을 $V$의 부분집합이라 할 때, $S$가 1차종속이기 위한 필요충분조건은 $S$에 속하는 적어도 한 벡터 $\alpha_i(1\leq i\leq n)$가 $\alpha_i$를 제외한 나머지 벡터 $\alpha_1, \alpha_2, \cdots, \alpha_{i-1}, \alpha_{i+1}, \cdots, \alpha_n$의 1차결합, 즉 $c_k\in F(1\leq k\leq n,\ k\neq i)$에 대하여

$$\alpha_i=c_1\alpha_1+c_2\alpha_2+\cdots+c_{i-1}\alpha_{i-1}+c_{i+1}\alpha_{i+1}+\cdots+c_n\alpha_n$$

으로 표시되는 것이다.

**증명** $S$에 속하는 한 벡터 $\alpha_i(1\leq i\leq n)$가 $\alpha_i$를 제외한 나머지 벡터 $\alpha_1, \alpha_2, \cdots, \alpha_{i-1}, \alpha_{i+1}, \cdots, \alpha_n$의 1차결합, 즉 $c_k\in F(1\leq k\leq n,\ k\neq i)$에 대하여

$$\alpha_i=c_1\alpha_1+c_2\alpha_2+\cdots+c_{i-1}\alpha_{i-1}+c_{i+1}\alpha_{i+1}+\cdots+c_n\alpha_n$$

으로 표시된다고 하자. 그러면

$$c_1\alpha_1+c_2\alpha_2+\cdots+c_{i-1}\alpha_{i-1}+(-1)\alpha_i+c_{i+1}\alpha_{i+1}+\cdots+c_n\alpha_n=0$$

이고 $-1\neq 0$이므로 $S$는 1차종속이다.

역으로, $S$가 $V$의 1차종속인 부분집합이라 하자. 그러면

$$c_1\alpha_1+c_2\alpha_2+\cdots+c_i\alpha_i+\cdots+c_n\alpha_n=0 \qquad \cdots\cdots(4.2.4)$$

을 만족하는 모두는 0이 아닌 스칼라 $c_1, c_2, \cdots, c_n\in F$가 존재한다. 따라서 $c_i\neq 0(1\leq i\leq n)$이라 하면 (4.2.4)에 의하여 $\alpha_i$는

$$\begin{aligned}\alpha_i=&(-(c_i^{-1}c_1))\alpha_1+(-(c_i^{-1}c_2))\alpha_2+\cdots+(-(c_i^{-1}c_{i-1}))\alpha_{i-1}\\&+(-(c_i^{-1}c_{i+1}))\alpha_{i+1}+\cdots+(-(c_i^{-1}c_n))\alpha_n\end{aligned}$$

으로 표시된다. 즉, $S$에 속하는 적어도 한 벡터 $\alpha_i(1\leq i\leq n)$는 $\alpha_i$를 제외한 나머지 벡터 $\alpha_1, \alpha_2, \cdots, \alpha_{i-1}, \alpha_{i+1}, \cdots, \alpha_n$의 1차결합으로 표시된다. ■

**【정리 4.2.16】**

$V$를 체 $F$위의 벡터공간이라 하고

$$S=\{\alpha_1,\ \alpha_2,\ \cdots,\ \alpha_n\}\ (\alpha_i\neq 0(i=1,\ 2,\ \cdots,\ n))$$

을 $V$의 부분집합이라 할 때, $[S]=V$이면 $S$는 $V$의 기저 $T$를 포함한다.

**증명** 먼저, $n=1$이면 $S=\{\alpha_1\}$, $\alpha_1\neq 0$이므로 보기 4.2.2에 의하여 $S=\{\alpha_1\}$은 1차독립이다. 따라서 $S$는 $V$의 기저$(T=S\subset S)$이다. 다음, $n\geq 2$라 하자. $S$가 1차독립이면 $S$는 $V$의 기저$(T=S\subset S)$이다. 한편, $S$가 1차종속이면 정리 4.2.15에 의하여 $S$에 속하는 적어도 한 벡터 $\alpha_i(1\leq i\leq n)$는 $\alpha_i$를 제외한 나머지 벡터 $\alpha_1,\ \alpha_2,\ \cdots,\ \alpha_{i-1},\ \alpha_{i+1},\ \cdots,\ \alpha_n$의 1차결합으로 표시된다. 이 때,

$$S_1=S-\{\alpha_i\}=\{\alpha_1,\ \alpha_2,\ \cdots,\ \alpha_{i-1},\ \alpha_{i+1},\ \cdots,\ \alpha_n\}$$

이라 하면 정리 4.2.9에 의하여 $[S_1]=V$이다. 따라서 $S_1$이 1차독립이면 $S_1$은 $V$의 기저$(T=S_1\subset S)$이다. 한편, $S_1$이 1차종속이면 $S_1$은 두 개 이상의 벡터를 포함한다($S_1\subset S$이므로 $S_1$에 속하는 벡터는 모두 0이 아니다. 따라서 $S_1$이 한 개의 벡터만을 포함하면 $S_1$은 1차독립이 되어 모순이다). 그러므로 정리 4.2.15에 의하여 $S_1$에 속하는 적어도 한 벡터 $\alpha_j(1\leq j\leq n,\ j\neq i)$는 $S_1$에서 $\alpha_j$를 제외한 나머지 벡터들의 1차결합으로 표시된다. 이 때,

$$S_2=S_1-\{\alpha_j\}\ (=S-\{\alpha_i,\ \alpha_j\})$$

라 하면 정리 4.2.9에 의하여 $[S_2]=V$이다. 따라서 $S_2$가 1차독립이면 $S_2$는 $V$의 기저$(T=S_2\subset S)$이다. 한편, $S_2$가 1차종속이면 다시 위의 방법을 되풀이한다. 그러나 $S$는 유한집합이므로 위의 방법을 한없이 계속할 수 없다. 그러므로 $T\subset S$이고 $[T]=V$인 $V$의 1차독립인 부분집합 $T$를 얻을 수 있다. 따라서 $T$는 $S$에 포함되는 $V$의 기저이다. ■

**【정리 4.2.17】**

$V(V \neq \{0\})$를 체 $F$위의 벡터공간이라 하고

$$S=\{\alpha_1, \alpha_2, \cdots, \alpha_n\}$$

을 $V$의 부분집합이라 할 때, $[S]=V$이면 $S$는 $V$의 기저 $T$를 포함한다.

**증명** $n=1$이면 $S=\{\alpha_1\}$이고 $\alpha_1 \neq 0$($\alpha_1=0$이면 $V=\{0\}$이 되어 모순이다)이므로 $S=\{\alpha_1\}$은 1차독립이다. 따라서 $S$는 $V$의 기저($T=S \subset S$)이다. 다음, $n \geq 2$라 하자. 모든 $i=1, 2, \cdots, n$에 대하여 $\alpha_i \neq 0$이면 정리 4.2.16에 의하여 $S$는 $V$의 기저 $T$를 포함한다. 한편 $0 \in S$이면, 가령 $\alpha_j=0$ $(1 \leq j \leq n)$이면 $S_1=S-\{\alpha_j\}$라 하자. 그러면 $S_1$은 영벡터 0을 포함하지 않고, 분명히 $[S_1]=V$이므로 정리 4.2.16에 의하여 $S_1$은 $V$의 기저 $T$를 포함한다. 따라서 $S$는 $V$의 기저 $T$를 포함한다. ■

**【정리 4.2.18】**

$V$를 체 $F$위의 $n$차원 벡터공간이라 하자. 그러면 다음이 성립한다.

(1) $S=\{\alpha_1, \alpha_2, \cdots, \alpha_m\}$을 $V$의 부분집합이라 하고 $n<m$이라 하면 $S$는 1차종속이다.

(2) $S=\{\alpha_1, \alpha_2, \cdots, \alpha_m\}$을 $V$의 부분집합이라 하고 $m<n(n>1)$이라 하면 $S$는 $V$를 생성할 수 없다.

**증명** (1) $S$가 1차독립이면 정리 4.2.10에 의하여 $m \leq n$이 되어 가정에 모순이다. 따라서 $S$는 1차종속이다.

(2) $[S]=V$라 하면 정리 4.2.17에 의하여 $S$는 $V$의 기저 $T$를 포함한다. 따라서 $|T| \leq m$이다. 한편, $T$는 $V$의 기저이므로 $|T|=n$이고, 따라서 $n \leq m$이 되어 가정에 모순이다. 따라서 $S$는 $V$를 생성할 수 없다. ■

**【정리 4.2.19】**

$V$를 체 $F$위의 벡터공간이라 하고 $S$를 $V$의 1차독립인 부분집합이라 할 때, $\beta \in V$이고 $\beta \notin [S]$라 하자. $S_1=S \cup \{\beta\}$라 하면 $S_1$은 $V$의 1차독립인 부

분집합이다.

**증명** 정리 4.1.8에 의하여 $0 \in [S]$이고 $\beta \notin [S]$이므로 $\beta \neq 0$이다. 더욱이 $S \subset [S]$이므로 $\beta \notin S$이다. $S = \varnothing$인 경우에는 $S_1 = S \cup \{\beta\} = \{\beta\}$이므로 $S_1$은 1차독립이다. 다음, $S \neq \varnothing$라 하자. $S_1 = S \cup \{\beta\}$가 1차독립임을 보이기 위하여 $S_1$에 속하는 유한 개의 서로 다른 벡터를 선택할 때, 다음 세 가지 경우가 일어나므로 각 경우로 나누어 생각하자.

(i) $\beta$만 선택되는 경우 ; $c \in F$에 대하여 $c\beta = 0$이라 하면 $\beta \neq 0$이므로 $c = 0$이다.

(ii) $S$에 속하는 벡터들만 선택되는 경우 ; $S$에 속하는 임의의 서로 다른 벡터 $\alpha_1, \alpha_2, \cdots, \alpha_r$과 $c_i \in F(i=1, 2, \cdots, r)$에 대하여

$$c_1\alpha_1 + c_2\alpha_2 + \cdots + c_r\alpha_r = 0$$

이라 하면 $S$가 1차독립이므로 $c_1 = c_2 = \cdots = c_r = 0$이다.

(iii) $S$에 속하는 임의의 서로 다른 벡터 $\alpha_1, \alpha_2, \cdots, \alpha_r$과 $\beta$가 선택되는 경우 ; $c$, $c_i \in F(i=1, 2, \cdots, r)$에 대하여

$$c_1\alpha_2 + c_2\alpha_2 + \cdots + c_r\alpha_r + c\beta = 0 \qquad \cdots\cdots(4.2.5)$$

이라 하면 반드시 $c = 0$이어야 한다. 왜냐하면, $c \neq 0$이라 하면 (4.2.5)에 의하여

$$\beta = (-(c^{-1}c_1))\alpha_1 + (-(c^{-1}c_2))\alpha_2 + \cdots + (-(c^{-1}c_r))\alpha_r \in [S]$$

가 되어 모순이 되기 때문이다. 따라서 (4.2.5)는

$$c_1\alpha_1 + c_2\alpha_2 + \cdots + c_r\alpha_r = 0$$

이 되고 $S$가 1차독립이므로 $c_1 = c_2 = \cdots = c_r = 0$이다. 즉, $c_1 = c_2 = \cdots = c_r = c = 0$. 그러므로 $S_1$은 1차독립이다. ■

**【정리 4.2.20】**

$V$를 체 $F$위의 유한차원 벡터공간이라 하고 $S$를 $V$의 1차독립인 부분집합이라 하자. 그러면 $S$를 포함하는 $V$의 기저 $T$가 존재한다.

**증명** $[S]=V$이면 $S$는 $V$의 기저이므로 $T=S$로 생각하면 된다.

이제, $[S]\neq V$라 하자. 그러면 $\beta_1 \notin [S]$(따라서 $\beta_1 \notin S$)인 $\beta_1 \in V$가 존재하므로 $S_1=S\cup\{\beta_1\}$이라 하면 정리 4.2.19에 의하여 $S_1$은 $V$의 1차독립인 부분집합이다. 따라서 $[S_1]=V$이면 $T=S_1(S\subset S_1=T)$으로 생각하면 된다. 다음, $[S_1]\neq V$이면 $\beta_2 \notin [S_1]$(따라서 $\beta_2 \notin S_1$)인 $\beta_2 \in V$가 존재한다. 따라서

$$S_2=S_1\cup\{\beta_2\}=S\cup\{\beta_1, \beta_2\}$$

라 하면 정리 4.2.19에 의하여 $S_2$는 $V$의 1차독립인 부분집합이다. 그러므로 $[S_2]=V$이면 $T=S_2(S\subset S_2=T)$로 생각하면 된다. 다음, $[S_2]\neq V$이면 $\beta_3 \notin [S_2]$(따라서 $\beta_3 \notin S_2$)인 $\beta_3 \in V$가 존재한다. 따라서

$$S_3=S_2\cup\{\beta_3\}=S\cup\{\beta_1, \beta_2, \beta_3\}$$

라 하면 정리 4.2.19에 의하여 $S_3$는 $V$의 1차독립인 부분집합이다. 그러므로 $[S_3]=V$이면 $T=S_3(S\subset S_3=T)$로 생각하면 된다. 다음, $[S_3]\neq V$이면 다시 위의 방법을 반복한다. 그러나 위와 같은 방법은 $\dim V$번보다 더 많이 계속될 수 없다(왜냐하면 $\dim V<m$이라 할 때, 위와 같은 방법을 $m$번 반복하여 $V$의 1차독립인 부분집합 $S_m=S\cup\{\beta_1, \beta_2, \cdots, \beta_m\}$이 얻어진다고 하면 $|S_m|\geq m>\dim V$이므로 정리 4.2.11에 의하여 모순이다). 그러므로 위와 같은 방법을 $n(n\leq \dim V)$번 반복해서 $S$를 포함하는 $V$의 기저 $T=S_n=S\cup\{\beta_1, \beta_2, \cdots, \beta_n\}$을 얻을 수 있다. ■

**【정리 4.2.21】**

$V$를 체 $F$위의 유한차원 벡터공간이라 하고 $W$를 $V$의 부분공간이라 하자. 그러면 $W$는 유한차원 벡터공간이고 $\dim W\leq \dim V$이다. 더욱이, $W=V$이기 위한 필요충분조건은 $\dim W=\dim V$이다.

**증명** $W=\{0\}$이면 $W$는 유한차원 벡터공간이고 $\dim W\leq \dim V$이다. 이제, $W\neq\{0\}$이라 하자. 그러면 $0\in W$이므로 $0\neq\alpha$인 $\alpha\in W$가 존재한다. 따

라서 $S=\{\alpha\}$는 $W$의 1차독립인 부분집합이다. $W$의 1차독립인 부분집합은 또한 $V$의 1차독립인 부분집합이므로 정리 4.2.11에 의하여 $W$의 1차독립인 부분집합은 $\dim V$개보다 많은 벡터를 포함할 수 없다. 따라서 $S$에 정리 4.2.20의 증명에서와 같은 방법을 반복시행하여 $\dim V$ 개보다 많지 않은 벡터를 갖는 $W$의 기저를 얻을 수 있다. 그러므로 $W$는 유한차원 벡터공간이고 $\dim W \leq \dim V$이다.

다음, $W \neq V$라 하면 $\beta \notin W$인 $\beta \in V$가 존재한다. $T$를 $W$의 한 기저라 하자. 그러면 $\beta \notin [T]$이므로 정리 4.2.19에 의하여 $T_1 = T \cup \{\beta\}$는 $V$의 1차독립인 부분집합이고, 따라서 정리 4.2.11에 의하여 $T_1$은 $\dim V$개보다 많은 벡터를 포함할 수 없다. 더욱이 $\beta \notin T$이므로 $\dim W < \dim V$이다. 역으로, $W=V$라 하면 분명히 $\dim W = \dim V$이다. ■

**【정리 4.2.22】**

$V$를 체 $F$위의 $n(n>0)$차원 벡터공간이라 하자. 그러면 다음이 성립한다.

(1) $S=\{\alpha_1, \alpha_2, \cdots, \alpha_n\}$이 $V$의 1차독립인 부분집합이면 $S$는 $V$의 기저이다.

(2) $S=\{\alpha_1, \alpha_2, \cdots, \alpha_n\}$이 $V$를 생성하면 $S$는 $V$의 기저이다.

**증명** (1) $[S] \neq V$라 하면 $\beta \notin [S]$(따라서 $\beta \notin S$)인 $\beta \in V$가 존재한다. 따라서 정리 4.2.19에 의하여 $S_1 = S \cup \{\beta\}$는 $V$의 1차독립인 부분집합이다. 그러나 $|S_1| = n+1$이므로 정리 4.2.11에 의하여 이것은 모순이다. 따라서 $[S]=V$이어야 한다. 그러므로 $S$는 $V$의 기저이다.

(2) $[S]=V$이므로 정리 4.2.17에 의하여 $S$는 $V$의 기저 $T$를 포함한다. 이 때, $T \neq S$이면 $n=|T|<|S|=n$이 되어 모순이므로 $T=S$이어야 한다. 따라서 $S$는 $V$의 기저이다. ■

# 4.3 1차변환

**【정의 4.3.1】**

$V$와 $V'$을 체 $F$위의 벡터공간이라 하자. 함수 $f: V \longrightarrow V'$이 다음 두 조건

(1) 임의의 $\alpha, \beta \in V$에 대하여 $f(\alpha+\beta)=f(\alpha)+f(\beta)$

(2) 임의의 $c \in F$와 임의의 $\alpha \in V$에 대하여 $f(c\alpha)=cf(\alpha)$

를 만족할 때, $f$를 $V$로부터 $V'$으로의 **1차변환**(linear transformation) 또는 간단히 1차변환이라 한다. $f$가 단사함수이면 $f$를 **단사1차변환**(monomorphism)이라 하고, $f$가 전사함수이면 $f$를 **전사1차변환**(epimorphism)이라 한다. 또한 $f$가 전단사함수이면 $f$를 **동형변환**(isomorphism)이라 한다. $V$로부터 $V'$으로의 동형변환이 존재하면 $V$는 $V'$에 **동형적**(isomorphic)이라 하고 $V \cong V'$으로 표시한다. 특히 $g: V \longrightarrow V$가 1차변환이면 $g$를 $V$의 **선형연산자**(linear operator)라 하고 $g$가 동형변환이면 $g$를 **자기동형변환**(automorphism)이라 한다.

**보기 4.3.2** 실수체 $\mathbf{R}$위의 벡터공간 $\mathbf{R}^2$와 $\mathbf{R}^3$를 생각하자. 함수 $f: \mathbf{R}^3 \longrightarrow \mathbf{R}^2$를 임의의 $\alpha=(x_1, x_2, x_3) \in \mathbf{R}^3$에 대하여 $f(\alpha)=(x_2-2x_3, 3x_1)$으로 정의하자. 그러면 임의의 $\alpha=(x_1, x_2, x_3)$, $\beta=(y_1, y_2, y_3) \in \mathbf{R}^3$에 대하여

$$\begin{aligned} f(\alpha+\beta) &= f((x_1+y_1, x_2+y_2, x_3+y_3)) = ((x_2+y_2)-2(x_3+y_3), 3(x_1+y_1)) \\ &= ((x_2-2x_3)+(y_2-2y_3), 3x_1+3y_1) = (x_2-2x_3, 3x_1)+(y_2-2y_3, 3y_1) \\ &= f(\alpha)+f(\beta) \end{aligned}$$

이고, 또한 임의의 $c \in \mathbf{R}$와 임의의 $\alpha=(x_1, x_2, x_3) \in \mathbf{R}^3$에 대하여

$$\begin{aligned} f(c\alpha) &= f((cx_1, cx_2, cx_3)) = (cx_2-2cx_3, 3cx_1) = (c(x_2-2x_3), c(3x_1)) \\ &= c(x_2-2x_3, 3x_1) = cf(\alpha) \end{aligned}$$

이다. 따라서 $f$는 $\mathbf{R}^3$로부터 $\mathbf{R}^2$로의 1차변환이다. ◀

**보기 4.3.3** $F$를 체라 하고 $A$를 $F$위의 $m\times n$행렬이라 할 때, 함수

$$f_A : M_{n\times 1}(F) \longrightarrow M_{m\times 1}(F)\text{(보기 4.1.3을 참조)}$$

를 임의의 $X\in M_{n\times 1}(F)$에 대하여 $f_A(X)=AX$로 정의하자. 그러면 임의의 $X, Y\in M_{n\times 1}(F)$와 임의의 $c\in F$에 대하여

$$f_A(X+Y)=A(X+Y)=AX+AY=f_A(X)+f_A(Y)$$
$$f_A(cX)=A(cX)=c(AX)=cf_A(X)$$

이므로 $f_A$는 1차변환이다. ◀

$V$와 $V'$을 체 $F$위의 벡터공간이라 하고 $f: V\longrightarrow V'$을 1차변환이라 하면 정의 4.3.1의 조건 (1)에 의하여 $f$를 덧셈아벨군 $(V, +)$로부터 덧셈아벨군 $(V', +)$로의 (군의)준동형함수로 생각할 수 있다. 따라서 군의 준동형함수의 성질은 그대로 1차변환에 옮겨진다.

**【정리 4.3.4】**

$V$와 $V'$을 체 $F$위의 벡터공간이라 하고 $f: V\longrightarrow V'$을 1차변환이라 하자. 그러면 다음이 성립한다.

(1) $f(0)=0$

(2) 임의의 $\alpha\in V$에 대하여 $f(-\alpha)=-f(\alpha)$

**증명** $f:(V, +)\longrightarrow(V', +)$가 군의 준동형이므로 정리 2.2.25 (1), (2)에 의하여 결과가 얻어진다. ■

**【정리 4.3.5】**

$V$와 $V'$을 체 $F$위의 벡터공간이라 하고 $f: V\longrightarrow V'$을 1차변환이라 하자. 그러면 다음이 성립한다.

(1) $\mathrm{Ker}\, f=\{\alpha\in V \mid f(\alpha)=0\}$이라 하자. 그러면 $\mathrm{Ker}\, f$는 $V$의 부분공간이다 ($\mathrm{Ker}\, f$를 $f$의 퇴화공간(null space) 또는 $f$의 핵(kernel)이라 한다. 또한 $\dim(\mathrm{Ker}\, f)=r$일 때 $r$을 $f$의 퇴화차수(nullity)라 하고 $\mathrm{nul}(f)$로 표시한다).

(2) $W$를 $V$의 부분공간이라 하자. 그러면 $f(W)$는 $V'$의 부분공간이다. 특히 $\mathrm{Im}\, f$는 $V'$의 부분공간이다($\mathrm{Im}\, f$를 $f$의 **치역공간**(range, image space)이라 한다. 또한 $\dim(\mathrm{Im}\, f)=s$일 때 $s$를 $f$의 **계수**(rank)라 하고 $\mathrm{rank}(f)$로 표시한다).

**증명** $f$를 $f:(V, +)\longrightarrow(V', +)$인 군의 준동형함수로 생각할 수 있다.

(1) 정리 2.2.27 (1)에 의하여 $\mathrm{Ker}\, f$는 덧셈아벨군 $(V, +)$의 부분군이다. 다음, $c\in F$, $\alpha\in\mathrm{Ker}\, f$라 하면

$$f(c\alpha)=cf(\alpha)=c0=0$$

이므로 $c\alpha\in\mathrm{Ker}\, f$이다. 따라서 $\mathrm{Ker}\, f$는 $V$의 부분공간이다.

(2) $W$가 덧셈아벨군 $(V, +)$의 부분군이므로 정리 2.2.31 (1) (i)에 의하여 $f(W)$는 덧셈아벨군 $(V', +)$의 부분군이다. 다음 $c\in F$, $\beta\in f(W)$라 하면 $\beta=f(\alpha)$를 만족하는 $\alpha\in W$가 존재하므로 $c\alpha\in W$이고

$$c\beta=cf(\alpha)=f(c\alpha)\in f(W)$$

이다. 따라서 $f(W)$는 $V'$의 부분공간이다. 특히 $V$는 $V$자신의 부분공간이므로 $\mathrm{Im}\, f$는 $V'$의 부분공간이다. ■

**보기 4.3.6** 보기 4.3.2에서의 1차변환

$$f:\mathbf{R}^3\longrightarrow\mathbf{R}^2,\ (x_1, x_2, x_3)\longmapsto(x_2-2x_3, 3x_1)$$

을 생각하자. 그러면

$$\begin{aligned}(x_1, x_2, x_3)\in\mathrm{Ker}\, f &\Longleftrightarrow (x_2-2x_3, 3x_1)=f((x_1, x_2, x_3))=0=(0, 0)\\ &\Longleftrightarrow x_2-2x_3=0,\ 3x_1=0\\ &\Longleftrightarrow x_1=0,\ x_2=2x_3\end{aligned}$$

이므로

$$\mathrm{Ker}\, f=\{(x_1, x_2, x_3)\in\mathbf{R}^3\mid x_1=0,\ x_2=2x_3\}=\{(0, 2x, x)\mid x\in\mathbf{R}\}$$

이다. 예를 들어, $(0, 0, 0)$, $(0, 2, 1)\in\mathrm{Ker}\, f$이지만 $(1, 2, 3)\notin\mathrm{Ker}\, f$이다. ◀

**【정리 4.3.7】**

$V$와 $V'$을 체 $F$위의 벡터공간이라 하고 $f: V \longrightarrow V'$을 1차변환이라 하자. 그러면 다음 세 주장은 서로 동치이다.

(1) $\mathrm{Ker}\, f = \{0\}$

(2) $f$는 단사1차변환이다.

(3) $S$가 $V$의 1차독립인 부분집합이면 언제나 $f(S)$는 $V'$의 1차독립인 부분집합이다.

**증명** (1)$\Longleftrightarrow$(2). $f: (V, +) \longrightarrow (V', +)$가 군의 준동형함수이므로 정리 2.2.27 (2)의 결과이다.

(2)$\Longrightarrow$(3). $f$를 단사1차변환이라 하자. $S$를 $V$의 1차독립인 부분집합이라 하고 $f(S)$에 속하는 서로 다른 임의의 벡터 $\beta_1, \beta_2, \cdots, \beta_r$과 $c_i \in F(i=1, 2, \cdots, r)$에 대하여

$$c_1\beta_1 + c_2\beta_2 + \cdots + c_r\beta_r = 0$$

이라 하자. 그러면 $\beta_1, \beta_2, \cdots, \beta_r$이 $f(S)$에 속하는 서로 다른 벡터이므로 $S$에 속하는 서로 다른 벡터 $\alpha_1, \alpha_2, \cdots, \alpha_r$이 존재하여 $\beta_i = f(\alpha_i)(i=1, 2, \cdots, r)$로 표시된다. 따라서 정리 4.3.4 (1)에 의하여 $f(0)=0$이므로

$$\begin{aligned} f(0) = 0 &= c_1\beta_1 + c_2\beta_2 + \cdots + c_r\beta_r = c_1 f(\alpha_1) + c_2 f(\alpha_2) + \cdots + c_r f(\alpha_r) \\ &= f(c_1\alpha_1 + c_2\alpha_2 + \cdots + c_r\alpha_r) \end{aligned}$$

이다. 이 때 $f$가 단사함수이므로

$$c_1\alpha_1 + c_2\alpha_2 + \cdots + c_r\alpha_r = 0$$

이고, $S$가 1차독립이므로 $c_1 = c_2 = \cdots = c_r = 0$이다. 그러므로 $f(S)$는 1차독립이다.

(3)$\Longrightarrow$(1). (3)이 성립한다고 하자. $0 \neq \alpha \in V$라 하고 $S = \{\alpha\}$라 하면 $S$가 $V$의 1차독립인 부분집합이므로 $f(S) = \{f(\alpha)\}$는 $V'$의 1차독립인 부분집합이다. 따라서 $f(\alpha) \neq 0$이므로 $\alpha \notin \mathrm{Ker}\, f$이다. 따라서 $0 \in \mathrm{Ker}\, f$이므로 $\mathrm{Ker}\, f = \{0\}$이다. ■

**보기 4.3.8** 보기 4.3.2에서의 1차변환

$$f : \mathbf{R}^3 \longrightarrow \mathbf{R}^2,\ (x_1,\ x_2,\ x_3) \longmapsto (x_2-2x_3,\ 3x_1)$$

을 생각하자. $(a,\ b)\in\mathbf{R}^2$라 하면 $\left(\frac{1}{3}b,\ 2+a,\ 1\right)\in\mathbf{R}^3$이고 $f\left(\left(\frac{1}{3}b,\ 2+a,\ 1\right)\right)=(a,\ b)$이므로 $f$는 전사함수이다. 따라서 $f$는 전사1차변환이다. 그러나 보기 4.3.6에 의하여 $\mathrm{Ker}\, f\neq\{0\}$이므로 정리 4.3.7에 의하여 $f$는 단사1차변환이 아니다. ◀

**【정리 4.3.9】**

$V,\ V',\ V''$을 체 $F$위의 벡터공간이라 하고 $f: V\longrightarrow V',\ g: V'\longrightarrow V''$을 1차변환이라 하자. 그러면 다음이 성립한다.

(1) 합성함수 $gf : V\longrightarrow V''$은 1차변환이다.

(2) $f$와 $g$가 단사1차변환이면 $gf$도 단사1차변환이다.

(3) $f$와 $g$가 전사1차변환이면 $gf$도 전사1차변환이다.

(4) $f$와 $g$가 동형변환이면 $gf$도 동형변환이다(따라서 $V\cong V'$이고 $V'\cong V''$이면 $V\cong V''$이다).

**증명** (1) $f: (V,\ +)\longrightarrow(V',\ +),\ g: (V',\ +)\longrightarrow(V'',\ +)$는 군의 준동형함수이므로 정리 2.2.28 (1)에 의하여 $gf: (V,\ +)\longrightarrow(V'',\ +)$는 군의 준동형함수이다. 즉 임의의 $\alpha,\ \beta\in V$에 대하여

$$gf(\alpha+\beta)=gf(\alpha)+gf(\beta)$$

이다. 또한 임의의 $c\in F$와 임의의 $\alpha\in V$에 대하여

$$gf(c\alpha)=g(f(c\alpha))=g(cf(\alpha))=cg(f(\alpha))=cgf(\alpha)$$

이다. 따라서 $gf$는 1차변환이다.

(2), (3), (4)는 (1)과 정리 1.1.4 (1), (2), (3)의 결과이다. ■

**【정리 4.3.10】**

$V$와 $V'$을 체 $F$위의 벡터공간이라 하고 $f: V\longrightarrow V'$을 동형변환이라 하자. 그러면 $f$의 역함수 $f^{-1}: V'\longrightarrow V$도 동형변환이다(따라서 $V\cong V'$이

면 $V' \cong V$이다).

**증명** $f:(V, +) \longrightarrow (V', +)$가 군의 동형함수이므로 정리 2.2.29에 의하여 $f^{-1}:(V', +) \longrightarrow (V, +)$는 군의 동형함수이다. $c \in F$, $\alpha' \in V'$이라 하고 $f^{-1}(\alpha')=\alpha$라 하면 $f(\alpha)=\alpha'$이므로

$$f(c\alpha)=cf(\alpha)=c\alpha'$$

이다. 따라서

$$f^{-1}(c\alpha')=c\alpha=cf^{-1}(\alpha')$$

이므로 $f^{-1}$는 동형변환이다. ■

**【따름정리 4.3.11】**

$V$와 $V'$을 체 $F$위의 벡터공간이라 하고 $f: V \longrightarrow V'$을 1차변환이라 하자. 그러면 $f$가 동형변환일 필요충분조건은 $gf=i_V$, $fg=i_{V'}$을 만족하는 1차변환 $g: V' \longrightarrow V$가 존재하는 것이다.

**증명** 정리 4.3.10을 이용하여 따름정리 2.2.30의 증명과 같은 방법으로 증명된다. ■

**【정리 4.3.12】**

$V$와 $V'$을 체 $F$위의 벡터공간이라 하고 $f: V \longrightarrow V'$을 1차변환이라 하자. 그러면 $S \subset V(S \neq \varnothing)$에 대하여 다음이 성립한다.

(1) $f([S])=[f(S)]$이다. 특히, $V=[S]$이면 $\mathrm{Im}\, f=[f(S)]$이다.

(2) $f$가 동형변환이고 $S$가 $V$의 기저이면 $f(S)$는 $V'$의 기저이다.

**증명** (1) $S \subset [S]$이므로 $f(S) \subset f([S])$이고, 따라서 $[f(S)] \subset f([S])$이다. 역으로, $f([S]) \subset [f(S)]$임을 보이자. $\beta \in f([S])$라 하면 $\beta=f(\alpha)$를 만족하는 $\alpha \in [S]$가 존재한다. 따라서 정리 4.1.15에 의하여 적당한 $\alpha_i \in S$, $c_i \in F(i=1, 2, \cdots, r)$에 대하여

$$\alpha=c_1\alpha_1+c_2\alpha_2+\cdots+c_r\alpha_r$$

로 표시되고, 이 때 $f(\alpha_i)\in f(S)\,(i=1,\ 2,\ \cdots,\ r)$이므로

$$\begin{aligned}\beta=f(\alpha)&=f(c_1\alpha_1+c_2\alpha_2+\cdots+c_r\alpha_r)\\&=c_1f(\alpha_1)+c_2f(\alpha_2)+\cdots+c_rf(\alpha_r)\in[f(S)]\end{aligned}$$

이다. 따라서 $f([S])\subset[f(S)]$이다. 그러므로 $f([S])\subset[f(S)]$이다. 특히, $V=[S]$이면 $\mathrm{Im}\,f=f([S])$이므로 $\mathrm{Im}\,f=[f(S)]$이다.

(2) $f$가 동형변환이고 $S$가 $V$의 기저이면 정리 4.3.7에 의하여 $f(S)$는 $V'$의 1차독립인 부분집합이고, 또한 (1)에 의하여 $[f(S)]=\mathrm{Im}\,f=V'$이므로 $f(S)$는 $V'$의 기저이다. ■

**【정리 4.3.13】**

$V$와 $V'$을 체 $F$위의 벡터공간이라 하고 $f:V\longrightarrow V'$을 1차변환이라 하자. $V$가 유한차원 벡터공간이면 $f$의 퇴화공간 $\mathrm{Ker}\,f$와 $f$의 치역공간 $\mathrm{Im}\,f$도 유한차원 벡터공간이고

$$\dim(\mathrm{Ker}\,f)+\dim(\mathrm{Im}\,f)=\dim V,\ \text{즉}\ \mathrm{nul}(f)+\mathrm{rank}(f)=\dim V$$

이다.

**증명** $\dim V=0$이면 $V=\{0\}$이므로 $\mathrm{Ker}\,f=\{0\}=\mathrm{Im}\,f$이다. 따라서 $\dim(\mathrm{Ker}\,f)=0=\dim(\mathrm{Im}\,f)$이므로 정리는 성립한다.

이제, $\dim V=n\,(n\geq 1)$이라 하고 $S=\{\alpha_1,\ \alpha_2,\ \cdots,\ \alpha_n\}$을 $V$의 기저라 하자($\dim V=n$이므로 이러한 기저는 적어도 하나 존재한다).

먼저, $\mathrm{Ker}\,f=\{0\}$이라 하자. 그러면 정리 4.3.7에 의하여 $f$는 단사 1차변환이고 $f(S)=\{f(\alpha_1),\ f(\alpha_2),\ \cdots,\ f(\alpha_n)\}$은 $V'$의 1차독립인 부분집합이므로 $f(S)$는 $\mathrm{Im}\,f$의 1차독립인 부분집합이고 $f(S)$는 $n$개의 서로 다른 벡터를 포함한다. 더욱이 정리 4.3.12 (1)에 의하여 $\mathrm{Im}\,f=[f(S)]$이므로 $f(S)$는 $\mathrm{Im}\,f$의 기저이다. 따라서 $\mathrm{Ker}\,f$와 $\mathrm{Im}\,f$는 유한차원 벡터공간이고

$$\dim(\mathrm{Ker}\,f)+\dim(\mathrm{Im}\,f)=0+n=n=\dim V$$

이다.

다음, $\mathrm{Ker}\,f\neq\{0\}$이라 하자. $\mathrm{Ker}\,f$는 $V$의 부분공간이므로 정리

4.2.21에 의하여 $\mathrm{Ker}\, f$는 유한차원 벡터공간이고 $\dim(\mathrm{Ker}\, f) \leq n$이다. 따라서 $1 \leq \dim(\mathrm{Ker}\, f) \leq n$이다. 이제, $\dim(\mathrm{Ker}\, f)=r$이라 하고 다음 두 가지 경우로 나누어 생각하자.

먼저, $r=n$인 경우에는 정리 4.2.21에 의하여 $\mathrm{Ker}\, f=V$이므로 $\mathrm{Im}\, f=\{0\}$이다. 따라서 $\dim(\mathrm{Im}\, f)=0$이므로 정리는 성립한다.

다음, $1 \leq r < n$인 경우를 생각하자. $S_1=\{\beta_1, \beta_2, \cdots, \beta_r\}$을 $\mathrm{Ker}\, f$의 기저라 하면 $S_1$은 $V$의 1차독립인 부분집합이므로 정리 4.2.20에 의하여 $S_1$을 포함하는 $V$의 기저

$$S_2=\{\beta_1, \beta_2, \cdots, \beta_r, \beta_{r+1}, \beta_{r+2}, \cdots, \beta_n\}$$

이 존재한다. 이 때

$$Q=\{f(\beta_{r+1}), f(\beta_{r+2}), \cdots, f(\beta_n)\}.$$

이라 하자. 분명히 $Q \subset \mathrm{Im}\, f$이다. $i=1, 2, \cdots, r$에 대하여 $\beta_i \in \mathrm{Ker}\, f$이므로 $f(\beta_i)=0$이다. 따라서 $[f(S_2)]=[Q]$이다. 한편, $V=[S_2]$이므로 정리 4.3.12 (1)에 의하여 $\mathrm{Im}\, f=[f(S_2)]$이다. 따라서 $\mathrm{Im}\, f=[Q]$이다. 또, $d_j \in F(j=r+1, r+2, \cdots, n)$에 대하여

$$d_{r+1}f(\beta_{r+1})+d_{r+2}f(\beta_{r+2})+\cdots+d_nf(\beta_n)=0$$

이라 하면

$$f(d_{r+1}\beta_{r+1}+d_{r+2}\beta_{r+2}+\cdots+d_n\beta_n)=0$$

이므로 $d_{r+1}\beta_{r+1}+d_{r+2}\beta_{r+2}+\cdots+d_n\beta_n \in \mathrm{Ker}\, f$이다. 따라서 $S_1$이 $\mathrm{Ker}\, f$를 생성하므로 적당한 $d_i \in F(i=1, 2, \cdots, r)$에 대하여

$$d_{r+1}\beta_{r+1}+d_{r+2}\beta_{r+2}+\cdots+d_n\beta_n=d_1\beta_1+d_2\beta_2+\cdots+d_r\beta_r$$

로 표시된다. 그러므로

$$(-d_1)\beta_1+(-d_2)\beta_2+\cdots+(-d_r)\beta_r+d_{r+1}\beta_{r+1}+\cdots+d_n\beta_n=0$$

이다. 이 때, $S_2$는 1차독립이므로

$$-d_1=-d_2=\cdots=-d_r=d_{r+1}=d_{r+2}=\cdots=d_n=0$$

이다. 따라서 $f(\beta_{r+1}), f(\beta_{r+2}), \cdots, f(\beta_n)$은 1차독립이다. 그러므로 정리 4.2.4에 의하여 $f(\beta_{r+1}), f(\beta_{r+2}), \cdots, f(\beta_n)$은 서로 다르고 $Q$는 $\mathrm{Im}\, f$의 1차독립인 부분집합이다. 따라서 $Q$는 $\mathrm{Im}\, f$의 기저이다. 따라서 $\dim(\mathrm{Im}\, f)=n-r$이므로 이 경우도 정리는 성립한다. ■

**보기 4.3.14** 보기 4.3.2에서의 1차변환

$$f: \mathbf{R}^3 \longrightarrow \mathbf{R}^2,\ (x_1, x_2, x_3) \longmapsto (x_2-2x_3, 3x_1)$$

을 생각하자. 보기 4.3.8에 의하여 $\mathrm{Im}\, f=\mathbf{R}^2$이므로 정리 4.3.13에 의하여

$$\begin{aligned}3=\dim \mathbf{R}^3&=\dim(\mathrm{Ker}\, f)+\dim(\mathrm{Im}\, f)=\dim(\mathrm{Ker}\, f)+\dim \mathbf{R}^2\\&=\dim(\mathrm{Ker}\, f)+2\end{aligned}$$

이다. 따라서 $\dim(\mathrm{Ker}\, f)=1$이다. 실제로, 보기 4.3.6에 의하여

$$\mathrm{Ker}\, f=\{(0, 2x, x)\mid x\in\mathbf{R}\}$$

이다. $\alpha=(0, 2, 1)$이라 하고 $S=\{\alpha\}$라 하면 분명히 $S$는 $\mathrm{Ker}\, f$의 1차독립인 부분집합이다. 또한, $\beta=(0, 2x, x)\in\mathrm{Ker}\, f\,(x\in\mathbf{R})$라 하면 $\beta=(0, 2x, x)=x(0, 2, 1)$이므로 $\mathrm{Ker}\, f=[S]$이다. 그러므로 $S=\{\alpha\}$는 $\mathrm{Ker}\, f$의 기저이고, 따라서 $\dim(\mathrm{Ker}\, f)=1$이다. ◀

**보기 4.3.15** $A=[a_{ij}]$를 체 $F$위의 $m\times n$행렬이라 할 때, 보기 4.3.3에서의 1차변환

$$f_A: M_{n\times 1}(F) \longrightarrow M_{m\times 1}(F),\ X \longmapsto AX$$

를 생각하자. 그러면

$$\mathrm{Ker}\, f_A=\{X\in M_{n\times 1}(F)\mid AX=f_A(X)=O\}$$

이므로 $f_A$의 핵 $\mathrm{Ker}\, f_A$(정리 4.3.5 (1)에 의하여 $\mathrm{Ker}\, f_A$는 $M_{n\times 1}(F)$의 부분공간이다)는 동차연립1차방정식 $AX=O$, 즉

$$\begin{cases} a_{11}x_1 + a_{12}x_2 + \cdots + a_{1n}x_n = 0 \\ a_{21}x_1 + a_{22}x_2 + \cdots + a_{2n}x_n = 0 \\ \cdots\cdots\cdots\cdots\cdots\cdots\cdots\cdots\cdots \\ a_{m1}x_1 + a_{m2}x_2 + \cdots + a_{mn}x_n = 0 \end{cases}$$

의 해들로 구성된다(이러한 의미에서 Ker $f_A$를 동차연립1차방정식 $AX=O$의 해공간(solution space)이라 하기도 한다. 분명히 $X=O(X\in M_{n\times 1}(F))$, 즉 $x_1=x_2=\cdots=x_n=0$은 $AX=O$의 해이다. 이 해를 $AX=O$의 자명한 해(trivial solution)라 한다). 보기 4.2.13에 의하여 $\dim(M_{n\times 1}(F))=n$, $\dim(M_{m\times 1}(F))=m$이다. 또한 정리 4.3.5 (2)에 의하여 $\operatorname{Im} f_A$는 $M_{m\times 1}(F)$의 부분공간이다. 따라서 정리 4.2.21에 의하여 $0\le \operatorname{rank}(f_A)=\dim(\operatorname{Im} f_A)\le m$이다(이 때 $\operatorname{rank}(f_A)$를 $A$의 계수(rank)라 하고 rank($A$)로 표시한다. 즉 $\operatorname{rank}(f_A)=\operatorname{rank}(A)$. 따라서 $0\le\operatorname{rank}(A)\le m$이다). 그러므로 정리 4.3.13에 의하여

$$n=\dim(\operatorname{Ker} f_A)+\operatorname{rank}(A)$$

이고, 따라서

$$\dim(\operatorname{Ker} f_A)=n-\operatorname{rank}(A), \quad 0\le\operatorname{rank}(A)\le m$$

이다. 따라서 다음 결과를 얻는다.

(1) $AX=O$이 자명한 해만을 가질 필요충분조건은 $\operatorname{rank}(A)=n$인 것이다.

(2) $AX=O$이 자명한 해 이외의 해를 갖기 위한 필요충분조건은 $n>\operatorname{rank}(A)$인 것이다. 더욱이 $n>m$, 즉 미지수의 개수가 방정식의 개수보다 많으면 $AX=O$은 자명한 해 이외의 해를 갖는다. ◀

**【정리 4.3.16】**

$V$와 $V'$을 체 $F$위의 벡터공간이라 하고 $f: V\longrightarrow V'$, $g: V\longrightarrow V'$을 1차변환이라 하자. $S=\{\alpha_1, \alpha_2, \cdots, \alpha_n\}$이라 하고 $V=[S]$라 할 때, $i=1, 2, \cdots, n$에 대하여 $f(\alpha_i)=g(\alpha_i)$이면 $f=g$이다.

**증명** $\alpha\in V$라 하자. $V=[S]$이므로 정리 4.1.16에 의하여 적당한 $c_i\in F(i=1, 2, \cdots, n)$에 대하여

$$\alpha = c_1\alpha_1 + c_2\alpha_2 + \cdots + c_n\alpha_n$$

으로 표시된다. 따라서

$$\begin{aligned} f(\alpha) &= f(c_1\alpha_1 + c_2\alpha_2 + \cdots + c_n\alpha_n) = c_1 f(\alpha_1) + c_2 f(\alpha_2) + \cdots + c_n f(\alpha_n) \\ &= c_1 g(\alpha_1) + c_2 g(\alpha_2) + \cdots + c_n g(\alpha_n) = g(c_1\alpha_1 + c_2\alpha_2 + \cdots + c_n\alpha_n) = g(\alpha) \end{aligned}$$

이므로 $f = g$이다. ■

$V$를 벡터공간이라 하고 $S = \{\alpha_1, \alpha_2, \cdots, \alpha_n\}$을 $V$의 기저라 하자. $S$를 각 $\alpha_i (i = 1, 2, \cdots, n)$들이 왼쪽으로부터 나열된 순으로 순서가 주어진 기저로 생각할 때, $S$를 $V$의 순서기저(ordered basis)라 한다. 따라서 $S_1 = \{\alpha_2, \alpha_1, \alpha_3, \cdots, \alpha_n\}$은 $S$와는 다른 $V$의 순서기저이다.

**【정리 4.3.17】**

$V$를 체 $F$위의 $n$차원 벡터공간이라 하고 $S = \{\alpha_1, \alpha_2, \cdots, \alpha_n\}$을 $V$의 순서기저라 하자. $\alpha \in V$라 하면 $x_1, x_2, \cdots, x_n (x_i \in F (i = 1, 2, \cdots, n))$이 유일하게 존재하여

$$\alpha = x_1\alpha_1 + x_2\alpha_2 + \cdots + x_n\alpha_n \qquad \cdots\cdots(4.3.1)$$

의 꼴로 표시된다.

**증명** $\alpha \in V$라 하자. $V = [S]$이므로 정리 4.1.16에 의하여 $x_i \in F (i = 1, 2, \cdots, n)$에 대하여

$$\alpha = x_1\alpha_1 + x_2\alpha_2 + \cdots + x_n\alpha_n$$

의 꼴로 표시된다. 이제 $\alpha$의 이러한 표시가 유일함을 보이기 위하여 $y_i \in F (i = 1, 2, \cdots, n)$에 대하여

$$\alpha = y_1\alpha_1 + y_2\alpha_2 + \cdots + y_n\alpha_n$$

의 꼴로 표시된다고 하자. 그러면

$$0 = \alpha - \alpha = (x_1 - y_1)\alpha_1 + (x_2 - y_2)\alpha_2 + \cdots + (x_n - y_n)\alpha_n$$

이고 $S$가 1차독립이므로 $x_1 - y_1 = 0$, $x_2 - y_2 = 0$, $\cdots$, $x_n - y_n = 0$이다. 즉 $x_1 = y_1$, $x_2 = y_2$, $\cdots$, $x_n = y_n$이다. ■

**【정의 4.3.18】**

$V$를 체 $F$위의 $n$차원 벡터공간이라 하고 $S = \{\alpha_1, \alpha_2, \cdots, \alpha_n\}$을 $V$의 순서기저라 할 때, $\alpha \in V$라 하면 정리 4.3.17에 의하여 $\alpha$를 (4.3.1)과 같이 표시할 수 있는 $x_1, x_2, \cdots, x_n (x_i \in F (i = 1, 2, \cdots, n))$이 유일하게 존재한다. 이 때, $x_1, x_2, \cdots, x_n$을 순서기저 $S$에 관한 $\alpha$의 **좌표**(coordinates)라 한다. 또한, 순서기저 $S$에 관한 $\alpha$의 좌표 $x_1, x_2, \cdots, x_n$을 성분으로 하는 체 $F$위의 $n \times 1$행렬

$$\begin{bmatrix} x_1 \\ x_2 \\ \vdots \\ x_n \end{bmatrix}$$

을 순서기저 $S$에 관한 $\alpha$의 **좌표행렬**(coordinate matrix)이라 하고 $[\alpha]_s$로 표시한다.

**【정리 4.3.19】**

$V$와 $V'$을 체 $F$위의 벡터공간이라 하고 $S = \{\alpha_1, \alpha_2, \cdots, \alpha_n\}$을 $V$의 순서기저라 하자. $\beta_1, \beta_2, \cdots, \beta_n$을 $V'$에 속하는 임의의 벡터라 하면(이 때 $\beta_1, \beta_2, \cdots, \beta_n$은 서로 다를 필요가 없다) 각 $i = 1, 2, \cdots, n$에 대하여 $f(\alpha_i) = \beta_i$를 만족하는 1차변환 $f : V \longrightarrow V'$이 유일하게 존재한다. 이 때, $f$는 $\alpha = c_1\alpha_1 + c_2\alpha_2 + \cdots + c_n\alpha_n \in V (c_i \in F (i = 1, 2, \cdots, n))$에 대하여

$$f(\alpha) = c_1\beta_1 + c_2\beta_2 + \cdots + c_n\beta_n$$

으로 정의된다.

**증명** $\alpha \in V$라 하면 정리 4.3.17에 의하여

$$\alpha = c_1\alpha_1 + c_2\alpha_2 + \cdots + c_n\alpha_n$$

으로 표시할 수 있는 $c_i \in F(i=1, 2, \cdots, n)$이 유일하게 존재한다. 따라서 함수 $f: V \longrightarrow V'$을

$$f(\alpha)=c_1\beta_1+c_2\beta_2+\cdots+c_n\beta_n$$

으로 정의할 수 있다. 이 때, $c \in F$라 하고 $\alpha, \beta \in V$라 하면 정리 4.3.17에 의하여 $c_i \in F(i=1, 2, \cdots, n)$와 $d_i \in F(i=1, 2, \cdots, n)$가 유일하게 존재해서

$$\alpha=c_1\alpha_1+c_2\alpha_2+\cdots+c_n\alpha_n, \quad \beta=d_1\alpha_1+d_2\alpha_2+\cdots+d_n\alpha_n$$

으로 표시되므로

$$\begin{aligned} f(\alpha+\beta) &= f((c_1+d_1)\alpha_1+(c_2+d_2)\alpha_2+\cdots+(c_n+d_n)\alpha_n) \\ &= (c_1+d_1)\beta_1+(c_2+d_2)\beta_2+\cdots+(c_n+d_n)\beta_n \\ &= (c_1\beta_1+c_2\beta_2+\cdots+c_n\beta_n)+(d_1\beta_1+d_2\beta_2+\cdots+d_n\beta_n) \\ &= f(\alpha)+f(\beta), \end{aligned}$$

$$\begin{aligned} f(c\alpha) &= f((cc_1)\alpha_1+(cc_2)\alpha_2+\cdots+(cc_n)\alpha_n) \\ &= (cc_1)\beta_1+(cc_2)\beta_2+\cdots+(cc_n)\beta_n=c(c_1\beta_1+c_2\beta_2+\cdots+c_n\beta_n) \\ &= cf(\alpha) \end{aligned}$$

이다. 따라서 $f$는 1차변환이다. 더욱이

$$f(\alpha_i)=f(1\alpha_i)=1\beta_i=\beta_i(i=1, 2, \cdots, n)$$

이다. 또한, 정리 4.3.16에 의하여 $f(\alpha_i)=\beta_i$를 만족하는 1차변환 $f: V \longrightarrow V'$은 유일하다. ■

**【정리 4.3.20】**

$V$와 $V'$을 체 $F$위의 유한차원 벡터공간이라 하고 $\dim V=\dim V'$이라 할 때, $f: V \longrightarrow V'$을 1차변환이라 하면 다음 세 주장은 동치이다.

(1) $f$는 동형변환이다.

(2) $f$는 단사1차변환이다.

(3) $f$는 전사1차변환이다.

**증명** (1) $\Longrightarrow$ (2)는 분명하다.

(2) $\Longrightarrow$ (3). $f$가 단사1차변환이면 정리 4.3.7에 의하여 $\operatorname{Ker} f=\{0\}$이다. 따라서 정리 4.3.13에 의하여

$$\begin{aligned}\dim V' = \dim V &= \dim(\operatorname{Ker} f)+\dim(\operatorname{Im} f)\\ &=0+\dim(\operatorname{Im} f)=\dim(\operatorname{Im} f)\end{aligned}$$

이고, 또한 $\operatorname{Im} f$는 $V'$의 부분공간이므로 정리 4.2.21에 의하여 $V'=\operatorname{Im} f$이다. 그러므로 $f$는 전사1차변환이다.

(3) $\Longrightarrow$ (1). $f$가 전사1차변환이면 $\operatorname{Im} f=V'$이므로 정리 4.3.13에 의하여

$$\dim(\operatorname{Im} f)=\dim V'=\dim V=\dim(\operatorname{Ker} f)+\dim(\operatorname{Im} f)$$

이다. 따라서 $\dim(\operatorname{Ker} f)=0$, 즉 $\operatorname{Ker} f=\{0\}$이므로 정리 4.3.7에 의하여 $f$는 단사1차변환이다. 그러므로 $f$는 동형변환이다. ■

**【정리 4.3.21】**

$V$를 체 $F$위의 유한차원 벡터공간이라 하고 $V'$을 체 $F$위의 벡터공간이라 하자. $V\cong V'$이면 $V'$도 유한차원 벡터공간이고 $\dim V=\dim V'$이다. 역으로, $V'$이 유한차원 벡터공간이고 $\dim V=\dim V'$이면 $V\cong V'$이다.

**증명** $V\cong V'$이라 하면 동형변환 $f: V\longrightarrow V'$이 존재한다. 이 때 $f$가 단사1차변환이므로 정리 4.3.7에 의하여 $\operatorname{Ker} f=\{0\}$이다. 또한 $f$가 전사1차변환이므로 $\operatorname{Im} f=V'$이다. 따라서 정리 4.3.13에 의하여 $V'$은 유한차원 벡터공간이고

$$\dim V=\dim(\operatorname{Ker} f)+\dim(\operatorname{Im} f)=0+\dim(\operatorname{Im} f)=\dim(\operatorname{Im} f)=\dim V'$$

이다. 역으로 $V'$을 유한차원 벡터공간이라 하고 $\dim V=\dim V'$이라 하자. 먼저 $\dim V=n(n\geq 1)$인 경우를 생각하자.

$$S=\{\alpha_1, \alpha_2, \cdots, \alpha_n\},\quad T=\{\beta_1, \beta_2, \cdots, \beta_n\}$$

을 각각 $V$와 $V'$의 순서기저라 하자. 그러면 정리 4.3.19에 의하여

$$f(\alpha_i)=\beta_i\,(i=1,\ 2,\ \cdots,\ n)$$

을 만족하는 1차변환 $f: V \longrightarrow V'$이 유일하게 존재한다. $V=[S]$이므로 정리 4.3.12 (1)에 의하여

$$\mathrm{Im}\, f=[f(S)]=[T]=V'$$

이고, 따라서 $f$는 전사1차변환이다. 따라서 정리 4.3.20에 의하여 $f$는 동형변환이다. 즉 $V \cong V'$이다. $\dim V=0$인 경우는 $\dim V'=0$이므로 분명히 $V \cong V'$이다. ■

**【정리 4.3.22】**

$V$를 체 $F$위의 $n$차원 벡터공간이라 하고 $V'$을 체 $F$위의 $m$차원 벡터공간이라 하자. 또한 $S=\{\alpha_1, \alpha_2, \cdots, \alpha_n\}$을 $V$의 순서기저라 하고 $T=\{\beta_1, \beta_2, \cdots, \beta_m\}$을 $V'$의 순서기저라 하자. $f: V \longrightarrow V'$을 1차변환이라 하면 모든 $\alpha \in V$에 대하여

$$[f(\alpha)]_T=A[\alpha]_S \qquad \cdots\cdots(4.3.2)$$

를 만족하는 체 $F$위의 $m \times n$행렬 $A=[a_{ij}]$가 유일하게 존재한다. 이 때, $A$의 $j(1 \le j \le n)$열의 성분은 순서기저 $T$에 관한 $f(\alpha_j)$의 좌표이다. 즉

$$\begin{bmatrix} a_{1j} \\ a_{2j} \\ \vdots \\ a_{mj} \end{bmatrix}=[f(\alpha_j)]_T.$$

**증명** $T$가 $V'$의 순서기저이므로 정리 4.3.17에 의하여

$$\begin{cases} f(\alpha_1)=a_{11}\beta_1+a_{21}\beta_2+\cdots+a_{m1}\beta_m \\ f(\alpha_2)=a_{12}\beta_1+a_{22}\beta_2+\cdots+a_{m2}\beta_m \\ \cdots\cdots\cdots\cdots\cdots\cdots\cdots\cdots\cdots\cdots \\ f(\alpha_j)=a_{1j}\beta_1+a_{2j}\beta_2+\cdots+a_{mj}\beta_m \\ \cdots\cdots\cdots\cdots\cdots\cdots\cdots\cdots\cdots\cdots \\ f(\alpha_n)=a_{1n}\beta_1+a_{2n}\beta_2+\cdots+a_{mn}\beta_m \end{cases} \qquad \cdots\cdots(4.3.3)$$

을 만족하는 $a_{ij} \in F(i=1, 2, \cdots, m\,;\, j=1, 2, \cdots, n)$가 유일하게 존재한다. 이 때, 순서기저 $T$에 관한 $f(\alpha_j)(j=1, 2, \cdots, n)$의 좌표 $a_{1j}$, $a_{2j}$,

$\cdots$, $a_{mj}$를 $j$열의 성분으로 갖는 체 $F$위의 $m\times n$행렬을 $A$라 하자. 즉

$$A=\begin{bmatrix} a_{11} & a_{12} & \cdots & a_{1j} & \cdots & a_{1n} \\ a_{21} & a_{22} & \cdots & a_{2j} & \cdots & a_{2n} \\ \cdots & \cdots & \cdots & \cdots & \cdots & \cdots \\ a_{m1} & a_{m2} & \cdots & a_{mj} & \cdots & a_{mn} \end{bmatrix}, \quad \begin{bmatrix} a_{1j} \\ a_{2j} \\ \vdots \\ a_{mj} \end{bmatrix}=[f(\alpha_j)]_T.$$

$\alpha\in V$라 하고

$$[\alpha]_S=\begin{bmatrix} x_1 \\ x_2 \\ \vdots \\ x_n \end{bmatrix}$$

이라 하면 $\alpha=x_1\alpha_1+x_2\alpha_2+\cdots+x_n\alpha_n$이므로

$$\begin{aligned} f(\alpha) &= f(x_1\alpha_1+x_2\alpha_2+\cdots+x_n\alpha_n)=x_1f(\alpha_1)+x_2f(\alpha_2)+\cdots+x_nf(\alpha_n) \\ &= x_1(a_{11}\beta_1+a_{21}\beta_2+\cdots+a_{m1}\beta_m)+x_2(a_{12}\beta_1+a_{22}\beta_2+\cdots+a_{m2}\beta_m) \\ &\quad +\cdots+x_n(a_{1n}\beta_1+a_{2n}\beta_2+\cdots+a_{mn}\beta_m) \\ &= (a_{11}x_1+a_{12}x_2+\cdots+a_{1n}x_n)\beta_1+(a_{21}x_1+a_{22}x_2+\cdots+a_{2n}x_n)\beta_2 \\ &\quad +\cdots+(a_{m1}x_1+a_{m2}x_2+\cdots+a_{mn}x_n)\beta_m \end{aligned}$$

이다. 따라서

$$[f(\alpha)]_T=\begin{bmatrix} a_{11}x_1+a_{12}x_2+\cdots+a_{1n}x_n \\ a_{21}x_1+a_{22}x_2+\cdots+a_{2n}x_n \\ \cdots\cdots\cdots \\ a_{m1}x_1+a_{m2}x_2+\cdots+a_{mn}x_n \end{bmatrix}=\begin{bmatrix} a_{11} & a_{12} & \cdots & a_{1n} \\ a_{21} & a_{22} & \cdots & a_{2n} \\ \cdots & \cdots & \cdots & \cdots \\ a_{m1} & a_{m2} & \cdots & a_{mn} \end{bmatrix}\begin{bmatrix} x_1 \\ x_2 \\ \vdots \\ x_n \end{bmatrix}=A[\alpha]_S$$

이다. 즉, (4.3.2)를 만족하는 체 $F$위의 $m\times n$행렬 $A$가 존재한다. 다음, $A$가 (4.3.2)를 만족하는 유일한 행렬임을 보이기 위하여 모든 $\alpha\in V$에 대하여

$$[f(\alpha)]_T=B[\alpha]_S$$

를 만족하는 체 $F$위의 $m\times n$행렬 $B=[b_{ij}]$가 존재한다고 가정하자. 그러면 각 $j=1, 2, \cdots, n$에 대하여

$$\alpha_j = 0\alpha_1 + \cdots + 0\alpha_{j-1} + 1\alpha_j + 0\alpha_{j+1} + \cdots + 0\alpha_n$$

이므로

$$[f(\alpha_j)]_T = B[\alpha_j]_S = \begin{bmatrix} b_{11} & \cdots & b_{1j} & \cdots & b_{1n} \\ b_{21} & \cdots & b_{2j} & \cdots & b_{2n} \\ \cdots & \cdots & \cdots & \cdots & \cdots \\ b_{m1} & \cdots & b_{mj} & \cdots & b_{mn} \end{bmatrix} \begin{bmatrix} 0 \\ \vdots \\ 1 \\ \vdots \\ 0 \end{bmatrix} \leftarrow j\text{행}$$

$$= \begin{bmatrix} b_{1j} \\ b_{2j} \\ \vdots \\ b_{mj} \end{bmatrix}$$

이다. 따라서

$$f(\alpha_j) = b_{1j}\beta_1 + b_{2j}\beta_2 + \cdots + b_{mj}\beta_m$$

이므로 (4.3.3)과 정리 4.3.17에 의하여 $b_{ij} = a_{ij} (i=1, 2, \cdots, m)$이다. 그러므로 $A=B$이다. 즉, 모든 $\alpha \in V$에 대하여 (4.3.2)를 만족하는 체 $F$위의 $m \times n$행렬 $A$는 유일하게 존재한다. ■

**【정의 4.3.23】**

정리 4.3.22에서 (4.3.2)를 만족하는 유일한 행렬 $A$를 순서기저 $S$와 $T$에 관한 $f$의 행렬(matrix of $f$ relative to the ordered bases $S$ and $T$)이라 하고 $[f]_{S,T}$로 표시한다. 즉, $A=[f]_{S,T}$.

특히, 정리 4.3.22에서 $V=V'$(따라서 $f: V \longrightarrow V$는 선형연산자)이고 $S=T$일 때, $A$를 순서기저 $S$에 관한 $f$의 행렬(matrix of $f$ relative to the ordered basis $S$)라 하고 $[f]_{S,S}$ 대신에 간단히 $[f]_S$로 표시한다.

**【정리 4.3.24】**

$V$를 체 $F$위의 $n$차원 벡터공간이라 하고 $V'$을 체 $F$위의 $m$차원 벡터공간이라 하자. $S=\{\alpha_1, \alpha_2, \cdots, \alpha_n\}$을 $V$의 순서기저라 하고 $T=\{\beta_1, \beta_2, \cdots, \beta_m\}$을 $V'$의 순서기저라 할 때, $A=[a_{ij}]$를 $F$위의 $m \times n$행렬이라 하면 순서기

저 $S$와 $T$에 관한 $f$의 행렬이 $A$가 되는, 즉 $[f]_{S,T}=A$가 되는 1차변환 $f: V \longrightarrow V'$이 유일하게 존재한다.

**증명** $j=1, 2, \cdots, n$에 대하여

$$\gamma_j = a_{1j}\beta_1 + a_{2j}\beta_2 + \cdots + a_{mj}\beta_m$$

으로 정의하자. 그러면 $\gamma_j \in V'\,(j=1, 2, \cdots, n)$이므로 정리 4.3.19에 의하여

$$f(\alpha_j) = \gamma_j = a_{1j}\beta_1 + a_{2j}\beta_2 + \cdots + a_{mj}\beta_m \ (j=1, 2, \cdots, n)$$

을 만족하는 1차변환 $f: V \longrightarrow V'$이 유일하게 존재한다. 따라서 정리 4.3.22에 의하여 $[f]_{S,T}=A$이다.

다음, $[g]_{S,T}=A$가 되는 또 다른 1차변환 $g: V \longrightarrow V'$이 존재한다고 하자. 그러면 임의의 $\alpha \in V$에 대하여 $[g(\alpha)]_T = A[\alpha]_S$이다. 따라서 각 $j=1, 2, \cdots, n$에 대하여

$$\alpha_j = 0\alpha_1 + \cdots + 0\alpha_{j-1} + 1\alpha_j + 0\alpha_{j+1} + \cdots + 0\alpha_n$$

이므로

$$[g(\alpha_j)]_T = A[\alpha_j]_S = \begin{bmatrix} a_{11} & \cdots & a_{1j} & \cdots & a_{1n} \\ a_{21} & \cdots & a_{2j} & \cdots & a_{2n} \\ \cdots & \cdots & \cdots & \cdots & \cdots \\ a_{m1} & \cdots & a_{mj} & \cdots & a_{mn} \end{bmatrix} \begin{bmatrix} 0 \\ \vdots \\ 1 \\ \vdots \\ 0 \end{bmatrix} \leftarrow j\text{행}$$

$$= \begin{bmatrix} a_{1j} \\ a_{2j} \\ \vdots \\ a_{mj} \end{bmatrix}$$

이다. 그러므로 각 $j=1, 2, \cdots, n$에 대하여

$$g(\alpha_j) = \alpha_{1j}\beta_1 + \alpha_{2j}\beta_2 + \cdots + \alpha_{mj}\beta_m = \gamma_j = f(\alpha_j)$$

이다. 따라서 정리 4.3.16에 의하여 $g=f$이다. 즉, $[f]_{S,T}=A$가 되는 1차변환 $f: V \longrightarrow V'$은 유일하게 존재한다. ■

**【정리 4.3.25】**

$V$와 $V'$을 체 $F$위의 벡터공간이라 할 때, $V$로부터 $V'$으로의 1차변환 전체의 집합을 $\mathrm{Hom}(V,\ V')$으로 표시하자. 즉,

$$\mathrm{Hom}(V,\ V')=\{f \mid f: V \longrightarrow V'\text{은 1차변환}\}\ (\text{보기 3.1.5를 참조}).$$

그러면 다음이 성립한다.

(1) $f,\ g\in\mathrm{Hom}(V,\ V')$이라 할 때, 임의의 $\alpha\in V$에 대하여

$$(f+g)(\alpha)=f(\alpha)+g(\alpha)$$

로 정의하면 $f+g: V\longrightarrow V'$은 1차변환이다(따라서 $f+g\in\mathrm{Hom}(V,\ V')$).

(2) $f\in\mathrm{Hom}(V,\ V')$이라 하고 $c\in F$라 할 때, 임의의 $\alpha\in V$에 대하여

$$(cf)(\alpha)=cf(\alpha)$$

로 정의하면 $cf: V\longrightarrow V'$은 1차변환이다(따라서 $cf\in\mathrm{Hom}(V,\ V')$).

(3) (1)에서 정의된 $\mathrm{Hom}(V,\ V')$위의 덧셈과 (2)에서 정의된 $\mathrm{Hom}(V,\ V')$위의 스칼라곱에 대하여 $\mathrm{Hom}(V,\ V')$은 체 $F$위의 벡터공간을 이룬다.

**증명** (1) $f: (V,\ +)\longrightarrow(V',\ +)$, $g: (V,\ +)\longrightarrow(V',\ +)$는 (군의)준동형함수이므로 보기 3.1.5에 의하여 임의의 $\alpha,\ \beta\in V$에 대하여

$$(f+g)(\alpha+\beta)=(f+g)(\alpha)+(f+g)(\beta)$$

이다. 또한 임의의 $c\in F$와 임의의 $\alpha\in V$에 대하여

$$\begin{aligned}(f+g)(c\alpha)&=f(c\alpha)+g(c\beta)=cf(\alpha)+cg(\alpha)=c(f(\alpha)+g(\alpha))\\&=c(f+g)(\alpha)\end{aligned}$$

이다. 따라서 $f+g$는 1차변환이다.

(2) 임의의 $\alpha,\ \beta\in V$와 임의의 $d\in F$에 대하여

$$\begin{aligned}(cf)(\alpha+\beta)&=cf(\alpha+\beta)=c(f(\alpha)+f(\beta))=cf(\alpha)+cf(\beta)\\&=(cf)(\alpha)+(cf)(\beta),\\(cf)(d\alpha)&=cf(d\alpha)=c(df(\alpha))=(cd)f(\alpha)=(dc)f(\alpha)\\&=d(cf(\alpha))=d(cf)(\alpha)\end{aligned}$$

이므로 $cf$는 1차변환이다.

(3) $f$, $g$, $h \in \mathrm{Hom}(V, V')$이라 하면 보기 3.1.5에 의하여 $f+g=g+f$, $(f+g)+h=f+(g+h)$이다. 함수 $\mathbf{0} : V \longrightarrow V'$을 임의의 $\alpha \in V$에 대하여 $\mathbf{0}(\alpha)=0$으로 정의하면 정리 4.1.6 (2)에 의하여 임의의 $c \in F$에 대하여

$$\mathbf{0}(c\alpha)=0=c0=c\mathbf{0}(\alpha)$$

이다. 따라서 보기 3.1.5에 의하여 $\mathbf{0} \in \mathrm{Hom}(V, V')$이고 $f+\mathbf{0}=f$이다. 다음, 함수 $-f : V \longrightarrow V'$을 임의의 $\alpha \in V$에 대하여 $(-f)(\alpha)=-f(\alpha)$로 정의하면 정리 4.1.6 (3)에 의하여 임의의 $c \in F$에 대하여

$$(-f)(c\alpha)=-f(c\alpha)=-(cf(\alpha))=c(-f(\alpha))=c(-f)(\alpha)$$

이다. 따라서 보기 3.1.5에 의하여 $-f \in \mathrm{Hom}(V, V')$이고 $f+(-f)=\mathbf{0}$이다. 다음, 임의의 $c$, $c_1$, $c_2 \in F$와 임의의 $\alpha \in V$에 대하여

$$\begin{aligned}(c(f+g))(\alpha)&=c(f+g)(\alpha)=c(f(\alpha)+g(\alpha))=cf(\alpha)+cg(\alpha)\\&=(cf)(\alpha)+(cg)(\alpha)=(cf+cg)(\alpha)\end{aligned}$$

이므로 $c(f+g)=cf+cg$이고,

$$\begin{aligned}((c_1+c_2)f)(\alpha)&=(c_1+c_2)f(\alpha)=c_1f(\alpha)+c_2f(\alpha)=(c_1f)(\alpha)+(c_2f)(\alpha)\\&=(c_1f+c_2f)(\alpha)\end{aligned}$$

이므로 $(c_1+c_2)f=c_1f+c_2f$이고,

$$((c_1c_2)f)(\alpha)=(c_1c_2)f(\alpha)=c_1(c_2f(\alpha))=c_1((c_2f)(\alpha))=(c_1(c_2f))(\alpha)$$

이므로 $(c_1c_2)f=c_1(c_2f)$이고,

$$(1f)(\alpha)=1f(\alpha)=f(\alpha)$$

이므로 $1f=f$이다. 따라서 $\mathrm{Hom}(V, V')$은 체 $F$위의 벡터공간이다. ■

**【정리 4.3.26】**

$V$, $V'$, $V''$을 체 $F$위의 유한차원 벡터공간이라 하고 $S$, $T$, $Q$를 각각 $V$, $V'$, $V''$의 순서기저라 하자. 그러면 다음이 성립한다.

(1) $f,\ g \in \mathrm{Hom}(V,\ V')$이면

$$[f+g]_{S,T}=[f]_{S,T}+[g]_{S,T}.$$

(2) $f \in \mathrm{Hom}(V,\ V'),\ c \in F$이면

$$[cf]_{S,T}=c[f]_{S,T}.$$

(3) $f \in \mathrm{Hom}(V,\ V'),\ g \in \mathrm{Hom}(V',\ V'')$이면

$$[gf]_{S,Q}=[g]_{T,Q}[f]_{S,T}.$$

---

**증명** $\dim V=n,\ \dim V'=m,\ \dim V''=p$라 하고

$$S=\{\alpha_1,\ \alpha_2,\ \cdots,\ \alpha_n\},\ T=\{\beta_1,\ \beta_2,\ \cdots,\ \beta_m\}$$

라 하자.

(1) $[f]_{S,T}=[a_{ij}]$라 하고 $[g]_{S,T}=[b_{ij}]$라 하자. 그러면 정리 4.3.22에 의하여 $j=1,\ 2,\ \cdots,\ n$에 대하여

$$f(\alpha_j)=a_{1j}\beta_1+a_{2j}\beta_2+\cdots+a_{mj}\beta_m,$$
$$g(\alpha_j)=b_{1j}\beta_1+b_{2j}\beta_2+\cdots+b_{mj}\beta_m$$

이므로

$$\begin{aligned}(f+g)(\alpha_j)&=f(\alpha_j)+g(\alpha_j)\\&=(a_{1j}\beta_1+a_{2j}\beta_2+\cdots+a_{mj}\beta_m)+(b_{1j}\beta_1+b_{2j}\beta_2+\cdots+b_{mj}\beta_m)\\&=(a_{1j}+b_{1j})\beta_1+(a_{2j}+b_{2j})\beta_2+\cdots+(a_{mj}+b_{mj})\beta_m\end{aligned}$$

이다. 따라서 정리 4.3.22에 의하여

$$\begin{aligned}[f+g]_{S,T}&=\begin{bmatrix}a_{11}+b_{11} & a_{12}+b_{12} & \cdots & a_{1n}+b_{1n}\\ a_{21}+b_{21} & a_{22}+b_{22} & \cdots & a_{2n}+b_{2n}\\ \cdots & \cdots & \cdots & \cdots\\ a_{m1}+b_{m1} & a_{m2}+b_{m2} & \cdots & a_{mn}+b_{mn}\end{bmatrix}\\&=[a_{ij}]+[b_{ij}]=[f]_{S,T}+[g]_{S,T}\end{aligned}$$

이다.

(2) $[f]_{S,T}=[a_{ij}]$라 하자. 그러면 정리 4.3.22에 의하여 $j=1,\ 2,\ \cdots,\ n$에

대하여

$$f(\alpha_j)=a_{1j}\beta_1+a_{2j}\beta_2+\cdots+a_{mj}\beta_m$$

이므로

$$\begin{aligned}(cf)(\alpha_j)&=cf(\alpha_j)=c(a_{1j}\beta_1+a_{2j}\beta_2+\cdots+a_{mj}\beta_m)\\&=(ca_{1j})\beta_1+(ca_{2j})\beta_2+\cdots+(ca_{mj})\beta_m\end{aligned}$$

이다. 따라서

$$[cf]_{S,T}=\begin{bmatrix}ca_{11} & ca_{12} & \cdots & ca_{1n}\\ ca_{21} & ca_{22} & \cdots & ca_{2n}\\ \cdots & \cdots & \cdots & \cdots\\ ca_{m1} & ca_{m2} & \cdots & ca_{mn}\end{bmatrix}=c[a_{ij}]=c[f]_{S,T}$$

이다.

(3) $[f]_{S,T}=A$, $[g]_{T,Q}=B$(이 때, $A$는 $m\times n$행렬이고 $B$는 $p\times m$행렬이다)라 하자. 그러면 정리 4.3.22에 의하여 모든 $\alpha\in V$에 대하여

$$[gf(\alpha)]_Q=[g(f(\alpha))]_Q=B[f(\alpha)]_T=B(A[\alpha]_S)=(BA)[\alpha]_S$$

이다. 따라서 정리 4.3.22에 의하여 순서기저 $S$와 $Q$에 관한 $gf$의 행렬 $[gf]_{S,Q}$는 유일하므로 $[gf]_{S,Q}=BA=[g]_{T,Q}[f]_{S,T}$이다. ■

**【정리 4.3.27】**

$V$를 체 $F$위의 $n(n>0)$차원 벡터공간이라 하고 $V'$을 체 $F$위의 $m(m>0)$차원 벡터공간이라 하자. 그러면

$$\text{Hom}(V,\ V')\cong M_{m\times n}(F)$$

이다. 더욱이 $\dim(\text{Hom}(V,\ V'))=mn$이다.

**증명** $S=\{\alpha_1,\ \alpha_2,\ \cdots,\ \alpha_n\}$, $T=\{\beta_1,\ \beta_2,\ \cdots,\ \beta_m\}$을 각각 $V$와 $V'$의 순서기저라 하자. $f\in\text{Hom}(V,\ V')$이라 하면 정리 4.3.22에 의하여 $[f]_{S,T}$는 유일하게 존재한다. 따라서 임의의 $f\in\text{Hom}(V,\ V')$에 대하여 $\phi(f)=[f]_{S,T}$로 정의하면 $\phi:\text{Hom}(V,\ V')\longrightarrow M_{m\times n}(F)$는 함수이다. 더욱이, 정리

4.3.24에 의하여 $\phi$는 전단사함수이다. 또한 $f,\ g\in\text{Hom}(V,\ V')$, $c\in F$라 하면 $f+g,\ cf\in\text{Hom}(V,\ V')$이고, 따라서 정리 4.3.26 (1), (2)에 의하여

$$\phi(f+g)=[f+g]_{S,\,T}=[f]_{S,\,T}+[g]_{S,\,T}=\phi(f)+\phi(g),$$
$$\phi(cf)=[cf]_{S,\,T}=c[f]_{S,\,T}=c\phi(f)$$

이므로 $\phi$는 1차변환이다. 그러므로 $\phi$는 동형변환이다. 즉

$$\text{Hom}(V,\ V')\cong M_{m\times n}(F)$$

이다. 따라서 정리 4.3.10에 의하여 $M_{m\times n}(F)\cong\text{Hom}(V,\ V')$이고, 보기 4.2.13에 의하여 $\dim(M_{m\times n}(F))=mn$이므로 정리 4.3.21에 의하여 $\dim(\text{Hom}(V,\ V'))=mn$이다. ■

**【정의 4.3.28】**

$V$를 체 $F$위의 벡터공간이라 하자. 보기 4.1.2에 의하여 체 $F$는 $F$위의 벡터공간이다. 따라서 정리 4.3.25 (3)에 의하여 체 $F$위의 벡터공간 $\text{Hom}(V,\ F)$를 생각할 수 있다. 이 때, 이 벡터공간 $\text{Hom}(V,\ F)$를 $V$의 쌍대공간(dual space)이라 하고 $V^*$로 표시한다. 즉, $V^*=\text{Hom}(V,\ F)$. 또한, 체 $F$위의 벡터공간 $\text{Hom}(V^*,\ F)$를 $V$의 이중쌍대공간(double dual space)라 하고 $V^{**}$로 표시한다. 즉 $V^{**}=\text{Hom}(V^*,\ F)$.

**【정리 4.3.29】**

$V$를 체 $F$위의 벡터공간이라 할 때, $\dim V=n$이면 $\dim V^*=\dim V^{**}=n$이다(따라서 정리 4.3.21에 의하여 $V\cong V^*\cong V^{**}$이다).

**증명** 먼저, $n>0$인 경우를 생각하자. $S=\{1\}(1\in F)$라 하면 $S\subset F$이고 분명히 $[S]\subset F$이다. 또한, $c\in F$에 대하여 $c=c1\in[S]$이므로 $F\subset[S]$이다. 따라서 $F=[S]$이다. 더욱이 $1\neq 0$이므로 $S$는 $F$의 1차독립인 부분집합이다. 따라서 $S$는 $F$의 기저이므로 $\dim F=1$이다. 그러므로 정리 4.3.27에 의하여

$$\dim V^*=\dim(\text{Hom}(V,\ F))=n\cdot 1=n$$

이고, 또한 $\dim V^{**}=\dim(\mathrm{Hom}(V^*, F))=n\cdot 1=n$이다. 다음, $n=0$인 경우는 $V=\{0\}$이므로 정리 4.3.4 (1)에 의하여 1차변환 $f: V \longrightarrow F$는 $f=\mathbf{0}$($\mathbf{0}$은 덧셈아벨군 $(V^*, +)$의 단위원이다)뿐이다. 즉, $V^*=\{\mathbf{0}\}$이므로 $\dim V^*=0$이다. 같은 방법으로 $\dim V^{**}=0$이다. ■

$F$를 체라 할 때 $i=j$이면 $\delta_{ij}=1(1\in F)$이고, $i\neq j$이면 $\delta_{ij}=0(0\in F)$을 나타내는 기호 $\delta$를 Kronecker의 델타라 한다.

**【정리 4.3.30】**

$V$를 체 $F$위의 $n(n>0)$차원 벡터공간이라 하고 $S=\{\alpha_1, \alpha_2, \cdots, \alpha_n\}$을 $V$의 순서기저라 하자. 그러면 다음이 성립한다.

(1) 각 $i(i=1, 2, \cdots, n)$에 대하여 $f_i(\alpha_j)=\delta_{ij}(j=1, 2, \cdots, n)$을 만족하는 $V^*$의 순서기저 $S^*=\{f_1, f_2, \cdots, f_n\}$이 유일하게 존재한다(이 때, $S^*$를 $S$에 쌍대인 $V^*$의 순서기저(ordered basis of $V^*$ dual to $S$) 또는 간단히 $V^*$의 쌍대기저(dual basis of $V^*$)라 한다). 특히, 임의의 $f\in V^*$에 대하여 $f=\sum_{i=1}^{n} f(\alpha_i)f_i$이다.

(2) 임의의 $\alpha\in V$에 대하여 $\alpha=\sum_{i=1}^{n} f_i(\alpha)\alpha_i$이다.

**증명** (1) 정리 4.3.19에 의하여 각 $i(i=1, 2, \cdots, n)$에 대하여 $f_i(\alpha_j)=\delta_{ij}$ $(j=1, 2, \cdots, n)$, 즉

$$
\begin{array}{lcl}
\alpha_1 & \longmapsto & f_i(\alpha_1)=0 \\
\alpha_2 & \longmapsto & f_i(\alpha_2)=0 \\
\vdots & & \vdots \\
\alpha_{i-1} & \longmapsto & f_i(\alpha_{i-1})=0 \\
\alpha_i & \longmapsto & f_i(\alpha_i)=1 \\
\alpha_{i+1} & \longmapsto & f_i(\alpha_{i+1})=0 \\
\vdots & & \vdots \\
\alpha_n & \longmapsto & f_i(\alpha_n)=0
\end{array}
$$

을 만족하는 1차변환 $f_i : V \longrightarrow F$가 유일하게 존재한다. $S^*=\{f_1, f_2, \cdots, f_n\}$이라 하면 $S^* \subset V^*$이고, 따라서 $[S^*] \subset V^*$이다. 또한, $f \in V^*$라 하면 각 $\alpha_i \in S(i=1, 2, \cdots, n)$에 대하여

$$\begin{aligned}
&(f(\alpha_1)f_1+\cdots+f(\alpha_{i-1})f_{i-1}+f(\alpha_i)f_i+f(\alpha_{i+1})f_{i+1}+\cdots+f(\alpha_n)f_n)(\alpha_i)\\
&\quad=(f(\alpha_1)f_1)(\alpha_i)+\cdots+(f(\alpha_{i-1})f_{i-1})(\alpha_i)+(f(\alpha_i)f_i)(\alpha_i)\\
&\qquad\qquad+(f(\alpha_{i+1})f_{i+1})(\alpha_i)+\cdots+(f(\alpha_n)f_n)(\alpha_i)\\
&\quad=f(\alpha_1)f_1(\alpha_i)+\cdots+f(\alpha_{i-1})f_{i-1}(\alpha_i)+f(\alpha_i)f_i(\alpha_i)\\
&\qquad\qquad+f(\alpha_{i+1})f_{i+1}(\alpha_i)+\cdots+f(\alpha_n)f_n(\alpha_i)\\
&\quad=f(\alpha_1)0+\cdots+f(\alpha_{i-1})0+f(\alpha_i)1+f(\alpha_{i+1})0+\cdots+f(\alpha_n)0\\
&\quad=0+\cdots+0+f(\alpha_i)+0+\cdots+0=f(\alpha_i)
\end{aligned}$$

이므로 정리 4.3.16에 의하여

$$f=f(\alpha_1)f_1+f(\alpha_2)f_2+\cdots+f(\alpha_n)f_n,$$

즉 $f \in [S^*]$이다. 그러므로 $V^* \subset [S^*]$이고, 따라서 $V^*=[S^*]$이다. 분명히 $i \neq j$이면 $f_i \neq f_j$이고, 또한 정리 4.3.29에 의하여 $\dim V^*=n$이므로 정리 4.2.22 (2)에 의하여 $S^*$는 $V^*$의 기저이다. 이 때, $f_1, f_2, \cdots, f_n$의 순으로 순서를 주면 $S^*$는 $V^*$의 순서기저이다.

(2) $\alpha \in V$라 하면 정리 4.1.16에 의하여 적당한 $c_i \in F(i=1, 2, \cdots, n)$에 대하여

$$\alpha=c_1\alpha_1+c_2\alpha_2+\cdots+c_n\alpha_n$$

으로 표시된다. 따라서 각 $i(i=1, 2, \cdots, n)$에 대하여

$$\begin{aligned}
f_i(\alpha)&=f_i(c_1\alpha_1+\cdots+c_{i-1}\alpha_{i-1}+c_i\alpha_i+c_{i+1}\alpha_{i+1}+\cdots+c_n\alpha_n)\\
&=c_1f_i(\alpha_1)+\cdots+c_{i-1}f_i(\alpha_{i-1})+c_if_i(\alpha_i)+c_{i+1}f_i(\alpha_{i+1})\\
&\quad+\cdots+c_nf_i(\alpha_n)\\
&=c_10+\cdots+c_{i-1}0+c_i1+c_{i+1}0+\cdots+c_n0\\
&=0+\cdots+0+c_i+0+\cdots+0=c_i
\end{aligned}$$

이므로

$$\alpha=f_1(\alpha)\alpha_1+f_2(\alpha)\alpha_2+\cdots+f_n(\alpha)\alpha_n=\sum_{i=1}^{n}f_i(\alpha)\alpha_i$$

이다. ■

**【정리 4.3.31】**

$V$를 체 $F$위의 벡터공간이라 하자. 그러면 다음이 성립한다.

(1) 각 $\alpha\in V$에 대하여 함수 $\phi_\alpha: V^* \longrightarrow F$를 임의의 $f\in V^*$에 대하여 $\phi_\alpha(f)=f(\alpha)$로 정의하면 $\phi_\alpha$는 1차변환이다. 즉, $\phi_\alpha\in V^{**}$이다.

(2) 함수 $\phi: V \longrightarrow V^{**}$를 임의의 $\alpha\in V$에 대하여 $\phi(\alpha)=\phi_\alpha$로 정의하면 $\phi$는 1차변환이다. 더욱이 $V$가 유한차원 벡터공간이면 $\phi$는 동형변환이다.

**증명** (1) 임의의 $f, g\in V^*$와 임의의 $c\in F$에 대하여

$$\phi_\alpha(f+g)=(f+g)(\alpha)=f(\alpha)+g(\alpha)=\phi_\alpha(f)+\phi_\alpha(g),$$
$$\phi_\alpha(cf)=(cf)(\alpha)=cf(\alpha)=c\phi_\alpha(f)$$

이므로 $\phi_\alpha$는 1차변환이다.

(2) $\alpha, \beta\in V$, $c\in F$라 하면 임의의 $f\in V^*$에 대하여

$$\phi_{\alpha+\beta}(f)=f(\alpha+\beta)=f(\alpha)+f(\beta)=\phi_\alpha(f)+\phi_\beta(f)=(\phi_\alpha+\phi_\beta)(f),$$
$$\phi_{c\alpha}(f)=f(c\alpha)=cf(\alpha)=c\phi_\alpha(f)=(c\phi_\alpha)(f)$$

이므로 $\phi_{\alpha+\beta}=\phi_\alpha+\phi_\beta$, $\phi_{c\alpha}=c\phi_\alpha$이다. 따라서

$$\phi(\alpha+\beta)=\phi_{\alpha+\beta}=\phi_\alpha+\phi_\beta=\phi(\alpha)+\phi(\beta),$$
$$\phi(c\alpha)=\phi_{c\alpha}=c\phi_\alpha=c\phi(\alpha)$$

이므로 $\phi$는 1차변환이다. 다음, $\dim V=n$이라 하면 정리 4.3.29에 의하여 $\dim V=\dim V^{**}=n$이다. 따라서 $n=0$이면 $V=\{0\}$, $V^{**}=\{0\}$이므로 $\phi$는 분명히 동형변환이다. 이제 $n>0$이라 하고 $0\neq\alpha\in V$라 하자. 그러면 $S=\{\alpha\}$는 $V$의 1차독립인 부분집합이므로 정

리 4.2.20에 의하여 $S$를 포함하는 $V$의 기저

$$T=\{\alpha, \alpha_2, \alpha_3, \cdots, \alpha_n\}$$

이 존재한다. 이 때, $\alpha, \alpha_2, \alpha_3, \cdots, \alpha_n$의 순으로 순서를 주면 $T$는 $V$의 순서기저이다. 따라서 정리 4.3.19에 의하여 $g(\alpha)=1$, $g(\alpha_i)=0$ $(i=2, 3, \cdots, n)$을 만족하는 1차변환 $g: V \longrightarrow F$가 유일하게 존재한다. 그러므로

$$\phi_\alpha(g)=g(\alpha)=1\neq 0=\mathbf{0}(g)$$

($\mathbf{0}$은 덧셈아벨군 $(V^{**}, +)$의 단위원이다)

이다. 따라서 $\phi_\alpha \neq \mathbf{0}$이다. 한편, $\phi(\alpha)=\phi_\alpha \neq \mathbf{0}$이므로 $\alpha \notin \text{Ker}\,\phi$이다. 따라서 $\text{Ker}\,\phi=\{0\}$이다. 즉, $\phi$는 단사1차변환이다. 그러므로 정리 4.3.20에 의하여 $\phi$는 동형변환이다. ■

**【정리 4.3.32】**

$V$를 체 $F$위의 벡터공간이라 하고 $W$를 $V$의 부분공간이라 하자. 그러면 다음이 성립한다.

(1) 함수 $\pi: V \longrightarrow V/W$를 임의의 $\alpha \in V$에 대하여 $\pi(\alpha)=\alpha+W$로 정의하면 $\pi$는 전사1차변환이고 $\text{Ker}\,\pi=W$이다.

(2) $V$가 유한차원 벡터공간이면

$$\dim(V/W)=\dim V-\dim W$$

이다.

**증명** (1) 정리 2.4.21에 의하여 $\pi: (V, +) \longrightarrow (V/W, +)$는 (군의)전사준동형이고 $\text{Ker}\,\pi=W$이다. 또한, 임의의 $c\in F$와 임의의 $\alpha \in V$에 대하여

$$\pi(c\alpha)=c\alpha+W=c(\alpha+W)=c\pi(\alpha)$$

이므로 $\pi$는 전사1차변환이다.

(2) (1)에 의하여 $\pi: V \longrightarrow V/W$는 전사1차변환이고 $\text{Ker}\,\pi=$W이므로 정리 4.3.13에 의하여

$$\dim V = \dim(\text{Ker}\,\pi) + \dim(\text{Im}\,\pi) = \dim W + \dim(V/W)$$

이다. 즉, $\dim(V/W) = \dim V - \dim W$이다. ■

**【정리 4.3.33】**

$V$를 체 $F$위의 벡터공간이라 하고 $W_i(i=1, 2, \cdots, n)$를 $V$의 부분공간이라 하자. 이 때, 다음 두 조건

(1) $V = W_1 + W_2 + \cdots + W_n$(정리 4.1.18을 참조)

(2) 각 $i(1 \leq i \leq n)$에 대하여

$$W_i \cap (W_1 + W_2 + \cdots + W_{i-1} + W_{i+1} + \cdots + W_n) = \{0\}$$

을 만족하면

$$V \cong W_1 \oplus W_2 \oplus \cdots \oplus W_n \text{(보기 4.1.5를 참조)}$$

이다.

**증명** $W = W_1 \oplus W_2 \oplus \cdots \oplus W_n$이라 하자. 함수 $f: W \longrightarrow V$를 임의의 $(\alpha_1, \alpha_2, \cdots, \alpha_n) \in W$에 대하여

$$f((\alpha_1, \alpha_2, \cdots, \alpha_n)) = \alpha_1 + \alpha_2 + \cdots + \alpha_n$$

으로 정의하면 $W_i(i=1, 2, \cdots, n)$가 덧셈아벨군 $(V, +)$의 정규부분군이므로 정리 2.5.10의 증명과정에 의하여 $f$는 덧셈아벨군 $(W, +)$로부터 덧셈아벨군 $(V, +)$로의 (군의)동형함수이다. 또한, 임의의 $c \in F$와 임의의 $(\alpha_1, \alpha_2, \cdots, \alpha_n) \in W$에 대하여

$$\begin{aligned} f(c(\alpha_1, \alpha_2, \cdots, \alpha_n)) &= f((c\alpha_1, c\alpha_2, \cdots, c\alpha_n)) \\ &= c\alpha_1 + c\alpha_2 + \cdots + c\alpha_n = c(\alpha_1 + \alpha_2 + \cdots + \alpha_n) \\ &= cf((\alpha_1, \alpha_2, \cdots, \alpha_n)) \end{aligned}$$

이므로 $f$는 동형변환이다. 따라서 $W \cong V$이다. 그러므로 정리 4.3.10에 의하여

$$V \cong W = W_1 \oplus W_2 \oplus \cdots \oplus W_n$$

이다. ■

**【정의 4.3.34】**

$V$를 체 $F$위의 벡터공간이라 하고 $W_i(i=1, 2, \cdots, n)$를 $V$의 부분공간이라 하자. $W_1, W_2, \cdots, W_n$이 정리 4.3.33의 조건 (1), (2)를 만족하면 $V$를 $W_1, W_2, \cdots, W_n$의 내직합(internal direct sum)이라 한다.

$V$를 체 $F$위의 벡터공간이라 하고 $W_1, W_2, \cdots, W_n$을 $V$의 부분공간이라 할 때, $V$가 $W_1, W_2, \cdots, W_n$의 내직합이면 정리 4.3.33에 의하여 $V \cong W_1 \oplus W_2 \oplus \cdots \oplus W_n$이다. 앞으로 $V$가 $V$의 부분공간 $W_1, W_2, \cdots, W_n$의 내직합이라는 것을 나타내기 위하여

$$V=W_1 \oplus W_2 \oplus \cdots \oplus W_n$$

으로 표시한다.

**【정리 4.3.35】**

$V$를 체 $F$위의 벡터공간이라 하고 $W_i(i=1, 2, \cdots, n)$를 $V$의 부분공간이라 하자. 그러면 $V$가 $W_1, W_2, \cdots, W_n$의 내직합이 될 필요충분조건은 모든 $\alpha \in V$가 $\alpha=\alpha_1+\alpha_2+\cdots+\alpha_n(\alpha_i \in W_i(i=1, 2, \cdots, n))$의 꼴로 유일하게 표시되는 것이다.

**증명** $W_i(i=1, 2, \cdots, n)$가 덧셈아벨군 $(V, +)$의 정규부분군이므로 정리 2.5.14에 의하여 결과가 얻어진다. ■

**【정의 4.3.36】**

$V$를 체 $F$위의 벡터공간이라 할 때, $ff=f$를 만족하는 선형연산자 $f: V \longrightarrow V$를 정사영(projection)이라 한다.

**【정리 4.3.37】**

$V$를 체 $F$위의 벡터공간이라 하자. $W_i(i=1, 2, \cdots, n)$를 $V$의 부분공간이라 하고

$$V=W_1 \oplus W_2 \oplus \cdots \oplus W_n$$

이라 하자. 그러면 다음 네 조건을 만족하는 정사영 $f_i : V \longrightarrow V(i=1, 2, \cdots, n)$가 존재한다.

(1) $\text{Im} f_i = W_i$

(2) $\text{Ker} f_i = W_1 + \cdots + W_{i-1} + W_{i+1} + \cdots + W_n$

(3) $f_1 + f_2 + \cdots + f_n = i_V$(이 때, $+$는 $F$위의 벡터공간 $\text{Hom}(V, V)$위의 덧셈이다)

(4) $f_i f_j = \mathbf{0}(i \neq j, \mathbf{0} \in \text{Hom}(V, V))$

**증명** $\alpha \in V$라 하자. $V=W_1 \oplus W_2 \oplus \cdots \oplus W_n$이므로 정리 4.3.35에 의하여 $\alpha_i \in W_i(i=1, 2, \cdots, n)$에 대하여

$$\alpha = \alpha_1 + \alpha_2 + \cdots + \alpha_i + \cdots + \alpha_n$$

의 꼴로 유일하게 표시된다. 따라서 각 $i(i=1, 2, \cdots, n)$에 대하여 함수

$$f_i : V \longrightarrow V$$

를 $f_i(\alpha) = \alpha_i$로 정의할 수 있다. $\beta \in V$라 하면 $\beta_i \in W_i(i=1, 2, \cdots, n)$에 대하여

$$\beta = \beta_1 + \beta_2 + \cdots + \beta_i + \cdots + \beta_n$$

의 꼴로 유일하게 표시된다. 따라서

$$\alpha + \beta = (\alpha_1 + \beta_1) + (\alpha_2 + \beta_2) + \cdots + (\alpha_i + \beta_i) + \cdots + (\alpha_n + \beta_n)$$

의 꼴로 유일하게 표시되므로

$$f_i(\alpha + \beta) = \alpha_i + \beta_i = f_i(\alpha) + f_i(\beta)$$

이다. 또한 $c \in F$에 대하여

$$c\alpha=c(\alpha_1+\alpha_2+\cdots+\alpha_i+\cdots+\alpha_n)=c\alpha_1+c\alpha_2+\cdots+c\alpha_i+\cdots+c\alpha_n$$

이므로

$$f_i(c\alpha)=c\alpha_i=cf_i(\alpha)$$

이다. 따라서 $f_i$는 1차변환이다. 또한

$$\alpha_i=0+\cdots+0+\alpha_i+0+\cdots+0(0\in W_j\subset V(j\neq i,\ 1\leq j\leq n))$$

이므로

$$f_if_i(\alpha)=f_i(f_i(\alpha))=f_i(\alpha_i)=\alpha_i=f_i(\alpha)$$

이다. 따라서 $f_if_i=f_i$이다. 따라서 $f_i$는 정사영이다. 분명히 $\mathrm{Im}\,f_i\subset W_i$이다. 또한 $\alpha_i\in W_i$에 대하여 $f_i(\alpha_i)=\alpha_i$이므로 $W_i\subset\mathrm{Im}\,f_i$이다. 따라서 $W_i=\mathrm{Im}\,f_i$이다. 다음

$$\begin{aligned}
&\alpha=\alpha_1+\cdots+\alpha_{i-1}+\alpha_i+\alpha_{i+1}+\cdots+\alpha_n\in\mathrm{Ker}\ f_i\\
&\iff 0=f_i(\alpha)=\alpha_i\\
&\iff \alpha=\alpha_1+\cdots+\alpha_{i-1}+0+\alpha_{i+1}+\cdots+\alpha_n\\
&\qquad\ =\alpha_1+\cdots+\alpha_{i-1}+\alpha_{i+1}+\cdots+\alpha_n\in W_1+\cdots+W_{i-1}+W_{i+1}+\cdots+W_n
\end{aligned}$$

이므로

$$\mathrm{Ker}\ f_i=W_1+\cdots+W_{i-1}+W_{i+1}+\cdots+W_n$$

이다. 또한

$$\begin{aligned}
(f_1+f_2+\cdots+f_n)(\alpha)&=f_1(\alpha)+f_2(\alpha)+\cdots+f_n(\alpha)\\
&=\alpha_1+\alpha_2+\cdots+\alpha_n=\alpha=i_V(\alpha)
\end{aligned}$$

이므로

$$f_1+f_2+\cdots+f_n=i_V$$

이다. 다음 $i\neq j$에 대하여

$$f_if_j(\alpha)=f_i(f_j(\alpha))=f_i(\alpha_j)=0=\mathbf{0}(\alpha)$$

이므로 $f_i f_j = \mathbf{0}$이다. ■

**【정리 4.3.38】**

$V$를 체 $F$위의 벡터공간이라 하자. 정리 4.3.37의 조건 (3), (4)를 만족하는 정사영 $f_i : V \longrightarrow V(i=1, 2, \cdots, n)$가 존재할 때, $W_i = \mathrm{Im}\, f_i$라 하면

$$V = W_1 \oplus W_2 \oplus \cdots \oplus W_n$$

이다.

**증명** $W_i = \mathrm{Im}\, f_i$이므로 정리 4.3.5 (2)에 의하여 $W_i(i=1, 2, \cdots, n)$는 $V$의 부분공간이다. $\alpha \in V$라 하면 $f_i(\alpha) \in W_i$이고, 또한 정리 4.3.37의 조건 (3)에 의하여

$$\alpha = i_V(\alpha) = (f_1 + f_2 + \cdots + f_n)(\alpha) = f_1(\alpha) + f_2(\alpha) + \cdots + f_n(\alpha),$$

즉

$$\alpha = f_1(\alpha) + f_2(\alpha) + \cdots + f_n(\alpha) \qquad \cdots\cdots(4.3.4)$$

이다. 또한 $\alpha_i \in W_i(i=1, 2, \cdots, n)$에 대하여

$$\alpha = \alpha_1 + \alpha_2 + \cdots + \alpha_n$$

의 꼴로 표시된다고 하자. 그러면 적당한 $\beta_i \in V$에 대하여 $\alpha_i = f_i(\beta_i)$로 표시되므로 $j=1, 2, \cdots, n$에 대하여

$$\begin{aligned} f_j(\alpha) &= f_j(\alpha_1 + \alpha_2 + \cdots + \alpha_j + \cdots + \alpha_n) \\ &= f_j(\alpha_1) + f_j(\alpha_2) + \cdots + f_j(\alpha_j) + \cdots + f_j(\alpha_n) \\ &= f_j(f_1(\beta_1)) + f_j(f_2(\beta_2)) + \cdots + f_j(f_j(\beta_j)) + \cdots + f_j(f_n(\beta_n)) \\ &= f_j f_1(\beta_1) + f_j f_2(\beta_2) + \cdots + f_j f_j(\beta_j) + \cdots + f_j f_n(\beta_n) \\ &= \mathbf{0}(\beta_1) + \mathbf{0}(\beta_2) + \cdots + f_j(\beta_j) + \cdots + \mathbf{0}(\beta_n) \\ &\quad \text{(정리 4.3.37의 조건 (4)에 의하여)} \\ &= 0 + 0 + \cdots + \alpha_j + \cdots + 0 = \alpha_j \end{aligned}$$

이다. 따라서 (4.3.4)의 표시는 유일하다. 그러므로 정리 4.3.35에 의

하여

$$V = W_1 \oplus W_2 \oplus \cdots \oplus W_n$$

이다. ■

# 4.4 가 군

**【정의 4.4.1】**

$R$을 환이라 하고 $A$를 덧셈아벨군이라 하자. 함수

$$\mu : R \times A \longrightarrow A$$

가 정의되어(이 때, 함수 $\mu$를 $A$위의 스칼라 곱이라 한다. 또한, 편리를 위하여 $\mu$에 의한 $(r, a) \in R \times A$의 함수값 $\mu((r, a))$를 $ra$로 표시한다. 즉, $\mu((r, a)) = ra$) 다음 조건을 만족할 때, $A$를 $R$위의 좌측 가군(left module over $R$) 또는 좌측 $R$-가군(left $R$-module)이라 한다.

임의의 $a, b \in A$와 임의의 $r, r_1, r_2 \in R$에 대하여

(1) $r(a+b) = ra + rb$

(2) $(r_1 + r_2)a = r_1 a + r_2 a$

(3) $(r_1 r_2)a = r_1(r_2 a)$.

또한, $R$이 단위원 $1_R$을 갖는 환일 때, 다음 조건

(4) 모든 $a \in A$에 대하여 $1_R a = a$

를 만족하는 좌측 $R$-가군 $A$를 unitary 좌측 $R$-가군(unitary left $R$-module)이라 한다.

---

정의 4.4.1에서 함수 $\mu : R \times A \longrightarrow A$대신에 함수

$$\mu' : A \times R \longrightarrow A$$

가 정의되어(이 때, 함수 $\mu'$을 $A$위의 스칼라 곱이라 한다. 또, 편리를 위하여 $\mu'$에 의한 $(a, r) \in A \times R$의 함수값 $\mu'((a, r))$를 $ar$로 표시한다. 즉, $\mu'((a, r)) = ar$) 다음 조건을 만족할 때, $A$를 $R$위의 우측 가군(right module over $R$) 또는 우측 $R$-가군(right R-module)이라 한다.

임의의 $a, b \in A$와 임의의 $r, r_1, r_2 \in R$에 대하여

(1)′ $(a+b)r = ar + br$

(2)′ $a(r_1 + r_2) = ar_1 + ar_2$

(3)′ $a(r_1r_2)=(ar_1)r_2$.

또한, $R$이 단위원 $1_R$을 갖는 환일 때, 다음 조건

(4)′ 모든 $a\in A$에 대하여 $a1_R=a$

를 만족하는 우측 $R$-가군 $A$를 unitary 우측 $R$-가군(unitary right $R$-module)이라 한다.

위의 정의에서 좌측 $R$-가군과 우측 $R$-가군의 근본적인 차이점은 조건 (3)과 (3)′이 다른 데 있다. 즉, 좌측 $R$-가군에서 $\mu$에 의한 $(r, a)\in R\times A$의 함수값 $\mu((r, a))$를 $ar$로 표시하면 조건 (1), (2)는 각각 조건 (1)′, (2)′과 같아지고 조건 (3)은

(3)″ $a(r_1r_2)=(ar_2)r_1$

으로 바뀌어서 조건 (3)′과 다름을 알 수 있다.

그러나 $R$이 가환환일 때는 임의의 $r_1$, $r_2\in R$에 대하여 $r_1r_2=r_2r_1$이므로 조건 (3)′과 (3)″이 서로 동치이다. 왜냐하면 (3)″이 성립하면

$$a(r_1r_2)=a(r_2r_1)=(ar_1)r_2 \text{ ((3)″의 조건에 의하여)}$$

이 되어 (3)′이 성립하고, 역으로 (3)′이 성립하면

$$a(r_1r_2)=a(r_2r_1)=(ar_2)r_1 \text{ ((3)′의 조건에 의하여)}$$

이 되어 (3)″이 성립하기 때문이다. 따라서 $R$이 가환환일 때에는 좌측 $R$-가군과 우측 $R$-가군은 단지 $\mu$에 의한 $(r, a)\in R\times A$의 함수값 $\mu((r, a))$의 표시 방법만 다를 뿐이므로 좌측 $R$-가군과 우측 $R$-가군을 구별할 필요가 없다.

특히, $F$가 체일 때 unitary $F$-가군은 체 $F$위의 벡터공간이다.

앞으로 $A$를 $R$-가군(각각 unitary $R$-가군)이라 할 때는 $A$가 좌측 $R$-가군(각각 unitary 좌측 $R$-가군)임을 의미한다.

**보기 4.4.2** $A$를 덧셈아벨군이라 하고 단위원 1을 갖는 환 $\mathbf{Z}$를 생각하자. 함수 $\mu:\mathbf{Z}\times A\longrightarrow A$를 임의의 $(n, a)\in\mathbf{Z}\times A$에 대하여 $\mu((n, a))=na$로 정의하

면 정리 2.1.15에 의하여 $A$는 $\mathbf{Z}$-가군이다. 분명히 모든 $a \in A$에 대하여 $1a = a$이므로 $A$는 unitary $\mathbf{Z}$-가군이다. ◀

**보기 4.4.3** $R$을 환 $S$의 부분환이라 하자. $S$위의 스칼라 곱을 임의의 $r \in R$, $a \in S$에 대하여

$$ra(S\text{에서의 곱셈})$$

으로 정의하면 분명히 $S$는 $R$-가군이다. ◀

**보기 4.4.4** $I$를 환 $R$의 좌측이데알이라 하자. $I$ 위의 스칼라 곱을 임의의 $r \in R$, $a \in I$에 대하여

$$ra(R\text{에서의 곱셈})$$

으로 정의하면 분명히 $I$는 $R$-가군이다. ◀

**【정리 4.4.5】**

$R$을 환이라 하고 $A$를 $R$-가군이라 하자. 그러면 다음이 성립한다.

(1) 모든 $a \in A$에 대하여 $0a = 0$이다.

(2) 모든 $r \in R$에 대하여 $r0 = 0$이다.

(3) 모든 $r \in R$과 모든 $a \in A$에 대하여 $(-r)a = -(ra) = r(-a)$이다.

**증명** 정리 4.1.6의 증명과 같은 방법으로 증명할 수 있다. ■

**【정의 4.4.6】**

$R$을 환이라 하고 $A$를 $R$-가군이라 하자. $M$을 $A$의 부분집합이라 할 때, $M$이 다음 두 조건

(1) $M$은 덧셈아벨군 $(A, +)$의 부분군이다.

(2) $r \in R,\ a \in A \Longrightarrow ra \in M$

을 만족하면 $M$을 $A$의 부분가군(submodule)이라 한다.

$R$을 환이라 하고 $A$를 $R$-가군이라 하자. $M$을 $A$의 부분가군이라 하고

$$\mu : R \times A \longrightarrow A$$

를 $A$위의 스칼라 곱이라 할 때, 임의의 $r \in R$과 임의의 $a \in M$에 대하여 $\bar{\mu}((r, a)) = \mu((r, a)) = ra$로 정의하면 $M$위의 스칼라 곱

$$\bar{\mu} : R \times M \longrightarrow M$$

이 얻어진다. 분명히 $M$은 $M$위의 이 스칼라 곱 $\bar{\mu}$에 대하여 $R$-가군이다.

**【정리 4.4.7】**

$R$을 환이라 하고 $A$를 $R$-가군이라 하자. $I$를 공집합이 아닌 집합이라 하자. 각 $i \in I$에 대하여 $A$의 부분가군 $M_i$가 대응한다고 할 때, $A$의 부분가군들의 집합족 $\{M_i \mid i \in I\}$의 교집합 $M = \bigcap_{i \in I} M_i$는 $A$의 부분가군이다.

**증명** 정리 4.1.12의 증명과 같은 방법으로 증명할 수 있다. ■

$R$을 환이라 하고 $A$를 $R$-가군이라 하자. 또한 $M$을 $A$의 부분가군이라 하자. 그러면 $M$이 덧셈아벨군 $(A, +)$의 정규부분군이므로 $M$에 의한 $A$의 상군

$$A/M = \{a + M \mid a \in A\}$$

를 생각할 수 있다. 이 때, $A/M$은 임의의 $a+M$, $b+M \in A/M$에 대하여

$$(a+M) + (b+M) = (a+b) + M$$

로 정의되는 $A/M$위의 덧셈(이항연산)에 대하여 덧셈아벨군을 이룬다. 이제 $A/M$을 다음과 같이 $R$-가군으로 만들자.

**【정리 4.4.8】**

$R$을 환이라 하고 $A$를 $R$-가군이라 하자. $M$을 $A$의 부분가군이라 하자. 덧셈아벨군

$$A/M = \{a + M \mid a \in A\}$$

를 생각하자. $A/M$위의 스칼라 곱을 임의의 $r \in R$과 임의의 $a + M \in A/M$에 대하여

$$r(a+M) = ra + M$$

으로 정의하면 $A/M$은 $R$-가군이다(이 때 $R$-가군 $A/M$을 $M$에 의한 $A$의 상가군(quotient module)이라 한다).

**증명** 정리 4.1.19의 증명과 같은 방법으로 증명할 수 있다. ■

**【정의 4.4.9】**

$R$을 환이라 하고 $A$, $A'$을 $R$-가군이라 하자. 함수 $f : A \longrightarrow A'$이 다음 두 조건

(1) 임의의 $a, b \in A$에 대하여 $f(a+b)=f(a)+f(b)$

(2) 임의의 $r \in R$과 임의의 $a \in A$에 대하여 $f(ra)=rf(a)$

를 만족할 때, $f$를 $A$로부터 $A'$으로의 **준동형함수** 또는 **준동형**이라 한다. $f$가 단사함수(각각 전사함수, 전단사함수)이면 $f$를 **단사준동형**(각각 **전사준동형**, **동형**)이라 한다. $A$로부터 $A'$으로의 동형함수가 존재하면 $A$는 $A'$에 **동형적**이라 하고 $A \cong A'$으로 표시한다. $g : V \longrightarrow V$가 준동형이면 $g$를 $A$의 **자기준동형**이라 하고 $g$가 동형이면 $g$를 **자기동형**이라 한다.

**【정리 4.4.10】**

$R$을 환이라 하고 $A$, $A'$을 $R$-가군이라 할 때, $f : A \longrightarrow A'$을 준동형이라 하자. 그러면 다음이 성립한다.

(1) $f(0)=0$

(2) 임의의 $a \in A$에 대하여 $f(-a)=-f(a)$

(3) $\mathrm{Ker}\, f=\{a \in A \mid f(a)=0\}$이라 하자. 그러면 $\mathrm{Ker}\, f$는 $A$의 부분가군이다(이 때, $\mathrm{Ker}\, f$를 $f$의 핵(kernel)이라 한다).

(4) $M$을 $A$의 부분가군이라 하면 $f(M)$은 $A'$의 부분가군이다. 특히 $\mathrm{Im}\, f$는 $A'$의 부분가군이다.

**증명** (1), (2)는 정리 4.3.4의 증명과 같은 방법으로 증명할 수 있고 (3), (4)는 정리 4.3.5의 증명과 같은 방법으로 증명할 수 있다. ■

**【정리 4.4.11】**

$R$을 환이라 하고 $A$, $A'$을 $R$-가군이라 할 때, $f : A \longrightarrow A'$을 준동형이라

하자. 그러면 $f$가 단사준동형이 되기 위한 필요충분조건은 $\text{Ker}\, f=\{0\}$인 것이다.

**증명** 정리 4.3.7의 증명과 같은 방법으로 증명할 수 있다. ■

**【정리 4.4.12】**

$R$을 환이라 하고 $A$, $A'$, $A''$을 $R$-가군이라 할 때,

$$f : A \longrightarrow A', \quad g : A' \longrightarrow A''$$

을 준동형이라 하자. 그러면 다음이 성립한다.

(1) 합성함수 $gf : A \longrightarrow A''$은 준동형이다.

(2) $f$와 $g$가 단사준동형이면 $gf$도 단사준동형이다.

(3) $f$와 $g$가 전사준동형이면 $gf$도 전사준동형이다.

(4) $f$와 $g$가 동형이면 $gf$도 동형이다(따라서 $A \cong A'$이고 $A' \cong A''$이면 $A \cong A''$이다).

**증명** 정리 4.3.9의 증명과 같은 방법으로 증명할 수 있다. ■

**【정리 4.4.13】**

$R$을 환이라 하고 $A$, $A'$을 $R$-가군이라 할 때, $f : A \longrightarrow A'$을 준동형이라 하자. 그러면 다음이 성립한다.

(1) $f$가 동형이면 $f^{-1}$도 동형이다(따라서 $A \cong A'$이면 $A' \cong A$이다).

(2) $f$가 동형일 필요충분조건은 $gf=i_A$, $fg=i_{A'}$을 만족하는 준동형 $g : A' \longrightarrow A$가 존재하는 것이다.

**증명** (1) 정리 4.3.10의 증명과 같은 방법으로 증명할 수 있다.
(2) 따름정리 4.3.11의 증명과 같은 방법으로 증명할 수 있다. ■

**【정리 4.4.14】**

$R$을 환이라 하고 $A$를 $R$-가군이라 하자. $M$을 $A$의 부분가군이라 할 때, 함수 $\pi : A \longrightarrow A/M$을 임의의 $a \in A$에 대하여 $\pi(a)=a+M$으로 정의하면 $\pi$는 전사준동형이고 $\text{Ker}\, \pi=M$이다(이 때, $\pi$를 표준전사준동형 또는 자연

전사준동형이라 한다).

**증명** 정리 4.3.32 (1)의 증명과 같은 방법으로 증명할 수 있다. ■

**【정리 4.4.15】**

$R$을 환이라 하고 $A$, $A'$을 $R$-가군이라 할 때, $f: A \longrightarrow A'$을 준동형이라 하자. $M$을 $M \subset \operatorname{Ker} f$인 $A$의 부분가군이라 하면 임의의 $a+M \in A/M$에 대하여 $\bar{f}(a+M)=f(a)$로 정의되는 준동형 $\bar{f}: A/M \longrightarrow A'$이 존재한다. 이때, $\bar{f}$는 표준전사준동형 $\pi: A \longrightarrow A/M$에 대하여 $f=\bar{f}\pi$를 만족하는 유일한 준동형이다. 또한 $\operatorname{Im} \bar{f}=\operatorname{Im} f$이고 $\operatorname{Ker} \bar{f}=\ker f/M$이다. 더욱이 $\bar{f}$가 동형일 필요충분조건은 $f$가 전사준동형이고 $\operatorname{Ker} f=M$인 것이다.

**증명** 함수 $\bar{f}: A/M \longrightarrow A'$을 임의의 $a+M \in A/M$에 대하여 $\bar{f}(a+M)=f(a)$로 정의하자. $f: (A, +) \longrightarrow (A', +)$가 (군의)준동형이고 $M$이 $M \subset \operatorname{Ker} f$인 $(A, +)$의 정규부분군이므로 정리 2.4.22에 의하여 $\bar{f}: (A/M, +) \longrightarrow (A', +)$는 (군의)준동형이다. 또한, 임의의 $r \in R$과 임의의 $a+M \in A/M$에 대하여

$$\bar{f}(r(a+M))=\bar{f}(ra+M)=f(ra)=rf(a)=r\bar{f}(a+M)$$

이므로 $\bar{f}$는 (가군의)준동형이다. 나머지 결과는 정리 2.4.22로부터 얻어진다. ■

**【정리 4.4.16】**

$R$을 환이라 하고 $A$, $A'$을 $R$-가군이라 할 때, $f: A \longrightarrow A'$을 준동형이라 하자. 그러면

$$A/\operatorname{Ker} f \cong \operatorname{Im} f$$

이다. 특히, $f$가 전사준동형이면

$$A/\operatorname{Ker} f \cong A'.$$

**증명** 정리 4.4.10 (4)에 의하여 $\operatorname{Im} f$는 $A'$의 부분가군이다. 함수 $g: A \longrightarrow$

$\mathrm{Im}\, f$를 임의의 $a\in A$에 대하여 $g(a)=f(a)$로 정의하면 분명히 $g$는 전사준동형이고 $\mathrm{Ker}\, g=\mathrm{Ker}\, f$이다. $M=\mathrm{Ker}\, g$라 하면 정리 4.4.10 (3)에 의하여 $M$은 $A$의 부분가군이다. 따라서 정리 4.4.15에 의하여 임의의 $a+M\in A/M$에 대하여 $\bar{g}(a+M)=g(a)$로 정의하면 $\bar{g}:A/M\longrightarrow \mathrm{Im}\, f$는 동형이다. 따라서 $A/\mathrm{Ker}\, f\cong \mathrm{Im}\, f$이다. ■

**【정리 4.4.17】**

$R$을 환이라 하고 $A$, $A'$을 $R$-가군이라 할 때, $M$을 $A$의 부분가군이라 하고 $N$을 $A'$의 부분가군이라 하자. $f:A\longrightarrow A'$을 준동형이라 하고 $f(M)\subset N$이라 하자. 함수

$$F: A/M\longrightarrow A'/N$$

을 임의의 $a+M\in A/M$에 대하여 $F(a+M)=f(a)+N$으로 정의하면 $F$는 준동형이다. 또한 $F$가 동형일 필요충분조건은 $\mathrm{Im}\, f+N=A'$이고 $f^{-1}(N)\subset M$인 것이다. 더욱이 $f$가 $f(M)=N$, $\mathrm{Ker}\, f\subset M$을 만족하는 전사준동형이면 $F$는 동형이다.

**증명** $M$이 덧셈아벨군 $(A,\ +)$의 정규부분군이고 $N$이 덧셈아벨군 $(A',\ +)$의 정규부분군이고 $f:(A,\ +)\longrightarrow(A',\ +)$가 $f(M)\subset N$인 (군의)준동형이므로 정리 2.4.26에 의하여

$$F:(A/M,+)\longrightarrow(A'/N,\ +)$$

는 (군의)준동형이다. 또한, 임의의 $r\in R$과 임의의 $a+M\in A/M$에 대하여

$$F(r(a+M))=F(ra+M)=f(ra)+N=rf(a)+N=r(f(a)+N)=rF(a+M)$$

이므로 $F$는 (가군의)준동형이다. 정리 2.2.20 (4)에 의하여

$$\mathrm{Im}\, f+N=\langle \mathrm{Im}\, f\cup N\rangle$$

이므로 나머지 결과는 정리 2.4.26으로부터 얻어진다. ■

**【정리 4.4.18】**

$R$을 단위원을 갖는 가환환이라 하자. $A$가 다음 세 조건

(1) $A$는 환이다.

(2) $(A, +)$는 unitary $R$-가군이다.

(3) 모든 $r \in R$과 모든 $a, b \in A$에 대하여 $r(ab)=(ra)b=a(rb)$이다.

를 만족할 때, $A$를 $R$위의 **다원환**(algebra over $R$) 또는 $R$-**다원환**($R$-algebra)이라 한다.

**보기 4.4.19** $A$를 환이라 하자. 보기 4.4.2에 의하여 $(A, +)$는 unitary $\mathbf{Z}$-가군이고, 또한 정리 3.1.7 (3)에 의하여 모든 $n \in \mathbf{Z}$와 모든 $a, b \in A$에 대하여

$$n(ab)=(na)b=a(nb)$$

이므로 환 $A$는 $\mathbf{Z}$-다원환이다. ◀

**보기 4.4.20** $V$를 체 $F$위의 벡터공간이라 할 때, 정리 4.3.25 (3)에 의하여 $\mathrm{Hom}(V, V)$는 $F$위의 벡터공간이다. 즉, $\mathrm{Hom}(V, V)$는 unitary $F$-가군이다. 이제 $W=\mathrm{Hom}(V, V)$라 하고 덧셈아벨군 $(W, +)$위에 곱셈을 정의하여 $W$를 환으로 만들자. 정리 4.3.9 (1)에 의하여 함수의 합성은 $W$위의 곱셈(이항연산)을 정의한다. 더욱이 $W$위의 이 곱셈(합성)은 결합법칙을 만족한다. 또한, 보기 3.1.5의 증명과정에 의하여 임의의 $f, g, h \in W$에 대하여

$$h(f+g)=hf+hg,\ (f+g)h=fh+gh$$

이다. 따라서 $W$는 환이다. 다음, 모든 $f, g \in W$, $c \in F$, $\alpha \in V$에 대하여

$$(c(fg))(\alpha)=c(fg)(\alpha)=c(f(g(\alpha)))=(cf)(g(\alpha))=((cf)g)(\alpha),$$
$$(c(fg))(\alpha)=c(fg)(\alpha)=c(f(g(\alpha)))=f(cg(\alpha))=f((cg)(\alpha))=(f(cg))(\alpha)$$

이므로

$$(cf)g=c(fg)=f(cg)$$

이다. 그러므로 $\mathrm{Hom}(V, V)$는 $F$-다원환이다. ◀

5

CHAPTER

# 체 론

# 5 체 론

## 5.1 확 대 체

**【정의 5.1.1】**

$E$가 체이고 $F$가 $E$의 부분체일 때, $E$를 $F$의 확대체(extension field)라 한다. $E$가 $F$의 확대체일 때, 보기 4.1.2에서와 같이 $E$를 체 $F$위의 벡터공간으로 생각할 수 있다. $E$가 체 $F$위의 유한차원 벡터공간일 때, $E$를 $F$의 유한확대체(finite extension field)라 하고 $\dim E$를 $[E : F]$로 표시한다.

**보기 5.1.2** 복소수체 $\mathbf{C}$는 실수체 $\mathbf{R}$의 확대체이다. $S=\{1, i\}$라 하자. $\alpha\in\mathbf{C}$라 하면 $a, b\in\mathbf{R}$에 대하여

$$\alpha=a+bi=a1+bi$$

의 꼴로 표시되므로 $\mathbf{C}=[S]$이다. 또한 $a, b\in\mathbf{R}$에 대하여

$$a1+bi=0(\text{따라서 } a+bi=0)$$

이라 하면 $a=b=0$이므로 $S$는 $\mathbf{C}$의 1차독립인 부분집합이다. 따라서 $S$는 $\mathbf{C}$의 기저이다. 그러므로 $[\mathbf{C} : \mathbf{R}]=2$이다. ◀

**보기 5.1.3** $E$를 체 $F$의 확대체라 하자. 그러면 $E$와 $F$를 $F$위의 벡터공간으로 생각할 수 있고, 이 때 $F$는 $E$의 부분공간이다. 분명히 $S=\{1_F\}$는 $F$의 기저이다. 따라서 $[F : F]=1$이다. 그러므로 $E=F$이면

$$[E:F]=[F:F]=1$$

이다. 역으로 $[E:F]=1$이면 $[E:F]=1=[F:F]$이므로 정리 4.2.21에 의하여 $E=F$이다. ◀

**【정리 5.1.4】**

$K$를 체 $F$의 유한확대체라 하고 $E$를 $K$의 유한확대체라 하자(따라서 $F\subset K\subset E$). 그러면 $E$는 $F$의 유한확대체이고

$$[E:F]=[E:K][K:F]$$

이다.

**증명** $S=\{\alpha_1, \alpha_2, \cdots, \alpha_n\}$을 $K$의 기저($K$를 $F$위의 벡터공간으로 생각할 때)라 하고 $T=\{\beta_1, \beta_2, \cdots, \beta_m\}$을 $E$의 기저($E$를 $K$위의 벡터공간으로 생각할 때)라 하자. $c_{ij}\in F\,(i=1, 2, \cdots, n;\ j=1, 2, \cdots, m)$에 대하여

$$c_{11}\alpha_1\beta_1+c_{12}\alpha_1\beta_2+\cdots+c_{1m}\alpha_1\beta_m+c_{21}\alpha_2\beta_1+c_{22}\alpha_2\beta_2+\cdots+c_{2m}\alpha_2\beta_m \\ +\cdots+c_{n1}\alpha_n\beta_1+c_{n2}\alpha_n\beta_2+\cdots+c_{nm}\alpha_n\beta_m=0$$

이라 하자. 그러면

$$(c_{11}\alpha_1+c_{21}\alpha_2+\cdots+c_{n1}\alpha_n)\beta_1+(c_{12}\alpha_1+c_{22}\alpha_2+\cdots+c_{n2}\alpha_n)\beta_2 \\ +\cdots+(c_{1m}\alpha_1+c_{2m}\alpha_2+\cdots+c_{nm}\alpha_n)\beta_m=0$$

이다. 이 때 $T$가 1차독립이므로 $j=1, 2, \cdots, m$에 대하여

$$c_{1j}\alpha_1+c_{2j}\alpha_2+\cdots+c_{nj}\alpha_n=0$$

이고, 또한 $S$가 1차독립이므로 $c_{1j}=c_{2j}=\cdots=c_{nj}=0$이다. 따라서

$$\alpha_1\beta_1, \alpha_1\beta_2, \cdots, \alpha_1\beta_m, \alpha_2\beta_1, \alpha_2\beta_2, \cdots, \alpha_2\beta_m, \cdots, \alpha_n\beta_1, \alpha_n\beta_2, \cdots, \alpha_n\beta_m$$

은 1차독립이다. 그러므로 정리 4.2.4에 의하여 이들은 모두 서로 다르고

$$Q=\{\alpha_i\beta_j \mid i=1, 2, \cdots, n;\ j=1, 2, \cdots, m\}$$

은 $E$의 1차독립인 부분집합이다. 다음, $\alpha \in E$라 하면 $E=[T]$이므로 정리 4.1.16에 의하여 적당한 $b_j \in K(j=1, 2, \cdots, m)$에 대하여

$$\alpha = b_1\beta_1 + b_2\beta_2 + \cdots + b_m\beta_m$$

으로 표시된다. 또한, $K=[S]$이므로 적당한 $d_{ij} \in F(i=1, 2, \cdots, n;$ $j=1, 2, \cdots, m)$에 대하여

$$b_j = d_{1j}\alpha_1 + d_{2j}\alpha_2 + \cdots + d_{nj}\alpha_n$$

으로 표시된다. 따라서

$$\begin{aligned}\alpha &= b_1\beta_1 + b_2\beta_2 + \cdots + b_m\beta_m \\ &= (d_{11}\alpha_1 + d_{21}\alpha_2 + \cdots + d_{n1}\alpha_n)\beta_1 + (d_{12}\alpha_1 + d_{22}\alpha_2 + \cdots + d_{n2}\alpha_n)\beta_2 \\ &\quad + \cdots + (d_{1m}\alpha_1 + d_{2m}\alpha_2 + \cdots + d_{nm}\alpha_n)\beta_m \\ &= d_{11}\alpha_1\beta_1 + d_{21}\alpha_2\beta_1 + \cdots + d_{n1}\alpha_n\beta_1 + d_{12}\alpha_1\beta_2 + d_{22}\alpha_2\beta_2 + \cdots + d_{n2}\alpha_n\beta_2 \\ &\quad + \cdots + d_{1m}\alpha_1\beta_m + d_{2m}\alpha_2\beta_m + \cdots + d_{nm}\alpha_n\beta_m\end{aligned}$$

이므로 $E=[Q]$이다. 그러므로 $Q$는 $E$의 기저이다. 따라서 $E$는 $F$의 유한확대체이고 $[E:F]=mn=[E:K][K:F]$이다. ■

수학적 귀납법을 사용하면 정리 5.1.4는 다음과 같이 일반화된다.

**【정리 5.1.5】**

$E_i(i=1, 2, \cdots, n)$를 체라 하고 $E_{i+1}(i=1, 2, \cdots, n-1)$을 $E_i$의 유한확대체라 하자. 그러면 $E_n$은 $E_1$의 유한확대체이고

$$[E_n : E_1] = [E_n : E_{n-1}] \cdots [E_3 : E_2][E_2 : E_1]$$

이다.

$E$를 체 $F$의 유한확대체라 하고 $K$를 $F \subset K$인 $E$의 부분체라 하자. $[E:F]=n$이라 하고 $S=\{\alpha_1, \alpha_2, \cdots, \alpha_n\}$을 $E$의 기저($E$를 $F$위의 벡터공간으로 생각할 때)라 하자. 그러면 $E$를 $K$위의 벡터공간으로 생각할 때 $F \subset K$이므로 분명

히 $E=[S]$이다. 따라서 정리 4.2.16에 의하여 $T\subset S$인 $E$의 기저 $T$가 존재한다. 그러므로 $E$는 $K$의 유한확대체이고 $[E:K]\leq n$이다.

**【정의 5.1.6】**

$E$를 체라 하고 $Y$를 $E$의 부분집합이라 하자. $E$는 $E$자신의 부분체(각각 부분환)이므로 $Y$를 포함하는 $E$의 부분체(각각 부분환)는 적어도 하나 존재한다. 정리 3.2.11 (2)(각각 정리 3.2.11 (1))에 의하여 $Y$를 포함하는 $E$의 모든 부분체(각각 부분환)들의 교집합은 $E$의 부분체(각각 부분환)이다. 이 부분체(각각 부분환)를 **$Y$에 의하여 생성되는 $E$의 부분체(각각 부분환)**라 한다.

$F$를 체라 하고 $E$를 $F$의 확대체라 하자. $X$를 $E$의 부분집합이라 할 때 $F\cup X$에 의하여 생성되는 $E$의 부분체(각각 부분환)를 $F(X)$(각각 $F[X]$)로 표시하고, 특히 $X=\{\alpha_1, \alpha_2, \cdots, \alpha_n\}$이면 $F(X)$(각각 $F[X]$)를 $F(\alpha_1, \alpha_2, \cdots, \alpha_n)$(각각 $F[\alpha_1, \alpha_2, \cdots, \alpha_n]$)으로 표시한다. $E=F(\alpha_1, \alpha_2, \cdots, \alpha_n)$일 때, $E$를 $F$의 **유한생성확대체**(finitely generated extension of $F$)라 하고, 특히 $X=\{\alpha\}$일 때 $F(\alpha)$를 $F$의 **단순확대체**(simple extension of $F$)라 한다.

$E$를 체 $F$의 확대체라 하고 $Y$를 $E$의 부분집합이라 하자. $K$를 $Y$에 의하여 생성되는 $E$의 부분체(각각 부분환)라 하면 분명히 $K$는 $Y$를 포함하는 $E$의 부분체(각각 부분환)이다. $Y$를 포함하는 $E$의 임의의 부분체(각각 부분환)를 $H$라 하면 정리 1.1.1 (2)에 의하여 $K\subset H$이다($K=\cdots\cap H\cap\cdots$). 즉, $Y$에 의하여 생성되는 $E$의 부분체(각각 부분환) $K$는 $Y$를 포함하는 $E$의 부분체(각각 부분환) 중에서 가장 작은 부분체(각각 부분환)이다. 그러므로 $X$를 $E$의 부분집합이라 할 때, $F(X)$(각각 $F[X]$)는 $F$와 $X$를 포함하는 $E$의 부분체(각각 부분환) 중에서 가장 작은 부분체(각각 부분환)이다. 특히, $X=\{\alpha_1, \alpha_2, \cdots, \alpha_n\}$일 때 $F(\alpha_1, \alpha_2, \cdots, \alpha_n)$(각각 $F[\alpha_1, \alpha_2, \cdots, \alpha_n]$)은 $F$와 $\alpha_1, \alpha_2, \cdots, \alpha_n$을 포함하는 $E$의 부분체(각각 부분환) 중에서 가장 작은 부분체(각각 부분환)이다.

한편, $F(\alpha_1, \alpha_2, \cdots, \alpha_{n-1})(\alpha_n)$은 $F(\alpha_1, \alpha_2, \cdots, \alpha_{n-1})$과 $\alpha_n$을 포함하는 $E$의 부분체이고 $F(\alpha_1, \alpha_2, \cdots, \alpha_{n-1})$은 $F$와 $\alpha_1, \alpha_2, \cdots, \alpha_{n-1}$을 포함하는 $E$의 부분체이므로 $F(\alpha_1, \alpha_2, \cdots, \alpha_{n-1})(\alpha_n)$은 $F$와 $\alpha_1, \alpha_2, \cdots, \alpha_n$을 포함하는 $E$의 부분체이다. 따라서 $F(\alpha_1, \alpha_2, \cdots, \alpha_n)$이 $F$와 $\alpha_1, \alpha_2, \cdots, \alpha_n$을 포함하는 $E$의 가장 작

은 부분체이므로

$$F(\alpha_1, \alpha_2, \cdots, \alpha_n) \subset F(\alpha_1, \alpha_2, \cdots, \alpha_{n-1})(\alpha_n)$$

이다. 역으로, $F(\alpha_1, \alpha_2, \cdots, \alpha_n)$은 $F$와 $\alpha_1, \alpha_2, \cdots, \alpha_n$을 포함하는 $E$의 부분체이고 $F(\alpha_1, \alpha_2, \cdots, \alpha_{n-1})$은 $F$와 $\alpha_1, \alpha_2, \cdots, \alpha_{n-1}$을 포함하는 $E$의 가장 작은 부분체이므로

$$F(\alpha_1, \alpha_2, \cdots, \alpha_{n-1}) \subset F(\alpha_1, \alpha_2, \cdots, \alpha_n)$$

이다. 따라서 $F(\alpha_1, \alpha_2, \cdots, \alpha_n)$은 $F(\alpha_1, \alpha_2, \cdots, \alpha_{n-1})$과 $\alpha_n$을 포함하는 $E$의 부분체이고, 또한 $F(\alpha_1, \alpha_2, \cdots, \alpha_{n-1})(\alpha_n)$가 $F(\alpha_1, \alpha_2, \cdots, \alpha_{n-1})$과 $\alpha_n$을 포함하는 $E$의 가장 작은 부분체이므로

$$F(\alpha_1, \alpha_2, \cdots, \alpha_{n-1})(\alpha_n) \subset F(\alpha_1, \alpha_2, \cdots, \alpha_n)$$

이다. 그러므로 $F(\alpha_1, \alpha_2, \cdots, \alpha_{n-1})(\alpha_n) = F(\alpha_1, \alpha_2, \cdots, \alpha_n)$이다. 즉,

$$\begin{aligned} &F(\alpha_1, \alpha_2) = F(\alpha_1)(\alpha_2) \\ &F(\alpha_1, \alpha_2, \alpha_3) = F(\alpha_1, \alpha_2)(\alpha_3) = (F(\alpha_1)(\alpha_2))(\alpha_3) \\ &\cdots\cdots\cdots\cdots\cdots\cdots \end{aligned}$$

이다. 또한, 분명히

$$\begin{aligned} &F(\alpha_1)(\alpha_2) = F(\alpha_1, \alpha_2) = F(\alpha_2, \alpha_1) = F(\alpha_2)(\alpha_1) \\ &(F(\alpha_1)(\alpha_2))(\alpha_3) = F(\alpha_1, \alpha_2, \alpha_3) = F(\alpha_2, \alpha_1, \alpha_3) = (F(\alpha_2)(\alpha_1))(\alpha_3) = \cdots \end{aligned}$$

이다. 같은 방법으로 $F[\alpha_1, \alpha_2, \cdots, \alpha_{n-1}][\alpha_n] = F[\alpha_1, \alpha_2, \cdots, \alpha_n]$이고, $F[\alpha_1, \alpha_2, \cdots, \alpha_n]$에 대하여도 위와 같은 관계식이 모두 만족된다.

다음, $F(\alpha_1, \alpha_2, \cdots, \alpha_n)$은 $F$와 $\alpha_1, \alpha_2, \cdots, \alpha_n$을 포함하는 $E$의 부분체이므로 $F(\alpha_1, \alpha_2, \cdots, \alpha_n)$은 $-\alpha_1, -\alpha_2, \cdots, -\alpha_n$도 포함한다. 한편 $F(\alpha_1, \alpha_2, \cdots, \alpha_n, -\alpha_1, -\alpha_2, \cdots, -\alpha_n)$은 $F$와 $\alpha_1, \alpha_2, \cdots, \alpha_n, -\alpha_1, -\alpha_2, \cdots, -\alpha_n$을 포함하는 $E$의 부분체 중에서 가장 작은 부분체이므로

$$F(\alpha_1, \alpha_2, \cdots, \alpha_n, -\alpha_1, -\alpha_2, \cdots, -\alpha_n) \subset F(\alpha_1, \alpha_2, \cdots, \alpha_n)$$

이다. 분명히 $F(\alpha_1, \alpha_2, \cdots, \alpha_n) \subset F(\alpha_1, \alpha_2, \cdots, \alpha_n, -\alpha_1, -\alpha_2, \cdots, -\alpha_n)$이므로

$$F(\alpha_1, \alpha_2, \cdots, \alpha_n) = F(\alpha_1, \alpha_2, \cdots, \alpha_n, -\alpha_1, -\alpha_2, \cdots, -\alpha_n)$$

이다. 같은 방법으로 생각하면

$$F(\alpha_1, \alpha_2, \cdots, \alpha_n) = F(-\alpha_1, -\alpha_2, \cdots, -\alpha_n)$$

이다.

**【정리 5.1.7】**

$E$를 체 $F$의 확대체라 하고 $\alpha \in E$라 하자. 그러면 다음이 성립한다.

(1) $F[\alpha] = \{f(\alpha) \mid f(x) \in F[x]\}$

(2) $F(\alpha) = \{f(\alpha)(g(\alpha))^{-1} \mid f(x),\ g(x) \in F[x],\ g(\alpha) \neq 0\}$

**증명** (1) $F \subset E$이고, 또한 보기 3.2.4 다음의 설명에 의하여 $1_F = 1_E$이므로 임의의 $f(x) = \sum_{k=0}^{n} a_k x^k \in F[x]$에 대하여

$$\theta_\alpha(f(x)) = \sum_{k=0}^{n} a_k \alpha^k = f(\alpha)$$

로 정의되는 $\alpha$에 의한 대입준동형(정리 3.7.11 앞의 설명을 참조)

$$\theta_\alpha : F[x] \longrightarrow E$$

를 생각할 수 있다. 정리 3.2.27 (1) (i)에 의하여 $\mathrm{Im}\,\theta_\alpha$는 $E$의 부분환이다. 더욱이 $a \in F$에 대하여 $\theta_\alpha(a) = a$이고, 또한 $\theta_\alpha(x) = \alpha$이므로 $\mathrm{Im}\,\theta_\alpha$는 $F$와 $\alpha$를 포함하는 $E$의 부분환이다. 그런데 $F[\alpha]$가 $F$와 $\alpha$를 포함하는 $E$의 부분환 중에서 가장 작은 부분환이므로 $F[\alpha] \subset \mathrm{Im}\,\theta_\alpha$이다. 또한

$$\mathrm{Im}\,\theta_\alpha = \{f(\alpha) \mid f(x) \in F[x]\}$$

이므로 $\beta \in \mathrm{Im}\,\theta_\alpha$라 하면 적당한

$$f(x) = a_0 + a_1 x + a_2 x^2 + \cdots + a_n x^n \in F[x]$$

에 대하여 $\beta=f(\alpha)$로 표시된다. 그런데

$$\beta=f(\alpha)=a_0+a_1\alpha+a_2\alpha^2+\cdots+a_n\alpha^n$$

이고, 또한 $F[\alpha]$는 $F$와 $\alpha$를 포함하는 $E$의 부분환이므로 $\beta\in F[\alpha]$이다. 따라서 $\mathrm{Im}\,\theta_\alpha\subset F[\alpha]$이다. 그러므로

$$F[\alpha]=\mathrm{Im}\,\theta_\alpha=\{f(\alpha)\mid f(x)\in F[x]\}$$

이다.

(2) $F[\alpha]$는 체 $E$의 단위원을 포함하는 부분환이므로 정역이다. 따라서 정리 3.5.3에 의하여 $F[\alpha]$의 분수체

$$Q=\left\{\frac{f(\alpha)}{g(\alpha)}\;\middle|\; f(x),\ g(x)\in F[x],\ g(\alpha)\neq 0\right\}$$

를 생각할 수 있다. 이 때, 함수 $\phi: Q\longrightarrow E$를 임의의 $\dfrac{f(\alpha)}{g(\alpha)}\in Q$에 대하여 $\phi\left(\dfrac{f(\alpha)}{g(\alpha)}\right)=f(\alpha)(g(\alpha))^{-1}$로 정의하면 정리 3.5.6에 의하여 $\mathrm{Im}\,\phi$는 $F[\alpha]$를 포함하는 $E$의 부분체 중에서 가장 작은 부분체이다. 한편 $F[\alpha]$는 $F$와 $\alpha$를 포함하는 $E$의 부분환 중에서 가장 작은 부분환이고 $F(\alpha)$는 $F$와 $\alpha$를 포함하는 $E$의 한 부분환이므로 $F[\alpha]\subset F(\alpha)$이다. 즉, $F(\alpha)$는 $F[\alpha]$를 포함하는 $E$의 부분체이다. 따라서 $\mathrm{Im}\,\phi\subset F(\alpha)$이다. 한편 $\mathrm{Im}\,\phi$는

$$F\subset F[\alpha]\subset \mathrm{Im}\,\phi,\quad \alpha\in F[\alpha]\subset \mathrm{Im}\,\phi$$

를 만족하는 $E$의 부분체이고, $F(\alpha)$는 $F$와 $\alpha$를 포함하는 $E$의 부분체 중에서 가장 작은 부분체이므로 $F(\alpha)\subset \mathrm{Im}\,\phi$이다. 그러므로

$$F(\alpha)=\mathrm{Im}\,\phi=\{f(\alpha)(g(\alpha))^{-1}\mid f(x),\ g(x)\in F[x],\ g(\alpha)\neq 0\}$$

이다. ■

**【정의 5.1.8】**

$E$를 체 $F$의 확대체라 하고 $\alpha\in E$라 하자. $f(\alpha)=0$을 만족하는 다항식 $f(x)\in F[x]\,(f(x)\neq 0)$가 존재할 때, $\alpha$를 ***F*위에서 대수적**(algebraic over $F$)이

라 한다. $\alpha$가 $F$위에서 대수적이 아닐 때, $\alpha$를 **$F$위에서 초월적**(transcendental over $F$)이라 한다.

---

**보기 5.1.9** 실수체 $\mathbf{R}$은 유리수체 $\mathbf{Q}$의 확대체이고 $\sqrt{3}\in\mathbf{R}$이다. 이 때, $f(x)=x^2-3\in\mathbf{Q}[x]$이고 $f(\sqrt{3})=(\sqrt{3})^2-3=0$이므로 $\sqrt{3}$은 $\mathbf{Q}$위에서 대수적이다. 또한, 복소수체 $\mathbf{C}$는 실수체 $\mathbf{R}$의 확대체이고 $i\in\mathbf{C}(i=\sqrt{-1})$이다. 이때, $g(x)=x^4+3x^2+2\in\mathbf{R}[x]$이고 $g(i)=i^4+3i^2+2=0$이므로 $i$는 $\mathbf{R}$위에서 대수적이다. 그러나 $\pi(\pi\in\mathbf{R})$는 $\mathbf{Q}$위에서 초월적이다(증명은 참고문헌 [18]을 참조). ◀

**보기 5.1.10** $E$를 체 $F$의 확대체라 하자. $\alpha\in F$라 할 때, $f(x)=x-\alpha\in F[x]$ $(f(x)\neq 0)$이고 $f(\alpha)=0$이므로 $\alpha$는 $F$위에서 대수적이다. 즉, 체 $F$의 모든 원소는 자기 자신 $F$위에서 대수적이다. 다음, $K$를 $F\subset K\subset E$인 $E$의 부분체라 하고 $\beta\in E$라 하자. $\beta$가 $F$위에서 대수적이면 적당한 $g(x)\in F[x](g(x)\neq 0)$에 대하여 $g(\beta)=0$이다. 그런데 $F\subset K$이므로 $F[x]\subset K[x]$이고, 따라서 $g(x)\in K[x]$이므로 $\beta$는 $K$위에서 대수적이다. 즉, $F$위에서 대수적인 $E$의 모든 원소는 또한 $K$위에서 대수적이다. ◀

**【정리 5.1.11】**

$F$를 체라 하고 $p(x)\in F[x](1\leq \deg p(x))$라 하자. 그러면 다음 다섯 주장은 서로 동치이다.

(1) $p(x)$는 $F[x]$에서의 기약다항식이다.

(2) $(p(x))$는 $F[x]$의 극대이데알이다.

(3) $F[x]/(p(x))$는 체이다.

(4) $F[x]/(p(x))$는 정역이다.

(5) $(p(x))$는 $F[x]$의 소이데알이다.

---

**증명** 정리 3.8.8에 의하여 $F[x]$는 주이데알정역이다.

(1) $\Longleftrightarrow$ (2). 정리 3.6.13 (2)의 결과이다.

(2) $\Longleftrightarrow$ (3). 정리 3.4.8의 결과이다.

(3) $\Longrightarrow$ (4). 정리 3.1.25의 결과이다.

(4) $\Longleftrightarrow$ (5). 정리 3.4.5의 결과이다.

(5) $\Longleftrightarrow$ (1). 정리 3.6.12 (1)과 정리 3.6.13 (1)의 결과이다. ■

$E$를 체 $F$의 확대체라 하고 $\alpha(\alpha\in E)$를 $F$위에서 대수적이라 하자. 그러면 $f(\alpha)=0$을 만족하는 $f(x)\in F[x](f(x)\neq 0)$가 존재한다. 이제

$$f(x)=a_0+a_1x+a_2x^2+\cdots+a_nx^n(a_n\neq 0)$$

이라 하고 $g(x)=a_n^{-1}f(x)$라 하면 $g(x)\in F[x]$이고

$$\begin{aligned}g(x)&=a_n^{-1}f(x)=a_n^{-1}(a_0+a_1x+a_2x^2+\cdots+a_{n-1}x^{n-1}+a_nx^n)\\&=a_n^{-1}a_0+(a_n^{-1}a_1)x+(a_n^{-1}a_2)x^2+\cdots+(a_n^{-1}a_{n-1})x^{n-1}+x^n\end{aligned}$$

이다. 따라서 $g(x)$는 모닉다항식이고, 또한

$$g(\alpha)=a_n^{-1}f(\alpha)=a_n^{-1}0=0$$

이다. 즉, $\alpha$를 근으로 갖는 모닉다항식 $g(x)\in F[x]$가 적어도 하나 존재한다. $\alpha$를 근으로 갖는 $F[x]$에 속하는 다항식 중에서 차수가 가장 낮은 모닉다항식을 $F$위의 $\alpha$의 최소다항식(minimal polynomial of $\alpha$ over $F$)이라 한다. 혼란이 없을 때, $F$위의 $\alpha$의 최소다항식을 간단히 $\alpha$의 최소다항식이라 한다.

**【정리 5.1.12】**

$E$를 체 $F$의 확대체라 하고 $\alpha(\alpha\in E)$를 $F$위에서 대수적이라 할 때, $p(x)$를 $F$위의 $\alpha$의 최소다항식이라 하자. 그러면 다음이 성립한다.

(1) $\deg p(x)\geq 1$

(2) 임의의 $f(x)\in F[x]$에 대하여

$$f(\alpha)=0 \Longleftrightarrow p(x)\mid f(x)$$

이다. 더욱이 $g(\alpha)=0$을 만족하는 $g(x)\in F[x](g(x)\neq 0)$에 대하여 항상 $\deg g(x)\geq \deg p(x)$이다.

(3) $p(x)$는 $F[x]$에서의 기약다항식이다.

(4) $F[x]/(p(x))\cong F[\alpha]=F(\alpha)$

(5) $p(x)$는 유일하다. 더욱이 $q(x)$가 $q(\alpha)=0$을 만족하는 $F[x]$에서의 기

약다항식이면 $\deg p(x)=\deg q(x)$이고 $p(x)=aq(x)(0\neq a\in F)$의 꼴로 표시된다(따라서 정리 3.8.5 (1)에 의하여 $p(x)$는 $q(x)$의 동반원이다. 특히 $q(x)$가 모닉기약다항식이면 $p(x)=q(x)$이다. 즉, $F$위의 $\alpha$의 최소다항식은 $\alpha$를 근으로 갖는 $F[x]$에서의 모닉기약다항식이다).

(6) $\deg p(x)=n$이라 하고 $S=\{1, \alpha, \alpha^2, \cdots, \alpha^{n-1}\}$이라 하면 $S$는 $F(\alpha)$를 체 $F$위의 벡터공간으로 생각할 때, $F(\alpha)$의 기저이다(따라서 $[F(\alpha):F]=n$이다. 즉, $F(\alpha)$는 $F$의 유한확대체이다. 이 때, $n$을 $F$위의 $\alpha$의 차수(degree of $\alpha$ over $F$)라 한다).

---

**증명** (1) $\deg f(x)=0$인 모닉다항식은 $f(x)=1$이고, 이 때 $f(\alpha)=1\neq 0$이므로 $\deg p(x)\geq 1$이어야 한다.

(2) $f(x)\in F[x]$라 하자. $p(x)|f(x)$라 하면 $f(x)=p(x)h(x)$를 만족하는 $h(x)\in F[x]$가 존재하므로 정리 3.7.9 (2)에 의하여

$$f(\alpha)=p(\alpha)h(\alpha)=0h(\alpha)=0$$

이다. 역으로 $f(\alpha)=0$이라 하자. 정리 3.8.7에 의하여

$$f(x)=p(x)q(x)+r(x),\ r(x)=0 \text{ 또는 } \deg r(x)<\deg p(x)$$

를 만족하는 $q(x)$, $r(x)\in F[x]$가 유일하게 존재한다. 따라서 정리 3.7.9에 의하여

$$0=f(\alpha)=p(\alpha)q(\alpha)+r(\alpha)=0q(\alpha)+r(\alpha)=r(\alpha)$$

이다. $r(x)\neq 0$이라 하자. 그러면 $r(x)$의 최고차 계수가 $a_m$일 때 $d(x)=a_m^{-1}r(x)$로 놓으면 정리 5.1.11 다음의 설명에서와 같이 $0\neq d(x)\in F[x]$이고 $d(x)$는 $d(\alpha)=0$을 만족하는 모닉다항식이고 더욱이 $\deg d(x)=\deg r(x)<\deg p(x)$가 되어 $p(x)$의 차수의 최소성에 모순이다. 따라서 $r(x)=0$이어야 한다. 그러므로 $f(x)=p(x)q(x)$, 즉 $p(x)|f(x)$이다.

다음, $g(x)\in F[x](g(x)\neq 0)$에 대하여 $g(\alpha)=0$이라 하면 위에 의하여 $p(x)|g(x)$이다. 따라서 $g(x)=p(x)k(x)$를 만족하는 $k(x)\in F[x](k(x)\neq 0)$가 존재한다. 그러므로 정리 3.8.2 (4)에 의하여

$$\deg g(x)=\deg(p(x)k(x))=\deg p(x)+\deg k(x)\geq \deg p(x)$$

이다.

(3), (4) 임의의 $f(x)\in F[x]$에 대하여 $\theta_\alpha(f(x))=f(\alpha)$로 정의되는 $\alpha$에 의한 대입준동형 $\theta_\alpha : F[x] \longrightarrow E$를 생각하자. 그러면 정리 5.1.7 (1)에 의하여

$$\operatorname{Im}\theta_\alpha=\{f(\alpha) \mid f(x)\in F(x)\}=F[\alpha]$$

이다. 또한, 정리 3.2.13에 의하여

$$(p(x))=\{h(x)p(x) \mid h(x)\in F[x]\}$$

이므로

$$\begin{aligned} f(x)\in(p(x)) &\Longleftrightarrow \text{적당한 } h(x)\in F[x]\text{에 대하여 } f(x)=h(x)p(x) \\ &\Longleftrightarrow p(x) \mid f(x) \\ &\Longleftrightarrow f(\alpha)=0\,(\text{(2)에 의하여}) \\ &\Longleftrightarrow f(x)\in\operatorname{Ker}\theta_\alpha \end{aligned}$$

이고, 따라서 $\operatorname{Ker}\theta_\alpha=(p(x))$이다. 그러므로 정리 3.3.4에 의하여

$$F[x]/(p(x))=F[x]/\operatorname{Ker}\theta_\alpha \cong \operatorname{Im}\theta_\alpha=F[\alpha]$$

이다. 이 때 $F[\alpha]$는 체 $E$의 단위원을 포함하는 부분환이므로 정역이다. 따라서 정리 3.4.9에 의하여 $F[x]/(p(x))$도 정역이다. 그러므로 정리 5.1.11에 의하여 $p(x)$는 $F[x]$에서의 기약다항식이고, 또한 $F[x]/(p(x))$는 체이다. 따라서 정리 3.4.9에 의하여 $F[\alpha]$는 체이다. 즉, $F[\alpha]$는 $F$와 $\alpha$를 포함하는 $E$의 부분체이므로 $F(\alpha)$의 최소성에 의하여 $F(\alpha)\subset F[\alpha]$이다. 한편, $F(\alpha)$는 $F$와 $\alpha$를 포함하는 $E$의 부분환이므로 $F[\alpha]$의 최소성에 의하여 $F[\alpha]\subset F(\alpha)$이다. 따라서 $F[\alpha]=F(\alpha)$이다.

(5) $q(x)$를 $q(\alpha)=0$을 만족하는 $F[x]$에서의 기약다항식이라 하면 (2)에 의하여 $p(x) \mid q(x)$이다. 따라서 정리 3.6.12 (6)에 의하여 $p(x)$는 $q(x)$의 동반원이다. 따라서 정리 3.8.5 (1)에 의하여

$$p(x)=aq(x)(0\neq a\in F)$$

의 꼴로 표시된다. 그러므로 $\deg p(x)=\deg q(x)$이다. 이제 $q(x)$를 $F$

위의 $\alpha$의 또 다른 최소다항식이라 하면 $p(x)$와 $q(x)$는 모닉다항식이므로 $a=1$이어야 한다. 즉, $p(x)=q(x)$이다. 따라서 $\alpha$의 최소다항식 $p(x)$는 유일하다.

(6) $\beta\in F(\alpha)$라 하자. 그러면 (4)와 정리 5.1.7 (1)에 의하여

$$F(\alpha)=F[\alpha]=\{f(\alpha) \mid f(x)\in F[x]\}$$

이므로 적당한 $f(x)\in F[x]$에 대하여 $\beta=f(\alpha)$의 꼴로 표시된다. 한편, 정리 3.8.7에 의하여

$$f(x)=p(x)q(x)+r(x),\quad r(x)=0 \text{ 또는 } \deg r(x)<\deg p(x)=n$$

을 만족하는 $q(x)$, $r(x)\in F[x]$가 유일하게 존재한다. 따라서 정리 3.7.9에 의하여

$$f(\alpha)=p(\alpha)q(\alpha)+r(\alpha)=0q(\alpha)+r(\alpha)=r(\alpha)$$

이다. 또한, $r(x)$는

$$r(x)=a_0+a_1x+a_2x^2+\cdots+a_mx^m\ (m<n)$$

의 꼴로 표시되므로

$$\beta=f(\alpha)=r(\alpha)=a_01+a_1\alpha+a_2\alpha^2+\cdots+a_m\alpha^m$$

이고, 따라서 $\beta\in[S]$이다. 즉, $F(\alpha)\subset[S]$이다. 분명히 $[S]\subset F(\alpha)$이므로 $F(\alpha)=[S]$이다.

다음, 임의의 $c_i\in F(i=0,\ 1,\ 2,\ \cdots,\ n-1)$에 대하여

$$c_01+c_1\alpha+c_2\alpha^2+\cdots+c_{n-1}\alpha^{n-1}=0$$

이라 하자. $c_0$, $c_1$, $c_2$, $\cdots$, $c_{n-1}$이 모두는 0이 아니라 하자. 그러면

$$g(x)=c_0+c_1x+c_2x^2+\cdots+c_{n-1}x^{n-1}$$

이라 할 때, $0\neq g(x)\in F[x]$, $\deg g(x)\leq n-1<n=\deg p(x)$, $g(\alpha)=0$이 되고, 따라서 (2)에 의하여 이것은 모순이다. 그러므로 $c_0=c_1=c_2=\cdots=c_{n-1}=0$이다. 즉 $1$, $\alpha$, $\alpha^2$, $\cdots$, $\alpha^{n-1}$은 1차독립이다. 따라

서 정리 4.2.4에 의하여 $1, \alpha, \alpha^2, \cdots, \alpha^{n-1}$은 모두 다르고, 또한 $S$는 1차독립이다. 그러므로 $S$는 $F(\alpha)$의 기저이다. ■

**보기 5.1.13** 복소수체 $\mathbf{C}$는 실수체 $\mathbf{R}$의 확대체이다. 보기 5.1.9에 의하여 $i$ ($i \in \mathbf{C}$)는 $\mathbf{R}$위에서 대수적이다. $i$를 근으로 갖는 모닉다항식 $p(x)=x^2+1 \in \mathbf{R}[x]$를 생각하자. 임의의 $c \in \mathbf{R}$에 대하여 $p(c)=c^2+1 \geq 1$이므로 $\mathbf{R}$에서의 $p(x)$의 근은 존재하지 않는다. 따라서 정리 3.8.15 (2)에 의하여 $p(x)$는 $\mathbf{R}[x]$에서의 기약다항식이므로 $p(x)=x^2+1$은 $\mathbf{R}$위의 $i$의 최소다항식이다. 또한, $\deg p(x)=2$이므로 $S=\{1, i\}$는 $\mathbf{R}$의 단순확대체 $\mathbf{R}(i)$의 기저($\mathbf{R}(i)$를 $\mathbf{R}$위의 벡터공간으로 생각할 때)이고, 따라서 $[\mathbf{R}(i) : \mathbf{R}]=2$이다. 그러므로 정리 4.1.16에 의하여

$$\mathbf{R}(i)=[S]=\{a1+bi \mid a, b \in \mathbf{R}\}=\{a+bi \mid a, b \in \mathbf{R}\}=\mathbf{C}$$

이다. 즉, $\mathbf{C}$는 $\mathbf{R}$의 단순확대체이다. 더욱이

$$\mathbf{R}[x]/(x^2+1) \cong \mathbf{R}(i)=\mathbf{C}$$

이다. ◀

**보기 5.1.14** 유리수체 $\mathbf{Q}$의 확대체 $\mathbf{R}$의 원소 $\sqrt{2}$, $\sqrt{3}$, $\sqrt{2}+\sqrt{3}$을 생각하자.

$$p_1(x)=x^2-2 \in \mathbf{Q}[x], \quad p_2(x)=x^2-3 \in \mathbf{Q}[x]$$

라 하면 $p_1(\sqrt{2})=0$, $p_2(\sqrt{3})=0$이므로 $\sqrt{2}$와 $\sqrt{3}$은 $\mathbf{Q}$위에서 대수적이고, 또한 정리 3.8.28에 의하여 $p_1(x)$와 $p_2(x)$는 모두 $\mathbf{Q}[x]$에서의 기약다항식이므로 $p_1(x)$와 $p_2(x)$는 각각 $\sqrt{2}$와 $\sqrt{3}$의 최소다항식이다. 다음, $\alpha=\sqrt{2}+\sqrt{3}$이라 하자. 그러면 $\alpha^2=5+2\sqrt{6}$이므로 $\alpha^2-5=2\sqrt{6}$이고, 따라서 $(\alpha^2-5)^2=24$이다. 즉, $\alpha^4-10\alpha^2+1=0$이다. 그러므로

$$p_3(x)=x^4-10x^2+1 \in \mathbf{Q}[x]$$

라 하면 $p_3(\alpha)=0$이므로 $\alpha$는 $\mathbf{Q}$위에서 대수적이고, 또한 보기 3.8.25에 의하여 $p_3(x)$는 $\mathbf{Q}[x]$에서의 기약다항식이므로 $p_3(x)$는 $\alpha$의 최소다항식이다.

더욱이 $\deg p_1(x)=2$, $\deg p_2(x)=2$, $\deg p_3(x)=4$이므로

$$S_1=\{1,\ \sqrt{2}\},\ S_2=\{1,\ \sqrt{3}\},\ S_3=\{1,\ \sqrt{2}+\sqrt{3},\ (\sqrt{2}+\sqrt{3})^2,\ (\sqrt{2}+\sqrt{3})^3\}$$

은 각각 $\mathbf{Q}$의 단순확대체 $\mathbf{Q}(\sqrt{2})$, $\mathbf{Q}(\sqrt{3})$, $\mathbf{Q}(\sqrt{2}+\sqrt{3})$의 기저($\mathbf{Q}(\sqrt{2})$, $\mathbf{Q}(\sqrt{3})$, $\mathbf{Q}(\sqrt{2}+\sqrt{3})$을 모두 $\mathbf{Q}$위의 벡터공간으로 생각할 때)이다. 따라서

$$\begin{aligned}
\mathbf{Q}(\sqrt{2})&=\{a1+b\sqrt{2}\mid a,\ b\in\mathbf{Q}\}=\{a+b\sqrt{2}\mid a,\ b\in\mathbf{Q}\},\\
\mathbf{Q}(\sqrt{3})&=\{a+b\sqrt{3}\mid a,\ b\in\mathbf{Q}\},\\
\mathbf{Q}(\sqrt{2}+\sqrt{3})&=\{a'+b'(\sqrt{2}+\sqrt{3})+c'(\sqrt{2}+\sqrt{3})^2\\
&\qquad +d'(\sqrt{2}+\sqrt{3})^3\mid a',\ b',\ c',\ d'\in\mathbf{Q}\}\\
&=\{a+b\sqrt{2}+c\sqrt{3}+d\sqrt{6}\mid a,\ b,\ c,\ d\in\mathbf{Q}\}
\end{aligned}$$

이고, 또한

$$[\mathbf{Q}(\sqrt{2}):\mathbf{Q}]=2,\quad [\mathbf{Q}(\sqrt{3}):\mathbf{Q}]=2,\quad [\mathbf{Q}(\sqrt{2}+\sqrt{3}):\mathbf{Q}]=4$$

이다. ◀

**【정의 5.1.15】**

$F$를 체라 할 때, $F[x]$의 분수체($F[x]$가 정역이므로 $F[x]$의 분수체를 생각할 수 있다)를 $F(x)$로 표시한다. 즉,

$$F(x)=\left\{\frac{f(x)}{g(x)}\ \middle|\ f(x),\ g(x)\in F[x],\ g(x)\neq 0\right\}.$$

**【정리 5.1.16】**

$E$를 체 $F$의 확대체라 하고 $\alpha(\alpha\in E)$를 $F$위에서 초월적이라 하자. 그러면 $F[x]\cong F[\alpha]$, $F(x)\cong F(\alpha)$이다.

**증명** 임의의 $f(x)\in F[x]$에 대하여 $\theta_\alpha(f(x))=f(\alpha)$로 정의되는 $\alpha$에 의한 대입준동형 $\theta_\alpha : F[x]\longrightarrow E$를 생각하면 정리 5.1.7 (1)의 증명과정에 의하여

$$\operatorname{Im}\theta_\alpha=\{f(\alpha)\mid f(x)\in F[x]\}=F[\alpha]$$

이다. $\alpha$가 $F$위에서 초월적이므로

$$f(\alpha) \neq 0 \iff f(x) \neq 0$$

이다. 따라서 Ker $\theta_\alpha = \{0\}$이다. 그러므로 정리 3.2.23 (2)에 의하여 $\theta_\alpha$는 단사준동형이다. 따라서 정리 3.2.27 (3)에 의하여

$$F[x] \cong \mathrm{Im}\,\theta_\alpha = F[\alpha]$$

이다. 그러므로 정역 $F[\alpha]$의 분수체를 $Q$라 하면 정리 3.5.5에 의하여 $F(x) \cong Q$이다. 함수 $\phi : Q \longrightarrow E$를 임의의 $\dfrac{f(\alpha)}{g(\alpha)} \in Q$에 대하여

$$\phi\left(\frac{f(\alpha)}{g(\alpha)}\right) = f(\alpha)(g(\alpha))^{-1}$$

로 정의하면 정리 3.5.6에 의하여 $Q \cong \mathrm{Im}\,\phi$이고, 또한 정리 5.1.7 (2)의 증명과정에 의하여 $\mathrm{Im}\,\phi = F(\alpha)$이다. 따라서 $Q \cong F(\alpha)$이다. 그러므로 $F(x) \cong F(\alpha)$이다. ■

$F$와 $L$을 체라 하고 $\sigma : F \longrightarrow L$을 동형함수라 하자. 함수

$$\bar{\sigma} : F[x] \longrightarrow L[x]$$

를 임의의 $f(x) = \sum_{k=0}^{n} a_k x^k \in F[x]$에 대하여 $\bar{\sigma}(f(x)) = \sum_{k=0}^{n} \sigma(a_k) x^k$으로 정의하자. 그러면 임의의 $f(x) = \sum_{k=0}^{n} a_k x^k$, $g(x) = \sum_{k=0}^{n} b_k x^k$, $h(x) = \sum_{k=0}^{m} c_k x^k \in F[x]$에 대하여

$$\begin{aligned}
\bar{\sigma}(f(x)+g(x)) &= \bar{\sigma}\left(\sum_{k=0}^{n}(a_k+b_k)x^k\right) = \sum_{k=0}^{n}\sigma(a_k+b_k)x^k \\
&= \sum_{k=0}^{n}(\sigma(a_k)+\sigma(b_k))x^k = \sum_{k=0}^{n}\sigma(a_k)x^k + \sum_{k=0}^{n}\sigma(b_k)x^k \\
&= \bar{\sigma}(f(x)) + \bar{\sigma}(g(x)), \\
\bar{\sigma}(f(x)h(x)) &= \bar{\sigma}\left(\sum_{k=0}^{n+m}\left(\sum_{j+t=k} a_j c_t\right)x^k\right) = \sum_{k=0}^{n+m}\sigma\left(\sum_{j+t=k} a_j c_t\right)x^k \\
&= \sum_{k=0}^{n+m}\left(\sum_{j+t=k}\sigma(a_j)\sigma(c_t)\right)x^k = \left(\sum_{k=0}^{n}\sigma(a_k)x^k\right)\left(\sum_{k=0}^{m}\sigma(c_k)x^k\right) \\
&= \bar{\sigma}(f(x))\bar{\sigma}(h(x))
\end{aligned}$$

이므로 $\bar{\sigma}$는 준동형이다. $\sum_{k=0}^{n} d_k' x^k \in L[x]$라 하면 $d_k' \in L(k=0,\ 1,\ 2,\ \cdots,\ n)$이므로 $d_k' = \sigma(d_k)$를 만족하는 $d_k \in F$가 존재한다. 따라서 $\sum_{k=0}^{n} d_k x^k \in F[x]$이고

$$\bar{\sigma}\left(\sum_{k=0}^{n} d_k x^k\right) = \sum_{k=0}^{n} \sigma(d_k) x^k = \sum_{k=0}^{n} d_k' x^k$$

이므로 $\bar{\sigma}$는 전사준동형이다. 또한, $f(x) = \sum_{k=0}^{n} a_k x^k \in \mathrm{Ker}\ \bar{\sigma}$라 하면

$$0 = \bar{\sigma}(f(x)) = \sum_{k=0}^{n} \sigma(a_k) x^k$$

이므로 $\sigma(a_k) = 0(k=0,\ 1,\ 2,\ \cdots,\ n)$이고, 따라서 정리 3.2.23 (2)에 의하여 $a_k = 0(k=0,\ 1,\ 2,\ \cdots,\ n)$이다. 따라서 $f(x)=0$, 즉 $\mathrm{Ker}\ \bar{\sigma} = \{0\}$이므로 $\bar{\sigma}$는 단사준동형이다. 그러므로 $\bar{\sigma}$는 동형이다.

한편, 임의의 $f(x) = \sum_{k=0}^{n} a_k x^k \in F[x](a_n \neq 0)$에 대하여 $\sigma(a_n) \neq 0$이므로 분명히 $\deg f(x) = \deg \bar{\sigma}(f(x))$이다. 이제 $f(x)$를 $\deg f(x) = n(n \geq 1)$인 $F[x]$에서의 기약다항식이라 하자. $\bar{\sigma}(f(x))$가 $\deg g'(x) < n$, $\deg h'(x) < n$인 두 다항식 $g'(x)$, $h'(x) \in L[x]$에 대하여

$$\bar{\sigma}(f(x)) = g'(x) h'(x)$$

의 꼴로 표시된다고 하면 $\bar{\sigma}(g(x)) = g'(x)$, $\bar{\sigma}(h(x)) = h'(x)$를 만족하는 $g(x)$, $h(x) \in F[x]$가 존재하므로

$$\bar{\sigma}(f(x)) = g'(x)h'(x) = \bar{\sigma}(g(x))\bar{\sigma}(h(x)) = \bar{\sigma}(g(x)h(x))$$

이고, 따라서 $f(x) = g(x)h(x)$이다. 이 때, $\deg g(x) = \deg g'(x) < n$, $\deg h(x) = \deg h'(x) < n$이므로 정리 3.8.5 (5)에 의하여 $f(x)$가 기약다항식이라는 사실에 모순이다. 그러므로 $\bar{\sigma}(f(x))$는 $\deg \bar{\sigma}(f(x)) = n$인 $L[x]$에서의 기약다항식이다.

**【정리 5.1.17】**

$E$를 체 $F$의 확대체라 하고 $K$를 체 $L$의 확대체라 하자. $\sigma : F \longrightarrow L$을 동

형함수라 하고 $h(x)=\sum_{k=0}^{m} b_k x^k$을 $F[x]$에서의 기약다항식이라 하자. 또한, $\alpha(\alpha \in E)$를 $h(x)$의 근이라 하고 $\beta(\beta \in K)$를 $g(x)=\sum_{k=0}^{m} \sigma(b_k)x^k (g(x) \in L[x])$의 근이라 하자. 그러면 다음 두 조건

(1) $\psi(\alpha)=\beta$

(2) 모든 $a \in F$에 대하여 $\psi(a)=\sigma(a)$

를 만족하는 동형함수 $\psi: F(\alpha) \longrightarrow L(\beta)$가 존재한다.

---

**증명** $p(x)$를 $F$위의 $\alpha$의 최소다항식이라 하면 정리 5.1.12 (5)에 의하여 $p(x)$는 $h(x)$의 동반원이므로 정리 3.6.7에 의하여 $(p(x))=(h(x))$이다. 또한, 임의의 $f(x) \in F[x]$에 대하여 $\theta_\alpha(f(x))=f(\alpha)$로 정의되는 $\alpha$에 의한 대입준동형 $\theta_\alpha: F[x] \longrightarrow E$를 생각하면 정리 5.1.12 (3), (4)의 증명과정에 의하여 $\operatorname{Ker}\theta_\alpha=(p(x))$이고 $\operatorname{Im}\theta_\alpha=F(\alpha)$이다. 따라서 $\operatorname{Ker}\theta_\alpha=(h(x))$이고 $\operatorname{Im}\theta_\alpha=F(\alpha)$이므로 정리 3.3.4의 증명과정에 의하여 함수

$$\eta: F[x]/(h(x)) \longrightarrow F(\alpha), \quad f(x)+(h(x)) \overset{\eta}{\longmapsto} \theta_\alpha(f(x))=f(\alpha)$$

는 동형이다. 따라서 정리 3.2.25에 의하여

$$\eta^{-1}: F(\alpha) \longrightarrow F[x]/(h(x))$$

는 동형이다. 한편, 정리 5.1.16 다음의 설명에 의하여 함수

$$\bar{\sigma}: F[x] \longrightarrow L[x], \quad f(x)=\sum_{k=0}^{n} a_k x^k \overset{\bar{\sigma}}{\longmapsto} \sum_{k=0}^{n} \sigma(a_k)x^k$$

은 동형이고, 더욱이 $\bar{\sigma}(h(x))=\sum_{k=0}^{m} \sigma(b_k)x^k=g(x)$이므로 $g(x)$는 $L[x]$에서의 기약다항식이다. 따라서 $q(x)$를 $L$위의 $\beta$의 최소다항식이라 하고 임의의 $k(x) \in L[x]$에 대하여 $\theta_\beta(k(x))=k(\beta)$로 정의되는 $\beta$에 의한 대입준동형 $\theta_\beta: L[x] \longrightarrow K$를 생각하면, 위와 같은 방법으로 $\operatorname{Ker}\theta_\beta=(q(x))=(g(x))$이고 $\operatorname{Im}\theta_\beta=L(\beta)$이므로 함수

$$\rho: L[x]/(g(x)) \longrightarrow L(\beta), \quad k(x)+(g(x)) \overset{\rho}{\longmapsto} \theta_\beta(k(x))=k(\beta)$$

가 동형임을 알 수 있다. 정리 3.2.13에 의하여

$$(h(x))=\{u(x)h(x)\mid u(x)\in F[x]\},\quad (g(x))=\{v(x)g(x)\mid v(x)\in L[x]\}$$

이다. 그러므로 $t(x)\in(h(x))$라 하면 적당한 $u(x)\in F[x]$에 대하여 $t(x)=u(x)h(x)$의 꼴로 표시되고, 따라서

$$\bar{\sigma}(t(x))=\bar{\sigma}(u(x)h(x))=\bar{\sigma}(u(x))\bar{\sigma}(h(x))=\bar{\sigma}(u(x))g(x)\in(g(x))$$

이므로 $\bar{\sigma}((h(x)))\subset(g(x))$이다. 역으로 $s(x)\in(g(x))$라 하면 적당한 $v(x)\in L[x]$에 대하여 $s(x)=v(x)g(x)$의 꼴로 표시된다. 이 때, $\bar{\sigma}$는 동형이므로 적당한 $u(x)\in F[x]$에 대하여 $v(x)=\bar{\sigma}(u(x))$로 표시되고, 따라서

$$s(x)=v(x)g(x)=\bar{\sigma}(u(x))\bar{\sigma}(h(x))=\bar{\sigma}(u(x)h(x))\in\bar{\sigma}((h(x)))$$

이므로 $(g(x))\subset\bar{\sigma}((h(x)))$이다. 그러므로 $\bar{\sigma}((h(x)))=(g(x))$이다. 또한, $\bar{\sigma}$가 동형이므로 $\text{Ker}\,\bar{\sigma}=\{0\}\subset(h(x))$이다. 따라서 정리 3.3.9에 의하여 함수

$$\phi: F[x]/(h(x))\longrightarrow L[x]/(g(x)),\quad f(x)+(h(x))\overset{\phi}{\longmapsto}\bar{\sigma}(f(x))+(g(x))$$

는 동형이다. 그러므로 정리 3.2.24 (4)에 의하여 합성함수

$$\psi=\rho\phi\eta^{-1}: F(\alpha)\longrightarrow L(\beta)$$

는 동형이고

$$\begin{aligned}\psi(\alpha)&=\rho\phi\eta^{-1}(\alpha)=\rho\phi(x+(h(x)))=\rho(\bar{\sigma}(x)+(g(x)))\\&=\rho(x+(g(x)))(\text{정리 3.2.27 (1) (i)에 의하여 }\sigma(1_F)=1_L\text{이므로})\\&=\beta\end{aligned}$$

이며, 모든 $a\in F$에 대하여

$$\begin{aligned}\psi(a)&=\rho\phi\eta^{-1}(a)=\rho\phi(a+(h(x)))=\rho(\bar{\sigma}(a)+(g(x)))=\rho(\sigma(a)+(g(x)))\\&=\sigma(a)\end{aligned}$$

이다. ■

**【정의 5.1.18】**

$F$를 체라 하고 $E$와 $K$를 $F$의 확대체라 하자. $f:E\longrightarrow K$를 준동형이라 할 때, 모든 $a\in F$에 대하여 $f(a)=a$이면 $f$를 $\boldsymbol{F}$**-준동형**($F$-homomorphism)이라 한다. 또한, $f$가 단사준동형(각각 전사준동형, 동형)이고 $F$-준동형이면 $f$를 $\boldsymbol{F}$**-단사준동형**(각각 $\boldsymbol{F}$**-전사준동형**, $\boldsymbol{F}$**-동형**)이라 한다. 특히, $E=K$이고 $f:E\longrightarrow E$가 $F$-동형이면 $f$를 $E$의 $\boldsymbol{F}$**-자기동형**이라 한다.

**보기 5.1.19** $F$를 체라 하고 $E$와 $K$를 $F$의 확대체라 할 때, $f:E\longrightarrow K$를 준동형이라 하자. $f$를 $F$-준동형이라 하면 임의의 $c\in F$와 임의의 $a\in E$에 대하여

$$f(ca)=f(c)f(a)=cf(a)$$

이다. 따라서 $E$와 $K$를 $F$위의 벡터공간으로 생각하면 $f$는 1차변환이다. 특히, $f$가 단사준동형(각각 전사준동형, 동형)이면 $f$는 단사 1차변환(각각 전사 1차변환, 동형변환)이다. 또한, $f:E\longrightarrow E(E=K)$가 자기동형이면 $f$는 자기동형변환이다. 역으로 $g:E\longrightarrow K$를 $\operatorname{Im} g\neq\{0\}$인 준동형이라 하고, 또한 $E$와 $K$를 $F$위의 벡터공간으로 생각할 때, $g:E\longrightarrow K$가 1차변환이면 정리 3.2.27 (1) (i)에 의하여 모든 $c\in F$에 대하여

$$g(c)=g(c1_E)=cg(1_E)=c$$

이므로 $g$는 $F$-준동형이다. ◀

**【정리 5.1.20】**

$E$와 $K$를 체 $F$의 확대체라 하고 $f:E\longrightarrow K$를 $F$-동형이라 하자. $E$를 $F$의 유한확대체라 하면 $K$도 $F$의 유한확대체이고 $[E:F]=[K:F]$이다.

**증명** $E$와 $K$를 $F$위의 벡터공간으로 생각하면 보기 5.1.19에 의하여 $f$는 동형변환이므로 정리 4.3.21에 의하여 결과가 얻어진다. ■

**【정리 5.1.21】**

$E$와 $K$를 체 $F$의 확대체라 하고 $\alpha(\alpha\in E)$와 $\beta(\beta\in K)$를 $F$위에서 대수적이라 하자. 그러면 $\alpha$와 $\beta$가 같은 기약다항식 $h(x)\in F[x]$의 근이 되기 위한

필요충분조건은 $\psi(\alpha)=\beta$를 만족하는 $F$-동형 $\psi: F(\alpha) \longrightarrow F(\beta)$가 존재하는 것이다.

**증명** $\alpha$와 $\beta$가 같은 기약다항식 $h(x) \in F[x]$의 근이라 하자. 그러면 정리 5.1.17에서 $L=F$로 생각하고 $\sigma=i_F : F \longrightarrow F$로 생각하면 $\psi(\alpha)=\beta$를 만족하는 $F$-동형 $\psi: F(\alpha) \longrightarrow F(\beta)$가 존재한다. 역으로 $\psi(\alpha)=\beta$를 만족하는 $F$-동형 $\psi: F(\alpha) \longrightarrow F(\beta)$가 존재한다고 하자. 기약다항식 $h(x) \in F[x]$에 대하여 $h(\alpha)=0$이라 하고 $h(x)=\sum_{k=0}^{n} a_k x^k$이라 하면

$$0=\psi(0)=\psi(h(\alpha))=\psi\left(\sum_{k=0}^{n} a_k \alpha^k\right)=\sum_{k=0}^{n} \psi(a_k \alpha^k)=\sum_{k=0}^{n} \psi(a_k)\psi(\alpha^k)$$
$$=\sum_{k=0}^{n} a_k(\psi(\alpha))^k=\sum_{k=0}^{n} a_k \beta^k=h(\beta)$$

이다. ■

**보기 5.1.22** 유리수체 $\mathbf{Q}$의 확대체 $\mathbf{R}$의 두 원소 $\sqrt{2}$, $-\sqrt{2}$를 생각하자. 정리 3.8.28에 의하여 다항식 $f(x)=x^2-2$는 $\mathbf{Q}[x]$에서의 기약다항식이고, 분명히 $\sqrt{2}$와 $-\sqrt{2}$는 $f(x)$의 근이다(따라서 $\sqrt{2}$와 $-\sqrt{2}$는 $\mathbf{Q}$위에서 대수적이다). 따라서 정리 5.1.21에 의하여 $\psi(\sqrt{2})=-\sqrt{2}$를 만족하는 $\mathbf{Q}$-자기동형

$$\psi: \mathbf{Q}(\sqrt{2}) \longrightarrow \mathbf{Q}(\sqrt{2})=\mathbf{Q}(-\sqrt{2})$$

가 존재한다. 즉, $\psi$는 임의의 $a+b\sqrt{2} \in \mathbf{Q}(\sqrt{2})$에 대하여 $\psi(a+b\sqrt{2})=a-b\sqrt{2}$로 정의되는 $\mathbf{Q}(\sqrt{2})$의 자기동형이다.

다음, 유리수체 $\mathbf{Q}$의 확대체 $\mathbf{R}$, $\mathbf{C}$와 $\sqrt[3]{2} \in \mathbf{R}$, $\sqrt[3]{2}\omega \in \mathbf{C}\left(\omega=\dfrac{-1+\sqrt{3}i}{2}\right)$를 생각하자. 정리 3.8.28에 의하여 다항식 $f(x)=x^3-2$는 $\mathbf{Q}[x]$에서의 기약다항식이고, 또한 $\sqrt[3]{2}$와 $\sqrt[3]{2}\omega$는 $f(x)$의 근이다(따라서 $\sqrt[3]{2}$와 $\sqrt[3]{2}\omega$는 $\mathbf{Q}$위에서 대수적이다). 그러므로 정리 5.1.21에 의하여 $\psi(\sqrt[3]{2})=\sqrt[3]{2}\omega$를 만족하는 $\mathbf{Q}$-동형

$$\psi : \mathbf{Q}(\sqrt[3]{2}) \longrightarrow \mathbf{Q}(\sqrt[3]{2}\,\omega)$$

가 존재한다(이 때, $\mathbf{Q}(\sqrt[3]{2})$는 $\mathbf{R}$의 부분체이고 $\mathbf{Q}(\sqrt[3]{2}\,\omega)$는 $\mathbf{C}$의 부분체임에 유의하여라). 즉, $\mathbf{Q}(\sqrt[3]{2}) \cong \mathbf{Q}(\sqrt[3]{2}\,\omega)$. ◀

**【정리 5.1.23】**

$F$를 체라 하고 $f(x) \in F[x]$, $\deg f(x) \geq 1$이라 하자. 그러면 다음 두 조건

(1) $\alpha(\alpha \in E)$는 $f(x)$의 근이다. 즉, $f(\alpha)=0$이다.

(2) $[E : F] \leq \deg f(x)$이다.

특히, $f(x)$가 $F[x]$에서의 기약다항식이면 $[E : F] = \deg f(x)$이다.

를 만족하는 $F$의 단순확대체 $E=F(\alpha)$가 존재한다.

더욱이 $f(x)$가 $F[x]$에서의 기약다항식인 경우에 동형적인 두 체를 같은 체로 생각하면 위의 두 조건을 만족하는 체 $F(\alpha)$는 유일하다.

**증명** 먼저 $f(x)$가 $F[x]$에서의 기약다항식인 경우를 생각하자. 그러면 정리 5.1.11에 의하여 $F[x]/(f(x))$는 체이다. 편리를 위하여 $(f(x))=I$라 하자. 함수

$$\phi : F \longrightarrow F[x]/I$$

를 임의의 $a \in F$에 대하여 $\phi(a)=a+I$로 정의하면 임의의 $a$, $b \in F$에 대하여

$$\phi(a+b)=(a+b)+I=(a+I)+(b+I)=\phi(a)+\phi(b),$$
$$\phi(ab)=ab+I=(a+I)(b+I)=\phi(a)\phi(b)$$

이므로 $\phi$는 준동형이다. 또한 $a$, $b \in F$에 대하여 $\phi(a)=\phi(b)$라 하면 $a+I=b+I$이므로 정리 2.4.3 앞의 설명에 의하여 $a-b \in I$이다. 따라서 정리 3.2.13에 의하여

$$I=(f(x))=\{g(x)f(x) \mid g(x) \in F[x]\}$$

이므로 적당한 $g(x) \in F[x]$에 대하여 $a-b=g(x)f(x)$의 꼴로 표시된다. $a-b \neq 0$이라 하면 $g(x) \neq 0$이므로 정리 3.8.2 (4)에 의하여

$$0=\deg(a-b)=\deg(g(x)f(x))=\deg g(x)+\deg f(x) \geq \deg f(x) \geq 1$$

이 되어 모순이다. 따라서 $a-b=0$, 즉 $a=b$이다. 따라서 $\phi$는 단사준동형이다. 그러므로 $F$는 $F[x]/I$에 매장된다. $E=F[x]/I$라 하고 $a\in F$에 대하여 $a=a+I$로 생각하면 $F$는 $E$의 부분체이다. 즉, $E$는 $F$의 확대체이다. $\alpha=x+I$라 하면 $\alpha\in E$이다. 이제

$$f(x)=a_0+a_1x+a_2x^2+\cdots+a_mx^m\ (a_m\neq 0)$$

이라 하면

$$\begin{aligned}f(\alpha)&=a_0+a_1\alpha+a_2\alpha^2+\cdots+a_m\alpha^m\\&=(a_0+I)+(a_1+I)(x+I)+(a_2+I)(x+I)^2\\&\quad+\cdots+(a_m+I)(x+I)^m\\&=(a_0+I)+(a_1x+I)+(a_2x^2+I)+\cdots+(a_mx^m+I)\\&=(a_0+a_1x+a_2x^2+\cdots+a_mx^m)+I=f(x)+(f(x))\\&=(f(x))\ (f(x)\in(f(x))\text{이므로 정리 2.4.1 (1) (v)에 의하여})\\&=I=0\end{aligned}$$

이다. 따라서 $\alpha$는 $F$위에서 대수적이다. $F$위의 $\alpha$의 최소다항식을 $p(x)$라 하자. 그러면 정리 5.1.12 (5)에 의하여 $\deg p(x)=\deg f(x)=m$이다.

$$S=\{1,\ \alpha,\ \alpha^2,\ \cdots,\ \alpha^{m-1}\}$$

이라 하면 정리 5.1.12 (6)에 의하여 $S$는 $F(\alpha)$의 기저이고 $[F(\alpha):F]=m$이다. $\beta\in E$라 하면 적당한 $g(x)\in F[x]$에 대하여 $\beta=g(x)+I$의 꼴로 표시된다. 한편, 정리 3.8.7에 의하여

$$g(x)=f(x)q(x)+r(x),\ \ r(x)=0\ \text{또는}\ \deg r(x)<\deg f(x)$$

를 만족하는 $q(x),\ r(x)\in F[x]$가 존재한다. 따라서

$$r(x)=b_0+b_1x+b_2x^2+\cdots+b_kx^k\ (b_k\neq 0,\ k<\deg f(x)=m)$$

이라 하면

$$\begin{aligned}\beta&=g(x)+I=(f(x)q(x)+r(x))+I\\&=(f(x)q(x)+I)+(r(x)+I)\end{aligned}$$

$= I + (r(x)+I)(f(x)q(x) \in (f(x)) = I$이므로 정리 2.4.1 (1) (v)에 의하여)

$= r(x)+I = (b_0 + b_1x + b_2x^2 + \cdots + b_kx^k) + I$

$= b_0(1+I) + b_1(x+I) + b_2(x^2+I) + \cdots + b_k(x^k+I)$

$= b_0(1+I) + b_1(x+I) + b_2(x+I)^2 + \cdots + b_k(x+I)^k$

$= b_0 1 + b_1\alpha + b_2\alpha^2 + \cdots + b_k\alpha^k$

이므로 $\beta \in [S] = F(\alpha)$이다. 즉, $E \subset F(\alpha)$이다. 분명히 $F(\alpha) \subset E$이므로 $E = F(\alpha)$이다. 따라서 $f(x)$가 $F[x]$에서의 기약다항식인 경우에 정리는 성립한다.

이제 $f(x)$가 임의의 다항식인 경우를 생각하자. 정리 3.8.8에 의하여 $F[x]$는 유일인수분해정역이고, 또한 정리 3.8.5 (1)에 의하여 $f(x)$는 $F[x]$의 단원이 아니므로 $f(x)$의 기약인수 $p(x) \in F[x]$가 존재한다. 따라서 위와 같은 방법을 반복하여 다음 두 조건

(1) $p(\alpha) = 0$

(2) $[E : F] = \deg p(x)$

를 만족하는 $F$의 확대체 $E = F(\alpha)$가 존재한다. 이 때, $p(x)$는 $f(x)$의 기약인수이고 $p(\alpha) = 0$이므로 분명히 $f(\alpha) = 0$이다. 또한 $\deg p(x) \leq \deg f(x)$이므로 정리는 성립한다.

더욱이 $f(x)$가 $F[x]$에서의 기약다항식인 경우에 정리의 두 조건 (1), (2)를 만족하는 또 다른 $F$의 단순확대체 $K = F(\beta)$가 존재한다고 하면 $f(\alpha) = 0 = f(\beta)$이므로 정리 5.1.21에 의하여 $F(\alpha) \cong F(\beta)$이다. ■

**【정의 5.1.24】**

$E$를 체 $F$의 확대체라 하자. $E$의 모든 원소가 $F$위에서 대수적일 때, $E$를 **$F$의 대수적확대체**(algebraic extension field of $F$)라 한다.

**보기 5.1.25** 복소수체 $\mathbf{C}$는 실수체 $\mathbf{R}$의 확대체이다. $\alpha = a + bi \in \mathbf{C}$라 하자. 그러면 $a, b \in \mathbf{R}$이므로

$$p(x) = (x-(a+bi))(x-(a-bi)) = x^2 - 2ax + (a^2+b^2) \in \mathbf{R}[x]$$

이고 $p(\alpha) = 0$이므로 $\alpha$는 $\mathbf{R}$위에서 대수적이다. 따라서 복소수체 $\mathbf{C}$는 실수

체 **R**의 대수적확대체이다. 그러나 **C**와 **R**은 유리수체 **Q**의 확대체이지만 $\pi(\pi \in \mathbf{R} \subset \mathbf{C})$는 **Q**위에서 초월적(보기 5.1.9를 참조)이므로 이들은 모두 **Q**의 대수적확대체가 아니다. ◀

**【정리 5.1.26】**

$E$를 체 $F$의 유한확대체라 하자. 그러면 $E$는 $F$의 유한생성확대체이고, 또한 $E$는 $F$의 대수적확대체이다(더욱이 $S=\{\alpha_1, \alpha_2, \cdots, \alpha_n\}$을 $E$의 기저($E$를 $F$위의 벡터공간으로 생각할 때)라 하면 $E=F(\alpha_1, \alpha_2, \cdots, \alpha_n)$이다).

**증명** $[E:F]=n$이라 하고 $S=\{\alpha_1, \alpha_2, \cdots, \alpha_n\}$을 $E$의 기저라 하자. 그러면 $\alpha \in E$는 적당한 $c_i \in F(i=1, 2, \cdots, n)$에 대하여

$$\alpha = c_1\alpha_1 + c_2\alpha_2 + \cdots + c_n\alpha_n$$

의 꼴로 표시된다. $F(\alpha_1, \alpha_2, \cdots, \alpha_n)$이 $F$와 $\alpha_1, \alpha_2, \cdots, \alpha_n$을 포함하는 $E$의 부분체이므로 $\alpha \in F(\alpha_1, \alpha_2, \cdots, \alpha_n)$이다. 따라서

$$E \subset F(\alpha_1, \alpha_2, \cdots, \alpha_n),\ \text{즉}\ E=F(\alpha_1, \alpha_2, \cdots, \alpha_n)$$

이다. 다음 $\beta \in E$라 하자. $1, \beta, \beta^2, \cdots, \beta^n$이 1차독립이라 하면 정리 4.2.4에 의하여 $1, \beta, \beta^2, \cdots, \beta^n$은 모두 다르고

$$T=\{1, \beta, \beta^2, \cdots, \beta^n\}$$

은 $E$의 1차독립인 부분집합이다. 그러나 $|T|=n+1$이므로 정리 4.2.11에 의하여 이것은 모순이다. 따라서 $1, \beta, \beta^2, \cdots, \beta^n$은 1차종속이다. 따라서 모두는 0이 아닌 $a_0, a_1, a_2, \cdots, a_n(a_i \in F(i=1, 2, \cdots, n))$에 대하여

$$a_0 1 + a_1\beta + a_2\beta^2 + \cdots + a_n\beta^n = 0$$

이다. 이제 $f(x)=a_0+a_1x+a_2x^2+\cdots+a_nx^n$이라 하면 $f(x) \in F[x](f(x) \neq 0)$이고 $f(\beta)=0$이다. 따라서 $\beta$는 $F$위에서 대수적이다. $\beta$는 $E$의 임의의 원소(벡터)이므로 $E$는 $F$의 대수적확대체이다. ■

**【정리 5.1.27】**

$E$를 체 $F$의 확대체라 하자. $\alpha_1, \alpha_2, \cdots, \alpha_n(\alpha_i \in E(i=1, 2, \cdots, n))$을 $F$위에서 대수적이라 하고

$$E=F(\alpha_1, \alpha_2, \cdots, \alpha_n)$$

이라 하자. 그러면 $E$는 $F$의 유한확대체이다. 더욱이 $E$는 $F$의 대수적확대체이다.

**증명** 각 $i\,(i=2, 3, \cdots, n)$에 대하여

$$F(\alpha_1, \alpha_2, \cdots, \alpha_i)=F(\alpha_1, \alpha_2, \cdots, \alpha_{i-1})(\alpha_i)$$

이므로 $F(\alpha_1, \alpha_2, \cdots, \alpha_i)$는 $F(\alpha_1, \alpha_2, \cdots, \alpha_{i-1})$과 $\alpha_i$를 포함하는 $E$의 부분체이다. 따라서 $i=1, 2, \cdots, n$에 대하여 $E_i=F(\alpha_1, \alpha_2, \cdots, \alpha_i)$라 하고 $E_0=F$라 하면

$$F=E_0 \subset E_1 \subset E_2 \subset \cdots \subset E_{i-1} \subset E_i \subset \cdots \subset E_{n-1} \subset E_n=E$$

이다. $i=1, 2, \cdots, n$에 대하여 $\alpha_i(\alpha_i \in E_i)$는 $F$위에서 대수적이므로 보기 5.1.10에 의하여 $\alpha_i$는 $E_{i-1}$위에서 대수적이다. 따라서 정리 5.1.12 (6)에 의하여 $E_i$는 $E_{i-1}$의 유한확대체이다. 그러므로 정리 5.1.5에 의하여 $E$는 $F$의 유한확대체이다. 더욱이 정리 5.1.26에 의하여 $E$는 $F$의 대수적확대체이다. ■

**보기 5.1.28** 보기 5.1.14에 의하여 $\sqrt{2}$와 $\sqrt{3}$은 유리수체 $\mathbf{Q}$위에서 대수적이다. 따라서 정리 5.1.27에 의하여 $\mathbf{Q}(\sqrt{2}, \sqrt{3})$은 $\mathbf{Q}$의 유한확대체이고 더욱이 $\mathbf{Q}(\sqrt{2}, \sqrt{3})$은 $\mathbf{Q}$의 대수적확대체이다. 이제 $[\mathbf{Q}(\sqrt{2}, \sqrt{3}) : \mathbf{Q}]$를 구하여 보자. $\sqrt{3} \in \mathbf{Q}(\sqrt{2})$라 하면 보기 5.1.14에 의하여

$$\mathbf{Q}(\sqrt{2})=\{a+b\sqrt{2} \mid a, b \in \mathbf{Q}\}$$

이므로 적당한 $a, b \in \mathbf{Q}$에 대하여 $\sqrt{3}=a+b\sqrt{2}$의 꼴로 표시된다. 이 때,

(1) $a=0$이면 $\sqrt{6}=2b \in \mathbf{Q}$가 되어 모순이고,

(2) $b=0$이면 $\sqrt{3}=a \in \mathbf{Q}$가 되어 모순이고,

(3) $a \neq 0$, $b \neq 0$이면 $3=(\sqrt{3})^2=(a+b\sqrt{2})^2=a^2+2\sqrt{2}ab+2b^2$이므로

$$\sqrt{2}=\frac{3-a^2-2b^2}{2ab} \in \mathbf{Q}$$

가 되어 모순이다. 따라서 $\sqrt{3} \notin \mathbf{Q}(\sqrt{2})$이다. $\mathbf{Q}(\sqrt{2})$의 단순확대체 $\mathbf{Q}(\sqrt{2})(\sqrt{3})$을 생각하자. 다항식 $q(x)=x^2-3 \in \mathbf{Q}(\sqrt{2})[x]$를 생각하자. $q(\sqrt{3})=0$이므로 $\sqrt{3}$은 $\mathbf{Q}(\sqrt{2})$위에서 대수적이다. $g(x)=x+\alpha \in \mathbf{Q}(\sqrt{2})[x]$에 대하여 $g(\sqrt{3})=0$이라 하면 $\sqrt{3}+\alpha=0$이므로 $\sqrt{3}=-\alpha \in \mathbf{Q}(\sqrt{2})$가 되어 모순이다. 따라서 $g(\sqrt{3}) \neq 0$이다. 그러므로 $q(x)$는 $\sqrt{3}$을 근으로 갖는 모닉다항식 중에서 차수가 가장 낮은 다항식이다. 즉, $q(x)$는 $\mathbf{Q}(\sqrt{2})$위의 $\sqrt{3}$의 최소다항식이다. 이 때, $\deg q(x)=2$이므로 정리 5.1.12 (6)에 의하여 $T=\{1, \sqrt{3}\}$은 $\mathbf{Q}(\sqrt{2})(\sqrt{3})$의 기저($\mathbf{Q}(\sqrt{2})(\sqrt{3})$을 $\mathbf{Q}(\sqrt{2})$위의 벡터공간으로 생각할 때)이다. 따라서

$$\mathbf{Q}(\sqrt{2})(\sqrt{3})=\{\alpha 1+\beta\sqrt{3} \mid \alpha, \beta \in \mathbf{Q}(\sqrt{2})\}=\{\alpha+\beta\sqrt{3} \mid \alpha, \beta \in \mathbf{Q}(\sqrt{2})\}$$

이고, 또한 $[\mathbf{Q}(\sqrt{2})(\sqrt{3}) : \mathbf{Q}(\sqrt{2})]=2$이다. 보기 5.1.14에 의하여 $S=\{1, \sqrt{2}\}$는 $\mathbf{Q}(\sqrt{2})$의 기저이다. 따라서 정리 5.1.4의 증명과정에 의하여

$$L=\{1\cdot 1, \sqrt{2}\cdot 1, 1\cdot\sqrt{3}, \sqrt{2}\cdot\sqrt{3}\}=\{1, \sqrt{2}, \sqrt{3}, \sqrt{6}\}$$

은 $\mathbf{Q}$위의 벡터공간 $\mathbf{Q}(\sqrt{2})(\sqrt{3})$의 기저이다. 그러므로

$$\mathbf{Q}(\sqrt{2}, \sqrt{3})=\mathbf{Q}(\sqrt{2})(\sqrt{3})=\{a+b\sqrt{2}+c\sqrt{3}+d\sqrt{6} \mid a, b, c, d \in \mathbf{Q}\}$$

이고, 또한

$$[\mathbf{Q}(\sqrt{2})(\sqrt{3}) : \mathbf{Q}]=[\mathbf{Q}(\sqrt{2})(\sqrt{3}) : \mathbf{Q}(\sqrt{2})][\mathbf{Q}(\sqrt{2}) : \mathbf{Q}]=2\cdot 2=4$$

이다. 더욱이 보기 5.1.14에 의하여 $\mathbf{Q}(\sqrt{2}, \sqrt{3})=\mathbf{Q}(\sqrt{2}+\sqrt{3})$이다. ◀

**【정리 5.1.29】**

$E$를 체 $F$의 확대체라 하고

$$K=\{\alpha \in E \mid \alpha\text{는 } F\text{위에서 대수적이다}\}$$

라 하자. 그러면 $K$는 $E$의 부분체이다(따라서 $\alpha$, $\beta$가 $F$위에서 대수적이면 $\alpha+\beta$, $\alpha-\beta$, $\alpha\beta$, $\alpha\beta^{-1}(\beta\neq0)$도 $F$위에서 대수적이다). 더욱이 $K$는 $F$의 대수적확대체이다.

**증명** 보기 5.1.10에 의하여 $F\subset K$이다. $\alpha, \beta\in K$라 하자. 그러면 $\alpha$와 $\beta$는 $F$위에서 대수적이므로 정리 5.1.27에 의하여 $F(\alpha, \beta)$는 $F$의 대수적확대체이다. 따라서 $F(\alpha, \beta)\subset K$이다. $\alpha, \beta\in F(\alpha, \beta)$이므로 $\alpha-\beta\in F(\alpha, \beta)$, $\alpha\beta\in F(\alpha, \beta)$이고, 따라서 $\alpha-\beta\in K$, $\alpha\beta\in K$이다. 그러므로 정리 3.2.2에 의하여 $K$는 $E$의 부분환이다. 또한, $\alpha\neq0$이라 하면 $\alpha^{-1}\in F(\alpha, \beta)\subset K$이므로 $K$는 $E$의 부분체이다. 분명히 $K$는 $F$의 대수적확대체이다. ■

**【정리 5.1.30】**

$E$를 체 $F$의 대수적확대체라하고 $K$를 $E$의 대수적확대체라 하자. 그러면 $K$는 $F$의 대수적확대체이다.

**증명** $\alpha\in K$라 하자. $K$가 $E$의 대수적확대체이므로 $\alpha$는 $E$위에서 대수적이다. 따라서 적당한 $f(x)\in E[x](f(x)\neq0)$에 대하여 $f(\alpha)=0$이다. 이제

$$f(x)=a_0+a_1x+a_2x^2+\cdots+a_nx^n\,(a_n\neq0)$$

이라 하자(이 때 $a_0, a_1, a_2, \cdots, a_n$ 중에는 서로 같은 것이 있을 수 있다). 그러면 $i=0, 1, 2, \cdots, n$에 대하여

$$a_i\in F(a_0, a_1, \cdots, a_n)\subset E$$

이므로 $\alpha$는 $F(a_0, a_1, \cdots, a_n)$위에서 대수적이다. 따라서 정리 5.1.12 ⑹에 의하여 $F(a_0, a_1, \cdots, a_n)(\alpha)$는 $F(a_0, a_1, \cdots, a_n)$의 유한확대체이다. 또한, $E$가 $F$의 대수적확대체이므로 $a_i$는 $F$위에서 대수적이다. 따라서 정리 5.1.27에 의하여 $F(a_0, a_1, \cdots, a_n)$는 $F$의 유한확대체이다. 따라서 정리 5.1.4에 의하여 $F(a_0, a_1, \cdots, a_n)(\alpha)$는 $F$의 유한확대체이다. 그러므로 정리 5.1.26에 의하여 $F(a_0, a_1, \cdots, a_n)(\alpha)$는 $F$의 대수적확대체이다. 따라서 $\alpha\in F(a_0, a_1, \cdots, a_n)(\alpha)$이므로 $\alpha$는 $F$위에서 대수적이다.

이 때, $\alpha$는 $K$의 임의의 원소이므로 $K$는 $F$의 대수적확대체이다. ■

## 연습문제 5.1

**1.** 체 $F$와 복소수 $\alpha \in \mathbf{C}$가 각각 다음과 같이 주어질 때, $\alpha$가 $F$위에서 대수적임을 보여라.

(1) $\alpha = 2+3i,\ F=\mathbf{Q}$
(2) $\alpha = \sqrt{i-\sqrt{2}},\ F=\mathbf{Q}$
(3) $\alpha = \sqrt{1+\sqrt[3]{2}},\ F=\mathbf{Q}$
(4) $\alpha = \sqrt{\pi},\ F=\mathbf{Q}(\pi)$
(5) $\alpha = \sqrt{\pi},\ F=\mathbf{Q}(\pi^2)$
(6) $\alpha = \pi^2-1,\ F=\mathbf{Q}(\pi^3)$

**2.** $\mathbf{Q}$위에서 대수적인 수 $\alpha \in \mathbf{C}$가 각각 다음과 같이 주어질 때, $\mathbf{Q}$위의 $\alpha$의 최소 다항식을 구하여라.

(1) $\alpha = \sqrt{1+\sqrt{2}}$
(2) $\alpha = \sqrt{2+\sqrt[3]{3}}$
(3) $\alpha = 1+2i$
(4) $\alpha = 1+\sqrt{2}\,i$

**3.** 복소수 $\alpha = \sqrt{2}+i \in \mathbf{C}$를 생각하자.

(1) $x^4-2x^2+9$가 $\mathbf{Q}$위의 $\alpha$의 최소다항식임을 보여라.
(2) $x^2-2ix-3$이 $\mathbf{Q}(i)$위의 $\alpha$의 최소다항식임을 보여라.
(3) $x^2-2\sqrt{2}\,x+3$이 $\mathbf{R}$위의 $\alpha$의 최소다항식임을 보여라.

**4.** 복소수 $\alpha = \sqrt{i+\sqrt{2}} \in \mathbf{C}$에 대하여 각각 $\mathbf{R}$, $\mathbf{Q}(i)$, $\mathbf{Q}(\sqrt{2})$, $\mathbf{Q}$위의 $\alpha$의 최소다항식을 구하여라.

**5.** 다음 각 확대체의 기저(체 $F$의 확대체 $E$를 $F$위의 벡터공간으로 생각할 때)를 구하여라.

(1) $\mathbf{Q}$의 확대체 $\mathbf{Q}(\sqrt[3]{2})$
(2) $\mathbf{Q}$의 확대체 $\mathbf{Q}(1+\sqrt{2})$
(3) $\mathbf{Q}$의 확대체 $\mathbf{Q}(\sqrt{2}\,i)$
(4) $\mathbf{Q}$의 확대체 $\mathbf{Q}(\sqrt{3},\ i)$
(5) $\mathbf{Q}$의 확대체 $\mathbf{Q}(\sqrt{2},\ \sqrt{3},\ \sqrt{5})$
(6) $\mathbf{Q}$의 확대체 $\mathbf{Q}(\sqrt{1+\sqrt[3]{2}})$

(7) $\mathbf{Q}(\sqrt{3})$의 확대체 $\mathbf{Q}(\sqrt{2}, \sqrt{6})$

(8) $\mathbf{Q}(\sqrt{2}, \sqrt{3})$의 확대체 $\mathbf{Q}(\sqrt{2}, \sqrt{3}, \sqrt{5})$

**6.** (1) $\mathbf{Q}(\sqrt{3}+\sqrt{5})=\mathbf{Q}(\sqrt{3}, \sqrt{5})$임을 보여라.

(2) $\mathbf{Q}(\sqrt{7+2\sqrt{10}})=\mathbf{Q}(\sqrt{2}, \sqrt{5})$임을 보여라.

**7.** 위의 문제 6을 일반화하여 보자. $a, b\in\mathbf{Q}(a, b>0, a\neq b)$라 할 때, 다음을 증명하여라.

(1) $\mathbf{Q}(\sqrt{a}+\sqrt{b})=\mathbf{Q}(\sqrt{a}, \sqrt{b})$

(2) $\mathbf{Q}(\sqrt{a+b+2\sqrt{ab}})=\mathbf{Q}(\sqrt{a}, \sqrt{b})$

**8.** 체 $\mathbf{Z}_2$위의 다항식환 $\mathbf{Z}_2[x]$의 다항식 $f(x)=x^2+x+\bar{1}$를 생각하자.

(1) $f(x)$가 $\mathbf{Z}_2[x]$에서의 기약다항식임을 보여라.

(2) $\alpha$를 $\mathbf{Z}_2$의 확대체의 원소로서 $f(x)$의 근이라 할 때, $\mathbf{Z}_2$의 단순확대체 $\mathbf{Z}_2(\alpha)$의 모든 원소를 구하여라. 또한, 체 $\mathbf{Z}_2(\alpha)$의 덧셈표와 곱셈표를 만들어 보아라.

(3) $f(x)$를 $\mathbf{Z}_2(\alpha)[x]$의 다항식으로 생각하면 $\alpha\in\mathbf{Z}_2(\alpha)$가 $f(x)$의 근이므로 $\mathbf{Z}_2(\alpha)[x]$의 두 1차다항식의 곱으로 표시된다. 이를 표시하여라.

**9.** 체 $\mathbf{Z}_3$위의 다항식환 $\mathbf{Z}_3[x]$의 다항식 $f(x)=x^2+\bar{1}$를 가지고 문제 8의 과정을 반복하여라.

**10.** $\mathbf{Q}[x]/(f(x))\cong\mathbf{Q}(\sqrt{1+\sqrt{5}})$를 만족하는 다항식 $f(x)\in\mathbf{Q}[x]$를 구하여라.

**11.** $\mathbf{Q}$의 단순확대체 $\mathbf{Q}(\sqrt{2})$와 $\mathbf{Q}(\sqrt{3})$은 동형적이 아님을 보여라.

**12.** (1) $\mathbf{Q}(4-i)=\mathbf{Q}(1+i)$임을 보여라.

(2) $\alpha=a+bi\in\mathbf{C}(b\neq 0)$일 때, $\mathbf{C}=\mathbf{R}(\alpha)$임을 보여라.

**13.** $E$를 체 $F$의 확대체라 하자. $\alpha\in E$, $c\in F(c\neq 0)$라 할 때, 다음을 증명하

여라.

(1) $F(\alpha^2) \subset F(\alpha)$

(2) $F(\alpha+c)=F(\alpha)=F(c\alpha)$

(3) $[E : F]=p$($p$는 소수)이면 $F(\alpha)=E$ 또는 $F(\alpha)=F$이다.

(4) $\alpha$가 $F$위에서 대수적이고 $F$위의 $\alpha$의 차수가 홀수이면 $F(\alpha)=F(\alpha^2)$이다.

**14.** $E$를 체 $F$의 확대체라 하자. $\alpha$, $\beta \in E$, $c \in F(c \neq 0)$라 할 때, 다음을 증명하여라.

(1) $\alpha^2$이 $F$위에서 대수적이면 $\alpha$도 $F$위에서 대수적이다.

(2) $\alpha+\beta$가 $F$위에서 대수적이면 $\alpha$는 $F(\beta)$위에서 대수적이다.

(3) $\alpha$가 $F$위에서 초월적이면 $\alpha+1_F$, $c\alpha$, $\alpha^2$도 $F$위에서 초월적이다.

**15.** $E$를 체 $F$의 확대체라 하고 $\alpha$, $\beta \in E$라 하자. $\alpha$, $\beta$를 $F$위에서 대수적이라 할 때, $F$위의 $\alpha$의 차수가 $m$이고 $F$위의 $\beta$의 차수가 $n$이라 하자.

(1) $[F(\alpha, \beta) : F] \leq mn$임을 증명하여라.

(2) $(m, n)=1$이면 $[F(\alpha, \beta) : F]=mn$임을 증명하여라.

(3) $[F(\alpha, \beta) : F] \neq mn$인 경우의 예를 들어 보아라.

**16.** $K$, $E_1$, $E_2$를 체 $F$의 확대체라 하고 $E_1$, $E_2 \subset K$라 하자. $[E_1 : F]$와 $[E_2 : F]$가 모두 소수이면 $E_1=E_2$이거나 $E_1 \cap E_2=F$임을 증명하여라.

**17.** $E$를 체 $F$의 유한확대체라 하고 $K$를 $E$의 확대체라 하자. $\alpha(\alpha \in K)$를 $E$위에서 대수적이라 할 때, 다음을 증명하여라.

(1) $[E(\alpha) : E] \leq [F(\alpha) : F]$

(2) $[F(\alpha) : F] \mid [E(\alpha) : F]$

(3) $[E(\alpha) : F(\alpha)] \leq [E : F]$

# 5.2 분해체, 정규확대체

$F$를 체라 하고 $f(x)\in F[x]$, $\deg f(x)=n\geq 1$이라 하자. 5.1절에서는 $f(x)$의 한 근을 포함하는 $F$의 확대체에 대하여 생각했다. 정리 3.8.13에 의하여 $F$의 확대체에서의 $f(x)$의 근의 개수는 $n$을 넘을 수 없다. 이 절에서는 $f(x)$의 근을 모두 포함하는 $F$의 가장 작은 확대체에 대하여 생각하자. $E$를 $F$의 확대체라 하자. $c\in F$와 $\alpha_i\in E(i=1, 2, \cdots, n)$에 대하여($\alpha_1, \alpha_2, \cdots, \alpha_n$은 서로 다를 필요는 없다)

$$f(x)=c(x-\alpha_1)(x-\alpha_2)\cdots(x-\alpha_n)$$

의 꼴로 표시될 때, $f(x)$는 ***E*위에서 분해된다**(split over $E$)고 한다.

**【정의 5.2.1】**

$E$를 체 $F$의 확대체라 하고 $f(x)\in F[x]$, $\deg f(x)=n\geq 1$이라 할 때, $E$가 다음 두 조건

(1) $f(x)$는 $E$위에서 분해된다. 즉, $c\in F$와 $\alpha_i\in E(i=1, 2, \cdots, n)$에 대하여

$$f(x)=c(x-\alpha_1)(x-\alpha_2)\cdots(x-\alpha_n)$$

의 꼴로 표시된다.

(2) $E=F(\alpha_1, \alpha_2, \cdots, \alpha_n)$

를 만족하면 $E$를 ***F*위의 *f*(*x*)의 분해체**(splitting field of $f(x)$ over $F$) 또는 ***F*위의 *f*(*x*)의 근체**(root field of $f(x)$ over $F$)라 한다.

정의 5.2.1의 조건 (1)에 의하여 $i=1, 2, \cdots, n$에 대하여

$$f(\alpha_i)=c(\alpha_i-\alpha_1)\cdots(\alpha_i-\alpha_{i-1})(\alpha_i-\alpha_i)(\alpha_i-\alpha_{i+1})\cdots(\alpha_i-\alpha_n)=0$$

이므로 $\alpha_1, \alpha_2, \cdots, \alpha_n$은 $E$에서의 $f(x)$의 근이다. 한편, $\alpha$를 $E$ 또는 $E$의 확대체 $K(F\subset E\subset K)$에서의 $f(x)$의 근이라 하면

$$0=f(\alpha)=c(\alpha-\alpha_1)(\alpha-\alpha_2)\cdots(\alpha-\alpha_n)$$

이고, 이 때 $f(x)\neq 0$이므로 $c\neq 0$이다. 따라서 적당한 $i(i=1, 2, \cdots, n)$에 대하여 $\alpha-\alpha_i=0$, 즉 $\alpha=\alpha_i$이다. 그러므로 정의 5.2.1의 조건 (2)에 의하여 $F$위의 $f(x)$의 분해체 $E$는 $f(x)$의 모든 근을 포함하는 $F$의 확대체 중에서 가장 작은 체이다.

$F$를 체라 하고 $f(x)\in F[x]$, $\deg f(x)=n\geq 1$이라 하자. $E$를 $F$위의 $f(x)$의 분해체라 하면 $c\in F$와 $\alpha_i\in E(i=1, 2, \cdots, n)$에 대하여

(1) $f(x)=c(x-\alpha_1)(x-\alpha_2)\cdots(x-\alpha_n)$

(2) $E=F(\alpha_1, \alpha_2, \cdots, \alpha_n)$

이다. 따라서 $K$를 $F\subset K$인 $E$의 부분체라 하면

$$E=F(\alpha_1, \alpha_2, \cdots, \alpha_n)\subset K(\alpha_1, \alpha_2, \cdots, \alpha_n)\subset E$$

이므로

(3) $E=K(\alpha_1, \alpha_2, \cdots, \alpha_n)$

이고, 또한 $f(x)\in K[x]$, $c\in K$이다. 그러므로 (1)과 (3)에 의하여 $E$는 $K$위의 $f(x)$의 분해체이다.

**보기 5.2.2** $f(x)=x^2+1\in\mathbf{R}[x]$를 생각하자. $i$, $-i\in\mathbf{C}$에 대하여

$$f(x)=x^2+1=(x+i)(x-i)$$

이고

$$\mathbf{C}=\mathbf{R}(i)=\mathbf{R}(i, -i)\text{(보기 5.1.13을 참조)}$$

이므로 $\mathbf{C}$는 $\mathbf{R}$위의 $f(x)$의 분해체이다. 다음, $g(x)=x^2-3\in\mathbf{Q}[x]$를 생각하자. $\sqrt{3}$, $-\sqrt{3}\in\mathbf{Q}(\sqrt{3})$에 대하여

$$g(x)=x^2-3=(x+\sqrt{3})(x-\sqrt{3})$$

이고 $\mathbf{Q}(\sqrt{3})=\mathbf{Q}(\sqrt{3}, -\sqrt{3})$이므로 $\mathbf{Q}(\sqrt{3})$은 $\mathbf{Q}$위의 $g(x)$의 분해체이다. ◀

**보기 5.2.3** $f(x)=x^4-5x^2+6\in\mathbf{Q}[x]$를 생각하자. $\pm\sqrt{2}$, $\pm\sqrt{3}\in\mathbf{Q}(\sqrt{2}, \sqrt{3})$에 대하여

$$f(x)=x^4-5x^2+6=(x^2-2)(x^2-3)=(x-\sqrt{2})(x+\sqrt{2})(x-\sqrt{3})(x+\sqrt{3})$$

이고

$$\mathbf{Q}(\sqrt{2}, \sqrt{3})=\mathbf{Q}(\sqrt{2}, -\sqrt{2}, \sqrt{3}, -\sqrt{3})$$

이므로 $\mathbf{Q}(\sqrt{2}, \sqrt{3})$은 $\mathbf{Q}$위의 $f(x)$의 분해체이다. ◀

**【정리 5.2.4】**

$F$를 체라 하고 $f(x)\in F[x]$, $\deg f(x)=n\geq 1$이라 할 때 $E$를 $F$위의 $f(x)$의 분해체라 하자. 그러면 $E$는 $F$의 유한확대체이고, 또한 $E$는 $F$의 대수적확대체이다.

**증명** $E$가 $F$위의 $f(x)$의 분해체이므로 $c\in F$와 $\alpha_i\in E(i=1, 2, \cdots, n)$에 대하여

(1) $f(x)=c(x-\alpha_1)(x-\alpha_2)\cdots(x-\alpha_n)$

(2) $E=F(\alpha_1, \alpha_2, \cdots, \alpha_n)$

이다. 따라서 $f(\alpha_i)=0(i=1, 2, \cdots, n)$이므로 $\alpha_1, \alpha_2, \cdots, \alpha_n$은 $F$위에서 대수적이다. 그러므로 정리 5.1.27에 의하여 결과가 얻어진다. ■

**【정리 5.2.5】**

$F$를 체라 하고 $f(x)\in F[x]$, $\deg f(x)=n\geq 1$이라 하자. 그러면 $[E : F]\leq n!$을 만족하는 $F$위의 $f(x)$의 분해체 $E$가 존재한다.

**증명** $n$에 대하여 수학적 귀납법으로 정리를 증명한다. $n=1$이면 $f(x)=ax+b(a, b\in F, a\neq 0)$의 꼴이다. 이 때 $\alpha=-a^{-1}b$라 하면 $\alpha\in F$이고

$$f(x)=a(x-(-a^{-1}b))=a(x-\alpha)$$

이다. 또한 $F=F(\alpha)$이므로 $F$는 $F$위의 $f(x)$의 분해체이고, 더욱이 $[F : F]=1\leq 1!$이다. 따라서 $E=F$로 생각하면 $n=1$인 경우는 정리가 성립한다. 다음, $n>1$이라 하고 $n-1$차 이하의 다항식에 대하여 정리가 성립한다고 가정하자(즉, 임의의 체 $K$와 $1\leq\deg g(x)<n$인 모든

$g(x)\in K[x]$에 대하여 정리가 성립한다고 가정하자). 정리 3.8.8에 의하여 $F[x]$는 유일인수분해정역이고, 또한 정리 3.8.5 (1)에 의하여 $f(x)$는 $F[x]$의 단원이 아니므로 $f(x)$의 기약인수 $p(x)\in F[x](1\leq \deg p(x)\leq n)$가 존재한다. 따라서 정리 5.1.23에 의하여 다음 두 조건

(1) $p(\alpha_1)=0$

(2) $[F(\alpha_1):F]=\deg p(x)$

를 만족하는 $F$의 단순확대체 $F(\alpha_1)$이 존재한다. 따라서 $f(x)\in F[x]\subset F(\alpha_1)[x]$이고 $\alpha_1\in F(\alpha_1)$이다. 또한, $p(x)$는 $f(x)$의 기약인수이고 $p(\alpha_1)=0$이므로 분명히 $f(\alpha_1)=0$이다. 그러므로 정리 3.8.12에 의하여 적당한 $g(x)\in F(\alpha_1)[x]$에 대하여

$$f(x)=(x-\alpha_1)g(x)$$

의 꼴로 표시된다. 이 때, $1\leq \deg g(x)=n-1$이므로 귀납법 가정에 의하여 $[E:F(\alpha_1)]\leq(n-1)!$을 만족하는 $F(\alpha_1)$위의 $g(x)$의 분해체 $E$가 존재한다. 그러므로 분해체의 정의에 의하여 $c\in F(\alpha_1)$과 $\alpha_i\in E(i=2, 3, \cdots, n)$에 대하여

(3) $g(x)=c(x-\alpha_2)(x-\alpha_3)\cdots(x-\alpha_n)$

(4) $E=F(\alpha_1)(\alpha_2, \alpha_3, \cdots, \alpha_n)$

의 꼴로 표시된다. 따라서

$$f(x)=(x-\alpha_1)g(x)=c(x-\alpha_1)(x-\alpha_2)(x-\alpha_3)\cdots(x-\alpha_n)$$

이다. 이 때, $f(x)\in F[x]$이므로 $c\in F$이고, 분명히

$$E=F(\alpha_1)(\alpha_2, \alpha_3, \cdots, \alpha_n)=F(\alpha_1, \alpha_2, \cdots, \alpha_n)$$

이므로 $E$는 $F$위의 $f(x)$의 분해체이다. 더욱이 정리 5.1.4에 의하여

$$[E:F]=[E:F(\alpha_1)][F(\alpha_1):F]\leq(n-1)!\deg p(x)\leq(n-1)!n=n!$$

이다. ■

**【정리 5.2.6】**

$F$와 $L$을 체라 하고 $\sigma:F\longrightarrow L$을 동형함수라 하자. 정리 5.1.16 다음의

설명에 의하여 임의의 $f(x)=\sum_{k=0}^{n} a_k x^k \in F[x]$에 대하여

$$\bar{\sigma}(f(x))=\sum_{k=0}^{n}\sigma(a_k)x^k$$

으로 정의되는 동형함수 $\bar{\sigma}: F[x] \longrightarrow L[x]$를 생각할 수 있다. 이제 $f(x) \in F[x]$, $\deg f(x)=n\geq 1$이라 하고 $l(x)=\bar{\sigma}(f(x))$라 하자(따라서 $\deg l(x)=n$이다). 그러면 $E$를 $F$위의 $f(x)$의 분해체라 하고 $K$를 $L$위의 $l(x)$의 분해체라 할 때, 모든 $a\in F$에 대하여 $\phi(a)=\sigma(a)$를 만족하는 동형함수

$$\phi: E \longrightarrow K$$

가 존재한다.

---

**증명** $\deg f(x)=n$에 대하여 수학적 귀납법으로 증명한다. 먼저, $n=1$이라 하면 $E$가 $F$위의 $f(x)$의 분해체이므로 정의에 의하여 $c\in F$와 $\alpha\in E$에 대하여

$$f(x)=c(x-\alpha), \quad E=F(\alpha)$$

의 꼴로 표시된다. 이 때 $f(x)\in F[x]$이므로 $c\alpha\in F$이고, 따라서 $\alpha=c^{-1}(c\alpha)\in F$이다. 따라서 $E=F(\alpha)=F$이다. 또한, $\deg l(x)=1$이므로 위와 같은 방법으로 생각하면 $K=L$이다. 그러므로 $\phi=\sigma$로 생각하면 $\phi: E\longrightarrow K$는 주어진 조건을 만족하는 동형함수이다. 즉, $n=1$인 경우에 정리가 성립한다. 다음, $n>1$이라 하고 $n-1$차 이하의 다항식에 대하여 정리가 성립한다고 가정하자. 그러면 $F[x]$는 유일인수분해정역이므로 $f(x)$의 기약인수 $p(x)\in F[x](1\leq \deg p(x)\leq n)$가 존재한다. 따라서 정리 5.1.23에 의하여 $p(\alpha_1)=0$을 만족하는 $F$의 단순확대체 $F(\alpha_1)$이 존재한다. 또한, $\bar{\sigma}(p(x))=q(x)$라 하면 정리 5.1.16 다음의 설명에 의하여 $q(x)$는 $L[x]$에서의 $l(x)$의 기약인수이다. 따라서 정리 5.1.23에 의하여 $q(\beta_1)=0$을 만족하는 $L$의 단순확대체 $L(\beta_1)$이 존재한다. 그러므로 정리 5.1.17에 의하여 다음 두 조건

(1) $\psi(\alpha_1)=\beta_1$

(2) 모든 $a\in F$에 대하여 $\psi(a)=\sigma(a)$

를 만족하는 동형함수 $\psi : F(\alpha_1) \longrightarrow L(\beta_1)$이 존재한다. 따라서 정리 5.1.16 다음의 설명에 의하여 임의의 $g(x)=\sum_{k=0}^{n} b_k x^k \in F(\alpha_1)[x]$에 대하여

$$\overline{\psi}(g(x))=\sum_{k=0}^{n}\psi(b_k)x^k$$

으로 정의되는 동형함수 $\overline{\psi} : F(\alpha_1)[x] \longrightarrow L(\beta_1)[x]$를 생각할 수 있다. 또한, $f(\alpha_1)=0(\alpha_1 \in F(\alpha_1))$이고 $f(x)\in F[x]\subset F(\alpha_1)[x]$이므로 정리 3.8.12에 의하여

$$f(x)=(x-\alpha_1)u(x)$$

를 만족하는 $u(x)\in F(\alpha_1)[x]$가 존재하고, 따라서 (2)에 의하여

$$\begin{aligned} l(x) &= \overline{\sigma}(f(x))=\overline{\psi}(f(x))=\overline{\psi}(x-\alpha_1)\overline{\psi}(u(x))=(x-\psi(\alpha_1))\overline{\psi}(u(x)) \\ &=(x-\beta_1)\overline{\psi}(u(x)) \end{aligned}$$

이다. 한편, $E$는 $F$위의 $f(x)$의 분해체이므로 $\alpha_1 \in E$이고, 또한 $c\in F$와 $\alpha_i \in E(i=2,\ 3,\ \cdots,\ n)$에 대하여

(3) $f(x)=c(x-\alpha_1)(x-\alpha_2)\cdots(x-\alpha_n)$

(4) $E=F(\alpha_1,\ \alpha_2,\ \cdots,\ \alpha_n)=F(\alpha_1)(\alpha_2,\ \alpha_3,\ \cdots,\ \alpha_n)$

의 꼴로 표시된다. $f(x)=(x-\alpha_1)u(x)$이고, 또한 $E[x]$가 유일인수분해정역이므로 (3)에 의하여

$$u(x)=c(x-\alpha_2)(x-\alpha_3)\cdots(x-\alpha_n)$$

이다. 그러므로 (4)에 의하여 $E$는 $F(\alpha_1)$위의 $u(x)$의 분해체이다. 같은 방법으로 $K$는 $L(\beta_1)$위의 $\overline{\psi}(u(x))$의 분해체이다. 또한, $\deg u(x)=n-1$이므로 귀납법 가정에 의하여 모든 $b\in F(\alpha_1)$에 대하여 $\phi(b)=\psi(b)$(따라서 (2)에 의하여 모든 $a\in F$에 대하여 $\phi(a)=\psi(a)=\sigma(a)$이다)를 만족하는 동형함수 $\phi : E \longrightarrow K$가 존재한다. ■

정리 5.2.6에서 $F=L$이라 하고 $\sigma=i_F : F \longrightarrow F$라 하면 $f(x)=l(x)$이고 $E\cong K$이다. 따라서 $F$위의 $f(x)$의 임의의 두 분해체는 동형적이다.

**【정의 5.2.7】**

$E$를 체 $F$의 확대체라 할 때, $E$가 다음 두 조건

(1) $E$는 $F$의 대수적확대체이다.

(2) $F[x]$에서의 기약다항식 $f(x)\in F[x]$가 $E$에서 한 근을 가지면 $f(x)$는 $E$ 위에서 분해된다.

를 만족하면 $E$를 $F$의 **정규확대체**(normal extension of $F$)라 한다.

**【정리 5.2.8】**

$E$를 체 $F$의 확대체라 하고 $[E : F]=2$라 하자. 그러면 $E$는 $F$의 정규확대체이다.

**증명** $[E : F]=2$이므로 정리 5.1.26에 의하여 $E$는 $F$의 대수적확대체이다. $f(x)\in F[x]$를 $F[x]$에서의 기약다항식이라 하고 $\alpha(\alpha\in E)$를 $f(x)$의 근이라 하자. $p(x)$를 $F$위의 $\alpha$의 최소다항식이라 하면 정리 5.1.12 (5)에 의하여 $\deg p(x)=\deg f(x)$이다. 또한, 정리 5.1.12 (6), (1)에 의하여 $[F(\alpha) : F]=\deg f(x)\geq 1$이다. 한편, $F\subset F(\alpha)\subset E$이므로 정리 4.2.21에 의하여

$$[F(\alpha) : F]\leq[E : F]=2$$

이다. 따라서 $\deg f(x)=1$ 또는 $\deg f(x)=2$이다. 먼저 $\deg f(x)=1$이면 보기 5.1.3에 의하여 $F(\alpha)=F$이므로 $\alpha\in F$이다. 따라서 정리 3.8.12에 의하여

$$f(x)=c(x-\alpha)\ (c\in F,\ \alpha\in F\subset E)$$

의 꼴로 표시되므로 $f(x)$는 $E$위에서 분해된다. 다음 $\deg f(x)=2$라 하자. 정리 3.8.12에 의하여

$$f(x)=(x-\alpha)q(x)$$

를 만족하는 $q(x)\in E[x]$가 존재한다. 이때 $\deg f(x)=2$이므로 $\deg q(x)=1$이고, 따라서

$$q(x)=cx+d\ (c,\ d\in E,\ c\neq 0)$$

의 꼴로 표시된다. 따라서 $\beta=-c^{-1}d$라 하면 $\beta\in E$이고

$$q(x)=cx+d=c(x+c^{-1}d)=c(x-\beta)$$

의 꼴로 표시된다. 그러므로

$$f(x)=(x-\alpha)q(x)=c(x-\alpha)(x-\beta)$$

이다. 이 때 $f(x)\in F[x]$이므로 $c\in F$이다. 따라서 $f(x)$는 $E$위에서 분해된다. 그러므로 $E$는 $F$의 정규확대체이다. ■

**보기 5.2.9** 유리수체 $\mathbf{Q}$의 단순확대체 $\mathbf{Q}(\sqrt{2})$를 생각하자. 보기 5.1.14에 의하여 $[\mathbf{Q}(\sqrt{2}):\mathbf{Q}]=2$이므로 $\mathbf{Q}(\sqrt{2})$는 $\mathbf{Q}$의 정규확대체이다. ◀

**【정리 5.2.10】**

$E$를 체 $F$의 확대체라 하자. 그러면 다음 두 주장은 서로 동치이다.

(1) $E$는 $F$의 유한정규확대체이다.

(2) 적당한 $f(x)\in F[x](\deg f(x)\geq 1)$에 대하여 $E$는 $F$위의 $f(x)$의 분해체이다.

**증명** (1) $\Longrightarrow$ (2). $E$를 $F$의 유한정규확대체라 하자. $[E:F]=n$이라 하고 $S=\{\alpha_1,\ \alpha_2,\ \cdots,\ \alpha_n\}$을 $E$의 기저라 하자. 그러면 정리 5.1.26에 의하여

$$E=F(\alpha_1,\ \alpha_2,\ \cdots,\ \alpha_n)$$

이고, 또한 $E$가 $F$의 대수적확대체이므로 $\alpha_1,\ \alpha_2,\ \cdots,\ \alpha_n$은 $F$위에서 대수적이다. $i=1,\ 2,\ \cdots,\ n$에 대하여 $p_i(x)$를 $F$위의 $\alpha_i$의 최소다항식이라 하자. 그러면 $p_i(\alpha_i)=0$이므로 $p_i(x)$는 $E$위에서 분해된다. 즉, $\beta_{ij}\in E(j=1,\ 2,\ \cdots,\ k_i)$에 대하여

$$p_i(x)=(x-\beta_{i1})(x-\beta_{i2})\cdots(x-\beta_{ik_i})$$

의 꼴로 표시된다. 따라서

$$f(x)=p_1(x)p_2(x)\cdots p_n(x)$$

라 하면 $f(x)\in F[x]$, $\deg f(x)\ge 1$이고

$$f(x)=(x-\beta_{11})\cdots(x-\beta_{1k_1})(x-\beta_{21})\cdots(x-\beta_{2k_2})\cdots(x-\beta_{n1})\cdots(x-\beta_{nk_n})$$

이다. 또한 $i=1,\ 2,\ \cdots,\ n$에 대하여

$$0=p_i(\alpha_i)=(\alpha_i-\beta_{i1})(\alpha_i-\beta_{i2})\cdots(\alpha_i-\beta_{ik_i})$$

이고 $E$가 정역이므로 적당한 $j\,(1\le j\le k_i)$에 대하여 $\alpha_i-\beta_{ij}=0$, 즉 $\alpha_i=\beta_{ij}$이다. 따라서

$$E=F(\alpha_1,\ \alpha_2,\ \cdots,\ \alpha_n)\subset F(\beta_{11},\ \cdots,\ \beta_{1k_1},\ \beta_{21},\ \cdots,\ \beta_{2k_2},\ \cdots,\ \beta_{n1},\ \cdots,\ \beta_{nk_n})$$

이다. 분명히

$$E\supset F(\beta_{11},\ \cdots,\ \beta_{1k_1},\ \beta_{21},\ \cdots,\ \beta_{2k_2},\ \cdots,\ \beta_{n1},\ \cdots,\ \beta_{nk_n})$$

이다. 그러므로

$$E=F(\beta_{11},\ \cdots,\ \beta_{1k_1},\ \beta_{21},\ \cdots,\ \beta_{2k_2},\ \cdots,\ \beta_{n1},\ \cdots,\ \beta_{nk_n})$$

이다. 즉, $E$는 $F$위의 $f(x)$의 분해체이다.

(2) $\Longrightarrow$ (1). 적당한 $f(x)\in F[x]$($\deg f(x)=n\ge 1$)에 대하여 $E$가 $F$위의 $f(x)$의 분해체라 하자. 그러면 정리 5.2.4에 의하여 $E$는 $F$의 유한확대체이고, 또한 $E$는 $F$의 대수적확대체이다. 더욱이 분해체의 정의에 의하여 $c\in F$와 $\beta_i\in E(i=1,\ 2,\ \cdots,\ n)$에 대하여

$$f(x)=c(x-\beta_1)(x-\beta_2)\cdots(x-\beta_n),$$
$$E=F(\beta_1,\ \beta_2,\ \cdots,\ \beta_n)$$

의 꼴로 표시된다. 이제 $p(x)\in F[x]$를 $F[x]$에서의 기약다항식이라 하고 $\alpha$를 $E$에서의 $p(x)$의 근이라 하자. 그러면 $p(x)\in E[x]$이고 $\deg p(x)\ge 1$이므로 정리 5.2.5에 의하여 $E$위의 $p(x)$의 분해체 $K$가 존재한다(따라서 $K$는 $p(x)$의 근을 모두 포함한다). $\beta$를 $K$에서의 $p(x)$의 근이라 하자. 그러면 $F\subset E\subset K$이므로 정리 5.1.21에 의하여 $\psi(\alpha)=\beta$를 만족하는 $F$-동형 $\psi: F(\alpha)\longrightarrow F(\beta)$가 존재한다. 한편 $\beta_i\in E\subset E(\beta)(i=1,\ 2,\ \cdots,\ n)$이고

$$E(\beta)=F(\beta_1,\ \beta_2,\ \cdots,\ \beta_n)(\beta)=F(\beta_1,\ \beta_2,\ \cdots,\ \beta_n,\ \beta)$$
$$=F(\beta)(\beta_1,\ \beta_2,\ \cdots,\ \beta_n)$$

이며 $f(x)\in F(\beta)[x]$이므로 $E(\beta)$는 $F(\beta)$위의 $f(x)$의 분해체이다. 또한,

$$F\subset F(\alpha)\subset E$$

이므로 보기 5.2.2 앞의 설명에 의하여 $E$는 $F(\alpha)$위의 $f(x)$의 분해체이다. 더욱이 $f(x)=\sum_{i=0}^{n} a_k x^k$이라 하면 $\psi$가 $F$-동형이므로

$$\sum_{k=0}^{n}\psi(a_k)x^k=\sum_{k=0}^{n}a_k x^k=f(x)$$

이다. 따라서 정리 5.2.6에 의하여 모든 $a\in F(\alpha)$에 대하여 $\phi(a)=\psi(a)$를

$$\begin{array}{ccc} & & K\ni\beta \\ & & \cup \\ \alpha\in E & & E(\beta) \\ \cup & & \cup \\ F(\alpha) & \cong & F(\beta) \\ \cup & & \cup \\ F & & F \end{array}$$

만족하는 동형함수 $\phi: E\longrightarrow E(\beta)$가 존재한다. 이 때, 모든 $b\in F$에 대하여

$$\phi(b)=\psi(b)=b$$

이므로 $\phi$는 $F$-동형이다. 따라서 정리 5.1.20에 의하여 $E(\beta)$는 $F$의 유한확대체이고

$$[E:F]=[E(\beta):F]$$

이다. 한편, $\beta$가 $E$위에서 대수적이므로 정리 5.1.12 (6)에 의하여 $E(\beta)$는 $E$의 유한확대체이다. 따라서 정리 5.1.4에 의하여

$$[E:F]=[E(\beta):F]=[E(\beta):E][E:F]$$

이다. 그러므로 $[E(\beta):E]=1$이고, 따라서 보기 5.1.3에 의하여 $E(\beta)=E$이다. 즉 $\beta\in E$이다. 따라서 $K$에서의 $p(x)$의 근은 모두 $E$에 속한다.

그러므로 $p(x)$는 $E$위에서 분해된다. 따라서 $E$는 $F$의 정규확대체이다. ■

$E$를 체 $F$의 유한정규확대체라 하고 $K$를 $F \subset K$인 $E$의 부분체라 하자. 그러면 정리 5.2.10에 의하여 적당한 $f(x) \in F[x]$, $\deg f(x) \geq 1$에 대하여 $E$는 $F$위의 $f(x)$의 분해체이다. 따라서 보기 5.2.2 앞의 설명에 의하여 $E$는 $K$위의 $f(x)$의 분해체이다. 그러므로 다시 정리 5.2.10에 의하여 $E$는 $K$의 유한정규확대체이다.

**보기 5.2.11** 유리수체 $\mathbf{Q}$의 단순확대체 $\mathbf{Q}(\sqrt[3]{2})$를 생각하자. 정리 3.8.28에 의하여

$$f(x) = x^3 - 2 \in \mathbf{Q}[x]$$

는 $\mathbf{Q}[x]$에서의 기약다항식이고, 또한 복소수체 $\mathbf{C}$에서

$$\alpha_1 = \sqrt[3]{2},\ \alpha_2 = \sqrt[3]{2}\,\omega,\ \alpha_3 = \sqrt[3]{2}\,\omega^2 \left(\omega = \frac{-1+\sqrt{3}\,i}{2}\,(i = \sqrt{-1})\right)$$

를 근으로 갖는다. 따라서 $\alpha_1\,(\alpha_1 \in \mathbf{Q}(\sqrt[3]{2}))$은 $\mathbf{Q}$위에서 대수적이므로 정리 5.1.27에 의하여 $\mathbf{Q}(\sqrt[3]{2})$는 $\mathbf{Q}$의 대수적확대체인 동시에 유한확대체이다. 그러나 $\mathbf{C}[x]$는 유일인수분해정역이므로 $f(x)$는 $\mathbf{C}[x]$에서

$$f(x) = (x - \alpha_1)(x - \alpha_2)(x - \alpha_3)$$

의 꼴로 유일하게 표시되고, 이 때 $\alpha_i \notin \mathbf{Q}(\sqrt[3]{2})\,(i = 2,\ 3)$이므로 $f(x)$는 $\mathbf{Q}(\sqrt[3]{2})$위에서 분해될 수 없다. 따라서 $\mathbf{Q}(\sqrt[3]{2})$은 $\mathbf{Q}$의 정규확대체가 아니다. 그러므로 정리 5.2.10에 의하여 $\mathbf{Q}(\sqrt[3]{2})$은 어떠한 $f(x) \in \mathbf{Q}[x]\,(\deg f(x) \geq 1)$에 대하여도 $\mathbf{Q}$위의 $f(x)$의 분해체가 될 수 없다. ◀

**【정의 5.2.12】**

$E$를 체라 하자. $f(x) \in E[x]$, $\deg f(x) \geq 1$인 모든 $f(x)$가 $E$위에서 분해되면 $E$를 대수적으로 닫혀 있다(algebraically closed)고 한다.

**【정리 5.2.13】**

$E$를 체라 하자. 그러면 다음 네 주장은 서로 동치이다.

(1) $E$는 대수적으로 닫혀 있다.

(2) $f(x) \in E[x]$, $\deg f(x) \geq 1$인 모든 $f(x)$는 $E$에서 한 근을 갖는다.

(3) $E[x]$에서의 모든 기약다항식의 차수는 1이다.

(4) $K$가 $E$의 대수적확대체이면 $K=E$이다.

**증명** (1) $\Longrightarrow$ (2)는 분명하다.

(2) $\Longrightarrow$ (3). (2)가 성립한다고 하고 $p(x)$를 $E[x]$에서의 기약다항식이라 하자. 그러면 $\deg p(x) \geq 1$이므로 $p(x)$는 $E$에서 한 근 $\alpha$를 갖는다. 따라서 정리 3.8.12에 의하여 $p(x)=(x-\alpha)q(x)$를 만족하는 $q(x) \in E[x]$가 존재한다. 이 때 $\deg p(x) > 1$이라 하면

$$\deg(x-\alpha)=1<\deg p(x), \quad \deg q(x)<\deg p(x)$$

가 되어 정리 3.8.5 (5)에 모순이다. 따라서 $\deg p(x)=1$이다.

(3) $\Longrightarrow$ (4). (3)이 성립한다고 하고 $K$를 $E$의 대수적확대체라 하자. $\alpha \in K$라 하자. 그러면 $\alpha$는 $E$위에서 대수적이므로 $E$위의 $\alpha$의 최소다항식을 $p(x)$라 하면 정리 5.1.12 (6), (3)에 의하여

$$[E(\alpha) : E]=\deg p(x)=1$$

이다. 따라서 보기 5.1.3에 의하여 $E(\alpha)=E$이므로 $\alpha \in E$이다. 그러므로 $K \subset E$, 즉 $K=E$이다.

(4) $\Longrightarrow$ (1). (4)가 성립한다고 하고 $f(x) \in E[x]$, $\deg f(x) \geq 1$이라 하자. 그러면 정리 5.2.5에 의하여 $E$위의 $f(x)$의 분해체 $K$가 존재한다. 정리 5.2.4에 의하여 $K$는 $E$의 대수적확대체이므로 $K=E$이고, 따라서 $f(x)$는 $E$위에서 분해된다. 즉 $E$는 대수적으로 닫혀 있다. ■

**【정의 5.2.14】**

$E$가 체 $F$의 대수적확대체이고, 또한 $E$가 대수적으로 닫혀 있으면 $E$를 $F$의 **대수적폐체**(algebraic closure of $F$)라 한다.

**【정리 5.2.15】 (Liouville의 정리)**

함수 $f:\mathbf{C}\longrightarrow\mathbf{C}$가 $\mathbf{C}$위에서 해석적(analytic)이고 유계이면 $f$는 상수함수이다([30]을 보아라).

**【정리 5.2.16】 (대수학의 기본정리)**

$$f(x)=a_0+a_1x+a_2x^2+\cdots+a_nx^n\in\mathbf{C}[x](a_n\neq0),\ \deg f(x)\geq1$$

이라 하자. 그러면 $\mathbf{C}$에서의 $f(x)$의 근은 적어도 하나 존재한다.

**증명** 임의의 $x\in\mathbf{C}$에 대하여

$$f(x)=a_0+a_1x+a_2x^2+\cdots+a_nx^n$$

으로 정의되는 함수 $f:\mathbf{C}\longrightarrow\mathbf{C}$를 생각하자. 모든 $x\in\mathbf{C}$에 대하여 $f(x)\neq0$이라 하자. 그러면 모든 $x\in\mathbf{C}$에 대하여

$$g(x)=\frac{1}{f(x)}$$

로 정의되는 함수 $g:\mathbf{C}\longrightarrow\mathbf{C}$를 생각할 수 있다. $f(x)$가 $\mathbf{C}$위에서 해석적이므로 $g(x)$도 $\mathbf{C}$위에서 해석적이다. 이제 $g(x)$가 $\mathbf{C}$위에서 유계임을 증명하자. $|a_n|>0$이므로 절대치가 충분히 큰 $z\in\mathbf{C}$를 선택하면 $|x|>|z|$인 모든 $x\in\mathbf{C}$에 대하여

$$\left|\frac{a_0}{x^n}+\frac{a_1}{x^{n-1}}+\cdots+\frac{a_{n-1}}{x}\right|\leq\left|\frac{a_0}{x^n}\right|+\left|\frac{a_1}{x^{n-1}}\right|+\cdots+\left|\frac{a_{n-1}}{x}\right|$$
$$=\frac{|a_0|}{|x|^n}+\frac{|a_1|}{|x|^{n-1}}+\cdots+\frac{|a_{n-1}|}{|x|}\leq\frac{|a_0|}{|z|^n}+\frac{|a_1|}{|z|^{n-1}}+\cdots+\frac{|a_{n-1}|}{|z|}<\frac{|a_n|}{2}$$

이 성립한다. 따라서

$$\left|a_n+\frac{a_0}{x^n}+\frac{a_1}{x^{n-1}}+\cdots+\frac{a_{n-1}}{x}\right|\geq|a_n|-\left|\frac{a_0}{x^n}+\frac{a_1}{x^{n-1}}+\cdots+\frac{a_{n-1}}{x}\right|$$
$$>|a_n|-\frac{|a_n|}{2}=\frac{|a_n|}{2}$$

이다. 따라서 $|x| > |z|$인 모든 $x \in \mathbf{C}$에 대하여

$$\begin{aligned}|f(x)| &= |a_0 + a_1 x + a_2 x^2 + \cdots + a_{n-1}x^{n-1} + a_n x^n| \\ &= \left| x^n \left( \frac{a_0}{x^n} + \frac{a_1}{x^{n-1}} + \cdots + \frac{a_{n-1}}{x} + a_n \right) \right| \\ &= |x|^n \left| a_n + \frac{a_0}{x^n} + \frac{a_1}{x^{n-1}} + \cdots + \frac{a_{n-1}}{x} \right| > \frac{|a_n||x|^n}{2} > \frac{|a_n||z|^n}{2}\end{aligned}$$

이다. 이제 $\dfrac{2}{|a_n||z|^n} = r$이라 하면 $|x| > |z|$인 모든 $x \in \mathbf{C}$에 대하여

$$|g(x)| < r$$

이다. 또한, $g(x)$는 $\mathbf{C}$의 컴팩트(compact) 부분집합

$$D = \{x \in \mathbf{C} \mid |x| \le |z|\}$$

위에서 연속이므로 $g(x)$는 $D$위에서 유계이다. 즉, 모든 $x \in D$에 대하여

$$|g(x)| \le s$$

를 만족하는 양의 실수 $s$가 존재한다. 이제, $r$과 $s$ 중에서 큰 수를 $M$이라 하면 모든 $x \in \mathbf{C}$에 대하여

$$|g(x)| \le M$$

이다. 즉, $g(x)$는 $\mathbf{C}$위에서 유계이다. 따라서 정리 5.2.15에 의하여 $g(x)$는 상수함수이므로 $f(x)$도 상수함수이다. 이것은 모순이다. 그러므로 $f(x)$는 $\mathbf{C}$에서 적어도 하나의 해를 갖는다. ■

**보기 5.2.17** $f(x) = x^2 + 1 \in \mathbf{R}[x]$이고 $f(i) = 0$이지만 $i \notin \mathbf{R}$이므로 $\mathbf{R}$은 대수적으로 닫혀 있지 않다. 그러나 정리 5.2.16과 정리 5.2.13에 의하여 $\mathbf{C}$는 대수적으로 닫혀 있다. 더욱이 보기 5.1.25에 의하여 $\mathbf{C}$는 $\mathbf{R}$의 대수적확대체이다. 따라서 $\mathbf{C}$는 $\mathbf{R}$의 대수적폐체이다. ◀

## 연습문제 5.2

**1.** $\mathbf{Q}$위의 다음 각 다항식의 분해체 $E$와 $[E:\mathbf{Q}]$를 구하여라.

(1) $x^3-1$ (2) $x^3-2$

(3) $x^4+1$ (4) $x^4-2$

(5) $x^4-4x^2-5$ (6) $x^5-3x^3+x^2-3$

**2.** $p$를 소수라 할 때, $\mathbf{Q}$위의 $f(x)=x^p-1$의 분해체는 $\mathbf{Q}(\alpha)$(이 때, $\alpha\neq 1$이고 $\alpha^p=1$이다)이고, 또한 $[\mathbf{Q}(\alpha):\mathbf{Q}]=p-1$임을 증명하여라.

**3.** (1) $\mathbf{Q}$위의 $x^6-1$의 분해체와 $\mathbf{Q}$위의 $x^4+x^2+1$의 분해체는 같고, 또한 그 분해체를 $E$라 할 때 $[E:\mathbf{Q}]=2$임을 보여라.

(2) $\mathbf{Q}$위의 $x^2+1$의 분해체와 $\mathbf{R}$위의 $x^2+1$의 분해체는 서로 다름을 보여라.

**4.** $f(x)=x^3+x^2+\bar{1}\in\mathbf{Z_2}[x]$라 할 때, $\mathbf{Z_2}$위의 $f(x)$의 분해체는 여덟 개의 원소로 이루어진 유한체임을 보여라.

**5.** $\mathbf{Q}$의 확대체가 각각 다음과 같이 주어질 때, 이들이 $\mathbf{Q}$의 정규확대체인지 조사하여라.

(1) $\mathbf{Q}(\sqrt{3})$ (2) $\mathbf{Q}(\sqrt{2}\,i)$

(3) $\mathbf{Q}(\sqrt[3]{3})$ (4) $\mathbf{Q}(\sqrt{2}+\sqrt{3})$

(5) $\mathbf{Q}(\sqrt{7+2\sqrt{10}})$ (6) $\mathbf{Q}(\sqrt{3},\ i)$

**6.** $\mathbf{Q}(\sqrt[4]{2})$는 $\mathbf{Q}(\sqrt{2})$의 정규확대체이고 $\mathbf{Q}(\sqrt{2})$는 $\mathbf{Q}$의 정규확대체이지만 $\mathbf{Q}(\sqrt[4]{2})$는 $\mathbf{Q}$의 정규확대체가 아님을 보여라.

# 5.3 분리확대체, Galois체

$F$를 체라 하고 $E$를 $F$의 확대체라 할 때, $f(x)\in F[x]$, $\deg f(x)\geq 1$이라 하고 $\alpha(\alpha\in E)$를 $f(x)$의 근이라 하자. 그러면 정리 3.8.12에 의하여

$$f(x)=(x-\alpha)h(x)$$

를 만족하는 $h(x)\in E[x]$가 존재한다. 이 때, $h(\alpha)=0$이면 다시 정리 3.8.12에 의하여

$$h(x)=(x-\alpha)k(x)$$

를 만족하는 $k(x)\in E[x]$가 존재하므로

$$f(x)=(x-\alpha)^2k(x)$$

의 꼴로 표시된다. 또 $k(\alpha)=0$이면 위와 같은 방법을 계속한다. 이렇게 하여 결국

$$f(x)=(x-\alpha)^m g(x),\ g(\alpha)\neq 0,\ 1\leq m\leq \deg f(x)$$

를 만족하는 $g(x)\in E[x]$와 정수 $m$을 얻을 수 있다. 이 때, $m$을 $f(x)$의 근 $\boldsymbol{\alpha}$의 중복도(multiplicity of the root $\alpha$ of $f(x)$)라 한다. 특히 $m=1$일 때 $\alpha$를 $f(x)$의 단근(simple root)이라 하고, $m\geq 2$일 때 $\alpha$를 $f(x)$의 중근(multiple root)이라 한다.

**【정리 5.3.1】**

$F$를 체라 하고

$$f(x)=a_0+a_1x+a_2x^2+\cdots+a_nx^n\in F[x]$$

라 할 때,

$$f'(x)=a_1+2a_2x+3a_3x^2+\cdots+na_nx^{n-1}$$

으로 정의하자(이 때, $f'(x)$를 $f(x)$의 형식적 도함수(formal derivative of $f(x)$)

라 한다. $F=\mathbf{R}$일 때, $f'(x)$는 미적분학에서의 $f(x)$의 도함수와 같다. 그러나 일반적인 체 $F$에서는 미적분학에서 사용되는 극한의 개념이 정의되지 않음을 주의하여라). 그러면 임의의 $f(x)$, $g(x)\in F[x]$와 임의의 $c\in F$와 임의의 양의 정수 $m$에 대하여 다음이 성립한다.

(1) $(f(x)+g(x))'=f'(x)+g'(x)$

(2) $(cf(x))'=cf'(x)$

(3) $(f(x)g(x))'=f'(x)g(x)+f(x)g'(x)$

(4) $((f(x))^m)'=m(f(x))^{m-1}f'(x)$

**증명** (1), (2)는 쉽게 증명된다.

(3) $f(x)=\sum_{k=0}^{n}a_kx^k$, $g(x)=\sum_{k=0}^{m}b_kx^k$이라 하자. 먼저 $h(x)=ax^r\in F[x]$라 할 때,

$$(h(x)g(x))'=h'(x)g(x)+h(x)g'(x) \qquad \cdots\cdots(5.3.1)$$

임을 증명하자. $r\geq 1$이고 $m\geq 1$인 경우는

$$\begin{aligned}(h(x)g(x))' &= \left(ax^r\sum_{k=0}^{m}b_kx^k\right)' = \left(\sum_{k=0}^{m}ab_kx^{r+k}\right)' \\ &= \sum_{k=0}^{m}(r+k)ab_kx^{r+k-1} \\ &= \sum_{k=0}^{m}rab_kx^{r+k-1}+\sum_{k=1}^{m}kab_kx^{r+k-1} \\ &= rax^{r-1}\sum_{k=0}^{m}b_kx^k+ax^r\sum_{k=1}^{m}kb_kx^{k-1} \\ &= h'(x)g(x)+h(x)g'(x)\end{aligned}$$

이다. $r=0$이면 $h(x)=a$, $h'(x)=0$이고, 또한 $m=0$이면 $g(x)=b_0$, $g'(x)=0$이므로 $r=0$ 또는 $m=0$인 경우도 (2)에 의하여 분명히 (5.3.1)이 성립한다. 따라서

$$(f(x)g(x))' = \left(\left(\sum_{k=0}^{n}a_kx^k\right)g(x)\right)' = \left(\sum_{k=0}^{n}a_kx^kg(x)\right)'$$

$$
\begin{aligned}
&=\sum_{k=0}^{n}((a_kx^k)g(x))' \ \ ((1)\text{에 의하여}) \\
&=\sum_{k=0}^{n}((a_kx^k)'g(x)+(a_kx^k)g'(x)) \ \ ((5.3.1)\text{에 의하여}) \\
&=\sum_{k=0}^{n}(a_kx^k)'g(x)+\sum_{k=0}^{n}(a_kx^k)g'(x) \\
&=\left(\sum_{k=0}^{n}(a_kx^k)'\right)g(x)+\left(\sum_{k=0}^{n}a_kx^k\right)g'(x) \\
&=\left(\sum_{k=0}^{n}a_kx^k\right)'g(x)+f(x)g'(x)((1)\text{에 의하여}) \\
&=f'(x)g(x)+f(x)g'(x)
\end{aligned}
$$

이다. (4)는 (3)을 이용하여 수학적 귀납법으로 쉽게 증명된다. ■

**【정리 5.3.2】**

$E$를 체 $F$의 확대체라 하고 $f(x)\in F[x]$, $\deg f(x)\geq 1$이라 하자. $\alpha(\alpha\in E)$를 $f(x)$의 근이라 할 때, 다음이 성립한다.

(1) $\alpha$가 $f(x)$의 중근이 될 필요충분조건은 $f'(\alpha)=0$인 것이다.

(2) $f(x)$와 $f'(x)$가 서로 소이면 $f(x)$는 $E$에서 중근을 갖지 않는다.

(3) $f(x)$가 $E$에서 중근을 갖지 않으면 $f'(x)\neq 0$이다. 역으로 $f'(x)\neq 0$이고 $f(x)$가 $F[x]$에서의 기약다항식이면 $f(x)$는 $E$에서 중근을 갖지 않는다.

**증명** (1) $\alpha$가 $f(x)$의 근이므로

$$f(x)=(x-\alpha)^m g(x),\ g(\alpha)\neq 0,\ 1\leq m\leq \deg f(x)$$

를 만족하는 $g(x)\in E[x]$와 정수 $m$이 존재한다. 따라서 정리 5.3.1 (3), (4)에 의하여

$$f'(x)=m(x-\alpha)^{m-1}g(x)+(x-\alpha)^m g'(x)$$

이다. 이 때, $\alpha$가 $f(x)$의 중근이면 $m\geq 2$이므로 $f'(\alpha)=0$이다. 역으로 $f'(\alpha)=0$이라 하자. $m=1$이라 하면

$$f'(x)=g(x)+(x-\alpha)g'(x)$$

이므로 $0=f'(\alpha)=g(\alpha)$가 되어 모순이다. 따라서 $m\geq 2$이어야 한다. 즉, $\alpha$는 $f(x)$의 중근이다.

(2) $f(x)$와 $f'(x)$를 서로 소라 하자. 정리 3.8.8에 의하여 $F[x]$가 주이데알정역이므로 정리 3.6.28에 의하여

$$1_F=f(x)g(x)+f'(x)h(x)$$

를 만족하는 $g(x)$, $h(x)\in F[x]$가 존재한다. 이 때, $\alpha$를 $f(x)$의 중근이라 하면 (1)에 의하여

$$1_F=f(\alpha)g(\alpha)+f'(\alpha)h(\alpha)=0g(\alpha)+0h(\alpha)=0$$

이 되어 모순이므로 $f(x)$는 $E$에서 중근을 가질 수 없다.

(3) $f(x)$가 $E$에서 중근을 갖지 않는다고 하자. $f'(x)=0$이라 하면 $f'(\alpha)=0$이므로 (1)에 의하여 $\alpha$가 $E$에서의 $f(x)$의 중근이 되어 모순이다. 따라서 $f'(x)\neq 0$이다. 역으로 $f'(x)\neq 0$이라 하고 $f(x)$를 $F[x]$에서의 기약다항식이라 하자. $d(x)$를 $f(x)$와 $f'(x)$의 최대공약수라 하면

$$\deg d(x)\leq \deg f'(x)<\deg f(x)$$

이고, 또한 $d(x)\mid f(x)$이므로 정리 3.6.12 (6)에 의하여 $d(x)$는 $F[x]$의 단원이다. 따라서 $f(x)$와 $f'(x)$는 서로 소이므로 (2)에 의하여 $f(x)$는 $E$에서 중근을 갖지 않는다. ■

**【정의 5.3.3】**

$F$를 체라 하고 $f(x)\in F[x]$, $\deg f(x)=n\geq 1$이라 하자. $f(x)$가 $F$의 적당한 확대체(정리 5.2.5와 정의 5.2.1 다음의 설명을 참조)에서 $n$개의 서로 다른 근을 가질 때, $f(x)$를 분리다항식(separable polynomial)이라 한다. 또한, $E$가 $F$의 확대체이고 $E$의 모든 원소가 적당한 분리다항식 $f(x)\in F[x]$의 근이 될 때, $E$를 $F$의 분리확대체(separable extension)라 한다.

$E$를 체 $F$의 분리확대체라 하자. 그러면 분명히 $E$는 $F$의 대수적확대체이

다. 또한, $\alpha \in E$라 하면 $\alpha$는 적당한 분리다항식 $f(x) \in F[x]$의 근이다. 그러므로 $p(x)$를 $F$위의 $\alpha$의 최소다항식이라 하면 정리 5.1.12 (2)에 의하여 $p(x) | f(x)$이고, 따라서

$$f(x) = p(x)q(x)$$

를 만족하는 $q(x) \in F[x]$가 존재한다. 한편, $F$위의 $f(x)$의 분해체를 $L$이라 하고 $\deg f(x) = n$이라 하면 $c \in F$, $\alpha_i \in L (i = 1, 2, \cdots, n)$에 대하여

$$p(x)q(x) = f(x) = c(x - \alpha_1)(x - \alpha_2) \cdots (x - \alpha_n)$$

의 꼴로 표시된다. 이 때, $f(x)$가 분리다항식이므로 $\alpha_1, \alpha_2, \cdots, \alpha_n$은 모두 다르다. 또한, $f(x) \in L[x]$이고 정리 3.8.8에 의하여 $L[x]$는 유일인수분해정역이므로 $p(x)$는 $L$위에서 분해된다. 따라서 $\deg p(x) = r$이라 하면 $p(x)$의 근은 모두 $f(x)$의 근이므로 $p(x)$는 $L$에서 $r$개의 서로 다른 근을 갖는다. 즉, $p(x)$는 분리다항식이다. 더욱이 $K$를 $F \subset K$인 $E$의 부분체라 하면 $f(x) \in K[x]$이므로 $E$는 $K$의 분리확대체이다. 분명히 $K$는 $F$의 분리확대체이다.

**【정리 5.3.4】**

$F$를 표수가 0인 체라 하자. 그러면 다음이 성립한다.

(1) $f(x) \in F[x]$를 $F[x]$에서의 기약다항식이라 하면 $f(x)$는 분리다항식이다.

(2) $E$를 $F$의 대수적확대체라 하면 $E$는 $F$의 분리확대체이다.

**증명** (1) $f(x)$를 $F[x]$에서의 기약다항식이라 하면 정리 3.8.5 (1)에 의하여 $\deg f(x) \geq 1$이므로

$$f(x) = a_0 + a_1 x + a_2 x^2 + \cdots + a_n x^n \, (a_n \neq 0, \ n \geq 1)$$

의 꼴로 표시된다. 따라서

$$f'(x) = a_1 + 2a_2 x + 3a_3 x^2 + \cdots + n a_n x^{n-1}$$

이다. 이 때, $na_n = 0$이라 하면 정리 3.1.7 (3)에 의하여

$$0 = na_n = n(1_F a_n) = (n1_F) a_n$$

이므로 $n1_F=0$이다. 따라서 $m$을 $m1_F=0$을 만족하는 가장 작은 양의 정수라 하면 정리 3.1.30 (1)에 의하여 $F$의 표수가 $m$이 되어 모순이므로 $na_n \neq 0$이다. 즉 $f'(x) \neq 0$이다. 그러므로 정리 5.3.2 (3)에 의하여 $f(x)$는 $F$위의 $f(x)$의 분해체에서 $n$개의 서로 다른 근을 갖는다. 따라서 $f(x)$는 분리다항식이다.

(2) $E$를 $F$의 대수적확대체라 하고 $\alpha \in E$라 하자. 그러면 $\alpha$는 $F$위에서 대수적이므로 $F$위의 $\alpha$의 최소다항식 $p(x)$를 생각할 수 있다. 정리 5.1.12 (3)에 의하여 $p(x)$는 $F[x]$에서의 기약다항식이므로 (1)에 의하여 $p(x)$는 분리다항식이다. 즉 $\alpha$는 분리다항식 $p(x)$의 근이다. 따라서 $E$는 $F$의 분리확대체이다. ■

$E$를 유한체라 할 때, $E$의 원소의 개수가 $n$이면 $n$을 $E$의 위수(order)라 한다(따라서 $n$은 덧셈아벨군 $(E, +)$의 위수이다).

**【정리 5.3.5】**

$F$를 유한체라 하고 $E$를 $F$의 유한확대체라 하자. $|F|=p$라 하고 $n=[E : F]$라 하자. 그러면 $E$는 위수가 $p^n$인 유한체이다.

**증명** $E$는 $F$위의 $n$차원 벡터공간이다.

$$S=\{\alpha_1, \alpha_2, \cdots, \alpha_n\}$$

을 $E$의 순서기저라 하자. $\alpha \in E$라 하면 정리 4.3.17에 의하여 $c_1, c_2, \cdots, c_n (c_i \in F (i=1, 2, \cdots, n))$이 유일하게 존재하여

$$\alpha=c_1\alpha_1+c_2\alpha_2+\cdots+c_n\alpha_n \qquad \cdots\cdots(5.3.2)$$

으로 표시된다. 또한, $|F|=p$이므로 각 $c_i$는 $p$개의 서로 다른 값을 취할 수 있다. 따라서 (5.3.2)의 표시가 유일하므로 $E$의 원소의 개수는 $p^n$개이다. 즉, $E$는 위수가 $p^n$인 유한체이다. ■

**【정리 5.3.6】**

$E$를 체라 하자. $G$를 $E$의 단원군 $\mathrm{U}(E)$의 유한부분군이라 하면 $G$는 순회

군이다. 또한, U($E$)가 순회군이면 $E$는 유한체이다(따라서 $E$가 유한체이기 위한 필요충분조건은 U($E$)가 순회군인 것이다).

**증명** $|G|=n$이라 하면 정리 2.4.8 (1)에 의하여 $G$의 각 원소의 위수는 $n$의 약수이다. 따라서

$$d_1(d_1=1),\ d_2,\ d_3,\ \cdots,\ d_r(d_r=n)$$

을 $n$의 모든 양의 약수라 하고 위수가 $d_i(i=1,\ 2,\ \cdots,\ r)$인 $G$의 원소의 개수를 $n_i$라 하면(이 때, $n_1,\ n_2,\ \cdots,\ n_r$ 중에는 0인 것이 있을 수 있다)

$$n=n_1+n_2+\cdots+n_r$$

이다. $K=\langle a\rangle$를 $|K|=n$인 순회군이라 하고 위수가 $d_i(i=1,\ 2,\ \cdots,\ r)$인 $K$의 원소의 개수를 $m_i$라 하면

$$n=m_1+m_2+\cdots+m_r$$

이다. 이제 모든 $i\,(i=1,\ 2,\ \cdots,\ r)$에 대하여 $n_i\le m_i$임을 보이자. $n_i=0$이면 분명히 $n_i\le m_i$이다. $n_i\neq 0$이라 하면 위수가 $d_i$인 $G$의 원소 $b$가 적어도 하나 존재한다. 따라서 정리 2.3.7 (2)에 의하여

$$\langle b\rangle=\{1,\ b,\ b^2,\ \cdots,\ b^{d_i-1}\}$$

이다. $f(x)=x^{d_i}-1\in E[x]$를 생각하자. $k=0,\ 1,\ 2,\ \cdots,\ d_i-1$에 대하여

$$f(b^k)=(b^k)^{d_i}-1=(b^{d_i})^k-1=1-1=0$$

이므로 $\langle b\rangle$의 모든 원소는 $f(x)$의 근이다. 더욱이 정리 3.8.13에 의하여 $\langle b\rangle$는 $G(G\subset E)$에서의 $f(x)$의 근을 모두 포함한다. 또한, 위수가 $d_i$인 $G$의 모든 원소는 $f(x)$의 근이므로 위수가 $d_i$인 $G$의 모든 원소는 $\langle b\rangle$에 포함된다. 따라서 정리 2.3.12 (1)에 의하여 $n_i=\phi(d_i)$이다(이 때 $\phi$는 Euler의 $\phi$-함수이다). 한편, 정리 2.3.14에 의하여 $|H|=d_i$인 $K$의 부분군 $H$가 유일하게 존재한다. 따라서 정리 2.3.4에 의하여 $H=\langle c\rangle(c\in H)$이다. 그러므로 $H$의 유일성에 의하여 위수가 $d_i$인 $K$의

모든 원소는

$$H=\langle c\rangle=\{1,\ c,\ c^2,\ \cdots,\ c^{d_i-1}\}$$

에 포함된다. 따라서 정리 2.3.12 (1)에 의하여 $m_i=\phi(d_i)$이다. 따라서 $n_i=m_i$이다. 즉, 어느 경우이든지 $n_i\le m_i$이다. 이제, 위수가 $d_r(d_r=n)$인 $G$의 원소가 존재하지 않는다고 하면 $n_r=0$이다. 그러나 $a$는 위수가 $n(d_r=n)$인 $K$의 원소이므로 $m_r\ge 1$이다. 따라서 $n_r<m_r$이므로

$$n=n_1+n_2+\cdots+n_r<m_1+m_2+\cdots+m_r=n$$

이 되어 모순이다. 따라서 $G$는 위수가 $n(d_r=n)$인 원소 $\alpha$를 포함한다. 그러므로 $G=\langle\alpha\rangle$이다. 다음, $G=\mathrm{U}(E)$라 하고 $G$를 순회군이라 하면 적당한 $\beta\in G$에 대하여 $G=\langle\beta\rangle$이다. $\beta=1_E$이면 $\langle\beta\rangle=\{1_E\}$이므로

$$E=G\cup\{0\}=\{0,\ 1_F\}$$

이다. 따라서 $E$는 유한체이다. 다음 $\beta\neq 1_E$라 하자. 먼저 $E$의 표수가 0인 경우를 생각하자. $1_E+1_E=0$이라 하면 $2\cdot 1_E=0$이므로 정리 3.1.30 (1)에 의하여 모순이다. 따라서 $1_E+1_E\neq 0$, 즉 $1_E\neq -1_E$이고, 분명히 $-1_E\in G$이므로 적당한 $k\in\mathbf{Z}(k\neq 0)$에 대하여 $-1_E=\beta^k$의 꼴로 표시된다. 그러므로

$$\beta^{2k}=(\beta^k)^2=(-1_E)^2=1_E$$

이고, 따라서 $\beta^l=1_E$를 만족하는 양의 정수 $l$이 존재한다(정리 2.3.4의 증명과정을 참조). $s$를 $\beta^s=1_E$를 만족하는 최소의 양의 정수라 하면 정리 2.3.7 (2) 의하여

$$G=\{1_E,\ \beta,\ \beta^2,\ \cdots,\ \beta^{s-1}\}$$

이다. 따라서 $E=G\cup\{0\}$이므로 $E$는 유한체이다. 다음, $E$의 표수가 $p(p>1)$인 경우는 정리 3.1.30 (2)에 의하여 $p$는 소수이다. 따라서 정리 3.5.7에 의하여

$$P \cong \mathbf{Z}_p$$

인 $E$의 부분체 $P$가 존재한다. 따라서 $|P|=p$이다. 한편 $\beta-1_E \neq 0$이므로 $\beta-1_E \in G$이고, 따라서 적당한 $t \in \mathbf{Z}(t \neq 1)$에 대하여 $\beta-1_E=\beta^t$이다($t=1$이면 $\beta-1_E=\beta^1=\beta$, 즉 $1_E=0$이 되어 모순이다). $t \geq 0(t \neq 1)$이면 $\beta^t-\beta+1_E=0$이므로 $f(x)=x^t-x+1_E$라 하면 $f(x) \in P[x]$이고 $f(\beta)=0$이다. 또한 $t<0$이면 $u=-t$라 하자. 그러면 $u>0$이고

$$\beta^{u+1}-\beta^u-1_E=\beta^u(\beta-1_E)-1_E=\beta^{-t}\beta^t-1_E=1_E-1_E=0$$

이므로 $f(x)=x^{u+1}-x^u-1_E$라 하면 $f(x) \in P[x]$이고 $f(\beta)=0$이다. 따라서 어느 경우든 $\beta$는 $P$위에서 대수적이다. 그러므로 정리 5.1.12 (6)에 의하여 $P(\beta)$는 $P$의 유한확대체이고, 따라서 정리 5.3.5에 의하여 $P(\beta)$는 유한체이다. 더욱이 $\beta \in P(\beta)$이므로 $G \subset P(\beta)$이다. 따라서 $0 \in P(\beta)$이므로

$$E=G \cup \{0\} \subset P(\beta)$$

이고, 분명히 $P(\beta) \subset E$이므로 $E=P(\beta)$이다. 즉, $E$는 유한체이다. ■

**【정리 5.3.7】**

$E$를 유한체라 하고 $F$를 $E$의 부분체라 하자. 그러면 $E$는 $F$의 단순확대체이다.

**증명** 정리 5.3.6에 의하여 $E$의 단원군 $\mathrm{U}(E)$는 순회군이므로 적당한 $\alpha \in \mathrm{U}(E)$에 대하여 $\mathrm{U}(E)=\langle \alpha \rangle$이다. 따라서 $\alpha \in F(\alpha)$이므로 $\mathrm{U}(E) \subset F(\alpha)$이다. 또한 $0 \in F(\alpha)$이므로

$$E=\mathrm{U}(E) \cup \{0\} \subset F(\alpha)$$

이다. 따라서 $E=F(\alpha)$이다. 즉, $E$는 $F$의 단순확대체이다. ■

**【정리 5.3.8】**

$F$를 체라 하고 $E$를 $F$의 유한분리확대체라 하자. 그러면 $E$는 $F$의 단순확

대체이다.

**증명** $E$가 $F$의 유한확대체이므로 정리 5.1.26에 의하여 $E$는 $F$의 유한생성 확대체이고, 또한 $E$는 $F$의 대수적확대체이다. 따라서 적당한 $\alpha_i \in E(i=1, 2, \cdots, n)$에 대하여

$$E=F(\alpha_1, \alpha_2, \cdots, \alpha_n)$$

이다. $n$에 대하여 수학적 귀납법으로 정리를 증명한다. $n=1$인 경우는 $E=F(\alpha_1)$이므로 정리는 성립한다. $n=2$인 경우, 즉

$$E=F(\alpha_1, \alpha_2)=F(\alpha, \beta)(\alpha=\alpha_1, \beta=\alpha_2)$$

인 경우에 정리가 성립함을 증명하자. 먼저 $F$를 무한체라 가정하자. $p(x)$를 $F$위의 $\alpha$의 최소다항식이라 하고 $q(x)$를 $F$위의 $\beta$의 최소다항식이라 하자. $\deg p(x)=r$, $\deg q(x)=s$라 하자. 또한, $K$를 $F$위의 $g(x)=p(x)q(x)$의 분해체라 하고 $\gamma_1(\gamma_1=\beta)$, $\gamma_2$, $\cdots$, $\gamma_s$를 $K$에서의 $q(x)$의 근이라 하자. $E$가 $F$의 분리확대체이므로 $\beta$는 적당한 분리다항식 $f(x)\in F(x)$의 근이다. 따라서 정의 5.3.3 다음의 설명에 의하여 $\gamma_1$, $\gamma_2$, $\cdots$, $\gamma_s$는 모두 다르고 $q(x)$는 분리다항식이다. $\beta_1(\beta_1=\alpha)$, $\beta_2$, $\cdots$, $\beta_r$을 $K$에서의 $p(x)$의 근이라 하자. $F$가 무한체이므로 $1\leq i\leq r$, $1<j\leq s$인 모든 $i$, $j$에 대하여

$$c\neq\frac{\beta_i-\alpha}{\beta-\gamma_j}$$

를 만족하는 $c\in F$가 존재한다. $u=\alpha+c\beta$라 하고

$$k(x)=p(u-cx)\,(p(x)\text{의 } x\text{대신에 } u-cx\text{를 대입한 다항식})$$

라 하자. 그러면 $k(x)\in F(u)[x]$이고, 또한

$$k(\beta)=p(u-c\beta)=p(\alpha)=0$$

이므로 $\beta$는 $k(x)$의 근이다. 한편, $\gamma_j(1<j\leq s)$를 $k(x)$의 근이라 하면

$$0=k(\gamma_j)=p(u-c\gamma_j)$$

이므로 적당한 $i\,(1\le i\le r)$에 대하여 $u-c\gamma_j=\beta_i$이고, 따라서

$$\beta_i=u-c\gamma_j=\alpha+c\beta-c\gamma_j=\alpha+c(\beta-\gamma_j),\ \text{즉}\ c=\frac{\beta_i-\alpha}{\beta-\gamma_j}$$

가 되어 모순이다. 따라서 $\gamma_j(1<j\le s)$는 $k(x)$의 근이 아니다. 그러므로 $\beta(\beta=\gamma_1)$는 $q(x)$와 $k(x)$의 유일한 공통근이다($q(x)$의 근은 $\gamma_1$, $\gamma_2$, …, $\gamma_s$뿐임을 상기하여라). 이제, $l(x)$를 $F(u)$위의 $\beta$의 최소다항식이라 하자. 그러면 $q(\beta)=k(\beta)=0$이므로 정리 5.1.12 ⑵에 의하여

$$l(x)\,|\,q(x),\ l(x)\,|\,k(x)$$

이다. 따라서

$$q(x)=l(x)s(x) \qquad \cdots\cdots(5.3.3)$$
$$k(x)=l(x)t(x) \qquad \cdots\cdots(5.3.4)$$

를 만족하는 $s(x)$, $t(x)\in F(u)[x]$가 존재한다. $q(x)$가 분리다항식이므로 (5.3.3)에 의하여 $l(x)$는 $K$위에서 분해되고 $K$에서의 $l(x)$의 근은 모두 다르다. 또한 (5.3.3)과 (5.3.4)에 의하여 $l(x)$의 근은 모두 $q(x)$와 $k(x)$의 근이고, 앞의 설명에 의하여 $q(x)$와 $k(x)$의 공통근은 $\beta$뿐이므로 $l(x)$는 오직 $\beta$만을 근으로 갖는다. 따라서 $l(x)=x-\beta$이다. 이때 $l(x)\in F(u)[x]$이므로 $\beta\in F(u)$이고, 또한 $c$, $u\in F(u)$이므로

$$\alpha=u-c\beta\in F(u)$$

이다. 따라서

$$E=F(\alpha,\ \beta)\subset F(u)$$

이다. 한편, $u=\alpha+c\beta\in E=F(\alpha,\ \beta)$이므로

$$F(u)\subset E=F(\alpha,\ \beta)$$

이다. 그러므로 $E=F(\alpha,\ \beta)=F(u)$이다. 즉, $E$는 $F$의 단순확대체이다. 다음, $F$를 유한체라 하면 정리 5.3.5에 의하여 $E$는 유한체이다. 따라서 정리 5.3.7에 의하여 $E$는 $F$의 단순확대체이다. 그러므로 $n=2$인 경우는 정리가 성립한다. 이제, $n-1(n\ge 2)$에 대하여 정리가 성립한

다고 가정하면

$$F(\alpha_1,\ \alpha_2,\ \cdots,\ \alpha_{n-1})=F(v)$$

를 만족하는 $v \in E$가 존재한다. 따라서

$$\begin{aligned} E &= F(\alpha_1,\ \alpha_2,\ \cdots,\ \alpha_{n-1},\ \alpha_n) = F(\alpha_1,\ \alpha_2,\ \cdots,\ \alpha_{n-1})(\alpha_n) \\ &= F(v)(\alpha_n) = F(v,\ \alpha_n) \\ &= F(\omega)(\text{적당한 } \omega \in E\text{에 대하여}) \end{aligned}$$

이다. 그러므로 $E$는 $F$의 단순확대체이다. ■

**【정리 5.3.9】**

$E$를 체 $F$의 유한생성분리확대체라 하자. 그러면 $E$는 $F$의 단순확대체이다.

**증명** $E$가 $F$의 유한생성확대체이므로 $\alpha_i \in E(i=1,\ 2,\ \cdots,\ n)$에 대하여

$$E=F(\alpha_1,\ \alpha_2,\ \cdots,\ \alpha_n)$$

이다. 또한, $E$가 $F$의 분리확대체이므로 $E$는 $F$의 대수적확대체이다. 따라서 정리 5.1.27에 의하여 $E$는 $F$의 유한확대체이다. 그러므로 정리 5.3.8에 의하여 결과가 얻어진다. ■

$E$를 체라 하고 $E$의 표수를 $p$라 하자(정리 3.1.30 (2)에 의하여 $p$는 소수이다). 보기 3.1.27에 의하여 $\mathbf{Z}_p$는 체이다. 정리 3.5.7에 의하여 $E$는 $\mathbf{Z}_p$에 동형적인 부분체 $S$를 포함한다. 따라서 $S \cong \mathbf{Z}_p$이므로 정리 3.2.25에 의하여 $\mathbf{Z}_p \cong S$이다. 따라서 동형함수 $f : \mathbf{Z}_p \longrightarrow S$가 존재한다. 따라서 $f$를 $f : \mathbf{Z}_p \longrightarrow E(S \subset E)$인 함수로 생각하면 $f$는 분명히 단사준동형이다. 따라서 $\mathbf{Z}_p$는 $E$에 매장된다. 따라서 $\mathbf{Z}_p$를 $E$의 부분체로 생각할 수 있다. 실제로, $\bar{a} \in \mathbf{Z}_p$에 대하여 $f(\bar{a})=\alpha$이면 $\bar{a}=\alpha$로 생각한다. 따라서 정리 3.2.21 (1)에 의하여 $f(\bar{0})=0$이므로 $\bar{0}=0$이고, 또한 정리 3.2.27 (1) (i)에 의하여 $f(\bar{1})=1_E$이므로 $\bar{1}=1_E$이다. 따라서 $E$를 $\mathbf{Z}_p$의 확대체로 생각할 수 있다. 이제, $E$를 유한체라 하자. 그러면 정리 3.5.7에 의하여 $E$의 표수는 적당한 소수 $p$이다. 따라서 위의 설명에 의하여 $E$를 $\mathbf{Z}_p$의 확대체로 생각할 수 있다. 따라서 $E$를 $\mathbf{Z}_p$위의 벡터공간

으로 생각할 수 있다. 따라서 $E=[X]$를 만족하는 $E$의 부분집합 $X$가 존재한다(예를 들면, $E=X$로 생각할 때, $\alpha\in E$라 하면 $1_E=\bar{1}\in\mathbf{Z}_p$에 대하여

$$\alpha=1_E\alpha=\bar{1}\alpha\in[X]\ (\alpha\in X\text{이므로 정리 4.1.15에 의하여})$$

이므로 $E\subset[X]$이다. 분명히 $[X]\subset E$이므로 $E=[X]$이다). 더욱이, $E$가 유한체이므로 $X$는 유한집합이다. 따라서 정리 4.2.17에 의하여 $X$는 $E$의 기저 $S$를 포함한다. 따라서

$$S=\{\alpha_1,\ \alpha_2,\ \cdots,\ \alpha_n\}$$

이라 하면 $n=[E:\mathbf{Z}_p]$이다.

**【정리 5.3.10】**

$E$를 유한체라 하자(따라서 정리 3.5.7에 의하여 $E$의 표수는 소수 $p$이다). $n=[E:\mathbf{Z}_p]$라 하자(정리 5.3.9 다음의 설명을 참조). 그러면 $E$의 위수는 $p^n$이다.

**증명** $E$가 $\mathbf{Z}_p$의 유한확대체이고, 또한 $|\mathbf{Z}_p|=p$이므로 정리 5.3.5에 의하여 결과가 얻어진다. ■

$F$를 체라 하고 $E$를 $F$의 확대체라 하자. 그러면 보기 3.2.4 다음의 설명에 의하여 $1_E=1_F$이다. 따라서 정리 3.1.30 (1)에 의하여 $F$의 표수가 $p$이면 $E$의 표수도 $p$이고, 또한 $E$의 표수가 $p$이면 $F$의 표수도 $p$이다. 따라서 $F$의 표수가 0이면 $E$의 표수도 0이고, 또한 $E$의 표수가 0이면 $F$의 표수도 0이다. 이제, $p$를 소수라 할 때, 보기 3.1.27에 의하여 $\mathbf{Z}_p$는 체이고, 또한 보기 3.1.29에 의하여 $\mathbf{Z}_p$의 표수는 $p$이다. 따라서 $E$를 $\mathbf{Z}_p$의 확대체라 하면 $E$의 표수는 $p$이다.

**【정리 5.3.11】**

$p$를 소수라 하고 $n$을 양의 정수라 하자. $E$를 $\mathbf{Z}_p$의 확대체라 하자. $f(x)=x^{p^n}-x\in\mathbf{Z}_p[x]$라 하자. 그러면 $E$의 위수가 $p^n$일 필요충분조건은 $E$가 $\mathbf{Z}_p$위의 $f(x)$의 분해체인 것이다. 특히, $E$가 $\mathbf{Z}_p$위의 $f(x)$의 분해체이면 $f(x)$

는 $p^n$개의 서로 다른 근을 갖고, 또한 $E$는 $f(x)$의 $p^n$개의 근만을 포함하는 위수가 $p^n$인 유한체이다.

**증명** $E$를 $\mathbf{Z}_p$위의 $f(x)$의 분해체라 하자. 그러면 정리 5.3.10 다음의 설명에 의하여 $\bar{1}=1_E$이고, 또한 $\mathbf{Z}_p$(따라서 $E$)의 표수는 $p$이다. 따라서 $x^{p^n}=1_E x^{p^n}$, $x=1_E x$이므로

$$f'(x)=p^n 1_E x^{p^n-1}-1_E=0x^{p^n-1}-1_E=-1_E$$

이다. 따라서 $\alpha(\alpha\in E)$를 $f(x)$의 중근이라 하면

$$\begin{aligned}0&=f'(\alpha)(\text{정리 5.3.2 (1)에 의하여})\\&=-1_E\neq 0\end{aligned}$$

가 되어 모순이다(이 때, $\bar{0}=0$이다). 따라서 $f(x)$는 중근을 갖지 않는다. 따라서 $f(x)$는 $p^n$개의 서로 다른 근을 갖는다. 이제, $K$를 $f(x)$의 $p^n$개의 서로 다른 근만을 포함하는 $E$의 부분집합이라 하자. 그러면

$$\alpha\in K \iff \alpha^{p^n}-\alpha=0 \iff \alpha^{p^n}=\alpha$$

이다. $\alpha$, $\beta\in K$라 하면 $E$의 표수가 $p$이므로 연습문제 3.1의 18에 의하여

$$(\alpha+\beta)^{p^n}=\alpha^{p^n}+\beta^{p^n}=\alpha+\beta$$

이므로 $\alpha+\beta\in K$이다. 또한, $\alpha$, $\beta\in K$라 하면

$$(\alpha\beta)^{p^n}=\alpha^{p^n}\beta^{p^n}=\alpha\beta$$

이므로 $\alpha\beta\in K$이다. 분명히

$$0^{p^n}=0,\quad 1_E^{p^n}=1_E$$

이므로 $0$, $1_E\in K$이다. 다음, $\alpha\in K$라 하자. $p>2$인 경우는 $p^n$이 홀수이므로

$$(-\alpha)^{p^n}=(-(1_E\alpha))^{p^n}=((-1_E)\alpha)^{p^n}=(-1_E)^{p^n}\alpha^{p^n}=(-1_E)\alpha=-\alpha$$

이다. 즉, $-\alpha \in K$. $p=2$인 경우는 $p^n$이 짝수이고, $E$의 표수가 2이므로

$$\begin{aligned}(-\alpha)^{p^n}-(-\alpha) &= (-(1_E\alpha))^{p^n}+\alpha = ((-1_E)\alpha)^{p^n}+\alpha \\ &= (-1_E)^{p^n}\alpha^{p^n}+\alpha = 1_E\alpha+\alpha = \alpha+\alpha \\ &= 2\alpha = 0,\end{aligned}$$

즉 $(-\alpha)^{p^n}=-\alpha$이다. 따라서 $-\alpha \in K$. 다음, $\alpha \in K(\alpha \neq 0)$라 하면

$$(\alpha^{-1})^{p^n}=\alpha^{-p^n}=(\alpha^{p^n})^{-1}=\alpha^{-1}$$

이므로 $\alpha^{-1} \in K$이다. 따라서 $K$는 $E$의 부분체이다. 또한, $\bar{a} \in \mathbf{Z}_p$라 하면 $\bar{1}=1_E \in K$이므로

$$\bar{a}=a\bar{1} \in K$$

이다. 따라서 $\mathbf{Z}_p \subset K$이다. 따라서 정의 5.2.1 다음의 설명에 의하여 $E$는 $f(x)$의 근을 모두 포함하는 $\mathbf{Z}_p$의 확대체 중에서 가장 작은 확대체이므로 $K=E$이다. 따라서 $E$의 위수는 $p^n$이다. 특히, $E$는 $f(x)$의 $p^n$개의 근만을 포함하는 위수가 $p^n$인 유한체이다. 역으로, $E$의 위수를 $p^n$이라 하자.

$$E=\{0, \alpha_1, \alpha_2, \cdots, \alpha_k\}, \quad k=p^n-1$$

이라 하자.

$$f(0)=0^{p^n}-0=0-0=0$$

이므로 0는 $f(x)$의 근이다. $\alpha \in E(\alpha \neq 0)$라 하자. 그러면 $\alpha$는 $\alpha_i(i=1, 2, \cdots, k)$ 중의 어느 하나이다.

$$\beta=\alpha_1\alpha_2\cdots\alpha_k$$

라 하자. $\alpha\alpha_i=\alpha\alpha_j(i, j=1, 2, \cdots, k)$라 하면 $\alpha_i=\alpha_j$이므로 $\alpha\alpha_1, \alpha\alpha_2, \cdots, \alpha\alpha_k$는 $k$개의 서로 다른 원소이다. 또한, $\alpha\alpha_i \neq 0(i=1, 2, \cdots, k)$이다. 따라서 $\alpha\alpha_1, \alpha\alpha_2, \cdots, \alpha\alpha_k$는 $\alpha_1, \alpha_2, \cdots, \alpha_k$의 순서를 바꾸어 놓은 것이다. 따라서

$$\beta=(\alpha\alpha_1)(\alpha\alpha_2)\cdots(\alpha\alpha_k)=\alpha^k(\alpha_1\alpha_2\cdots\alpha_k)=\alpha^k\beta$$

이므로 $\alpha^k=1_E$이다. 따라서

$$\alpha^{p^n}=\alpha^{(p^n-1)+1}=\alpha^{k+1}=\alpha^k\alpha=1_E\alpha=\alpha,\ \text{즉}\ \alpha^{p^n}-\alpha=0$$

이다. 따라서 $\alpha$는 $f(x)$의 근이다. 따라서 $E$의 모든 원소는 $f(x)$의 근이다. 따라서 정의 5.2.1 다음의 설명에 의하여 $E$는 $\mathbf{Z}_p$위의 $f(x)$의 분해체이다. ■

정리 5.3.10은 유한체가 포함할 수 있는 원소의 개수를 제한하고 있다. 예를 들면, $E$를 위수가 10인 유한체라 하면 정리 5.3.10에 의하여 적당한 소수 $p$와 양의 정수 $n$에 대하여 $10=p^n$이어야 한다. 그러나 $10=p^n$을 만족하는 소수 $p$와 양의 정수 $n$은 존재하지 않는다. 따라서 10개의 원소를 포함하는 유한체는 존재하지 않는다. 그러나 다음 정리 5.3.12에서 임의의 소수 $p$와 임의의 양의 정수 $n$에 대하여 $p^n$개의 원소를 포함하는 유한체 $E$가 존재함을 보인다.

**【정리 5.3.12】**

임의의 소수 $p$와 임의의 양의 정수 $n$에 대하여 위수가 $p^n$인 유한체 $E$가 존재한다.

**증명** 정리 5.2.5에 의하여 $\mathbf{Z}_p$위의 $f(x)=x^{p^n}-x\in\mathbf{Z}_p[x]$의 분해체 $E$는 존재하고, 따라서 정리 5.3.11에 의하여 $E$의 위수는 $p^n$이다. ■

**【정리 5.3.13】**

$E$와 $K$를 유한체라 하자. $E$와 $K$가 같은 위수를 갖는다고 하자. 그러면 $E\cong K$이다.

**증명** 정리 5.3.10에 의하여 $E$의 위수는 소수 $p$와 양의 정수 $n$에 대하여 $p^n$이고, 또한 $K$의 위수는 소수 $q$와 양의 정수 $m$에 대하여 $q^m$이다. 따라서 $p^n=q^m$이므로 $p|q^m$, $q|p^n$이다. 따라서 정리 1.3.14에 의하여

$p|q$, $q|p$이다. 따라서 정리 1.3.1 (5)에 의하여 $p=q$이다. 따라서 $n=m$이다. 따라서 $E$와 $K$의 위수는 $p^n$이다. 따라서 정리 5.3.11에 의하여 $E$와 $K$는 $\mathbf{Z}_p$위의 $f(x)=x^{p^n}-x\in\mathbf{Z}_p[x]$의 분해체이다. 따라서 정리 5.2.6에 의하여 $E\cong K$이다(이 때,

$$\sigma=i_F : \mathbf{Z}_p \longrightarrow \mathbf{Z}_p(F=\mathbf{Z}_p)$$

로 생각하여라). ■

$p$를 소수라 하고 $n$을 양의 정수라 할 때, 정리 5.3.12에 의하여 위수가 $p^n$인 유한체 $E$가 존재한다. 동형적인 두 체를 같은 체로 생각하면 정리 5.3.13에 의하여 위수가 $p^n$인 유한체는 유일하다. 위수가 $p^n$인 유한체 $E$를 위수가 $p^n$인 Galois체(Galois field of order $p^n$)라 하고, GF($p^n$)으로 표시할 때도 있다.

**【정리 5.3.14】**

$F$를 유한체라 하고 $n$을 양의 정수라 하자. 그러면 다음 두 조건

(1) $E$는 유한체이다.

(2) $[E : F]=n$.

을 만족하는 $F$의 단순확대체 $E=F(u)$가 존재한다. 더욱이, 위의 두 조건을 만족하는 또 다른 $F$의 단순확대체 $L=F(\beta)$가 존재한다고 하면 $F$-동형

$$\phi: F(u) \longrightarrow F(\beta)$$

가 존재한다(따라서 $F(u)\cong F(\beta)$이다).

**증명** $F$가 유한체이므로 정리 5.3.10에 의하여 $F$의 위수는 $p^r$이다(이때, $p$는 $F$의 표수이고, 또한 $r=[F : \mathbf{Z}_p]$이다(정리 5.3.9 다음의 설명을 참조)). 따라서 정리 5.3.11에 의하여 $F$는 $\mathbf{Z}_p$위의 $f(x)=x^{p^r}-x\in\mathbf{Z}_p[x]$의 분해체이고, 따라서 $f(x)$는 $p^r$개의 서로 다른 근을 갖고, 또한 $F$는 $f(x)$의 $p^r$개의 근만을 포함한다. 따라서 모든 $\alpha(\alpha\in F)$는 $\alpha^{p^r}-\alpha=0$, 즉 $\alpha^{p^r}=\alpha$를 만족한다. 또한, $t=p^r$이라 하고 $F$의 $t$개의 원소를 $\alpha_1$, $\alpha_2$, $\cdots$, $\alpha_t$라 하면

$$f(x)=x^{p^r}-x=(x-\alpha_1)(x-\alpha_2)\cdots(x-\alpha_t),$$
$$F=\mathbf{Z}_p(\alpha_1,\ \alpha_2,\ \cdots,\ \alpha_t)=\{\alpha_1,\ \alpha_2,\ \cdots,\ \alpha_t\}$$

이다. 다음, $F$위의 $g(x)=x^{p^{rn}}-x\in F[x]$의 분해체를 $E$라 하자(정리 5.2.5에 의하여 $E$는 존재한다). $k=p^{rn}$이라 하자. 그러면 $\deg g(x)=k$이므로 $\beta_i\in E(i=1,\ 2,\ \cdots,\ t,\ t+1,\ \cdots,\ k)$에 대하여

$$g(x)=x^{p^{rn}}-x=(x-\beta_1)(x-\beta_2)\cdots(x-\beta_t)(x-\beta_{t+1})\cdots(x-\beta_k),$$
$$E=F(\beta_1,\ \beta_2,\ \cdots,\ \beta_t,\ \beta_{t+1},\ \cdots,\ \beta_k)$$

이다. 또한, 정리 5.2.4에 의하여 $E$는 $F$의 유한확대체이다. 더욱이, $\overline{1}=1_F$(정리 5.3.10 다음의 설명을 참조)이므로

$$g(x)=x^{p^{rn}}-x\in\mathbf{Z}_p[x]\subset F[x]$$

이다. $\alpha\in F$라 하자. 임의의 양의 정수 $m$에 대하여 항상 $p^{rm}=p^r p^{r(m-1)}$이 성립하므로

$$\begin{aligned}\alpha^{p^{rn}}&=\alpha^{p^r p^{r(n-1)}}=(\alpha^{p^r})^{p^{r(n-1)}}=\alpha^{p^{r(n-1)}}\\&=\alpha^{p^r p^{r(n-2)}}=(\alpha^{p^r})^{p^{r(n-2)}}=\alpha^{p^{r(n-2)}}\\&=\cdots=\alpha^{p^r}=\alpha,\end{aligned}$$

즉 $\alpha^{p^{rn}}-\alpha=0$이다. 따라서 $F$의 모든 원소는 $g(x)$의 근이다. 따라서 $\beta_1,\ \beta_2,\ \cdots,\ \beta_t,\ \beta_{t+1},\ \cdots,\ \beta_k$는 $g(x)$의 근이므로

$$F=\{\alpha_1,\ \alpha_2,\ \cdots,\ \alpha_t\}\subset\{\beta_1,\ \beta_2,\ \cdots,\ \beta_t,\ \beta_{t+1},\ \cdots,\ \beta_k\}$$

이다. 편리를 위하여 $\alpha_i=\beta_i(i=1,\ 2,\ \cdots,\ t)$라 하자. 그러면

$$\mathbf{Z}_p\subset F=\{\beta_1,\ \beta_2,\ \cdots,\ \beta_t\}$$

이다. 따라서

$$\begin{aligned}\mathbf{Z}_p\cup\{\beta_1,\ \beta_2,\ \cdots,\ \beta_t,\ \beta_{t+1},\ \cdots,\ \beta_k\}&=\{\beta_1,\ \beta_2,\ \cdots,\ \beta_t,\ \beta_{t+1},\ \cdots,\ \beta_k\}\\&=F\cup\{\beta_1,\ \beta_2,\ \cdots,\ \beta_t,\ \beta_{t+1},\ \cdots,\ \beta_k\}\end{aligned}$$

이므로

$$E=F(\beta_1, \beta_2, \cdots, \beta_t, \beta_{t+1}, \cdots, \beta_k)=\mathbf{Z}_p(\beta_1, \beta_2, \cdots, \beta_t, \beta_{t+1}, \cdots, \beta_k)$$

이다. 즉, $E$는 $\mathbf{Z}_p$위의 $g(x)=x^{p^{rn}}-x\in\mathbf{Z}_p[x]$의 분해체이다. 따라서 정리 5.3.11에 의하여 $E$의 위수는 $p^{rn}$이다. 따라서 $E$는 유한체이다. 따라서 정리 5.3.7에 의하여 $E$는 $F$의 단순확대체이다. 즉, $E=F(u)$. 또한,

$(p^r)^n=p^{rn}=|E|$

$\quad=|F|^{[E:F]}$

$\quad$($F$가 유한체이고 $E$가 $F$의 유한확대체이므로 정리 5.3.5에 의하여)

$\quad=(p^r)^{[E:F]}$

이다. 따라서 $n=[E:F]$이다. 다음, $L=F(\beta)$를 위의 두 조건, 즉

(3) $L$은 유한체이다.

(4) $[L:F]=n$.

을 만족하는 또 다른 $F$의 단순확대체라 하자. 그러면 정리 5.3.5에 의하여

$$L\text{의 위수}=|F|^{[L:F]}=(p^r)^n=p^{rn}$$

이다. 따라서 정리 5.3.11에 의하여 $L$은 $\mathbf{Z}_p$위의 $g(x)=x^{p^{rn}}-x\in\mathbf{Z}_p[x]$의 분해체이다. 따라서 $\mathbf{Z}_p\subset F$이므로 보기 5.2.2 앞의 설명에 의하여 $L$은 $F$위의 $g(x)=x^{p^{rn}}-x\in F[x]$의 분해체이다. 따라서 정리 5.2.6에 의하여 $F$-동형

$$\phi : E=F(u) \longrightarrow L=F(\beta)$$

가 존재한다(이 때, $\sigma=i_F : F\longrightarrow F$로 생각하여라). ■

**【정리 5.3.15】**

$F$를 유한체라 하고 $n$을 양의 정수라 하자. 그러면 다음 두 조건

(1) $\deg p(x)=n$이다.

(2) $p(x)$는 $F[x]$에서의 기약다항식이다.

를 만족하는 $p(x)\in F[x]$가 존재한다.

**증명** 정리 5.3.14에 의하여 다음 두 조건

(1) $E$는 유한체이다.

(2) $[E : F]=n$.

을 만족하는 $F$의 단순확대체 $E=F(\alpha)$가 존재한다. 따라서 정리 5.1.26에 의하여 $E$는 $F$의 대수적확대체이다. 따라서 $\alpha(\alpha\in E)$는 $F$위에서 대수적이다. $p(x)$를 $F$위의 $\alpha$의 최소다항식이라 하면 정리 5.1.12 (3)에 의하여 $p(x)$는 $F[x]$에서의 기약다항식이고, 또한 정리 5.1.12 (6)에 의하여

$$n=[E : F]=[F(\alpha) : F]=\deg p(x)$$

이다. ■

**보기 5.3.16** $p$를 소수라 하고 $n$을 양의 정수라 할 때, Galois체 $\mathrm{GF}(p^n)$을 구해 보자. 보기 3.1.27에 의하여 $\mathbf{Z}_p$는 위수가 $p$인 유한체이므로 정리 5.3.15에 의하여 다음 두 조건

(1) $\deg p(x)=n$이다.

(2) $p(x)$는 $\mathbf{Z}_p[x]$에서의 기약다항식이다.

를 만족하는 $p(x)\in\mathbf{Z}_p[x]$가 존재한다. 따라서 정리 5.1.11에 의하여

$$\mathbf{Z}_p[x]/(p(x))$$

는 체이고, 또한 정리 3.2.13에 의하여

$$(p(x))=\{p(x)q(x)\mid q(x)\in\mathbf{Z}_p[x]\}$$

이다.

$$S=\{f(x)\in\mathbf{Z}_p[x]\mid f(x)=0 \text{ 또는 } \deg f(x)<n\}$$

이라 하자. $f(x),\ g(x)\in S(f(x)\neq g(x))$에 대하여

$$f(x)+(p(x))=g(x)+(p(x))$$

라 하면 정리 2.4.2 다음의 설명에 의하여 $f(x)-g(x)\in(p(x))$이므로 적당한 $q(x)\in\mathbf{Z}_p[x](q(x)\neq 0)$에 대하여

$$f(x)-g(x)=p(x)q(x)$$

로 표시된다. $g(x)=0$인 경우는 $f(x)\neq 0$이므로

$$n>\deg f(x)=\deg(f(x)-g(x))$$

이고, $f(x)=0$인 경우는 $g(x)\neq 0$이므로 정리 3.8.2 (1)에 의하여

$$n>\deg g(x)=\deg(-g(x))=\deg(f(x)-g(x))$$

이고, 또한 $f(x)\neq 0$, $g(x)\neq 0$인 경우는 정리 3.8.2 (2)에 의하여

$$n>\deg(f(x)-g(x))$$

이다. 따라서 정리 3.8.2 (4)에 의하여

$$n>\deg(f(x)-g(x))=\deg(p(x)q(x))=\deg p(x)+\deg q(x)\geq n$$

이 되어 모순이다. 따라서 모든 $f(x)$, $g(x)\in S(f(x)\neq g(x))$에 대하여

$$f(x)+(p(x))\neq g(x)+(p(x))$$

이다. 다음, $h(x)\in \mathbf{Z}_p[x](\deg h(x)\geq n)$이라 하면 정리 3.8.7에 의하여

$$h(x)=p(x)q(x)+r(x),\ \ r(x)=0 \text{ 또는 } \deg r(x)<n$$

을 만족하는 $q(x)$, $r(x)\in \mathbf{Z}_p[x]$가 유일하게 존재한다. 따라서

$$h(x)-r(x)=p(x)q(x)\in(p(x))$$

이므로

$$h(x)+(p(x))=r(x)+(p(x))$$

이다. 더욱이, $r(x)\in S$이다. 따라서

$$\mathbf{Z}_p[x]/(p(x))=\{f(x)+(p(x))\mid f(x)\in S\}$$

이다. 또한, $f(x)\in S$라 하면

$$f(x)\in \mathbf{Z}_p[x]\ (f(x)=0 \text{ 또는 } \deg f(x)<n)$$

이므로 $f(x)$는 $a_i\in \mathbf{Z}_p(i=0,\ 1,\ \cdots,\ n-1)$에 대하여

$$f(x)=a_0+a_1x+a_2x^2+\cdots+a_{n-1}x^{n-1}$$

의 꼴로 표시된다. 따라서 각 $i\,(i=0,\ 1,\ \cdots,\ n-1)$에 대하여 $p$개의 서로 다른 $a_i \in \mathbf{Z}_p=\{\bar{0},\ \bar{1},\ \bar{2},\ \cdots,\ \overline{p-1}\}$를 선택할 수 있으므로 $|S|=p^n$이다. 따라서

$$\mathbf{Z}_p[x]/(p(x))$$

는 위수가 $p^n$인 유한체이다. 따라서

$$\mathrm{GF}(p^n)=\mathbf{Z}_p[x]/(p(x))$$

이다. 이제, $p=2,\ n=3$인 경우를 생각하자.

$$p(x)=\bar{1}+x+x^3 \in \mathbf{Z}_2[\mathrm{x}]$$

라 하면 $\deg p(x)=3$이고, 또한

$$p(\bar{0})=\bar{1}+\bar{0}+\bar{0}^3=\bar{1}+\bar{0}+\bar{0}=\bar{1},$$
$$p(\bar{1})=\bar{1}+\bar{1}+\bar{1}^3=(\bar{1}+\bar{1})+\bar{1}=\bar{0}+\bar{1}=\bar{1}$$

이므로 $p(x)$는 $\mathbf{Z}_2=\{\bar{0},\ \bar{1}\}$에서 근을 갖지 않는다. 따라서 정리 3.8.15 (2)에 의하여 $p(x)$는 $\mathbf{Z}_2[x]$에서의 기약다항식이다. 따라서 위의 결과에 의하여

$$\begin{aligned}\mathrm{GF}(2^3)&=\mathbf{Z}_2[x]/(p(x))\\&=\{f(x)+(p(x))\,|\,f(x)\in\mathbf{Z}_2[x],\ f(x)=0 \text{ 또는 } \deg f(x)<3\}\end{aligned}$$

이다. $f(x)=0$ 또는 $\deg f(x)<3$인 $f(x)\in\mathbf{Z}_2[x]$는

$$f(x)=a_0+a_1x+a_2x^2\,(a_i\in\mathbf{Z}_2=\{\bar{0},\ \bar{1}\}(i=0,\ 1,\ 2))$$

의 꼴로 표시되므로 $f(x)$는

$$f(x)=\bar{0},\ f(x)=\bar{1},\ f(x)=x,\ f(x)=\bar{1}+x,\ f(x)=x^2,$$
$$f(x)=\bar{1}+x^2,\ f(x)=x+x^2,\ f(x)=\bar{1}+x+x^2$$

이다. 따라서 $\mathrm{GF}(2^3)=\mathbf{Z}_2[x]/(p(x))$의 원소는

$$\bar{0}+(p(x))=(p(x)),\ \bar{1}+(p(x)),\ x+(p(x)),\ (\bar{1}+x)+(p(x)),$$

$$x^2+(p(x)),\ (\bar{1}+x^2)+(p(x)),\ (x+x^2)+(p(x)),\ (\bar{1}+x+x^2)+(p(x))$$

이다. 다음, $2x^m \in \mathbf{Z}_2[x](m \in \mathbf{Z}(m \geq 0))$에 대하여

$$2x^m = x^m + x^m = (\bar{1}+\bar{1})x^m = \bar{0}x^m = \bar{0} \tag{5.3.5}$$

이다. 또한,

$$\begin{aligned} x^3 &= \bar{0}+\bar{0}x+x^3 = (\bar{1}+\bar{1})+(\bar{1}+\bar{1})x+x^3 \\ &= (\bar{1}+x)+(\bar{1}+x+x^3) = (\bar{1}+x)+p(x) \end{aligned}$$

이므로

$$x^3-(\bar{1}+x) = p(x) \in (p(x))$$

이다. 따라서

$$x^3+(p(x)) = (\bar{1}+x)+(p(x)) \tag{5.3.6}$$

이다. 이제, $(x+x^2)+(p(x)) \in \mathrm{GF}(2^3)$의 덧셈에 대한 역원을 구하여 보자.

$$\begin{aligned} ((x+x^2)+(p(x)))+((x+x^2)+(p(x))) &= ((x+x^2)+(x+x^2))+(p(x)) \\ &= ((x+x)+(x^2+x^2))+(p(x)) \\ &= (\bar{0}+\bar{0})+(p(x))\ ((5.3.5)\text{에 의하여}) \\ &= \bar{0}+(p(x)) = (p(x)) \end{aligned}$$

이므로

$$-((x+x^2)+(p(x))) = (x+x^2)+(p(x))$$

이다. 다음, 함수 $\phi : \mathbf{Z}_2 \longrightarrow \mathrm{GF}(2^3)$을

$$\phi(\bar{0}) = \bar{0}+(p(x)) = (p(x)), \quad \phi(\bar{1}) = \bar{1}+(p(x))$$

로 정의하면 $\phi$는 단사함수이고, 또한

$$\begin{aligned} \phi(\bar{0}+\bar{0}) &= \phi(\bar{0}) = \bar{0}+(p(x)) = (\bar{0}+\bar{0})+(p(x)) \\ &= (\bar{0}+(p(x)))+(\bar{0}+(p(x))) = \phi(\bar{0})+\phi(\bar{0}), \\ \phi(\bar{0}+\bar{1}) &= \phi(\bar{1}) = \bar{1}+(p(x)) = (\bar{0}+\bar{1})+(p(x)) \end{aligned}$$

$$
\begin{aligned}
&= (\bar{0} + (p(x))) + (\bar{1} + (p(x))) = \phi(\bar{0}) + \phi(\bar{1}), \\
\phi(\bar{1} + \bar{0}) &= \phi(\bar{0} + \bar{1}) = \phi(\bar{0}) + \phi(\bar{1}) = \phi(\bar{1}) + \phi(\bar{0}), \\
\phi(\bar{1} + \bar{1}) &= \phi(\bar{0}) = \bar{0} + (p(x)) = (\bar{1} + \bar{1}) + (p(x)) \\
&= (\bar{1} + (p(x))) + (\bar{1} + (p(x))) = \phi(\bar{1}) + \phi(\bar{1}), \\
\phi(\bar{0} \cdot \bar{0}) &= \phi(\bar{0}) = \bar{0} + (p(x)) = (\bar{0} \cdot \bar{0}) + (p(x)) \\
&= (\bar{0} + (p(x))) \cdot (\bar{0} + (p(x))) = \phi(\bar{0}) \cdot \phi(\bar{0}), \\
\phi(\bar{0} \cdot \bar{1}) &= \phi(\bar{0}) = \bar{0} + (p(x)) = (\bar{0} \cdot \bar{1}) + (p(x)) \\
&= (\bar{0} + (p(x))) \cdot (\bar{1} + (p(x))) = \phi(\bar{0}) \cdot \phi(\bar{1}), \\
\phi(\bar{1} \cdot \bar{0}) &= \phi(\bar{0} \cdot \bar{1}) = \phi(\bar{0}) \cdot \phi(\bar{1}) = \phi(\bar{1}) \cdot \phi(\bar{0}), \\
\phi(\bar{1} \cdot \bar{1}) &= \phi(\bar{1}) = \bar{1} + (p(x)) = (\bar{1} \cdot \bar{1}) + (p(x)) \\
&= (\bar{1} + (p(x))) \cdot (\bar{1} + (p(x))) = \phi(\bar{1}) \cdot \phi(\bar{1})
\end{aligned}
$$

이므로 $\phi$는 단사준동형이다. 따라서 $\mathbf{Z}_2$는 $\mathrm{GF}(2^3)$에 매장된다. 따라서

$$\bar{0} = \bar{0} + (p(x)) = (p(x)), \quad \bar{1} = \bar{1} + (p(x))$$

라 하면 $\mathbf{Z}_2$를 $\mathrm{GF}(2^3)$의 부분체로 생각할 수 있다. 즉, $\mathrm{GF}(2^3)$은 $\mathbf{Z}_2$의 확대체이다. 따라서 정리 5.3.11에 의하여 $\mathrm{GF}(2^3)$은 $\mathbf{Z}_2$위의

$$g(x) = x^{2^3} - x = x^8 - x \in \mathbf{Z}_2[x]$$

의 분해체이고, 따라서 $g(x)$는 $2^3 = 8$개의 서로 다른 근을 갖고, 또한 $\mathrm{GF}(2^3)$은 $g(x)$의 8개의 근만을 포함하는 위수가 8인 유한체이다. 따라서 정리 5.3.6에 의하여 $\mathrm{GF}(2^3)$의 단원군 $\mathrm{U}(\mathrm{GF}(2^3))$은 위수가 7인 순회군이다. 따라서 7은 소수이므로 정리 2.4.8 (2)에 의하여 단위원이 아닌 $\mathrm{U}(\mathrm{GF}(2^3))$의 각 원소의 위수는 7이다. 따라서

$$\alpha = x + (p(x))$$

라 하면

$$\mathrm{U}(\mathrm{GF}(2^3)) = \langle \alpha \rangle$$

이다. 실제로,

$$\alpha^2=(x+(p(x)))^2=x^2+(p(x)),$$
$$\alpha^3=(x+(p(x)))^3=x^3+(p(x))$$
$$=(\bar{1}+x)+(p(x))\quad ((5.3.6)\text{에 의하여}),$$
$$\alpha^4=\alpha^3\alpha=((\bar{1}+x)+(p(x)))(x+(p(x)))$$
$$=(\bar{1}+x)x+(p(x))=(x+x^2)+(p(x)),$$
$$\alpha^5=\alpha^4\alpha=((x+x^2)+(p(x)))(x+(p(x)))$$
$$=(x+x^2)x+(p(x))=(x^2+x^3)+(p(x))$$
$$=(x^2+(p(x)))+(x^3+(p(x)))$$
$$=(x^2+(p(x)))+((\bar{1}+x)+(p(x)))\quad ((5.3.6)\text{에 의하여})$$
$$=(x^2+(\bar{1}+x))+(p(x))=(\bar{1}+x+x^2)+(p(x)),$$
$$\alpha^6=\alpha^3\alpha^3=((\bar{1}+x)+(p(x)))((\bar{1}+x)+(p(x)))$$
$$=(\bar{1}+x)^2+(p(x))=(\bar{1}+(\bar{1}+\bar{1})x+x^2)+(p(x))$$
$$=(\bar{1}+\bar{0}+x^2)+(p(x))\quad ((5.3.5)\text{에 의하여})$$
$$=(\bar{1}+x^2)+(p(x)),$$
$$\alpha^7=\alpha^6\alpha=((\bar{1}+x^2)+(p(x)))(x+(p(x)))$$
$$=(\bar{1}+x^2)x+(p(x))=(x+x^3)+(p(x))$$
$$=(\bar{0}+x+x^3)+(p(x))=((\bar{1}+\bar{1})+x+x^3)+(p(x))$$
$$=(\bar{1}+(\bar{1}+x+x^3))+(p(x))=(\bar{1}+p(x))+(p(x))$$
$$=(\bar{1}+(p(x)))+(p(x)+(p(x)))$$
$$=(\bar{1}+(p(x)))+(p(x))\ (p(x)\in(p(x))\text{이므로 정리 2.4.1 (1) (v)에 의하여})$$
$$=\bar{1}+(p(x))$$

이고, 따라서

$$\begin{aligned}g(\alpha^4)&=(\alpha^4)^8-\alpha^4=\alpha^{32}-\alpha^4=\alpha^{28}\alpha^4-\alpha^4\\&=(\alpha^7)^4\alpha^4-\alpha^4=(\bar{1}+(p(x)))^4\alpha^4-\alpha^4\\&=(\bar{1}+(p(x)))\alpha^4-\alpha^4=\alpha^4-\alpha^4=\bar{0}\end{aligned}$$

이므로 $\alpha^4=(x+x^2)+(p(x))$는 $g(x)$의 근이다. 더욱이,

$$((x+x^2)+(p(x)))((\bar{1}+x)+(p(x)))=\alpha^4\alpha^3=\alpha^7=\bar{1}+(p(x))$$

이므로 $(x+x^2)+(p(x))\in GF(2^3)$의 곱셈역원은 $(\bar{1}+x)+(p(x))$이고, 또한

$$((\bar{1}+x+x^2)+(p(x)))(x^2+(p(x)))=\alpha^5\alpha^2=\alpha^7=\bar{1}+(p(x))$$

이므로 $(\bar{1}+x+x^2)+(p(x))\in GF(2^3)$의 곱셈역원은 $x^2+(p(x))$이다. ◀

## 연습문제 5.3

**1.** $F$를 체라 하고 $f(x)\in F[x]$, $\deg f(x)\geq 1$이라 할 때, $f(x)$가 분리다항식일 필요충분조건은 $f(x)$와 $f'(x)$가 서로 소임을 증명하여라.

**2.** $F$를 표수가 $p$ ($p$는 소수)인 체라 하고 $f(x)=x^p-x\in F[x]$라 할 때, 다음을 보여라.

(1) $f'(x)=-1_F$

(2) $f(x)$와 $f'(x)$는 공통근을 갖지 않는다.

(3) $F$위의 $f(x)$의 분해체에서 $f(x)$의 모든 근은 서로 다르다.

**3.** $F$를 표수가 $p$($p$는 소수)인 체라 하고 $f(x)$를 $F[x]$에서의 기약다항식이라 할 때, $F$위의 $f(x)$의 분해체에서 $f(x)$가 중근을 갖기 위한 필요충분조건은 $f(x)=g(x^p)$을 만족하는 다항식 $g(x)\in F[x]$가 존재하는 것임을 증명하여라.

**4.** $F$를 표수가 $p$($p$는 소수)인 체라 하고 $E$를 $F$의 유한확대체라 하자. $[E:F]=q$라 할 때, $p$와 $q$가 서로 소이면 $E$는 $F$의 분리확대체임을 증명하여라.

**5.** (1) $\mathbf{Q}(\sqrt{3},\sqrt{5})=\mathbf{Q}(\alpha)$를 만족하는 $\alpha(\alpha\neq\sqrt{3}+\sqrt{5})$를 하나 구하여라.

(2) $\mathbf{Q}(\sqrt{2},\sqrt{3},\sqrt{5})=\mathbf{Q}(\alpha)$를 만족하는 $\alpha$를 하나 구하여라.

(3) $\mathbf{Q}(i,\sqrt[3]{2})=\mathbf{Q}(\alpha)$를 만족하는 $\alpha$를 하나 구하여라.

**6.** $p$를 소수라 하고 $n$을 양의 정수라 하자. $E$를 위수가 $p^n$인 유한체라 하자. 그러면 다음이 성립함을 증명하여라.

(1) $d|n\ (d>0)$이면 위수가 $p^d$인 $E$의 부분체 $K$가 유일하게 존재한다.

(2) $K$를 $E$의 부분체라 하면 $K$의 위수는 $d|n$인 적당한 양의 정수 $d$에 대하여 $p^d$이다.

# 5.4 Galois군

**【정리 5.4.1】**

$E$를 체라 하고 $E$의 자기동형함수 전체의 집합을 Aut$(E)$로 표시하자. 그러면 Aut$(E)$는 $E$위의 치환군 $S_E$의 부분군이다(정리 2.2.33 (1)을 참조)(이 때, Aut$(E)$를 체 $E$의 자기동형군(group of automorphisms of $E$)이라 한다).

**증명** 분명히 Aut$(E) \subset S_E$이다. $i_E$는 $E$의 자기동형함수(보기 3.2.18을 참조)이므로 $i_E \in$ Aut$(E)$이다. $f$, $g \in$ Aut$(E)$라 하면 정리 3.2.24 (4)에 의하여 $fg \in$ Aut$(E)$이다. 또한 $f \in$ Aut$(E)$라 하면 정리 3.2.25에 의하여 $f^{-1} \in$ Aut$(E)$이다. 따라서 정리 2.2.2에 의하여 Aut$(E)$는 $S_E$의 부분군이다. ■

**【정리 5.4.2】**

$E$를 체 $F$의 확대체라 하고 $E$의 $F$-자기동형 전체의 집합을 $\mathrm{Gal}_F E$로 표시하자. 즉,

$$\mathrm{Gal}_F E = \{ f \in \mathrm{Aut}(E) \mid \text{모든 } a \in F\text{에 대하여 } f(a) = a \}.$$

그러면 다음이 성립한다.

(1) $\mathrm{Gal}_F E$는 Aut$(E)$의 부분군이다(이 때, 군 $\mathrm{Gal}_F E$를 **$F$위의 $E$의 Galois 군**(Galois group of $E$ over $F$)이라 한다).

(2) $K$를 $F \subset K$인 $E$의 부분체라 하면 $\mathrm{Gal}_K E$는 $\mathrm{Gal}_F E$의 부분군이다. 특히 $M$을 $K \subset M$인 $E$의 부분체라 하면

$$\mathrm{Gal}_M E \subset \mathrm{Gal}_K E$$

이다.

(3) $\sigma \in \mathrm{Gal}_F E$라 하고 $\alpha \in E$라 하자(따라서 $\sigma(\alpha) \in E$이다). 그러면 $f(x) \in F[x]$에 대하여

$$f(\alpha) = 0 \iff f(\sigma(\alpha)) = 0$$

이다.

**증명** (1) $\mathrm{Gal}_F E \subset \mathrm{Aut}(E)$이다. 분명히 $i_E$는 $F$-자기동형이므로 $i_E \in \mathrm{Gal}_F E$이다. $f, g \in \mathrm{Gal}_F E$라 하면 $fg \in \mathrm{Aut}(E)$이고, 또한 모든 $a \in F$에 대하여

$$(fg)(a) = f(g(a)) = f(a) = a$$

이므로 $fg$는 $F$-자기동형이다. 따라서 $fg \in \mathrm{Gal}_F E$이다. 다음, $f \in \mathrm{Gal}_F E$라 하면 $f^{-1} \in \mathrm{Aut}(E)$이고, 또한 모든 $a \in F$에 대하여 $f(a) = a$이므로 $f^{-1}(a) = a$이다. 따라서 $f^{-1}$는 $F$-자기동형이므로 $f^{-1} \in \mathrm{Gal}_F E$이다. 그러므로 정리 2.2.2에 의하여 $\mathrm{Gal}_F E$는 $\mathrm{Aut}(E)$의 부분군이다.

(2) $\sigma \in \mathrm{Gal}_K E$라 하면 $\sigma \in \mathrm{Aut}(E)$이고, 또한 모든 $a \in K$에 대하여 $\sigma(a) = a$이다. 따라서 $F \subset K$이므로 모든 $b \in F$에 대하여 $\sigma(b) = b$이다. 따라서 $\sigma \in \mathrm{Gal}_F E$이다. 즉, $\mathrm{Gal}_K E \subset \mathrm{Gal}_F E$이다. 따라서 $\mathrm{Gal}_K E$는 $\mathrm{Gal}_F E$의 부분군이다. 같은 방법으로 나머지도 쉽게 증명된다.

(3) $f(x) = \sum_{k=0}^{n} a_k x^k$이라 하면 $a_k \in F(k=0,\ 1,\ 2,\ \cdots,\ n)$이므로 $\sigma(a_k) = a_k$이다. 따라서

$$\begin{aligned}\sigma(f(\alpha)) &= \sigma\left(\sum_{k=0}^{n} a_k \alpha^k\right) = \sum_{k=0}^{n} \sigma(a_k \alpha^k) = \sum_{k=0}^{n} \sigma(a_k)\sigma(\alpha^k) \\ &= \sum_{k=0}^{n} a_k (\sigma(\alpha))^k = f(\sigma(\alpha)),\end{aligned}$$

즉 $\sigma(f(\alpha)) = f(\sigma(\alpha))$이다. 그러므로

$$\begin{aligned} f(\alpha) = 0 &\iff \sigma(f(\alpha)) = 0 \ (\text{정리 3.2.23 (2)에 의하여}) \\ &\iff f(\sigma(\alpha)) = 0. \end{aligned}$$

■

**【정리 5.4.3】**

$F$를 체라 하고 적당한 $f(x) \in F[x]$, $\deg f(x) \geq 1$에 대하여 $E$를 $F$위의 $f(x)$의 분해체라 하자(따라서 정리 5.2.4에 의하여 $E$는 $F$의 대수적확대체이다). 또한 $\alpha, \beta \in E$라 하자. 그러면 $\sigma(\alpha) = \beta$를 만족하는 $\sigma \in \mathrm{Gal}_F E$가 존재

할 필요충분조건은 $F$위의 $\alpha$의 최소다항식과 $\beta$의 최소다항식이 같은 것이다.

**증명** $F$위의 $\alpha$의 최소다항식과 $\beta$의 최소다항식이 같다고 하자. 그러면 정리 5.1.21에 의하여 $\psi(\alpha)=\beta$를 만족하는 $F$-동형

$$\psi : F(\alpha) \longrightarrow F(\beta)$$

가 존재한다. $E$가 $F$위의 $f(x)$의 분해체이므로 보기 5.2.2 앞의 설명에 의하여 $E$는 $F(\alpha)$위의 $f(x)$의 분해체이고, 또한 $E$는 $F(\beta)$위의 $f(x)$의 분해체이다. 따라서 정리 5.2.6에 의하여 모든 $a \in F(\alpha)$에 대하여 $\sigma(a)=\psi(a)$를 만족하는 자기동형

$$\sigma : E \longrightarrow E$$

가 존재한다. 또한, 모든 $b \in F$에 대하여

$$\sigma(b)=\psi(b)=b$$

이므로 $\sigma$는 $F$-자기동형이다. 즉, $\sigma \in \mathrm{Gal}_F E$이다. 더욱이 $\alpha \in F(\alpha)$이므로

$$\sigma(\alpha)=\psi(\alpha)=\beta$$

이다. 역으로 $\sigma(\alpha)=\beta$를 만족하는 $\sigma \in \mathrm{Gal}_F E$가 존재한다고 하자. $q(x)$를 $F$위의 $\alpha$의 최소다항식이라 하고 $p(x)$를 $F$위의 $\beta$의 최소다항식이라 하자. 그러면 $q(\alpha)=0$이므로 정리 5.4.2 (3)에 의하여

$$q(\beta)=q(\sigma(\alpha))=0$$

이다. 따라서 정리 5.1.12 (5)에 의하여 $q(x)=p(x)$이다. ■

**【정리 5.4.4】**

$E$를 체 $F$의 확대체라 하고 $\alpha_i \in E(i=1, 2, \cdots, n)$를 $F$위에서 대수적이라 하자.

$$E=F(\alpha_1, \alpha_2, \cdots, \alpha_n)$$

이라 할 때, $\sigma$, $\tau \in \mathrm{Gal}_F E$라 하고 $i=1, 2, \cdots, n$에 대하여 $\sigma(\alpha_i)=\tau(\alpha_i)$라

하자. 그러면 $\sigma=\tau$이다(따라서 $\sigma$는 $\sigma$에 의한 $\alpha_i(i=1, 2, \cdots, n)$의 함수값 $\sigma(\alpha_i)$에 의하여 완전히 결정된다).

**증명** $f=\tau^{-1}\sigma$라 하면 $f\in \mathrm{Gal}_F E$이다. 먼저 $f=i_E$임을 증명하자. 모든 $i\,(i=1, 2, \cdots, n)$에 대하여

$$f(\alpha_i)=\tau^{-1}\sigma(\alpha_i)=\tau^{-1}(\sigma(\alpha_i))=\tau^{-1}(\tau(\alpha_i))=\alpha_i,$$

즉 $f(\alpha_i)=\alpha_i$이다. $F$의 단순확대체 $F(\alpha_1)$을 생각하자. $p(x)$를 $F$위의 $\alpha_1$의 최소다항식이라 하고 $\deg p(x)=m$이라 하면 정리 5.1.12 (6)에 의하여

$$S=\{1, \alpha_1, \alpha_1^2, \cdots, \alpha_1^{m-1}\}$$

은 $F(\alpha_1)$의 기저이다. 따라서 $u\in F(\alpha_1)$은 적당한 $c_i\in F(i=0, 1, 2, \cdots, m-1)$에 대하여

$$u=c_0 1+c_1\alpha_1+c_2\alpha_1^2+\cdots+c_{m-1}\alpha_1^{m-1}$$

의 꼴로 표시된다. 이 때, $f$가 $F$-자기동형이고 $f(\alpha_1)=\alpha_1$이므로

$$\begin{aligned} f(u)&=f(c_0 1+c_1\alpha_1+c_2\alpha_1^2+\cdots+c_{m-1}\alpha_1^{m-1}) \\ &=f(c_0)+f(c_1)f(\alpha_1)+f(c_2)(f(\alpha_1))^2+\cdots+f(c_{m-1})(f(\alpha_1))^{m-1} \\ &=c_0+c_1\alpha_1+c_2\alpha_1^2+\cdots+c_{m-1}\alpha_1^{m-1}=u \end{aligned}$$

이다. 즉, 모든 $u\in F(\alpha_1)$에 대하여 $f(u)=u$이다. 따라서 $f$는 $F(\alpha_1)$-자기동형이다. 다음

$$F(\alpha_1, \alpha_2)=F(\alpha_1)(\alpha_2)$$

이므로 $F(\alpha_1, \alpha_2)$는 $F(\alpha_1)$의 단순확대체이다. 더욱이 $\alpha_2$가 $F$위에서 대수적이므로 보기 5.1.10에 의하여 $\alpha_2$는 $F(\alpha_1)$위에서 대수적이다. 위의 증명과정에서 $\alpha_1$ 대신에 $\alpha_2$로 바꾸어 생각하고 $F$ 대신에 $F(\alpha_1)$으로 바꾸어 생각하면 위의 증명과정과 같은 방법으로 모든 $v\in F(\alpha_1)(\alpha_2)=F(\alpha_1, \alpha_2)$에 대하여 $f(v)=v$임을 증명할 수 있다. 다시

$$F(\alpha_1, \alpha_2, \alpha_3)=F(\alpha_1, \alpha_2)(\alpha_3)$$

이고 $\alpha_3$가 $F(\alpha_1, \alpha_2)$위에서 대수적이므로 위의 증명과정에서 $\alpha_1$ 대신에 $\alpha_3$로 바꾸어 생각하고 $F$ 대신에 $F(\alpha_1, \alpha_2)$로 바꾸어 생각하면 위와 같은 방법으로 모든

$$w \in F(\alpha_1, \alpha_2)(\alpha_3)=F(\alpha_1, \alpha_2, \alpha_3)$$

에 대하여 $f(w)=w$임을 증명할 수 있다. 이 방법을 계속하여 모든

$$\beta \in F(\alpha_1, \alpha_2, \cdots, \alpha_n)$$

에 대하여 $f(\beta)=\beta$임을 증명할 수 있다. 따라서 $i_E=f=\tau^{-1}\sigma$이다. 그러므로

$$\tau=\tau i_E=\tau(\tau^{-1}\sigma)=(\tau\tau^{-1})\sigma=i_E\sigma=\sigma$$

이다. ■

**【정리 5.4.5】**

$E$를 체 $F$의 확대체라 하고 $\alpha \in E$를 $F$위에서 대수적이라 할 때, $F$의 단순확대체 $F(\alpha)$를 생각하자. $p(x)$를 $F$위의 $\alpha$의 최소다항식이라 하고 $F(\alpha)$에서의 $p(x)$의 서로 다른 근을 $\alpha_1(\alpha_1=\alpha)$, $\alpha_2$, $\cdots$, $\alpha_r$이라 하자. 그러면 $\sigma_i(\alpha)=\alpha_i(i=1, 2, \cdots, r)$을 만족하는 $\sigma_i \in \mathrm{Gal}_F F(\alpha)$가 존재한다. 더욱이

$$\mathrm{Gal}_F F(\alpha)=\{\sigma_1, \sigma_2, \cdots, \sigma_r\}, \ |\mathrm{Gal}_F F(\alpha)|=r \le [F(\alpha) : F]$$

이다(이 때, $\sigma_1=i_{F(\alpha)}$이다).

**증명** $\deg p(x)=n$이라 하자. $i=1, 2, \cdots, r$에 대하여 $p_i(x)$를 $F$위의 $\alpha_i$의 최소다항식이라 하면 $p(\alpha_i)=0$이므로 정리 5.1.12 (5)에 의하여 $p_i(x)=p(x)$이다. 따라서 $\deg p_i(x)=n$이므로 정리 5.1.12 (6)에 의하여

$$[F(\alpha_i) : F]=n=[F(\alpha) : F]$$

이다. 한편 $F(\alpha)$는 $F \subset F(\alpha)$, $\alpha_i \in F(\alpha)$인 $E$의 부분체이므로 $F(\alpha_i) \subset F(\alpha)$

이다. 따라서 정리 4.2.21에 의하여 $F(\alpha)=F(\alpha_i)$이다. 또한 $p(\alpha)=0=p(\alpha_i)$이다. 따라서 정리 5.1.21에 의하여 $\sigma_i(\alpha)=\alpha_i$를 만족하는 $F$-자기동형

$$\sigma_i : F(\alpha) \longrightarrow F(\alpha)=F(\alpha_i)$$

가 존재한다. 따라서 $\sigma_1, \sigma_2, \cdots, \sigma_r$은 서로 다르고

$$\{\sigma_1, \sigma_2, \cdots, \sigma_r\} \subset \mathrm{Gal}_F F(\alpha)$$

이다. 이제 $\sigma \in \mathrm{Gal}_F F(\alpha)$라 하면 정리 5.4.2 (3)에 의하여 $p(\sigma(\alpha))=0$이므로 적당한 $i\,(i=1, 2, \cdots, r)$에 대하여 $\sigma(\alpha)=\alpha_i$이다. 즉, $\sigma(\alpha)=\sigma_i(\alpha)$이다. 따라서 정리 5.4.4에 의하여 $\sigma=\sigma_i$이다. 그러므로

$$\mathrm{Gal}_F F(\alpha)=\{\sigma_1, \sigma_2, \cdots, \sigma_r\}$$

이다. 따라서 정리 3.8.13에 의하여 $r \leq n$이므로

$$|\mathrm{Gal}_F F(\alpha)|=r \leq n=[F(\alpha) : F]$$

이다. 특히, $\sigma_1(\alpha)=\alpha_1=\alpha=i_{F(\alpha)}(\alpha)$이므로 정리 5.4.4에 의하여 $\sigma_1=i_{F(\alpha)}$이다. ■

**보기 5.4.6** 유리수체 $\mathbf{Q}$의 단순확대체 $E=\mathbf{Q}(\sqrt{2})$를 생각하자. 보기 5.1.14에 의하여 $\sqrt{2}$는 $\mathbf{Q}$위에서 대수적이고 $p(x)=x^2-2$는 $\mathbf{Q}$위의 $\sqrt{2}$의 최소다항식이다. 이 때, $p(x)$의 근은 $\sqrt{2}$와 $-\sqrt{2}\,(\pm\sqrt{2} \in E)$이므로 정리 5.4.5에 의하여 $\sigma(\sqrt{2})=\sqrt{2}$를 만족하는 $\sigma \in \mathrm{Gal}_{\mathbf{Q}}E$와 $\tau(\sqrt{2})=-\sqrt{2}$를 만족하는 $\tau \in \mathrm{Gal}_{\mathbf{Q}}E$가 존재하여

$$\mathrm{Gal}_{\mathbf{Q}}E=\{\sigma, \tau\}$$

이다. 실제로 보기 5.1.14에 의하여

$$E=\mathbf{Q}(\sqrt{2})=\{a+b\sqrt{2} \mid a, b \in \mathbf{Q}\}$$

이고, 따라서 $\sigma$와 $\tau$는 각각 임의의 $a+b\sqrt{2} \in E$에 대하여

$$\sigma(a+b\sqrt{2})=\sigma(a)+\sigma(b)\sigma(\sqrt{2})=a+b\sqrt{2}$$
$$\tau(a+b\sqrt{2})=\tau(a)+\tau(b)\tau(\sqrt{2})=a+b(-\sqrt{2})=a-b\sqrt{2}$$

로 정의되는 $E$의 $\mathbf{Q}$-자기동형이다. 따라서 $\sigma=i_E$이고

$$\mathrm{Gal}_{\mathbf{Q}}E=\{i_E,\ \tau\}$$

이다. ◀

**보기 5.4.7** 실수체 $\mathbf{R}$의 확대체 $\mathbf{C}$를 생각하자. 보기 5.1.13에 의하여 $i$는 $\mathbf{R}$위에서 대수적이고 $p(x)=x^2+1$은 $\mathbf{R}$위의 $i$의 최소다항식이며

$$\mathbf{C}=\mathbf{R}(i)=\{a+bi\,|\,a,\ b\in\mathbf{R}\}$$

이다. 이 때, $i,\ -i\in\mathbf{C}$는 $p(x)$의 근이므로 정리 5.4.5에 의하여 $\sigma(i)=i$를 만족하는 $\sigma\in\mathrm{Gal}_{\mathbf{R}}\mathbf{C}$와 $\tau(i)=-i$를 만족하는 $\tau\in\mathrm{Gal}_{\mathbf{R}}\mathbf{C}$가 존재한다. 실제로

$$\sigma(i)=i=i_{\mathbf{C}}(i)$$

이므로 정리 5.4.4에 의하여 $\sigma=i_{\mathbf{C}}$이고, 또한 임의의 $a+bi\in\mathbf{C}$에 대하여

$$\tau(a+bi)=\tau(a)+\tau(b)\tau(i)=a+b(-i)=a-bi$$

이다. 즉,

$$\mathrm{Gal}_{\mathbf{R}}\mathbf{C}=\{i_{\mathbf{C}},\ \tau\}$$

이다. ◀

**보기 5.4.8** $\mathbf{Q}$의 단순확대체 $E=\mathbf{Q}(\sqrt[3]{2})$를 생각하자. 보기 5.1.22에 의하여 $p(x)=x^3-2$는 $\mathbf{Q}[x]$에서의 기약다항식이고 $p(\sqrt[3]{2})=0$이다. 따라서 정리 5.1.12 (5)에 의하여 $p(x)$는 $\mathbf{Q}$위의 $\sqrt[3]{2}$의 최소다항식이다. 이 때, $p(x)$의 근은

$$\sqrt[3]{2},\ \sqrt[3]{2}\,\omega,\ \sqrt[3]{2}\,\omega^2\left(\omega=\frac{-1+\sqrt{3}\,i}{2}\right)$$

이다. 분명히 $E\subset\mathbf{R}$이므로 $\sqrt[3]{2}\,\omega,\ \sqrt[3]{2}\,\omega^2\not\in E$이고, 따라서 $E$에서의 $p(x)$의 근은 $\sqrt[3]{2}$뿐이다. 그러므로 정리 5.4.5에 의하여

$$\mathrm{Gal}_{\mathbf{Q}}E = \{i_E\}$$

이다. ◀

**보기 5.4.9** $\mathbf{Q}$의 유한생성확대체 $E=\mathbf{Q}(\sqrt{2}, \sqrt{3})$을 생각하자. $\beta \in \mathrm{Gal}_{\mathbf{Q}}E$라 하자. 그러면 $p(x)=x^2-2 \in \mathbf{Q}[x]$에 대하여 $p(\sqrt{2})=0$이므로 정리 5.4.2 (3)에 의하여 $p(\beta(\sqrt{2}))=0$이다. 즉, $\beta(\sqrt{2})$는 $E$에서의 $p(x)$의 근이다. 따라서 $E$에서의 $p(x)$의 근은 $\sqrt{2}$와 $-\sqrt{2}$뿐이므로 $\beta(\sqrt{2})=\sqrt{2}$, 또는 $\beta(\sqrt{2})=-\sqrt{2}$이어야 한다. 한편, $E$에서의 $q(x)=x^2-3 \in \mathbf{Q}[x]$의 근은 $\sqrt{3}$과 $-\sqrt{3}$뿐이므로 위와 같이 생각하면 $\beta(\sqrt{3})=\sqrt{3}$, 또는 $\beta(\sqrt{3})=-\sqrt{3}$이어야 함을 알 수 있다. 그러므로 정리 5.4.4에 의하여 $\mathrm{Gal}_{\mathbf{Q}}E$는 기껏해야 다음 조건

$$\theta(\sqrt{2}) = \sqrt{2}, \quad \theta(\sqrt{3}) = \sqrt{3} \qquad \cdots\cdots(5.4.1)$$

$$\sigma(\sqrt{2}) = -\sqrt{2}, \quad \sigma(\sqrt{3}) = \sqrt{3} \qquad \cdots\cdots(5.4.2)$$

$$\tau(\sqrt{2}) = \sqrt{2}, \quad \tau(\sqrt{3}) = -\sqrt{3} \qquad \cdots\cdots(5.4.3)$$

$$\rho(\sqrt{2}) = -\sqrt{2}, \quad \rho(\sqrt{3}) = -\sqrt{3} \qquad \cdots\cdots(5.4.4)$$

을 만족하는 $E$의 $\mathbf{Q}$-자기동형 $\theta, \sigma, \tau, \rho$를 포함한다. 실제로, (5.4.1)에 의하여

$$\theta(\sqrt{2})=\sqrt{2}=i_E(\sqrt{2}), \quad \theta(\sqrt{3})=\sqrt{3}=i_E(\sqrt{3})$$

이므로 정리 5.4.4에 의하여 $i_E=\theta$이다. 조건 (5.4.2)를 만족하는 $\sigma \in \mathrm{Gal}_{\mathbf{Q}}E$가 존재함을 보이자. $p(x)$는 $\mathbf{Q}[x]$에서의 기약다항식이고 $p(\sqrt{2})=p(-\sqrt{2})=0$이므로 정리 5.1.21에 의하여 $\psi(\sqrt{2})=-\sqrt{2}$를 만족하는 $\mathbf{Q}$-자기동형

$$\psi : \mathbf{Q}(\sqrt{2}) \longrightarrow \mathbf{Q}(-\sqrt{2})=\mathbf{Q}(\sqrt{2})$$

가 존재한다. 또한, 보기 5.1.28의 설명과정에 의하여 $q(x)$는 $\mathbf{Q}(\sqrt{2})$위의 $\sqrt{3}$의 최소다항식이므로 정리 5.1.12 (3)에 의하여 $q(x)$는 $\mathbf{Q}(\sqrt{2})[x]$에서의 기약다항식이다. 따라서 정리 5.1.17에 의하여 다음 두 조건

(1) $\sigma(\sqrt{3})=\sqrt{3}$

(2) 모든 $a \in \mathbf{Q}(\sqrt{2})$에 대하여 $\sigma(a)=\psi(a)$

를 만족하는 자기동형 $\sigma : E \longrightarrow E$가 존재한다. $\psi$가 $\mathbf{Q}$-자기동형이므로 모

든 $b \in \mathbf{Q} \subset \mathbf{Q}(\sqrt{2})$에 대하여

$$\sigma(b)=\psi(b)=b$$

이다. 따라서 $\sigma$는 $\mathbf{Q}$-자기동형이다. 더욱이 $\sqrt{2} \in \mathbf{Q}(\sqrt{2})$이므로 (2)에 의하여

$$\sigma(\sqrt{2})=\psi(\sqrt{2})=-\sqrt{2}$$

이다. 그러므로 조건 (5.4.2)를 만족하는 $\sigma \in \mathrm{Gal}_{\mathbf{Q}}E$가 존재한다. 같은 방법으로 조건 (5.4.3)을 만족하는 $\tau \in \mathrm{Gal}_{\mathbf{Q}}E$와 조건 (5.4.4)를 만족하는 $\rho \in \mathrm{Gal}_{\mathbf{Q}}E$가 존재함을 증명할 수 있다. 따라서

$$\mathrm{Gal}_{\mathbf{Q}}E=\{i_E, \sigma, \tau, \rho\}$$

이다. 또한

$$\begin{aligned}\sigma^2(\sqrt{2}) &= \sigma\sigma(\sqrt{2})=\sigma(\sigma(\sqrt{2}))=\sigma(-\sqrt{2})=-\sigma(\sqrt{2})\\ &= -(-\sqrt{2})=\sqrt{2}=i_E(\sqrt{2}),\\ \sigma^2(\sqrt{3}) &= \sigma\sigma(\sqrt{3})=\sigma(\sigma(\sqrt{3}))=\sigma(\sqrt{3})=\sqrt{3}=i_E(\sqrt{3})\end{aligned}$$

이므로 정리 5.4.4에 의하여 $\sigma^2=i_E$이다. 같은 방법으로

$$\tau^2=\rho^2=i_E$$

임을 증명할 수 있다. 따라서 $\mathrm{Gal}_{\mathbf{Q}}E$는 Klein의 4원군이다(정리 2.4.10을 참조). 한편, 보기 5.1.28에 의하여

$$E=\mathbf{Q}(\sqrt{2}, \sqrt{3})=\{a+b\sqrt{2}+c\sqrt{3}+d\sqrt{6} \mid a, b, c, d \in \mathbf{Q}\}$$

이므로 $\sigma$는 임의의 $a+b\sqrt{2}+c\sqrt{3}+d\sqrt{6} \in E$에 대하여

$$\begin{aligned}&\sigma(a+b\sqrt{2}+c\sqrt{3}+d\sqrt{6})\\ &\quad=\sigma(a)+\sigma(b)\sigma(\sqrt{2})+\sigma(c)\sigma(\sqrt{3})+\sigma(d)\sigma(\sqrt{2})\sigma(\sqrt{3})\\ &\quad=a+b(-\sqrt{2})+c\sqrt{3}+d(-\sqrt{2})\sqrt{3}=a-b\sqrt{2}+c\sqrt{3}-d\sqrt{6}\end{aligned}$$

으로 정의되는 $E$의 $\mathbf{Q}$-자기동형이다. 다음, 다른 방법으로 $\mathrm{Gal}_{\mathbf{Q}}E$를 구해

보자. 보기 5.1.28에 의하여

$$E=\mathbf{Q}(\sqrt{2}+\sqrt{3})=\mathbf{Q}(\sqrt{2},\ \sqrt{3})=\{a+b\sqrt{2}+c\sqrt{3}+d\sqrt{6}\mid a,\ b,\ c,\ d\in\mathbf{Q}\}$$

이고, 또한 보기 5.1.14에 의하여

$$p(x)=x^4-10x^2+1$$

은 $\mathbf{Q}$위의 $\sqrt{2}+\sqrt{3}$의 최소다항식이다. $p(x)$의 근은

$$\pm(\sqrt{2}\pm\sqrt{3})\in\mathbf{Q}(\sqrt{2}+\sqrt{3})=\mathbf{Q}(\sqrt{2},\sqrt{3})=E$$

이므로 정리 5.4.5에 의하여

$$\sigma_1(\sqrt{2}+\sqrt{3})=\sqrt{2}+\sqrt{3},\qquad \sigma_2(\sqrt{2}+\sqrt{3})=\sqrt{2}-\sqrt{3},$$
$$\sigma_3(\sqrt{2}+\sqrt{3})=-\sqrt{2}+\sqrt{3},\quad \sigma_4(\sqrt{2}+\sqrt{3})=-\sqrt{2}-\sqrt{3}$$

을 만족하는 $\sigma_1$, $\sigma_2$, $\sigma_3$, $\sigma_4\in\mathrm{Gal}_{\mathbf{Q}}E$가 존재하여

$$\mathrm{Gal}_{\mathbf{Q}}E=\{\sigma_1,\ \sigma_2,\ \sigma_3,\ \sigma_4\}$$

이다. 실제로 $\sigma_1(\sqrt{2}+\sqrt{3})=\sqrt{2}+\sqrt{3}=i_E(\sqrt{2}+\sqrt{3})$이므로 정리 5.4.4에 의하여 $\sigma_1=i_E$이다. 또한

$$\sigma_2(\sqrt{2}+\sqrt{3})=\sqrt{2}-\sqrt{3}=\tau(\sqrt{2})+\tau(\sqrt{3})=\tau(\sqrt{2}+\sqrt{3})$$

이므로 정리 5.4.4에 의하여 $\sigma_2=\tau$이다. 같은 방법으로 $\sigma_3=\sigma$, $\sigma_4=\rho$임을 증명할 수 있다. ◀

**【정리 5.4.10】**

$E$를 체 $F$의 확대체라 하고 $H$를 $\mathrm{Aut}(E)$의 부분군이라 할 때,

$$E_H=\{a\in E\mid \text{모든 } \sigma\in H\text{에 대하여 } \sigma(a)=a\}$$

로 정의하자. 그러면 다음이 성립한다.

(1) $E_H$는 $E$의 부분체이다(이 때, $E_H$를 $\boldsymbol{H}$의 고정체(fixed field of $H$)라 한다). 특히, $H\subset\mathrm{Gal}_F E$이면 $E_H$는 $F\subset E_H$인 $E$의 부분체이다.

(2) $L$을 $\mathrm{Aut}(E)$의 부분군이라 하고 $H \subset L$이라 하면 $E_L \subset E_H$이다.

(3) $H \subset \mathrm{Gal}_{E_H} E$이다.

**증명** (1) 모든 $\sigma \in H$에 대하여 $\sigma(0)=0$이므로 $0 \in E_H$이다. $a$, $b \in E_H$라 하면 모든 $\sigma \in H$에 대하여 $\sigma(a)=a$, $\sigma(b)=b$이므로

$$\sigma(a-b)=\sigma(a)-\sigma(b)=a-b,$$
$$\sigma(ab)=\sigma(a)\sigma(b)=ab$$

이다. 따라서 $a-b \in E_H$, $ab \in E_H$이다. 그러므로 정리 3.2.2에 의하여 $E_H$는 $E$의 부분환이다. 분명히 $E_H$는 가환환이다. 정리 3.2.27 (1) (i)에 의하여 모든 $\sigma \in H$에 대하여 $\sigma(1_E)=1_E$이므로 $1_E \in E_H$이다. 또한 $a \in E_H (a \neq 0)$라 하면 모든 $\sigma \in H$에 대하여 $\sigma(a)=a$이므로

$$a\sigma(a^{-1})=\sigma(a)\sigma(a^{-1})=\sigma(aa^{-1})=\sigma(1_E)=1_E$$

이다. 따라서 모든 $\sigma \in H$에 대하여 $\sigma(a^{-1})=a^{-1}$이므로 $a^{-1} \in E_H$이다. 그러므로 $E_H$는 $E$의 부분체이다. 다음 $H \subset \mathrm{Gal}_F E$라 하자. $a \in F$라 하면 모든 $\sigma \in H$에 대하여 $\sigma(a)=a$이므로 $a \in E_H$이다. 따라서 $F \subset E_H$이다.

(2) $a \in E_L$이라 하면 모든 $\sigma \in L$에 대하여 $\sigma(a)=a$이다. 따라서 $H \subset L$이므로 모든 $\sigma \in H$에 대하여 $\sigma(a)=a$이다. 따라서 $a \in E_H$이다. 그러므로 $E_L \subset E_H$이다.

(3) $\sigma \in H$라 하면 $\sigma$는 $E$의 자기동형이고, 또한 모든 $a \in E_H$에 대하여 $\sigma(a)=a$이다. 따라서 $\sigma \in \mathrm{Gal}_{E_H} E$이다. 그러므로 $H \subset \mathrm{Gal}_{E_H} E$이다. ■

**보기 5.4.11** 보기 5.4.9에서의

$$\mathrm{Gal}_{\mathbf{Q}} E = \mathrm{Gal}_{\mathbf{Q}} \mathbf{Q}(\sqrt{2}, \sqrt{3}) = \{i_E, \sigma, \tau, \rho\}$$

를 생각하자. 분명히 $H=\{i_E, \sigma\}$는 $\mathrm{Gal}_{\mathbf{Q}} E$의 부분군이다. 보기 5.1.28에 의하여

$$E=\mathbf{Q}(\sqrt{2}, \sqrt{3})=\{a+b\sqrt{2}+c\sqrt{3}+d\sqrt{6} \mid a, b, c, d\in\mathbf{Q}\}$$

이다. 이제 $H$의 고정체 $E_H$를 구해보자. $a+b\sqrt{2}+c\sqrt{3}+d\sqrt{6}\in E_H$라 하면

$$\begin{aligned}a+b\sqrt{2}+c\sqrt{3}+d\sqrt{6} &= \sigma(a+b\sqrt{2}+c\sqrt{3}+d\sqrt{6})\\ &= a-b\sqrt{2}+c\sqrt{3}-d\sqrt{6}\text{(보기 5.4.9에 의하여)}\end{aligned}$$

이다. 그러므로

$$b\sqrt{2}+d\sqrt{6}=-b\sqrt{2}-d\sqrt{6}, \text{ 즉 } 2b\sqrt{2}=-2d\sqrt{6}$$

이고, 따라서 $b=-d\sqrt{3}$이다. 이 때, $d\neq 0$이라 하면

$$\sqrt{3}=-\frac{b}{d}\in\mathbf{Q}$$

가 되어 모순이므로 $d=0$이다. 따라서 $b=0$이다. 그러므로

$$E_H=\{a+c\sqrt{3} \mid a, c\in\mathbf{Q}\}=\mathbf{Q}(\sqrt{3})\text{(보기 5.1.14에 의하여)}$$

이다. ◀

**보기 5.4.12** 보기 5.4.6에서의

$$\mathrm{Gal}_{\mathbf{Q}}E=\mathrm{Gal}_{\mathbf{Q}}\mathbf{Q}(\sqrt{2})=\{i_E, \tau\}$$

를 생각하자. $H=\mathrm{Gal}_{\mathbf{Q}}E$라 하고 $H$의 고정체 $E_H$를 구해보자. 정리 5.4.10 (1)에 의하여 $E_H$는 $\mathbf{Q}\subset E_H$인 $E=\mathbf{Q}(\sqrt{2})$의 부분체이다. 한편, 보기 5.1.14에 의하여

$$E=\mathbf{Q}(\sqrt{2})=\{a+b\sqrt{2} \mid a, b\in\mathbf{Q}\}$$

이므로 $\beta\in E-\mathbf{Q}$라 하면

$$\beta=a+b\sqrt{2}\,(a, b\in\mathbf{Q}, b\neq 0)$$

의 꼴로 표시되고, 따라서

$$\beta=a+b\sqrt{2}\neq a-b\sqrt{2}=\tau(a+b\sqrt{2})=\tau(\beta)$$

이다. 따라서 $\beta \notin E_H$이다. 그러므로 $E_H = \mathbf{Q}$이다. ◀

**【정리 5.4.13】**

$E$를 체 $F$의 유한확대체라 하고 $H$를 $\mathrm{Gal}_F E$의 부분군이라 할 때, $H$의 고정체 $E_H$를 $K$로 표시하자. 즉, $K = E_H$라 하자(따라서 정리 5.4.10 (1)에 의하여 $F \subset K \subset E$이다). 그러면 다음이 성립한다.

(1) $E$는 $K$의 단순정규분리확대체이다.

(2) $H = \mathrm{Gal}_K E$이고 $|H| = [E : K]$이다.

**증명** (1) 정리 5.1.26에 의하여 $E$는 $F$의 대수적확대체이다. 더욱이 $F \subset K \subset E$이므로 보기 5.1.10에 의하여 $E$는 $K$의 대수적확대체이다. $\alpha \in E$라 하고 $p(x)$를 $K$위의 $\alpha$의 최소다항식이라 하자. 그러면 $p(\alpha) = 0$이고, 또한 정리 5.4.10 (3)에 의하여 $H \subset \mathrm{Gal}_K E$이므로 정리 5.4.2 (3)에 의하여 모든 $\sigma \in H$에 대하여 $p(\sigma(\alpha)) = 0$이다. 즉, 모든 $\sigma \in H$에 대하여 $\sigma(\alpha)$는 $E$에서의 $p(x)$의 근이다. 정리 3.8.13에 의하여 $E$에서의 $p(x)$의 서로 다른 근의 개수는 $\deg p(x)$보다 많을 수 없으므로

$$A = \{\sigma(\alpha) \mid \sigma \in H\}$$

라 하면 $A$는 유한집합이다. 또한, $i_E \in H$이므로 $\alpha = i_E(\alpha) \in A$이다.

$$A = \{\alpha_1 (\alpha_1 = \alpha), \alpha_2, \cdots, \alpha_n\}$$

이라 하고(이 때, $\alpha_1, \alpha_2, \cdots, \alpha_n$은 서로 다르다)

$$f(x) = (x - \alpha_1)(x - \alpha_2) \cdots (x - \alpha_n)$$

이라 하자. 그러면 $\alpha_1, \alpha_2, \cdots, \alpha_n$이 서로 다르므로 $f(x)$는 분리다항식이다. 이제 $f(x) \in K[x]$임을 보이자. $\sigma \in H$라 하면 정리 5.1.16 다음의 설명에 의하여 임의의 $g(x) = \sum_{k=0}^{m} b_k x^k \in E[x]$에 대하여 $\bar{\sigma}(g(x)) = \sum_{k=0}^{m} \sigma(b_k) x^k$으로 정의되는 함수

$$\bar{\sigma} : E[x] \longrightarrow E[x]$$

는 자기동형이다. 따라서

$$\begin{aligned}\bar{\sigma}(f(x))&=\bar{\sigma}((x-\alpha_1)(x-\alpha_2)\cdots(x-\alpha_n))\\&=(x-\sigma(\alpha_1))(x-\sigma(\alpha_2))\cdots(x-\sigma(\alpha_n))\end{aligned}$$

이다. $\alpha_i \in A(i=1,\ 2,\ \cdots,\ n)$이므로 적당한 $\tau \in H$에 대하여 $\alpha_i = \tau(\alpha)$로 표시된다. 따라서

$$\sigma(\alpha_i)=\sigma(\tau(\alpha))=\sigma\tau(\alpha)$$

이고, 이 때 $\sigma\tau \in H$이므로 $\sigma(\alpha_i) \in A$이다. 더욱이 $\sigma$가 단사함수이므로 $\sigma(\alpha_1), \sigma(\alpha_2), \cdots, \sigma(\alpha_n)$은 서로 다르다. 그러므로 $\sigma(\alpha_1), \sigma(\alpha_2), \cdots, \sigma(\alpha_n)$은 $\alpha_1, \alpha_2, \cdots, \alpha_n$의 순서를 바꾸어 놓은 것이다. 따라서

$$\bar{\sigma}(f(x))=(x-\alpha_1)(x-\alpha_2)\cdots(x-\alpha_n)=f(x)$$

이다. 그러므로 $f(x)=\sum_{k=0}^{n} a_k x^k$라 하면

$$f(x)=\bar{\sigma}(f(x))=\sum_{k=0}^{n}\sigma(a_k)x^k$$

이고, 따라서 $\sigma(a_k)=a_k(k=0,\ 1,\ 2,\ \cdots,\ n)$이다. 이 때, $\sigma$는 $H$의 임의의 원소이므로 $a_k \in K$이다. 따라서 $f(x) \in K[x]$이다. 더욱이 $f(\alpha)=f(\alpha_1)=0$이므로 $E$는 $K$의 분리확대체이다. 또한, 정리 5.1.5 다음의 설명에 의하여 $E$는 $K$의 유한확대체이다. 따라서 정리 5.3.8에 의하여 $E$는 $K$의 단순확대체이다. 그러므로 적당한 $u \in E$에 대하여 $E=K(u)$이다. 이제 위의 증명과정에서 $\alpha$ 대신에 $u$로 바꾸어 생각하고 $q(x)$를 $K$위의 $u$의 최소다항식이라 하자. 또한

$$B=\{\sigma(u)\mid\sigma\in H\}=\{u_1(u_1=u),\ u_2,\ \cdots,\ u_r\}$$

이라 하고

$$h(x)=(x-u_1)(x-u_2)\cdots(x-u_r)$$

이라 하자. 그러면 위와 같은 방법으로 $h(x)\in K[x]$임을 증명할 수 있다. 분명히

$$E=K(u)=K(u_1)\subset K(u_1,\ u_2,\ \cdots,\ u_r)\subset E$$

이므로

$$E=K(u_1,\ u_2,\ \cdots,\ u_r)$$

이다. 따라서 $E$는 $K$위의 $h(x)$의 분해체이다. 그러므로 정리 5.2.10에 의하여 $E$는 $K$의 정규확대체이다.

(2) (1)의 증명과정에 의하여 $E=K(u)$이고, 또한 $E$는 $K$의 대수적확대체이다. $q(x)$를 $K$위의 $u$의 최소다항식이라 하면 정리 5.1.12 (6)에 의하여

$$\deg q(x)=[E:K]$$

이고, 또한 정리 5.4.5에 의하여

$$|\mathrm{Gal}_K E|\le\deg q(x)=[E:K]$$

이다. 더욱이 정리 5.4.10 (3)에 의하여 $H\subset\mathrm{Gal}_K E$이므로

$$|H|\le|\mathrm{Gal}_K E|$$

이다. 따라서

$$|H|\le|\mathrm{Gal}_K E|\le\deg q(x)=[E:K]$$

이다. 한편, (1)의 증명과정에서와 같이

$$B=\{\sigma(u)\,|\,\sigma\in H\}=\{u_1(u_1=u),\ u_2,\ \cdots,\ u_r\}$$

이라 하고

$$h(x)=(x-u_1)(x-u_2)\cdots(x-u_r)$$

이라 하면 $h(x)\in K[x]$이고 $h(u)=h(u_1)=0$이므로 정리 5.1.12 (2)에 의하여

$$q(x)\,|\,h(x)$$

이다. 따라서

$$|H| \geq r = \deg h(x) \geq \deg q(x) = [E : K]$$

이다. 그러므로

$$|H| \leq |\mathrm{Gal}_K E| \leq [E : K] \leq |H|,$$

즉 $|H| = |\mathrm{Gal}_K E| = [E : K]$이다. 따라서 $H \subset \mathrm{Gal}_K E$이므로 $H = \mathrm{Gal}_K E$이다. ■

**【정의 5.4.14】**

$E$가 체 $F$의 유한정규분리확대체일 때, $E$를 $F$의 Galois **확대체**라 한다.

$E$를 체 $F$의 Galois 확대체라 하고 $K$를 $F \subset K$인 $E$의 부분체라 하자. 그러면 $E$는 $F$의 유한정규확대체이므로 보기 5.2.11 앞의 설명에 의하여 $E$는 $K$의 유한정규확대체이고, 또한 $E$는 $F$의 분리확대체이므로 정리 5.3.4 앞의 설명에 의하여 $E$는 $K$의 분리확대체이다. 따라서 $E$는 $K$의 Galois 확대체이다.

**【정리 5.4.15】**

$E$를 체 $F$의 Galois 확대체라 하고 $K$를 $F \subset K$인 $E$의 부분체라 할 때, $H = \mathrm{Gal}_K E$라 하면 $K = E_H$이다. 즉, $K$는 $H$의 고정체이다.

**증명** 정리 5.4.10 (1)에 의하여 $K \subset E_H$이다. $\alpha \notin K$, $\alpha \in E$라 하자. 정의 5.4.14 다음의 설명에 의하여 $E$는 $K$의 Galois 확대체이다. 따라서 $E$는 $K$의 대수적확대체이다. $p(x)$를 $K$위의 $\alpha$의 최소다항식이라 하고 $\deg p(x) = n$이라 하자. $n=1$이면

$$p(x) = x - \alpha \in K[x]$$

의 꼴이 되고, 따라서 $\alpha \in K$가 되어 모순이다. 따라서 $n \geq 2$이다. $E$가 $K$의 정규확대체이고 $p(x)$가 $K[x]$에서의 기약다항식이므로 $p(x)$는 $E$위에서 분해된다. 즉, $p(x)$의 근은 모두 $E$에 속한다. 또한, $E$가 $K$의 분

리확대체이므로 정리 5.3.4 앞의 설명에 의하여 $p(x)$는 $n(n \geq 2)$개의 서로 다른 근을 갖는다. $\alpha$와 다른 $p(x)$의 근을 $\beta$라 하면 정리 5.1.12 (5)에 의하여 $p(x)$는 $K$위의 $\beta$의 최소다항식이다. 더욱이 $E$가 $K$의 유한 정규확대체이므로 정리 5.2.10에 의하여 적당한 $f(x) \in K[x]$, $\deg f(x) \geq 1$에 대하여 $E$는 $K$위의 $f(x)$의 분해체이다. 따라서 정리 5.4.3에 의하여 $\sigma(\alpha)=\beta$를 만족하는 $\sigma \in \mathrm{Gal}_K E=H$가 존재한다. 따라서 $\alpha \notin E_H$이다. 그러므로 $K=E_H$이다. ■

**【정리 5.4.16】**

$E$를 체 $F$의 유한확대체라 하자. 그러면 다음 두 주장은 서로 동치이다.

(1) $E$는 $F$의 Galois 확대체이다.

(2) $F$는 $\mathrm{Gal}_F E$의 고정체이다.

**증명** (1) $\Longrightarrow$ (2). $E$를 $F$의 Galois 확대체라 하면 정리 5.4.15에 의하여 $F$는 $\mathrm{Gal}_F E$의 고정체이다.

(2) $\Longrightarrow$ (1). $H=\mathrm{Gal}_F E$라 하고 $F=E_H$라 하면 정리 5.4.13 (1)에 의하여 $E$는 $F$의 Galois 확대체이다. ■

**보기 5.4.17** 유리수체 $\mathbf{Q}$의 유한확대체 $\mathbf{Q}(\sqrt{2})$와 $\mathbf{Q}(\sqrt[3]{2})$를 생각하자. 보기 5.4.12에 의하여 $\mathrm{Gal}_{\mathbf{Q}}\mathbf{Q}(\sqrt{2})$의 고정체는 $\mathbf{Q}$이다. 따라서 정리 5.4.16에 의하여 $\mathbf{Q}(\sqrt{2})$는 $\mathbf{Q}$의 Galois 확대체이다. 그러나 $E=\mathbf{Q}(\sqrt[3]{2})$라 할 때, 보기 5.4.8에 의하여 $\mathrm{Gal}_{\mathbf{Q}}E=\{i_E\}$이므로 $\mathrm{Gal}_{\mathbf{Q}}\mathbf{Q}(\sqrt[3]{2})$의 고정체는 분명히 $\mathbf{Q}(\sqrt[3]{2})$이다. 이 때, $\mathbf{Q}(\sqrt[3]{2}) \neq \mathbf{Q}$이므로 정리 5.4.16에 의하여 $\mathbf{Q}(\sqrt[3]{2})$는 $\mathbf{Q}$의 Galois 확대체가 아니다. ◀

**【정리 5.4.18】**

$E$를 체 $F$의 유한정규확대체라 하고 $K$를 $F \subset K$인 $E$의 부분체라 할 때, $K$가 $F$의 정규확대체이면 $\mathrm{Ker} f=\mathrm{Gal}_K E$를 만족하는 전사준동형 $f: \mathrm{Gal}_F E \longrightarrow \mathrm{Gal}_F K$가 존재한다.

**증명** $K$가 $F$의 정규확대체이므로 $K$는 $F$의 대수적확대체이다. $\sigma \in \mathrm{Gal}_F E$라

하고 $\alpha \in K$라 하자. $p(x)$를 $F$위의 $\alpha$의 최소다항식이라 하면 $K$가 $F$의 정규확대체이므로 $p(x)$는 $K$위에서 분해된다. 따라서 $p(x)$의 근은 모두 $K$에 속한다. 따라서 정리 5.4.2 (3)에 의하여 $\sigma(\alpha)$는 $p(x)$의 근이므로 $\sigma(\alpha) \in K$이다. 즉, 모든 $\sigma \in \mathrm{Gal}_F E$에 대하여 $\sigma(K) \subset K$이다. 따라서 $\sigma^{-1} \in \mathrm{Gal}_F E$이므로 $\sigma^{-1}(K) \subset K$이다. 따라서 정리 1.1.3 (2) (ii)에 의하여 $K = \sigma(\sigma^{-1}(K)) \subset \sigma(K)$이므로 $\sigma(K) = K$이다. 그러므로 $\sigma \in \mathrm{Gal}_F E$라 할 때, 임의의 $\alpha \in K$에 대하여 $\sigma^*(\alpha) = \sigma(\alpha)$로 정의되는 함수 $\sigma^* : K \longrightarrow K$를 생각할 수 있고, 이 때 $\sigma$가 $F$-자기동형이고 $\sigma^*(K) = \sigma(K) = K$이므로 분명히 $\sigma^*$는 $F$-자기동형이다. 즉, $\sigma^* \in \mathrm{Gal}_F K$이다. 이제, 함수

$$f : \mathrm{Gal}_F E \longrightarrow \mathrm{Gal}_F K$$

를 임의의 $\sigma \in \mathrm{Gal}_F E$에 대하여 $f(\sigma) = \sigma^*$로 정의하자. 그러면 임의의 $\sigma$, $\tau \in \mathrm{Gal}_F E$와 임의의 $\alpha \in K$에 대하여

$$\sigma^*\tau^*(\alpha) = \sigma^*(\tau^*(\alpha)) = \sigma^*(\tau(\alpha)) = \sigma(\tau(\alpha)) = \sigma\tau(\alpha) = (\sigma\tau)^*(\alpha)$$

이므로 $\sigma^*\tau^* = (\sigma\tau)^*$이고, 따라서

$$f(\sigma\tau) = (\sigma\tau)^* = \sigma^*\tau^* = f(\sigma)f(\tau)$$

이다. 그러므로 $f$는 준동형이다. 한편, 정리 5.2.10에 의하여 적당한 $f(x) \in F[x]$, $\deg f(x) \geq 1$에 대하여 $E$는 $F$위의 $f(x)$의 분해체이다. 따라서 보기 5.2.2 앞의 설명에 의하여 $E$는 $K$위의 $f(x)$의 분해체이다. 그러므로 $\rho \in \mathrm{Gal}_F K$라 하면 정리 5.2.6에 의하여($f(x) = \bar{\rho}(f(x))$임에 주의하여라) 모든 $\alpha \in K$에 대하여 $\theta(\alpha) = \rho(\alpha)$를 만족하는 자기동형

$$\theta : E \longrightarrow E$$

가 존재한다. 따라서 모든 $a \in F$에 대하여

$$\theta(a) = \rho(a) = a$$

이므로 $\theta$는 $F$-자기동형이다. 즉, $\theta \in \mathrm{Gal}_F E$이다. 따라서 모든 $\alpha \in K$에 대하여

$$\theta^*(\alpha) = \theta(\alpha) = \rho(\alpha)$$

이므로 $\theta^*=\rho$이다. 따라서 $f(\theta)=\theta^*=\rho$이다. 그러므로 $f$는 전사준동형이다. 다음

$$\begin{aligned} \sigma\in\operatorname{Ker} f &\Longleftrightarrow \sigma^*=f(\sigma)=i_K \\ &\Longleftrightarrow \text{모든 } \alpha\in K\text{에 대하여 } \alpha=i_K(\alpha)=\sigma^*(\alpha)=\sigma(\alpha) \\ &\Longleftrightarrow \sigma\in\operatorname{Gal}_K E \end{aligned}$$

이다. 즉, $\operatorname{Ker} f=\operatorname{Gal}_K E$이다. ■

**【정리 5.4.19】(Galois 론의 기본정리)**

$E$를 체 $F$의 Galois확대체라 할 때, $F\subset K$인 $E$의 부분체 $K$ 전체의 집합을 $\mathscr{A}$라 하고 $\operatorname{Gal}_F E$의 부분군 전체의 집합을 $\mathscr{B}$라 하자. 즉,

$$\mathscr{A}=\{K\,|\,K\text{는 } F\subset K\text{인 } E\text{의 부분체}\},\ \mathscr{B}=\{H\,|\,H\text{는 } \operatorname{Gal}_F E\text{의 부분군}\}.$$

그러면 임의의 $K\in\mathscr{A}$에 대하여 $\phi(K)=\operatorname{Gal}_K E$로 정의되는 함수

$$\phi : \mathscr{A}\longrightarrow\mathscr{B}$$

와 임의의 $H\in\mathscr{B}$에 대하여 $\psi(H)=E_H$($E_H$는 $H$의 고정체)로 정의되는 함수

$$\psi : \mathscr{B}\longrightarrow\mathscr{A}$$

는 모두 전단사함수이고 $\psi=\phi^{-1}$이다. 더욱이 $\phi$, $\psi$에 대하여 다음이 성립한다.

(1) $K, M\in\mathscr{A}$에 대하여

$$K\subset M \Longleftrightarrow \phi(M)\subset\phi(K),\ \text{즉 } \operatorname{Gal}_M E\subset\operatorname{Gal}_K E.$$

(2) $L, H\in\mathscr{B}$에 대하여

$$L\subset H \Longleftrightarrow \psi(H)\subset\psi(L),\ \text{즉 } E_H\subset E_L.$$

(3) $K\in\mathscr{A}$에 대하여

$$[E:K]=|\operatorname{Gal}_K E|,\ [K:F]=[\operatorname{Gal}_F E:\operatorname{Gal}_K E].$$

(4) $K$를 $F\subset K$인 $E$의 부분체라 하자. 그러면 $K$가 $F$의 정규확대체일 필

요충분조건은 $\phi(K)=\mathrm{Gal}_K E$가 $\mathrm{Gal}_F E$의 정규부분군인 것이다. 또한, 이 때

$$\mathrm{Gal}_F K \cong \mathrm{Gal}_F E/\mathrm{Gal}_K E$$

이다.

---

**증명** 분명히 $\phi$와 $\psi$는 각각 정리 5.4.2 (2)와 정리 5.4.10 (1)에 의하여 함수이다. 이 때, 임의의 $K\in\mathscr{A}$에 대하여

$$\begin{aligned}\psi\phi(K)&=\psi(\phi(K))=\psi(\mathrm{Gal}_K E)\\&=\psi(H)(H=\mathrm{Gal}_K E\text{라 하면})\\&=E_H\\&=K(\text{정리 5.4.15에 의하여})\\&=i_{\mathscr{A}}(K)\end{aligned}$$

이고, 또한 임의의 $H\in\mathscr{B}$에 대하여

$$\begin{aligned}\phi\psi(H)&=\phi(\psi(H))=\phi(E_H)\\&=\phi(K)(E_H=K\text{라 하면})\\&=\mathrm{Gal}_K E\\&=H(\text{정리 5.4.13 (2)에 의하여})\\&=i_{\mathscr{B}}(H)\end{aligned}$$

이므로 $\psi\phi=i_{\mathscr{A}}$이고 $\phi\psi=i_{\mathscr{B}}$이다. 따라서 정리 1.1.5와 그 다음의 설명에 의하여 $\phi$와 $\psi$는 전단사함수이고, 또한 $\psi=\phi^{-1}$이다.

(1) $K\subset M \Longrightarrow \mathrm{Gal}_M E\subset\mathrm{Gal}_K E$(정리 5.4.2 (2)에 의하여),

$$\begin{aligned}\mathrm{Gal}_M E\subset\mathrm{Gal}_K E &\Longrightarrow L\subset H(L=\mathrm{Gal}_M E,\ H=\mathrm{Gal}_K E\text{라 하면})\\&\Longrightarrow E_H\subset E_L(\text{정리 5.4.10 (2)에 의하여})\\&\Longrightarrow K\subset M\,(\text{정리 5.4.15에 의하여})\end{aligned}$$

이다. 따라서

$$K\subset M \Longleftrightarrow \mathrm{Gal}_M E\subset\mathrm{Gal}_K E.$$

(2) $L \subset H \Longrightarrow E_H \subset E_L$(정리 5.4.10 (2)에 의하여),

$E_H \subset E_L \Longrightarrow K \subset M(K = E_H,\ M = E_L$라 하면)

$\Longrightarrow \mathrm{Gal}_M E \subset \mathrm{Gal}_K E$ (정리 5.4.2 (2)에 의하여)

$\Longrightarrow L \subset H$(정리 5.4.13 (2)에 의하여)

이다. 따라서

$$L \subset H \Longleftrightarrow E_H \subset E_L.$$

(3) $H = \mathrm{Gal}_K E$라 하면 정리 5.4.15에 의하여 $K = E_H$이다. 따라서 정리 5.4.13 (2)에 의하여

$$|\mathrm{Gal}_K E| = |H| = [E : K]$$

이다. 특히, $K = F$인 경우에는 $|\mathrm{Gal}_F E| = [E : F]$이다. 따라서

$$\begin{aligned}[E : K][K : F] &= [E : F] \text{ (정리 5.1.4에 의하여)} \\ &= |\mathrm{Gal}_F E|\end{aligned}$$

이다. 한편, 정리 5.4.2 (2)에 의하여 $\mathrm{Gal}_K E$는 $\mathrm{Gal}_F E$의 부분군이므로 정리 2.4.7에 의하여

$$|\mathrm{Gal}_F E| = |\mathrm{Gal}_K E|\,[\mathrm{Gal}_F E : \mathrm{Gal}_K E] = [E : K][\mathrm{Gal}_F E : \mathrm{Gal}_K E]$$

이다. 그러므로

$$[E : K][K : F] = [E : K][\mathrm{Gal}_F E : \mathrm{Gal}_K E]$$

이다. 따라서 양변을 $[E : K]$로 나누면

$$[K : F] = [\mathrm{Gal}_F E : \mathrm{Gal}_K E]$$

이다.

(4) $\mathrm{Gal}_K E$를 $\mathrm{Gal}_F E$의 정규부분군이라 하자. $E$가 $F$의 대수적확대체이므로 분명히 $K$는 $F$의 대수적확대체이다. 이제 $F[x]$에서의 기약다항식 $g(x) \in F[x]$가 $K$에서 한 근 $\alpha$를 갖는다고 하자. $E$가 $F$의 정규확대체이므로 $g(x)$는 $E$위에서 분해된다. 따라서 $\beta$를 $E$에서의 $g(x)$의 임의의 근이라 할 때, $\beta$가 $K$에 속한다는 것을 증명하면 $K$가

$F$의 정규확대체임이 증명된다. $p(x)$를 $F$위의 $\alpha$의 최소다항식이라 하면 정리 5.1.12 (5)에 의하여

$$p(x)=ag(x)(0\neq a\in F)$$

의 꼴로 표시된다. 따라서

$$p(\beta)=ag(\beta)=a0=0$$

이므로 $p(x)$는 또한 $F$위의 $\beta$의 최소다항식이다. 한편, $E$가 $F$의 유한정규확대체이므로 정리 5.2.10에 의하여 적당한 $f(x)\in F[x]$, $\deg f(x)\geq 1$에 대하여 $E$는 $F$위의 $f(x)$의 분해체이다. 따라서 정리 5.4.3에 의하여 $\sigma(\alpha)=\beta$를 만족하는 $\sigma\in \mathrm{Gal}_F E$가 존재한다. 이 때, $\mathrm{Gal}_K E$가 $\mathrm{Gal}_F E$의 정규부분군이므로 모든 $\tau\in \mathrm{Gal}_K E$에 대하여 $\tau\sigma=\sigma\tau_1$을 만족하는 $\tau_1\in \mathrm{Gal}_K E$가 존재하고, 따라서 $\alpha\in K$이므로

$$\tau(\beta)=\tau(\sigma(\alpha))=\sigma(\tau_1(\alpha))=\sigma(\alpha)=\beta$$

이다. 그러므로 $\beta$는 $\mathrm{Gal}_K E$의 고정체에 속한다. 그런데 정리 5.4.15에 의하여 $\mathrm{Gal}_K E$의 고정체는 $K$이므로 $\beta\in K$이다. 역으로 $K$를 $F$의 정규확대체라 하면 정리 5.4.18에 의하여 $\mathrm{Ker} f=\mathrm{Gal}_K E$를 만족하는 전사준동형

$$f: \mathrm{Gal}_F E\longrightarrow \mathrm{Gal}_F K$$

가 존재한다. 따라서 정리 2.2.27 (1)에 의하여 $\mathrm{Gal}_K E$는 $\mathrm{Gal}_F E$의 정규부분군이고, 또한 정리 2.4.23에 의하여

$$\mathrm{Gal}_F E/\mathrm{Gal}_K E\cong \mathrm{Gal}_F K$$

이다. ■

**보기 5.4.20** $f(x)=x^4-5x^2+6\in \mathbf{Q}[x]$를 생각하자. 보기 5.2.3에 의하여 $\mathbf{Q}$의 확대체 $E=\mathbf{Q}(\sqrt{2}, \sqrt{3})$은 $\mathbf{Q}$위의 $f(x)$의 분해체이다. 따라서 정리 5.2.10에 의하여 $E$는 $\mathbf{Q}$의 유한정규확대체이다. 또한 $\mathbf{Q}$의 표수는 0이므로 정리 5.3.4 (2)에 의하여 $E$는 $\mathbf{Q}$의 분리확대체이다. 그러므로 $E$는 $\mathbf{Q}$의 Galois 확

대체이다. 또한, 보기 5.4.9에 의하여(보기 5.4.9와 같은 기호를 사용하여)

$$\mathrm{Gal}_{\mathbf{Q}}E=\{i_E,\ \sigma,\ \tau,\ \rho\}$$

이다. 이제 $E$의 부분체

$$K=\mathbf{Q}(\sqrt{2})=\{a+b\sqrt{2}\mid a,\ b\in\mathbf{Q}\}(\text{보기 5.1.14를 참조})$$

를 생각하자. (5.4.3)에 의하여 $a+b\sqrt{2}\in K$에 대하여

$$\tau(a+b\sqrt{2})=\tau(a)+\tau(b)\tau(\sqrt{2})=a+b\sqrt{2}$$

이므로 $\tau\in\mathrm{Gal}_K E$이다. 그러나 (5.4.2)와 (5.4.4)에 의하여 $\sqrt{2}\in K$에 대하여

$$\sigma(\sqrt{2})=-\sqrt{2},\quad \rho(\sqrt{2})=-\sqrt{2}$$

이므로 $\sigma,\ \rho\notin\mathrm{Gal}_K E$이다. 따라서

$$\mathrm{Gal}_K E=\{i_E,\ \tau\}$$

이다. 그러므로 정리 5.4.19의 함수기호를 사용하면

$$K=\mathbf{Q}(\sqrt{2})\overset{\phi}{\longmapsto}\mathrm{Gal}_K E=\{i_E,\ \tau\}$$

이다. 역으로 $\mathrm{Gal}_{\mathbf{Q}}E$의 부분군 $H=\{i_E,\ \tau\}$를 생각하자. 보기 5.1.28에 의하여

$$E=\mathbf{Q}(\sqrt{2},\ \sqrt{3})=\{a+b\sqrt{2}+c\sqrt{3}+d\sqrt{6}\mid a,\ b,\ c,\ d\in\mathbf{Q}\}$$

이다. $a+b\sqrt{2}+c\sqrt{3}+d\sqrt{6}\in E$에 대하여

$$a+b\sqrt{2}+c\sqrt{3}+d\sqrt{6}=\tau(a+b\sqrt{2}+c\sqrt{3}+d\sqrt{6})$$

이라 하면

$$\begin{aligned}\tau(a+b\sqrt{2}+c\sqrt{3}+d\sqrt{6})&=\tau(a)+\tau(b)\tau(\sqrt{2})+\tau(c)\tau(\sqrt{3})+\tau(d)\tau(\sqrt{6})\\&=a+b\sqrt{2}-c\sqrt{3}-d\sqrt{6}\end{aligned}$$

이므로 $c\sqrt{3}+d\sqrt{6}=-c\sqrt{3}-d\sqrt{6}$, 즉 $2\sqrt{3}c=-2\sqrt{6}d$이다. 따라서 $c=-\sqrt{2}d$이다. 이 때, $d\neq 0$이라 하면 $\sqrt{2}=-\dfrac{c}{d}\in\mathbf{Q}$가 되어 모순이므로 $d=0$

이어야 하고, 따라서 $c=0$이어야 한다. 그러므로

$$E_H=\{a+b\sqrt{2}\mid a,\ b\in\mathbf{Q}\}=\mathbf{Q}(\sqrt{2})$$

이다. 따라서 정리 5.4.19의 함수기호를 사용하면

$$H=\{i_E,\ \tau\}\stackrel{\psi}{\longmapsto}E_H=\mathbf{Q}(\sqrt{2})$$

이다. 더욱이 $\mathrm{Gal}_{\mathbf{Q}}E$는 Klein의 4원군이므로 정리 2.4.10에 의하여 $\mathrm{Gal}_{\mathbf{Q}}E$는 가환군이고, 따라서 정리 2.2.18에 의하여 $\mathrm{Gal}_K E$는 $\mathrm{Gal}_{\mathbf{Q}}E$의 정규부분군이다. 그러므로 $\mathbf{Q}(\sqrt{2})$는 $\mathbf{Q}$의 정규확대체이다(보기 5.2.9를 참조). 같은 방법으로 생각하면

$$\mathbf{Q}(\sqrt{2},\ \sqrt{3})\stackrel{\phi}{\longmapsto}\{i_E\}$$

$$\mathbf{Q}(\sqrt{3})\stackrel{\phi}{\longmapsto}\{i_E,\ \sigma\}$$

$$\mathbf{Q}(\sqrt{6})\stackrel{\phi}{\longmapsto}\{i_E,\ \rho\}$$

$$\mathbf{Q}\stackrel{\phi}{\longmapsto}\{i_E,\ \sigma,\ \tau,\ \rho\}$$

와 같이 1대1 대응함을 알 수 있다. ◀

## 연습문제 5.4

**1.** $E$를 체 $F$의 유한확대체라 하고 $\sigma\in\mathrm{Gal}_F E$라 할 때, $\alpha$가 $\sigma(\alpha)=\alpha$를 만족하는 $E$의 원소이면 $\sigma\in\mathrm{Gal}_{F(\alpha)}E$임을 보여라.

**2.** $E$를 유리수체 $\mathbf{Q}$의 확대체라 하고 $\sigma\in\mathrm{Aut}\,(E)$라 하면 $\sigma\in\mathrm{Gal}_{\mathbf{Q}}E$임을 증명하여라.

**3.** $F$를 표수가 0인 체라 하고 $f(x)\in F[x]$, $\deg f(x)\geq 1$이라 하자. $E$를 $F$위의

$f(x)$의 분해체라 하면 $E$는 $F$의 Galois 확대체이고 $|\mathrm{Gal}_F E|=[E:F]$임을 증명하여라.

**4.** $E$를 체 $F$의 확대체라 하고 $K$를 $F\subset K$인 $E$의 부분체라 하자. $K$를 $F$의 정규확대체라 하고 $\sigma\in\mathrm{Gal}_F E$라 하면 $\sigma(K)=K$임을 증명하여라.

**5.** $E$를 유리수체 $\mathbf{Q}$의 정규확대체라 할 때, $[E:\mathbf{Q}]=p$($p$는 소수)이면 $\mathrm{Gal}_{\mathbf{Q}}E\cong\mathbf{Z}_p$임을 보여라.

**6.** $E$를 체 $F$의 Galois 확대체라 하고 $K$를 $F\subset K$인 $E$의 부분체라 하자. $K$를 $F$의 정규확대체라 할 때, $\mathrm{Gal}_F E$가 가환군이면 $\mathrm{Gal}_K E$와 $\mathrm{Gal}_F K$도 가환군임을 증명하여라.

**7.** $f(x)=x^4-x^2+1\in\mathbf{Q}[x]$를 생각하자.

(1) $E=\mathbf{Q}(\sqrt{3}, i)$가 $\mathbf{Q}$위의 $f(x)$의 분해체임을 보여라.

(2) $E$가 $[E:\mathbf{Q}]=4$인 $\mathbf{Q}$의 Galois 확대체임을 보여라.

(3) $\mathbf{Q}$위의 $E$의 Galois군 $\mathrm{Gal}_{\mathbf{Q}}E$의 원소를 모두 구하고 $\mathrm{Gal}_{\mathbf{Q}}E$의 곱셈표를 만들어 보아라(이 때, $\mathrm{Gal}_{\mathbf{Q}}E$는 Klein 4원군이다).

(4) Galois론의 기본정리에 의하여 $\mathbf{Q}\subset K$인 $E$의 부분체 $K$ 전체의 집합 $\mathscr{A}$와 $\mathrm{Gal}_{\mathbf{Q}}E$의 부분군 전체의 집합 $\mathscr{B}$는 1대1 대응한다. 이 때, $\mathscr{A}$의 원소와 $\mathscr{B}$의 원소 사이의 대응관계를 조사하여라.

**8.** $f(x)=x^3-5\in\mathbf{Q}[x]$를 가지고 문제 7의 과정을 반복하여라(이 때, $E=\mathbf{Q}(\sqrt[3]{5}, \omega)\left(\omega=\dfrac{-1+\sqrt{3}\,i}{2}\right)$가 $\mathbf{Q}$위의 $f(x)$의 분해체이다. 또한, $[E:\mathbf{Q}]=6$이고 $\mathrm{Gal}_{\mathbf{Q}}E\cong S_3$이다).

**9.** 유리수체 $\mathbf{Q}$의 확대체 $E=\mathbf{Q}(\sqrt{3}, \sqrt{5})$를 생각하자.

(1) $E$가 $\mathbf{Q}$의 Galois 확대체임을 보여라.

(2) $\mathrm{Gal}_{\mathbf{Q}}E$의 원소를 모두 구하고 $\mathrm{Gal}_{\mathbf{Q}}E$의 곱셈표를 만들어라.

(3) $\mathrm{Gal}_{\mathbf{Q}}E$의 각 부분군 $H$에 대하여 $H$의 고정체 $E_H$를 모두 구하여라.

(4) 문제 7의 과정 (4)를 반복하여라.

**10.** 유리수체 $\mathbf{Q}$의 확대체 $E=\mathbf{Q}(\sqrt{2}, \sqrt{3}, \sqrt{5})$를 생각하자.

(1) $E$가 $\mathbf{Q}$의 Galois확대체임을 보여라.

(2) $\mathrm{Gal}_{\mathbf{Q}}E \cong \mathbf{Z}_2 \oplus \mathbf{Z}_2 \oplus \mathbf{Z}_2$임을 보여라.

(3) $K_1=\mathbf{Q}(\sqrt{2})$, $K_2=\mathbf{Q}(\sqrt{6})$, $K_3=\mathbf{Q}(\sqrt{2}, \sqrt{3})$이라 할 때, 각 $i\,(i=1, 2, 3)$에 대하여 $|\mathrm{Gal}_{K_i}E|$를 구하여라.

(4) 각 $i\,(i=1, 2, 3)$에 대하여 $[\mathrm{Gal}_{\mathbf{Q}}E : \mathrm{Gal}_{K_i}E]$를 구하여라.

(5) 문제 7의 과정 (4)를 반복하여라.

# 5.5 작도가능성

어떤 특정한 기구만을 유한번 사용하여 주어진 조건에 적합한 도형을 그리는 문제를 작도문제라 한다. 이 절에서는 눈금 없는 자를 간단히 자라 하고, 자와 컴퍼스만을 사용하여 작도할 수 있는 작도문제만을 다루도록 한다. 이제 작도문제의 보기를 하나 들어 보자.

**보기 5.5.1** 두 점 $O$와 $P$가 주어질 때, 자를 사용하여 $O$와 $P$를 지나는 직선 $OP$를 긋는다. 이제 $O$를 지나 직선 $OP$에 수직인 직선을 작도해 보자. 컴퍼스를 사용하여 $O$를 중심으로 하고 선분 $\overline{OP}$를 반지름으로 하는 원 $C$를 그리고, 직선 $OP$와 원 $C$의 교점($P$와 다른)을 $A$라 하자. 다시 컴퍼스를 사용하여 $A$를 중심으로 하고 $\overline{AP}$를 반지름으로 하는 원 $C_1$을 그리고, 또한 $P$를 중심으로 하고 $\overline{AP}$를 반지름으로 하는 원 $C_2$를 그린다. 원 $C_1$과 원 $C_2$의 교점을 $B$, $D$라 하자. 다음, 자를 사용하여 $B$와 $O$를 지나는 직선 $BO$를 그린다. 그러면 아래의 오른쪽 그림에서 $\triangle ABO \equiv \triangle PBO$이다. 따라서 $\angle AOB = 90°$이다. 그러므로 직선 $BO$는 점 $O$를 지나고 직선 $OP$에 수직인 직선이다(이 때, 분명히 직선 $BO$는 점 $D$를 지난다).

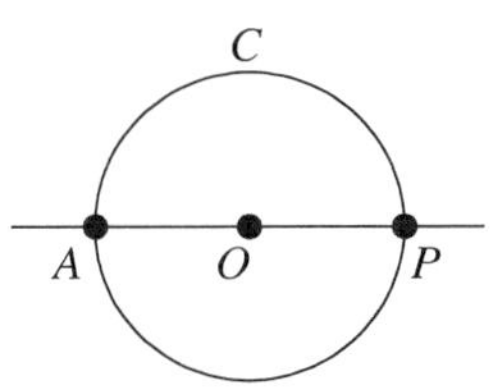


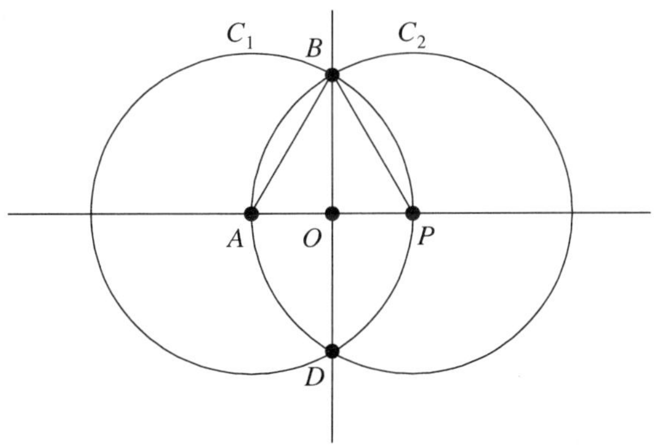


◀

고대 그리스 사람들은 자와 컴퍼스만을 사용하여 다음 문제들은 작도하려고 시도하였다.

(1) 주어진 정육면체의 부피의 두 배의 부피를 갖는 정육면체를 작도하는 문제, 즉 주어진 정육면체의 부피의 두 배의 부피를 갖는 정육면체의 한 모서리를 작도할 수 있는가 하는 문제.

(2) 임의의 각을 3 등분하는 작도문제.

(3) 주어진 원의 면적과 같은 면적을 갖는 정사각형을 작도하는 문제, 즉 주어진 원의 면적과 같은 면적을 갖는 정사각형의 한 변을 작도할 수 있는가 하는 문제.

그러나 그들은 이 문제들을 결코 작도할 수 없었다. 최근에 체론을 이용하여 이들 문제가 작도될 수 없음이 증명되었다.

평면위의 두 점 $O$와 $P$를 원소로 갖는 집합을 $\mathscr{A}_0$라 하자. 즉,

$$\mathscr{A}_0 = \{O,\ P\}.$$

다음 $O$와 $P$를 지나는 직선 $OP$를 그리고, 또한 $O$를 중심으로 하고 $\overline{OP}$를 반지름으로 하는 원 $C_1$과 $P$를 중심으로 하고 $\overline{OP}$를 반지름으로 하는 원 $C_2$를 그린다. $\mathscr{A}_1$을 $\mathscr{A}_0$의 원소들과, 직선 $OP$와 원 $C_i(i=1,\ 2)$의 교점들과, 원 $C_1$과 $C_2$의 교점들을 원소로 갖는 집합으로 정의한다. 이 방법을 계속하여 $i=1,\ 2,\ 3,\ \cdots$에 대하여 집합 $\mathscr{A}_{i-1}$로부터 집합 $\mathscr{A}_i$를 다음과 같이 귀납적으로 정의한다.

(a) $\mathscr{A}_{i-1}$에 속하는 두 점을 지나는 직선들을 그린다.

(b) $\mathscr{A}_{i-1}$에 속하는 한 점을 중심으로 하고 그 점(중심)과 $\mathscr{A}_{i-1}$에 속하는 다른 한 점까지의 거리를 반지름으로 하는 원들을 그린다.

$\mathscr{A}_i$를 $\mathscr{A}_{i-1}$의 원소들과

(I) (a)의 형태의 모든 직선들의 교점들과

(II) (a)의 형태의 모든 직선들과 (b)의 형태의 모든 원들의 교점들과

(III) (b)의 형태의 모든 원들의 교점들을

원소로 갖는 집합으로 정의한다. 그러면 다음과 같은 집합들의 열을 얻는다.

$$\mathscr{A}_0 \subset \mathscr{A}_1 \subset \mathscr{A}_2 \subset \cdots \subset \mathscr{A}_{i-1} \subset \mathscr{A}_i \subset \cdots$$

적당한 양의 정수 $i$에 대하여 $X \in \mathscr{A}_i$이면 점 $X$를 **작도가능한 점**(constructible point)이라 한다. 작도가능한 두 점을 지나는 직선을 **작도가능한 직선**(constructible line)이라 한다. 작도가능한 한 점을 중심으로 하고 그 점(중심)과 작도가능한 다른 한 점까지의 거리를 반지름으로 하는 원을 **작도가능한 원**(constructible circle)이라 한다. 분명히 작도가능한 두 직선의 교점과, 작도가능한 직선과 작도가능한 원의 교점들과, 작도가능한 두 원의 교점들은 작도가능하다. 이제, 다음과 같이 평면위에 직교좌표계를 도입한다. 점 $O$를 원점으로 하고(따라서 $O=(0, 0)$이다), 점 $O$와 $P$사이의 거리를 1(단위 거리)로 정하고, 직선 $OP$를 $X$-축으로 한다. 따라서 $P=(1, 0)$이다. 보기 5.5.1의 그림에서와 같이 작도하여 직선 $BO$를 $Y$-축으로 정한다. 점 $B$와 $O$가 작도가능한 점이므로 $Y$-축(즉, 직선 $BO$)은 작도가능한 직선이다. 점 $O$와 $P$가 작도가능한 점이므로 $O$를 중심으로 하고 $\overline{OP}$를 반지름으로 하는 원을 $C$라 하면 $C$는 작도가능한 원이다. 따라서 $Y$-축과 $C$의 교점 $(0, 1)$은 작도가능한 점이다. 일반적으로 점 $(a, 0)$가 작도가능한 점이면 점 $O$를 중심으로 하고 점 $O$와 점 $(a, 0)$ 사이의 거리 $|a|$를 반지름으로 하는 원 $C'$은 작도가능한 원이므로 $Y$-축과 $C'$의 교점 $(0, a)$는 작도가능한 점이다. 같은 방법으로 $(0, a)$가 작도가능한 점이면 $(a, 0)$도 작도가능한 점임을 설명할 수 있다. 따라서

$$(a, 0)\text{가 작도가능한 점} \Longleftrightarrow (0, a)\text{가 작도가능한 점}$$

이다.

**보기 5.5.2** $A$를 작도가능한 점이라 하고 $l$을 작도가능한 직선이라 하자. 이제 $A$를 지나고 $l$에 수직인 작도가능한 직선이 존재함을 보이자. $l$이 작도가능한 직선이므로 $l$위에 작도가능한 점 $B$가 존재한다. $A$를 중심으로 하고 $A$와 $B$사이의 거리를 반지름으로 하는 원을 $C$라 하면 $C$는 작도가능한 원이다. 따라서 $C$와 $l$의 교점을 $B$, $D$라 하면 $B$, $D$는 작도가능한 점이다. $B$를 중심으로 하고 $B$와 $A$사이의 거리를 반지름으로 하는 원을 $C_1$이라 하고, $D$를 중심으로 하고 $D$와 $A$사이에 거리를 반지름으로 하는 원을 $C_2$라 하면 $C_1$과 $C_2$는 작도가능한 원이다. 따라서 $C_1$과 $C_2$의 교점을 $A$, $E$라 하면 $A$, $E$는 작도가능한 점이다. 따라서 $A$와 $E$를 지나는 직선 $AE$는 작도가능한 직선이다. 더욱이 보기 5.5.1에서와 같은 방법으로 직선 $AE$는 $A$를 지나고 직선 $l$에 수직인 직선임을 증명할 수 있다. ◀

점 $(a, 0)$가 작도가능한 점이면 실수 $a$를 **작도가능한 수**(constructible number)

라 한다.

**보기 5.5.3** 실수 $a$를 작도가능한 수라 하면 점 $(a, 0)$가 작도가능한 점이다. 따라서 작도가능한 점 $(0, 0)$을 중심으로 하고 $(0, 0)$과 $(a, 0)$ 사이의 거리 $|a|$를 반지름으로 하는 원을 $C$라 하면 $C$는 작도가능한 원이다. 따라서 $C$와 $X$-축($X$-축은 작도가능한 직선이다)의 교점 $(-a, 0)$은 작도가능한 점이다. 따라서 $-a$는 작도가능한 수이다. 같은 방법으로 $-a$가 작도가능한 수이면 $a$도 작도가능한 수임을 설명할 수 있다. 따라서

$$a\text{가 작도가능한 수} \iff -a\text{가 작도가능한 수}$$

이다. ◀

**보기 5.5.4** 모든 정수가 작도가능한 수임을 보이자. 점 $(0, 0)$과 $(1, 0)$은 작도가능한 점이므로 0과 1은 작도가능한 수이다. 또한 $(1, 0)$을 중심으로 하고 $(1, 0)$과 $(0, 0)$ 사이의 거리 1을 반지름으로 하는 원 $C$는 작도가능한 원이다. 그러므로 $C$와 $X$-축의 교점 $(2, 0)$은 작도가능한 점이고, 따라서 2는 작도가능한 수이다. 다시 $(2, 0)$을 중심으로 하고 $(2, 0)$과 $(1, 0)$ 사이의 거리 1을 반지름으로 하는 원을 $C'$이라 하면 $C'$은 작도가능한 원이다. 그러므로 $C'$과 $X$-축과의 교점 $(3, 0)$은 작도가능한 점이고, 따라서 3은 작도가능한 수이다. 이 방법을 계속하면 음이 아닌 모든 정수는 작도가능한 수임을 설명할 수 있다. 따라서 보기 5.5.3에 의하여 모든 정수는 작도가능한 수이다. ◀

**보기 5.5.5** $(a, b)$를 작도가능한 점이라 하자. $X$-축은 작도가능한 직선이므로 보기 5.5.2에 의하여 $(a, b)$를 지나고 $X$-축에 수직인 작도가능한 직선 $l$이 존재한다. 그러므로 $l$과 $X$-축의 교점 $(a, 0)$은 작도가능한 점이고, 따라서 $a$는 작도가능한 수이다. $Y$-축에 대하여 같은 방법으로 생각하면 $b$도 작도가능한 수이다. 역으로 $a$와 $b$가 작도가능한 수이면 점 $(a, 0)$과 $(b, 0)$은 작도가능한 점이다. 따라서 보기 5.5.2 앞의 설명에 의하여 $(0, b)$도 작도가능한 점이다. 그러므로 보기 5.5.2에 의하여 $(a, 0)$을 지나고 $X$-축에 수직인 작도가능한 직선 $l_1$과 $(0, b)$를 지나고 $Y$-축에 수직인 작도가능한 직선 $l_2$가 존재한다. 따라서 $l_1$과 $l_2$의 교점 $(a, b)$는 작도가능한 점이다. 따라서

$(a, b)$가 작도가능한 점 $\Longleftrightarrow$ $a$와 $b$가 작도가능한 수

이다. ◀

**【정리 5.5.6】**

$F$를 실수체 $\mathbf{R}$의 부분체라 하자. 그러면 다음이 성립한다.

(1) 두 점 $(\alpha, \beta)$, $(u, v)(\alpha, \beta, u, v \in F)$를 지나는 직선의 방정식은

$$ax + by + c = 0(a, b, c \in F)$$

의 꼴로 표시된다.

(2) 두 점 $(\alpha, \beta)$, $(u, v)(\alpha, \beta, u, v \in F)$를 생각할 때, $(\alpha, \beta)$를 중심으로 하고 $(\alpha, \beta)$와 $(u, v)$ 사이의 거리를 반지름으로 하는 원의 방정식은

$$x^2 + y^2 + dx + hy + k = 0(d, h, k \in F)$$

의 꼴로 표시된다.

**증명** (1) 두 점 $(\alpha, \beta)$, $(u, v)(\alpha, \beta, u, v \in F)$를 지나는 직선의 방정식은 $\alpha \neq u$인 경우는

$$y - \beta = m(x - \alpha)\left(m = \frac{v - \beta}{u - \alpha} \in F\right)$$

이므로

$$mx + (-1)y + (\beta - m\alpha) = 0 \qquad \cdots\cdots(5.5.1)$$

이다. 따라서 $a = m$, $b = -1$, $c = \beta - m\alpha$라 하면 (5.5.1)은

$$ax + by + c = 0(a, b, c \in F) \qquad \cdots\cdots(5.5.2)$$

로 표시된다. 또한, $\alpha = u$인 경우는 $x - \alpha = 0$이므로 (5.5.2)에서 $a = 1$, $b = 0$, $c = -\alpha$인 경우이다.

(2) 점 $(\alpha, \beta)$를 중심으로 하고 $(\alpha, \beta)$와 $(u, v)$ 사이의 거리

$$\gamma = \sqrt{(u - \alpha)^2 + (v - \beta)^2}$$

를 반지름으로 하는 원의 방정식은

$$(x-\alpha)^2+(y-\beta)^2=\gamma^2\,(\gamma^2\in F)$$

이므로

$$x^2+y^2+(-2\alpha)x+(-2\beta)y+(\alpha^2+\beta^2-\gamma^2)=0 \qquad \cdots\cdots(5.5.3)$$

이다. 따라서 $d=-2\alpha$, $h=-2\beta$, $k=\alpha^2+\beta^2-\gamma^2$이라 하면 (5.5.3)은

$$x^2+y^2+dx+hy+k=0(d,\ h,\ k\in F)$$

로 표시된다. ■

**【정리 5.5.7】**

작도가능한 실수 전체의 집합을 $E$라 하자. 그러면 다음이 성립한다.

(1) $E$는 실수체 $\mathbf{R}$의 부분체이고 $\mathbf{Q}\subset E$이다.

(2) $a\in E$, $a>0$이면 $\sqrt{a}\in E$이다.

**증명** (1) 분명히 $E\neq\varnothing$이다. $a$, $b\in E$라 하자. $b=0$이면 $a-b=a\in E$이다. $b\neq 0$이라 하자. $a$, $b$가 작도가능한 수이므로 보기 5.5.5에 의하여 $(a,\ b)$는 작도가능한 점이다. 그러므로 작도가능한 점 $(a,\ 0)$을 중심으로 하고 $(a,\ b)$와 $(a,\ 0)$ 사이의 거리 $|b|$를 반지름으로 하는 원

$$C:(x-a)^2+y^2=b^2$$

은 작도가능한 원이고, 따라서 $C$와 $X$-축($X$-축은 작도가능한 직선이다)의 교점 $(a-b,\ 0)$은 작도가능한 점이다. 따라서 $a-b$는 작도가능한 수이다. 즉, $a-b\in E$이다. 다음, $(b,\ 0)$이 작도가능한 점이므로 보기 5.5.2 앞의 설명에 의하여 $(0,\ b)$도 작도가능한 점이다. 또한 $1\in E$이므로 위에 의하여 $b-1\in E$이다. 따라서 보기 5.5.5에 의하여 $(a,\ b-1)$은 작도가능한 점이다. 그러므로 $(0,\ b)$와 $(a,\ b-1)$을 지나는 직선

$$l:x+ay=ab\ \ (a,\ ab\in\mathbf{R})$$

은 작도가능한 직선이고, 따라서 $l$과 $X$-축과 교점 $(ab,\ 0)$은 작도가능한 점이다. 따라서 $ab\in E$이다. 그러므로 정리 3.2.2에 의하여 $E$는 $\mathbf{R}$의 부분환이다. 다음, $a\neq 0$이라 하자. $1\in E$이므로 위에 의

하여 $1-a\in E$이다. 따라서 보기 5.5.5에 의하여 $(1,\ 1-a)$는 작도가능한 점이다. 그러므로 작도가능한 점 $(0,\ 1)$과 $(1,\ 1-a)$를 지나는 직선

$$l' : ax+y=1$$

은 작도가능한 직선이고, 따라서 $l'$과 $X$-축의 교점 $\left(\frac{1}{a},\ 0\right)$은 작도가능한 점이다. 따라서 $\frac{1}{a}\in E$이다. 그러므로 $E$는 $\mathbf{R}$의 부분체이다. 다음, $r\in\mathbf{Q}$라 하면 적당한 $m,\ n\in\mathbf{Z}(n\neq 0)$에 대하여 $r=\frac{m}{n}$으로 표시된다. 따라서 보기 5.5.4에 의하여 $m,\ n\in E$이고, $E$가 체이므로

$$r=\frac{m}{n}=m\cdot\frac{1}{n}\in E$$

이다. 즉, $\mathbf{Q}\subset E$이다.

(2) $a\in E(a>0)$라 하면 (1)에 의하여 $\frac{1+a}{2}\in E$이므로 $\left(\frac{1+a}{2},\ 0\right)$은 작도가능한 점이다. 따라서 $\left(\frac{1+a}{2},\ 0\right)$을 중심으로 하고 작도가능한 점 $\left(\frac{1+a}{2},\ 0\right)$과 $(0,\ 0)$ 사이의 거리 $\frac{1+a}{2}$를 반지름으로 하는 원

$$C : \left(x-\frac{1+a}{2}\right)^2+y^2=\left(\frac{1+a}{2}\right)^2$$

은 작도가능한 원이다. 또한, 작도가능한 점 $(1,\ 0)$과 $(1,\ 1)$을 지나는 직선 $x=1$은 작도가능한 직선이다. 따라서 원 $C$와 직선 $x=1$의 교점 $(1,\ \sqrt{a})$는 작도가능한 점이다. 그러므로 보기 5.5.5에 의하여 $\sqrt{a}\in E$이다. ■

**【정리 5.5.8】**

$F$를 실수체 $\mathbf{R}$의 부분체라 하고 $\alpha\in F(\alpha>0)$라 하자. 그러면 $F(\sqrt{\alpha})$는 $F$의 유한확대체이고, 또한 다음이 성립한다.

(1) $\sqrt{\alpha}\in F$이면 $[F(\sqrt{\alpha}) : F]=1$이다.

(2) $\sqrt{\alpha}\notin F$이면 $[F(\sqrt{\alpha}) : F]=2$이고,

$$F(\sqrt{\alpha})=\{a+b\sqrt{\alpha}\mid a,\ b\in F\}$$

이다(이 때 $F(\sqrt{\alpha})$를 $F$의 이차확대체(quadratic extension field of $F$)라 한다).

**증명** (1) $\sqrt{\alpha}\in F$이면 분명히 $F(\sqrt{\alpha})=F$이다. 따라서 보기 5.1.3에 의하여 $F(\sqrt{\alpha})$는 $F$의 유한확대체이고 $[F(\sqrt{\alpha}):F]=1$이다.

(2) $\sqrt{\alpha}\notin F$라 하고 $p(x)=x^2-\alpha\in F[x]$를 생각하자. $p(x)$의 근은 $\sqrt{\alpha}$, $-\sqrt{\alpha}\in F(\sqrt{\alpha})$뿐이고, $\pm\sqrt{\alpha}\notin F$이므로 정리 3.8.15 (2)에 의하여 $p(x)$는 $F[x]$에서의 기약다항식이다. 따라서 정리 5.1.12 (5)에 의하여 $p(x)$는 $F$위의 $\sqrt{\alpha}$의 최소다항식이다. 그러므로 정리 5.1.12 (6)에 의하여 $F(\sqrt{\alpha})$는 $F$의 유한확대체이고 $[F(\sqrt{\alpha}):F]=2$이며 $S=\{1,\ \sqrt{\alpha}\}$는 $F(\sqrt{\alpha})$의 기저이다. 따라서

$$F(\sqrt{\alpha})=\{a\cdot 1+b\sqrt{\alpha}\mid a,\ b\in F\}=\{a+b\sqrt{\alpha}\mid a,\ b\in F\}$$

이다($F=\mathbf{Q}$, $\alpha=2$인 경우는 보기 5.1.14를 참조). ■

**【정리 5.5.9】**

$F$를 실수체 $\mathbf{R}$의 부분체라 할 때, 두 직선

$$l: ax+by+c=0\ (a,\ b,\ c\in F)$$
$$l': a'x+b'y+c'=0\ (a',\ b',\ c'\in F)$$

와 두 원

$$C: x^2+y^2+dx+hy+k=0\ (d,\ h,\ k\in F)$$
$$C': x^2+y^2+d'x+h'y+k'=0\ (d',\ h',\ k'\in F)$$

를 생각하자. 그러면 다음이 성립한다.

(1) $l$과 $l'$이 만나면 $l$과 $l'$의 교점의 좌표는 $F$에 속한다.

(2) $l$과 $C$가 만나면 $l$과 $C$의 교점의 좌표는 모두 $F$에 속하든가, 또는 적당한 $F$의 이차확대체 $F(\sqrt{\alpha})$에 속한다.

(3) $C$와 $C'$이 만나면 $C$와 $C'$의 교점의 좌표는 모두 $F$에 속하든가, 또는 적당한 $F$의 이차확대체 $F(\sqrt{\alpha})$에 속한다.

**증명** (1) $l$과 $l'$이 만나면 $l$과 $l'$의 교점의 좌표는 연립 1차방정식

$$\begin{cases} ax+by=-c \\ a'x+b'y=-c' \end{cases} \qquad \cdots\cdots(5.5.4)$$

의 해이다. 따라서 (5.5.4)의 해는

$$x=\frac{bc'-b'c}{ab'-a'b}\in F, \quad y=\frac{a'c-ac'}{ab'-a'b}\in F$$

이므로 $l$과 $l'$의 교점의 좌표는 $F$에 속한다.

(2) $l$과 $C$가 만나면 $l$과 $C$의 교점의 좌표는 연립방정식

$$\begin{cases} ax+by+c=0 \\ x^2+y^2+dx+hy+k=0 \end{cases}$$

의 해이다. $a$와 $b$ 중에서 적어도 하나는 0이 아니므로 가령 $b\neq 0$이라 하면

$$y=-\frac{a}{b}x-\frac{c}{b}=rx+s\left(r=-\frac{a}{b}\in F,\ s=-\frac{c}{b}\in F\right) \qquad \cdots\cdots(5.5.5)$$

이다. 따라서 (5.5.5)를 원 $C$의 방정식에 대입하면

$$x^2+(rx+s)^2+dx+h(rx+s)+k=0$$

이므로

$$(1+r^2)x^2+(2rs+d+hr)x+(s^2+hs+k)=0 \qquad \cdots\cdots(5.5.6)$$

이다. 이 때,

$$g=1+r^2,\ l=2rs+d+hr,\ t=s^2+hs+k$$

라 하면 $g, l, t\in F(g\neq 0)$이고, 또한 (5.5.6)은

$$gx^2+lx+t=0$$

으로 된다. 따라서 $\alpha=l^2-4gt$라 하면 $\alpha\in F$이고, 또한 $l$과 $C$가 만나므로 $\alpha\geq 0$이다. 한편, 근의 공식에 의하여

$$x=\frac{-l\pm\sqrt{l^2-4gt}}{2g}=\frac{-l\pm\sqrt{\alpha}}{2g}=-\frac{l}{2g}\pm\frac{1}{2g}\sqrt{\alpha}$$

이므로

$$u=-\frac{l}{2g},\quad v=\frac{1}{2g}$$

이라 하면 $u,\ v\in F$이고, $x=u\pm v\sqrt{\alpha}$이다. 따라서 (5.5.5)에 의하여

$$x=u+v\sqrt{\alpha}\text{ 이면 } y=r(u+v\sqrt{\alpha})+s=(ru+s)+rv\sqrt{\alpha},$$
$$x=u-v\sqrt{\alpha}\text{ 이면 } y=r(u-v\sqrt{\alpha})+s=(ru+s)-rv\sqrt{\alpha}$$

이고, 또한 $ru+s\in F$, $rv\in F$이다. 그러므로 $\sqrt{\alpha}\in F$이면 $l$과 $C$의 교점의 좌표는 모두 $F$에 속하고, $\sqrt{\alpha}\notin F$이면 $l$과 $C$의 교점의 좌표는 모두 $F(\sqrt{\alpha})$에 속한다(실제로 $w,\ z\in F(z\neq 0)$이고 $\sqrt{\alpha}\notin F$이면 $w+z\sqrt{\alpha}\notin F$이다. 왜냐하면 $w+z\sqrt{\alpha}=e\in F$라 하면

$$\sqrt{\alpha}=\frac{1}{z}(e-w)\in F$$

가 되어 모순이 되기 때문이다).

(3) 원 $C$와 $C'$이 만나면 $C$와 $C'$의 교점의 좌표는 $C$와 $C'$의 방정식을 동시에 만족하므로 이들 교점의 좌표는 방정식

$$(d-d')x+(h-h')y+(k-k')=0 \qquad \cdots\cdots(5.5.7)$$

을 만족한다. 이 때, $d-d',\ h-h',\ k-k'\in F$이다. 따라서 $C$와 $C'$의 교점의 좌표는 $C$와 직선 (5.5.7)의 교점의 좌표이므로 (3)의 경우는 (2)의 경우에 귀착된다. ■

**【정리 5.5.10】**

실수 $r$이 작도가능한 수가 되기 위한 필요충분조건은 적당한 $\alpha_i\in F_i$ $(\alpha_i>0)$, $\sqrt{\alpha_i}\notin F_i(i=0,\ 1,\ 2,\ \cdots,\ n-1)$에 대하여 $F_{i+1}=F_i(\sqrt{\alpha_i})$, $F_0=\mathbf{Q}$를 만족하는 $\mathbf{R}$의 부분체들의 열

$$\mathbf{Q}=F_0\subset F_1\subset F_2\subset\cdots\subset F_i\subset F_{i+1}\subset\cdots\subset F_n$$

이 존재하여 $r \in F_n$인 것이다.

**증명** $r$을 작도가능한 수라 하면 $(r, 0)$은 작도가능한 점이다. 다음 과정을 생각하자.

(a) 작도가능한 점 $A$, $B$를 지나는 직선을 그린다.

(b) 작도가능한 점 $A$, $B$가 주어질 때, $A$ 또는 $B$를 중심으로 하고 $A$와 $B$ 사이의 거리를 반지름으로 하는 원을 그린다.

이제, 점 $(r, 0)$은 작도가능한 점 $O=(0, 0)$과 $P=(1, 0)$에서 시작하여 다음 단계들을 유한번 거쳐서 얻어진다.

(I) 과정 (a)의 직선들의 교점을 구한다.

(II) 과정 (a)의 직선과 과정 (b)의 원의 교점을 구한다.

(III) 과정 (b)의 원들의 교점을 구한다.

점 $O$와 $P$의 좌표는 모두 $\mathbf{Q}$에 속하므로 정리 5.5.6에 의하여 $O$와 $P$에 의하여 결정되는 과정 (a)의 직선과 과정 (b)의 원의 방정식의 계수는 모두 $\mathbf{Q}$에 속한다. 또한, 정리 5.5.9에 의하여 이들 직선과 이들 원에 대하여 단계 (I), (II), (III)에 의하여 결정되는 교점들의 좌표는 모두 $\mathbf{Q}$에 속하든가, 또는 적당한 $\mathbf{Q}$의 이차확대체 $F_1=\mathbf{Q}(\sqrt{\alpha_0})(\alpha_0 \in \mathbf{Q}(\alpha_0>0),\ \sqrt{\alpha_0} \notin \mathbf{Q})$에 속한다. 다시 정리 5.5.6에 의하여 점 $O$, $P$에 위와 같이 하여 새로 얻어진 점들을 추가하여 이들 점들에 의하여 결정되는 과정 (a)의 직선과 과정 (b)의 원의 방정식의 계수는 모두 $F_1=\mathbf{Q}(\sqrt{\alpha_0})$에 속하고, 또한 정리 5.5.9에 의하여 이들 직선과 이들 원에 대하여 단계 (I), (II), (III)에 의하여 결정되는 교점들의 좌표는 모두 $F_1$에 속하든가, 또는 적당한 $F_1$의 이차확대체 $F_2=F_1(\sqrt{\alpha_1})(\alpha_1 \in F_1(\alpha_1>0),\ \sqrt{\alpha_1} \notin F_1)$에 속한다. 이 과정을 계속 반복한다. 이들 각 과정에서 $F_i$의 원소를 좌표로 갖는 점들로부터 얻어지는 새로운 점들의 좌표는 모두 $F_i$에 속하든가, 또는 적당한 $F_i$의 이차확대체 $F_i(\sqrt{\alpha_i})(\alpha_i \in F_i(\alpha_i>0),\ \sqrt{\alpha_i} \notin F_i)$에 속한다. 결국 이들 과정을 유한번 계속 행하면 $(r, 0)$의 좌표 $r$을 포함하는 $\mathbf{R}$의 부분체

$$F_n=F_{n-1}(\sqrt{\alpha_{n-1}})(\alpha_{n-1} \in F_{n-1}(\alpha_{n-1}>0),\ \sqrt{\alpha_{n-1}} \notin F_{n-1})$$

이 존재한다. 따라서 $r \in F_n$이고

$$\mathbf{Q} = F_0 \subset F_1 \subset F_2 \subset \cdots \subset F_n$$

이다. 역으로 적당한 $\alpha_i \in F_i (\alpha_i > 0)$, $\sqrt{\alpha_i} \notin F_i (i=0, 1, 2, \cdots, n-1)$에 대하여 $F_{i+1} = F_i(\sqrt{\alpha_i})$, $F_0 = \mathbf{Q}$를 만족하는 $\mathbf{R}$의 부분체들의 열

$$\mathbf{Q} = F_0 \subset F_1 \subset F_2 \subset \cdots \subset F_n$$

이 존재하여 $r \in F_n$이라 하자. 그러면 정리 5.5.8 (2)에 의하여

$$F_1 = \mathbf{Q}(\sqrt{\alpha_0}) = \{a + b\sqrt{\alpha_0} \mid a, b \in \mathbf{Q}\}$$

이다. 따라서 정리 5.5.7에 의하여 $F_1$의 모든 원소들은 작도가능한 수이다. 그러므로 다시 정리 5.5.8 (2)에 의하여

$$F_2 = F_1(\sqrt{\alpha_1}) = \{c + d\sqrt{\alpha_1} \mid c, d \in F_1\}$$

이고, 따라서 정리 5.5.7에 의하여 $F_2$의 모든 원소들은 작도가능한 수이다. 이러한 방법으로 계속 생각하면 $F_n$의 모든 원소는 작도가능한 수이다. 따라서 $r \in F_n$이므로 $r$은 작도가능한 수이다. ■

**【정리 5.5.11】**

실수 $r$이 작도가능한 수이면 $r$은 $\mathbf{Q}$위에서 대수적이고 $\mathbf{Q}(r)$은 $\mathbf{Q}$의 유한 확대체이며 적당한 정수 $m(m \geq 0)$에 대하여 $[\mathbf{Q}(r) : \mathbf{Q}] = 2^m$이다.

**증명** $r$을 작도가능한 수라 하면 정리 5.5.10에 의하여 적당한 $\alpha_i \in F_i$ $(\alpha_i > 0)$, $\sqrt{\alpha_i} \notin F_i (i=0, 1, 2, \cdots, n-1)$에 대하여 $F_{i+1} = F_i(\sqrt{\alpha_i})$, $F_0 = \mathbf{Q}$를 만족하는 $\mathbf{R}$의 부분체들의 열

$$\mathbf{Q} = F_0 \subset F_1 \subset F_2 \subset \cdots \subset F_n$$

이 존재하여 $r \in F_n$이다. 따라서 정리 5.5.8 (2)에 의하여 $i=0, 1, 2, \cdots, n-1$에 대하여

$$[F_{i+1} : F_i] = [F_i(\sqrt{\alpha_i}) : F_i] = 2$$

이다. 그러므로 정리 5.1.5에 의하여 $F_n$은 $\mathbf{Q}$의 유한확대체이고

$$[F_n : \mathbf{Q}] = [F_n : F_{n-1}][F_{n-1} : F_{n-2}] \cdots [F_2 : F_1][F_1 : \mathbf{Q}] = 2^n$$

이다. 따라서 정리 5.1.26에 대하여 $F_n$은 $\mathbf{Q}$의 대수적확대체이고, 또한 $r \in F_n$이므로 $r$은 $\mathbf{Q}$위에서 대수적이다. 더욱이 $\mathbf{Q} \subset \mathbf{Q}(r) \subset F_n$이므로 정리 4.2.21에 의하여 $\mathbf{Q}(r)$은 $\mathbf{Q}$의 유한확대체이고, 또한 정리 5.1.5 다음의 설명에 의하여 $F_n$은 $\mathbf{Q}(r)$의 유한확대체이다. 따라서 정리 5.1.4에 의하여

$$[F_n : \mathbf{Q}(r)][\mathbf{Q}(r) : \mathbf{Q}] = [F_n : \mathbf{Q}] = 2^n$$

이다. 그러므로 $[\mathbf{Q}(r) : \mathbf{Q}] = 2^m (0 \le m \le n)$이다. ■

**보기 5.5.12** 주어진 정육면체의 부피의 두 배의 부피를 갖는 정육면체를 작도하는 문제, 즉 주어진 정육면체의 부피의 두 배의 부피를 갖는 정육면체의 한 모서리를 작도할 수 있는가 하는 문제를 생각하자. 한 모서리의 길이가 1인 정육면체의 부피는 1이다. 따라서 이 정육면체의 부피의 두 배의 부피를 갖는 정육면체의 부피는 2이다. 부피가 2인 정육면체의 한 모서리의 길이는 $\sqrt[3]{2}$이다. $\sqrt[3]{2}$이 작도가능한 수이면 정리 5.5.11에 의하여 $\sqrt[3]{2}$은 $\mathbf{Q}$위에서 대수적이고 적당한 정수 $m(m \ge 0)$에 대하여 $[\mathbf{Q}(\sqrt[3]{2}) : \mathbf{Q}] = 2^m$이다. 그러나 다항식 $p(x) = x^3 - 2 \in \mathbf{Q}[x]$를 생각하면 $p(\sqrt[3]{2}) = 0$이고, 또한 정리 3.8.28에 의하여 $p(x)$는 $\mathbf{Q}[x]$에서의 기약다항식이므로 정리 5.1.12 (5)에 의하여 $p(x)$는 $\mathbf{Q}$위의 $\sqrt[3]{2}$의 최소다항식이다. 따라서 정리 5.1.12 (6)에 의하여 $[\mathbf{Q}(\sqrt[3]{2}) : \mathbf{Q}] = 3$이므로 $\sqrt[3]{2}$은 작도가능한 수가 아니다. 그러므로 주어진 정육면체의 부피의 두 배의 부피를 갖는 정육면체는 작도할 수 없다. ◀

**보기 5.5.13** 주어진 원의 면적과 같은 면적을 갖는 정사각형을 작도하는 문제, 즉 주어진 원의 면적과 같은 면적을 갖는 정사각형의 한 변을 작도할 수 있는가 하는 문제를 생각하자. 반지름 1을 갖는 원의 면적은 $\pi$이다. 또한, 면적을 $\pi$로 갖는 정사각형의 한 변의 길이는 $\sqrt{\pi}$이다. $\sqrt{\pi}$가 작도가능한 수이면 정리 5.5.7 (1)에 의하여 $\pi = (\sqrt{\pi})^2$도 작도가능한 수이고, 따

라서 정리 5.5.11에 의하여 $\pi$는 **Q**위에서 대수적이어야 한다. 그러나 보기 5.1.9에 의하여 $\pi$는 **Q**위에서 초월적이므로 $\sqrt{\pi}$는 작도가능한 수가 아니다. 그러므로 주어진 원의 면적과 같은 면적을 갖는 정사각형은 작도할 수 없다. ◀

**보기 5.5.14** 임의의 각을 3등분하는 작도문제를 생각하자. 작도가능한 점 (0, 0)을 중심으로 하고 작도가능한 점 (0, 0)과 (1, 0) 사이의 거리 1을 반지름으로 하는 원

$$C : x^2+y^2=1$$

을 생각하면 $C$는 작도가능한 원이다. 정리 5.5.7에 의하여 $\frac{1}{2}$과 $\frac{\sqrt{3}}{2}$은 작도가능한 수이므로 보기 5.5.5에 의하여 점 $\left(\frac{1}{2}, \frac{\sqrt{3}}{2}\right)$은 작도가능한 점이다. 따라서 점 (0, 0)과 점 $\left(\frac{1}{2}, \frac{\sqrt{3}}{2}\right)$을 지나는 직선을 $l$이라 하면 $l$은 작도가능한 직선이다. 분명히 $\left(\frac{1}{2}, \frac{\sqrt{3}}{2}\right)$은 $l$과 $C$의 교점이다. 따라서 $X$-축과 $l$ 사이의 각을 $\beta$라 하면 $\cos\beta=\frac{1}{2}$이므로 $\beta=60°$이다. 이제 60°를 3등분하는 작도를 할 수 있다고 하자. 그러면 $X$-축과 20°의 각을 이루는 작도가능한 직선 $l'$이 존재한다. $\theta=20°$라 하면 점 $(\cos\theta, \sin\theta)$는 $l'$과 $C$의 교점이므로 $(\cos\theta, \sin\theta)$는 작도가능한 점이다.

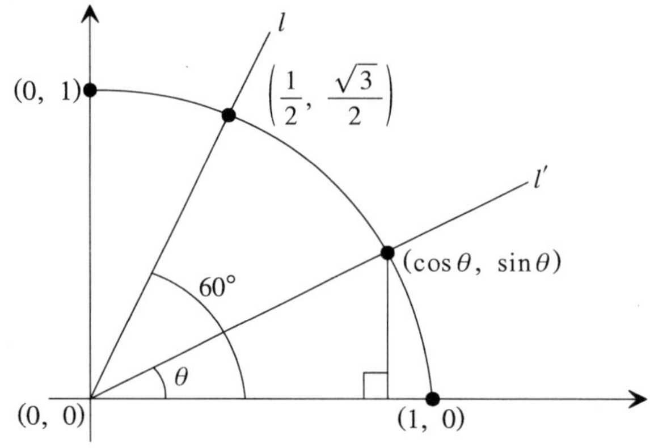

따라서 보기 5.5.5에 의하여 $\cos\theta$는 작도가능한 수이므로 정리 5.5.7 (1)에 의하여 $r=2\cos\theta$도 작도가능한 수이다. 그러므로 정리 5.5.11에 의하여 적당한 정수 $m(m\geq 0)$에 대하여 $[\mathbf{Q}(r):\mathbf{Q}]=2^m$이다. 한편,

$$\frac{1}{2}=\cos 3\theta=4\cos^3\theta-3\cos\theta$$

이므로 양변을 2배하면

$$(2\cos\theta)^3-3(2\cos\theta)-1=0,\ 즉\ r^3-3r-1=0$$

이다. 다항식

$$f(x)=x^3-3x-1\in\mathbf{Q}[x]$$

를 생각하자. $t\in\mathbf{Q}$가 $f(x)$의 근이면 정리 3.8.17에 의하여 $t=\pm 1$이어야 한다. 그러나 $f(\pm 1)\neq 0$이므로 $f(x)$는 $\mathbf{Q}$에서 근을 갖지 않는다. 따라서 정리 3.8.15 (2)에 의하여 $f(x)$는 $\mathbf{Q}[x]$에서의 기약다항식이고, 또한 $f(r)=0$이므로 정리 5.1.12 (5)에 의하여 $f(x)$는 $\mathbf{Q}$위의 $r$의 최소다항식이다. 따라서 정리 5.1.12 (6)에 의하여 $[\mathbf{Q}(r):\mathbf{Q}]=3$이다. 이것은 모순이다. 그러므로 60°를 3등분하는 작도는 할 수 없다. ◀

## 5.6 거듭제곱근 확대체

**【정의 5.6.1】**

$E$를 체 $F$의 확대체라 하고 $\alpha \in F$, $\beta \in E$라 하자. $\beta$가 $f(x)=x^n-\alpha \in F[x]$ $(n>0)$의 근일 때, $\beta$를 **$\boldsymbol{\alpha}$의 $\boldsymbol{n}$제곱근**($n$-th root of $\alpha$)이라 한다. 특히 $\omega$ $(\omega \in E)$가 $1(1 \in F)$의 $n$제곱근, 즉 $\omega^n=1$이고 $0<m<n$인 모든 정수 $m$에 대하여 $\omega^m \neq 1$일 때, $\omega$를 1의 원시 **$\boldsymbol{n}$제곱근**(primitive $n$-th root of 1)이라 한다.

**보기 5.6.2** 유리수체 $\mathbf{Q}$의 단순확대체 $\mathbf{Q}(\sqrt[3]{2})$을 생각할 때, $\sqrt[3]{2}$은 $\mathbf{Q}(\sqrt[3]{2})$에서의 $f(x)=x^3-2 \in \mathbf{Q}[x]$의 근이므로 $\sqrt[3]{2}$은 2의 3제곱근이다. 또한 $\mathbf{Q}$의 확대체 $\mathbf{C}$와 $\omega=\dfrac{-1+\sqrt{3}i}{2} \in \mathbf{C}$를 생각할 때, $\omega \neq 1$, $\omega^2 \neq 1$, $\omega^3=1$이므로 $\omega$는 1의 원시 3제곱근이다. ◀

2차방정식

$$ax^2+bx+c=0(a,\ b,\ c \in \mathbf{C}(a \neq 0)) \qquad \cdots\cdots(5.6.1)$$

의 근은 공식

$$x=\frac{-b \pm \sqrt{b^2-4ac}}{2a}$$

에 의하여 얻어진다. 즉, 2차방정식 (5.6.1)의 근은 $\mathbf{C}$에서의 덧셈, 뺄셈, 곱셈, 나눗셈, 2제곱근의 계산에 의하여 얻어진다. 다음, 3차방정식

$$x^3+ax^2+bx+c=0(a,\ b,\ c \in \mathbf{C}) \qquad \cdots\cdots(5.6.2)$$

의 근을 구하여 보자. $x=y-\dfrac{a}{3}$를 (5.6.2)에 대입하면

$$y^3+py+q=0 \qquad \cdots\cdots(5.6.3)$$

으로 변형된다(이 때, $p=-\frac{a^2}{3}+b$, $q=\frac{2a^3}{27}-\frac{ab}{3}+c$이다). 다시 $y=\alpha+\beta$를 (5.6.3)에 대입하면 (5.6.3)은

$$\alpha^3+\beta^3+q+(\alpha+\beta)(3\alpha\beta+p)=0$$

으로 변형된다. 따라서 $3\alpha\beta+p=0$, 즉 $\alpha\beta=-\frac{p}{3}$라 가정하면

$$\alpha^3+\beta^3=-q, \quad \alpha^3\beta^3=-\frac{p^3}{27} \qquad \cdots\cdots(5.6.4)$$

이다. 따라서 (5.6.4)에 의하여 $\alpha^3$과 $\beta^3$은 2차방정식

$$t^2+qt-\frac{p^3}{27}=0$$

의 근이다. 따라서 $d=\frac{q^2}{4}+\frac{p^3}{27}$이라 하면

$$\alpha^3=\frac{-q+\sqrt{q^2+\frac{4p^3}{27}}}{2}=-\frac{q}{2}+\sqrt{\frac{q^2}{4}+\frac{p^3}{27}}=-\frac{q}{2}+\sqrt{d} \qquad \cdots\cdots(5.6.5)$$

$$\beta^3=\frac{-q-\sqrt{q^2+\frac{4p^3}{27}}}{2}=-\frac{q}{2}-\sqrt{\frac{q^2}{4}+\frac{p^3}{27}}=-\frac{q}{2}-\sqrt{d} \qquad \cdots\cdots(5.6.6)$$

이다(이 때, $\alpha^3$과 $\beta^3$의 순서를 바꾸어도 좋다). 이제 $k=\sqrt[3]{-\frac{q}{2}+\sqrt{d}}$ 라 하면 (5.6.5)에 의하여 $\alpha^3-k^3=0$, 즉

$$(\alpha-k)(\alpha^2+k\alpha+k^2)=0$$

이므로

$$\alpha=k \text{ 또는 } \alpha=\frac{-k\pm\sqrt{k^2-4k^2}}{2}=\frac{-k\pm\sqrt{3}\,ik}{2}=\frac{(-1\pm\sqrt{3}\,i)k}{2}$$

이다. 따라서 $\omega=\frac{-1+\sqrt{3}\,i}{2}$라 할 때, $\omega^2=\frac{-1-\sqrt{3}\,i}{2}$이므로

$$\alpha=\sqrt[3]{-\frac{q}{2}+\sqrt{d}},\ \omega\sqrt[3]{-\frac{q}{2}+\sqrt{d}},\ \omega^2\sqrt[3]{-\frac{q}{2}+\sqrt{d}}$$

이다. (5.6.6)에 대하여 같은 방법으로 생각하면

$$\beta=\sqrt[3]{-\frac{q}{2}-\sqrt{d}},\ \omega\sqrt[3]{-\frac{q}{2}-\sqrt{d}},\ \omega^2\sqrt[3]{-\frac{q}{2}-\sqrt{d}}$$

를 얻을 수 있다. 따라서 $y=\alpha+\beta$, $\alpha\beta=-\frac{p}{3}$라는 사실을 고려하면 (5.6.3)의 근은

$$\begin{cases} y_1=\sqrt[3]{-\frac{q}{2}+\sqrt{d}}+\sqrt[3]{-\frac{q}{2}-\sqrt{d}} \\ y_2=\omega\sqrt[3]{-\frac{q}{2}+\sqrt{d}}+\omega^2\sqrt[3]{-\frac{q}{2}-\sqrt{d}} \\ y_3=\omega^2\sqrt[3]{-\frac{q}{2}+\sqrt{d}}+\omega\sqrt[3]{-\frac{q}{2}-\sqrt{d}} \end{cases} \qquad \cdots\cdots(5.6.7)$$

이다((5.6.7)을 Cardano의 공식(Cardano's formula)이라 한다). 그러므로 (5.6.2)의 근은

$$\begin{cases} x_1=y_1-\frac{a}{3} \\ x_2=y_2-\frac{a}{3} \\ x_3=y_3-\frac{a}{3} \end{cases}$$

이다. 또한, 일반적인 3차방정식

$$ax^3+bx^2+cx+d=0(a,\ b,\ c,\ d\in\mathbf{C}(a\neq 0)) \qquad \cdots\cdots(5.6.8)$$

의 양변에 $\frac{1}{a}$을 곱하면 (5.6.8)은 (5.6.2)의 꼴로 환원되므로 (5.6.8)의 근을 구하는 것은 (5.6.2)의 근을 구하는 것에 귀착된다. 따라서 3차방정식 (5.6.8)의 근은 **C**에서의 덧셈, 뺄셈, 곱셈, 나눗셈 및 2제곱근, 3제곱근의 계산에 의하여 얻어진다.

**보기 5.6.3** 3차방정식

$$x^3+3x+4=0 \qquad \cdots\cdots(5.6.9)$$

은 (5.6.3)에서 $p=3$, $q=4$인 경우이므로 (5.6.9)의 근은 (5.6.7)에 의하여

$$x_1=\sqrt[3]{-2+\sqrt{5}}+\sqrt[3]{-2-\sqrt{5}}$$
$$x_2=\omega\sqrt[3]{-2+\sqrt{5}}+\omega^2\sqrt[3]{-2-\sqrt{5}}$$
$$x_3=\omega^2\sqrt[3]{-2+\sqrt{5}}+\omega\sqrt[3]{-2-\sqrt{5}}$$

이다$\left(\text{이 때, } \omega=\dfrac{-1+\sqrt{3}\,i}{2}\text{이다}\right)$. ◀

4차방정식

$$x^4+ax^3+bx^2+cx+d=0(a,\ b,\ c,\ d\in\mathbf{C}) \qquad \cdots\cdots(5.6.10)$$

의 근을 구하여 보자. $x=y-\dfrac{a}{4}$를 (5.6.10)에 대입하면 (5.6.10)은 3차항이 없는 4차방정식

$$y^4+py^2+qy+r=0 \qquad \cdots\cdots(5.6.11)$$

으로 변형된다. 이제 $y^4=-py^2-qy-r$의 양변에 $\alpha y^2+\dfrac{\alpha^2}{4}$을 더하면

$$\left(y^2+\frac{\alpha}{2}\right)^2=(\alpha-p)y^2-qy+\frac{\alpha^2}{4}-r \qquad \cdots\cdots(5.6.12)$$

이 된다. 그런데 (5.6.12)의 우변이 완전제곱식이 되려면

$$q^2-4(\alpha-p)\left(\frac{\alpha^2}{4}-r\right)=0 \qquad \cdots\cdots(5.6.13)$$

이어야 한다. (5.6.13)을 정돈하면 $\alpha$에 관한 3차방정식

$$\alpha^3-p\alpha^2-4r\alpha+(4pr-q^2)=0 \qquad \cdots\cdots(5.6.14)$$

을 얻는다. $\alpha$를 (5.6.14)의 한 근이라 하자. $\alpha\neq p$인 경우는 $\alpha$를 (5.6.12)에 대입하면 (5.6.12)는

$$\left(y^2+\frac{\alpha}{2}\right)^2=(\alpha-p)\left(y-\frac{q}{2(\alpha-p)}\right)^2$$

으로 변형된다. 따라서

$$y^2+\frac{\alpha}{2}=\pm\sqrt{\alpha-p}\left(y-\frac{q}{2(\alpha-p)}\right) \qquad \cdots\cdots(5.6.15)$$

이다. (5.6.15)에서 네 개의 근

$$y=y_1,\ y_2,\ y_3,\ y_4 \qquad \cdots\cdots(5.6.16)$$

를 구하면 (5.6.16)은 (5.6.11)의 근이다. $\alpha=p$인 경우는 (5.6.13)에 의하여 $q=0$이므로 (5.6.11)은

$$y^4+py^2+r=0 \qquad \cdots\cdots(5.6.17)$$

이 된다. 따라서

$$y^2=\frac{-p\pm\sqrt{p^2-4r}}{2} \qquad \cdots\cdots(5.6.18)$$

이고, 또한 (5.6.18)에서 (5.6.17)의 근을 얻을 수 있다. 이제 (5.6.16)을 (5.6.11)의 근이라 하면

$$\begin{cases} x_1=y_1-\dfrac{a}{4} \\ x_2=y_2-\dfrac{a}{4} \\ x_3=y_3-\dfrac{a}{4} \\ x_4=y_4-\dfrac{a}{4} \end{cases}$$

는 (5.6.10)의 근이다. 또한, 일반적인 4차방정식

$$ax^4+bx^3+cx^2+dx+r=0(a,\ b,\ c,\ d,\ r\in\mathbf{C}(a\neq 0)) \qquad \cdots\cdots(5.6.19)$$

의 양변에 $\dfrac{1}{a}$을 곱하면 (5.6.19)는 (5.6.10)의 꼴로 환원되므로 (5.6.19)의 근을 구하는 것은 (5.6.10)의 근을 구하는 것에 귀착된다. 따라서 4차방정식 (5.6.19)

의 근은 **C**에서의 덧셈, 뺄셈, 곱셈, 나눗셈 및 2제곱근, 3제곱근의 계산에 의하여 얻어진다.

**【정의 5.6.4】**

$E$를 체 $F$의 확대체라 하자. $E$가 다음 조건

(1) $F=F_0 \subset F_1 \subset F_2 \subset \cdots \subset F_{r-1} \subset F_r = E$인 $E$의 부분체 $F_0, F_1, F_2, \cdots, F_r$가 존재한다.

(2) 적당한 $\alpha_i \in F_i (i=1, 2, \cdots, r)$에 대하여 $F_i = F_{i-1}(\alpha_i)$이고, 또한 적당한 양의 정수 $t_i$에 대하여 $\alpha_i^{t_i} \in F_{i-1}$이다.

를 만족할 때, $E$를 $F$의 **거듭제곱근확대체**(radical extension)라 한다.

$E$를 체 $F$의 거듭제곱근확대체라 하면

$$F=F_0 \subset F_1 \subset F_2 \subset \cdots \subset F_{r-1} \subset F_r = E$$

인 $E$의 부분체 $F_0, F_1, F_2, \cdots, F_r$이 존재하고 적당한 $\alpha_i \in F_i (i=1, 2, \cdots, r)$에 대하여 $F_i = F_{i-1}(\alpha_i)$이며 적당한 양의 정수 $t_i$에 대하여 $\alpha_i^{t_i} \in F_{i-1}$이다. 따라서 $\alpha_i$는 $f_i(x) = x^{t_i} - \alpha_i^{t_i} \in F_{i-1}[x]$의 근이다(따라서 $\alpha_i (\alpha_i \in F_i)$는 $\alpha_i^{t_i} (\alpha_i^{t_i} \in F_{i-1})$의 $t_i$제곱근이다). 그러므로 $\alpha_i$는 $F_{i-1}$위에서 대수적이다. 따라서 정리 5.1.12 (6)에 의하여 $F_i$는 $F_{i-1}$의 유한확대체이다. 따라서 정리 5.1.5에 의하여 $E$는 $F$의 유한확대체이다. 또한,

$$F_1 = F_0(\alpha_1) = F(\alpha_1)$$
$$F_2 = F_1(\alpha_2) = F(\alpha_1)(\alpha_2) = F(\alpha_1, \alpha_2)$$
$$F_3 = F_2(\alpha_3) = F(\alpha_1, \alpha_2)(\alpha_3) = F(\alpha_1, \alpha_2, \alpha_3)$$
$$\cdots\cdots\cdots\cdots\cdots\cdots\cdots\cdots\cdots$$
$$F_{r-1} = F_{r-2}(\alpha_{r-1}) = F(\alpha_1, \alpha_2, \cdots, \alpha_{r-2})(\alpha_{r-1}) = F(\alpha_1, \alpha_2, \cdots, \alpha_{r-2}, \alpha_{r-1})$$
$$E = F_r = F_{r-1}(\alpha_r) = F(\alpha_1, \alpha_2, \cdots, \alpha_{r-1})(\alpha_r) = F(\alpha_1, \alpha_2, \cdots, \alpha_{r-1}, \alpha_r)$$

이므로 $E$는 $F$에서부터 시작하여 $F$의 원소의 $t_1$제곱근, $F_1$의 원소의 $t_2$제곱근, $F_2$의 원소의 $t_3$제곱근, $\cdots$, $F_{r-1}$의 원소의 $t_r$제곱근을 차례로 첨가하여

얻어진다.

**【정의 5.6.5】**

$F$를 체라 하고 $f(x)\in F[x](1\leq \deg f(x))$라 하자. $K$를 $F$위의 $f(x)$의 분해체라 할 때, $\mathrm{Gal}_F K$를 $f(x)$의 Galois군이라 한다. 또한, $K$를 포함하는 $F$의 거듭제곱근확대체 $E$가 존재하면 방정식 $f(x)=0$은 거듭제곱근에 의하여 풀이가능(solvable by radicals)이라 한다.

$F$를 체라 하고 $f(x)\in F[x]$라 할 때, 방정식 $f(x)=0$의 근을 $F$에서 시작하여 덧셈, 뺄셈, 곱셈, 나눗셈 및 $n$제곱근의 계산에 의하여 구할 수 있으면 방정식 $f(x)=0$은 거듭제곱근에 의하여 풀이가능이다.

**보기 5.6.6** 유리수체 $\mathbf{Q}$와 $\omega=\dfrac{-1+\sqrt{3}\,i}{2}\in\mathbf{C}$를 생각하자.

$$\mathbf{Q}_1=\mathbf{Q}(\omega),\qquad \mathbf{Q}_2=\mathbf{Q}_1(\sqrt{5})$$
$$\mathbf{Q}_3=\mathbf{Q}_2(\sqrt[3]{-2+\sqrt{5}}),\qquad \mathbf{Q}_4=\mathbf{Q}_3(\sqrt[3]{-2-\sqrt{5}})$$

이라 하면

$$\begin{aligned}
\mathbf{Q}_1&=\mathbf{Q}(\omega)=\mathbf{Q}_0(\omega)(\mathbf{Q}_0=\mathbf{Q}),\\
\mathbf{Q}_2&=\mathbf{Q}_1(\sqrt{5})=\mathbf{Q}(\omega)(\sqrt{5})=\mathbf{Q}(\omega,\ \sqrt{5}),\\
\mathbf{Q}_3&=\mathbf{Q}_2(\sqrt[3]{-2+\sqrt{5}})=\mathbf{Q}(\omega,\ \sqrt{5})(\sqrt[3]{-2+\sqrt{5}})\\
&=\mathbf{Q}(\omega,\ \sqrt{5},\ \sqrt[3]{-2+\sqrt{5}}),\\
\mathbf{Q}_4&=\mathbf{Q}_3(\sqrt[3]{-2-\sqrt{5}})=\mathbf{Q}(\omega,\ \sqrt{5},\ \sqrt[3]{-2+\sqrt{5}})(\sqrt[3]{-2-\sqrt{5}})\\
&=\mathbf{Q}(\omega,\ \sqrt{5},\ \sqrt[3]{-2+\sqrt{5}},\ \sqrt[3]{-2-\sqrt{5}})
\end{aligned}$$

이고

$$\mathbf{Q}=\mathbf{Q}_0\subset\mathbf{Q}_1\subset\mathbf{Q}_2\subset\mathbf{Q}_3\subset\mathbf{Q}_4$$

이다. 또한

$$\omega \in \mathbf{Q}_1, \quad \omega^3 = 1 \in \mathbf{Q} = \mathbf{Q}_0$$
$$\sqrt{5} \in \mathbf{Q}_2, \quad (\sqrt{5})^2 = 5 \in \mathbf{Q}_1$$
$$\sqrt[3]{-2+\sqrt{5}} \in \mathbf{Q}_3, \quad (\sqrt[3]{-2+\sqrt{5}})^3 = -2+\sqrt{5} \in \mathbf{Q}_2$$
$$\sqrt[3]{-2-\sqrt{5}} \in \mathbf{Q}_4, \quad (\sqrt[3]{-2-\sqrt{5}})^3 = -2-\sqrt{5} \in \mathbf{Q}_3$$

이다. 따라서 $\mathbf{Q}_4$는 $\mathbf{Q}$의 거듭제곱근확대체이다. 다음 $f(x)=x^3+3x+4\in \mathbf{Q}[x]$를 생각하자. $K$를 $\mathbf{Q}$위의 $f(x)$의 분해체라 할 때, 보기 5.6.3에 의하여 $\mathbf{Q}_4$는 $K$를 포함한다. 따라서 3차방정식 $f(x)=x^3+3x+4=0$은 거듭제곱근에 의하여 풀이가능이다. 또한, $\mathrm{Gal}_{\mathbf{Q}}K$는 $f(x)$의 Galois군이다. ◀

**【정리 5.6.7】**

$E$를 체 $F$의 확대체라 하고 $H$를 $E$에 속하는 $1(1\in F\subset E)$의 $n$제곱근 전체의 집합이라 하자. 그러면 다음이 성립한다.

(1) $H$는 $E$의 단원군 $\mathrm{U}(E)$의 순회부분군이고 $|H|\le n$이다. 특히, $F$의 표수가 0이고 $E$가 $F$위의 $f(x)=x^n-1\in F[x]$의 분해체이면 $H$는 $|H|=n$인 $\mathrm{U}(E)$의 순회부분군이다(따라서 이 경우 $H=\langle\omega\rangle$라 하면 $\omega$는 1의 원시 $n$제곱근이다. 즉, 1의 원시 $n$제곱근이 $E$에 존재한다).

(2) $\omega(\omega\in E)$를 1의 원시 $n$제곱근이라 하자. $d$를 $n$의 임의의 양의 약수라 하면 $E$는 1의 원시 $d$제곱근을 포함한다.

**증명** (1) $1^n=1$이므로 $1\in H$이다. 즉, $H\ne\varnothing$이다. $\alpha\in H$라 하면 $\alpha\ne 0$이므로 $H\subset \mathrm{U}(E)$이다. 또한, $\alpha, \beta\in H$라 하면

$$(\alpha\beta)^n = \alpha^n\beta^n = 1\cdot 1 = 1$$

이므로 $\alpha\beta\in H$이다. $\alpha\in H$라 하면 $\alpha$는 $f(x)=x^n-1\in F[x]$의 근이므로 정리 3.8.13에 의하여 $|H|\le n$이다. 따라서 정리 2.2.3에 의하여 $H$는 $\mathrm{U}(E)$의 부분군이다. 그러므로 정리 5.3.6에 의하여 $H$는 $\mathrm{U}(E)$의 순회부분군이다. 다음, $F$의 표수를 0이라 하고 $E$를 $F$위의 $f(x)$의 분해체라 하자. $\alpha$를 $f(x)$의 중근이라 하면 정리 5.3.2 (1)에 의하여 $f'(\alpha)=0$이고, 또한 $f'(x)=nx^{n-1}$이므로 정리 3.1.7 (3)에 의하여

$$0=f'(\alpha)=n\alpha^{n-1}=n(1\alpha^{n-1})=(n1)\alpha^{n-1}$$

이다. 그런데 $F$의 표수가 0이므로 정리 3.1.30 (1)에 의하여 $n1\neq 0$ 이다. 따라서 $\alpha^{n-1}=0$이다. 그러므로

$$1=\alpha^n=\alpha\alpha^{n-1}=\alpha 0=0$$

이다. 이것은 모순이다. 따라서 $f(x)$는 중근을 갖지 않는다. 그러므로 $f(x)$는 $E$에서 서로 다른 $n$개의 근을 갖는다. 즉, $|H|=n$이다.

(2) $n=dt$라 하자. $\mathrm{ord}(\omega)=n(\omega\in \mathrm{U}(E))$이고, $(t,\ n)=t$이므로 정리 2.3.10 (3)에 의하여 $\mathrm{ord}(\omega^t)=\dfrac{n}{t}=d$이다. 따라서 $\omega^t(\omega^t\in E)$는 1의 원시 $d$ 제곱근이다. ■

**보기 5.6.8** 보기 5.1.13에 의하여

$$\mathbf{C}=\mathbf{R}(i)=\mathbf{R}(1,\ -1,\ i,\ -i)$$

이고, 또한 $f(x)=x^4-1\in\mathbf{R}[x]$에 대하여

$$f(x)=x^4-1=(x^2-1)(x^2+1)=(x-1)(x+1)(x-i)(x+i)$$

이므로 $\mathbf{C}$는 $\mathbf{R}$위의 $f(x)$의 분해체이다. 1의 4제곱근은 $1,\ -1,\ i,\ -i\,(\pm 1,\ \pm i\in\mathbf{C})$이고, 또한

$$\{1,\ -1,\ i,\ -i\}=\langle i\rangle=\langle -i\rangle \text{ (보기 2.3.5를 참조)}$$

이다. 따라서 $i$와 $-i$는 1의 원시 4제곱근이다. 더욱이 $|\langle i\rangle|=|\langle -i\rangle|=4$이다. 또한, $-1$은 1의 원시 2제곱근이고 $\{-1,\ 1\}=\langle -1\rangle$이다. ◀

**【정리 5.6.9】**

$F$를 표수가 0인 체라 하고 $K$를 $F$의 확대체라 하자. $\omega(\omega\in K)$를 1의 원시 $n$제곱근이라 하자. 그러면 $E=F(\omega)$는 $F$의 Galois확대체이고 $\mathrm{Gal}_F E$는 가환군이다.

**증명** $\omega(\omega\in E)$가 1의 원시 $n$제곱근이므로

$$1,\ \omega,\ \omega^2,\ \cdots,\ \omega^{n-1}(\omega^i\in E\,(i=0,\ 1,\ 2,\ \cdots,\ n-1))$$

은 $f(x)=x^n-1\in F[x]$의 서로 다른 $n$개의 근이다. 따라서 정리 3.8.13의 증명과정에서와 같이 생각하여

$$f(x)=(x-1)(x-\omega)(x-\omega^2)\cdots(x-\omega^{n-1})$$

임을 증명할 수 있다. 또한,

$$E=F(\omega)=F(1,\ \omega,\ \omega^2,\ \cdots,\ \omega^{n-1})$$

이다. 따라서 $E$는 $F$위의 $f(x)$의 분해체이다. 그러므로 정리 5.2.10에 의하여 $E$는 $F$의 유한정규확대체이고, 따라서 정리 5.3.4 (2)에 의하여 $E$는 $F$의 분리확대체이다. 따라서 $E$는 $F$의 Galois확대체이다. 다음 $\sigma$, $\tau\in \mathrm{Gal}_F E$라 하면 정리 5.4.2 (3)에 의하여 적당한 $k$, $l\in\mathbf{Z}(0\le k\le n-1$, $0\le l\le n-1)$에 대하여 $\sigma(\omega)=\omega^k$, $\tau(\omega)=\omega^l$이므로

$$\tau\sigma(\omega)=\tau(\sigma(\omega))=\tau(\omega^k)=(\tau(\omega))^k=(\omega^l)^k=\omega^{kl},$$
$$\sigma\tau(\omega)=\sigma(\tau(\omega))=\sigma(\omega^l)=(\sigma(\omega))^l=(\omega^k)^l=\omega^{kl}$$

이다. 즉, $\tau\sigma(\omega)=\sigma\tau(\omega)$이다. 따라서 각 $i\in\mathbf{Z}(0\le i\le n-1)$에 대하여

$$\tau\sigma(\omega^i)=(\tau\sigma(\omega))^i=(\sigma\tau(\omega))^i=\sigma\tau(\omega^i)$$

이다. 그러므로 정리 5.4.4에 의하여 $\tau\sigma=\sigma\tau$이다. 즉 $\mathrm{Gal}_F E$는 가환군이다. ■

**【정리 5.6.10】**

$F$를 표수가 0인 체라 하고 $\omega\,(\omega\in F)$를 1의 원시 $n$제곱근이라 하자. $K$를 $F$의 확대체라 하고 $\alpha(\alpha\in K)$를 $f(x)=x^n-b\in F[x]$의 근이라 하자. 그러면 $E=F(\alpha)$는 $F$의 Galois확대체이고 $\mathrm{Gal}_F E$는 가환군이다.

**증명** 먼저 $b\ne 0$이라 하자. $\alpha^n=b$, $\omega^n=1$이므로 각 $k\in\mathbf{Z}(0\le k\le n-1)$에 대하여

$$(\omega^k\alpha)^n=(\omega^k)^n\alpha^n=(\omega^n)^k\alpha^n=1b=b$$

이다. 따라서 $\omega^k\alpha(\omega^k\alpha\in E)$는 $f(x)$의 근이다. $\omega$가 1의 원시 $n$제곱근이

므로

$$1,\ \omega,\ \omega^2,\ \cdots,\ \omega^{n-1}$$

은 서로 다르다. 그러므로

$$\alpha=1\alpha,\ \omega\alpha,\ \omega^2\alpha,\ \cdots,\ \omega^{n-1}\alpha$$

는 $f(x)$의 서로 다른 $n$개의 근이다. 따라서

$$f(x)=(x-\alpha)(x-\omega\alpha)(x-\omega^2\alpha)\cdots(x-\omega^{n-1}\alpha),$$
$$E=F(\alpha)=F(\alpha,\ \omega\alpha,\ \omega^2\alpha,\ \cdots,\ \omega^{n-1}\alpha)$$

이다. 즉, $E$는 $F$위의 $f(x)$의 분해체이다. 그러므로 정리 5.2.10에 의하여 $E$는 $F$의 유한정규확대체이고, 따라서 정리 5.3.4 (2)에 의하여 $E$는 $F$의 분리확대체이다. 따라서 $E$는 $F$의 Galois확대체이다. 또한 $\sigma,\ \tau\in \mathrm{Gal}_F E$라 하면 정리 5.4.2 (3)에 의하여 적당한 $k,\ l\in\mathbf{Z}(0\le k\le n-1,\ 0\le l\le n-1)$에 대하여 $\sigma(\alpha)=\omega^k\alpha,\ \tau(\alpha)=\omega^l\alpha$이므로

$$\tau\sigma(\alpha)=\tau(\sigma(\alpha))=\tau(\omega^k\alpha)=\tau(\omega^k)\tau(\alpha)=\omega^k\omega^l\alpha=\omega^{k+l}\alpha,$$
$$\sigma\tau(\alpha)=\sigma(\tau(\alpha))=\sigma(\omega^l\alpha)=\sigma(\omega^l)\sigma(\alpha)=\omega^l\omega^k\alpha=\omega^{k+l}\alpha$$

이다. 즉, $\tau\sigma(\alpha)=\sigma\tau(\alpha)$이다. 따라서 각 $i\in\mathbf{Z}(0\le i\le n-1)$에 대하여

$$\tau\sigma(\omega^i\alpha)=\tau\sigma(\omega^i)\tau\sigma(\alpha)=\omega^i\sigma\tau(\alpha)=\sigma\tau(\omega^i)\sigma\tau(\alpha)=\sigma\tau(\omega^i\alpha)$$

이다. 그러므로 정리 5.4.4에 의하여 $\tau\sigma=\sigma\tau$이다. 즉 $\mathrm{Gal}_F E$는 가환군이다.

다음, $b=0$이면 $\alpha=0$이므로

$$f(x)=x^n=\underbrace{(x-0)(x-0)\cdots(x-0)}_{n\text{번}}$$

이고, 또한

$$E=F(\alpha)=F(0)=F(\underbrace{0,\ 0,\ \cdots,\ 0}_{n\text{번}})$$

이므로 $E$는 $F$위의 $f(x)=x^n$의 분해체이다. 따라서 정리 5.2.10과 정리 5.3.4 (2)에 의하여 $E$는 $F$의 Galois확대체이다. 더욱이 $E=F$이므로 $\mathrm{Gal}_F E=\mathrm{Gal}_F F=\{i_F\}$이다. 따라서 $\mathrm{Gal}_F E$는 가환군이다. ■

**【정리 5.6.11】**

$E$를 체 $F$의 유한정규확대체라 하자. $K=E(\alpha)$($\alpha$는 $E$의 적당한 확대체에 속한다)라 하고 $\alpha^t\in E(0\leq t\in\mathbf{Z})$라 하자. 그러면 다음 두 조건

(1) $L$은 $E$의 거듭제곱근확대체이다.

(2) $L$은 $F$의 유한정규확대체이다.

를 만족하는 $K$의 확대체 $L$이 존재한다.

**증명** 정리 5.2.10에 의하여 적당한 $f(x)\in F[x](\deg f(x)\geq 1)$에 대하여 $E$는 $F$ 위의 $f(x)$의 분해체이다. 따라서 적당한 $c\in F$, $\alpha_i\in E(i=1, 2, \cdots, n)$에 대하여

$$f(x)=c(x-\alpha_1)(x-\alpha_2)\cdots(x-\alpha_n),$$
$$E=F(\alpha_1, \alpha_2, \cdots, \alpha_n)$$

이다. 또한 $\alpha$는 $g(x)=x^t-\alpha^t\in E[x]$의 근이므로 $\alpha$는 $E$위에서 대수적이다. 따라서 정리 5.1.27에 의하여 $K$는 $E$의 대수적확대체이다. 따라서 정리 5.1.30에 의하여 $K$는 $F$의 대수적확대체이다. $p(x)\in F[x]$를 $F$ 위의 $\alpha$의 최소다항식이라 하고 $L$을 $F$위의 $f(x)p(x)$의 분해체라 하자 (정리 5.2.5에 의하여 $L$은 존재한다). 그러면 정리 5.2.10에 의하여 $L$은 $F$의 유한정규확대체이다. 이제 $L$에서의 $p(x)$의 근을 $\beta_1(\beta_1=\alpha)$, $\beta_2$, $\cdots$, $\beta_m$이라 하면

$$p(x)=(x-\beta_1)(x-\beta_2)\cdots(x-\beta_m)$$

이므로 정리 3.8.8에 의하여

$$f(x)p(x)=c(x-\alpha_1)(x-\alpha_2)\cdots(x-\alpha_n)(x-\beta_1)(x-\beta_2)\cdots(x-\beta_m),$$
$$L=F(\alpha_1, \alpha_2, \cdots, \alpha_n, \beta_1, \beta_2, \cdots, \beta_m)$$

이다. 따라서

$$L=F(\alpha_1, \alpha_2, \cdots, \alpha_n, \beta_1, \beta_2, \cdots, \beta_m)=F(\alpha_1, \alpha_2, \cdots, \alpha_n)(\beta_1, \beta_2, \cdots, \beta_m)$$
$$=E(\beta_1, \beta_2, \cdots, \beta_m)=E(\beta_1)(\beta_2, \beta_3, \cdots, \beta_m)$$
$$=E(\alpha)(\beta_2, \beta_3, \cdots, \beta_m)=K(\beta_2, \beta_3, \cdots, \beta_m)$$

이다. 즉 $L$은 $K$의 확대체이다. 또한, 정리 5.4.3에 의하여 각 $i\,(i=2, 3, \cdots, m)$에 대하여 $\sigma_i(\alpha)=\beta_i$를 만족하는 $\sigma_i\in \mathrm{Gal}_F L$이 존재한다. 더욱이 정리 5.4.18의 증명과정에 의하여 $\sigma_i(E)=E$이다. 따라서

$$E_i=E(\beta_1, \beta_2, \cdots, \beta_i)(i=1, 2, \cdots, m)$$

이라 하면 $i=2, 3, \cdots, m$에 대하여

$$\beta_i^t=(\sigma_i(\alpha))^t=\sigma_i(\alpha^t)\in E\subset E_{i-1},\ \beta_i\in E_i$$

이고, 또한

$$\alpha\in K=E(\alpha)=E(\beta_1)=E_1,\ \alpha^t\in E$$

이다. 더욱이 $E_0=E$라 할 때, $i=1, 2, \cdots, m$에 대하여

$$E_i=E(\beta_1, \beta_2, \cdots, \beta_{i-1}, \beta_i)=E(\beta_1, \beta_2, \cdots, \beta_{i-1})(\beta_i)=E_{i-1}(\beta_i)$$

이다. 따라서

$$E=E_0\subset K=E_1\subset E_2\subset E_3\subset\cdots\subset E_{m-1}\subset E_m=L$$

이다. 그러므로 $L$은 $E$의 거듭제곱근확대체이다. ■

$K$를 체 $F$의 거듭제곱근확대체라 하고 $E$를 $K$의 거듭제곱근확대체라 하면 분명히 $E$는 $F$의 거듭제곱근확대체이다.

**【정리 5.6.12】**

$F$를 체라 하고 $f(x)=F[x](1\leq \deg f(x))$라 하자. 방정식 $f(x)=0$이 거듭제곱근에 의하여 풀이가능이라 하자. 그러면 $F$위의 $f(x)$의 분해체를 포함하는 $F$의 유한정규거듭제곱근확대체 $E$가 존재한다.

**증명** $F$위의 $f(x)$의 분해체 $K$를 포함하는 $F$의 거듭제곱근확대체 $L$이 존재

한다. 따라서

$$F=F_0 \subset F_1 \subset F_2 \subset \cdots \subset F_{r-1} \subset F_r = L$$

인 $L$의 부분체 $F_0$, $F_1$, $F_2$, $\cdots$, $F_r$이 존재하여 적당한 $\alpha_i \in F_i (i=1, 2, \cdots, r)$에 대하여 $F_i = F_{i-1}(\alpha_i)$이고, 또한 적당한 양의 정수 $t_i$에 대하여 $\alpha_i^{t_i} \in F_{i-1}$이다. 또한, 보기 5.1.3에 의하여 $[F : F]=1$이므로 정리 5.2.8의 증명과정과 같은 방법으로 $F$는 $F$의 유한정규확대체임을 증명할 수 있다. 더욱이

$$F \subset F_1 = F(\alpha_1), \ \ \alpha_1^{t_1} \in F_0 = F$$

이므로 정리 5.6.11에 의하여 $F_1 \subset L_1$($L_1$은 $F_1$의 확대체)인 $F$의 유한정규거듭제곱근확대체 $L_1$이 존재한다. 다음

$$F \subset L_1 \subset L_1(\alpha_2), \ \ \alpha_2^{t_2} \in F_1 \subset L_1$$

이므로 정리 5.6.11에 의하여 다음 두 조건을 만족하는 $L_1(\alpha_2)$의 확대체 $L_2$가 존재한다.

(1) $L_2$는 $F$의 유한정규확대체이다.

(2) $L_2$는 $L_1$의 거듭제곱근확대체이다(따라서 $L_2$는 $F$의 거듭제곱근확대체이다).

따라서 $L_2$는 $F$의 유한정규거듭제곱근확대체이다. 더욱이

$$F_2 = F_1(\alpha_2) \subset L_1(\alpha_2) \subset L_2$$

이다. 다음

$$F \subset L_2 \subset L_2(\alpha_3), \ \ \alpha_3^{t_3} \in F_2 \subset L_2$$

이므로 정리 5.6.11에 의하여 다음 두 조건을 만족하는 $L_2(\alpha_3)$의 확대체 $L_3$가 존재한다.

(3) $L_3$는 $F$의 유한정규확대체이다.

(4) $L_3$는 $L_2$의 거듭제곱근확대체이다(따라서 $L_3$는 $F$의 거듭제곱근

확대체이다).

따라서 $L_3$는 $F$의 유한정규거듭제곱근확대체이다. 더욱이

$$F_3 = F_2(\alpha_3) \subset L_2(\alpha_3) \subset L_3$$

이다. 이 방법을 계속하여 $F_r \subset L_r$인 $F$의 유한정규거듭제곱근확대체 $L_r$(이제 $L_r = E$라 한다)을 얻을 수 있다. 더욱이

$$K \subset L = F_r \subset L_r = E$$

이다. ■

**【정리 5.6.13】**

$F$를 표수가 0인 체라 하자. $E$를 $F$의 정규거듭제곱근확대체라 하고 $K$를 $F \subset K$인 $E$의 부분체라 하자. $K$가 $F$의 정규확대체이면 $\mathrm{Gal}_F K$는 가해군이다(따라서 $\mathrm{Gal}_F E$는 가해군이다).

**증명** $E$가 $F$의 거듭제곱근확대체이므로

$$F = F_0 \subset F_1 \subset F_2 \subset \cdots \subset F_{r-1} \subset F_r = E$$

인 $E$의 부분체 $F_0, F_1, F_2, \cdots, F_r$이 존재하여 적당한 $\alpha_i \in F_i (i=1, 2, \cdots, r)$에 대하여 $F_i = F_{i-1}(\alpha_i)$이고, 또한 적당한 양의 정수 $t_i$에 대하여 $\alpha_i^{t_i} \in F_{i-1}$이다. $n$을 $t_1, t_2, \cdots, t_r$의 최소공배수라 하고 $K_0$를 $F$위의 $f(x) = x^n - 1 \in F[x]$의 분해체라 하자. 그러면 정리 5.6.7 (1)에 의하여 $1(1 \in F)$의 원시 $n$제곱근 $\omega$가 $K_0$에 존재한다. 따라서 $1, \omega, \omega^2, \cdots, \omega^{n-1}$은 $f(x)$의 서로 다른 $n$개의 근이므로

$$f(x) = (x-1)(x-\omega)(x-\omega^2)\cdots(x-\omega^{n-1})$$

이다. 또한, $K_0$는 $1, \omega, \omega^2, \cdots, \omega^{n-1}$을 포함하는 $F$의 가장 작은 확대체이므로

$$K_0 = F(1, \omega, \omega^2, \cdots, \omega^{n-1}) = F(\omega)$$

이다. $i=1, 2, \cdots, r$에 대하여 $K_i=F_i(\omega)$라 하자. 그러면

$$\begin{aligned}K_i &=F_i(\omega)=F_{i-1}(\alpha_i)(\omega)=F_{i-1}(\alpha_i, \omega) = F_{i-1}(\omega, \alpha_i)\\ &=F_{i-1}(\omega)(\alpha_i)=K_{i-1}(\alpha_i)\end{aligned}$$

이다. 따라서 $K_r=L$이라 하면

$$F\subset F(\omega)=K_0\subset K_1\subset K_2\subset\cdots\subset K_{r-1}\subset K_r=L$$

이다. 또한, $i=1, 2, \cdots, r$에 대하여

$$\alpha_i\in F_i\subset K_i,\ \omega\in K_0$$

이고

$$\alpha_i^{t_i}\in F_{i-1}\subset F_{i-1}(\omega)=K_{i-1},\ \omega^n=1\in F$$

이다. 따라서 $L$은 $F$의 거듭제곱근확대체이다. 더욱이

$$K\subset E=F_r\subset K_r=L$$

이다. 정의 5.6.5 앞의 설명에 의하여 $E$는 $F$의 유한정규확대체이므로 정리 5.2.10에 의하여 적당한 $g(x)\in F[x](1\le\deg g(x)=m)$에 대하여 $E$는 $F$위의 $g(x)$의 분해체이다. 따라서 적당한 $c\in F$와 적당한 $\beta_i\in E(i=1, 2, \cdots, m)$에 대하여

$$\begin{aligned}g(x)&=c(x-\beta_1)(x-\beta_2)\cdots(x-\beta_m),\\ E&=F(\beta_1, \beta_2, \cdots, \beta_m)\end{aligned}$$

이다. 따라서

$$g(x)f(x)=c(x-\beta_1)(x-\beta_2)\cdots(x-\beta_m)(x-1)(x-\omega)(x-\omega^2)\cdots(x-\omega^{n-1})$$

이고, 또한

$$\begin{aligned}L&=K_r=F_r(\omega)=E(\omega)=E(1, \omega, \omega^2, \cdots, \omega^{n-1})\\ &=F(\beta_1, \beta_2, \cdots, \beta_m)(1, \omega, \omega^2, \cdots, \omega^{n-1})\\ &=F(\beta_1, \beta_2, \cdots, \beta_m, 1, \omega, \omega^2, \cdots, \omega^{n-1})\end{aligned}$$

이므로 $L$은 $F$위의 $g(x)f(x)$의 분해체이다. 그러므로 정리 5.2.10과 정리 5.3.4 (2)에 의하여 $L$은 $F$의 Galois확대체이다. 이제 $\text{Gal}_F L$이 가해군임을 증명하자. 정리 5.4.2 (2)에 의하여

$$\text{Gal}_F L \supset \text{Gal}_{K_0} L \supset \text{Gal}_{K_1} L \supset \cdots \supset \text{Gal}_{K_{i-1}} L \supset \text{Gal}_{K_i} L \supset$$
$$\cdots \supset \text{Gal}_{K_{r-1}} L \supset \text{Gal}_L L = \{i_L\}$$

이다. 한편, $F$의 표수가 0이므로 정리 3.1.30 (1)에 의하여 $K_0$, $K_1$, $K_2$, $\cdots$, $K_{r-1}$, $K_r = L$의 표수도 0이다. 또한, $t_i | n(i=1,\ 2,\ \cdots,\ r)$이고 $\omega(\omega \in K_0 \subset K_{i-1})$가 1의 원시 $n$제곱근이므로 정리 5.6.7 (2)에 의하여 $K_{i-1}$은 1의 원시 $t_i$제곱근을 포함한다. 또한, $i=1,\ 2,\ \cdots,\ r$에 대하여 $\alpha_i(\alpha_i \in K_i)$는 $f_i(x) = x^{t_i} - \alpha_i^{t_i} \in K_{i-1}[x]$의 근이다. 따라서 정리 5.6.10에 의하여 $K_i$는 $K_{i-1}$의 Galois확대체이고 $\text{Gal}_{K_{i-1}} K_i$는 가환군이다. 또한, $L$이 $F$의 Galois확대체이므로 정리 5.4.15 앞의 설명에 의하여 모든 $i\,(i=1,\ 2,\ \cdots,\ r)$에 대하여 $L$은 $K_{i-1}$의 Galois확대체이다. 따라서

$$K_{i-1} \subset K_i \subset L(i=1,\ 2,\ \cdots,\ r)$$

에 정리 5.4.19 (4)를 적용하면 $\text{Gal}_{K_i} L$은 $\text{Gal}_{K_{i-1}} L$의 정규부분군이고

$$\text{Gal}_{K_{i-1}} K_i \cong \text{Gal}_{K_{i-1}} L / \text{Gal}_{K_i} L$$

이다. 따라서 $\text{Gal}_{K_{i-1}} K_i$가 가환군이므로 $\text{Gal}_{K_{i-1}} L / \text{Gal}_{K_i} L$도 가환군이다. 또한, 정리 5.6.9에 의하여 $K_0$는 $F$의 Galois확대체이고 $\text{Gal}_F K_0$는 가환군이다. 다시 $F \subset K_0 \subset L$에 정리 5.4.19 (4)를 적용하면 $\text{Gal}_{K_0} L$은 $\text{Gal}_F L$의 정규부분군이고

$$\text{Gal}_F K_0 \cong \text{Gal}_F L / \text{Gal}_{K_0} L$$

이다. 따라서 $\text{Gal}_F L / \text{Gal}_{K_0} L$은 가환군이다. 그러므로 $\text{Gal}_F L$은 가해군이다. $K$가 $F$의 정규확대체이므로 $F \subset K \subset L$에 정리 5.4.19 (4)를 적용하면 $\text{Gal}_K L$은 $\text{Gal}_F L$의 정규부분군이고

$$\mathrm{Gal}_F K \cong \mathrm{Gal}_F L/\mathrm{Gal}_K L, \text{ 즉}$$
$$\mathrm{Gal}_F L/\mathrm{Gal}_K L \cong \mathrm{Gal}_F K$$

이다. 따라서 정리 2.10.9 (3), (2)에 의하여 $\mathrm{Gal}_F K$는 가해군이다. ■

**【정리 5.6.14】**

$E$를 체라 하고 $\sigma_1, \sigma_2, \cdots, \sigma_n$을 $E$의 서로 다른 자기동형함수라 하자. $a_i \in E(i=1, 2, \cdots, n)$라 할 때, 모든 $\alpha \in E$에 대하여

$$a_1\sigma_1(\alpha)+a_2\sigma_2(\alpha)+\cdots+a_n\sigma_n(\alpha)=0 \qquad \cdots\cdots(5.6.20)$$

이면 $a_1=a_2=\cdots=a_n=0$이다.

**증명** 모든 $\alpha \in E$에 대하여 (5.6.20)을 만족하는 모두는 0이 아닌 $a_1, a_2, \cdots, a_n \in E$가 존재한다고 하자. (5.6.20)과 같은 등식을 만족하는 0이 아닌 $E$의 원소들의 가장 적은 개수를 $m(1 \le m \le n)$이라 하고 이 원소들을 $b_1, b_2, \cdots, b_m$으로 표시하자. 그러면 $\sigma_i$들의 첨자를 고쳐 써서 모든 $\alpha \in E$에 대하여

$$b_1\sigma_1(\alpha)+b_2\sigma_2(\alpha)+\cdots+b_m\sigma_m(\alpha)=0\,(0 \neq b_i \in E\,(i=1, 2, \cdots, m))$$

이 성립한다. 이 때, $m=1$이라 하면 모든 $\alpha \in E$에 대하여 $b_1\sigma_1(\alpha)=0$이므로 $b_1=0$이 되어 $b_1 \neq 0$이라는 사실에 모순이다. 따라서 $m \ge 2$이다. 또한 $\sigma_1, \sigma_2, \cdots, \sigma_m$은 $E$의 서로 다른 자기동형함수이므로 $\sigma_1(\beta) \neq \sigma_m(\beta)$인 $\beta \in E$가 존재한다. 따라서

$$c_i=b_i(\sigma_1(\beta)-\sigma_i(\beta))(i=2, 3, \cdots, m)$$

이라 하면 $c_i \in E$이고 $c_m \neq 0$이다. 더욱이 모든 $\alpha \in E$에 대하여

$$\begin{aligned}0&=0-0\\&=\sigma_1(\beta)(b_1\sigma_1(\alpha)+b_2\sigma_2(\alpha)+\cdots+b_m\sigma_m(\alpha))\\&\quad-(b_1\sigma_1(\beta\alpha)+b_2\sigma_2(\beta\alpha)+\cdots+b_m\sigma_m(\beta\alpha))\\&=b_1\sigma_1(\beta)\sigma_1(\alpha)+b_2\sigma_1(\beta)\sigma_2(\alpha)+\cdots+b_m\sigma_1(\beta)\sigma_m(\alpha)\end{aligned}$$

$$\begin{aligned}&-b_1\sigma_1(\beta)\sigma_1(\alpha)-b_2\sigma_2(\beta)\sigma_2(\alpha)-\cdots-b_m\sigma_m(\beta)\sigma_m(\alpha)\\&=b_2(\sigma_1(\beta)-\sigma_2(\beta))\sigma_2(\alpha)+b_3(\sigma_1(\beta)-\sigma_3(\beta))\sigma_3(\alpha)+\cdots\\&\quad+b_m(\sigma_1(\beta)-\sigma_m(\beta))\sigma_m(\alpha)\\&=c_2\sigma_2(\alpha)+c_3\sigma_3(\alpha)+\cdots+c_m\sigma_m(\alpha)\end{aligned}$$

이다. 이것은 $m$의 최소성에 모순이다. 따라서 모든 $\alpha\in E$에 대하여 (5.6.20)을 만족하는 $a_1$, $a_2$, $\cdots$, $a_n$은 모두 0이어야 한다. ■

**【정리 5.6.15】**

$E$를 체 $F$의 Galois확대체라 하고 $\omega\,(\omega\in F)$를 $1(1\in F)$의 원시 $n$제곱근이라 하자. $\mathrm{Gal}_F E$를 순회군이라 하고 $[E:F]=d$, $d|n$이라 하자. 그러면 한 기약다항식 $f(x)=x^d-b\in F[x]$에 대하여 $E$는 $F$위의 $f(x)$의 분해체이고, 또한 $f(x)$의 한 근 $\alpha(\alpha\in E)$에 대하여 $E=F(\alpha)$이다.

**증명** 먼저 $d=1$이라 하면 보기 5.1.3에 의하여 $E=F$이다. 따라서 $E=F=F(1)$이므로 $E$는 $F$위의 $f(x)=x-1\in F[x]$의 분해체이고 1은 $f(x)$의 근이다. 다음, $d\geq 2$라 하자. $E$가 $F$의 Galois확대체이므로 정리 5.4.19 (3)에 의하여

$$|\mathrm{Gal}_F E|=[E:F]=d$$

이다. 따라서 $\mathrm{Gal}_F E=\langle\sigma\rangle$라 하면

$$\mathrm{Gal}_F E=\{\sigma^0=i_E,\ \sigma,\ \sigma^2,\ \cdots,\ \sigma^{d-1}\}$$

이고 $\sigma^d=i_E$이다. 또한, 정리 5.6.7 (2)에 의하여 $F$는 1의 원시 $d$제곱근 $u$를 포함한다. 따라서 $\sigma(u)=u$이다. 또한, $u^i\neq 0(i=1,\ 2,\ \cdots,\ d-1)$이고 $\sigma^0=i_E$, $\sigma$, $\sigma^2$, $\cdots$, $\sigma^{d-1}$은 $E$의 서로 다른 자기동형함수이므로 정리 5.6.14에 의하여

$$\alpha=\beta+u\sigma(\beta)+u^2\sigma^2(\beta)+\cdots+u^{d-1}\sigma^{d-1}(\beta)$$

를 만족하는 $\alpha$, $\beta\in E(\alpha\neq 0,\ \beta\neq 0,\ \alpha\neq\beta)$가 존재한다. 따라서 $u^{-1}=u^{d-1}$이므로

$$\begin{aligned}\sigma(\alpha) &= \sigma(\beta+u\sigma(\beta)+u^2\sigma^2(\beta)+\cdots+u^{d-2}\sigma^{d-2}(\beta)+u^{d-1}\sigma^{d-1}(\beta))\\ &=\sigma(\beta)+\sigma(u)\sigma^2(\beta)+\sigma(u^2)\sigma^3(\beta)+\cdots+\sigma(u^{d-2})\sigma^{d-1}(\beta)\\ &\quad+\sigma(u^{d-1})\sigma^d(\beta)\\ &=\sigma(\beta)+u\sigma^2(\beta)+u^2\sigma^3(\beta)+\cdots+u^{d-2}\sigma^{d-1}(\beta)+u^{d-1}\beta\\ &=u^{d-1}\beta+\sigma(\beta)+u\sigma^2(\beta)+u^2\sigma^3(\beta)+\cdots+u^{d-2}\sigma^{d-1}(\beta)\\ &=u^{-1}(\beta+u\sigma(\beta)+u^2\sigma^2(\beta)+\cdots+u^{d-1}\sigma^{d-1}(\beta))=u^{-1}\alpha=u^{d-1}\alpha\end{aligned}$$

이다. 또한 $(d-1,\ d)=1$이므로 정리 2.3.10 (3)에 의하여 $u^{d-1}(u^{d-1}\in F)$도 1의 원시 $d$제곱근이다. 이제 $u^{d-1}=\varepsilon$이라 하면 $\sigma(\alpha)=\varepsilon\alpha\neq\alpha$이다($\varepsilon\alpha=\alpha$라 하면 $\varepsilon=1$, 즉 $u^{d-1}=1$이 되어 $u$가 1의 원시 $d$제곱근이라는 사실에 모순이다). 따라서 $\alpha\notin F$이고($\alpha\in F$라 하면 $\sigma(\alpha)=\alpha$가 되어 모순이다), 또한

$$\sigma(\alpha^d)=(\sigma(\alpha))^d=(\varepsilon\alpha)^d=\varepsilon^d\alpha^d=\alpha^d$$

이다. 따라서 $i=0,\ 1,\ 2,\ \cdots,\ d-1$에 대하여 $\sigma^i(\alpha^d)=\alpha^d$이다. 정리 5.4.16에 의하여 $F$는 $\mathrm{Gal}_F E$의 고정체이므로 $\alpha^d\in F$이다. 이제 $\alpha^d=b$라 하면 $b\in F$이고 $\alpha$는 $f(x)=x^d-b\in F[x]$의 근이다. 따라서 $u$가 1의 원시 $d$제곱근이므로 정리 5.6.10의 증명과정과 같은 방법으로

$$\alpha=1\alpha,\ u\alpha,\ u^2\alpha,\ \cdots,\ u^{d-1}\alpha\,(u^i\alpha\in F(\alpha)(i=0,\ 1,\ 2,\ \cdots,\ d-1))$$

는 $f(x)=x^d-b$의 서로 다른 $d$개의 근임을 증명할 수 있다. 따라서

$$\begin{aligned}&f(x)=x^d-b=(x-\alpha)(x-u\alpha)(x-u^2\alpha)\cdots(x-u^{d-1}\alpha),\\ &F(\alpha)=F(\alpha,\ u\alpha,\ u^2\alpha,\ \cdots,\ u^{d-1}\alpha)\end{aligned}$$

이다. 즉, $F(\alpha)$는 $F$위의 $f(x)=x^d-b$의 분해체이다. 더욱이 $F\subset F(\alpha)\subset E$이다. 정리 3.8.5 (1)과 정리 3.8.8에 의하여 모닉기약다항식 $g(x)\in F[x](\deg g(x)\geq 1)$과 $h(x)\in F[x]$에 대하여

$$f(x)=x^d-b=g(x)h(x)$$

로 표시된다. 따라서 $\alpha,\ u\alpha,\ u^2\alpha,\ \cdots,\ u^{d-1}\alpha$ 중에는 $g(x)$의 근이 적어도 하나 있다. 이제 $u^i\alpha\,(0\leq i\leq d-1)$를 $g(x)$의 한 근이라 하면 정리

5.4.2 (3)에 의하여

$$\sigma^0(u^i\alpha)=u^i\alpha,\ \sigma(u^i\alpha),\ \sigma^2(u^i\alpha),\ \cdots,\ \sigma^{d-1}(u^i\alpha)$$

도 $g(x)$의 근이다. 또한, $j=0,\ 1,\ 2,\ \cdots,\ d-1$에 대하여

$$\begin{aligned}\sigma^j(u^i\alpha)&=\sigma^j(u^i)\sigma^j(\alpha)\\&=u^i\varepsilon^j\alpha(u^i,\ \varepsilon\in F\text{이고 }\sigma(\alpha)=\varepsilon\alpha\text{이므로})\end{aligned}$$

이다. 따라서 $\varepsilon$이 1의 원시 $d$제곱근이므로

$$j\neq l\,(0\leq j\leq d-1,\ 0\leq l\leq d-1)\Longrightarrow \sigma^j(u^i\alpha)\neq\sigma^l(u^i\alpha)$$

이다. 또한, $j=0,\ 1,\ 2,\ \cdots,\ d-1$에 대하여

$$i+(d-1)j=dt+r,\quad 0\leq r<d$$

를 만족하는 정수 $t,\ r$가 존재하므로

$$\sigma^j(u^i\alpha)=u^i\varepsilon^j\alpha=u^i(u^{d-1})^j\alpha=u^{i+(d-1)j}\alpha=u^{dt+r}\alpha=(u^d)^tu^r\alpha=u^r\alpha$$

이다. 따라서 $\alpha,\ u\alpha,\ u^2\alpha,\ \cdots,\ u^{d-1}\alpha$는 $g(x)$의 근이다. 그러므로 $g(x)=f(x)$이다. 따라서 정리 5.1.12 (5)에 의하여 $f(x)$는 $F$위의 $\alpha$의 최소다항식이다. 그러므로 정리 5.1.12 (6)에 의하여

$$[F(\alpha):F]=d=[E:F]$$

이다. 따라서 정리 4.2.21에 의하여 $E=F(\alpha)$이다. ■

**【정리 5.6.16】**

$F$를 표수가 0인 체라 하고 $f(x)\in F[x](1\leq\deg f(x))$라 하자. 그러면 방정식 $f(x)=0$이 거듭제곱근에 의하여 풀이가능이기 위한 필요충분조건은 $f(x)$의 Galois군이 가해군인 것이다.

**증명** $F$위의 $f(x)$의 분해체를 $K$라 하자. 그러면 정리 5.2.10과 정리 5.3.4 (2)에 의하여 $K$는 $F$의 Galois확대체이다. 이제 $f(x)=0$이 거듭제곱근에 의하여 풀이가능이라 하면 정리 5.6.12에 의하여 $K$를 포함하는 $F$의 유한정규거듭제곱근확대체 $E$가 존재하고, 따라서 정리 5.6.13에 의하

여 $\mathrm{Gal}_F K$는 가해군이다. 즉, $f(x)$의 Galois군은 가해군이다. 역으로 $f(x)$의 Galois군, 즉 $\mathrm{Gal}_F K$가 가해군이라 하자. $[K : F]=n$이라 하면 정리 5.4.19 (3)에 의하여 $|\mathrm{Gal}_F K|=[K : F]=n$이다. $K_0$를 $F$위의 $g(x)=x^n-1\in F[x]$의 분해체라 하면 정리 5.6.7 (1)에 의하여 $1(1\in F)$의 원시 $n$제곱근 $\omega$가 $K_0$에 존재하고, 또한 정리 5.6.13의 증명과정에 의하여

(1) $g(x)=(x-1)(x-\omega)(x-\omega^2)\cdots(x-\omega^{n-1})$,

(2) $K_0=F(1, \omega, \omega^2, \cdots, \omega^{n-1})=F(\omega)$

이다. 따라서 정리 5.2.10과 정리 5.3.4 (2)에 의하여 $F(\omega)=K_0$는 $F$의 Galois확대체이다. 또한, $K$가 $F$위의 $f(x)$의 분해체이므로 $c\in F$와 $\alpha_i\in K(i=1, 2, \cdots, n)$에 대하여

(3) $f(x)=c(x-\alpha_1)(x-\alpha_2)\cdots(x-\alpha_n)$,

(4) $K=F(\alpha_1, \alpha_2, \cdots, \alpha_n)$

으로 표시된다. 따라서

(5) $f(x)g(x)=c(x-\alpha_1)(x-\alpha_2)\cdots(x-\alpha_n)(x-1)(x-\omega)\cdots(x-\omega^{n-1})$,

(6) $K(\omega)=F(\alpha_1, \alpha_2, \cdots, \alpha_n)(\omega)=F(\omega)(\alpha_1, \alpha_2, \cdots, \alpha_n)$
$\qquad=F(1, \omega, \omega^2, \cdots, \omega^{n-1})(\alpha_1, \alpha_2, \cdots, \alpha_n)$
$\qquad=F(\alpha_1, \alpha_2, \cdots, \alpha_n, 1, \omega, \omega^2, \cdots, \omega^{n-1})$

이므로 $K(\omega)$는 $F$위의 $f(x)g(x)\in F[x]$의 분해체이다. 그러므로 정리 5.2.10과 정리 5.3.4 (2)에 의하여 $K(\omega)$는 $F$의 Galois확대체이다. 더욱이 $K(\omega)\supset F(\omega)\supset F$이므로 정의 5.4.14 다음의 설명에 의하여 $K(\omega)$는 $F(\omega)$의 Galois확대체이다. 또한, 정리 5.4.18과 그 증명과정에 의하여 함수

$$f : \mathrm{Gal}_F K(\omega) \longrightarrow \mathrm{Gal}_F K$$

를 임의의 $\sigma\in\mathrm{Gal}_F K(\omega)$에 대하여 $f(\sigma)=\sigma^*$(이 때, $\sigma^*$는 임의의 $\alpha\in K$에 대하여 $\sigma^*(\alpha)=\sigma(\alpha)$로 정의되는 $F$-자기동형함수 $\sigma^* : K\longrightarrow K$이다)로 정의하면 $f$는 전사준동형이다. $\mathrm{Gal}_{F(\omega)}K(\omega)$는 $\mathrm{Gal}_F K(\omega)$의 부분군이므로 $\mathrm{Gal}_{F(\omega)}K(\omega)$에 대한 $f$의 축소함수를 $\theta$라 하면 분명히

$$\theta : \mathrm{Gal}_{F(\omega)}K(\omega) \longrightarrow \mathrm{Gal}_F K$$

는 준동형함수이다. 이 때, $\sigma \in \mathrm{Ker}\,\theta$라 하면

$$\sigma^* = \theta(\sigma) = i_K$$

이므로 모든 $\alpha \in K$에 대하여

$$\sigma(\alpha) = \sigma^*(\alpha) = i_K(\alpha) = \alpha$$

이다. 따라서 $\alpha_i \in K \subset K(\omega)(i=1,\ 2,\ \cdots,\ n)$이므로 $\sigma(\alpha_i) = \alpha_i = i_{K(\omega)}(\alpha_i)$이다. 또한, $f(x) \in F[x] \subset F(\omega)[x]$이고 $f(\alpha_i)=0$이므로 $\alpha_1,\ \alpha_2,\ \cdots,\ \alpha_n$은 $F(\omega)$위에서 대수적이다. 따라서 $K(\omega) = F(\omega)(\alpha_1,\ \alpha_2,\ \cdots,\ \alpha_n)$이므로 정리 5.4.4에 의하여 $\sigma = i_{K(\omega)}$이다. 따라서 $\theta$는 단사준동형이므로

$$\mathrm{Im}\,\theta \cong \mathrm{Gal}_{F(\omega)}K(\omega)$$

이다. 따라서 정리 2.10.9 (1), (2)에 의하여 $\mathrm{Gal}_{F(\omega)}K(\omega)$는 가해군이다. 이제 $H = \mathrm{Gal}_{F(\omega)}K(\omega)$라 하면 $H$는 가해군인 동시에 유한군이다. $H \neq \{i_{K(\omega)}\}$라 하면 정리 2.10.13에 의하여 적당한 양의 정수 $m$에 대하여 다음 세 조건을 만족하는 $H$의 부분군 $H=H_0,\ H_1,\ \cdots,\ H_m$이 존재한다.

(7) $H = H_0 \supset H_1 \supset H_2 \supset \cdots H_i \supset H_{i+1} \supset \cdots \supset H_m = \{i_{K(\omega)}\}$.

(8) $i=0,\ 1,\ 2,\ \cdots,\ m-1$에 대하여 $H_{i+1}$은 $H_i$의 극대정규부분군이다.

(9) 각 $i(0 \leq i \leq m-1)$에 대하여 $H_i/H_{i+1}$은 $|H_i/H_{i+1}| = p_i(p_i$는 소수)인 순회군이다.

이제, $L=K(\omega)$라 하고 정리 5.4.19에서와 같은 방법으로 정의되는 함수 $\phi$와 $\psi$를 생각하자. $i=0,\ 1,\ 2,\ \cdots,\ m$에 대하여 $\psi(H_i)=F_i$, 즉 $L_{H_i}=F_i(L_{H_i}$는 $H_i$의 고정체)라 하면 정리 5.4.15와 정리 5.4.19 (2)에 의하여 $F_0,\ F_1,\ F_2,\ \cdots,\ F_m$은 다음 조건

(10) $F \subset F(\omega) = L_{H_0} = F_0 \subset F_1 \subset F_2 \subset \cdots \subset F_i \subset F_{i+1} \subset \cdots \subset F_{m-1}$

$\subset F_m = L_{H_m} = L$

을 만족하는 $L$의 부분체이다. 정의 5.4.14 다음의 설명에 의하여 $L$은 $F_i(i=0,\ 1,\ 2,\ \cdots,\ m)$의 Galois확대체이고

$$\mathrm{Gal}_{F_i}L=\phi(F_i)=\phi(L_{H_i})=\phi(\psi(H_i))=H_i$$

이다. 따라서 정리 5.4.19 (4), (3)에 의하여 $F_{i+1}$은 $F_i$의 정규확대체이고

$$\mathrm{Gal}_{F_i}F_{i+1}\cong \mathrm{Gal}_{F_i}L/\mathrm{Gal}_{F_{i+1}}L=H_i/H_{i+1},$$
$$[F_{i+1}:F_i]=[\mathrm{Gal}_{F_i}L:\mathrm{Gal}_{F_{i+1}}L]=[H_i:H_{i+1}]=|H_i/H_{i+1}|=p_i$$

이다. 따라서 정리 2.4.7에 의하여 $p_i||H_i|$이다. 더욱이 $|\mathrm{Im}\,\theta|=|H|$이므로 정리 2.4.7에 의하여 $|H||n$이고, 또한 $|H_i|||H|$이다. 그러므로 $p_i|n$이다. 따라서 $\omega\in F_i(i=0,\ 1,\ 2,\ \cdots,\ m)$이므로 정리 5.6.7 (2)에 의하여 $F_i$는 1의 원시 $p_i$제곱근을 포함한다. $F$의 표수가 0이므로 정리 3.1.30 (1)에 의하여 $F_i(i=0,\ 1,\ 2,\ \cdots,\ m)$의 표수도 0이다. 따라서 $F_{i+1}$은 $F_i(i=0,\ 1,\ 2,\ \cdots,\ m-1)$의 유한정규확대체이므로 정리 5.3.4 (2)에 의하여 $F_{i+1}$은 $F_i$의 Galois확대체이다. 또한, $H_i/H_{i+1}\cong\mathrm{Gal}_{F_i}F_{i+1}$ $(i=0,\ 1,\ 2,\ \cdots,\ m-1)$이므로 정리 2.3.18에 의하여 $\mathrm{Gal}_{F_i}F_{i+1}$은 순회군이다. 따라서 정리 5.6.15에 의하여 한 기약다항식 $f_i(x)=x^{p_i}-b_i\in F_i[x]$에 대해서 $F_{i+1}$은 $F_i$위의 $f_i(x)$의 분해체이고, 또한 $f_i(x)$의 한 근 $\beta_i(\beta_i\in F_{i+1})$(따라서 $\beta_i^{p_i}=b_i\in F_i$)에 대하여 $F_{i+1}=F_i(\beta_i)$이다. 따라서 $L$은 $K\subset L$인 $F$의 거듭제곱근확대체이다. 다음, $H=\{i_{K(\omega)}\}$라 하면 정리 5.4.16에 의하여

$$F(\omega)=K(\omega)_H=K(\omega)=L$$

이므로 $L$은 $K\subset L$인 $F$의 거듭제곱근확대체이다. 따라서 $f(x)=0$은 거듭제곱근에 의하여 풀이가능하다. ■

**【정리 5.6.17】**

$F$를 체라 하고 $f(x)\in F[x](\deg f(x)=n\geq 1)$이라 하자. $f(x)$를 분리다항식이라 하고 $E$를 $F$위의 $f(x)$의 분해체라 하자. 그러면 $\mathrm{Gal}_F E$는 $S_n$의 한 부분군에 동형적이다.

**증명** $f(x)$가 분리다항식이므로 $f(x)$는 서로 다른 $n$개의 근 $\alpha_1,\ \alpha_2,\ \cdots,\ \alpha_n(\alpha_i$

$\in E(i=1, 2, \cdots, n)$)을 갖는다. 따라서 분해체의 정의에 의하여 $E=F(\alpha_1, \alpha_2, \cdots, \alpha_n)$이다. $A=\{\alpha_1, \alpha_2, \cdots, \alpha_n\}$이라 하고 $A$위의 치환군 $S_A$를 생각하자. $\sigma\in \text{Gal}_F E$라 하면 정리 5.4.2 (3)에 의하여 $\sigma(\alpha_i)(i=1, 2, \cdots, n)$도 $f(x)$의 근이다. 즉, $\sigma(\alpha_i)\in A$. 또한, $\sigma$가 단사함수이므로 $\sigma(\alpha_1)$, $\sigma(\alpha_2)$, $\cdots$, $\sigma(\alpha_n)$은 서로 다르다. 따라서 $A$에 대한 $\sigma$의 축소함수 $\sigma|A$는 $A$위의 치환이다. 즉,

$$\sigma|A=\begin{pmatrix} \alpha_1 & \alpha_2 & \cdots & \alpha_n \\ \sigma(\alpha_1) & \sigma(\alpha_2) & \cdots & \sigma(\alpha_n) \end{pmatrix}.$$

이제, 함수 $\theta: \text{Gal}_F E \longrightarrow S_A$를 임의의 $\sigma\in \text{Gal}_F E$에 대하여 $\theta(\sigma)=\sigma|A$로 정의하자. 그러면 임의의 $\sigma, \tau\in \text{Gal}_F E$와 임의의 $\alpha_i\in A(i=1, 2, \cdots, n)$에 대하여

$$\begin{aligned}\theta(\tau\sigma)(\alpha_i)&=(\tau\sigma)|A(\alpha_i)=\tau\sigma(\alpha_i)=\tau(\sigma(\alpha_i))=\tau|A(\sigma(\alpha_i))\\ &=\theta(\tau)(\sigma|A(\alpha_i))=\theta(\tau)(\theta(\sigma)(\alpha_i))=\theta(\tau)\theta(\sigma)(\alpha_i)\end{aligned}$$

이므로 $\theta(\tau\sigma)=\theta(\tau)\theta(\sigma)$이다. 따라서 $\theta$는 준동형함수이다. 임의의 $\sigma, \tau\in \text{Gal}_F E$에 대하여 $\theta(\sigma)=\theta(\tau)$라 하면 $\sigma|A=\tau|A$이므로 모든 $\alpha_i\in A(i=1, 2, \cdots, n)$에 대하여

$$\sigma(\alpha_i)=\sigma|A(\alpha_i)=\tau|A(\alpha_i)=\tau(\alpha_i)$$

이다. 따라서 정리 5.4.4에 의하여 $\sigma=\tau$이므로 $\theta$는 단사준동형이다. 그러므로 $\text{Gal}_F E\cong \text{Im}\,\theta$ ($\text{Im}\,\theta$는 $S_A$의 부분군)이다. $B=\{1, 2, \cdots, n\}$이라 하자. $\sigma_A\in S_A$이고 $\sigma_A(\alpha_i)=\alpha_j(i, j=1, 2, \cdots, n)$일 때 $\sigma_B(i)=j$로 정의하면 $\sigma_B\in S_n$이다. 따라서 함수 $\phi: S_A \longrightarrow S_n$을 임의의 $\sigma_A\in S_A$에 대하여 $\phi(\sigma_A)=\sigma_B$로 정의할 수 있고 분명히 $\phi$는 동형함수이다. 즉, $S_A\cong S_n$이다. 그러므로 $\text{Gal}_F E$는 $S_n$의 한 부분군에 동형적이다. ■

**보기 5.6.18** $f(x)=2x^5-10x+5\in \mathbf{Z}[x]\subset \mathbf{Q}[x]$를 생각하자. 미분법을 사용하면 $f(x)$는 $x=-1$에서 극대값 13을 갖고 $x=1$에서 극소값 $-3$을 가짐을 알 수 있다. 따라서 $f(x)$의 그래프는 $x$축과 세 점에서 만남을 알 수 있다.

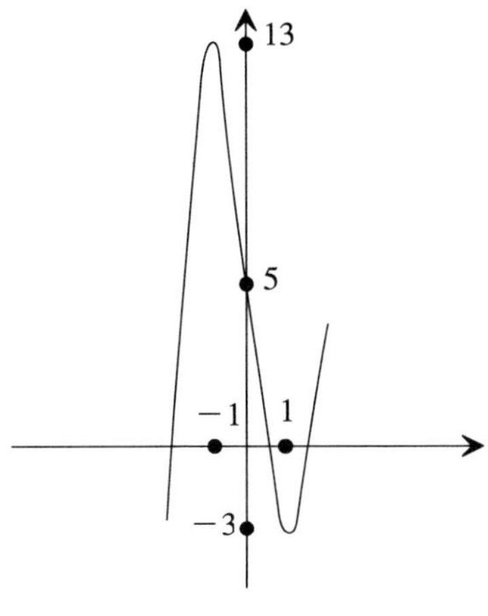


그러므로 $f(x)$의 근은 세 개의 실근과 두 개의 허근으로 이루어진다. 또한, 정리 3.8.28에 의하여($p=5$로 생각하여) $f(x)$는 $\mathbf{Q}[x]$에서의 기약다항식이다. $E$를 $\mathbf{Q}$위의 $f(x)$의 분해체라 하자. 그러면 $\mathbf{Q}\subset E\subset \mathbf{C}$이고, 또한 정리 5.2.10과 정리 5.3.4 (2)에 의하여 $E$는 $\mathbf{Q}$의 Galois확대체이다. 따라서 $[E:\mathbf{Q}]=n$이라 하면 정리 5.4.19 (3)에 의하여

$$|\mathrm{Gal}_{\mathbf{Q}}E|=[E:\mathbf{Q}]=n$$

이다. $r$을 $f(x)$의 한 실근이라 하면

$$\mathbf{Q}\subset\mathbf{Q}(r)\subset E$$

이므로 정리 5.1.5 다음의 설명에 의하여 $E$는 $\mathbf{Q}(r)$의 유한확대체이고, 또한 정리 4.2.21에 의하여 $\mathbf{Q}(r)$은 $\mathbf{Q}$의 유한확대체이다. 따라서 정리 5.1.4에 의하여

$$n=[E:\mathbf{Q}]=[E:\mathbf{Q}(r)][\mathbf{Q}(r):\mathbf{Q}]$$

이다.

$$g(x)=\frac{1}{2}f(x)=x^5-5x+\frac{5}{2}\in\mathbf{Q}[x]$$

라 하면 $g(x)$는 $\mathbf{Q}[x]$에서의 기약다항식이다. 또한, $g(r)=\frac{1}{2}f(r)=\frac{1}{2}\cdot 0=0$이므로 정리 5.1.12 (5)에 의하여 $g(x)$는 $\mathbf{Q}$위의 $r$의 최소다항식이다. $\deg g(x)=5$이므로 정리 5.1.12 (6)에 의하여 $[\mathbf{Q}(r):\mathbf{Q}]=5$이다. 따라서 $5\mid|\mathrm{Gal}_{\mathbf{Q}}E|$이다.

그러므로 정리 2.7.9에 의하여 $\text{ord}(\sigma)=5$인 $\sigma\in\text{Gal}_{\mathbf{Q}}E$가 존재한다. 함수 $\tau:\mathbf{C}\longrightarrow\mathbf{C}$를 임의의 $\alpha=a+bi\in\mathbf{C}$에 대하여 $\tau(\alpha)=a-bi$로 정의하면 보기 5.4.7에 의하여 $\tau\in\text{Gal}_{\mathbf{R}}\mathbf{C}$이다. 정리 5.4.2 (2)에 의하여 $\text{Gal}_{\mathbf{R}}\mathbf{C}\subset\text{Gal}_{\mathbf{Q}}\mathbf{C}$이므로 $\tau\in\text{Gal}_{\mathbf{Q}}\mathbf{C}$이다. 따라서 정리 5.4.18의 증명과정과 같은 방법으로 $\rho=\tau|E\in\text{Gal}_{\mathbf{Q}}E$임을 증명할 수 있다. 또한, 모든 $\alpha=a+bi\in E$에 대하여

$$\rho^2(\alpha)=\rho(a-bi)=a+bi=i_E(\alpha)$$

이므로 $\rho^2=i_E$이다. 분명히 $\rho\neq i_E$이므로 $\text{ord}(\rho)=2$이다($f(x)$의 세 개의 실근을 $\alpha_1$, $\alpha_2$, $\alpha_3$라 하고 $f(x)$의 두 개의 허근을 $\alpha_4$, $\alpha_5$라 하면 $\rho$는

$$\rho(\alpha_i)=\alpha_i(i=1,\ 2,\ 3),\quad \rho(\alpha_4)=\alpha_5,\quad \rho(\alpha_5)=\alpha_4$$

를 만족하는 $\mathbf{Q}$-자기동형이다). 정리 5.6.17에 의하여 단사준동형함수

$$\theta:\text{Gal}_{\mathbf{Q}}E\longrightarrow S_5$$

가 존재하므로 정리 2.3.19 (1)에 의하여 $\text{ord}(\theta(\sigma))=5$, $\text{ord}(\theta(\rho))=2$이다(위의 설명과 정리 5.6.17의 증명과정에 의하여 $\theta(\rho)$는 호환이다). 따라서 $\theta(\sigma)$, $\theta(\rho)\in\text{Im}\,\theta$이므로 연습문제 2.6의 15에 의하여 $\text{Im}\,\theta=S_5$이다. 즉, $\text{Gal}_{\mathbf{Q}}E\cong S_5$이다. 따라서 보기 2.10.10과 정리 2.10.9 (2)에 의하여 $\text{Gal}_{\mathbf{Q}}E$는 가해군이 아니다. 그러므로 정리 5.6.16에 의하여 $f(x)=0$은 거듭제곱근에 의하여 풀이가능하지 않다. 따라서 $f(x)=0$은 덧셈, 뺄셈, 곱셈, 나눗셈, $n$제곱근의 계산에 의하여 풀 수 없다. 그러므로 5차방정식을 덧셈, 뺄셈, 곱셈, 나눗셈, $n$제곱근의 계산에 의하여 풀 수 있는 일반공식은 없다. ◀

Ruffini와 Abel은 각각 독립적으로 5차 이상의 모든 방정식 $f(x)=0$의 해를 구하는 공식이 없음을 증명하였다. 그러나 이 절에서 아는 바와 같이 Galois는 방정식 $f(x)=0$을 공식에 의하여 풀 수 있는지 없는지 판정할 수 있는 기준을 제공함으로써 이 문제에 대한 완전한 해법을 제공하였다.

# 연습문제 풀이

## 연습문제 2.1

1~2를 함께 생각한다.

(1) 가환군　　(2) 가환모노이드

(3) 단위원이 2인 가환모노이드　　(4) 가환군

(5) 가환모노이드

(6) $a, b \in G$라 하면 $(1-a^2)(1-b^2)>0$이므로 $1+a^2b^2>a^2+b^2$이다. 따라서 $(1+ab)^2>(a+b)^2$이고 $1+ab \neq 0$이므로 $\left(\dfrac{a+b}{1+ab}\right)^2<1$이다. 즉, $a*b \in G$. $G$는 단위원이 0이고 $a \in G$의 역원이 $-a$인 가환군이다.

(7) $G$는 단위원이 $-1$이고 $a \in G$의 역원이 $-2-a$인 가환군이다.

(8) $a \in G$라 하면 $-a \in G$이고 $a*(-a)=a+(-a)=0 \notin G$이므로 $*$는 $G$위의 이항연산이 아니다.

(9) 반군　　(10) $*$는 $G$위의 이항연산이다.

3. 일반적으로 행렬의 곱은 결합법칙이 성립하므로 아래 곱셈표에 의하여 $G$는 가환군이고, 또한 $A^2=B^2=C^2=I_2$이다.

| | $I_2$ | $A$ | $B$ | $C$ |
|---|---|---|---|---|
| $I_2$ | $I_2$ | $A$ | $B$ | $C$ |
| $A$ | $A$ | $I_2$ | $C$ | $B$ |
| $B$ | $B$ | $C$ | $I_2$ | $A$ |
| $C$ | $C$ | $B$ | $A$ | $I_2$ |

4. (1) 임의의 $A=\begin{bmatrix} a & b \\ a & b \end{bmatrix}$, $B=\begin{bmatrix} c & d \\ c & d \end{bmatrix} \in S$에 대하여

$$AB=\begin{bmatrix} ac+bc & ad+bd \\ ac+bc & ad+bd \end{bmatrix}, \quad (ac+bc)+(ad+bd)=(a+b)(c+d) \neq 0$$

이므로 행렬의 곱은 S위의 이항연산이고, 일반적으로 행렬의 곱은 결합법칙이 성립하므로 $S$는 반군이다.

(2) $E=\begin{bmatrix} x & 1-x \\ x & 1-x \end{bmatrix}(x\in\mathbf{R})$는 $EA=A$를 만족하는 $S$의 원소이다.

(3) 각 $A=\begin{bmatrix} a & b \\ a & b \end{bmatrix}\in S$에 대하여

$$A'=\begin{bmatrix} \dfrac{x}{a+b} & \dfrac{1-x}{a+b} \\ \dfrac{x}{a+b} & \dfrac{1-x}{a+b} \end{bmatrix}(x\in\mathbf{R})$$

는 $AA'=E$를 만족하는 $S$의 원소이다.

(4) $S$를 군이라 하면 정리 2.1.8 (1)에 의하여 $S$의 단위원 $E$가 유일하게 존재한다. 따라서 모든 $A\in S$에 대하여 $EA=A$이므로 (2)와 정리 2.1.8 (3) (ii)에 의하여 $E$는 적당한 $x\in\mathbf{R}$에 대하여

$$E=\begin{bmatrix} x & 1-x \\ x & 1-x \end{bmatrix}$$

이다. 또한, 모든 $A\in S$에 대하여 $AE=A$이다. 특히

$$A=\begin{bmatrix} 1 & 0 \\ 1 & 0 \end{bmatrix},\quad A'=\begin{bmatrix} 0 & 1 \\ 0 & 1 \end{bmatrix}$$

은 $S$에 속하는 두 원소이고

$$\begin{bmatrix} 1 & 0 \\ 1 & 0 \end{bmatrix}=A=AE=\begin{bmatrix} x & 1-x \\ x & 1-x \end{bmatrix}=A'E=A'=\begin{bmatrix} 0 & 1 \\ 0 & 1 \end{bmatrix}$$

이 되어 모순이다. 따라서 $S$는 군이 아니다.

5. $(a, b), (c, d)\in\mathbf{R}^*\times\mathbf{R}$이라 하면 $a\neq 0$, $c\neq 0$이므로 $ac\neq 0$이다. 따라서 $(a, b)\circ(c, d)=(ac, bc+d)\in\mathbf{R}^*\times\mathbf{R}$이다. 즉, $\circ$는 $\mathbf{R}^*\times\mathbf{R}$위의 이항연산이다. $\mathbf{R}^*\times\mathbf{R}$은 단위원이 $(1, 0)$이고, 각 $(a, b)\in\mathbf{R}^*\times\mathbf{R}$의 역원이 $\left(\dfrac{1}{a}, -\dfrac{b}{a}\right)$인 군이다.

6. 일반적으로 함수의 합성은 결합법칙이 성립하므로 아래 곱셈표로부터 $G$는 함수의 합성에 대하여 가환군이고, 또한 $f_2^2=f_3^2=f_4^2=f_1$이다.

| | $f_1$ | $f_2$ | $f_3$ | $f_4$ |
|---|---|---|---|---|
| $f_1$ | $f_1$ | $f_2$ | $f_3$ | $f_4$ |
| $f_2$ | $f_2$ | $f_1$ | $f_4$ | $f_3$ |
| $f_3$ | $f_3$ | $f_4$ | $f_1$ | $f_2$ |
| $f_4$ | $f_4$ | $f_3$ | $f_2$ | $f_1$ |

7. $f$가 전단사함수이므로 $*$는 $S$위의 이항연산이다. 임의의 $x, y, z \in S$에 대하여

$$\begin{aligned}(x*y)*z &= f(f^{-1}(x)f^{-1}(y))*z = f(f^{-1}(f(f^{-1}(x)f^{-1}(y)))f^{-1}(z)) \\ &= f((f^{-1}(x)f^{-1}(y))f^{-1}(z)) = f(f^{-1}(x)(f^{-1}(y)f^{-1}(z))) \\ &= f(f^{-1}(x)f^{-1}(f(f^{-1}(y)f^{-1}(z)))) = x*f(f^{-1}(y)f^{-1}(z)) \\ &= x*(y*z)\end{aligned}$$

이므로 $*$는 결합법칙을 만족한다. $e$를 군 $G$의 단위원이라 하면 $S$는 단위원이 $f(e)$이고, 각 $x \in S$의 역원이 $f((f^{-1}(x))^{-1})$인 군이다.

8. 분명히 $*$는 결합법칙을 만족하는 $G$위의 이항연산이다. $g^{-1}$는 $*$에 대한 $G$의 단위원이고, 각 $x \in G$에 대하여 $g^{-1}x^{-1}g^{-1}$는 $*$에 대한 $x$의 역원이다. 따라서 $G$는 이항연산 $*$에 대하여 또 다른 군이다.

9. (1) $\Longrightarrow$ (4)는 정리 2.1.15 (3)에 의하여 결과가 얻어진다.
(4) $\Longrightarrow$ (3)은 (4)에서 $n=2$인 경우이다.
(3) $\Longrightarrow$ (2). (3)이 성립한다고 가정하면 모든 $a, b \in G$에 대하여

$$a^{-1}b^{-1}a^{-1}b^{-1} = (a^{-1}b^{-1})^2 = (a^{-1})^2(b^{-1})^2 = a^{-1}a^{-1}b^{-1}b^{-1}$$

이므로 정리 2.1.8 (3)에 의하여 $b^{-1}a^{-1} = a^{-1}b^{-1}$이다. 따라서

$$(ab)^{-1} = b^{-1}a^{-1} = a^{-1}b^{-1}.$$

(2) $\Longrightarrow$ (1). (2)가 성립한다고 하면 모든 $a, b \in G$에 대하여

$$ab = (a^{-1})^{-1}(b^{-1})^{-1} = (b^{-1}a^{-1})^{-1} = (b^{-1})^{-1}(a^{-1})^{-1} = ba$$

이므로 $G$는 가환군이다.

10. 임의의 $a, b \in G$에 대하여 $ab = aeb = a(ab)^2b = a^2bab^2 = ba$이므로 $G$는 가환군이다.

11. $b^{-1}ab=a^{-1}$를 첫번째 식에 대입하면 $(b^{-1}ab)ba=b^{-1}$이다. 즉 $ab^2a=e$이다. 따라서

$$b^2=a^{-1}a^{-1}=(b^{-1}ab)(b^{-1}ab)=b^{-1}a^2b,\ \text{즉}\ a^2=b^2$$

이므로 $a^4=aa^2a=ab^2a=e$이고, 또한 $b^4=b^2b^2=a^2a^2=a^4=e$이다.

12. 각 원소 $a\in G$에 대하여 $aa'a=a$를 만족하는 $a'\in G$가 유일하게 존재한다. 또한

$$a(a'aa')a=(aa'a)a'a=aa'a=a$$

이므로 $a'$의 유일성에 의하여 $a'aa'=a'$이다. 즉, 모든 $a\in G$에 대하여

$$aa'a=a \Longrightarrow a'aa'=a' \qquad (1)$$

이다. 이제 $e=aa'$이라 하면 $ee=aa'aa'=aa'=e$이다. 따라서 임의의 $b\in G$에 대하여 $c=ebe$라 하면

$$ce=ebee=ebe=c, \quad ec=eebe=ebe=c$$

이다. 즉

$$ce=c=ec \qquad (2)$$

이다. 따라서 $cc'c=c$를 만족하는 $c'\in G$가 유일하게 존재하므로

$$c(c'e)c=cc'(ec)=cc'c=c, \quad c(ec')c=(ce)c'c=cc'c=c$$

이다. 따라서 $c'$의 유일성에 의하여 $c'e=c'=ec'$이다. 또한 (1)에 의하여 $c'cc'=c'$이다. 따라서

$$c(c'bc')c=c(c'ebec')c=cc'(ebe)c'c=cc'cc'c=cc'c=c$$

이므로 $c'$의 유일성에 의하여 $c'bc'=c'$이고, 따라서 $c$의 유일성에 의하여 $b=c$이다. 따라서 (2)에 의하여 $be=b=eb$이다. 즉 $e$는 $G$의 단위원이다. 다음, 임의의 $d\in G$에 대하여 $dd'd=d$를 만족하는 $d'\in G$가 유일하게 존재하므로 $e_1=dd'$으로 놓아 위와 같이 생각하면($a$ 대신에 $d$로 바꾸어 생각하면) $be_1=b=e_1b$를 얻을 수 있다. 따라서 $b$는 $G$의 임의의 원소이므로 $e_1=e_1e=e$이다. 즉 $dd'=e$. 따라서 $d'$은 $d$의 우측역원이다. 그러므로 정리 2.1.9에 의하여 $G$는 군이다.

13. ($\Longrightarrow$)는 정리 2.1.8 (3)으로부터 명백하다.
($\Longleftarrow$) $G=\{a_1, a_2, \cdots, a_n\}$라 하고, 임의의 $a\in G$에 대하여

$$H=\{aa_1,\ aa_2,\ \cdots,\ aa_n\}$$

라 하면 $H\subset G$다. $aa_i=aa_j$라 하면 좌소거법칙에 의하여 $a_i=a_j$이므로 $H=G$이다. 따라서 임의의 $b\in G$에 대하여 적당한 $a_j\in G$가 존재하여 $b=aa_j$로 표시된다. 따라서 $ax=b$의 해가 $G$에 존재한다. 같은 방법으로 우소거법칙을 이용하여 $xa=b$의 해가 $G$에 존재함을 보일 수 있다. 따라서 정리 2.1.9에 의하여 $G$는 군이다.

14. 수학적 귀납법에 의하여 증명하자. $n=0,\ 1$이면 분명하다. $n=k(k\geq 0)$일 때 성립한다고 하면 $(bab^{-1})^k=ba^kb^{-1}$이다. 따라서

$$(bab^{-1})^{k+1}=(bab^{-1})^k(bab^{-1})=(ba^kb^{-1})(bab^{-1})=ba^{k+1}b^{-1}$$

이므로 모든 자연수 $n$에 대하여 성립한다. 다음, $n=-m(m>0)$라 하면

$$\begin{aligned}(bab^{-1})^n&=(bab^{-1})^{-m}=((bab^{-1})^m)^{-1}=(ba^mb^{-1})^{-1}=b(a^m)^{-1}b^{-1}\\&=ba^{-m}b^{-1}=ba^nb^{-1}\end{aligned}$$

이다. 따라서 모든 정수에 대하여 성립한다.

15. $\sigma^{-1}=\begin{pmatrix}1&2&3&4&5&6\\2&1&3&5&4&6\end{pmatrix},\quad \sigma\tau=\begin{pmatrix}1&2&3&4&5&6\\6&2&1&5&3&4\end{pmatrix},\quad \tau\sigma=\begin{pmatrix}1&2&3&4&5&6\\1&6&2&3&4&5\end{pmatrix},$

$\sigma^2\tau=\tau,\quad \tau\sigma\tau^{-1}=\begin{pmatrix}1&2&3&4&5&6\\6&2&4&3&5&1\end{pmatrix}$

16. (1) 임의의 $a\in G$에 대하여 $\{a,\ a^2,\ \cdots,\ a^n,\ \cdots\}$은 유한집합이어야 하므로 적당한 양의 정수 $k$에 대하여 $a^{n+k}=a^n$이다. 따라서

$$\begin{aligned}a^{2n+k}&=a^na^{n+k}=a^na^n=a^{2n},\\a^{3n+k}&=a^na^{2n+k}=a^na^{2n}=a^{3n}.\end{aligned}$$

이 방법을 반복하면 $a^{kn+k}=a^{kn}$을 얻는다. 따라서

$$\begin{aligned}a^{kn+2k}&=a^{kn+k}a^k=a^{kn}a^k=a^{kn+k}=a^{kn},\\a^{kn+3k}&=a^{kn+2k}a^k=a^{kn}a^k=a^{kn+k}=a^{kn}.\end{aligned}$$

이 방법을 반복하면 $a^{kn+nk}=a^{kn}$, 즉 $(a^{kn})^2=a^{kn}$을 얻는다. 따라서 $a^{kn}$은 $G$의 하나의 멱등원이다.

(2) $(\Longrightarrow)$는 정리 2.1.8 (2)에 의하여 결과가 얻어진다.

$(\Longleftarrow)$ $e$를 $G$의 단위원이라 하면 $e$는 $G$의 유일한 멱등원이다. (1)의 증명과정

에 의하여 임의의 $a\in G$에 대하여 $a^{kn}$은 $G$의 멱등원이므로 $a^{kn}=e$이다. 따라서 $a^{kn-1}a=e=aa^{kn-1}$이므로 $a^{kn-1}$은 $a$의 역원이다. 따라서 $G$는 군이다.

17.

| | $e$ | $a$ | $b$ | $c$ | $d$ |
|---|---|---|---|---|---|
| $e$ | $e$ | $a$ | $b$ | $c$ | $d$ |
| $a$ | $a$ | $b$ | $c$ | $d$ | $e$ |
| $b$ | $b$ | $c$ | $d$ | $e$ | $a$ |
| $c$ | $c$ | $d$ | $e$ | $a$ | $b$ |
| $d$ | $d$ | $e$ | $a$ | $b$ | $c$ |

## 연습문제 2.2

1. (1) $H$는 정규부분군, $H=\langle 2\rangle$
   (2) $H$는 정규부분군
   (3) $H$는 정규부분군, $H=\langle 2\rangle$ ; $K$는 정규부분군
   (4) $H$는 $\begin{bmatrix}1 & 1\\ 0 & 1\end{bmatrix}$을 생성원으로 갖는 순회부분군 ; $K$는 정규부분군
   (5) $K$는 정규부분군, $K=\langle \bar{4}\rangle$
   (6) $H$는 정규부분군, $H=\langle \bar{3}\rangle$ ; $K$는 정규부분군, $K=\langle \bar{5}\rangle$
   (7) $H$는 정규부분군, $H=\langle -1\rangle$
   (8) $H$는 부분군 ; $K$는 부분군
   (9) $H$는 정규부분군, $H=\langle f_2\rangle$ ; $K$는 정규부분군, $K=\langle f_3\rangle$

2. (1) 분명히 결합법칙과 교환법칙이 성립한다. 모든 $x\in\mathbf{R}$에 대하여 $\mathbf{0}(x)=0$으로 정의되는 함수 $\mathbf{0}:\mathbf{R}\longrightarrow\mathbf{R}$은 $F(\mathbf{R})$의 단위원이고, 또한 각 $f\in F(\mathbf{R})$에 대하여 함수 $-f:\mathbf{R}\longrightarrow\mathbf{R}$을 임의의 $x\in\mathbf{R}$에 대하여 $(-f)(x)=-f(x)$로 정의하면 $-f$는 $f$의 역원이다. 즉 $F(\mathbf{R})$은 아벨군이다.
   (2) $\mathbf{0}$이 연속함수이므로 $\mathbf{0}\in C(\mathbf{R})$, 즉 $C(\mathbf{R})\neq\varnothing$이다. $f, g\in C(\mathbf{R})$이면 $f$와 $g$는 연속함수이므로 $f-g$도 연속함수이다. 즉 $f-g\in C(\mathbf{R})$. 따라서 $C(\mathbf{R})$은 $F(\mathbf{R})$의 부분군이다. 더욱이 $F(\mathbf{R})$이 아벨군이므로 $C(\mathbf{R})$은 $F(\mathbf{R})$의 정규부분군이다. 나머지도 같은 방법으로 증명할 수 있다.

3. $e=e^1$이므로 $e\in H$, 즉 $H\neq\varnothing$이다. $a, b\in H$라 하면 적당한 $k, h\in\mathbf{Z}$에 대하여

$a^k=e$, $b^h=e$이다. 따라서

$$(ab^{-1})^{kh}=a^{kh}(b^{-1})^{kh}=(a^k)^h(b^h)^{-k}=ee=e$$

이므로 $ab^{-1}\in H$이다. 따라서 $H$는 $G$의 부분군이고, 더욱이 $G$가 가환군이므로 $H$는 $G$의 정규부분군이다.

4. $G=\mathbf{Z}_6$라 하고 $H=\{\bar{0}, \bar{3}\}$, $K=\{\bar{0}, \bar{2}, \bar{4}\}$라 하면 분명히 $H$와 $K$는 $G$의 부분군이지만 $H\cup K=\{\bar{0}, \bar{2}, \bar{3}, \bar{4}\}$는 $G$의 부분군이 아니다.

5. $H\cup K$를 $G$의 부분군이라 하자. 분명히 $e\in H\cap K$, 즉 $H\cap K\neq\varnothing$이므로 다음 두 가지 경우가 일어난다.
   (1) $H\subset K$ 또는 $K\subset H$인 경우
   (2) $a\in H$, $a\notin K$이고 $b\in K$, $b\notin H$인 $a$, $b$가 존재하는 경우

   (2)의 경우에 $c=ab$라 하면 $c\in H\cup K$이므로 $c\in H$이든가 $c\in K$인데, $c\in H$이면 $b=a^{-1}c\in H$가 되어 모순이고 $c\in K$이면 $a=cb^{-1}\in K$가 되어 모순이다. 따라서 (2)의 경우는 일어나지 않는다. 역은 분명하다.

6.

| | $e$ | $a$ | $a^2$ | $b$ | $ab$ | $a^2b$ |
|---|---|---|---|---|---|---|
| $e$ | $e$ | $a$ | $a^2$ | $b$ | $ab$ | $a^2b$ |
| $a$ | $a$ | $a^2$ | $e$ | $ab$ | $a^2b$ | $b$ |
| $a^2$ | $a^2$ | $e$ | $a$ | $a^2b$ | $b$ | $ab$ |
| $b$ | $b$ | $a^2b$ | $ab$ | $e$ | $a^2$ | $a$ |
| $ab$ | $ab$ | $b$ | $a^2b$ | $a$ | $e$ | $a^2$ |
| $a^2b$ | $a^2b$ | $ab$ | $b$ | $a^2$ | $a$ | $e$ |

7. (1) $H\subset K\subset\langle K\rangle$이므로 $\langle H\rangle$의 최소성에 의하여 $\langle H\rangle\subset\langle K\rangle$이다.
   (2) 분명히 $H\cup K\subset\langle H\rangle\cup\langle K\rangle$이므로 (1)에 의하여 $\langle H\cup K\rangle\subset\langle\langle H\rangle\cup\langle K\rangle\rangle$이다. 역으로 $H\subset H\cup K$, $K\subset H\cup K$이므로 (1)에 의하여 $\langle H\rangle\subset\langle H\cup K\rangle$, $\langle K\rangle\subset\langle H\cup K\rangle$이다. 따라서 $\langle H\rangle\cup\langle K\rangle\subset\langle H\cup K\rangle$이므로 $\langle\langle H\rangle\cup\langle K\rangle\rangle\subset\langle H\cup K\rangle$이다. 따라서 $\langle H\cup K\rangle=\langle\langle H\rangle\cup\langle K\rangle\rangle$이다.
   (3) $H\cap K\subset H$, $H\cap K\subset K$이므로 (1)에 의하여 $\langle H\cap K\rangle\subset\langle H\rangle$, $\langle H\cap K\rangle\subset\langle K\rangle$이다. 따라서 $\langle H\cap K\rangle\subset\langle H\rangle\cap\langle K\rangle$이다.
   (4) (2)에서 $H=K$라 하면 $\langle\langle H\rangle\rangle=\langle H\rangle$이다.

8. (1) $f_{a,b}$, $f_{c,d}\in G$라 하면 $ac\neq 0$이고, 또한 $f_{a,b}f_{c,d}=f_{ac,ad+b}$이므로 함수의 합

성은 $G$위의 이항연산이다. 일반적으로 함수의 합성은 결합법칙이 성립한다. $G$는 단위원이 $f_{1,0}$이고, 각 $f_{a,b}\in G$의 역원이 $f_{a^{-1}, -a^{-1}b}$인 군이다.

(2) 분명히 $N\neq\phi$이다. 임의의 $f_{1,a}$, $f_{1,b}\in N$에 대하여

$$f_{1,a}(f_{1,b})^{-1}=f_{1,a}f_{1,-b}=f_{1,a-b}\in N$$

이므로 $N$은 $G$의 부분군이다. 다음, 임의의 $f_{a,b}\in G$, $f_{1,c}\in N$에 대하여

$$f_{a,b}f_{1,c}(f_{a,b})^{-1}=f_{a,ac+b}f_{a^{-1}, -a^{-1}b}=f_{1,ac}\in N$$

이므로 $N$은 $G$의 정규부분군이다.

9. 임의의 $a\in G$, $b\in H$에 대하여

$$aba^{-1}=eabea^{-1}=(b^{-1}b)ab(aa^{-1})a^{-1}=b^{-1}(ba)^2(a^{-1})^2\in H$$

이므로 $H$는 $G$의 정규부분군이다.

10. 모든 $a\in G$에 대하여 $e=aea^{-1}\in aHa^{-1}$이므로 $e\in W$이다. 즉 $W\neq\varnothing$. $x$, $y\in W$라 하면 모든 $a\in G$에 대하여 $x$, $y\in aHa^{-1}$이다. 그런데 적당한 $h$, $k\in H$에 대하여 $x=aha^{-1}$, $y=aka^{-1}$로 표시되므로

$$xy^{-1}=(aha^{-1})(aka^{-1})^{-1}=aha^{-1}ak^{-1}a^{-1}=a(hk^{-1})a^{-1}\in aHa^{-1}$$

이다. 따라서 모든 $a\in G$에 대하여 $xy^{-1}\in aHa^{-1}$이므로 $xy^{-1}\in W$이다. 그러므로 $W$는 $G$의 부분군이다. 다음 $g\in G$, $w\in W$라 하면 모든 $a\in G$에 대하여 $w\in aHa^{-1}$이므로, 특히($a$ 대신에 $g^{-1}a$로 생각하면)

$$w\in(g^{-1}a)H(g^{-1}a)^{-1}=(g^{-1}a)H(a^{-1}g)$$

이다. 따라서 적당한 $h'\in H$에 대하여 $w=g^{-1}ah'a^{-1}g$로 표시된다. 그러므로 모든 $a\in G$에 대하여

$$gwg^{-1}=g(g^{-1}ah'a^{-1}g)g^{-1}=ah'a^{-1}\in aHa^{-1}$$

이므로 $gwg^{-1}\in W$이다. 즉 $W$는 $G$의 정규부분군이다.

11. 정리 2.2.20 (4)에 의하여 $NH$는 $G$의 부분군이다. $g\in G$, $x\in NH$라 하면 적당한 $n\in N$, $h\in H$에 대하여 $x=nh$로 표시되므로

$$gxg^{-1}=gnhg^{-1}=(gng^{-1})(ghg^{-1})\in NH$$

이다. 즉 $NH$는 $G$의 정규부분군이다.

12. (1) $d=(m, n)$이므로 정리 1.3.4에 의하여 $d=mx+ny$인 $x, y\in\mathbf{Z}$가 존재한다. 따라서 $d=mx+ny\in\langle m\rangle+\langle n\rangle$이므로 $\langle d\rangle\subset\langle m\rangle+\langle n\rangle$이다. 역으로 $a\in\langle m\rangle+\langle n\rangle$이라 하면 $m', n'\in\mathbf{Z}$에 대하여 $a=mm'+nn'$으로 표시된다. 또한 $m'', n''\in\mathbf{Z}$에 대하여 $m=m''d$, $n=n''d$로 표시되므로

$$a=mm'+nn'=d(m''m'+n''n')\in\langle d\rangle$$

이다. 즉 $\langle m\rangle+\langle n\rangle\subset\langle d\rangle$이다. 따라서 $\langle d\rangle=\langle m\rangle+\langle n\rangle$이다.

(2) $l=[m, n]$이므로 $m|l$, $n|l$이다. 따라서 $l\in\langle m\rangle\cap\langle n\rangle$이므로 $\langle l\rangle\subset\langle m\rangle\cap\langle n\rangle$이다. 역으로 $y\in\langle m\rangle\cap\langle n\rangle$이라 하면 $m|y$, $n|y$이고 $l=[m, n]$이므로 $l|y$, 즉 $y\in\langle l\rangle$이다. 따라서 $\langle m\rangle\cap\langle n\rangle\subset\langle l\rangle$이다. 그러므로 $\langle m\rangle\cap\langle n\rangle=\langle l\rangle$이다.

13. $H=\langle a\rangle$라 하고 $K$를 $H$의 임의의 부분군이라 하자. 또한 $g\in G$, $k\in K$라 하자. 그러면 $H$가 $G$의 정규부분군이므로 $gag^{-1}\in H$이다. 따라서 적당한 $n\in\mathbf{Z}$에 대하여 $gag^{-1}=a^n$으로 표시된다. 즉 $a=g^{-1}a^ng$이다. 한편 $k\in H$이므로 적당한 $m\in\mathbf{Z}$에 대하여 $k=a^m$으로 표시된다. 따라서

$$\begin{aligned} gkg^{-1} &= ga^mg^{-1} \\ &= (gag^{-1})^m (\text{문제 2.1의 14에 의하여}) \\ &= (g(g^{-1}a^ng)g^{-1})^m=(a^n)^m=(a^m)^n=k^n\in K \end{aligned}$$

이다. 그러므로 $K$는 $G$의 정규부분군이다.

14. $H=\{e, a\}$라 하자. $H$가 $G$의 정규부분군이므로 모든 $x\in G$에 대하여 $xax^{-1}\in H$이다. 따라서 $xax^{-1}=e$이든가 $xax^{-1}=a$인데 $xax^{-1}=e$라 하면 $a=e$가 되어 모순이다. 따라서 모든 $x\in G$에 대하여 $xax^{-1}=a$, 즉 $ax=xa$이다. 그러므로 $a\in C(G)$이다. 또한 $e\in C(G)$이므로 $H\subset C(G)$이다.

15. $ab\in C(G)$라 하면 모든 $x\in G$에 대하여 $abx=xab$이다. 특히 $x=a^{-1}\in G$라 하면 $aba^{-1}=a^{-1}ab=b$, 즉 $ab=ba$이다.

16. (1) $f$는 준동형, $\mathrm{Im}f=G'$, $\mathrm{Ker}f=\{5n|n\in\mathbf{Z}\}$

(3) $f$는 준동형, $\mathrm{Im}f=G'$, $\mathrm{Ker}f=\{\bar{0}, \bar{2}, \bar{4}, \bar{6}\}$

(4) $f$는 준동형, $\mathrm{Im}f=G'$, $\mathrm{Ker}f=\{2n|n\in\mathbf{Z}\}$

(5) $f$는 준동형, $\mathrm{Im}f=\{a\in\mathbf{R}^*|a>0\}$, $\mathrm{Ker}f=\{1, -1\}$

(6) $f$는 준동형, $\mathrm{Im}f=G'$, $\mathrm{Ker}f=\{4n|n\in\mathbf{Z}\}$

(7) $f$는 준동형, $\mathrm{Im}\,f=\{\cos a+i\sin a\,|\,a\in\mathbf{R}\}=\{z\in\mathbf{C}^*\,|\,|z|=1\}$,
$\mathrm{Ker}\,f=\{2n\pi\,|\,n\in\mathbf{Z}\}$

(8) $f$는 준동형, $\mathrm{Im}\,f=\{a\in\mathbf{R}^*\,|\,a>0\}$, $\mathrm{Ker}\,f=\{0\}$

(10) $f$는 준동형, $\mathrm{Im}\,f=\mathbf{C}^*$, $\mathrm{Ker}\,f=\left\{\begin{bmatrix}a & b\\ c & d\end{bmatrix}\in GL_2(\mathbf{C})\,|\,ad-bc=1\right\}$

17. $G$가 가환군이면 임의의 $a$, $b\in G$에 대하여

$$f(ab)=(ab)^{-1}=b^{-1}a^{-1}=a^{-1}b^{-1}=f(a)f(b)$$

이므로 $f$는 준동형이다. 분명히 $f$는 전단사함수이므로 $f$는 자기동형이다. 역으로 $f$가 자기동형이면 임의의 $a$, $b\in G$에 대하여

$$f(ab)=(ab)^{-1}=b^{-1}a^{-1}=f(b)f(a)=f(ba)$$

이므로 $ab=ba$이다. 즉 $G$는 가환군이다.

18. $f(e)=e$이므로 $e\in H$이다. 즉 $H\neq\varnothing$. 임의의 $a$, $b\in H$에 대하여

$$f(ab^{-1})=f(a)(f(b))^{-1}=ab^{-1}$$

이므로 $ab^{-1}\in H$이다. 즉 $H$는 $G$의 부분군이다.

19. 임의의 $a\in G$, $n\in N$에 대하여

$$f(ana^{-1})=f(a)f(n)(f(a))^{-1}=f(a)(f(a))^{-1}f(n)=f(n)$$

이다. 따라서

$$f(ana^{-1}n^{-1})=f(ana^{-1})f(n^{-1})=f(n)(f(n))^{-1}=e'$$

이므로 $ana^{-1}n^{-1}\in\mathrm{Ker}\,f\subset N$이다. 따라서 적당한 $n'\in N$에 대하여 $ana^{-1}n^{-1}=n'$으로 표시된다. 즉 $ana^{-1}=n'n\in N$이다. 그러므로 $N$은 $G$의 정규부분군이다.

20. $S=\varnothing$이면 $f(S)=\varnothing$이므로 $G=\langle S\rangle=\{e\}=\langle f(S)\rangle$이다. $S\neq\varnothing$라 하자. $b\in G$라 하면 적당한 $a\in G$에 대하여 $b=f(a)$로 표시된다. 또한 $G=\langle S\rangle$이므로 정리 2.2.11에 의하여 적당한 $a_i\in S(i=1, 2, \cdots, t)$와 적당한 $n_i\in\mathbf{Z}$에 대하여 $a=a_1^{n_1}a_2^{n_2}\cdots a_t^{n_t}$의 꼴로 표시된다. 따라서 정리 2.2.25 (3)에 의하여

$$b=f(a)=f(a_1^{n_1}a_2^{n_2}\cdots a_t^{n_t})=(f(a_1))^{n_1}(f(a_2))^{n_2}\cdots(f(a_t))^{n_t}$$

이고, 또한 $f(a_i) \in f(S)(i=1, 2, \cdots, t)$이므로 $b \in \langle f(S) \rangle$이다. 즉 $G \subset \langle f(S) \rangle$이다. 그러므로 $G = \langle f(S) \rangle$이다.

## 연습문제 2.3

1. (1) $\mathbf{Z}_4 = \langle \bar{1} \rangle = \langle \bar{3} \rangle$ (2) $\mathbf{Z}_7 = \langle \bar{1} \rangle = \langle \bar{2} \rangle = \langle \bar{3} \rangle = \langle \bar{4} \rangle = \langle \bar{5} \rangle = \langle \bar{6} \rangle$

(3) $\mathbf{Z}_{30} = \langle \bar{1} \rangle = \langle \bar{7} \rangle = \langle \overline{11} \rangle = \langle \overline{13} \rangle = \langle \overline{17} \rangle = \langle \overline{19} \rangle = \langle \overline{23} \rangle = \langle \overline{29} \rangle$

(4) 덧셈군 $\mathbf{Q}$를 순회군이라 하면 적당한 $\dfrac{b}{a} \in \mathbf{Q}(a, b \in \mathbf{Z}, a>0, (a, b)=1)$에 대하여 $\mathbf{Q} = \left\langle \dfrac{b}{a} \right\rangle = \left\{ \dfrac{nb}{a} \,\middle|\, n \in \mathbf{Z} \right\}$이다. 따라서 $\dfrac{1}{a+1} \in \mathbf{Q}$이므로 적당한 $n \in \mathbf{Z}$에 대하여 $\dfrac{1}{a+1} = \dfrac{nb}{a}$로 표시된다. 따라서 $\dfrac{a}{a+1} = nb \in \mathbf{Z}$이다. 그런데 $a>0$이므로 $\dfrac{a}{a+1} \notin \mathbf{Z}$이다. 이것은 모순이다. 그러므로 $\mathbf{Q}$는 순회군이 아니다.

(5) $\{5n \mid n \in \mathbf{Z}\} = \langle 5 \rangle = \langle -5 \rangle$

(6) 보기 2.1.17에 의하여 $S_3$는 비가환군이므로 정리 2.3.3에 의하여 $S_3$는 순회군이 아니다.

(7) 보기 2.1.7에 의하여 $GL_2(\mathbf{C})$는 비가환군이므로 정리 2.3.3에 의하여 $GL_2(\mathbf{C})$는 순회군이 아니다.

(9) $\mathbf{Z}_9^* = \langle \bar{2} \rangle = \langle \bar{5} \rangle$

2. (1) $\text{ord}(\bar{0})=1$, $\text{ord}(\bar{1})=8$, $\text{ord}(\bar{2})=4$, $\text{ord}(\bar{3})=8$, $\text{ord}(\bar{4})=2$, $\text{ord}(\bar{5})=8$, $\text{ord}(\bar{6})=4$, $\text{ord}(\bar{7})=8$.

(2) $\text{ord}(\bar{1})=1$, $\text{ord}(\bar{5})=6$, $\text{ord}(\bar{7})=3$, $\text{ord}(\overline{11})=6$, $\text{ord}(\overline{13})=3$, $\text{ord}(\overline{17})=2$.

3. (1) $\text{ord}(a^3)=5$ (2) $\text{ord}(a^8)=15$ (3) $\text{ord}(a^{10})=3$

4. $8 \mid 24$이므로 정리 2.3.14에 의하여 $|H|=8$인 $G$의 부분군 $H$는 꼭 하나 존재하고 $H = \langle a^3 \rangle = \langle a^9 \rangle = \langle a^{15} \rangle = \langle a^{21} \rangle$이다.

5. $G \neq \{e\}$이므로 $a \neq e$인 $a \in G$가 적어도 하나 존재한다. 가정에 의하여 $\langle a \rangle = \{e\}$이거나 $G = \langle a \rangle$인데, $\langle a \rangle = \{e\}$라 하면 $a=e$가 되어 모순이다. 따라서 $G = \langle a \rangle$이다. $a$의 위수가 무한이라고 하면 정리 2.3.7 (1)에 의하여 $G = \langle a \rangle \supsetneq \langle a^2 \rangle \supsetneq \{e\}$가 되어 가정에 모순이다. 따라서 적당한 양의 정수 $n$에 대하여 $\text{ord}(a)=n$이고, 또한 가정과 정리 2.3.14에 의하여 $n$은 소수이다.

6. $\mathrm{ord}(a)=2 \iff a^2=e$ (정리 2.3.7 (2)에 의하여) $\iff a=a^{-1}$

7. (1) $(a^{-1})^n=e \iff a^n=e \iff (bab^{-1})^n=ba^nb^{-1}=e$(연습문제 2.1의 14에 의하여) 이므로 정리 2.3.7 (2)에 의하여 $\mathrm{ord}(a)=\mathrm{ord}(a^{-1})=\mathrm{ord}(bab^{-1})$이다.
   (2) (1)에 의하여 $\mathrm{ord}(ab)=\mathrm{ord}(babb^{-1})=\mathrm{ord}(ba)$이다.

8. 연습문제 2.3의 7 (1)에 의하여 모든 $x\in G$에 대하여 $\mathrm{ord}(xax^{-1})=\mathrm{ord}(a)=n$이므로 $xax^{-1}=a$, 즉 $xa=ax$이다. 따라서 $a\in C(G)$이다. 또한, 연습문제 2.3의 7 (1)에 의하여 $\mathrm{ord}(a^{-1})=\mathrm{ord}(a)=n$이므로 $a^{-1}=a$, 즉 $a^2=e$이다. 따라서 $n=2$이다.

9. $b=a^{-1}b^2a$이므로

$$aba^{-1}=bb=(a^{-1}b^2a)(a^{-1}b^2a)=a^{-1}b^4a,\ \text{즉}\ b=(a^{-1})^2b^4a^2$$
$$aba^{-1}=bb=((a^{-1})^2b^4a^2)((a^{-1})^2b^4a^2)=(a^{-1})^2b^8a^2,\ \text{즉}\ b=(a^{-1})^3b^8a^3$$
$$aba^{-1}=bb=((a^{-1})^3b^8a^3)((a^{-1})^3b^8a^3)=(a^{-1})^3b^{16}a^3,\ \text{즉}\ b=(a^{-1})^4b^{16}a^4$$
$$aba^{-1}=bb=((a^{-1})^4b^{16}a^4)((a^{-1})^4b^{16}a^4)=(a^{-1})^4b^{32}a^4.$$

따라서 $b=((a^{-1})^5b^{32}a^5)=eb^{32}e=b^{32}$, 즉 $b^{31}=e$이다. 따라서 정리 2.3.10 (1)에 의하여 $\mathrm{ord}(b)\,|\,31$이므로 $\mathrm{ord}(b)=31$이다.

10. $|G|=2n(n\geq 1)$이라 하고 $G$를

$$G=\{e\}\cup\{a,\ a^{-1}\}\cup\{b,\ b^{-1}\}\cup\{c,\ c^{-1}\}\cup\cdots$$

와 같이 표시하면 $\{a,\ a^{-1}\}\cap\{b,\ b^{-1}\}=\varnothing$이든가 $\{a,\ a^{-1}\}=\{b,\ b^{-1}\}$이다. 따라서 집합 $\{a,\ a^{-1}\}$, $\{b,\ b^{-1}\}$, $\{c,\ c^{-1}\}$, $\cdots$가 모두 원소를 2개씩 포함한다고 하면 $|G|=2n$이라는 가정에 모순이다. 따라서 $|\{a,\ a^{-1}\}|=1$, 즉 $a=a^{-1}$인 $a$가 존재한다. 따라서 연습문제 2.3의 6에 의하여 $\mathrm{ord}(a)=2$이다.

11. $(ab)^2=abab=a^2b^2=ee=e$이다. $e=(ab)^1=ab$라 하면 $b=a^{-1}$이고, 또한 연습문제 2.3의 6에 의하여 $a^{-1}=a$이므로 $b=a$가 되어 가정에 모순이다. 따라서 $\mathrm{ord}(ab)=2$이다. 따라서 $x,\ y\in H$라 하면 $xy\in H$이므로 정리 2.2.3에 의하여 $H$는 $G$의 부분군이다. $e$가 아닌 $H$의 각 원소의 위수가 2이고 $|H|=4$이므로 $H$는 $G$의 순회부분군이 될 수 없다.

12. $(m,\ n)=1$이므로 정리 2.3.12 (1)에 의하여 $\langle a\rangle=\langle a^m\rangle\subset H$이므로 $a\in H$이다.

13. $\langle a^r\rangle\subset\langle a^s\rangle$이라 하면 $a^r\in\langle a^s\rangle$이므로 적당한 $m\in\mathbf{Z}$에 대하여 $a^r=(a^s)^m$으로 표

시된다. 따라서 $a^{ms-r}=e$이므로 정리 2.3.10 (1)에 의하여 $n|(ms-r)$이다. 따라서 적당한 $q\in\mathbf{Z}$에 대하여 $ms-r=nq$, 즉 $r=ms-nq$로 표시된다. 따라서 $d=(n, s)$라 하면 $d|s$, $d|n$이므로 정리 1.3.1 (4)에 의하여 $d|r$이다. 또한 $d|n$이므로 $d|(n, r)$, 즉 $(n, s)|(n, r)$이다. 역으로 $(n, s)|(n, r)$이라 하고 $d=(n, s)$, $d'=(n, r)$이라 하면 $d'|r$이므로 정리 1.3.1 (3)에 의하여 $d|r$이고, 또한 정리 1.3.4에 의하여 $d=nx+sy$를 만족하는 $x, y\in\mathbf{Z}$가 존재한다. 따라서 적당한 $t\in\mathbf{Z}$에 대하여 $r=dt$로 표시되므로

$$r=dt=t(nx+sy)=ntx+sty$$

이다. 따라서

$$a^r=a^{ntx+sty}=(a^n)^{tx}(a^s)^{ty}=(a^s)^{ty}\in\langle a^s\rangle$$

이다. 따라서 $\langle a^r\rangle\subset\langle a^s\rangle$이다. 그러므로 $\langle a^r\rangle\subset\langle a^s\rangle$이기 위한 필요충분조건은 $(n, s)|(n, r)$이다.

14. $\langle a\rangle$를 $G$의 정규부분군이라 하면 임의의 $x\in G$에 대하여 $xax^{-1}\in\langle a\rangle$이므로 적당한 $k\in\mathbf{Z}$에 대하여 $xax^{-1}=a^k$으로 표시된다. 따라서 $xa=a^kx$이다. 역으로 임의의 $x\in G$에 대하여 $xa=a^kx$가 되는 정수 $k$가 존재한다고 하면 $a=x^{-1}a^kx$이다. $b\in\langle a\rangle$라 하면 적당한 $n\in\mathbf{Z}$에 대하여 $b=a^n$으로 표시되므로

$$\begin{aligned} xbx^{-1}&=xa^nx^{-1}=x(x^{-1}a^kx)^nx^{-1}\\ &=x(x^{-1}a^{nk}x)x^{-1}(\text{연습문제 2.1의 14에 의하여})\\ &=a^{nk}\in\langle a\rangle \end{aligned}$$

이다. 따라서 $\langle a\rangle$는 $G$의 정규부분군이다.

15. $a$의 위수가 무한이 아니면 적당한 양의 정수 $m$에 대하여 $\text{ord}(a)=m$이다. 따라서 정리 2.2.25 (3), (1)에 의하여

$$(f(a))^m=f(a^m)=f(e)=e'$$

이므로 정리 2.3.10 (1)에 의하여 $n|m$이다.

16. 임의의 $\overline{n}\in\mathbf{Z}_8$에 대하여

$$f(\overline{n})=f(n\cdot\overline{1})=(f(\overline{1}))^n=(a^3)^n=a^{3n}$$

이다. 따라서

(1) $\mathrm{Ker}f=\langle\bar{4}\rangle$, $\mathrm{Im}f=\langle a^3\rangle$ (2) $f^{-1}(H)=\langle\bar{2}\rangle$

17. $\mathbf{Z}\cong\mathbf{Q}^*$라 하면 $\mathbf{Q}^*\cong\mathbf{Z}$이므로 동형함수 $f:\mathbf{Q}^*\longrightarrow\mathbf{Z}$가 존재한다. 따라서 정리 2.2.27 (2)에 의하여 $f(-1)\neq 0$이고, 또한 $\mathrm{ord}(-1)=2$이므로 정리 2.3.19 (1)에 의하여 $\mathrm{ord}(f(-1))=2$이다. 그런데 모든 $a\in\mathbf{Z}(a\neq 0)$의 위수는 무한이므로 이것은 모순이다. 따라서 $\mathbf{Z}$는 $\mathbf{Q}^*$에 동형적이 아니다.

18. 정리 2.3.12 (1)에 의하여 $G$와 $G'$은 각각 $\phi(n)$개의 생성원을 갖는다($\phi$는 Euler의 $\phi$-함수이다). 따라서 정리 2.3.18과 정리 2.3.16 (1)의 증명과정에 의하여 $\phi(n)$개의 동형함수가 존재한다.

## 연습문제 2.4

1. (1) $H$, $1+H=\{3n+1\mid n\in\mathbf{Z}\}=H+1$, $2+H=\{3n+2\mid n\in\mathbf{Z}\}=H+2$

   (2) $H$, $\bar{1}+H=\{\bar{1},\ \bar{5},\ \bar{9}\}=H+\bar{1}$, $\bar{2}+H=\{\bar{2},\ \bar{6},\ \overline{10}\}=H+\bar{2}$,
   $\bar{3}+H=\{\bar{3},\ \bar{7},\ \overline{11}\}=H+\bar{3}$

   (3) $H=\langle\bar{5}\rangle$, $\bar{3}H=\{\bar{3},\ \bar{7},\ \overline{11},\ \overline{15}\}=H\bar{3}$

   (4) $H$, $iH=\{i,\ -i\}=Hi$

2. $(ca)H=(cb)H \Longleftrightarrow a^{-1}b=(ca)^{-1}(cb)\in H \Longleftrightarrow aH=bH.$

3. 적당한 $a,\ b\in G$에 대하여 $aH=bK$라 하자. $h\in H$라 하면 $ah\in aH=bK$이므로 적당한 $k\in K$에 대하여 $ah=bk$, 즉 $h=a^{-1}bk$로 표시된다. 또한, 정리 2.4.1 (1) (i)에 의하여 $a\in aH=bK$이므로 적당한 $k'\in K$에 대하여 $a=bk'$, 즉 $b^{-1}a=k'\in K$이다. 따라서 $a^{-1}b=(b^{-1}a)^{-1}=k'^{-1}\in K$이므로 $h=a^{-1}bk\in K$이다. 즉, $H\subset K$이다. 같은 방법으로 $K\subset H$임을 증명할 수 있다. 따라서 $H=K$이다.

4. $a\in G$에 대하여 $aH=Hb$인 $b\in G$가 존재한다. 따라서 $a\in aH=Hb$이므로 적당한 $h\in H$에 대하여 $a=hb$, 즉 $ab^{-1}=h\in H$이다. 따라서 정리 2.4.2 (1) (ii)에 의하여 $Ha=Hb=aH$이므로 $H$는 $G$의 정규부분군이다.

5. (1) $aK=bK \Longleftrightarrow a^{-1}b\in K$(정리 2.4.1 (1) (ii)에 의하여)
   $\Longleftrightarrow e'=f(a^{-1}b)=(f(a))^{-1}f(b) \Longleftrightarrow f(a)=f(b)$

   (2) $x\in f^{-1}(b) \Longleftrightarrow f(x)=b=f(a) \Longleftrightarrow e'=(f(a))^{-1}f(x)=f(a^{-1}x)$
   $\Longleftrightarrow a^{-1}x\in K$

$$\Longleftrightarrow x \in xK = aK$$ (정리 2.4.1 (1) (i), (ii)에 의하여)

이므로 $f^{-1}(b) = aK$이다.

6. 임의의 $z_1$, $z_2 \in \mathbf{C}^*$에 대하여

$$f(z_1 z_2) = |z_1 z_2| = |z_1||z_2| = f(z_1) f(z_2)$$

이므로 $f$는 준동형이다. 또한

$$N = \{u \in \mathbf{C}^* \mid |u| = f(u) = 1\}$$

이고, $zN = \{zu \mid u \in N\}$이다. 따라서 $w \in zN$이라 하면 적당한 $u \in N$에 대하여 $w = zu$로 표시되므로 $|w| = |zu| = |z||u| = |z| \cdot 1 = |z|$이다. 따라서 $zN$가 나타내는 도형은 원점을 중심으로 하고 반지름이 $|z|$인 원이다.

7. (1) $\{\bar{0}\}$, $\mathbf{Z}_{13}$　　(2) $\{\bar{0}\}$, $\langle \bar{9} \rangle$, $\langle \bar{6} \rangle$, $\langle \bar{3} \rangle$, $\langle \bar{2} \rangle$, $\mathbf{Z}_{18}$
   (3) $\{\bar{1}\}$, $\langle \bar{5} \rangle$, $\langle \bar{7} \rangle$, $\langle \overline{11} \rangle$, $\mathbf{Z}_{12}^*$　　(4) $\{e\}$, $\langle a^{10} \rangle$, $\langle a^5 \rangle$, $\langle a^4 \rangle$, $\langle a^2 \rangle$, $\langle a \rangle$

8. $H = \langle a^5 \rangle$, $aH = \{a, a^6, a^{11}\}$, $a^2H = \{a^2, a^7, a^{12}\}$, $a^3H = \{a^3, a^8, a^{13}\}$,
   $a^4H = \{a^4, a^9, a^{14}\}$

9. 정리 2.4.7에 의하여

$$[G : H]|H| = |G| = [G : K]|K| = [G : K][K : H]|H|$$

이므로 $[G : H] = [G : K][K : H]$이다.

10. $e = e^n \in G^n$이므로 $G^n \neq \varnothing$이다. 임의의 $x^n$, $y^n \in G^n$에 대하여

$$x^n (y^n)^{-1} = x^n (y^{-1})^n = (xy^{-1})^n \in G^n$$

이므로 $G^n$은 $G$의 부분군이다. 다음 함수 $f : G \longrightarrow G^n$을 임의의 $x \in G$에 대하여 $f(x) = x^n$으로 정의하자. 그러면 임의의 $x$, $y \in G$에 대하여

$$f(xy) = (xy)^n = x^n y^n = f(x) f(y)$$

이므로 $f$는 준동형이다. 또한,

$$\begin{aligned} x \in \operatorname{Ker} f &\Longleftrightarrow x^n = f(x) = e \\ &\Longleftrightarrow x \in G_n \end{aligned}$$

이므로 $\mathrm{Ker}f=G_n$이다. 따라서 정리 2.2.27 (1)에 의하여 $G_n$은 $G$의 정규부분군이다. 분명히 $f$는 전사준동형이다. 따라서 정리 2.4.23에 의하여 $G/G_n \cong G^n$이다.

11. 정리 2.4.23에 의하여 $G/\mathrm{Ker}f \cong \mathrm{Im}f$이므로 정리 2.4.19와 정리 2.4.7에 의하여

$$|\mathrm{Im}f|=|G/\mathrm{Ker}f|=[G:\mathrm{Ker}f]=\frac{|G|}{|\mathrm{Ker}f|}$$

이다. 즉 $|G|=|\mathrm{Ker}f||\mathrm{Im}f|$이다.

12. $f:\mathbf{Z}_{12}\longrightarrow\mathbf{Z}_{30}$을 준동형함수라 하면 $\mathbf{Z}_{12}=\langle\bar{1}\rangle$이므로 정리 2.3.18에 의하여 $f$는 $f$에 의한 $\bar{1}$의 함수값 $f(\bar{1})$에 의하여 완전히 결정된다. 그런데 정리 2.4.8 (1)에 의하여

$$12f(\bar{1})=f(12\,\bar{1})=f(\bar{0})=\bar{0}=30f(\bar{1})$$

이고, 또한 $(12, 30)=6$이므로 정리 1.3.4에 의하여 $6=12m+30n$을 만족하는 정수 $m$, $n$이 존재한다. 따라서

$$\begin{aligned}6f(\bar{1})&=(12m+30n)f(\bar{1})=m(12f(\bar{1}))+n(30f(\bar{1}))\\&=m\bar{0}+n\bar{0}=\bar{0}+\bar{0}=\bar{0},\end{aligned}$$

즉 $6f(\bar{1})=\bar{0}$이므로 $f(\bar{1})=\bar{k}(k=0,\ 5,\ 10,\ 15,\ 20,\ 25)$로 정의되는 여섯 개의 준동형함수 $f:\mathbf{Z}_{12}\longrightarrow\mathbf{Z}_{30}$이 존재한다. 실제로 $\bar{a}\in\mathbf{Z}_{12}$에 대하여 $f(\bar{a})=a\bar{k}$로 정의할 때, $\bar{a}$, $\bar{b}\in\mathbf{Z}_{12}$라 하면 정리 1.3.2에 의하여

$$a+b=12q+r, \quad 0\le r<12$$

를 만족하는 정수 $q$, $r$가 유일하게 존재하므로

$$\begin{aligned}f(\bar{a}+\bar{b})&=f(\overline{a+b})=f(\bar{r})=r\bar{k}=\bar{0}+r\bar{k}\\&=q(12\bar{k})+r\bar{k}(\text{각 } k\text{에 대하여 } 12k\text{는 30의 배수이므로})\\&=(12q+r)\bar{k}=(a+b)\bar{k}=a\bar{k}+b\bar{k}=f(\bar{a})+f(\bar{b})\end{aligned}$$

이다. 따라서 $f$는 준동형이다.

13. (6)번을 제외하고는 모두 옳다.

14. $f:G\longrightarrow G'$을 준동형함수라 하면 연습문제 2.4의 11에 의하여 $|\mathrm{Im}f|\,|\,|G|$이고, 또한 정리 2.4.7에 의하여 $|\mathrm{Im}f|\,|\,|G'|$이다. 그런데 $(|G|, |G'|)=1$이므로 $|\mathrm{Im}f|\,|\,1$이다. 즉 $|\mathrm{Im}f|=1$이다. 따라서 $f$는 자명한 준동형이다.

15. 함수 $\phi : G \longrightarrow \mathbf{R}^*$를 임의의 $f_{a,b} \in G$에 대하여 $\phi(f_{a,b}) = a$로 정의하자. 그러면 임의의 $f_{a,b}$, $f_{c,d} \in G$에 대하여

$$\phi(f_{a,b}f_{c,d}) = \phi(f_{ac,ad+b}) = ac = \phi(f_{a,b})\phi(f_{c,d})$$

이므로 $\phi$는 준동형이다. 분명히 $\phi$는 전사준동형이다. 또한

$$f_{a,b} \in \mathrm{Ker}\phi \Longleftrightarrow 1 = \phi(f_{a,b}) = a$$

이므로 $\mathrm{Ker}\phi = N$이다. 따라서 정리 2.4.23에 의하여 $G/N \cong \mathbf{R}^*$이다.

16. (1) 함수 $f : \mathbf{Z}_6 \longrightarrow \mathbf{Z}_2$를 임의의 $\bar{k} \in \mathbf{Z}_6$에 대하여 $f(\bar{k}) = k\bar{1}$로 정의하면 $f$는 전사준동형이고 $\mathrm{Ker}f = \langle \bar{2} \rangle$이므로 정리 2.4.23에 의하여 $\mathbf{Z}_6/\langle \bar{2} \rangle \cong \mathbf{Z}_2$, 즉 $\mathbf{Z}_2 \cong \mathbf{Z}_6/\langle \bar{2} \rangle$이다.

(2) 함수 $f : \mathbf{Z}_{20} \longrightarrow \mathbf{Z}_5$를 임의의 $\bar{k} \in \mathbf{Z}_{20}$에 대하여 $f(\bar{k}) = k\bar{1}$로 정의하면 $f$는 전사준동형이고 $\mathrm{Ker}f = \langle \bar{5} \rangle$이므로 정리 2.4.23에 의하여 $\mathbf{Z}_{20}/\langle \bar{5} \rangle \cong \mathbf{Z}_5$, 즉 $\mathbf{Z}_5 \cong \mathbf{Z}_{20}/\langle \bar{5} \rangle$이다.

17. 분명히 $N$은 $G$의 정규부분군이므로 $G/N$을 생각할 수 있다. $G/N = \langle aN \rangle$이라 하자. $b$, $c \in G$라 하면 $bN$, $cN \in \langle aN \rangle$이므로 적당한 $m$, $n \in \mathbf{Z}$에 대하여

$$bN = (aN)^m = a^m N, \quad cN = (aN)^n = a^n N$$

으로 표시된다. 따라서 $b \in bN$, $c \in cN$이므로 적당한 $x$, $y \in N \subset C(G)$에 대하여 $b = a^m x$, $c = a^n y$로 표시된다. 따라서

$$bc = a^m x a^n y = a^m a^n xy = a^{m+n} yx = a^n a^m yx = a^n y a^m x = cb$$

이므로 $G$는 가환군이다.

18. $G/N$는 가환군 $\Longleftrightarrow$ 모든 $a$, $b \in G$에 대하여

$$(ab)N = (aN)(bN) = (bN)(aN) = (ba)N$$

$\Longleftrightarrow$ 모든 $a$, $b \in G$에 대하여 $(ab)^{-1}(ba) \in N$(정리 2.4.1 (1) (ii)에 의하여)

$\Longleftrightarrow$ 모든 $a$, $b \in G$에 대하여 $b^{-1}a^{-1}ba \in N$(정리 2.1.8 (6)에 의하여)

19. (1) 정리 2.2.9에 의하여 $A \cap C$는 $G$의 부분군이고, 또한 $A \cap C \subset A$이므로 $A \cap C$는 $A$의 부분군이다. 따라서 정리 2.4.25에 의하여

$$(A\cap C)/(B\cap C)=(A\cap C)/((B\cap A)\cap C)=(A\cap C)/(B\cap(A\cap C))$$
$$\cong B(A\cap C)/B.$$

(2) 정리 2.2.20 (4)에 의하여 $AC$, $BC$는 $G$의 부분군이고 $BC\subset AC$이므로 $BC$는 $AC$의 부분군이다. 다음, 정리 2.2.20 (1)에 의하여 $A\cap C$는 $A$의 정규부분군이므로 연습문제 2.2의 11에 의하여 $B(A\cap C)$는 $A$의 정규부분군이다. 따라서 $A/(B(A\cap C))$를 생각할 수 있다. $K=B(A\cap C)$라 하고 함수 $f: AC\longrightarrow A/K$를 임의의 $ac\in AC$에 대하여 $f(ac)=aK$로 정의하자. $a_1c_1,\ a_2c_2\in AC(a_1,\ a_2\in A,\ c_1,\ c_2\in C)$에 대하여 $a_1c_1=a_2c_2$라 하면

$$a_2^{-1}a_1=c_2c_1^{-1}\in A\cap C\subset K,\ \text{즉}\ a_2^{-1}a_1\in K$$

이므로 정리 2.4.1 (1) (ii)에 의하여

$$f(a_1c_1)=a_1K=a_2K=f(a_2c_2)$$

이다. 따라서 $f$는 잘 정의되는 함수이다. 다음, $a_1c_1,\ a_2c_2\in AC(a_1,\ a_2\in A,\ c_1,\ c_2\in C)$라 하면 $C$가 $G$의 정규부분군이므로 $a_2^{-1}c_1a_2\in C$이다. 따라서 적당한 $c'\in C$에 대하여 $a_2^{-1}c_1a_2=c'$, 즉 $c_1a_2=a_2c'$으로 표시된다. 따라서

$$f(a_1c_1a_2c_2)=f(a_1a_2c'c_2)=(a_1a_2)K=(a_1K)(a_2K)=f(a_1c_1)f(a_2c_2)$$

이다. 따라서 $f$는 준동형이다. 분명히 $f$는 전사준동형이다. 임의의 $bc\in BC$ $(b\in B,\ c\in C)$에 대하여 $f(bc)=bK=K$이므로 $bc\in \mathrm{Ker}f$, 즉 $BC\subset \mathrm{Ker}f$이다. 역으로 $ac\in \mathrm{Ker}f(a\in A,\ c\in C)$라 하면 $K=f(ac)=aK$이므로 정리 2.4.1 (1) (v)에 의하여 $a\in K=B(A\cap C)$이다. 따라서 적당한 $b\in B,\ x\in A\cap C$에 대하여 $a=bx$로 표시되므로 $ac=bxc\in BC$이다. 즉 $\mathrm{Ker}f\subset BC$이다. 따라서 $BC=\mathrm{Ker}f$이다. 그러므로 정리 2.4.23에 의하여 $AC/BC\cong A/(B(A\cap C))$이다.

20. 임의의 $a,\ b\in G$에 대하여 $f(ab)=(ab)^m=a^mb^m=f(a)f(b)$이므로 $f$는 준동형이다. 또 $(m,\ n)=1$이므로 정리 1.3.9 (1)에 의하여 적당한 $x,\ y\in\mathbf{Z}$에 대하여 $mx+ny=1$로 표시된다. 따라서 정리 2.4.8 (1)에 의하여

$$b=b^1=b^{mx+ny}=b^{mx}(b^n)^y=b^{mx}e^y=(b^x)^m=f(b^x)$$

이므로 $f$는 전사함수이다. 또한 $|G|=n$이므로 분명히 $f$는 단사함수이다. 그러므로 $f$는 자기동형이다.

21. $\text{ord}(f(a))=d$라 하면 $(f(a))^n=f(a^n)=f(e)=e'$이므로 정리 2.3.10 (1)에 의하여 $d|n$이다. 또한 $f(a)\in \text{Im}f$이고, $|\text{Im}f|=m$이므로 정리 2.4.8 (1)에 의하여 $d|m$이다. 따라서 $(m, n)=1$이므로 $d|1$, 즉 $d=1$이다. 따라서 $f(a)=e'$, 즉 $a\in \text{Ker}f$이다.

## 연습문제 2.5

1~2를 함께 생각한다.

(1) $\mathbf{Z}_2\oplus\mathbf{Z}_4=\{(\bar{0}, \bar{0}), (\bar{0}, \bar{1}), (\bar{0}, \bar{2}), (\bar{0}, \bar{3}), (\bar{1}, \bar{0}), (\bar{1}, \bar{1}), (\bar{1}, \bar{2}), (\bar{1}, \bar{3})\}$

| 원소 | $(\bar{0}, \bar{0})$ | $(\bar{0}, \bar{1})$ | $(\bar{0}, \bar{2})$ | $(\bar{0}, \bar{3})$ | $(\bar{1}, \bar{0})$ | $(\bar{1}, \bar{1})$ | $(\bar{1}, \bar{2})$ | $(\bar{1}, \bar{3})$ |
|---|---|---|---|---|---|---|---|---|
| 위수 | 1 | 4 | 2 | 4 | 2 | 4 | 2 | 4 |

이고, 또한 $\mathbf{Z}_2\oplus\mathbf{Z}_4$의 부분군은 다음과 같다.

$\{(\bar{0}, \bar{0})\}$, $\langle(\bar{0}, \bar{2})\rangle$, $\langle(\bar{1}, \bar{0})\rangle$, $\langle(\bar{1}, \bar{2})\rangle$, $\langle(\bar{0}, \bar{1})\rangle$, $\langle(\bar{1}, \bar{1})\rangle$,
$\{(\bar{0}, \bar{0}), (\bar{0}, \bar{2}), (\bar{1}, \bar{0}), (\bar{1}, \bar{2})\}$, $\mathbf{Z}_2\oplus\mathbf{Z}_4$.

(2) $\mathbf{Z}_8^*\times\mathbf{Z}_3^*=\{(\bar{1}, \bar{1}), (\bar{1}, \bar{2}), (\bar{3}, \bar{1}), (\bar{3}, \bar{2}), (\bar{5}, \bar{1}), (\bar{5}, \bar{2}), (\bar{7}, \bar{1}), (\bar{7}, \bar{2})\}$

| 원소 | $(\bar{1}, \bar{1})$ | $(\bar{1}, \bar{2})$ | $(\bar{3}, \bar{1})$ | $(\bar{3}, \bar{2})$ | $(\bar{5}, \bar{1})$ | $(\bar{5}, \bar{2})$ | $(\bar{7}, \bar{1})$ | $(\bar{7}, \bar{2})$ |
|---|---|---|---|---|---|---|---|---|
| 위수 | 1 | 2 | 2 | 2 | 2 | 2 | 2 | 2 |

이고, 또한 $\mathbf{Z}_8^*\times\mathbf{Z}_3^*$의 부분군은 다음과 같다.

$\{(\bar{1}, \bar{1})\}$, $\langle(\bar{1}, \bar{2})\rangle$, $\langle(\bar{3}, \bar{1})\rangle$, $\langle(\bar{3}, \bar{2})\rangle$, $\langle(\bar{5}, \bar{1})\rangle$, $\langle(\bar{5}, \bar{2})\rangle$, $\langle(\bar{7}, \bar{1})\rangle$, $\langle(\bar{7}, \bar{2})\rangle$,
$\{(\bar{1}, \bar{1}), (\bar{1}, \bar{2}), (\bar{3}, \bar{1}), (\bar{3}, \bar{2})\}$, $\{(\bar{1}, \bar{1}), (\bar{1}, \bar{2}), (\bar{5}, \bar{1}), (\bar{5}, \bar{2})\}$,
$\{(\bar{1}, \bar{1}), (\bar{1}, \bar{2}), (\bar{7}, \bar{1}), (\bar{7}, \bar{2})\}$, $\{(\bar{1}, \bar{1}), (\bar{3}, \bar{1}), (\bar{5}, \bar{1}), (\bar{7}, \bar{1})\}$,
$\{(\bar{1}, \bar{1}), (\bar{3}, \bar{1}), (\bar{5}, \bar{2}), (\bar{7}, \bar{2})\}$, $\{(\bar{1}, \bar{1}), (\bar{3}, \bar{2}), (\bar{5}, \bar{2}), (\bar{7}, \bar{1})\}$,
$\{(\bar{1}, \bar{1}), (\bar{3}, \bar{2}), (\bar{5}, \bar{1}), (\bar{7}, \bar{2})\}$, $\mathbf{Z}_8^*\times\mathbf{Z}_3^*$.

(3) $\mathbf{Z}_2\times\mathbf{Z}_4^*=\{(\bar{0}, \bar{1}), (\bar{0}, \bar{3}), (\bar{1}, \bar{1}), (\bar{1}, \bar{3})\}$

| 원소 | $(\bar{0}, \bar{1})$ | $(\bar{0}, \bar{3})$ | $(\bar{1}, \bar{1})$ | $(\bar{1}, \bar{3})$ |
|---|---|---|---|---|
| 위수 | 1 | 2 | 2 | 2 |

이고, 또한 $\mathbf{Z}_2\times\mathbf{Z}_4^*$의 부분군은 다음과 같다.

$\{(\bar{0}, \bar{1})\}$, $\langle(\bar{0}, \bar{3})\rangle$, $\langle(\bar{1}, \bar{1})\rangle$, $\langle(\bar{1}, \bar{3})\rangle$, $\mathbf{Z}_2\times\mathbf{Z}_4^*$

3. $(1, 2)\in H$이므로 $H\neq\varnothing$이다. $(x, y), (z, w)\in H$라 하면 $y=2x$, $w=2z$이므로 $2(x-z)=2x-2z=y-w$이다. 따라서 $(x, y)-(z, w)=(x-z, y-w)\in H$이므로 $H$는 $\mathbf{R}\times\mathbf{R}$의 부분군이다. 다음, $(0, 0)\notin K$이므로 $K$는 $\mathbf{R}\times\mathbf{R}$의 부분군이 아니다.

4. (1) $\{(0, n)+\langle(1, 0)\rangle \mid n\in\mathbf{Z}\}$

   (2) $\{\langle(\bar{2}, \bar{2})\rangle, (\bar{1}, \bar{1})+\langle(\bar{2}, \bar{2})\rangle\}$

   (3) $\{\langle(\bar{1}, \bar{2}, \bar{3})\rangle, (\bar{1}, \bar{0}, \bar{0})+\langle(\bar{1}, \bar{2}, \bar{3})\rangle\}$

   (4) $\{\langle(\bar{1}, \bar{3})\rangle, (\bar{1}, \bar{5})\langle(\bar{1}, \bar{3})\rangle, (\bar{2}, \bar{1})\langle(\bar{1}, \bar{3})\rangle, (\bar{2}, \bar{5})\langle(\bar{1}, \bar{3})\rangle\}$

   (5) $\{\langle(\bar{0}, \bar{1})\rangle, (\bar{0}, \bar{3})\langle(\bar{0}, \bar{1})\rangle, (\bar{1}, \bar{1})\langle(\bar{0}, \bar{1})\rangle, (\bar{1}, \bar{3})\langle(\bar{0}, \bar{1})\rangle\}$

   (6) $\{\langle(\bar{1}, \bar{0}, \bar{3})\rangle\}$

5. 맞는 것은 (3), (4), (6), (7), (8).

6. (1) $f$는 준동형, $\mathrm{Im}f=\{(\bar{0}, \bar{0}), (\bar{1}, \bar{1}), (\bar{0}, \bar{2}), (\bar{1}, \bar{3})\}$, $\mathrm{Ker}f=\{4n \mid n\in\mathbf{Z}\}$.

   (2) $\mathbf{Z}_2\oplus\mathbf{Z}_3$에서 $(\bar{1}, \bar{0})=(\bar{1}, \bar{3})$이지만 $\mathbf{Z}_4$에서 $f((\bar{1}, \bar{0}))=\overline{1\cdot 0}=\bar{0}\neq\bar{3}=\overline{1\cdot 3}=f((\bar{1}, \bar{3}))$이므로 $f$는 함수가 아니다.

7. $\mathbf{Z}_{21}^*$가 가환군이므로 $\langle\bar{8}\rangle$와 $\langle\bar{5}\rangle$는 $\mathbf{Z}_{21}^*$의 정규부분군이다. $\mathbf{Z}_{21}^*=\langle\bar{8}\rangle\langle\bar{5}\rangle$, $\langle\bar{8}\rangle\cap\langle\bar{5}\rangle=\{\bar{1}\}$이므로 $\mathbf{Z}_{21}^*=\langle\bar{8}\rangle\times\langle\bar{5}\rangle$이다. $|\langle\bar{8}\rangle|=2$, $|\langle\bar{5}\rangle|=6$이므로 정리 2.3.16 (1)에 의하여 $\langle\bar{8}\rangle\cong\mathbf{Z}_2$, $\langle\bar{5}\rangle\cong\mathbf{Z}_6$이다. 따라서 정리 2.5.15에 의하여 $\mathbf{Z}_{21}^*=\langle\bar{8}\rangle\times\langle\bar{5}\rangle\cong\mathbf{Z}_2\oplus\mathbf{Z}_6$이다.

8. $\mathbf{Z}_{10}$이 가환군이므로 $\langle\bar{2}\rangle$와 $\langle\bar{5}\rangle$는 $\mathbf{Z}_{10}$의 정규부분군이다. 더욱이 $\mathbf{Z}_{10}=\langle\bar{2}\rangle+\langle\bar{5}\rangle$, $\langle\bar{2}\rangle\cap\langle\bar{5}\rangle=\{\bar{0}\}$이므로 $\mathbf{Z}_{10}=\langle\bar{2}\rangle\oplus\langle\bar{5}\rangle$이다.

9. 정리 2.2.19에 의하여 $N$은 $G$의 정규부분군이고 정리 2.2.20 (1)에 의하여 $N$은 $H$와 $K$의 정규부분군이다. 따라서 상군 $G/N$, $H/N$, $K/N$을 생각할 수 있다. $aN\in G/N$이라 하면 $a\in G$이고, 또한 $G=HK$이므로 적당한 $h\in H$, $k\in K$에 대하여 $a=hk$로 표시된다. 따라서

$$aN=(hk)N=(hN)(kN)\in(H/N)(K/N),\ \text{즉}\ G/N\subset(H/N)(K/N)$$

이므로 $G/N=(H/N)(K/N)$이다. 다음, $xN\in(H/N)\cap(K/N)$이라 하면 $xN\in H/N$, $xN\in K/N$이므로 $x\in H\cap K=N$, 즉 $xN=N$이다. 따라서 $(H/N)\cap(K/N)=\{N\}$이다. 그러므로 $G/N=(H/N)\times(K/N)$이다.

10. $N$과 $\mathrm{Ker}f$는 $G$의 정규부분군이다. $a\in G$라 하면 $f(a)\in G'=\mathrm{Im}(f\,|\,N)$이므로 적당

한 $n\in N$이 존재하여 $f(n)=f(a)$로 표시된다. 따라서 $n^{-1}a\in \text{Ker}f$이므로 $a=n(n^{-1}a)\in N\text{Ker}f$, 즉 $G\subset N\text{Ker}f$이다. 그러므로 $G=N\text{Ker}f$이다. 다음, $x\in N\cap \text{Ker}f$라 하면 $f|N(x)=f(x)=e'$이고 $f|N$이 단사함수이므로 $x=e$, 즉 $N\cap \text{Ker}f=\{e\}$이다. 따라서 $G=N\times \text{Ker}f$이다.

11. 정리 2.3.3과 정리 2.2.18에 의하여 $H$와 $K$는 $G$의 정규부분군이다. 또한 $H\cap K$는 $H$와 $K$의 부분군이므로 Lagrange의 정리에 의하여 $|H\cap K|\,|m$, $|H\cap K|\,|n$이다. 따라서 $(m, n)=1$이므로 $|H\cap K|=1$, 즉 $H\cap K=\{e\}$이다. 따라서 정리 2.4.15에 의하여 $|HK|=|H||K|=mn$이므로 $G=HK$이다. 그러므로 $G=H\times K$이다.

12. $G=H\times K$이므로 $G=HK$, $H\cap K=\{e\}$이다. $N$을 $H$의 임의의 정규부분군이라 하자. $a\in G$, $n\in N$이라 하면 적당한 $h\in H$, $k\in K$에 대하여 $a=hk$로 표시되므로 정리 2.2.20 (2)에 의하여

$$ana^{-1}=(hk)n(hk)^{-1}=hknk^{-1}h^{-1}=hnkk^{-1}h^{-1}=hnh^{-1}\in N$$

이다. 따라서 $N$은 $G$의 정규부분군이다. 같은 방법으로 $K$의 모든 정규부분군은 $G$의 정규부분군임을 증명할 수 있다.

13. (1) 임의의 $a, b\in G$에 대하여

$$\begin{aligned}\phi(ab)&=(f(ab),\ g(ab))=(f(a)f(b),\ g(a)g(b))\\&=(f(a),\ g(a))(f(b),\ g(b))=\phi(a)\phi(b)\end{aligned}$$

이므로 $\phi$는 준동형이다.

(2)
$$\begin{aligned}a\in \text{Ker}\phi &\Longleftrightarrow (e,\ e')=\phi(a)=(f(a),\ g(a))\\&\Longleftrightarrow f(a)=e,\ g(a)=e'\\&\Longleftrightarrow a\in \text{Ker}f\cap \text{Ker}\,g\end{aligned}$$

이므로 $\text{Ker}\,\phi=\text{Ker}f\cap \text{Ker}\,g$이다.

(3) 덧셈군 $\mathbf{Z}$와 $\mathbf{Z}$의 부분군 $\langle 2\rangle$와 $\langle 3\rangle$에 대하여 함수 $f:\mathbf{Z}\longrightarrow\langle 2\rangle$와 $g:\mathbf{Z}\longrightarrow\langle 3\rangle$을 임의의 $a\in\mathbf{Z}$에 대하여 $f(a)=2a$, $g(a)=3a$로 정의하면 분명히 $f$와 $g$는 동형이다. 그런데 $(4, 9)\in\langle 2\rangle\times\langle 3\rangle$에 대하여 $\phi(a)=(4, 9)$를 만족하는 $a\in\mathbf{Z}$가 존재한다고 하면 $(4, 9)=(f(a), g(a))=(2a, 3a)$이므로 $2=a=3$이 되어 모순이다. 따라서 $\phi$는 전사준동형이 아니다.

14. 분명히 $N$은 $K$의 정규부분군이다. 또한, 정리 2.2.20 (1)에 의하여 $H\cap K$는 $K$의 정규부분군이다. $k\in K$라 하면 $G=NH$이므로 적당한 $n\in N$, $h\in H$에 대하여 $k=nh$로 표시된다. 따라서 $h=n^{-1}k$이고 $n^{-1}\in N\subset K$이므로 $h\in K$이다. 즉 $h\in H\cap K$이

다. 따라서 $k \in N(H \cap K)$이므로 $K \subset N(H \cap K)$이다. 따라서 $K = N(H \cap K)$이다. 또한

$$N \cap (H \cap K) = (N \cap H) \cap K = \{e\} \cap K = \{e\}$$

이므로 $K = N \times (H \cap K)$이다.

## 연습문제 2.6

1. (1) $(1\ 2)(3\ 4)$ (2) $(1\ 3\ 2\ 4) = (1\ 4)(1\ 2)(1\ 3)$
   (3) $(1\ 2)(3\ 5\ 4) = (1\ 2)(3\ 4)(3\ 5)$ (4) $(1\ 3\ 2\ 4\ 5) = (1\ 5)(1\ 4)(1\ 2)(1\ 3)$

2. (1) $(2\ 3\ 5)$ (2) $(1\ 7\ 2\ 8\ 3)(4\ 5)$
   (3) $(1\ 4)(2\ 6)$ (4) $(1\ 4\ 2)$

3. (1) $(1\ 3\ 2)(4\ 5)$, 기치환 (2) $(1\ 3\ 5)$, 우치환

4. (1) 5 (2) 6

5. 정리 2.6.12에 의하여 $(i\ j)^{-1} = (i\ j)$이므로 $\tau$가 우치환이면 $\tau^{-1}$도 우치환이고, $\tau$가 기치환이면 $\tau^{-1}$도 기치환이다. 따라서 결과가 얻어진다.

6. 정리 2.6.10에 의하여 결과가 얻어진다.

7. 1, 2, 3, $\cdots$, $n$에서 서로 다른 $r$개의 수를 뽑아 일렬로 나열하는 방법의 수는 ${}_nP_r = \dfrac{n!}{(n-r)!}$이다. 1, 2, 3, $\cdots$, $n$에서 서로 다른 $r$개의 수 $i_1, i_2, \cdots, i_r$을 뽑을 때

$$(i_1\ i_2 \cdots\ i_r) = (i_2\ i_3 \cdots\ i_r\ i_1) = \cdots = (i_r\ i_1 \cdots\ i_{r-1})$$

이므로 $S_n$의 서로 다른 $r$-순회치환의 개수는 $\dfrac{1}{r} \cdot \dfrac{n!}{(n-r)!}$이다.

8. $\tau_i (i=1, 2, \cdots, k)$를 $l_i$-순회치환이라 하면 $\mathrm{ord}(\tau_i) = l_i$이다. $l = [l_1, l_2, \cdots, l_k]$라 하면 $l_i | l$이므로 정리 2.3.10 (1)에 의하여 $\tau_i^l = i_A$($i_A$는 항등치환)이다. 따라서 $\tau_1, \tau_2, \cdots, \tau_k$가 서로 소이므로 정리 2.6.4와 정리 2.1.15 (3)에 의하여

$$\sigma^l = (\tau_1 \tau_2 \cdots \tau_k)^l = \tau_1^l \tau_2^l \cdots \tau_k^l = i_A i_A \cdots i_A = i_A$$

이다. 다음 $m$을 $0 < m < l$인 정수라 할 때, 모든 $j\,(j=1, 2, \cdots, k)$에 대하여

$\tau_j^m = i_A$라 하면 정리 2.3.10 (1)에 의하여 $l_j | m$이므로 $l | m$이 되어 모순이다. 따라서 적당한 $i$에 대하여 $\tau_i^m \neq i_A$이어야 한다. 따라서 정리 1.3.2에 의하여

$$m = l_i q + r, \quad 0 \leq r < l_i$$

를 만족하는 정수 $q$, $r$이 존재하므로

$$\tau_i^r = i_A \tau_i^r = (\tau_i^{l_i})^q \tau_i^r = \tau_i^m$$

이다. 즉 $\tau_i^r \neq i_A$이다. 따라서 $0 < r < l_i$이다. 따라서 $x$가 $\tau_i$에 속하면 $\tau_i$가 $l_i$-순회치환이므로 $\tau_i^r(x) \neq x$이고, 또한 정리 2.6.6에 의하여 $x$는 $\tau_j (j \neq i)$에 속하지 않으므로

$$\begin{aligned} \sigma^m(x) &= (\tau_1 \tau_2 \cdots \tau_k)^m(x) = (\tau_1^m \tau_2^m \cdots \tau_k^m)(x) \\ &= (\tau_i^m \tau_1^m \tau_2^m \cdots \tau_{i-1}^m \tau_{i+1}^m \cdots \tau_k^m)(x) \\ &= \tau_i^m(x) = \tau_i^r(x) \neq x = i_A(x) \end{aligned}$$

이다. 즉 $\sigma^m \neq i_A$이다. 따라서 $l$은 $\sigma^l = i_A$를 만족하는 최소의 양의 정수이다. 그러므로 정리 2.3.7 (2)에 의하여 $\text{ord}(\sigma) = l$이다.

9. $n=2$이면 분명하다. $n \geq 3$이라 하자. $[S_n : H] = 2$이므로 정리 2.4.6에 의하여 $H$는 $S_n$의 정규부분군이다. 먼저, 모든 $\sigma \in S_n$에 대하여 $\sigma^2 \in H$임을 보이자. $\sigma \in H$이면 $H$는 $S_n$의 부분군이므로 $\sigma^2 \in H$이다. $\sigma \notin H$라 하면 정리 2.4.1 (1) (v), (iii)에 의하여 $H \cap \sigma H = \varnothing$이다. 또한, $[S_n : H] = 2$이므로 정리 2.4.1 (1) (iv)에 의하여 $S_n = H \cup \sigma H$이다. 따라서 $\sigma^2 \notin H$라 하면 $\sigma^2 \in \sigma H$이므로 적당한 $\tau \in H$에 대하여 $\sigma^2 = \sigma\tau$로 표시된다. 따라서 $H$가 $S_n$의 정규부분군이므로 $\sigma = \sigma\tau\sigma^{-1} \in H$가 되어 $\sigma \notin H$라는 사실에 모순이다. 따라서 $\sigma^2 \in H$이다. 그러므로 모든 $\sigma \in S_n$에 대하여 $\sigma^2 \in H$이다. 따라서 임의의 $i$, $j$, $k \in A$에 대하여

$$(i\ j\ k) = (i\ k\ j)(i\ k\ j) = (i\ k\ j)^2 \in H$$

이므로 $H$는 $S_n$의 모든 3-순회치환들을 포함한다. 따라서 보조정리 2.6.21에 의하여 $A_n \subset H$이다. 또한, 정리 2.6.16에 의하여 $[S_n : A_n] = 2$이다. 따라서 Lagrange의 정리에 의하여

$$2|A_n| = [S_n : A_n]|A_n| = |S_n| = [S_n : H]|H| = 2|H|,$$

즉 $|A_n|=|H|$이다. 따라서 $H=A_n$이다.

10. (1) 정리 2.2.27 (1)에 의하여 $\mathrm{Ker}f$는 $A_n$의 정규부분군이므로 정리 2.6.23에 의하여 $\mathrm{Ker}f=A_n$ 또는 $\mathrm{Ker}f=\{i_A\}$($i_A$는 항등치환)이다($n=1$인 경우는 $\mathrm{Ker}f=\{i_A\}$이다). 따라서 $\mathrm{Ker}f=A_n$이면 $f$는 자명한 준동형이고, $\mathrm{Ker}f=\{i_A\}$이면 정리 2.2.27 (2)에 의하여 $f$는 단사준동형이다.

(2) $G=\mathbf{Z}_6$라 하고 보기 2.6.20에서와 같은 기호를 사용하여 함수 $f: A_4 \longrightarrow \mathbf{Z}_6$를

$$f(i_A)=f(\sigma)=f(\tau)=f(\rho)=\bar{0},$$
$$f(\alpha)=f(\beta)=f(\gamma)=f(\delta)=\bar{2},$$
$$f(u)=f(v)=f(\omega)=f(\theta)=\bar{4}$$

로 정의하면 $f$는 $\mathrm{Ker}f=\{i_A, \sigma, \tau, \rho\}$인 준동형이다. 따라서 $f$는 자명한 준동형도 아니고 단사준동형도 아닌 준동형이다.

(3) $f: S_n \longrightarrow S_n$을 준동형함수라 하자. 함수 $g: A_n \longrightarrow S_n$을 임의의 $x\in A_n$에 대하여 $g(x)=f(x)$로 정의하면 분명히 $g$는 준동형이고 또한 $g(A_n)=f(A_n)$이다. 따라서 $n\neq 4$이면 (1)에 의하여 $g$는 자명한 준동형이든가 단사준동형이다. $g$가 자명한 준동형이면 $f(A_n)=g(A_n)=\{i_A\}\subset A_n$이고, 또한 $g$가 단사준동형이면

$$|f(A_n)|=|g(A_n)|=|A_n|=\frac{n!}{2}$$

이므로 $[S_n: f(A_n)]=2$이다. 따라서 정리 2.4.6에 의하여 $f(A_n)$은 $S_n$의 정규부분군이다. 따라서 $n\geq 3(n\neq 4)$이면 정리 2.6.24에 의하여 $f(A_n)=A_n$이고, $n=1,\ 2$이면 $f(A_n)=f(\{i_A\})=\{i_A\}\subset A_n$이다. 다음, $n=4$이면 보기 2.6.20에 의하여 $\mathrm{Ker}\,g=\{i_A\}$, 또는 $\mathrm{Ker}\,g=N$($N$은 보기 2.6.20에서와 같은 기호이다), 또는 $\mathrm{Ker}\,g=A_n$이다. $\mathrm{Ker}\,g=\{i_A\}$, 또는 $\mathrm{Ker}\,g=A_n$이면 위의 문제 9와 위의 결과에 의하여 $f(A_n)=g(A_n)\subset A_n$이다. $\mathrm{Ker}\,g=N$인 경우는 보기 2.6.20에서와 같은 기호를 사용하고 보기 2.6.20의 결과를 이용하면

$$g(i_A)=g(\sigma)=g(\tau)=g(\rho)=i_A$$

이고, 또한

$$g(\beta)=g(\sigma\alpha\sigma^{-1})=g(\sigma)g(\alpha)(g(\sigma))^{-1}=i_A g(\alpha) i_A=g(\alpha)$$

이다. 같은 방법으로 생각하면

$$g(\beta)=g(\gamma)=g(\delta)=g(\alpha),$$
$$g(v)=g(\omega)=g(\theta)=g(u)$$

를 얻는다. $g(\alpha)=g(u)$라 하면 $g(u\alpha^{-1})=i_A$, 즉 $u\alpha^{-1}\in N$이다. 그런데 $u\alpha^{-1}=\alpha\notin N$이므로 이것은 모순이다. 따라서 $g(\alpha)\neq g(u)$이다. 즉

$$g(A_n)=\{i_A,\ g(\alpha),\ g(u)\}$$

이다. 더욱이

$$(g(\alpha))^2=g(\alpha^2)=g(u),$$
$$(g(\alpha))^3=g(\alpha^3)=g(i_A)=i_A$$

이므로 $g(A_n)=\{i_A,\ g(\alpha),\ (g(\alpha))^2\}=\langle g(\alpha)\rangle$이고 $\mathrm{ord}\,(g(\alpha))=3$이다. $g(\alpha)$가 기치환이면 $g(\alpha)$는 호환이거나 4-순회치환이어야 하는데 $g(\alpha)$가 호환이면 $g(\alpha)$의 위수는 2이고, $g(\alpha)$가 4-순회치환이면 $g(\alpha)$의 위수는 4가 되어 모순이다. 따라서 $g(\alpha)$는 우치환이어야 한다. 따라서 $f(A_n)=g(A_n)\subset A_n$이다.

11. (1) 보기 2.6.20에 의하여 $N$은 $S_4$의 부분군이고, 모든 $x\in A_4$에 대하여 $xN=Nx$이다. 또한

$$(1\ 2\ 4\ 3)N=(1\ 3\ 4\ 2)N=(1\ 4)N=(2\ 3)N=N(2\ 3)=N(1\ 4)=N(1\ 3\ 4\ 2)=N(1\ 2\ 4\ 3)$$
$$(1\ 4\ 3\ 2)N=(1\ 2\ 3\ 4)N=(2\ 4)N=(1\ 3)N=N(1\ 3)=N(2\ 4)=N(1\ 2\ 3\ 4)=N(1\ 4\ 3\ 2)$$
$$(1\ 4\ 2\ 3)N=(1\ 3\ 2\ 4)N=(3\ 4)N=(1\ 2)N=N(1\ 2)=N(3\ 4)=N(1\ 3\ 2\ 4)=N(1\ 4\ 2\ 3)$$

이므로 $N$은 $S_4$의 정규부분군이다. 더욱이

$$S_4/N=\{N,\ (1\ 2\ 3)N,\ (1\ 3\ 2)N,\ (2\ 3)N,\ (1\ 3)N,\ (1\ 2)N\}$$

이고,

$$\alpha_0=N,\ \alpha_1=(1\ 2\ 3)N,\ \alpha_2=(1\ 3\ 2)N,\ \beta_1=(2\ 3)N,\ \beta_2=(1\ 3)N,\ \beta_3=(1\ 2)N$$

이라 하면 $S_4/N$의 곱셈표는 다음과 같다.

| | $\alpha_0$ | $\alpha_1$ | $\alpha_2$ | $\beta_1$ | $\beta_2$ | $\beta_3$ |
|---|---|---|---|---|---|---|
| $\alpha_0$ | $\alpha_0$ | $\alpha_1$ | $\alpha_2$ | $\beta_1$ | $\beta_2$ | $\beta_3$ |
| $\alpha_1$ | $\alpha_1$ | $\alpha_2$ | $\alpha_0$ | $\beta_3$ | $\beta_1$ | $\beta_2$ |
| $\alpha_2$ | $\alpha_2$ | $\alpha_0$ | $\alpha_1$ | $\beta_2$ | $\beta_3$ | $\beta_1$ |
| $\beta_1$ | $\beta_1$ | $\beta_2$ | $\beta_3$ | $\alpha_0$ | $\alpha_1$ | $\alpha_2$ |
| $\beta_2$ | $\beta_2$ | $\beta_3$ | $\beta_1$ | $\alpha_2$ | $\alpha_0$ | $\alpha_1$ |
| $\beta_3$ | $\beta_3$ | $\beta_1$ | $\beta_2$ | $\alpha_1$ | $\alpha_2$ | $\alpha_0$ |

따라서 보기 2.1.18에서와 같은 기호를 사용하여 함수 $f: S_4/N \longrightarrow S_3$를 $f(\alpha_0) = \sigma_0$, $f(\alpha_1)=\sigma_1$, $f(\alpha_2)=\sigma_2$, $f(\beta_1)=\tau_1$, $f(\beta_2)=\tau_2$, $f(\beta_3)=\tau_3$로 정의하면 분명히 $f$는 동형함수이다. 따라서 $S_4/N \cong S_3$이다.

(2) $K$를 $\{i_A\} \subsetneq K$인 $S_4$의 정규부분군이라 하면 정리 2.2.20 (1)에 의하여 $K \cap A_4$는 $A_4$의 정규부분군이므로 보기 2.6.20에 의하여

$$K \cap A_4 = \{i_A\} \text{ 또는 } K \cap A_4 = N \text{ 또는 } K \cap A_4 = A_4$$

이다. $K \cap A_4 = \{i_A\}$라 하면 정리 2.6.24의 증명과정과 같은 방법으로 모순이 됨을 증명할 수 있다. 따라서 $K \cap A_4 \neq \{i_A\}$이므로 $K \cap A_4 = N$ 또는 $K \cap A_4 = A_4$이어야 한다. 먼저 $K \cap A_4 = N$이라 하자. 그러면 $K$는 모든 3-순회치환들을 포함할 수 없다(가령, $(i\ j\ k) \in K$라 하면

$$(i\ j\ k) = (i\ k)(i\ j) \in A_4$$

이므로

$$(i\ k)(i\ j) = (i\ j\ k) \in K \cap A_4 = N$$

이 되어 (1)에 모순이 되기 때문이다). $K$가 기치환을 포함하지 않음을 보이자. $K$가 기치환을 포함한다고 하자. 곱셈군 $H=\{1, -1\}$(연습문제 2.2의 1의 (7)을 참조)에 대하여 함수 $f: K \longrightarrow H$를 임의의 $\sigma \in K$에 대하여

$$f(\sigma) = \begin{cases} 1\,(\sigma\text{가 우치환일 때}) \\ -1\,(\sigma\text{가 기치환일 때}) \end{cases}$$

로 정의하자. 그러면 $S_4$의 두 우치환들의 곱은 우치환이고 $S_4$의 두 기치환들의 곱도 우치환이고, 또한 $S_4$의 우치환과 기치환의 곱과 $S_4$의 기치환과 우치환의 곱은 모두 기치환이므로 $f$는 분명히 준동형이다. 더욱이, $K$가 기치환을

포함하므로 $f$는 전사준동형이다. 따라서

$$\mathrm{Ker}\, f = \{\sigma \in K \mid \sigma\text{는 우치환}\} = K \cap A_4 = N$$

이고, 정리 2.4.23에 의하여 $K/N \cong H$이다. 따라서 정리 2.4.19와 정리 2.4.7에 의하여

$$2 = |H| = |K/N| = [K : N] = \frac{|K|}{|N|} = \frac{|K|}{4}$$

이므로 $|K| = 8$이다. 4-순회치환 $(i\ j\ k\ l)$에 대하여 $(i\ j\ k\ l) \in K$라 하면 $K$가 $S_4$의 정규부분군이므로

$$K \ni (i\ j\ k)(i\ j\ k\ l)(i\ j\ k)^{-1} = (i\ j\ k)(i\ j\ k\ l)(k\ j\ i) = (i\ l\ j\ k)$$

이고, 따라서

$$(j\ l\ k) = (i\ j\ k\ l)(i\ l\ j\ k) \in K$$

가 되어 $K$가 3-순회치환들을 포함하지 않는다는 사실에 모순이다. 따라서 $K$는 4-순회치환들을 포함하지 않는다. 따라서 $K$안의 기치환들은 $S_4$의 호환들 중의 어느 하나이다. 한편, $S_4$의 서로 다른 호환들은

$$(i\ j),\ (i\ k),\ (i\ l),\ (j\ k),\ (j\ l),\ (l\ k)$$

와 같이 여섯 개가 존재한다. 이 때, $K$가 서로 소가 아닌 두 호환을 포함한다면, 예를 들어 $(i\ j), (i\ k) \in K$(또는 $(i\ j), (j\ k) \in K$)라 하면

$$(i\ k\ j) = (i\ j)(i\ k) \in K \text{ (또는 } (i\ j\ k) = (i\ j)(j\ k) \in K)$$

가 되어 $K$가 3-순회치환들을 포함하지 않는다는 사실에 모순이다. 따라서 $K$는 기껏해야 서로 소인 두 개의 호환밖에 가질 수 없다. 따라서

$$|K| \leq 6 < 8$$

이 되어 $|K| = 8$이라는 사실에 모순이다. 따라서 $K$는 기치환을 포함하지 않는다. 따라서 $K \cap A_4 = N$이면 $K = N$이다. 마지막으로, $K \cap A_4 = A_4$이면 정리 2.6.24의 증명과정과 같은 방법으로 $K = A_4$ 또는 $K = S_4$임을 증명할 수 있다. 따라서 $S_4$의 정규부분군은 $\{i_A\}$, $N$, $A_4$, $S_4$뿐이다.

12. $e = (\bar{0}, \bar{0})$, $a = (\bar{0}, \bar{1})$, $b = (\bar{1}, \bar{0})$, $c = (\bar{1}, \bar{1})$라 하면 $\mathbf{Z}_2 \oplus \mathbf{Z}_2 = \{e, a, b, c\}$이고

$\mathbf{Z}_2 \oplus \mathbf{Z}_2$는 Klein의 4원군이다. 또, 모든 동형함수 $f: \mathbf{Z}_2 \oplus \mathbf{Z}_2 \longrightarrow \mathbf{Z}_2 \oplus \mathbf{Z}_2$는 $f(e)=e$를 만족하는 전단사함수이다. 그런데 $f(e)=e$를 만족하는 전단사함수는 다음 여섯 가지뿐이다.

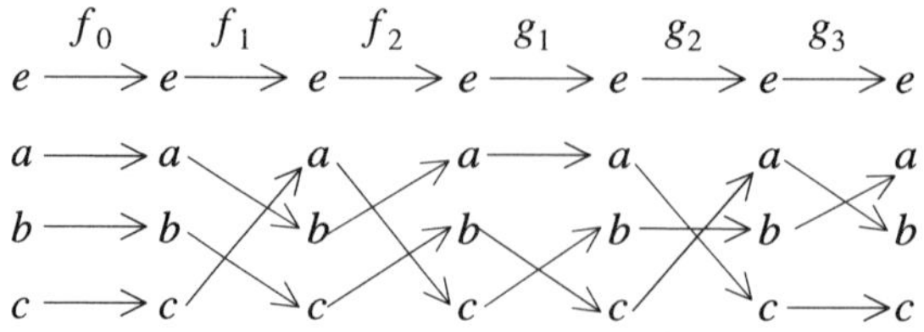


분명히 $f_0, f_1, f_2, g_1, g_2, g_3$는 동형함수이므로 $\mathrm{Aut}(\mathbf{Z}_2 \oplus \mathbf{Z}_2)=\{f_0, f_1, f_2, g_1, g_2, g_3\}$이다. 또한 $\mathrm{Aut}(\mathbf{Z}_2 \oplus \mathbf{Z}_2)$의 곱셈표는 다음과 같다.

| | $f_0$ | $f_1$ | $f_2$ | $g_1$ | $g_2$ | $g_3$ |
|---|---|---|---|---|---|---|
| $f_0$ | $f_0$ | $f_1$ | $f_2$ | $g_1$ | $g_2$ | $g_3$ |
| $f_1$ | $f_1$ | $f_2$ | $f_0$ | $g_3$ | $g_1$ | $g_2$ |
| $f_2$ | $f_2$ | $f_0$ | $f_1$ | $g_2$ | $g_3$ | $g_1$ |
| $g_1$ | $g_1$ | $g_2$ | $g_3$ | $f_0$ | $f_1$ | $f_2$ |
| $g_2$ | $g_2$ | $g_3$ | $g_1$ | $f_2$ | $f_0$ | $f_1$ |
| $g_3$ | $g_3$ | $g_1$ | $g_2$ | $f_1$ | $f_2$ | $f_0$ |

따라서 보기 2.1.18에서와 같은 기호를 사용하여 함수 $\phi: \mathrm{Aut}(\mathbf{Z}_2 \oplus \mathbf{Z}_2) \longrightarrow S_3$를

$$\phi(f_0)=\sigma_0,\ \phi(f_1)=\sigma_1,\ \phi(f_2)=\sigma_2,\ \phi(g_1)=\tau_1,\ \phi(g_2)=\tau_2,\ \phi(g_3)=\tau_3$$

로 정의하면 분명히 $\phi$는 동형함수이다. 따라서 $\mathrm{Aut}(\mathbf{Z}_2 \oplus \mathbf{Z}_2) \cong S_3$이다.

13. $[G:\langle a\rangle]=2$이므로 정리 2.4.6에 의하여 $\langle a\rangle$는 $G$의 정규부분군이다. 따라서 $G/\langle a\rangle$를 생각할 수 있고, 또한 $|G/\langle a\rangle|=2$이므로 $G/\langle a\rangle \cong \mathbf{Z}_2$이다.

14. $i_A$를 항등치환이라 하고 $\sigma \in G$를 기치환이라 하자. $i_A$가 우치환이므로 $\sigma \neq i_A$이다. 따라서 $|G| \geq 2$이다. $|G|=2$이면 $\sigma^2=i_A$이든가 $\sigma^2=\sigma$인데, $\sigma^2=\sigma$라 하면 $\sigma=i_A$가 되어 모순이므로 $\sigma^2=i_A$이어야 한다. 따라서 $G=\langle\sigma\rangle$이다. $|G|>2$인 경우를 생각하자. $\sigma^2 \neq i_A$일 때 $\tau=\sigma^2$이라 놓으면 $\tau(\tau \in G)$는 우치환이고 $\tau \neq i_A$, $\tau \neq \sigma$이다. 또한 $\sigma^2=i_A$이면 $\rho \in G(\rho \neq i_A, \rho \neq \sigma)$인 $\rho$를 선택할 수 있다. 이 때,

$\rho$는 우치환이든가 기치환인데 $\rho$가 기치환이면 $\beta=\sigma\rho(\beta\in G)$는 우치환이고 $\beta\neq i_A$, $\beta\neq\sigma$이다($\beta=i_A$라 하면 $\sigma\rho=i_A$, 즉 $\rho=\sigma^{-1}=\sigma$가 되어 모순이다). 따라서 어느 경우이든지 $u\in G(u\neq i_A,\ u\neq\sigma)$인 우치환 $u$가 존재한다. 따라서 $G$에 속하는 모든 우치환들을 원소로 갖는 집합을 $X$라 하면 $X\neq\varnothing$이다. 우치환들의 곱은 다시 우치환이고, 또한 따름정리 2.1.14와 정리 2.6.12에 의하여 우치환의 역원은 다시 우치환이므로 정리 2.2.11에 의하여 $\langle X\rangle$의 원소들은 모두 우치환이다. 따라서 $\{i_A\}\subsetneq\langle X\rangle\subsetneq G$이다. 더욱이 연습문제 2.6의 5에 의하여 모든 $y\in G$와 모든 $x\in\langle X\rangle$에 대하여 $yxy^{-1}\in\langle X\rangle$이므로 $\langle X\rangle$는 $G$의 정규부분군이다. 그러므로 $G$는 단순군이 아니다.

15. $\tau=(k\ l)$이라 하자. 정리 2.6.8에 의하여 서로 소인 순회치환 $\sigma_1,\ \sigma_2,\ \cdots,\ \sigma_u$에 대하여

$$\sigma=\sigma_u\cdots\sigma_2\sigma_1$$

으로 유일하게(순서를 무시하면) 표시된다. $\sigma_i(i=1,\ 2,\ \cdots,\ u)$를 $l_i$-순회치환$(l_i\geq 2)$이라 하면 연습문제 2.6의 8에 의하여

$$5=[l_1,\ l_2,\ \cdots,\ l_u]$$

이므로 $l_i|5$이다. 즉, $l_i=5\ (i=1,\ 2,\ \cdots,\ u)$이다. 따라서 $u=1$이어야 한다. 그러므로 $\sigma$는 5-순회치환이다. 이제 $\sigma=(i_1\ i_2\ i_3\ i_4\ i_5)$라 하면

$$\{i_1,\ i_2,\ i_3,\ i_4,\ i_5\}=\{1,\ 2,\ 3,\ 4,\ 5\}$$

이므로 $\sigma$는

$$\sigma=(k\ a_1\ a_2\ a_3\ a_4)$$

의 꼴로 고쳐서 표시할 수 있다(정의 2.6.1 다음의 설명 참조). $l=a_t(1\leq t\leq 4)$이면 $\sigma^t\in H$이고 $\sigma^t(k)=a_t=l$이다. 또한, $(t,\ 5)=1$이므로 정리 2.3.10 (3)에 의하여 $\mathrm{ord}(\sigma^t)=5$이다. 따라서

$$\sigma^t=(k\ l\ b_1\ b_2\ b_3)$$

로 표시할 수 있다. 이제 편리를 위하여 1, 2, 3, 4, 5의 순서를 바꾸어서 $k=1$, $l=2$, $b_1=3$, $b_2=4$, $b_3=5$라 하면

$$\tau=(1\ 2),\quad \rho=\sigma^t=(1\ 2\ 3\ 4\ 5)$$

로 된다. 따라서 $\tau, \rho\in H$이므로 정리 2.6.12에 의하여

$$\begin{aligned}H&\ni(1\ 2\ 3\ 4\ 5)(1\ 2)(1\ 2\ 3\ 4\ 5)^{-1}\\&=(1\ 2\ 3\ 4\ 5)(1\ 2)(5\ 4\ 3\ 2\ 1)=(2\ 3),\\H&\ni(1\ 2\ 3\ 4\ 5)(2\ 3)(1\ 2\ 3\ 4\ 5)^{-1}\\&=(1\ 2\ 3\ 4\ 5)(2\ 3)(5\ 4\ 3\ 2\ 1)=(3\ 4),\\H&\ni(1\ 2\ 3\ 4\ 5)(3\ 4)(1\ 2\ 3\ 4\ 5)^{-1}\\&=(1\ 2\ 3\ 4\ 5)(3\ 4)(5\ 4\ 3\ 2\ 1)=(4\ 5)\end{aligned}$$

이다. 따라서

$$\begin{aligned}&H\ni(1\ 2)(2\ 3)(1\ 2)=(1\ 3),\\&H\ni(1\ 3)(3\ 4)(1\ 3)=(1\ 4),\\&H\ni(1\ 4)(4\ 5)(1\ 4)=(1\ 5)\end{aligned}$$

이다. 따라서 모든 호환 $(i\ j)\in S_5$에 대하여

$$(i\ j)=(1\ i)(1\ j)(1\ i)\in H$$

이다. 그러므로 정리 2.6.10에 의하여 $S_5\subset H$이다. 즉, $H=S_5$이다.

## 연습문제 2.7

1. $e$를 $G$의 단위원, $e'$을 $H$의 단위원이라 할 때, 임의의 $x\in S$에 대하여

$$e*x=f(e)\cdot x=e'\cdot x=x$$

이고, 또한 임의의 $a, b\in G$, $x\in S$에 대하여

$$\begin{aligned}(ab)*x&=f(ab)\cdot x=(f(a)f(b))\cdot x=f(a)\cdot(f(b)\cdot x)\\&=a*(f(b)\cdot x)=a*(b*x)\end{aligned}$$

이므로 $G$는 $*$에 의하여 $S$위에 작용한다.

2. 적당한 $x\in G$에 대하여 $C=\{axa^{-1}\,|\,a\in G\}$로 표시된다. 또한 $\sigma$가 전단사함수이므로 각 $b\in G$에 대하여 $b=\sigma(a)$를 만족하는 $a\in G$가 유일하게 존재한다. 따라서

$$\sigma(C)=\{\sigma(axa^{-1})\mid a\in G\}=\{\sigma(a)\sigma(x)(\sigma(a))^{-1}\mid a\in G\}=\{b\sigma(x)b^{-1}\mid b\in G\}$$

이다. 즉 $\sigma(C)$도 $\sigma(x)$의 공액류이다.

3. $G=GL_2(\mathbf{C})$라 하면

$$C_G(A)=\left\{\begin{bmatrix} a & 0 \\ b & a \end{bmatrix}\in G \,\middle|\, a,\ b\in\mathbf{C}(a\neq 0)\right\}$$

이다.

4. $h\in H$라 할 때 $h$의 공액류는 $\bar{h}=\{aha^{-1}\mid a\in G\}$이다. $H$를 $G$의 정규부분군이라 하자. 그러면 모든 $h\in H$에 대하여 $\bar{h}=\{aha^{-1}\mid a\in G\}\subset H$이므로 $\bigcup_{h\in H}\bar{h}\subset H$이다. 또한 $h\in\bar{h}$이므로 $H\subset\bigcup_{h\in H}\bar{h}$이다. 즉 $H=\bigcup_{h\in H}\bar{h}$이다. 역으로 $H=\bigcup_{h\in H}\bar{h}$라 하면 모든 $a\in G$와 모든 $h\in H$에 대하여 $aha^{-1}\in\bar{h}\subset\bigcup_{h\in H}\bar{h}=H$이므로 $H$는 $G$의 정규부분군이다.

5. $x\in N_G(aHa^{-1}) \iff x(aHa^{-1})x^{-1}=aHa^{-1} \iff (a^{-1}xa)H(a^{-1}xa)^{-1}=H$

$\iff a^{-1}xa\in N_G(H) \iff$ 적당한 $y\in N_G(H)$에 대하여 $a^{-1}xa=y$

$\iff$ 적당한 $y\in N_G(H)$에 대하여 $x=aya^{-1} \iff x\in aN_G(H)a^{-1}$

이므로 $N_G(aHa^{-1})=aN_G(H)a^{-1}$이다.

6. $B$를 $G$에서의 $H$의 좌측잉여류 모두를 원소로 갖는 집합이라 하자. 임의의 $a\in G$와 임의의 $xH\in B$에 대하여 $a\cdot xH=(ax)H$로 정의하면 $G$는 $\cdot$에 의하여 $B$위에 작용한다(보기 2.7.6을 참조). 따라서 함수 $f: G\longrightarrow S_B$($S_B$는 $B$위의 치환군)를 임의의 $a\in G$와 임의의 $xH\in B$에 대하여 $f(a)(xH)=a\cdot xH$로 정의하면 정리 2.7.8의 (1)$\Longrightarrow$(2)의 증명과정에 의하여 $f$는 준동형이다.

$a\in\operatorname{Ker} f \iff f(a)=i_B$

$\iff$ 모든 $x\in G$에 대하여 $xH=i_B(xH)=f(a)(xH)=a\cdot xH=(ax)H$

$\iff$ 모든 $x\in G$에 대하여 $x^{-1}ax\in H$(정리 2.4.1 (1) (ii)에 의하여)

$\iff$ 모든 $x\in G$에 대하여 $x^{-1}ax=h(h\in H)$

$\iff$ 모든 $x\in G$에 대하여 $a=xhx^{-1}(h\in H)$

$\iff$ 모든 $x\in G$에 대하여 $a\in xHx^{-1}$

$\iff a\in\bigcap_{x\in G}xHx^{-1}$

이므로 $\mathrm{Ker} f = \bigcap_{x \in G} xHx^{-1}$이다. 한편 $[G : H] = n$이므로

$$B = \{x_1H,\ x_2H,\ \cdots,\ x_nH \mid x_i \in G (i=1,\ 2,\ \cdots,\ n)\text{이고 } i \neq j\text{이면 } x_iH \neq x_jH\}$$

로 표시된다. $A = \{1,\ 2,\ \cdots,\ n\}$이라 하자. $\sigma \in S_B$라 하고 $\sigma(x_iH) = x_jH(i,\ j=1,\ 2,\ \cdots,\ n)$이라 할 때, 함수 $\tau : A \longrightarrow A$를 $\tau(i) = j$로 정의하면 $\tau \in S_n$이다. 이 때 $g(\sigma) = \tau$로 정의하면 $g : S_B \longrightarrow S_n$은 전단사함수이고, 또한 $g$는 준동형이므로 $g$는 동형함수이다. 이제 $\phi = gf$라 하면 $\phi : G \longrightarrow S_n$은 준동형이고 $\mathrm{Ker}\,\phi = \bigcap_{x \in G} xHx^{-1}$이다.

7. $i_A$를 항등치환이라 할 때, $S_3$안의 공액류는

$$\{i_A\},\ \{(1\ 2),\ (1\ 3),\ (2\ 3)\},\ \{(1\ 2\ 3),\ (1\ 3\ 2)\}$$

이고 $A_3$안의 공액류는

$$\{i_A\},\ \{(1\ 2\ 3)\},\ \{(1\ 3\ 2)\}$$

이다. 또한 $S_4$안의 공액류는

$\{i_A\},\ \{(1\ 2),\ (1\ 3),\ (1\ 4),\ (2\ 3),\ (2\ 4),\ (3\ 4)\},$
$\{(1\ 2)(3\ 4),\ (1\ 3)(2\ 4),\ (1\ 4)(2\ 3)\},$
$\{(1\ 2\ 3),\ (1\ 2\ 4),\ (1\ 3\ 2),\ (1\ 3\ 4),\ (1\ 4\ 2),\ (1\ 4\ 3),\ (2\ 3\ 4),\ (2\ 4\ 3)\},$
$\{(1\ 2\ 3\ 4),\ (1\ 2\ 4\ 3),\ (1\ 3\ 2\ 4),\ (1\ 3\ 4\ 2),\ (1\ 4\ 2\ 3),\ (1\ 4\ 3\ 2)\}$

이고 $A_4$안의 공액류는

$\{i_A\},\ \{(1\ 2)(3\ 4),\ (1\ 3)(2\ 4),\ (1\ 4)(2\ 3)\},$
$\{(1\ 2\ 3),\ (1\ 3\ 4),\ (1\ 4\ 2),\ (2\ 4\ 3)\},$
$\{(1\ 3\ 2),\ (1\ 4\ 3),\ (1\ 2\ 4),\ (2\ 3\ 4)\}$

이다(보기 2.6.20을 참조).

8. $2 \mid (p-1)$이므로 정리 2.7.25 (2)에 의하여
   (1) $G \cong \mathbf{Z}_{2p}$이든가
   (2) $\mathrm{ord}(a) = p,\ \mathrm{ord}(b) = 2,\ bab^{-1} = a^r,\ r^2 \equiv 1 (\mathrm{mod}\ p)(1 < r < p)$

를 만족하는 $G$의 원소 $a$, $b$에 대하여 $G = \langle a,\ b \rangle$이다. (1)의 경우는 $G$는 위수가 $2p$인 순회군이므로 정리 2.3.14에 의하여 위수가 $p$인 $G$의 부분군 $H$가 존재한다.

따라서 $[G:H]=2$이므로 정리 2.4.6에 의하여 $H$는 $G$의 정규부분군이다. (2)의 경우는 $[G:\langle a\rangle]=2$이므로 $\langle a\rangle$는 $G$의 정규부분군이다.

9. (1) $G$가 유한군이므로 $f(G)$는 $G'$의 유한부분군이다. $b\in f(G)$라 하면 적당한 $a\in G$에 대하여 $b=f(a)$로 표시된다. $G$가 $p$-군이므로 적당한 정수 $r\,(r\geq 0)$에 대하여 $\mathrm{ord}(a)=p^r$이다. 정리 2.2.25 (3)에 의하여

$$e'=f(e)=f(a^{p^r})=(f(a))^{p^r}=b^{p^r}$$

이므로 정리 2.3.10 (1)에 의하여 $\mathrm{ord}(b)\,|\,p^r$이다. 따라서 적당한 정수 $k\,(0\leq k\leq r)$에 대하여 $\mathrm{ord}(b)=p^k$이다. 즉 $f(G)$는 $p$-군이다.

(2) $G$가 유한 $p$-군이므로 정리 2.7.11에 의하여 적당한 정수 $n(n\geq 1)$에 대하여 $|G|=p^n$이다. 따라서 정리 2.7.22 (1)에 의하여 $p\,|\,|C(G)|$이다. 따라서 정리 2.7.9에 의하여 $C(G)$는 위수가 $p$인 원소 $a$를 가지므로 $C(G)$는 위수가 $p$인 부분군 $H=\langle a\rangle$를 갖는다. 그러므로 $H\subset C(G)\subset G$이고 $H$는 $G$의 정규부분군이다.

10. 정리 2.3.14에 의하여 Sylow 2-부분군은 $\langle\bar{3}\rangle$이고 Sylow 3-부분군은 $\langle\bar{8}\rangle$이다.

11. $G$를 $|G|=35$인 군이라 하면 $35=5\times 7$, $5\nmid(7-1)$이므로 정리 2.7.25 (1)에 의하여 $G\cong\mathbf{Z}_{35}$이다. 따라서 $G$는 순회군이다.

12. $|G|=7\times 6$, $(7,\ 6)=1$이므로 $G$의 Sylow 7-부분군의 개수를 $n_7$이라 하면 제3 Sylow의 정리에 의하여 $n_7\,|\,42$, $n_7=7k+1(k\geq 0)$이어야 한다. 따라서 $k=0$, 즉 $n_7=1$이다. 따라서 정리 2.7.17에 의하여 $G$의 Sylow 7-부분군은 $G$의 정규부분군이다.

13. $|G|=200=5^2\times 8$, $(5,\ 8)=1$이므로 $G$의 Sylow 5-부분군의 개수를 $n_5$라 하면 제3 Sylow의 정리에 의하여 $n_5\,|\,200$, $n_5=5k+1(k\geq 0)$이어야 한다. 따라서 $k=0$, 즉 $n_5=1$이므로 정리 2.7.17과 정리 2.7.15 (1)에 의하여 $G$의 Sylow 5-부분군은 위수가 25인 $G$의 정규부분군이다.

14. $G$를 군이라 하자.

(1) $|G|=20$인 경우 : $G$의 Sylow 5-부분군은 자명한 정규부분군이 아닌 $G$의 정규부분군이다.

(2) $|G|=30$인 경우 : $G$의 Sylow 5-부분군의 개수를 $n_5$라 하면 $n_5=1$ 또는 $n_5=6$이다. $n_5=1$이면 $G$의 Sylow 5-부분군은 자명한 정규부분군이 아닌 $G$의 정규부분군이다. 다음, $n_5=6$인 경우는 6개의 $G$의 Sylow 5-부분군을 $H_1$,

$H_2, \cdots, H_6$라 하면 $|H_i|=5(i=1, 2, \cdots, 6)$이다. 이 때 $e \neq a \in H_i \cap H_j (i \neq j)$라 하면 $a \in H_i$, $a \in H_j$이고 $\text{ord}(a)=5$이므로 $H_i=\langle a \rangle = H_j$가 되어 모순이다. 따라서 $H_i \cap H_j = \{e\}(i \neq j)$이다. 또한, 각 $H_i$는 위수가 5인 원소를 4개씩 포함하므로 $A=\bigcup_{i=1}^{6} H_i - \{e\}$라 하면 $A$는 위수가 5인 $G$의 원소를 24개 포함한다. 이제 $G$의 Sylow 3-부분군의 개수를 $n_3$라 하면 $n_3=1$ 또는 $n_3=10$이다. $n_3=10$인 경우가 일어난다고 하면 10개의 $G$의 Sylow 3-부분군을 $K_1, K_2, \cdots, K_{10}$이라 하고 $B=\bigcup_{i=1}^{10} K_i - \{e\}$라 할 때, 위와 같은 방법으로 생각하여 $B$는 위수가 3인 $G$의 원소를 20개 포함함을 증명할 수 있다. 따라서 $A \cap B = \varnothing$이므로 $|A \cup B| = |A| + |B| = 24 + 20 = 44 > |G|$가 되어 모순이다. 따라서 $n_3=1$인 경우만 일어나야 하고 $G$의 Sylow 3-부분군은 자명한 정규부분군이 아닌 $G$의 정규부분군이다.

(3) $|G|=40$인 경우 : $G$의 Sylow 5-부분군은 자명한 정규부분군이 아닌 $G$의 정규부분군이다.

(4) $|G|=48$인 경우 : $G$의 Sylow 2-부분군의 개수를 $n_2$라 하면 $n_2=1$ 또는 $n_2=3$이다. $n_2=1$인 경우는 $G$의 Sylow 2-부분군이 자명한 정규부분군이 아닌 $G$의 정규부분군이다. 다음, $n_2=3$인 경우는 세 개의 $G$의 Sylow 2-부분군 중 임의의 두 개를 $H$, $K$라 하면 $|H|=|K|=2^4$이다. 또한 $H \cap K$는 $H$의 부분군이고 $H \cap K \neq H$이므로 Lagrange의 정리에 의하여 $|H \cap K|=1$ 또는 2 또는 $2^2$ 또는 $2^3$이다. 이 때 $|H \cap K|=1$ 또는 2 또는 $2^2$이라 하면 정리 2.4.15에 의하여

$$|HK| = \frac{|H|\,|K|}{|H \cap K|} > |G|$$

이다. 그런데 $HK \subset G$이므로 이것은 모순이다. 따라서 $|H \cap K| = 2^3$이다. 더욱이 $H \cap K$는 $H$와 $K$의 부분군이고 $|H|=|K|=2^4$이므로 정리 2.7.22 (2)에 의하여 $H \cap K$는 $H$와 $K$의 정규부분군이다. 따라서 모든 $h \in H$와 모든 $k \in K$에 대하여

$$h(H \cap K)h^{-1} = H \cap K, \quad k(H \cap K)k^{-1} = H \cap K$$

이므로

$$H \subset N_G(H \cap K), \quad K \subset N_G(H \cap K)$$

이다. 따라서 $HK \subset N_G(H \cap K)$이므로

$$|N_G(H \cap K)| \geq |HK| = \frac{|H||K|}{|H \cap K|} = \frac{16 \cdot 16}{8} = 32$$

이다. 그런데 $N_G(H \cap K)$는 $G$의 부분군이므로 $|N_G(H \cap K)| \mid |G|$이어야 한다. 그러므로 $|N_G(H \cap K)| = 48$, 즉 $G = N_G(H \cap K)$이다. 따라서 보기 2.7.4에 의하여 $H \cap K$는 자명한 정규부분군이 아닌 $G$의 정규부분군이다.

15. $a \in N_G(H)$라 하면 $P \subset N_G(P) \subset H$이므로 $aPa^{-1} \subset aHa^{-1} = H$이다. 따라서 정리 2.7.15 (2)에 의하여 $aPa^{-1}$는 $G$의 Sylow $p$-부분군이므로 $P$와 $aPa^{-1}$는 $H$의 Sylow $p$-부분군이다. 따라서 제2 Sylow의 정리에 의하여 적당한 $h \in H$에 대하여 $P = h(aPa^{-1})h^{-1} = (ha)P(ha)^{-1}$이다. 즉 $ha \in N_G(P) \subset H$이다. 그러므로 $a = ea = h^{-1}(ha) \in H$이다. 즉 $N_G(H) \subset H$이다. 따라서 $N_G(H) = H$이다. 더욱이 $H = N_G(P)$로 생각하면 $N_G(N_G(P)) = N_G(P)$이다.

16. $a \in G$라 하자. $H$가 $G$의 정규부분군이고 $P \subset H$이므로 $aPa^{-1} \subset aHa^{-1} = H$이다. 따라서 $P$가 $H$의 Sylow $p$-부분군이므로 정리 2.7.15 (2)에 의하여 $aPa^{-1}$는 $H$의 Sylow $p$-부분군이다. 따라서 제2 Sylow의 정리에 의하여 적당한 $b \in H$에 대하여 $aPa^{-1} = bPb^{-1}$이다. 따라서

$$\begin{aligned}(b^{-1}a)P(b^{-1}a)^{-1} &= (b^{-1}a)P(a^{-1}b) = b^{-1}(aPa^{-1})b \\ &= b^{-1}(bPb^{-1})b = (b^{-1}b)P(b^{-1}b) = P\end{aligned}$$

이므로 $b^{-1}a \in N_G(P)$이다. 따라서 $a = b(b^{-1}a)$이므로 $a \in HN_G(P)$, 즉 $G \subset HN_G(P)$이다. 그러므로 $G = HN_G(P)$이다.

17. (1) 분명히 $N \cap P$는 $N$의 $p$-부분군이다. $K$를 $N \cap P \subset K$인 $N$의 $p$-부분군이라 하면 $K$는 $G$의 $p$-부분군이다. $Q$를 $K \subset Q$인 $G$의 Sylow $p$-부분군이라 하면 제2 Sylow의 정리에 의하여 $P = xQx^{-1}$를 만족하는 $x \in G$가 존재한다. 따라서

$$\begin{aligned}xKx^{-1} &\subset x(N \cap Q)x^{-1} \quad (K \subset N,\ K \subset Q\text{이므로}) \\ &\subset (xNx^{-1}) \cap (xQx^{-1}) \\ &\subset N \cap P \quad (N\text{이 } G\text{의 정규부분군이므로}) \\ &\subset K\end{aligned}$$

이다. 즉 $xKx^{-1} \subset N \cap P \subset K$이다. 따라서 보기 2.2.32에 의하여 $xKx^{-1} = K$이므

로 $N\cap P=K$이다. 따라서 $N\cap P$는 $N$의 Sylow $p$-부분군이다.

(2) 제2동형정리에 의하여

$$P/(N\cap P)\cong NP/N$$

이다. $|G|=p^n m(n\geq 0,\ (p,\ m)=1)$이라 하면 정리 2.7.15 (1)에 의하여 $|P|=p^n$이고, 또한 Lagrange의 정리에 의하여 $|N|=p^k r(0\leq k\leq n,\ m=rs,\ (p,\ r)=1,\ (p,\ s)=1)$이다. 따라서 (1)에 의하여 $N\cap P$는 $N$의 Sylow $p$-부분군이므로 정리 2.7.15 (1)에 의하여 $|N\cap P|=p^k$이다. 따라서

$$|NP/N|=|P/(N\cap P)|=[P:(N\cap P)]=\frac{|P|}{|N\cap P|}=p^{n-k}$$

이다. 또한

$$|G/N|=[G:N]=\frac{|G|}{|N|}=p^{n-k}s$$

이므로 정리 2.7.15 (1)에 의하여 $NP/N$은 $G/N$의 Sylow $p$-부분군이다.

18. $|G|=n$이라 하면 정리 1.3.15에 의하여 $p_1>p_2>\cdots>p_k$인 소수 $p_1,\ p_2,\ \cdots,\ p_k$에 대하여 $n=p_1^{n_1}p_2^{n_2}\cdots p_k^{n_k}$으로 표시된다. $P_i(i=1,\ 2,\ \cdots,\ k)$를 $G$의 Sylow $p_i$-부분군이라 하면 $|P_i|=p_i^{n_i}$이고 가정에 의하여 $P_i$는 $G$의 정규부분군이다.

$$x\in P_i\cap(P_1P_2\cdots P_{i-1}P_{i+1}\cdots P_k)$$

라 하면 적당한 $a_i\in P_i(i=1,\ 2,\ \cdots,\ k)$에 대하여

$$x=a_i=a_1a_2\cdots a_{i-1}a_{i+1}\cdots a_k$$

로 표시된다. 또한 $(p_i,\ p_j)=1(i\neq j)$이므로 $a\in P_i\cap P_j$이면 $\mathrm{ord}(a)=p_i^s=p_j^r(0\leq s\leq n_i,\ 0\leq r\leq n_j)$이고, 또한 $(p_i^s,\ p_j^r)=1$이므로 $s=r=0$이다. 따라서 $\mathrm{ord}(a)=1$, 즉 $a=e$이다. 따라서 $P_i\cap P_j=\{e\}$이다. 따라서 정리 2.2.20 (2)와 정리 2.3.15에 의하여 $0\leq m_i\leq n_i(i=1,\ 2,\ \cdots,\ k)$인 $m_i$에 대하여

$$\begin{aligned}p_i^{m_i}&=\mathrm{ord}(a_i)=\mathrm{ord}(a_1a_2\cdots a_{i-1}a_{i+1}\cdots a_k)\\&=\mathrm{ord}(a_1)\,\mathrm{ord}(a_2)\cdots\mathrm{ord}(a_{i-1})\,\mathrm{ord}(a_{i+1})\cdots\mathrm{ord}(a_k)\\&=p_1^{m_1}p_2^{m_2}\cdots p_{i-1}^{m_{i-1}}p_{i+1}^{m_{i+1}}\cdots p_k^{m_k}\end{aligned}$$

이다. 그런데 $(p_i^{m_i},\ p_1^{m_1}p_2^{m_2}\cdots p_{i-1}^{m_{i-1}}p_{i+1}^{m_{i+1}}\cdots p_k^{m_k})=1$이므로 $m_i=0(i=1,\ 2,\ \cdots,\ k)$이어야 한다. 따라서 $\operatorname{ord}(x)=\operatorname{ord}(a_i)=p_i^0=1$이므로 $x=e$, 즉

$$P_i\cap(P_1P_2\cdots P_{i-1}P_{i+1}\cdots P_k)=\{e\}$$

이다. 정리 2.4.15에 의하여

$$|P_1P_2\cdots P_k|=|P_1||P_2|\cdots|P_k|=p_1^{n_1}p_2^{n_2}\cdots p_k^{n_k}=n$$

이므로 정리 2.2.20 (4)에 의하여 $G=P_1P_2\cdots P_k$이다. 그러므로 $G=P_1\times P_2\times\cdots\times P_k$이다.

## 연습문제 2.8

1. $\{(1,\ 1,\ 1),\ (1,\ 1,\ 2),\ (1,\ 2,\ 1)\}$은 $\mathbf{Z}\oplus\mathbf{Z}\oplus\mathbf{Z}$의 하나의 기저이다(또 다른 기저도 있다).

2. $X=\{(a,\ b),\ (c,\ d)\}$를 $\mathbf{Z}\oplus\mathbf{Z}$의 기저라 하자. 그러면 $x_1,\ x_2\in\mathbf{Z}$에 대하여

$$x_1(a,\ b)+x_2(c,\ d)=0=(0,\ 0),\ 즉\ ax_1+cx_2=0,\ bx_1+dx_2=0$$

이라 하면 $x_1=x_2=0$이어야 하므로 $l=\begin{vmatrix} a & c \\ b & d \end{vmatrix}=ad-bc\neq0$이다. 또한, 임의의 $(m,\ n)\in\mathbf{Z}\oplus\mathbf{Z}$에 대하여 $(m,\ n)=x_1(a,\ b)+x_2(c,\ d)$, 즉 $ax_1+cx_2=m$, $bx_1+dx_2=n$을 만족하는 $x_1,\ x_2\in\mathbf{Z}$가 존재한다. 이 때

$$x_1=\frac{md-nc}{l},\quad x_2=\frac{na-mb}{l}$$

이다. 특히 $m=1,\ n=0$인 경우는 $x_1=\frac{d}{l},\ x_2=-\frac{b}{l}$이고, $m=0,\ n=1$인 경우는 $x_1=-\frac{c}{l},\ x_2=\frac{a}{l}$이다. 따라서 $d=d'l,\ c=c'l,\ b=b'l,\ a=a'l(a',\ b',\ c',\ d'\in\mathbf{Z})$로 쓸 수 있다. 따라서 $l=ad-bc=(a'd'-b'c')l^2$이므로 $1=(a'd'-b'c')l$이다. 즉, $l$은 1의 약수이므로 $l=\pm1$이다. 따라서 $ad-bc=\pm1$이다. 역으로 $ad-bc=\pm1$이면 Cramer의 공식에 의하여 분명히 $X$는 $\mathbf{Z}\oplus\mathbf{Z}$의 기저가 된다.

3. $X$를 자유덧셈아벨군 $F$의 기저라 하자. $a\in F(a\neq0)$이라 하고 $\operatorname{ord}(a)=n(n>0)$이

라 하면 서로 다른 $x_1, x_2, \cdots, x_r(x_i \in X\,(i=1, 2, \cdots, r))$과 $k_i \in \mathbf{Z}(i=1, 2, \cdots, r)$에 대하여

$$a = k_1x_1 + k_2x_2 + \cdots + k_rx_r$$

로 표시되므로

$$0 = na = n(k_1x_1 + k_2x_2 + \cdots + k_rx_r) = nk_1x_1 + nk_2x_2 + \cdots + nk_rx_r$$

이다. 따라서 $nk_1 = nk_2 = \cdots = nk_r = 0$이다. 그런데 $n>0$이므로 $k_1 = k_2 = \cdots = k_r = 0$이다. 즉 $a=0$이다. 이것은 모순이다. 따라서 0이 아닌 $F$의 원소의 위수는 유한일 수 없다.

4. $X$, $Y$를 각각 $F$, $F'$의 기저라 하고 $W = \{(x, 0) \mid x \in X, 0 \in F'\} \cup \{(0, y) \mid 0 \in F, y \in Y\}$ 라 하면 분명히 $W \subset F \oplus F'$이다. $(a, a') \in F \oplus F'$이라 하면 $a \in F$, $a' \in F'$이므로 적당한 $x_i \in X(i=1, 2, \cdots, r)$, $y_j \in Y(j=1, 2, \cdots, s)$와 $k_i, l_j \in \mathbf{Z}(i=1, 2, \cdots, r;\ j=1, 2, \cdots, s)$에 대하여

$$a = k_1x_1 + k_2x_2 + \cdots + k_rx_r, \quad a' = l_1y_1 + l_2y_2 + \cdots + l_sy_s$$

로 표시된다. 따라서

$$\begin{aligned}(a, a') &= (k_1x_1 + k_2x_2 + \cdots + k_rx_r,\ l_1y_1 + l_2y_2 + \cdots + l_sy_s) \\ &= k_1(x_1, 0) + k_2(x_2, 0) + \cdots + k_r(x_r, 0) \\ &\quad + l_1(0, y_1) + l_2(0, y_2) + \cdots + l_s(0, y_s)\end{aligned}$$

이므로 $F \oplus F' = \langle W \rangle$이다. 다음, 서로 다른

$$(x_1, 0), (x_2, 0), \cdots, (x_r, 0), (0, y_1), (0, y_2), \cdots, (0, y_s) \in W\text{와}$$
$$k_i, l_j \in \mathbf{Z}(i=1, 2, \cdots, r;\ j=1, 2, \cdots, s)$$

에 대하여

$$\begin{aligned}&k_1(x_1, 0) + k_2(x_2, 0) + \cdots + k_r(x_r, 0) + l_1(0, y_1) + l_2(0, y_2) + \cdots + l_s(0, y_s) \\ &= 0 = (0, 0)\end{aligned}$$

라 하면

$$k_1x_1 + k_2x_2 + \cdots + k_rx_r = 0, \quad l_1y_1 + l_2y_2 + \cdots + l_sy_s = 0$$

이므로 $k_1 = k_2 = \cdots = k_r = l_1 = l_2 = \cdots = l_s = 0$이다. 따라서 $W$는 $F \oplus F'$의 기저이다.

5. $\mathbf{Q}$를 자유덧셈아벨군이라 하고 $X$를 $\mathbf{Q}$의 기저라 하면 $\mathbf{Q}$는 순회군이 아니므로 (연습문제 2.3의 1 (4)의 풀이과정을 참조) $|X|>1$이다. 따라서 서로 다른

$$\frac{b}{a},\ \frac{d}{c}\in X(a,\ b,\ c,\ d\in\mathbf{Z},\ a\neq 0,\ b\neq 0,\ c\neq 0,\ d\neq 0)$$

를 선택할 수 있다. 따라서 $0\neq ad\in\mathbf{Z}$, $0\neq bc\in\mathbf{Z}$에 대하여 $ad\frac{b}{a}-bc\frac{d}{c}=0$이므로 $X$는 $\mathbf{Q}$의 기저가 아니다. 이것은 모순이다. 따라서 $\mathbf{Q}$는 자유덧셈아벨군이 아니다.

## 연습문제 2.10

1. (1) 정리 2.10.5에 의하여 결과가 얻어진다.

(2) 분명히 $H'$은 $G$의 부분군이다. $x\in G$라 하고 $a$를 $H$에서의 교환자라 하자. 그러면 적당한 $y,\ z\in H$에 대하여 $a=yzy^{-1}z^{-1}$이고, 또한 $H$가 $G$의 정규부분군이므로 $xyx^{-1}$, $xzx^{-1}\in H$이다. 따라서

$$\begin{aligned} xax^{-1} &= x(yzy^{-1}z^{-1})x^{-1}=(xyx^{-1})(xzx^{-1})(xy^{-1}x^{-1})(xz^{-1}x^{-1}) \\ &= (xyx^{-1})(xzx^{-1})(xyx^{-1})^{-1}(xzx^{-1})^{-1}\in H' \end{aligned}$$

이다. 또한, $a^{-1}=zyz^{-1}y^{-1}$이므로 위에 의하여 $xa^{-1}x^{-1}\in H'$이다. 따라서 $n$을 양의 정수라 할 때,

$$xa^nx^{-1}=\underbrace{(xax^{-1})(xax^{-1})\cdots(xax^{-1})}_{n\text{번}}\in H'$$

$$xa^{-n}x^{-1}=\underbrace{(xa^{-1}x^{-1})(xa^{-1}x^{-1})\cdots(xa^{-1}x^{-1})}_{n\text{번}}\in H'$$

이다. 한편, $\alpha\in H'$이라 하면 정리 2.2.11에 의하여 $H$에서의 교환자 $a_1$, $a_2$, $\cdots$, $a_t$와 $n_i\in\mathbf{Z}(i=1,\ 2,\ \cdots,\ t)$에 대하여 $\alpha=a_1^{n_1}a_2^{n_2}\cdots a_t^{n_t}$으로 표시된다. 따라서 $x\in G$에 대하여

$$x\alpha x^{-1}=x(a_1^{n_1}a_2^{n_2}\cdots a_t^{n_t})x^{-1}=(xa_1^{n_1}x^{-1})(xa_2^{n_2}x^{-1})\cdots(xa_t^{n_t}x^{-1})\in H'$$

이므로 $H'$은 $G$의 정규부분군이다.

2. 모든 $n \in N$과 모든 $g \in G$에 대하여 $gng^{-1}n^{-1} \in G' \cap N = \{e\}$이므로 $gng^{-1}n^{-1} = e$, 즉 $gn = ng$이다. 따라서 $N \subset C(G)$이다.

3. $n$에 대하여 수학적 귀납법으로 증명한다. 분명히 $G^{(0)} = G$는 $G$의 정규부분군이다. 또한, 정리 2.10.2 (2)에 의하여 $G^{(1)} = G'$은 $G$의 정규부분군이다. $G^{(n-1)}$을 $G$의 정규부분군이라 가정하면 연습문제 2.10의 1 (2)에 의하여 $G^{(n)} = (G^{(n-1)})'$은 $G$의 정규부분군이다. 따라서 모든 음이 아닌 정수 $n$에 대하여 $G^{(n)}$은 $G$의 정규부분군이다.

4. (1) $X = \{xyx^{-1}y^{-1} \mid x, y \in H\}$, $Y = \{uvu^{-1}v^{-1} \mid u, v \in f(H)\}$라 하면 $x, y \in H$에 대하여 $f(xyx^{-1}y^{-1}) = f(x)f(y)(f(x))^{-1}(f(y))^{-1}$이므로 $f(X) \subset Y$이다. 역으로 $\beta \in Y$라 하면 $u, v \in f(H)$에 대하여 $\beta = uvu^{-1}v^{-1}$로 표시되고, 또한 $x, y \in H$에 대하여 $u = f(x)$, $v = f(y)$로 표시되므로

$$\beta = uvu^{-1}v^{-1} = f(x)f(y)(f(x))^{-1}(f(y))^{-1} = f(xyx^{-1}y^{-1}) \in f(X)$$

이다. 즉 $Y \subset f(X)$이다. 따라서 $Y = f(X)$이다. 이제 $\alpha \in f(H')$이라 하면 $\alpha = f(a)$를 만족하는 $a \in H' = \langle X \rangle$가 존재한다. 따라서 정리 2.2.11에 의하여 $a = a_1^{n_1} a_2^{n_2} \cdots a_t^{n_t}$ ($a_i \in X$, $n_i \in \mathbf{Z}(i = 1, 2, \cdots, t)$)로 표시되고, 또한 $f(a_i) \in f(X) = Y$이므로

$$\begin{aligned}\alpha = f(a) = f(a_1^{n_1}a_2^{n_2}\cdots a_t^{n_t}) &= (f(a_1))^{n_1}(f(a_2))^{n_2}\cdots(f(a_t))^{n_t} \\ &\in \langle Y \rangle = (f(H))'\end{aligned}$$

이다. 즉 $f(H') \subset (f(H))'$이다. 역으로 $\beta \in (f(H))'$이라 하면 $(f(H))' = \langle Y \rangle$이므로 $\beta = b_1^{n_1} b_2^{n_2} \cdots b_t^{n_t}$ ($b_i \in Y$, $n_i \in \mathbf{Z}(i = 1, 2, \cdots, t)$)로 표시된다. 또한 $Y = f(X)$이므로 $b_i = f(a_i)$를 만족하는 $a_i \in X$가 존재한다. 따라서 $a_1^{n_1} a_2^{n_2} \cdots a_t^{n_t} \in \langle X \rangle = H'$이므로

$$\beta = b_1^{n_1}b_2^{n_2}\cdots b_t^{n_t} = f(a_1)^{n_1}f(a_2)^{n_2}\cdots f(a_t)^{n_t} = f(a_1^{n_1}a_2^{n_2}\cdots a_t^{n_t}) \in f(H')$$

이다. 즉 $(f(H))' \subset f(H')$이다. 따라서 $f(H') = (f(H))'$이다.

(2) $N$이 $G$의 정규부분군이므로 정리 2.2.20 (4)에 의하여 $HN/N$과 $H'N/N$을 생각할 수 있다. 이제 $y \in HN/N$이라 하면 적당한 $a \in HN$에 대하여 $y = aN$으로 표시되고, 또한 적당한 $h \in H$, $n \in N$에 대하여 $a = hn$으로 표시되므로

$$y=aN=(hn)N=(hN)(nN)=(hN)N=hN\in\{hN|h\in H\}$$

이다. 즉 $HN/N\subset\{hN|h\in H\}$이다. 분명히 $\{hN|h\in H\}\subset HN/N$이므로 $HN/N=\{hN|h\in H\}$이다. 같은 방법으로 $H'N/N=\{h'N|h'\in H'\}$임을 증명할 수 있다. 따라서 표준전사준동형 $\pi: G\longrightarrow G/N$을 생각할 때 (1)에 의하여

$$(HN/N)'=(\{hN|h\in H\})'=(\pi(H))'=\pi(H')=\{h'N|h'\in H'\}=H'N/N$$

이다.

(3) $n$에 대하여 수학적 귀납법으로 증명한다. 분명히 $G=GN$이므로 $(G/N)^{(0)}=G/N=G^{(0)}N/N$이다. 또한, (2)에 의하여 $(G/N)'=(GN/N)'=G'N/N$이다. 이제 $0\leq k<n$인 모든 $k$에 대하여 $(G/N)^{(k)}=G^{(k)}N/N$이라 하면 (2)에 의하여

$$(G/N)^{(n)}=((G/N)^{(n-1)})'=(G^{(n-1)}N/N)'=(G^{(n-1)})'N/N=G^{(n)}N/N$$

이다.

5. 모든 $x, y\in G$에 대하여

$$\begin{aligned}f(xyx^{-1}y^{-1})&=f(x)f(y)(f(x))^{-1}(f(y))^{-1}=(f(x)(f(x))^{-1})(f(y)(f(y))^{-1})\\&=e\end{aligned}$$

이므로 $xyx^{-1}y^{-1}\in\mathrm{Ker}f$이다. 따라서 $G'\subset\mathrm{Ker}f$이다.

6. $G$를 $a$, $b$에 의하여 생성되는 위수 $2n$의 정이면체군이라 하자(정리 2.6.25를 참조). 분명히 $\langle a\rangle$는 $G$의 부분군이다. 또 $|G|=2n$, $|\langle a\rangle|=n$이므로 Lagrange의 정리에 의하여 $[G:\langle a\rangle]=2$이다. 따라서 정리 2.4.6에 의하여 $\langle a\rangle$는 $G$의 정규부분군이므로 $G/\langle a\rangle$를 생각할 수 있다. 또한 $\langle e\rangle$는 $\langle a\rangle$의 정규부분군이고 $G\supset\langle a\rangle\supset\langle e\rangle$이다. 이 때, $|G/\langle a\rangle|=2$이므로 정리 2.4.13에 의하여 $G/\langle a\rangle$는 가환군이고, 분명히 $\langle a\rangle/\langle e\rangle$도 가환군이다. 따라서 $G$는 가해군이다.

7. 정리 2.5.8 (1)에 의하여 임의의 $(a, b)\in G\times H$에 대하여 $\pi((a, b))=a$로 정의되는 함수 $\pi: G\times H\longrightarrow G$는 전사준동형이다. 분명히 $\mathrm{Ker}\,\pi=\{(e, b)|b\in H\}=\overline{H}$이므로 제1 동형정리에 의하여 $(G\times H)/\overline{H}\cong G$, 즉 $G\cong(G\times H)/\overline{H}$이다. 또한 정리 2.5.8 (2)에 의하여 $H\cong\overline{H}$이다. 따라서 정리 2.10.9 (2)에 의하여 $\overline{H}$와 $(G\times H)/\overline{H}$는 가해군이다. 따라서 정리 2.10.9 (4)에 의하여 $G\times H$도 가해군이다.

8. $N$, $M$이 모두 $G$의 정규부분군이므로 정리 2.4.25에 의하여 $M/(N\cap M)\cong NM/N$이다. 또한, 정리 2.10.9 (3)에 의하여 $M/(N\cap M)$은 가해군이다. 따라서 정리 2.10.9

(2)에 의하여 $NM/N$은 가해군이다. 따라서 정리 2.10.9 (4)에 의하여 $NM$은 가해군이다.

9. $G$를 위수가 100인 군이라 하자. $|G|=100=5^2\cdot 4$, $(5, 4)=1$이므로 제3 Sylow의 정리에 의하여 $G$의 Sylow 5-부분군의 개수 $n_5$는 $n_5=5k+1(k\geq 0)$의 꼴이고 $n_5|100$이어야 한다. 따라서 $k=0$, 즉 $n_5=1$이다. 따라서 $H$를 $G$의 유일한 Sylow 5-부분군이라 하면 정리 2.7.17에 의하여 $H$는 $G$의 정규부분군이다. 분명히 $\langle e\rangle$는 $H$의 정규부분군이고 $G\supset H\supset\langle e\rangle$이다. 더욱이 $|H|=5^2$이므로 정리 2.7.23에 의하여 $H$는 가환군이다. 또한 $|G/H|=4$이므로 정리 2.4.13에 의하여 $G/H$는 가환군이다. 분명히 $H/\langle e\rangle$는 가환군이다. 그러므로 $G$는 가해군이다.

10. $G$를 유한 $p$-군이라 하면 정리 2.7.11에 의하여 $|G|=p^n(n\geq 0)$이다. $n$에 대하여 수학적 귀납법으로 증명한다. $n=0$, 1이면 $G$는 가환군이므로 $G$는 가해군이다. 위수가 $p^m(0\leq m<n)$인 모든 군이 가해군이라 가정하자. 정리 2.7.22 (1)에 의하여 $|C(G)|=p^k(1\leq k\leq n)$이므로 $|G/C(G)|=p^{n-k}(n-k<n)$이고, 따라서 귀납법가정에 의하여 $G/C(G)$는 가해군이다. 또한 $C(G)$가 가환군이므로 $C(G)$는 가해군이다. 따라서 정리 2.10.9 (4)에 의하여 $G$는 가해군이다.

11. (1) $p=q$인 경우는 $|G|=p^2$이므로 정리 2.7.23에 의하여 $G$는 가환군이다. 따라서 $G$는 가해군이다.

(2) $p<q$인 경우는 $|G|=pq$, $(p, q)=1$이므로 제3 Sylow의 정리에 의하여 $G$의 Sylow $q$-부분군의 개수 $n_q$는 $n_q=qk+1(k\geq 0)$의 꼴이고 $n_q|pq$, 즉 $n_q$는 1, $p$, $q$, $pq$ 중의 어느 하나이어야 한다. 그러나 $n_q=p$, $q$, $pq$인 경우는 모순이므로 $n_q=1$이어야 한다. 따라서 $H$를 $G$의 유일한 Sylow $q$-부분군이라 하면 정리 2.7.17에 의하여 $H$는 $G$의 정규부분군이다. $|H|=q$이므로 $H$는 가환군이고, 또한 $|G/H|=p$이다. 따라서 $G/H$는 가환군이다. 더욱이 $G\supset H\supset\langle e\rangle$이므로 $G$는 가해군이다.

## 연습문제 3.1

1. (2) 단위원이 $(1, 0)$이고 $(a, b)((a, b)\neq(0, 0))$의 곱셈역원이 $\left(\frac{a}{a^2+b^2}, -\frac{b}{a^2+b^2}\right)$인 체이다.

(5) $(1, 0)$을 단위원으로 갖는 가환환이다.

2. 영원이 $-1$이고, $a$의 (덧셈)역원이 $-a-2$이고, 단위원이 0이고 $a(a\neq -1)$에 대하여 $a^{-1}=-\dfrac{a}{a+1}$인 체이다.

3. 영원이 $0=0+0\sqrt{p}$이고, $a+b\sqrt{p}$의 (덧셈)역원이 $-a-b\sqrt{p}$이고, 단위원이 $1=1+0\sqrt{p}$인 정역이다.

4. $a+b\sqrt{p}\neq 0(a,\ b\in\mathbf{Q})$라 하면 $a\neq 0$이든가 $b\neq 0$이다. 이 때 $b^2p=a^2$이라 하면 $a\neq 0 \Longleftrightarrow b\neq 0$이므로 $\sqrt{p}=\left|\dfrac{a}{b}\right|\in\mathbf{Q}$가 되어 모순이다. 따라서 $a^2\neq b^2p$, 즉 $a^2-b^2p\neq 0$이다. $a+b\sqrt{p}$의 곱셈역원은 $\dfrac{a}{a^2-b^2p}+\dfrac{-b}{a^2-b^2p}\sqrt{p}$이다.

5. $\alpha=a_0+a_1i+a_2j+a_3k\in H$에 대하여 $\beta=a_0^2+a_1^2+a_2^2+a_3^2$이라 할 때, $H$는 $0=0+0i+0j+0k$, $-\alpha=(-a_0)+(-a_1)i+(-a_2)j+(-a_3)k$이고, $1_H=1+0i+0j+0k$이고

$$\alpha^{-1}=\frac{a_0}{\beta}+\left(-\frac{a_1}{\beta}\right)i+\left(-\frac{a_2}{\beta}\right)j+\left(-\frac{a_3}{\beta}\right)k\,(\alpha\neq 0)$$

인 나눗셈환이다. 또한,

$$\begin{aligned}(0+2i+0j+0k)(0+0i+3j+0k)&=0+0i+0j+6k\\ &\neq 0+0i+0j+(-6)k=(0+0i+3j+0k)(0+2i+0j+0k)\end{aligned}$$

이므로 $H$는 비가환환이다. 따라서 $H$는 비틀린 체이다.

6. 영원이 1이고 $a$의 (덧셈)역원이 $2-a$이고, 단위원이 2인 가환환이다. 또한

$$\begin{aligned}1=a\odot b=ab-(a+b)+2&\Longrightarrow a(b-1)-(b-1)=0\\ &\Longrightarrow (a-1)(b-1)=0\Longrightarrow a-1=0 \text{ 또는 } b-1=0\\ &\Longrightarrow a=1 \text{ 또는 } b=1\end{aligned}$$

이므로 정역이다.

7. (1) $a,\ c\in R(a\neq 0)$이라 하고 $ac=0$(또는 $ca=0$)이라 하면 $aba=a$를 만족하는 $b\in R$가 유일하게 존재하므로

$$a(b+c)a=aba+aca=aba+0\cdot a(\text{또는 } aba+a\cdot 0)=aba=a$$

이다. 따라서 $b$의 유일성에 의하여 $b+c=b$, 즉 $c=0$이므로 $R$은 영인자를 갖지 않는다.

(2) $a \in R(a \neq 0)$에 대하여 $aba=a$인 $b \in R$가 유일하게 존재하므로

$$a=aba=(aba)ba=a(bab)a$$

이다. 따라서 $b$의 유일성에 의하여 $bab=b$이다.

(3) $R$이 두 개 이상의 원소를 포함하므로 $a \neq 0$인 $a$가 $R$에 적어도 하나 존재한다. 따라서 $aba=a$인 $b \in R$가 유일하게 존재하고, 또한 $a \neq 0$이므로 $b \neq 0$이다. 따라서 (2)에 의하여 $bab=b$이다. 따라서 임의의 $c \in R$에 대하여 $caba=ca$, $babc=bc$이므로 (1)과 정리 3.1.19에 의하여 $cab=c=abc$이다. 그러므로 $ab$는 $R$의 단위원이다. 즉, $ab=1_R$이다.

(4) $a \in R(a \neq 0)$에 대하여 $aba=a$인 $b \in R$가 유일하게 존재하고, (3)의 증명과정에 의하여 $ab=1_R$이다. 또한, (2)에 의하여 $bab=b$이므로 $bab=b=1_Rb$, 즉 $ba=1_R$이다. 따라서 $ab=1_R=ba$이다. 따라서 $\mathrm{U}(R)=R-\{0\}$이므로 $R$은 나눗셈환이다.

8. $a \in R(a \neq 0)$이라 하면 $ab=1_R$를 만족하는 $b \in R$가 유일하게 존재한다. 따라서

$$a(1_R+b-ba)=a1_R+ab-aba=a+1_R-a=1_R$$

이므로 $b$의 유일성에 의하여 $1_R+b-ba=b$, 즉 $ba=1_R$이다. 따라서 $\mathrm{U}(R)=R-\{0\}$이므로 $R$은 나눗셈환이다.

9. $a(b+ba-a)=ab+aba-aa=a+aa-aa=a$이므로 $b$의 유일성에 의하여 $b+ba-a=b$, 즉 $ba=a$이다. 따라서 모든 $x \in R$에 대하여 $xu=x=ux$이므로 $u$는 $R$의 단위원이다. 즉 $u=1_R$이다.

10. $a^2-b^2=(a+b)(a-b)$라 하면

$$a^2-b^2=(a+b)(a-b)=a(a-b)+b(a-b)=a^2-ab+ba-b^2$$

이므로 $0=-ab+ba$, 즉 $ab=ba$이다. 따라서 $R$은 가환환이다. 역으로 $R$을 가환환이라 하면

$$(a+b)(a-b)=a(a-b)+b(a-b)=a^2-ab+ba-b^2=a^2-b^2$$

이다.

11. $$\binom{m}{k}+\binom{m}{k-1}=\frac{m!}{(m-k)!k!}+\frac{m!}{(m-(k-1))!(k-1)!}$$

$$=\frac{m!(m+1-k)+m!k}{(m+1-k)!k!}+\frac{(m+1)!}{(m+1-k)!k!}=\binom{m+1}{k},$$

즉 $\binom{m}{k}+\binom{m}{k-1}=\binom{m+1}{k}$이다. 수학적 귀납법으로 증명한다.

$$(a+b)^1=a+b=\binom{1}{0}a^1b^0+\binom{1}{1}a^0b^1,$$

$$(a+b)^2=a^2+2ab+b^2=\binom{2}{0}a^2b^0+\binom{2}{1}a^1b^1+\binom{2}{2}a^0b^2$$

이므로 $n=1$, 2인 경우는 성립한다. 이제 $n=r$인 경우에 성립한다고 가정하자. 그러면 $(a+b)^r=\sum_{k=0}^{r}\binom{r}{k}a^{r-k}b^k$이므로

$$\begin{aligned}(a+b)^{r+1}&=(a+b)(a+b)^r=(a+b)\sum_{k=0}^{r}\binom{r}{k}a^{r-k}b^k\\&=a\sum_{k=0}^{r}\binom{r}{k}a^{r-k}b^k+b\sum_{k=0}^{r}\binom{r}{k}a^{r-k}b^k\\&=\sum_{k=0}^{r}\binom{r}{k}a^{r+1-k}b^k+\sum_{k=0}^{r}\binom{r}{k}a^{r-k}b^{k+1}\\&=a^{r+1}b^0+\sum_{k=1}^{r}\binom{r}{k}a^{r+1-k}b^k+\sum_{k=1}^{r+1}\binom{r}{k-1}a^{r+1-k}b^k\\&=a^{r+1}b^0+\sum_{k=1}^{r}\binom{r}{k}a^{r+1-k}b^k+\sum_{k=1}^{r}\binom{r}{k-1}a^{r+1-k}b^k+a^0b^{r+1}\\&=a^{r+1}b^0+\sum_{k=1}^{r}\left(\binom{r}{k}+\binom{r}{k-1}\right)a^{r+1-k}b^k+a^0b^{r+1}\\&=\binom{r+1}{0}a^{r+1}b^0+\sum_{k=1}^{r}\binom{r+1}{k}a^{r+1-k}b^k+\binom{r+1}{r+1}a^0b^{r+1}\\&=\sum_{k=0}^{r+1}\binom{r+1}{k}a^{r+1-k}b^k\end{aligned}$$

이다. 따라서 모든 $n$에 대하여 성립한다.

12. (1) $U(\mathbf{Z}\oplus\mathbf{Z})=\{(1,\ 1),\ (1,\ -1),\ (-1,\ 1),\ (-1,\ -1)\}$

(2) $U(\mathbf{Z}\oplus\mathbf{Q})=\{(a,\ b)\mid a=\pm 1,\ b\in\mathbf{Q}(b\neq 0)\}$

(3) $U(\mathbf{Z}_2\oplus\mathbf{Z}_4)=\{(\bar{1},\ \bar{1}),\ (\bar{1},\ \bar{3})\}$

(4) $U(\mathbf{Z}\oplus\mathbf{Z}_3)=\{(1,\ \bar{1}),\ (1,\ \bar{2}),\ (-1,\ \bar{1}),\ (-1,\ \bar{2})\}$

(5) $a+b\sqrt{p}\in\mathbf{Z}[\sqrt{p}](a+b\sqrt{p}\neq 0)$에 대하여 $(a+b\sqrt{p})(x+y\sqrt{p})=1$을 만족하

는 $x+y\sqrt{p}\in\mathbf{Z}[\sqrt{p}]$가 존재한다고 하면 연립1차방정식 $\begin{cases}ax+pby=1\\ bx+ay=0\end{cases}$이 유일한 정수해 $x$, $y$를 가져야 하므로 $l=a^2-pb^2\neq 0$이어야 한다. 이 때 $x=\frac{a}{l}$, $y=-\frac{b}{l}$이므로 $a=cl$, $b=dl$을 만족하는 $c$, $d\in\mathbf{Z}$가 존재한다. 따라서 $l=a^2-pb^2=(c^2-pd^2)l^2$, 즉 $1=(c^2-pd^2)l$이다. 따라서 $l=\pm 1$이므로 $\mathrm{U}(\mathbf{Z}[\sqrt{p}])=\{a+b\sqrt{p}\mid a, b\in\mathbf{Z}, a^2-pb^2=\pm 1\}$이다.

13. (1) $\{(a, 0)\mid a\in\mathbf{Z}(a\neq 0)\}\cup\{(0, b)\mid b\in\mathbf{Z}(b\neq 0)\}$
(2) $\{(\bar{0}, \bar{1}), (\bar{0}, \bar{2}), (\bar{0}, \bar{3}), (\bar{1}, \bar{0}), (\bar{2}, \bar{0}), (\bar{3}, \bar{0}), (\bar{2}, \bar{2}), (\bar{1}, \bar{2}), (\bar{2}, \bar{1}), (\bar{2}, \bar{3}), (\bar{3}, \bar{2})\}$
(3) $\{(a, \bar{0})\mid a\in\mathbf{Z}(a\neq 0)\}\cup\{(0, \bar{1}), (0, \bar{2})\}$
(4) $\{(\bar{0}, \bar{1}), (\bar{0}, \bar{2}), (\bar{0}, \bar{3}), (\bar{1}, \bar{0}), (\bar{2}, \bar{0}), (\bar{1}, \bar{2}), (\bar{2}, \bar{2})\}$

14. $E=\{2n\mid n\in\mathbf{Z}\}$(보기 3.1.2를 참조).

15. $a(0\neq a\in R)$를 영인자라 하면 $ac=0$을 만족하는 $c\in R(c\neq 0)$가 존재한다. 이 때, $a$를 단원이라 하면 $au=1_R=ua$를 만족하는 $u\in R$가 존재하므로 $c=1_R c=uac=u0=0$이 되어 모순이다. 따라서 $a$는 단원이 아니다.

16. $a$가 단원이므로 $au=1_R=ua$를 만족하는 $u\in R$가 존재한다. 따라서

$$(a+b)(u-u^2b)=au+bu-au^2b-bu^2b=1_R+ub-1_Rub-u^2b^2=1_R$$

이므로 $a+b$는 단원이다.

17. (1) 0　　(2) 0
(3) 0　　(4) 12

18. $n=1$인 경우를 생각하자. 정리 1.3.11에 대하여 $0<k<p$인 $k$에 대하여 $(p, k!)=1$이다.

$$\binom{p}{k}=\frac{p!}{(p-k)!k!}=\frac{p(p-1)\cdots(p-k+1)(p-k)!}{(p-k)!k!}=\frac{p(p-1)\cdots(p-k+1)}{k!}$$

이고, 또한 $\binom{p}{k}$가 정수이므로 정리 1.3.10에 의하여 $k!\mid(p-1)\cdots(p-k+1)$이다. 따라서 $\binom{p}{k}=mp(m\in\mathbf{Z})$로 쓸 수 있다. 따라서

$$\binom{p}{k}a^{p-k}b^k=(mp)a^{p-k}b^k=m(pa^{p-k}b^k)=m0=0$$

이므로 연습문제 3.1의 11에 의하여

$$(a+b)^p=\sum_{k=0}^{p}\binom{p}{k}a^{p-k}b^k=a^p+\sum_{k=1}^{p-1}\binom{p}{k}a^{p-k}b^k+b^p=a^p+b^p$$

이다. 따라서 $n=1$인 경우는 성립한다. 다음, $n=r$인 경우에 성립한다고 하자. 그러면 $n=1$인 경우에 성립하므로

$$(a+b)^{p^{r+1}}=((a+b)^{p^r})^p=(a^{p^r}+b^{p^r})^p=(a^{p^r})^p+(b^{p^r})^p=a^{p^{r+1}}+b^{p^{r+1}}$$

이다. 따라서 $n=r+1$인 경우도 성립한다. 따라서 모든 양의 정수 $n$에 대하여 성립한다.

19. $R$을 Boole환이라 하고 $a$, $b\in R$이라 하면

$$a+b=(a+b)^2=a^2+ab+ba+b^2=a+ab+ba+b$$

이므로

$$ab+ba=0 \qquad \cdots\cdots(1)$$

이다. 따라서

$$0=a(ab+ba)=a^2b+aba=ab+aba,$$
$$0=(ab+ba)a=aba+ba^2=aba+ba$$

이므로 $ab=ba$이다. 즉 $R$은 가환환이다. 특히 $R\neq\{0\}$일 때, (1)에서 $a=b$라 하면

$$0=a^2+a^2=a+a=2a$$

이고, $c\in R(c\neq 0)$에 대하여 $0\neq c=1c$이므로 $R$의 표수는 2이다.

20. $P(S)$는 영원이 $\varnothing$이고, $A$의 (덧셈)역원이 $A$이고, 단위원이 $S$인 가환환이다. 또한 $A^2=A\cdot A=A\cap A=A$이므로 $P(S)$는 Boole환이다.

21. (1) $\bar{0}$, $\bar{1}$, $\bar{5}$, $\overline{16}$

(2) $\begin{bmatrix}1 & 0\\ 0 & 0\end{bmatrix}$는 멱등원이다. $A$가 멱등원인 동시에 단원이면 $A^2=A$이고 $AA^{-1}=I=A^{-1}A$이므로 $I=A^{-1}A=A^{-1}A^2=(A^{-1}A)A=IA=A$이다.

(3) 0과 $1_R$은 분명히 멱등원이다. $0\neq a\in R$인 $a$를 멱등원이라 하면 $a^2=a$이고, 또한 $au=1_R=ua$인 $u\in R$가 존재하므로

$$1_R = ua = ua^2 = (ua)a = 1_R a = a$$

이다. 따라서 멱등원은 0과 $1_R$뿐이다.

22. (1) 적당한 소수 $p$에 대하여 $p^2|m$이라 하면 $m = p^2 m'(m' \in \mathbf{Z})$이다. $a = pm'$이라 하면 $2 \leq a < m$이므로 $\bar{a} \in \mathbf{Z}_m$이다. $a^2 = (pm')^2 = p^2 m' m' = mm'$, 즉 $m | a^2$이므로 $(\bar{a})^2 = \bar{0}$이다. 따라서 $\bar{a}$는 $\bar{0}$가 아닌 멱영원이다. 역으로 $\mathbf{Z}_m$이 $\bar{0}$가 아닌 멱영원 $\bar{a}$를 포함한다고 하면 $2 \leq a < m$이고, 적당한 양의 정수 $n$에 대하여 $(\bar{a})^n = \bar{0}(n > 1)$이다. 따라서 $m | a^n$이다. $a$의 표준분해

$$a = p_1^{k_1} p_2^{k_2} \cdots p_t^{k_t} \ (k_i > 0(i = 1,\ 2,\ \cdots,\ t))$$

에 대하여 $m$의 표준분해는

$$m = q_1^{d_1} q_2^{d_2} \cdots q_r^{d_r} \ (1 \leq r \leq t,\ q_i = p_j(i = 1,\ 2,\ \cdots,\ r\ ;\ j = 1,\ 2,\ \cdots,\ t),\ d_i > 0)$$

의 꼴로 표시된다. 따라서 $d_1 = d_2 = \cdots = d_r = 1$이라 하면 $a < m$인 사실에 모순이다. 따라서 적당한 $i\,(i = 1,\ 2,\ \cdots,\ r)$에 대하여 $d_i \geq 2$이어야 하므로 $q_i^2 | m$이다. 다음, $\mathbf{Z}_{20}$의 멱영원은 $\bar{0}$, $\overline{10}$이다.

(2) $B = \begin{bmatrix} 1 & i \\ i & -1 \end{bmatrix}$이라 하면 $B^2 = O$이므로 $B$는 멱영원이다. 다음, $A$를 단원이라 하면 $AA^{-1} = I_2 = A^{-1}A$이다. 이 때, $A$를 멱영원이라 하면 적당한 양의 정수 $n$에 대하여 $A^n = O$이므로 $A = (A^{-1})^{n-1} A^n = (A^{-1})^{n-1} O = O$이 되어 모순이다. 따라서 $A$는 멱영원이 아니다.

(3) $a$를 멱영원이라 하면 적당한 양의 정수 $n$에 대하여 $a^n = 0$이다. 따라서

$$(1_R - a)(1_R + a + a^2 + \cdots + a^{n-1}) = 1_R = (1_R + a + a^2 + \cdots + a^{n-1})(1_R - a)$$

이므로 $1_R - a$는 단원이다.

23. $a$가 멱등원이므로 임의의 $x \in R$에 대하여

$$(axa - xa)^2 = axaaxa - axaxa - xaaxa + xaxa = axaxa - axaxa - xaxa + xaxa = 0$$

이다. 따라서 $R$이 0 이외의 멱영원을 갖지 않으므로 $axa - xa = 0$, 즉 $axa = xa$이다. 같은 방법으로 $ax - axa = 0$, 즉 $ax = axa$임을 증명할 수 있다. 따라서 $ax = axa = xa$이다.

24. (1) $f \in C[0, 1]$이라 하자. 모든 $x \in [0, 1]$에 대하여 $\mathbf{0}(x)=0$로 정의되는 함수 $\mathbf{0}: [0, 1] \longrightarrow \mathbf{R}$이 영원이고, 모든 $x \in [0, 1]$에 대하여 $(-f)(x)=-f(x)$로 정의되는 함수 $-f: [0, 1] \longrightarrow \mathbf{R}$이 $f$의 역원이고, 모든 $x \in [0, 1]$에 대하여 $u(x)=1$로 정의되는 함수 $u: [0, 1] \longrightarrow \mathbf{R}$이 $C[0, 1]$의 단위원인 가환환이다.

(2) 모든 $x \in [0, 1]$에 대하여

$$f(x)=\begin{cases} 0 & \left(0 \le x \le \frac{1}{2}\right) \\ x-\frac{1}{2} & \left(\frac{1}{2} < x \le 1\right) \end{cases}, \quad g(x)=\begin{cases} -x+\frac{1}{2} & \left(0 \le x \le \frac{1}{2}\right) \\ 0 & \left(\frac{1}{2} < x \le 1\right) \end{cases}$$

로 정의되는 함수 $f: [0, 1] \longrightarrow \mathbf{R}$과 $g: [0, 1] \longrightarrow \mathbf{R}$을 생각하면 $f, g \in C[0, 1]$ $(f \neq \mathbf{0},\ g \neq \mathbf{0})$이고 $f \cdot g = \mathbf{0}$이므로 $C[0, 1]$은 정역이 아니다.

(3) $f^2=f$라 하면 모든 $x \in [0, 1]$에 대하여 $(f(x))^2=f(x)$이다. 이 때, $f(x) \in \mathbf{R}$이므로 $f(x)=0$ 또는 $f(x)=1$뿐이다. 그러므로 $f^2=f$를 만족하는 연속함수 $f$는 $f=\mathbf{0}$ 또는 $f=u$뿐이다.

25. (1) $a, b \in R$이라 하면 조건 (iii)과 (iv)에 의하여

$$(a+b)(c+c)=(a+b)c+(a+b)c=a+b+a+b,$$
$$(a+b)(c+c)=a(c+c)+b(c+c)=ac+ac+bc+bc=a+a+b+b$$

이므로 $a+b+a+b=a+a+b+b$이다. 따라서 정리 2.1.8 (3)에 의하여 $b+a=a+b$이므로 $R$은 환이다.

(2) $a, b \in R$이라 하고 조건 (v)를 만족하는 $c \in R$가 존재한다고 하면 조건 (iii)에 의하여

$$(a+b)(c+c)=(a+b)c+(a+b)c=ac+bc+ac+bc,$$
$$(a+b)(c+c)=a(c+c)+b(c+c)=ac+ac+bc+bc$$

이므로 $ac+bc+ac+bc=ac+ac+bc+bc$이다. 따라서 정리 2.1.8 (3)에 의하여 $bc+ac=ac+bc$이다. 그러므로 조건 (iii)에 의하여 $(b+a)c=(a+b)c$이고, 따라서 조건 (v)에 의하여 $b+a=a+b$이므로 $R$은 환이다.

## 연습문제 3.2

1. (1) $\mathbf{Z}$는 $\mathbf{Q}$의 부분환 (2) $\mathbf{Q}$와 $K$는 $\mathbf{R}$의 부분환

(3) $H$는 $\mathbf{Z}\oplus\mathbf{Z}$의 부분환, $K$는 $\mathbf{Z}\oplus\mathbf{Z}$의 이데알

(4) $H$와 $K$는 $M_2(\mathbf{C})$의 부분환

(5) $K$는 $\mathbf{Z}_{12}$의 이데알

2. $S$는 단위원 $\bar{4}$를 갖는 $\mathbf{Z}_6$의 부분환이다.

3. $\{(\bar{0},\ \bar{0})\}$, $\{(\bar{0},\ \bar{0}),\ (\bar{1},\ \bar{0})\}$, $\{(\bar{0},\ \bar{0}),\ (\bar{0},\ \bar{1})\}$, $\mathbf{Z}_2\oplus\mathbf{Z}_2$

4. $0\in J$이므로 $J\neq\varnothing$이다. $x,\ y\in J,\ r\in R$이라 하면

$$(x-y)a=xa-ya=0-0=0,\quad (rx)a=r(xa)=r0=0$$

이므로 $x-y\in J,\ rx\in J$이다. 따라서 $J$는 $R$의 좌측이데알이다.

5. 분명히 $Ra\neq\varnothing$이다. $r\in R,\ \alpha,\ \beta\in Ra$라 하면 적당한 $x,\ y\in R$에 대하여 $\alpha=xa$, $\beta=ya$로 표시되므로

$$\alpha-\beta=xa-ya=(x-y)a\in Ra,\quad r\alpha=r(xa)=(rx)a\in Ra,$$

즉 $\alpha-\beta\in Ra,\ r\alpha\in Ra$이다. 따라서 $Ra$는 $R$의 좌측이데알이다. 같은 방법으로 $aR$이 $R$의 우측이데알임을 증명할 수 있다.

6. $I$가 $R$의 우측이데알이므로 $ab\in I$이고, 또한 $J$가 $R$의 좌측이데알이므로 $ab\in J$이다. 따라서 $ab\in I\cap J=\{0\}$이므로 $ab=0$이다.

7. $0\in M$이므로 $M\neq\varnothing$이다. $x,\ y\in M$이라 하면 $xI=\{0\}$, $yI=\{0\}$이므로 $(x-y)I=\{0\}$이다. 따라서 $x-y\in M$이다. 다음, $r\in R,\ x\in M$이라 하면 모든 $a\in I$에 대하여 $xa=0$이고, 또한 $I$가 $R$의 좌측이데알이므로 $ra\in I$이다. 따라서

$$(rx)a=r(xa)=r0=0,\quad (xr)a=x(ra)=0$$

이므로 $(rx)I=\{0\}=(xr)I$이다. 즉, $rx,\ xr\in M$이다. 그러므로 $M$은 $R$의 이데알이다.

8. $a0=0=b0\in bR$이므로 $0\in S$, 즉 $S\neq\varnothing$이다. $x,\ y\in S$라 하자. 그러면 $ax,\ ay\in bR$이므로 적당한 $u,\ v\in R$에 대하여 $ax=bu,\ ay=bv$로 표시된다. 따라서

$$a(x-y)=ax-ay=bu-bv=b(u-v)\in bR$$

이므로 $x-y\in S$이다. 또한 $r\in R$에 대하여

$$a(xr)=(ax)r=(bu)r=b(ur)\in bR$$

이므로 $rx=xr\in S$이다. 따라서 $S$는 $R$의 이데알이다.

9. 모든 $x\in R$에 대하여 $0x=0\in I$이므로 $0\in S$, 즉 $S\neq\varnothing$이다. $r, r'\in S$라 하면 모든 $x\in R$에 대하여 $rx, r'x\in I$이므로 $(r-r')x=rx-r'x\in I$이다. 따라서 $r-r'\in S$이다. $r\in S$, $y\in R$이라 하자. 그러면 모든 $x\in R$에 대하여 $(ry)x=r(yx)\in I$이므로 $ry\in S$이다. 또한, 모든 $x\in R$에 대하여 $rx\in I$이고 $I$가 $R$의 좌측이데알이므로 $(yr)x=y(rx)\in I$이다. 따라서 $yr\in S$이다. 그러므로 $S$는 $R$의 이데알이다.

10. (1) $a0=0=0a$이므로 $0\in N(a)$이다. $r, s\in N(a)$라 하면 $ar=ra$, $as=sa$이므로

$$a(r-s)=ar-as=ra-sa=(r-s)a,$$
$$a(rs)=(ar)s=(ra)s=r(as)=r(sa)=(rs)a$$

이다. 즉, $r-s\in N(a)$, $rs\in N(a)$이다. 따라서 $N(a)$는 $R$의 부분환이다.

(2)는 분명하다.

11. (1) $a=1$ (2) $a=3$
(3) $a=(m, n)$ (4) $a=12$
(5) $a=48$ (6) $a=mn$

12. (1)은 분명하다.

(2) $x\in AB$라 하면 적당한 $a_i\in A$, $b_i\in B(i=1, 2, \cdots, n)$에 대하여 $x=a_1b_1+a_2b_2+\cdots+a_nb_n$으로 표시된다. 이 때, $A$와 $B$가 $R$의 이데알이므로 $a_ib_i\in A$, $a_ib_i\in B(i=1, 2, \cdots, n)$이다. 즉, $a_ib_i\in A\cap B(i=1, 2, \cdots, n)$이다. 따라서 정리 3.2.11 (3)에 의하여 $A\cap B$가 이데알이므로 $x\in A\cap B$이다. 그러므로 $AB\subset A\cap B$이다.

(3) $R=\mathbf{Z}$로 생각할 때, $(2)(4)=(8)\subsetneq(4)=(2)\cap(4)$이다.

(4) $x\in A\cap B$라 하면 $x\in A$, $x\in B$이다. $A+B=R$이므로 $1_R=a+b$를 만족하는 $a\in A$, $b\in B$가 존재한다. 따라서 $ax, xb\in AB$이므로

$$x=x1_R=x(a+b)=xa+xb=ax+xb\in AB$$

이다. 즉, $A\cap B\subset AB$이다. 한편, (2)에 의하여 $AB\subset A\cap B$이므로 $AB=A\cap B$이다.

13. (1) $2\in(2)$, $3\in(3)$이므로 $2, 3\in(2)\cup(3)$이다. 따라서 $(2)\cup(3)$을 $\mathbf{Z}$의 이데알이라 하면 $5=2+3\in(2)\cup(3)$이어야 하는데 $(2)\cup(3)=\{2n\mid n\in\mathbf{Z}\}\cup\{3n\mid n\in\mathbf{Z}\}$이므로 $5\notin(2)\cup(3)$이 되어 모순이다. 따라서 $(2)\cup(3)$은 $\mathbf{Z}$의 이데알이 아니다.

(2) $A\cup B$를 $R$의 이데알이라 하면 $A$, $B$, $A\cup B$는 $R$의 덧셈아벨군의 부분군이므로 연습문제 2.2의 5에 의하여 $A\subset B$ 또는 $B\subset A$이다. 역은 분명하다.

14. (1) 임의의 $f, g, h\in F(\mathbf{R})$과 임의의 $x\in\mathbf{R}$에 대하여

$$(f\cdot g)(x)=f(x)g(x)=g(x)f(x)=(g\cdot f)(x),$$
$$((f\cdot g)\cdot h)(x)=(f\cdot g)(x)h(x)=(f(x)g(x))h(x)$$
$$=f(x)(g(x)h(x))=f(x)(g\cdot h)(x)=(f\cdot(g\cdot h))(x),$$

$$(f\cdot(g+h))(x)=f(x)(g+h)(x)=f(x)(g(x)+h(x))$$
$$=f(x)g(x)+f(x)h(x)=(f\cdot g)(x)+(f\cdot h)(x)$$
$$=(f\cdot g+f\cdot h)(x)$$

이므로 $f\cdot g=g\cdot f$, $(f\cdot g)\cdot h=f\cdot(g\cdot h)$, $f\cdot(g+h)=f\cdot g+f\cdot h$이다. 따라서 $F(\mathbf{R})$은 가환환이다. 더욱이 함수 $\theta:\mathbf{R}\longrightarrow\mathbf{R}$을 임의의 $x\in\mathbf{R}$에 대하여 $\theta(x)=1$로 정의하면 $\theta\in F(\mathbf{R})$이고, 또한 임의의 $f\in F(\mathbf{R})$에 대하여 $(f\cdot\theta)(x)=f(x)\theta(x)=f(x)1=f(x)$이므로 $f\cdot\theta=f$이다. 따라서 $F(\mathbf{R})$은 단위원을 갖는 가환환이다.

(2), (3) 분명히 $\mathbf{0}\in C(\mathbf{R})$(각각 $\mathbf{0}\in D(\mathbf{R})$)이므로 $C(\mathbf{R})\neq\varnothing$(각각 $D(\mathbf{R})\neq\varnothing$)이다. $f,\ g\in C(\mathbf{R})$(각각 $f,\ g\in D(\mathbf{R})$)라 하면 $f-g$와 $f\cdot g$는 연속함수(각각 미분가능한 함수)이므로 $f-g\in C(\mathbf{R})$, $f\cdot g\in C(\mathbf{R})$(각각 $f-g\in D(\mathbf{R})$, $f\cdot g\in D(\mathbf{R})$)이다. 즉, $C(\mathbf{R})$(각각 $D(\mathbf{R})$)은 $F(\mathbf{R})$의 부분환이다.

(4) 분명히 $\mathbf{0}\in A$이므로 $A\neq\varnothing$이다. $f,\ g\in A$라 하면 $f(0)$와 $g(0)$가 짝수이므로

$$(f-g)(0)=f(0)-g(0)=\text{짝수},\quad (f\cdot g)(0)=f(0)g(0)=\text{짝수}$$

이다. 따라서 $f-g\in A$, $f\cdot g\in A$이므로 $A$는 $C(\mathbf{R})$의 부분환이다. 다음, 함수 $u:\mathbf{R}\longrightarrow\mathbf{R}$을 임의의 $x\in\mathbf{R}$에 대하여 $u(x)=2$로 정의하면 $u\in A$이고, 또한 함수 $v:\mathbf{R}\longrightarrow\mathbf{R}$을 임의의 $x\in\mathbf{R}$에 대하여 $v(x)=\dfrac{1}{2}$로 정의하면 $v\in C(\mathbf{R})$이다. 그런데 $(v\cdot u)(0)=v(0)u(0)=\dfrac{1}{2}\cdot 2=1$이므로 $v\cdot u\notin A$이다. 따라서 $A$는 $C(\mathbf{R})$의 이데알이 아니다.

15. (1) $\phi$는 준동형, $\operatorname{Im}\phi=\mathbf{Z}_5$, $\operatorname{Ker}\phi=\{5n\mid n\in\mathbf{Z}\}$

(3) $\phi$는 준동형, $\operatorname{Im}\phi=\{\bar{0},\ \bar{5}\}$, $\operatorname{Ker}\phi=\{\bar{0},\ \bar{2}\}$

(5) $\phi$는 준동형, $\operatorname{Im}\phi=\mathbf{R}\oplus\mathbf{R}$, $\operatorname{Ker}\phi=\{(0,\ 0,\ c)\mid c\in\mathbf{R}\}$

(6) $\phi$는 동형, $\operatorname{Im}\phi=\mathbf{Z}[\sqrt{2}]$, $\operatorname{Ker}\phi=\{0\}$

(7) $\phi$는 준동형, $\operatorname{Im}\phi=\mathbf{Z}_3$, $\operatorname{Ker}\phi=\{\bar{0},\ \bar{3}\}$

(8) $\phi$는 준동형, $\operatorname{Im}\phi=\mathbf{R}$, $\operatorname{Ker}\phi=\{f\in F(\mathbf{R})\mid f(0)=0\}$

(9) $\phi$는 준동형, $\operatorname{Im}\phi=\left\{\begin{bmatrix} a & 0\\ 0 & b\end{bmatrix}\middle|\ a,\ b\in\mathbf{C}\right\}$, $\operatorname{Ker}\phi=\{(0,\ 0)\}$

16. 임의의 $m,\ n,\ l\in\mathbf{Z}$에 대하여

$$m\odot n=\frac{mn}{2}=\frac{nm}{2}=n\odot m,$$

$$m\odot(n\odot l)=m\odot\frac{nl}{2}=\frac{m\frac{nl}{2}}{2}=\frac{\frac{mn}{2}l}{2}=\frac{mn}{2}\odot l=(m\odot n)\odot l,$$

$$m\odot(n+l)=\frac{m(n+l)}{2}=\frac{mn+ml}{2}=\frac{mn}{2}+\frac{ml}{2}=m\odot n+m\odot l,$$

$$2\odot m=\frac{2m}{2}=m$$

이므로 $E$는 $+$, $\odot$에 대하여 단위원 2를 갖는 가환환이다. 다음, 임의의 $m, n\in \mathbf{Z}$에 대하여

$$f(m+n)=2(m+n)=2m+2n=f(m)+f(n),$$

$$f(mn)=2mn=\frac{2m2n}{2}=2m\odot 2n=f(m)\odot f(n)$$

이므로 $f$는 준동형이다.

17. (1) $f:\mathbf{Z}\longrightarrow R$과 $g:\mathbf{Z}\longrightarrow R$을 전사준동형이라 하면 정리 3.2.27 (1) (i)에 의하여 $f(1)$과 $g(1)$은 $R$의 단위원이므로 $f(1)=g(1)$이다. 따라서 임의의 $n\in\mathbf{Z}$에 대하여

$$f(n)=f(n1)=nf(1)=ng(1)=g(n1)=g(n)$$

이다. 즉 $f=g$이다. 따라서 $f:\mathbf{Z}\longrightarrow R$인 전사준동형은 기껏해야 하나 존재한다.

(2) $f:\mathbf{Z}\longrightarrow\mathbf{Z}$를 준동형이라 하자. $f(1)=a$라 하면

$$a=f(1)=f(1\cdot 1)=f(1)f(1)=aa=a^2$$

이므로 $a=0$이든가 $a=1$이다. 따라서 $a=0$인 경우는 $f(1)=0$이므로 모든 $n\in\mathbf{Z}$에 대하여

$$f(n)=f(n1)=nf(1)=n0=0$$

이다. 따라서 $f$는 자명한 준동형이다. $a=1$인 경우는 $f(1)=1$이므로 모든 $n\in\mathbf{Z}$에 대하여

$$f(n)=f(n1)=nf(1)=n1=n=i_Z(n)$$

이다. 즉, $f=i_Z$이다. 따라서 $\mathbf{Z}$로부터 $\mathbf{Z}$로의 준동형은 자명한 준동형과 $i_Z$뿐

이다.

18. $f(0)=0$이므로 $0 \in S$, 즉 $S \neq \varnothing$이다. $a$, $b \in S$라 하면

$$f(a-b)=f(a)-f(b)=a-b, \quad f(ab)=f(a)f(b)=ab$$

이므로 $a-b \in S$, $ab \in S$이다. 따라서 $S$는 $R$의 부분환이다.

19. 임의의 $a$, $b \in R$에 대하여

$$\begin{aligned} f(a+b) &= (a+b)^{p^n} \\ &= a^{p^n}+b^{p^n} \text{(연습문제 3.1의 18에 의하여)} \\ &= f(a)+f(b), \\ f(ab) &= (ab)^{p^n} = a^{p^n}b^{p^n} = f(a)f(b) \end{aligned}$$

이므로 $f$는 자기준동형이다. 다음, $R$을 유한체라 하자. $a \in \mathrm{Ker} f$라 하면

$$0=f(a)=a^{p^n}$$

이므로 정리 3.1.25와 정리 3.1.19에 의하여 $a=0$이다. 따라서 $\mathrm{Ker} f=\{0\}$이므로 정리 3.2.23 (2)에 의하여 $f$는 단사준동형이다. 따라서 $R$이 유한체이므로 $f$는 전사함수이다. 따라서 $f$는 자기동형이다.

20. $J=\{x+ra \mid x \in I,\ r \in R\}$이라 하자. 분명히 $0 \in J$이므로 $J \neq \varnothing$이다. $u \in R$, $\alpha$, $\beta \in J$라 하면 $\alpha=x+ra$, $\beta=y+r'a$를 만족하는 $x$, $y \in I$와 $r$, $r' \in R$이 존재하므로

$$\begin{aligned} &\alpha-\beta=(x+ra)-(y+r'a)=(x-y)+(r-r')a \in J, \\ &u\alpha=u(x+ra)=ux+(ur)a \in J \end{aligned}$$

이다. 따라서 $J$는 $R$의 이데알이다. 분명히 $I \subset J$, $a \in J$이므로 $(I, a) \subset J$이다. 또한, $I \subset (I, a)$, $a \in (I, a)$이고 $(I, a)$는 $R$의 이데알이므로 $J \subset (I, a)$이다. 따라서 $(I, a) = J = \{x+ra \mid x \in I,\ r \in R\}$이다.

21. $R$이 단위원 $1_R$을 갖는 가환환이므로 연습문제 3.2의 5에 의하여 $aR$과 $(1_R-a)R$은 $R$의 이데알이다. 임의의 $x \in R$에 대하여

$$x=1_R x=(a+(1_R-a))x=ax+(1_R-a)x \in aR+(1_R-a)R$$

이므로 $R \subset aR+(1_R-a)R$이다. 따라서 $R=aR+(1_R-a)R$이다.

다음, $x \in aR \cap (1_R-a)R$이라 하면 $x \in aR$, $x \in (1_R-a)R$이므로 $x=au$, $x=(1_R-a)v$

를 만족하는 $u$, $v\in R$이 존재한다. 따라서

$$x=au=a^2u=aau=ax=a(1_R-a)v=(a1_R-a^2)v=(a-a)v=0v=0$$

이므로 $aR\cap(1_R-a)R=\{0\}$이다. 따라서 $R=aR\oplus(1_R-a)R$이다.

22. (1) 분명하다.

(2) $a\equiv b\ (\mathrm{mod}\ I)$, $c\equiv d\ (\mathrm{mod}\ I)$라 하면 $a-b\in I$, $c-d\in I$이므로

$$(a+c)-(b+d)=(a-b)+(c-d)\in I,\quad ac-bd=(a-b)c+b(c-d)\in I$$

이다. 따라서 $a+c\equiv b+d\ (\mathrm{mod}\ I)$, $ac\equiv bd\ (\mathrm{mod}\ I)$이다.

(3) $I$는 $R$의 덧셈아벨군의 정규부분군이므로 정리 2.4.2 다음의 설명에 의하여 결과가 얻어진다.

(4) $R=I+J$이므로 $b-a=i+j$를 만족하는 $i\in I$와 $j\in J$가 존재한다. 따라서 $a+i=b-j$이다. 이제 $u=a+i$라 하면 $u\in R$이고, 또한

$$u-a=(a+i)-a=i\in I,\quad u-b=(a+i)-b=(b-j)-b=-j\in J$$

이므로 $\begin{cases} u\equiv a\ (\mathrm{mod}\ I) \\ u\equiv b\ (\mathrm{mod}\ J)\end{cases}$이다. 또한, $z\in R$에 대하여 $\begin{cases} z\equiv a\ (\mathrm{mod}\ I) \\ z\equiv b\ (\mathrm{mod}\ J)\end{cases}$라 하면 (1)에 의하여 $u\equiv z\ (\mathrm{mod}\ I)$, $u\equiv z\ (\mathrm{mod}\ J)$이다. 즉, $u-z\in I$, $u-z\in J$이므로 $u-z\in I\cap J$이다. 따라서 $u\equiv z\ (\mathrm{mod}\ I\cap J)$이다.

## 연습문제 3.3

1. (1) $\begin{bmatrix} 0 & 0 \\ 0 & 0\end{bmatrix}\in R$이므로 $R\neq\varnothing$이다. 임의의 $\begin{bmatrix} a & b \\ 0 & c\end{bmatrix}$, $\begin{bmatrix} x & y \\ 0 & z\end{bmatrix}\in R$에 대하여

$$\begin{bmatrix} a & b \\ 0 & c\end{bmatrix}-\begin{bmatrix} x & y \\ 0 & z\end{bmatrix}=\begin{bmatrix} a-x & b-y \\ 0 & c-z\end{bmatrix}\in R,\quad \begin{bmatrix} a & b \\ 0 & c\end{bmatrix}\begin{bmatrix} x & y \\ 0 & z\end{bmatrix}=\begin{bmatrix} ax & ay+bz \\ 0 & cz\end{bmatrix}\in R$$

이므로 $R$은 $M_2(\mathbf{C})$의 부분환이다.

(2) 임의의 $\begin{bmatrix} a & b \\ 0 & c\end{bmatrix}$, $\begin{bmatrix} x & y \\ 0 & z\end{bmatrix}\in R$에 대하여

$$f\left(\begin{bmatrix} a & b \\ 0 & c\end{bmatrix}+\begin{bmatrix} x & y \\ 0 & z\end{bmatrix}\right)=f\left(\begin{bmatrix} a+x & b+y \\ 0 & c+z\end{bmatrix}\right)=a+x=f\left(\begin{bmatrix} a & b \\ 0 & c\end{bmatrix}\right)+f\left(\begin{bmatrix} x & y \\ 0 & z\end{bmatrix}\right),$$

$$f\left(\begin{bmatrix} a & b \\ 0 & c\end{bmatrix}\begin{bmatrix} x & y \\ 0 & z\end{bmatrix}\right)=f\left(\begin{bmatrix} ax & ay+bz \\ 0 & cz\end{bmatrix}\right)=ax=f\left(\begin{bmatrix} a & b \\ 0 & c\end{bmatrix}\right)f\left(\begin{bmatrix} x & y \\ 0 & z\end{bmatrix}\right)$$

이므로 $f$는 준동형이다. 분명히 $\mathrm{Ker}\, f=\left\{\begin{bmatrix}0 & b\\ 0 & c\end{bmatrix} \middle| b,\ c\in\mathbf{R}\right\}$이다. 또한, $a\in\mathbf{R}$이라 하면 $\begin{bmatrix}a & 0\\ 0 & 0\end{bmatrix}\in R$이고 $f\left(\begin{bmatrix}a & 0\\ 0 & 0\end{bmatrix}\right)=a$이므로 $f$는 전사준동형이다. 따라서 제1동형정리에 의하여 $R/\mathrm{Ker}\, f\cong\mathbf{R}$이다.

(3) 임의의 $\begin{bmatrix}a & b\\ 0 & c\end{bmatrix},\ \begin{bmatrix}x & y\\ 0 & z\end{bmatrix}\in R$

$$\begin{aligned} g\left(\begin{bmatrix}a & b\\ 0 & c\end{bmatrix}+\begin{bmatrix}x & y\\ 0 & z\end{bmatrix}\right)&=g\left(\begin{bmatrix}a+x & b+y\\ 0 & c+z\end{bmatrix}\right)=(a+x,\ c+z)=(a,\ c)+(x,\ z)\\ &=g\left(\begin{bmatrix}a & b\\ 0 & c\end{bmatrix}\right)+g\left(\begin{bmatrix}x & y\\ 0 & z\end{bmatrix}\right),\\ g\left(\begin{bmatrix}a & b\\ 0 & c\end{bmatrix}\begin{bmatrix}x & y\\ 0 & z\end{bmatrix}\right)&=g\left(\begin{bmatrix}ax & ay+bz\\ 0 & cz\end{bmatrix}\right)=(ax,\ cz)=(a,\ c)(x,\ z)\\ &=g\left(\begin{bmatrix}a & b\\ 0 & c\end{bmatrix}\right)g\left(\begin{bmatrix}x & y\\ 0 & z\end{bmatrix}\right)\end{aligned}$$

이므로 $g$는 준동형이다. 분명히 $\mathrm{Ker}\, g=\left\{\begin{bmatrix}0 & b\\ 0 & 0\end{bmatrix} \middle| b\in\mathbf{R}\right\}$이다. 또한, $(a,\ c)\in\mathbf{R}\oplus\mathbf{R}$이라 하면 $\begin{bmatrix}a & 0\\ 0 & c\end{bmatrix}\in R$이고 $g\left(\begin{bmatrix}a & 0\\ 0 & c\end{bmatrix}\right)=(a,\ c)$이므로 $g$는 전사준동형이다. 따라서 제1동형정리에 의하여 $R/\mathrm{Ker}\, g\cong\mathbf{R}\oplus\mathbf{R}$이다.

2. 분명히 $f$는 전사함수이다. $\bar{a},\ \bar{b}\in\mathbf{Z}_n$이라 하고

$$\begin{aligned} &a=mp+r,\ 0\le r<m\ ;\quad b=mq+s,\ 0\le s<m\ ;\\ &r+s=mt+u,\ 0\le u<m\ ;\quad rs=mh+v,\ 0\le v<m \end{aligned}$$

이라 하자. 그러면

$$a+b=m(p+q+t)+u,\quad ab=m(mpq+ps+qr+h)+v$$

이므로

$$\begin{aligned} &f(\bar{a}+\bar{b})=f(\overline{a+b})=\bar{u}=\overline{r+s}=\bar{r}+\bar{s}=f(\bar{a})+f(\bar{b}),\\ &f(\bar{a}\,\bar{b})=f(\overline{ab})=\bar{v}=\overline{rs}=\bar{r}\,\bar{s}=f(\bar{a})f(\bar{b}) \end{aligned}$$

이다. 따라서 $f$는 전사준동형이다. 또한

$$\bar{a}\in\mathrm{Ker}\, f\Longrightarrow\bar{0}=f(\bar{a})=\bar{r}\Longrightarrow r=0$$

이므로 $\bar{a}=\overline{pm}=p\bar{m}\in(\bar{m})$이다. 즉, $\mathrm{Ker}\, f\subset(\bar{m})$이다. 역으로 $\bar{x}\in(\bar{m})$라 하면 적당한 $c\in\mathbf{Z}$에 대하여 $\bar{x}=c\bar{m}=\overline{cm}$이므로 $n|(x-cm)$이다. 따라서 $m|n$이므로 $m|(x-cm)$,

즉 적당한 $d\in\mathbf{Z}$에 대하여 $x-cm=dm$이다. 따라서 $x=(c+d)m$이므로 $f(\bar{x})=\bar{0}$, 즉 $\bar{x}\in\mathrm{Ker}f$이다. 따라서 $(\bar{m})\subset\mathrm{Ker}f$, 즉 $\mathrm{Ker}f=(\bar{m})$이다. 그러므로 제1동형정리에 의하여 $\mathbf{Z}_n/(\bar{m})\cong\mathbf{Z}_m$이다.

3. $f:\mathbf{Q}\longrightarrow\mathbf{Q}$를 준동형함수라 하고 $f(1)=a$라 하면

$$a=f(1)=f(1\cdot 1)=f(1)f(1)=a^2$$

이므로 $a=0$ 또는 $a=1$이다. 이제, $a=0$이면 임의의 $\frac{c}{b}\in\mathbf{Q}(b,\ c\in\mathbf{Z},\ b\neq 0)$에 대하여

$$bf\left(\frac{c}{b}\right)=f\left(b\frac{c}{b}\right)=f(c)=cf(1)=c0=0$$

이므로 $f\left(\frac{c}{b}\right)=0$이다. 따라서 $f$는 자명한 준동형이다. 다음 $f(1)=1$이면 임의의 $\frac{c}{b}\in\mathbf{Q}$에 대하여

$$bf\left(\frac{c}{b}\right)=f\left(b\frac{c}{b}\right)=f(c)=cf(1)=c1=c$$

이므로 $f\left(\frac{c}{b}\right)=\frac{c}{b}=i_{\mathbf{Q}}\left(\frac{c}{b}\right)$이다. 즉 $f=i_{\mathbf{Q}}$이다.

4. (1) $R/I$를 가환환이라 하면 모든 $a,\ b\in R$에 대하여

$$ab+I=(a+I)(b+I)=(b+I)(a+I)=ba+I$$

이므로 $ab-ba\in I$이다. 역으로, 모든 $a,\ b\in R$에 대하여 $ab-ba\in I$라 하면 $ab+I=ba+I$이므로

$$(a+I)(b+I)=ab+I=ba+I=(b+I)(a+I)$$

이다. 따라서 $R/I$는 가환환이다.

(2) $R/I$가 단위원 $u+I$를 갖는 환이라 하면 모든 $a\in R$에 대하여

$$au+I=(a+I)(u+I)=a+I,\quad ua+I=(u+I)(a+I)=a+I$$

이므로 $au-a\in I$이고 $ua-a\in I$이다. 역으로, 모든 $a\in R$에 대하여 $au-a\in I$와 $ua-a\in I$를 만족하는 $u\in R$가 존재한다고 하면

$$(a+I)(u+I)=au+I=a+I=ua+I=(u+I)(a+I)$$

이므로 $u+I$는 $R/I$의 단위원이다.

5. 표준전사준동형 $\pi : R \longrightarrow R/I$를 생각하면 $f=\pi|S : S \longrightarrow R/I$는 분명히 준동형이고

$$x \in \mathrm{Ker} f \iff I=f(x)=x+I,\ x\in S \iff x\in I,\ x\in S$$
$$\iff x\in S\cap I=\{0\} \iff x=0$$

이므로 $\mathrm{Ker} f=\{0\}$이다. 즉, $f$는 단사준동형이다. 따라서 정리 3.2.27 (3)에 의하여 $S\cong \mathrm{Im} f \subset R/I$이다.

6. (1) $0^1=0$이므로 $0\in N$, 즉 $N\neq\varnothing$이다. $a$, $b\in N$이라 하자. 그러면 $a^m=0$, $b^n=0$을 만족하는 양의 정수 $m$, $n$이 존재한다. 또한, 연습문제 3.1의 11에 의하여

$$(a-b)^{m+n}=(a+(-b))^{m+n}=\sum_{k=0}^{m+n}\binom{m+n}{k}a^{m+n-k}(-b)^k$$

이다. 그런데 $0\le k<n$인 $k$에 대하여

$$a^{m+n-k}=a^m a^{n-k}=0a^{n-k}=0$$

이다. 또한 $n\le k\le m+n$인 $k$에 대하여

$$(-b)^k=((-1_R)b)^k=(-1_R)^k b^k=(-1_R)^k b^{k-n}b^n=(-1_R)^k b^{k-n}0=0$$

이므로 $(a-b)^{m+n}=0(m+n>0)$이다. 즉, $a-b\in N$이다. 다음, $r\in R$이라 하면

$$(ra)^m=r^m a^m=r^m 0=0$$

이므로 $ra\in N$이다. 따라서 $N$은 $R$의 이데알이다.

(2) $r+N$을 $R/N$의 멱영원이라 하면 적당한 양의 정수 $n$에 대하여 $(r+N)^n=N(=0)$, 즉 $r^n+N=N$이다. 따라서 $r^n\in N$이므로 적당한 양의 정수 $m$에 대하여 $(r^n)^m=0$, 즉 $r^{mn}=0(mn>0)$이다. 따라서 $r\in N$이다. 그러므로 $r+N=N(=0)$이다.

7. (1), (2) 임의의 $(x_1, x_2, \cdots, x_n)$, $(y_1, y_2, \cdots, y_n)\in R_1\oplus R_2\oplus\cdots\oplus R_n$에 대하여

$$\begin{aligned}\phi((x_1, x_2, \cdots, x_n)+(y_1, y_2, \cdots, y_n))&=\phi((x_1+y_1, x_2+y_2, \cdots, x_n+y_n))\\&=(f_1(x_1+y_1), f_2(x_2+y_2), \cdots, f_n(x_n+y_n))\\&=(f_1(x_1)+f_1(y_1), f_2(x_2)+f_2(y_2), \cdots, f_n(x_n)+f_n(y_n))\end{aligned}$$

$$=(f_1(x_1),\ f_2(x_2),\ \cdots,\ f_n(x_n))+(f_1(y_1),\ f_2(y_2),\ \cdots,\ f_n(y_n))$$
$$=\phi((x_1,\ x_2,\ \cdots,\ x_n))+\phi((y_1,\ y_2,\ \cdots,\ y_n)),$$

$$\phi((x_1,\ x_2,\ \cdots,\ x_n)(y_1,\ y_2,\ \cdots,\ y_n))=\phi((x_1y_1,\ x_2y_2,\ \cdots,\ x_ny_n))$$
$$=(f_1(x_1y_1),\ f_2(x_2y_2),\ \cdots,\ f_n(x_ny_n))$$
$$=(f_1(x_1)f_1(y_1),\ f_2(x_2)f_2(y_2),\ \cdots,\ f_n(x_n)f_n(y_n))$$
$$=(f_1(x_1),\ f_2(x_2),\ \cdots,\ f_n(x_n))(f_1(y_1),\ f_2(y_2),\ \cdots,\ f_n(y_n))$$
$$=\phi((x_1,\ x_2,\ \cdots,\ x_n))\phi((y_1,\ y_2,\ \cdots,\ y_n))$$

이므로 $\phi$는 준동형이다. 따라서 정리 2.5.15에 의하여 나머지 결과가 얻어진다.

8. 함수 $f: I+J \longrightarrow ((I+J)/I)\oplus((I+J)/J)$를 임의의 $x\in I+J$에 대하여 $f(x)=(x+I,\ x+J)$로 정의하자. 그러면 임의의 $x,\ y\in I+J$에 대하여

$$f(x+y)=((x+y)+I,\ (x+y)+J)=((x+I)+(y+I),\ (x+J)+(y+J))$$
$$=(x+I,\ x+J)+(y+I,\ y+J)=f(x)+f(y),$$
$$f(xy)=(xy+I,\ xy+J)=((x+I)(y+I),\ (x+J)(y+J))$$
$$=(x+I,\ x+J)(y+I,\ y+J)=f(x)f(y)$$

이므로 $f$는 준동형이다. 또한, $(\alpha+I,\ \beta+J)\in((I+J)/I)\oplus((I+J)/J)$라 하면 $\alpha,\ \beta\in I+J$이므로 적당한 $a,\ b\in I$와 $c,\ d\in J$에 대하여 $\alpha=a+c,\ \beta=b+d$로 표시된다. 따라서 $b+c\in I+J$이고, 또한

$$f(b+c)=((b+c)+I,\ (b+c)+J)=((b+I)+(c+I),\ (b+J)+(c+J))$$
$$=(I+(c+I),\ (b+J)+J)=((a+I)+(c+I),\ (b+J)+(d+J))$$
$$=((a+c)+I,\ (b+d)+J)=(\alpha+I,\ \beta+J)$$

이므로 $f$는 전사준동형이다. 다음,

$$x\in \mathrm{Ker} f \Longleftrightarrow (I,\ J)=f(x)=(x+I,\ x+J) \Longleftrightarrow I=x+I,\ J=x+J$$
$$\Longleftrightarrow x\in I,\ x\in J \Longleftrightarrow x\in I\cap J$$

이므로 $\mathrm{Ker} f=I\cap J$이다. 따라서 제1동형정리에 의하여 $(I+J)/(I\cap J)\cong((I+J)/I)\oplus((I+J)/J)$이다. 다음, 제2동형정리에 의하여 $(I+J)/I\cong J/(I\cap J)$, $(I+J)/J\cong I/(I\cap J)$이므로 위의 문제 7에 의하여 $((I+J)/I)\oplus((I+J)/J)\cong(J/(I\cap J))\oplus(I/(I\cap J))$이다.

9. 함수 $\pi: I\oplus J \longrightarrow J$를 임의의 $(a,\ b)\in I\oplus J$에 대하여 $\pi((a,\ b))=b$로 정의하면 정리 3.2.28 (1)에 의하여 $\pi$는 전사준동형이고, 분명히 $\mathrm{Ker}\,\pi=\{(a,\ 0)\,|\,a\in I\}$이다. 따라서 제1동형정리에 의하여 $I\oplus J/\mathrm{Ker}\,\pi\cong J$이다. 다음, 함수 $f: I\oplus J \longrightarrow R$을 임

의의 $(a, b) \in I \oplus J$에 대하여 $f((a, b)) = a + b$로 정의하면 정리 3.2.29의 증명과정에 의하여 $f$는 동형이다. 더욱이 $f(\text{Ker}\,\pi) = I$이고, $\text{Ker} f = \{(0, 0)\} \subset \text{Ker}\,\pi$이므로 정리 3.3.9에 의하여 $I \oplus J/\text{Ker}\,\pi \cong R/I$이다. 따라서 $R/I \cong J$이다. 같은 방법으로 $R/J \cong I$임을 증명할 수 있다.

10. $\pi_i : R_i \longrightarrow R_i / I_i (i = 1, 2, \cdots, n)$을 표준전사준동형이라 하면 $\text{Ker}\,\pi_i = I_i$이다. 함수

$$\phi : R_1 \oplus R_2 \oplus \cdots \oplus R_n \longrightarrow (R_1/I_1) \oplus (R_2/I_2) \oplus \cdots \oplus (R_n/I_n)$$

을 임의의 $(x_1, x_2, \cdots, x_n) \in R_1 \oplus R_2 \oplus \cdots \oplus R_n$에 대하여

$$\phi((x_1, x_2, \cdots, x_n)) = (\pi_1(x_1), \pi_2(x_2), \cdots, \pi_n(x_n))$$

으로 정의하면 위의 문제 7에 의하여 $\phi$는 전사준동형이고 $\text{Ker}\,\phi = I$이다. 따라서 제 1동형정리에 의하여 $(R_1 \oplus R_2 \oplus \cdots \oplus R_n)/I \cong (R_1/I_1) \oplus (R_2/I_2) \oplus \cdots \oplus (R_n/I_n)$이다.

11. 보기 3.2.14에 의하여 $\mathbf{Z}$는 주이데알정역이다. $(m, n) = 1$이므로 정리 1.3.9 (1)에 의하여 $ma + nb = 1$을 만족하는 $a, b \in \mathbf{Z}$가 존재한다. 따라서 $x \in \mathbf{Z}$라 하면

$$x = x1 = x(ma + nb) = m(ax) + n(bx) \in (m) + (n)$$

이므로 $\mathbf{Z} \subset (m) + (n)$이다. 즉 $\mathbf{Z} = (m) + (n)$이다. 따라서 위의 문제 8에 의하여 $\mathbf{Z}/((m) \cap (n)) \cong (\mathbf{Z}/(m)) \oplus (\mathbf{Z}/(n))$이고, 또한 보기 3.3.5에 의하여 $\mathbf{Z}/(m) \cong \mathbf{Z}_m$, $\mathbf{Z}/(n) \cong \mathbf{Z}_n$이므로 위의 문제 7에 의하여 $(\mathbf{Z}/(m)) \oplus (\mathbf{Z}/(n)) \cong \mathbf{Z}_m \oplus \mathbf{Z}_n$이다. 더욱이 $(m, n) = 1$이고 $(m) = \{mk \mid k \in \mathbf{Z}\}$, $(n) = \{nt \mid t \in \mathbf{Z}\}$이므로 $(m) \cap (n) = \{mnr \mid r \in \mathbf{Z}\} = (mn)$이다. 그러므로

$$\mathbf{Z}_{mn} \cong \mathbf{Z}/(mn) = \mathbf{Z}/((m) \cap (n)) \cong \mathbf{Z}_m \oplus \mathbf{Z}_n.$$

## 연습문제 3.4

1. (1) $(\bar{2})$와 $(\bar{3})$는 $\mathbf{Z}_6$의 소이데알이고, 또한 극대이데알이다.
   (2) $\{\bar{0}\}$는 $\mathbf{Z}_7$의 소이데알이고, 또한 극대이데알이다.
   (3) $(\bar{2})$와 $(\bar{3})$는 $\mathbf{Z}_{24}$의 소이데알이고, 또한 극대이데알이다.
   (4) $\{0\}$은 $\mathbf{Q}$의 소이데알이고, 또한 극대이데알이다.
   (5) $\{(\bar{0}, \bar{0}), (\bar{0}, \bar{1}), (\bar{0}, \bar{2}), (\bar{0}, \bar{3})\}$와 $\{(\bar{0}, \bar{0}), (\bar{1}, \bar{0}), (\bar{0}, \bar{2}), (\bar{1}, \bar{2})\}$는 $\mathbf{Z}_2 \oplus$

$\mathbf{Z}_4$의 소이데알이고, 또한 극대이데알이다.

2. $2 \notin (4)$이므로 $(4) \subsetneq E$이다. $I$를 $(4) \subsetneq I$인 $E$의 이데알이라 하면 $a \notin (4)$인 $a \in I$가 존재한다. 즉 $a$는 2의 배수이지만 4의 배수는 아니다. 따라서 적당한 $n \in \mathbf{Z}$에 대하여 $a = 2(2n-1)$이다. 즉 $2 = 4n - a \in I$이다. 따라서 $I = E$이다. 그러므로 (4)는 $E$의 극대이데알이다. 한편 $2 \cdot 6 = 12 \in (4)$이지만 $2 \notin (4)$, $6 \notin (4)$이므로 (4)는 $E$의 소이데알이 아니다.

3. 분명히 $M$은 $R$의 이데알이다. 연습문제 3.3의 1 (2)에 의하여 $R/M \cong \mathbf{R}$이므로 정리 3.4.9에 의하여 $R/M$은 체이다. 따라서 정리 3.4.8 (2)에 의하여 $M$은 $R$의 극대이데알이다.

4. 분명히 $\mathbf{0} \in M$이므로 $M \neq \varnothing$이다. $h \in C(\mathbf{R})$, $f$, $g \in M$이라 하면

$$(f-g)(a) = f(a) - g(a) = 0 - 0 = 0, \quad (hf)(a) = h(a)f(a) = h(a)0 = 0$$

이므로 $f - g \in M$, $hf \in M$이다. 따라서 $M$은 $C(\mathbf{R})$의 이데알이다. 다음, 함수 $\theta: \mathbf{R} \longrightarrow \mathbf{R}$을 임의의 $x \in \mathbf{R}$에 대하여 $\theta(x) = 1$로 정의하면 $\theta$는 연속함수이므로 $\theta \in C(\mathbf{R})$이다(이 때, $\theta$는 $C(\mathbf{R})$의 단위원이다). 그러나 $\theta(a) = 1 \neq 0$이므로 $\theta \notin M$이다. 즉, $M \subsetneq C(\mathbf{R})$이다. $I$를 $M \subsetneq I \subset C(\mathbf{R})$인 $C(\mathbf{R})$의 이데알이라 하면 $u \notin M$, $u \in I$인 $u$가 존재한다. 따라서 $u(a) = c$라 하면 $c \neq 0$이다. 이제, 함수 $v: \mathbf{R} \longrightarrow \mathbf{R}$을 임의의 $x \in \mathbf{R}$에 대하여 $v(x) = c$로 정의하면 $v \in C(\mathbf{R})$이다. 따라서 $l = u - v$라 하면 $l \in C(\mathbf{R})$이고, 또한 $l(a) = u(a) - v(a) = c - c = 0$이므로 $l \in M \subset I$이다. 따라서 $v = u - l \in I$이다. 한편, 함수 $w: \mathbf{R} \longrightarrow \mathbf{R}$을 임의의 $x \in \mathbf{R}$에 대하여 $w(x) = \frac{1}{c}$로 정의하면 $w \in C(\mathbf{R})$이고, 따라서 $(vw)(x) = v(x)w(x) = c\frac{1}{c} = 1 = \theta(x)$이므로 $vw = \theta$이다. 즉 $v$는 $C(\mathbf{R})$의 단원이다. 따라서 정리 3.4.2 (1)에 의하여 $I = C(\mathbf{R})$이다. 그러므로 $M$은 $C(\mathbf{R})$의 극대이데알이다.

5. $\{0\} \oplus \mathbf{Z}$는 $\mathbf{Z} \oplus \mathbf{Z}$의 이데알이다. $(a, b), (c, d) \in \mathbf{Z} \oplus \mathbf{Z}$에 대하여 $(a, b)(c, d) \in \{0\} \oplus \mathbf{Z}$라 하면 $ac = 0$이므로 $a = 0$ 또는 $c = 0$이다. 따라서 $(a, b) \in \{0\} \oplus \mathbf{Z}$ 또는 $(c, d) \in \{0\} \oplus \mathbf{Z}$이다. 즉, $\{0\} \oplus \mathbf{Z}$는 $\mathbf{Z} \oplus \mathbf{Z}$의 소이데알이다. 한편, 함수 $f: \mathbf{Z} \oplus \mathbf{Z} \longrightarrow \mathbf{Z}$를 임의의 $(a, b) \in \mathbf{Z} \oplus \mathbf{Z}$에 대하여 $f((a, b)) = a$로 정의하면 정리 3.2.28 (1)에 의하여 $f$는 전사준동형이고, 또한 $\mathrm{Ker} f = \{0\} \oplus \mathbf{Z}$이므로 제1동형정리에 의하여 $(\mathbf{Z} \oplus \mathbf{Z})/(\{0\} \oplus \mathbf{Z}) \cong \mathbf{Z}$이다. 이 때, $\mathbf{Z}$는 체가 아니므로 정리 3.4.8 (1)과 정리 3.4.9에 의하여 $\{0\} \oplus \mathbf{Z}$는 $\mathbf{Z} \oplus \mathbf{Z}$의 극대이데알이 아니다.

6. (1) 보기 3.1.27과 정리 3.4.2 (3)에 의하여 $\mathbf{Z}_p$는 단순환이다.

(2) $J$를 $J\neq\{0\}$인 $M_2(\mathbf{R})$의 이데알이라 하면

$$A=\begin{bmatrix} a_{11} & a_{12} \\ a_{21} & a_{22} \end{bmatrix}\neq\begin{bmatrix} 0 & 0 \\ 0 & 0 \end{bmatrix}(a_{ij}\in\mathbf{R}\ (i=1,\ 2\ ;\ j=1,\ 2))$$

인 $A\in J$가 존재한다. 따라서 $a_{rs}\neq 0\ (1\leq r,\ s\leq 2)$인 $A$의 성분 $a_{rs}$가 존재한다. 이제 $E_{ij}(i=1,\ 2\ ;\ j=1,\ 2)$를 $(i,\ j)$성분이 1이고 그밖의 성분이 모두 0인 $2\times 2$행렬이라 하면 $E_{ij}\in M_2(\mathbf{R})$이고,

$$\begin{bmatrix} a_{rs} & 0 \\ 0 & a_{rs} \end{bmatrix}=\begin{bmatrix} a_{rs} & 0 \\ 0 & 0 \end{bmatrix}+\begin{bmatrix} 0 & 0 \\ 0 & a_{rs} \end{bmatrix}=E_{1r}AE_{s1}+E_{2r}AE_{s2}\in J$$

이다. 또한 $a_{rs}\neq 0$이므로 $a_{rs}^{-1}\in\mathbf{R}$이고, 따라서 $\begin{bmatrix} a_{rs}^{-1} & 0 \\ 0 & a_{rs}^{-1} \end{bmatrix}\in M_2(\mathbf{R})$이다. 그런데

$$I_2=\begin{bmatrix} 1 & 0 \\ 0 & 1 \end{bmatrix}=\begin{bmatrix} a_{rs} & 0 \\ 0 & a_{rs} \end{bmatrix}\begin{bmatrix} a_{rs}^{-1} & 0 \\ 0 & a_{rs}^{-1} \end{bmatrix}\in J,$$

즉 $I_2\in J$이고, 또한 $I_2$가 $M_2(\mathbf{R})$의 단위원이므로 정리 3.4.2 (1)에 의하여 $J=M_2(\mathbf{R})$이다. 따라서 $M_2(\mathbf{R})$은 단순환이다.

7. $M$을 $R$의 극대이데알이라 하자. $A$를 $A\neq\{M\}(M=0)$인 $R/M$의 이데알이라 하면 정리 3.3.12에 의하여 $A$는 적당한 $R$의 이데알 $J$에 대하여 $A=J/M$의 꼴로 표시되고, 특히 $M\subsetneq J$이므로 $J=R$이다. 즉 $A=R/M$이다. 따라서 $R/M$은 단순환이다. 역으로 $R/M$이 단순환이라 하자. $J$를 $M\subsetneq J$인 $R$의 이데알이라 하면 정리 3.3.12에 의하여 $J/M$은 $J/M\neq\{M\}(M=0)$인 $R/M$의 이데알이다. 따라서 $J/M=R/M$, 즉 $J=R$이다. 그러므로 $M$은 $R$의 극대이데알이다.

8. $P$를 $R$의 소이데알이라 하자. $I,\ J$를 $R$의 이데알이라 하고 $IJ\subset P$라 하자. 그러면 $I\subset P$이거나 $I\not\subset P$인데, $I\not\subset P$라 하면 $a\in I$이지만 $a\notin P$인 $a$가 존재한다. 모든 $b\in J$에 대하여 $ab\in IJ\subset P$이므로 $a\in P$이거나 $b\in P$이다. 그런데 $a\notin P$이므로 모든 $b\in J$에 대하여 $b\in P$이다. 즉 $J\subset P$이다. 역으로 $R$의 임의의 이데알 $I,\ J$에 대하여 $IJ\subset P$이면 $I\subset P$이거나 $J\subset P$가 성립한다고 가정하자. $a,\ b\in R$에 대하여 $ab\in P$라 하면 $(ab)\subset P$이다. $x\in(a)(b)$라 하면 정리 3.2.13에 의하여

$$(a)=\{ra+ma\mid r\in R,\ m\in\mathbf{Z}\},\quad (b)=\{sb+nb\mid s\in R,\ n\in\mathbf{Z}\}$$

이므로 적당한 $r_i$, $s_i \in R$, $m_i$, $n_i \in \mathbf{Z}$에 대하여 $x=\sum_{i=1}^{t}(r_ia+m_ia)(s_ib+n_ib)$로 표시된다. 그런데 정리 3.1.7 (4), (3)에 의하여

$$(r_ia+m_ia)(s_ib+n_ib)=r_is_iab+m_is_iab+n_ir_iab+m_in_iab \in (ab)$$

이므로 $x \in (ab) \subset P$이다. 즉 $(a)(b) \subset P$이다. 따라서 가정에 의하여 $(a) \subset P$이거나 $(b) \subset P$이다. 즉 $a \in P$이거나 $b \in P$이다. 그러므로 $P$는 $R$의 소이데알이다.

9. 연습문제 3.2의 12 (2)에 의하여 $IJ \subset I \cap J$이다. 따라서 $I \cap J$가 $R$의 소이데알이라 하면 위의 문제 8번에 의하여 $I \subset I \cap J$이거나 $J \subset I \cap J$이다. 즉, $I \subset J$이거나 $J \subset I$이다. 이것은 모순이다. 그러므로 $I \cap J$는 $R$의 소이데알이 아니다.

10. 제1동형정리에 의하여 $R/\text{Ker} f \cong R'$이므로 정리 3.4.9와 정리 3.4.8에 의하여 $R'$이 체일 필요충분조건은 $\text{Ker} f$가 $R$의 극대이데알인 것이다.

11. $P$가 $R$의 소이데알 $\Longleftrightarrow R/P$가 유한정역(정리 3.4.5에 의하여)
$\Longleftrightarrow R/P$가 체(정리 3.1.26과 정리 3.1.25에 의하여)
$\Longleftrightarrow P$가 $R$의 극대이데알(정리 3.4.8에 의하여).

12. (1) 정리 3.2.27 (1) (ii)에 의하여 $f(M)$은 $R'$의 이데알이고, 또한 $M \subsetneq R$이므로 정리 3.3.11에 의하여 $f(M) \subsetneq f(R)=R'$이다. $J$를 $f(M) \subsetneq J$인 $R'$의 이데알이라 하면 정리 3.2.27 (2) (ii)와 정리 3.3.11에 의하여 $f^{-1}(J)$는 $M \subsetneq f^{-1}(J)$인 $R$의 이데알이다. 그런데 $M$이 $R$의 극대이데알이므로 $f^{-1}(J)=R$이다. 즉, $J=R'$이다. 따라서 $f(M)$은 $R'$의 극대이데알이다.

(2) 정리 3.2.27 (2) (ii)에 의하여 $f^{-1}(M')$은 $\text{Ker} f \subset f^{-1}(M')$인 $R$의 이데알이고, 또한 $M' \subsetneq R'$이므로 정리 3.3.11에 의하여 $f^{-1}(M') \subsetneq f^{-1}(R')=R$이다. $I$를 $f^{-1}(M') \subsetneq I$인 $R$의 이데알이라 하면 정리 3.2.27 (1) (ii)와 정리 3.3.11에 의하여 $f(I)$는 $M' \subsetneq f(I)$인 $R'$의 이데알이다. 그런데 $M'$이 $R'$의 극대이데알이므로 $f(I)=R'=f(R)$이다. 따라서 정리 3.3.11에 의하여 $I=R$이다. 즉, $f^{-1}(M')$은 $R$의 극대이데알이다.

13. (1) 정리 3.2.27 (1) (ii)에 의하여 $f(P)$는 $R'$의 이데알이고, 또한 $P \subsetneq R$이므로 정리 3.3.11에 의하여 $f(P) \subsetneq f(R)=R'$이다. $c$, $d \in R'$에 대하여 $cd \in f(P)$라 하면 $cd=f(x)$를 만족하는 $x \in P$가 존재한다. 또한, $f$가 전사함수이므로 $c=f(a)$, $d=f(b)$를 만족하는 $a$, $b \in R$가 존재한다. 따라서 $f(x-ab)=f(x)-f(a)f(b)=f(x)-cd=0$이므로 $x-ab \in \text{Ker} f \subset P$이다. $x-ab=y$라 하면 $y \in P$이므로 $ab=$

$x-y\in P$이다. 따라서 $P$가 소이데알이므로 $a\in P$ 또는 $b\in P$이다. 즉, $c=f(a)\in f(P)$ 또는 $d=f(b)\in f(P)$이다. 따라서 $f(P)$는 $R'$의 소이데알이다.

(2) 정리 3.2.27 (2) (ii)에 의하여 $f^{-1}(P')$은 $\mathrm{Ker}f\subset f^{-1}(P')$인 $R$의 이데알이고, 또한 $P'\subsetneq R'$이므로 정리 3.3.11에 의하여 $f^{-1}(P')\subsetneq f^{-1}(R')=R$이다. $a, b\in R$에 대하여 $ab\in f^{-1}(P')$이라 하면 $f(a)f(b)=f(ab)\in P'$이고, 또한 $P'$이 $R'$의 소이데알이므로 $f(a)\in P'$ 또는 $f(b)\in P'$이다. 따라서 $a\in f^{-1}(P')$ 또는 $b\in f^{-1}(P')$이다. 즉, $f^{-1}(P')$은 $R$의 소이데알이다.

## 연습문제 3.5

1. (1) $\psi: R\longrightarrow \mathrm{End}((R, +))$를 동형함수라 하면 임의의 $f, g\in\mathrm{End}((R, +))$에 대하여 $\psi(r)=f$, $\psi(s)=g$를 만족하는 $r, s\in R$가 존재한다. 따라서

$$fg=\psi(r)\psi(s)=\psi(rs)=\psi(sr)=\psi(s)\psi(r)=gf$$

이므로 $\mathrm{End}((R, +))$는 가환환이다. 역으로, $\mathrm{End}((R, +))$를 가환환이라 하자. 정리 3.5.8의 증명과정에 의하여 함수 $\phi: R\longrightarrow\mathrm{End}((R, +))$를 임의의 $r, a\in R$에 대하여 $\phi(r)(a)=ra$로 정의하면 $\phi$는 단사준동형이다. $f\in\mathrm{End}((R, +))$라 하자. 임의의 $r, a\in R$에 대하여

$$rf(a)=\phi(r)(f(a))=(\phi(r)f)(a)=(f\phi(r))(a)=f(\phi(r)(a))=f(ra)$$

이므로

$$f(r)=f(r1_R)=rf(1_R)=f(1_R)r=\phi(f(1_R))(r)$$

이다. 즉, $f=\phi(f(1_R))$이다. 따라서 $\phi$는 전사함수이다. 그러므로 $\phi$는 동형이다.

(2) 함수 $\phi: \mathbf{Z}\longrightarrow\mathrm{End}((\mathbf{Z}, +))$를 임의의 $n, m\in\mathbf{Z}$에 대하여 $\phi(n)(m)=nm$으로 정의하면 정리 3.5.8의 증명과정에 의하여 $\phi$는 단사준동형이다. 임의의 $f\in\mathrm{End}((\mathbf{Z}, +))$와 임의의 $n\in(\mathbf{Z}, +)$에 대하여

$$\begin{aligned} f(n)&=f(n1)\\ &=nf(1)\text{(정리 3.2.21 (3)에 의하여)}\\ &=f(1)n=\phi(f(1))(n)\end{aligned}$$

이므로 $f=\phi(f(1))$이다. 즉, $\phi$는 전사함수이다. 따라서 $\phi$는 동형이다.

(3) (2)와 같은 방법으로 함수 $\phi: \mathbf{Z}_n \longrightarrow \mathrm{End}((\mathbf{Z}_n, +))$를 임의의 $\bar{a}$, $\bar{b} \in \mathbf{Z}_n$에 대하여 $\phi(\bar{a})(\bar{b}) = \bar{a}\bar{b}$로 정의하면 $\phi$는 단사준동형이다. 임의의 $f \in \mathrm{End}((\mathbf{Z}_n, +))$와 임의의 $\bar{a} \in (\mathbf{Z}_n, +)$에 대하여

$$\begin{aligned} f(\bar{a}) &= f(a\bar{1}) \\ &= af(\bar{1}) \text{ (정리 3.2.21 (3)에 의하여)} \\ &= \bar{a}f(\bar{1}) = f(\bar{1})\bar{a} = \phi(f(\bar{1}))(\bar{a}) \end{aligned}$$

이므로 $f = \phi(f(\bar{1}))$이다. 즉, $\phi$는 전사함수이다. 따라서 $\phi$는 동형이다.

2. $Q'$을 $R$의 분수체라 하자. 함수 $f: Q' \longrightarrow Q$를 임의의 $\frac{a}{b} \in Q'$에 대하여 $f\left(\frac{a}{b}\right) = ab^{-1}$로 정의하면 정리 3.5.6에 의하여 $Q' \cong \mathrm{Im} f$이고 $\mathrm{Im} f$는 $R$을 포함하는 $Q$의 부분체 중에서 가장 작은 부분체이다. 한편 $D \subset R \subset \mathrm{Im} f \subset Q$이고, 또한 $Q$는 $D$의 분수체이므로 정리 3.5.7 앞의 설명에 의하여 $\mathrm{Im} f = Q$, 즉 $Q' \cong Q$이다.

## 연습문제 3.6

1. 예를 들면, $\pm 1$, $1 \pm \sqrt{2}$는 $\mathbf{Z}[\sqrt{2}]$의 단원(연습문제 3.1의 12의 (5)를 참조)이고

$$\begin{aligned} 2+3\sqrt{2} &= (2+3\sqrt{2})1, \\ -2-3\sqrt{2} &= (2+3\sqrt{2})(-1), \\ 8+5\sqrt{2} &= (2+3\sqrt{2})(1+\sqrt{2}), \\ -4+\sqrt{2} &= (2+3\sqrt{2})(1-\sqrt{2}) \end{aligned}$$

이므로 $2+3\sqrt{2}$, $-2-3\sqrt{2}$, $8+5\sqrt{2}$, $-4+\sqrt{2}$는 $2+3\sqrt{2}$의 동반원이다.

2. (1) $(a)=(b)$라 하면 $a \in (a) = (b)$, $b \in (b) = (a)$이므로 적당한 $r$, $s \in R$에 대하여 $a = rb$, $b = sa$로 표시된다. 또한, $b^2 = b$이므로 $a = rb = rb^2 = (rb)b = ab$이고, 또한 $(1-b)b = b - b^2 = b - b = 0$이다. 따라서 $a = ab = ab^2 = (1-b)b + ab^2 = (1-b+ab)b$이다. $c = 1-b+bs$라 하면 $c \in R$이고, 또한

$$\begin{aligned} (1-b+ab)c &= (1-b+ab)(1-b+bs) \\ &= 1-b+ab-(1-b+ab)b+(1-b+ab)bs \\ &= 1-b+ab-a+as = 1-b+b = 1 \end{aligned}$$

이므로 $1-b+ab$는 $R$의 단원이다. 따라서 $a$는 $b$의 동반원이다.

(2) $a^m$이 $b$의 동반원이므로 정리 3.6.6 (5), (2)에 의하여 $(a^m)=(b)$($b=0$인 경우는 분명히 $a^m=0$이므로 $(a^m)=(b)$이다)이고, 또한 적당한 $R$의 단원 $u$에 대하여 $b=ua^m$으로 표시된다. 분명히 $(a^{m+1})\subset(a^m)=(b)$이다. 또한 $x\in(b)$라 하면 적당한 $r\in R$에 대하여 $x=rb$이므로

$$x=rb=rb^2=ru^2a^{2m}=(ru^2a^{m-1})a^{m+1}\in(a^{m+1}),\ \text{즉}\ (b)\subset(a^{m+1})$$

이다. 따라서 $(a^{m+1})=(b)$이다. 그러므로 (1)에 의하여 $a^{m+1}$은 $b$의 동반원이다. 다음, $n=m+k\,(k\geq 1)$에 대하여 $a^n$이 $b$의 동반원이라 하면 $(a^n)=(b)$이므로 위와 같은 방법으로 생각하면 $(a^{n+1})=(b)$, 즉 $a^{n+1}$은 $b$의 동반원이다. 그러므로 수학적 귀납법에 의하여 $n\geq m$인 모든 $n$에 대하여 $a^n$은 $b$의 동반원이다.

3. (1) $a$는 기약원이고 소원이다.

(3) $a$는 기약원이고 소원이다.

(4) $b$는 기약원이고 소원이다.

4. (1) 분명히 $\varnothing\neq\mathbf{Z}[\sqrt{-5}]\subset\mathbf{C}$이다. 임의의 $a+b\sqrt{-5}$, $c+d\sqrt{-5}\in\mathbf{Z}[\sqrt{-5}]$ $(a,\ b,\ c,\ d\in\mathbf{Z})$에 대하여

$$(a+b\sqrt{-5})-(c+d\sqrt{-5})=(a-c)+(b-d)\sqrt{-5}\in\mathbf{Z}[\sqrt{-5}],$$
$$(a+b\sqrt{-5})(c+d\sqrt{-5})=(ac-5bd)+(ad+bc)\sqrt{-5}\in\mathbf{Z}[\sqrt{-5}]$$

이므로 $\mathbf{Z}[\sqrt{-5}]$는 $\mathbf{C}$의 부분환이다. 더욱이, $\mathbf{C}$는 체이므로 $\mathbf{Z}[\sqrt{-5}]$는 정역이다.

(2) $a+b\sqrt{-5}\in\mathbf{Z}[\sqrt{-5}]$를 $\mathbf{Z}[\sqrt{-5}]$의 단원이라 하면 $1=(a+b\sqrt{-5})(c+d\sqrt{-5})$를 만족하는 $c+d\sqrt{-5}\in\mathbf{Z}[\sqrt{-5}]$가 존재한다. 따라서 $1=\overline{1}=(a-b\sqrt{-5})(c-d\sqrt{-5})$이므로

$$1=1\cdot\overline{1}=(a^2+5b^2)(c^2+5d^2)$$

이다. 그런데 $a^2+5b^2>0$, $c^2+5d^2>0$이므로 $a^2+5b^2=1$, $c^2+5d^2=1$이어야 한다. 따라서 $a=\pm 1$, $b=0$이어야 한다. 즉, $\mathrm{U}(\mathbf{Z}[\sqrt{-5}])=\{1,\ -1\}$이다.

(3) (2)에 의하여 $\sqrt{-5}$는 $\mathbf{Z}[\sqrt{-5}]$의 단원이 아니다. $\alpha=a+b\sqrt{-5}$, $\beta=c+d\sqrt{-5}\in\mathbf{Z}[\sqrt{-5}]$에 대하여 $\sqrt{-5}\mid\alpha\beta$라 하자. 그러면 적당한 $x+y\sqrt{-5}\in\mathbf{Z}[\sqrt{-5}]$에 대하여 $\alpha\beta=\sqrt{-5}(x+y\sqrt{-5})$로 표시되므로 $\overline{\alpha\beta}=-\sqrt{-5}(x-$

$y\sqrt{-5}$)이다. 따라서

$$(a^2+5b^2)(c^2+5d^2)=\alpha\bar{\alpha}\beta\bar{\beta}=\alpha\beta\bar{\alpha}\bar{\beta}=\alpha\beta\overline{\alpha\beta}=5(x^2+5y^2)$$

이다. 그러므로 $5|(a^2+5b^2)(c^2+5d^2)$이다. 그런데 5가 소수이므로 $5|(a^2+5b^2)$ 또는 $5|(c^2+5d^2)$이다. 따라서 $5|a^2$ 또는 $5|c^2$이다. 즉, $5|a$ 또는 $5|c$이다. 따라서 $\sqrt{-5}\,|a$ 또는 $\sqrt{-5}\,|c$이다. 그러므로 $\sqrt{-5}\,|\alpha$ 또는 $\sqrt{-5}\,|\beta$이다. 즉, $\sqrt{-5}$는 소원이다.

(4) (2)에 의하여 3은 $\mathbf{Z}[\sqrt{-5}]$의 단원이 아니다. 따라서 3이 $\mathbf{Z}[\sqrt{-5}]$에서의 기약원이 아니라 하면 $\mathbf{Z}[\sqrt{-5}]$의 단원이 아닌 적당한 $\alpha=a+b\sqrt{-5}$, $\beta=c+d\sqrt{-5}\in\mathbf{Z}[\sqrt{-5}]$에 대하여 $3=\alpha\beta$의 꼴로 표시된다. 따라서

$$9=3\cdot3=3\cdot\bar{3}=\alpha\beta\overline{\alpha\beta}=\alpha\beta\bar{\alpha}\bar{\beta}=\alpha\bar{\alpha}\beta\bar{\beta}=(a^2+5b^2)(c^2+5d^2)$$

이다. 이 때, $a^2+5b^2>1$, $c^2+5d^2>1$이므로

$$a^2+5b^2=3,\quad c^2+5d^2=3 \qquad\cdots(*)$$

이어야 한다($a^2+5b^2=1$이라 하면 $b=0$이고, 따라서 $a^2=1$, 즉 $a=\pm1$이다. 따라서 $\alpha$가 $\mathbf{Z}[\sqrt{-5}]$의 단원이 되어 모순이다. 또한, $a^2+5b^2=9$이면 $c^2+5d^2=1$이 되고, 따라서 $\beta$가 $\mathbf{Z}[\sqrt{-5}]$의 단원이 되어 모순이다). 그런데 방정식 $(*)$의 정수해는 존재하지 않으므로 모순이다. 따라서 3은 기약원이다. 그러나 $2+\sqrt{-5}$, $2-\sqrt{-5}\in\mathbf{Z}[\sqrt{-5}]$에 대하여 $9=(2+\sqrt{-5})(2-\sqrt{-5})$이므로 $3|(2+\sqrt{-5})(2-\sqrt{-5})$이지만 $3\nmid(2+\sqrt{-5})$, $3\nmid(2-\sqrt{-5})$($2\pm\sqrt{-5}=3(x+y\sqrt{-5})$라 하면 $2=3x(x\in\mathbf{Z})$가 되어 모순)이므로 3은 소원은 아니다.

(5) $9=3\cdot3=(2+\sqrt{-5})(2-\sqrt{-5})$이고 3은 (4)에 의하여 기약원이다. 또한, $\alpha=a+b\sqrt{-5}$, $\beta=c+d\sqrt{-5}\in\mathbf{Z}[\sqrt{-5}]$에 대하여 $2+\sqrt{-5}=\alpha\beta$라 하면

$$9=(2+\sqrt{-5})(2-\sqrt{-5})=\alpha\beta\overline{\alpha\beta}=\alpha\bar{\alpha}\beta\bar{\beta}=(a^2+5b^2)(c^2+5d^2)$$

이므로 $a^2+5b^2=1$ 또는 3 또는 9이다. $a^2+5b^2=3$이면 정수해가 없으므로 $a^2+5b^2=1$ 또는 9이다. 그런데 (4)의 증명과정에 의하여 $a^2+5b^2=1$이면 $\alpha$는 단원이고, $a^2+5b^2=9$이면 $\beta$가 단원이다. 따라서 $2+\sqrt{-5}$는 기약원이다. 같은 방법으로 $2-\sqrt{-5}$도 기약원임을 증명할 수 있다. 따라서 9는 두 개의 서로 다른 인수분해를 가진다. 더욱이 (2)에 의하여 $U(\mathbf{Z}[\sqrt{-5}])=\{1,-1\}$이

므로 $2+\sqrt{-5}$와 $2-\sqrt{-5}$는 모두 3의 동반원이 아니다. 따라서 $\mathbf{Z}[\sqrt{-5}]$는 UFD가 아니다.

5. $a|c$, $b|c$이므로 적당한 $a_1$, $b_1 \in R$에 대하여 $c=aa_1=bb_1$으로 표시되고, 또한 $a$와 $b$가 서로 소이므로 정리 3.6.28에 의하여 $1=ax_1+bx_2$인 $x_1$, $x_2 \in R$가 존재하므로

$$c=cax_1+cbx_2=bb_1ax_1+aa_1bx_2=ab(b_1x_1+a_1x_2)$$

이다. 따라서 $ab|c$이다.

6. $Q$를 $\{0\} \subsetneq Q \subset P$인 $R$의 소이데알이라 하고 $b \in Q(b \neq 0)$라 하자. $b$가 $R$의 단원이면 정리 3.4.2 (1)에 의하여 $R=Q=P$가 되어 모순이므로 $b$는 $R$의 단원이 아니다. 그런데 $R$이 UFD이므로 적당한 기약원 $p_1, p_2, \cdots, p_n \in R$에 대하여 $b=p_1p_2\cdots p_n$으로 표시된다. 또한 $b \in P=(a)$이므로 적당한 $r \in R$에 대하여 $b=ar$로 표시된다. 그런데 $P$가 소이데알이므로 정리 3.6.12 (1), (3)에 의하여 $a$는 기약원이다. 따라서 적당한 $i(1 \leq i \leq n)$와 적당한 $R$의 단원 $u$에 대하여 $a=p_iu$로 표시된다. 즉, $a$는 $p_i$의 동반원이다. 따라서 정리 3.6.7에 의하여 $P=(p_i)$이다. 한편 $Q$가 $R$의 소이데알이므로 적당한 $k(1 \leq k \leq n)$에 대하여 $p_k \in Q$이다. 따라서 $p_k \in Q \subset P=(a)$이므로 $a|p_k$이다. 이 때, $p_k$가 기약원이고 $a$는 $R$의 단원이 아니므로 정리 3.6.12 (6)에 의하여 $a$는 $p_k$의 동반원이다. 따라서 정리 3.6.6 (1)에 의하여 $p_i$는 $p_k$의 동반원이다. 그러므로 정리 3.6.7에 의하여 $(p_i)=(p_k)$이다. 따라서 $P=(p_i)=(p_k)\subset Q$이므로 $P=Q$이다.

7. 연습문제 3.1의 3에 의하여 $\mathbf{Z}[\sqrt{2}]$는 정역이다. 함수 $\theta: \mathbf{Z}[\sqrt{2}]^* \longrightarrow \mathbf{N}$을 임의의 $\alpha=a+b\sqrt{2} \in \mathbf{Z}[\sqrt{2}]^*$에 대하여 $\theta(\alpha)=|a^2-2b^2|$으로 정의하면 보기 3.6.21에서와 같은 방법으로 $\mathbf{Z}[\sqrt{2}]$는 Euclid 정역임을 보일 수 있다.

8. (1) $a$가 $b$의 동반원이면 적당한 $R$의 단원 $u$에 대하여 $a=bu$로 표시된다. 따라서 $b=au^{-1}$이다. 더욱이 $u$, $u^{-1} \in R^*$이므로 정의 3.6.19 (1)에 의하여

$$\theta(a)=\theta(bu) \geq \theta(b), \quad \theta(b)=\theta(au^{-1}) \geq \theta(a)$$

이다. 즉, $\theta(a)=\theta(b)$.

(2) 정의 3.6.19 (2)에 의하여

$$a=bq+r, \quad r=0 \text{ 또는 } r \neq 0\text{인 경우는 } \theta(r)<\theta(b)$$

를 만족하는 $q$, $r \in R$가 존재한다. 또한 $a|b$이므로 $b=ax$를 만족하는 $x \in R$가

존재한다. 이제 $r \neq 0$이라 하면 $\theta(r) < \theta(b)$이다. 그런데 $a = bq + r = axq + r$이므로 $a(1-xq) = r$이고, 따라서

$$\theta(r) = \theta(a(1-xq)) \geq \theta(a) = \theta(b)$$

가 되어 모순이다. 따라서 $r=0$, 즉 $a=bq$이다. 따라서 $b|a$이므로 정리 3.6.7에 의하여 $a$는 $b$의 동반원이다.

(3) $\theta(ab) > \theta(b)$라 하자. $a$를 $R$의 단원이라 하면 $ab$는 $b$의 동반원이므로 (1)에 의하여 $\theta(ab) = \theta(b)$가 되어 모순이다. 따라서 $a$는 $R$의 단원이 아니다. 다음, $\theta(b) = \theta(ab)$라 하자. 정의 3.6.19 (2)에 의하여

$$b = (ab)q + r, \quad r = 0 \text{ 또는 } r \neq 0 \text{인 경우는 } \theta(r) < \theta(ab)$$

를 만족하는 $q$, $r \in R$가 존재한다. $r \neq 0$이라 하면 $r = b(1-aq)$이므로

$$\theta(r) = \theta(b(1-aq)) \geq \theta(b) = \theta(ab)$$

가 되어 모순이다. 따라서 $r=0$, 즉 $b=abq$이다. 그런데 $R$이 정역이므로 $1=aq$이다. 즉, $a$는 $R$의 단원이다. 따라서 $a$가 $R$의 단원이 아니면 $\theta(ab) > \theta(b)$이다.

(4) 보기 3.6.21의 Euclid 정역 $\mathbf{Z}[i]$에서 $a = 1+2i$, $b = 2+i$라 하면 $\theta(a) = 5 = \theta(b)$이다. 그런데 보기 3.2.3에 의하여 $U(\mathbf{Z}[i]) = \{1, -1, i, -i\}$이므로 $a$는 $b$의 동반원이 아니다.

9. $a = a'd$, $b = b'd$라 하면 $a'b'd = ab'$이고 $a'b'd = ba'$이다. 따라서 $l|a'b'd$이므로 적당한 $k \in R (k \neq 0)$에 대하여 $a'b'd = lk$이고, 또한 $ab = a'db'd = lkd$이다. 한편, $a|l$, $b|l$이므로 적당한 $m$, $n \in R$에 대하여 $l = am = bn$이다. 따라서 $ab = lkd = bnkd$, $ab = lkd = amkd$, 즉 $a = nkd$, $b = mkd$이므로 $kd|a$, $kd|b$이다. 그러므로 $kd|d$, 즉 $k|1$이다. 따라서 적당한 $u \in R$에 대하여 $ku = 1$이다. 즉, $u$는 $R$의 단원이고, 또한 $ld = ldku = abu$이다.

## 연습문제 3.7

1. (i) $\mathbf{Z}_6[x]$에서

$$f(x) + g(x) = \bar{1} + \bar{4}x + x^2 + x^3$$
$$f(x) - g(x) = \bar{1} + \bar{2}x + \bar{3}x^2 + \bar{5}x^3$$

$f(x)g(x)=x+\bar{2}x^2+x^4+\bar{2}x^5$

(ii) $\mathbf{Z}_7[x]$에서

$f(x)+g(x)=\bar{1}+\bar{4}x+x^3$

$f(x)-g(x)=\bar{1}+\bar{2}x+\bar{4}x^2+\bar{6}x^3$

$f(x)g(x)=x+x^2+\bar{4}x^3+\bar{6}x^4+\bar{2}x^5$

2. (1) 분명히 $S[x]\neq\varnothing$이다. $f(x)=\sum_{k=0}^{n}a_kx^k$, $g(x)=\sum_{k=0}^{n}b_kx^k\in S[x]$라 하면 $f(x)-g(x)=\sum_{k=0}^{n}(a_k-b_k)x^k$이고, $a_k-b_k\in S\ (k=0,\ 1,\ \cdots,\ n)$이므로 $f(x)-g(x)\in S[x]$이다. 또한 $f(x)=\sum_{k=0}^{m}a_kx^k$, $g(x)=\sum_{k=0}^{n}b_kx^k\in S[x]$라 하면 $f(x)g(x)=\sum_{k=0}^{m+n}(\sum_{j+t=k}a_jb_t)x^k$이고 $\sum_{j+t=k}a_jb_t\in S(k=0,\ 1,\ \cdots,\ m+n)$이므로 $f(x)g(x)\in S[x]$이다. 따라서 $S[x]$는 $R[x]$의 부분환이다.

(2) $S$가 $R$의 이데알이므로 (1)에 의하여 $S[x]$는 $R[x]$의 부분환이다. $f(x)=\sum_{k=0}^{m}a_kx^k\in S[x]$, $g(x)=\sum_{k=0}^{n}b_kx^k\in R[x]$라 하면 $f(x)g(x)=\sum_{k=0}^{m+n}(\sum_{j+t=k}a_jb_t)x^k$, $g(x)f(x)=\sum_{k=0}^{n+m}(\sum_{j+t=k}b_ja_t)x^k$이고, 또한 $k=0,\ 1,\ \cdots,\ m+n$에 대하여 $\sum_{j+t=k}a_jb_t\in S$, $\sum_{j+t=k}b_ja_t\in S$이므로 $f(x)g(x),\ g(x)f(x)\in S[x]$이다. 따라서 $S[x]$는 $R[x]$의 이데알이다.

3. (1) 분명히 $S_1\neq\varnothing$이다. $f(x)=\sum_{k=0}^{n}a_kx^k$, $g(x)=\sum_{k=0}^{n}b_kx^k\in S_1$이라 하면 홀수 $k$에 대하여 $a_k=b_k=0$이므로 홀수 $k$에 대하여 $a_k-b_k=0$이다. 따라서

$$f(x)-g(x)=\sum_{k=0}^{n}(a_k-b_k)x^k\in S_1$$

이다. 또한, $f(x)=\sum_{k=0}^{m}a_kx^k$, $g(x)=\sum_{k=0}^{n}b_kx^k\in S_1$이라 하면 홀수 $k$에 대하여 $a_k=b_k=0$이다. 따라서 홀수 $k$에 대하여 $j+t=k(j,\ t$는 음이 아닌 정수)라 하면 $j,\ t$ 중에서 하나는 홀수이므로 $\sum_{j+t=k}a_jb_t=0$이다. 따라서

$$f(x)g(x)=\sum_{k=0}^{m+n}(\sum_{j+t=k}a_jb_t)x^k\in S_1$$

이다. 그러므로 $S_1$은 $R[x]$의 부분환이다.

(2) $a \in R(a \neq 0)$에 대하여 $f(x)=ax$, $g(x)=ax^3 \in S_2$이지만 $f(x)g(x)=a^2x^4(a \neq 0)$이므로 $f(x)g(x) \notin S_2$이다. 따라서 $S_2$는 $R[x]$의 부분환이 아니다.

(3) $R$이 정역이므로 정리 3.7.4 (4)에 의하여 $R[x]$는 정역이다. 분명히 $S_3 \neq \varnothing$이다. $f(x)=\sum_{k=0}^{n} a_k x^k$, $g(x)=\sum_{k=0}^{n} b_k x^k \in S_3$라 하면 $\sum_{k=0}^{n} a_k = \sum_{k=0}^{n} b_k = 0$이므로

$$\sum_{k=0}^{n}(a_k - b_k) = \sum_{k=0}^{n} a_k - \sum_{k=0}^{n} b_k = 0-0=0$$

이다. 따라서

$$f(x)-g(x)=\sum_{k=0}^{n}(a_k-b_k)x^k \in S_3$$

이다. 또한, $f(x)=\sum_{k=0}^{m} a_k x^k \in S_3$, $g(x)=\sum_{k=0}^{n} b_k x^k \in R[x]$라 하면 $\sum_{k=0}^{m} a_k = 0$이므로

$$0=\left(\sum_{k=0}^{m} a_k\right)\left(\sum_{k=0}^{n} b_k\right)=\sum_{k=0}^{m+n}\left(\sum_{j+t=k} a_j b_t\right)$$

이다. 따라서

$$f(x)g(x)=\left(\sum_{k=0}^{m} a_k x^k\right)\left(\sum_{k=0}^{n} b_k x^k\right)=\sum_{k=0}^{m+n}\left(\sum_{j+t=k} a_j b_t\right)x^k \in S_3$$

이다. 즉, $S_3$는 $R[x]$의 이데알이다. 더욱이 $1x=x \notin S_3$이므로 $S_3 \subsetneq R[x]$이다. 또한, 임의의 $f(x)=\sum_{k=0}^{m} a_k x^k$, $g(x)=\sum_{k=0}^{n} b_k x^k \in R[x]$에 대하여 $f(x)g(x) \in S_3$라 하면

$$0=\sum_{k=0}^{m+n}\left(\sum_{j+t=k} a_j b_t\right)=\left(\sum_{k=0}^{m} a_k\right)\left(\sum_{k=0}^{n} b_k\right)$$

이다. 그런데 $R$이 정역이므로 $\sum_{k=0}^{m} a_k = 0$ 또는 $\sum_{k=0}^{n} b_k = 0$, 즉 $f(x) \in S_3$ 또는 $g(x) \in S_3$이다. 그러므로 $S_3$는 $R[x]$의 소이데알이다.

4. (1) 분명히 $\phi$는 준동형이다. $c=0$이면 $\operatorname{Ker}\phi=\left\{f(x)=\sum_{k=0}^{n} a_k x^k \in R[x] \mid a_0=0\right\}$이고, $c \neq 0$이면 $\operatorname{Ker}\phi=\{0\}$이다.

(2) $\phi$를 동형이라 하면 (1)에 의하여 $c \neq 0$이다. 또한 $\phi$는 전사준동형이므로

$\phi(f(x))=x$를 만족하는 $f(x)=\sum_{k=0}^{n}a_kx^k\in R[x]$가 존재한다. 따라서

$$x=\phi(f(x))=\sum_{k=0}^{n}a_kc^kx^k$$

이므로 $a_1c=1$이고 $a_ic^i=0\,(i\neq 1)$이다. 그러므로 $c$는 $R$의 단원이다. 역으로 $c$가 $R$의 단원이라 하면 $c\neq 0$이므로 (1)에 의하여 $\text{Ker}\,\phi=\{0\}$이다. 따라서 $\phi$는 단사준동형이다. 또한 임의의 $g(x)=\sum_{k=0}^{m}b_kx^k\in R[x]$에 대하여 $f(x)=\sum_{k=0}^{m}b_kc^{-k}x^k\in R[x]$이고, $\phi(f(x))=f(cx)=g(x)$이므로 $\phi$는 전사준동형이다. 그러므로 $\phi$는 동형이다.

5. (1) 0에 의한 대입준동형 $\theta_0$: $\mathbf{Z}[x]\longrightarrow\mathbf{Z}$를 생각하자. $a\in\mathbf{Z}$에 대하여 $\theta_0(a)=a$이므로 $\theta_0$는 전사준동형이다. 또한, $f(x)=\sum_{k=0}^{n}a_kx^k\in\text{Ker}\,\theta_0$라 하면

$$0=\theta_0(f(x))=f(0)=a_0$$

이므로

$$\begin{aligned}\text{Ker}\,\theta_0&=\left\{f(x)\mid \mathbf{Z}[x]\ni f(x)=\sum_{k=1}^{n}a_kx^k=x\sum_{k=1}^{n}a_kx^{k-1}\right\}\\&=\{xg(x)\mid g(x)\in\mathbf{Z}[x]\}=(x),\end{aligned}$$

즉 $\text{Ker}\,\theta_0=(x)$이다. 따라서 정리 3.3.4에 의하여

$$\mathbf{Z}[x]/(x)\cong\mathbf{Z}$$

이다. 그런데 $\mathbf{Z}$는 정역이므로 정리 3.4.9에 의하여 $\mathbf{Z}[x]/(x)$도 정역이다. 따라서 정리 3.4.5에 의하여 $(x)$는 $\mathbf{Z}[x]$의 소이데알이다. 그러나 $\mathbf{Z}$는 체가 아니므로 정리 3.4.9에 의하여 $\mathbf{Z}[x]/(x)$도 체가 아니다. 따라서 정리 3.4.8 (1)에 의하여 $(x)$는 $\mathbf{Z}[x]$의 극대이데알이 아니다.

(2) (1)에서와 같이 0에 의한 대입준동형 $\theta_0$: $\mathbf{Q}[x]\longrightarrow\mathbf{Q}$를 생각하면 $\theta_0$는 전사준동형이고 $\text{Ker}\,\theta_0=(x)$이므로 정리 3.3.4에 의하여

$$\mathbf{Q}[x]/(x)\cong\mathbf{Q}$$

이다. 그런데 $\mathbf{Q}$는 체이므로 정리 3.4.9에 의하여 $\mathbf{Q}[x]/(x)$도 체이다. 따라서 정리 3.4.8 (2), (1)에 의하여 $(x)$는 $\mathbf{Q}[x]$의 소이데알인 동시에 극대이데알이다.

## 연습문제 3.8

1. (1) $q(x) = -2+x,\ r(x) = 5+5x$

   (2) $q(x) = \frac{1}{4}(-1+2x),\ r(x) = \frac{3}{4}(2+x)$

   (3) $q(x) = \bar{3}x,\ r(x) = \bar{1} + \bar{3}x$

   (4) $q(x) = \bar{1} + \bar{3}x,\ r(x) = \bar{4} + \bar{2}x$

2. 위의 문제 1의 (2)에서 $R[x] = \mathbf{Z}[x]$라 하면 $q(x),\ r(x) \notin \mathbf{Z}[x]$이다.

3. (1) $d(x) = q(-2+x),\ h(x) = \frac{q}{7},\ p(x) = -\frac{q}{7}(2+x)$

   ($q \in \mathbf{Q},\ q \neq 0$; 정리 3.6.24를 참조).

   (2) $d(x) = q(1+x^2),\ h(x) = \frac{q}{6}(3-x^2),\ p(x) = \frac{q}{6}x(q \in \mathbf{Q},\ q \neq 0)$.

4. (1) $3x,\ -3x$  (2) $qx\,(q \in \mathbf{Q},\ q \neq 0)$

   (3) $\bar{1} + x,\ \bar{2} + \bar{2}x$

5. (1) $\frac{1}{2} - \frac{1}{2}x + x^3$  (2) $i + ix + x^2$

   (3) $\bar{4} + \bar{2}x^2 + x^5$

6. $\mathbf{Z}_{10}$에서의 $f(x)$의 근은 $\bar{0},\ \bar{1},\ \bar{5},\ \bar{6}$이고, $\mathbf{Z}_{11}$에서의 $f(x)$의 근은 $\bar{0},\ \bar{1}$이다.

7. $\mathbf{Q}$는 유일인수분해정역 $\mathbf{Z}$의 분수체이므로 정리 3.8.17에 의하여 $z = \frac{c}{b} \in \mathbf{Q}$($b$와 $c$는 서로 소인 정수)가 $f(x)$의 유리근이면 $c|3,\ b|2$이어야 한다. 따라서 $f(x)$가 유리근을 가지면 그 유리근은 $\pm 1,\ \pm 3,\ \pm\frac{1}{2},\ \pm\frac{3}{2}$ 중의 어느 것이다. 실제로

$$f(1) \neq 0,\ f(-1) \neq 0,\ f(3) \neq 0,\ f\left(\frac{1}{2}\right) \neq 0,\ f\left(\frac{3}{2}\right) \neq 0,\ f\left(-\frac{3}{2}\right) \neq 0$$

   이지만

$$f(-3) = 0, \quad f\left(-\frac{1}{2}\right) = 0$$

   이므로 $f(x)$의 유리근은 $-3,\ -\frac{1}{2}$뿐이다. 다음, $\mathbf{Q}$에서의 $g(x) = 2 - x^2$의 근이 존재하지 않으므로 정리 3.8.15 (2)에 의하여 $g(x)$는 $\mathbf{Q}[x]$에서의 기약다항식이다. 마

지막으로, $h(x)=1+8x-2x^2+x^4$이 $\mathbf{Q}[x]$에서의 기약다항식임을 보이자. 보기 3.8.25에서와 마찬가지로 $h(x)$가 $\mathbf{Q}[x]$에서의 가약다항식이면 $h(x)$는 다음 두 가지 경우, 즉

(1) $h(x)=(a_0+x)(b_0+b_1x+b_2x^2+x^3)(a_0,\ b_0,\ b_1,\ b_2\in\mathbf{Z})$

(2) $h(x)=(c_0+c_1x+x^2)(d_0+d_1x+x^2)(c_0,\ c_1,\ d_0,\ d_1\in\mathbf{Z})$

의 꼴로 표시되어야 한다. $h(x)$가 (1)의 꼴로 표시된다면 정리 3.8.12에 의하여 $-a_0\in\mathbf{Z}$가 $h(x)$의 근이어야 한다. 따라서 정리 3.8.17에 의하여 $-a_0|1$, 즉 $a_0=\pm1$이어야 한다. 그러나 $h(1)=8\neq0$, $h(-1)=-8\neq0$이므로 이 경우는 일어나지 않는다. 다음, $h(x)$가 (2)의 꼴로 표시된다고 하면

$$1+8x-2x^2+x^4=c_0d_0+(c_1d_0+c_0d_1)x+(c_0+c_1d_1+d_0)x^2+(c_1+d_1)x^3+x^4$$

이므로

$$c_0d_0=1,\ c_1d_0+c_0d_1=8,\ c_0+c_1d_1+d_0=-2,\ c_1+d_1=0$$

을 얻는다. 이 때, $c_0d_0=1$이므로 $c_0=d_0=-1$ 또는 $c_0=d_0=1$이어야 한다. 따라서 $c_1d_0+c_0d_1=8$이므로 $c_1+d_1=-8$ 또는 $c_1+d_1=8$이어야 한다. 그러나 $c_1+d_1=0$이므로 (2)의 경우도 일어나지 않는다. 그러므로 $h(x)$는 $\mathbf{Q}[x]$에서의 기약다항식이다.

8. (1) $\bar{2},\ \bar{3},\ \bar{4}$ ; $(\bar{1}+x)(\bar{2}+x)(\bar{3}+x)$
   (2) $\bar{1},\ \bar{4}$ ; $(\bar{1}+x)(\bar{4}+x)(\bar{4}+\bar{3}x^2)$
   (3) $\bar{4}$(중근) ; $(\bar{1}+x)^5$
   (4) $\bar{1},\ \bar{2},\ \bar{3},\ \bar{4}$ ; $(\bar{1}+x)(\bar{2}+x)(\bar{3}+x)(\bar{4}+x)$

9. $\mathbf{Q}[x]$에서 $f(x)=(2-x^2)(2+x^2)$이고, $\mathbf{R}[x]$에서 $f(x)=(\sqrt{2}-x)(\sqrt{2}+x)(2+x^2)$이다. 또한 $\mathbf{C}[x]$에서 $f(x)=(\sqrt{2}-x)(\sqrt{2}+x)(-\sqrt{2}i+x)(\sqrt{2}i+x)$이다.

10. $g(x)$, $h(x)\in D[x]$에 대하여 $f(x)=g(x)h(x)$라 하면 $f(a+x)=g(a+x)h(a+x)$이고 $\deg g(x)=\deg g(a+x)$, $\deg h(x)=\deg h(a+x)$이다. 따라서 $f(x)$가 가약다항식이면 $f(a+x)$도 가약다항식이다($g(x)=b(0\neq b\in D)$이면 $g(a+x)=b$임을 참조하여라). 역은 $x$ 대신에 $-a+x$를 대입하면 위와 같은 방법으로 얻어진다.

11. $f(1+x)=\dfrac{1-(1+x)^p}{1-(1+x)}=\dfrac{1}{x}\left(\binom{p}{1}x+\binom{p}{2}x^2+\cdots+\binom{p}{k}x^k+\cdots+\binom{p}{p-1}x^{p-1}+x^p\right)$

$$=\binom{p}{1}+\binom{p}{2}x+\cdots+\binom{p}{k}x^{k-1}+\cdots+\binom{p}{p-1}x^{p-2}+x^{p-1}$$

이다. 이 때, 소수 $p$는 $\mathbf{Z}$에서의 기약원이고

$$p^2 \nmid \binom{p}{1}=p, \quad p \mid \binom{p}{k}(1 \le k \le p-1), \quad p \nmid 1$$

이므로 정리 3.8.28에 의하여 $f(1+x)$는 $\mathbf{Q}[x]$에서의 기약다항식이다. 따라서 위의 문제 10에 의하여 $f(x)$는 $\mathbf{Q}[x]$에서의 기약다항식이다.

12. (1), (2), (3)이 $\mathbf{Q}[x]$에서의 기약다항식이다.

13. (1), (2), (3), (4) 모두 $\mathbf{Z}[x]$에서의 기약다항식이다.

14. (1) $\overline{1}+x+x^3$, $\overline{1}+x^2+x^3$

(2) $\overline{1}+x^2$, $\overline{2}+x+x^2$, $\overline{2}+\overline{2}x+x^2$, $\overline{2}+\overline{2}x^2$, $\overline{1}+x+\overline{2}x^2$, $\overline{1}+\overline{2}x+\overline{2}x^2$ ;
$x$, $\overline{1}+x$, $\overline{2}+x$, $\overline{2}x$, $\overline{1}+\overline{2}x$, $\overline{2}+\overline{2}x$

(3) $\mathbf{Z}_p[x]$에서 차수가 2인 모닉다항식은 $\overline{a}+\overline{b}x+x^2(\overline{a},\ \overline{b}\in\mathbf{Z}_p)$의 꼴이므로 이들의 총 개수는 $p^2$개 있다. 이들 중 가약다항식은 적당한 $\overline{c},\ \overline{d},\ \overline{e}\in\mathbf{Z}_p(\overline{d}\neq\overline{0})$에 대하여 $\overline{a}+\overline{b}x+x^2=(\overline{c}+\overline{d}x)(\overline{e}+\overline{d}^{-1}x)$의 꼴로 표시되어야 하고, 따라서

$$\begin{aligned}\overline{a}+\overline{b}x+x^2&=(\overline{c}+\overline{d}x)(\overline{e}+\overline{d}^{-1}x)=\overline{d}(\overline{d}^{-1}\overline{c}+x)\overline{d}^{-1}(\overline{d}\,\overline{e}+x)\\&=(\overline{d}^{-1}\overline{c}+x)(\overline{d}\,\overline{e}+x)\end{aligned}$$

이므로 $\overline{a}+\overline{b}x+x^2=(\overline{i}+x)(\overline{j}+x)(\overline{i},\ \overline{j}\in\mathbf{Z}_p)$의 꼴로 표시되어야 한다. 그런데 이와 같은 꼴의 서로 다른 표시는 $\overline{i}\neq\overline{j}$인 경우에 $\binom{p}{2}=\frac{p(p-1)}{2}$개 있으며, $\overline{i}=\overline{j}$인 경우에 $p$개 있으므로 $\mathbf{Z}_p[x]$에서 차수가 2인 모닉다항식 중 가약다항식은 $p+\frac{p(p-1)}{2}=\frac{p(p+1)}{2}$개 있다. 그러므로 $\mathbf{Z}_p[x]$에서 차수가 2인 모닉다항식 중 기약다항식은 $p^2-\frac{p(p+1)}{2}=\frac{p(p-1)}{2}$개 있다.

15. (1) $\mathbf{Z}_7$은 체이므로 정리 3.8.5 (3)에 의하여 $\overline{4}+\overline{6}x$는 $\mathbf{Z}_7[x]$에서의 기약다항식이다.

(2) $\overline{4}+\overline{3}x+\overline{3}x^2+x^3=(\overline{3}+x)(\overline{3}+x^2)$.

16. (1) $f(x)=1+ax+bx^2+x^3$이라 하자. $f(x)$를 $\mathbf{Z}[x]$에서의 가약다항식이라 하자. 분명히 $C(f(x))=1$이므로 $f(x)$는 원시다항식이다. 따라서 정리 3.8.24 (2), (3)에 의하여 $f(x)$가 $\mathbf{Z}[x]$에서의 가약다항식일 필요충분조건은 $f(x)$가 $\mathbf{Q}[x]$에서의

가약다항식인 것이다. $f(x)$가 $\mathbf{Q}[x]$에서의 가약다항식이면 $\deg f(x)=3$이므로 정리 3.8.5 (5)에 의하여 $\deg g(x)<3$, $\deg h(x)<3$인 두 다항식 $g(x)$, $h(x)\in\mathbf{Q}[x]$에 대하여 $f(x)=g(x)h(x)$의 꼴로 표시된다. 따라서 정리 3.8.24 (4)에 의하여 $\deg r(x)=\deg g(x)$, $\deg s(x)=\deg h(x)$인 $r(x)$, $s(x)\in\mathbf{Z}[x]$에 대하여 $f(x)=r(x)s(x)$의 꼴로 표시된다. 한편, 정리 3.8.2 (4)에 의하여

$$3=\deg f(x)=\deg(r(x)s(x))=\deg r(x)+\deg s(x)$$

이므로 $0<\deg r(x)<3$, $0<\deg s(x)<3$이어야 한다. 그러므로 $f(x)$는

$$f(x)=(c+x)(d+ex+x^2);\ c,\ d,\ e\in\mathbf{Z}$$

의 꼴로 표시되어야 한다. 따라서 정리 3.8.12에 의하여 $-c\in\mathbf{Z}$가 $f(x)$의 근이어야 한다. 따라서 정리 3.8.17에 의하여 $-c\mid 1$, 즉 $c=1$ 또는 $c=-1$이어야 한다. 그러므로

$$a+b+2=f(1)=0 \quad \text{또는} \quad -a+b=f(-1)=0,$$

즉 $a+b=-2$ 또는 $a=b$이어야 한다. 역으로, $a+b=-2$ 또는 $a=b$라 하자. 그러면

$$f(1)=a+b+2=0 \quad \text{또는} \quad f(-1)=-a+b=0$$

이므로 1 또는 $-1$이 $f(x)$의 근이다. 따라서 정리 3.8.15에 의하여 $f(x)$는 $\mathbf{Z}[x]$에서의 가약다항식이다.

(2) $\mathbf{Q}[x,\ y]=\mathbf{Q}[x][y]$이고 정리 3.8.8에 의하여 $\mathbf{Q}[x]$는 유일인수분해정역이다. $\mathbf{Q}[x]$의 분수체를 $F$라 하자. 그러면 $f(x,\ y)=x+x^2y+y^4\in\mathbf{Q}[x][y]$는 분명히 원시다항식이므로 정리 3.8.24 (2), (3)에 의하여 $f(x,\ y)$가 $\mathbf{Q}[x][y]$에서의 기약다항식일 필요충분조건은 $f(x,\ y)$가 $F[y]$에서의 기약다항식인 것이다. 정리 3.8.5 (3)에 의하여 $x$는 $\mathbf{Q}[x]$에서의 기약원이고

$$x^2\nmid x,\quad x\mid x^2,\quad x\mid 0,\quad x\nmid 1$$

이므로 정리 3.8.28에 의하여 $f(x,\ y)$는 $F[y]$에서의 기약다항식이다. 따라서 $f(x,\ y)$는 $\mathbf{Q}[x][y]$에서의 기약다항식이다.

17. $x=(\bar{3}+\bar{2}x)(\bar{2}+\bar{3}x)$, $\bar{2}+x=(\bar{4}+\bar{3}x)(\bar{5}+\bar{4}x)$, $\bar{3}+x=(\bar{3}+\bar{2}x)(\bar{5}+\bar{3}x)$
이와 같은 현상은 $\mathbf{Z}_6$이 정역이 아니기 때문이다(정리 3.8.5 (3)을 참조).

18. $\bar{1}+x^2$이 $\mathbf{Z}_p[x]$에서의 가약다항식이면 적당한 $\bar{a}$, $\bar{b}\in\mathbf{Z}_p$에 대하여 $\bar{1}+x^2=$

$(\bar{a}+x)(\bar{b}+x)$의 꼴로 표시된다(위의 문제 14의 (3)의 풀이과정 참조). 따라서

$$\bar{1}+x^2=(\bar{a}+x)(\bar{b}+x)=\bar{a}\bar{b}+(\bar{a}+\bar{b})x+x^2=\overline{ab}+(\overline{a+b})x+x^2$$

이므로 $\overline{a+b}=\bar{0}$, $\overline{ab}=\bar{1}$, 즉 $a+b\equiv 0 \pmod p$이고 $ab\equiv 1 \pmod p$를 만족하는 정수 $a$, $b$가 존재한다. 역으로, $a+b\equiv 0 \pmod p$이고 $ab\equiv 1 \pmod p$를 만족하는 정수 $a$, $b$가 존재한다고 하면 $\overline{a+b}=\bar{0}$, $\overline{ab}=\bar{1}$이므로

$$\bar{1}+x^2=\overline{ab}+(\overline{a+b})x+x^2=\bar{a}\bar{b}+(\bar{a}+\bar{b})x+x^2=(\bar{a}+x)(\bar{b}+x)$$

의 꼴로 표시된다. 따라서 $\bar{1}+x^2$은 $\mathbf{Z}_p[x]$에서의 가약다항식이다.

19. $1+ax$가 $R[x]$의 단원이면 적당한 $g(x)=\sum_{i=0}^{n} b_i x^i \in R[x]$에 대하여 $(1+ax)g(x)=1$이다. 따라서 $b_0=1$, $ab_i+b_{i+1}=0(i=0, 1, \cdots, n-1)$, $ab_n=0$이다. 이 때,

$$b_n=-ab_{n-1}=-a(-ab_{n-2})=(-1)^2a^2b_{n-2}=\cdots=(-1)^n a^n b_0=(-1)^n a^n$$

이므로 $0=ab_n=a(-1)^n a^n=(-1)^n a^{n+1}$, 즉 $a^{n+1}=0$이다. 따라서 $a$는 멱영원이다. 역으로, $a$가 멱영원이면 적당한 양의 정수 $k$에 대하여 $a^k=0$이다. 따라서

$$(1+ax)(1+(-a)x+(-a)^2x^2+\cdots+(-a)^{k-1}x^{k-1})=1$$

이므로 $1+ax$는 $R[x]$의 단원이다.

## 연습문제 5.1

1. (1) $\alpha=2+3i$이므로 $(\alpha-2)^2=-9$, 즉 $\alpha^2-4\alpha+13=0$이다. 따라서 $f(x)=x^2-4x+13\in\mathbf{Q}[x]$라 하면 $f(\alpha)=0$이므로 $\alpha$는 $\mathbf{Q}$위에서 대수적이다.

   (2) $\alpha=\sqrt{i-\sqrt{2}}$이므로 $\alpha^2=i-\sqrt{2}$이고, 따라서 $(\alpha^2+\sqrt{2})^2=-1$, 즉 $\alpha^4+2\sqrt{2}\alpha^2+3=0$이다. 따라서 $(\alpha^4+3)^2=(-2\sqrt{2}\alpha^2)^2$이므로 $\alpha^8-2\alpha^4+9=0$이다. 그러므로 $f(x)=x^8-2x^4+9\in\mathbf{Q}[x]$라 하면 $f(\alpha)=0$이므로 $\alpha$는 $\mathbf{Q}$위에서 대수적이다.

   (3) $\alpha=\sqrt{1+\sqrt[3]{2}}$이므로 $\alpha^2=1+\sqrt[3]{2}$이고, 따라서 $(\alpha^2-1)^3=2$, 즉 $\alpha^6-3\alpha^4+3\alpha^2-3=0$이다. 따라서 $f(x)=x^6-3x^4+3x^2-3\in\mathbf{Q}[x]$라 하면 $f(\alpha)=0$이므로 $\alpha$는 $\mathbf{Q}$위에서 대수적이다.

(4) $\alpha=\sqrt{\pi}$이므로 $\alpha^2-\pi=0$이다. 따라서 $f(x)=x^2-\pi\in\mathbf{Q}(\pi)[x]$라 하면 $f(\alpha)=0$이므로 $\alpha$는 $\mathbf{Q}(\pi)$위에서 대수적이다.

(5) $\alpha=\sqrt{\pi}$이므로 $\alpha^2=\pi$이고, 따라서 $\alpha^4-\pi^2=0$이다. 따라서 $f(x)=x^4-\pi^2\in\mathbf{Q}(\pi^2)[x]$라 하면 $f(\alpha)=0$이므로 $\alpha$는 $\mathbf{Q}(\pi^2)$위에서 대수적이다.

(6) $\alpha=\pi^2-1$이므로 $(\alpha+1)^3=\pi^6$, 즉 $\alpha^3+3\alpha^2+3\alpha+1-\pi^6=0$이다. 따라서 $f(x)=x^3+3x^2+3x+1-\pi^6\in\mathbf{Q}(\pi^3)[x]$라 하면 $f(\alpha)=0$이므로 $\alpha$는 $\mathbf{Q}(\pi^3)$위에서 대수적이다.

2. (1) $p(x)=x^4-2x^2-1\in\mathbf{Q}[x]$

(2) $p(x)=x^6-6x^4+12x^2-11\in\mathbf{Q}[x]$

(3) $p(x)=x^2-2x+5\in\mathbf{Q}[x]$

(4) $p(x)=x^2-2x+3\in\mathbf{Q}[x]$

3. (1) $p(x)=x^4-2x^2+9\in\mathbf{Q}[x]$라 하면 $p(\alpha)=0$이다. 또한, 보기 3.8.25에서와 같은 방법으로 $p(x)$가 $\mathbf{Q}[x]$에서의 기약다항식임을 보일 수 있다. 따라서 $p(x)=x^4-2x^2+9$는 $\mathbf{Q}$위의 $\alpha$의 최소다항식이다.

(2) $p(x)=x^2-2ix-3\in\mathbf{Q}(i)[x]$라 하면 $p(\alpha)=0$이다. 또한 $g(x)=x+\beta\in\mathbf{Q}(i)[x]$에 대하여 $g(\alpha)=0$이라 하면 $\sqrt{2}+i+\beta=0$이므로 $\sqrt{2}=-\beta-i\in\mathbf{Q}(i)$가 되어 모순이므로 $g(\alpha)\neq 0$이다. 따라서 $p(x)$는 $\alpha$를 근으로 갖는 모닉다항식 중에서 차수가 가장 낮은 다항식이다. 그러므로 $p(x)=x^2-2ix-3$은 $\mathbf{Q}(i)$위의 $\alpha$의 최소다항식이다.

(3) $p(x)=x^2-2\sqrt{2}x+3\in\mathbf{R}[x]$라 하면 $p(\alpha)=0$이다. 또한 $g(x)=x+\beta\in\mathbf{R}[x]$에 대하여 $g(\alpha)=0$이라 하면 $\sqrt{2}+i+\beta=0$이므로 $i=-\beta-\sqrt{2}\in\mathbf{R}$이 되어 모순이다. 따라서 $g(\alpha)\neq 0$이다. 그러므로 $p(x)$는 $\alpha$를 근으로 갖는 모닉다항식 중에서 차수가 가장 낮은 다항식이다. 따라서 $p(x)=x^2-2\sqrt{2}x+3$은 $\mathbf{R}$위의 $\alpha$의 최소다항식이다.

4. $\alpha=\sqrt{i+\sqrt{2}}=a+bi\,(a,\ b\in\mathbf{R})$라 하면 $a^2-b^2+2abi=\sqrt{2}+i$이므로

$$\begin{cases} a^2-b^2=\sqrt{2} \\ 2ab=1 \end{cases}$$

이다. $a$, $b$에 대하여 위의 연립방정식을 풀면

$$*\begin{cases} a = \dfrac{\sqrt{2\sqrt{3}+2\sqrt{2}}}{2} \\ b = \dfrac{\sqrt{2\sqrt{3}-2\sqrt{2}}}{2} \end{cases}, \quad \text{또는} \quad \begin{cases} a = -\dfrac{\sqrt{2\sqrt{3}+2\sqrt{2}}}{2} \\ b = -\dfrac{\sqrt{2\sqrt{3}-2\sqrt{2}}}{2} \end{cases}$$

이다. 따라서

$$\alpha = \frac{\sqrt{2\sqrt{3}+2\sqrt{2}}}{2} + \frac{\sqrt{2\sqrt{3}-2\sqrt{2}}}{2}i \qquad \cdots\cdots (\text{i})$$

$$\alpha = -\frac{\sqrt{2\sqrt{3}+2\sqrt{2}}}{2} - \frac{\sqrt{2\sqrt{3}-2\sqrt{2}}}{2}i \qquad \cdots\cdots (\text{ii})$$

이다. 따라서 (i)의 경우에 $\mathbf{R}$ 위의 $\alpha$의 최소다항식 $p_1(x) \in \mathbf{R}[x]$와 (ii)의 경우에 $\mathbf{R}$ 위의 $\alpha$의 최소다항식 $q_1(x) \in \mathbf{R}[x]$를 각각 구하면

$$p_1(x) = x^2 - \sqrt{2\sqrt{3}+2\sqrt{2}}\,x + \sqrt{3}, \; q_1(x) = x^2 + \sqrt{2\sqrt{3}+2\sqrt{2}}\,x + \sqrt{3}$$

이다. 다음 $\mathbf{Q}(i)$(각각 $\mathbf{Q}(\sqrt{2})$, $\mathbf{Q}$) 위의 $\alpha$의 최소다항식은 $\alpha$가 (i)의 경우와 (ii)의 경우가 일치하고 각각 다음과 같다.

$p_2(x) = x^4 - 2ix^2 - 3 \in \mathbf{Q}(i)[x]$가 $\mathbf{Q}(i)$위의 $\alpha$의 최소다항식이다.

$p_3(x) = x^4 - 2\sqrt{2}\,x^2 + 3 \in \mathbf{Q}(\sqrt{2})[x]$가 $\mathbf{Q}(\sqrt{2})$위의 $\alpha$의 최소다항식이다.

$p_4(x) = x^8 - 2x^4 + 9 \in \mathbf{Q}[x]$가 $\mathbf{Q}$위의 $\alpha$의 최소다항식이다.

5. (1) $\{1, \sqrt[3]{2}, (\sqrt[3]{2})^2 = \sqrt[3]{4}\}$
   (2) $\{1, \sqrt{2}\}$
   (3) $\{1, \sqrt{2}i\}$
   (4) $\{1, \sqrt{3}, i, \sqrt{3}i\}$
   (5) $\{1, \sqrt{2}, \sqrt{3}, \sqrt{5}, \sqrt{6}, \sqrt{10}, \sqrt{15}, \sqrt{30}\}$
   (6) $\{1, \sqrt[3]{2}, \sqrt[3]{4}, \alpha, \sqrt[3]{2}\alpha, \sqrt[3]{4}\alpha\}$, $\alpha = \sqrt{1+\sqrt[3]{2}}$
   (7) $\{1, \sqrt{2}\}$
   (8) $\{1, \sqrt{5}\}$

6. (1) $\sqrt{3}+\sqrt{5} \in \mathbf{Q}(\sqrt{3}, \sqrt{5})$이므로 $\mathbf{Q}(\sqrt{3}+\sqrt{5}) \subset \mathbf{Q}(\sqrt{3}, \sqrt{5})$이다. $\alpha = \sqrt{3} + \sqrt{5}$라 하자. 그러면 $\alpha^2 = 8 + 2\sqrt{15}$이므로 $\sqrt{15} = \dfrac{\alpha^2 - 8}{2} \in \mathbf{Q}(\sqrt{3}+\sqrt{5})$이다. 따라서 $3\sqrt{5} + 5\sqrt{3} = \sqrt{15}(\sqrt{3}+\sqrt{5}) \in \mathbf{Q}(\sqrt{3}+\sqrt{5})$이다. 그러므로

$$\sqrt{5}=\frac{1}{2}\{5(\sqrt{3}+\sqrt{5})-(3\sqrt{5}+5\sqrt{3})\}\in\mathbf{Q}(\sqrt{3}+\sqrt{5})$$

이고, 따라서 $\sqrt{3}=(\sqrt{3}+\sqrt{5})-\sqrt{5}\in\mathbf{Q}(\sqrt{3}+\sqrt{5})$이다. 따라서 $\mathbf{Q}(\sqrt{3},\ \sqrt{5})\subset\mathbf{Q}(\sqrt{3}+\sqrt{5})$이다. 그러므로 $\mathbf{Q}(\sqrt{3}+\sqrt{5})=\mathbf{Q}(\sqrt{3},\ \sqrt{5})$이다.

(2) $\sqrt{7+2\sqrt{10}}=\sqrt{2}+\sqrt{5}$ 이므로 (1)과 같은 방법으로 증명할 수 있다.

7. (1) 분명히 $\sqrt{a}+\sqrt{b}\in\mathbf{Q}(\sqrt{a},\ \sqrt{b})$이므로 $\mathbf{Q}(\sqrt{a}+\sqrt{b})\subset\mathbf{Q}(\sqrt{a},\ \sqrt{b})$이다. 이제, $\beta=\sqrt{a}+\sqrt{b}$라 하면

$$\beta^2=a^2+b^2+2\sqrt{ab},\ \text{즉}\ \sqrt{ab}(\beta^2-a^2-b^2)=2ab$$

이고 $2ab\neq 0$이므로 $\beta^2-a^2-b^2\neq 0$이다. 따라서 $(\beta^2-a^2-b^2)^{-1}\in\mathbf{Q}(\sqrt{a}+\sqrt{b})$가 존재하므로 $\sqrt{ab}=2ab(\beta^2-a^2-b^2)^{-1}\in\mathbf{Q}(\sqrt{a}+\sqrt{b})$이다. 따라서 $(a\sqrt{b}+b\sqrt{a})=\sqrt{ab}(\sqrt{a}+\sqrt{b})\in\mathbf{Q}(\sqrt{a}+\sqrt{b})$이므로

$$(a-b)\sqrt{b}=(a\sqrt{b}+b\sqrt{a})-b(\sqrt{a}+\sqrt{b})\in\mathbf{Q}(\sqrt{a}+\sqrt{b})$$

이다. 이 때, $a-b\neq 0$이므로 $(a-b)^{-1}\in\mathbf{Q}$가 존재한다. 따라서

$$\sqrt{b}=((a\sqrt{b}+b\sqrt{a})-b(\sqrt{a}+\sqrt{b}))(a-b)^{-1}\in\mathbf{Q}(\sqrt{a}+\sqrt{b})$$

이고, 또한 $\sqrt{a}=(\sqrt{a}+\sqrt{b})-\sqrt{b}\in\mathbf{Q}(\sqrt{a}+\sqrt{b})$이다. 그러므로 $\mathbf{Q}(\sqrt{a},\ \sqrt{b})\subset\mathbf{Q}(\sqrt{a}+\sqrt{b})$이고, 따라서 $\mathbf{Q}(\sqrt{a}+\sqrt{b})=\mathbf{Q}(\sqrt{a},\ \sqrt{b})$이다.

(2) $\sqrt{a+b+2\sqrt{ab}}=\sqrt{a}+\sqrt{b}$ 이므로 (1)에 의하여 분명하다.

8. (1) $\mathbf{Z}_2=\{\bar{0},\ \bar{1}\}$이고 $f(\bar{0})=\bar{1}$, $f(\bar{1})=\bar{1}$이므로 $\mathbf{Z}_2$에서의 $f(x)$의 근이 존재하지 않는다. 따라서 정리 3.8.15 (2)에 의하여 $f(x)$는 $\mathbf{Z}_2[x]$에서의 기약다항식이다.

(2) (1)에 의하여 $f(x)$는 $\mathbf{Z}_2$위의 $\alpha$의 최소다항식이고 $\deg f(x)=2$이므로 정리 5.1.12 (6)에 의하여 $\{\bar{1},\ \alpha\}$가 $\mathbf{Z}_2(\alpha)$의 기저이다. 따라서 $\mathbf{Z}_2(\alpha)$의 모든 원소는 $\bar{0}+\bar{0}\alpha$, $\bar{1}+\bar{0}\alpha$, $\bar{0}+\bar{1}\alpha$, $\bar{1}+\bar{1}\alpha$의 꼴로 표시된다. 즉, $\mathbf{Z}_2(\alpha)=\{\bar{0},\ \bar{1},\ \alpha,\ \bar{1}+\alpha\}$이다. 더욱이, 체 $\mathbf{Z}_2(\alpha)$의 덧셈표와 곱셈표는 다음과 같다.

| $+$ | $\bar{0}$ | $\bar{1}$ | $\alpha$ | $\bar{1}+\alpha$ |
|---|---|---|---|---|
| $\bar{0}$ | $\bar{0}$ | $\bar{1}$ | $\alpha$ | $\bar{1}+\alpha$ |
| $\bar{1}$ | $\bar{1}$ | $\bar{0}$ | $\bar{1}+\alpha$ | $\alpha$ |
| $\alpha$ | $\alpha$ | $\bar{1}+\alpha$ | $\bar{0}$ | $\bar{1}$ |
| $\bar{1}+\alpha$ | $\bar{1}+\alpha$ | $\alpha$ | $\bar{1}$ | $\bar{0}$ |

| $\cdot$ | $\bar{0}$ | $\bar{1}$ | $\alpha$ | $\bar{1}+\alpha$ |
|---|---|---|---|---|
| $\bar{0}$ | $\bar{0}$ | $\bar{0}$ | $\bar{0}$ | $\bar{0}$ |
| $\bar{1}$ | $\bar{0}$ | $\bar{1}$ | $\alpha$ | $\bar{1}+\alpha$ |
| $\alpha$ | $\bar{0}$ | $\alpha$ | $\bar{1}+\alpha$ | $\bar{1}$ |
| $\bar{1}+\alpha$ | $\bar{0}$ | $\bar{1}+\alpha$ | $\bar{1}$ | $\alpha$ |

(3) $f(x)=x^2+x+\bar{1}=(x-\alpha)(x+\bar{1}+\alpha)$

9. (1) $\mathbf{Z}_3=\{\bar{0},\ \bar{1},\ \bar{2}\}$이고 $f(\bar{0})=\bar{1}$, $f(\bar{1})=\bar{2}$, $f(\bar{2})=\bar{2}$이므로 $\mathbf{Z}_3$에서의 $f(x)$의 근이 존재하지 않는다. 따라서 정리 3.8.15 (2)에 의하여 $f(x)$는 $\mathbf{Z}_3[x]$에서의 기약다항식이다.

(2) (1)에 의하여 $f(x)$는 $\mathbf{Z}_3$위의 $\alpha$의 최소다항식이고 $\deg f(x)=2$이므로 정리 5.1.12 (6)에 의하여 $\{\bar{1},\ \alpha\}$가 $\mathbf{Z}_3(\alpha)$의 기저이다. 따라서 $\mathbf{Z}_3(\alpha)$의 모든 원소는 $\bar{0}+\bar{0}\alpha$, $\bar{1}+\bar{0}\alpha$, $\bar{2}+\bar{0}\alpha$, $\bar{0}+\bar{1}\alpha$, $\bar{0}+\bar{2}\alpha$, $\bar{1}+\bar{1}\alpha$, $\bar{1}+\bar{2}\alpha$, $\bar{2}+\bar{1}\alpha$, $\bar{2}+\bar{2}\alpha$의 꼴로 표시된다. 즉, $\mathbf{Z}_3(\alpha)=\{\bar{0},\ \bar{1},\ \bar{2},\ \alpha,\ \bar{2}\alpha,\ \bar{1}+\alpha,\ \bar{1}+\bar{2}\alpha,\ \bar{2}+\alpha,\ \bar{2}+\bar{2}\alpha\}$이다. 더욱이 체 $\mathbf{Z}_3(\alpha)$의 덧셈표와 곱셈표는 다음과 같다.

| $+$ | $\bar{0}$ | $\bar{1}$ | $\bar{2}$ | $\alpha$ | $\bar{2}\alpha$ | $\bar{1}+\alpha$ | $\bar{1}+\bar{2}\alpha$ | $\bar{2}+\alpha$ | $\bar{2}+\bar{2}\alpha$ |
|---|---|---|---|---|---|---|---|---|---|
| $\bar{0}$ | $\bar{0}$ | $\bar{1}$ | $\bar{2}$ | $\alpha$ | $\bar{2}\alpha$ | $\bar{1}+\alpha$ | $\bar{1}+\bar{2}\alpha$ | $\bar{2}+\alpha$ | $\bar{2}+\bar{2}\alpha$ |
| $\bar{1}$ | $\bar{1}$ | $\bar{2}$ | $\bar{0}$ | $\bar{1}+\alpha$ | $\bar{1}+\bar{2}\alpha$ | $\bar{2}+\alpha$ | $\bar{2}+\bar{2}\alpha$ | $\alpha$ | $\bar{2}\alpha$ |
| $\bar{2}$ | $\bar{2}$ | $\bar{0}$ | $\bar{1}$ | $\bar{2}+\alpha$ | $\bar{2}+\bar{2}\alpha$ | $\alpha$ | $\bar{2}\alpha$ | $\bar{1}+\alpha$ | $\bar{1}+\bar{2}\alpha$ |
| $\alpha$ | $\alpha$ | $\bar{1}+\alpha$ | $\bar{2}+\alpha$ | $\bar{2}\alpha$ | $\bar{0}$ | $\bar{1}+\bar{2}\alpha$ | $\bar{1}$ | $\bar{2}+\bar{2}\alpha$ | $\bar{2}$ |
| $\bar{2}\alpha$ | $\bar{2}\alpha$ | $\bar{1}+\bar{2}\alpha$ | $\bar{2}+\bar{2}\alpha$ | $\bar{0}$ | $\alpha$ | $\bar{1}$ | $\bar{1}+\alpha$ | $\bar{2}$ | $\bar{2}+\alpha$ |
| $\bar{1}+\alpha$ | $\bar{1}+\alpha$ | $\bar{2}+\alpha$ | $\alpha$ | $\bar{1}+\bar{2}\alpha$ | $\bar{1}$ | $\bar{2}+\bar{2}\alpha$ | $\bar{2}$ | $\bar{2}\alpha$ | $\bar{0}$ |
| $\bar{1}+\bar{2}\alpha$ | $\bar{1}+\bar{2}\alpha$ | $\bar{2}+\bar{2}\alpha$ | $\bar{2}\alpha$ | $\bar{1}$ | $\bar{1}+\alpha$ | $\bar{2}$ | $\bar{2}+\alpha$ | $\bar{0}$ | $\alpha$ |
| $\bar{2}+\alpha$ | $\bar{2}+\alpha$ | $\alpha$ | $\bar{1}+\alpha$ | $\bar{2}+\bar{2}\alpha$ | $\bar{2}$ | $\bar{2}\alpha$ | $\bar{0}$ | $\bar{1}+\bar{2}\alpha$ | $\bar{1}$ |
| $\bar{2}+\bar{2}\alpha$ | $\bar{2}+\bar{2}\alpha$ | $\bar{2}\alpha$ | $\bar{1}+\bar{2}\alpha$ | $\bar{2}$ | $\bar{2}+\alpha$ | $\bar{0}$ | $\alpha$ | $\bar{1}$ | $\bar{1}+\alpha$ |

| $\cdot$ | $\bar{0}$ | $\bar{1}$ | $\bar{2}$ | $\alpha$ | $\bar{2}\alpha$ | $\bar{1}+\alpha$ | $\bar{1}+\bar{2}\alpha$ | $\bar{2}+\alpha$ | $\bar{2}+\bar{2}\alpha$ |
|---|---|---|---|---|---|---|---|---|---|
| $\bar{0}$ | $\bar{0}$ | $\bar{0}$ | $\bar{0}$ | $\bar{0}$ | $\bar{0}$ | $\bar{0}$ | $\bar{0}$ | $\bar{0}$ | $\bar{0}$ |
| $\bar{1}$ | $\bar{0}$ | $\bar{1}$ | $\bar{2}$ | $\alpha$ | $\bar{2}\alpha$ | $\bar{1}+\alpha$ | $\bar{1}+\bar{2}\alpha$ | $\bar{2}+\alpha$ | $\bar{2}+\bar{2}\alpha$ |
| $\bar{2}$ | $\bar{0}$ | $\bar{2}$ | $\bar{1}$ | $\bar{2}\alpha$ | $\alpha$ | $\bar{2}+\bar{2}\alpha$ | $\bar{2}+\alpha$ | $\bar{1}+\bar{2}\alpha$ | $\bar{1}+\alpha$ |
| $\alpha$ | $\bar{0}$ | $\alpha$ | $\bar{2}\alpha$ | $\bar{2}$ | $\bar{1}$ | $\bar{2}+\alpha$ | $\bar{1}+\alpha$ | $\bar{2}+\bar{2}\alpha$ | $\bar{1}+\bar{2}\alpha$ |
| $\bar{2}\alpha$ | $\bar{0}$ | $\bar{2}\alpha$ | $\alpha$ | $\bar{1}$ | $\bar{2}$ | $\bar{1}+\bar{2}\alpha$ | $\bar{2}+\bar{2}\alpha$ | $\bar{1}+\alpha$ | $\bar{2}+\alpha$ |
| $\bar{1}+\alpha$ | $\bar{0}$ | $\bar{1}+\alpha$ | $\bar{2}+\bar{2}\alpha$ | $\bar{2}+\alpha$ | $\bar{1}+\bar{2}\alpha$ | $\bar{2}\alpha$ | $\bar{2}$ | $\bar{1}$ | $\alpha$ |
| $\bar{1}+\bar{2}\alpha$ | $\bar{0}$ | $\bar{1}+\bar{2}\alpha$ | $\bar{2}+\alpha$ | $\bar{1}+\alpha$ | $\bar{2}+\bar{2}\alpha$ | $\bar{2}$ | $\alpha$ | $\bar{2}\alpha$ | $\bar{1}$ |
| $\bar{2}+\alpha$ | $\bar{0}$ | $\bar{2}+\alpha$ | $\bar{1}+\bar{2}\alpha$ | $\bar{2}+\bar{2}\alpha$ | $\bar{1}+\alpha$ | $\bar{1}$ | $\bar{2}\alpha$ | $\alpha$ | $\bar{2}$ |
| $\bar{2}+\bar{2}\alpha$ | $\bar{0}$ | $\bar{2}+\bar{2}\alpha$ | $\bar{1}+\alpha$ | $\bar{1}+\bar{2}\alpha$ | $\bar{2}+\alpha$ | $\alpha$ | $\bar{1}$ | $\bar{2}$ | $\bar{2}\alpha$ |

(3) $f(x)=x^2+\bar{1}=(x-\alpha)(x+\alpha)$

10. $f(x)=x^4-2x^2-4\in\mathbf{Q}[x]$가 $\mathbf{Q}$위의 $\alpha=\sqrt{1+\sqrt{5}}$ 의 최소다항식이므로 정리 5.1.12 (4)에 의하여 $\mathbf{Q}[x]/(f(x))\cong\mathbf{Q}(\alpha)$이다.

11. $f:\mathbf{Q}(\sqrt{2})\longrightarrow\mathbf{Q}(\sqrt{3})$을 동형함수라 가정하자. 그러면 정리 3.2.27 (1) (i)에 의하여 $f(1)=1$이므로 임의의 $n\in\mathbf{Z}$에 대하여 $f(n)=f(n1)=nf(1)=n1=n$, 즉 $f(n)=n$이다. 또한, $\mathbf{Q}(\sqrt{3})=\{a+b\sqrt{3}\mid a, b\in\mathbf{Q}\}$이므로 적당한 $a, b\in\mathbf{Q}$에 대하여 $f(\sqrt{2})=a+b\sqrt{3}$ 으로 표시된다. 따라서

$$2=f(2)=f(\sqrt{2}\sqrt{2})=f(\sqrt{2})f(\sqrt{2})=(a+b\sqrt{3})(a+b\sqrt{3})=a^2+3b^2+2ab\sqrt{3}$$

이다. 그러나

(1) $a=0,\ b=0$이면 $2=0$이 되어 모순이고,

(2) $a=0,\ b\neq 0$이면 $\sqrt{6}=\pm 3b\in\mathbf{Q}$가 되어 모순이고,

(3) $a\neq 0,\ b=0$이면 $\sqrt{2}=\pm a\in\mathbf{Q}$가 되어 모순이고,

(4) $a\neq 0,\ b\neq 0$이면 $\sqrt{3}=\dfrac{2-a^2-3b^2}{2ab}\in\mathbf{Q}$가 되어 모순이다.

그러므로 동형함수 $f:\mathbf{Q}(\sqrt{2})\longrightarrow\mathbf{Q}(\sqrt{3})$은 존재하지 않는다. 즉, $\mathbf{Q}(\sqrt{2})$와 $\mathbf{Q}(\sqrt{3})$은 동형적이 아니다.

12. (1) $1+i=5-(4-i)\in\mathbf{Q}(4-i)$이므로 $\mathbf{Q}(1+i)\subset\mathbf{Q}(4-i)$이고, 또한 $4-i=5-(1+i)\in\mathbf{Q}(1+i)$이므로 $\mathbf{Q}(4-i)\subset\mathbf{Q}(1+i)$이다. 따라서 $\mathbf{Q}(1+i)=\mathbf{Q}(4-i)$이다.

(2) $\alpha=a+bi\in\mathbf{C}(b\neq 0)$라 하자. 분명히 $\mathbf{R}(a+bi)\subset\mathbf{R}(i)$이다. 또한 $b\neq 0$이므로 $b^{-1}\in\mathbf{R}$가 존재하고, 따라서 $i=-ab^{-1}+b^{-1}(a+bi)\in\mathbf{R}(a+bi)$이므로 $\mathbf{R}(i)\subset$

$\mathbf{R}(a+bi)$이다. 그러므로 $\mathbf{R}(i)=\mathbf{R}(a+bi)$이고, 따라서 보기 5.1.13에 의하여 $\mathbf{R}(i)=\mathbf{C}$이므로 $\mathbf{C}=\mathbf{R}(\alpha)$이다.

13. (1) 분명히 $\alpha\in F(\alpha)$이므로 $\alpha^2\in F(\alpha)$이고, $F(\alpha^2)$은 $F$와 $\alpha^2$을 포함하는 $E$의 가장 작은 부분체이므로 $F(\alpha^2)\subset F(\alpha)$이다.

(2) 분명히 $\alpha+c\in F(\alpha)$, $c\alpha\in F(\alpha)$이므로 $F(\alpha+c)\subset F(\alpha)$, $F(c\alpha)\subset F(\alpha)$이고, 또한 $\alpha=(\alpha+c)-c\in F(\alpha+c)$, $\alpha=(c^{-1})c\alpha\in F(c\alpha)$이므로 $F(\alpha)\subset F(\alpha+c)$, $F(\alpha)\subset F(c\alpha)$이다. 따라서 $F(\alpha+c)=F(\alpha)=F(c\alpha)$이다.

(3) $F\subset F(\alpha)\subset E$이다. $[E:F]=p$이므로 정리 5.1.26에 의하여 $E$는 $F$의 대수적확대체이다. 따라서 $\alpha$는 $F$위에서 대수적이므로 정리 5.1.12 (6)에 의하여 $F(\alpha)$는 $F$의 유한확대체이다. 또한, 정리 5.1.5 다음의 설명에 의하여 $E$는 $F(\alpha)$의 유한확대체이다. 따라서 정리 5.1.4에 의하여

$$p=[E:F]=[E:F(\alpha)][F(\alpha):F]$$

이다. 이 때, $p$는 소수이므로 $[E:F(\alpha)]=1$ 또는 $[F(\alpha):F]=1$이어야 한다. 따라서 보기 5.1.3에 의하여 $F(\alpha)=E$ 또는 $F(\alpha)=F$이다.

(4) (1)에 의하여 $F\subset F(\alpha^2)\subset F(\alpha)$이다. $[F(\alpha):F]=n$(홀수)라 하면 (3)의 증명과정과 같은 방법으로

$$n=[F(\alpha):F]=[F(\alpha):F(\alpha^2)][F(\alpha^2):F]$$

임을 증명할 수 있다. $\alpha\notin F(\alpha^2)$이라 하자. $f(x)=x^2-\alpha^2\in F(\alpha^2)[x]$라 하면 $f(\alpha)=0$이다. 또한, $g(x)=x+\beta\in F(\alpha^2)[x]$에 대하여 $g(\alpha)=0$이라 하면

$$0=g(\alpha)=\alpha+\beta,\quad \text{즉}\quad \alpha=-\beta\in F(\alpha^2)$$

이 되어 모순이다. 따라서 $f(x)$는 $F(\alpha^2)$위의 $\alpha$의 최소다항식이므로 정리 5.1.12 (6)에 의하여 $[F(\alpha):F(\alpha^2)]=2$이다. 그러므로 $2|n$이 되어 모순이다. 따라서 $\alpha\in F(\alpha^2)$이다. 그러므로 $F(\alpha)\subset F(\alpha^2)$이다. 따라서 $F(\alpha^2)=F(\alpha)$이다.

14. (1) $\alpha^2$이 $F$위에서 대수적이면 적당한

$$f(x)=a_0+a_1x+a_2x^2+\cdots+a_nx^n\in F[x]\,(a_n\neq 0)$$

에 대하여 $0=f(\alpha^2)=a_0+a_1\alpha^2+a_2\alpha^4+\cdots+a_n\alpha^{2n}$이다. 따라서

$$g(x)=a_0+a_1x^2+a_2x^4+\cdots+a_nx^{2n}\in F[x]\,(a_n\neq 0)$$

라 하면 $g(\alpha)=0$이므로 $\alpha$는 $F$위에서 대수적이다.

(2) $\alpha+\beta$가 $F$위에서 대수적이라 하자. 그러면 적당한

$$f(x)=a_0+a_1x+a_2x^2+\cdots+a_nx^n\in F[x]\,(a_n\neq 0)$$

에 대하여 $f(\alpha+\beta)=0$, 즉

$$a_0+a_1(\alpha+\beta)+a_2(\alpha+\beta)^2+\cdots+a_n(\alpha+\beta)^n=0$$

이다. 이 식은 다음과 같이

$$b_0+b_1\alpha+b_2\alpha^2+\cdots+b_{n-1}\alpha^{n-1}+a_n\alpha^n=0$$
$$(\text{이 때, } b_0,\ b_1,\ \cdots,\ b_{n-1},\ a_n\in F(\beta))$$

의 꼴로 표시할 수 있다. 따라서

$$g(x)=b_0+b_1x+b_2x^2+\cdots+b_{n-1}x^{n-1}+a_nx^n\in F(\beta)[x]$$

라 하면 $g(\alpha)=0$이므로 $\alpha$는 $F(\beta)$위에서 대수적이다.

(3) $\alpha$가 $F$위에서 초월적이라 하자. 그러면 (1)에 의하여 $\alpha^2$도 $F$위에서 초월적이다. 또한, $\alpha$는 $F(1_F)=F$위에서 초월적이므로 (2)에 의하여 $\alpha+1_F$도 $F$위에서 초월적이다. 다음, $c\alpha$가 $F$위에서 대수적이라 하면 보기 5.1.10에 의하여 $F$의 모든 원소는 $F$위에서 대수적이므로 정리 5.1.29에 의하여 $\alpha=c^{-1}(c\alpha)$도 $F$위에서 대수적이 되어 모순이다. 따라서 $c\alpha$는 $F$위에서 초월적이다.

15. $E$를 체 $F$의 확대체라 할 때, $\alpha,\ \beta\in E$가 $F$위에서 대수적이라 하고 $[F(\alpha):F]=m$, $[F(\beta):F]=n$이라 하자.

(1) $f(x)\in F[x](\deg f(x)=m\geq 1)$를 $F$위의 $\alpha$의 최소다항식이라 하자. 분명히 $f(x)\in F(\beta)[x]$, $\deg f(x)=m$이고 $f(\alpha)=0$이므로 정리 5.1.12 (2), (6)에 의하여 $[F(\alpha,\ \beta):F(\beta)]\leq m$이다. 따라서 정리 5.1.4에 의하여

$$[F(\alpha,\ \beta):F]=[F(\alpha,\ \beta):F(\beta)][F(\beta)):F]\leq mn$$

이다.

(2) 정리 5.1.4에 의하여 $[F(\alpha,\ \beta):F]=[F(\alpha,\ \beta):F(\alpha)][F(\alpha):F]$이므로 $m\,|\,[F(\alpha,\ \beta):F]$이고, 또한 $[F(\alpha,\ \beta):F]=[F(\alpha,\ \beta):F(\beta)][F(\beta):F]$이므로 $n\,|\,[F(\alpha,\ \beta):F]$이다. 따라서 $(m,\ n)=1$이므로 정리 1.3.12 (2)에 의하여 $mn\,|\,[F(\alpha,\ \beta):F]$이다. 그러므로 $mn\leq[F(\alpha,\ \beta):F]$이고, 따라서 (1)에 의하여 $[F(\alpha,\ \beta):F]=mn$이다.

(3) 유리수 체 $\mathbf{Q}$의 확대체 $\mathbf{R}$의 두 원소 $\sqrt{2}$와 $-\sqrt{2}$를 생각하자. 분명히

$$\mathbf{Q}(\sqrt{2}, -\sqrt{2})=\mathbf{Q}(\sqrt{2})=\mathbf{Q}(-\sqrt{2}),\ [\mathbf{Q}(\sqrt{2}):\mathbf{Q}]=2$$

이므로 $[\mathbf{Q}(\sqrt{2}, -\sqrt{2}):\mathbf{Q}]=2\neq 4$이다.

16. 분명히 $F\subset E_1\cap E_2$이다. $E_1\cap E_2\neq F$라 하자. 그러면 보기 5.1.3에 의하여 $[E_1\cap E_2:F]\neq 1$이다. 따라서 정리 5.1.4에 의하여

$$[E_1:F]=[E_1:E_1\cap E_2][E_1\cap E_2:F]$$

이고, $[E_1:F]$가 소수이므로 $[E_1:E_1\cap E_2]=1$이어야 한다. 따라서 보기 5.1.3에 의하여 $E_1=E_1\cap E_2$이다. 같은 방법으로 $E_2=E_1\cap E_2$임을 보일 수 있다. 그러므로 $E_1=E_2$이다.

17. (1) $\alpha\in K$가 $E$위에서 대수적이므로 정리 5.1.12 (6)에 의하여 $E(\alpha)$는 $E$의 유한확대체이고, 또한 가정에 의하여 $E$는 $F$의 유한확대체이므로 정리 5.1.4에 의하여 $E(\alpha)$는 $F$의 유한확대체이다. 따라서 정리 5.1.26에 의하여 $E(\alpha)$는 $F$의 대수적확대체이므로 $\alpha$는 $F$위에서 대수적이다. 따라서 $E$위의 $\alpha$의 최소다항식을 $p(x)\in E[x]$라 하고 $F$위의 $\alpha$의 최소다항식을 $q(x)\in F[x]$라 하면 $q(x)\in F[x]\subset E[x]$이므로 정리 5.1.12 (2)에 의하여 $p(x)|q(x)$이다. 따라서 정리 5.1.12 (6)에 의하여 $[E(\alpha):E]=\deg p(x)\leq \deg q(x)=[F(\alpha):F]$이다.

(2) (1)의 풀이 과정에 의하여 $F(\alpha)$와 $E(\alpha)$는 $F$의 유한확대체이고, $F\subset F(\alpha)\subset E(\alpha)$이므로 정리 5.1.5 다음의 설명에 의하여 $E(\alpha)$는 $F(\alpha)$의 유한확대체이다. 따라서 정리 5.1.4에 의하여

$$[E(\alpha):F]=[E(\alpha):F(\alpha)][F(\alpha):F]$$

이므로 $[F(\alpha):F]\,|\,[E(\alpha):F]$이다.

(3) $E$는 $F$의 유한확대체이고, 또한 (1)의 풀이 과정에 의하여 $E(\alpha)$는 $E$의 유한확대체이므로 정리 5.1.4에 의하여

$$[E(\alpha):F]=[E(\alpha):E][E:F]$$

이다. 또한 (2)의 풀이 과정에 의하여

$$[E(\alpha):F]=[E(\alpha):F(\alpha)][F(\alpha):F]$$

이다. 따라서

$$[E(\alpha):E][E:F]=[E(\alpha):F(\alpha)][F(\alpha):F]$$

이다. 그런데 (1)에 의하여 $[E(\alpha):E] \leq [F(\alpha):F]$이므로

$$[E(\alpha):F(\alpha)] \leq [E:F]$$

이어야 한다.

## 연습문제 5.2

1. (1) $x^3-1=(x-1)(x^2+x+1)=(x-1)(x-\omega)(x-\omega^2)$, $\omega=\dfrac{-1+\sqrt{3}\,i}{2}$이고 $\mathbf{Q}(1,\ \omega,\ \omega^2)=\mathbf{Q}(\omega)$이므로 $\mathbf{Q}(\omega)$는 $\mathbf{Q}$위의 $x^3-1$의 분해체이다. 또한 $\mathbf{Q}$위의 $\omega$의 최소다항식이 $x^2+x+1$이므로 $[\mathbf{Q}(\omega):\mathbf{Q}]=2$이다.

(2) $x^3-2=(x-\alpha)(x-\alpha\omega)(x-\alpha\omega^2)$, $\alpha=\sqrt[3]{2}$, $\omega=\dfrac{-1+\sqrt{3}\,i}{2}$이고

$$\mathbf{Q}(\alpha,\ \alpha\omega,\ \alpha\omega^2)=\mathbf{Q}(\alpha,\ \omega)=\mathbf{Q}(\sqrt[3]{2},\ \sqrt{3}\,i)$$

이므로 $E=\mathbf{Q}(\sqrt[3]{2},\ \sqrt{3}\,i)$는 $\mathbf{Q}$위의 $x^3-2$의 분해체이다. 또한, $\mathbf{Q}$위의 $\sqrt[3]{2}$의 최소다항식이 $x^3-2$이고, $\mathbf{Q}(\sqrt[3]{2})$위의 $\sqrt{3}\,i$의 최소다항식이 $x^2+3$이므로

$$[E:\mathbf{Q}]=[E:\mathbf{Q}(\sqrt[3]{2})][\mathbf{Q}(\sqrt[3]{2}):\mathbf{Q}]=2\cdot 3=6$$

이다.

(3) $x^4+1=0$의 근은 $\alpha_k=\cos\left(\dfrac{\pi}{4}+\dfrac{k\pi}{2}\right)+i\sin\left(\dfrac{\pi}{4}+\dfrac{k\pi}{2}\right)(k=0,\ 1,\ 2,\ 3)$, 즉

$$\alpha_0=\frac{\sqrt{2}}{2}+\frac{\sqrt{2}}{2}i,\ \alpha_1=-\frac{\sqrt{2}}{2}+\frac{\sqrt{2}}{2}i,\ \alpha_2=-\frac{\sqrt{2}}{2}-\frac{\sqrt{2}}{2}i,\ \alpha_3=\frac{\sqrt{2}}{2}-\frac{\sqrt{2}}{2}i$$

이다. 따라서

$$x^4+1=(x-\alpha_0)(x-\alpha_1)(x-\alpha_2)(x-\alpha_3)$$

이고 $\mathbf{Q}(\alpha_0,\ \alpha_1,\ \alpha_2,\ \alpha_3)=\mathbf{Q}(\sqrt{2},\ i)$이므로 $E=\mathbf{Q}(\sqrt{2},\ i)$는 $\mathbf{Q}$위의 $x^4+1$의 분해체이다. 또한, $\mathbf{Q}$위의 $\sqrt{2}$의 최소다항식이 $x^2-2$이고, $\mathbf{Q}(\sqrt{2})$위의 $i$의 최소다항식이 $x^2+1$이므로 $[E:\mathbf{Q}]=[E:\mathbf{Q}(\sqrt{2})][\mathbf{Q}(\sqrt{2}):\mathbf{Q}]=2\cdot 2=4$이다.

(4) $x^4-2=0$의 근은 $\alpha_k=\sqrt[4]{2}\left\{\cos\left(\dfrac{k\pi}{2}\right)+i\sin\left(\dfrac{k\pi}{2}\right)\right\}(k=0,\ 1,\ 2,\ 3)$, 즉

$$\alpha_0=\sqrt[4]{2},\ \alpha_1=\sqrt[4]{2}\,i,\ \alpha_2=-\sqrt[4]{2},\ \alpha_3=-\sqrt[4]{2}\,i$$

이다. 따라서

$$x^4-2=(x-\alpha_0)(x-\alpha_1)(x-\alpha_2)(x-\alpha_3)$$

이고 $\mathbf{Q}(\alpha_0,\ \alpha_1,\ \alpha_2,\ \alpha_3)=\mathbf{Q}(\sqrt[4]{2},\ i)$이므로 $E=\mathbf{Q}(\sqrt[4]{2},\ i)$는 $\mathbf{Q}$위의 $x^4-2$의 분해체이다. 또한, $\mathbf{Q}$위의 $\sqrt[4]{2}$의 최소다항식이 $x^4-2$이고 $\mathbf{Q}(\sqrt[4]{2})$위의 $i$의 최소다항식이 $x^2+1$이므로 $[E:\mathbf{Q}]=[E:\mathbf{Q}(\sqrt[4]{2})][\mathbf{Q}(\sqrt[4]{2}):\mathbf{Q}]=2\cdot 4=8$이다.

(5) $x^4-4x^2-5=(x^2-5)(x^2+1)=(x-\sqrt{5})(x+\sqrt{5})(x-i)(x+i)$이고, 또한 $\mathbf{Q}(\sqrt{5},\ -\sqrt{5},\ i,\ -i)=\mathbf{Q}(\sqrt{5},\ i)$이므로 $E=\mathbf{Q}(\sqrt{5},\ i)$는 $\mathbf{Q}$위의 $x^4-4x^2-5$의 분해체이다. 또한, $\mathbf{Q}$위의 $\sqrt{5}$의 최소다항식이 $x^2-5$이고 $\mathbf{Q}(\sqrt{5})$위의 $i$의 최소다항식이 $x^2+1$이므로 $[E:\mathbf{Q}]=[E:\mathbf{Q}(\sqrt{5})][\mathbf{Q}(\sqrt{5}):\mathbf{Q}]=2\cdot 2=4$이다.

(6) $x^5-3x^3+x^2-3=(x^2-3)(x^3+1)=(x^2-3)(x+1)(x^2-x+1)=(x-\sqrt{3})(x+\sqrt{3})(x+1)(x-\alpha_0)(x-\alpha_1)$, $\alpha_0=\dfrac{1-\sqrt{3}\,i}{2}$, $\alpha_1=\dfrac{1+\sqrt{3}\,i}{2}$이고 $\mathbf{Q}(-1,\ \sqrt{3},\ -\sqrt{3},\ \alpha_0,\ \alpha_1)=\mathbf{Q}(\sqrt{3},\ i)$이므로 $E=\mathbf{Q}(\sqrt{3},\ i)$는 $\mathbf{Q}$위의 $x^5-3x^3+x^2-3$의 분해체이다. 또한, $\mathbf{Q}$위의 $\sqrt{3}$의 최소다항식이 $x^2-3$이고 $\mathbf{Q}(\sqrt{3})$위의 $i$의 최소다항식이 $x^2+1$이므로 $[E:\mathbf{Q}]=[E:\mathbf{Q}(\sqrt{3})][\mathbf{Q}(\sqrt{3}):\mathbf{Q}]=2\cdot 2=4$이다.

2. $\mathbf{C}$에서의 $x^p-1$은 서로 다른 $p$개의 근 $1,\ e^{\frac{2\pi i}{p}},\ e^{\frac{4\pi i}{p}},\ \cdots,\ e^{\frac{2(p-1)\pi i}{p}}$을 갖는다. 이제 $\alpha=e^{\frac{2\pi i}{p}}$라 하면 $\alpha\neq 1$, $\alpha^p=1$이다. 또한,

$$x^p-1=(x-1)(x^{p-1}+x^{p-2}+\cdots+x+1)=(x-1)(x-\alpha)(x-\alpha^2)\cdots(x-\alpha^{p-1})$$

이고, $\mathbf{Q}(1,\ \alpha,\ \alpha^2,\ \cdots,\ \alpha^{p-1})=\mathbf{Q}(\alpha)$이므로 $\mathbf{Q}(\alpha)$는 $\mathbf{Q}$위의 $x^p-1$의 분해체이다. 더욱이 연습문제 3.8의 11에 의하여 $q(x)=x^{p-1}+x^{p-2}+\cdots+x+1$은 $\mathbf{Q}[x]$에서의 기약다항식이고 $q(\alpha)=0$이므로 $q(x)$는 $\mathbf{Q}$위의 $\alpha$의 최소다항식이다. 따라서 $[\mathbf{Q}(\alpha):\mathbf{Q}]=p-1$이다.

3. (1) $x^6-1=0$의 근은 $\alpha_k=\cos\dfrac{k\pi}{3}+i\sin\dfrac{k\pi}{3}$ $(k=0,\ 1,\ 2,\ 3,\ 4,\ 5)$, 즉

$$\alpha_0=1,\ \alpha_1=\frac{1}{2}+\frac{\sqrt{3}}{2}i,\ \alpha_2=-\frac{1}{2}+\frac{\sqrt{3}}{2}i,$$

$$\alpha_3=-1,\ \alpha_4=-\frac{1}{2}-\frac{\sqrt{3}}{2}i,\ \alpha_5=\frac{1}{2}-\frac{\sqrt{3}}{2}i$$

이다. 따라서

$$x^6-1=(x-1)(x+1)(x-\alpha_1)(x-\alpha_2)(x-\alpha_4)(x-\alpha_5)$$

이고 $\mathbf{Q}(1,\ -1,\ \alpha_1,\ \alpha_2,\ \alpha_4,\ \alpha_5)=\mathbf{Q}(\sqrt{3}i)$이므로 $E=\mathbf{Q}(\sqrt{3}i)$는 $\mathbf{Q}$위의 $x^6-1$의 분해체이다. 또한,

$$x^4+x^2+1=(x^2+x+1)(x^2-x+1)=(x-\alpha_1)(x-\alpha_2)(x-\alpha_4)(x-\alpha_5)$$

이므로 $\mathbf{Q}$위의 $x^4+x^2+1$의 분해체도 $E=\mathbf{Q}(\sqrt{3}i)$이다. 더욱이 $\mathbf{Q}$위의 $\sqrt{3}i$의 최소다항식이 $x^2+3$이므로 $[E:\mathbf{Q}]=2$이다.

(2) $x^2+1=(x-i)(x+i)$이다. 따라서 $\mathbf{Q}(i,\ -i)=\mathbf{Q}(i)$이므로 $\mathbf{Q}$위의 $x^2+1$의 분해체는 $\mathbf{Q}(i)$이다. 한편, 보기 5.2.2에 의하여 $\mathbf{R}$위의 $x^2+1$의 분해체는 $\mathbf{C}=\mathbf{R}(i)$이다. $x^2+1$은 $\mathbf{Q}$위의 $i$의 최소다항식이므로 정리 5.1.12 (6)에 의하여 $\{1,\ i\}$는 $\mathbf{Q}$위의 벡터공간 $\mathbf{Q}(i)$의 기저이다. 따라서 $\sqrt{2}\in\mathbf{Q}(i)$라 하면 적당한 $a,\ b\in\mathbf{Q}$에 대하여 $\sqrt{2}=a+bi$로 표시된다. 이 때,

(i) $b=0$이면 $\sqrt{2}=a\in\mathbf{Q}$가 되어 모순이고,

(ii) $b\neq 0$이면 $i=\dfrac{\sqrt{2}-a}{b}\in\mathbf{R}$이 되어 모순이다.

따라서 $\sqrt{2}\notin\mathbf{Q}(i)$이다. 그러나 $\sqrt{2}\in\mathbf{R}(i)$이다. 즉, $\mathbf{Q}(i)\subsetneq\mathbf{R}(i)=\mathbf{C}$이다.

4. $f(x)=x^3+x^2+\bar{1}\in\mathbf{Z}_2[x]$라 하자. $f(\bar{0})=f(\bar{1})=\bar{1}\neq\bar{0}$이므로 정리 3.8.15 (2)에 의하여 $f(x)$는 $\mathbf{Z}_2[x]$에서의 기약다항식이다. $\alpha$를 $\mathbf{Z}_2$위의 $f(x)$의 분해체 $E$에서의 $f(x)$의 한 근이라 하자. 그러면 $\bar{0}=f(\alpha)=\alpha^3+\alpha^2+\bar{1}$이다. $\mathbf{Z}_2$의 표수가 2이므로 $E$의 표수도 2이다. 따라서

$$\begin{aligned}x^3+x^2+\bar{1}&=(x+\alpha)(x^2+(\bar{1}+\alpha)x+(\alpha+\alpha^2))\\&=(x+\alpha)(x+\alpha^2)(x+\bar{1}+\alpha+\alpha^2)\end{aligned}$$

이므로 $E=\mathbf{Z}_2(-\alpha,\ -\alpha^2,\ -(\bar{1}+\alpha+\alpha^2))=\mathbf{Z}_2(\alpha)$는 $\mathbf{Z}_2$위의 $x^3+x^2+\bar{1}$의 분해체이다. 더욱이 $f(x)$는 $\mathbf{Z}_2$위의 $\alpha$의 최소다항식이므로 정리 5.1.12 (6)에 의하여 $[\mathbf{Z}_2(\alpha):\mathbf{Z}_2]=3$이고, $\mathbf{Z}_2(\alpha)$의 기저는 $\{\bar{1},\ \alpha,\ \alpha^2\}$이다. 따라서

$$\mathbf{Z}_2(\alpha)=\{\bar{0},\ \bar{1},\ \alpha,\ \alpha^2,\ \alpha+\bar{1},\ \alpha^2+\bar{1},\ \alpha^2+\alpha,\ \alpha^2+\alpha+\bar{1}\},\quad \alpha^3+\alpha^2+\bar{1}=\bar{0}$$

이다.

5. (1) $[\mathbf{Q}(\sqrt{3}):\mathbf{Q}]=2$이므로 정리 5.2.8에 의하여 $\mathbf{Q}(\sqrt{3})$는 $\mathbf{Q}$의 정규확대체이다.

(2) $[\mathbf{Q}(\sqrt{2}\,i):\mathbf{Q}]=2$이므로 정리 5.2.8에 의하여 $\mathbf{Q}(\sqrt{2}\,i)$는 $\mathbf{Q}$의 정규확대체이다.

(3) $f(x)=x^3-3\in\mathbf{Q}[x]$는 $\sqrt[3]{3}\in\mathbf{Q}(\sqrt[3]{3})$을 근으로 갖는 $\mathbf{Q}[x]$에서의 기약다항식이지만 $f(x)$의 또 다른 근 $\sqrt[3]{3}\,\omega$, $\sqrt[3]{3}\,\omega^2\left(\omega=\dfrac{-1+\sqrt{3}\,i}{2}\right)$는 $\mathbf{Q}(\sqrt[3]{3})$에 포함되지 않으므로 $f(x)$는 $\mathbf{Q}(\sqrt[3]{3})$위에서 분해될 수 없다. 따라서 $\mathbf{Q}(\sqrt[3]{3})$는 $\mathbf{Q}$의 정규확대체가 아니다.

(4) 보기 5.1.28에 의하여 $\mathbf{Q}(\sqrt{2}+\sqrt{3})=\mathbf{Q}(\sqrt{2},\sqrt{3})$이다. 보기 5.2.3에 의하여 $\mathbf{Q}(\sqrt{2},\sqrt{3})$은 $\mathbf{Q}$위의 $f(x)=(x^2-2)(x^2-3)=x^4-5x^2+6\in\mathbf{Q}[x]$의 분해체이므로 정리 5.2.10에 의하여 $\mathbf{Q}(\sqrt{2},\sqrt{3})$은 $\mathbf{Q}$의 정규확대체이다.

(5) 연습문제 5.1의 6 (2)에 의하여 $\mathbf{Q}(\sqrt{7+2\sqrt{10}})=\mathbf{Q}(\sqrt{2},\sqrt{5})$이고 $\mathbf{Q}(\sqrt{2},\sqrt{5})$는 $\mathbf{Q}$위의 $f(x)=(x^2-2)(x^2-5)=x^4-7x^2+10\in\mathbf{Q}[x]$의 분해체이므로 정리 5.2.10에 의하여 $\mathbf{Q}(\sqrt{2},\sqrt{3})$은 $\mathbf{Q}$의 정규확대체이다.

(6) $\mathbf{Q}(\sqrt{3},i)$는 $\mathbf{Q}$위의 $f(x)=(x^2+1)(x^2-3)=x^4-2x^2-3\in\mathbf{Q}[x]$의 분해체이므로 정리 5.2.10에 의하여 $\mathbf{Q}(\sqrt{3},i)$은 $\mathbf{Q}$의 정규확대체이다.

6. $[\mathbf{Q}(\sqrt{2}):\mathbf{Q}]=2$이므로 정리 5.2.8에 의하여 $\mathbf{Q}(\sqrt{2})$는 $\mathbf{Q}$의 정규확대체이다. 또한 $f(x)=x^2-\sqrt{2}\in\mathbf{Q}(\sqrt{2})[x]$를 생각하면

$$f(x)=x^2-\sqrt{2}=(x+\sqrt[4]{2})(x-\sqrt[4]{2}),$$
$$\mathbf{Q}(\sqrt{2})(\sqrt[4]{2},-\sqrt[4]{2})=\mathbf{Q}(\sqrt{2})(\sqrt[4]{2})=\mathbf{Q}(\sqrt{2},\sqrt[4]{2})=\mathbf{Q}(\sqrt[4]{2})$$

이므로($\sqrt{2}=(\sqrt[4]{2})^2$임을 참고하여라) $\mathbf{Q}(\sqrt[4]{2})$는 $\mathbf{Q}(\sqrt{2})$위의 $f(x)$의 분해체이다. 따라서 정리 5.2.10에 의하여 $\mathbf{Q}(\sqrt[4]{2})$는 $\mathbf{Q}(\sqrt{2})$의 정규확대체이다. 그러나 $g(x)=x^4-2\in\mathbf{Q}[x]$는 $\sqrt[4]{2}\in\mathbf{Q}(\sqrt[4]{2})$를 근으로 갖는 $\mathbf{Q}[x]$에서의 기약다항식이지만 $g(x)$의 또 다른 근 $\sqrt[4]{2}\,i$는 $\mathbf{Q}(\sqrt[4]{2})$에 포함되지 않으므로 $g(x)$는 $\mathbf{Q}(\sqrt[4]{2})$위에서 분해될 수 없다. 따라서 $\mathbf{Q}(\sqrt[4]{2})$는 $\mathbf{Q}$의 정규확대체가 아니다.

## 연습문제 5.3

1. $f(x)$를 분리다항식이라 하고 $F$위의 $f(x)$의 분해체를 $E$라 하자. 그러면 $\deg f(x)=n$이라 할 때, $c\in F$와 $\alpha_i\in E(i=1,2,\cdots,n)$에 대하여

$$f(x)=c(x-\alpha_1)(x-\alpha_2)\cdots(x-\alpha_n)$$

의 꼴로 표시되고, 또한 $f(x)$가 분리다항식이므로 $(x-\alpha_1)$, $(x-\alpha_2)$, $\cdots$, $(x-\alpha_n)$은 모두 다르다(정리 3.8.5 (3)에 의하여 $(x-\alpha_i)(i=1, 2, \cdots, n)$는 $E[x]$에서의 기약다항식이다). 따라서 정리 5.3.1에 의하여 $f'(x)$는

$$f'(x)=c((x-\alpha_2)(x-\alpha_3)\cdots(x-\alpha_n)+(x-\alpha_1)(x-\alpha_3)\cdots(x-\alpha_n)$$
$$+\cdots+(x-\alpha_1)(x-\alpha_2)\cdots(x-\alpha_{n-1}))$$

의 꼴로 표시되므로 모든 $i\,(i=1, 2, \cdots, n)$에 대하여 $(x-\alpha_i)\mid f(x)$이지만 $(x-\alpha_i)\nmid f'(x)$이다. 정리 3.8.8에 의하여 $F[x]$와 $E[x]$는 주이데알정역이고 유일인수분해정역이다. 따라서 정리 3.6.26에 의하여 $f(x)$와 $f'(x)$의 최대공약수 $d(x)$가 존재한다. 따라서 $h(x)$, $k(x)\in F[x]$에 대하여

$$f(x)=d(x)h(x), \quad f'(x)=d(x)k(x)$$

로 표시되어야 한다. 따라서 $d(x)$는 $(x-\alpha_i)(i=1, 2, \cdots, n)$인 기약인수를 가질 수 없다. 따라서 $d(x)=a(a\in F)$이어야 한다. 따라서 정리 3.8.5 (1)에 의하여 $d(x)=a$는 $F[x]$의 단원이므로 $f(x)$와 $f'(x)$는 서로 소이다. 역은 정리 5.3.2 (2)에 의하여 분명하다.

2. (1) $x^p=1_F x^p$, $x=1_F x$이므로

$$f'(x)=p1_F x^{p-1}-1_F=0x^{p-1}-1_F=0-1_F=-1_F$$

이다.

(2) $f'(x)=-1_F$이므로 $f'(x)$는 근을 갖지 않는다. 따라서 $f(x)$와 $f'(x)$는 공통근을 갖지 않는다.

(3) $\alpha$를 $f(x)$의 중근이라 하면

$$0=f'(\alpha)(\text{정리 5.3.2 (1)에 의하여})$$
$$=-1_F\neq 0$$

가 되어 모순이다. 따라서 $f(x)$는 중근을 갖지 않는다. 따라서 $f(x)$는 $F$위의 $f(x)$의 분해체에서 $p$개의 서로 다른 근을 갖는다.

3. $f(x)$가 중근을 가지면 정리 5.3.2 (3)에 의하여 $f'(x)=0$이다. 이제

$$f(x)=a_0+a_1x+a_2x^2+\cdots+a_nx^n\in F[x],\ a_n\neq 0$$

이라 하자. 그러면

$$f'(x)=a_1+2a_2x+3a_3x^2+\cdots+na_nx^{n-1}$$

이고 $f'(x)=0$이므로 모든 $k(k=1, 2, \cdots, n)$에 대하여 $ka_k=0$이다. 따라서 정리 3.1.7 (3)에 의하여

$$(k1_F)a_k=k(1_Fa_k)=ka_k=0$$

이다. 따라서 $k1_F\neq 0$이면 $a_k=0$이어야 하고 $a_k\neq 0$이면 $k1_F=0$이어야 한다. 따라서 정리 3.1.30 (3)에 의하여 $p\nmid k$이면 $a_k=0$이어야 하고, 또한 $a_k\neq 0$이면 $p|k$이어야 한다. 그러므로

$$f(x)=a_0+a_px^p+a_{2p}x^{2p}+\cdots+a_{mp}x^{mp},\quad mp=n$$

이다. 따라서

$$g(x)=a_0+a_px+a_{2p}x^2+\cdots+a_{mp}x^m$$

이라 하면 $g(x)\in F[x]$이고 $f(x)=g(x^p)$이다. 역으로

$$g(x)=b_0+b_1x+b_2x^2+\cdots+b_mx^m\in F[x]$$

에 대하여 $f(x)=g(x^p)$이라 하자. 그러면

$$f(x)=b_0+b_1x^p+b_2x^{2p}+\cdots+b_mx^{mp}$$

이고 $F$의 표수가 $p$이므로

$$f'(x)=pb_1x^{p-1}+2pb_2x^{2p-1}+\cdots+mpb_mx^{mp-1}=0$$

이다. 따라서 정리 5.3.2 (3)에 의하여 $f(x)$는 $F$위의 $f(x)$의 분해체에서 중근을 갖는다.

4. $E$가 $F$의 유한확대체이므로 정리 5.1.26에 의하여 $E$는 $F$의 대수적확대체이다. 따라서 $\alpha\in E$라 하면 $\alpha$는 $F$위에서 대수적이므로 $F$위의 $\alpha$의 최소다항식 $f(x)$를 생각할 수 있다. 이제

$$f(x)=a_0+a_1x+a_2x^2+\cdots+a_{n-1}x^{n-1}+x^n\in F[x]\ (n\geq 1)$$

이라 하자. 그러면 $F\subset F(\alpha)\subset E$이고, 또한 정리 5.1.12 (6)에 의하여 $[F(\alpha):F]=n$

이다. 따라서 정리 5.1.5 다음의 설명과 정리 5.1.4에 의하여

$$[F(\alpha):F]\,|\,[E:F],\ \text{즉}\ n|q$$

이다. 따라서 $q=nk(k\in\mathbf{Z})$를 만족하는 $k$가 존재한다. 따라서

$$1=(p,\ q)=(p,\ nk)$$

이므로 정리 1.3.11에 의하여 $(p,\ n)=1$이다. 따라서 $p\nmid n$이므로 $f(x)=g(x^p)$을 만족하는 $g(x)\in F[x]$가 존재하지 않는다. 또한, 정리 5.1.12 ⑶에 의하여 $f(x)$는 $F[x]$에서의 기약다항식이다. 따라서 위의 문제 3에 의하여 $f(x)$는 $F$위의 $f(x)$의 분해체에서 $n$개의 서로 다른 근을 가지므로 $f(x)$는 분리다항식이다. 즉, $\alpha$는 분리다항식 $f(x)$의 근이다. 그러므로 $E$는 $F$의 분리확대체이다.

5. ⑴ $\sqrt{3}$과 $\sqrt{5}$는 $\mathbf{Q}$위에서 대수적이므로 정리 5.1.27에 의하여 $\mathbf{Q}(\sqrt{3},\ \sqrt{5})$는 $\mathbf{Q}$의 유한확대체이고 더욱이 $\mathbf{Q}$의 대수적확대체이다. 또한 $\mathbf{Q}$의 표수가 0이므로 정리 5.3.4 ⑵에 의하여 $\mathbf{Q}(\sqrt{3},\ \sqrt{5})$는 $\mathbf{Q}$의 분리확대체이다. 따라서 정리 5.3.8에 의하여 $\mathbf{Q}(\sqrt{3},\ \sqrt{5})$는 $\mathbf{Q}$의 단순확대체이므로 $\mathbf{Q}(\sqrt{3},\ \sqrt{5})=\mathbf{Q}(\alpha)$를 만족하는 $\alpha$가 존재한다. 이때, $\alpha$는 정리 5.3.8의 증명과정과 같은 방법에 의하여 구할 수 있다. 실제로 모든 $\alpha=\sqrt{3}+c\sqrt{5}\,(c\in\mathbf{Q},\ c\neq 0)$에 대하여 $\mathbf{Q}(\sqrt{3},\ \sqrt{5})=\mathbf{Q}(\alpha)$이다.

⑵ $\mathbf{Q}(\sqrt{2},\ \sqrt{3},\ \sqrt{5})=\mathbf{Q}(\sqrt{2},\ \sqrt{3})(\sqrt{5})=\mathbf{Q}(\sqrt{2}+\sqrt{3})(\sqrt{5})$(보기 5.1.28을 참조)이므로 ⑴과 같이 정리 5.3.8의 증명과정과 같은 방법에 의하여 구할 수 있다. 실제로 $\alpha=\sqrt{2}+\sqrt{3}+\sqrt{5}$가 그 중 하나이다.

⑶ $\alpha=i+\sqrt[3]{2}$

6. $E$가 유한체이므로 정리 5.3.10에 의하여 $E$의 표수 $q$($q$는 소수)와 $m=[E:\mathbf{Z}_q]$인 정수 $m$에 대하여 $E$의 위수는 $q^m$이다. 따라서 $p^n=q^m$이므로 정리 5.3.13의 증명과정에서와 같이 $p=q$, $n=m$임을 증명할 수 있다. 따라서 $n=[E:\mathbf{Z}_p]$이고, 또한 $E$는 $\mathbf{Z}_p$의 유한확대체이다. 더욱이, $E$의 표수는 $p$이다.

⑴ $d|n\,(d>0)$이면 $n=dk$를 만족하는 양의 정수 $k$가 존재한다. 따라서

$$\begin{aligned}(p^n-1)&=(p^d-1)(p^{n-d}+p^{n-2d}+\cdots+p^{n-(k-1)d}+1)\\&=(p^d-1)(p^{n-d}+p^{n-2d}+\cdots+p^d+1)\end{aligned}$$

이므로 $(p^d-1)\,|\,(p^n-1)$이다. $E$는 위수가 $p^n$인 유한체이므로 정리 5.3.6에 의하여 $E$의 단원군 U($E$)는 위수가 $p^n-1$인 순회군이다. 따라서 정리 2.3.14에

의하여 위수가 $p^d-1$인 U($E$)의 부분군 $H$가 유일하게 존재하고, 또한 정리 2.4.8 (1)에 의하여 모든 $\alpha(\alpha\in H)$에 대하여

$$\alpha^{p^d-1}=1_E, \text{ 즉 } \alpha^{p^d}=\alpha$$

이다. 또한,

$$0^{p^d}=0$$

이다. 이제,

$$K=H\cup\{0\}$$

라 하면 $|K|=p^d$이고, 또한 $K\subset E$이다. 따라서 $K$는 $f(x)=x^{p^d}-x\in\mathbf{Z}_p[x]$의 $p^d$개의 근만을 포함한다. 따라서

$$\alpha\in K \iff \alpha^{p^d}-\alpha=0 \iff \alpha^{p^d}=\alpha$$

이므로 정리 5.3.11의 증명과정과 같은 방법으로 $K$는 $E$의 부분체임을 증명할 수 있다. 따라서 $K$는 위수가 $p^d$인 $E$의 부분체이다. 다음, $L$을 위수가 $p^d$인 $E$의 임의의 부분체라 하면 $L$의 단원군 U($L$)은 위수가 $p^d-1$인 U($E$)의 부분군이다. 따라서 $H$의 유일성에 의하여 U($L$)$=H$이다. 따라서

$$K=H\cup\{0\}=\mathrm{U}(L)\cup\{0\}=L$$

이다. 따라서 $K$는 위수가 $p^d$인 $E$의 유일한 부분체이다.

(2) $K$를 $E$의 부분체라 하자(정리 5.3.10 다음의 설명에 의하여 $K$의 표수는 $p$이다). 그러면 정리 5.3.10에 의하여 $d=[K:\mathbf{Z}_p]$인 정수 $d$에 대하여 $K$의 위수는 $p^d$이다. $E$의 위수가 $p^n$이므로 정리 5.3.11에 의하여 $E$는 $\mathbf{Z}_p$위의 $f(x)=x^{p^n}-x\in\mathbf{Z}_p[x]\subset K[x]$의 분해체이다. 따라서 보기 5.2.2 앞의 설명에 의하여 $E$는 $K$위의 $f(x)$의 분해체이다. 따라서 정리 5.2.4에 의하여 $E$는 $K$의 유한확대체이다. 따라서 정리 5.1.4에 의하여

$$n=[E:\mathbf{Z}_p]=[E:K][K:\mathbf{Z}_p]=[E:K]d$$

이므로 $d|n$이다. 즉, $d|n$인 정수 $d$에 대하여 $K$의 위수는 $p^d$이다.

## 연습문제 5.4

1. $E$가 체 $F$의 유한확대체이므로 정리 5.1.26에 의하여 $E$는 $F$의 대수적확대체이다. 따라서 $\alpha \in E$는 $F$위에서 대수적이므로 $p(x)$를 $F$위의 $\alpha$의 최소다항식이라 하고 $\deg p(x)=n$이라 하면 정리 5.1.12 (6)에 의하여 $S=\{1, \alpha, \alpha^2, \cdots, \alpha^{n-1}\}$는 $F(\alpha)$의 기저이다. 따라서 $\beta \in F(\alpha)$는 적당한 $c_0, c_1, c_2, \cdots, c_{n-1} \in F$에 대하여

$$\beta = c_0 + c_1\alpha + c_2\alpha^2 + \cdots + c_{n-1}\alpha^{n-1}$$

의 꼴로 표시된다. 이 때, $\sigma$가 $F$-자기동형이고 $\sigma(\alpha)=\alpha$이므로

$$\begin{aligned}\sigma(\beta) &= \sigma(c_0 + c_1\alpha + c_2\alpha^2 + \cdots + c_{n-1}\alpha^{n-1}) \\ &= \sigma(c_0) + \sigma(c_1)\sigma(\alpha) + \sigma(c_2)(\sigma(\alpha))^2 + \cdots + \sigma(c_{n-1})(\sigma(\alpha))^{n-1} \\ &= c_0 + c_1\alpha + c_2\alpha^2 + \cdots + c_{n-1}\alpha^{n-1} = \beta\end{aligned}$$

이다. 즉, 모든 $\beta \in F(\alpha)$에 대하여 $\sigma(\beta)=\beta$이다. 따라서 $\sigma \in \mathrm{Gal}_{F(\alpha)}E$이다.

2. $\sigma \in \mathrm{Aut}(E)$라 하자. $\sigma(1)=\alpha(\alpha \in E)$라 하면

$$\alpha = \sigma(1) = \sigma(1 \cdot 1) = \sigma(1)\sigma(1) = \alpha^2$$

이므로 $\alpha=0$ 또는 $\alpha=1$이다. 그러나 $\alpha=0$이면 임의의 $n \in \mathbf{Z} \subset E$에 대하여 $\sigma(n) = \sigma(n1) = n\sigma(1) = n0 = 0$이므로 $\sigma$는 $E$의 자기동형함수가 아니다. 따라서 $\alpha=1$이어야 한다. 따라서 임의의 $\frac{c}{b} \in \mathbf{Q} \subset E\ (b,\ c \in \mathbf{Z},\ b \neq 0)$에 대하여

$$b\sigma\left(\frac{c}{b}\right) = \sigma\left(b\frac{c}{b}\right) = \sigma(c) = c\sigma(1) = c1 = c$$

이므로 $\sigma\left(\frac{c}{b}\right) = \frac{c}{b}$이다. 그러므로 $\sigma \in \mathrm{Gal}_{\mathbf{Q}}E$이다.

3. $E$가 $F$위의 $f(x) \in F[x]$의 분해체이므로 정리 5.2.10에 의하여 $E$는 $F$의 유한정규확대체이고, 따라서 정리 5.3.4 (2)에 의하여 $E$는 $F$의 분리확대체이다. 그러므로 $E$는 $F$의 Galois확대체이고 정리 5.4.19 (3)에 의하여 $|\mathrm{Gal}_F E| = [E : F]$이다.

4. 정리 5.4.18의 증명과정 첫 부분과 일치한다.

5. $E$는 $\mathbf{Q}$의 유한정규확대체이므로 정리 5.2.10에 의하여 적당한 $f(x) \in F[x] (\deg f(x) \geq 1)$에 대하여 $E$는 $\mathbf{Q}$위의 $f(x)$의 분해체이다. 따라서 $\mathbf{Q}$의 표수가 0이므로 위의

문제 3에 의하여 $|\mathrm{Gal}_{\mathbf{Q}}E|=[E:\mathbf{Q}]=p$($p$는 소수)이다. 그러므로 정리 2.4.8 (2)에 의하여 $\mathrm{Gal}_{\mathbf{Q}}E$는 위수가 $p$인 순회군이다. 따라서 정리 2.3.16 (1)에 의하여 $\mathrm{Gal}_{\mathbf{Q}}E\cong\mathbf{Z}_p$이다.

6. $K$가 $F$의 정규확대체이므로 정리 5.4.19 (4)에 의하여 $\mathrm{Gal}_K E$는 $\mathrm{Gal}_F E$의 정규부분군이다. 따라서 가정에 의하여 $\mathrm{Gal}_F E$가 가환군이므로 $\mathrm{Gal}_F E$의 부분군 $\mathrm{Gal}_K E$도 가환군이다. 또한, 정리 5.4.19 (4)에 의하여 $\mathrm{Gal}_F K\cong\mathrm{Gal}_F E/\mathrm{Gal}_K E$이므로 정리 2.4.19에 의하여 $\mathrm{Gal}_F K$는 가환군이다.

7. (1) $f(x)=x^4-x^2+1=(x^2-\sqrt{3}\,x+1)(x^2+\sqrt{3}\,x+1)$

$$=(x-\alpha_1)(x-\alpha_2)(x-\alpha_3)(x-\alpha_4)$$

$$\left(\alpha_1=\frac{\sqrt{3}+i}{2},\ \alpha_2=\frac{\sqrt{3}-i}{2},\ \alpha_3=\frac{-\sqrt{3}+i}{2},\ \alpha_4=\frac{-\sqrt{3}-i}{2}\right)$$

이고 $\mathbf{Q}(\alpha_1,\ \alpha_2,\ \alpha_3,\ \alpha_4)=\mathbf{Q}(\sqrt{3},\ i)$이므로 $E=\mathbf{Q}(\sqrt{3},\ i)$는 $\mathbf{Q}$위의 $f(x)$의 분해체이다.

(2) $\mathbf{Q}$위의 $\sqrt{3}$의 최소다항식이 $x^2-3$이고 $\mathbf{Q}(\sqrt{3})$위의 $i$의 최소다항식이 $x^2+1$이므로 $[E:\mathbf{Q}]=[E:\mathbf{Q}(\sqrt{3})][\mathbf{Q}(\sqrt{3}):\mathbf{Q}]=2\cdot 2=4$이다. 또한, $\mathbf{Q}$의 표수는 0이므로 (1)과 연습문제 5.4의 3에 의하여 $E$는 $\mathbf{Q}$의 Galois확대체이다.

(3) $\beta\in\mathrm{Gal}_{\mathbf{Q}}E$라 하자. 그러면 $p(x)=x^2-3\in\mathbf{Q}[x]$에 대하여 $p(\sqrt{3})=0$이므로 정리 5.4.2 (3)에 의하여 $p(\beta(\sqrt{3}))=0$이다. 즉, $\beta(\sqrt{3})$은 $E$에서의 $p(x)$의 근이다. 따라서 $E$에서의 $p(x)$의 근은 $\sqrt{3}$과 $-\sqrt{3}$뿐이므로 $\beta(\sqrt{3})=\sqrt{3}$ 또는 $\beta(\sqrt{3})=-\sqrt{3}$이어야 한다. 한편, $E$에서의 $q(x)=x^2+1\in\mathbf{Q}[x]$의 근은 $i$와 $-i$뿐이므로 위와 같이 생각하면 $\beta(i)=i$ 또는 $\beta(i)=-i$이어야 함을 알 수 있다. 그러므로 정리 5.4.4에 의하여 $\mathrm{Gal}_{\mathbf{Q}}E$는 기껏해야 다음 조건

$$i_E(\sqrt{3})=\sqrt{3},\ i_E(i)=i;\qquad \sigma(\sqrt{3})=-\sqrt{3},\ \sigma(i)=i;$$
$$\tau(\sqrt{3})=\sqrt{3},\ \tau(i)=-i;\qquad \rho(\sqrt{3})=-\sqrt{3},\ \rho(i)=-i$$

를 만족하는 $E$의 $\mathbf{Q}$-자기동형 $i_E,\ \sigma,\ \tau,\ \rho$를 포함한다. 더욱이 (2)와 정리 5.4.19 (3)에 의하여 $|\mathrm{Gal}_{\mathbf{Q}}E|=[E:\mathbf{Q}]=4$이므로 $\mathrm{Gal}_{\mathbf{Q}}E=\{i_E,\ \sigma,\ \tau,\ \rho\}$임을 알 수 있다. 또한,

$$\sigma^2(i)=\sigma(\sigma(i))=\sigma(i)=i=i_E(i),$$
$$\sigma^2(\sqrt{3})=\sigma(\sigma(\sqrt{3}))=\sigma(-\sqrt{3})=-\sigma(\sqrt{3})=-(-\sqrt{3})=\sqrt{3}=i_E(\sqrt{3})$$

이므로 $\sigma^2 = i_E$이다. 같은 방법으로 $\tau^2 = \rho^2 = i_E$임을 증명할 수 있다. 그러므로 $\mathrm{Gal}_{\mathbf{Q}} E$는 Klein의 4원군이고, 그 곱셈표는 다음과 같다.

| $\cdot$ | $i_E$ | $\sigma$ | $\tau$ | $\rho$ |
|---|---|---|---|---|
| $i_E$ | $i_E$ | $\sigma$ | $\tau$ | $\rho$ |
| $\sigma$ | $\sigma$ | $i_E$ | $\rho$ | $\tau$ |
| $\tau$ | $\tau$ | $\rho$ | $i_E$ | $\sigma$ |
| $\rho$ | $\rho$ | $\tau$ | $\sigma$ | $i_E$ |

(4) $E = \mathbf{Q}(\sqrt{3},\ i)$의 부분체 $K = \mathbf{Q}(\sqrt{3}) = \{a + b\sqrt{3} \mid a,\ b \in \mathbf{Q}\}$를 생각하자. 그러면 $a + b\sqrt{3} \in K$에 대하여

$$\tau(a + b\sqrt{3}) = \tau(a) + \tau(b)\tau(\sqrt{3}) = a + b\sqrt{3}$$

이므로 $\tau \in \mathrm{Gal}_K E$이다. 그러나 $\sqrt{3} \in K$에 대하여

$$\sigma(\sqrt{3}) = -\sqrt{3}, \quad \rho(\sqrt{3}) = -\sqrt{3}$$

이므로 $\sigma,\ \rho \notin \mathrm{Gal}_K E$이다. 따라서 $\mathrm{Gal}_K E = \{i_E,\ \tau\}$이다. 그러므로 정리 5.4.19의 함수기호를 사용하면

$$K = \mathbf{Q}(\sqrt{3}) \overset{\phi}{\longmapsto} \mathrm{Gal}_K E = \{i_E,\ \tau\}$$

이다. 역으로 $\mathrm{Gal}_{\mathbf{Q}} E$의 부분군 $H = \{i_E,\ \tau\}$를 생각하자. 연습문제 5.1의 5 (4)에 의하여

$$E = \mathbf{Q}(\sqrt{3},\ i) = \{a + b\sqrt{3} + ci + d\sqrt{3}\,i \mid a,\ b,\ c,\ d \in \mathbf{Q}\}$$

이다. 따라서 $a + b\sqrt{3} + ci + d\sqrt{3}\,i \in \mathbf{Q}(\sqrt{3},\ i)$에 대하여

$$a + b\sqrt{3} + ci + d\sqrt{3}\,i = \tau(a + b\sqrt{3} + ci + d\sqrt{3}\,i)$$

라 하면

$$\begin{aligned}\tau(a + b\sqrt{3} + ci + d\sqrt{3}\,i) &= \tau(a) + \tau(b)\tau(\sqrt{3}) + \tau(c)\tau(i) + \tau(d)\tau(\sqrt{3})\tau(i)\\ &= a + b\sqrt{3} - ci - d\sqrt{3}\,i\end{aligned}$$

이므로 $ci + d\sqrt{3}\,i = -ci - d\sqrt{3}\,i$, 즉 $2ci = -2d\sqrt{3}\,i$이다. 따라서 $c = -d\sqrt{3}$이

다. 이 때, $d \neq 0$이라 하면 $\sqrt{3} = -\frac{c}{d} \in \mathbf{Q}$가 되어 모순이므로 $d=0$이어야 하고, 따라서 $c=0$이어야 한다. 그러므로

$$E_H = \{a + b\sqrt{3} \mid a, \ b \in \mathbf{Q}\} = \mathbf{Q}(\sqrt{3})$$

이다. 따라서 정리 5.4.19의 함수기호를 사용하면

$$H = \{i_E, \ \tau\} \overset{\psi}{\longmapsto} E_H = \mathbf{Q}(\sqrt{3})$$

이다. 더욱이 $\mathrm{Gal}_{\mathbf{Q}}E$는 Klein의 4원군이므로 정리 2.4.10에 의하여 $\mathrm{Gal}_{\mathbf{Q}}E$는 가환군이고, 따라서 정리 2.2.18에 의하여 $\mathrm{Gal}_K E$는 $\mathrm{Gal}_{\mathbf{Q}}E$의 정규부분군이다. 그러므로 정리 5.4.19 (4)에 의하여 $\mathbf{Q}(\sqrt{3})$은 $\mathbf{Q}$의 정규확대체이다. 같은 방법으로 생각하면

$$\mathbf{Q}(\sqrt{3}, \ i) \overset{\phi}{\longmapsto} \{i_E\}$$
$$\mathbf{Q}(i) \overset{\phi}{\longmapsto} \{i_E, \ \sigma\}$$
$$\mathbf{Q}(\sqrt{3}\, i) \overset{\phi}{\longmapsto} \{i_E, \ \rho\}$$
$$\mathbf{Q} \overset{\phi}{\longmapsto} \{i_E, \ \sigma, \ \tau, \ \rho\}$$

와 같이 1대1 대응함을 알 수 있다. 더욱이 $\mathbf{Q}(\sqrt{3}, \ i)$, $\mathbf{Q}(i)$, $\mathbf{Q}(\sqrt{3}\, i)$, $\mathbf{Q}$는 모두 $\mathbf{Q}$의 정규확대체이다.

8. (1) $f(x) = x^3 - 5$

$$= (x - \sqrt[3]{5})(x - \sqrt[3]{5}\,\omega)(x - \sqrt[3]{5}\,\omega^2), \ \ \omega = \frac{-1 + \sqrt{3}\, i}{2}$$

이고 $\mathbf{Q}(\sqrt[3]{5}, \ \sqrt[3]{5}\,\omega, \ \sqrt[3]{5}\,\omega^2) = \mathbf{Q}(\sqrt[3]{5}, \ \omega)$이므로 $E = \mathbf{Q}(\sqrt[3]{5}, \ \omega)$는 $\mathbf{Q}$위의 $f(x)$의 분해체이다.

(2) $\mathbf{Q}$위의 $\sqrt[3]{5}$의 최소다항식이 $x^3 - 5$이고 $\mathbf{Q}(\sqrt[3]{5})$위의 $\omega$의 최소다항식이 $x^2 + x + 1$이므로 $[E : \mathbf{Q}] = [E : \mathbf{Q}(\sqrt[3]{5})][\mathbf{Q}(\sqrt[3]{5}) : \mathbf{Q}] = 2 \cdot 3 = 6$이다. 또한, $\mathbf{Q}$의 표수는 0이므로 (1)과 연습문제 5.4의 3에 의하여 $E$는 $\mathbf{Q}$의 Galois확대체이다.

(3) $\beta \in \mathrm{Gal}_{\mathbf{Q}}E$라 하자. 그러면 $p(x) = x^3 - 5 \in \mathbf{Q}[x]$에 대하여 $p(\sqrt[3]{5}) = 0$이므로 정리 5.4.2 (3)에 의하여 $p(\beta(\sqrt[3]{5})) = 0$이다. 즉, $\beta(\sqrt[3]{5})$는 $E$에서의 $p(x)$의 근이다. 따라서 $E$에서의 $p(x)$의 근은 $\sqrt[3]{5}$, $\sqrt[3]{5}\,\omega$, $\sqrt[3]{5}\,\omega^2$뿐이므로 $\beta(\sqrt[3]{5}) = \sqrt[3]{5}$

또는 $\beta(\sqrt[3]{5})=\sqrt[3]{5}\omega$ 또는 $\beta(\sqrt[3]{5})=\sqrt[3]{5}\omega^2$이어야 한다. 한편, $E$에서의 $q(x)=x^2+x+1\in\mathbf{Q}[x]$의 근은 $\omega$와 $\omega^2$뿐이므로 위와 같이 생각하면 $\beta(\omega)=\omega$ 또는 $\beta(\omega)=\omega^2$이어야 함을 알 수 있다. 그러므로 정리 5.4.4에 의하여 $\mathrm{Gal}_{\mathbf{Q}}E$는 기껏해야 다음 조건

$$i_E(\sqrt[3]{5})=\sqrt[3]{5},\ i_E(\omega)=\omega;\ \sigma_1(\sqrt[3]{5})=\sqrt[3]{5}\omega,\ \sigma_1(\omega)=\omega;$$
$$\sigma_2(\sqrt[3]{5})=\sqrt[3]{5}\omega^2,\ \sigma_2(\omega)=\omega;\ \sigma_3(\sqrt[3]{5})=\sqrt[3]{5},\ \sigma_3(\omega)=\omega^2;$$
$$\sigma_4(\sqrt[3]{5})=\sqrt[3]{5}\omega,\ \sigma_4(\omega)=\omega^2;\ \sigma_5(\sqrt[3]{5})=\sqrt[3]{5}\omega^2,\ \sigma_5(\omega)=\omega^2$$

을 만족하는 $E$의 $\mathbf{Q}$-자기동형 $i_E$, $\sigma_1$, $\sigma_2$, $\sigma_3$, $\sigma_4$, $\sigma_5$를 포함한다. 더욱이 (2)와 정리 5.4.19 (3)에 의하여 $|\mathrm{Gal}_{\mathbf{Q}}E|=[E:\mathbf{Q}]=6$이므로

$$\mathrm{Gal}_{\mathbf{Q}}E=\{i_E,\ \sigma_1,\ \sigma_2, \sigma_3,\ \sigma_4,\ \sigma_5\}$$

임을 알 수 있다. 또한,

$$\sigma_1^2(\sqrt[3]{5})=\sigma_1(\sigma_1(\sqrt[3]{5}))=\sigma_1(\sqrt[3]{5}\omega)=\sigma_1(\sqrt[3]{5})\sigma_1(\omega)=\sqrt[3]{5}\omega^2=\sigma_2(\sqrt[3]{5}),$$
$$\sigma_1^2(\omega)=\sigma_1(\sigma_1(\omega))=\sigma_1(\omega)=\omega=\sigma_2(\omega)$$

이므로 $\sigma_1^2=\sigma_2$이다. 같은 방법으로 $\sigma_1^3=i_E=\sigma_3^2$, $\sigma_1\sigma_3=\sigma_4$, $\sigma_1^2\sigma_3=\sigma_5$임을 증명할 수 있다. 즉, $\sigma_1=\sigma$라 하고 $\sigma_3=\tau$라 할 때,

$$\mathrm{Gal}_{\mathbf{Q}}E=\{i_E,\ \sigma,\ \sigma^2,\ \tau,\ \sigma\tau,\ \sigma^2\tau\}$$

이고 정리 2.7.26에 의하여 $\mathrm{Gal}_{\mathbf{Q}}E\cong S_3$(보기 2.6.26을 참조)이다. 더욱이 $\mathrm{Gal}_{\mathbf{Q}}E$의 곱셈표는 다음과 같다.

| $\cdot$ | $i_E$ | $\sigma$ | $\sigma^2$ | $\tau$ | $\sigma\tau$ | $\sigma^2\tau$ |
|---|---|---|---|---|---|---|
| $i_E$ | $i_E$ | $\sigma$ | $\sigma^2$ | $\tau$ | $\sigma\tau$ | $\sigma^2\tau$ |
| $\sigma$ | $\sigma$ | $\sigma^2$ | $i_E$ | $\sigma\tau$ | $\sigma^2\tau$ | $\tau$ |
| $\sigma^2$ | $\sigma^2$ | $i_E$ | $\sigma$ | $\sigma^2\tau$ | $\tau$ | $\sigma\tau$ |
| $\tau$ | $\tau$ | $\sigma^2\tau$ | $\sigma\tau$ | $i_E$ | $\sigma^2$ | $\sigma$ |
| $\sigma\tau$ | $\sigma\tau$ | $\tau$ | $\sigma^2\tau$ | $\sigma$ | $i_E$ | $\sigma^2$ |
| $\sigma^2\tau$ | $\sigma^2\tau$ | $\sigma\tau$ | $\tau$ | $\sigma^2$ | $\sigma$ | $i_E$ |

(4) $E=\mathbf{Q}(\sqrt[3]{5},\ \omega)$의 부분체 $K=\mathbf{Q}(\sqrt[3]{5})=\{a+b\sqrt[3]{5}+c\sqrt[3]{25}\mid a,\ b,\ c\in\mathbf{Q}\}$를 생각

하자. 그러면 $a+b\sqrt[3]{5}+c\sqrt[3]{25}\in K$에 대하여

$$\begin{aligned}\tau(a+b\sqrt[3]{5}+c\sqrt[3]{25})&=\tau(a)+\tau(b)\tau(\sqrt[3]{5})+\tau(c)\tau(\sqrt[3]{5})\tau(\sqrt[3]{5})\\&=a+b\sqrt[3]{5}+c\sqrt[3]{25}\end{aligned}$$

이므로 $\tau\in\mathrm{Gal}_K E$이다. 그러나 $\sqrt[3]{5}\in K$에 대하여

$$\sigma(\sqrt[3]{5})=\sqrt[3]{5}\,\omega,\ \sigma^2(\sqrt[3]{5})=\sqrt[3]{5}\,\omega^2,\ \sigma\tau(\sqrt[3]{5})=\sqrt[3]{5}\,\omega,\ \sigma^2\tau(\sqrt[3]{5})=\sqrt[3]{5}\,\omega^2$$

이므로 $\sigma$, $\sigma^2$, $\sigma\tau$, $\sigma^2\tau\notin\mathrm{Gal}_K E$이다. 따라서 $\mathrm{Gal}_K E=\{i_E,\ \tau\}$이다. 그러므로 정리 5.4.19의 함수기호를 사용하면

$$K=\mathbf{Q}(\sqrt[3]{5})\ \overset{\phi}{\longmapsto}\ \mathrm{Gal}_K E=\{i_E,\ \tau\}$$

이다. 역으로 $\mathrm{Gal}_{\mathbf{Q}}E$의 부분군 $H=\{i_E,\ \tau\}$를 생각하자.

$$\begin{aligned}E&=\mathbf{Q}(\sqrt[3]{5},\ \omega)\\&=\{a+b\sqrt[3]{5}+c\sqrt[3]{25}+d\omega+e\sqrt[3]{5}\,\omega+r\sqrt[3]{25}\,\omega\mid a,\ b,\ c,\ d,\ e,\ r\in\mathbf{Q}\}\end{aligned}$$

이다. 따라서 $a+b\sqrt[3]{5}+c\sqrt[3]{25}+d\omega+e\sqrt[3]{5}\,\omega+r\sqrt[3]{25}\,\omega\in\mathbf{Q}(\sqrt[3]{5},\ \omega)$에 대하여

$$\begin{aligned}&a+b\sqrt[3]{5}+c\sqrt[3]{25}+d\omega+e\sqrt[3]{5}\,\omega+r\sqrt[3]{25}\,\omega\\&=\tau(a+b\sqrt[3]{5}+c\sqrt[3]{25}+d\omega+e\sqrt[3]{5}\,\omega+r\sqrt[3]{25}\,\omega)\end{aligned}$$

라 하면

$$\begin{aligned}&\tau(a+b\sqrt[3]{5}+c\sqrt[3]{25}+d\omega+e\sqrt[3]{5}\,\omega+r\sqrt[3]{25}\,\omega)\\&=\tau(a)+\tau(b)\tau(\sqrt[3]{5})+\tau(c)(\tau(\sqrt[3]{5}))^2+\tau(d)\tau(\omega)\\&\quad+\tau(e)\tau(\sqrt[3]{5})\tau(\omega)+\tau(r)(\tau(\sqrt[3]{5}))^2\tau(\omega)\\&=a+b\sqrt[3]{5}+c\sqrt[3]{25}+d\omega^2+e\sqrt[3]{5}\,\omega^2+r\sqrt[3]{25}\,\omega^2\\&=a+b\sqrt[3]{5}+c\sqrt[3]{25}-d(1+\omega)-e\sqrt[3]{5}(1+\omega)-r\sqrt[3]{25}(1+\omega)\\&=a-d+(b-e)\sqrt[3]{5}+(c-r)\sqrt[3]{25}-d\omega-e\sqrt[3]{5}\,\omega-r\sqrt[3]{25}\,\omega\end{aligned}$$

이므로

$$\begin{aligned}&a+b\sqrt[3]{5}+c\sqrt[3]{25}+d\omega+e\sqrt[3]{5}\,\omega+r\sqrt[3]{25}\,\omega\\&=a-d+(b-e)\sqrt[3]{5}+(c-r)\sqrt[3]{25}-d\omega-e\sqrt[3]{5}\,\omega-r\sqrt[3]{25}\,\omega\end{aligned}$$

로부터 $d=e=r=0$을 얻을 수 있다. 그러므로

$$E_H=\{a+b\sqrt[3]{5}+c\sqrt[3]{25}\mid a,\ b,\ c\in\mathbf{Q}\}=\mathbf{Q}(\sqrt[3]{5})$$

이다. 따라서 정리 5.4.19의 함수기호를 사용하면

$$H=\{i_E,\ \tau\}\overset{\psi}{\longmapsto} E_H=\mathbf{Q}(\sqrt[3]{5})$$

이다. 같은 방법으로 생각하면

$$\begin{aligned}
&\mathbf{Q}(\sqrt[3]{5},\ \omega)\overset{\phi}{\longmapsto}\{i_E\}\\
&\mathbf{Q}(\sqrt[3]{5}\,\omega)\overset{\phi}{\longmapsto}\{i_E,\ \sigma^2\tau\}\\
&\mathbf{Q}(\sqrt[3]{5}\,\omega^2)\overset{\phi}{\longmapsto}\{i_E,\ \sigma\tau\}\\
&\mathbf{Q}(\omega)\overset{\phi}{\longmapsto}\{i_E,\ \sigma,\ \sigma^2\}\\
&\mathbf{Q}\overset{\phi}{\longmapsto}\{i_E,\ \sigma,\ \sigma^2,\ \tau,\ \sigma\tau,\ \sigma^2\tau\}
\end{aligned}$$

와 같이 1대1 대응함을 알 수 있다. 더욱이 $\{i_E\}$, $\{i_E,\ \sigma,\ \sigma^2\}$, $\mathrm{Gal}_{\mathbf{Q}}E$가 $\mathrm{Gal}_{\mathbf{Q}}E$의 정규부분군이므로 정리 5.4.19 (4)에 의하여 $\mathbf{Q}(\sqrt[3]{5},\ \omega)$, $\mathbf{Q}(\omega)$, $\mathbf{Q}$는 $\mathbf{Q}$의 정규확대체이다.

9. 
$$\begin{aligned}
f(x)&=x^4-8x^2+15=(x^2-3)(x^2-5)\\
&=(x-\sqrt{3})(x+\sqrt{3})(x-\sqrt{5})(x+\sqrt{5}),\\
E&=\mathbf{Q}(\sqrt{3},\ \sqrt{5})=\mathbf{Q}(\sqrt{3},\ -\sqrt{3},\ \sqrt{5},\ -\sqrt{5})
\end{aligned}$$

이므로 $E$는 $\mathbf{Q}$위의 $f(x)\in\mathbf{Q}[x]$의 분해체이다.

(1) 위의 문제 7과 8에서와 같은 방법으로 증명할 수 있다. 이 때, $[E:\mathbf{Q}]=4$이다.

(2) $i_E$, $\sigma$, $\tau$, $\rho$가

$$\begin{aligned}
&i_E(\sqrt{3})=\sqrt{3},\ i_E(\sqrt{5})=\sqrt{5}\ ;\quad \sigma(\sqrt{3})=-\sqrt{3},\ \sigma(\sqrt{5})=\sqrt{5}\ ;\\
&\tau(\sqrt{3})=\sqrt{3},\ \tau(\sqrt{5})=-\sqrt{5}\ ;\quad \rho(\sqrt{3})=-\sqrt{3},\ \rho(\sqrt{5})=-\sqrt{5}
\end{aligned}$$

를 만족하는 $E$의 $\mathbf{Q}$-자기동형함수일 때, $\mathrm{Gal}_{\mathbf{Q}}E=\{i_E,\ \sigma,\ \tau,\ \rho\}$이고 $\sigma^2=\tau^2=\rho^2=i_E$이다. 따라서 $\mathrm{Gal}_{\mathbf{Q}}E$는 Klein의 4원군이고, 그 곱셈표는 다음과 같다.

| $\cdot$ | $i_E$ | $\sigma$ | $\tau$ | $\rho$ |
|---|---|---|---|---|
| $i_E$ | $i_E$ | $\sigma$ | $\tau$ | $\rho$ |
| $\sigma$ | $\sigma$ | $i_E$ | $\rho$ | $\tau$ |
| $\tau$ | $\tau$ | $\rho$ | $i_E$ | $\sigma$ |
| $\rho$ | $\rho$ | $\tau$ | $\sigma$ | $i_E$ |

(3) $\mathrm{Gal}_{\mathbf{Q}}E$의 각 부분군을 $G=\{i_E\}$, $H=\{i_E, \sigma\}$, $K=\{i_E, \tau\}$, $L=\{i_E, \rho\}$, $M=\mathrm{Gal}_{\mathbf{Q}}E$라 할 때,

$$E_G=\mathbf{Q}(\sqrt{3}, \sqrt{5}),\ E_H=\mathbf{Q}(\sqrt{5}),\ E_K=\mathbf{Q}(\sqrt{3}),\ E_L=\mathbf{Q}(\sqrt{15}),\ E_M=\mathbf{Q}$$

이다.

(4)
$$E_G=\mathbf{Q}(\sqrt{3}, \sqrt{5}) \longleftrightarrow \{i_E\}=G$$
$$E_H=\mathbf{Q}(\sqrt{5}) \longleftrightarrow \{i_E, \sigma\}=H$$
$$E_K=\mathbf{Q}(\sqrt{3}) \longleftrightarrow \{i_E, \tau\}=K$$
$$E_L=\mathbf{Q}(\sqrt{15}) \longleftrightarrow \{i_E, \rho\}=L$$
$$E_M=\mathbf{Q} \longleftrightarrow \mathrm{Gal}_{\mathbf{Q}}E=M$$

10. $f(x)=x^6-10x^4+31x^2-30=(x^2-2)(x^2-3)(x^2-5)$
$=(x-\sqrt{2})(x+\sqrt{2})(x-\sqrt{3})(x+\sqrt{3})(x-\sqrt{5})(x+\sqrt{5})$,
$E=\mathbf{Q}(\sqrt{2}, \sqrt{3}, \sqrt{5})=\mathbf{Q}(\sqrt{2}, -\sqrt{2}, \sqrt{3}, -\sqrt{3}, \sqrt{5}, -\sqrt{5})$

이므로 $E$는 $\mathbf{Q}$위의 $f(x)\in\mathbf{Q}[x]$의 분해체이다.

(1) 위의 연습문제 7과 8에서와 같은 방법으로 증명할 수 있다. 이 때, $[E:\mathbf{Q}]=8$이다.

(2) $i_E$, $\sigma$, $\tau$, $\rho$가

$$i_E(\sqrt{2})=\sqrt{2},\ i_E(\sqrt{3})=\sqrt{3},\ i_E(\sqrt{5})=\sqrt{5}\ ;$$
$$\sigma(\sqrt{2})=-\sqrt{2},\ \sigma(\sqrt{3})=\sqrt{3},\ \sigma(\sqrt{5})=\sqrt{5}\ ;$$
$$\tau(\sqrt{2})=\sqrt{2},\ \tau(\sqrt{3})=-\sqrt{3},\ \tau(\sqrt{5})=\sqrt{5}\ ;$$
$$\rho(\sqrt{2})=\sqrt{2},\ \rho(\sqrt{3})=\sqrt{3},\ \rho(\sqrt{5})=-\sqrt{5}$$

를 만족하는 $E$의 $\mathbf{Q}$-자기동형함수일 때, 이들은 서로 가환적이고 $\sigma^2=\tau^2=\rho^2=i_E$이므로 $\mathrm{Gal}_{\mathbf{Q}}E$

$$\mathrm{Gal}_{\mathbf{Q}}E=\{i_E, \sigma, \tau, \rho, \sigma\tau, \sigma\rho, \tau\rho, \sigma\tau\rho\}$$

이다(정리 5.4.19 (3)에 의하여 $|\mathrm{Gal}_{\mathbf{Q}}E|=[E:\mathbf{Q}]=8$이다). 더욱이

$$\mathrm{Gal}_{\mathbf{Q}}E=\langle\sigma\rangle\times\langle\tau\rangle\times\langle\rho\rangle\cong\mathbf{Z}_2\oplus\mathbf{Z}_2\oplus\mathbf{Z}_2$$

이다.

(3) $E$의 각 부분체를 $K_1=\mathbf{Q}(\sqrt{2})$, $K_2=\mathbf{Q}(\sqrt{6})$, $K_3=\mathbf{Q}(\sqrt{2}, \sqrt{3})$이라 할 때, 정리 5.4.19 (3)과 정리 5.1.4에 의하여

$$|\mathrm{Gal}_{K_1}E|=[E:\mathbf{Q}(\sqrt{2})]=\frac{[E:\mathbf{Q}]}{[\mathbf{Q}(\sqrt{2}):\mathbf{Q}]}=\frac{8}{2}=4,$$
$$|\mathrm{Gal}_{K_2}E|=[E:\mathbf{Q}(\sqrt{6})]=\frac{[E:\mathbf{Q}]}{[\mathbf{Q}(\sqrt{6}):\mathbf{Q}]}=\frac{8}{2}=4,$$
$$|\mathrm{Gal}_{K_3}E|=[E:\mathbf{Q}(\sqrt{2}, \sqrt{3})]=\frac{[E:\mathbf{Q}]}{[\mathbf{Q}(\sqrt{2},\sqrt{3}):\mathbf{Q}]}=\frac{8}{4}=2$$

이다.

(4) 정리 5.4.19 (3)에 의하여

$$[\mathrm{Gal}_{\mathbf{Q}}E:\mathrm{Gal}_{K_1}E]=[\mathbf{Q}(\sqrt{2}):\mathbf{Q}]=2,$$
$$[\mathrm{Gal}_{\mathbf{Q}}E:\mathrm{Gal}_{K_2}E]=[\mathbf{Q}(\sqrt{6}):\mathbf{Q}]=2,$$
$$[\mathrm{Gal}_{\mathbf{Q}}E:\mathrm{Gal}_{K_3}E]=[\mathbf{Q}(\sqrt{2}, \sqrt{3}):\mathbf{Q}]=4$$

이다.

(5) $\mathrm{Gal}_{\mathbf{Q}}E$의 부분군은 자명한 부분군 $G=\{i_E\}$, $M=\mathrm{Gal}_{\mathbf{Q}}E$와 위수가 2인 부분군

$$H_1=\{i_E, \sigma\},\ H_2=\{i_E, \tau]\},\ H_3=\{i_E, \rho\},\ H_4=\{i_E, \sigma\tau\},$$
$$H_5=\{i_E, \sigma\rho\},\ H_6=\{i_E, \tau\rho\},\ H_7=\{i_E, \sigma\tau\rho\}$$

와 위수가 4인 부분군

$$K_1=\{i_E, \sigma, \tau, \sigma\tau\},\ K_2=\{i_E, \sigma, \rho, \sigma\rho\},\ K_3=\{i_E, \tau, \rho, \tau\rho\},$$
$$K_4=\{i_E, \sigma, \tau\rho, \sigma\tau\rho\},\ K_5=\{i_E, \tau, \sigma\rho, \sigma\tau\rho\},\ K_6=\{i_E, \rho, \sigma\tau, \sigma\tau\rho\},$$
$$K_7=\{i_E, \sigma\tau, \tau\rho, \sigma\rho\}$$

가 있고, 이 때

$$E_G=\mathbf{Q}(\sqrt{2}, \sqrt{3}, \sqrt{5}),\quad E_M=\mathbf{Q},\ E_{H_1}=\mathbf{Q}(\sqrt{3}, \sqrt{5}),$$
$$E_{H_2}=\mathbf{Q}(\sqrt{2}, \sqrt{5}),\ E_{H_3}=\mathbf{Q}(\sqrt{2}, \sqrt{3}),\ E_{H_4}=\mathbf{Q}(\sqrt{5}, \sqrt{6}),$$
$$E_{H_5}=\mathbf{Q}(\sqrt{3}, \sqrt{10}),\ E_{H_6}=\mathbf{Q}(\sqrt{2}, \sqrt{15}),\ E_{H_7}=\mathbf{Q}(\sqrt{6}, \sqrt{10}, \sqrt{15}),$$

$$E_{K_1}=\mathbf{Q}(\sqrt{5}),\ E_{K_2}=\mathbf{Q}(\sqrt{3}),\ E_{K_3}=\mathbf{Q}(\sqrt{2}),\ E_{K_4}=\mathbf{Q}(\sqrt{15}),$$
$$E_{K_5}=\mathbf{Q}(\sqrt{10}),\ E_{K_6}=\mathbf{Q}(\sqrt{6}),\ E_{K_7}=\mathbf{Q}(\sqrt{30})$$

이다.

# 참 고 문 헌


[ 1 ] 임근빈·임동만, 선형대수학 3판, 형설출판사, 2006.

[ 2 ] 임근빈·전송기·임동만, 알기 쉬운 정수론 3판, 경문사, 2005.

[ 3 ] M. Artin, *Algebra*, Prentice-Hall, Inc., 1991.

[ 4 ] B. Baumslag and B. Chandler, *Theory and Problems of Group Theory*, Schaum's Outline Series, McGraw-Hill Book Company, 1968.

[ 5 ] P. B. Bhattacharya and S. K. Jain, *First Course in Rings, Fields and Vector Spaces*, Wiley Eastern Limited, 1977.

[ 6 ] P. B. Bhattacharya, S. K. Jain, and S. R. Nagpaul, *Basic Abstract Algebra*, Cambridge University Press, 1986.

[ 7 ] D. M. Burton, *A First Course in Rings and Ideals*, Addison-Wesley Publishing Company, 1970.

[ 8 ] D. M. Burton, *Introduction to Modern Abstract Algebra*, Addison-Wesley Publishing Company, 1967.

[ 9 ] D. M. Burton, *Elementary Number Theory*, Allyn and Bacon, Boston, 1980.

[10] R. A. Dean, *Classical Abstract Algebra*, Harper & Row, Publishers, Inc., 1990.

[11] G. Ehrlich, *Fundamental Concepts of Abstract Algebra*, PWS-Kent Publishing Company, 1991.

[12] J. B. Fraleigh, *A First Course in Abstract Algebra*, 4th Ed., Addison-Wesley Publishing Company, 1989.

[13] J. B. Fraleigh and R. A. Beauregard, *Linear Algebra*, 2nd Ed., Addison-Wesley Publishing Company, 1990.

[14] S. H. Friederg, A. J. Insel and L. E. Spence, *Linear Algebra*, Prentice-Hall, Inc., 1979.

[15] L. Gall, *Classical Galois Theory with Examples*, Chelsea Publishing Company, 3rd Ed., 1979.

[16] J. A. Gallian, *Contemporary Abstract Algebra*, D. C. Heath and Company, 1986.

[17] C. R. Hadlock, *Field Theory and Its Classical Problems*, Carus Monograph 19.

Washington D. C. : Mathematical Association of America, 1978.

[18] G. H. Hardy and E. M. Wright, *An Introduction to the Theory of Numbers*, 4th Ed., Oxford Clarendon Press, 1960.

[19] I. N. Herstein, *Abstract Algebra*, Mcmillan Publishing Company, 1986.

[20] K. Hoffman and R. Kunze, *Linear Algebra*, 2nd Ed., Prentice-Hall, Inc., 1971.

[21] L. K. Hua, *Introduction to Number Theory*, Springer-Verlag, 1982.

[22] T. W. Hungerford, *Algebra*, Springer-Verlag, 1974.

[23] T. W. Hungerford, *Abstract Algebra : An Introduction*, Saunders College Publishing, 1990.

[24] N. Jacobson, *Lectures in Abstract Algebra* Vol. I, D. Van Nostrand Company, Inc., 1951.

[25] S. Lang, *Algebra*, 3rd Ed., Addison-Wesley Publishing Company, Inc., 1993.

[26] S. Lipschutz, *Theory and Problems of Linear Algebra*, Schaum's Outline Series, McGraw-Hill Book Company, 1968.

[27] S. Maclane and G. Birkhoff, *Algebra*, 2nd Ed., Macmillan Publishing Company, Inc., 1979.

[28] L. E. Mansfield, *Linear Algebra with Geometric Applications*, Marcle Dekker, Inc., 1976.

[29] I. Niven and H. S. Zuckerman, *An Introduction to The Theory of Numbers*, 3rd Ed., John Wiley and Sons, New York, 1972.

[30] L. L. Pennisi, L. I. Gordon and S. Lasher, *Elements of Complex Variables*, Holt, Rinehart and Winston, Inc., 1967.

[31] C. C. Pinter, *A Book of Abstract Algebra*, McGraw-Hill Book Company, 1982.

[32] C. C. Pinter, *Set Theory*, Addison-Wesley Publishing Company, Inc., 1971.

[33] S. Singh and Q. Zameeruddin, *Modern Algebra*, 3rd Ed., Vikas Publishing House PVT Ltd., 1972.

[34] M. Suzuki, *Group Theory* I, Springer-Verlag, 1982.

[35] E. A. Walker, *Introduction to Abstract Algebra*, Random House, 1987.

[36] O. Zariski and P. Samuel, *Commutative Algebra* Vol. I, Springer-Verlag, 1979.

# 찾아보기

## [ㅈ]

임근빈 중앙대학교 자연과학대학 수학과 명예교수
임동만 청주대학교 사범대학 수학교육과 교수

# 현대대수학 제5판

지은이 임근빈 · 임동만
펴낸이 조경희
펴낸곳 경문사
펴낸날 2006년 10월 2일 5판 1쇄
2019년 3월 5일 5판 4쇄
등 록 1979년 11월 9일 제 313-1979-23호
주 소 04057, 서울특별시 마포구 와우산로 174
전 화 (02)332-2004 팩스 (02)336-5193
이메일 kyungmoon@kyungmoon.com
facebook facebook.com/kyungmoonsa

값 35,000원

ISBN 89-7282-958-7